Nr. 19 1956
S. 5175—5454 9. Mai

Chemisches Zentralblatt

Vollständiges Repertorium für alle Zweige der reinen und angewandten Chemie

1830 gegründet. 1897—1945 von der Deutschen Chemischen Gesellschaft fortgeführt.
Im Auftrage der Deutschen Akademie der Wissenschaften zu Berlin, der Chemischen Gesellschaft in der Deutschen Demokratischen Republik, der Akademie der Wissenschaften zu Göttingen und der Gesellschaft Deutscher Chemiker
herausgegeben von Prof. Dr. **Maximilian Pflücke**

127. Jahrgang

1956

Chefredakteure: Dr. Eugen Klever und Prof. Dr. Maximilian Pflücke

Akademie-Verlag GmbH., Berlin — Verlag Chemie, GmbH., Weinheim/Bergstr.

Inhalt

Namenregister

Chemisches Zentralblatt

1956 Nr. 19 9. Mai

Geschichte. Unterricht.

Will Kleber, *Richard Nacken zur Vollendung seines 70. Lebensjahres.* Würdigung des Lebenswerks des Mineralogen, der sich bes. mit der Mineralsynth. beschäftigt hat. (Geologie **3.** 442—44. Aug. 1954. Berlin.) F. ENSSLIN. 1

S. Unger, *E. Altenkirch. Grundgedanken und Ergebnisse seiner bedeutendsten Arbeiten auf dem Gebiete der technischen Anwendungen der Thermodynamik.* Lebenslauf von E. ALTENKIRCH, geboren 11. Aug. 1880 in Leibsch/Spreewald, gestorben 28. Nov. 1953 in Neuenhagen, u. Würdigung seiner Arbeiten über techn. Physik. (Technik **10.** 113—17. Febr. 1955. Neuenhagen bei Berlin.) H. MÜHLMEISTER. 1

Melville L. Wolfrom und **Edward Mack jr.,** *William Lloyd Evans (22/12. 1870 bis 18/10. 1954).* Nachruf auf den Professor der Chemie der Ohio State Univ. in Columbus (1941 Präsident der American Chemical Society) u. Forscher (alkal. Oxydation u. Einw. von Alkali auf aliphat. Verbb., Synth. von Kohlenhydratderivv. usw.). — Verzeichnis von 89 Veröffentlichungen. (J. Amer. chem. Soc. **77.** 4949—55. 5/10. 1955.) K. BLUMRICH. 1

—, *Heinrich Hörlein* †. Nachruf auf den Vorsitzenden des Aufsichtsrates der Farbenfabriken BAYER A.-G., Prof. Dr. phil. Dr. med. h. c. Dr. nat. h. c. HEINRICH HÖRLEIN (gestorben 23/5. 1954), der sich große Verdienste um die Arzneimittelsynth. u. um maßgebliche Fortschritte in der Pharmakotherapie erworben hat. Von seinen wissenschaftlichen Leistungen ist bes. die Synth. des Luminals zu erwähnen. (Pharmaz. Ind. **16.** 227—28. Juni 1954.) G. HECK. 1

W. Mohrschulz, *Ludwig Kroeber* †. Nachruf auf den am 14/10. 1950 verstorbenen Leiter der Krankenhausapotheke München-Schwabing. Würdigung seiner Leistung. (Dtsch. Apotheker-Ztg. **90.** 888. 10/11. 1950.) A. HOTZEL. 1

Hans Seel, *Ludwig Kroebers Verdienste um die Pharmakognosie.* Auf die Arbeiten KROEBERS auf dem Gebiet der Pharmakognosie, Arzneipflanzengeschichte u. galen. Pharmazie wird hingewiesen. (Apotheker-Ztg. **2.** 253—54. Nov. 1950. Berlin.) K.-J. SCHMERSAHL. 1

Harold King, *Dr. Otto Rosenheim.* Nachruf auf den Chemiker O. ROSENHEIM, gest. am 7/5. 1955 im Alter von 84 Jahren, in Deutschland geboren, seit 1895 in England. Forschungen im Grenzgebiet zur Medizin, u. a. Arbeiten zur chem. Aufklärung der Bestandteile von Hirn, Placenta, Sperma, Galle u. über Vitamine. (Nature [London] **175.** 1019—20. 11/6. 1955.) W. KUNTZ. 1

K. M. Rodionow und **Je. K. Nikitin,** *Wladimir Wassiljewitsch Tschelinzew zum Gedenken.* Lebensbild des russ. Chemikers W. W. TSCHELINZEW (1877—1947). Seine Unterss. betrafen bes. Mg-organ. Verbb., Chlorophyll, Verbb. der Pyrrol- u. Furanreihe. — Verzeichnis der Veröffentlichungen. — Bild. (Журнал Общей Химии [J. allg. Chem.] **22** (84). 1271—78. Aug. 1952.) U. WÖRFFEL. 1

—, *Zum hundertsten Geburtstag von B. Brauner.* Anläßlich des hundertsten Geburtstages eines der bedeutendsten tschech. Chemiker (8/5. 1855—15/2. 1935) wird der Nekrolog von **J. St. Štěrba-Böhm** neu veröffentlicht. Der Nekrolog wird ergänzt durch persönliche Erinnerungen von **J. Heyrovský, E. Švagr, J. H. Křepelka** u. **B. Němec,** den bedeutendsten Schülern u. Freunden von BRAUNER. Der erste Vortrag von BRAUNER über J. L. GAY-LUSSAC, den er am 17/12. 1876 gehalten hat, wird veröffentlicht. — Bild. (Chem. Listy **49.** 789—813, 944—48. Juni 1955. [Orig.: tschech.]) L. MATOUŠEK/Prag. 1

A. Lutz, *Valerius Cordus und die Pharmakopoeen des 16. Jahrhunderts.* Hinweis auf das in der Baseler Universitätsbibliothek aufbewahrte „Nürnberger Dispensatorium" vom Jahre 1546 von VALERIUS CORDUS (1515—44), das, wenngleich noch auf der mittelalterlich-arab. Arzneimittellehre beruhend, doch schon auf selbständigem Naturstudium beruhende Beobachtungen enthält. (Schweiz. Apotheker-Ztg. **93.** 397—98. 14/5. 1955. Basel.) W. KUNTZ. 1

Norman Swindin, *George E. Davis zum Gedächtnis.* G. E. DAVIS (gest. 1907) war ein Pionier in der Gewinnung der Nebenprodd. der Kokerei u. Gasfabrikation (Bzl.,

$(NH_4)_2SO_4$ u. HCN). Er war ein Gründungsmitglied der „Society of Chemical Industry". 1887 gründete er das „Chemical Trade Journal". Ferner gab er „The Handbook of Chemical Engineering" heraus. (Chem. and Ind. **1953.** 1103—05. 17/10.) H.-G. SCHÄFER. 1

Georges Chaudron, *Die technische Herstellung von Aluminium und die Entdeckung seiner Eigenschaften durch Henri Sainte-Claire Deville.* (Rev. de l'Aluminium **31.** 97—102. Juni 1954. École Nat. Sup. de Chim.) F. VIER. 1

W. A. Smeaton, *Antoine-François de Fourcroy (1755—1809).* Lebensbild des Chemikers A. F. DE FOURCROY, geb. 15/6. 1755 in Paris, gest. 11/12. 1809, u. Würdigung seiner Bedeutung als Lehrer, Schriftsteller u. Organisator. (Nature [London] **175.** 1017 bis 1018. 11/6. 1955. London, Northern Polytechnic.) W. KUNTZ. 1

Eric N. Simons, *Benjamin Huntsman. — Ein Uhrmacher erfindet den Gußstahl.* Daten über den Lebenslauf von BENJAMIN HUNTSMAN u. die Erfindung des Tiegelgußstahls. (Metallurgia [Manchester] **51.** 181—84. April 1955.) K. STEIN. 1

R. Zaunick, *August Kekulé von Stradonitz (1829—1896).* Es wird ein Lebensbild von KEKULÉ, geb. 7/9. 1829, Prof. der Chemie in Genf u. seit 1867 in Bonn, gest. 13/7. 1896, u. eine Würdigung seiner Forschungsergebnisse gegeben: Best. der Vierwertigkeit des Kohlenstoffatoms u. seine Gruppierung zu Sechserringen in organ. Verbindungen. — Bild. (Chem. Techn. **7.** 103—05. Febr. 1955. Halle.) W. KUNTZ. 1

M. N. Tichomirow, *M. W. Lomonossow und die Gründung der ersten Universität in Rußland.* Es wird gezeigt, daß M. W. LOMONOSSOW das Hauptverdienst für die 1755 erfolgte Eröffnung der Universität Moskau, der ersten in Rußland, zukommt. (Вестник Московского Университета, Серия Физико-Математических и Естественных Наук [Nachr. Moskauer Univ.] **10.** Nr. 4/5. [physik.-math. naturwiss. Ser.] 29—38. April/Mai 1955.) O. LEBTAG. 1

Hermann Gittner, *Zum 100. Todestage von Karl Friedrich Meißner.* Würdigung von Persönlichkeit u. Arbeit des Löwenapothekers MEISSNER, geb. 2/1. 1792 in Halle, gest. 30/4. 1853: Entdeckung des *Sabadillins* (1818) u. Begriffsprägung „Alcaloid" (1821). (Pharmaz. Ztg.-Nachr. **89.** 285—86. 25/4. 1953.) W. KUNTZ. 1

Károly Páter, *Prof. Dr. A. A. J. Sigmond zum Gedächtnis.* Würdigung der Lebensarbeit des am 30/9. 1939 verstorbenen Professors SIGMOND, geb. 1873, Inhaber des Lehrstuhls für Bodenkunde an der Agraruniversität Budapest. Aus vielseitigen Arbeiten über Bodenkunde werden die über Sodaerdböden hervorgehoben. (Agrokémia és Talajtan Agrochem. u. Bodenkunde] **3.** 257—62. Dez. 1954. Budapest, Agraruniv.) W. KUNTZ. 1

A. Lissner, *Clemens Winkler. Zum 50. Todestag des bekannten deutschen Chemikers und Entdeckers des Germaniums.* Würdigung der Lebensarbeit von CL. WINKLER, geb. 26/12. 1838 in Freiberg, Professor der anorg. Chemie u. Technologie an der Bergakademie Freiberg, gest. 1904 in Dresden. Unter seinen vielseitigen Arbeiten werden hervorgehoben die techn. Gasanalyse, das H_2SO_4-Kontaktverf. u. die Entdeckung des Ge, die MENDELEJEW als Bestätigung seines Gesetzes der Periodizität der Elemente wertete (als Eka-Silicium von ihm vorausgesagt). — Bild. (Chem. Techn. **7.** 105—08. Febr. 1955. Freiberg/Sa.) W. KUNTZ. 1

Boh. Z. Brauner, *Brauner und Mendelejew.* Es wird das Zusammenwirken von BRAUNER (1855—1935) u. MENDELEJEW (1834—1907) bei der Entw. des Period. Syst. aufgezeigt. (Českoslov. Farmac. **4.** 58—59. März 1955.) E. VEVERA. 1

Georg Edmund Dann, *Apotheker als Botaniker.* Geschichtlicher Rückblick (bis in das 16. Jahrh.) auf die von Apothekern auf verschied. Gebieten der Botanik geleisteten Arbeiten: Pflanzenkunde, Lebensvorgänge der Pflanze, Pflanzenzüchtung, wissenschaftliche Werke u. Lehrbücher. — 6 Abbildungen. (Pharmaz. Ztg. **91/100.** 714—20. 7/7. 1955.) W. KUNTZ. 2

Louis Gershenfeld, *Die Geschichte des Jod.* Es wird über die Auffindung von J, seine Eigg., Vork. u. Verwendung berichtet. (Amer. J. Pharmacy Sci. support. publ. Health **125.** 172—76. Mai 1953.) E. BOYE. 2

Karl W. Figge, *Beitrag zur Geschichte der Metallspritztechnik.* ACHILLES DE KHOTINSKY (1850—1933) erzeugte Pb-Staub durch Verstäuben von fl. *Pb* mit Hilfe eines App., den er 1892 in Anlehnung an die aus der Krankenbehandlung bekannten Inhalierapparate konstruierte. (Metalloberfläche, Ausg. A **9.** 31—32. Febr. 1955.) F. MARKHOFF. 2

Charles E. Whitmore, *Die Sprache der Wissenschaft.* Über die Entstehung der anerkannten wissenschaftlichen Bezeichnungen, bes. der chem. u. physikal., u. über guten Stil in Veröffentlichungen ohne Überhäufung mit Fachausdrücken. (Sci. Monthly **80.** 185—91. März 1955.) K. BLUMRICH. 4

K. A. Jensen, *Probleme einer internationalen chemischen Nomenklatur.* Inhaltlich ident. mit der C. **1953.** 3185 referierten Arbeit. (Advances Chem. Ser. **1953.** 38—48. Kopenhagen, Univ., Chem. Labor.) W. SCHICKE. 4

W. Ss. Malinowski und **T. P. Rjuchina,** *Demonstrationsversuche zur Anwendung der Adsorption in der Industrie.* Es werden die Adsorption der in W. lösl. gefärbten Stoffe (Kation gefärbt) unter Verwendung von Carbogen oder Sulfokohle, die Zurückhaltung der Ca-Ionen aus $Ca(OH)_2$ zur Demonstration der Wasserenthärtung u. die Adsorption von Gasen u. Dämpfen (NO_2 u. Br_2) beschrieben. (Химия в Школе [Chem. Schule] **10.** Nr. 1. 54—55. Jan./Febr. 1955.) O. LEBTAG. 6

John P. Phillips, *Zwei spektralphotometrische Versuche.* Am Beispiel der Benzoesäuredissoziation, die spektralphotometr. untersucht wird, sowie an der photometr. Unters. der Rk. zwischen H^+ u. CrO_4^{2-} weist Vf. auf die vielseitige Verwendbarkeit eines Spektralphotometers hin u. empfiehlt solche Übungen für den Unterricht. (J. chem. Educat. **31.** 81. Febr. 1954. Louisville, Univ.) K. G. HACKSTEIN. 6

Ja. L. Goldfarb, *Unterscheidung von häufig angewandten organischen Lösungsmitteln.* Es wird gezeigt, wie mit den einer Schule zur Verfügung stehenden Mitteln die im Schulunterricht verwendeten organ. Lösungsmittel nachgewiesen werden können. (Химия в Школе [Chem. Schule] **10.** Nr. 1. 44—50. Jan./Febr. 1955.) O. LEBTAG. 6

A. Allgemeine, physikalische und anorganische Chemie.

E. Lange, *Über empirische und willkürliche Grundlagen von Maßen und Maßsystemen.* Vf. erläutert die Begriffe Maß, Maßgleichung, Maßzahl, Maßzahlgleichung, Dimension, Dimensionsgleichung, Größengleichung, Anschlußgleichung, Grundmaße, Grunddimension, abhängige Dimension, Maßsyst., Dimensionssyst., Naturkonstante, Stoffkonstante u. ihre Abhängigkeit voneinander u. diskutiert sie an Hand einiger Beispiele. (Z. physik. Chem. **204.** 245—58. Mai 1955. Erlangen, Univ., Inst. für Physik. Chem.) R. LACMANN. 10

Donald M. Smith, *Ein neuer Name für „Chromatographie".* Vf. schlägt für den Begriff „Chromatographie" den Namen Likmisis vor, der dem Griech. entnommen ist u. dem engl. „winnowing" entspricht. (Chem. and Ind. **1954.** 519. 1/5. Montreal.) H. ENDRASS. 10

A_1. Kernphysik und Kernchemie.

Alfred Landé, *Quantentheorie und Nichtquantenprinzipien.* (Sitzungsbericht.) (Physic. Rev. [2] **100.** 979. 1/11. 1955. Ohio State Univ.) GERHARD SCHMIDT. 80

Scott E. Forbush, *Über die Abwesenheit meteorologischer Wirkungen auf die weltweite Sonnenfleckänderung bei Höhenstrahlionisation.* (Vgl. C. **1956.** 321.) (Sitzungsbericht.) (Physic. Rev. [2] **100.** 958. 1/11. 1955. Carnegie Inst. of Washington.) GERHARD SCHMIDT. 85

Leverett Davis jr., *Interplanetarische Magnetfelder und Höhenstrahlen.* (Sitzungsbericht.) (Physic. Rev. [2] **100.** 958. 1/11. 1955. California Inst. of Technol.) GERHARD SCHMIDT. 85

K. Y. Shen und **S. F. Singer,** *Versuch zur Bestimmung der Anisotropie von Primärteilchen.* (Sitzungsbericht.) (Physic. Rev. [2] **98.** 1546. 1/6. 1955. Univ. of Maryland.) GERHARD SCHMIDT. 85

R. C. Wentworth und **S. F. Singer,** *Der Albedobeitrag bei der Messung der Primärteilchen der Höhenstrahlung.* (Vgl. vorst. Ref.) (Sitzungsbericht.) (Physic. Rev. [2] **98.** 1546—47. 1/6. 1955.) GERHARD SCHMIDT. 85

S. F. Singer, *Eine neue Methode zur Messung des energiearmen Spektrums von primären Höhenstrahlen.* (Vgl. vorst. Reff.) (Sitzungsbericht.) (Physic. Rev. [2] **98.** 1547. 1/6. 1955.) GERHARD SCHMIDT. 85

Raymond V. Adams, *Die Kernwechselwirkungen von Höhenstrahlen.* Zusammenfassende Darst. der Unterss. von Teilchen, die Kernwechselwrkg. hervorrufen, wobei Identifizierung, mittlere freie Weglänge für Wechselwrkg., Energie, Intensitäten u. Ursprung dieser Teilchen behandelt werden sowie von Teilchen (Sekundärteilchen), die bei Wechselwirkungen erzeugt werden. Anschließend wird über Kernzertrümmerungen durch Höhenstrahlen berichtet. — 58 Literaturhinweise. (Annu. Rev. Nuclear Sci. **1.** 107—38. 1952. New Haven, Conn., Yale Univ., Sloane Phys. Labor.) GERHARD SCHMIDT. 85

A. W. Chrimjan, *Verhältnis zwischen positiven und negativen bei Kernspaltungen entstandenen schnellen π-Mesonen.* Auf 3250 m wurden durch die neutrale Komponente der Höhenstrahlung in Pb-Absorbern über einem magnet. Massenspektrometer Kernzertrümmerungen ausgelöst. Die obere Grenze der M. der entstehenden Teilchen wurde aus Impuls u. Reichweite ermittelt. Für die Sterne mit einem u. mit mehr als 2 Teilchen wurden die Pionen u. K-Mesonen registriert. Der Anteil der letzteren liegt bei 10—15%. Für das Verhältnis π^-/π^+ ergibt sich im Bereich 125—600 MeV/c 1,2 ± 0,4. Dieses ändert sich über 600 MeV/c nicht wesentlich. Der Anteil der Pionen an den Schauerteilchen mit mehr als 1 GeV/c beträgt 40—50%. 90% der Pionen haben Impulse unter 1 GeV/c. (Доклады Академии Наук СССР [Ber. Akad. Wiss. UdSSR] **103.** 229—32. 11/7. 1955. Physikal. Inst. der Akad. der Wiss. der ArmenSSR.) M. Wiedemann. 85

R. E. Marshak, *Mesonenphysik.* Übersicht u. Diskussion über photon. u. nucleon. Erzeugung von π-Mesonen, Eigg. von π-Mesonen (Statistik, Spins u. Paritäten), nucleare Wechselwrkg. von π-Mesonen (Absorption langsamer π^-- u. μ^--Mesonen, Streuung von π-Mesonen durch Kerne) u. Eigg. von μ-Mesonen. — 99 Literaturhinweise. (Annu. Rev. Nuclear Sci. **1.** 1—42. 1952. Rochester, N. Y., Univ., Dep. of Phys.) Gerhard Schmidt. 90

B. M. Pontecorvo und **G. I. Sseliwanow,** *Bildung von π^0-Mesonen durch Neutronen.* Das Neutronenbündel eines Synchrocyclotrons mit einem Energiemaximum bei 380 MeV fiel nach Durchgang durch 2 Kollimatoren auf die zu untersuchende Probe, zur Kontrolle diente ein BF_3-Zähler u. ein Teleskop aus 3 Scintillationszählern. Die Zahl der Rückstoßprotonen aus H-haltiger Substanz wurde bestimmt. Nachgewiesen wurde einer der γ-Strahlen vom π^0-Zerfall unter 90° zum Neutronenbündel. Für *C* beträgt der differentielle Wirkungsquerschnitt $(d\sigma_C/d\Omega)_{90^0} = 0,4 \pm 0,2 \cdot 10^{-27}$ cm²/Raumwinkel, der integrale $(\sigma_C) = 3 \pm 1,5 \cdot 10^{-27}$ cm². Das Verhältnis $(\sigma_{Element})/\sigma_C$) ergab sich für *Be* zu 0,8 ± 0,1, *Al* 1,6 ± 0,2, *Fe* 2,2 ± 0,5, *Cu* 2,4 ± 0,5, *Sn* 4,3 ± 0,8 u. für *Pb* zu 5,0 ± 1,7. Der Anstieg erfolgt proportional $ZA^{-1/3}$, während derjenige für die gesamte Neutronenwechselwrkg. mit Z ansteigt. (Доклады Академии Наук СССР [Ber. Akad. Wiss. UdSSR] **102.** 253—56. 11/5. 1955. Inst. für Kernprobleme der Akad. der Wiss. der UdSSR.) M. Wiedemann. 90

B. M. Pontecorvo und **G. I. Sseliwanow,** *Bildung von π^0-Mesonen an Wasserstoff und Deuterium durch 400 MeV-Neutronen.* (Vgl. vorst. Ref.) Mit der l. c. beschriebenen Anordnung wurde aus der Differenz von Paraffin u. Graphit der Wirkungsquerschnitt für π^0 bei H zu $\sigma_H = 4 \pm 2 \cdot 10^{-28}$ cm² bestimmt. Aus der Differenz von H_2O u. D_2O ergab sich $\sigma_{n,H} > 4(\sigma_{n,D}-\sigma_{n,H})$. Vff. schließen, daß die Bldg. von Pionen bei n–n-Zusammenstößen bedeutungslos ist gegenüber der bei n–p-Zusammenstößen, es ergibt sich $\sigma_{n-n} < 10^{-28}$ cm². (Доклады Академии Наук СССР [Ber. Akad. Wiss. UdSSR] **102.** 495—97. 21/5. 1955.) M. Wiedemann. 90

A. Ss. Beloussow, A. W. Kutzenko und **Je. I. Tamm,** *Photoerzeugung von π^0-Mesonen an Deuterium.* Der γ-Strahl eines 250 MeV-Synchrotrons fiel auf ein LiD-Target, das sich zwischen den Polschuhen eines Magneten mit einem Feld von $8 \cdot 10^3$ Örsted befand. Es wurden die Rkk. $\gamma + d \rightarrow d + \pi^0$ (I) u. $\gamma + d \rightarrow p + n + \pi^0$ (II) untersucht. Zum Nachw. eines Zerfalls-γ-Strahls des π^0 diente ein Teleskop aus 3 Stilben-Scintillationszählern, für die schweren Rückstoßteilchen ebenfalls ein Stilbenkristall von 0,5 mm Dicke. Die π^0 wurden unter 90° zum γ-Strahl registriert, die schweren Teilchen unter 13 bis 47° mit 0—30 MeV. Die Wirkungsquerschnitte für I u. II ergaben sich stark verschieden, was auf entgegengesetztes Vorzeichen der Bindungskonstanten von Proton u. Neutron mit dem neutralen Mesonenfeld schließen läßt. Dies würde der Hypothese der Isotopeninvarianz entsprechen. (Доклады Академии Наук СССР [Ber. Akad. Wiss. UdSSR] **102.** 921—23. 11/6. 1955. Physikal. P. N. Lebedew-Inst. der Akad. der Wiss. der UdSSR.) M. Wiedemann. 90

M. I. Adamowitsch, G. W. Kusmitschewa, W. G. Larionowa und **Ss. P. Charlamow,** *Photoerzeugung negativer π-Mesonen auf Deuterium.* Der γ-Strahl eines Synchrotrons mit der Maximalenergie 250 MeV fiel direkt auf eine 0,4 mm dicke mit D_2O ($3 \cdot 10^{22}$D-Kerne je cm³) beladene Photoemulsion. Die γ-Dosis wurde mittels einer Ionisationskammer bestimmt. Die Rk. $\gamma + d \rightarrow p + p + \pi^-$ wurde durch dreizackige Sterne nachgewiesen. Analysiert wurden 115 Sterne auf 360 cm². Der Gesamtwirkungsquerschnitt steigt mit der Photonenenergie an, bei 250 MeV erreicht er $\sim 2 \cdot 10^{-28}$ cm². In der Nähe der Schwelle ist der Wirkungsquerschnitt bei E_γ von 150—190 MeV eine lineare Funktion des Mesonenimpulses, diese sind isotrop verteilt. Die Verteilung der relativen kinet. Energie der Photonen wurde ebenfalls bestimmt. Die Photoerzeugung von Pionen an D u. H liefert eine elektr. Dipolabsorption der Photonen durch die Nucleonen. In D wirkt wahrscheinlich das Neutron in ähnlicher Weise wie ein freies Proton. (Доклады Академии Наук СССР [Ber. Akad. Wiss. UdSSR] **102.** 715—18. 1/6. 1955. Physikal. Lebedew-Inst. der Akad. der Wiss. der UdSSR.) M. Wiedemann. 90

Albert D. Whealon, *Einmesonenerzeugung bei Nucleonkernstößen.* (Sitzungsbericht.) (Physic. Rev. [2] **100.** 974. 1/11. 1955. Ramo-Wooldridge Corp.) Gerhard Schmidt. 90

S. Deser, M. L. Goldberger, K. Baumann und **W. Thirring,** *Energieniveauverschiebungen in π-Mesonatomen.* Die Energieniveauverschiebungen δE u. die Niveaubreiten Γ der s-Zustände der π-Mesonatome werden diskutiert u. für leichte Kerne mit Z ≪ 30 berechnet. Dabei werden für die Zustände des Isotopenspins 1/2 u. 3/2 die Streulängen $a_1 = 0{,}16/\mu$ u. $a_3 = -0{,}11/\mu$ verwendet. Es ergibt sich für *H* $\delta E/E_0 \sim -1{,}8.\ 10^{-3}$ u. $\delta E \sim -6$ eV, für Kerne Z, $\delta E/E_Z \sim +Z^2/850$, für ^{9}*Be* demnach $\delta E \sim 1850$ eV, E_Z = Bohrsche Energie für Kern Z. Für Γ erhalten Vff. bei H ~0,3 u. bei Be ~77 eV. (Physic. Rev. [2] **96.** 774—76. 1/11. 1954. Princeton, N. J., Inst. for Advanc. Stud.; Chicago, Ill., Univ., Inst. for Nucl. Stud. and Dep. of Phys.; Wien, Univ., Physik. Inst.; Bern, Physik. Inst.) M. Wiedemann. 90

N. A. Mitin und **Je. L. Grigorjew,** *Nichtelastische Streuung negativer 300 MeV-π-Mesonen an komplizierten Kernen.* Die Winkel- u. Energieverteilung der π^- nach der unelast. Streuung an den Kernen einer Photoemulsion von 0,4 mm Dicke wurde untersucht. Die Pionen wurden durch Beschuß von Graphit mit 670 MeV-Protonen erzeugt. Auf 20 cm² wurden 4900 Fälle von Wechselwrkg. der π^- mit Kernen registriert. Darunter waren 122 unelast. Streuungen mit Bahnen von mehr als 2 mm Länge, weiterhin wurden 16 Fälle herangezogen, in denen das gestreute Meson eine Energie von 0—12 MeV hatte. Der mittlere Energieverlust der Pionen bei der unelast. Streuung betrug 220 MeV, die Winkelverteilung zwischen 10—180° zeigte ein Minimum bei 90°. Die Befunde sind mit der Annahme einer Reihe aufeinanderfolgender Stöße der π^- mit den Nucleonen des Kerns verträglich. Es wurden ferner 2 Fälle der Erzeugung geladener Pionen beobachtet, die als $\pi^- + p \rightarrow \pi^- + \pi^+ + n$ gedeutet werden. Für den Wirkungsquerschnitt würde sich eine obere Grenze von 10^{-28} cm² ergeben. (Доклады Академии Наук СССР [Ber. Akad. Wiss. UdSSR] **103.** 219—22. 11/7. 1955. Inst. für Kernprobleme der Akad. der Wiss. der UdSSR.) M. Wiedemann. 90

I. Kobsarew und **I. Schmuschkewitsch,** *Beziehungen zwischen den Wahrscheinlichkeiten der drei Typen der Nucleon–Antinucleon-Vernichtung.* Auf der Grundlage der Hypothese der Isotopeninvarianz werden die Wahrscheinlichkeiten für verschied. Typen der Nucleon–Antinucleon-Vernichtung unter Bldg. von zwei Mesonen $w_{\pi^0+\pi^0}$, $w_{\pi^++\pi^-}$ u. $w_{\pi^\pm+\pi^0}$ diskutiert u. Beziehungen zwischen ihnen aufgestellt. (Доклады Академии Наук СССР [Ber. Akad. Wiss. UdSSR] **102.** 929—32. 11/6. 1955.) M. Wiedemann. 90

I. Schmuschkewitsch, *Über die Ableitung der Beziehungen zwischen den Wirkungsquerschnitten, die sich aus der Hypothese über die Isotopeninvarianz ergeben.* Auf der Grundlage der Invarianz des Isotopenspins werden die Verhältnisse der Bldg. von π^+, π^- u. π^0 bei Streuung von Pionen an Nucleonen, Bldg. eines Pions beim Nucleon–Nucleon-Stoß, Bldg. zweier Pionen beim Stoß Nucleon–Deuteron, Vernichtung eines Nucleon–Antinucleon-Paares unter Bldg. zweier Pionen, Vernichtung eines Nucleon–Antinucleon-Paares unter Bldg. dreier Pionen u. Zerfall von τ-Mesonen in 3 Pionen angegeben. (Доклады Академии Наук СССР [Ber. Akad. Wiss. UdSSR] **103.** 235—38. 11/7. 1955. Leningrad, Physikal.-techn. Inst. der Akad. der Wiss. der UdSSR.) M. Wiedemann. 90

E. Fabri, *Eine Untersuchung des Zerfalls des τ-Mesons.* (Vgl. C. **1955.** 10666.) Die Winkelverteilung u. das Energiespektr. der beim Zerfall von τ-Mesonen ausgesandten π-Mesonen werden theoret. untersucht, wobei relativist. Korrekturen eingeführt werden. Beim Vgl. mit den experimentellen Daten werden die Ladungen der π-Mesonen berücksichtigt. (Nuovo Cimento [9] **11.** 479—91. 1/5. 1954. Roma, Univ., Ist. di Fis., Ist. Naz. di Fis. Nucl.) M. Wiedemann. 90

Warren W. Chupp, Gerson Goldhaber, Sulamith Goldhaber und **Francis H. Webb,** *Wechselwirkungen von negativen K-Teilchen in Ruhe.* (Sitzungsbericht.) (Physic. Rev. [2] **100.** 959. 1/11. 1955. Berkeley, Calif., Univ. of California.) Gerhard Schmidt. 90

E. M. Harth und **M. M. Block,** *Zerfall eines anomalen geladenen K-Mesons.* (Sitzungsbericht.) (Physic. Rev. [2] **100.** 959. 1/11. 1955. Duke Univ.) Gerhard Schmidt. 90

M. M. Block, E. M. Harth und **M. E. Blevins,** *Beweis für den β-Zerfall neutraler V-Teilchen.* (Vgl. vorst. Ref.) (Sitzungsbericht.) (Physic. Rev. [2] **100.** 959—60. 1/11. 1955.) Gerhard Schmidt. 90

R. J. Glauber, *Notiz über die neutrale Vektormesonentheorie.* Theoret. Betrachtungen über den Formalismus der neutralen Vektormesonentheorie u. des Eigenwertproblems für das Vektorfeld A_ν in der Heisenberg-Darstellung. (Progr. theoret. Physics [Kyoto] **10.** 690. Dez. 1953. Cambridge, Mass., Harvard Univ. [Orig.: engl.]) Gerhard Schmidt. 95

C. L. Critchfield und **Robert Lowen,** *Modell für das Potential zwischen Nucleon und Kern.* (Sitzungsbericht.) (Physic. Rev. [2] **100.** 956. 1/11. 1955. Univ. of Minnesota.) Gerhard Schmidt. 95

L. P. Rapoport und **W. A. Filimonow,** *Statistische Berechnung der Dichteverteilung von Nucleonen und die Schalenstruktur des Kerns.* Vff. stellen eine statist. Berechnung der Dichteverteilung von Nucleonen im Kern nach der RITZschen Variationsmeth. mit zwei Parametern auf. Das Resultat wird als Grundlage für den Schalenaufbau des Atomkerns benutzt u. Übereinstimmung mit dem von GOEPPERT-MAYER (C. **1951.** I. 959) vorgeschlagenen Schema erzielt. (Журнал Экспериментальной и Теоретической Физики [J. exp. theoret. Physik] **27.** 243—50. Aug. 1954. Woronesh, Univ.) J. GEIGER. 95

E. Feenberg, *Neueste Entwicklungen in der Theorie der Kernstruktur.* Übersicht über Methoden zur Best. der Quantenzahlen von Kernzuständen aus den magnet. Momenten u. der L–S-Kopplung für ungerade Massenzahlen u. den Quadrupolmomenten von Kernen ungerader Masse. Weiterhin werden herangezogen die Darst. der vergleichenden Halbwertszeiten u. Spektralverläufe in der Theorie des β-Zerfalls, die Konfigurationsanalyse u. die Regel $L = l, I = j = l \pm 1/2$, das RACAH-Symmetrietheorem, die Schalenmodellregel $L = l$, $I = j$, die Spins ungerade–ungerader Kerne u. β-Zerfallsauswahlregeln, die E1-Übergänge sowie die Konfigurationswechselwrkg. u. Schalenstruktur. — 82 Literaturhinweise. (Annu. Rev. Nuclear Sci. **1.** 43—66. 1952. St. Louis, Mo., Washington Univ.) GERHARD SCHMIDT. 95

T. Lauritsen, *Energieniveaus leichter Kerne.* Diskussion über die Energieniveaus von Kernen mit 20 oder weniger Teilchen aus Beobachtungen der Anregungsenergie u. der Erzeugungs- u. Zerfallsraten. Die Annahme der Ladungsunabhängigkeit spezif. Kernkräfte könnte eine gute Annäherung an die wahren Verhältnisse innerhalb des Kerns liefern. Wiedergegeben werden die Niveauschemata von ^{5}He, ^{6}He, ^{5}Li, ^{6}Li, ^{7}Li, ^{8}Li, ^{9}Li, ^{6}Be, ^{7}Be, ^{8}Be, ^{9}Be, ^{10}Be, ^{8}B, ^{9}B, ^{10}B, ^{11}B, ^{12}B, ^{10}C, ^{11}C, ^{12}C, ^{13}C, ^{14}C, ^{15}C, ^{12}N, ^{13}N, ^{14}N, ^{15}N, ^{16}N, ^{17}N, ^{14}O, ^{15}O, ^{16}O, ^{17}O, ^{18}O, ^{19}O, ^{16}F, ^{17}F, ^{18}F, ^{19}F, ^{18}Ne, ^{19}Ne, ^{20}Ne u. ^{20}Na. — 62 Literaturhinweise. (Annu. Rev. Nuclear Sci. **1.** 67—96. 1952. Pasadena, Calif., California Inst. of Technol., Kellogg Radiat. Labor.) GERHARD SCHMIDT. 95

Norman Ramsey, *Kernmomente.* Übersicht über neue Methoden zur Messung von Kernmomenten (u. a. magnet. Molekularstrahlresonenzmeth., kernmagnet. Resonanzabsorptionsmeth. Audiofrequenzspektroskopie) sowie über neue Erscheinungen, die bei Kernmomentmessungen auftreten. — 115 Literaturhinweise. (Annu. Rev. Nuclear Sci. **1.** 97—106. 1952. Cambridge, Mass., Harvard Univ., Dep. of Phys.) GERHARD SCHMIDT. 95

F. E. Low und **E. E. Salpeter,** *Über die Hyperfeinstruktur von Wasserstoff und Deuterium.* Vff. diskutieren Möglichkeiten zur theoret. Erfassung des Unterschiedes zwischen Experiment u. Theorie für das Verhältnis der Hyperfeinstruktur von Wasserstoff u. Deuterium. Verschied. Formen von Neutron–Proton-Potentialen werden untersucht. Ein nichtrelativist. Ansatz zur Berücksichtigung der Abstoßungskräfte wird gegeben. Weder hierdurch noch bei Abschätzung des relativist. Ergebnisses wird der gesuchte Wert erreicht. Vff. führen die Diskrepanz auf die Struktur der Nucleonen selbst zurück. (Physic. Rev. [2] **83.** 478. 15/7. 1951. Princeton, N. J., Inst. for Adv. Stud.; Ithaca, N. Y., Cornell Univ., Labor. of Nucl. Stud.) W. GANS. 95

L. Carlton Brown und **Dudley Williams,** *Kernmagnetisches Moment von Kalium 39.* (Sitzungsbericht.) (Physic. Rev. [2] **98.** 1537. 1/6. 1955. Ohio Univ.) GERHARD SCHMIDT. 95

B. Senitzky, I. I. Rabi und **M. L. Perl,** *Quadrupolmomente von ^{85}Rb und ^{87}Rb.* (Sitzungsbericht.) (Physic. Rev. [2] **98.** 1537. 1/6. 1955. Columbia Univ.) GERHARD SCHMIDT. 95

F. A. Jenkins und **D. R. Speck,** *Kernmomente von Gadolinium aus optischer Hyperfeinstruktur.* (Sitzungsbericht.) (Physic. Rev. [2] **100.** 973. 1/11. 1955. Univ. of California.) GERHARD SCHMIDT. 95

W. G. Segleken und **H. C. Torrey,** *Quadrupolaufspaltung der Kernresonanzlinien in Alaun.* (Sitzungsbericht.) (Physic. Rev. [2] **98.** 1537. 1/6. 1955. Rutgers Univ.) GERHARD SCHMIDT. 95

Alfred O. Nier, *Masse und relative Häufigkeit von Isotopen.* (Vgl. C. **1955.** 3548.) Übersicht über Massenbestimmungen nach der massenspektrometr. Meth., mit Hilfe des Omegatrons, Cosmotrons, Synchrometers u. von Mikrowellenspektren (Atommassenverhältnis). Neue Verff. zur Best. der Änderungen der Isotopenhäufigkeitsverhältnisse werden auf ^{15}N/^{14}N aus radioakt. Erzen u. in der Atmosphäre, terristr. u. Meteor-S (^{32}S/^{34}S), Spaltproduktisotope, Xe in Te-Erzen sowie auf stabile Isotope als Tracer zur Best. des radioakt. Verzweigungsverhältnisses angewandt. — 87 Literaturhinweise. (Annu. Rev. Nuclear Sci. **1.** 137—56. 1952. Minneapolis, Minn., Univ. of Minnesota, Dep. of Phys.) GERHARD SCHMIDT. 95

T. Ahrens, *Matrixelement-Beziehungen bei der β-Zerfallstheorie und den Kernkräften.* (Sitzungsbericht.) (Physic. Rev. [2] **100.** 974. 1/11. 1955. Lockheed Aircraft Corp.) GERHARD SCHMIDT. 103

M. M. Miller und **T. Ahrens,** *Die Möglichkeit der Darstellung von β-Zerfallsspektren in Termen der Kernkräfte.* (Vgl. vorst. Ref.) (Sitzungsbericht.) (Physic. Rev. [2] **100.** 974. 1/11. 1955.) GERHARD SCHMIDT. 103

J. W. Meadows, *(p, a)- und (p, ab)-Reaktionen bei 100 MeV.* Kern-Rkk. bei Energien in der Größenordnung 100 MeV u. mehr lassen sich in unabhängige Stufen aufspalten, u. zwar in einen Kaskadenprozeß (knock-on) u. eine anschließende Nucleonenverdampfung. Die Wrkg. des Kaskadenprozesses wird nach einer Meth. ähnlich derjenigen von GOLDBERGER (vgl. C. **1948.** E. 163) ausgewertet. Querschnitte für verschied. (p, n)-, (p, 2n)-, (p, pn)- u. (p, 2p)-Rkk. an mittleren Kernen werden berechnet u. mit den experimentellen Befunden verglichen. (Physic. Rev. [2] **98.** 744—49. 1/5. 1955. Cambridge, Mass., Harvard Univ., Cyclotron Labor.) F. WEIGEL. 103

Chr. D. Hartogh, S. R. De Groot und **H. A. Tolhoek,** *Über Winkeleffekte bei Kernreaktionen, die durch unpolarisierte Teilchen ausgelöst worden sind.* Explizite Formeln für die Winkelverteilung u. Winkelkorrelation von Teilchen oder polarisierter γ-Strahlung werden für den Fall abgeleitet, daß die die Strahlung emittierenden Kerne durch den Einfang unpolarisierter Teilchen durch beliebig orientierte Kerne gebildet werden. (Physica **21.** 281—84. April 1955. Leiden, Univ., Lorentz-Inst. voor theoret. natuurk.) F. WEIGEL. 103

L. S. Cheng, *Sargent-Diagramm und vergleichende Halbwertszeiten für erlaubte K-Einfangübergänge von Kernen mit Z < 60.* (Sitzungsbericht.) (Physic. Rev. [2] **100.** 979. 1/11. 1955. Capital Univ. and Ohio State Univ.) GERHARD SCHMIDT. 103

J. G. Likely, *Die Reaktion $^6Li(p, d)^5Li$.* (Sitzungsbericht.) (Physic. Rev. [2] **98.** 1538. 1/6. 1955. Princeton Univ.) GERHARD SCHMIDT. 103

R. M. Williamson und **K. W. Jones,** *Untersuchung der Reaktionen $^7Li(p, p'\gamma)$ und und $^7Li(p,\gamma)$.* (Sitzungsbericht.) (Physic. Rev. [2] **100.** 960. 1/11. 1955. Duke Univ.; Univ. of North Carolina.) GERHARD SCHMIDT. 103

H. W. Newson, *Li(n, p)-Reaktionen nahe der Schwelle.* (Vgl. C. **1955.** 3060.) (Sitzungsbericht.) (Physic. Rev. [2] **100.** 960. 1/11. 1955. Duke Univ.) GERHARD SCHMIDT. 103

R. Batchelor, *Die Ausbeute von Neutronen aus $^7Li(p, n)^7Be^*$ für Protonenenergien zwischen 2,5 und 2,9 MeV.* Das Verhältnis der Neutronenausbeuten für die Rkk. ^{7}Li (p, n) ^{7}Be (Grundzustand) u. ^{7}Li(p, n)^{7}Be* (430 keV-Anregungszustand) wird im Bereich E_p = 2,5—2,9 MeV gemessen. (Proc. physic. Soc., Sect. A **68.** 452—53. 1/5. 1955. Harwell, Berks., AERE.) F. WEIGEL. 103

M. A. Ihsan, *Kernenergieniveaus* von *^8Be* aus *$^7Li(d, n)^8Be$.* Vf. beschießt ein ^{7}Li-Target mit 686 keV-Deuteronen u. untersucht die Neutronenenergiegruppen aus der Rk. ^{7}Li(d, n)^{8}Be. Die gefundene Gruppenstruktur deutet auf Niveaus in ^{8}Be bei 2,98, 7,53 u. wahrscheinlich 5,30 MeV. (Physic. Rev. [2] **98.** 689—90. 1/5. 1955. Punjab, Pakistan, Gov. Coll.) F. WEIGEL. 103

A. B. Robbins, *Die Reaktion $^7Li(\alpha, n)^{10}B$.* (Sitzungsbericht.) (Physic. Rev. [2] **100.** 1549. 1/12. 1955. Yale Univ.) GERHARD SCHMIDT. 103

J. Hornbostel und **E. O. Salant,** *Einfang von negativen K-Mesonen.* (Vgl. C. **1955.** 4.) Die l. c. beschriebenen Verss. wurden mit 2,8 GeV-Protonen fortgeführt. Ein Stapel abgezogener Emulsionen wurde mit einem Bündel negativer Teilchen mit dem Impuls 316 MeV/c bestrahlt, das von einem *Be*-Target unter 4° gegenüber dem Protonenbündel emittiert wurde. Aus 16 Sternen wird für deren Bldg. durch K^- eine mittlere freie Weglänge von ca. 27 cm angegeben. Der K^--Strom, bezogen auf π^-, betrug $2 \cdot 10^{-5}$. Die K^--Masse stimmte innerhalb 10% mit der τ-Masse überein. In 9 Sternen wurde die Emission eines instabilen, geladenen schweren Teilchens beobachtet, 4 von ihnen werden eingehend diskutiert. (Physic. Rev. [2] **98.** 218—19. 1/4. 1955. Upton, N. Y., BNL.) H. LIEPACK. 103

L. L. Green, J. P. Scanlon und **J. C. Willmott,** *Eine Abstreifreaktion bei niedriger Beschußenergie.* Aus einem ausgeprägten Maximum der Winkelverteilung der Neutronen bei der Rk. ^{9}Be (d, n)^{10}B zum angeregten Zustand 3,58 MeV-^{10}B wird auf einen Abstreifmechanismus geschlossen. Für $l = 1$ u. einen Radius von $5{,}7 \cdot 10^{-13}$ cm für ^{9}Be ergibt sich Übereinstimmung mit der BUTLER-Theorie. Für die BATHIA-Formel ist der entsprechende Radius $6{,}7 \cdot 10^{-13}$ cm. (Philos. Mag. [7] **44.** 919—20. Aug. 1953. Liverpool, Univ., Nucl. Phys. Res. Labor.) W. GANS. 103

F. K. Goward und **J. J. Wilkins,** *Die $^{12}C(\gamma,3\alpha)$-Reaktion und die Energieniveaus von ^8Be und ^{12}C.* An Hand von 2500 Zerfallssternen in Kernemulsionen werden der

Mechanismus der Rk. $^{12}C(\gamma, 3\alpha)$ für γ-Energien bis zu $\sim$40 MeV sowie die Winkelverteilungen u. Korrelationen der α-Teilchen untersucht. Die Rk. wird hauptsächlich durch elektr. Dipol- u. Quadrupol-γ-Wechselwrkg. ausgelöst, wobei erstere unerwartet stark bei $E_\gamma < 20$ MeV auftritt. Für $E_\gamma < 25$ MeV verläuft die Rk. hauptsächlich durch Übergänge zum ^{8}Be-Grundzustand (J = 0) sowie zu den Niveaus bei 2,95 ± 0,10 MeV (J = 2) u. 4,0 ± 0,1 MeV (J = 2 oder 4). Ist 25 MeV $< E_\gamma < 26$ MeV, so überwiegen Übergänge zu Niveaus bei 6,10 u. 15 MeV (J = 0,2 oder 4). Für $E_\gamma > 26$ MeV führen die meisten Übergänge zu bisher unbekannten Niveaus bei 16,8 ± 0,2 MeV (J = 2) u. 17,6 ± 0,2 MeV (J = 0, möglicherweise 2) u. möglicherweise zu einem weiteren 16,4 ± 0,2 MeV-Niveau (J = 0 oder 2). Der Reaktionsmechanismus läßt sich durch nebeneinander ablaufende Zerfallsarten eines Compoundkerns deuten u. zeigt den starken Einfl. der Isotopenspins T der beteiligten Niveaus von ^{12}C u. ^{8}Be. Die 2^+-Niveaus von ^{12}C, die bei 16 MeV $< E_\gamma < 20$ MeV beteiligt sind, haben T = 1, ebenso die ^{8}Be-Niveaus bei 16,8 u. 17,6 MeV. (Proc. Roy. Soc. [London], Ser. A **228.** 376—96. 8/3. 1955. Harwell, Berks., AERE.) F. WEIGEL. 103

Mira K. Jurić, *Die Winkelverteilung der Zerfallsprodukte aus den Reaktionen* $^{16}O(d, p)^{17}O$, $^9Be(d, p)^{10}Be$ *und* $^9Be(d, t)^8Be$. Die Winkelverteilung der Zerfallsprodd. aus obigen Rkk. wird im Bereich 0,60—1,45 MeV Deuteronenenergie untersucht. Es wird eine ausgeprägte Asymmetrie in der Gegend von 90° Laboratoriumswinkel gefunden. Die Ergebnisse werden auf die relativen Anteile von Abstreifprozeß u. Compoundkernbldg. hin untersucht. (Physic. Rev. [2] **98.** 85—88. 1/4. 1955. Belgrad, Inst. of Nucl. Sci. „Boris Kidrič".) F. WEIGEL. 103

Nelson Jarmie, *Die Anregungsfunktion von* $^{16}O(t, n)^{18}F$. Vf. erzeugt ^{18}F durch Beschuß dünner Glimmerschichten mit HT^+- bzw. T^+-Ionen im Energiebereich von 0,680 bis 2,130 MeV u. mißt die Anregungsfunktion der Rk. $^{16}O(t, n)^{18}F$ durch Best. der ^{18}F-Ausbeute. $T_{1/2}$ für den β-Zerfall von ^{18}F wird zu 111 ± 1 Min. bestimmt. (Physic. Rev. [2] **98.** 41—42. 1/4. 1955. Los Alamos, N. Mex., LASL.) F. WEIGEL. 103

J. R. Penning und **F. H. Schmidt,** *Zerfall von* ^{23}Ne. (Sitzungsbericht.) (Physic. Rev.[2] **100.** 954. 1/11. 1955. Univ. of Washington.) GERHARD SCHMIDT. 103

B. J. Dropesky und **A. W. Schardt,** *Zerfall von Neon 24.* (Sitzungsbericht.) (Physic. Rev. [2] **100.** 954—55. 1/11. 1955. Los Alamos Sci. Labor.) GERHARD SCHMIDT. 103

J. Seed, *Winkelbeziehungen bei der Reaktion* $^{23}Na(p, \alpha\gamma)^{20}Ne$. Der 1,63 MeV-$\gamma$-Strahl der Rk. wird dem Übergang von $^{20}Ne^*$ zum Grundzustand zugeordnet. Das zugehörige Reaktionsschema ist $^{23}Na + p \rightarrow {}^{24}Mg^*$; $^{24}Mg^* \rightarrow {}^{20}Ne^* + \alpha$; $^{20}Ne^* \rightarrow {}^{20}Ne + \gamma$. Aus der Winkelverteilung der γ-Strahlen zu den 90°-α-Teilchen ergibt sich ein (2+)-Zustand für das 1,63 MeV-Niveau in ^{20}Ne. (Philos. Mag. [7] **44.** 921—23. Aug. 1953. Cambridge, Cavendish Labor.) W. GANS. 103

A. Rubin, F. Ajzenberg und **Hans Mark,** *Energieniveaus in* ^{28}Si. (Sitzungsbericht.) (Physic. Rev. [2] **100.** 961. 1/11. 1955. Boston, Univ., MIT.) GERHARD SCHMIDT. 103

A. Sperduto und **W. W. Buechner,** *(p, p')- und (p, α)-Reaktionen von Kalium.* (Sitzungsbericht.) (Physic. Rev. [2] **100.** 961. 1/11. 1955. MIT.) GERHARD SCHMIDT. 103

H. Morinaga, *(γ, p)- und (γ, n)-Ausbeuteverhältnisse bei selbstkonjugierten Kernen.* Es wird eine Formel für das Ausbeuteverhältnis r_{pn} von (γ, p)- u. (γ, n)-Rkk. in konjugierten Kernen abgeleitet. Für ^{12}C, ^{16}O, ^{24}Mg, ^{28}Si, ^{30}S u. ^{40}Ca ist r_{pn} 1,6, 1,9, 3,6, 4,4, 5,6 bzw. 9,7. Die Summe der integrierten γ, p- u. γ, n-Querschnitte ist für ^{12}C 0,046, ^{16}O 0,054, ^{24}Mg 0,047, ^{28}Si 0,049, ^{30}S 0,074 u. für ^{40}Ca 0,078. Die Rechnungen werden mit den experimentellen Befunden für γ, p-Ausbeuten an ^{24}Mg, ^{28}Si, S u. Ca (vgl. nachst. Ref.) verglichen. (Physic. Rev. [2] **97.** 1185. 15/2. 1955. Lafayette, Ind., Purdue, Univ.) F. WEIGEL. 103

Sven A. E. Johansson, *Ausbeute von Photoprotonen aus einigen leichten Elementen.* Vf. mißt die Protonenausbeute aus (γ, p)-Rkk. an *Mg, Si, S* u. *Ca* relativ zu Al in der Weise, daß dünne Schichten (30 mg/cm²) dieser Elemente mit Synchrotron-γ-Strahlen bestrahlt u. die Sekundärprotonen in Kernemulsionen registriert werden. Die integrierten γ, p-Querschnitte (in MeV-barn) betragen 0,16 (^{24}Mg), 0,27 (^{28}Si), 0,32 (S), 0,44 (Ca), die entsprechenden γ, n-Werte sind 0,057, 0,070, 0,069 bzw. 0,065. Diese Werte liegen $\sim$20% tiefer als die von MORINAGA (vgl. vorst. Ref.) berechneten, was durch vereinfachte Annahmen der Theorie erklärt wird. (Physic. Rev. [2] **97.** 1186. 15/2. 1955. Lund, Univ.) F. WEIGEL. 103

H. S. Plendl und **F. E. Steigert,** *Niveaus in* ^{41}Sc. (Sitzungsbericht.) (Physic. Rev. [2] **98.** 1538. 1/6. 1955. Yale Univ.) GERHARD SCHMIDT. 103

J. M. Le Blanc, J. M. Cork und **S. B. Burson,** *Der Zerfall des metastabilen 3,5-Minuten-Zustandes von* ^{122}Sb. Vff. erzeugen das 3,5 Min.-^{122m}Sb durch Beschuß von angereicher-

tem ^{121}Sb im Reaktor u. messen die auftretenden Strahlungen mit einem photograph. 180°-Magnetspektrometer u. einem Zehnkanal-Koinzidenzscintillationsspektrometer. Gefunden werden 2 stark konvertierte γ-Strahlen bei 60,7 u. 75,3 keV, die in Kaskade emittiert werden. Die 75,3 keV-Strahlung ist stärker konvertiert als die 60,7 keV-Strahlung u. wird als der eigentliche Isomerenübergang angesehen. Das Zerfallsschema wird aufgestellt. (Physic. Rev. [2] **98.** 39—40. 1/4. 1955. Lemont, Ill., ANL.)
F. Weigel. 103

L. W. Fagg, E. A. Wolicki, R. O. Bondelid, K. L. Dunning und **S. Snyder,** *Coulomb-Anregung von Energieniveaus in Te und Ag.* (Sitzungsbericht.) (Physic. Rev. [2] **98.** 1538. 1/6. 1955. Nav. Res. Labor.) Gerhard Schmidt. 103

G. R. Bishop und **J. P. Perez Y Jorba,** *Spins und Paritäten der angeregten Zustände von ^{140}Ce und ^{88}Sr.* Die Winkelkorrelationen u. Richtungs–Polarisations-Korrelationen der γ-Strahlen von ^{140}Ce u. ^{88}Sr werden gemessen. Spins u. Paritäten werden wie folgt zugeordnet: ^{140}Ce 2,42 MeV, 3^-; 2,09 MeV, 4^+; 1,60 MeV, 2^+; ^{88}Sr 2,78 MeV, 3^-; 1,87MeV, 2^+. Die Zerfallsschemata der Systeme $^{88}Y \rightarrow {}^{88}$Sr u. $^{140}La \rightarrow {}^{140}$Ce werden angegeben. (Physic. Rev. [2] **98.** 89—94. 1/4. 1955. Oxford, Clarendon Labor.) F. Weigel. 103

T. H. Handley, W. S. Lyon und **E. L. Olson,** *Holmium 167.* (Vgl. C. **1955.** 1435; **1956.** 14.) In Ergänzung zu l. c. wird eine Ho-Fraktion abgetrennt, in der sich die bekannten Aktivitäten von 27,2 Std. ($^{166\,m}$Ho), 30 Jahre (^{166}Ho) sowie eine neue 3 Std.-Aktivität finden. Diese wird ^{167}Ho zugeordnet, das durch die Rkk. ^{170}Er(p, α)^{167}Ho u. ^{167}Er(n, p)^{167}Ho entstanden ist u. unter Emission zweier β-Teilchen von 1,0 u. 0,28 MeV sowie zweier γ-Strahlen von 0,35 u. 0,70 MeV zerfällt. (Physic. Rev. [2] **98.** 688—89. 1/5. 1955. Oak Ridge, Tenn., ORNL.) F. Weigel. 103

F. T. Porter, M. S. Freedman, T. B. Novey und **F. Wagner jr.,** *In 1. Ordnung verbotene gewöhnliche β-Spektren in ^{186}Re.* Vff. untersuchen das β-Spektr. von ^{186}Re mit Hilfe von angereicherten ^{186}Re-Präpp. (6 mm Durchmesser, $<0,1\%$ ^{188}Re, 10 μg/cm^2, aufgedampft auf 100 μg/cm^2 Al) in einem Doppellinsenspektrometer (Durchlässigkeit 6%; Auflösungsvermögen 6%). γ-Strahlen werden mit 3%ig. Geometrie in einem NaJ(Tl)-Scintillationskristall erfaßt, β-Teilchen in einem Anthracenscintillator. Gemessen werden schnelle ($2\,\tau_F = 0{,}12\,\mu$sec) u. langsame ($2\,\tau_F = 2{,}6\,\mu$sec) Koinzidenzen. Eine Analyse der erhaltenen Daten mittels Kurie-Diagramm liefert folgende Ergebnisse: Beim Vgl. mit dem Spektr. von ^{198}Au (erlaubt) zeigt das ^{186}Re-Koinzidenzspektr. unterhalb von 500 keV eine Abweichung nach unten, die bei 300 keV $\sim 13 \pm 2\%$ beträgt u. mit Sicherheit nicht vom α-Typ ist. E_0 wird zu 936 keV gefunden in guter Übereinstimmung mit $E_0 = 1074$ keV für den Grundzustand u. $E_\gamma = 137{,}1 \pm 0{,}2$ keV. Die Winkelkorrelation zwischen 137 keV-γ u. 500 keV-β ist anisotrop; es ist W (180°)–W (90°)/W (90°) $= +0{,}08 \pm 0{,}02$. Zieht man das beobachtete Koinzidenzspektr. vom Spektr. der Einzelimpulse ab u. normalisiert auf $E_0 = 1073$ keV, so wird eine Grundzustandskurve erhalten, die ähnlich derjenigen für die innere Gruppe ist u. eine Häufigkeit von $78 \pm 2\%$ besitzt. Aus *ft*-Werten u. der Gestalt der beiden β-Zweige ergibt sich als Spinzuordnung 1—. (Physic. Rev. [2] **98.** 214—15. 1/4. 1955. Lemont, Ill., ANL, Chem. Div.) F. Weigel. 103

Franz R. Metzger, *Spin und Lebensdauer des 439 keV-Anregungszustandes von ^{202}Hg.* Vf. untersucht an einer Quelle von ^{202}Tl (Metall, auf Pt elektrolyt. abgeschieden) bei 1000° die Kernresonanzfluorescenz aus dem 439 keV-Niveau von ^{202}Hg u. bestimmt deren Winkelverteilung. Die Kurve für den differentiellen Querschnitt als Funktion des Streuwinkels entspricht der theoret. Kurve unter Annahme von Spin 2 für den angeregten u. Spin 0 für den Grundzustand. Die Lebensdauer für den 439 keV-Zustand wird zu $\tau_\gamma = (3{,}5 \pm 0{,}7) \cdot 10^{-11}$ sec gefunden. Nimmt man einen totalen Konversionskoeff. von $4 \cdot 10^{-2}$ für diesen elektr. Quadrupolübergang an, so erhält man $\tau_\gamma = (3{,}4 \pm 0{,}7) \cdot 10^{-11}$ sec. (Physic. Rev. [2] **98.** 200—01. 1/4. 1955. Swarthmore, Pa., Bartol Res. Found. of Franklin Inst.) F. Weigel. 103

F. A. Aschenbrenner, *Protonen niedriger Energie aus mit 15 MeV-Deuteronen beschossenen Targets.* Die beschriebene Teilchenauswahlmeth. gestattet es, auf einfache Weise die Reaktionsteilchen aus durch Deuteronen ausgelösten Rkk. zu erkennen. Die Protonenspektren von ^{93}Nb, $^{107,109}Ag$, $^{121,123}Sb$, ^{181}Ta, ^{206}Pb, ^{207}Pb, ^{208}Pb u. ^{238}U werden unter verschied. Winkeln gemessen, das Spektr. aus Ta überdies bei verschied. Deuteronenenergien im Bereich von 10,5—15 MeV. Die bei niedrigen Energien liegenden Teile der Protonenspektren zeigen einen Coulomb-Walleffekt. Dieser Effekt ist von demjenigen verschieden, der gewöhnlich beobachtet wird, wenn Protonen aus einem Compoundkern den Coulomb-Wall durchdringen. Das Verh. des beobachteten Durchdringungseffekts als Funktion von Laboratoriumswinkel, Z, A u. E_d wird untersucht.

(Physic. Rev. [2] **98.** 657—65. 1/5. 1955. Cambridge, Mass., MIT, Phys. Dep. and Labor. for Nucl. Sci.) F. Weigel. 103

N. A. Perfilow und **W. I. Osstroumow,** *Über die Sternbildungs- und Teilungsprozesse bei der Einwirkung von 460 MeV-Protonen auf Wolfram- und Wismutkerne.* Photoemulsionen wurden mit W u. Bi in Form der Metalle oder der Oxyde beladen u. bei der Einw. von 460 MeV-Protonen folgende Wirkungsquerschnitte erhalten: Bi, Sternbldg. $(0{,}63 \pm 0{,}20) \cdot 10^{-24}$ cm², Spaltung $(6{,}4 \pm 1{,}1) \cdot 10^{-26}$ cm², W $(0{,}54 \pm 0{,}21) \cdot 10^{-24}$ cm² bzw. $(0{,}63 \pm 0{,}45) \cdot 10^{-26}$ cm². Die Zertrümmerung an den schweren Kernen, die ohne Aussendung sichtbarer Bahnen verläuft, wird ebenfalls abgeschätzt. Das Energiespektr. der bei sämtlichen Kernzertrümmerungen auftretenden Protonen entspricht einer Anregungstemp. von 2 MeV, das der α-Teilchen von 4 MeV, wie ein Vgl. mit der Verdampfungskurve ergab. (Доклады Академии Наук СССР [Ber. Akad. Wiss. UdSSR] **103.** 227—28. 11/7. 1955. Chlopin-Strahlungsinst. der Akad. der Wiss. der UdSSR.) M. Wiedemann. 103

W. P. Schamow und **O. W. Loshkin,** *Asymmetrie der Bahnen von Spaltprodukten bei der Spaltung schwerer Kerne mit ultraschnellen Teilchen.* Feinkörnige Emulsionen wurden mit *U*, *Bi* u. *W* beladen u. mit 660 MeV-Protonen beschossen. Bei niedrigen Anregungsenergien (∼100 MeV) der Kerne war bei Bi der Anteil der symm. Spaltung größer als bei Uran. Mit zunehmender Anregungsenergie nahm der Anteil der asymm. Spaltung zu. Bei Anregungsenergien von 400 MeV war der Charakter der Spaltung bei U, Bi u. W derselbe. (Доклады Академии Наук СССР [Ber. Akad. Wiss. UdSSR] **103.** 233. 11/7. 1955. Chlopin-Strahlungsinst. der Akad. der Wiss. der UdSSR.) M. Wiedemann. 103

J. G. Cuninghame, *Die Kette ^{79}As–^{79m}Se bei der Spaltung von ^{235}U mit langsamen Neutronen.* Das Auftreten von ^{79}As bei der Spaltung von ^{235}U wurde nachgewiesen u. die Halbwertszeit zu $9{,}01 \pm 0{,}15$ Min. bestimmt. Die zugehörige β-Energie ist $2{,}3 \pm 0{,}1$ MeV u. die Spaltausbeute $(5{,}3 \pm 0{,}5) \cdot 10^{-2}$%. ^{79m}Se besitzt eine Halbwertszeit von $3{,}88 \pm 0{,}06$ Min. u. eine maximale Konversionselektronenenergie von 98 ± 14 keV. (Philos. Mag. [7] **44.** 900—06. Aug. 1953. Harwell, Berks., AERE.) W. Gans. 103

—, *Die Radioisotope in der Industrie.* Techn. Anwendungsbeispiele für die Radioisotope in der Viscoseherst., Textilindustrie u. im Kraftfahrzeugbau. (Monitore tecn. **59.** 38. Mai/Juni 1953.) W. Metzener. 106

L. J. Sharman und **K. J. McCallum,** *Chemische Einflüsse der Reaktion $^{12}C(\gamma, n)^{11}C$ in wasserfreiem Natriumcarbonat.* Wasserfreies Na_2CO_3 in Lucitkapseln wurde im Betatron (maximale Energie 24 MeV) bestrahlt. Die Intensität am Präp. variierte zwischen 1000 u. 2000 r/Min. bei den verschied. Versuchen. Die Bestrahlungsdauer betrug 10 oder 20 Minuten. Zerfallsmessungen an den bestrahlten Proben wiesen auf die Bldg. von ^{15}O, ^{11}C u. geringen Mengen ^{24}Na hin. Die Gesamtaktivität von ^{11}C wurde 30 Min. nach der Bestrahlung durchgeführt. Zur Unters. der ^{11}C-Aktivität der gasförmigen Prodd. wurde das Carbonat in W. gelöst u. kurz vor dem Ansäuern bereits bekannte Mengen CO u. CH_4 durch die Lsg. geleitet. Zuerst wurde CO_2 in NaOH-Lsg. absorbiert, dann das Gas über erhitztes CuO zur Oxydation von CO in CO_2 geleitet u. das CO_2 in NaOH-Lsg. absorbiert. Die Restgase wurden bei 800° über CuO geleitet, wobei CH_4 zu CO_2 oxydiert wurde. Die ^{11}C-Aktivität in CO_2 wurde zu 22 ± 1% der Gesamtaktivität gefunden, die des CO zu 1 ± 1%. Zur Unters. der nicht gasförmigen Prodd., die ^{11}C enthielten u. die sich in der Lsg. der bestrahlten Verb. gebildet hatten, wurde das Carbonat in W. gelöst, mit den gewünschten Trägern versetzt u. angesäuert. Durch Vorverss. wurde festgestellt, daß die ^{11}C-Aktivität in *Ameisensäure* (**I**), *Oxalsäure* (**II**), *Glyoxalsäure* (**III**) u. *Glykolsäure* (**IV**) vorhanden ist. Die gemessenen Aktivitäten betrugen 3 ± 1% für **I**, 39 ± 1% für **II**, 24 ± 1% für **III** u. 10 ± 2% für **IV**. Die Verteilung der ^{11}C-Aktivität zwischen den beiden C-Atomen von **III** u. **IV** wurde untersucht. Für **III** wurde gefunden, daß 24 ± 2% der Gesamtaktivität in der Säure in dem Carboxyl-C war; bei **IV** war 10 ± 7% der Gesamtaktivität der Säure in dem C-Atom der Alkoholgruppe. Es wird ein Mechanismus für die Bldg. der verschied. Verbb. vorgeschlagen. (J. Amer. chem. Soc. **77.** 2989—92. 5/6. 1955. Saskatoon, Univ. of Saskatchewan, Dep. of Chem.) C. Gottfried. 108

A. G. Maddock und **N. Sutin,** *Verteilung radioaktiver Rückstoßprodukte von Neutroneneinfängen.* Vff. schmolzen reines *Triphenylarsin* (**I**) im Vakuum in Quarzampullen ein u. bestrahlten es eine Woche lang im Reaktor mit einem Neutronenfluß von $\sim 10^{10}$ Neutronen/cm²/sec. Das Prod. wurde in reinstem luftfreiem Bzl. gelöst u. chromatograph. getrennt. Dabei wurden 5 Fraktionen erhalten: **I**, Diphenylarsinoxyd, Phenylarsinoxyd, eine Mischung von Phenyl- u. Diphenylarsensäure u. Arsenat. **I** enthält noch instabile Prodd., wie Phenyl- u. Diphenylarsinradikale, die Hydride AsPhH u. $AsPh_2H$ u. Ph_2As—$AsPh_2$. Das Arsenat entstammt einer Sekundär-Rk. zwischen elementarem As u. dem als Eluierungsmittel verwendeten NaOCl. (Res. Corresp., Suppl. zu: Research **6.** Nr. 1. 7 S—8 S. Jan. 1953. Cambridge, Dep. of Chem., Radiochem. Labor.) MAX SCHMIDT. 108

Jaromír Malý und **Růžena Šimáňová**, *Über die Wertigkeit des durch (n, γ)-Reaktion dargestellten* $^{76}_{33}As$. Nach Bestrahlung von Neutronen ist im Na-Kakodylat, As_2O_3 u. $Na_2HAsO_4 \cdot 7H_2O$, das entstandene radioakt. As größtenteils 3wertig. Nach Erhitzen oder Stehen geht es in radioakt. As(V) über. Die Ursache dieser Erscheinung ist die oxyd. Wrkg. des Luftsauerstoffs. Wenn man radioakt. As-Präpp. mit konz. HCl erhitzt, so wird alles 3wertige As 5wertig. (Chem. Listy **49.** 814—20. Juni 1955. Praha, Českoslov. Akademie věd., Fys. ústav. [Orig.: tschech.]) B. HÁJEK/Prag. 108

A. G. Maddock und **N. Sutin**, *Die chemischen Wirkungen des Strahlungseinfanges thermischer Neutronen.* 3. Mitt. *Triphenylarsin und Triphenylstibin.* (2. vgl. GREEN u. Mitarbeiter, C. **1956.** 1795.) Triphenylarsin u. Triphenylstibin wurden eine Woche lang einer Bestrahlung mit therm. Neutronen (10^{10} Neutronen/cm^2 sec) ausgesetzt. Die bestrahlten Präpp. wurden chromatograph. getrennt. Messung der spezif. Aktivitäten ergab als Folgeprodd. des Neutroneneinfanges radioakt. ^{76}As in Form von *Phenyl-* u. *Diphenylarsinoxyden* bzw. Arsonsäuren [$Ph_2AsOAsPh_2$, $PhAsO$, Ph_2AsOOH u. $PhAsO \cdot (OH)_2$] von elementarem As u. in Form der Ausgangssubstanz. Als Primärprodd. sind die Hydride (Phenyl- u. Diphenylarsin) sowie die Radikale der Ausgangsprodd. anzusehen. In den bestrahlten Kristallen laufen danach therm. Rkk. ab. Die Sb-Verb. verhält sich beim Neutroneneinfang ähnlich, doch sind die Verteilung von ^{122}Sb u. ^{124}Sb auf die Folgeprodd. etwas verschieden voneinander. (Trans. Faraday Soc. **51.** 184—96. Febr. 1955. Cambridge, Chem. Labor.) H. C. WOLF. 108

William H. Hamill und **Russell R. Williams jr.**, *Über den Mitreißeffekt („scavenger effect") bei der (n, γ)-Reaktion in Tetrachlorkohlenstoff.* Der Beschuß von fl. CCl_4 mit Neutronen ergibt ^{38}Cl (38,5 Min.). Etwa 40% der erzeugten Aktivität wird in organ. Form zurückgehalten. Gelöstes Chlor vermindert die zurückgehaltene Aktivität, maximal bei einer Konz. von 6 Mol-% auf ca. 25%, umgekehrt erhöht Allylchlorid die zurückgehaltene Aktivität maximal bei 5 Mol-% auf ca. 53%. Keiner dieser Effekte ist von der Intensität der gesamten nichtaktivierenden Reaktorstrahlung abhängig. Es wird daher ein Mechanismus angenommen, bei dem zunächst eine Spaltung in Atome bzw. Radikale u. anschließende Wiedervereinigung eintritt. Durch das Zusammentreffen $CCl_3 + Cl^* \rightarrow CCl_3Cl^*$ wird organ. Aktivität erzeugt, die zurückbleibt. Die Wiedervereinigung $Cl + Cl^* \rightarrow ClCl^*$ geschieht im bestimmten Verhältnis zum Durchschnitt u. ruft die anorgan. Aktivität hervor. Zusatz von Cl_2 vermindert die organ. Aktivität durch Abfangen organ. Radikale gemäß $CCl_3 + Cl_2 \rightarrow CCl_4 + Cl$. Für die Erhöhung der organ. Aktivität bei Ggw. von C_3H_5Cl wird die Rk. $Cl + C_3H_5Cl \rightarrow C_3H_5Cl_2$ angenommen, wobei durch Verminderung der Cl-Atomkonz. die Wahrscheinlichkeit für die Bldg. von $ClCl^*$ herabgesetzt wird. (J. chem. Physics **22.** 53—56. Jan. 1954. Notre Dame, Ind., Univ. of Notre Dame, Chem. Dep.; Upton, N. Y., BNL.) H. MENKE. 108

Marilyn Grace Alder und **Henry Eyring**, *Eine Näherung für die Kinetik der strahlungsinduzierten Zersetzung gewisser organischer Molekeln in Lösung.* Die Kinetik strahlenchem. Rkk. in wss. Lsgg. wird gemessen u. theoret. mit Hilfe des Massenwirkungsgesetzes zu deuten gesucht. Werden in O_2-haltigem W. die Radikale H, OH u. HO_2 durch die Rkk. $H_2O \xrightarrow{cI} H + OH$ (I) u. $H + O_2 \xrightarrow{k'''} HO_2$ (**II**) erzeugt u. erfolgt die Rekombination nach $H + OH \xrightarrow{k''} H_2O$ (**III**), wobei I = Strahlungsintensität = const u. c = Lösungsaktivierungswirksamkeit der eingestrahlten Quanten ist, so gilt als Bedingung für den stationären Zustand: $d[O_2]/dt = d[OH]/dt = d[H]/dt = d[HO_2]/dt = 0$ (**IV**). Ist ferner $[S_0]$ = Konz. der gelösten Substanz zur Zeit t = 0; [S] = desgleichen zur Zeit t u. [S′] = Konz. der Reaktionsprodd. zur Zeit t, so gilt $[S] + [S'] = [S_0]$ (**V**). Die Aktivierung der gelösten Moll. durch die verschied. Radikale läßt sich dann durch folgende Gleichungen darstellen: $OH + S \xrightarrow{k} S'$ (**VI**) (m aktivierende Wechselwirkungen pro Radikal), $H + S \xrightarrow{k'} S'$ (**VII**) (n aktivierende Wechselwirkungen) u. $HO_2 + S \xrightarrow{k_1} S'$ (**VIII**) (p aktivierende Wechselwirkungen). Die Gesamtänderung von [S] pro Zeiteinheit ist dann gegeben durch die Differentialgleichung: $d[S]/dt = -(k[OH] + k'[H] + k_1[HO_2])[S] = \gamma'[S]$ (**IX**). Die Integration von **IX** im Bereich t = 0 bis t liefert $ln([S]/[S_0]) = -\gamma' t = -\gamma It$ (**X**), wobei unter Berücksichtigung der Gleichungen **V**, **VI**, **VII** u. **VIII** γ sich wie folgt schreiben läßt: $\gamma = kc/(k''[H] + m'k[S_0]) + k'c(1 + k'''[O_2]/p'k'[S_0]) \cdot (k''[OH] + k'''[O_2] + n'k'[S_0])$ (**XI**) mit m′, n′, p′ = const. Wird die Ionenausbeute als $\Phi = \gamma[S_0]$ definiert, so ergibt sich, daß $\Phi = \Phi([O_2], [S_0])$, u. da in allen Experimenten $[O_2] \approx 10^{-4}$ Mol ≈ const gesetzt werden kann, ist sogar $\Phi = \Phi([S_0])$ anzunehmen. Schreibt man Φ in der Form $\Phi = [S_0]/(a + b[S_0]) = \alpha[S_0]/(\beta + [S_0])$ (**XII**) mit $\alpha = b^{-1}$ u. $\beta = a/b$, so ist $a = (k'k''n'[H] + kk''m'[OH] + kk'''m'[O_2])/\{ckk'(m' + n')\}$ —

$\{m'n'/ckk'(m'+n')^2\}\{kk''[OH]+kk'''[O_2]+k'k''[H]+kk'''m'[O_2]/p'\}$ (**XIII**) u. $b = m'n'/[c(m'+n')]$ (**XIV**). Die Gleichung **XII** wird für eine Reihe von prakt. Fällen geprüft u. gute Übereinstimmung mit dem Experiment gefunden, wenn $m = n = p = m' = n' = p' = 1$ gesetzt werden. Die sich für die untersuchten Fälle ergebenden Werte von α, β u. c sind tabelliert, alle Ergebnisse sind graph. dargestellt. (Nucleonics **10.** Nr. 4. 54—57. April 1952. Salt Lake City, Ut., Univ. of Utah, Radiobiol. Labor.)
F. Weigel. 108

Bernhard Hess, *Neutronendosismessung.* Die Strahlung schneller Neutronen, die an 1 g W. 93 erg kinet. Strahlungsenergie abgibt, hat die Dosis $1r_n$. Zwei Neutronendosisleistungsmesser werden beschrieben. Die Ionisationskammer besteht aus einem Ionisationsraum mit Cellophanwänden, der sowohl auf Neutronen als auch auf γ-Strahlen anspricht, u. einem oder 2 Ionisationsräumen mit Al-Wänden, deren γ-Ionisation zur Kompensation der γ-Ionisation des Cellophanionisationsraums benutzt wird. Durch kondensatorartige Anordnung mehrerer Cellophanwände kann ein großes Luftvol. für die Ionisation durch Neutronen verwendet werden. Diese Neutronendosimeter gestatten die Messung von Toleranzdosisleistungen. (Z. angew. Physik **5.** 297—302. Aug. 1953. Regensburg.) Max Schmidt. 112

J. T. Bracken, E. A. Rollor und **J. A. Mohrbacher,** *Wirkungen in starken γ-Feldern arbeitender Proportionalzähler.* (Sitzungsbericht.) (Physic. Rev. [2] **100.** 972. 1/11. 1955. Convair Aircraft Corp.) Gerhard Schmidt. 112

H. Sherman, *Eigenschaften halogengelöschter Geiger-Zähler.* (Sitzungsbericht.) (Physic. Rev. [2] **100.** 972. 1/11. 1955. New York Univ.) Gerhard Schmidt. 112

E. Fenyves, *Die Ausbeute von selbstlöschenden Geiger-Müller-Zählern für Höhenstrahlteilchen.* Vf. zeigt, daß die Diskrepanz zwischen experimentellen u. theoret. Werten für die Ausbeute von Geiger-Müller-Zählern für Teilchen der Höhenstrahlung in der Meth. selbst begründet liegt. Mit Hilfe spezieller Schaltungen u. einer App., die nur auf die durchdringende Komponente der Höhenstrahlung anspricht, läßt sich eine Ausbeute > 99,9% erzielen. (Acta physica Acad. Sci. hung. **4.** 363—74. 1955. Budapest, Central Res. Inst. for Phys., Dep. for cosm. rays.) D. Hahn. 112

D. C. Moore und **R. J. Hanson,** *Čerenkov-Zähler für energiereiche Höhenstrahlen.* (Sitzungsbericht.) (Physic. Rev. [2] **100.** 972. 1/11. 1955. Univ. of Nebraska.)
Gerhard Schmidt. 112

E. Gatti und **A. Persano,** *Stromschwankungen in Coronazählern.* Theoret. Analyse des dynam. Verh. des Coronastroms u. Aufstellung einer Gleichung, welche die Tatsache berücksichtigt, daß der Multiplikationsfaktor vom elektr. Feld am Draht abhängt, das durch die angelegte Zählerspannung u. durch die Raumladungsverteilung bestimmt wird. (Nuovo Cimento [9] **10.** 686. 1/5. 1953. Milano, Labor. CISE.) Gerhard Schmidt. 112

P. M. Endt und **C. H. Paris,** *Eine neue photographische Methode zur Geschwindigkeitsspektrographie von Neutronen.* 2. Mitt. (1. vgl. C. **1951.** I. 3147.) Beschreibung von Einzelheiten der Neutronengeschwindigkeitsspektrographie nach der l. c. beschriebenen Methode. Die App. besteht aus einer Empfängeranordnung für die Neutronen (BF_3-Proportionalzähler, Impulsverstärker, Diskriminator usw.), einem Zeitgeber, einer Neutronenquelle (Beschuß von Schwerem Eis mit 100 keV-Deuteronen) u. einem Densitometer. Diskussion der Meßfehler u. des Auflösungsvermögens. (Physica **18.** 387—98. Juni/Juli 1952. Utrecht, Rijks-Univ., Phys. Labor.) H. C. Wolf. 112

Charles V. Robinson, *Verbesserte Methan-Proportionalzählmethode zur Tritiumbestimmung.* (Vgl. C. **1952.** 176.) Die Verbesserung gegenüber der l. c. beschriebenen Meth. besteht hauptsächlich in der Ersetzung des ursprünglichen Glassyst. durch ein Metallsystem. Die App. besteht aus einem Vakuumsyst. mit mechan. Vakuumpumpe, Zählkammern u. einem Standard-Verstärkeruntersetzergerät. Die Meth. schließt die Rk. einer markierten wss. Probe mit einer Methyl-Grignard-Reagens zur Erzeugung von markiertem Methan, Reinigung, Überführung des Gases in eine Zählkammer u. Arbeitsweise der Kammer als ein Proportionalzähler ein. Für jede Prüfung ist ein Probenvol. von 0,2 ml u. 8 ml n-CH_3MgJ, gelöst in Butyläther, erforderlich. Der Wirkungsgrad der Meth. beträgt 11%. (Nucleonics **13.** Nr. 11. 90—91. Nov. 1955. Boston, Mass., New England Center Hosp., Phys. Dep.) Gerhard Schmidt. 112

W. B. Mann und **H. H. Seliger,** *Verbesserungen bei der radioaktiven Standardisierung durch 4π-β-Zählung.* Die Fehlermessungen (Absorption u. Rückstreuung) werden in der Weise durchgeführt, daß die Strahlenquelle als dünne Schicht zwischen 2 Filme gelegt wird. Verwendet werden Formvar–Polystyrol- u. vergleichsweise *Au*-Folien (15 $\mu g/cm^2$). (J. Res. nat. Bur. Standards **50.** 197—200. April 1953. Washington, D. C.)
G. Zaeschmar. 112

J. N. Eastabrook und **J. W. Hughes,** *Eliminierung der Totzeitkorrekturen bei überwachten Geiger-Zähler-Röntgenmessungen.* Vff. beschreiben eine Schaltanordnung, die verhindert, daß weder Spektrometer noch Monitor anzeigen, solange eine Zähler gelöscht ist; dadurch fallen sonst notwendige Korrekturen weg, während die Zählzeit um ~ 30% verlängert werden muß. (Res. Corresp., Suppl. zu Research **6.** Nr. 1. 7 S. Jan. 1953. Cardiff, Univ. Coll., Viriamu Jones Labor.) MAX SCHMIDT. 112

Shinsuke Tanaka, Takuya Nasu und **Tomoharu Yamada,** *Ein hochempfindlicher Geiger-Müller-Zähler für mittelharte Röntgenstrahlung und seine Anwendung.* Das Prinzip des für mittelharte Röntgenstrahlung sehr empfindlichen GEIGER-MÜLLER-Doppelzählers beruht auf dem durch den gebündelten Röntgenstrahl auf der Kathode verursachten photoelektr. Effekt. Es wird eine mit Pb belegte keilförmige Kathode verwendet, zu der, symm. zu den Keilflächen, 2 Drahtanoden gespannt sind. Durch parallele Verb. der Anoden wird eine gegenseitige Kompensation der krit. Charakteristiken der Winkelabhängigkeit erreicht u. ein Plateau großer Empfindlichkeit für einen Einfallswinkel von einigen Grad erhalten. Der Wirkungsgrad beträgt über 20% für Röntgenstrahlen mit Energien über 100 kV. (Technol. Rep. Osaka Univ. **3.** Nr. 55/73. 1—4. März 1953. Dep. of Appl. Phys. and Precis. Machin. [Orig.: engl.]) G. TÖLG. 112

T. R. Kohler und **William Parrish,** *Röntgendiffraktometrie radioaktiver Proben.* Interferenzzählrohrmessungen, wie sie zur Best. von Debyogrammen im Zählrohrgoniometer benutzt werden, liefern einen starken Untergrund, wenn mittel oder stark radioakt. Proben vermessen werden sollen. Dieser Untergrund vermindert die Präzision der Glanzwinkel- u. Intensitätsmessung. Es wird gezeigt, daß es mit Hilfe von Scintillations- oder Proportionalzählern in Verbindung mit Impulsdiskriminatoren möglich ist, saubere Debyogramme radioakt. Stoffe ohne große Pb-Abschirmung aufzunehmen. Als bes. geeignet erwies sich ein NaJ(Tl)-Scintillationskristall (0,56×0,16×0,017 in.) in Verbindung mit einem 0,005 in.-Be-Fenster u. einem DUMONT 6291-Photomultiplier. Dieser Zähler red. den Untergrund einer ^{60}Co-Probe von 84 mr/Std./10 cm von 785 auf 26 Impulse/Sek. u. besitzt für CuK_α gegenüber einem GEIGER-MÜLLER-Zähler eine um den Faktor 2,5—3 höhere Empfindlichkeit. (Rev. sci. Instruments **26.** 374—79. April 1955. Irvington-on-Hudson, N. Y., Philips Labors.) F. WEIGEL. 112

G. M. Griffiths, *Die Impulshöhenverteilung aus einem Natriumjodideinkristallscintillationszähler und die Messung der γ-Ströme.* Vf. beschreibt die Theorie der Wechselwrkg. von γ-Strahlen mit einem NaJ-Einkristall u. vergleicht die auf der Grundlage der prim. Wechselwirkungen berechneten Impulshöhenverteilungen mit den experimentell gemessenen Verteilungen. Die theoret. Verteilungen werden durch die endliche Auflösung der App. verbreitert, die sich aus der Statistik der Lichterzeugung, der Photomultiplierwirkungsweise u. aus Inhomogenitäten des Kristalls u. der Photokathode ergibt. Die Differenzen werden qualitativ auf der Grundlage der sek. Wechselwirkungen, der Bremsstrahlung u. der Wandeffekte erklärt. Der absol. Wirkungsgrad eines Scintillationszählers wird zur Berechnung der Intensität der γ-Strahlung einer standardisierten ^{60}Co-Quelle u. aus der Rk. $^{7}Li(p,\gamma)^{8}Be$ verwendet. (Canad. J. Physics **33.** 209—18. Mai 1955. Vancouver, B. C., Univ. of Brit. Columbia, Dep. of Phys.) GERHARD SCHMIDT. 112

Richard D. Albert, *Ein Antikoinzidenz-γ-Scintillationsspektrometer.* Der Meßkristall wird von einer Anzahl von NaJ(Tl)-Kristallen umgeben, welche die unerwünschten Impulse von nicht vollständig im Kristall absorbierten Photonen aufnehmen u. veranlassen, daß durch eine elektron. Sperrung die Anzeige verhindert wird. Die Brauchbarkeit der Meth. wird an Hand der ^{137}Cs- u. ^{22}Na-Scintillationsspektren belegt. (Rev. sci. Instruments **24.** 1096—1101. Dez. 1953. Pittsburgh, Pa., Westinghouse Electr. Corp.) G. TÖLG. 112

Norman A. Bostrom, Emmett L. Hudspeth und **Ira L. Morgan,** *Neutronennachweis mit BaF_2-Scintillator.* (Sitzungsbericht.) (Physic. Rev. [2] **100.** 973. 1/11. 1955. Univ. of Texas.) GERHARD SCHMIDT. 112

W. J. Rhein, *Wirksamkeit von Zinksulfid-Plastezählern für schnelle Neutronen.* (Sitzungsbericht.) (Physic. Rev. [2] **100.** 972. 1/11. 1955. Spring Hill Coll.) GERHARD SCHMIDT. 112

J. E. Francis, P. R. Bell und **C. C. Harris,** *Medizinische Scintillationsspektrometrie.* Vff. beschreiben den Schaltplan eines einfachen Einkanalspektrometers, mit dem durch ausschließliche Zählung in der Photospitze genauere Messungen als bisher über die Isotopenaufnahme durchgeführt werden können. Der erste der beiden verwendeten Kollimatoren nimmt die Strahlung nur aus einem Bogen von 30° gegenüber dem Scintillationskristall u. sehr wenig in Rückwärtsrichtung auf. Der zweite Kollimator (Fokussierungskollimator) dient zur Messung der Aktivitätsverteilung in Organen. Für Cr (320 keV-γ)

u. J (364 u. 638 keV-γ) werden die Spitzenzählraten pro μCurie sowie die Quellenstärken in einer Cr + J-Mischung bestimmt. (Nucleonics **13.** Nr. 11. 82—88. Nov. 1955. Oak Ridge, Tenn., ORNL.) GERHARD SCHMIDT. 112

C. M. Fowler und **R. Dean Dragsdorf,** *Ein Versuch mit einem β-Spektrographen.* Es wird ein 180°-Spektrograph zur Demonstration verschied. Kernprozesse beschrieben. Es kann u. a. in einfacher Weise die Anwendung der relativist. Energie- u. Impulsgleichungen demonstriert werden. (Amer. J. Physics **23.** 108—10. Febr. 1955. Manhattan, Kans., Kansas State Coll.) H. LIEPACK. 112

N. A. Schuster und **G. E. Pake,** *Ein registrierendes Radiofrequenzspektrometer für Kernquadrupoluntersuchungen.* (Sitzungsbericht.) Das zur Unters. der elektr. Quadrupolaufspaltung von Kernresonanzen dienende Gerät arbeitet mit einem permanenten Magneten, der ein konstantes Feld von 7300 Gauß liefert. Mit einem $LiAl(SiO_3)_2$-Einkristall wird eine gut aufgelöste Quadrupolaufspaltung von ^7Li erhalten. (Physic. Rev. [2] **81.** 305. 15/1. 1951. Washington Univ.) GERHARD SCHMIDT. 112

D. S. Craig, C. P. Browne und **R. M. Williamson,** *Anordnung und Konstruktion eines sphärischen elektrostatischen Analysators.* (Sitzungsbericht.) Zur genauen Best. von Q-Werten wird ein Analysator, dessen Fokussierungseigg. von PURCELL (Physic. Rev. **54** [1938.] 818) beschrieben worden sind u. dessen Auflösung zu 1000 für 1 mm-Objekt u. Bildapertur berechnet wird, beschrieben. (Physic. Rev. [2] **81.** 304. 15/1. 1951. Univ. of Wisconsin.) GERHARD SCHMIDT. 112

C. P. Browne, D. S. Craig, R. M. Williamson und **D. J. Donahue,** *Messungen und Auflösungsprüfungen eines sphärischen elektrostatischen Analysators.* (Vgl. vorst. Ref.) (Sitzungsbericht.) Monoenerget. Protonen von 0,5—1 MeV, die elast. an dünnen Targets gestreut worden sind, werden durch den Analysator fokussiert. Die Prüfungen mit dieser App. erstrecken sich auf Ausrichtung, Fokus u. Auflösung. (Physic. Rev. [2] **81.** 304. 15/1. 1951.) GERHARD SCHMIDT. 112

F. Kirchner und **H. Kirchner,** *Über die Zählung von Einzelteilchen bei massenspektroskopischen Untersuchungen.* Die Empfindlichkeit des Massenspektrometers wird durch Verwendung eines Spitzenzählers zum Nachw. der positiven Ionen erheblich gesteigert. Um den Arbeitsdruck von 50—60 Torr im Zähler aufrechterhalten zu können, ist dieser vom Massenspektrometer durch zwei im Abstand von 1 mm hintereinander liegende Lochblenden von 0,1 bzw. 0,2 mm Durchmesser getrennt, zwischen denen eine rotierende Ölpumpe einen Druck aufrechterhält, der ungefähr demjenigen einer Kanalstrahlröhre entspricht. Infolgedessen ist auch die Druckzunahme im Massenspektrometer nur von der Größenordnung des Druckes, der ohnehin im Massenspektrometer herrscht. Die bisherigen Zählverss. wurden an *N*-, *O*- u. *Ar*-Ionen bei einer Beschleunigungsspannung von 10 kV durchgeführt. (Naturwissenschaften **42.** 12—13. Jan. 1955. Köln, Univ., Physikal. Inst.) R. CONRAD. 112

Henry S. Katzenstein und **Stephen S. Friedland,** *Neues Flugzeitmassenspektrometer.* Ausführliche Darst. der C. **1955.** 10435 referierten Arbeit. (Rev. sci. Instruments **26.** 324—27. April 1955.) F. WEIGEL. 112

M. Sands und **B. Touschek,** *Ausrichtungsfehler beim stark fokussierenden Synchrotron.* Rechenmeth. zur Behandlung der Fehler bei der Ausrichtung der Teilchenbahnen zwischen den Sektoren eines stark fokussierenden Beschleunigers u. Berechnung der Winkeltoleranz. (Nuovo Cimento [9] **10.** 604—13. 1/5. 1953. Roma, Univ., Ist. di Fis., Ist. Naz. di Fis. Nucl.) GERHARD SCHMIDT. 112

N. S. Wall und **J. W. Irvine jr.,** *Darstellung ungewöhnlicher Targets für Cyclotronuntersuchungen.* Es wird ein Verf. zur Darst. dünner sich selbsttragender Targets für die Unters. von (d, p)-Rkk. für solche Proben gegeben, die nicht direkt als dünne Folien vorliegen. Ein Polystyrolfilm enthält die zu untersuchenden Elemente in fein verteilter elementarer Form, als Oxyd, Carbonat oder anderer Verbb., die nur C, H oder O enthalten dürfen. Durch Vgl. der Protonengruppe bei der Rk. $^{12}C(d, p)^{13}C$ in Polystyrol mit einem Target bekannter Dicke kann eine äquivalente Targetdicke gemessen werden. Nach dieser Meth. werden Targets von Te, ZrO_2, Cs_2CO_3, Oxyden Seltener Erden, Trijodbenzoesäure u. ^{10}B hergestellt. (Rev. sci. Instruments **24.** 1146—47. Dez. 1953. Cambridge, Mass., MIT, Dep. of Phys., Dep. of Chem. and Labor. for Nucl. Sci.) G. TÖLG. 112

L. Riddiford, H. B. von der Raay und **R. F. Coe,** *Einige Synchrotronprotonenbündeluntersuchungen mit der Induktionselektrode.* Vff. diskutieren das Prinzip der Induktionselektrode u. seiner Anwendung auf den Nachw. des zirkulierenden Protonenbündels im Synchrotron. Untersucht werden die Phasenbreite des Bündels der beschleunigten Protonen u. die Periode der Phasenoscillationen. Die Beobachtungen liefern eine Bestätigung der Theorie über den Beschleunigungsprozeß in einem Synchrotron. (Proc. physic. Soc., Sect. A **68.** 489—502. 1/6. 1955. Birmingham, Univ., Dep. of Phys.) GERHARD SCHMIDT. 112

J. L. Tuck und **L. C. Teng**, *Regenerationsdeflektor für Synchrocyclotrons* (Sitzungsbericht.) Graph. Darst. der Feldstörungen zur Trennung zweier aufeinanderfolgender Bahnen für ein 450 MeV-Protonenbündel. (Physic. Rev. [2] **81.** 305. 15/1. 1951. Univ. of Chicago.) GERHARD SCHMIDT. 112

M. Stanley Livingston, *Standardcyclotron.* Zusammenfassende Darst. des Cyclotrons mit fester Frequenz, das energet. durch die relativist. Zunahme der Teilchenmasse begrenzt ist, aber hohe Bündelintensitäten ermöglicht. Die prakt. Energiegrenze liegt bei $\sim$ 20 MeV für Deuteronen oder 40 MeV für He^{2+}-Ionen. — 6 Literaturhinweise. (Annu. Rev. Nuclear Sci. **1.** 157—62. 1952. Cambridge, Mass., MIT, Dep. of Phys.) GERHARD SCHMIDT. 112

M. Stanley Livingston, *Synchrocyclotron.* (Vgl. vorst. Ref.) Darst. der Verff. zur Beseitigung der einem Cyclotron fester Frequenz auferlegten Begrenzungen entweder durch Verwendung zunehmender magnet. Felder (Elektronensynchrotron) oder durch Frequenzmodulation (Beschleunigung schwerer Teilchen). Aufzählung der in Betrieb befindlichen Synchrocyclotrons u. Behandlung einiger techn. Probleme. — 8 Literaturhinweise. (Annu. Rev. Nuclear Sci. **1.** 163—68. 1952.) GERHARD SCHMIDT. 112

M. Stanley Livingston, *Protonensynchrotron.* (Vgl. vorst. Reff.) Überblick über die Entw. des Protonensynchrotons bis zu Energien über 1 GeV zur Unters. von Kernprozessen im Höhenstrahlbereich. Techn. Daten für das Cosmotron (Brookhaven) werden gegeben. — 12 Literaturhinweise. (Annu. Rev. Nuclear Sci. **1.** 169—74. 1952.) GERHARD SCHMIDT. 112

J. E. Thomas jr., William L. Kraushaar und **I. Halpern**, *Synchrotrons.* (Vgl. vorst. Reff.) Zusammenfassung der Daten über Aufbau u. Arbeitsweise der nach dem Prinzip der Phasen- u. Bahnstabilität arbeitenden Teilchenbeschleuniger u. Beschreibung einiger techn. Probleme mit Anwendung auf das Röntgenbündel. Beispiele für Photozertrümmerungen mit einem 300 MeV-Synchrotron werden gegeben. — 80 Literaturhinweise. (Annu. Rev. Nuclear Sci. **1.** 175—98. 1952.) GERHARD SCHMIDT. 112

J. C. Slater, *Linearbeschleuniger.* (Vgl. vorst. Reff.) Beschreibung der techn. Prinzipien der verschied. Linearbeschleunigertypen mit Leistungsdaten. (Annu. Rev. Nuclear Sci. **1.** 199—206. 1952.) GERHARD SCHMIDT. 112

James Swihart und **Edward Akeley**, *Energie- und Phasenverteilungen emittierter Elektronen für einen Linearbeschleuniger mit konstanten Wellengeschwindigkeitssektoren.* (Sitzungsbericht.) Der mit 3 Sektoren (β = 0,7, 0,96 u. 1,0) konstruierte Beschleuniger ermöglicht die Aufstellung von Graphen für die Energieabstands-, Phasenabstands- u. Energie- u. Phasenverteilungskurven. Die Energieverteilung im 3. Sektor zeigt für eine gleichförmige ursprüngliche Phasenverteilung 33% der Teilchen von 3,08—7,13 MeV u. 18% von 7,03—7,13 MeV. (Physic. Rev. [2] **81.** 304. 15/1. 1951. Purdue Univ.) GERHARD SCHMIDT. 112

P. C. Veenstra, H. M. Jongerius, C. H. Paris und **F. P. G. Valckx**, *Bemerkung über die Entwicklung eines 800 kV-Beschleunigungsrohres.* Beschreibung eines Beschleunigungsrohres für Ionen in Verbindung mit dem 800 kV-Kaskadengenerator. Die Röhre ist aus Einzelstücken zusammengesetzt, die je 170 kV aushalten. Beschreibung der magnet. Ionenquelle mit kalter Kathode. Zur Strahlfokussierung ist die Anodenspannung der Ionenquelle u. die Spannung zwischen Quelle u. erster Beschleunigungsstufe im Betrieb regulierbar. (Physica **18.** 378—86. Juni/Juli 1952. Utrecht, Rijks-Univ., Phys. Labor.) H. C. WOLF. 112

J. Pottier, *Ein Hohlraumbeschleuniger.* Beschreibung eines Teilchenbeschleunigers, in welchem zur Erzeugung eines hinreichend starken elektr. Beschleunigungsfeldes die Resonanz in einem Topfkreishohlraum verwendet wird. Die Frequenz beträgt 50 MHz, die Impulsdauer 350 μsec u. die Impulsfrequenz 50 Hz. Die Beschleunigungsstrecke ist 2,5 cm lang. Elektroden können auf maximal 300, Protonen auf 240 u. Deuteronen auf 220 keV beschleunigt werden. Der mittlere Ionenstrom beträgt ca. 20 μA. Bei Verwendung des Gerätes als Deuteronenbeschleuniger zum Zweck der Neutronenerzeugung durch (d, n)-Prozesse kann man 10^7 schnelle Neutronen je Sek. erzeugen. (Nuovo Cimento [10] **1.** 949—52. 1/5. 1955. Saclay, Centre d'Études Nucl., Div. des Construct. Électr.) F. LENZ. 112

Edward S. Akeley, *Bestimmung der magnetischen Feldstärke H und seines Vektorpotentials A in Ausdrücken der magnetischen Feldstärke H_0 auf einer Ebene mit Anwendung auf den FFAG-Beschleuniger.* (Sitzungsbericht.) (Physic. Rev. [2] **100.** 972. 1/11. 1955. Purdue Univ. u. Midwestern Univ. Res. Associat.) H. LIEPACK. 112

Michel-Yves Bernard, *Genaue Bestimmung der Hauptelemente in den Linsen für starke Fokussierung.* Die zur Strahlbündelung in Teilchenbeschleunigern mit alternierendem Gradienten angewandten Linsen werden theoret. untersucht. Die Hauptelemente

einer in der x–y-Ebene konvergenten u. in der y–z-Ebene divergenten Teillinse werden für ein mathemat. Feldmodell berechnet, das die wahren Feldverteilungen gut annähert (vgl. C. **1954.** 26). Das Feldmodell ist sowohl zur Beschreibung magnet. als auch elektrostat. Teillinsen verwendbar. (C. R. hebd. Séances Acad. Sci. **240.** 1612–14. 13/4. 1955.)
F. LENZ. 112

H. F. Kaiser, W. T. Mayes und **W. J. Willis,** *Elektronenbündelausblendung aus einem Röntgenbandenmicrotron.* (Sitzungsbericht.) (Physic. Rev. [2] **98.** 1538–39. 1/6. 1955. Nav. Res. Labor.) GERHARD SCHMIDT. 112

A_2. Optisches Verhalten der Materie.

D. L. Dexter, *Absorptionsquerschnitt für Licht in perfekten Festkörpern.* (Sitzungsbericht.) (Physic. Rev. [2] **100.** 964. 1/11. 1955. Univ. of Rochester.)
H. LIEPACK. 114

Kazuo Takayanagi, *Die Theorie der Stöße zwischen zwei zweiatomigen Molekülen.* Vf. bringt eine allg. Theorie der elast. u. unelast. Stöße. Er stellt die fundamentalen Gleichungen des Problems auf u. untersucht das intermol. Potential, bes. die Auswirkungen der Tatsache, daß dieses nicht kugelsymm. ist, u. den Fall, daß beide Moll. ident. sind. Bei der unelast. Streuung werden Schwingungsübergänge mit der Meth. der verzerrten Wellen, Rotationsübergänge auf halbklass. Weise behandelt, während die elektron. Freiheitsgrade nicht betrachtet werden. Vf. diskutiert schließlich statist. Probleme. (Progr. theoret. Physics [Kyoto] **11.** 557–94. Juni 1954. Saitana, Univ., Dep. of Phys. [Orig.: engl.]) D. GEISSLER. 114

F. Berencz, *Bemerkungen zur Analyse der Absorptionskurven.* Eine auf FOURIER-Reihen begründete Näherungsmeth. von DOETSCH u. MEDGYESSY zur Analyse der Absorptionskurven wird am Spektr. eines Fe-Bogenlichtes überprüft. Bei einmaliger Anwendung des Verf. kann sie bei gut gewählten Streuabklingungsparametern für qualitative (Anzahl der Streifen) u. für quantitative (Wellenlänge) Bestimmungen angewendet werden. Zur Best. der Intensität muß das Verf. aber nochmals wiederholt werden. (Acta physica Acad. Sci. hung. **4.** 317–25. 1955. Szeged, Univ., Inst. für theoret. Phys.) D. HAHN. 114

J. K. Ward und **C. M. Loyd,** *Intensität der Schwingungsbande im 3000—5000 Å-Absorptionssystem von Chlordioxyd.* (Sitzungsbericht.) (Physic. Rev. [2] **100.** 963. 1/11. 1955. Boeing Aeroplane Comp., A. u. M. Coll. of Texas.) H. LIEPACK. 118

Jules Duchesne, *Grundzustand und angeregte Elektronenzustände von Phosgen.* (Vgl. C. **1956.** 349.) Die Schwingungspotentialfunktionen des Grundzustandes u. der ersten angeregten Zustände von $COCl_2$ wurden untersucht u. die zu ihnen gehörenden Koeffizienten numer. angegeben. Aus der Struktur wird auf die Bindungen im $COCl_2$-Mol. geschlossen. (J. chem. Physics **22.** 1464–65. Aug. 1954. Cointe-Sclessin, Univ. of Liège, Inst. d'Astrophys.) G. HEINSOHN. 118

Robert E. Swanson und **Robert H. McFarland,** *Temperaturempfindlichkeiten des sensibilisierten Fluorescenzspektrums von Thallium.* Vff. untersuchen die Intensitätsänderung der sensibilisierten Fluorescenz von Tl in *Hg–Tl*-Gemischen, wenn die den Hg-Druck steuernde Temp. T_{Hg} geändert wird. Die mit einem Multiplier gemessenen Intensitäten der Tl-Linien 2580, 2768, 2918, 3230, 3519, 3529, 3776 u. 5350 steigen im allg. mit T_{Hg} bis zu einem Maximum an, wobei die Tempp. des Maximums für die einzelnen Linien verschieden sind. Bei genügend hohen Hg-Dampfdrucken verschwindet die Tl-Fluorescenz. Es wird angenommen, daß Stöße von 6 $^3P_1$-Hg-Atomen ebenso wie mit fremden Gasmoll. (N_2) auch mit anderen Hg-Atomen zur Bldg. metastabiler 6 $^3P_0$-Atome führen. Die Ergebnisse lassen sich mit Hilfe der WINANschen Auswahlregel $\Delta J = 0$ (vgl. C. **1946.** I. 1670) deuten. (Physic. Rev. [2] **98.** 1063–67. 15/5. 1955. Manhattan, Kansas State Coll., Dep. of Phys.) J. RUDOLPH. 118

Alvin J. Cohen, *Durch Verunreinigungen induzierte Farbzentren in geschmolzener Kieselsäure.* (Sitzungsbericht.) (Physic. Rev. [2] **98.** 1550. 1/6. 1955. Mellon Inst.)
E. KLEVER. 119

R. S. Alger und **R. D. Jordan,** *Energiebedarf für die Bildung von F-Zentren.* (Sitzungsbericht.) (Physic. Rev. [2] **98.** 1550. 1/6. 1955. U. S. Naval Radiol. Defence Labor.) E. KLEVER. 119

J. G. Daunt und **J. Korringa,** *Susceptibilität und Entropie von F-Zentren.* (Sitzungsbericht.) (Physic. Rev. [2] **98.** 1550. 1/6. 1955. Ohio State Univ.) E. KLEVER. 119

W. L. Ginsburg und **G. P. Motulewitsch,** *Optische Eigenschaften von Metallen.* (Vgl. C. **1955.** 9497.) Zusammenfassende krit. Übersicht. (Успехи Физических Наук [Fortschr. physik. Wiss.] **55.** 469–535. April 1955.) E. KLEVER. 119

W. Spitzer, R. J. Collins und **H. Y. Fan**, *Infrarotabsorption in n-Typ-Germanium.* (Sitzungsbericht.) (Physic. Rev. [2] **98.** 1536. 1/6. 1955. Purdue Univ.) R. LEVI. 120

W. Kaiser und **H. Y. Fan**, *Infrarotabsorption von Indiumantimonid.* Die Absorption von InSb verschied. Trägerkonzz. C wird im Gebiet 3—35 μ bei Tempp. zwischen 5 u. 500° K gemessen. Die Absorptionskante in n-leitenden Proben verschiebt sich mit höherem C (gemessen bis $5 \cdot 10^{18}/cm^3$) nach kurzen Wellen. Bei höheren Tempp. (Eigenleitungsgebiet) haben n- u. p-Proben die gleiche Absorption bei großen Wellenlängen λ. Bei tieferen Tempp. wächst die Absorption der n-Proben mit λ, während sie bei p-leitenden Proben über einen großen λ-Bereich nahezu konstant ist. Eine Proportionalität zwischen Absorptionskoeff. u. C besteht nicht. Der Absorptionsmechanismus wird im Sinne einer möglichen Anregung von Elektronen u. Löchern in lokalisierten Zuständen diskutiert. (Physic. Rev. [2] **98.** 966—68. 15/5. 1955. Lafayette, Ind., Purdue Univ.) J. RUDOLPH. 120

Peter D. Johnson, *Konfigurationskoordinatenmodell für die Luminescenz von KCl–Tl.* In Fortführung früherer Rechnungen für die Energie des Aktivatorsyst. in KCl–Tl, die Tl $^1S_0$ u. $^3P_1^0$, das im KCl-Gitter eingebaut ist, betrafen, wird die potentielle Energie anderer Anregungszustände, u. zwar von $^1P_1^0$ berechnet. Damit kann der Frequenzfaktor für den therm. Übergang $^3P_1^0 \longleftrightarrow {}^1P_1^0$ zu ca. 10^{10} sec^{-1} bestimmt werden. Da der Frequenzfaktor für den strahlungslosen Übergang $^3P_1^0 \rightarrow {}^1S_0$ ca. 10^{12} sec^{-1} ist, findet prakt. keine strahlungslose Rückkehr über $^1P_1^0$ statt. (J. chem. Physics **22.** 1143. Juni 1954. Schenectady, N. Y., Gen. Electr. Res. Labor.) P. BRAUER. 125

Brian T. Howard, *Über die Theorie der Elektroluminescenz.* (Sitzungsbericht.) (Physic. Rev. [2] **98.** 1544. 1/6. 1955. Westinghouse Electric Corp.) E. KLEVER. 125

I. Ames, H. S. Sack und **R. M. Wood**, *Dielektrische Streuung in Zinksulfidphosphoren.* (Sitzungsbericht.) (Physic. Rev. [2] **98.** 1545. 1/6. 1955.) E. KLEVER. 125

Willi Lehmann, *Dielektrisches Verhalten von elektrolumineszierenden Zinksulfiden.* Vf. hat den komplexen Dielektrizitätsfaktor von ZnS, aktiviert mit Cu u. Cu + Pb, als Funktion von Spannung u. Frequenz ermittelt. In einer Zelle, die aus einer Al-Platte u. einer Platte aus leitendem Glas in einem Abstand von 60 μ bestand, wurden die Emissionsintensität L, die elektr. Kapazität u. der Phasenwinkel gemessen. Das ZnS befindet sich in 20% Ölsuspension zwischen den Platten. Es wird eine Gleichung für die Ermittlung des imaginären u. des realen Anteils des Dielektrizitätsfaktors angegeben u. ein Zusammenhang zwischen diesen Größen u. der Emissionsintensität entwickelt. Für beide Anteile gilt die Beziehung $k = k_0 + c(L/f)^{1/2}$, wobei k_0 von der Frequenz f abhängig ist, aber unabhängig von der angelegten Spannung V. Dagegen ist c von f u. V unabhängig. Für hohe Feldstärken muß $(L/f)^{1/2}$ durch einen komplizierteren Ausdruck ersetzt werden. Vergleichende Messungen an anderen Phosphoren führen zu den gleichen Ergebnissen. Vf. vermutet daher, daß die ermittelten Zusammenhänge allg. für Phosphore gültig sind. (J. electrochem. Soc. **103.** 24—29. Jan. 1956. Bloomfield, N. J., Westinghouse Electric Corporation, Lamp. Div.) H.-U. WOELK. 125

Sol Nudelman und **Frank Matossi**, *Wirkung eines elektrischen Feldes auf mit ultravioletten Strahlen erregten ZnS-Phosphoren.* (Sitzungsbericht.) Physic. Rev. [2] **98.** 1545. 1/6. 1955. U. S. Naval Ordnance Labor.) E. KLEVER. 125

Gertrude Neumark, *Einfluß eines elektrischen Feldes auf die Thermoluminescenz von ZnS-Kristallen.* (Sitzungsbericht.) (Physic. Rev. [2] **98.** 1546. 1/6. 1955. Sylvania Electric Prod. Co.) E. KLEVER. 125

W. Hanle und **H. G. Jansen**, *Messung von Abklingzeiten der Luminescenz bei Anregung durch Elektronen.* (Vgl. C. **1954.** 2762; vgl. ROHDE, C. **1954.** 3195.) Die l. c. angegebene Meth. zur Messung der Abklingzeit der Luminescenz bei Anregung durch Elektronen wird hinsichtlich Lichtintensität u. Meßgenauigkeit verbessert u. zu einer Absolutmeth. ausgebaut. Bei Anthracen u. anderen organ. Stoffen wird eine Abhängigkeit der Abklingzeit von Korngröße, Reinheitsgrad u. den Anregungsbedingungen — Elektronen oder Röntgenstrahlen — festgestellt. Der Mechanismus der Energieübertragung in fl. u. festen Mischsystemen wird an mehreren Beispielen untersucht. Bei *Anthracen* in *Naphthalin* u. Anthracen in fl. Lsg. wird nachgewiesen, daß bei niedriger Konz. des gelösten Stoffes die Energieübertragung nicht strahlungslos, sondern durch Absorption u. Reemission erfolgt. Das Ansprechen der Meßapp. bei zwei oder mehreren Strahlungsprozessen, bes. beim Auftreten von Sekundärfluorescenz, wird diskutiert u. gezeigt, daß hierbei die Berechnung von Abklingzeiten aus dem gemessenen Phasenwinkel wesentlichen Einschränkungen unterliegt. (Z. Naturforsch. **9a.** 791—97. Sept. 1954. Gießen, Justus-Liebig-Hochschule, Phys. Inst.) P. BRAUER. 125

A_3. Elektrizität. Magnetismus. Elektrochemie.

Joseph G. Barredo, *Statistik für elektrische Phänomene.* (Sitzungsbericht.) (Physic. Rev. [2] **98.** 1542. 1/6. 1955. Madrid, Nat. Council of Res., Rocasolano Inst.) G. RUBAN. 130

W. S. Boyle, P. Kisliuk und **L. H. Germer,** *Elektrischer Durchschlag im Hochvakuum.* Es wurden die Ströme gemessen, die einem Durchschlag zwischen dicht benachbarten W-Elektroden im Hochvakuum vorausgehen. Es wurde gefunden, daß vor dem Durchschlag ausreichende Feldemissionsströme fließen, um Anodenmetall zu verdampfen. Diese Ströme folgen der FOWLER-NORDHEIM-Gleichung, wenn man die Feldvergrößerung durch Oberflächenunregelmäßigkeiten auf der Anode berücksichtigt. Die Feldvergrößerung ist eine Funktion des Elektrodenabstandes, wenn dieser kleiner als $4 \cdot 10^{-4}$ cm ist. Zur Erklärung dieses Durchschlages bei niedrigen Spannungen u. kleinem Elektrodenabstand muß eine ungewöhnlich hohe Elektronenausbeute angenommen werden für jedes in dem Spalt gebildete Ion, u. zwar bei allen beobachteten Durchschlagsspannungen. (J. appl. Physics **26.** 720—25. Juni 1955. Murray Hill, N. J., Bell Telephone Labors., Inc.) H. W. LEVI. 131

E. F. Bradley, *Verteilung des Energieverlustes für minimal ionisierende Elektronen in einem Druckproportionalzähler.* (Vgl. WEST, C. **1953.** 9377.) Die Energieverluste werden in einem Proportionalzähler mit *Ar* (1,83—9,98 at) u. CH_4 (1,2—6,0 cm) gemessen. Die Halbwertsbreiten sind selbst bei hohen Drucken noch größer als die von LANDAU für Ar. (Proc. physic. Soc., Sect. A **68.** 549—51. 1/6. 1955. Harwell, Berks., Atomic Energy Res. Establishm.) H. LIEPACK. 131

Herman Branson und **L. B. Garner II,** *Elektronenbeschußuntersuchungen mit Trimethylamin.* (Sitzungsbericht.) (Physic. Rev. [2] **100.** 964. 1/11. 1955. Howard Univ.) H. LIEPACK. 131

D. R. Bates, A. Fundaminsky, H. S. W. Massey und **J. W. Leech,** *Anregung und Ionisation von Atomen durch Elektronenbeschuß. — Die Born- und Oppenheimer-Näherungen.* 1. u. 2. Mitt. Vff. untersuchen die Größen der Streuquerschnitte von Elektronen unter krit. Berücksichtigung der BORNschen u. OPPENHEIMERschen Näherungen. Der Einfl. der in den Näherungen vernachlässigten Kopplungsterme wird untersucht. Weiter werden die experimentellen Werte für die Anregung von *H, He, Na, Ne* u. *Hg* u. die Ionisation von H_2, He, Ne, Hg, *Ni* (K) u. *Ag* (K u. L_{III}) mit den Werten der Näherungsformeln verglichen. Die Anwendungsgebiete der einzelnen Näherungen werden gegeneinander abgegrenzt. (Philos. Trans. Roy. Soc. London, Ser. A **243.** 93—143. 5/12. 1950. London, Univ. Coll.) W. GANS. 131

D. R. Bates und **B. L. Moiseiwitsch,** *Energien von normalen und angeregten negativen Ionen.* (Vgl. BATES, Proc. Roy. Irish Acad., Sect. A **51.** [1947.] 151.) Vff. wiederholen die l. c. durchgeführten Berechnungen unter Benutzung neuerer spektroskop. Daten. Es werden als Ablösungspotentiale in eV für n. negative Ionen angegeben: $B^-(2p)^2$, ^3P $0{,}2_0$, $C^-(2p)^3$, ^4S $1{,}3_5$, $N^-(2p)^4$, ^3P 0,15, $O^-(2p)^5$, ^2P $2{,}0_0$, $F^-(2p)^6$, ^1S $4{,}1_0$, $Al^-(3p)^2$, ^3P $0{,}7_5$, $Si^-(3p)^3$, ^4S $1{,}6_0$, $P^-(3p)^4$, ^3P $1{,}1_0$, $S^-(3p^5)$, ^2P $2{,}5_5$, $Cl^-(3p)^6$, ^1S $4{,}2_5$. Für die angeregten negativen Ionen ergeben sich in einigen Fällen Anregungspotentiale, die kleiner oder angenähert gleich den Ablösungspotentialen sind, so daß metastabile negative Ionen existieren können, wahrscheinlich $Si^-(^2D)$, $Al^-(^1D)$, $P^-(^1D)$ u. vielleicht auch $Si^-(^2P)$, $C^-(^2D)$. $N^-(2p)^4$, ^1D liegt mit 1,34 eV unter dem Anregungspotential von $N(^2D)$, so daß nur der Zerfall $N^-(^1D) \rightarrow N(^4S) + e$ möglich ist, der einen verbotenen strahlungslosen Übergang enthält. (Proc. physic. Soc., Sect. A **68.** 540—42. 1/6. 1955. Belfast, Queen's Univ., Dep. of Appl. Math.) H. LIEPACK. 131

H. Koren und **E. Treiber,** *Beitrag zur Berechnung der Molpolarisation.* 5. Mitt. (4. vgl. C. **1952.** 575.) Es werden zwei weitere Ansätze zur Best. der Molpolarisation bei unendlicher Verdünnung angegeben, die nicht die Einschränkung strenger Gültigkeit der Mischungsregel für die Molvoll. der Komponenten der Lsg. machen. Beide stellen eine Extrapolation einer umgeformten DCM-Beziehung dar. (Mh. Chem. **81.** 1147—51. S.-B. österr. Akad. Wiss., math.-naturwiss. Kl., Abt. IIb **159.** 1147—51. 1950. Graz., Univ., Inst. für theoret. u. phys. Chem.) H. LINDBERG. 132

H. Koren und **E. Treiber,** *Eine Erweiterung der Debye-Clausius-Mosottischen Beziehung.* Zugleich 6. Mitt. *zur Berechnung der Molpolarisation.* (5. vgl. vorst. Ref.) Betrachtung der Schwierigkeiten bei der exakten Best. der Polarisation eines Stoffes in Lsg., kurzer Überblick über die wesentlichen Ansätze zu ihrer theoret. Erfassung u. Aufstellung einer neuen Beziehung für die Molpolarisation, die eine Erweiterung des DEBYEschen Ausdrucks darstellt. Ihre Auswertung für 15 verschied. Stoffe zeigt gute Übereinstimmung mit dem Experiment, Gültigkeit der gefundenen Näherungsformel über den gesamten Konzentrationsbereich. (Z. Naturforsch. **6a.** 206—13. April 1951. Graz, Univ., Inst. für theoret. u. phys. Chem.) H. LINDBERG. 132

Selby M. Skinner, *Diffusion, elektrostatische Ladungen und die Elektrizitätsleitung in nichtmetallischen Festkörpern durch einen einzelnen Ladungsträger.* 1. Mitt. *Elektrische Ladungen in plastischen und isolierenden Materialien.* Vf. untersucht das dynam. Nullstromgleichgewicht der Raumladung in Isolatoren, wie z. B. keram. Materialien, Molekülkristallen oder Hochpolymeren vom thermodynam. Standpunkt aus unter Verwendung von quantenmechan. Grenzbedingungen. Die hier durchgeführte Behandlung des Problems steht im extremen Gegensatz zu der gebräuchlichen OHMschen Gleichung. Die gewonnenen Erkenntnisse werden auf die beobachtete Aufladung von Hochpolymeren während des Schmelzens angewandt. (J. appl. Physics **26.** 498—508. Mai 1955. Cleveland, O., Case Inst. of Technol., Dep. of Chem. Engng.) H. W. LEVI. 132

Selby M. Skinner, *Diffusion, elektrostatische Ladungen und die Elektrizitätsleitung in nichtmetallischen Festkörpern durch einen einzelnen Ladungsträger.* 2. Mitt. *Lösung der Gleichrichtergleichungen für isolierende Schichten.* (1. vgl. vorst. Ref.) Die Diskussion des thermodynam. Gleichgewichts einer Elektronenatmosphäre in einem Dielektrikum wird auf Stromfluß im stationären Zustand ausgedehnt. Unter der Annahme, daß das experimentelle Verh. beim Nullstrom sich dem bei einem endlichen Strom kontinuierlich anschließt, wird gefunden, daß sich Vorwärts- u. Rückwärtsstrom verschied. verhalten. Es werden Gleichungen für das elektrostat. Potential, das Feld, die Ladungsdichte, die Strom–Spannungs-Beziehung u. die Kapazität sowie das Gleichrichterverh. von dielektr. Schichten entwickelt. Das nicht-OHMsche Leitfähigkeitsverh. bringt einen Gleichrichtungseffekt mit sich. (J. appl. Physics **26.** 509—18. Mai 1955.) H. W. LEVI. 132

F. Jona, G. Shirane und **R. Pepinsky,** *Dielektrische, röntgenographische und optische Untersuchung von ferroelektrischem $Cd_2Nb_2O_7$ und verwandter Verbindungen.* (Vgl. C. **1955.** 7377.) Unter Verwendung der Flußmittel NaF bzw. KF (10% bzw. ca. 30%) gezogene Einkristalle entsprechen der Formel $Cd_2Nb_2O_7$ u. enthalten ca. 2% Na-Verunreinigungen. Aus der CdO im Überschuß erhaltenden Schmelze gezogene Einkristalle enthalten zusätzlich $Cd_2Nb_2O_6$. Die DK. ε an erstgenannten Kristallen wird bei Raumtemp. zu 850 mit einem Maximum von 20000 bei der CURIE-Temp. $T_C = -120$ bis -112^0 gemessen. Oberhalb von T_C ändert sich ε entsprechend $\varepsilon \cong C/(T-\Theta)$ mit $C = 1{,}1 \cdot 10^5$ ^{0}K u. $\Theta \sim 1{,}77^0$ K. Die spontane Polarisation ist ca. 6 μCoul/cm^2 bei -185^0 für die kub. (1 1 1)-Achse. Der Übergang von der kub. zur nichtkub. Form erfolgt bei reinen Proben bei -151^0, bei den Na- bzw. K-haltigen Kristallen bei -123 bzw. -133^0. Die Gitterparameter als Funktion der Zus. werden u. a. für die Mischsysteme $(Cd, Pb)_2Nb_2O_7$, $(Cd, Ca)Nb_2O_7$ u. $Cd_2(Nb, Ta)_2O_7$ sowie für die Stoffe $Cd_2Ta_2O_7$, $Pb_2Ta_2O_7$, $Y_2Ti_2O_7$ u. $Cd_2Nb_2O_6$ ermittelt. (Physic. Rev. [2] **98.** 903—09. 15/5. 1955. State Coll., Pa., Univ., Dep. of Phys.) J. RUDOLPH. 132

S. Triebwasser und **J. Halpern,** *Curie-Konstante, spontane Polarisation und latente Wärme bei der ferroelektrischen Umwandlung in $KNbO_3$.* (Sitzungsbericht.) (Physic. Rev. [2] **98.** 1562. 1/6. 1955, IBM. Watson Labor.) R. STEIN. 132

M. E. Drougard, R. Landauer und **D. R. Young,** *Dielektrisches Verhalten von Bariumtitanat im paraelektrischen Zustand.* (Vgl. C. **1956.** 3491.) Die Koeffizienten in der von DEVONSHIRE vorgeschlagenen Zustandsgleichung des $BaTiO_3$ können zur Beschreibung der Polarisation u. der Temperaturabhängigkeit der DK. dienen. Es wird eine dynam. Meßmeth. beschrieben, die die genaue Ermittlung des Koeff. des P^4-Terms in dem von DEVONSHIRE gegebenen Ausdruck für die freie Energie gestattet. Rechner. u. experimentell zeigt sich, daß dieser Koeff. sehr empfindlich gegen Effekte durch Verspannungen ist u. daß besondere Vorsichtsmaßnahmen in dieser Hinsicht erforderlich sind. Die Unters. des Koeff. als Funktion der Temp. zeigt im Bereich vom CURIE-Punkt bis 150^0 eine Änderung um 50%. Brauchbare Ergebnisse bezüglich des Koeff. des P^6-Terms wurden nicht erhalten, da die Meßgenauigkeit durch eine noch ungeklärte Hysteresiserscheinung beeinträchtigt wird. (Physic. Rev. [2] **98.** 1010—14. 15/5. Sitzungsbericht: 1563. 1/6. 1955. Poughkeepsie, N. Y., Ist. Business Mach. Corp., Res. Dep.) J. RUDOLPH. 132

D. A. Wright und **J. Woods,** *Die Zersetzung dünner Filme durch Beschuß mit langsamen Elektronen.* Werden dünne Filme im Hochvakuum mit langsamen Elektronen beschossen, so findet eine Elektronenabsorption, eine Zerstörung der Schicht sowie eine Sekundärelektronenemission statt. Diese Effekte setzen ein, sobald die Energie der Elektronen über einen Grenzwert ansteigt. Für *BaO* beginnt die Absorption u. die Schichtzersetzung bei 4 eV, während die opt. Absorptionsgrenze bei 3,8 eV liegt. Bei geringerer Energie ist der Reflexionskoeff. groß. Die Sekundäremission setzt bei 5 eV ein u. steigt bei 7 eV sowie 10 eV plötzlich an. Analoge Messungen werden für *NaCl, KCl, KJ, NiO,* MoO_3, $BaCl_2$ u. $BaSO_4$ durchgeführt. Der von JACOBS festgestellte

Zusammenhang zwischen der Energieschwelle der Elektronen u. der Verdampfungsenergie wird als zufällig angesehen, da er mit den Messungen an KJ nicht übereinstimmt. Auf der Grundlage des Bändermodelles wird versucht, die Meßergebnisse qualitativ zu deuten. (Proc. physic. Soc., Sect. B **66.** 1073—86. 1/12. 1953. Wembley, Middlesex, Gen. Electric Co. Res. Labor.) M. DRECHSLER. 134

Andrew R. Hutson, *Geschwindigkeitsanalyse der thermischen Elektronenemission von Wolframeinkristallen.* Die Unters. der Geschwindigkeitsverteilung der von den einzelnen W-Kristallflächen emittierten Elektronen mittels magnet. Geschwindigkeitsanalyse ergibt für alle Flächen gleiche Geschwindigkeitsverteilung, die aber von einer MAXWELLschen Verteilung insofern abweicht, als die gemessene Zahl der langsamen Elektronen zu klein ist. Die Abweichung ist durch Annahme einer energieabhängigen Reflexion der Elektronen an der Oberfläche beschreibbar. Die Form der Verteilungskurven ist unabhängig vom Feld. Aus der Verschiebung der Kurven mit der Temp. T wird für den Bereich 1700—2000° die Änderung der Austrittsarbeit Φ mit T für die verschied. Kristallflächen (zwischen $-8{,}3\cdot10^{-5}$ u. $+3{,}3\cdot10^{-5}$ eV/° K) ermittelt. Die im einzelnen angegebenen Φ-Werte für die verschied. Flächen liegen zwischen 4,2 u. 5,09 eV. (Physic. Rev. [2] **98.** 889—91. 15/5. 1955. Cambridge, Mass., Inst. of Technol., Res. Labor.) J. RUDOLPH. 134

M. Sakamoto, S. Kobayashi und **S. Ishii,** *Der Einfluß von Sauerstoff auf die Photoleitung von BaO.* Der Vgl. der Photoströme J einer polykristallinen BaO-Schicht bei Lichteinstrahlung in die Empfindlichkeitsmaxima (a) 3,7 eV u. (b) 4,2 eV vor u. nach Einfüllung von ca. $2\cdot10^{-2}$ Torr O_2 in das Versuchsgefäß zeigt, daß die O_2-Einwrkg. J im Fall (a) schnell mit einer Zeitkonstante τ von einigen $^1/_{10}$ sec bis auf 20%, im Fall (b) langsam (τ ca. 5 min) bis auf 50% erniedrigt. Vff. sehen eine Deutungsmöglichkeit in dem Sinne, daß der J-Abfall bei (b) durch eine Streuung von Leitungselektronen durch Diffusion von O_2-Moll. in die Poren der Schicht, im Fall (a) indessen durch veränderte Oberflächenstörterme verursacht wird. (Physic. Rev. [2] **98.** 552—53. 15/4. 1955. Tokyo, Shinjuku-ku, Kagurazaka, Coll. of Sci.) J. RUDOLPH. 134

R. E. Marburger, D. C. Reynolds, L. L. Antes und **R. S. Hogan,** *Quantenausbeute einer Cadmiumsulfidphotozelle.* (Sitzungsbericht.) (Physic. Rev. [2] **100.** 978. 1/11. 1955. Wright Air Developm. Center, Aeronautic. Res. Labor., Phys. Res. Branch.) H. LIEPACK. 134

David Dutton, *Lokalisierte Photoleitfähigkeit in PbS-Filmen.* (Sitzungsbericht.) (Physic. Rev. [2] **98.** 1549—50. 1/6. 1955. Univ. of Rochester.) E. KLEVER. 134

R. W. Douglas, *Halbleiter: Niemandsland zwischen Metallen und Isolatoren.* Es werden die allg. elektr. u. photoelektr. Eigg. von Halbleitern, der Gleichrichtungseffekt von p—n-Kontakten sowie die Wirkungsweise von n—p—n-Kontakttransistoren (Kristalltrioden) auf der Grundlage des Bändermodells erläutert. (Nature [London] **175.** 1059—61. 18/6. 1955. Wembley, Gen. Electric Co. Ltd., Res. Labor.) H. W. LEVI. 135

G. W. Lehman, *Berechnung der Elektronendichte und der Zustände schmaler Bänder in Kristallen.* (Sitzungsbericht.) (Physic. Rev. [2] **98.** 1542. 1/6. 1955. North Americ. Aviat., Inc.) G. RUBAN. 135

J. F. H. Cutsters, *Halbleitung eines Diamants vom Typ IIb.* Diamant kommt in zwei Typen, I u. II, vor, von denen Typ II wiederum in a u. b unterteilt wird. Während IIa-Diamanten Isolatoren sind, zeigen die vom Typ IIb Halbleitung. Wenig oberhalb Zimmertemp. wurde eine Leitfähigkeit, die exponentiell von der Temp. abhängt, beobachtet. Die Lücke zwischen dem Gitterfehler- u. dem Leitungsband wurde zu 0,70 eV berechnet. In einer Tabelle werden die gemessenen Werte des Stromes i u. des OHMschen Widerstandes R bei verschied. Tempp. im Bereich zwischen 291,9 u. 323,1° K angegeben. Wenn man die Temp. in beiden Richtungen variiert, tritt Hysteresis auf. Es wurde ein ausgeprägter Gleichrichtungseffekt beobachtet. Alle blauen Diamanten sind vom IIb-Typ, es gibt jedoch auch IIb-Diamanten, die nicht blau sind. Im Gegensatz zu der Ansicht von BLACKWELL u. Mitarbeitern (C. **1950.** I. 667 u. **1956.** 1235), daß Typ-II-Diamanten rein sind, kommt Vf. zu dem Ergebnis, daß der untersuchte Kristall weder perfekt noch chem. rein ist. (Nature [London] **176.** 173—74. 23/7. 1955. Johannesburg, Diamond Res. Labor.) H. W. LEVI. 135

J. R. Tillman, *Halbleiter und Transistoren: Einige schwebende Probleme.* Behandelt werden die Messung der effektiven M. der Ladungsträger, die je nach der Bewegungsrichtung relativ zum Kristallgitter verschieden sein kann; ferner die Effekte, die die Lebensdauer der Minderheitsladungsträger begrenzen, wobei vor allem die Einfangquerschnitte diskutiert werden, die Dotierungen mit *Ni* u. *Cu* mit sich bringen. Von den techn. u. physikal. Transistorproblemen werden Fragen der Oberflächeneigg. u. der

Kontakte, des Legierungsprozesses u. der atmosphär. Einfll. erörtert. Weiterhin wird die Verwendung neuer Halbleitermaterialien diskutiert, wobei vor allem an bin. (z. B. *In–Antimonid* u. *Ga–Arsenid*) u. tern. (z. B. *$CuInSe_2$*) Verbb. von Elementen der Gruppen IV—VI gedacht wird. Zum Schluß werden Fragen der Anwendung erörtert. (Nature [London] **176.** 9—11. 2/7. 1955. London, Dollis Hill, Post Office Engng. Res. Stat.) H. W. LEVI. 135

A. F. Bibson, J. W. Granville und **W. Bardsley,** *Ein Germaniumpunktkontakttransistor zur Verwendung in einer Umgebung von hoher Temperatur.* Unter geeigneten Bedingungen können Minderheitsladungsträger durch Anlegen eines elektr. Feldes aus Ge entfernt werden. Dadurch, daß die D. der Minderheitsträger klein gehalten wird, wird eine der Ursachen unterdrückt, die den hohen Temperaturkoeff. der Transistorcharakteristik verursacht, nämlich das starke Ansteigen der D. der Minderheitsträger bei steigender Temperatur. Diese Technik wird auf Ge-Punktkontakttransistoren angewandt, wobei Prodd. erzielt werden, die bis zu Tempp. von 100° verwendbar sind sowie weitere Vorteile aufweisen. Die erreichten Fortschritte gehen auf Kosten eines höheren Energieverbrauchs u. einer größeren Kompliziertheit in der Konstruktion der Transistoren. (Brit. J. appl. Physics **6.** 251—54. Juli 1955. Great Malvern, Worcs., Radar Res. Establ.) H. W. LEVI. 135

Pei Wang, *Verfahren zur Entfernung von Kupferverunreinigungen in Germanium mit geschmolzenem Cyanid.* Cu-Verunreinigungen an der Oberfläche u. im Inneren von Ge-Einkristallen lassen sich durch Behandeln der Proben in einem Bad aus geschmolzenen Alkalicyaniden bei erhöhten Tempp. entfernen. Die CN^--Ionen bilden mit dem in der Ge-Oberfläche vorhandenen Cu den sehr stabilen $Cu(CN)_4^{3-}$-Komplex, so daß prakt. das gesamte Cu in der Ge-Oberfläche gebunden wird. Das im Inneren der Ge-Kristalle vorhandene Cu diffundiert bei erhöhten Tempp. rasch an die Oberfläche u. wird so ebenfalls entfernt. Zwischen 700 u. 800° beträgt der Diffusionskoeff. von Cu in Ge $D = 2{,}8 \cdot 10^{-5}$ cm²/sec. Nach der Gleichung $r^{-2} = 6\,D\,t$, worin r den mittleren zurückgelegten Weg des verunreinigenden Atoms u. t die Zeit bedeuten, wird die erforderliche Zeit der Behandlung berechnet. Die Konz. an freiem Cu^+ in dem Komplex ist derartig gering, daß eine Wiederverunreinigung der Ge-Oberfläche nicht in Betracht kommt. Die Oberfläche der Ge-Kristalle wird durch die Behandlung leicht angeätzt, jedoch findet keine Umwandlung des Leitungstyps statt, wie sie beim Erhitzen ohne Cyanidbedeckung an n-leitendem Ge beobachtet wird. Eine Änderung des HALL-Koeff. tritt nicht ein. (J. physic. Chem. **60.** 45—47. Jan. 1956. Woburn, Mass., Sylvania Electric Products, Inc.) W. KRÖNERT. 135

J. F. Battey und **R. M. Baum,** *Wahrscheinlichkeiten des Trägereinfangs in nickeldotiertem Germanium.* (Sitzungsbericht.) (Physic. Rev. [2] **100.** 1550. 1/12. 1955. Transistor Products, Inc. u. Sylvania Electric Products, Inc.) H. LIEPACK. 135

H. H. Woodbury und **W. W. Tyler,** *Einige Eigenschaften von mangandotiertem Germanium.* (Sitzungsbericht.) (Physic. Rev. [2] **98.** 1534—35. 1/6. 1955. Gen. Electric Res. Labor.) R. LEVI. 135

S. Teitler, M. Lax und **E. Burstein,** *Absorption durch freie und gebundene Löcher in p-Germanium.* (Sitzungsbericht.) (Physic. Rev. [2] **98.** 1561. 1/6. 1955. Syracuse, N. Y., Univ., Naval Res. Labor.) H. LIEPACK. 135

F. Eckart und **A. Schmidt,** *Eigenschaften von Selengleichrichtern mit verschiedenen Störstellensubstanzen.* Se-Gleichrichter werden durch Aufdampfen von gereinigtem Se im Vakuum auf Al-Platten hergestellt. Als Kennwerte der Gleichrichter werden die Sperrspannung, der Durchlaßwiderstand, die Schwellenspannung, der Nullwiderstand u. die Nullkapazität gemessen. Von den zahlreichen untersuchten Zusätzen haben *F-Verbb.* sowie die Alkalisalze der übrigen *Halogene* nur geringen Einfl. auf die Kennwerte, die stärkste Wrkg. hat *Br.* Zusätze von *TlBr* u. *CuBr* sowie von *metall. Te* u. *As* beeinflussen die Gleichrichtereigg. ausgesprochen nachteilig. Es kann gezeigt werden, daß bei Verwendung von hochgereinigtem Se brauchbare Gleichrichter auch ohne Halogendotierung erhalten werden können. (Ann. Physik [6] **16.** 134—52. 1955. Berlin-Buch, Deutsche Akad. der Wiss., Inst. für Festkörperforsch.) H. W. LEVI. 135

Nicolas Nifontoff, *Eine mögliche Deutung des Scintillationseffekts in Kristalldetektoren.* Die früher mitgeteilten (C. **1953.** 5770) experimentellen Ergebnisse bzgl. des Scintillationseffekts in Kristalldetektoren können durch Schwankungen des Generations- u. Rekombinationsstroms von Löchern u. Elektronen durch die Potentialschwelle am Kontakt hindurch gedeutet werden. Die Übereinstimmung der auf dieser Grundlage abgeleiteten theoret. Ergebnisse mit den experimentellen ist gut. (C. R. hebd. Séances Acad. Sci. **240.** 1695—97. 25/4. 1955.) F. LENZ. 135

F. Bedard und **H. Meissner,** *Kontaktwiderstand zwischen Supraleitern und normalen Leitern.* (Sitzungsbericht.) (Physic. Rev. [2] **98.** 1539. 1/6. 1955. Johns Hopkins Univ.) E. KLEVER. 136

P. Grassmann und **J. L. Olsen,** *Änderung des Schubmoduls von Zinn beim Übergang vom normalleitenden in den supraleitenden Zustand.* Mit einer stat. Meth. wurde der Unterschied Δ G im Schubmodul G von normalleitendem u. supraleitendem polykristallinem chem. reinem Sn gemessen. Die Ergebnisse lassen sich zwischen 1,7 u. $T_0 = 3{,}73^0$ K darstellen durch $\Delta G/G = 3{,}5 \cdot 10^{-6}[1 - (T/T_0)^4]$. (Helv. physica Acta **28.** 24—32. 28/2. 1955. Zürich, ETH, Inst. für Kalor. App. u. Kältetechnik.) O. FUCHS. 136

J. K. Hulm, *Supraleitende Rheniumlegierungen und -verbindungen.* (Sitzungsbericht.) (Physic. Rev. [2] **98.** 1539. 1/6. 1955. Westinghouse Res. Labors.) E. KLEVER. 136

G. F. Koster, *Kurve der Zustandsdichte für Nickel.* Bei der Ergänzung der von FLETCHER u. WOHLFAHRT (vgl. C. **1956.** 2374) durchgeführten Rechnung zeigt es sich, daß die Zustandsdichte im d-Elektronenband von Ni bei sehr geringen Energien ein ausgeprägtes Minimum aufweist. (Physic. Rev. [2] **98.** 901—02. 15/5. 1955. Cambridge, Mass., MIT.) G. KIRSCHSTEIN. 136

S. J. Johnson und **T. F. Rogers,** *Magnetisch induzierte Ultraschallgeschwindigkeitsänderungen bei polykristallinem Nickel.* (Sitzungsbericht.) Die C. **1955.** 9263 beschriebenen Verss. wurden fortgesetzt. Die Ergebnisse an dickeren Stäben aus polykristallinem Ni sind im wesentlichen die gleichen wie bei den Einkristallen, nur der Sättigungswert des Effekts ist bei dem polykristallinen Material geringer. (Physic. Rev. [2] **85.** 714. 15/2. 1952. Cambridge Res. Center.) H. FAHLENBRACH. 137

J. H. Crawford jr. und **D. K. Stevens,** *Magnetische Susceptibilität von Indiumantimonid.* (Sitzungsbericht.) (Physic. Rev. [2] **98.** 1532. 1/6. 1955. Oak Ridge Nat. Labor.) R. STEIN. 137

W. R. Hosler und **H. P. R. Frederikse,** *Galvanomagnetische Effekte in InSb.* (Sitzungsbericht.) (Physic. Rev. [2] **98.** 1532. 1/6. 1955. Nat. Bur. of Stand.) R. STEIN. 137

P. E. Tannenwald und **H. J. Zeiger,** *Mehrfachresonanzen in Kobaltferrit.* (Sitzungsbericht.) (Physic. Rev. [2] **98.** 1562. 1/6. 1955. MIT.) H. LIEPACK. 137

J. R. Van Wazer, C. F. Callis und **J. N. Shoolery,** *Kernmagnetische Resonanzspektren der kondensierten Phosphate.* Vff. untersuchen die chem. Verschiebungen in den kernmagnet. Resonanzspektren von P-Verbb., um eine Bestätigung dafür zu erhalten, daß es bei den Phosphaten einen Unterschied zwischen isolierten, End-, Mittel- u. Verzweigungspunkt-PO_4-Gruppen gibt. Bei Natriumtriphosphatlsgg. erscheinen zwei getrennte Maxima der End- u. Mittelgruppe im magnet. Resonanzspektr., während bei den Trimeta- u. Tetrametaphosphatringen nur ein Maximum (Mittelgruppe) auftritt. Wegen der raschen Hydrolyse wird bei wss. Lsgg. die Verzweigungsgruppe nicht beobachtet, dagegen aber bei festen „Ultraphosphaten". Mittel- u. Verzweigungspunktgruppe treten bei azeotrop. Phosphorsäure u. einigen Natriumultraphosphaten in Form eines Maximums auf. Ferner wird über einen Effekt zweiter Ordnung an schwachsaurem H, der an Stelle von Alkalimetallionen in Phosphatlsgg. substituiert ist, berichtet. (J. Amer. chem. Soc. **77.** 4945—46. 20/9. 1955. Dayton, O., Monsanto Chem. Comp., Inorg. Div. Res. Labor.; Palo Alto, Calif., Varian Assoc.) D. HAHN. 137

Eugene Eichler und **Sherman Rabideau,** *Bestimmung des Bisulfatdissoziationsquotienten aus potentiometrischen Messungen.* Es wurde die EMK. der Zelle Pt, H_2; $HClO_4$ (c_1), $NaClO_4$ (c_2); $HClO_4$ (c_1), $NaClO_4$ (c_2), Na_2SO_4 (c_3); H_2, Pt gemessen. Werte für den Dissoziationsquotienten (K) des Bisulfations wurden aus der Änderung des Zellenpotentials mit der Na_2SO_4-Konz. erhalten. Die K-Werte in Perchloratlsgg. der Ionenstärke 1 waren stark von der Acidität abhängig. (J. Amer. chem. Soc. **77.** 5501—02. 5/11. 1955. Los Alamos, N. Mex., Univ. of California, Los Alamos Sci. Labor.) I. KARUTZ. 139

Frank Dyer, E. H. Gilmore und **T. E. Moore,** *Die Aktivität von Salzsäure in Mischungen mit Kobalt(II)- und Nickel(II)-chlorid.* Die Aktivitäten von HCl in $CoCl_2$- u. $NiCl_2$-Lsgg. (7 molal an HCl) werden mittels nachst. Methoden bestimmt: 1. Potentialmessungen an einer Ag/AgCl-Elektrode gegen eine H_2-Elektrode. 2. Best. der Verteilungskoeffizienten von HCl durch 24std. Schütteln der obigen Lsgg. (50 ml) mit dem gleichen Vol. Bzl. bei 30^0. Die Ergebnisse stimmen mit denen aus Dampfdruckmessungen (vgl. MOORE u. Mitarbeiter, C. **1955.** 9028) gut überein u. beweisen die Brauchbarkeit der potentiometr. Meth. zur Best. von HCl-Aktivitäten in Lsgg. von Übergangsmetallen bei hohen Salz- u. Säureaktivitäten. (J. Amer. chem. Soc. **77.** 4223—24. 20/8. 1955. Stillwater, Okla., Oklahoma A. & M. Coll., Dep. of Chem.) H. HOFMANN. 139

Blahoslav Stehlík, *Zur Struktur sauerstoffhaltiger Anionen.* Zur Messung der Schilfzahl eines O-haltigen Anions wurde eine osmometr. Differenzmeth. benutzt. Nach dieser Meth. fügt man zur Best. der Schilfzahl von SO_4^{2-} zu 2 cm³ 0,5mol. Na_2SO_4-Lsg. 0, 2, 4, 6, 8 u. 12 cm³ 0,5mol. Butanollsg. u. verd. mit W. auf 16 cm³. In diesem Gemisch kommen auf 1 Mol Na_2SO_4 jeweils 0,1—6 Mol Butanol. Durch Verdünnung wird die Na_2SO_4-Lsg. 0,125n. In den Zylinder gibt man dann eine 0,125n NaCl-Lösung. Die Kurve (Steiggeschwindigkeit in mm/Min. gegen Anzahl Mole Butanol) zeigt in diesem Fall einen Knick bei 2. Bei Salzen einwertiger Säuren ist dieser Knick infolge steigender Tendenz wenig scharf ausgeprägt. Man wendet dann zum Auffüllen auf konstantes Vol. statt W. *1.3-Butandiol* an, das die Geschwindigkeit der Osmose etwas verringert, aber sonst nicht stört, da seine Schilfzahl Null beträgt. — Z. B.: 1 cm³ mol. CH_3COONa-Lsg. wird mit 0—8 cm³ 0,5mol. Butanollsg. auf 10 cm³ verdünnt. Auf 1 Mol CH_3COONa entfallen 0, 1, 2, 3 u. 4 Mol Butanol. Nach Verdünnung beträgt die Molarität der Na-Acetatlsg. 0,1. In den Zylinder gibt man 0,1mol. NaCl-Lösung. Für SO_4^{2-}, ClO_4^- (mit Butanol, A., Methanol), NO_3^-, PO_4^{3-}, CO_3^{2-}, OH^-, ClO_3^- (auch mit Methanol), HCO_3^- (auch mit Methanol) u. $CH_3 \cdot COO^-$ wurden folgende Schilfzahlen gefunden: 2; 6 (auch mit A.) sowie 9 (mit Methanol); 2; 1; 1; 0; 4 (6 mit Methanol); 2 (auch mit Methanol) u. 1. Aus diesen Werten läßt sich die Anzahl Wassermoll., die das Anion unter Bldg. einer H-Brücke vom H_2O zum O des Anions hydratisieren, berechnen. Die so gefundenen Zahlen stimmen mit der Anzahl der nach der klass. Formel mit einer Doppelbindung gebundenen u. keine elektr. Ladung tragenden O-Atome überein. Die Oktettregeln der LEWISschen Theorie werden abgelehnt u. BUTLEROWs Anschauungen bevorzugt. (Chem. Zvesti **6.** 169—78. März/April 1952. Brno, Militärtechn. Akad.) H. FREYTAG. 139

Walter J. Hamer, Marjorie S. Malmberg und **Bernard Rubin,** *Theoretische Werte der elektromotorischen Kraft für Zellen, die als Elektrolyten nur ein festes oder geschmolzenes Chlorid enthalten.* Vff. berechnen eine Reihe von EMK.-Werten aus thermodynam. Daten für reversible galvan. Zellen des Typs $M/MCl_n/Cl_2$, worin M ein metall. Element in festem, fl. oder gasförmigem Zustand u. MCl_n das entsprechende Chlorid in festem oder fl. Zustand bedeuten. Die Ergebnisse werden für die Tempp. 25, 100, 200, 300, 380, 400, 450, 500, 550, 600, 800, 1000 u. 1500° tabelliert. Die im folgenden angegebenen Werte beziehen sich auf 25° u. den festen Zustand: M = Ra^{2+} (4,336 V), K^+ (4,232), Sm^{2+} (4,206), Ba^{2+} (4,202), Cs^+ (4,189), Rb^+ (4,177), Sr^{2+} (4,048), Li^+ (4,011), Na^+ (3,980), Ca^{2+} (3,888), La^{3+} (3,565), Ce^{3+} (3,517), Pr^{3+} (3,481), Nd^{3+} (3,430), Pm^{3+} (3,410), Sm^{3+} (3,380), Eu^{3+} (3,340), Gd^{3+} (3,317), Tb^{3+} (3,261), Dy^{3+} (3,206), Y^{3+} (3,163), Ho^{3+} (3,134), Er^{3+} (3,119), Tm^{3+} (3,086), Yb^{3+} (3,075), Mg^{2+} (3,070), Lu^{3+} (3,049), Sc^{3+} (2,946), Zr^{2+} (2,905), U^{3+} (2,846), Th^{4+} (2,840), Zr^{3+} (2,790), Hf^{4+} (2,537), U^{4+} (2,493), Be^{2+} (2,435), Mn^{2+} (2,287), Zr^{4+} (2,266), Ti^{2+} (2,255), $(Al^{3+})_2$ (2,200), Ti^{3+} (2,154), V^{2+} (2,103), Tl^+ (1,916), Zn^{2+} (1,914), Cr^{2+} (1,846), $(Si^{3+})_2$ (1,778), Cd^{2+} (1,775), Ti^{4+} (1,748), V^{3+} (1,735), Ga^{2+} (1,713), In^+ (1,709), Cr^{3+} (1,706), In^{2+} (1,657), In^{3+} (1,641), Pb^{2+} (1,627), Ga^{3+} (1,619), Sn^{2+} (1,607), Fe^{2+} (1,565), Si^{4+} (1,484), Co^{2+} (1,464), Ni^{2+} (1,412), V^{4+} (1,323), Cu^+ (1,232), Sn^{4+} (1,228), Ge^{4+} (1,225), Fe^{3+} (1,197), Ag^+ (1,137), Sb^{3+} (1,122), Bi^{3+} (1,102), $(Hg^+)_2$ (1,092), As^{3+} (1,019), Hg^{2+} (0,952), Cu^{2+} (0,846), Ir^+ (0,794), Pd^{2+} (0,768), Mo^{2+} (0,759), Sb^{5+} (0,742), Ir^{2+} (0,733), Mo^{3+} (0,723), Ir^{3+} (0,665), Mo^{4+} (0,650), W^{2+} (0,629), Mo^{5+} (0,597), Rh^{3+} (0,593), Rh^{2+} (0,575), Pt^+ (0,572), Pt^{2+} (0,564), W^{4+} (0,564), Ru^{3+} (0,546), W^{5+} (0,538), Rh^+ (0,520), W^{6+} (0,513), Pt^{3+} (0,484), Pt^{4+} (0,465), Au^{3+} (0,211), Au^+ (0,182), C^{4+} (0,178). Die EMK.-Werte werden mit denen der entsprechenden wss. Lsgg. verglichen. Die relative Stellung der Elemente stimmt im wesentlichen für beide Reihen überein. Weiterhin werden die Werte mit EMK.-Messungen von galvan. Zellen mit geschmolzenen Chloriden bzw. Messungen von Zersetzungsspannungen verglichen. (J. electrochem. Soc. **103.** 8—16. Jan. 1956. Washington, D. C., Nat. Bur. of Stand.) W. KRÖNERT. 140

Edgar Newbery, *Reströme.* Vf. untersuchte den Einfl. verschied. Faktoren, Elektrodenabstand, Elektrodenmaterial u. -oberfläche, Rührung, Elektrolytzus., auf die Höhe des Reststromes u. bes. seine Zeitabhängigkeit. Neben einer ausgeprägten Zeitabhängigkeit ergibt sich ein deutlicher Einfl. des Alters der verwendeten Elektroden. Nach längeren Messungen sinken die Stromstärken bei gleicher Potentialdifferenz auf 50—75% ihres anfänglichen Wertes herab. Messungen in verschieden vorbehandelten Elektrolyten, 5n H_2SO_4 (mehrtägiges Stehen an der Luft, 2std. Kochen, Sättigen mit O_2 oder H_2), zeigen, daß H_2 unter Umständen größere Fehlermöglichkeiten bei Potentialmessungen bieten kann als O_2. Elektrolytrührung oder Elektrodenbewegung bewirken ein starkes Ansteigen des Reststromes, an frisch platiniertem Pt z. B. um 800%. In 5n HCl als Elektrolyt sind die Maxima der I/t-Kurven nur halb so groß wie in 5n H_2SO_4. Die quantitative Auswertung dieser Messungen führt Vf. zu dem Schluß, daß im Potentialbereich unterhalb der Zersetzungsspannungen deutliche Abweichungen vom Gesetz von FARADAY auftreten können. Die Gründe für diese Abweichungen (bis zu 75% des Reststromes werden durch Prozesse geliefert, die nicht diesem Gesetz gehorchen) werden ausführlich diskutiert. Vf. vermutet, daß durch den großen Potentialgradienten innerhalb des die Elektrode bedeckenden Gasfilmes Elektronen ohne gleichzeitigen Ionentransport durch den Elektrolyten an die Elektrode gelangen können. Eine Erklärung der beobachteten Abweichungen vom Gesetz von FARADAY auf der Grundlage von Diffusionsvorgängen allein ist nicht möglich. (Trans. Roy. Soc. South Africa **34.** 25—41. 1954. Cape Town, Univ., Dep. of Phys. Chem.) H.-U. WOELK. 140

Donald Hubbard und **Given W. Cleek,** *Die Charakteristik der Deuterium- und Wasserstoffelektrode aus Lithiumoxyd–Siliciumdioxyd-Glas.* Vff. untersuchten die p_H- u. p_D-Empfindlichkeit, die Hygroskopizität u. Deuteroskopizität sowie die chem. Beständigkeit von Elektroden aus Li–Si-Gläsern verschied. Zus. (SiO_2: 74—87%; Li_2O: 26—13%) in H_2O- u. D_2O-Puffern. Die p_H- u. p_D-Empfindlichkeit zeigen als Funktion des SiO_2-Geh. zwischen 83 u. 87% SiO_2 ein Maximum (Höchstempfindlichkeit ca. 58 mV/p_H). Eine Verringerung des SiO_2-Geh. bewirkt eine Herabsetzung der chem. Beständigkeit sowie Entglasung beim Blasen des Elektrodenkörpers, während für größere SiO_2-Konzz. Opalescenz auftritt u. Hygroskopizität u. Deuteroskopizität abfallen. — Die untersuchten physikochem. Eigg. scheinen etwas von den krit. Merkmalen des Li_2O–SiO_2-Phasengleichgewichtes widerzuspiegeln. Das Empfindlichkeitsmaximum der Elektroden liegt in dem Zusammensetzungsbereich, in dem Tridymit die Hauptphase darstellt. Die Kurven für die Ausdehnungskoeffizienten u. n_D-Werte zeigen jeweils Knickpunkte in den Zusammensetzungsbereichen, in denen sich auch die untersuchten physikochem. Eigg. bes. auszeichnen. — Die aus Li_2O–SiO_2-Gläsern hergestellten Elektroden reagieren offensichtlich auf D^+ ebenso schnell wie auf H^+. Etwa in Lsg. vorhandene Li^+ haben auf die p_H- u. p_D-Empfindlichkeiten der Elektrode prakt. keinen Einfl. (Li-Empfindlichkeit: 1 mV/p_H). Die Quellung der Li_2O–SiO_2-Gläser ist in sauren H_2O-Lsgg. größer als in sauren D_2O-Lösungen. Auch in stark alkal. Lsgg. wurden unterschiedliche Quellungen beobachtet. Der gemessene p_D-Wert für die gesätt. $Ca(OD)_2$-Lsg. war um ca. 0,1 größer als der p_H-Wert der entsprechenden $Ca(OH)_2$-Lösung. (J. Res. nat. Bur. Standards **49.** 267—72. Okt. 1952. Washington.) H. RÖPKE. 140

F. Fianda und **K. Nagel,** *Die AgCl-Elektrode als zweifache Elektrode.* Nach einer Betrachtung der Thermodynamik der AgCl-Elektrode leiten Vff. die stationäre Polarisations–Strom-Kurve für den Fall ab, daß die Diffusion der Ag^+- bzw. der Cl^--Ionen geschwindigkeitsbestimmend für die beiden potentialbestimmenden Rkk. $_{I}Ag^+ \rightarrow {}_{II}Ag^+$ u. $_{I}Ag^+ + {}_{II}Cl^- \rightarrow {}_{III}AgCl$ ist. Die Überlagerung der Teilstromkurven erfolgt im Sinne einer Konzentrationsüberspannung. Die für den Konzentrationsbereich 10^{-3} bis 10^{-7} mol. erhaltenen theoret. Kurven werden mit experimentellen an dünnen, porenreichen AgCl-Schichten verglichen u. gute Übereinstimmung erzielt. Der beherrschende Einfl. der Diffusion der Ag^+- u. Cl^--Ionen auf das Polarisationsverh. der AgCl-Elektrode wird bestätigt. Bei $c_{Ag^+} > c_{Cl^-}$ liegen die Grenzströme im kathod., bei $c_{Cl^-} > c_{Ag^+}$ im anod. Gebiet. AgCl-Elektroden mit dicken AgCl-Schichten zeigen ein ganz anderes Polarisationsverhalten. (Z. Elektrochem. angew. physik. Chem. **55.** 606—12. Okt. 1951. Erlangen, Univ., Physikal.-chem. Labor.) H.-U. WOELK. 140

H. W. Salzberg und **A. J. Andreatch,** *Entwicklung von Antimonwasserstoff an Antimonkathoden.* An Sb-Kathoden mit nicht mehr als 0,04% As u. 0,0005% Fe bilden sich Spuren von SbH_3, wofür sich die folgenden Gesetzmäßigkeiten ergeben: Mit steigender Stromdichte nimmt die Ausbeute mehr als linear zu; sie ist am höchsten in neutralen Lsgg., die mit NH_4^+ gepuffert sind. Steigender Säuregeh. u. steigende Basizität der Lsg. verringern die Ausbeute. Ein Einfl. der Temp. wird nicht beobachtet. In alkal. Lsgg. bildet sich schwarzes Sb-Pulver. Spuren von Pb im Elektrolyten erhöhen die Ausbeute. SbH_3 ist nur in sauren Lsgg. haltbar. Unabhängig von der Temp. wird SbH_3 in alkal. Lsgg. zersetzt. Die Bldg. von SbH_3 erfolgt nicht direkt durch Vereinigung von Sb mit 3 H, sondern durch die elektrochem. Red. eines Wassermol. oder eines Hydroniumions. Da bei stärker sauren Lsgg. die Ausbeute an SbH_3 abnimmt, weil die Spannung an der Kathode niedriger ist, ist also zur Bldg. von SbH_3 eine höhere Kathodenspannung mit hoher Wasserstoffüberspannung notwendig. SbH_3 wird demnach durch die Wasserentladung gebildet. (J. electrochem. Soc. **101.** 528—32. Okt. 1954. Washington, D. C., Naval Res. Labor.) J. FISCHER. 141

Kuan Pan und **Tong Ming Hseu,** *Elektrolytsches Verhalten der Elemente der Gruppe VIa des Periodischen Systems.* 1. Mitt. *Potentiometrische Untersuchungen an Chromat-, Molybdat- und Wolframationen.* Mittels potentiometr. Unterss. der Hydrolyse von *Chromaten* (I), *Molybdaten* (II) u. *Wolframaten* (III) wird eine abgeleitete theoret. Beziehung zwischen p_H-Werten u. Konzz. der Lsgg. geprüft. Weiter bestätigen die Ergebnisse die Ähnlichkeit zwischen **II** u. **III** u. den Unterschied zwischen **I** u. **II** bzw. **III** sowie die Tatsache, daß der saure Charakter des Metalls mit steigendem Atomgewicht zunimmt. Ebenso konnte die Existenz von Para- u. Metapolyanionen des II u. III bestätigt werden, außerdem ergab sich bei beiden beim Mol-Verhältnis 6 : 4 ein angedeuteter Knickpunkt in den Titrationskurven, beim III dazu einer beim Mol-Verhältnis 6 : 8. Bei I werden außer Di-I-Ionen keine weiteren Polyanionen gebildet. (Bull. chem. Soc. Japan **26**. 126—31. April 1953. Taipei, China, Nat. Taiwan Univ., Sci. Dep., Labor. of Theoret. and Inorg. Chem. [Orig.: engl.]) W. NIEMITZ. 141

Kuan Pan, Sui Fong Lin und **Shong Tsuo Sheng,** *Elektrolytisches Verhalten der Elemente der Gruppe VIa des Periodischen Systems.* 2. Mitt. *Leitfähigkeitsuntersuchungen an Chromat-, Molybdat- und Wolframationen.* (1. vgl. vorst. Ref.) Leitfähigkeitsunterss. an verschieden konz. Lsgg. von *Na-Chromaten* (I), *Na-Molybdaten* (II) u. *Na-Wolframaten* (III) bei 25° bestätigen die Ergebnisse der potentiometr. Unters. (vgl. vorst. Ref.). Außerdem scheinen die entsprechenden Säuren einschließlich sogar der Chromsäure schwache, zweibasige Säuren im Sinne der OSTWALDschen Regel zu sein. Über die Ergebnisse der potentiometr. Unters. hinaus ergeben sich noch bei II u. III Knickpunkte bei einem Mol-Verhältnis von XO_4^{2-} zu H^+ von 6 : 7 u. 6 : 9 sowie bei II noch bei einem solchen von 12 : 11. (Bull. chem. Soc. Japan **26**. 131—34. April 1953. [Orig.: engl.]) W. NIEMITZ. 141

Kurt Huber, *Anodische Bildung von Überzügen auf Magnesium, Zink und Cadmium.* Das Wachstum elektrolyt. erzeugter Schutzschichten auf Mg, Zn u. Cd in NaOH- u. Na_2CO_3-Lsgg. wurde mittels Elektronenbeugung, Röntgenbeugung u. Elektronenmikroskopie verfolgt. Es wurde festgestellt, daß sich anfangs Oxydschichten bilden, die sich zum stabilsten Endprod. (in Übereinstimmung mit einem minimalen Löslichkeitsprod.) umwandeln, nämlich zu *$Mg(OH)_2$*, *$Cd(OH)_2$* bzw. *$CdCO_3$*, während *ZnO* keine Umwandlung erfährt. Die Leitfähigkeit der Schicht wird herangezogen zur Unters. des elektrochem. Verh. der Elektroden. (J. electrochem. Soc. **100**. 376—82. Aug. 1953. Bern, Univ., Inst. for Inorg. Analyt. and Phys. Chem.) P. WOLF. 141

M. S. Hunter und **P. Fowle,** *Faktoren, die die Bildung von anodischen Oxydüberzügen beeinflussen.* Prim. ist die Bldg. einer Oxydschicht eine Funktion der Stromdichte u. wird durch die anderen Faktoren nur insofern beeinflußt, als diese die Stromdichte beeinflussen können. Charakterist. für Elektrolyte, die das Oxyd nicht lösen, ist eine Einheitssperrschicht von 14 Å/V. Bei H_2SO_4 als Elektrolyt wird sie Null, wenn die Konz. höher als 90% ist. Für CrO_3, H_3PO_4 u. Oxalsäure ändert sie sich mit der Temp., aber sie wird nicht durch Änderung der Stromdichte, Spannung u. Zeit beeinflußt. Der Lösungsvorgang, der zur Bldg. poröser Schichten führt, ist ein chem. Prozeß u. wird durch den Elektrolyten, dessen Konz. u. durch die Temp. bestimmt. Er wird durch Temperaturerhöhung von 8,6° verdoppelt, von 28,3° verzehnfacht. Die Vorgänge auf dem Grund der Poren sind von denen an der Oberfläche sehr verschieden. Die Differenz der Lösevorgänge beträgt 4000 : 1. Das würde auf dem Boden der Poren einer Temp. von 124° u. einer Elektrolytkonz. von 51% H_2SO_4 entsprechen. (J. electrochem. Soc. **101**. 514—19. Okt. 1954. New Kensington, Pa., Aluminum Comp. of America.) J. FISCHER. 141

P. Kivalo, *Polarographische Vorgänge mit nachfolgender chemischer Umsetzung des Produktes des Elektronenüberganges.* Nach einem krit. Überblick über bestehende theoret. Ansätze sowie einer Betrachtung darüber, inwieweit an der Hg-Tropfelektrode das Vorliegen eines Gleichgewichtsvorganges vorausgesetzt werden darf, werden auf Grund kinet. u. thermodynam. Überlegungen Gleichungen der Strom–Spannungs-Kurve für solche polarograph. Vorgänge aufgestellt, bei denen der an der Tropfelektrode entstehende Stoff reversibel oder irreversibel nach einer Rk. erster oder zweiter Ordnung weiterreagiert. Nur für den ersteren Fall besteht eine Unabhängigkeit der Halbstufenpotentiale von der Konz. des reagierenden Stoffes. (Acta chem. scand. **9**. 221—31. 1955. Åbo, Finland, Akademi, Inst. of Analyt. and Inorg. Chem.) E. MOISAR. 142

J. J. Lander, *Weitere Untersuchungen über die anodische Korrosion von Blei in H_2SO_4-Lösungen.* Die anod. Korrosion von Pb in H_2SO_4 wird bei verschied. konstanten Potentialen in der Umgebung des reversiblen $PbO_2/PbSO_4$-Potentials untersucht. Oberhalb von +0,666 V besteht der erste Schritt der Korrosion in direkter Bldg. von PbO_2 nach $Pb + 2\,H_2O = PbO_2 + 4\,H^+ + 2\,e$. PbO_2 ist jedoch aus chem. u. elektrochem. Gründen bei niedrigeren Potentialen instabil u. geht in PbO u. $PbSO_4$ über. Wie sich aus den Reaktionsgeschwindigkeits/Potential-Kurven ergibt, die unabhängig von der H_2SO_4-Konz. stets bei +1,58 V eine Spitze aufweisen, kann oberhalb dieses Potentials die Rk. der festen Phasen $Pb + PbO_2 = 2\,PbO$ nicht mehr ablaufen, so daß jetzt als Reaktionsprod. PbO_2 auftritt. Die Kinetik der Elektrodenvorgänge wird z. T. geklärt: Wenig unterhalb des reversiblen $PbO_2/PbSO_4$-Potentials in 30%ig. H_2SO_4 wird die Korrosionsgeschwindigkeit durch die Diffusion von SO_4^{2-} in einen porösen Film aus

PbO_2 u. $PbSO_4$ bestimmt. Bei etwas weniger edlen Potentialen findet ein Angriff der PbO_2-Schicht durch die Rk. der festen Phasen auch von der Pb-Seite her statt. Oberhalb des reversiblen $PbO_2/PbSO_4$-Potentials sinkt die Korrosionsgeschwindigkeit sehr rasch auf extrem niedrige Werte ab, weil ein PbO_2-Schutzfilm aufgebaut wird. Die Korrosionsgeschwindigkeit hängt hier nicht mehr vom Potential ab, steigt jedoch mit zunehmender Temp. u. abnehmender Säurekonzentration. (J. electrochem. Soc. **103.** 1—8. Jan. 1956. Washington, D. C., Naval Res. Labor.) W. KRÖNERT. 142

Milan Pražák und **Vilém Pražák,** *Untersuchung der Korrosion.* 3. Mitt. *Anodische Passivierung des Eisens und kathodische Passivierung des Magnetits.* (2. vgl. C. **1955.** 11164.) Anod. Passivierung des Fe u. kathod. Passivierung des Magnetits in 1n H_2SO_4 wurden von Vff. oscillograph. untersucht. In beiden Fällen entsteht eine passive Schicht mit eigenem charakterist. Potential, welches unter gegebenen Passivierungsbedingungen stabil ist. Bei anod. Passivierung ist es die Eisenoxydschicht auf dem Eisen u. bei kathod. Passivierung die Fe-Schicht auf dem Magnetit. Das Zerstörungspotential der passiven Oxydschicht entspricht dem Gleichgewicht FeO/Fe_2O_3. Das Zerstörungspotential der passiven Metallschicht entspricht dem Gleichgewicht Fe/FeO. Der Korrosionsstrom im Passivitätszustand ist durch die Diffusion bzw. Reaktionsgeschwindigkeiten im festen Zustand gegeben. (Chem. Listy **49.** **1139**—43. Aug. 1955. Praha, Výzk. ústav ochrany materiálu. [Orig.: tschech.]) V. KAČENA/Prag. 143

A_4. Thermodynamik. Thermochemie.

R. P. Seward, *Gefrierpunktserniedrigung von Natriumhydroxyd bei Zusatz von Salzen.* Vf. untersuchte die durch Zusätze von *NaBr*, *KBr*, K_2CO_3 u. Na_2CO_3 bei NaOH hervorgerufene Gefrierpunktserniedrigung. Innerhalb der Meßgenauigkeit scheint vollständige Dissoziation von Gelöstem u. Lösungsm. sowie ideales Verh. vorzuliegen, wobei jeweils ein Formelgewicht von Na_2CO_3 u. NaBr ein, von KBr zwei u. von K_2CO_3 drei Mole Solvationen beisteuern. (J. Amer. chem. Soc. **77.** 5507—08. 5/11. 1955. University Park, Pa., Pennsylvania State Univ., Dep. of Chem.) I. KARUTZ. 148

Carl Berger und **Charles M. Saffer jr.,** *Über einige neue Versuche mit unterkühltem Wasser.* Unterkühlungen von Wassertropfen auf -72^0 (RAU, 1944) konnten durch die Aufnahme von Acetondampf aus dem Kühlbade erklärt werden. Dagegen ließen sich auch größere Mengen W. in einem abgeändertem App. nach SMITH-JOHANNSEN (keine Berührung von Festflüssiggrenzschichten unter 0^0 mit dem W.) bis auf -35^0 unterkühlen. (Science [Washington] **117.** 665. 12/6. 1953. Dayton, O., Commonwealth Engng. Co. of Ohio.) K. BLUMRICH. 148

F. M. Collins, *Änderungen der Dimensionen während Wärmebehandlung und thermischer Ausdehnung von polykristallinen Kohlen und Graphiten.* (Sitzungsbericht.) (Physic. Rev. [2] **98.** 1564. 1/6. 1955. Univ. of Buffalo.) R. STEIN. 148

E. P. Gross, *Lösung der Boltzmannschen Gleichung für Maxwellsche Moleküle.* Vf. untersucht die BOLTZMANNsche Integrodifferentialgleichung für einatomige Gase für die zwei Grenzfälle, in denen einmal die mittlere freie Weglänge klein u. im anderen Falle groß gegen die für das Problem charakterist. Längen (z. B. Wellenlänge des Schalls, Dimension des Behälters usw.) ist. Es wird speziell der Fall der MAXWELLschen Moll. behandelt, die einander nach einem Kraftgesetz der -5. Potenz abstoßen. Nähere Einzelheiten u. Anwendungsbeispiele sollen später veröffentlicht werden. (Physic. Rev. [2] **93.** 347—48. 15/1. 1954. Cambridge, Mass., MIT, Labor. for Insulat. Res.)
E. WASSERROTH. 149

Charles A. Reynolds, *Kinetisches Modell von Helium II.* (Sitzungsbericht.) (Physic. Rev. [2] **100.** 1548. 1/12. 1955. Univ. of Connecticut.) H. LIEPACK. 149

K. R. Atkins, *Die Strömung von flüssigem Helium II durch weite Capillaren.* Die isotherme Strömung durch mehrere Capillaren mit verschied. Durchmessern wurde bei verschied. Druckdifferenzen untersucht. Außer der Reibung zwischen der n. u. der superfluiden Phase scheint noch eine andere Reibungskraft zu existieren, so daß die Theorie von GORTER u. MELLINK (C. **1950.** II. 2650) nicht ganz bestätigt werden kann. (Proc. physic. Soc., Sect. A **64.** 833—44. 1/9. 1951. Cambridge, Royal Soc. Mond Labor.)
G. KIRSCHSTEIN. 149

Louis Goldstein, *Über den Ursprung des λ-Übergangs in flüssigem Helium.* (Sitzungsbericht.) (Physic. Rev. [2] **100.** 966. 1/11. 1955. Los Alamos Sci. Labor.) H. LIEPACK. 149

N. D. Litwinow, *Zur Frage des Azeotropismus.* Die Bedingung einer genauen Meth. zur Feststellung von Azeotropismus bei einem bin. Gemisch wird durch die Beziehung erfüllt: $p_1/P_1\, x_1' = p_2/P_1\, (1 - x_1')$ (p_1 u. p_2 sind die Partialdrucke der entsprechenden Komponenten des Gemisches; x_1' = Molkonz. einer der beiden Komponen-

ten; P_1 = Druck des gesätt. Dampfes der reinen Komponente). Das Vorhandensein eines Schnittpunktes der beiden Kurven: $p_1/P_1\, x_1' = f(x_1')$ u. $p_2/P_1\,(1 - x_1') = \varphi(x_1')$ zeigt die Ggw. von Azeotropismus an. Für Gemische, die dem RAOULTschen Gesetz nicht unterliegen, wird auf die Formeln von MARGULES hingewiesen. An Hand der Daten von 4 bin. Gemischen werden jeweils für 35° die Kurvendiagramme der beiden Komponenten dargestellt u. die Übereinstimmung mit der Theorie festgestellt. Vf. entwickelt eine geometr. Meth. zur Berechnung der Wahrscheinlichkeit von Azeotropismus bei einem gegebenen bin. Syst. mittels der Druckhöhen des gesätt. Dampfes der beiden reinen Komponenten. Demnach ist bei Gleichheit der Druckhöhen des gesätt. Dampfes Azeotropismus unvermeidlich. Dieser tritt um so wahrscheinlicher ein, je höher der Dampfdruck der reinen Komponenten ist, u. muß bei ca. 50% aller bin. Gemische vorkommen. — Ferner wird eine graph. Meth. zur Berechnung der Wahrscheinlichkeit des Auftretens von Azeotropismus in tern. Systemen angegeben u. dessen Möglichkeit gezeigt für den Fall, daß in dem betreffenden Syst. keine bin. Azeotropen vorhanden sind. (Журнал Физической Химии [J. physik. Chem.] **27.** 476—90. April 1953.)
A. v. KOTZEBUE. 150

Anderson B. McKeown und **Frank E. Belles,** *Das System Salpetersäure–Stickstoffdioxyd–Wasser. Dampfdrücke und davon abhängige Eigenschaften.* Die Dampfdruckdaten des tern. Syst. HNO_3–NO_2–H_2O werden bei physikal. Gleichgewicht nach der Isoteniskopmeth. von SMITH u. MENZIES (Skizze der App.) bestimmt u. daraus Gleichungen zur Berechnung des Dampfdruckes beliebiger Mischungen dieses Syst. im untersuchten Zusammensetzungsbereich entwickelt. Es werden Mischungen von 71—97 Gew.-% HNO_3, 0—20% NO_2 u. 0—15% W. untersucht. Alle Drücke werden bei Tempp. unter dem $Kp._{760}$ der jeweiligen Mischung gemessen. Der Gesamtdampfdruck des Syst. bei 25, 40 u. 60° ist in tern. Diagrammen wiedergegeben. Mittels dieser Daten werden die Verdampfungswärmen für die Gleichgewichtsdampfmischungen u. daraus die Viscositäten von roter u. farbloser rauchender HNO_3 bei verschied. Tempp. nach der Gleichung $n = (hN/V) \exp[(\Delta H_D - RT)/CRT]$ (n = Viscosität in Poise, h = PLANCKsche Konstante, N = AVOGADROsche Zahl, V = Molvol. der Fl. in ml/Mol, H_D = Verdampfungswärme in cal/Mol, T in ° K, R in cal/Mol·° K, empir. Konstante C = 3,08) berechnet, mit gemessenen Werten verglichen (Diagramm) u. diskutiert. (Ind. Engng. Chem. **47.** 2540—43. Dez. 1955. Cleveland, O., Lewis Flight Propulsion Labor., Nat. Advisory Committee for Aeronautics.)
H. HOFMANN. 150

Jean Mahlieux, *Über die Absorption von Kohlendioxyd in der Glasschmelze.* Vf. untersuchten die Absorption von CO_2 in geschmolzenem Glas der Zus. Na_2O = 14%, CaO = 29% u. SiO_2 = 57%. Das CO_2 wurde in einem geschlossenen Syst. durch therm. Dissoziation einer bestimmten Menge $BaCO_3$ erzeugt. Ein bekannter Anteil des Salzes war mit ^{14}C markiert. Jede Glasprobe blieb 3 Std. mit dem markierten CO_2 bei Atmosphärendruck zur Einstellung des Gleichgewichts in Berührung. Aus den Untersuchungsergebnissen geht hervor, daß CO_2 partiell von einer Glasschmelze absorbiert wird. Die Absorption nahm in dem untersuchten Temperaturbereich (1100—1300°) geringfügig ab. Die Ursachen dieser Abnahme der CO_2-Absorption mit steigender Temp. werden abschließend diskutiert. (C. R. hebd. Séances Acad. Sci. **240.** 2521—22. 27/6. 1955.)
G. WILLE. 150

M. M. Makansi, M. Madsen, W. A. Selke und **C. F. Bonilla,** *Der Dampfdruck von Kalium.* (Vgl. C. **1955.** 4767.) Experimentelle Daten für den Dampfdruck von K zwischen 0,162 u. 6,529 at ergeben die Gleichung $\log P = (-4207/T) + 4{,}096$, wenn P in Atmosphären u. T in ° K angegeben werden. Der mit dieser Gleichung berechnete Kp. ist 753,8°. (J. physic. Chem. **60.** 128. Jan. 1956. New York, N. Y., Columbia Univ., Dep. of Chem. Engng.)
W. KRÖNERT. 150

Daniel R. Stull und **Richard A. McDonald,** *Enthalpie und Wärmekapazität von Magnesium und rostfreiem Stahl Typ 430 von 700—1100° K.* Vff. bestimmten calorimetr. die Enthalpie u. Wärmekapazität von festem Mg von 700° K bis zum F. bei 923° K u. von fl. Mg von 923—1100° K. Die Schmelzwärme von Mg ergab sich zu 2140 ± 50 cal/g-Atom. Außerdem wurden Enthalpie u. Wärmekapazität von rostfreiem Stahl Typ 430 bestimmt. Die Meßergebnisse sind tabelliert. (J. Amer. chem. Soc. **77.** 5293. 20/10. 1955. Midland, Mich., Dow Chemical Co., Thermal Labor.)
I. KARUTZ. 151

A. F. Kapusstinski, B. M. Jakuschewski und **Ss. I. Drakin,** *Adiabatisches Calorimeter zur Messung der Wärmekapazitäten von Lösungen. Untersuchung von Co^{2+}-, Ni^{2+}-, Cu^{2+}-, Be^{2+}- und Ag^{+}-Salzen.* Experimentelle Best. der Wärmekapazität von Lsgg. (0,5—2 Mol auf 1000 g H_2O) von $CoCl_2$, $NiCl_2$, $CuSO_4$, $BeSO_4$, $AgNO_3$ mittels eines ausführlich beschriebenen adiabat. Calorimeters (Genauigkeit ± 0,03%). Es konnte die von

DEBYE u. HÜCKEL für verd. Lsgg. festgestellte lineare Abhängigkeit der scheinbaren mol. Wärmekapazität von der Quadratwurzel der Molkonz. bestätigt werden. (Журнал Физической Химии [J. physik. Chem.] **27.** 588—95. April 1953. Moskau, Chem.-technol. Mendelejew-Inst.) A. v. KOTZEBUE. 151

A. F. Kapusstinski, B. M. Jakuschewski und **Ss. I. Drakin,** *Wärmekapazität von Ionen in wässerigen Lösungen in Verbindung mit ihren elektrostatischen Charakteristiken.* In einer früheren Arbeit von KAPUSSTINSKI u. Mitarbeitern (vgl. vorst. Ref.) war gezeigt worden, daß nach einem dort entwickelten Berechnungsverf. für die absol. Werte der thermodynam. Parameter der Ionen in wss. Lsg. die absol. Werte der Energiekennzahlen für CsJ aus der Halbsumme erhalten werden. In der vorliegenden Arbeit wird der Vers. gemacht, dieses Verf. auf die Wärmekapazität der Ionen anzuwenden. Mit Hilfe eines adiabat. Calorimeters wird die spezif. Wärme von *CsJ* gemessen u. für die scheinbare spezif. Wärme bei 25° der Wert $-31{,}6 \pm 1$ cal/Grad·Mol gefunden. Zu dem gleichen Wert führt die Extrapolation der Werte für die spezif. Wärmen von *LiJ*, *NaJ* u. *KJ*. Ausgehend von der Gleichheit der spezif. Wärmen von Cs^+ u. J^-, werden die absol. spezif. Wärmen von 23 Ionen in der Lsg. berechnet. Es wird gezeigt, daß die scheinbare spezif. Wärme der Ionen eine lineare Abhängigkeit von den reziproken Werten der Ionenradien aufweist. (Журнал Физической Химии [J. physik. Chem.] **27.** 793 bis 98. Juni 1953.) O. LEBTAG. 151

K. G. Ramanathan und **T. M. Srinivasan,** *Die spezifische Wärme von Wismut im Temperaturbereich des flüssigen Heliums.* Es wird die spezif. Wärme von Bi im Temperaturbereich 4,2—1,3° K mit Hilfe eines neuen Vakuumcalorimeters bestimmt u. mit den Angaben von KEESOM u. VAN DEN ENDE verglichen. Das DEBYEsche Θ steigt im Bereich 4,1—2° K von 103,5 auf 120 u. scheint bei tieferen Tempp. ($T < \Theta/50$) einen konstanten Wert anzunehmen. Folgender Ausdruck wird für die spezif. Wärme gefunden: $C_v = 10^{-4}\cdot[(0{,}114 \pm 0{,}146)\,T + (2{,}71 \pm 0{,}05)\,T^3]$ cal/° K. Der lineare Anteil von $0{,}114\cdot 10^{-4}\,T$ cal/° K wird als Beitrag der Elektronen zur spezif. Wärme des Bi gedeutet. (Physic. Rev. [2] **99.** 442—43. 15/7. 1955. New Delhi, India, Nat. Phys. Labor.) W. KRÖNERT. 151

N. A. Landija, *Über die Beziehung zwischen der Entropie und der Wärmekapazität komplizierter anorganischer Verbindungen.* Bezugnehmend auf die in einer früheren Arbeit (C. **1952.** 4413) aufgestellte Beziehung zwischen der Atomentropie S_{at} u. der atomaren Wärmekapazität (bei T = 298° K u. konstantem Vol.) für einfache u. sauerstofffreie, wie auch für komplizierte Sauerstoffverbindungen: $C_{v_{at}} = 4{,}9 - 3{,}6/S_{at}$ (1) versucht Vf. eine theoret. strenger fundierte Gleichung zwischen $C_{v_{at}}$ u. S_{at} auszuarbeiten. Die früher angenommene regelmäßige Verteilung der Entropie zwischen allen Atomen scheint nicht völlig gerechtfertigt zu sein, u. man muß eher eine vorläufige Verteilung zwischen den Ionen in Betracht ziehen. Dabei rechnet man mit einer gleichen Verteilung zwischen den Atomen des Anions u. Kations: $S_A = S_K = S_{298}/2$; $S_A = S_{298}/2n_1$; $S_K = S_{298}/2n_2$ (n_1 u. n_2 bedeuten die Anzahl der Atome im Anion u. Kation). Auf Grund dieser Annahme u. der oben erwähnten Arbeit erhält man: $C_{v_{at}} = 6{,}6 - 4400\cdot(n_1^2 + n_2^2/S_{298_{at}}\cdot(n_1 + n_2)^2$ (2). Der Vgl. der für die Wärmekapazität bei 298° K experimentiell ermittelten Daten mit den aus (1) u. (2) errechneten Werten zeigt jedoch am Beispiel von 127 — teilweise komplizierten — Sauerstoffverbindungen, daß (1) bessere Resultate ergibt als (2). Auch für die Berechnung der Wärmekapazitäten bei hohen Tempp. erweist sich die Anwendung von (1) als zweckmäßiger. (Журнал Физической Химии [J. physik. Chem.] **27.** 495—501. April 1953. Tiflis, Georg. Polytechn. Kirow-Inst.) A. v. KOTZEBUE. 151

P. H. Keesom und **N. Pearlman,** *Wärmekapazitätsmessungen an reinem und schwach reduziertem Rutil (TiO_2) bei sehr tiefen Temperaturen.* (Sitzungsbericht.) (Physic. Rev. [2] **98.** 1539. 1/6. 1955. Purdue Univ.) E. KLEVER. 151

W. J. Svirbely und **Sidney M. Selis,** *Eine thermodynamische Untersuchung des Zink-Indium-Systems.* Aus EMK.-Messungen an Zellen des Typs Zn(fl.)/$ZnCl_2$ in KCl-LiCl (fl.)/Zn-In (fl.) im Temperaturbereich von 700—790° K berechnen Vff. für 700° K die integralen Mischungswärmen, die relativen partiellen mol. freien Energien, Enthalpien u. Entropien für die fl. Legierungen u. die Aktivitäten von Zn u. In in den fl. Legierungen, bezogen auf die reinen fl. Metalle. Außerdem werden die Aktivitäten für Zn bei 650° K, bezogen auf reines festes Zn, daraus berechnet. Zur Kontrolle dieser letzten Werte werden auch Messungen an Zellen ausgeführt, bei denen die fl. Zn-Elektrode durch eine feste ersetzt ist (Meßbereich 635—690° K). Die Übereinstimmung ist gut. Alle Daten sind in Tabellen zusammengestellt. Weiter wurde mit Hilfe der ermittelten Aktivitäten die Liquiduskurve auf der Zn-Seite des Eutektikums aufgenommen. Sie steht in guter Übereinstimmung mit Literaturangaben. Es wird gezeigt, daß das

Syst. bei 700° in einem begrenzten Konzentrationsbereich das Verh. regulärer Lsgg. aufweist. Im übrigen Gebiet ergeben sich merkliche positive Abweichungen vom RAOULTschen Gesetz. (J. Amer. chem. Soc. **75.** 1532—35. 5/4. 1953. College Park, Md., Univ. of Maryland, Dep. of Chem.) R. LEVI. 155

A. W. Dumanski und **Je. F. Nekrjatsch,** *Benetzungswärme und gebundenes Wasser.* Unters. der Höhe des Wertes der Benetzungswärme q_i bei Stoffen mit verschied. Feuchtigkeitsgehh. ergab, daß, falls diese nahe dem Wert x_o des „gebundenen" W. liegen, q_i nahe Null ist. Weitere Unters. der bei Berührung von hydrophilen Stoffen mit W. auftretenden Wärmeeffekte in Abhängigkeit von der Wassermenge führte zu $1/x_o \int_0^{x_o} q_x d_x$, einem Integralwert, der für verschied. Stoffe wie *Kartoffelstärke, Agar, Gelatine, Sulfat-* u. *Sulfitcellulose, Silicagel, Na-* u. *Ca-Stearat* u. *Na-Palmitat* gleich 80 cal/g W. ist. (Коллоидный Журнал [Kolloid-J.] **17.** 168—70. Mai/Juni 1955. Kiew, Inst. für allg. u. anorgan. Chem. der Akad. der Wiss. der UkrSSR.) M. ULMANN. 156

A. W. Dumanski und **Je. F. Nekrjatsch,** *Benetzungswärme und Hydrophilität einiger natürlicher Hochpolymeren.* (Vgl. vorst. Ref.) An Hand der von WOITZECHOWSKI zur Berechnung der Menge x_o von gebundenem W. vorgeschlagenen Gleichung $x_o = d_0 d_2 \cdot (d_3 - d_1)/d_1 d_3 \cdot (d_2 d_0)$, wo d_0 u. d_1 die D. von freiem u. gebundenem W. d_1 die D. des Stoffes in einer nichtpolaren Fl. u. d_3 die D. des Stoffes in W. sind, u. der von Vff. gefunden Beziehung $x_o = q_i/80$, wo q_i die Benetzungswärme ist, berechnen Vff. die Benetzungswärmen von *Baumwolle, Ramie, Sulfitcellulose* (diese Fasern auch in mercerisiertem Zustande) u. von *Viscose.* Für die D. des gebunden W. wurde der Wert 1,20 benutzt. Die berechneten Werte zeigen eine sehr gute Übereinstimmung mit dem von LAUER experimentell gefundenen. (Коллоидный Журнал [Kolloid-J.] **17.** 171—72. Mai/Juni 1955.) M. ULMANN. 156

D. J. A. Dear und **D. D. Eley,** *Die Lösungswärme von Aluminiumjodid. Eine Korrektur.* Der von ELEY u. WATTS früher (vgl. C. **1955.** 9519) mitgeteilte Wert von $Q_s = 135 \pm 0{,}8$ kcal/Mol für die Lösungswärme von AlJ_3 in 2n HCl oder W. wird berichtigt. Eine erneute Unters. in W. ergab $Q_s = 91{,}4 \pm 1{,}5$ kcal/Mol (25°). Dieser Wert paßt gut zu Ergebnissen anderer Untersuchungen. (J. chem. Soc. [London] **1954.** 4684—85. Dez. Bristol, Univ., Chem. Dep.) H.-G. PLUST. 156

Joyce Canning und **G. H. Cheesman,** *Mischungswärmen von Flüssigkeiten.* (Vgl. Proc. Roy. Soc. [London], Ser. A. **212.** [1952.] 406.) In Fortsetzung der l. c. Arbeit wurden bei 24,33° die Mischungwärmen 6 bin. Mischungen aus *Bzl., Toluol, Chlorbenzol* u. *Brombenzol* mit verschied. mol. Zuss. gemessen. Von diesen Mischungen haben sich mehrere im Hinblick auf das Fl.-Dampf-Gleichgewicht als ideal erwiesen. Da jedoch die Messungen zu grob sind, kann nicht entschieden werden, ob nicht doch kleine Abweichungen vom idealen Verh. vorhanden sind. Die Mischungswärmen pro Mol sind klein im Vgl. zu RT. (J. chem. Soc. [London] **1955.** 1230—33. April. Reading, Univ.) G. GEISELER. 156

Ss. M. Arija, M. P. Morosowa und **L. A. Schneider,** *Thermodynamik von Oxydphasen wechselnder Zusammensetzung.* 1. Mitt. *Zur Thermodynamik von Eisen(II)-oxyd.* Mit sehr reinem FeO (7 Beimengungen je $<$0,01%) wurde dessen Reduktionsgleichgewicht in einem umlaufenden Gasgemisch CO_2/CO bei 1104 u. 1182° K (831 u. 909°) untersucht u. gefunden, daß bei diesen Tempp. die Gleichgewichtskonstante ($FeO_{1+x+y} + yCO \rightleftharpoons FeO_{1+x} + yCO_2$) im Homogenitätsgebiet des FeO prakt. von der Temp. nicht abhängt, wobei die oberste Grenze des Homogenitätsgebiets bei 1104° K der Zus. $FeO_{1,0975}$, bei 1182° K $FeO_{1,1075}$ entspricht. Der Gleichgewichtsdruck des atomaren O befolgt nicht das HENRYsche Gesetz (in Abhängigkeit von der Zus. der festen Phase — bestimmt mit der Federwaage). Die Entropie des FeO (je g-Atom) steigt ein wenig mit dem O-Geh. (in dieser Phase) an. Die Enthalpiewerte für die Bldg. des FeO, bei verschied. Zus. bestimmt, ändern sich linear mit dieser Zus.: Bei $FeO_{1,0435 \text{ bis } 1,0975}$ u. $FeO_{0,9583 \text{ bis } 0,9112}$ ergab ΔH 65,973—69,872 u. 63,231—63,665 kcal. (Журнал Общей Химии [J. allg. Chem.] **24** (**86**). 41—47. Jan. 1954. Leningrad, Shdanow-Univ.) A. v. WILPERT. 156

Philip D. George, *Qualitative Wirkung von Löschmitteln auf brennendes Diboran.* Das Verh. von brennendem Diboran gegenüber den üblichen Feuerlöschmitteln CO_2, CCl_4, Sand, W., Dampf, Stickstoff u. $NaHCO_3$ wurde untersucht u. mit dem Verh. von H_2- u. C_2H_6-Flammen unter gleichen Bedingungen verglichen. Brennendes Diboran ist beträchtlich schwerer zu löschen als die Vergleichsgase. Sehr wirksam ist Wasser. CCl_4 soll nie genommen werden. (Ind. Engng. Chem. **46.** 1709—10. Aug. 1954. Schenectady, N. Y., Gen. Electric Co., Res. Labor.) H.-J. BECHER. 157

Eugen Tränkle, *Die Lösung eines speziellen Wärmeleitungsproblems und ihre Anwendung auf analoge physikalische Probleme.* Vf. betrachtet den eindimensionalen Wärmeleitungsvorgang in einem unendlich ausgedehnten Zylinder, der einseitig von einer heißen Scheibe berührt wird. Die exakte Lösung dieses Problems läßt sich in eine einfache Näherungsformel überführen. Nach genügend langer Zeit t fällt die Temp. an der Stelle x proportional $1/\sqrt{t}$ ab. Andere physikal. Probleme, deren Randbedingungen mit denen dieses Wärmeleitungsproblems übereinstimmen, lassen sich durch die vom Vf. angegebenen Beziehungen ebenfalls lösen. Hierzu gehört die eindimensionale Diffusion u. die Entladung eines Kondensators über einen Kettenleiter. (Frequenz **8.** 334—38. Nov. 1954. Siemens & Halske AG., Zentrallabor.) H.-U. Woelk. 158

C. L. Hogan und **R. B. Sawyer,** *Die thermische Leitfähigkeit von Metallen bei hohen Temperaturen.* Ein elektr. Nichrom-Ofen, dessen Wandung mit Chromel–Alumel-Thermoelementen versehen ist u. in dem isoliert ebenfalls mit Thermoelementen verbundene Probestäbe untergebracht werden, wird beschrieben. Aus den Temperaturmessungen wird die therm. Leitfähigkeit der Proben bestimmt, deren elektr. Leitfähigkeit ebenfalls gemessen wurde. Untersucht wurden *InconelX, Handelsnickel* u. 5 Sorten rostfreien *Stahls.* Die Leitfähigkeitswerte werden in Kurven u. Gleichungen wiedergegeben. Die Theorien werden erörtert. (J. appl. Physics **23.** 177—80. Febr.; Erratum: 600. Mai 1952. Bethlehem, Pa., Lehigh Univ.) H. Miething. 158

Kathryn A. McCarthy und **Stanley S. Ballard,** *Zur Änderung der Wärmeleitfähigkeit von sieben Alkalihalogeniden mit der Temperatur.* (Sitzungsbericht.) (Physic. Rev. [2] **100.** 969. 1/11. 1955. Tufts Univ.) H. Liepack. 158

A_5. Kolloidchemie. Grenzschichtforschung.

George L. Beyer, *Lichtstreuung während der Bildung von Gelatinegelen.* Bisherige Messungen der Lichtstreuung an koll. Lsgg. lassen nur qualitative Schlüsse auf die Teilchengröße während der Gelbldg. zu. In vorliegender Arbeit wird gezeigt, daß es möglich ist, auch Aussagen über die absol. mittleren Teilchengrößen bei der Sol–Gel-Umwandlung zu machen. Hierzu wird eine Beobachtung von Boedtker u. Doty (Technical Report Nr. 1, Part (a), Office of Naval Research Contract Nr. 5 ori–07654, Nr. 330—025 [1952]) benutzt, nach der die Aggregate von Lsgg., die bei tiefen Tempp. hergestellt werden, bei konstanten Tempp. stabil sind u. eine lineare Extrapolation der 90°-Streuung auf die Nullkonz. zulassen. Es werden Aggregatgewichte u. Durchschnittswerte für die Größe der Aggregate nach einem polydispersen Knäuelmodell in Abhängigkeit von der Konz. u. der Zeit gegeben; desgleichen eine empir. Formel für die „wahre Viscosität" als Funktion des Aggregatgewichtes. (J. physic. Chem. **58.** 1050—51. Nov. 1954. Rochester, N. Y., Kodak Res. Labors.) R. Brückner. 163

George K. Schweitzer und **W. Morrison Jackson,** *Untersuchungen in der Chemie niederer Konzentrationen.* 8. Mitt. *Einige Eigenschaften von Yttrium-, Antimon- und Silber-Tracern in Lösung.* (7. vgl. C. **1955.** 1667.) Vff. berichten über Unterss. des radiokoll. Verh. von ^{90}Y, ^{125}Sb u. ^{111}Ag in Lsgg. sehr kleiner Konzz., aus denen hervorgeht, daß beim Y, unabhängig von vorangegangener Reinigung, durch Zentrifugieren sowie durch Filtration prakt. der gleiche Prozentsatz an Y entfernt wird, u. zwar ansteigend von 0 beim p_H 5 auf 100% beim p_H 7 u. höher. Durch Adsorption an A-Kohle dagegen werden 0% beim p_H 0 ansteigend auf 100% beim p_H 5 entfernt, wobei die Ggw. von Carbonaten im Gegensatz zu ihrem großen Einfl. bei der Filtration nur sehr geringen Einfl. hat. Beim Sb werden durch Filtration 15% beim p_H 1 ansteigend auf 30% beim p_H 8 u. wieder absinkend auf 20% beim p_H 12 entfernt, die Kurve beim Zentrifugieren verläuft ähnlich, nur ca. 10% niedriger. Durch Adsorption an A-Kohle werden dagegen 60% beim p_H 0 entfernt, ansteigend auf 95% beim p_H 5 u. wieder absinkend auf 34% beim p_H 10 u. höher. Beim Ag werden durch Filtrieren bzw. Zentrifugieren beim p_H 8 55 bzw. 20% entfernt, wenn die Konz. 10^{-6} u. kleiner ist, bei höheren Konzz. prakt. 100%, ein Ergebnis, das für echte Kolloidbldg. spricht, während in den beiden anderen Fällen in mehr oder weniger großem Umfang die Adsorption an suspendierten Verunreinigungen mitbeteiligt ist. (J. Amer. chem. Soc. **76.** 3348—49. 20/6. 1954. Knoxville, Tenn., Univ., Dep. of Chem.) W. Niemitz. 163

George K. Schweitzer und **Wm. N. Bishop,** *Untersuchungen in der Chemie niederer Konzentrationen.* 9. Mitt. *Einige Untersuchungen an Zink.* (8. vgl. vorst. Ref.) Vff. berichten über Unterss. an wss. Zn-Lsgg. geringer Konz. unter Verwendung von ^{65}Zn als „Tracer"-Element, aus denen sich Aufschlüsse über die radiokoll. Eigg., Lösungsmittel-Extraktionskennzeichen u. über die Neigung spontaner Abscheidung des Zn auf Pt-Blechen ergeben. Aus Zentrifugationsverss. bei verschied. p_H-Werten in Abhängigkeit von der Zn-Konz. ergibt sich das Löslichkeitsprod. des $Zn(OH)_2$ in guter Übereinstimmung mit anderen Bestimmungen zu 10^{-17}. Im Gegensatz zu mehreren anderen radiokoll. Elementen zeigt Zn nicht das typ. Verh. eines solchen Elementes. Bei höheren

p_H-Werten nimmt, bes. bei etwas höheren Zn-Konzz. (ca. 10^{-2} mol), der Prozentsatz an abtrennbarem Zn infolge Bldg. von Zinkat-Ionen deutlich ab. Aus den Extraktionsverss. im p_H-Bereich von 0—8,5 ergeben sich bei gleicher Zn-Konz., aber verschieden langer Alterung nur geringe Unterschiede, mit zunehmender Zn-Konz. zeigt sich im p_H-Bereich 5—7,5 ein leichter Anstieg im Prozentsatz an extrahierbarem Zn, der auf eine Eigensalzwrkg. zurückgeführt wird. Die Abscheidungsverss. ergeben, daß im p_H-Bereich von 1—5 prakt. kein Zn auf Pt abgeschieden wird, während von 5 an bis 9,0 die Abscheidung von 0—18% fast linear zunimmt, mehr als 18% werden innerhalb von 2 Std. nicht abgeschieden. Dieses Verh. des Zn gegenüber Pt-Blech läßt sich durch die Annahme einer zunehmenden Adsorption unlösl. Hydroxozinkat-Ionen erklären. (J. Amer. chem. Soc. **76.** 4321—23. 5/9. 1954.) W. NIEMITZ. 163

A. Schüller, *Mikroskopische und röntgenographische Untersuchungen über die Thixotropie des Montmorillonit.* Vf. untersuchte mit Hilfe mkr. u. röntgenograph. Methoden die besonderen Eigg. des Montmorillonits, die Ursache seiner Quellfähigkeit, des Basenaustausches, sowie der Thixotropie. Die genannten Eigg. werden sämtlich der ungewöhnlichen Zerteilbarkeit der Kristalle bis in kleinste unimol. Schichten unter dem Einfl. von W. zugeschrieben. Die erhaltenen Ergebnisse werden mit denen anderer Autoren verglichen. (Chem. d. Erde **16.** 297—315. 1953. Berlin.) D. FORST. 163

R. C. Sangster und **J. N. Carman jr.,** *Messungen der Oberflächenspannung von Flüssigkeiten durch Analyse der Oberflächengestalt im festen Zustand. Die Oberflächenspannung von flüssigem Germanium.* Vff. berichten über ein von ihnen entwickeltes Verf. zur Best. der Grenzflächenspannung fl. Metalle. In einem Zonenschmelzofen (vgl. PFANN, C. **1954.** 7040) entsteht beim Durchlaufen eines metall. Probestabes in einem Graphitschiffchen eine Grenzfläche fest/fl./gasförmig. Die geometr. Form des Probestücks nach dem Wiedererstarren hinter der Schmelzzone ermöglicht die zahlenmäßige Best. der Oberflächenspannung des Metalls bei seinem Schmelzpunkt; hierbei werden die bekannten trigonometr. Beziehungen zwischen Krümmungsradius u. Oberflächentangentialkräften benutzt. Die Anwendbarkeit der Meth. ist begrenzt durch eine auftretende Kristallbldg., die den stetigen Verlauf der Oberfläche stört, u. durch die Schwierigkeit, eine saubere fl./gasförmige Oberfläche herzustellen u. zu erhalten. Eichverss. mit *Pb* u. *Cd* ergaben eine maximale Abweichung von $\pm 5-10\%$ vom Mittelwert. Die von Vff. nach der beschriebenen Meth. bestimmte Oberflächenspannung von fl. Ge bei seinem Schmelzpunkt 934° in einer He- oder N_2-Atmosphäre betrug 632 ± 5 dyn/cm. Dieser Wert steht in guter Übereinstimmung mit der von KECK u. VAN HORN (C. **1954. 4333**) bestimmten Oberflächenspannung für fl. Ge, $600 \pm 15-30$ dyn/cm. (J. chem. Physics **23.** 1142—45. Juni 1955. Culver City, Calif., Hughes Aircraft Comp., Semiconductor Div., Res. and Developm. Dep.) G. WILLE. 166

Pavel Bartl und **Blahoslav Sedláček,** *Untersuchung der Eigenschaften von semipermeablen Cellophanmembranen.* Zur Best. der Porendurchmesser der gewöhnlichen u. mittels $ZnCl_2$ (unter verschied. Umständen) modifizierten Cellophanmembranen wurde die Durchflußmeth. u. die Turbidimetrie angewendet. Es wurde gezeigt, daß es möglich ist, die Lichtstreuung an den gequollenen Membranen durch die Vorstellung zu erklären, daß das Licht an den „Wasserteilchen" gestreut wird, welche in Membranporen enthalten sind. (Chem. Listy **49.** 826—33. Juni 1955. Praha, Českoslov. akad. věd, Chem. ústav. [Orig.: tschech.]) V. KAČENA/Prag. 170

N. Brudney und **L. Saunders,** *Untersuchungen über die Diffusion von Kaliumlaurat in Wasser mit Hilfe der Interferenzmethode von Gouy.* Der Diffusionskoeff. D von K-Laurat in salzfreien wss. Lsgg. sinkt oberhalb der krit. Konz. für Micellenbldg. (28 mMol/Liter) durch diese Micellenbldg. sehr rasch ab bis zu einem Minimum bei 50 mMol/Liter. Bei höheren Konzz. steigt er wieder an u. geht bei Konzz. >200 mMol/Liter in einen konstanten Wert über. Dieser Wert ist etwa halb so groß wie der konstante D von K-Lauratlsgg. mit einer Konz. <28 mMol/Liter. Den gleichmäßigen Abfall nach der krit. Konz. führen Vff. auf eine dem Massenwirkungsgesetz gehorchende Zunahme von lauter gleichgroßen Micellen zurück, den Anstieg nach dem Minimum entweder auf ein Auseinanderbrechen der Micellen oder einen Übergang der kugelförmigen Micellen in scheibenförmige. Auch wird die Möglichkeit der Zunahme von D durch Umladung der Micellen diskutiert. Im Bereich der krit. Konz. wurden unscharfe Interferenzstreifen erhalten, die durch Berechnung als in ziemlicher Übereinstimmung mit der Theorie stehend erwiesen wurden. (J. chem. Soc. [London] **1955.** 2916—21. Aug. London, Univ. of London.)
G. MEINHARDT. 171

A. Carrelli und **F. Cennamo,** *Die Volumenviscosität.* 3. Mitt. (2. vgl. C. **1956.** 643.) In der Mitte eines liegenden Plexiglasrohres mündet von oben eine Capillare, aus der $KMnO_4$-Lsg. in einem senkrechten Faden ausfließt; dieser wird bei Einw. von Ultraschall ausgebogen, u. man kann aus dem Verschiebungsgrad den Wert der hydrostat. Geschwindigkeit der Fl. ermitteln. Am Ende des Ultraschallerzeugers ist ein Al-Blättchen angebracht, das um 90° gedreht werden kann; aus den bei den verschied. Stellungen dieses Pendels beobachteten Ablenkungen kann man über das erzeugte Moment das Verhältnis der Viscositätskoeffizienten η'/η errechnen, das bei der Frequenz 1,8 MHz für W. zu 2,42 erhalten wird. (Nuovo Cimento [10] **1.** 365—71. 1/3. 1955. Napoli, Univ., Ist. di Fisica.) R. K. Müller. 172

S. Mrozowski, *Physikalische Eigenschaften von Kohlen und ihre Porosität.* (Sitzungsbericht.) (Physic. Rev. [2] **98.** 1564—65. Erratum: 1529. 1/6. 1955. Univ. of Buffalo.) R. Stein. 175

R. W. Woitzechowski und **P. A. Demtschenko**, *Untersuchung der hydrophilen Eigenschaften disperser Systeme durch eine Methode der Sättigung derselben mit Wasser in unpolaren Kohlenwasserstoffen.* Wie Vff. zeigen, läßt sich die Hydrophilität eines Stoffes durch Best. der Aufnahmefähigkeit von W. durch denselben aus mit W. gesätt. Xylol (oder Toluol oder Bzl.) charakterisieren. Wesentlich ist, daß gut geschüttelt wird, wozu eine zweckentsprechende App. angegeben wird. Am Beispiel von *Stärke, Baumwolle, Agar, Na-Stearat* u. *-Palmitat* wird auf die gute Übereinstimmung mit Unterss. nach anderen Verff. hingewiesen. (Коллоидный Журнал [Kolloid-J.] **17.** 261—63. Mai/Juni 1955. Kiew, Inst. für anorgan. Chem. der Akad. der Wiss. der UkrSSR.) M. Ulmann. 176

D. Jentzsch, *Über Desorptionsmöglichkeiten an Ionenaustauschern.* Vf. entfernt das adsorbierte Co-Salz des α-Nitroso-β-naphthols aus Ionenaustauschern (*Wofatit E*) mit 1%ig. NaOH (kalt u. 70°) u. mit Methanol. 3,2 mg Co wurden mit 750 ml NaOH (70°) oder 150 ml Methanol herausgewaschen. Mit kalter NaOH wurde das Co-Salz nicht quantitativ entfernt. Vf. empfiehlt Methanol zur Desorption, da dieses auch den Austauscher nicht schädigt. (Chem. Techn. **6.** 339. Juni 1954. Freiberg/Sa., Forschungsinst. für NE-Metalle.) R. Lacmann. 177

R. F. Baddour und **R. D. Hawthorn**, *Chromatographische Trennung durch Ionenaustausch.* Es werden Unterss. über die Trennung von H- u. K-Ionen aus HCl–KCl-Mischlsgg. (0,1n an Cl^-) durch Ionenaustausch an *Dowex 50*-Austauscherharzen u. Elution durch 0,1n NaCl-Lsg. beschrieben. Die Höhe der Austauschersäulen sowie die Ionenäquivalente u. das Verhältnis der Ionen zueinander in den Lsgg. werden variiert, die Strömungsgeschwindigkeit, Korngröße der Harze u. Gesamtionenkonz. werden konstant gehalten. H^+ wird titrimetr., K^+ flammenphotometr. bestimmt. Zur Berechnung der chromatograph. Trennung solcher Zweiionensysteme werden Differentialgleichungen entwickelt, die auf Gleichgewichts- u. kinet. Daten basieren. Die Ergebnisse (Diagramme) zeigen, daß sich dann 2 Ionen gut trennen lassen, wenn zur Elution ein Ion verwendet wird, für das die Selektivität des Harzes zwischen den entsprechenden Selektivitäten für die zu trennenden Ionen liegt. Für diesen Fall gibt eine auf der Basis der Elution einzelner Ionenbänder entwickelte Berechnungsmeth. gute Ergebnisse. (Ind. Engng. Chem. **47.** 2517—20. Dez. 1955. Cambridge, Mass., MIT.) H. Hofmann. 177

A_6. Strukturforschung.

R. Pepinsky, *Kristallkonstruktion. Ein neuer Begriff in der Kristallographie.* (Sitzungsbericht.) (Physic. Rev. [2] **100.** 971. 1/11. 1955. Pennsylvania State Univ.) H. Liepack. 181

G. C. Benson und **D. Patterson**, *Bemerkung über einen analytischen Beweis des Wulffschen Theorems in drei Dimensionen.* Vff. erweiterten den von Burton, Cabrera u. Frank (vgl. C. **1952.** 4896) gebrachten Beweis des Wulffschen Theorems für die Gleichgewichtsform eines zweidimensionalen Kristalls auf drei Dimensionen. Es wurde außerdem ein Ausdruck für die Hauptkrümmungsradien des Kristalls hergeleitet. (J. chem. Physics **23.** 670—72. April 1955. Ottawa, Can., Nat. Res. Council, Div. Pure Chem.) C. Gottfried. 181

G. Menzer, *Zur Aufteilung des hexagonalen Kristallsystems.* Zusammenfassender Überblick über die Beziehungen der 12 hexagonalen Kristallklassen zum rhomboedr., tetragonalen u. kub. Syst. u. ihre Aufteilung nach 2 verschied. Gesichtspunkten. (Z. Kristallogr. Kristallgeometrie, Kristallphysik, Kristallchem. **106.** 191—92. Okt. 1954. München, Univ., Inst. für Kristallogr. u. Mineralog.) G. Ruban. 181

K. Lonsdale und **H. J. Grenville-Wells**, *Vorzeichenbestimmung bei Kristallstrukturanalysen.* In Tabellenform werden Regeln für die korrekte Wahl von drei Röntgenreflexen angegeben, denen im Anfangsstadium der Vorzeichenbest. mittels statist. Methoden willkürliche Vorzeichen zugeordnet werden dürfen. Diese Meth. ist nur auf zentrosymm. Kristalle, jedoch alle Typen von Bravais-Gittern anwendbar. (Acta crystallogr. [Copenhagen] **7.** 490—91. 20/7. 1954. London, Univ. Coll.) W. Krönert. 181

V. Luzzati, *Statistische Fehlerbehandlung im Falle einer pseudozentrosymmetrischen Struktur.* (Vgl. C. **1953.** 6827.) Mit Hilfe einer statist. Berechnung wird eine Beziehung zwischen der empir. Funktion $[(F_0^2 - F_c^2)^2]/[F_c^4]$ u. dem mittleren Fehler der Atomlagen bestimmt. Folgende Fälle werden behandelt: a) F_0 u. F_c nichtzentrosymm.; b) F_0 u. F_c zentrosymm.; c) F_c zentrosymm., F_0 nichtzentrosymm.; d) wie c), alle Atome liegen jedoch nahezu auf einem Symmetrieelement. (Acta crystallogr. [Copenhagen] **6.** 550—552. 10/6. 1953. Paris, Labor. Central des Serv. Chim. de l'État.) W. KRÖNERT. 181

Leroy Alexander, *Eine einfache und vielseitige Streifentechnik für die Berechnung von Strukturfaktoren.* Es werden zwei neue Sätze von Streifen, die speziell für die schnelle Berechnung von Strukturfaktoren bestimmt sind, beschrieben. In den Anfangsstadien einer Strukturbest. kommt ein kleinerer Satz aus 150 Grundstreifen zur Anwendung. Die Parameter müssen auf 2 Stellen genau bekannt sein. Der zweite Satz enthält 1500 Grundstreifen u. dient der Berechnung von exakten Strukturfaktoren mit Parametern, die auf 0,001 genau sind. Mit Hilfe der neuen Streifen werden verschied. Mängel, die sich bei der Anwendung der 3°-FOURIER-Streifen von BEEVERS-LIPSON (vgl. BEEVERS, C. **1955.** 993) bemerkbar machen, beseitigt. Beide Sätze erlauben die Berechnung von Strukturfaktoren, die sich aus Prodd. der Art $\sin 2\pi h x \cdot \sin 2\pi k y$ usw. zusammensetzen, mit einer Geschwindigkeit von ca. 20—25 Faktoren pro Stunde. (Acta crystallogr. [Copenhagen] **6.** 727—31. 10/9. 1953. Pittsburgh, Pa., Mellon Inst. of Ind. Res.) W. KRÖNERT. 181

David Harker, *Die Bedeutung des Mittels über $|F|^2$ für große Werte des Netzebenenabstandes.* Nach WILSON (C. **1943.** I. 125 u. **1950.** I. 1828) besteht zwischen dem mittleren Strukturfaktorenquadrat [I] u. den Atomformfaktoren f_i die Beziehung $[I] = \Sigma f_i^2(s)$, sofern $s = 1/d(hkl)$ nicht einen gewissen Grenzwert unterschreitet. Vf. zeigt, daß WILSONs Gleichung nur dann erfüllt ist, wenn d(hkl) kleiner als der kleinste in dem Kristall vorkommende Atomabstand ist. Für die Anwendung bei größeren Netzebenenabständen wird die korrekte Gleichung für [I] abgeleitet. Die Gleichung $[I] = \Sigma F_g^2$, worin F_g das Streuvermögen einer Anhäufung von Atomen (bestimmte Gruppe von Atomen je nach Art des Problems) bedeutet, gilt näherungsweise für Netzebenenabstände, die größer als der zweifache kürzeste Atomabstand u. kleiner als der kürzeste Abstand zwischen den Mittelpunkten der Anhäufungen sind. Dies gilt bes. für kugelförmige Anhäufungen, für die eine weitere Näherungsgleichung entwickelt wird. (Acta crystallogr. [Copenhagen] **6.** 731—36. 10/9. 1953. Brooklyn, N. Y., Polytechn. Inst. of Brooklyn.) W. KRÖNERT. 181

L. C. Chang, T. A. Read und **M. S. Wechsler,** *Reversible Reflexverbreiterung an Einkristallen.* Ein Au–Cd-Einkristall (1 : 1) wird 30 Min. bei 480° getempert u. dann auf Zimmertemp. abgeschreckt. Die Verbreiterung der Reflexe (1 0 0) u. (2 0 0) wird mit einem GEIGER-Zähler-Spektrometer gemessen u. als Funktion der Zeit aufgetragen. Die Verss. zeigen, daß die Reflexverbreiterung in erster Linie auf zunehmende Desorientierung oder Vergrößerung der Mosaikblöckchen zurückzuführen ist. Wiederholte Messungen am gleichen Kristall ergeben, daß der Effekt reversibel ist. Temperaturerhöhung um 10° bewirkt jeweils eine ca. $2^1/_2$fache Steigerung der Geschwindigkeit der Reflexverbreiterung. (Acta crystallogr. [Copenhagen] **6.** 567. 10/6. 1953. New York, N. Y., Columbia Univ.) W. KRÖNERT. 181

R. J. Robinson und **F. Schossberger,** *Einfluß der K-Absorptionskanten von Cadmium und Silber auf die Röntgenbeugungsdiagramme einiger Cadmiumverbindungen.* In Pulver- bzw. Drehkristallaufnahmen von *CdS, CdSe* u. *CdO* wurden bei niedrigen Winkeln Linien bzw. Reflexe gefunden, die sich nicht durch die Kristallstruktur der untersuchten Verbb. erklären lassen. Es konnte gezeigt werden, daß die kontinuierliche Röntgenstrahlung, die von den verwendeten Ni-Filtern durchgelassen wurde, ein zweites Röntgendiagramm der untersuchten Kristallgitter lieferte, das einer Wellenlänge von 0,475 Å entsprach. Diese Erscheinung kommt durch die enge Nachbarschaft der K-Absorptionskanten von Cd u. Ag (in der photograph. Emulsion) zustande, indem nämlich kurz vor der durch die Cd-Absorption verursachten Lücke im Kontinuum eine Stelle stark erhöhter Empfindlichkeit der Ag-Halogenid-Emulsion liegt. Bestätigt wurde diese Annahme dadurch, daß das zusätzliche Röntgendiagramm verschwand, wenn mit 25 kV Anregungsspannung gearbeitet wurde, so daß die kurzwellige Grenze des Kontinuums bei 0,5 Å lag. (J. electrochem. Soc. **102.** 685—86. Dez. 1955. Chicago, Ill., Illinois Inst. of Technol., Armour Res. Foundat.) H. W. LEVI. 181

G. Borrmann, *Der kleinste Absorptionskoeffizient interferierender Röntgenstrahlung.* (Vgl. C. **1956.** 2668.) Theoret. Betrachtungen, Ableitung einer Formel u. Diskussion ihres Gültigkeitsbereiches. (Z. Kristallogr., Kristallgeometrie, Kristallphysik, Kristallchem. **106.** 109—21. Okt. 1954. Berlin-Dahlem, Fritz-Haber-Inst.) G. RUBAN. 181

G. Borrmann und **W. Gerisch**, *Ein Röntgenstrahlabsorptionsdiagramm von Kalkspat und seine Indizierung.* (Vgl. vorst. Ref.) Die übernormale Durchlässigkeit des Idealkristalls für interferierende Röntgenstrahlung wird von den Vff. mit einer verbesserten Anordnung an zahlreichen Kalkspatreflexen nachgewiesen. Die Intensitäten werden qualitativ mit den Erwartungswerten verglichen. Zur Bezifferung der Linien dient ein Stereogramm. (Z. Kristallogr., Kristallgeometrie, Kristallphysik, Kristallchem. **106.** 99—108. Okt. 1954.) G. RUBAN. 181

L. Marton, J. Arol Simpson und **T. F. McCraw**, *Verteilung von an Gold gestreuten Elektronen.* Vff. beschreiben eine App. zur Best. der Energie- u. Winkelverteilung von 20 keV-Elektronen nach der Steuung an Au. Die verwendeten Präpp. werden durch Aufdampfen im Vakuum von spektrochem. reinem Au hergestellt. Die Au-Filme besitzen Dicken zwischen 100 u. 400 Å u. variieren in bezug auf Kristallitgröße- u. Orientierung. Es werden Durchstrahlaufnahmen sowie Aufnahmen mit streifendem Einfall hergestellt u. diskutiert. Die Energieauflösung ist besser als 0,1% u. die Winkelauflösung besser als 10^{-3} Bogengrad. (Physic. Rev. [2] **99.** 495—99. 15/7. 1955. Washington, D. C., Nat. Bur. of Standards.) W. KRÖNERT. 181

G. Giacometti, *Über neue hybride Bahnen vom π-Typ mit Tetraedersymmetrie.* Es wird ein Weg aufgezeigt, von den einfachen p- u. d-Bahnen ausgehend Hybride vom π-Typ zu konstruieren, die zur Bldg. von Doppelbindungen in Verbb. mit tetraedr. Symmetrie befähigt sind. Die Höchstzahl solcher linear unabhängigen, unter sich u. zu den tetraedr. σ-Bahnen orthogonalen Bahnen beträgt **3**; danach können bei tetraedr. Verbb. maximal 75% vom Charakter partieller Doppelbindung vorliegen. (Nuovo Cimento [10] **1.** 507—08. 1/3. 1955. Padova, Univ., Ist. di Fis. u. Pasadena, Calif., California Inst. of Technol.) R. K. MÜLLER. 182

Aubrey P. Altshuller, *Gitterenergien und verwandte thermodynamische Eigenschaften der Alkalimetallborhydride und des Borhydridions.* Auf Grund der Literaturdaten über die Gitterkonstanten der Alkaliborhydride wurde eine theoret. Berechnung der Gitterenergien von $NaBH_4$, KBH_4, $RbHB_4$ u. $CsBH_4$ durchgeführt. Durch Kombination mit thermodynam. Daten konnten die Gitterenergie von $LiBH_4$ u. die Bildungswärmen von KBH_4 (kr.) zu —58, $RbBH_4$ (kr.) zu —59 u. $CsBH_4$ (kr.) zu —63 kcal/Mol bestimmt werden. Die Polarisierbarkeit von BH_4^- im festen Zustand ergab sich zu $3{,}9 \pm 0{,}1$ Å u. die Bildungswärme des gasförmigen BH_4^- zu -23 ± 5 kcal/Mol. Für die Rk. $BH_3 + H^- \rightarrow BH_4^-$ ergab sich eine Reaktionswärme von -75 ± 5 kcal/Mol, während sich für die Rk. $^1/_2\, B_2H_6 + H^- \rightarrow BH_4^-$ -61 ± 5 kcal/Mol ergaben. Die thermodynam. Funktionen C_p^0, $(H^0 - H_0^0)/T$, $-(F^0 - H_0^0)/T$ u. S^0 wurden für BH_4^- (g) im Temperaturbereich 200—1000° K berechnet u. tabelliert. Die Normalwerte bei **298,16° K** betragen 9,08, 8,18, 37,05 u. 45,23 cal/Grad·Mol. Unter Verwendung von Literaturdaten wurden Entropie u. Freie Energie der Rk. $BH_3 + H^- \rightarrow BH_4^-$ zu —25,7 cal/Grad·Mol u. —67 kcal/Mol berechnet. Die entsprechenden Werte für $^1/_2\, B_2H_6 + H^- \rightarrow BH_4^-$ ergaben sich zu —8,6 cal/Grad·Mol u. —58 kcal/Mol; Hydratationswärme u. -entropie von BH_4^- werden zu -72 ± 5 kcal/Mol u. —13 Entropieeinheiten angegeben. (J. Amer. chem. Soc. **77.** 5455—57. 5/11. 1955. Cleveland, O., Nat. Advisory Committee for Aeronautics, Lewis Flight Propulsion Labor.) I. KARUTZ. 182

J. S. Rowlinson, *Zwischenmolekulare Kräfte und einige Eigenschaften der Materie.* Zusammenfassender Bericht über die Bedeutung intermol. Kräfte für die verschied. Erscheinungsformen der Materie. — 83 Literaturangaben. (Quart. Rev. [chem. Soc., London] **3.** 168—91. 1954. Manchester, Univ., Dep. of Chem.) H. KNOLL. 182

John J. Antal und **A. H. Weber**, *Eine elektronenoptische Untersuchung der Oberfläche von Glas.* Zur Unters. gelangte ein Glas der folgenden Zus.: SiO_2 72,3 (%); Na_2O 13,6; CaO 11,3; MgO 2,1; SO_3 0,4; R_2O_3 0,35; Fe_2O_3 0,099. Das „Glasmol." hat die Zus. $Si_{0,723}Na_{0,272}Ca_{0,113}Mg_{0,021}S_{0,004}R_{0,007}Fe_{0,002}O_{1,745}$. Es wurden zuerst einige Glasreinigungsmittel untersucht; als am besten geeignet erwies sich eine Behandlung mit dem synthet. Reinigungsmittel „Surf", anschließend zuerst Abspülen mit A. u. dann mit Wasser. Um während der Elektronenbeugungsverss. eine elektrostat. Aufladung des Glases zu verhindern, wurde in der Kamera Bi auf die Glasoberfläche aufgedampft, das regellos um eine Achse senkrecht zu der Oberfläche orientiert war, jedoch mit vorherrschender Orientierung der (2 0 0)-Flächen parallel zur Oberfläche. Die Filmdicken betrugen 300—1,5 Å. Sie wurden nach der von den Vff. (vgl. C. **1954.** 7342) entwickelten Meth. mit Hilfe von radioakt. ^{210}Bi bestimmt. Bei Filmdicken > 200 Å zeigten die Diagramme nur die Ggw. von orientiertem Bi allein. Bei Dicken zwischen 200 u. 10 Å traten neben fleckigen DEBYE-Ringen diffuse Halos auf, welche mit abnehmender Dicke des Films gegenüber den DEBYE-Flecken intensiver wurden. Hieraus konnte geschlossen werden, daß die Glasoberfläche zunehmend für die Intensität der Halos verantwortlich zu machen ist. Hierauf wurden aus den erhaltenen Diagrammen durch Kombination von mikrophotometr.

u. visuellen Methoden die abhängige kohärente Streuung erhalten u. aus ihr die radialen Verteilungsfunktionen bestimmt. Aus dieser Verteilungsfunktion folgte, daß in den obersten Atomschichten des Glases ein Unterschuß an Alkaliatomen vorhanden ist, was auf die Reinigung zurückgeführt wird. (Acta crystallogr. [Copenhagen] **7.** 122—26. Jan. 1954. St. Louis, Mo., Univ.) C. GOTTFRIED. 186

W. B. Hillig, *Keimbildungshäufigkeit für die Kristallisation von glasigem Selen.* Es wird die Kristallisation von Se-Tröpfchen hoher Reinheit mit Durchmessern von 2 bis 15 μ im Temperaturbereich 60—200° untersucht. Die beobachtete Keimbildungshäufigkeit ist $< 10^4$ Keime·cm^{-3}·sec^{-1}. Innerhalb der Nachweisbarkeitsgrenze (10^3 Keime·cm^{-3}·sec^{-1}) wird keine Temperaturabhängigkeit der Keimbildungshäufigkeit festgestellt. Die von TURNBULL u. FISHER (C. **1950.** I. 21) angegebene Gleichung für die homogene Keimbildungshäufigkeit $I = C \cdot \exp[(\Delta G^* + \Delta G_A)/kT]$ wird angewandt. I bedeutet darin die Zahl der pro sec u. cm³ gebildeten Keime, C ist ein Faktor, dessen Zahlenwert von der Geometrie, Konz. u. Temp. abhängt u. hier $10^{37 \pm 1}$ beträgt, ΔG^* ist der Zuwachs der freien Energie bei der Bldg. eines Kristallkeims krit. Größe u. ΔG_A die freie Aktivierungsenergie, die für die Verschiebung eines Atoms aus der Schmelze über die Phasengrenze aufgebracht werden muß. Die mittels der angegebenen Gleichung berechnete freie Oberflächenenergie von Se ist $> 43{,}8$ erg·cm^{-2}. Das Verhältnis der auf ein g-Atom bezogenen freien Oberflächenenergie zu der Schmelzwärme ist $> 0{,}48$, wohingegen es für die meisten mol. Substanzen $0{,}3 \pm 0{,}1$ beträgt. Die erhaltenen Daten werden mit denen von S_8 u. P_4 verglichen u. die der Berechnung zugrunde liegenden Annahmen u. Einschränkungen diskutiert. Bes. erscheint es fraglich, ob TURNBULL u. FISHERs Gleichung ohne Modifizierung anwendbar ist, da sie die Annahme enthält, daß einzelne Atome oder Moll. die Phasengrenze durchqueren, während amorphes Se offenbar aus Makromoll. besteht. (J. physic. Chem. **60.** 56—58. Jan. 1956. Schenectady, N. Y., Gen. Electric Res. Labor., Metall. and Ceram. Res. Dep.) W. KRÖNERT. 186

N. N. Stulow, *Über den orientierenden Einfluß elektrischer Ladungen bei der Kristallisation.* Am Beispiel abgebildeter Kristalle von *NaCl, Galenit* u. *Fluorit* wird erläutert, wie elektr. Ladungen ihren orientierenden Einfl. auf die Kristallbldg. ausüben, wobei in manchen Fällen elektr. geladene Staubteilchen den Beginn der Kristallisation überhaupt erst möglich machen. (Записки Всесоюзного Минералогического Общества [Schr. Allunions mineralog. Ges.] [2] **83.** 241—42. 1954.) A. v. WILPERT. 190

Werner Schaaffs, *Die rhythmische Kristallisation des Kaliumbichromats.* (Vgl. C. **1953.** 3201.) $K_2Cr_2O_7$ wurde in 5%ig. wss. Lsg., der ca. 0,75% Gelatine zugesetzt war, zum Auskristallisieren gebracht. Die Kristallisation erfolgt rhythm. mit ca. 15—70 Zonen pro Tropfen ohne Überdeckungen. Die einzelnen Zonen sind deutlich durch substanzfreie Bereiche voneinander getrennt. Das doppelte Prod. aus Mol.-Gew. des $K_2Cr_2O_7$, dem Abstand der Rhythmen u. der Bildungsgeschwindigkeit hat in der Gegend des Zahlenwertes $4 \cdot 10^{-3}$ erg·sec (Prod. $h \cdot N_L$) einen Häufungspunkt. (Kolloid-Z. **133.** 65—69. Nov. 1953. Berlin, Siemens & Halske AG, Werkstoff-Hauptlabor.) H. C. WOLF. 190

J. Willems, *Über die Bedeutung der Trägerhärte für die orientierte Kristallabscheidung (Epitaxie).* In Fortsetzung früherer Unterss. (vgl. C. **1954.** 8757) berichtet der Vf. in der vorliegenden Arbeit über weitere positive Orientierungsbefunde auf harten Trägern. Es ließen sich orientieren *Pentachlorphenol* bei einer Trägertemp. von 90° auf (0 0 1) von Topas u. $(1\,0\,\bar{1}\,0)$ von Quarz, *Anthrachinon* bei einer Trägertemp. von 180° auf (0 0 0 1) von *β-Korund,* (0 0 1) von *Epidot,* (1 0 0) von *Pyrit,* (1 1 0) von *Hornblende,* $(1\,0\,\bar{1}\,1)$ von *Quarz* sowie auf (0 0 1) u. (0 1 0) von *Orthoklas.* (Naturwissenschaften **41.** 302. Juli 1954. Krefeld.) C. GOTTFRIED. 190

P. Pfann, *Beitrag zu der Arbeit von Tiller, Jackson, Rutter und Chalmers.* Die Theorie der Abscheidung bei dem Erstarren einer Schmelze von TILLER u. Mitarbeitern (C. **1955.** 9512) behandelt den Grenzfall, daß die Diffusion der einzige Mischvorgang in der fl. Phase ist. Bekannt ist ferner der andere Grenzfall vollständiger Mischung. Hier wird darauf hingewiesen, daß in praxi mit einem „effektiven Verteilungskoeff." gerechnet werden muß, der als das Verhältnis der Konz. des Gelösten in der gerade erstarrten Zone zu der in der Hauptmenge der Fl. definiert wird. Es wird erörtert, wie dieser Koeff. in die Abscheidungsgleichungen eingeht. Einige weitere Bemerkungen zu der genannten Arbeit. (Acta metallurg. [New York] **1.** 763—64. Nov. 1953. Murray Hill, N. J., Bell Telephone Labors., Inc.) H. C. WOLF. 190

P. L. Pratt, *Die Spaltverformung von Zink und Natriumchlorid.* Bei der Herst. ebener Flächen an Einkristallen durch Spalten erhält man selten fehlerfreie Flächen. Sie enthalten im allg. Verformungsspuren, etwa durch die Fortpflanzung von Bruchsprüngen. Wenn man sehr dünne Schichten von der zu glättenden Oberfläche abhebt, nehmen diese einen großen Teil der Verformungsspannungen auf, u. die darunterliegende Oberfläche enthält weniger Fehler. Dagegen erscheint es kaum möglich, undeformierte dünne Plättchen durch Abspalten herzustellen. Hier wird über Experimente an NaCl (1 0 0) u. an Zn (Basisebene) berichtet. Die Oberflächenstruktur der Unterlage, von der abgespalten wird, ist bei sorgfältigem Arbeiten recht arm an Fehlern. Die dünnen Spaltschnitte zeigen dagegen viele Deformationen. In Zn erhält man auf der Dehnungsseite sich überschneidende Zwillinge, auf der Druckseite Knicke. In einem Anhang wird die Bildungsmöglichkeit der beobachteten sich überschneidenden Zwillinge kristallograph. verständlich gemacht. (Acta metallurg. [New York] **1.** 692—99. Nov. 1953. Harwell, Atomic Energy Res. Establ.) H. C. WOLF. 190

Karl-Axel Wilhelmi, *Eine vorläufige röntgenographische Untersuchung von Re_2O_7.* Ausgehend von Re (99,5% Reinheit) wird das Oxyd Re_2O_7 nach einer früher (C. **1952.** 1293) angegebenen Meth. hergestellt. Einkristalle werden in verschlossenen Capillaren aus Lithiumboratglas mit CuK- u. CrK-Strahlung untersucht. Alle untersuchten Kristalle bestanden aus zwei oder mehreren Individuen mit gemeinsamer Prismenachse. Die LAUE-Symmetrie ist D_{2h}/m m m. Aus Pulveraufnahmen ergibt sich für die Elementarzelle: a = 12,25 ± 0,1, b = 5,48 ± 0,02 u. c = 12,5 ± 0,1 Å, Z = 8. Aus den systemat. Auslöschungen folgt die Symmetrie D_{2h}^5/P m m c. (Acta chem. scand. **8.** 693. 1954. Stockholm, Univ., Inst. of Inorg. and Phys. Chem.) W. KRÖNERT. 195

Pierre Blum und **Félix Bertaut,** *Beitrag zur Untersuchung von Boriden mit hohem Borgehalt.* Drehkristallaufnahmen an UB_4 lieferten eine tetragonale Zelle mit a = 7,080 Å; c = 3,978 Å. Raumgruppe ist D_{4h}^5 — P 4/m b m; Z = 4. Im Gitter liegen 4 U in 4 (g) mit x = 0,310; 4 B in 4 (e) mit z = 0,214; 4 B in 4 (h) mit x = —0,086 u. 8 B in 8 (j) mit x = 0,174 u. y = 0,042. Die U-Atome bilden 2 Arten von Prismen, quadrat. u. dreieckige Prismen, mit den U—U-Entfernungen 3,64 Å bzw. 3,805 Å. Die Entfernungen U—B liegen zwischen 2,711 u. 2,998 Å u. die Entfernungen B—B zwischen 1,702 u. 1,795 Å. Die gleiche Struktur besitzen CeB_4 u. ThB_4; ihre Gitterkonstanten sind für CeB_4 a = 7,205, c = 4,090 Å u. für ThB_4 a = 7,250, c = 4,113 Å. — Die Struktur der Hexaboride XB_6 war von v. STACKELBERG u. NEUMANN (Z. physik. Chem., Abt. B **19.** [1932.] 314) aufgeklärt worden. Vff. bestimmten von den nachfolgenden Hexaboriden die Würfelkantenlängen: CaB_6 (a =) $4{,}145_0$ Å; SrB_6 $4{,}198_4$ Å; BaB_6 $4{,}268_0$ Å; LaB_6 $4{,}156_6$ Å; CeB_6 $4{,}141_0$ Å; NdB_6 $4{,}128_4$ Å; GdB_6 $4{,}112_3$ Å; YbB_6 $4{,}144_4$ Å; YB_6 $4{,}113_2$ Å u. ThB_6 $4{,}113_2$ Å. Es wurden noch gemischte Hexaboride dargestellt, u. zwar durch Substitution von Th bzw. Ba durch Na. In dem ersten Fall folgen die Parameter dem VEGARDschen Gesetz, im zweiten Fall jedoch nicht. Angegeben sind $Th_{0,56}Na_{0,44}B_6$ a = 4,127 Å; $Th_{0,37}Na_{0,63}B_6$ a = 4,142 Å; $Th_{0,23}Na_{0,77}B_6$ a = 4,151 Å; $Ba_{0,74}Na_{0,26}B_6$ a = 4,256 Å u. $Ba_{0,57}Na_{0,43}B_6$ a = 4,232 Å. Verss., in ThB_6 u. BaB_6 Th bzw. Ba durch Li u. K zu substituieren, verliefen erfolglos. Vff. beschreiben dann noch die Struktur von UB_{12}, über die bereits früher BERTAUT u. BLUM (vgl. C. R. hebd. Séances Acad. Sci. **229.** [1949.] 666) berichtet hatten. (Acta crystallogr. [Copenhagen] **7.** 81—86. Jan. 1954. Grenoble, Labor. d'Électrochim. et d'Électrométallurgie et Labor. d'Électrostatique et de Phys. du Métal.) C. GOTTFRIED. 195

Masao Atoji und **William N. Lipscomb,** *Die Kristall- und Molekularstruktur von B_4Cl_4.* (Vgl. C. **1953.** 7738.) Ein Einkristall wird durch Vakuumdest. in ein Pyrexröhrchen u. 14tägige Temperaturkonstanz bei 35° erhalten. Die Elementarzelle ist tetragonal mit a = b = 8,09 ± 0,02 u. c = 5,45 ± 0,01 Å. Unter Annahme der n. VAN DER WAALSschen Radien ergibt sich Z = 2 u. eine berechnete D. von 1,724. Die systemat. Auslöschungen weisen auf die Raumgruppe D_{4h}^{15} — P 4_2/n m c. Bei Z = 2 ist die Molekülsymmetrie dann D_{2d} — $\bar{4}$ 2 m, weicht jedoch nur wenig von T_d — $\bar{4}$ 3 m ab. Möglicherweise ist die Symmetrie D_{2d} — $\bar{4}$ 2 m durch die Anordnung der Moll. im Kristall bedingt, während ungebundene gasförmige Moll. die Symmetrie T_d aufweisen. Die Kristallstruktur ist so aufgebaut, daß die B-Atome ein fast reguläres Tetraeder bilden, das von einem größeren Tetraeder aus Cl-Atomen umgeben wird. Die Mittelpunkte der Moll. liegen in 0, 0, ½ u. ½, ½, 0. Die Atomabstände (in Å) sind: B_1—B_2, B_2—B_3, B_3—B_4 u. B_4—B_1 = 1,71 ± 0,04; B_1—B_3 u. B_2—B_4 = 1,69 ± 0,04; B—Cl = 1,70 ± 0,03; 4 Cl—Cl = 4,50 ± 0,01 u. 2 Cl—Cl = 4,46 ± 0,01. Zwischenmol. Abstände Cl—Cl betragen 3,63; 3,74 u. 3,87 Å im Einklang mit dem n. VAN DER WAALSschen Radius für Cl von 1,8 Å. (Acta crystallogr. [Copenhagen] **6.** 547—50. 10/6. 1953. Minneapolis, Minn., Univ. of Minnesota, School of Chem.) W. KRÖNERT. 195

Unto Korhonen, *Die Kristallstruktur des Caesiumnitrats oberhalb 161°.* $CsNO_3$ besitzt bei Tempp. < 161° hexagonale u. oberhalb 161° kub. Struktur. Von der kub. Modifikation werden bei 167° Pulveraufnahmen an verschied. Präpp. hergestellt u. die Intensitätsauswertung nach WASASTJERNA (Kungl. svenska Vetenskapsakad. Handl. **20** [**3**]. No. 11. [1944.]) vorgenommen. Die Gitterkonstante beträgt 8,980 Å. Die Raumgruppe ist P a 3 mit Z = 8. Die Punktlagen sind: 8 Cs in 0 0 0; ½ 0 0; 0 ½ 0; 0 0 ½; ½ ½ ½; 0 ½ ½; ½ 0 ½; ½ ½ 0; 8 N in ± (u u u; u + ½, ½ − u, ū; ū, u + ½, ½ − u; ½ − u, ū, u + ½); 24 O in ± (x y z; z x y; y z x; x + ½, ½ − y, z̄; z + ½, ½ − x, ȳ; y + ½, ½ − z, x̄; x̄, y + ½, ½ − z; z̄, x + ½, ½ − y; ȳ, z + ½, ½ − x; ½ − x, ȳ, z + ½; ½ − z, x̄, y + ½; ½ − y, z̄, x + ½); mit x = 0,219 ± 0,008, y = 0,219 ± 0,008, z = 0,386 ± 0,002, u = 0,275 ± 0,002. Es wird die Wärmebewegung des Cs-Ions u. der NO_3-Gruppe bei 167° untersucht u. die mittlere Gesamtverrückung $\sqrt{\overline{u^2}}$ des Cs-Ions zu 0,407 Å bestimmt. (Suomalaisen Tiedeakatemian Toimituksia [An. Acad. Sci. fennicae], Sarja A. I. **1953.** Nr. 150. 1—16.) W. KRÖNERT. 195

J. N. van Niekerk, F. R. L. Schoening und **J. H. Talbot,** *Die Kristallstruktur von Zinkacetatdihydrat, $Zn(CH_3COO)_2 \cdot 2\,H_2O$.* $Zn(CH_3COO)_2 \cdot 2\,H_2O$ bildet farblose Kristalle mit im allg. nadligem Habitus. In Richtung der Nadelachse wird gute Spaltbarkeit beobachtet. Aus goniometr. Vermessungen u. Drehkristallaufnahmen folgt für die monokline Elementarzelle: a = 14,50, b = 5,32, c = 11,02 Å u. β = 100° 0'. Die Raumgruppe ist C 2/c. Mit Z = 4 errechnet sich die D. 1,76 im Vgl. zu D. (exp.) 1,77. Die Zn-Atome besetzen 2zählige Achsen. Die Parameter der Zn- u. der übrigen Atome werden aus Elektronendichteprojektionen auf die kristallograph. Flächen a c u. b c gewonnen: Zn x = 0,000, y = 0,125, z = 0,250; O_I x = 0,071, y = 0,200, z = 0,095; O_{II} x = 0,103, y = 0,423, z = 0,267; H_2O x = 0,088, y = −0,150, z = 0,354; C_I x = 0,113, y = 0,400, z = 0,145; C_{II} x = 0,183, y = 0,527, z = 0,083. Mit diesen Parametern zurückgerechnete Strukturfaktoren ergeben den Gütefaktor R = 0,15 bzw. 0,16. Die 6 nächsten Nachbarn des Zn-Ions sind 4 O-Atome im Abstand von 2,17 u. 2,18 Å sowie 2 H_2O-Moll. im Abstand von 2,14 Å. Diese Bindungen tragen vorwiegend ion. Charakter. Die 6 Atome bilden ein stark verzerrtes Oktaeder um Zn^{2+}. Direkte Metall—Metall-Bindungen, wie sie in den Strukturen von Kupfer- u. Chromacetat (vgl. VAN NIEKERK u. SCHOENING, C. **1954.** 6438, **1955.** 7857, u. VAN NIEKERK, SCHOENING u. DE WET, Acta crystallogr. [Copenhagen] **6.** [1953.] 501) beobachtet wurden, treten im Zn-Acetat nicht auf. Die Acetatgruppen weisen n. Abstände u. Winkel auf. Die einzelnen Formeleinheiten werden durch starke H-Bindungen zusammengehalten, wodurch sich „zweidimensionale" Schichten parallel zur b c-Fläche ausbilden. Zwischen den Schichten in der a-Richtung bestehen nur schwache VAN DER WAALSsche Kräfte. Dieser Aufbau der Struktur trägt den beobachteten physikal. Eigg. der Kristalle, Mosaikcharakter, geringe Härte u. leichte Spaltbarkeit, Rechnung. (Acta crystallogr. [Copenhagen] **6.** 720—23. 10/9. 1953. Pretoria, Council for Sci. and Ind. Res., Nat. Phys. Labor.) W. KRÖNERT. 195

J. C. Morrow, *Röntgenpulverdiagramm und Elementarzellendimensionen von K_2ReJ_6.* Wie aus Pulveraufnahmen folgt, besitzt K_2ReJ_6 im Gegensatz zu den übrigen Gliedern der Serie K_2ReX_6 (X = F, Cl, Br), die kub. kristallisieren, bei Zimmertemp. rhomb. Symmetrie. Die Gitterkonstanten werden zu a = 11,07 ± 0,05, b = 13,48 ± 0,07, c = 10,19 ± 0,05 Å bestimmt. Unter Annahme von Z = 4 errechnet sich die röntgenograph. D. 4,484, was mit der beobachteten D ≃ 4,4 übereinstimmt. Als mögliche Raumgruppen kommen P m c n (D_{2h}^{16}), P 2_1 c n (C_{2v}^{9}), P n c n (D_{2h}^{6}), P b c n (D_{2h}^{14}) u. P c c n (D_{2h}^{10}) in Frage. (J. physic. Chem. **60.** 19—20. Jan. 1956. Chapel Hill, N. C., Univ., Dep. of Chem.) W. KRÖNERT. 195

Arne Magnéli, *Strukturen des ReO_3-Typs mit regelmäßig wiederkehrenden Verschiebungen der Atome: „Homologe Reihen" von Molybdän- und Wolframoxyden.* (Vgl. C. **1953.** 4170.) Es werden die geometr. Eigg. von Strukturen des ReO_3-Typs, die regelmäßig wiederkehrende Verschiebungen der Atome, ähnlich denen in Mo_8O_{23}, Mo_9O_{26} u. $W_{20}O_{58}$ aufweisen, diskutiert. Zwei der so abgeleiteten hypothet. Atomanordnungen entsprechen den kürzlich dargestellten Mo–W-Oxyden $(Mo, W)_{10}O_{29}$ u. $(Mo, W)_{11}O_{32}$ (BLOMBERG, KIHLBORG u. MAGNÉLI, C. **1955.** 6930). Diese Verbb. u. die erwähnten Mo-Oxyde gehören einer „homologen Reihe" Me_nO_{3n-1} an, der ein gemeinsames Strukturprinzip zugrunde liegt. Es besteht fast vollständige Übereinstimmung zwischen den experimentell abgeleiteten u. den Idealstrukturen dieser Homologen. Das Gleiche gilt für $W_{20}O_{58}$, die einzige bisher bekannte Verb. der Reihe Me_nO_{3n-2}. (Acta crystallogr. [Copenhagen] **6.** 495—500. 10/6. 1953. Uppsala, Univ. of Uppsala, Inst. of Chem.) W. KRÖNERT. 195

M. Linhard, W. Manthey und **K. Plieth,** *Über Komplexverbindungen.* 17. Mitt. *Die Kristallstruktur des Diaquotetramminkobalt(III)-hexachlorothallats, $[Co(NH_3)_4(H_2O)_2] \cdot [TlCl_6]$.* (16. vgl. C. **1954.** 3415.) Das Diaquotetramminkobalt(III)-hexachlorothallat krist. aus einem Lösungsgemisch von $[Co(NH_3)_4(H_2O)_2]_2[SO_4]_3$ u. $K_3[TlCl_6]$ in Form violettroter Würfel. LAUE-, Drehkristall- u. WEISSENBERG-Aufnahmen bestätigen die aus kristallopt. Unterss. gefolgerte kub. Symmetrie. Die Elementarzelle mit der Gitterkonstanten a = 11,30 Å enthält 4 Formeleinheiten $[Co(NH_3)_4(H_2O)_2][TlCl_6]$. Damit ergibt sich die röntgenograph. D. zu 2,69 gegenüber einer beobachteten D. von 2,66. Die Raumgruppe ist T_h (6) — P a 3. Die Unterbringung der O- u. N-Atome bietet strukturtheoret. Schwierigkeiten. Es muß angenommen werden, daß 16 N u. 8 O zusammen eine 24zählige Punktlage besetzen. Die Anordnung der Atome ist folgende: 4 Tl in (a): 0 0 0; 0 ½ ½; ½ 0 ½; ½ ½ 0; 4 Co in (b) ½ ½ ½; ½ 0 0; 0 ½ 0; 0 0 ½; 24 Cl in (d) x, y, z allg. Lage; 16 N + 8 O in (d): x, y, z allg. Lage. Die Atomparameter werden durch Patterson- u. Fourier-Synthesen bestimmt: Cl: x = 0,145, y = 0,153, z = −0,077; N, (O): x = 0,090, y = 0,640, z = 0,060. Daraus ergeben sich innerhalb der Komplexe die Atomabstände: Tl—Cl = 2,54 Å u. Co—N(O) = 2,00 Å. Die Cl—N(O)-Abstände benachbarter Komplexe liegen im Mittel um 3,45 Å. Die Cl- bzw. N- u. O-Atome bilden regelmäßige Oktaeder um die Tl- bzw. Co-Atome. Die $[TlCl_6]^{3-}$- u. die $[Co(NH_3)_4(H_2O)_2]^{3+}$-Komplexe bauen ein NaCl-Gitter auf. Die Nichtunterscheidbarkeit der O- u. N-Lagen u. die große Ähnlichkeit der NH_3- u. H_2O-Gruppen in räumlicher u. elektrostat. Hinsicht legen eine statist. Verteilung von cis- u. trans-Diaquotetramminkobalt(III)-Komplexen nahe. (Z. Elektrochem., Ber. Bunsenges. physik. Chem. **57.** 862—66. 1953. Clausthal, Bergakad., Chem. Inst.; Berlin-Dahlem, Max-Planck-Gesellschaft, Fritz-Haber-Inst.) W. Krönert. 195

L. Edward Godycki und **R. E. Rundle,** *Die Struktur von Nickeldimethylglyoxim.* Der Komplex wird durch Zusammengeben von verd. wss. Lsgg. von Dimethylglyoxim u. $NiCl_2$ erhalten u. aus Nitrobenzol umkrist.: Lange rote Nadeln mit sehr kleinem Durchmesser. Einkristall- u. Weissenberg-Aufnahmen mit Cu- u. Mo-Strahlung zeigen rhomb.

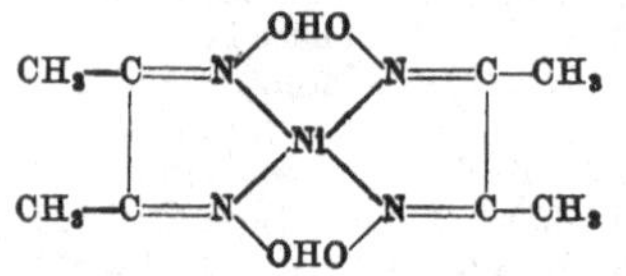

Symmetrie mit a_0 = 16,68, b_0 = 10,44 u. c_0 = 6,49 Å. Die berechnete D. von 1,70 u. die beobachtete D. von 1,61 ergeben Z = 4. Die Raumgruppe ist D_{2h}^{26} — I b a m. Patterson- u. Fourier-Projektionen ergeben folgende Anordnung: Die Moll. sind eben u. liegen genau parallel zu den (0 0 1)-Flächen, sie bestehen aus je 4 Fünfringen. Die Symmetrie des Mol. ist D_{2h}, u. die erwartete Struktur wird damit bestätigt. Die Atomabstände werden diskutiert. Bemerkenswert ist die sehr kurze O—H—O-Bindung, die mit 2,44 Å kürzer, als je beobachtet, vorliegt. Sie ist vielleicht Ursache der geringen Löslichkeit des Ni-Komplexes in H_2O im Gegensatz zu dem Cu-Komplex. Es werden die kristallograph. Daten für die entsprechende Pt-Verb. u. für Ni-Cyclohexandiondioxim angegeben. (Acta crystallogr. [Copenhagen] **6.** 487—95. 10/6. 1953. Ames, Io., Iowa State Coll., Inst. of Atom. Res., Dep. of Chem.) W. Krönert. 195

Florenzo Mazzi, *Die Kristallstruktur von Kupfertetramminsulfatmonohydrat,* $Cu(NH_3)_4 \cdot SO_4 \cdot H_2O$. Die Verb. krist. in der rhomb. Raumgruppe D_{2h}^{16} — P m c n mit 4 Moll. pro Elementarzelle. Gitterkonstanten nach Zemann (Experientia [Basel] **4.** [1948.] 2): a = 7,07, b = 12,12, c = 10,66 kX (± 1%). Die Best. der Struktur mittels Patterson- u. Fourier-Projektionen auf (0 0 1) u. (1 0 0) ergab das Auftreten von Schichten — parallel (0 1 0) — aus $Cu(NH_3)_4$-Quadraten u. SO_4-Tetraedern, zusammengehalten durch H_2O-Moleküle. Die auf Symmetrieebenen liegenden Cu-Atome besitzen als nächste Nachbarn vier NH_3 (Cu···N = 2,04—2,06 Å) u. zwei H_2O (Cu···O = 2,59—3,37 Å), die ein verzerrtes Oktaeder aufbauen. Je zwei O-Atome eines SO_4-Tetraeders (S···O = 1,40—1,43—1,46 Å) sind mit benachbarten H_2O-Moll. durch Wasserstoffbrücken (OH···O = 2,67 Å) verbunden. (Acta crystallogr. [Copenhagen] **8.** 137—41. März 1955. Göttingen, Univ., Mineralog.-Kristallograph. Inst.; Pavia, Univ., Ist. di Mineral. e Petrogr.) G. Ruban. 195

E. J. W. Whittaker, *Die Elementarzelle von Chrysotil.* Es werden die Ergebnisse von Padurow (C. **1950.** II. 1914. 1918) über die Elementarzelle des Chrysotils überprüft u. festgestellt, daß die trikline Zelle nicht bestätigt werden kann, sondern daß die monokline Zelle viel wahrscheinlicher ist. (Acta crystallogr. [Copenhagen] **5.** 143—44. Jan. 1952. Stockport, Ferodo Ltd., Techn. Div.) J.-E. Hiller. 195

E. J. W. Whittaker, *Die Struktur von Chrysotil.* (Vgl. vorst. Ref.) Die Strukturanalyse der beiden bekannten Chrysotilmodifikationen wird unter Verwendung der h 0 l-Intensitätsdaten durchgeführt. Der von Aruja (Dissertation 1943, Cambridge) vorgeschlagene Strukturtyp der monoklinen Form wird bestätigt. Die Struktur der rhomb. Modifikation beruht auf der gleichen Schichtenfolge. Bei Bezeichnung der beiden möglichen gleichwertigen Kationenanordnungen mit A u. B (Mg-Punktlagen) lassen sich die beiden Strukturen folgendermaßen beschreiben: Klinochrysotil A A A A A A···, Orthochrysotil A B A B A B···. (Acta crystallogr. [Copenhagen] **6.** 747—48. 10/9. 1953.) W. Krönert. 195

H. P. Rooksby und **B. T. M. Willis,** *Die Tieftemperaturkristallstruktur von Magnetit.* Vff. untersuchen die Strukturänderung von Fe_3O_4 bei tiefen Temperaturen. Dazu werden bei 95 u. 80° K Pulveraufnahmen mit CoK- u. CrK-Strahlung hergestellt u. die Linienaufspaltung verschied. Reflexe untersucht. Im Gegensatz zu der Annahme von Abrahams

u. CALHOUN (C. **1955.** 1690), daß Fe_3O_4 unterhalb 115° K rhomb. Struktur besitzt, zeigen Vff., daß die experimentellen Befunde besser einer rhomboedr. Struktur mit a_R = 5,940 Å u. α = 59° 47,5′ (bei 80° K) entsprechen. Ganz ähnliche Linienaufspaltungseffekte liegen auch bei der Tieftemperaturform von *FeO* vor. (Acta crystallogr. [Copenhagen] **6.** 565—66. 10/6. 1953. Wembley, Gen. Electric Co. Ltd., Res. Labor.)
W. KRÖNERT. 195

Fritz Laves und **Julian R. Goldsmith,** *Fern- und Nahordnung in calciumreichen Plagioklasen als kontinuierliche und reversible Funktion der Temperatur.* In Anorthit, $CaAl_2Si_2O_8$, u. den angrenzenden Plagioklasen treten Strukturänderungen auf, die sich als kontinuierliche Funktion der Temp. u. des $NaAlSi_3O_8$-Geh. beschreiben lassen. In reinem Anorthit findet eine Umwandlung im Temperaturbereich 1100—1550° (F.) statt. Ein geringer $NaAlSi_3O_8$-Geh. (< 10%) bewirkt eine erhebliche Ausdehnung des Temperaturbereichs. Die auftretenden Strukturänderungen werden durch den Grad der Unschärfe bestimmter (c)-Reflexe der Einkristallröntgendiagramme verfolgt. Zur Deutung der Erscheinungen werden zwei äquivalente Gitterkomplexe, A u. B, die von Ca besetzt werden können, angenommen. Die vollständige Unterbringung der Ca-Atome in einem Komplex bewirkt scharfe (c)-Reflexe, während sich bei statist. Verteilung über beide Komplexe die (c)-Reflexe nicht mehr vom Untergrund abheben. Nimmt man jedoch Bereiche an, in denen jeweils A- oder B-Lagen vorherrschen, so hängt die Intensitätsverteilung der (c)-Reflexe stark von der Größe u. Gestalt dieser Bereiche ab. Je kleiner die Bereiche sind, desto diffuser erscheinen die Reflexe. Kurz unterhalb des F. liegen winzigste Bereiche vor, während sie bei 1100° (Anorthit) prakt. als Einkristalle zu bewerten sind. Die Form der Bereiche ist komplex u. nicht durch begrenzte Volumina zu erfassen. Die für die Verschiebung eines Ca-Atoms von einem A- zu einem B-Platz erforderliche Energie ist gering. Die Umwandlung wird in Plagioklasen der Zus. 100% Anorthit bis 27% $NaAlSi_3O_8$ beobachtet. Die für die Gleichgewichtseinstellung erforderliche Zeit beträgt einige Min. bis mehrere Tage bei tieferen Temperaturen. Der $NaAlSi_3O_8$-Geh. hat keinen Einfl. auf die Umwandlungsgeschwindigkeit. (Acta crystallogr. [Copenhagen] **7.** 465—72. 20/7. 1954. Chicago, Ill., Univ. of Chicago, Dep. of Geol.) W. KRÖNERT. 195

E. F. Bertaut, *Beitrag zur Untersuchung von Defektstrukturen: Pyrrhotin.* Pyrrhotin, Fe_7S_8, besitzt eine Defektstruktur, in der die Leerstellen geordnet sind. Mit Hilfe der Theorie der elektrostat. Potentiale von EWALD [1921] wird die mit dem Übergang zur geordneten Verteilung verbundene zusätzliche potentielle Energie berechnet. Diese ist so groß, daß erwartet werden kann, daß alle ion. Defektstrukturen dieser Art geordnet vorliegen. (Acta crystallogr. [Copenhagen] **6.** 557—61. 10/6. 1953. Grenoble, Inst. Fourier, Labor. d'Électrostat. et de Phys. du Métal.) W. KRÖNERT. 195

E. Menzel und **W. Stössel,** *Diskontinuierliche Anlaufschichten auf Kupfer.* In Fortsetzung früherer Unterss. von MENZEL (vgl. Photogr. u. Wissen **2.** [1953.] Heft 3 u. C. **1950.** II. 976) über die Bldg. von diskontinuierlichen Anlaufschichten auf Cu teilen Vff. in der vorliegenden Arbeit mit, daß Elektroneninterferenzen an diesen Schichten fast unverändert das Diagramm des reinen Cu liefern. Hieraus folgt, daß das Cu zwischen den Kristalliten höchstens von einer monoatomaren Fremdschicht bedeckt ist. Der bei der Oxydation auf das Cu auftreffende O_2 wird demnach reflektiert, oder er diffundiert so lange auf der Oberfläche, bis er sich einem Oxydulkristallit anschließt. Erhitzt man eine solche Probe bei gleichem Luftdruck oder im Hochvakuum auf 900°, so verschwinden die Kristallite sehr rasch. Sie lösen sich in Cu auf, denn bei der folgenden Abkühlung zeigen sich auf der Cu-Oberfläche plötzlich Ausscheidungen, u. zwar in dendrit. Form. (Naturwissenschaften **41.** 302—03. Juli 1954. Tübingen, Univ., Physikal. Inst.)
C. GOTTFRIED. 196

U. Zorll, *Gitterkonstanten und Textur dünner Indiumschichten.* Dünne In-Schichten werden durch Aufdampfen bei 10^{-4} bis 10^{-5} Torr auf ein Trägerhäutchen aus Kollodium hergestellt u. mit schnellen Elektronen senkrecht durchstrahlt. Unter Verwendung von LiF als Eichsubstanz werden die Gitterkonstanten des tetragonalen Gitters zu a = 4,615, c = 4,910 Å bestimmt. Weitere Diagramme, die mit schräg auf die In-Schicht einfallendem Elektronenstrahl erhalten werden, zeigen eine Textur der Schichten. Der überwiegende Teil der Kristallite richtet sich mit der (1 1 1)-Ebene parallel zur Unterlage, wobei jedoch anscheinend eine Neigung der Vorzugsrichtung der Kristallite untereinander bis zu ca. 20° auftritt. Ein geringer Teil der Kristallite dagegen ist völlig willkürlich angeordnet. Weiterhin scheint für einen Teil der Kristallite noch eine andere Orientierung zu bestehen. (Z. Physik **139.** 654—57. 1954. Halle/Saale, Martin-Luther-Univ., II. Physikal. Inst.) W. KRÖNERT. 196

O. N. Salmon und **D. H. Ahmann,** *Das System der flüssigen Metalle Lithium–Natrium.* Die Unters. des bin. Syst. Li–Na mittels therm. u. chem. Analyse ergibt die folgenden Resultate: Der F. von Li sinkt durch einen Zusatz von 3,8 At.-% Na von

179,4 auf 171°. Oberhalb dieser Temp. bilden Na u. Li zwei nicht miteinander mischbare fl. Phasen. Ihre Zus. bei 171° wird mit 3,8 bzw. 86,9 At.-% Na angegeben. Die krit. Lösungstemp. wird zu 380° berechnet. Die zugehörige Zus. der Schmelze ist 35 At.-% Na. Ein eutekt. Punkt liegt bei 93,4° u. einer Zus. mit 3,7 At.-% Li vor. Die Ergebnisse werden im Zusammenhang mit der Theorie der regulären Lsgg. diskutiert u. beträchtliche Abweichungen gefunden. (J. physic. Chem. **60**. 13—14. Jan. 1956. Schenectady, N. Y., Knolls Atomic Power Labor.) W. KRÖNERT. 197

K. Bachmayer, H. Nowotny und **A. Kohl**, *Die Struktur von TiAs.* Die von SCHÖNBERG (C. **1955**. 11 171) bestimmten Kristallstrukturen von TiP, β-ZrP, β-TaP, MoP u. WP werden bestätigt. Im Syst. Ti–As treten mehrere intermediäre Phasen auf. Bei der ungefähren Zus. TiAs werden zwei Phasen identifiziert. Eine der beiden krist. im NiAs-Typ mit den Gitterkonstanten: a = 3,63, c = 6,14 kX u. c/a = 1,69. Die zweite ist isotyp zu TiP u. stellt eine Überstruktur des NiAs-Typs dar, derart, daß die c-Achse verdoppelt wird. Die Gitterkonstanten sind: a = 3,64, c = 12,28 kX u. c/a = 3,38. Die Raumgruppe ist D_{6h}^4 mit den Punktlagen 4 Ti in 4(f), 2 As in 2(a) u. 2 As in 2(d), wobei mit z = $^1/_8$ vollkommene Übereinstimmung in der Intensitätsberechnung erzielt wird. Als Abstand Ti–As ergibt sich 2,60 Å. (Mh. Chem. **86**. 39—43. 1955. Wien, TH, Inst. für physikal. Chem.) W. KRÖNERT. 197

C. Tyzack und **G. V. Raynor**, *Die Gitterkonstanten von bleireichen Mischkristallen.* Vff. bestimmen die Kurven Gitterkonstante–Zus. für die Pb-reichen Legierungen in den Zweistoffsystemen Pb mit Sb, Bi, Sn, In, Tl, Cd u. Hg. Bei gleichem Atomprozentgeh. an gelöstem Metall hängt die Gitteränderung von dem relativen Atomvol. u. der relativen Valenz des gelösten u. auflösenden Metalls ab. Bei den Metallen der 2. langen Periode des Periodensyst. der Elemente nehmen die hervorgerufenen Gitterkontraktionen in der Reihenfolge Cd, In, Sn, Sb ab. In dieser Folge nehmen auch die Gruppenvalenzen u. Atomvolumina zu. Entsprechend bewirkt Hg eine größere Kontraktion als Tl, während Bi, das als einziges der betrachteten Metalle ein größeres Atomvol. als Pb besitzt, das Gitter ausdehnt. Bes. wird untersucht, wie sich Unterschiede im Atomvol. u. der Valenz zwischen gelöstem u. lösendem Metall auf die Gitterkonstantenbeziehungen auswirken. Es werden keine einfachen Beziehungen gefunden. Es ist anzunehmen, daß die Gitterkonstanten in Pb-Legierungen u. a. durch einige Faktoren beeinflußt werden, die mit der Elektronenstruktur der zugrunde liegenden Ionen in den betreffenden Metallen zusammenhängen. (Acta crystallogr. [Copenhagen] **7**. 505—10. 20/7. 1954. Birmingham, Edgbaston, Univ., Dep. of Metall.) W. KRÖNERT. 197

F. Lihl, *Über den Aufbau des Systems Quecksilber–Mangan.* Kurze Mitt. (Vgl. C. **1953**. 8193.) Unterss. über den Aufbau der Mn–Hg-Legierungen ergeben die Existenz von zwei Phasen der Zus. Mn_2Hg_5 u. *MnHg*. MnHg, das im B 2-Typ (CsCl-Typ) mit a_0 = 3,308 kX krist., ist bis 265°, Mn_2Hg_5 hingegen nur bis 75° beständig. Es wird sichergestellt, daß die von PAWLEK (C. **1952**. 3727) angegebene Phase mit kub. flächenzentriertem Gitter, die bei 450° in Hg u. Mn zerfallen soll, nicht existiert. Vf. gibt ein schemat. Zustandsdiagramm des Syst. Hg–Mn an. Oberhalb 265° besteht ein wegen der geringen Löslichkeit des Mn im Hg prakt. den gesamten Konzentrationsbereich umfassendes Gleichgewicht zwischen der Schmelze (an Mn gesätt. Hg) u. α-Mn. Durch peritekt. Rk. des α-Mn mit dieser Schmelze entsteht bei 265° die Phase Mn–Hg. Durch eine weitere peritekt. Umsetzung dieser Phase mit der Schmelze wird schließlich in Legierungen mit weniger als 50 At.-% Mn bei 75° die Phase Mn_2Hg_5 gebildet. (Mh. Chem. **86**. 186—90. 15/2. 1955. Wien, TH, Inst. für anorgan. chem. Technol.) W. KRÖNERT. 197

N. Takahashi und **J.-J. Trillat**, *Bildung von Aluminium–Kupfer-Legierungen durch Erhitzen im Vakuum.* (Vgl. C. **1955**. 1692 u. früher.) Dampft man im Vakuum Cu u. Al in geeigneten Mengen auf Kollodiumfilme nacheinander auf u. erhitzt die erhaltenen Ndd. im Vakuum, dann lassen sich mittels Elektronenbeugung Bldg. von $CuAl_2$, *CuAl* u. Cu_9Al_4 nachweisen. Auf Grund der Aufnahmen muß angenommen werden, daß zwischen $CuAl_2$ u. CuAl sowie zwischen CuAl u. Cu_9Al_4 Epitaxiebeziehungen bestehen. (Acta metallurg. [New York] **2**. 409—15. Mai 1954. Bellevue, Centre Nat. de la Rech. Sci., Labor. de Rayons X.) C. GOTTFRIED. 197

J. J. Gilman, *Spannungslinien in α-Messing.* Die Vermutung von KUHLMANN-WILSDORF u. WILSDORF (C. **1956**. 1519), daß die Möglichkeit der Erzeugung von Spannungslinien auf deformierten Kristallen an die Anwesenheit einer „Elementarstruktur" in den ursprünglichen Gleitlinien gebunden ist, erscheint bei reinen Metallen nicht gerechtfertigt, da sie die Annahme enthält, das Material an den Gleitebenen sei etwas verschieden von dem der ungeglittenen Matrix. Für α-Messing u. andere Legierungen scheint die Vermutung dagegen gerechtfertigt zu sein. (Acta metallurg. [New York] **1**. 764. Nov. 1953. Schenectady, N. Y., General Electric Comp., Metallurgy Res. Labor.) H. C. WOLF. 197

O. Kubaschewski, *Die Diffusionsgeschwindigkeiten einiger Metalle in Kupfer, Silber und Gold.* Die Diffusionsgeschwindigkeiten von Zn, Cd u. Ag werden nach der Meth. von KUBASCHEWSKI u. EBERT (vgl. Z. Elektrochem. angew. physik. Chem. **50.** [1944.] 138) in Cu zwischen 710 u. 860°, in Ag u. Au zwischen 800 u. 1000° bestimmt. Die diffundierten Anteile werden spektroskop. ermittelt. Folgende Werte für D werden erhalten: Ag in Cu (1% Ag), D = 0,012 exp (−35,600/RT); Zn in Cu (1% Zn), D = 0,0024 exp (−30,200/RT); Cd in Cu (1% Cd), D = 0,0034 exp (−29,200/RT); Ag in Au (3% Ag), D = 0,047 exp (−38,500/RT). Die in der Literatur angegebenen Diffusionsgeschwindigkeiten für Ni, Pd, Pt, Cu, Ag, Au, Zn u. Cd in Cu, Ag u. Au werden überprüft u. die wahrscheinlichsten Konstanten der ARRHENIUSschen Gleichung für jedes Syst. abgeleitet. (Trans. Faraday Soc. **46.** 713−22. Sept. 1950. Teddington, Middlesex, Nat. Phys. Labor., Metallurgy Div.) H. KNOLL. 197

Terkel Rosenqvist und **Boleslav L. Dunicz,** *Feste Löslichkeit von Schwefel in Eisen.* Es wurde die Löslichkeit von S in Fe bei Tempp. von 900−1500° untersucht u. ein Zustandsschaubild Fe–S für S-Gehh. von 0−0,5% aufgestellt. Aus den Unterss. ergibt sich u. a., daß die Löslichkeit im γ-Eisen mit zunehmender Temp. bis über die eutekt. Temp. zunimmt. Das Zustandsschaubild hat ein eingeschnürtes γ-Feld. Eisen mit ca. 0,1% S ist bei 1400° vollständig fest. Bei Abkühlung auf eine Temp. unterhalb von 1365° wird γ-Eisen gebildet, u. einige fl. Phasen werden ausgeschieden. Bei der weiteren Abkühlung wird noch mehr Fl. „ausgeschwitzt", bis die eutekt. Schmelze bei ca. 988° erstarrt. Diese Erscheinung führt bei Stahl zur Rotbrüchigkeit, u. die fl. Phase tritt in feinverteiltem Zustande längs der Korngrenzen auf. Mn, Cu u. Ni werden bevorzugt in der Sulfidphase gelöst, welche dadurch stabilisiert wird. In allen Fällen jedoch neigen die Legierungselemente von Eisen dazu, die Löslichkeit von S im festen Eisen herabzusetzen. (J. Metals **4.** 604−08. Juni 1952. Trondheim, Inst. of Technol.; Chicago, Ill., Univ.) H. HOCHSTEIN. 197

E. S. Machlin und **Morris Cohen,** *Isothermische Art der Martensitumwandlung.* An einem *Stahl* mit 0,036 (%) C, 29,5 Ni, 0,02 N_2, Rest Eisen wird die isotherm. Bldg. von Martensit bei Tempp. bis −195° nach Abschrecken in Öl mittels elektr. Widerstandsmessungen untersucht. Hierbei wird der Vorgang der Martensitbldg. erläutert, u. es werden die Einfll. auf sie bestimmt. Es wird u. a. gezeigt, daß sie im wesentlichen bei der Keimbldg. neuer Lamellen eher erfolgt als beim Wachsen der bestehenden u. daß sie von der Temp. u. Dauer des isotherm. Haltens, dem Betrag des vorhandenen athermalen Martensits, dem Zustand innerer Spannung sowie von der Anwendung von Zugbeanspruchungen abhängig ist. Die isotherm. Keimbldg. wird durch Wärmeströmungen, die lokalisierte Gebiete von sehr hoher Spannung überlagern, aktiviert. (J. Metals **4.** 489−500. Mai 1952. New York, N. Y., Columbia Univ.; Cambridge, Mass., MIT.) H. HOCHSTEIN. 197

Joseph P. Hammond, Arthur B. Westerman und **Howard C. Cross,** *Feingefügebestandteile in Chrom–Eisen–Molybdän-Legierungen und ihr Verhalten bei der Wärmebehandlung.* An Legierungen mit 0,005−0,36 (%) *C*, 0 oder 0,15 *Al*, 39−68 *Cr*, 9−51 *Fe*, 0−26 *Mo*, 0−2 *Ti* u. 0,003−0,051 N_2 werden röntgenograph., mkr. u. Härteunterss. über auftretende Phasen durchgeführt, bes. wird der Einfl. einer Alterung von 2−144 Std. bei 760−1090° auf die Phasen ermittelt. Das Verh. der σ-Phase, von $M_{23}C_6$ u. der Z-Phase wird im Zusammensetzungsbereich 60 Cr, 15−25 Fe, 15−25 Mo bei unter 0,005−0,36 C bei den verschied. Alterungstempp. angegeben. Mit 2 Ti werden TiC u. TiC–TiN gebildet. Mit N wird die Phase Cr_2N gebildet. — 10 Schrifttumsangaben. (J. Metals **4.** Trans. AIME. 1329−42. Dez. 1952. Columbus, O., Battelle Mem. Inst.) H. HOCHSTEIN. 197

N. Ss. Ryssina und **B. N. Finkelstein,** *Einfluß von Legierungszusätzen auf die Temperaturabhängigkeit des Schubmoduls von Eisen.* Bestimmungen nach der Schwingungsmeth. des Schubmoduls an geglühten Drahtproben (0,7 mm Durchmesser) aus *Armco-Fe* u. binären Legierungen des Fe mit jeweils 2% V, Mo, Co u. 1,5% Mn bei Tempp. bis zu 800° führen zu den Feststellungen: Durch Mo, Co u. Mn wird der Schubmodul bei Raumtemp. gegenüber dem von Fe erhöht, am stärksten durch Co; durch V erniedrigt. Bei ansteigender Temp. fallen die Modulwerte aller Proben zunächst langsam, von 360° an steil ab; durch Mo wird der Steilabfall bis zu 480° hinausgezögert. Oberhalb 500° nimmt am stärksten der Schubmodul des Fe ab, während V eine gewisse Bremswrkg. ausübt; bei 650° liegt letzterer bereits über dem des Fe. (Доклады Академии Наук СССР [Ber. Akad. Wiss. UdSSR] [N. S.] **98.** 215−17. 11/9. 1954.) V. EHMCKE. 200

Charles S. Smith und **W. B. Daniels,** *Elastische Konstanten von Fe–Si-Legierungen.* (Sitzungsbericht.) (Physic. Rev. [2] **98.** 1553. 1/6. 1955. Case Inst. of Technol.) R. STEIN. 200

E. Prince und **W. A. Wooster,** *Bestimmung der elastischen Konstanten von Kristallen aus diffusen Röntgenstrahlreflexen.* 3. Mitt. *Diamant.* (2. vgl. RAMACHANDRAN u. CHINNAPPA, C. **1954.** 6903.) Die Messungen an einem Diamant des Typs II wurden mit Hilfe eines GEIGER-Zählrohrspektrometers durchgeführt. Wegen der geringen therm. Schwingungen im Diamant wurde der Kristall auf 300° erhitzt, um höhere Intensitäten der diffusen Reflexe zu erhalten. Die Beobachtungen wurden in verschied. Richtungen des reziproken Gitters durch den reziproken Gitterpunkt (220) durchgeführt. Nach der Meth. von RAMACHANDRAN u. WOOSTER (C. **1954.** 6903) wurde für das Verhältnis der elast. Konstanten $C_{12}/C_{11} = 0{,}30$ u. $C_{44}/C_{11} = 0{,}40$ erhalten. Die Genauigkeit dieser Bestimmungen beträgt ca. $\pm 0{,}02$. Die absol. Werte wurden durch Vgl. der Intensitäten der unter einem Winkel von 90° vom Kristall gestreuten COMPTON-Strahlung u. der diffusen Röntgenstrahlung ermittelt: $C_{11} = 110 \cdot 10^{11}$; $C_{12} = 33 \cdot 10^{11}$ u. $C_{44} = 44 \cdot 10^{11}$ dyn·cm⁻² mit einer Genauigkeit von ca. $\pm 10\%$. BHAGAVANTAM u. BHIMASENACHAR (Proc. Roy. Soc. [London], Ser. A **187.** [1946.] 381) geben die nach einer Ultraschallmeth. bestimmten Werte mit $C_{11} = 95 \cdot 10^{11}$; $C_{12} = 39 \cdot 10^{11}$; $C_{44} = 43 \cdot 10^{11}$ dyn·cm⁻² an. Die Abweichungen der Werte voneinander werden diskutiert. (Acta crystallogr. [Copenhagen] **6.** 450—54. 10/6. 1953. Cambridge, Cavendish Labor., Cristallogr. Labor.)

W. KRÖNERT. 200

E. Prince und **W. A. Wooster,** *Die Bestimmung der Elastizitätskonstanten von Zinkblende aus der thermischen diffusen Streuung von Röntgenstrahlen.* Nach der Meth. von RAMACHANDRAN u. WOOSTER (vgl. C. **1954.** 6903) werden die Verhältnisse der Elastizitätskonstanten von Zinkblende c_{12}/c_{11} u. c_{44}/c_{11} durch Messung der diffusen Streuung von Röntgenstrahlung bestimmt. Es ergeben sich die Verhältnisse $c_{12}/c_{11} = 0{,}65$ u. $c_{44}/c_{11} = 0{,}34$ u. hieraus die Werte für die Elastizitätskonstanten $c_{11} = 10{,}0 \cdot 10^{11}$, $c_{12} = 6{,}5 \cdot 10^{11}$, $c_{44} = 3{,}4 \cdot 10^{11}$ dyn·cm⁻². Die Übereinstimmung mit den von BHAGAVANTAM u. SURYANARAYANA (Proc. Indian Acad. Sci., Sect. A **20.** [1944.] 304) gefundenen Werten ist gut. (Acta crystallogr. [London] **4.** 191. März **1951.** Cambridge, Cavendish Labor., Cristallogr. Labor.) H. KNOLL. 200

A. A. Iljuschin, *Zeitgemäße Fragen zur Theorie der Plastizität.* Zusammenfassende Darstellung. — 45 Literaturangaben. (Вестник Московского Университета, Серия Физико-Математических и Естественных Наук [Nachr. Moskauer Univ.] **10.** Nr. 4/5. [physik.-math. naturwiss. Ser.] 101—13. April/Mai 1955.) O. LEBTAG. 200

Friedrich Erdmann-Jesnitzer und **Fritz Günther,** *Über den Einfluß des Benetzungsmittels auf die Plastizität von Steinsalzkristallen bei Biegung.* Die Plastizität ist am größten in W., geringer in Paraffinöl, während Bzl. u. Methanol sich ähnlich wie Luft verhalten u. A., Xylol, Aceton u. CS_2 etwas niedriger liegen. Salzlsgg. erhöhen sie bei einem NaCl-Geh. unter 10%. Die Werte werden erst nach einer gewissen Incubationszeit erreicht. Ein Zusammenhang zwischen Dipolmoment der Fl. u. Plastizität wird nicht beobachtet. (Bergakademie, Freiberger Forschungsh., Ausg. C **1953.** Nr. 5. 73—75. Freiberg/Sa.)

F. ENSSLIN. 200

R. B. Gordon und **A. S. Nowick,** *Elastizitätsmodul von röntgenbestrahltem Steinsalz.* (Sitzungsbericht.) (Physic. Rev. [2] **98.** 1540—41. 1/6. 1955. Yale Univ.)

G. RUBAN. 200

A₇. Gleichgewichte. Kinetik.

N. P. Komar, *Absorptionsspektren und Gleichgewichte.* Vf. behandelt die häufig noch zu wenig berücksichtigte Wechselwrkg. der bei Lsgg. sich einstellenden Gleichgewichtsprodd. (Hydrolysate usw.) u. die Frage ihrer Zus. auf der Grundlage der von OSTROMYSLENSKI (Ber. dtsch. chem. Ges. **44.** [1911.] 268) vorgeschlagenen spektralphotometr. Analyse u. der darauffolgenden Verbesserungen bes. des Vf. u. seiner Schule (vgl. C. **1956.** 3952 u. früher). (Известия Академии Наук СССР, Серия Физическая [Nachr. Akad. Wiss. UdSSR, physik. Ser.] **17.** 675—80. Nov./Dez. 1953.)

R. AMBERGER. 221

Stanisława Witekowa und **Tadeusz Witek,** *Über optische Untersuchungsmethoden von Komplexverbindungen in der Lösung.* Übersicht über die opt. Untersuchungsmeth. von farbigen Komplexen. — 32 Literaturangaben. (Wiadomości chem. **9.** 151—64. März 1955.)

F. URBAN. 223

Pavel Weidenthaler, *Osmometrische Studie von komplexen Cyan- und Chlorverbindungen.* Aus den gemessenen „Schilfzahlen" einiger Komplexverbb. läßt sich schließen, daß die im krist. Zustand bestehende Gleichwertigkeit der Bindungen zwischen Zentralatom u. koordinierter CN-Gruppe in wss. Lsg. gestört wird, nicht aber bei komplexen Chloriden. Bei einer Lsg. von $TeCl_4$ in überschüssiger HCl kann das Vorhandensein komplexer Anionen $TeCl_6^{2-}$ bewiesen werden; es gelingt also auf osmometr. Wege, bisher nicht isolierte Acidokomplexverbb. zu identifizieren. Die beiden F-Atome von HF_2^- in Lsg. sind gleichwertig; HF_2^- kann somit als komplexes Anion mit H als Zentralatom aufgefaßt werden. (Chem. Zvesti **7.** 141—48. 1953. Brno [Brünn], Voj. techn. akad.) R. K. MÜLLER. 223

Cyrill Schaub und **Werner Liedtke,** *Zur Frage der Aktivierung von Metalloberflächen.* An Hand von Schrifttumsstellen u. auf Grund eigener Verss. wird die beim Kaltverformen von Metallen auftretende Wrkg. beschrieben, die sich durch Spitzenzähler- u. Zählrohrmeth. u. photograph. nachweisen läßt. Wenn auch die Bldg. der photograph. Schicht auf die Bldg. von H_2O_2, den „RUSSEL-Effekt", zurückzuführen ist, beruhen beide Erscheinungen auf der Bindung von O_2 an Metall, die auf Grund der frei werdenden Energie zum Austreten langsamer Elektronen aus der verformten Oberfläche u. gleichzeitig zur Bldg. von H_2O_2 führt. Während der Spitzenzählereffekt von den Vff. bei allen untersuchten Metallen, *Al, Fe, Stahl, Cu, Pb, Sn, Zn* u. *Messing,* nachweisbar war, trat der RUSSEL-Effekt nur bei Al, Pb, Sn u. Zn auf, u. zwar mit vom Al an abnehmender Intensität. Es wird angenommen, daß das Fehlen des RUSSEL-Effekts auf katalyt. Zers. des H_2O_2 zurückzuführen ist. (Z. Metallkunde **44.** 570—72. Dez. 1953. Fagerstå/Schweden.) F. VIER. 225

M. Vanpee, *Eine calorimetrische Methode zur Messung von Reaktionsgeschwindigkeiten in der Gasphase.* Es wird eine calorimetr. Meth. beschrieben, die es gestattet, die momentanen Reaktionsgeschwindigkeiten in der Gasphase zu messen. Zur Prüfung der Meth. wurden 17 verschied. Rkk. untersucht. Darunter waren 15 Verbrennungs-Rkk. (*Formaldehyd, Äthan* usw.), die Synth. von HCl u. die Rekombination von Cl-Atomen. Die Meth. erscheint für die Unters. instabiler Stoffe mit relativ kurzer Halbwertszeit bes. geeignet. (Bull. Soc. chim. belges **62.** 468—87. Juli/Sept. 1953. Pâturages, Inst. Nat. des Mines.) G. KLAFFKE. 225

C. H. Campbell und **D. H. Chadwick,** *Entalkylierung von Diisopropylphosphit durch Chlorwasserstoff.* An 4—7%ig. Lsgg. von HCl in *Diisopropylphosphit* (I) wurden Geschwindigkeitsmessungen der Entalkylierungs-Rk. von **I** bei 25 u. 40° durchgeführt. Bezogen auf HCl ergab sich eine Rk. 2. Ordnung. — Halogenwasserstoffe lösen sich unter Bldg. von Komplexen unter erheblicher Wärmeentw. in Dialkylphosphiten auf. Beim Lösen von HCl in überschüssigem **I** beobachtet man eine Lösungswärme von 10,7 kcal/Mol (Molverhältnis ca. 1/160) bei 25—30°. Man kann annehmen, daß die weitere Einw. von HCl auf das anfangs entstandene Hydrochlorid schließlich zur Entalkylierung des Phosphites führt: $(RO)_2POH + HCl \rightleftarrows (RO)_2POH \cdot HCl$; $(RO)_2POH \cdot HCl + HCl \rightarrow ROP(OH)_2 \cdot HCl + RCl$. Durch Verwendung eines Überschusses an Dialkylphosphit werden zwei Neben-Rkk. zurückgedrängt; $ROP(OH)_2 + HCl \rightleftarrows ROP(OH)_2 \cdot HCl \xrightarrow{HCl} P(OH)_3 + RCl$ u. $(RO)_2POH + P(OH)_3 \rightleftarrows 2\ ROP(OH)_2$. Die Aktivierungsenergie für die Spaltung von **I** durch HCl ergibt sich zu 20,9 kcal/Mol. (J. Amer. chem. Soc. **77.** 3379—80. 20/6. 1955. St. Louis, Mo., Monsanto Chem. Co., Organ. Chem. Div.) R. BORCHARDT. 225

G. R. Freeman und **C. A. Winkler,** *Die Reaktion zwischen aktivem Stickstoff und Hydrazin.* (Vgl. C. **1955.** 8571.) N_2H_4 wird durch akt. Stickstoff sowohl bei 150 als auch bei 480° bei N_2H_4-Strömungsgeschwindigkeiten bis zu $22 \cdot 10^{-6}$ Mol/sec vollständig zerstört. Dabei bleibt bei Strömungsgeschwindigkeiten unter $12 \cdot 10^{-6}$ Mol/sec die NH_3-Bldg. gering. NH_3 wird anscheinend nur in Sekundär-Rkk. gebildet, bei denen das NH_2-Radikal eine größere Wichtigkeit hat als H-Atome. Aus einem Vgl. der Geschwindigkeiten der Zers. von N_2H_4 durch akt. Stickstoff u. der Bldg. von HCN aus C_2H_4 u. akt. Stickstoff folgt, daß angeregte N_2*-Moll. keinen wesentlichen Anteil an der chem. Reaktionsfähigkeit des akt. Stickstoffs haben. (Canad. J. Chem. **33.** 692—98. April 1955. Montreal, Quebec, McGill Univ., Phys. Chem. Labor.) M. SCHENK. 225

M. S. Peters und **J. L. Holman,** *Reaktionen zwischen Stickstoffdioxyd und Wasser in der Dampf- und flüssigen Phase.* Es werden gasabsorptiometr. Unterss. (Skizze der App.) über die Absorption von NO_2 in dest. W., 20%ig. wss. NaOH-Lsg. u. 24%ig. wss. NaCl-Lsg. bei Atmosphärendruck u. 83—132° F beschrieben u. im Hinblick auf die dabei stattfindenden chem. Rkk. u. deren Kinetik sowie die Frage, ob die wesentlichen chem. Rkk. in der fl. oder der Gasphase stattfinden, eingehend diskutiert. Aus den Ergebnissen geht hervor, daß diese Rkk. im wesentlichen in den einander benachbarten Grenzflächen beider Phasen stattfinden. (Ind. Engng. Chem. **47.** 2536—39. Dez. 1955. Urbana, Ill., Univ. of Illinois.) H. HOFMANN. 225

Benjamin P. Burtt und **Theodore Baurer,** *Einfluß der Intensitätsänderungen auf die durch α-Strahlung induzierte Zersetzung von Ammoniak.* Die Ionenausbeute nimmt bei der durch α-Strahlen (aus $RaBr_2$, 0,1, 0,2 u. 1,5 mC) induzierten Zers. von NH_3 mit zunehmender Strahlungsintensität leicht zu, u. zwar sowohl bei Ggw. als auch in Ab-

wesenheit eines elektr. Feldes (NH_3-Drucke von 200 u. 500 mm, bei Zimmertemp.). Bei 500 mm NH_3 bewirkt auch ein nur schwaches Feld eine Erhöhung der Ionenausbeute. Weder bei 200 noch bei 500 mm scheint die Rk. durch Ionenrekombination ausgelöst zu werden. — Diskussion verschied. Reaktionsmechanismen. (J. chem. Physics **23**. 466 bis 470. März 1955. Syracuse, N. Y., Syracuse Univ., Dep. of Chem.)
M. SCHENK. 226

C. C. McDonald und **H. E. Gunning**, *Die durch Quecksilber-6($^3P_1$)-Atome sensibilisierte photochemische Zersetzung von Ammoniak.* Die durch Hg-6($^3P_1$)-Atome sensibilisierte photochem. Zers. von NH_3 wurde bei Zimmertemp. im stat. u. strömenden Syst. untersucht. Reaktionsprodd. im stat. Syst. sind nur N_2 u. H_2, im strömenden Syst. entsteht daneben noch N_2H_4. Im strömenden Syst. hängt die Quantenausbeute nicht von der Strömungsgeschwindigkeit ab, sie steigt aber mit abnehmendem NH_3-Druck in exponentieller Form von 0,09 bei 650 mm auf 1 bei sehr niedrigen Drucken; sie ist unabhängig von der Intensität. Im stat. Syst. ist die Quantenausbeute bei hohen NH_3-Drucken zu Beginn der Rk. annähernd die gleiche wie in den Strömungsverss., nimmt aber mit fortschreitender Rk. oder bei Zusatz von H_2 ab. Der als N_2H_4 gefundene Anteil des zers. NH_3 steigt von Null bei niedrigen Strömungsgeschwindigkeiten auf 95% bei hohen Strömungsgeschwindigkeiten. Bei konstanter Strömungsgeschwindigkeit steigt N_2H_4/N_2 mit steigendem NH_3-Druck an; mit zunehmender Intensität nimmt N_2H_4/N_2 ab. Zusätze von C_2H_4 bewirken bei den Strömungsverss. eine Zunahme von N_2H_4/N_2. Einbringen eines Pt-Drahtes (46,2 cm^2 Oberfläche) in die belichtete Zone hat keinen Einfl. auf die Reaktion. Folgendes Reaktionsschema gestattet die Deutung der experimentellen Ergebnisse: 1. Hg-6($^1S_0$) + $h\nu_{2537}$ → Hg-6($^3P_1$); 2. NH_3 + Hg-6($^3P_1$) → NH_2 + H + Hg-6($^1S_0$); 3. NH_2 + H → NH_3*; 4. NH_3* → NH_2 + H; 5. NH_3* + NH_3 → 2 NH_3; 6. NH_2 + NH_2 → N_2H_4; 7. H + N_2H_4 → H_2 + N_2H_3; 8. H + N_2H_3 → H_2 + N_2H_2; 9. N_2H_2 → N_2 + H_2; 10. H + (Wand) → ½ H_2 + (Wand). (J. chem. Physics **23**. 532—41. März 1955. Chicago, Ill., Illinois Inst. of Technol., Dep. of Chem.)
M. SCHENK. 226

Harold A. Schwarz, *Der Einfluß von gelösten Stoffen auf die molekularen Ausbeuten bei der Radiolyse von wässerigen Lösungen.* Vf. untersucht die H_2-Ausbeuten G (Moll./100 eV) bei der Radiolyse von KNO_2-Lsgg., neutralen u. schwefelsauren $CuSO_4$-Lsgg. durch γ-Strahlen. Einige Verss. mit $CuSO_4$ wurden auch mit Lsgg. durchgeführt, die 10^{-4} mol. an KBr waren. In den $CuSO_4$-Lsgg. bleibt G gleich, unabhängig, ob KBr zugesetzt wird oder nicht. Kleine Mengen H_2SO_4 (0,05—0,1n) lassen die Wirksamkeit des $CuSO_4$ abnehmen. In konzentrierteren KNO_2-Lsgg. wird NO entwickelt, dessen Ausbeute proportional mit der Konz. der Lsgg. zunimmt. In allen Lsgg. nimmt G mit zunehmender Konz. der gelösten Salze ab. Der Vgl. der vorliegenden Ergebnisse mit denen von GHORMLEY u. HOCHANADEL (unveröffentlicht) u. SWORSKI (C. **1955**. 5976) sowie anderer Autoren über den Einfl. des H_2O_2 auf die H_2-Ausbeute u. den Einfl. von KBr u. KCl auf die H_2O_2-Ausbeute zeigt, daß sich die Ausbeutekonzentrationskurven zur Deckung bringen lassen, wenn die Konzz. des gelösten Stoffs mit einem bestimmten Normalisationsfaktor multipliziert werden. Diese Beobachtung legt die Annahme kinet. ähnlicher Prozesse für die verschied. Rkk. nahe. Für die H_2-Ausbeuten wird überdies gefunden, daß hier die Normalisationskonstanten sich verhalten wie die Geschwindigkeitskonstanten für die Rk. des durch die Radiolyse gebildeten Radikals mit den gelösten Stoffen. Die Ergebnisse führen zur Annahme eines Radikaldiffusionsmodells, bei dem H_2 u. H_2O_2 durch Kombination aus OH- u. H-Radikalen entstehen, sobald diese aus der γ-Strahlung herausdiffundieren. Für dieses Modell wird eine näherungsweise mathemat. Berechnung gegeben. (J. Amer. chem. Soc. **77**. 4960—64. 5/10. 1955. Upton, N. Y., Brookhaven Nat. Labor., Chem. Dep.)
K. FRENKLER. 226

M. Ss. Malinowski und **A. A. Jaworowski**, *Einwirkung von ultravioletter Strahlung auf Organomagnesiumverbindungen.* Bei der verwendeten App. (Abb.) werden eine Quarzlampe u. das mit Rührer versehene Reaktionsgefäß aus Quarz in einem gemeinsamen Mantel mit dest. W. gekühlt. Mit dem App. läßt sich eine maximale Intensität der UV-Bestrahlung im Temperaturbereich 10—90° erzielen. Die Rk. zwischen KW-stoffhalogeniden u. Mg in Ae. erfolgt mit erhöhter Ausbeute an RMgX bei n. prim. Alkylhalogeniden (u. Brombenzol), wenn UV-Bestrahlung erfolgt, mit verminderter Ausbeute bei Isoalkyl- u. bes. sek. Alkylbromiden; bei Tolylbromid ist der Unterschied gering. Es wird angenommen, daß im ersten Falle die Rkk. RX + Mg → R· + MgX· → RMgX erfolgen, im zweiten RX + Mg → R· + MgX·; RX + MgX· → R· + MgX_2; 2 R· → R—R. In benzol. Lsg. reagieren Isoalkyljodide unter Bldg. von R—R u. C_6H_5R. Bei UV-Bestrahlung von RMgBr nimmt dessen Menge ab, wenn R = CH_3 u. C_2H_5, bleibt prakt. unverändert, wenn R = n-C_4H_9 u. C_6H_5; bei R = C_2H_5 erfolgt Disproportionierung von C_2H_5· zu C_2H_6 u. C_2H_4 u. Bldg. eines Nd., vermutlich Ätherat von C_2H_5MgBr

u. $(C_2H_5)_2Mg$; letzteres wird in der Lsg. nachgewiesen. (Журнал Общей Химии [J. allg. Chem.] **25** (87). 921—27. Mai 1955. Lwow, Univ.) R. K. MÜLLER. 226

E. Peters und **J. Halpern,** *Die Kinetik der durch Kupfer(II)-acetat katalysierten Hydrierung von Dichromat in wässeriger Lösung.* Die Red. von $Cr_2O_7^{2-}$ durch H_2 wurde in wss. Lsg. in Ggw. von *Cu-Acetat* (I) bei Tempp. zwischen 80 u. 140°, p_H 4,5 u. H_2-Drukken bis zu 27 at kinet. untersucht. Während in Abwesenheit von I keine Rk. eintritt, wird in Ggw. von I $Cr_2O_7^{2-}$ quantitativ nach: $Cr_2O_7^{2-} + 3\,H_2 + 8\,H^+ \rightarrow 2\,Cr^{3+} + 7\,H_2O$ reduziert. Die Reaktionsgeschwindigkeit ist unabhängig von $[Cr_2O_7^{2-}]$ u. direkt proportional [I] u. p_{H_2}. Die Aktivierungsenergie beträgt 24,6 ± 0,6 kcal/Mol (wie auch für die katalysierte Red. von I durch H_2). Primär-Rk. u. geschwindigkeitsbestimmend ist in beiden Fällen die Bldg. eines Komplexes $Cu(OAc)_2 \cdot H_2$, der rasch mit dem reduzierbaren Substrat ($Cr_2O_7^{2-}$ bzw. I) weiter reagiert. (Canad. J. Chem. **33.** 356—64. Febr. 1955. Vancouver, B. C., Univ. of Brit. Columbia, Dep. of Mining and Metallurgy.) M. SCHENK. 227

A. A. Balandin, *Katalyse und Adsorption bei der Dehydrierung.* Vf. führt den Begriff der Adsorptionsüberspannung (A′) ein als den Überschuß an thermodynam. Potential bei der Adsorption eines Mol. an ein mehr akt. Zentrum gegenüber der Adsorption an ein n. akt. Zentrum. Es wird gefunden, daß bei beliebiger Form der Verteilungsfunktion Φ (A′) die Adsorption der verschied. Bestandteile eines Gasgemisches, die eine Funktion der Partialdrucke ist, an quasihomogenen Oberflächen von der gleichen Art ist wie an glatten Oberflächen. Das gleiche gilt auch für die Katalyse. — Für die Beziehung zwischen A′ u. der Änderung der Aktivierungsenergie E′ wird die Gleichung aufgestellt $ds = -\beta dA' = \alpha e^{hE'} dE'$, wo s die Anzahl der akt. Zentren u. h den Dispersionsparameter bedeuten. — Zu der in der vorhergehenden Arbeit über die Dehydrierungskatalyse (vgl. C. **1955.** 5262) festgestellten ersten neuen Gesetzmäßigkeit ergibt sich als zweite neue Gesetzmäßigkeit, daß die katalyt. Überspannung der Adsorptionsüberspannung mit entgegengesetztem Vorzeichen proportional ist, allg. ausgedrückt, daß die Adsorptionsaktivität u. die katalyt. Aktivität sich in entgegengesetzter Richtung ändern. — Es wird eine kinet. Reaktionsgleichung der Dehydrierung für den gesamten Druckbereich von 0 bis zur vollen Ausbildung der Monoschicht aufgestellt. Nach ihr kann man bei niedrigen Drucken die Adsorptionskoeffizienten berechnen. — Zum Schluß wird die aus den Verteilungsfunktionen der Adsorptionsüberspannung u. der Aktivierungsenergie abgeleitete zweite Gesetzmäßigkeit unabhängig von diesen Voraussetzungen bewiesen u. dadurch auch die Richtigkeit der ersteren festgestellt. (Доклады Академии Наук СССР [Ber. Akad. Wiss. UdSSR] [N. S.] **93.** 273—76. 11/11. **1953.** Zelinsky-Inst. für organ. Chemie der Akad. der Wiss. der UdSSR.) F. BERNDT. 227

A. A. Balandin, *Über die Natur der aktiven Zentren der katalytischen Dehydrierung.* Die zwei in den vorhergehenden Arbeiten des Vf. über die Dehydrierungskatalyse (vgl. C. **1955.** 5262 u. vorst. Ref.) festgestellten neuen Gesetzmäßigkeiten werden in der vorliegenden Arbeit auf ihre physikal. Bedeutung untersucht. Die erste Gesetzmäßigkeit, nach der bei der Deformation eines katalyt. akt. Zentrums unter dem Einfl. seiner Umgebung auch die Anziehungskraft auf verschiedenartige Moll. geändert wird, so daß das Verhältnis ihrer Adsorptionskoeffizienten konstant bleibt, fügt sich zwanglos in die übliche Theorie der Katalyse ein. Die zweite Gesetzmäßigkeit der umgekehrten Proportionalität von katalyt. u. Adsorptionsüberspannung wird in Verb. gebracht mit dem Grad der Ungesättigtheit ω der akt. Zentren. Für diesen werden an einem gegebenen Katalysator zwei Grenzwerte festgestellt, zwischen denen man die Verteilungsfunktion integrieren muß, um mit dem Vers. übereinstimmende Werte zu erhalten. Bekanntlich erfolgt die Dehydrierung an Metallen 1. an den oktaedr. Schnittpunkten der Würfelflächen („Spitzenwirkung"), 2. an den Teilchengrenzen zwischen Katalysatormetall u. Trägersubstanz („Linienwirkung"). Aus diesen Tatsachen u. den Beziehungen zwischen den Grenzwerten von ω auf der einen Seite u. der Adsorptionsenergie, der Aktivierungsenergie u. der Reaktionsgeschwindigkeit der Dehydrierung auf der anderen Seite leitet Vf. das Vorhandensein von 2 Typen akt. Zentren ab: Dem Typ I entsprechen die „Spitzen", dem Typ II die „Linien". Entsprechend dieser Theorie wird die Katalyse an Trägerkatalysatoren wie *Pt* auf *Kohle*, *Ni* auf γ-Al_2O_3, *Cu* auf Cr_2O_3 besprochen. In den Zentren vom Typ I (ω_{min}) liegt die einatomige Metallschicht auf Metall, in den Zentren vom Typ II (ω_{max}) auf einem Nichtleiter oder Halbleiter, woraus sich die Existenz von Grenzwerten für ω erklärt. Die in sehr kleiner Anzahl vorhandenen Zentren vom Typ I sind katalyt. am aktivsten, die sehr zahlreichen Zentren vom Typ II dagegen weisen die größte Adsorptionsfähigkeit auf. Dies widerspricht scharf der verbreiteten Ansicht, daß die Adsorption im wesentlichen an vorspringenden Punkten der Oberfläche stattfindet. — Vf. zeigt schließlich, daß die Versuchsergebnisse zwingen, in der Gleichung für die Aktivierungsenergie die nicht von der Natur der reagierenden Stoffe abhängigen Teile — die katalyt. Überspannung u. das die Desorptionsenergie bestimmende Glied — gleichzusetzen, woraus eine bemerkenswerte neue Bestätigung der Multiplett-Theorie hervorgeht. (Доклады Академии Наук СССР [Ber. Akad. Wiss. UdSSR] [N. S.] **93.** 475—78. 21/11. 1953. Zelinsky-Inst. für organ. Chemie der Akad. der Wiss. der UdSSR.)

F. BERNDT. 227

G. Rienäcker und **N. Hansen,** *Widerstandsmessungen an aufgedampften Nickelfilmen während katalytischer Reaktionen.* Bei Drucken von ca. 50 mm Hg u. Tempp. um 200° haben Vff. Widerstandsmessungen an Nickelfilmen durchgeführt. Durch Einw. von H_2 auf den Film wird sein elektr. Widerstand erniedrigt, durch Abpumpen wird wieder der Ausgangswert erreicht. Die ersten, auf einen frischen Film aufgebrachten H_2-Mengen sind jedoch nicht reversibel adsorbiert. Die Entfernung des präadsorbierten H_2 kann auch durch Butadien erfolgen. Die Einw. eines Gemisches von Butadien u. H_2 (1 : 2) ergibt ebenfalls eine Widerstandsabnahme durch den aktivierten Wasserstoff. Wird die App. mit HCOOH-Dampf gefüllt, steigt der Widerstand des Films zunächst an u. sinkt während der Rk. (HCOOH-Zerfall) wieder ab. Die Widerstandszunahme ist spezif. der Ameisensäure zuzuschreiben. Die Reaktionsprodd. CO_2, H_2O u. H_2 bewirken keine Widerstandsänderung bzw. eine Abnahme. Vff. sehen durch diese Ergebnisse die Annahme bestätigt, daß als katalyt. wirksame Schicht eine Ni-Wasserstoffbelegung vorhanden ist u. nur H elektronenakt. in bezug auf den hier benutzten Katalysator ist. (Angew. Chem. **68.** 41—42. 7/1. 1956. Berlin, Humboldt-Univ., I. Chem. Inst.; Rostock, Inst. für Katalyseforschung der Deutschen Akademie der Wissenschaften zu Berlin.)

H. U. WOELK. 227

A_8. Präparative anorganische Chemie. Komplexchemie. Metallorganische Verbindungen.

Erich Thilo, *Anorganische Salze hochmolekularer Anionen im gelösten und im festen Zustand.* Vortrag. Überblick über Salze mit hochmolekularen Anionen (speziell Polysilicate, -phosphate u. -sulfate), ihren Bautypus (krist., glasartig), ihre Bildungsmöglichkeiten (Kondensations-Rkk., Abbau-Rkk., Hydrolyse partiell verzweigter Ketten, Radikal-Rkk.), Strukturbeweise (röntgenograph., papierchromatograph., Mol.-Gew.-Best. in Glaubersalzschmelzen), ihre Eigg., ihr Glasbildungs- u. Ionenaustauschvermögen. (Forsch. u. Fortschr. **29.** 161—69. Juni 1955. Berlin.) U. WANNAGAT. 228

Gerard W. Elverum jr. und **David M. Mason,** *Schmelzpunktbestimmungen des Systems HNO_3–N_2O_4–H_2O.* Vff. bestimmen das Phasengleichgewicht fest–fl. im Syst. HNO_3–N_2O_4 aus Messungen der FF. nahe Atmosphärendruck im gesamten Konzentrationsbereich. Es existieren zwei eutekt. Punkte, einer bei —65° u. 25,6 Gew.-% N_2O_4 u. der andere bei —45,7° u. 43 Gew.-% N_2O_4. Die Existenz einer festen Verb. aus zwei Molen HNO_3 u. einem Mol N_2O_4 wird sichergestellt. Entsprechende Messungen werden auch im tern. Syst. HNO_3–N_2O_4–H_2O im Konzentrationsbereich 0—25 Gew.-% N_2O_4 u. 0—18 Gew.-% H_2O durchgeführt. Bei —78° liegt ein eutekt. Gemisch mit 18 Gew.-% N_2O_4 u. 4 Gew.-% H_2O vor. Die Versuchsergebnisse werden im Zusammenhang mit chem. Gleichgewichten wie $2\,HNO_3 \rightleftharpoons NO_2^+ + NO_3^- + H_2O$, $2\,HNO_3 + NO_3^- \rightleftharpoons NO_3^- \cdot (HNO_3)_2$ u. $N_2O_4 \rightleftharpoons NO^+ + NO_3^-$ diskutiert. (J. physic. Chem. **60.** 104—08. Jan. 1956. Pasadena, Calif., Jet Propulsion Labor.) W. KRÖNERT. 243

Kurt Torssell, *Versuche zur Darstellung optisch aktiver bororganischer Verbindungen.* 1. Mitt. *Über Ester der Arylborsäuren.* Als erste Stufe auf dem Weg zur Gewinnung opt.-akt. Tetraarylboralkalisalze werden die *Arylborsäuredialkylester* (**I**) bearbeitet, nachdem sich die Arylbordifluoride als zu reaktionsfähig für eine Monoarylierung mit GRIGNARD-Verbb. erwiesen. Die Arylborsäuren werden aus Tributylborat mit Arylmagnesiumbromiden erhalten u. durch Erhitzen mit Alkoholen unter Entfernung des W. durch azeotrope Dest. zu **I** verestert. Das *Phenylbordifluorid* wird mit 1.4-Dilithiumbutan bzw. 1.5-Dilithiumpentan in die entsprechenden Phenylcycloalkylenborine **II** u. **III** übergeführt. Auf Grund eigener Messungen u. von Literaturangaben berechnet Vf. die Atom-Refr. des Bors in *Trialkylboraten* zu 3,07, *BCl_3* zu 3,07, *BBr_3* zu 3,26, *Bortrialkylen* zu 3,66, in **I** zu 3,94 u. in *Diarylborsäureestern* zu 5,27.

Versuche: *Phenylborsäure* (**IV**), F. 214—216°, aus Tributylborat mit Phenylmagnesiumbromid nach BEAN u. JOHNSON (J. Amer. chem. Soc. **54.** [1932.] 4415) mit 60% (Ausbeute), Kristalle aus Wasser. — *Dimethylester*, $C_8H_{11}O_2B$, Kp.$_{11}$ 74—75°, n_D^{25} 1,4926, D.$^{25}_4$ 1,0024, Mol.-Refr. 43,46, Atom-Refr. des B (At.-Refr. B) 3,63, durch Kochen des **IV** im Soxhlet mit Methanol u. Chlf. unter Entwässerung mittels wasserfreien $CuSO_4$ in der Extraktionshülse u. Dest., hydrolysiert schnell an feuchter Luft, 83%. Vorst. Verb. wird nach dem Erhitzen mit Br_2 in Bzl. 3 Std. auf 80° bzw. mit J_2 auf 120—130° größtenteils unverändert zurückgewonnen. — *Diäthylester*, $C_{10}H_{15}O_2B$,

Kp.$_{11}$ 90—91°, n_D^{25} 1,476°, D^{25}_4 0,9480, Mol.-Refr. 52,99, At.-Refr. B 3,93, aus **IV** mit A. in Bzl. durch langsames Dest. über eine Kolonne, Dest. des Rückstandes im Vakuum, 77%. — *Dipropylester*, $C_{12}H_{19}O_2B$, Kp.$_{10}$ 112—113°, n_D^{25} 1,4738, D^{25}_4 0,9297, Mol.-Refr. 62,28, At.-Refr. B 3,98, aus **IV** u. Propanol durch Abdest. des Propanol–W.-Azeotrops über eine Kolonne u. Dest. im Vakuum, 83%. — *Dibutylester*, Kp.$_{10}$ 139—140°, n_D^{25} 1,4718, D^{25}_4 0,9166, Mol.-Refr. 71,49, At.-Refr. B 3,96, wie vorst. Verb., 96%. — *p-Tolylborsäure*, wie **IV** in 51%ig. Ausbeute. — Die nachst. Tolylborsäureester werden wie die Phenylborsäureester dargestellt. — *Dimethylester*, Kp.$_{10}$ 89—90°, n_D^{25} 1,4948, D^{25}_4 0,9860, Mol.-Refr. 48,49, At.-Refr. B 3,82, 71%. — *Diäthylester*, Kp.$_{12}$ 106—107°, n_D^{25} 1,4793, D^{25}_4 0,9383, Mol.-Refr. 58,05, At.-Refr. B 4,15, 67%. — *Dipropylester*, Kp.$_{11}$ 128—129°, n_D^{25} 1,4770, D^{25}_4 0,9225, Mol.-Refr. 67,42, At.-Refr. B 4,28, 85%. — *Dibutylester*, Kp.$_{13}$ 159—160°, n_D^{25} 1,4758, D^{25}_4 0,9127, Mol.-Refr. 76,67, At.-Refr. B 4,30, 92%. — *o-Tolylborsäure* wie **IV**, 47%. — *Dimethylester*, Kp.$_9$ 74—75°, n_D^{25} 1,4870, D^{25}_4 0,9798, Mol.-Refr. 48,14, At.-Refr. B 3,47, 86%. — *Diäthylester*, Kp.$_{10}$ 91—92°, n_D^{25} 1,4737, D^{25}_4 0,9351, Mol.-Refr. 57,70, At.-Refr. B 3,80, 74%. — *Dipropylester*, Kp.$_9$ 116—117°, n_D^{25} 1,4721, D^{25}_4 0,9206, Mol.-Refr. 66,96, At.-Refr. B 3,82, 66%. — *Dibutylester*, Kp.$_9$ 139—140°, n_D^{25} 1,4706, D^{25}_4 0,9099, Mol.-Refr. 76,19, At.-Refr. B 3,82, 93%. — *m-Tolylborsäure*, wie **IV**, 49%. — *Dimethylester*, Kp.$_{10}$ 85—86°, n_D^{25} 1,4926, D^{25}_4 0,9846, Mol.-Refr. 48,37, At.-Refr. B 3,70, 79%. — *Diäthylester*, Kp.$_{11}$ 101—102°, n_D^{25} 1,4796, D^{25}_4 1,4796, D^{25}_4 0,9388. Mol.-Refr. 58,09, At.-Refr. B 4,19, 57%. — *Dipropylester*, Kp.$_{11}$ 128 bis 129°, n_D^{25} 1,4757, D^{25}_4 0,9226, Mol.-Refr. 67,25, At.-Refr. B 4,11, 96%. — *Dibutylester*, Kp.$_8$ 146—147°, n_D^{25} 1,4744, D^{25}_4 0,9126, Mol.-Refr. 76,49, At.-Refr. B 4,12, 90%. — *Phenylbordifluorid* (**V**), Kp.$_{730}$ 82—85°, aus Zinkdiphenyl durch langsames Zugeben von BF_3-Ätherat, dann 1 Std. 90° u. Dest, 68%. *Anilinaddukt*, $C_6H_5BF_2 \cdot C_6H_7N$, F. 178 bis 179°, mit Anilin in Bzl. dargestellt, krist. aus Bzl. u. etwas Tetrahydrofuran. *Methylaminaddukt*, $C_6H_5BF_2 \cdot CH_5N$, F. 98—101°, mit Methylamin in Bzl., Blättchen aus wenig Benzol. — *Phenylcyclotetramethylenborin* (**II**), $C_{10}H_{13}B$, Kp.$_{11}$ 85—87°, aus **V** in absol. Ae. durch Zugabe einer ätherischen Lsg. von Tetramethylendilithium unter Kühlung, isoliert durch Dest. im Vakuum, an der Luft selbstentzündliche Flüssigkeit. — *Phenylcyclopentamethylenborin* (**III**), $C_{11}H_{15}B$, Kp.$_{11}$ 105—107°, aus **V** u. Pentamethylendilithium wie vorst. Verb., selbstentzündlich. — *Phenyldi-o-tolylborin*, $C_{20}H_{19}B$, Kp.$_{12}$ 203—205°, durch tropfenweise Zugabe äther. o-Tolylmagnesiumbromidlsg. zu **V** in absol. Ae. bei —60°, als Hauptfraktion bei der Dest. im Vakuum, viscose Fl., die nach einigen Std. erstarrt. — Analyse: Die B-Best. der **I** erfolgt durch Titration mit 0,1n NaOH nach Hydrolyse u. Versetzen mit $HgCl_2$ u. Mannit gegen Phenolphthalein. (Acta chem. scand. **8.** 1779—86. 1954. Stockholm, Univ., Inst. für org. Chem. u. Biochem.; Tübingen, Univ., Chem. Inst.) F. J. MEYER. 258

Tōru Takatani, *Über Kieselsäureester.* 1. Mitt. *Hydrolyse von Äthylsilicat.* 1. Mitt. *Di- und Trimere.* Untersucht wurde die Teilhydrolyse von *Tetraäthylsilicat* (**I**) nach dem Schema $n(C_2H_5O)_4Si + (n-1)H_2O \rightarrow (C_2H_5O)_3Si[-O(C_2H_5O)_2Si]_{n-1}OC_2H_5 + 2(n-1) \cdot C_2H_5OH$ unter Verwendung von 0,5 Mol W. pro Mol **I** u. katalyt. Mengen HCl, wobei ein *dimeres* u. ein *trimeres Äthylsilicat* sich aus den Reaktionsprodd. durch Fraktionierung isolieren ließen. — Aus 1248 g (6 Mol) **I** mit 54 g (3 Mol) W., 450 g A. u. 3 g 32%ig. HCl wurden nach leichtem Erwärmen u. Stehen über Nacht erhalten neben 225 g 97,5 bis 98,8%ig. A. u. 77 g **I** 130 g *Dimeres*, $(C_2H_5O)_3Si-O-Si(C_2H_5O)_3$, Kp.$_{2-4}$ 105—110°, Kp.$_{0,5}$ 94°, D^{20}_4 0,9982, n_D^{20} 1,3914, Mol.-Refr.$_D$ 81,59 u. 53 g *Trimeres*, $(C_2H_5O)_3 \cdot Si-O-Si(C_2H_5O)_2-O-Si(C_2H_5O)_3$, Kp.$_{2-4}$ 130—150°, Kp.$_{0,5}$ 126°, D^{20}_4 1,0301, n_D^{20} 1,3948, Mol.-Refr.$_D$ 110,9. Die Ausführung der Elementaranalyse wird beschrieben. (J. chem. Soc. Japan, pure Chem. Sect. [Nippon Kagaku Zassi] **73.** 409—10. Juni 1952. [Orig.: japan.]) L. SCHULER. 261

J. A. Labash und **G. R. Lusby,** *Das System reziproker Salzpaare: Natriumchlorid–Ammoniumsulfit–Natriumsulfit–Ammoniumchlorid–Wasser bei 20 und 60°.* 1. Mitt. *Ternäre Systeme.* Für die vier tern. Systeme $NaCl-NH_4Cl-H_2O$, $NH_4Cl-(NH_4)_2SO_3-H_2O$, $Na_2SO_3-(NH_4)_2SO_3-H_2O$ u. $NaCl-Na_2SO_3-H_2O$ werden die Löslichkeitswerte bei 20 u. 60° ermittelt, z. T. mit bekannten Angaben kritisch verglichen u. in Diagrammen dargestellt. Dabei ergeben sich in den ersten drei Fällen keine Anhaltspunkte für die Bldg. von Doppelsalzen oder festen Lösungen. $(NH_4)_2SO_3 \cdot H_2O$ wird in Lsgg., die mit Na_2SO_3 oder NH_4Cl gesätt. sind, bei 60° nicht entwässert. Das Diagramm des Syst. $NaCl-Na_2SO_3-H_2O$ weist eine nicht näher bestimmte feste Phase auf, möglicherweise eine feste Lsg. von hydratisiertem u. wasserfreiem Na_2SO_3 u. Na_2SO_4, das als Verunreinigung enthalten ist. (Canad. J. Chem. **33.** 774—86. Mai 1955. McMasterville, Quebec, Canadian Industries Ltd., Central Res. Labor.) A. SCHMIDPETER. 274

J. A. Labash und **G. R. Lusby,** *Das System reziproker Salzpaare: Natriumchlorid–Ammoniumsulfit–Natriumsulfit–Ammoniumchlorid–Wasser bei 20 und 60°.* 2. Mitt.

Das quaternäre System. (1. vgl. vorst. Ref.) Im Bereich des genannten Syst. wird die Zus. der Lsgg. quantitativ verfolgt u. durch Auftragen der erhaltenen Werte in Diagrammen nach JANECKE werden die Gebiete verschied. Sättigung gegeneinander abgegrenzt. Bei 60° werden außer den Sättigungsbereichen, die den vier Salzen entsprechen, zwei weitere, bei 20° drei, möglicherweise auch mehr als drei weitere gefunden. Die Art der festen Phasen in diesen Bereichen wird nicht ermittelt. Vff. nehmen an, daß zumindest einige davon feste Lsgg. von Na_2SO_4 in Na_2SO_3 darstellen. (Canad. J. chem. **33.** 787–96. Mai 1955. McMasterville, Quebec, Canadian Industries Ltd., Central Res. Labor.)
A. SCHMIDPETER. 274

Razia Osmani und **D. S. Datar,** *Reaktionen von Sulfaten bei hoher Temperatur.* 1. Mitt. *Thermische Zersetzung von Alkalisulfaten in Anwesenheit von Aluminiumoxyd.* *Na_2SO_4* (I) wird durch 6std. Erhitzen auf 800° zu 3% zers. nach 2 Na_2SO_4 → 2 Na_2O + SO_2 + O_2. Der Zersetzungsgrad (ZG) wird proportional der zugesetzten Menge Al_2O_3 (II) (als reines Al_2O_3, Bauxit oder Tonerde) erhöht u. erreicht bei einem Molverhältnis **I**/**II** = 2 ein Maximum von 80–85%. Eine größere Beimengung von **II** erniedrigt den ZG wieder. Aus dem Rückstand läßt sich das Na_2O als Na_2CO_3 oder als **I** extrahieren; **II** kann nach Lösen in HCl zurückgewonnen werden. Bei K_2SO_4 liegen die gleichen Verhältnisse vor, jedoch ist der ZG geringer. (J. Indian. chem. Soc., ind. News Edit. **16.** 162–66. 1953.)
R. LACMANN. 274

A. P. Belopolski, Ss. Ja. Schpunt und **M. N. Schulgina,** *Isotherme bei 50, 25, 58, 10 und 130° des quaternären Systems MgO–CaO–P_2O_5–H_2O.* 4. Mitt. *über physikalisch-chemische Untersuchungen auf dem Gebiet der Magnesiumphosphate.* (3. vgl. C. **1954.** 3188.) Ein Vgl. der experimentell gewonnenen Isothermen von *MgO* (I)–*CaO* (II)–*P_2O_5* (III)–*H_2O* für 25 u. 50° u. der durch Interpolation u. Extrapolation gewonnenen Isothermen für 10, 58, 130° mit der früher gewonnenen Isotherme für 80° (l. c.) zeigt, daß im Temperaturintervall 0–130° das Salzpaar *$MgHPO_4 \cdot 3\,H_2O$* (**IV**) + $Ca(H_2PO_4)_2 \cdot 2\,H_2O$ stabil ist. Ihre Sättigungsgrenzen grenzen unmittelbar aneinander. Die für das tern. Syst. **I**–**III**–H_2O festgestellten Temperaturgrenzen von **IV**, $MgHPO_4$ u. $MgHPO_4 \cdot 2\,H_2O$ gelten auch für alle Isothermen von **I**–**II**–**III**–H_2O. Dieses Syst. weist 3 invariante Punkte bei 10; 58; 130° auf. Ihnen entsprechen die festen Phasen: $Ca(H_2PO_4)_2 \cdot H_2O$ + $Mg(H_2PO_4)_2 \cdot 4\,H_2O$ + $Mg(H_2PO_4)_2 \cdot 2\,H_2O$ + $Mg(H_2PO_4)_2$; $Ca(H_2PO_4)_2 \cdot H_2O$ + $MgHPO_4 \cdot 3\,H_2O$ + $Mg \cdot (H_2PO_4)_2 \cdot 4\,H_2O$ + $Mg(H_2PO_4)_2 \cdot 2\,H_2O$; $Ca(H_2PO_4)_2 \cdot H_2O$ + $MgHPO_4 \cdot 3\,H_2O$ + $Mg(H_2 \cdot PO_4)_2 \cdot 2\,H_2O$ + $Mg(H_2PO_4)_2$. (Журнал Прикладной Химии [J. angew. Chem.] **27.** 391–401. April 1954. Wiss. Forschungsinst. für Düngemittel u. Insekticide, Labor. für physik.-chem. Analyse.)
O. LEBTAG. 283

M. Ss. Golubewa und **A. G. Bergman,** *Irreversibel-reziprokes System aus Chloriden und Sulfaten von Lithium und Strontium.* Die visuell-polytherm. Untersuchung des Syst. Li, Sr || Cl, SO_4 nach dem Schmelzdiagrammverf. ergab einen therm. Effekt der Austausch-Rk. von 0,47 kcal/g-Äquivalent nach *Li_2SO_4* (**I**)–*$SrCl_2$* (**II**). Als stabiler Schnitt erwies sich jedoch die Diagonale *Li_2Cl_2* (**III**)–*$SrSO_4$* (**IV**) mit einem Eutektikum bei 524° u. 25% **IV**. Die Diagonale **II**–**IV** schneidet außer den Feldern der Komponenten auch das Feld des Austauschprod. **IV**, entsprechend 693° u. 12% **I** u. 656° u. 92% **I**. Das Syst. weist 4 Kristallisationsfelder der Komponenten auf. Es gehört zu den irreversibel-reziproken Systemen ohne Komplexbildung. Mit 78,7% ist das Kristallisationsfeld von **IV** das größte. Die Triangulation des Syst. erfolgt durch die stabile Diagonale **III**–**IV**. Das Zustandsdiagramm des untersuchten Syst. zeigt eine große Ähnlichkeit mit dem des Syst. Li, Ca || Cl, SO_4. Dies erklärt sich aus den ähnlichen Ionenradien von Ca^{2+} (1,06 Å) u. Sr^{2+} (1,27 Å) bei gleicher Ladung u. ähnlicher Struktur ihrer Elektronenaußenschalen. (Журнал Общей Химии [J. allg. Chem.] **25** (**87**). 458–63. März 1955. Rostow a. Don, Univ.)
O. LEBTAG. 284

N. P. Dijew und **A. I. Okunew,** *Über mögliche Nebenreaktionen bei der Oxydation des Zinksulfids.* Es werden 4 mögliche Nebenreaktionsgleichungen thermodynam.-analyt., durch Kontrollberechnungen sowie z. T. versuchsmäßig bei 500–900° (z. T. im N_2-Strom) unters. u. gefunden, daß prakt. nur eine Rk. nach der Gleichung ZnS + 3 Zn · SO_4 = 4 ZnO + 4 SO_2 (1) verläuft, während ZnS + $ZnSO_4$ = 2 $Zn_{fl.}$ + 2 SO_2; ZnS + 2 ZnO = 3 $Zn_{fl.}$ + SO_2; $ZnSO_4$ = ZnO + SO_3 (2), falls überhaupt auftretend, nur ganz untergeordnet bei diesen Tempp. verlaufen. Die scheinbare Aktivierungsenergie wurde für Gleichung 1 zu 21000 cal/Mol (konstant), für 2 zu 66500 cal/Mol ermittelt. (Доклады Академии Наук СССР [Ber. Akad. Wiss. UdSSR] [N. S.] **97.** 301–04. 11/7. 1954.)
A. v. WILPERT. 288.

Denis Papée und **Robert Tertian,** *Untersuchung über den thermischen Abbau von Hydrargillit und die Zusammensetzung von aktivierter Tonerde.* Durch Ausglühen hydratisierter Tonerde entsteht ein metastabiles Zwischenprod. mit absorbierenden u. katalyt.

Eigg., γ-Al_2O_3, das nicht einheitlich zusammengesetzt ist. Zu seiner Unters. verwenden Vff. *Hydrargillit* (I) (50—80 μ Korngröße) $Al_2O_3 \cdot 3\,H_2O$. Durch Dehydratisierung bei konstanter Temp. unterhalb der bei ca. 350° liegenden Zerfallstemp. von *Böhmit* (170°, 10^{-2} Torr oder 200°, 760 Torr) entstehen gut krist. Böhmit u. Übergangstonerden. In den so hergestellten Proben untersuchen Vff. den Geh. an I u. Böhmit mit Hilfe von Röntgenstrahlen (Differenz zu 100% = Übergangstonerden) u. die akt. Oberfläche durch Adsorptionsmessungen mit N_2 bei —195° u. Cyclohexan bei 25°. Differenzen zwischen gemessenen u. errechneten Dampfdrucken konnten auf verschied. Korngrößen der Böhmitteilchen zurückgeführt werden u. es zeigte sich, daß der entstehende Böhmit an den akt. Eigg. der aktivierten Tonerde völlig unbeteiligt ist. Er bildet nur ein 1. Zwischenprod., das den Wasserdampfdruck zu regulieren hat. Bei n. Druck erhält man 30—40% Böhmit, bei erniedrigtem bis $<$20%. Die Eigg. der akt. Übergangstonerden hängen vom Druck ab, unter dem die Dehydratisierung stattfand. Die unter vermindertem Druck erzeugte Tonerde erscheint als neue einheitliche Phase mit der Porengröße ca. 10 Å, die sich leicht in der Kälte zu Bayerit rehydratisiert. Vff. schlagen die Bezeichnung *p-Tonerde* vor. (Bull. Soc. chim. France, Mém. [5] **1955.** 983—91. Juli/Aug. Compagnie Péchiney, Centre de Recherches d'Aubervilliers.) H. PLUSKAL. 294

Therald Moeller und **Victor D. Aftandilian**, *Beobachtungen an den Seltenen Erden. 63. Mitt. Die Darstellung der wasserfreien Nitrate der Seltenen Erdmetalle.* (62. vgl. C. **1956.** 1830.) Vff. verwenden eine Modifizierung des Verf. von GIBSON (vgl. C. **1952.** 3622; **1954.** 5474) zur Darst. der wasserfreien Nitrate verschied. Seltener Erdmetalle. Die Darst. erfolgt schemat. nach $M^{2+}O^{2-} + 2\,NO^+NO_3^- \rightarrow M^{2+}(NO_3)_2^- + N_2O_3$, wobei das entsprechende Oxyd mit fl. N_2O_4 in einer verschlossenen Stahlbombe bei erhöhter Temp. (24 Std. bei 150°) u. dem dabei resultierenden hohen N_2O_4-Druck (ca 80 at) umgesetzt wird. Die Ausbeute der Rkk. ist 100%ig; bei unter 140° liegenden Versuchstempp. werden die Ausbeuten jedoch stark herabgesetzt. Es werden weißes *$La(NO_3)_3$*, grünes *$Pr(NO_3)_3$*, violettes *$Nd(NO_3)_3$*, cremefarbiges *$Sm(NO_3)_3$*, weißes *$Gd(NO_3)_3$* u. weißes *$Y(NO_3)_3$* erhalten. Die Verbb. stellen voluminöse Pulver dar, die sich in W., Äthanol u. wasserfreiem Äthylendiamin unter starker Wärmeentw. rasch u. vollständig zu klaren Lsgg. auflösen. (J. Amer. chem. Soc. **76.** 5249—50. 20/10. 1954. Urbana, Ill., Univ. of Illinois, Noyes Chem. Labor.) H. GEDSCHOLD. 303

Therald Moeller und **Melvin Tecotzky**, *Beobachtungen an den Seltene Erden.* 65. Mitt. *Die Naphthazarinkomplexe einiger Ionen der Seltenen Erdmetalle.* (63. vgl. vorst. Ref.) (Vgl. MOELLER u. TECOTZKY, Analytic. Chem. **27.** [1955.] 1056.) Vff. finden bei der spektrophotometr. Unters. der Rkk. zwischen den wss. *La-, Pr-, Nd, Sm-, Gd-, Er-, Y-Chlorid*-Lsgg. u. Äthanollsgg. von *Naphthazarin* (I) Absorptionsspektren, die sich im wesentlichen nur im Gebiete der Wellenlängen der Absorptionsbanden unterscheiden. Gefundene Wellenlängen in Å: La^{3+} 5200, 5600, 6065; Pr^{3+} 5220, 5600, 6050; Nd^{3+} 5225, 5600, 6045; Sm^{3+} 5220, 5600, 6040; Gd^{3+} 5225, 5600, 6025, Y^{3+} 5225, 5600, 6020; Er^{3+} 5210, 5580, 6010. Wie die Unters. an I-Pr- u. I-Er-Lsgg. zeigt, enthalten die gefärbten Komplexe I u. Seltene Erdmetallionen im Mol-Verhältnis 2 : 1. Sie sind weniger stabil als der entsprechende Th-Komplex. Bis zu Metallionenkonzz. von ca $40 \cdot 10^{-6}$ Mol/Liter gilt vermutlich für die ganze Reihe das BEERsche Gesetz. Die Rk. mit I ist nicht spezif. für die einzelnen Seltenen Erdmetallionen, sie ist jedoch eine empfindliche Farb-Rk. für die Elemente dieser Reihe. (J. Amer. chem. Soc. **77.** **2649**—50. 5/5. 1955. Urbana, Ill., Univ. of Illinois, Noyes Chem. Labor.) H. GEDSCHOLD. 303

R. C. DeVries, Rustum Roy und **E. F. Osborn**, *Das System TiO_2–SiO_2.* Im Gegensatz zu früheren Unterss. wurde festgestellt: 1. zwischen 19 u. 93 Gew.-% TiO_2 existieren oberhalb 1780 ± 10° zwei fl. Phasen. 2. BUNTINGs Eutektikum bei 10,5% TiO_2 wurde bestätigt. 3. Daten der Molrefraktion zeigen, daß Ti^{4+} eine Koordinationszahl in der Glasphase kleiner als 6 hat. (Trans. Brit. ceram. Soc. **53.** 525—40. Sept. 1954. Pennsylvania State Univ., Coll. of Mineral Ind.) W. SCHÜTZ. 321

T. R. Ingraham und **L. M. Pidgeon**, *Die Reaktionen von Titantetrajodid auf erhitzten Titan- und Wolframoberflächen.* Im Zusammenhang mit der Darst. von Ti nach VAN ARKEL wurde das Verh. von TiJ_4 bei verschied. Tempp. u. in Ggw. von Ti u. W untersucht. Über 1100° steht TiJ_4 mit Ti u. J_2 im Gleichgewicht, $<$1100° finden bei Ggw. eines Ti-Blockes folgende Rkk. statt: $TiJ_4 + Ti \rightleftharpoons 2\,TiJ_2$, $TiJ_4 + TiJ_2 \rightleftharpoons 2\,TiJ_3$. Das Verhältnis $TiJ_2 : TiJ_3$ hängt sehr von der Temp. ab, da TiJ_3 flüchtiger als TiJ_2 ist. TiJ_2 setzt sich an den Gefäßwänden ab. Das zur Rk. $<$1100° abgelöste u. $>$1100° abgeschiedene Ti konnte beobachtet u. durch Wägung die Menge bestimmt werden. Bei Ggw. eines W-Blockes konnte die Ablagerung $>$1100° als zusammenhängender, kleinkrist. glänzender Überzug beobachtet werden. Die Aktivierungsenergie für diese Abscheidung wurde zu 92,0 ± 2 kcal geschätzt. (Canad. J. chem. **30.** 694—97. Sept. 1952. Toronto, Univ. of Toronto, Dep. of Metall. Engng.) H. PLUSKAL. 321

Mino Green und **J. A. Kafalas,** *Oxydation reiner Oberflächen von Germanium unterhalb 25⁰.* (Sitzungsbericht.) (Physic. Rev. [2] **98.** 1566. 1/6. 1955. MIT.) R. STEIN. 326

S. Herzog, *Über Komplexe niederer Wertigkeitsstufen des Vanadins.* Vf. red. *Tri-α.α'-dipyridylvanadin(II)-jodid,* $[V^{II}Dipy_3]J_2$, in neutraler wss.-alkohol. Lsg. mit Mg-Pulver u. erhält violette Kristalle von der Zus. $[V\ Dipy_3]$. Der Wert des magnet. Moments (1,7 ± 0,2 BOHRsche Magneton) deutet auf einen Durchdringungskomplex des 0-wertigen V. An Stelle des Jodids läßt sich das Perchlorat $[V^{II}Dipy_3](ClO_4)_2$ verwenden. (Chem. Techn. **6.** 338. Juni 1954. Jena, Friedrich-Schiller-Univ., Inst. für anorg. Chem.) R. LACMANN. 330

K. B. Jatzimirski (unter Mitarbeit von **F. D. Kaschirina**), *Untersuchung der Halogenidkomplexe des Wismuts nach der Löslichkeitsmethode.* Es wurde die Löslichkeit des *BiOCl* in HNO_3 (12 Messungen: $0{,}066 \cdot 10^{-3}$ Mol/Liter BiOCl bis 24,05 Mol/Liter bei 0,1603 bis 2,529 mol. HNO_3) u. *BiOBr* in HNO_3 ($0{,}066 \cdot 10^{-3}$ Mol/Liter BiOBr bis 40,89 Mol/Liter bei denselben HNO_3-Konzz.), ferner derselben Verbb. in 1,003 mol. HNO_3 in Ggw. steigender Mengen KCl (0,02—0,98 Mol) sowie entsprechend KBr (0,05—1,16 Mol) bei 25⁰ bestimmt. Aus den Messungen wurden nach einem neuen Rechenverf. die stöchiometr. Koeff., die Gleichgewichtskonstanten, die Instabilitätskoeffizienten für komplexe Ionen, endlich die Gleichungen berechnet, denen entsprechend das Ausfallen bas. Salze bei Hydrolyse erfolgt. Die Gleichgewichtskonstanten betrugen (BiOCl u. BiOBr in HNO_3): $[BiCl^{2+}]/[H^+]^2$ $2{,}9 \cdot 10^{-3}$; $[BiBr^{2+}]/[H^+]^2$ $3{,}7 \cdot 10^{-3}$; in Ggw. von KCl u. entsprechend KBr: $[BiCl_2^+]/[H^+]^2[Cl^-]$ $1{,}35 \cdot 10^{-2}$, für $BiCl_3$ $5{,}9 \cdot 10^{-2}$; $BiCl_4^-$ $6{,}3 \cdot 10^{-2}$; $BiBr_2^+$ $6{,}6 \cdot 10^{-2}$; $BiBr_3$ 0,138. Die Instabilitätskonstanten komplexer Bi-Halogenidionen: $BiCl^{2+}$ $3{,}6 \cdot 10^{-3}$; $BiCl_2^+$ $7{,}9 \cdot 10^{-4}$; $BiCl_3$ $1{,}8 \cdot 10^{-4}$; $BiCl_4^-$ $1{,}7 \cdot 10^{-4}$; $BiBr^{2+}$ $5 \cdot 10^{-5}$; $BiBr_2^+$ $2{,}8 \cdot 10^{-6}$; $BiBr_3$ $1{,}3 \cdot 10^{-6}$; $BiNO_3^{2+}$ Wert nicht angegeben (vom Referenten berechnet: $5{,}5 \cdot 10^{-3}$). (Сборник Статей по Общей Химии [Samml. Aufsätze allg. Chem.] **1.** 97 bis 105. 1953. Iwanowo, Chem.-technolog. Inst.) A. V. WILPERT. 334

J. Kunze, *Über die elektrolytische Darstellung von Chromichromaten, ihre Eigenschaften und ihre Verwendbarkeit als Redoxindicatoren.* Die sich bei der Elektrolyse von 25%ig. Chromsäurelsg. unter Zusatz von 4% $HClO_4$ bei 6 A/dm² als samtbrauner Belag an der Kathode abscheidende Substanz wurde untersucht. Es handelt sich um ein

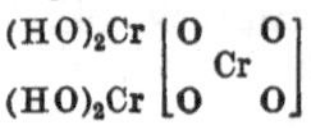

bzw. $Cr_2(OH)_4CrO_4$

hochmol. Polykondensat, etwa mit der nebenst. Strukturformel. Verss., diese Substanz statt *Chinhydron* in der potentiometr. Titration u. bes. im alkal. Gebiet zu verwenden, scheitern bisher an der Langsamkeit der Potentialeinstellung. (Chem. Techn. **5.** 392—93. Juli 1953. Leipzig, Karl-Marx-Univ., Inst. für anorg. Chem.) H.-G. MOSLÉ. 335

Orland W. Kolling, *Reduktion von Perrhenat durch Zinn(II).* Die Re–SCN-Komplexe werden an reinen Verbb. von Re^{III}, Re^{IV}, Re^{V} u. Re^{VI} spektrophotometr. untersucht. Sie werden dazu mit Chlf. unter Zuhilfenahme von Triphenylsulfoniumchlorid ausgeschüttelt. SCN^- wird bis zu einem 800fachen Überschuß zugegeben. Bei hohem SCN^--Geh. wird im Komplex von red. Re^{VII} nur eine Absorptionsbande bei 430 mμ, bei geringem werden 2 Banden bei 320 u. 370 mμ gefunden. Bei mittleren Geh. sind alle 3 Banden gleichzeitig vorhanden. In Lsgg. des Re^{III}-Komplexes findet man erst nach einwöchigem Stehen an der Luft die Bande 430 mμ, vorher die Banden 320 u. 370 mμ. Beim Re^{IV}-Komplex findet man zunächst überhaupt keine Bande zwischen 300—700 mμ, in Ggw. von Sn^{2+} dagegen die Banden 370 u. 430 mμ. Re^{V} zeigt erst mit Sn^{2+} alle 3 Banden. Re^{VI} liefert bei allen SCN^--Konzz. nur die Bande 430 mμ. Jeder für die Red. von Perrhenat mit Sn^{2+} denkbare Reaktionsmechanismus muß folgendes berücksichtigen: 2,5 Äquivalente Sn^{2+}/Äquivalent Re^{VII} ergeben die intensivste Färbung; das Reaktionsprod. ist hydratisiertes ReO_2; Re^{V} unterliegt einer Disproportionierung zu Re^{IV} u. Re^{VII}; 3 Banden des Absorptionsspektr. von red. Re^{VII} kommen Re^{III} u. Re^{VI} zu; der Re^{III}-Komplex entwickelt beim Stehen an der Luft das Spektr. des Re^{VI}-Komplexes; in Abwesenheit von Reduktionsmitteln bilden Re^{IV} u. Re^{V} keine Komplexe mit SCN^-, in Ggw. von Sn^{2+} entwickeln diese beiden aber die für Re^{III} u. Re^{IV} charakterist. Spektra. (Trans. Kansas Acad. Sci. **57.** 520—24. Dez. 1954. St. Louis, Mo., Mallinckrodt, Chemical Works.) PH. FRESENIUS. 352

William F. Linke, *Eisen(III)-chloriddekahydrat, die Systeme $FeCl_3$–H_2O und $FeCl_3$–HCl–H_2O unterhalb von 0⁰.* Eine erneute Unters. des Syst. $FeCl_3$–H_2O zeigt, daß bei $-35{,}0 \pm 0{,}5^0$ ein Eutektikum vorliegt, an dem Eis u. als zweite feste Phase $FeCl_3 \cdot 10\ H_2O$ beteiligt sind. Die Sättigungskonz. bei dieser Temp. beträgt 28,7 ± 0,3% $FeCl_3$. Bei $0{,}0 \pm 0{,}2^0$ findet in Ggw. einer Lsg., die 42,4 ± 0,1% $FeCl_3$ enthält, ein Übergang nach $FeCl_3 \cdot 10\ H_2O \rightleftharpoons FeCl_3 \cdot 6\ H_2O$ + Lsg. statt. $FeCl_3 \cdot 10\ H_2O$ ist so das einzige $FeCl_3$-Hydrat, das inkongruent schmilzt. Um die Identität des Dekahydrats nachzuweisen, untersucht Vf. die -20^0-Isotherme im Syst. $FeCl_3$–HCl–H_2O. Zur Feststellung der Phasenbeziehungen des Dekahydrats im Syst. $FeCl_3$–HCl–H_2O werden Löslichkeitsbestimmungen, Erhitzungskurven u. visuelle Daten herangezogen. (J. physic. Chem. **60.** 91—96. Jan. 1956. New York, N. Y., Univ., Wm. H. Nichols Labor.) W. KRÖNERT. 354

I. A. Tomilin und **L. A. Schwarzman,** *Verteilung von Schwefel und Phosphor zwischen Eisen und sauren Schlacken.* Vff. untersuchten an laboratoriumsmäßig hergestellten Fe-Schmelzen unter Verwendung der radioakt. Isotopen ^{35}S u. ^{32}P als Indicator die Gleichgewichtsverhältnisse für S u. P zwischen Bad u. mit reiner SiO_2 angereicherter Schlacke bei 1525—1700°. Die auf Grund der Zählrohrmessungen errechneten Verteilungskoeffizienten K_S u. K_P wurden mit den aus dem Schrifttum bekannten Zahlen für nur Fe-Oxyde enthaltende Schlacke (ohne SiO_2) verglichen. Die errechneten K_S- u. K_P-Werte liegen um ein vielfaches niedriger als letztere. Für die Temperaturabhängigkeit von K_S u. K_P wurden die Gleichungen $\log K_S = 5500/T - 3{,}284$ u. $\log K_P = 15200/T - 9{,}636$ abgeleitet. Die sich hieraus ergebenden positiven Werte für den Wärmeeffekt beim Übergang von S bzw. P aus dem Metallbad in die SiO_2-reiche Schlacke sind erheblich höher als die entsprechenden Werte der nur Fe-Oxyde enthaltenden Schlacke. Die Ergebnisse werden theoret. gedeutet. (Известия Академии Наук СССР, Отделение Технических Наук [Nachr. Akad. Wiss. UdSSR, Abt. techn. Wiss.] **1953.** 1797—1803. Dez.) V. EHMCKE. 354

Norman C. Li und **Edward Doody,** *Kupfer(II)- und Zinkkomplexe einiger Aminosäuren und des Glycylglycins.* Zur Aufklärung der Wechselwrkg. von Metallen mit Proteinen u. Enzymen beschreiben Vff. im Rahmen ihrer Unterss. über die Komplexbldg. zwischen Metall- u. Aminosäureionen (vgl. C. **1951.** I. 1284) auf Grund von polarograph., potentiometr., konduktometr. u. spektrophotometr. Methoden die Bildungskonstante k_f, Zus. (Anzahl p der jedem Metallion koordinierten Gruppen) u. die Formel von Komplexen aus Cu(II)- u. Zn-Ionen mit verschied. Aminosäuren u. Glycylglycin (**I**). Die Logarithmen der Komplexbildungskonstanten der Anionen von *Prolin, β-Alanin* (**II**), *Norleucin, Methionin* (**III**), **I** u. *Glycin* (**IV**) mit Cu (II) wurden auf Grund polarograph. Messungen berechnet. Mit Ausnahme der **II**-Verb. nehmen diese Werte wie auch die pK_2-Werte der Aminosäuren in der angegebenen Reihenfolge ab. Obwohl **II** einen größeren pK_2-Wert hat als **III**, ist der Cu-Komplex weniger stabil als der mit **III**. Erklärt wird dies durch das Vorliegen eines wenig stabilen 6gliedrigen Chelatringes (**A**). Potentiometr. u. konduktometr. Titrationen von Aminosäureionen mit metall. Kation erwiesen die Existenz von 1 : 2-Komplexen des Zn mit **IV**-, **I**-, **II**-Ionen sowie des Cu mit **I**, *Phenylalanin, Serinat, Arginin, Argininat, Lysin, Lysinat*, **III**-Ion u. *Glutamat.* — Das Spektr. von Cu(II)-Ionen in wss. Serinlsg. ist stark p_H-abhängig, 1 : 2-Mischungen von Cu(II)-Ion u. Ionen von α-Aminosäuren haben ihr Absorptionsmaximum im Bereich 615—650 mμ, 1 : 1-Mischungen bei 700 mμ. Zwei Bindungen sind vom Amintyp (**B**) (vgl. KLOTZ, FALLER u. URQUART, C. **1955.** 1238). **I**–Cu(II)-Mischungen weisen nur ein Maximum bei 630 mμ auf, es existiert also lediglich ein 1 : 2-Komplex. (J. Amer. chem. Soc. **76.** 221—25. 5/1. 1954. Pittsburgh, Pa., St. Louis Univ., u. Duquesne Univ., Dep. of Chem.) G. BANKWITZ. 358

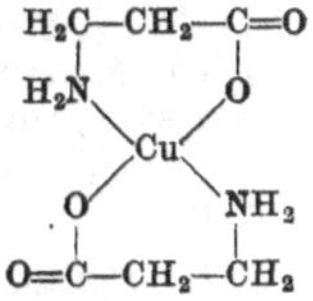
A

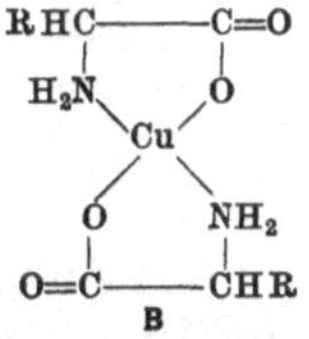
B

R. A. Penneman, E. Staritzky und **L. H. Jones,** *Darstellung und einige Eigenschaften von* $HAu(CN)_2$. Lsgg. von $HAu(CN)_2$ werden aus $KAu(CN)_2$ mit Hilfe einer *Dowex 50*-Ionenaustauschersäule hergestellt. Beim Eindampfen eines Tropfens der Lsg. im trockenen Luftstrom bei Zimmertemp. bleiben farblose Kristalle von $HAu(CN)_2$ zurück. Die Kristalle sind leicht lösl. in W. u. zers. sich rasch bei 120° unter Bldg. von AuCN. Die Unters. der Kristalle mit dem Polarisationsmikroskop zeigt, daß $HAu(CN)_2$ wahrscheinlich monoklin kristallisiert. Die Hauptbrechungsindices der opt. zweiachsig-negativen Substanz werden bestimmt: $n_x = 1{,}95$; $n_z = 1{,}96$ u. $n_3 = 1{,}98$. Die Infrarotspektren von $HAu(CN)_2$ u. $KAu(CN)_2$ werden diskutiert u. Rückschlüsse auf den Bindungszustand gezogen. Aus einer Pulveraufnahme mit Cu–K_α-Strahlung werden die Netzebenenabstände berechnet u. die relativen Intensitäten angegeben. (J. Amer. chem. Soc. **78.** 62. 5/1. 1956. Los Alamos, N. Mex., Univ. of California, Los Alamos Sci.Labor.) W. KRÖNERT. 360

A_9. Mineralogische und geologische Chemie.

Rudolf Mosebach, *Auswertung und Darstellung von Kornanalysen und Anwendung ihrer Ergebnisse auf petrologische Fragen.* Das Kornsummengesetz nach ROSIN, RAMMLER u. SPERLING drückt die Kornzus. techn. Mahlgüter befriedigend aus. Durch Kennzeichnung der Kornsummen als Funktion von ln x (x = Korndurchmesser) u. Differentiation n ln x erhält man die Kornverteilung als Funktion von ln x. Graph. entspricht dies der Darst. mit logarithm. geteilter Abszisse. (Geologie **3.** 413—40. Aug. 1954. Tübingen.) F. ENSSLIN. 372

E. B. Naliwkina, *Über einige Erscheinungen der Kristallisation und Deformation von Mineralien in metamorphen Gesteinen.* Beschreibung von Mineralkristallisationen in Bewegung u. Ruhe (Helicitstruktur) an Strukturbeispielen von *Granaten, Amphibolen, Glimmer, Quarz.* (Записки Всесоюзного Минералогического Общества [Schr. Allunions mineralog. Ges.] [2] **83.** 262—64. 1954.) A. v. WILPERT. 372

W. F. Petrun, *Über die Beziehung der Färbung von Aderquarz zu den rhythmischen Prozessen der Aderbildung.* Morpholog. Schilderung einer Anzahl von Fällen von Makro- u. Mikrostreifung, die als Illustrationen gesetzmäßiger Vorgänge bei der Bldg. von Aderkörpern u. der Färbung von Aderquarzen dienen. (Записки Всесоюзного Минералогического Общества [Schr. Allunions mineralog. Ges.] [2] **83.** 226—33. 1954. Leningrad, Berginst., Lehrstuhl für Mineral.) A. v. WILPERT. 372

Klaus Doerffel, *Die Bedeutung der Gitterenergie für die Mineralogie.* Es werden Angaben über die Berechnung der Gitterenergie für eine Reihe von Mineralien gemacht u. diese Größe mit anderen physikal. Daten verglichen. Zur Ermittlung der Gitterenergie werden die thermochem. Größen herangezogen u. nach dem BORN-HABER-Kreisprozeß verarbeitet. (Bergakademie, Freiberger Forschungsh., Reihe C **1953.** Nr. 5. 68—72. Freiberg, Sachsen.) F. ENSSLIN. 372

A. P. Winogradow, *Wege der Entwicklung der Geochemie.* Übersicht für die Jahre 1940—1955. — 55 Literaturangaben. (Вестник Московского Университета, Серия Физико-Математических и Естественных Наук [Nachr. Moskauer Univ.] **10.** Nr. 4/5. [physik.-math. naturwiss. Ser.] 169—84. April/Mai 1955.) O. LEBTAG. 378

C. Patterson, G. Tilton und M. Inghram, *Das Alter der Erde.* Vff. diskutieren die $^{207}Pb/^{206}Pb$-Meth. zur Best. des Alters der Erde u. zeigen, daß bei der Verwendung des ird. Materials die Best. sehr ungenau werden kann. Dabei werden bes. Differentiationsvorgänge in der Erdkruste u. ihr Einfl. auf die Isotopenzus. des Pb berücksichtigt. (Science [Washington] **121.** 69—75. 21/1. 1955. Pasadena, Calif., California Inst. of Technol.; Washington, D. C., Carnegie Inst.; Chicago, Ill., Univ.) J.-E. HILLER. 378

George L. Bate und **J. L. Kulp,** *Isotopenzusammensetzung von gewöhnlichem Blei aus Südafrika.* Kurze Mitt. über Unterss. an Bleiglanzproben aus präkambr. Gesteinen von 16 verschied. Fundstellen in Südrhodesien, Südwestafrika u. der Südafrikan. Union. Für die untersuchten Proben ergibt sich aus der Häufigkeit der einzelnen Pb-Isotopen mit wenigen Ausnahmen, die Vff. kurz diskutieren, ein Alter von 2,2—2,9·10^9 Jahren in Übereinstimmung mit den Ergebnissen von WILSON u. Mitarbeitern (C. **1956.** 3518). (Science [Washington] **122.** 970—71. 18/11. 1955. Palisades, N. Y., Columbia Univ., Lamont Geol. Observ.) R. STEIN. 378

Ciro Andreatta, *Noch einmal über die Regeneration von Lagerstätten und über die Stoffmobilisierung.* Im Anschluß an frühere Veröffentlichungen gibt Vf. einige Ergänzungen zu seinen Ansichten über die Regeneration von Lagerstätten u. Stoffmobilisierung. Besonderer Wert wird darauf gelegt, die angewandten Begriffe zu definieren u. sich mit Ansichten von SCHNEIDERHÖHN (C. **1952.** 6826; **1953.** 987; **1954.** 10196) auseinanderzusetzen. (Neues Jb. Mineralog., Mh. **1955.** 112—17. Mai. Bologna.) J.-E. HILLER. 378

P. W. Pokrowski, *Über einige Gesetzmäßigkeiten bei Veränderungsprozessen in der Umgebung von Rissen bei Gesteinen.* Beobachtungen über Einsprenkelungen von Pyrit u. Fluorit in der Nähe von Gesteinsrissen führten zu Häufigkeitsmessungen dieser Bildungen, Anfertigung künstlicher Schliche sowie zu mineralog. Analysen dieser Schliche. Es wurde eine gesetzmäßige Abnahme des Pyrit- (u. Fluorit-) Vork. im Verhältnis zur Entfernung von der Ader in Zahlen festgestellt: mit der Entfernung vom Riß fällt die Anzahl der Pyrit- u. Fluoritkörner, die Größe der (entfernteren) Körner wächst jedoch. Bei der Pyrit- u. Fluoritbldg. verhalten sich Fe u. Ca wie unbewegliche, F wie bewegliche u. S wie äußerst bewegliche Mineralbildner (Komponenten). (Записки Всесоюзного Минералогического Общества [Schr. Allunions mineralog. Ges.] [2] **83.** 264—68. 1954.) A. v. WILPERT. 378

Ss. T. Badalow, *Ein Fund von hydrothermalem Anhydrit in Mittelasien.* (Vgl. C. **1955.** 10223.) Der an sich seltene hydrothermale Anhydrit ist am Fundort ein charakterist. Mineral der dort untersuchten Cu-Turmalinvorkommen. Das gefundene Mineral ist opt. zweiachsig, positiv, direkte (gerade) Auslöschung; N_g 1,612, N_p 1,570, D. 2,943, Härte 3,5; sehr rein (99,88%). (Записки Всесоюзного Минералогического Общества [Schr.

Allunions mineralog. Ges.] [2] **83.** 245—46. 1954. Geolog. Inst. der Akad. der Wiss. der UsbekSSR.) A. v. WILPERT. 380

Hisao Yamada, *Über die Biotite aus thermometamorphen Schiefern von Senmaya, Iwate Präfektur, Japan. Biotit* (I) wurde aus 4 Proben von kontaktmetamorphen paläozoischen Tonschiefern isoliert, die aus einem 12 km langen Streifen der inneren Kontaktzone des Senmaya-Quarzdiorites entnommen wurden. Petrograph. bestehen die 4 Proben aus *Quarz, Plagioklas, Cordierit, Biotit,* z. T. *Muskovit* oder *Antophyllit* mit accessor., grünlichem *Turmalin, Zirkon, Apatit, Graphit* u. *Andalusit.* Die opt. Daten der 4 I sind: α = 1,622 (1); 1,618 (2); 1,610 (3); 1,604 (4). γ = 1,657 (1); 1,652 (2); 1,645 (3); 1,641 (4). $\gamma-\alpha$ = 0,035 (1); 0,034 (2); 0,035 (3); 0,037 (4). 2 V = 2° (1); 3° (2); 5° (3); 2° (4). Pleochroismus: X fast farblos, Y u. Z dunkelbräunlichrot (1); X blaßgrünlichgelb, Y u. Z dunkelbräunlichrot (2, 3); X blaßbräunlichgelb, Y u. Z dunkelrötlichbraun (4). Absorption: $X \ll Y < Z$ (1, 2, 3, 4). Der eigenartige Pleochroismus wird auf den kleinen Geh. an Fe^{3+} u. den vorherrschenden Geh. an Ti^{4+} zurückgeführt, Fe^{2+} ist unwirksam. Bemerkenswert ist der hohe Al^{3+}- u. der kleine F^--Gehalt. Vf. rechnet die rote Farbe von I dem Ti^{4+} u. die grüne dem Fe^{3+} zu. I mit hohem Ti^{4+}- u. Fe^{3+}-Geh. sind schwarz, bei abnehmendem Fe^{3+}-Geh. geht die Farbe in Braun über. (Proc. Japan Acad. **29.** 172 bis 176. April 1953. Tokyo, Inst. of Technol. [Orig.: engl.]) K. LÖFFLER. 380

A. P. Subramaniam, *Metastabile Formen des Cordierits aus geschmolzenen Gesteinen indischer Kohlenlager.* Bei den Unterss. von MIYASHIRO, wozu auch Proben von natürlich geschmolzenem Schiefer vom Bokaro-Kohlenlager, Indien, dienten, wurden vier verschied. Cordieritformen ermittelt, von denen zwei metastabile Formen nur in synthet. Prodd. festgestellt wurden. Der Unterschied zwischen den metastabilen Formen u. dem gewöhnlichen Cordierit besteht hauptsächlich darin, daß das Raumgitter der ersteren hexagonal, das des Cordierits pseudohexagonal ist. Die metastabilen Formen zeigen manchmal unter gekreuzten Nicols sehr komplexe, Zwillingsbildungen ähnliche Strukturen, die aber wahrscheinlich analog wie beim Kalkgranat, Milarit u. Xanthophyllit auf opt. Anomalien beruhen. Für die in den Bokaroschiefern aufgefundene polymorphe Cordieritform wird der Name *Indialit* von MIYASHIRO vorgeschlagen. Nach Vf. ist es wahrscheinlich, daß der von MIYASHIRO entdeckte *Osmulit* u. die von ihm ebenfalls aufgefundenen metastabilen Grundphasen des Cordierits auch in den geschmolzenen ind. Gesteinen nachgewiesen werden. (Current Sci. **24.** 91—92. März 1955. Madras, Geol. Surv. of India.) T. OPPERMANN. 380

N. I. Rudenko, *Exogener Galenit in der Oxydationszone sulfidischer Lagerstätten.* Beschreibung eines an sich nicht häufigen Vork. von exogenem Galenit in der Oxydationszone sulfid. Lagerstätten an einem Ort in Zentralasien in 3000 m Höhe sowie genet. Deutung dieses Vorkommens. (Записки Всесоюзного Минералогического Общества [Schr. Allunions mineralog. Ges.] [2] **83.** 251—54. 1954.) A. v. WILPERT. 380

W. T. Holser, *Limonit ist Goethit.* In Hinblick auf die Mitt. von DASGUPTA u. MAITRA (C. **1954.** 490) weist Vf. darauf hin, daß die Lehrbücher von HURLBUT, MIERS oder ROGERS u. KERR nicht authent. dafür sind, daß „Limonit" eine amorphe Struktur besitzt. Mit Limonit werden korrekterweise nur natürlich vorkommende wasserhaltige Eisenhydroxyde bezeichnet. Meist werden Mineralproben von Goethit, Lepidokrokit u. Hämatit, die sehr feinkristallin sind u. H_2O adsorbiert enthalten, unter dem Sammelnamen „Limonit" angeführt. (Acta crystallogr. [Copenhagen] **6.** 565. 10/6. 1953. Ithaca, N. Y., Cornell Univ., Dep. of Geol.) W. KRÖNERT. 380

M. L. Lindberg und **W. T. Pecora,** *Tavorit und Barbosalit: Zwei neue Phosphatmineralien aus Minas Gerais, Brasilien.* Tavorit ist das Fe-Analogon zum Montebrasit mit dem es isotyp ist. Idealformel: $LiFe(PO_4)(OH)$. Li_2O 7,64, FeO 2,39, MnO 1,47, Fe_2O_3 42,57, P_2O_5 39,78, H_2O^+ 5,76, H_2O^- 0,40%. D. 3,29. Mittlerer Brechungsindex 1,807. Barbosalit ist das Fe-Analogon des Scorzalits. Idealformel: $Fe^{II}Fe_2^{III}(PO_4)_2(OH)_2$. FeO 13,12, MnO 2,82, Fe_2O_3 41,70, P_2O_5 37,54, H_2O 4,92%. D. 3,60. Mittlerer Brechungsindex 1,810. Barbosalit ist ident. mit dem synthet. hergestellten $Fe^{II}\cdot Fe^{III}$-*Lazulith,* u. beide sind dem Scorzalit eng verwandt, haben aber größere Zelldimensionen. (Science [Washington] **119.** 739. 21/5. 1954. Washington, D. C., U. S. Geol. Surv.) W. BAUR. 380

O. M. Friedrich, *Zur Genese ostalpiner Spatmagnesit- und Talklagerstätten.* Vf. gibt einen Überblick über die bisherigen Arbeiten (77 Literaturzitate) u. schließt aus eigenen Beobachtungen, daß diese Lagerstätten metasomat., hydrothermalen Ursprungs sind u. Beziehungen zur Eisenspatvererzung zeigen. (Radex-Rdsch. **1951.** 281—98. Nov. Leoben, Montan. Hochschule.) W. BAUR. 380

C. D. Jeffries, J. A. Bonnet und **F. Abruña,** *Die wesentlichen Mineralien einiger Böden in Puerto Rico.* Es wurden zahlreiche Böden von Puerto Rico untersucht (Tabellen). Böden mit den höchsten Feldspatgehh. weisen niedrige Tongehh. auf u. sind am fruchtbarsten. Tonbestandteile waren *Kaolin, Glimmer, Illit* u. *Montmorillonit* in verschied. Kombinationen. (J. Agric. Univ. Puerto Rico **37.** 114–39. April 1953. State College, Pa., Pennsylvania State Coll.; Rio Piedras, P. R., Univ. of Puerto Rico.) W. SCHUPHAN. 380

D. T. Davidson, R. L. Handy und **T. Y. Chu,** *Tiefenuntersuchungen des Wisconsin-Lößes in Südwest-Iowa.* 1. Mitt. *Kornverteilung und örtliche Dichte.* An einem aufgeschlossenen Profil wurde die Kornverteilung (Geh. an Ton) sowie die D. der Schichten bestimmt. (Proc. Iowa Acad. Sci. **60.** 333–53. 1953. Ames, Io., Iowa State Coll.) F. ENSSLIN. 380

D. T. Davidson und **J. B. Sheeler,** *Die Fähigkeit zum Kationenaustausch bei der Tonfraktion des Lößes von Südwest-Iowa.* Für die Tonfraktionen ($< 2\ \mu$) der Löße wurde durch Best. des Ionenaustausches mit NH_4-Acetat festgestellt, daß diese Fraktionen in der Hauptsache aus *Montmorillonit* bestehen. Aus der therm. Analyse des Lößes wird noch *Illit* sichergestellt. (Proc. Iowa Acad. Sci. **60.** 354–61. 1953. Ames, Io., Iowa State Coll.) F. ENSSLIN. 380

Rudolf Jubelt, *Bemerkungen zu den neuerschlossenen Nickelhydrosilicatlagerstätten am Südrand des Sächsichen Granulitgebirges.* Der Granulitkörper wurde durch metasomat. Prozesse u. Verwitterungsvorgänge teilweise serpentinisiert. Das Serpentingestein entspricht sowohl in der Zus. als auch in der Erzführung den silicat. Ni-Lagerstätten. Der Ni-Geh. schwankt zwischen 0,2 u. 2,5%. (Freiberger Forschungsh., Reihe C **1953.** Nr. 5. 11–17.) F. ENSSLIN. 380

W. F. James, A. H. Lang, Richard Murphy und **S. N. Kesten,** *Die kanadischen Uran- und Thoriumlagerstätten.* Beschreibung der kanad. U- u. Th-Vorkommen u. deren bergmänn. Gewinnung unter besonderer Berücksichtigung der Eldorado Mine, der Grube der International Uranium Ltd. bei Eldorado, der Lagerstätten bei Goldfields (Saskatchewan), der Tobay-Albrecht-Lagerstätten bei Black Lake, der Camray-Lager am Oberen See u. der hydrothermalen Ablagerungen in Brit. Columbien. (Mining Engng. **187.** 239–55. Febr. 1950.) F. ENSSLIN. 380

Simonne Caillère und **François Kraut,** *Mineralogische Untersuchung über die Wolframlagerstätten von Teissières-les-Boulies (Cantal).* Übersicht über die Mineralvorkk. des Gebietes, die pneumatolyt.-hydrothermalen Ursprungs sind. Hauptmineralien: *Turmalin, Apatit, Wolframit* aus der Pneumatolyse u. *Pyrit, Markasit, Chalkopyrit* als hydrothermale Mineralien. (C. R. hebd. Séances Acad. Sci. **240.** 1650–52. 18/4. 1955.) G. MEINHARDT. 380

Hans-Jürgen Rösler, *Zur Frage der Hybridität von Graniten.* (Freiberger Forschungsh., Reihe C **1953.** Nr. 5. 63–67. Freiberg/Sa.) F. ENSSLIN. 382

Kurt Pietzsch, *Die Gneise des Sächsischen Erzgebirges.* Zusammenfassender Bericht über die bisherigen Erkenntnisse der Petrographie u. Geologie des Sächs. Erzgebirges mit einem Ausblick auf weitere Daten, welche durch die modernen geophysikal. Methoden erlangt werden können. (Geologie **3.** 391–412. Aug. 1954. Freiberg/Sa.) F. ENSSLIN. 382

G. A. Maximowitsch, *Calcit-Oolithe, -Pisolithe und -Konkretionen der Grotten und Bergwerke.* Im Anschluß an eine Unters. der Form u. der Dimensionen von 50 Pisolithen aus einer russ. Grotte, die in der Hauptsache aus $CaCO_3$ bestehen, werden Angaben über Pisolithe, Oolithe u. Konkretionen aus anderen Ländern zusammengestellt. (Записки Всесоюзного Минералогического Общества [Schr. Allunions mineralog. Ges.] [2] **84.** 74–78. 1955.) R. K. MÜLLER. 382

Alfred Pollak, *Zur Geologie und wirtschaftlichen Bedeutung der Antimonerzlagerstätte Schlaining in Österreich.* Beschreibung der Antimonitlagerstätte, bei der sich das Erz gangförmig an der Grenze von Kalk u. Schiefer abgeschieden hat. (Freiberger Forschungsh., Reihe. C **1953.** Nr. 5. 18–21. Wien.) F. ENSSLIN. 385

E. Durio und **P. Armandola,** *Chemische und physikalisch-chemische Analyse des Wassers von Prò di Oggebbio (Novara).* Das untersuchte W. mit einem Trockenrückstand von 0,0871 g/Liter (100°), Gesamthärte 6,5, p_H 7,20 wird als oligomineral. W. klassifiziert. (Chimica [Milano] [N. S.] **30 (9).** 163–64. Mai 1954. Novara, Labor. chim. prov.) R. K. MÜLLER. 393

B. Allgemeine und theoretische organische Chemie.

Carl M. Moser und **Roland Lefebvre,** *Die tiefsten angeregten Singulett-Zustände des Naphthalins.* Kurzer Bericht über die Berechnung der tiefsten angeregten Singulettelektronenzustände des *Naphthalins,* wobei nur die beiden niedrigsten Konfigurationen der Klassen $^1B_{1u}$ u. $^1B_{2u}$ in Betracht gezogen werden. Der erste Übergang ergibt sich als polarisiert längs der langen Achse des Moleküls ($^1B_{1u}$), der zweite längs der kurzen Achse des Moleküls ($^1B_{2u}$). Durch die Beschränkung auf einen begrenzten Betrag der Wechselwrkg. ergibt sich eine Verminderung der Intensität des ersten Übergangs im Vgl. zur Berechnung nach dem HÜCKEL-Modell. (J. chem. Physics **23**. 598. März 1955. Paris, Inst. du Radium, Pavillon Pasteur; Paris, Centre de Chim. Théor.)

ROLAND HÜTTENRAUCH. B 114

Roland Lefebvre und **Carl M. Moser,** *Die tiefsten angeregten Singulett-Zustände des Naphthalins.* 2. Mitt. (1. vgl. vorst. Ref.) Es werden die Beziehungen zwischen den verschied. Näherungen zur Berechnung der tiefsten angeregten Singulettzustände des *Naphthalins* diskutiert. (J. chem. Physics **23**. 754—55. April 1955.)

ROLAND HÜTTENRAUCH. B114

Marco Civera und **Luigi Benedetti,** *Die Bildung einiger Malonsäureester und ihre UV-Absorptionsspektren.* Die UV-Absorptionsspektren von folgenden Malonsäureestern werden in alkoh. Lsg. aufgenommen: *Malonsäure-bis-[α-naphthylester], -bis-[β-naphthylester], -diphenylester, -diäthylester,* ferner zum Vgl. *7.8-Benzocumarin, α-* (**II**) u. *β-Naphthol, Phenol* u. *Malonsäure* (**I**).

Versuche: *Malonsäure-bis-[α-naphthylester]*, $C_{23}H_{16}O_4$, F. 126—127° (Eisessig), aus **I** u. **II** durch Erhitzen in Ggw. von Acetanhydrid (½ Std.). — *Malonsäure-bis-[β-naphthylester]*, F. 146—147° (Eisessig), analog. (Gazz. chim. ital. **83**. 32—35. 1953. Turin, Univ., Ist. di Chim. organ. ind.)

K. FABER. B 118

Leonard Doub und **J. M. Vandenbelt,** *Der Zusammenhang der Ultraviolettbanden des Benzols mit denen seiner Derivate. Anwendung auf verschiedene trisubstituierte Derivate.* Die Hauptbanden des Bzl. finden sich auch in den Spektren von trisubstituierten Derivv., welche einen m- u. zwei o-, p-dirigierende Substituenten besitzen. Die Banden dieser Verbb. stimmen gut in Form u. Wellenlänge mit den meisten verschobenen Banden in Spektren von solchen disubstituierten Verbb. überein, die die gleichen Gruppen in gleichen Stellungen enthalten. Extremwerte der Verbb.: *2.4-* λ 202 [mμ] ($\varepsilon = 35 \cdot 10^3$), 232 (7,4), 282 (0,5); [Ion 229 (7,4), 281 (0,4)] u. *3.4-Dichlor-* 206 (34), 242 (13,5), 281 (0,8) [Ion 203 (41), 237 (11,3), 279 (0,7)]; *4-Chlor-2-amino-* 221 (30), 249 (8,9), 327 (3,8) [Ion 216,5 (32), 247 (8,5), 314 (3,5)]; *4-Methyl-2-oxy-* 206,5 (37), 242 (9,6), 301 (3,5) [Ion 206 (36), 238 (8,5), 297 (3,8)]; *2.4-Dioxy-* 208,5 (24), 256 (13,6), 295 (5,5), [Monoanion 207,5 (31), 248 (10,8), 292 (4,9); Bisanion 231 (11,2), 248 (15,4)]; 298 (13,0); *3.4-Dioxy-* 217 (16), 260 (9,3), 294 (4,8), [Monoanion 251 (7,8), 288 (3,7), Bisanion 230 (11), 276 (8,0), 303 (9,5)]; *4-Oxy-3-methoxy-* 217,5 (20), 260 (11,1), 291 (5,8) [Monoanion 204,5 (28), 251 (9,9), 286 (4,4), Bisanion 225 (12,1), 280 (13), 298 (14,9)]; *4-Methoxy-2-oxy-* 206 (33), 254 (12,4), 294 (5,5) [Ion 250 (12,0), 291 (5,3)]; *2.4-Dimethoxy-* 207,5 (23), 257 (13,1), 291 (5,9) [Ion 246 (8,5), 283 (3,6)]; *4-Oxy-3-amino-* 229 (10,9), 250 (8,4), 302 (1.5) [Monoanion 215 (24), 253 (6,9), 297 (3,5), Bisanion 235 (13), 280 (9,2), 308 (9,1)]; *4-Amino-2-oxy-* 231 (8,3), 275 (9,2), 301 (9,9) [Ion 228 (11,3), 265 (13,2), 299 (8,7)]; *4-Amino-2-methyl-* 223 (9,6), 288 (12,1) [Ion 266 (12,2), 293 (6,0)]; *2.4-Diamino-* 228 (16,4), 277 (11,1), 317 (4,3) [Ion 216 (25), 266 (10,0), 307 (4,2)]; *4-Amino-2-chlor-* 225 (9,5), 282 (9,8) [Ion 256 (9,0), 294 (2,3)]; *4-Monomethylamino-2-chlor-* 230 (8,3), 302 (13,2) [Ion 209 (24), 268 (10,2)]; *4-Dimethylamino-2-chlorbenzoesäure* 233 (6,5), 313 (13,9) [Ion 211 (22), 275 (11,4)]; *2.4-* 212 (21), 252 (8,9), 290 (1,1) u. *3.4-Dichlor-* 212 (23), 254 (14,6), 290 (1,5); *2.4-* 228 (9,4), 275 (13,9), 312 (6,8) [Ion 248 (6,5), 328 (25,6)] u. *3.4-Dioxy-* 228 (13,0), 274 (9,9), 305 (7,4) [Monoanion 248 (10,2), 342 (16,3)]; *4-Amino-2-oxyacetophenon* 245 (5,7), 325 (21,2) [Ion 250 (10), 298 (9,8), 348 (10,4)]; *2.4-Dichlor-* 218 (17), 263 (13,7), 300 (2,0); *2.4-Dioxybenzaldehyd* 229 (10,7), 278 (15,7), 320 (6,3) [Ion 250 (8), 331 (20,3)]; *3.4-Dichlor-* 225 (9), 276 (9,2), 320 (2,); *4-Oxy-3-chlor-* 231 (7,6), 317 (8,5) [Ion 265 (4,0), 400 (17,4)]; *4-Methyl-3-amino-* 245 (10,4), 293 (5,8), 358 (2,1); *4-Oxy-3-amino-* 256 (9,8), 315 (5,1), 370 (4,7) [Ion 275 (6,9), 446 (13,4)]; *4-Amino-3-methoxy-* 257 (6,0), 400 (12,3); *4-Methoxy-3-amino-* 254 (11,4), 311 (5,6), 367 (4,6); *3.4-Diaminonitrobenzol* 266 (6,6), 402 (9,0); *2-Oxy-5-chlor-* 208 (34), 233 (7,7), 314 (3,5) [Ion 204,5 (35), 230 (7,9), 308 (3,4)]; *2-Oxy-5-brom-* 210,5 (36), 233 (8,4), 314 (3,3) [Ion 206,5 (37), 232 (8,4), 308 (3,3)]; *2.5-Dioxy-* 211 (31), 238 (9,3), 329 (5,3) [Ion 206 (35), 235 (8,3), 320 (5,3)]; *2-Methoxy-5-brom-* 208 (29), 234 (9,0), 305 (2,4) [Ion 201 (30), 230 (9,4), 289 (2,1)]; *2-Amino-5-chlorbenzoesäure* 218 (22), 250 (5,2), 340 (2,3) [Ion 210 (26), 249 (8,5), 323 (2,8)]; *2.5-Dichlor-* 215,5 (25), 240 (6,2), 296 (1,1); *2.5-Dioxyacetophenon* 224 (18,4), 256 (9,4), 355 (4,5); *2-Oxy-5-chlorbenzaldehyd* 221,5 (23,6), 255 (8,9), 338 (3,1) [Ion 233,5 (18,9), 260 (7,6), 390 (6,0)]; *2.5-Dichlor-* 220 (19), 258 (3,3), 314 (1,5); *2-Methyl-5-chlor-* 213 (18), 262 (4,8), 315 (1,7); *2-Methoxy-5-chlor-* 220,5 (19), 265 (3,9), 349 (2,7); *2.5-Dimethoxy-* 218 (16), 273 (3,3), 372 (2,6); *2-Amino-5-chlor-* 233 (21,6), 279 (4,6), 425 (4,6); *2-Amino-5-methyl-* 227,5 (18,4), 287 (5,6), 428 (4,3); *2-Amino-5-methoxynitrobenzol* 230,5 (19,9), 285 (5,2), 448

(4,7). Disubstituierte Verbb.: *p-Chloracetophenon* 210 (13), 254,5 (16,3), 290 (1,2) u. *-benzaldehyd* 210 (14), 259,5 (17,4), 292 (1,9); *p-Monomethylamino-* 224 (7,6), 303 (13,6) [Ion 219 (7), 280 (14,1)] u. *p-Dimethylaminobenzoesäure* 226 (7,9), 315 (16,4) [Ion 223 (6,5), 289 (16,3)]; *p-Methoxynitrobenzol* 227 (7,0), 317 (11,0); *m-Brom-* 204 (37), 232 (8,2), 285 (1,0) [Ion 202 (41), 226 (8,4), 278 (0,6)]; *m-Methoxy-benzoesäure* 208 (28), 236,5 (7,1), 296 (2,5) [Ion 201,5 (37), 232 (6,2), 287 (2,1)]; *m-Chloracetophenon* 208,5 (26), 245 (10,6), 293 (1,2) u. *-benzaldehyd* 210 (27), 248,5 (10,8), 295 (1,4); *o-Methyl-* 231 (7,1), 279 (1,4) [Ion 230 (3,3), 270 (0,5)]; *o-Methoxybenzoesäure* 203 (31), 236,5 (7,5), 296 (3,3) [Ion 232 (4,7), 279 (2,2)]; *o-Chloracetophenon* 208,5 (20), 243 (6,2), 286 (1,1); *-benzaldehyd* 210 (21), 253 (10,0), 301 (1,7); *o-Methoxynitrobenzol* 232 (5,3), 267 (4,0), 338 (2,8). (J. Amer. chem. Soc. **77.** 4535—40. 5/9. 1955. Detroit, Mich., Parke, Davis & Co., Res. Labors.)

M.-L. KLAAR. B 118

J. P. Picard und **A. F. McKay,** *Ultraviolettabsorptionsspektren von arylsubstituierten Harnstoffen.* Vff. bestimmten die Absorptionsspektren (in A.) einer Anzahl von substituierten Aryl- u. symm.-Diarylharnstoffen. Mit dem Ansteigen der Konjugation in den Chromophoren findet eine Verschiebung der Maxima der Konjugationsbande zum Sichtbaren statt, die Verschiebung ist von einem stetigen Anwachsen der Absorptionsintensität begleitet. Die Effekte, die durch Substitution eines H-Atoms am Arylkern durch Alkoxy-, Methyl- oder Halogengruppen auftreten, werden diskutiert. Es werden die Beziehungen zwischen den induktiven Effekten dieser Gruppen u. ihrem Einfl. auf das Absorptionsspektr. aufgezeigt. — Folgende Verbb. wurden gemessen: *1-p-Tolyl-* (**I**), $C_{10}H_{13}ON_2Cl$, F. 178—179°, [λ_{max}] 280 [mμ] ([log ε] 2,98), 243 (4,26); *1-p-Anisyl-* (**II**), $C_{10}H_{13}O_2N_2Cl$, F. 160—160,3°, 288 (3,24), 243—45 (4,24); *1-p-Phenetyl-3-β-chloräthylharnstoff* (**III**), $C_{11}H_{15}O_2N_2Cl$, F. 149—151°, 285 (3,22), 245 (4,27); *1-Phenyl-* (**IV**), 245 (4,28); *1-p-Tolyl;* (**V**), F. 196,5—197°, 280 (3,11), 247 (4,29); *1-p-Anisyl-* (**VI**), 290 (3,42), 247 (4,32), aus alkal. Lsg. von **II** durch Cyclisation; *1-p-Phenetylimidazolidon-(2)* (**VII**), 211,5—212°, 290 (3,30), 247 (4,31); *1-Phenyl-* 275 (3,02), 240 (4,30); *1-p-Tolyl-* 281 (3,11), 243 (4,37); *1-m-Tolyl-* 275 (3,03), 240 (4,24); *1-o-Tolyl-* 270 (2,90), 240 (4,08); *1-p-Chlorphenyl-*, 284 (3,12), 248 (4,40); *1-m-Chlorphenyl-* 282 (3,09), 246 (4,25); *1-o-Chlorphenyl-* 280 (3,12), 242 (4,30); *1-p-Bromphenyl-* 249 (4,42); *1-p-Anisyl-* 292 (3,23), 244 (4,25); *1-o-Anisyl-* 282 (3,64), 242 (4,25); *1-p-Phenetyl-* 291 (3,27), 245 (4,30); *1-m-Phenetyl-* 280 (3,44), 242 (4,22); *1-o-Phenetyl-3-äthylharnstoff* 282 (3,63), 242 (4,27); *1-p-Tolyl-* 280 (2,97), 240 (4,22); *1-p-Anisyl-* 289 (3,23), 243 (4,21); *1-p-Phenetylharnstoff* 289 (3,21), 241—243 (4,23); *1-Benzyl-3-p-tolyl-* 280 (3,06), 245 (4,34); *-3-m-tolyl-* 245 (4,29); *-3-o-tolyl-* 240 (4,18); *-3-p-anisyl-* 290 (3,22), 245 (4,30); *-3-m-anisyl-* 280 (3,47), 245 (4,24); *-3-p-phenetyl-* 290 (3,22), 245 (4,31); *-3-p-chlorphenyl-* 280 (3,13), 248 (4,46); *-3-p-bromphenyl-* 250 (4,42); *-3-o-bromphenyl-* 280 (3,09), 245 (4,22); *1.3-Diphenyl-* 255 (4,57); *1.3-Di-p-tolyl-* 257 (4,52); *1.3-Di-m-tolyl-* 258 (4,72); *1.3-Di-o-tolyl-* 252 (4,32); *1.3-Di-p-anisyl-* 258—260 (4,51); *1.3-Di-m-anisyl-* 282 (4,10), 257 (4,51); *1.3-Di-o-anisyl-* 288 (4,25), 260 (4,49); *1.3-Di-p-phenetyl-* 260 (4,54); *1.3-Di-m-phenetylharnstoff* 282 (4,11), 257 (4,52); *1-m-Tolyl-* 258 (4,52); *1-o-Tolyl-* 255 (4,47); *1-p-Anisyl-* 258 (4,63); *1-m-Anisyl-* 258 (4,53); *1-o-Anisyl-* 282 (4,15), 260 (4,52); *1-p-Phenetyl-* 259 (4,55); *1-m-Phenetyl-* 259 (4,54); *1-o-Phenetyl-* 282 (4,13), 260 (4,52); *1-p-Chlorphenyl-* 262 (4,61); *1-m-Chlorphenyl-* 260 (4,57); *1-o-Chlorphenyl-* 258 (4,54); *1-p-Bromphenyl-* 263 (4,61); *1-m-Bromphenyl-* 260 (4,57); *1-o-Bromphenyl-3-p-tolylharnstoff* 260 (4,51); *1-m-Tolyl-* 258—260 (4,49); *1-o-Tolyl-* 255 (4,41); *1-m-Anisyl-* 258 (4,49); *1-o-Anisyl-* 283 (4,18), 260 (4,52); *1-p-Phenetyl-* 260 (4,54)- *1-m-Phenetyl-* 258 (4,49); *1-o-Phenetyl-* 283 (4,09), 258—260 (4,43); *1-p-Chlorphenyl-* 263 (4,56); *1-m-Chlorphenyl-* 260 (4,51); *1-o-Chlorphenyl-* 258 bis 260 (4,47); *1-p-Bromphenyl-* 262—264 (4,59); *1-m-Bromphenyl-* 260 (4,50); *1-o-Bromphenyl-3-p-anisylharnstoff* 258—260 (4,44); *1-m-Tolyl-* 260 (4,53); *1-o-Tolyl-* 255 (4,46); *1-m-Anisyl-* 283 (4,19), 260 (4,51); *1-o-Anisyl-* 282 (4,18), 260 (4,52); *1-m-Phenetyl-* 260 (4,55); *1-o-Phenetyl-* 260 (4,49); *1-p-Chlorphenyl-* 262 (4,62); *1-m-Chlorphenyl-* 260 (4,56); *1-o-Chlorphenyl-* 258—260 (4,45); *1-p-Bromphenyl-* 263—265 (4,58); *1-m-Bromphenyl-* 260—263 (4,53); *1-o-Bromphenyl-3-p-phenetylharnstoff* 258—260 (4,46); *1-p-Tolyl-* 258—260 (4,56); *1-p-Anisyl-* 258—260 (4,53); *1-p-Phenetyl-* 258 (4,51) u. *1-p-Chlorphenyl-3-phenylharnstoff* 260 (4,55). — **I—III** wurden aus β-Chloräthylamin in A. durch Zugabe des entsprechenden Arylisocyanats in 95—98% ig. Ausbeute dargestellt, **IV—VII** aus 1-Phenyl-3-β-chloräthylharnstoff bzw. **I—III** in alkal. Lsg. durch Cyclisation. — *2-p-Phenetylamino-* $C_{11}H_{14}O_2N_2$, F. 152,5—153°, aus 1-p-Phenetyl-3-β-bromäthylharnstoff (F. 132°); 72% (Ausbeute). — *2-p-Tolylamino-Δ²-oxazolin,* $C_{10}H_{12}ON_2$, F. 165,2 bis 166°, aus 1-p-Tolyl-3-β-bromäthylharnstoff (F. 160—161°); 62,6%. (Canad. J. Chem. **31.** 896—907. Okt. 1953. Ottawa, Ontario, Def. Res. Chem. Labor.)

M.-L. KLAAR. B 118

Andreas C. Albrecht und **William T. Simpson,** *Spektroskopische Untersuchungen von Wursters Blau und Tetramethyl-p-phenylendiamin mit Erklärungen der Elektronenübergänge.* Vff. bestimmten das Spektr. von *Wursters Blau* (I) im Sichtbaren u. nahen UV u. die nahen UV-Banden von *N.N.N'.N'-Tetramethyl-p-phenylendiamin* u. geben dazu qualitative theoret. Erklärungen. Eine relative Klassifizierung der Symmetrie der Wellenfunktionen wird mit der Meth. der Lichtoxydation mit polarisiertem Licht durchgeführt, eine absol. Symmetrieklassifizierung mit Hilfe des Pleochroismus von I-Perchloratkristallen. Auf Grund der Untersuchungsergebnisse machen Vff. die Aussage, daß die 2600 Å-Bande des Bzl. (II) als $A_{1g} > B_{2u}$ u. die 2000 Å-Bande von II als $A_{1g} \rightarrow B_{1u}$ gedeutet werden kann. (J. Amer. chem. Soc. **77.** 4454—61. 5/9. 1955. Seattle, Wash., Univ., Dep. of Chem.) M.-L. KLAAR. B 118

Hans Christoph Wolf, *Zum spektroskopischen Verhalten der Methylderivate des Naphthalins und zur Frage der spektroskopischen Analysierbarkeit stellungsisomerer Derivate aromatischer Kohlenwasserstoffe.* Messung der Absorptionsspektren in Lsg. (A., glasartig erstarrt) u. der Fluorescenzspektren in Lsg. u. im Kristall der folgenden Verbb. bei Temp. der fl. Luft: *1-, 2-Methylnaphthalin; 1.2-, 1.3-, 1.5-, 1.6-, 1.7-, 2.3-, 2.6-* u. *2.7-Dimethylnaphthalin; 2.3.6-Trimethylnaphthalin, 2.3.6.7-Tetramethylnaphthalin.* Die Diskussion der Spektren bestätigt das früher (C. **1955.** 10946 u. **1956.** 3801) vorgeschlagene Termschema für den ersten Anregungszustand des Naphthalinmoleküls. Weiter wird an diesem Material die Theorie der spektroskop. Momente (FÖRSTER, PLATT) geprüft. Danach ist eine Einteilung der Derivv. in Klassen mit gleichem spektroskop. Moment möglich; diese Klassen lassen sich in Absorption u. Emission leicht unterscheiden. Eine spektroskop. Unterscheidung der zur gleichen Klasse gehörigen Derivv. bleibt jedoch weiterhin empirisch. (Z. Naturforsch. **10a.** 270—78. April 1955. München, TH, Physikal.-Chem. Inst.) H. C. WOLF. B 118

Hans Christoph Wolf, *Fluorescenz- und Absorptionsspektrum von 1.8-Dimethylnaphthalin.* Die vorst. referierte Mitt. wird ergänzt durch Messung des Absorptions- u. Fluorescenzspektr. von *1.8-Dimethylnaphthalin.* Die Spektren zeigen wie erwartet große Ähnlichkeit mit denen von 1.5-Dimethylnaphthalin. (Z. Naturforsch. **10a.** 800—01. Sept./Okt. 1955.) H. C. WOLF. B 118

Th. Förster und **K. Kasper,** *Ein Konzentrationsumschlag der Fluorescenz des Pyrens.* Vff. stellten im Fluorescenzspektr. von *Pyren* (I) in Pentan, Heptan, Isooctan, Methanol, Cyclohexan, A., Isopropanol, Dekalin, n-Butanol, Bzl. u. Paraffinöl als Lösungsm. einen Konzentrationsumschlag fest, obwohl das Absorptionsspektr. im gleichen Bereich unverändert bleibt. Sie deuten diesen Umschlag durch Bldg. dimerer Moll. im angeregten Zustand, mit dieser Deutung stimmen der gefundene Umschlag, seine Abhängigkeit von der Lösungsmittelzähigkeit u. die Löschwrkg. von Sauerstoff überein. Außer bei **I** tritt ein Konzentrationsumschlag der Fluorescenz auch bei einigen Derivv. (genannt *3-Chlorpyren* u. *3.4-Benzpyren*) auf. (Z. Elektrochem., Ber. Bunsenges. physik. Chem. **59.** 976—80. Dez. 1955. Stuttgart, TH, Labor. für physik. Chem. u. Elektrochem.)
M.-L. KLAAR. B 118

D. A. Long und **A. G. Thomas,** *Intensitäten von Raman-Spektren.* 2. Mitt. *Normalkoordinaten für Chlor- und Brommethane.* (1. vgl. C. **1956.** 3210.) Die Koeffizienten $C_{t\xi,\, p\sigma}$ u. $C^{-1}_{p\sigma,\, t\xi}$ der Symmetrie- u. Normalkoordinaten werden für die Moll. CCl_4, $CHCl_3$, CH_2Cl_2, CH_3Cl, CBr_4, $CHBr_3$, CH_2Br_2 u. CH_3Br bestimmt. Allg. Ausdrücke für die WILSONschen G-Matrizen dieser Verbindungstypen werden mitgeteilt, ebenfalls Tabellen mit den Transformationskoeffizienten für die angeführten 8 Verbindungen. (Proc. Roy. Soc. [London], Ser. A **228.** 130—37. 7/4. 1954. Oxford, Univ., Phys. Chem. Labor.)
L. MEYER. B 120

Joseph W. Straley, *Schwingungsintensitäten in halogenierten Methanen.* 1. Mitt. *Methylenchlorid.* Vf. bestimmt nach der Extrapolationsmeth. von WILSON u. WELLS (C. **1946.** I. 12) die absol. Intensitäten der nachst. vier Grundbanden von gasförmigen *Methylenchlorid* (**I**): A_6 (CH-Valenzschwingung, 3048 cm^{-1}) $= 48{,}0 \cdot 10^{10}$ Hz; A_7 (CH-Pendelschwingung, 898 cm^{-1}) $= 13{,}0 \cdot 10^{10}$ Hz; A_8 (CCl-Valenzschwingung, 742 cm^{-1}) $= 1420{,}0 \cdot 10^{10}$ Hz; A_9 (CCl-Pendelschwingung, 1262 cm^{-1}) $= 375{,}0 \cdot 10^{10}$ Hz (alle Werte unter Normalbedingungen). Unter der Annahme tetraedr. Bindungswinkel u. unter Verwendung der durch Elektronenbeugung ermittelten Bindungsabstände $r_{0CCl} = 1{,}75 \cdot 10^{-8}$ cm u. $r_{0CH} = 1{,}093 \cdot 10^{-8}$ cm wird für **I** (Punktgruppe C_{2v}) eine Normalkoordinatenberechnung durchgeführt, die für die Bindungsmomente die Werte $\mu_{CH} = +0{,}45 \cdot 10^{-18}$ e.s.E. u. $\mu_{CCl} = -0{,}95 \cdot 10^{-18}$ e.s.E., für die Ableitungen der Bindungsmomente $\partial\mu_{CH}/\partial r_{CH} = +0{,}3 \cdot 10^{-10}$ e.s.E. bzw. $-0{,}2 \cdot 10^{-10}$ e.s.E., für $\partial\mu_{CCl}/\partial r_{CCl} = +3{,}7 \cdot 10^{-10}$ e.s.E. liefert. Es ist nach Vf. nicht möglich, eindeutig eine Wahl zwischen den möglichen Vorzeichenkombinationen für $\partial\mu_{CH}/\partial r_{CH}$ zu treffen. Der positive Wert ist wegen des positiven

CH-Bindungsmomentes als wahrscheinlicher anzunehmen. (J. chem. Physics **23.** 2183—86. Nov. 1955. Chapel Hill, N. C., Univ., Dep. of Phys.) G. WINKLER. B 120

Richard B. Bernstein und **Milton Tamres,** *Konzentrationsabhängigkeit der Lösungsmittelverschiebung bei den C—H (und C—D)-Valenzschwingungen von Chloroform und Pentachloräthan.* Vff. untersuchen die Konzentrationsabhängigkeit der durch das Lösungsm. bedingten Verschiebung $\Delta\nu$ der C—H (bzw. C—D)-Frequenzen von CCl_3H, CCl_3D, C_2Cl_5H u. C_2Cl_5D in CS_2 u. einem vollständig fluorierten cycl. Äther C_8OF_{16}. In CS_2 ist $\Delta\nu$ linear von der Konz. abhängig. Die Halbwertsbreiten der CH-Banden in CCl_3H u. der CD-Banden in CCl_3D sind 18 ± 1 bzw. 10 ± 1 cm^{-1} u. zeigen keine Änderung mit der Konz. an CS_2. Für C_2Cl_5H u. C_2Cl_5D sind die entsprechenden Werte 22 bzw. 12 cm^{-1}, in diesen Fällen tritt mit zunehmender Konz. an CS_2 eine Abnahme der Halbwertsbreite ein. — Für *Trichloräthylen* in CS_2 sind die $\Delta\nu$-Werte geringer als für die beiden vorst. Verbb.; in CCl_4 sind die Verschiebungen für alle drei Verbb. schwach negativ (ca. 2 cm^{-1}). (J. chem. Physics **23.** 2201—02. Nov. 1955. Ann Arbor, Mich., Univ., Dep. of Chem.) G. WINKLER. B 120

P. Tuomikoski, *Über die Fermi-Resonanz und den Isotopeneffekt im Infrarotspektrum von Tetrachlorkohlenstoff.* Es wird das Infrarotspektr. von gasförmigem, fl. u. in Hexan (I), Aceton, Pyridin, Bzl. u. CS_2 gelöstem CCl_4 im Bereich des Dubletts 762, 791 cm^{-1} aufgenommen, um die Lösungsmittelwrkg. auf die FERMI-Resonanz zu untersuchen. Das Spektr. im gasförmigen Zustand zeigt, daß das CCl_4-Mol. fast frei von FERMI-Resonanz ist, wenn die intermol. Wechselwirkungen gering sind. Die Banden in den verschied. Lösungsmitteln, außer in **I**, haben die von HORIUTI [1933] vorausgesagte Form. Die Lsg. in **I** verhält sich wie ein Intermediärzustand zwischen dem gasförmigen u. den anderen Lösungszuständen. — Die Feinstruktur der Niederfrequenzkomponente des Dubletts wird verursacht durch den Isotopeneffekt der Cl-Isotopen. Die geringe spektrale Auflsg. gestattet keine Entscheidung zwischen einzelnen Potentialfunktionen, jedoch kann das Modell von ROSENTHAL u. VOGE [1936] ausgeschlossen werden. — Bisher nicht beschriebene Summationsbanden des gasförmigen CCl_4, entstanden durch Summation des 775 cm^{-1}-Dubletts mit den Grundschwingungen ν_2, ν_4 u. ν_1, werden bei 978, 1011, 1070, 1114, 1220 u. 1250 cm^{-1} gefunden. (J. chem. Physics **23.** 2083—84. Nov. 1955. Helsinki, Finnland, Univ., Inst. of Physics.) G. WINKLER. B 120

Monomohan Mazumder, *Die Raman-Spektren von gasförmigem 1.2-Dichloräthan und 1.1.2-Trichloräthan.* Vf. vergleicht die RAMAN-Spektren von fl. *1.2-Dichloräthan* (**I**; bei 30 u. 130°) mit denen von gasförmigem **I** (bei 135°, bei 170° vgl. MIZUSHIMA u. Mitarbeiter, C. **1950.** I. 1464); dabei beobachtete er eine starke Veränderung des Intensitätsverhältnisses der beiden Linien 755 u. 654 cm^{-1} mit dem Übergang von fl. in gasförmige Phase. Bei Temperaturänderung von 135 auf 170° ergab sich nur eine geringe Veränderung des Intensitätsverhältnisses. Das Phänomen wird auf die gegenseitige Beeinflussung der Moll. in der fl. Phase zurückgeführt. Die RAMAN-Spektren des gasförmigen u. fl. *1.1.2-Trichloräthans* wurden aufgenommen; die Linie bei 775 cm^{-1} erscheint nur im Spektr. der Flüssigkeit. Auch hier wird ein Einfl. zwischenmol. Kräfte angenommen. (Indian J. Physics Proc. Indian Assoc. Cultivat. Sci. **27/36.** 406—13. Aug. 1953. Calcutta, Ind. Ass. for Cult. of Sci., Opt. Dep.) L. MEYER. B 120

Jean Lecomte und **Maurice Girard,** *Beitrag zur Untersuchung von gewöhnlichem Brechweinstein und der Antimonweinsäurekomplexe durch Infrarotspektrographie* (7—15 μ). Vff. untersuchten infrarotspektroskop. zwischen 7 u. 15 μ den gewöhnlichen *Brechweinstein* (**I**) in hydratisierter u. kristallwasserfreier Form, das „*Antimonweinsäureanhydrid*" (**II**; $C_4H_3O_6Sb$) sowie *Pyridinantimonyltartrat* (**III**). Die Ergebnisse zeigen, daß in **I** keine Carbonylgruppen, sondern mindestens eine, sehr wahrscheinlich aber zwei ionisierte Carboxylgruppen vorliegen. Das Mol. H_2O, das **I** beim Erhitzen auf 170° verliert, ist kein Konstitutionswasser. **III**, das aus **II** erhalten wurde, ist offenbar dem **I** analog gebaut. **II** zeigt entgegen seinem Namen keine typ. Anhydridbanden, sondern absorbiert bei 1690 u. 1756 cm^{-1}, es ist also eher die Ggw. einer Säurefunktion u. einer ionisierten Carboxylgruppe anzunehmen. (C. R. hebd. Séances Acad. Sci. **240.** 415—17. 24/1. 1955.) B. GNAUCK. B 120

J. A. A. Ketelaar und **F. N. Hooge,** *Gekoppelte Schwingungsübergänge in Flüssigkeiten.* (Vgl. C. **1956.** 4623.) Das Infrarotabsorptionsspektr. einer Mischung von gleichen Volumenanteilen CS_2 u. Br_2 zeigt beiderseits der starken Bande des CS_2 bei 1510 cm^{-1} je eine neue Bande (1807 u. 1204 cm^{-1}), diese fehlen in den Spektren der reinen Komponenten. Eine Lsg. von 14,5 Gew.-% J_2 in CS_2 weist ebenfalls zwei neue Banden (1710 u. 1307 cm^{-1}) auf. Vff. schließen, daß in diesen Mischungen ebenso wie in Gasen (vgl. FAHRENFORT u. KETELAAR, C. **1956.** 2368) gekoppelte Schwingungsübergänge stattfinden.

Neben den Summenfrequenzen wurden hier auch die Differenzfrequenzen beobachtet. Das Intensitätsverhältnis der Differenzbande zur Summenbande wird in erster Näherung durch: $I_0/I_s = \exp(-h\nu/kT)$ gegeben (ν ist die Schwingungsfrequenz des Br_2- bzw. J_2-Mol.). Das beobachtete Verhältnis der opt. Dichten im Maximum der Absorptionsbande ist für $CS_2 + Br_2$ 0,19, für $CS_2 + J_2$ 0,36. (J. chem. Physics **23.** 749. April 1955. Amsterdam, Univ., Labor. for Gen. and Inorgan. Chem.) G. CLEVE. B 120

James E. Stewart, *Infrarotabsorptionsspektrum von N-Dimethylaminodiboran zwischen 15 und 40 Mikron.* Vf. untersucht das Infrarotspektr. von N-Dimethylaminodiboran im KBr- u. CsBr-Gebiet u. diskutiert die Zuordnung der erhaltenen Banden (vgl. MANN, C. **1955.** 7147). — Einzelergebnisse: Beobachtete Banden u. ihre Zuordnungen; 635 cm^{-1} (w), 236 + 396 = 632 (A_1); 616 (w), 236 + 379 = 615 (B_2); 611 (w), 1011—396 = 615 (A_1); 596 (w), 269 + 325 = 594 (B_2); 432 (m), $\nu_{41}(b_2)$R; 427 (m), $\nu_{41}(b_2)$Q; 424 (m), $\nu_{41}(b_2)$Q; 416 (m), $\nu_{41}(b_2)$P; 396 (w), $\nu_{13}(a_1)$; 379 (w), $\nu_{42}(b_2)$; 269 (w), $\nu_{30}(b_1)$; 261 (w), $\nu_{31}(b_1)$, $\nu_{30}-\nu_l+\nu_i$. (J. chem. Physics **23.** 2204—05. Nov. 1955. Washington, D. C., Nat. Bureau of Stand.) G. WINKLER. B 120

Graham J. Brealey und **Michael Kasha,** *Die Rolle der Wasserstoffbindung bei dem Phänomen der n → π*-Bandenblauverschiebung.* Vff. untersuchten die Verschiebung der $n \rightarrow \pi^*$ Absorptionsbanden beim Wechsel von KW-stoffen (**A**) als Lösungsmitteln zu solchen mit Hydroxylgruppen (**B**) an verschied. Molekülen. Die starke Verschiebung nach kürzeren Wellenlängen ist hauptsächlich auf Wasserstoffbindungen der n-Elektronen mit den **B** zurückzuführen: diese stabilisiert den Grundzustand gegenüber dem Anregungszustand des Moleküls. Unterss. von *Pyridazin* (**I**) u. *Benzophenon* (**II**) in einer Serie von Hexan/A.-Mischungen zeigen, daß zwei Molekülarten in den Lsgg. existieren: eine wasserstoffgebundene u. eine nichtwasserstoffgebundene. Die Bldg. der ersten Art verursacht die hauptsächliche Verschiebung des $n \rightarrow \pi^*$ Überganges ins Kurzwellige. Aus den UV-Daten konnte eine Assoziationskonstante für die H-Bindung erhalten werden, welche gut mit der übereinstimmt, die durch Messungen der OH-Banden im Infrarot bei Mischlsgg. von **I** bzw. **II** mit A. in CCl_4 erhalten wurde. (J. Amer. chem. Soc. **77.** 4462—68. 5/9. 1955. Florida, Univ., Dep. of Chem.) M.-L. KLAAR. B 120

R. S. Wagner, N. Solimene und **B. P. Dailey,** *Das Mikrowellenspektrum von Äthylbromid.* Für $C_2H_5{}^{79}Br$ u. $C_2H_5{}^{81}Br$ werden die Übergänge $2_{12}-3_{13}$, $2_{12}-3_{22}$, $2_{20}-3_{21}$ u. $2_{02}-3_{03}$ untersucht u. daraus folgende Werte berechnet: $C_2H_5{}^{79}Br$: B = 3804,82 MHz, C = 3522,21 MHz; $C_2H_5{}^{81}Br$: B = 3781,92 MHz, C = 3502,50 MHz. Längs der Achse C—Br kann der Wert für eqQ zu 530 MHz bei $C_2H_5{}^{79}Br$ u. zu 447 MHz bei $C_2H_5{}^{81}Br$ geschätzt werden. Beim Übergang vom gasförmigen in den festen Zustand nimmt der Ionencharakter der Bindung C—Br um 7% zu. Beim Methylbromid ergibt sich hierfür ein Wert von 8%. Wie bei den Chloriden (WAGNER u. DAILEY, C. **1955.** 6242) nimmt auch bei den Bromiden der Paraffine der Ionencharakter dieser Bindung mit zunehmender Kettenlänge zu. Eine Abschätzung des Grades des Ionencharakters der C-Br-Bindung nach einer Meth. von TOWNES u. DAILEY ergibt für C_2H_5Br 19% u. entsprechend für C_2H_5Cl 26%. (J. chem. Physics **23.** 599. März 1955. New York, N. Y., Columbia Univ., Dep. of Chem.) ROLAND HÜTTENRAUCH. B 121

Takeshi Kojima und **Tetsuji Nishikawa,** *Das Mikrowellenspektrum von Methylmercaptan.* 1. Mitt. Das Mikrowellenspektr. von *Methylmercaptan* wird im Bereich von 16—26 kMHz untersucht. Aus der relativen Intensität der ca. 80 Linien u. den ihnen zugehörigen Quantenzahldifferenzen errechnet sich der Wert für die Höhe der inneren Potentialschwelle zu 280 ± 50 cm^{-1}. (J. physic. Soc. Japan **10.** 240—41. März 1955. Toyama, Univ., Fac. of Liberal Arts, Dep. of Phys.; Tokyo, Univ., Fac. of Sci., Dep. of Phys. [Orig.: engl.]) ROLAND HÜTTENRAUCH. B 121

J. Fine, J. H. Goldstein und **J. W. Simmons,** *Das Mikrowellenspektrum von s-trans-Acrolein.* Es werden 14 gemessene Frequenzen des Acroleinspektr. angegeben u. mit den berechneten Werten für s-trans-Acrolein verglichen. Die Übereinstimmung ist gut u. bestätigt damit die Feststellung von MACKLE u. SUTTON (C. **1953.** 2575), daß bei der Temp. von 35° das s-trans-Isomeren gegenüber dem s-cis-Isomere vorherrscht. (J. chem. Physics **23.** 601. März 1955. Georgia, Emory Univ.) ROLAND HÜTTENRAUCH. B 121

Jose Fernandez, Rollie J. Myers und **William D. Gwinn,** *Das Mikrowellenspektrum und die Ebenheit des Trimethylenoxydrings.* Das Mikrowellenspektr. wird im Bereich von 16—42 kMHz untersucht. Es ergeben sich zahlreiche Linien, was auf das Vorhandensein vieler Q-Zweige im Grund- u. angeregten Zustand der Schwingung der Ringbindungen zurückzuführen ist. Die relative Intensität der Linien, die Best. des Dipolmoments u. das Fehlen einer Aufspaltung der Rotationslinien einer angeregten Schwingung der Ringbindungen führt zu dem Schluß, daß der Trimethylenoxydring eben ist. Das Dipolmoment ergibt sich zu 1,93 D. Der Winkel H–C–H beträgt 112°, wenn man den Abstand C–H zu 1,08 Å annimmt. (J. chem. Physics **23**. 758—59. April 1955. Berkeley, Calif., Univ. of California, Dep. of Chem. and Chem. Engng.) ROLAND HÜTTENRAUCH. B 121

Robert E. Lutz und **Spencer M. King**, *Die Konfiguration der Alkoxy-1.2-dibenzoyläthylene und verwandten Verbindungen.* (Vgl. auch C. **1952**. 5711.) Die aus meso-1.2-Dibenzoyläthylendibromid (**I**; 1.2-Dibenzoyl-1.2-dibromäthan) mit Na-m- u.- p-Kresolat u. Na-Phenolat dargestellten *Phenoxy-* (**II**), *3'-Methylphenoxy-* (**III**) u. *4'-Methylphenoxy-1.2-dibenzoyläthylene* kommen in je 2 Isomeren vor, von denen das höherschm. stets Hauptprod. ist. Verwendung von *dl*-I oder cis- u. trans-Bromdibenzoyläthylen als Ausgangsmaterial ergibt die gleichen Endprodd. in ähnlicher Zusammensetzung. In der p-Methylphenoxyserie entsteht bei der Verwendung von meso-I nur die höherschm. Verbindung. Red. der vorst. Aryloxydibenzoyläthylene mit $Na_2S_2O_4$ ergibt die entsprechenden *Aryloxy-1.2-dibenzoyläthane.* Auf Grund nachst. Verss. wurde den höherschm. Formen die cis-, den niedrigerschm. die trans-Konfiguration zugeordnet: 1. Phenoxy- u. 4'-Methylphenoxydibenzoyläthan werden mit Acetanhydrid + H_2SO_4 in *3-Phenoxy-* u. *3-[4'-Methylphenoxy]-2.5-diphenylfuran* verwandelt (bei 2'- u. 3'-Methylphenoxydibenzoyläthan wie auch bei den entsprechenden Äthylenen läßt sich die Rk. nicht durchführen). 2. Die höherschm. Form von **III** gibt mit Hydrazin *4-[3'-Methylphenoxy]-2.6-diphenylpyridazin.* 3. HNO_3-Oxydation des 4'-Methylphenoxydiphenylfurans gab das höherschm. Aryloxydibenzoyläthylen. 4. Die cis-Konfiguration folgt ferner aus den durch Molekülmodelle der VAN DER WAALSschen Radien erklärbaren Divergenzen in den UV-Spektren. Die trans-Verbb. werden durch Bestrahlung in A. in die cis-Verbb. verwandelt, in Chlf. mit J_2 nicht. Durch Einw. von NaOH auf I oder Methoxydibenzoyläthylen entsteht *Oxy-1.2-dibenzoyläthylen,* das in einer in Isooctan lösl. gelben Form u. in einer farblosen unlösl. Form vorkommt; letztere ist durch Erhitzen über den F. in die gelbe Form umwandelbar, bei Erhitzen in Isooctan oder Mineralölen tritt bis 135° die Umwandlung nicht ein. Auf Grund der UV-Spektren wird hier eine Ringkettentautomerie angenommen. Amino-, Alkylamino- u. Dialkylaminodibenzoyläthylen treten nur in einer Form auf, wahrscheinlich in der cis-Form, was durch die HNO_3-Oxydation von 2.5-Diphenyl-3-morpholinofuran zu *Morpholinodibenzoyläthylen* erhärtet wird. Die Unterschiede in den UV-Spektren der einzelnen Verbb. werden mit den VAN DER WAALSschen Radien zu erklären versucht u. diskutiert. Vff. glauben, daß in einigen Fällen H-Brücken zwischen den CO- u. NH_2-Gruppen vorliegen (Furaniminstrukturen).

Versuche: *cis-Phenoxy-1.2-dibenzoyläthylen* (*cis*-**II**), F. 90—92° (CH_3OH), a) aus meso-**I** + Na-Phenolat bei 30—39°; 35% (Ausbeute); b) aus dl-I wie vorst. in absol. A. bei —20° in 7 Tagen; 68%. Daneben bei b) *trans*-**II**, $C_{22}H_{16}O_3$, F. 86—88° (CH_3OH); 10%. — *Phenoxy-1.2-dibenzoyläthan,* F. 120—122°, aus cis- oder trans-**II** durch Red. mit $Na_2 \cdot S_2O_4$ in sd. 75%ig. A.; 80 bzw. 65%. — *cis-[2'-Methylphenoxy]-1.2-dibenzoyläthylen,* $C_{23} \cdot H_{18}O_3$, F. 95—96° (CH_3OH), aus meso-**I** + Na-o-Kresolat in absol. A.; 56%. — *[2'-Methylphenoxy]-1.2-dibenzoyläthan,* $C_{23}H_{20}O_3$, F. 137—139° (A.), 93%. — *cis-[3'-Methylphenoxy]-1.2-dibenzoyläthylen* (*cis*-**III**), a) analog **II** aus meso-**I**; 50%; b) aus dl-**I**; 25%; c) aus Dibenzoylacetylen, m-Kresol u. $(C_2H_5)_3N$ in sd. Bzl.; 31%. *trans*-**III**, bei a) 4,4%, bei b) 16%; gibt bei Bestrahlung in A. das cis-Isomere. — *3.6-Diphenyl-4-[3'-methylphenoxy]-pyridazin,* $C_{23}H_{18}ON_2$, F. 151—152°, aus cis-**III** + $N_2H_4 \cdot H_2O$ in Eisessig bei 100°; gelbe Kristalle aus CH_3OH; 65%. — *cis-[4'-Methylphenoxy]-1.2-dibenzoyläthylen,* F. 168—169°, a) aus meso-**I** in A., 5 Std. bei 3°; 81%: b) aus dl-**I**; 67%; c) aus trans- u. cis-Brom-1.2-dibenzoyläthylen bei 2—10°, 80 bzw. 58%; d) aus dl-**I** + Na-p-Kresolat bei —20° wie oben; 61%. *trans-Isomeres,* $C_{23}H_{18}O_3$, F. 99—102°, gelbe Kristalle aus CH_3OH, a) bei vorst. d) 19%: b) bei vorst. b); 10%: c) aus meso-**I** bei 27°; 85%; d) aus dl-**I** bei 27°; 84,5%. Die Umwandlung der cis- in die trans-Verb. gelingt durch 6std. Belichtung in C_6H_6. Das cis-Isomere entsteht auch zu 81% bei der Oxydation von 2.5-Diphenyl-3-[4'-methylphenoxy]-furan in Propionsäure bei 0°. (J. org. Chemistry **17**. 1519—28. Nov. 1952. Charlottesville, Va., Univ., Cobbs Chem. Labor.) H. LEHWALD. B 123

A. D. Buckingham, *Die Berechnung wahrer Dipolmomente aus Lösungen in polaren Lösungsmitteln.* (Vgl. C. **1953**. 3353.) Es wird eine Beziehung abgeleitet zur Berechnung von Dipolmomenten aus Lsgg. in polaren Flüssigkeiten. Als polare Substanzen, die sowohl als Lösungsm. wie als Gelöstes Verwendung finden, werden *Nitrobenzol, Chlorbenzol* u. *Chlf.* herangezogen, für welche hinreichend Messungen vorliegen. Die aus diesen errechneten Dipolmomente sind hinreichend genau. Auf dieser Grundlage werden dann Messungen von *Pyridin* in *W.* ausgewertet. Diese ergeben ebenfalls ein befriedigendes Moment (3,1 D gegenüber 2,5 D aus Gasmessungen). Messungen an zwei Aminosäuren in W. ergeben die für die Zwitterionen zu erwartenden Momentwerte. Damit scheint eine Möglichkeit zur Best. der Dipolmomente von Proteinen u. ähnlichen nur in Fll. hoher DK.

lösl. Stoffen gewonnen zu sein. (Austral. J. Chem. **6.** 323—31. Nov. 1953. Sydney, Univ., School of Chem., jetzt: Cambridge, Univ., Dep. of Theoret. Chem.) K. L. WOLF. B 132

R. J. Meakins, *Die Dielektrizitätskonstante kristalliner Alkohole mit sterisch gehinderten Hydroxylgruppen.* Es werden Messungen des dielektr. Verlustes an *tert.-Butanol* (I), *Cholesterin* u. *Triphenylcarbinol* (F. 163°; aus Methylbenzoat mit C_6H_5MgBr) mitgeteilt. Die beiden letztgenannten Verbb. zeigen keine der Absorption der langkettigen n. Alkohole entsprechenden Verluste. Ihre DK. ist bei 100 Hz kaum größer als die vergleichbarer KW-stoffe u. wesentlich kleiner als diejenige der n. Alkohole (vgl. C. **1953.** 2731). Das bestätigt, daß die Absorption der letzteren durch Wasserstoffbrückenbindung bedingt wird, die hier ster. nicht möglich ist. I zeigt zwar Absorption, aber wesentlich schwächer als der zum Vgl. herangezogene n-Octylalkohol. Damit wird bestätigt, daß in I Assoziation vorliegt, aber schwächer als bei unverzweigter C-Kette. (Austral. J. Chem. **6.** 104—08. Mai 1953. Sydney, Univ., Div. of Electrotechn.) K. L. WOLF. B 132

Keniti Higasi, *Die Dipolmomente von Fluorenonperoxyd und -bis-hydroperoxyd.* Eine frühere Best. des Dipolmoments des nach WITTIG u. PIEPER (Ber. dtsch. chem. Ges. **73.** [1940.] 295) hergestellten *Fluorenonperoxyds* (Bull. I. P. C. P. Tokyo **21.** [1942.] 1147) wird unter den von CRIEGEE u. Mitarbeitern (C. **1950.** II. 1115) gegebenen Gesichtspunkten erneut diskutiert. Das Dipolmoment des *Bis-hydroperoxyds* wird zu 2,4 D berechnet. Die Konzentrationsabhängigkeit der Polarisation desselben kann im Sinne einer Assoziation oder im Sinne CRIEGEEs verstanden werden. (Bull. chem. Soc. Japan **26.** 248—50. Juli 1953. Sapporo, Hokkaido Univ., Inst. of appl. Electr. [Orig.: engl.]) K. L. WOLF. B 132

P. Tuomikoski, *Dielektrizitätskonstante und Assoziation von Pyrrol.* Es werden nach dem Verf. von MECKE u. SCHUPP die DKK. von *Pyrrol* zwischen 16 u. 83° gemessen. Sie nehmen von 8,0 bei 16,6° ab bis zu 6,85 bei 83,5°. Die DD. werden bestimmt von 19,1° (0,9698) bis 54,1° (0,9402). Das nach ONSAGER berechnete Dipolmoment wird als Funktion der Temp. in einer Kurve wiedergegeben. Sein Quadrat steigt von 2,4 bis 2,7 mit steigender Temperatur. Die krit. Temp. wird zu 330° gefunden. (J. Physique Radium **16.** 347—48. April 1955. Helsinki.) K. L. WOLF. B 132

Yukio Kurita, Shuichi Seto, Tetsuo Nozoe und **Masaji Kubo,** *Dipolmomente von Tropon, 2-Phenyltropon, Tropolonmethyläther und ihren Derivaten.* Das Dipolmoment von Tropon u. 11 seiner Derivv. wird in benzol. Lsg. bei 25° gemessen. Resultate: *Tropon* ($Kp._6$ 84—85°) 4,17 [D]; *2-Phenyltropon* (F. 85—86°) 3,82; *4-Brom-2-phenyltropon* (F. 88°) 2,73; *3.7-Dibrom-2-phenyltropon* (F. 118°) 3,67, *2-[p-Methoxyphenyl]-tropon* (F. 54,5 bis 55°) 3,63, *Tropolonmethyläther* (Öl) 4,72, *Tropolonmethyläther* $\cdot 2H_2O$ (I) (F. 41°) 6,80, *o-Bromtropolonmethyläther A* (F. 91—91,5°) 5,51, *o-Bromtropolonmethyläther B* (F. 76 bis 77°) 3,31, *α-Thujaplicinmethyläther B* (F. 72°) 4,11, *m-Methyltropolonmethyläther A* (F. 95,5 bis 96°) 5,06, *Tropolon* (F. 51°) 3,53. Die Werte werden diskutiert u. die aus der Synth. erschlossenen Stellungen der Substituenten bestätigt. I dissoziiert in Benzol. (Bull.chem. Soc. Japan **26.** 272—75. Juli 1953. Nagoya, Univ., Chem. Inst.) K. L. WOLF. B 132

Yukio Kurita, Tetsuo Nozoe und **Masaji Kubo,** *Dipolmomente von Bromtropolonen, Thujaplicinen und verwandten Verbindungen.* Es werden die Dipolmomente von sieben Tropolonen (Darst. vgl. NOZOE u. Mitarbeiter, Proc. Japan Acad. **27.** [1951.] 193 u. früher) bei 25° in benzol. Lsg. bestimmt: *5-Bromtropolon* (F. 190°) 2,07 D; *3-Bromtropolon* (F. 108°) 3,91 D; *3.7-Dibromtropolon* (F. 161°) 3,57 D; *3.5.7-Tribromhinokitiol* (F. 90,5°) 3,05 D; *α-Thujaplicin* (F. 34° u. 25,5°), beide 3,37 D; *5.7-Dibrom-α-thujaplicin* (F. 80°) 2,82 D. Aus den μ-Werten folgt die angegebene Stellung der Substituenten. — *α-Dinitrohinokitiol* (F. 155°) ist das 5.7-Derivat. (Bull. chem. Soc. Japan **26.** 242—44. Juli 1953. Nagoya u. Tokyo, Univ., Fac. of Sci., Chem. Inst. [Orig.: engl.]) K. L. WOLF. B 132

D. Kleitman und **G. Goldsmith,** *Leitung in Phthalocyaninkristallen.* (Sitzungsbericht.) (Physic. Rev. [2] **98.** 1544. 1/6. 1955. Purdue Univ.) G. RUBAN. B 135

Masaji Kuba, *Magnetische Susceptibilitäten reduzierter und oxydierter Hämerythrine.* Nach dem GOUY-Verf. werden diamagnet. Susceptibilitäten χ gleich konz. Lsgg. von red. u. oxydiertem *Hämerythrin* gemessen. χ ist im red. Zustand höher; die Eisenatome tragen hier zu χ paramagnet. bei. Die Zahl der ungepaarten Elektronen je Dreiereisengruppe wird daraus zu 12 im red., zu 0 im oxydierten Zustand bestimmt. Die Bindung der Fe-Atome im red. Mol. ist ion. bzw. ion.-dipolar, bei Oxydation verlieren die Fe-Atome sowie das O_2-Mol. ihren Paramagnetismus. (Bull. chem. Soc. Japan **26.** 244—48. Juli 1953. Nagoya, Univ., Fac. of Sci., Chem. Dep. [Orig.: engl.]) K. L. WOLF. B 137

Jean Maurin und **René A. Paris,** *Über die Aciditätskonstanten der Mercaptane.* Da frühere Bestimmungen der Acidität der SH-Gruppe in wss.-alkoh. Medium (vgl. SCHWARZENBACH, Helv. Chim. Acta **15.** [1932.] 1468; **17.** [1934.] 1176 u. **19.** [1936.] 169) wegen einer eventuellen Vergiftung der verwendeten Glas- oder Wasserstoffelektrode zu unsicher erscheinen, messen Vff. erneut, aber colorimetr., die Änderung des p_H im Laufe der Neutralisation der Mercaptane mit Na_2CO_3 (in wss. A.). Als Indicatoren werden dabei Methylrot, Bromthymolblau, Thymolblau, Thymolphthalein u. Indigocarmin verwendet. Vff. erhalten folgende pK-Werte: *Mercaptobenzothiazol* (**I**) 8,0; *Thiophenol* 8,3; *Benzylmercaptan* 11,8; *Äthylmercaptan* 12,0; *n-Butylmercaptan* 12,4; *tert.-Butylmercaptan* 12,7; *tert.-Hexylmercaptan* 13,5; *tert.-Octylmercaptan* 13,5 u. *tert.-Dodecylmercaptan* 13,8. Mit Ausnahme von **I**, das am sauersten u. am wenigsten oxydierbar ist, das sich andererseits von den anderen eindeutig durch die Bindung seiner SH-Gruppe an einen heterocycl. Kern unterscheidet, ergibt sich eine Folge der pK ähnlich derjenigen, die bei Unterss. der Oxydation der Mercaptane (vgl. Maurin, C. **1951.** II. 1716) erhalten wurde. Auf Grund dieser Ergebnisse kann eine Meth. zur Analyse der Mercaptane in ihren Gemischen mittelsTitration abgeleitet werden. (C. R. hebd. Séances Acad. Sci. **232.** 2428—30. 25/6. 1951.) H. Surawski. B 139

Ernst Back und **Börje Steenberg,** *Gleichzeitige Bestimmung von Ionisationskonstante, Löslichkeitsprodukt und Löslichkeit leichtlöslicher Säuren und Basen. Elektrolytische Konstanten von Abietinsäure.* Aus dem Verlauf der elektrometr. Titrationskurve leichtlösl. schwacher Säuren kann man die Ionisationskonstante pK_S errechnen (erster Teil der Kurve) u. das Löslichkeitsprod. pK_L, wenn man die Titration über Neutralpunkt u. Ausflockungspunkt fortsetzt. Aus beiden Werten ergibt sich auch die Löslichkeit L_{HA} der undissoziierten Moleküle. Als Beispiel werden die Werte einer *Abietinsäure* (**I**)-Titration gebracht. **I** wird im Überschuß 0,2nNaOH gelöst u. unter N_2 mit 0,002nHCl mit Glaselektrode u. Kalomelelektrode titriert. Ergebnis für **I**: $pK_S = 7,6 \pm 0,2$, $pK_L = 11,4 \pm 0,1$ u. $L_{HA} = (1,6 \pm 1) \cdot 10^{-4}$ mol/Liter. (Acta chem. scand. **4.** 810—15. 1950. Stockholm, Swedish Forest Prod. Res. Labor., Paper Technology Dep.) A. Reuter. B 139

Toshiro Terai, Futara Ono, Yoshiyuki Toyama und **Hideo Marumo,** *Elektrolyse von Fettsäuren.* 4. u. 5. Mitt. *Linol-, Linolen- und Tetrabromstearinsäure.* Die Elektrolyse der Na-Salze der *Linol-* u. *Linolensäure* in wss. CH_3OH- u. Alkohollsg. ergab nur sehr wenig einer neutralen Substanz, da die Elektrolyse sehr langsam verlief. Wahrscheinlich wurde die Leitfähigkeit durch einen unlösl. anod. Film herabgesetzt, der sich während der Elektrolyse infolge Oxydation u. Polymerisation gebildet hatte. — Bei der Elektrolyse von *K-Tetrabromstearat* in Alkohollsg. wurde in der verbleibenden Fettsäure ein Austausch des Br durch OH festgestellt. Es wird angenommen, daß diese Substitution noch vor der Kolbeschen Synth. stattfindet nach: $C_{17}H_{31}Br_4COO^- + OH^- \rightarrow C_{17}H_{31}Br_3(OH) \cdot COO^- + Br^-$ u. $2\,C_{17}H_{31}Br_3(OH)COO^- + 2\,F \rightarrow C_{17}H_{31}Br_3(OH)COOC_{17}H_{31}Br_3(OH) + CO_2$. Die letzte Verb., ein Ester, ist der Hauptbestandteil der Elektrolysenprodukte. Für die OH-Gruppe wird die Stelle am 6. oder 7. C nach dem CH_3 angenommen. (J. chem. Soc. Japan, ind. Chem. Sect. [Kōgyō Kagaku Zassi] **54.** 47—48. Jan. 1951. Nagoya Univ. [Orig.: japan.]) L. Schuler. B 141

J. R. Young, *Der Einfluß der Struktur auf das polarographische Verhalten.* 1. Mitt. *Die Depolarisationspotentiale der Girard-T-Verbindungen.* Es wird über Messungen der Halbwellenpotentiale der polarograph. Red. von Girard-T-Verbb. einer Reihe verschied. Dialkylketone bei 25° u. in 50% A.–W.-Puffergemisch vom p_H 8,0 berichtet, aus denen hervorgeht, daß der Elektrodenprozeß grundsätzlich ähnlich dem von Prelog u. Häflinger (C. **1951.** I. 2147) vorgeschlagenen verläuft. Eine Diskussion der relativen Werte von $E_{1/2}$ in ihrer Beziehung zu elektron. u. ster. Effekten läßt erkennen, daß verzweigte Alkylgruppen in diesem Fall ster. Hinderung bewirken u. daß bei geeigneten Strukturen auch n-Propyl u. höhere n-Gruppen Andeutungen ähnlicher Effekte geben. Im einzelnen wurden die Derivv. folgender Ketone untersucht: *Dimethyl-*; *Methyläthyl-*; *Methyl-n-propyl-*; *Methylisopropyl-*; *Methyl-n-butyl-*; *Methylisobutyl-*; *Methyl-tert.-butyl-*; *Methyl-n-amyl-*; *Methyl-n-hexyl-*; *Methylcyclohexyl-*; *Diäthyl-*; *Äthyl-n-propyl-*; *Äthylisopropyl-*; *Äthyl-tert.-butyl-*; *Äthylcyclohexyl-*; *Di-n-propyl-*; *n-Propylisopropyl-*; *n-Propyl-tert.-butyl-*; *n-Propylcyclohexyl-*; *Diisopropyl-*; *Isopropyl-tert.-butyl-*; *Isopropylcyclohexyl-*; *Diisobutylketon* u. *Cyclohexanon.* (J. chem. Soc. [London] **1955.** 1516—22. Mai. London, West Ham Coll. of Techn.) W. Niemitz. B 142

Helmer Kofod, *Über die Isomerie von Hydroxylharnstoff.* 5. Mitt. *Polarographisches Verhalten des niedriger schmelzenden Isomeren.* (4. vgl. C. **1955.** 1933.) Das niedriger schm. Isomere von *Hydroxylharnstoff* (**I**, F. 72°), das bei Zimmertemp. in sauren Lsgg. stabil, in alkal. ($p_H > 11$) sehr instabil ist, gibt bei polarograph. Unters. in neutralen, gepufferten u. ungepufferten Lsgg., die 0,1—0,2 n an K-Ionen sind, eine reproduzierbare, diffusionskontrollierte kathod. Welle bei ca. —1,5 V (bei 25° gegen gesätt. Kalomelelektrode). Die Vergrößerung der Wellenhöhe mit der Konz. ist im Bereich von 0,5—5 mMol/Liter linear. Der Einfl. des p_H auf das Halbwellenpotential sowie die Form u. die Höhe der Welle lassen vermuten, daß **I** nach 2 verschied. Mechanismen red. wird: in saurer Lsg. nach einem p_H-abhängigen u. in neutraler u. alkal. Lsg. nach einem p_H-unabhängigen, die

beide irreversible 2-Elektronenprozesse sind. Die polarograph. Unters. des *Hydroxylammoniumchlorids* bei verschied. p_H-Werten zeigte, daß I mit Hydroxylammoniumcyanat nicht ident. ist. Der höher schm. *Hydroxylharnstoff* (F. 140°) ist im Bereich von $+0{,}2$ bis $-2{,}0$ V polarograph. inakt.; auch *Methoxyharnstoff* wird nicht reduziert. (Acta chem. scand. **9.** 455—70. 1955. København, Danmarks farmaceut. Højskole, Org.-kem. lab.)
G. CLEVE. B 142

Tadashi Sasaki, *Polarographische Untersuchung von Nitrofuranderivaten.* 1. Mitt. *Polarographisches Verhalten des Nitrofurfurolsemicarbazons.* Zur Aufklärung der wahrscheinlich auf die Nitrogruppe zurückzuführenden baktericiden Wrkg. des *Nitrofurfurolsemicarbazons* (**I**, *Furacin*), wurden polarograph. Unterss. an *Furan, Furfurol* (**II**), **II**-*Semicarbazon, Semicarbazid, Nitrofurfurol* u. **I** in verschied. Lösungsmitteln angestellt. Das Polarogramm des **I** in wss. bzw. alkoh. Lsgg. weist 2 Wellen auf, von denen die 1. der Red. der Nitrogruppe u. die 2. der Red. der Azomethin (—CH=N—)-Gruppe zuzuschreiben ist. Das Halbwellenpotential der Nitrogruppe verschiebt sich im allg. proportional zum ansteigenden p_H nach negativen Werten u. liegt im Bereich der Potentiale einer aromat. Nitrogruppe. Die Wellenhöhe bzw. der Diffusionsstrom dagegen werden durch den p_H-Wert weniger beeinflußt u. sind zwischen p_H 4 bis ca. 12 konstant, was ebenfalls für den aromat. Charakter spricht. Während die Polarogramme in wss. u. alkoh. Lsgg. ähnlich sind, weicht das in Dioxan (**III**) gewonnene davon ab, was möglicherweise darauf zurückzuführen ist, daß **I** mit **III** in Wechselwrkg. tritt. In wss. u. alkoh. Lsgg. läßt sich **I** polarograph. quantitativ bestimmen, nicht dagegen in **III**. Die polarograph. Red. verläuft dabei in irreversibler Rk. zum Hydroxylamin. (Pharmac. Bull. [Tokyo] **2.** 99—104. Juni 1954. Kyoto, Univ., Medical Fac., Inst. of Sci. Res. for Pract. Life.)
W. NIEMITZ. B 142

Tadashi Sasaki, *Polarographische Untersuchung von Nitrofuranderivaten.* 2. Mitt. *Reduktionspotentiale der Nitrofuranderivate und der analogen Nitrobenzolverbindungen.* (1. vgl. vorst. Ref.) Aus dem Vgl. einer Reihe von polarograph. gemessenen Reduktionspotentialen (von *Nitrofurfurolsemicarbazon, -phenylsemicarbazon, -aldoxim, o-* u. *p-Nitrobenzaldehydsemicarbazon, Nitrofurfural-, o-* u. *p-Nitrobenzalaminoguanidin·HCl, Nitro-* u. *Dinitrofuran, Nitrofurfuralanilin, -toluidin, -phenylhydrazin, -aminoguanidin, Nitrobromfuran, Furyl-* (**I**) u. *Nitrofurylacrylsäure,* deren *Äthylester* u. *Amid, Nitrofuroesäure,* deren *Äthylester, Amid, Nitril, Anilid, p-Toluidid* u. *p-Nitranilid, Nitrofurfurol, Nitrofurylacrolein,* dessen *Semicarbazon, Semioxamazon* u. *Aminoguanidin·HCl*-Deriv.) bei verschied. p_H-Werten mit u. ohne Zusatz von Gelatine ergibt sich, daß das Reduktionspotential der antibakteriellen Nitrofuranderivv. positiver als das der entsprechenden Nitrobenzolderivv. ist, u. daß allg. ein Nitrofuranderiv. dann bakterieid wirkt, wenn das Reduktionspotential der Nitrogruppe vermindert ist u. das Polarogramm stabil ist, woraus hervorgeht, daß die Red. der Nitrogruppe eine wichtige Rolle im Mechanismus der baktericiden Wrkg. spielt. **I** wird im untersuchten p_H-Bereich nicht reduziert. (Pharmac. Bull. [Tokyo] **2.** 104—08. Juni 1954.)
W. NIEMITZ. B 142

Robert Filler, Joseph F. O'Brien, Jack V. Fenner, J. C. Mosteller, Murray Hauptschein und **Charles S. Stokes,** *Eigenschaften von fluorhaltigen Diestern. Vergleichende Untersuchungen.* Vff. vergleichen die physikal. Eigg. von Dicarbonsäureestern, Glykolestern u. analogen, von fluorhaltigen Mono- u. Dicarbonsäuren, Alkoholen u. Glykolen abgeleiteten Verbindungen. Die Kpp. der fluorierten Diester liegen tiefer als die der entsprechenden unfluorierten Verbb. (was auf die schwächeren Kohäsionskräfte zwischen den CF_2-Gruppen im Vgl. zu den CH_2-Gruppen zurückzuführen ist) u. sinken mit zunehmendem F-Geh. des Moleküls. Das Inkrement beträgt für eine CF_2-Gruppe -5 bis $-7°$, für eine CH_2-Gruppe $+7$—$9°$. Die Ester einer Perfluordicarbonsäure sd. tiefer als die isomeren Ester eines fluorierten Glykols, während sich die fluorfreien Verbb. umgekehrt verhalten. Die mit einem fluorierten Alkohol gebildeten Diester sd. etwas höher als die von einer Perfluormonocarbonsäure abgeleiteten isomeren Verbindungen. — Die Brechungsindices der fluorierten Verbb. sind wesentlich niedriger als diejenigen der unfluorierten Analogen u. nehmen mit steigendem F-Geh. ab. Die Dichten der fluorierten Diester steigen mit zunehmendem F-Geh. an. — Die absol. Viscosität der fluorierten Diester ist höher als die der entsprechenden KW-stoffester u. nimmt mit steigendem F-Geh. zu. Die kinemat. Viscosität ist jedoch bei manchen Verbb. ähnlich wie bei den unfluorierten Analogen; dies ist der höheren D. der fluorierten Verbb. zuzuschreiben. Wie aus den großen Viscositätskoeffizienten der aliphat. Fluorkohlenstoffe zu erwarten ist, wird die Viscosität–Temp.-Charakteristik der Diester mit steigendem F-Geh. kleiner, jedoch hat die Verteilung der F-Atome in dem Mol. einen wesentlichen Einfluß. — Die Oberflächenspannung der fluorierten Diester ist beträchtlich geringer als die der KW-stoffanalogen. Das Inkrement für eine CH_2-Gruppe beträgt innerhalb einer homologen

Reihe 0,3—0,4 Dyn/cm. Endgültige Aussagen über den Parachor für das F-Atom lassen sich aus den verfügbaren Daten noch nicht machen. — Folgende Verbb. wurden untersucht: *Adipinsäuredibutylester*, $Kp._1$ 130°; *Perfluoradipinsäuredibutylester*, $Kp._1$ 105°. — *Adipinsäuredi-β.β.γ.γ.δ.δ.δ-heptafluorbutylester*, $Kp._1$ 100°, $D.^{25}_4$ 1,4893, n_D^{25} 1,3449; *Pimelinsäuredi-*, $Kp._1$ 107°, $D.^{25}_4$ 1,4619, n_D^{25} 1,3506; *Korksäuredi-*, $Kp._1$ 115°, $D.^{25}_4$ 1,4355, n_D^{25} 1,3542; *Azelainsäuredi-*, $Kp._1$ 123°, $D.^{25}_4$ 1,4024, n_D^{25} 1,3578; *Sebacinsäuredi-*, $Kp._1$ 130°, $D.^{25}_4$ 1,3754, n_D^{25} 1,3615; *Perfluoradipinsäuredi-β.β.γ.γ.δ.δ.δ-heptafluorbutylester*, $Kp._1$ 80°. — *Hexamethylenglykoldibutyrat*, $Kp._1$ 122°; *2.2.3.3.4.4.5.5-Oktafluorhexamethylenglykoldibutyrat*, $Kp._1$ 112°; *Hexamethylenglykoldiperfluorbutyrat*, $Kp._1$ 96°; *2.2.3.3.4.4.5.5-Oktafluorhexamethylenglykoldiperfluorbutyrat*, $Kp._{1,5}$ 85°; *Perfluoradipinsäurediäthylester*; *-di-n-hexylester*; *Pentamethylenglykolditrifluoracetat*; *-di-perfluorcaprylat*; *Trimethylen-*; *Pentamethylen-*; *Dekamethylenglykoldiperfluorbutyrat*; *Azelainsäure di-*; *Sebacinsäuredi-n-butylester*; *2.2.3.3.4.4-Hexafluorpentamethylenglykoldiperfluorbutyrat*; *Perfluorglutarsäuredi-β.β.γ.γ.δ.δ.δ-heptafluorbutylester*; *Triäthylenglykoldiperfluorbutyrat*; *Tetraäthylenglykoldiperfluorbutyrat*. (Ind. Engng. Chem. **46.** 544—47. März 1954. Wright-Patterson Air Force Base, O., Wright Air Developm. Center, Materials Labor., u. Philadelphia, Pa., Temple Univ., Res. Inst.)

E. FORCHE. B 148

R. J. L. Andon, J. D. Cox und **E. F. G. Herington**, *Die thermodynamischen Eigenschaften verdünnter Lösungen von Pyridinbasen in Wasser*. 3. Mitt. (2. vgl. C. **1953.** 8045.) Vff. bestimmen durch Gleichgewichtsmessungen von Dampf u. Fl. einige thermodynam. Eigg. sehr verd. wss. Lsgg. von Pyridin u. seinen Methylderivv. (Lsgg. enthalten ca. $2 \cdot 10^{-6}$ mol. Pyridinbase) bei Tempp. von 70, 85 u. 100°. Es wurden die Aktivitätskoeffizienten u. die Verdünnungswärme ermittelt, ferner die freien Energien, Entropien u. Hydratationswärmen berechnet. Die Löslichkeit der Pyridinbasen in W. bei 100° kann in der Reihenfolge geschrieben werden: *Pyridin* $\gg$ *4-Methylpyridin* $>$ *2-Methylpyridin* $>$ *3-Methylpyridin* $\gg$ *2.5-Dimethylpyridin* $\approx$ *2.6-Dimethylpyridin*. (Discuss. Faraday Soc. **1953.** Nr. 15. 168—74. Teddington, Middlesex, Chem. Res. Labor.)

V. BUTSCHAK. B 156

M. M. Bokadia, *Eine kritische Untersuchung von K. H. Meyer's Methode zur Enolbestimmung in einer Aldehyd–Enol-Gleichgewichtsmischung*. Die Meth. wird bzgl. ihrer Voraussetzungen krit. untersucht, es wird ferner über Änderungen berichtet, die durchgeführt werden müssen, um diese Meth. auch für den Fall ungesätt. α-Formylketone anwendbar zu machen. Als Voraussetzungen für die MEYER-Meth. werden bezeichnet: 1. Die Addition von Br_2 an die Äthylendoppelbindung des Enols muß augenblicklich geschehen, 2. die „inverse Substitution" (Rk. $R \cdot CO \cdot CR'Br \cdot CO \cdot R'' + HJ \rightarrow R \cdot CO \cdot CHR' \cdot CO \cdot R'' + Br + J$) muß quantitativ verlaufen u. 3. das zur Bindung des nicht an das Enol angelagerten Br_2 zugesetzte β-Naphthol darf nach seinem Übergang in α-Brom-β-naphthol (I) mit HJ nicht ebenfalls inverse Substitution erleiden. Da bei den untersuchten krist. Enolen pro Mol. Enol 2 Atome J ausgeschieden werden, müßte Voraussetzung 1. u. 2. zutreffen. Auch die untersuchten Bromketone setzen in saurem Medium pro Mol. 2 Atome J in Freiheit. Voraussetzung 3. trifft zu, da I in saurer Lsg. unter den Versuchsbedingungen beständig ist. Diese Folgerungen gelten jedoch nicht unter allen Umständen, es wird angenommen, daß noch ein konstitutioneller Faktor Einfl. besitzt, wodurch die Bromaufnahme am Enol verzögert wird. In einem solchen Falle wird ein kleinerer Wert für das Enol im Gleichgewicht gefunden. Darin wird die Erklärung für die niedrigen Enolwerte des *α-Bromacetessigsäureäthylesters* (**II**), verglichen mit dem Enolgeh. des Acetessigesters (**III**), gesehen; theoret. erwarten müßte man beim Bromderiv. den höheren Enolwert. Daß die MEYER-Meth. bei Bromenolen versagt, geht auch daraus hervor, daß reine, krist. Bromenole, die 100%ig an Enol sein müßten, nur 60% Enol oder weniger bei der Best. ergaben; ferner daraus, daß mit Hilfe anderer Methoden für **II** ein höherer Enolwert als für **III** gefunden wurde. Die Gültigkeit der Annahme 2. wird ebenfalls von konstitutionellen Faktoren beeinflußt. Im Falle der Formylderivv. von einem α.β-ungesätt. Keton, wie z. B. *2-Formylmesityloxyd*, führt die Einw. von Br_2 nicht nur zur Bromierung in α'-Stellung, sondern auch in gewissem Umfange zur α.β-Bromierung. Es wird dann bei der inversen Substitution auch durch das Br in α.β-Stellung Jod ausgeschieden. Hier hält Vf. die Best. des Blindwertes mit einer ähnlichen Verb., wie z. B. $R \cdot CH{=}CH \cdot CO \cdot CH_2R'$, für angebracht. Das gleiche gilt für halogensubstituierte Verbb., die von sich aus J_2 aus KJ ausscheiden. — Folgende Enolgehh. wurden bei 2-Formylketonen nach der MEYER-Meth. erhalten: *Oxymethylenmethyläthylketon*, 96,16 (%); 96,3; *-methyl-n-propylketon*, 61,7; 61,8; *-methyl-n-butylketon*, 68,03; 68,07; *-methyl-n-amylketon*, 74,91; 74,9; *-diäthylketon*, 98,92; 101,0; *-di-n-propylketon*, 69,59; 69,52; *-valeron*, 30,85; 30,8; *-desoxybenzoin*, 90,21; 90,5; *-cyclopentanon*, 99,28; 98,98; *-cyclohexanon*, 72,46; 72,52; *-menthon*, 74,0; 73,9; *-campher*

96,1; 96,0 u. *-amylbutyrat*, 46,35; 46,4. — Bei *Carvon* u. *Mesityloxyd* wurde die bei Anwendung der Meyer-Meth. ausgeschiedene J_2-Menge bestimmt. Unter Berücksichtigung dieser Werte ergeben sich als Enolgehh. für *Oxymethylencarvon* 83,87; 84,04 u. für *Oxymethylenmesityloxyd* 20,95; 20,93. Unter Berücksichtigung des Blindwertes wurden folgende Enolgehh. an Substanzen gefunden, die von sich aus J_2 aus KJ freimachen: *Oxymethylen-ω-bromacetophenon* (I), 68,13; 67,16; *-bromaceton* (II), 55,57; 55,45; *-bromessigsäureäthylester* (III), 78,2; 78,7. Unter den Bedingungen der Meyer-Meth. wurde das folgende Ausmaß an inverser Substitution gefunden: *Bromaceton*, 1,0 (Moll. J_2 pro Mol der Verb.). — *Brommethyläthylketon*, 0,98. — *Methyl-α-bromäthylketon*, 0,96. — *ω-Bromacetophenon*. 1,0. — *Bromdi-n-propylketon*, 0,98. — *Bromvaleron*, 0,91. — *Bromcyclohexanon*, 0,95. — *α-Brompropiophenon*, 0,92. — **II**, 0,98. — **I**, 0,98. — **III**, 0,99. — *α.α-Dibromacetessigsäureäthylester*, 1,9. — *Tetrabromphoron*, 1,9. — *Dibrombenzalaceton*, 1,01. — *Dibromdibenzalaceton*, 1,0. — *Tetrabromdibenzalaceton*, 1,9. (Agra Univ. J. Res. **2.** 9—16. Jan. 1953. Agra, B. R. Coll.) R. Mattner. B 182

James D. McCullough, *Bindungsverhältnisse in Phenyljodidchlorid und verwandten Molekülen.* Verbb. des allg. Typs R_3(P, As, Sb, Bi)X_2, R_2(S, Se, Te)X_2 u. RIX_2 sollten die Struktur einer trigonalen Bipyramide mit den Halogenatomen an den Spitzen u. R in den Äquatorlagen besitzen. X—M—X sollte linear mit einem größeren M—X-Abstand, als sich aus der Summe der einfachen kovalenten Bindungsradien errechnet, vorliegen. Zur Diskussion werden die M—X-Abstände einer Anzahl von organometall. Dihalogenverbb. mit entsprechender Struktur zusammengestellt. Der von Archer u. van Schalkwyk (C. **1954.** 3197) beobachtete große J—Cl-Abstand in Phenyljodidchlorid, die Mol.-Struktur sowie die chem. Eigg. dieser Verb. entsprechen den angegebenen theoret. Forderungen. (Acta crystallogr. [Copenhagen] **6.** 746. 10/9. 1953. Los Angeles, Calif., Univ. of California, Dep. of Chem.) W. Krönert. B 182

Eugen Müller, Kurt Ley und **Wolfgang Kiedaisch,** *Über Sauerstoffradikale.* 4. Mitt. *Disproportionierung und Komproportionierung von Sauerstoffradikalen.* (3. vgl. Chem. Ber. **88.** [1955.] 601.) Vff. untersuchten die unter der Einw. von HCl stattfindende Disproportionierung von *4-Methoxy-2.6-di-tert.-butylphenoxyl-(1)* (*rotes Aroxyl*, **I**) u. *2.4.6-Tri-tert.-butylphenoxyl-(1)* (*blaues Aroxyl*, **II**). Beim Schütteln mit konz. HCl bildet **I** in äther. Lsg. sofort die stöchiometr. zu erwartende Menge *4-Methoxy-2.6-di-tert.-butylphenol* u. *2.6-Di-tert.-butylbenzochinon-(1.4)*; aus **II** entsteht durch 1std. Schütteln mit konz. HCl *2.4.6-Tri-tert.-butylphenol* (**III**) u. *4-Chlor-2.4.6-tri-tert.-butylcyclohexadien-(2.5)-on-(1)* (**IV**); **IV** konnte jedoch nur in 34%ig. Ausbeute isoliert werden. Ausgehend von der merichinoiden Formulierung der Aroxyle wird für vorst. Rkk. ein ion. Mechanismus aufgestellt, nach dem als erster Schritt der Rk. die Anlagerung eines Protons an das negative Sauerstoffatom des Aroxyls angenommen wird. Die größere Reaktionsgeschwindigkeit von **I** wird auf ster. Gründe (Fehlen einer raumerfüllenden tert.-Butylgruppe in 4-Stellung) u. vor allem auf den —J-Effekt der Methoxygruppe, der die Bldg. eines chinoliden Chlorderiv. verhindert, zurückgeführt. Mit trockenem HCl in benzol. Lsg. verlaufen die Rkk. analog. In Umkehrung dieser Rkk. komproportionieren 2.4.6-Tri-tert.-butylnatriumphenolat u. 4-Brom-2.4.6-tri-tert.-butylcyclohexadien-(2.5)-on-(1) (**V**) in benzol. Lsg. in quantitativer Ausbeute zu **II**. Auch aus **III** u. **V** in Ggw. von alkoh. KOH wird **II** erhalten. Die Ergebnisse bestätigen die Formulierung der Aroxyle als innere Meri- oder Semichinone.

V e r s u c h e: *2.4.6-Tri-tert.-butylphenol* (**III**), F. 130—130,5°, aus **II** durch 1std. Schütteln mit konz. HCl in Ae. unter N_2; 90% (Ausbeute); daneben *4-Chlor-2.4.6-tri-tert.-butylcyclohexadien-(2.5)-on-(1)* (**IV**), F. 91—92° (A.), grünliche Kristalle; 34%. — *4-Methoxy-2.6-di-tert.-butylphenol*, F. 104—105,5°, aus **I** durch Schütteln mit konz. HCl in Ae.; 91%; daneben *2.6-Di-tert.-butylbenzochinon-(1.4)*, F. 65—66°; 85%. — *2.4.6-Tri-tert.-butylphenoxyl-(1)* (**II**), a) aus 2.4.6-Tri-tert.-butylnatriumphenolat [aus **III** u. Tritylnatrium] u. **V** in Bzl. unter N_2, blau; b) aus **III** u. **V** bzw. **IV** in Ggw. von alkoh. KOH in Benzol. (Chem. Ber. **88.** 1819—24. 1955. Tübingen, Univ., Inst. für angewandte Chem.) J. Knaul. B 182

Eugen Müller und **Kurt Ley,** *Zur Frage der Existenz sogenannter Sauerstoffradikale.* Vorl. Mitt. zu C. **1955.** 1471. (Z. Naturforsch. **8b.** 694—95. Nov. 1953. Tübingen, Univ., Inst. für chem. Technol. u. makromol. Chem.) G. Lohaus. B 182

D. A. Brown, T. Malkin und **G. K. Maliphant,** *Eine Röntgenstrahluntersuchung von langkettigen Alkyldihydrogenphosphaten, Dialkylhydrogenphosphaten und deren Natriumsalzen.* Durch Rk. von Diphenylphosphorchloridat (**IV**) bzw. Phenylphosphordichloridat (**V**) mit Hexadecyl-, Octadecyl-, Tetradecyl- u. Dodecylalkohol u. nachfolgendes katalyt. Abhydrieren der Phenylgruppen wurden die *Alkyldihydrogenphosphate* (**III**) sowie die *Dialkylhydrogenphosphate* dargestellt. Die aus **III** gebildeten *Na-Salze* gaben leicht die *Viertel-Na-Salze* (Verhältnis Na:P wie 1:2). Die Röntgenunters. der dargestellten Prodd. nach CLARKSON u. MALKIN (J. chem. Soc. [London] **1934**. 666) mit

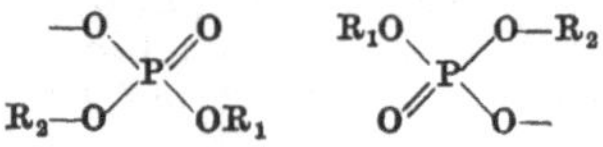

R_1 = H; Na
A R_2 = H; Alkyl

Cu–K_α-Strahlung ergab die erwarteten, den entsprechenden Fettsäuren u. KW-stoffen analogen, monoklinen u. orthorhomb. Formen mit kleinen Abweichungen der Winkel, die von den Phosphatgruppen herrühren. Die **III** sowie alle dargestellten Na-Salze zeigten bimol. Struktur (**A**), während für Dialkylhydrogenphosphate Einzelmoll. wahrscheinlicher erschienen, was im Gegensatz zu den bei den entsprechenden Fettsäuren gemachten Beobachtungen steht, bei denen die Bldg. dimol., saurer Salze beobachtet wurde.

V e r s u c h e: *Hexadecyldiphenylphosphat* (**I**), $C_{28}H_{43}O_4P$, F. 20–21°, Kp.$_{10^{-3}}$ 190 bis 195°, durch langsames Zugeben von **IV** unter Schütteln zu Hexadecanol in absol. Pyridin, 48std. Stehen; 85% (Ausbeute). — Analog: *Octadecyldiphenyl-*, $C_{30}H_{47}O_4P$, F. 31–32°, Kp.$_{10^{-3}}$ 215–220°; 80%. — *Diphenyltetradecyl-*, $C_{26}H_{39}O_4P$, F. 11–12°, Kp.$_{3\times10^{-3}}$ 190–195°; 88%. — *Dodecyldiphenylphosphat*, $C_{24}H_{35}O_4P$, F. –4 bis –3°, Kp.$_{10^{-1}}$ 210–215°; 82%. — *Hexadecyldihydrogenphosphat* (**II**), $C_{16}H_{35}O_4P$, F. 75–76° (PAe.), durch katalyt. Hydrierung von **I** in Eisessig an ADAMS-PtO_2 in 5 Std. oder aus dem Na-Salz in Essigsäure/Chlf. über eine Säule von Amberlite IR-120 in 2 Std.; Platten; 90%. *Na-Salz*, $C_{16}H_{34}O_4PNa$, mit 0,1n NaOH in A.; lange, dünne Prismen. *Viertel-Na-Salz*, $C_{32}H_{69}O_8P_2Na$, a) wie bei vorst. Na-Salz angegeben, aber mit der Hälfte 0,1n NaOH, b) durch 2maliges Umkristallisieren vorst. Na-Salzes mit 90%ig. Essigsäure, c) durch Eingießen von **II** in A. in 10%ig. NaCl-Lsg.; flache Prismen. — Analog: *Octadecyl-*, $C_{18}H_{39}O_4P$, F. 83°; 90%. *Na-Salz*, $C_{18}H_{38}O_4PNa$; 95%. *Viertel-Na-Salz*, $C_{36}H_{77}O_8P_2Na$, wie vorst. nach b); 94%. — *Tetradecyl-*, $C_{14}H_{31}O_4P$, F. 69°; 81%. *Na-Salz*, $C_{14}H_{30}O_4PNa$; 86%. *Viertel-Na-Salz*, $C_{28}H_{61}O_8P_2Na$; 82%. — *Dodecyldihydrogenphosphat*, $C_{12}H_{27}O_4P$, F. 59,5°; 75%. *Na-Salz*, $C_{12}H_{26}O_4PNa$; 75%. *Viertel-Na-Salz*, $C_{24}H_{53}O_8P_2Na$; 72%. — *Didodecylhydrogenphosphat*, $C_{24}H_{51}O_4P$, F. 59° (Methanol), durch tropfenweises Zugeben von **V** zu Dodecanol in warmem absol. Pyridin, 48std. Stehen, Eingießen in n-HCl, Ae.-Extraktion, Einengen u. katalyt. Hydrierung in Eisessig wie **II**; Platten; 70%. *Na-Salz*, $C_{24}H_{50}O_4PNa$, analog **II**-Na-Salz. — Analog: *Dioctadecyl-*, $C_{36}H_{75}O_4P$, F. 82°; 84%. *Na-Salz*, $C_{36}H_{74}O_4PNa$; Schuppen. — *Dihexadecyl-*, $C_{32}H_{67}O_4P$, F. 75°; 80%. *Na-Salz*, $C_{32}H_{66}O_4PNa$. — *Ditetradecylhydrogenphosphat*, $C_{28}H_{59}O_4P$, F. 68°; 74%. *Na-Salz*, $C_{28}H_{58}O_4PNa$. (J. chem. Soc. [London] **1955**. 1584–88. Mai. Bristol, Univ.)

W. GEHRMANN. B 190

G. A. Sim, J. Monteath Robertson und **T. H. Goodwin,** *Die Kristall- und Molekularstruktur von Benzoesäure.* Die bereits bekannte Kristallstruktur der Benzoesäure (vgl. BRAGG, Proc. physic. Soc. **34**. [1921.] 33) wurde von Vff. einer genauen Überprüfung unterzogen. $C_7H_6O_2$ krist. in der monoklinen Raumgruppe C_{2h}^5 – P 2_1/c mit Z = 4 u. den verbesserten Gitterkonstanten a = 5,52 ± 0,02, b = 5,14 ± 0,02, c = 21,90 ± 0,05 Å, β = 97°. Das eigentliche Ziel der Arbeiten, die exakte Best. der Mol.-Struktur, wurde mittels 2dimensionaler Differenz-FOURIER-Synthesen (F_0 – F_c) um [1 0 0] u. [0 1 0] erreicht. Danach ist der Benzolring vollkommen eben, während das C-Atom u. ein O-Atom der Carboxylgruppe von dieser Ebene etwas abweichen (um 0,042 bzw. 0,068 Å). Die Abstände (in Å) C ··· C = 1,36–1,42 (im Ring) u. C ··· O = 1,29 bzw. 1,24 sind auf 0,017 bzw. 0,021 genau; dagegen zeigt der Abstand C_{Ring} ··· $C_{Carboxyl}$ = 1,48 eine Abweichung vom n. Wert (1,54), die durch das zusätzliche Auftreten einer mesomeren Grenzform 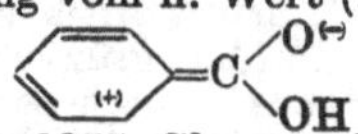 erklärt werden kann. (Acta crystallogr. [Copenhagen] **8**. 157–64. März 1955. Glasgow, Univ., Chem. Dep.)

G. RUBAN. B 195

Emil H. White, *Additionsverbindungen von Kohlenwasserstoffen und n-Butyl-3.5-dinitrobenzoat.* KW-stoffe bilden mit *n-Butyl-3.5-dinitrobenzoat* (**I**) krist. Addukte. Alle untersuchten n-Paraffine (eventuell mit Ausnahme von n-Pentan), 2.2.4-Trimethylpentan, Methyloleat u. Methylstearat gaben mit **I** Addukte, die mit Ausnahme vom Pentanaddukt höher schm. als **I**. Der F. steigt mit der Kettenlänge des KW-stoffs. Die Addukte niedriger KW-stoffe sind weniger stabil, das Heptanaddukt zerfällt in einem Tag bei Raumtemp., während das Hexadecanaddukt z. B. vollständig beständig ist. Die Zerlegung der Addukte gelingt durch Vakuumsublimation oder Umkristallisieren aus Ae. oder Pentan. Zur Adduktbldg. mit Hexadecan sind ca. 75 Mol **I** pro Mol. KW-stoff, bei Octan 11 Mol **I** notwendig. Isobutyl-, sek.-Butyl-, tert.-Butyl- u. n-Propyl-3.5-dinitrobenzoat sowie N-[n-Butyl]-3.5-dinitrobenzamid gaben keine KW-stoffaddukte. — Darst. der Addukte: a) Lösen von 1 Teil **I** in 10 Teilen KW-stoff in der Wärme u. Abkühlen; überschüssiger KW-stoff wird durch Luft verdampft, im Vakuum verdampft oder mit Pentan ausgewaschen. b) Durch Zugabe von 5 Vol.-% KW-stoff zu einer gesätt. Lsg. von **I** in n-Butanol u. Kühlen auf 5—10°. *n-Pentan-*, F. 64—64,5°; *n-Heptan-*, F. 65,8—66,4°; *n-Octan-*, F. 66,8—67,1°; *2.2.4-Trimethylpentan-*, F. 67,4—68,1°; *n-Decan-*, F. 66,9—67,2°; *n-Hexadecan*, F. 69,2—69,6°; *Methyloleat-*, F. 66,2—68,0°; *Methylstearataddukt*, F. 62—66°. (J. Amer. chem. Soc. **77.** 6081—82. 20/11. 1955. New Haven, Conn., Yale Univ., Sterling Chem. Labor.) H. BERTSCH. B 223

E. P. Doane und **H. G. Drickamer,** *Der Einfluß des Druckes auf die Löslichkeit von festen Stoffen in nichtpolaren Flüssigkeiten.* Vff. berichten über die Ergebnisse von Löslichkeitsmessungen unter hohen Drucken bis zu 10000 at bei 25° an folgenden Systemen: *Phenanthren* in CS_2, *n-Hexan* (**I**), *n-Heptan* (**II**) sowie *n-Octan* (**III**); SnJ_4 in CS_2, **II** u. **III**; C_2Cl_6 in CS_2, **I, II, III,** *2-Methylpentan, 3-Methylpentan, 2.3-Dimethylbutan* u. *2.2-Dimethylbutan* u. *Anthracen in* CS_2. Die Ergebnisse werden diskutiert u. in Beziehung gesetzt zur Theorie von SCATCHARD u. HILDEBRAND. Mit Ausnahme der Systeme mit **II** scheint der Einfl. der mol. Struktur bei höheren Drucken größer zu sein als unter n. Verhältnissen. (J. physic. Chem. **59.** 454—57. Mai 1955. Urbana, Ill., Univ., Dep. of Chem. and chem. Engng.) W. NIEMITZ. B 224

L'. Krasnec und **L. Kňažko,** *Beitrag zur Untersuchung hydrotroper Systeme.* (Vgl. C. **1955.** 8116.) Die Löslichkeit von *Coffein* (**I**) in 0,1—3 mol. wss. Lsgg. von *Na-Salicylat* (**II**) u. *Na-Benzoat* (**III**) sowie D. u. Viscosität der Lsgg. wird bei 20—50° untersucht. Die in Tabellen mitgeteilten Ergebnisse lassen die Zunahme der Werte für diese Eigg. mit der **II**- u. **III**-Konz. erkennen; gleichzeitig nimmt das Mol-Verhältnis **I/II** bzw. **I/III** ab. Die Steilheit der Viscosität–Temp.-Kurve nimmt mit der **II**- bzw. **III**-Konz. zu. Mit der Temp. steigt die Löslichkeit von **I** in W., **II**- u. **III**-Lsg. an. Die thixotropen Systeme **I–II**–W. weisen pseudoplast. Charakter auf; ihre Zus. wird untersucht. (Chem. Zvesti **7.** 149—78. 1953. Bratislava [Preßburg], SU, Farm. fak., Chem. úst.)
R. K. MÜLLER. B 224

E. A. Guggenheim, D. A. L. Hope und **J. E. Prue,** *Die Geschwindigkeit der Inversion von Saccharose in Gegenwart von Sulfat.* Die Geschwindigkeit der Inversion von *Saccharose* wurde bei 25° in wss., gemischten Lsgg. von $NaHSO_4$ u. Na_2SO_4 gemessen u. der beobachtete sek. kinet. Salzeffekt interpretiert. Vff. arbeiteten in sehr großer Verdünnung, um den prim. kinet. Salzeffekt u. die Aktivitätskoeffizienten genau bestimmen zu können. Die Verzögerung der Mutarotation konnte unter den Versuchsbedingungen vernachlässigt werden, so daß die Rk. — mindestens bis zu 99%ig. Umsatz — exakt nach der ersten Ordnung verlief. Die gemessenen Geschwindigkeitskonstanten stimmen innerhalb eines Fehlers von 1% gut mit Werten überein, die nach der Gleichung $k\,[min^{-1}] = 7{,}45 \cdot 10^{-3}\,[H^+] \cdot 10^{C/3}$ errechnet wurden. Der Wert C, die Gesamtäquivalentionenkonz., ergibt sich aus den Aktivitätskoeffizienten. (Trans. Faraday Soc. **51.** 1387—91. Okt. 1955. Reading, Univ., Dep. of Chem.) J. KNAUL. B 225

Harlan L. Goering und **Ernest F. Silversmith,** *Stereochemie von Allylumlagerungen.* 5. Mitt. *Konfiguration von optisch aktiven Isomeren im 5-Methylcyclohexen-(2)-ylsystem.* (4. vgl. J. Amer. chem. Soc. **77.** [1955.] 4042.) Vff. bestimmen die absol. Konfiguration der opt.-akt. *cis-* (**I**) u. *trans-5-Methylcyclohexen-(2)-ole* (**II**) durch Oxydation zu *5-Methylcyclohexen-(2)-on* (**III**) mit MnO_2 in Pentan. (+)-**I** u. (—)-**II** liefern beide (—)-**III**, d. h., sie unterscheiden sich nur in der Konfiguration am $C_{(1)}$. (—)-**III** wird hydriert zu (+)-*3-Methylcyclohexanon* (**IV**), (+)-**I** ($[\alpha]_D^{25}$ 2,24°, opt. Reinheit 32%) red. zu (—)-*cis-3-Methylcyclohexanol* ($[\alpha]_D^{25}$ —1,13°, opt. Reinheit 31%), welches zu (+)-**IV** oxydiert werden kann. — Ferner liefert nach der Meth. von WILLIAMSON (+)-**I** ($[\alpha]_D^{25}$ 6,95°) den (—)-*cis-Äthyläther* ($[\alpha]_D^{25}$ —6,5°, c = 6,1, Aceton)

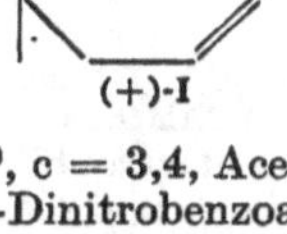

(+)-I

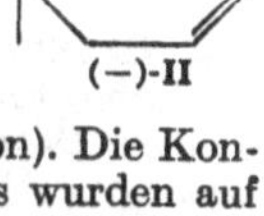

(—)-II

u. (+)-**II** ($[\alpha]_D^{25}$ 69,1°) den (+)-*trans-Äthyläther* ($[\alpha]_D^{25}$ 63,3°, c = 3,4, Aceton). Die Konfiguration der p-Nitrobenzoate (cis u. trans) u. des cis-2.4-Dinitrobenzoats wurden auf die gleiche Weise, die der sauren Phthalsäureester (cis u. trans) u. des trans-Acetats durch Hydrolyse bzw. Red. mit $LiAlH_4$ festgelegt. Aus diesen Ergebnissen folgen für die 5-Methylcyclohexen-(2)-ylderivv. vorst. absol. Konfigurationen; gleiche Konfigurationen besitzen nachst. Derivv., falls sie den in () angegebenen Drehsinn zeigen: *Chloride*, cis-(+), trans-(—); *Äthyläther*, cis-(—), trans-(—); *saure Phthalate*, cis-(+), trans-(—); *p-Nitrobenzoate*, cis-(+), trans-(—); *2.4-Dinitrobenzoate*, cis-(+), —; *Acetate*, —, trans-(—). Mit einer Ausnahme können alle akt. Isomeren durch Rkk. mit dem entsprechenden Alkohol unter Erhaltung der Konfiguration verknüpft werden.

V e r s u c h e: Falls nicht anders vermerkt, beziehen sich die $[\alpha]_D^{25}$-Werte auf die reinen Fll. (1 dm-Rohr). — (—)-**I** ($[\alpha]_D^{25}$ —5,08°, opt. Reinheit 73%), gibt bei Oxydation mit MnO_2, 19 Std. bei Raumtemp. (+)-**III** ($Kp._{10}$ 54—55°, $[\alpha]_D^{25}$ 65,5°, opt. Reinheit

77%), daraus durch Hydrierung (−)-**IV** ($[\alpha]_D^{25}$ −9,13°, 73% opt. Reinheit); (+)-**I** ($[\alpha]_D^{25}$ 2,24°, 32%) gibt (−)-**III** ($[\alpha]_D^{25}$ −27,9°, 33%); (−)-**II** ($[\alpha]_D^{25}$ −164,7°, 100%) gibt (−)-**III** ($[\alpha]_D^{25}$ −84,7°, 100%), daraus durch Hydrierung in Ggw. von Pd–$SrCO_3$ (+)-**IV** ($[\alpha]_D^{25}$ 12,5°). (J. Amer. chem. Soc. **77.** 5172—73. 5/10. 1955. Madison, Wis., Univ., Dep. of Chem.) G. WINKLER. B 225

Harlan L. Goering, Thomas D. Nevitt und **Ernest F. Silversmith,** *Stereochemie von Allylumlagerungen.* 6. Mitt. *Die Äthanolyse und Acetolyse von cis- und trans-5-Methylcyclohexen-(2)-ylchlorid.* (5. vgl. vorst. Ref.) Vff. untersuchen die Kinetik der Solvolyse von *cis-* (I) u. *trans-5-Methylcyclohexen-(2)-ylchlorid* (II) in Äthanol [Bldg. von bin. Gemischen von cis- u. trans-5-Methylcyclohexen-(2)-yläthyläther gleicher Zus., 85 ± 2% trans] u. Essigsäure [Bldg. von bin. Gemischen von cis- u. trans-5-Methylcyclohexen-(2)-ylacetat gleicher Zus., 97 ± 2% trans] auf titrimetr. (Geschwindigkeitskonstante k_t) u. polarimetr. (Geschwindigkeitskonstante k_α) Wege. Beide Rkk. sind von 1. Ordnung, S_N1-Rk., in jedem Falle ist $k_\alpha > k_t$. Das Verhältnis k_α/k_t wird prakt. von der Temp. nicht beeinflußt u. ist für die Acetolyse größer als für die Äthanolyse. Aus dieser Tatsache ergibt sich die gleichzeitige Bldg. von Solvolyseprodd. u. rac. Ausgangsprod. (entstanden durch „internal return"). Es wird gezeigt, daß die isomeren 5-Methylcyclohexen-(2)-ylacetate unter den Reaktionsbedingungen stabil sind u. daß bei dem „internal return" keine geometr. Isomerisierung eintritt. Für den Reaktionsmechanismus wird die bis zu einem gewissen Betrage reversible Bldg. eines Ionenpaarintermediären u. dessen irreversible Dissoziation in ein Carboniumionintermediäres angenommen. — Zur Bestätigung der Allylstruktur von **I** u. **II** werden die Äthanolysegeschwindigkeiten bei 30° mit denen anderer α.γ-Dialkylallylchloride verglichen; Cyclopenten-(2)-ylchlorid (**III**) wird 600mal rascher solvolysiert als Cyclohexen-(2)-ylchlorid (**IV**) u. 150mal rascher als α.γ-Dimethylallylchlorid (**V**).

V e r s u c h e: *3-Chlorcyclohexen* (**IV**), $Kp._{25}$ 52°, aus Cyclohexenol-(3) in Ae. mit $SOCl_2$, $D.^{25}_{25}$ 1,040, n_D^{25} 1,4868; 95% (Ausbeute). — *4-Chlorpenten-(2)* (**V**), $Kp._{25}$ 47—48°, aus Penten-(2)-ol-(4) wie vorst., $D.^{25}_{25}$ 0,8982, n_D^{25} 1,4327; 96%. — *3-Chlorcyclopenten* (**III**), $Kp._{25}$ 38°, durch Einleiten von HCl in frisch dest. Cyclopentadien, $D.^{25}_{25}$ 1,039, n_D^{25} 1,4728; 75%. — Äthanolysegeschwindigkeiten nachst. Allylchloride bei 30°: $k_t \cdot 10^5$ sec^{-1}, **I** 2,15 ± 0,02; **II** 1,57 ± 0,01; **III** 1130 ± 33; **IV** 1,86 ± 0,003; **V** 7,59 ± 0,07. — Aktivierungsgrößen für die Solvolyse (titrimetr.) von **I** u. **II**: **I** in A. $\Delta H^{\neq}$ 21,1 ± 0,5 kcal/Mol, $\Delta S^{\neq}$ −10,3 ± 1,7 cal/Mol·Grad, in Essigsäure + Na-Acetat (0,05mol.) 21,7 ± 0,3, −10,1 ± 1,1; **II** (in gleicher Anordnung) 22,1 ± 0,2, −7,7 ± 0,6, 22,7 ± 0,3, −7,7 ± 0,8. (J. Amer. chem. Soc. **77.** 5026—32. 5/10. 1955.) G. WINKLER. B 225

Jerrold Meinwald, *Notiz zur Anwendung der Markownikoffschen Regel auf den Verlauf der Ozonisierung.* Die Ozonisierung von unsymm. Olefinen, z. B. Isobutylen, verläuft über instabile Molozonide vom Typ **I**. Bei der Bldg. dieser Molozonide schien eine Addition entgegen der MARKOWNIKOFF-Regel stattgefunden zu haben, derart, daß das mittlere positive O-Atom des Ozons an das höher substituierte C-Atom des Olefins getreten wäre (vgl. BAILEY, Chem. Ber. **88.** [1955.] 795). Vf. zeigt, daß die Addition tatsächlich in Übereinstimmung mit der MARKOWNIKOFF-Regel u. mit den Vorstellungen

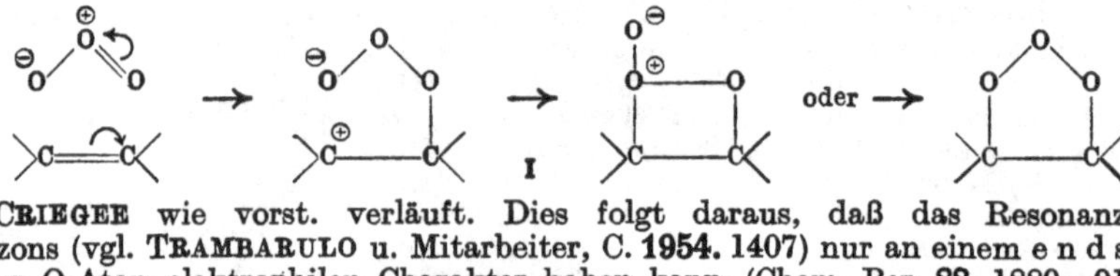

von CRIEGEE wie vorst. verläuft. Dies folgt daraus, daß das Resonanzhybrid des Ozons (vgl. TRAMBARULO u. Mitarbeiter, C. **1954.** 1407) nur an einem e n d s t ä n d i g e n O-Atom elektrophilen Charakter haben kann. (Chem. Ber. **88.** 1889—91. 1955. Ithaca, N. Y., Cornell Univ., Dep. of Chem.) J. ROTHE. B 225

M. G. Gonikberg und **W. Je. Nikitenkow,** *Einfluß des Wasserstoffdrucks auf die Geschwindigkeit und die Richtung der homogenen destruktiven Hydrierung von Alkylbenzolen.* (Vgl. C. **1955.** 11188.) Als prim. Vorgang bei der homogenen destruktiven Hydrierung der *Alkylbenzole* (**I**) wird die Bldg. von CH_3- u. Restradikalen angenommen, beide reagieren dann mit H_2 unter Bldg. der entsprechenden gesätt. KW-stoffe neben H˙, worauf mittels H˙ Kern u. Seitenkette getrennt werden u. die entstehenden C_6H_5- u. Alkylradikale wieder mit H_2 abgesätt. werden u. neues H˙ bilden. Mit steigendem H_2-Druck nimmt die Gesamtumwandlung der **I** zu, z. B. entsteht aus *Isopropylbenzol* (**II**) mehr Bzl. u. C_3H_8 im Verhältnis zu anderen fl. u. gasförmigen Prodd.; das Verhältnis Bzl.:(Toluol + Äthylbenzol) nimmt stärker zu als das Verhältnis C_3H_8:(CH_4 + C_2H_6), weil sich C_3H_8 prakt. nur aus **II** bildet, dagegen nur in untergeordnetem Maße aus CH_3˙

u. C_2H_5·, im Gegensatz zum therm. Zerfall, bei dem nur CH_4 u. C_2H_6, kein C_3H_8, entsteht. (Доклады Академии Наук СССР [Ber. Akad. Wiss. UdSSR] **102.** 949—52. 11/6. 1955. Zelinsky-Inst. für organ. Chem. der Akad. der Wiss. der UdSSR.)

R. K. MÜLLER. B 225

Robert Nilsson, *Über die Hydrolyse von Acetylcholinjodid.* Die alkal. (NaOH) u. saure (HCl) Hydrolyse von *Acetylcholinjodid* (F. 162—164°) wurde bei 20° untersucht. Die alkal. Verseifung zeigt einen ausgeprägten Salzeffekt. Die Berechnung der Geschwindigkeitskonstanten 2. Ordnung k_0 (für $\mu = 0$) nach $\log k = \log k_0 - \sqrt{\mu}$ führt zu verschied. Werten in Abhängigkeit von der Art des zugesetzten Neutralsalzes, dagegen gibt graph. Extrapolation auf $\mu = 0$ jeweils $k_0 = 100$. Die Geschwindigkeit der sauren Hydrolyse ist der $[H^+]$ direkt proportional mit $k/[H^+] = 10^{-3}$ (keine Angabe der Einheiten). Sie wird durch Salzzusätze nicht beeinflußt. (Svensk kem. Tidskr. **65.** 213—15. 1953. Lund, Univ., Dep. of Organ. Chem.)

G. LOHAUS. B 225

J. A. A. Ketelaar, H. R. Gersmann und **K. Koopmans,** *Die Geschwindigkeit der Hydrolyse von einigen p-Nitrophenylestern der Orthophosphor- und Thiophosphorsäure.* Vff. dehnen ihre früheren Messungen (C. **1954.** 11029) über die Hydrolysegeschwindigkeit v von O.O-Diäthyl-O-p-nitrophenylthiophosphat (Parathion) u. von dessen Dimethylanalogen auf diejenigen Thiophosphorsäureester aus, welche 2 oder 3 p-Nitrophenylgruppen besitzen. Ferner wird v für die entsprechenden Phosphorsäureester bestimmt. Diese Messungen wurden im Hinblick auf einen möglichen Zusammenhang zwischen v u. physiol. Wrkg. gemacht. Lösungsm. war 50%ig. Aceton, die Messungen wurden bei verschied. Tempp. in W., 0,01—0,2n NaOH sowie in Ggw. von Citronensäure–Phosphat-Puffern durchgeführt. An *Äthyl-bis-[p-nitrophenyl]-phosphat* (I) wird gezeigt, daß die Geschwindigkeitskonstante k mit steigender OH^--Konz. ansteigt. Die v der Phosphorsäureester ist beträchtlich höher als die der entsprechenden Thiophosphorsäureester. Es wird als Reaktionsmechanismus angenommen: Addition des OH^- an die P=O- bzw. P=S-Doppelbindung. S ist weniger elektronegativ als O, daher ist das P-Atom im Falle der Thioverb. weniger positiv als im Falle der O-Verb., was eine höhere Aktivierungsenergie zur Folge hat. Die v steigt mit der Zahl der p-Nitrophenylgruppen sehr stark an. Die Methylester hydrolysieren etwas schneller als die Äthylester. Der sehr niedrige Frequenzfaktor bei den *Tris-p-nitrophenylverbb.* wird auf ster. Effekte zurückgeführt. In 50%ig. Acetonlsg. wurden in alkal. Medium folgende Werte erhalten: *Diäthyl-p-nitrophenylphosphat,* 8,64 (logarithm. Frequenzfaktor), 12400 (Aktivierungsenergie). — I, 11,96, 14300. — *Methyl-bis-[p-nitrophenyl]-phosphat,* 11,25, 13400. — *Tris-p-nitrophenylphosphat* (II), 6,34, 4100. — *O.O-Diäthyl-O-p-nitrophenylthiophosphat,* 11,96, 19200. — *O.O-Dimethyl-O-p-nitrophenylthiophosphat,* 11,26, 16700. — *O-Äthyl-O.O-bis-[p-nitrophenyl]-thiophosphat,* 8,73, 12100. — *O-Methyl-O.O-bis-[p-nitrophenyl]-thiophosphat,* 10,33, 13900. — *O.O.O-Tris-[p-nitrophenyl]-thiophosphat,* 5,21, 5700. — Bei der Hydrolyse in neutralem Medium ergaben sich folgende Werte: für I 6,73, 14300 u. II 1,84, 4100. (Recueil Trav. chim. Pays-Bas **71.** 1253—58. Nov. 1952. Amsterdam, Univ., Labor. for Gen. and Anorgan. Chem.)

J. MATTNER. B 225

John D. Roberts und **Rudolph A. Carboni,** *Elektrische Effekte von Substituentengruppen. Reaktivitäten substituierter Phenylpropiolsäuren.* Vff. untersuchten die Rkk. folgender Phenylpropiolsäuren mit Diphenyldiazomethan sowie die alkal. Verseifung der entsprechenden Äthylester: *Phenylpropiolsäure* (I), F. 137,5°. *Äthylester,* $Kp._{3-4}$ 102—105°; n_D^{25} 1,5521. — *2-Chlor-* (II), F. 133—135°. *Äthylester,* $Kp._{4-5}$ 121—126°; n_D^{25} 1,5599. — *3-Chlor-* (III), F. 148—149°. *Äthylester,* $Kp._7$ 153°; n_D^{25} 1,5600. — *4-Chlor-* (IV), $C_9H_5O_2Cl$, F. 193—195° (Decarboxylierung mit 5%ig. wss. Cu-Acetat, 4 Std. bei 130° im Rohr, gab *p-Chlorphenylacetylen,* F. 44,8—45,4°). *Äthylester,* $C_{11}H_9O_2Cl$, F. 43—44°. — *2-Nitro-* (V), F. 163—164°. *Äthylester,* F. 60—62°. — *3-Nitro-* (VI), F. 143—143,5°. — *4-Nitro-* (VII), F. 206—208°. *Äthylester,* F. 125—126°. — Folgende Werte wurden ermittelt (scheinbare Ionisationskonstante $K \cdot 10^4$ in 50%ig. A. bei 25°; Geschwindigkeit der Rk. mit Diphenyldiazomethan in 100%ig. A. bei 30° [$Liter \cdot Mol^{-1} \cdot min^{-1}$]; ebenso in 100%ig. Dioxan; Hydrolysegeschwindigkeit des Esters in 87,83%ig. A. [$Liter \cdot Mol^{-1} \cdot min^{-1}$]): **I**, 2,63; 19,6; 3,32; 0,48. — **II**, 3,09; 23,4; 5,64; 3,4. — **III**, 3,64; 25,6; 6,34; 3,3. — **IV**, 3,39; 21,8; 5,25; 3,6. — **V**, 4,08; 29,7; 10,5; 12. — **VI**, 5,25; 33,3; 14,0; nicht ermittelt. — **VII**, 5,50; 32,5; 18,9; 19. — Diese Ergebnisse werden ausführlich vom Standpunkt der HAMMETT-Gleichung u. unter elektronentheoret. Gesichtspunkten diskutiert. Für die obenst. Rkk. u. Gleichgewichte ergeben sich als ϱ-Werte: **—3,57; 1,286; 0,498; —0,149.** Vff. schließen, daß bei der Übertragung elektr. Einfll. von dipolaren Substituenten zu einem Reaktionszentrum dem induktiven Effekt u. dem Feldeffekt eine vergleichbare Bedeutung zukommt. (J. Amer. chem. Soc. **77.** 5554—58. 5/11. 1955. Cambridge, Mass., MIT, Dep. of Chem.)

J. ROTHE. B 225

Ryuzaburo Nodzu und **Toshizo Isoshima,** *Reaktion von Keten mit Acetessigester in Gegenwart einiger organischer Basen.* Während durch Rk. von *Keten* mit *Acetessigester* in Ggw. von Dimethylanilin, Chinolin, Triäthylamin u. Piperidin unter Eiskühlung hauptsächlich O-Acetylderiv., in der Hitze meist C-Acetylderiv. gebildet wird, liefert die Rk. in Ggw. von Pyridin auch in der Wärme vorwiegend O-Acetylderivat. Es scheint kein Zusammenhang zwischen der K_B der Basen u. dem Reaktionstyp zu bestehen. (Bull. Inst. chem. Res., Kyoto Univ. [Kagaku Kenkyusho Hokoku] **32.** 37. Jan. 1954. Nodzu Labor. [Orig.: engl.]) Horst Baganz. B 225

Stanley J. Cristol und **Robert F. Helmreich,** *Mechanismen von Eliminierungsreaktionen.* 15. Mitt. *Die Reaktion von Phenyllithium mit cis- und trans-β-Bromstyrol.* (14. vgl. C. **1956.** 73.) *cis-* (I) u. *trans-β-Bromstyrol* (II) werden durch PhLi (Ph = C_6H_5) in Ae. in *Phenylacetylen* übergeführt, wobei **II** bei 25° doppelt so schnell reagiert wie **I.** In Di-n-butyläther ist **II** ca. 6mal so reaktionsfähig wie **I** (Reaktionsgeschwindigkeiten bei 2,10°: **I** 3,81, **II** 21,1 Liter·Mol^{-1}·$Sek.^{-1}$); in bezug auf PhLi ist die Rk. hier eher 1. als 2. Ordnung, im Gegensatz zu den mit *β-Chlorstyrol* (**III**) erhaltenen Ergebnissen (vgl. Wittig u. Harborth, Ber. dtsch. chem. Ges. **77B.** [1944.] 315). **III,** dargestellt aus Na-erythro-α.β-Dichlor-β-phenylpropionat nach Biltz [1897], n_D^{25} 1,5729, ist ein Isomerengemisch, das aus ca. 70% der cis- u. 30% der trans-Verb. besteht. Dies folgt aus der Kinetik der Rk. von **III** mit äthanol. KOH: Bei 91,2° setzten 70% leicht Cl^--Ion in Freiheit, der Rest verhielt sich träge (Reaktionsgeschwindigkeiten $2 \cdot 10^{-5}$ [Liter·Mol^{-1}·$Sek.^{-1}$] bei 60°, $9 \cdot 10^{-4}$ bei 91,2°). — Für die obige Rk. schlagen Vff. sowohl für **I** als auch für **II** nachst. α-Eliminierungsmechanismus vor, den sie ausführlich diskutieren: PhCH = CHBr + PhLi → PhCH = CLiBr + PhH; PhCH=CLiBr → LiBr + PhCH=C:; PhCH=C: → PhC≡CH; PhC≡CH + PhLi → PhCH≡CLi + PhH, wobei vielleicht einige der Einzelstufen gekoppelt ablaufen. (J. Amer. chem. Soc. **77.** 5034—38. 5/10. 1955. Boulder, Colo., Univ., Dep. of Chem.) J. Rothe. B 225

C. N. Hinshelwood, *Die thermische Zersetzung von Kohlenwasserstoffen.* Vortrag. Die therm. Zers. von KW-stoffen wird unter folgenden 4 Gesichtspunkten besprochen: 1. Die organ. Chemie der Rkk.; 2. die Kinetik von Ketten-Rkk.; 3. Beeinflussung der rückläufigen Rk. in Gleichgewichtssystemen durch Inhibitoren; 4. die Theorie der monomol. Rkk. in verhältnismäßig komplexen Molekülen. Zu 1. wird festgestellt, daß die therm. Spaltung von Paraffinen nebeneinander z. T. über eine direkte mol. Rk. unter H-Verschiebung, z. T. über einen Radikalkettenmechanismus (inhibierbar durch NO oder Propylen) verläuft. Normalerweise entsteht ein Mol. Paraffin u. ein Mol. Olefin, von *Pentan* aufwärts ersteres immer aus dem kleineren Bruchstück. Bei der Zers. von *Äthan* bildet sich nach den beiden erwähnten Mechanismen Äthylen u. H_2, daneben jedoch noch in irreversibler Rk. Methan. Die Ergebnisse der Inhibitionsverss. mit NO deuten darauf hin, daß die Bldg. von CH_4 nach $C_2H_6 \rightarrow CH_4 + CH_2$ erfolgt, wobei also Methylenradikale entstehen. Die bei der NO-Inhibition prim. gebildeten Verbb. RNO zerfallen unter den Reaktionsbedingungen u. geben schließlich W. u. HCN. Die Pyrolyse von Olefinen nimmt einen ganz anderen Verlauf, sie beginnt zumindest bei *Äthylen* u. *Propylen* mit einer Polymerisation mit anschließender Abspaltung von CH_4. — Unter 2. wird eine Erklärung für die Beobachtung gegeben, daß bei der Pyrolyse von z. B. *n-Butan* nach beiden Reaktionsmechanismen die Prodd. prakt. gleich zusammengesetzt sind. Die Verss. mit NO zeigen, daß die Inhibitorwrkg. auf der Konkurrenz mit der bimol. Rk. zwischen einem kleinen Radikal u. dem KW-stoff u. nicht mit der Zers. 1. Ordnung eines großen Radikals beruht. Da ein Teil des NO auch andere Rkk. eingeht, bedeutet der Wert von 60, der sich aus seinem Verbrauch errechnet, nur einen Minimalwert für die Kettenlänge bei der Zers. von *Pentan.* Durch die Abspaltung von H wird kein NO verbraucht, sondern es wird in der Reaktionsfolge NO + H → NOH, 2 NOH → H_2 + 2 NO regeneriert. — Unter 3. wird festgestellt, daß in dem Gleichgewicht $C_2H_6 \rightleftharpoons C_2H_4 + H_2$ auch die Vereinigung von C_2H_4 u. H_2 z. T. in mol., z. T. in einer Ketten-Rk. erfolgt. Die Wrkg. von Inhibitoren auf beide Ketten-Rkk. wird untersucht u. der experimentelle Befund, daß durch eine bestimmte Menge NO Hin- u. Rück-Rk. im gleichen Verhältnis verzögert werden, als Konsequenz des Prinzips der mkr. Umkehrbarkeit erklärt. — Die unter 4. besprochenen Beobachtungen erfordern eine Ausweitung des Begriffes des Übergangszustandes. Für 7 von 13 untersuchten Paraffinen wurden Häufigkeitsfaktoren des monomol. Zerfalls zwischen 10^{13} u. 10^{18} festgestellt, also Werte, die erheblich über den n. Frequenzen von C—C-Bindungen liegen. Als wahrscheinlichste Erklärung kann angenommen werden, daß als Vorbedingung für den Zerfall tatsächlich nicht die Lokalisierung der nötigen Energie in einer einzigen Bindung erforderlich ist, sondern daß eine Vielzahl von Energieverteilungen in ihrer Nachbarschaft zu ihrer Spaltung Anlaß geben kann. Eine Gruppe von Paraffinen zeigt bei Anwachsen des Druckes von sehr geringen Werten an nicht nur den n. einfachen sondern einen zweifachen Übergang von der 2. zur 1. Ordnung, wobei die Zus. der Prodd. von Druck u. Temp. unabhängig ist. Hier scheinen demnach nebeneinander 2 Mechanismen zu bestehen. Möglicherweise ist für den einen die Aktivierung der C—C-Bindung, für den anderen die der C—H-Bindungen entscheidend. Im letzten Fall wird eine „geschmolzene" Schicht von H-Atomen, die nicht mehr individuellen C-Atomen, sondern dem gesamten C-Gerüst angehören, angenommen; ihre Bldg. könnte von dessen Struktur abhängen. (Svensk kem. Tidskr. **65.** 195—203. 1953.) G. LOHAUS. B 225

Joseph B. Levy, *Die Zersetzung von Diäthylperoxyd in Gegenwart von Stickoxyd und Äthylnitrit.* Vf. untersuchte die Umsetzung von *Diäthylperoxyd* (I) mit *NO* bei 181°. Die Reaktionsprodd. wurden durch Infrarotspektroskopie bestimmt: Es entsteht *Äthylnitrit* (II) mit einer maximalen Ausbeute von 66%; eine Identifizierung der Restprodd. gelang nicht. Die bei der Zers. von I beobachtete Induktionsperiode von 6 Sek. wurde durch den Zusatz von NO auf 2 Min. gesteigert. — Zur Unters. der therm. Zers. von II wurde I bei 181° in Ggw. von II zersetzt. I (Halbwertszeit 8 Sek.) sollte dabei kontinuierlich C_2H_5—O'-Radikale für die Zers. von II (Halbwertszeit 130 Min.) liefern. Es erfolgte jedoch keinerlei Zers. von II innerhalb der ersten 4 Minuten. Vf. lehnt daher einen Reaktionsmechanismus nach $C_2H_5ONO \rightleftharpoons C_2H_5O^{\bullet} + NO$; $C_2H_5O\cdot + C_2H_5ONO \rightarrow C_2H_5OH + CH_3\dot{C}HONO$ ab (vgl. STEACIE u. Mitarbeiter, J. chem. Physics **4.** [1936.] 504 u. früher; RICE u. RODOWSKAS, J. Amer. chem. Soc. **57.** [1935.] 350). Statt dessen formuliert er: $C_2H_5ONO \rightleftharpoons C_2H_5O\cdot + NO$ (1); $2\,C_2H_5O\cdot \rightarrow C_2H_5OH + CH_3CHO$ (2); $C_2H_5O\cdot \rightarrow CH_3\cdot + CH_2O$ (3); $2\,CH_3\cdot \rightarrow C_2H_6$ (4). (1) u. (2) herrschen bei höheren Drucken vor, während die Rk. bei niedrigen Drucken vor allem nach (1), (3) u. (4) abläuft. (J. Amer. chem. Soc. **75.** 1801—03. 20/4. 1953. Silver Spring, Md., Naval Ordnance Labors., Explosive Res. Dep.) J. KLEINWÄCHTER. B 225

F. H. Pollard, H. S. B. Marshall und **A. E. Pedler,** *Einfluß von Stickoxyd auf die thermische Zersetzung von Äthylnitrat.* (Vorl. Mitt. vgl. C. **1955.** 2868.) Vff. untersuchen den Einfl. von NO-Zusätzen auf die therm. Zers. von *Äthylnitrat* (I) in der Gasphase durch Messung des maximalen Partialdruckes des während der Rk. gebildeten NO_2 u. der Zeit, in der dieser auftritt. Mit steigenden NO-Zusätzen wächst der maximale Partialdruck von NO_2 u. sinkt die Zeitspanne bis zu seinem Auftreten. Vff. berechnen, daß das gebildete NO_2 nicht nur aus der therm. Zers. von I stammen kann u. schließen auf eine Rk. $C_2H_5ONO_2 + NO \rightarrow C_2H_5ONO + NO_2 + 5$ kcal. Die Anfangsgeschwindigkeit der Drucksteigerung nimmt bei Zusatz von NO in gleicher Weise wie bei Zusatz von NO_2 ab. Vff. deuten dies als Wrkg. des Äthylnitrits, das im gleichen Temperaturbereich langsamer als I zerfällt. (Nature [London] **171.** 1154—55. 27/6. 1953. Bristol, Univ., Dep. of Chem.) G. PAULIG. B 225

Józef Berak und **Roger Ellmann,** *Mechanismus der Kohlenwasserstoffsynthese nach Fischer-Tropsch.* Die bisher entwickelten Theorien (Hydrierungs-, Carbid-, Chemisorptionstheorie) werden beschrieben u. krit. verglichen. Da keine dieser Theorien voll befriedigt, kann man sie nur als Hypothesen bezeichnen. — 41 Literaturangaben. (Wiadomości chem. **9.** 129—50. März 1955.) F. URBAN. B 227

A. N. Baschkirow und **Ss. M. Loktew,** *Über die katalytische Aktivität von Siliciumdioxyd bei Synthesen aus Kohlenoxyd und Wasserstoff.* Synthet. *SiO_2* (I)-Katalysatoren sind bes. bei Ggw. geringer Alkalimengen (K_2CO_3, Borax u. a.) bei der KW-stoffsynth. aus CO u. H_2 bei 350—500° u. 20—100 at wirksam. Bei Raumgeschwindigkeiten 100 bis 300 Std.$^{-1}$ u. CO:H_2 = 1:1 erhält man 120—130 g/m³ Gesamt-KW-stoffe, darunter 30—65 g/m³ fl. Prodd.; bei 30 at u. 350—450° wird CO zu 80—95% umgesetzt, Kontraktion 50—60%. Bei 500° entsteht nur noch Gas (hauptsächlich CH_4). Nur aus 10% des umgesetzten CO bildet sich als Nebenprod. Wasser. Die fl. u. gasförmigen Prodd. sind stark ungesätt. (50—60%). Gegenüber ThO_2 (auch mit Al_2O_3) unterscheidet sich I bes. durch seine Verwendbarkeit bei mittleren Drucken. (Доклады Академии Наук СССР [Ber. Akad. Wiss. UdSSR] **102.** 947—48. 11/6. 1955. Erdölinst. der Akad. der Wiss. der UdSSR.) R. K. MÜLLER. B 227

Je. I. Margoliss, S. I. Rogosowskaja und **M. W. Schtschekina,** *Zur Frage der katalytischen Isomerisation von Pentamethylenkohlenwasserstoffen.* Um festzustellen, welchen Einfl. eine Verlängerung der Seitenkette von Pentamethylen-KW-stoffen auf die Fähigkeit des fünfgliedrigen Ringes, sich (auf Kosten des C der Seitenkette) in einen sechsgliedrigen Ring umzuwandeln, ausübt, untersuchten Vff. das Verh. von *n-Propyl-* u. *-Butylcyclopentan* beim Überleiten über Pd-Asbest (bei 305—310°) unter Bedingungen einer Dehydrierungskatalyse. Dabei erlitten die obengenannten Cyclopentane eine teilweise Isomerisierung zu sechsgliedrigen Cycloalkanen unter darauffolgender Dehydrierung. Die Menge der gebildeten aromat. KW-stoffe im Katalysat betrug 15—16%. Sie bestanden im Falle von n-Propylcyclopentan aus ungefähr gleichen Mengen *Äthylbenzol* u. *o-Xylol*. Im Falle von Butylcyclopentan wurde im Katalysat nur ein aromat. KW-stoff, nämlich *Propylbenzol* (Kp.$_{755}$ 158°; n_D^{20} 1,4920; D.$^{20}_4$ 0,8631) festgestellt. Bei den Rkk. wird der Fünfring nicht unter Bldg. von Paraffin-KW-stoffen gespalten. (Вестник Московского Университета, Серия Физико-Математических и Естественных Наук [Nachr. Moskauer Univ.] **8.** Nr. 8. [physik.-math. naturwiss. Ser.] Nr. 5. 125 bis 29. Aug. 1953. Lehrstuhl für Erdöl-Chem.) K. Hoinkis. B 227

K. W. Toptschijewa, Je. N. Rossolowskaja, Je. G. Treschtschowa, Ss. Ss. Nowikow und **Ss. I. Chromow,** *Umwandlungen der Cyclopentanhomologen an einem Aluminiumsilicatkatalysator.* Über einen Al-Silicatkatalysator in Form von Kügelchen werden die Dämpfe der KW-stoffe bei 500 ± 1° mit Raumgeschwindigkeit 0,5 geleitet. *Cyclopentan* wird hierbei prakt. nicht verändert, *Methylcyclopentan* nur wenig, bei höheren Homologen (*Äthyl-, Isopropyl-, Butylcyclopentan*) nimmt der Umwandlungsgrad mit steigendem Mol.-Gew. zu; er erreicht beim Butylderiv. 60%, wobei das entstehende Gemisch mono- u. trisubstituierte Homologe des Bzl., Pentamethylene mit geringerer Anzahl von C-Atomen als der Ausgangsstoff u. eine merkliche Menge Alkene verschied. Konst. enthält. Beim Isopropylderiv. fällt die Bldg. einer merklichen Menge von Cyclohexanhomologen (*Methyl-, trans-1.2-Dimethylcyclohexan*) auf; Umwandlungsgrad 66%. (Вестник Московского Университета, Серия Физико-Математических и Естественных Наук [Nachr. Moskauer Univ.] **8.** Nr. 12. [physik.-math. naturwiss. Ser.] Nr. 8. 97—100. Dez. 1953. Lehrstuhl für physik. Chem.) R. K. Müller. B 227

C. Präparative organische Chemie. Naturstoffe.

Djordje M. Dimitrijević und **Ostoja K. Stojanović,** *Über die Reaktion der Beckmannschen Umlagerung beim 4.4'-Bis-[dimethylamino]-benzophenonoxim.* Bei *4.4'-Bis-[dimethylamino]-benzophenonoxim* (I) findet unter dem Einfl. der üblichen Umlagerungsmittel (PCl_5, $SOCl_2$ in Chlf., P_2O_5 + Chlf., Ameisensäure, auch mit $SOCl_2$ oder HCl, konz. H_2SO_4 bei 110°) keine Umlagerung statt. Die Umlagerung gelingt mit konz. H_2SO_4 bei 130° (3 Std.), mit konz. H_2SO_4 oder P_2O_5 + Ameisensäure auf dem Wasserbad (4 Std.), wobei man *p-Dimethylaminobenzoesäure* u. *p-Aminodimethylanilin* erhält. Bei Umlagerung mit $SbCl_5$ in Chlf. (Rückfluß, 4 Std.) entsteht 4-Dimethylaminobenzoesäure-4'-dimethylaminoanilid, $C_{17}H_{21}ON_3$, F. 143,5°. Die systemat. Unters. der Umlagerung des I u. des Benzophenonoxims (II) mit konz. H_2SO_4 bei 30—190° bzw. 30—90° unter Messung der Brechungsindices (n_D^{30}) ergibt bei I erst bei 130° eine Änderung von n_D, bei II schon bei gewöhnlicher Temp., ein Beweis dafür, daß die $N(CH_3)_2$-Gruppe am Phenylrest die Beckmannsche Umlagerung stark erschwert. (Гласник Хемиског Друштва Београд [Ber. chem. Ges. Belgrad] **19.** 405—14. 1954. Belgrad, Technol. Fak., Inst. für organ. Chem.) R. K. Müller. 470

Mason H. Earing und **John B. Cloke,** *Eine neue Synthese von Chloroform-d.* Zur Darst. von $DCCl_3$ wurden 30 g wasserfreies Ca-Trichloracetat (I) mit 10 ml D_2O in Ggw. von wenig Na 3 Std. auf 125° (Badtemp.) erhitzt; Kp. 61,5°, D.$^{20}_4$ 1,5007, n_D^{20} 1,4451; 8,4 ml D_2O wurden zurückerhalten; 60% (Ausbeute), bezogen auf umgesetztes D_2O. Die Messung des Infrarotspektr. ergab einen Reinheitsgrad von 0,960, die Messung der D. einen von 0,952. I wurde wasserfrei gewonnen durch 80std. Trocknen über P_2O_5 im Hochvakuum. (J. Amer. chem. Soc. **73.** 769—70. 15/2. 1951. Troy, N. Y., Rensselaer Polytechn. Inst., Walker Labor.) I. Festl. 480

W. M. Boyer, R. B. Bernstein, T. L. Brown und **V. H. Dibeler,** *Untersuchung der Deuterohaloformsynthese. Eine neue Darstellung von Chloroform-d.* Es werden *$DCCl_3$* u. *$DCBr_3$* aus Chloral bzw. Bromal durch Rk. mit NaOD bei −78° dargestellt. Der Geh. an $CHCl_3$ bzw. $CHBr_3$ in den markierten Verbb. wird durch Messung der D., des Infrarotspektr. u. massenspektrometr. zu ∼4% bestimmt. Die Bldg. von $CHCl_3$ bzw. $CHBr_3$ wird auf eine Wanderung des H-Atoms vom $C_{(CHO)}$ zum $C_{(CCl)}$ zurückgeführt u. nicht auf einen Austausch zwischen $CDCl_3$ ($CDBr_3$) u. dem Lösungsm. bzw. dem entstehenden Na-Formiat. Dafür spricht auch, daß Vff. $CDCl_3$ mit einem höheren Reinheitsgrad (99,2%) durch Einw. von NaOD auf Trichloracetophenon nach einer Meth. von Aston u. Mitarbeitern (J. Amer. chem. Soc. **64.** [1942.] 1415) darstellen konnten. (J. Amer. chem. Soc. **73.** 770—72. Febr. 1951. Chicago, Ill., Illinois Inst. of Technol. u. Nat. Bur. of Stand.) I. Festl. 480

Yoshifusa Shimada, *Oxydation gasförmiger Olefine.* Überblick. — 71 Literaturangaben. (J. Soc. org. synth. Chem., Japan **13.** 64—71. Febr. 1955. Tokio, Nihon-Syokubai-Kagaku K. K. [Orig.: japan.]) E. Maekawa. 520

Rikio Kobayashi, *Über die Synthesen höherer Alkohole, besonders durch Guerbet-Reaktion.* Überblick. — 71 Literaturangaben. (J. Soc. org. synth. Chem., Japan **13.** 85—90. Febr. 1955. Tokio, Kōgyō-Sikenzyo. [Orig.: japan.]) E. MAEKAWA. 550

Ju. Ss. Salkind und **S. N. Koljasskina,** *Synthese der Äther von 2.7-Dimethylocta-diin-(3.5)-diol-(2.7).* 3-Methyl-3-methoxybutin-(1) (**I**) bzw. 3-Methyl-3-äthoxybutin-(1) (**II**) werden durch O_2 in Ggw. von Cu_2Cl_2 zu *2.7-Dimethyl-2.7-dimethoxyoctadiin-(3.5)* bzw. *2.7-Dimethyl-2.7-diäthoxyoctadiin-(3.5)* oxydiert. Beim Behandeln mit C_2H_5MgBr liefern beide *3.3.8.8-Tetramethyldecadiin-(4.6).*

Versuche: *2.7-Dimethyl-2.7-diäthoxyoctadiin-(3.5)* (**III**), $C_{14}H_{22}O_2$, Kp.$_{10}$ 119 bis 120°; man tropft in 1,5—2 Std. unter Rühren 7,2 g **II** in 80 ml Ä. zu 8 g Cu_2Cl_2 u. 16 g NH_4Cl in 40 ml W. u. leitet unter weiterem Rühren 5—6 Std. O_2 oder Luft durch; $D.^{20}_4$ 0,8897; n_D^{20} 1,4656; dicke Fl. von schwachem, angenehmem Geruch; 6 g (Ausbeute). Liefert bei $KMnO_4$-Oxydation *Äthoxyisobuttersäure* u. *Oxalsäure,* bei Hydrolyse mit 7%ig. H_2SO_4 bei 70—75° unter Rühren in 22 Std. *2.7-Dimethyloctadiin-(3.5)-diol-(2.7).* — *3.3.8.8-Tetramethyldecadiin-(4.6),* $C_{14}H_{22}$, Kp.$_{10}$ 94—96°; aus **III** u. C_2H_5MgBr anfangs unter Kühlen, dann bei 36—40°; $D.^{19}_4$ 0,8308; n_D^{19} 1,4692. — *2.7-Dimethyl-2.7-dimethoxyoctadiin-(3.5),* $C_{12}H_{18}O_2$, Kp.$_{10}$ 105—106°; aus **I**; $D.^{20}_4$ 0,9122; n_D^{20} 1,4677. (Журнал Общей Химии [J. allg. Chem.] **22** (**84**). 2148—51. Dez. 1952. Leningrad, Pädagog. Herzen-Inst.) H. SCHMEISS. 570

J. S. Harding und **L. N. Owen,** *Dithiole.* 13. Mitt. *Die alkalische Hydrolyse von acetylierten vicinalen Oxythiolen.* (12. vgl. MILES, C. **1955.** 11554.) Die Geschwindigkeit der Abspaltung von Acetylgruppen u. der Freisetzung von Mercaptangruppen bei der alkal. Hydrolyse von partiell u. vollacetylierten Derivv. von *2-Mercaptoäthanol, trans-2-Mercaptocyclohexanol, trans-2-Mercaptocyclopentanol* u. *2.3-Dimercaptopropanol* wurde bestimmt, sowie der Grad der Cyclisierung zum entsprechenden 1.2-Sulfid gemessen (zwischen 25—90%). Bei S-Acetylderivv. ist die Cyclisierung immer von einer Wanderung der Acetylgruppe vom S → O begleitet. Die Bldg. der cycl. Sulfide ist wahrscheinlich auf intramol. Substitution der Acetoxygruppe durch das benachbarte $—S^-$ zurückzuführen. — Verss. zur Synth. von cis-2-Mercaptocyclohexanol aus trans-2-Acetylmercaptocyclohexyltoluol-p-sulfonat verliefen ergebnislos.

Versuche: *2-Mercaptoäthylacetat* (**IV**), $C_4H_8O_2S$, Kp.$_{12}$ 63°, aus 2 g Acetylmercaptoäthanol (**V**, Kp.$_{15}$ 95°, n_D^{20} 1,4720) mit n-Na_2CO_3-Lsg. 8 Min. bei 0°, bei —10° in 2n HCl gießen; n_D^{19} 1,4614; 0,89 g (Ausbeute). — *2-Benzoylmercaptoäthylbenzoat,* $C_{16}H_{14}O_3S$, Kp.$_{0,001}$ 167—177°, aus 5 g 2-Mercaptoäthanol (**X**) in Pyridin mit 20 g Benzoylchlorid, 5 Std. bei 0°; n_D^{18} 1,5965; 6 g. — *2-[p-Nitrobenzoylmercapto]-äthyl-p-nitrobenzoat,* $C_{16}H_{12}O_7N_2S$, F. 145° (Bzl./Leichtbenzin). — *trans-2-Acetylmercaptocyclopentanol* (**VI**), $C_7H_{12}O_2S$, Kp.$_{0,001}$ 69°, aus 10,3 g Cyclopentenoxyd u. 9,8 g Thiolessigsäure, 4 Tage bei Zimmertemp.; n_D^{17} 1,5133; 14,4 g; *α-Naphthylurethan,* $C_{18}H_{19}O_3NS$, F. 118° (Bzn.); *Acetat,* $C_9H_{14}O_3S$, Kp.$_{0,5}$ 90°; n_D^{22} 1,4888. — *trans-2-Mercaptocyclopentanol* (**II**), $C_5H_{10}OS$, Kp.$_{15}$ 97°, aus 12 g vorst. Verb. in methanol. HCl (0,8 %), 4 Tage bei Zimmertemp.; n_D^{17} 1,5180; 2,5 g; daneben 0,95 g *Cyclopentensulfid* (**I**), Kp.$_{15}$ 45°; n_D^{17} 1,5262; *Bis-phenylurethan,* $C_{19}H_{20}O_3N_2S$, F. 162° (Bzn.). — *trans-2-Mercaptocyclopentylacetat* (**VII**), $C_7H_{12}O_2S$, Kp.$_{15}$ 93—95°, aus 2,1 g **II** u. Acetanhydrid in Ggw. von H_2SO_4 bei Zimmertemp.; n_D^{14} 1,4845; 1 g; gibt bei Wasserdampfdest. im Vakuum in Ggw. von wss. Na_2CO_3 in 20%ig. Ausbeute **I**, Kp. 125—130°; n_D^{11} 1,5240. — *trans-2-Acetylmercaptocyclohexyltoluol-p-sulfonat* (**III**), $C_{15}H_{20}O_4S_2$, F. 58° (Bzl.), aus 34 g trans-2-Acetylmercaptocyclohexanol (**VIII**, Kp.$_{0,002}$ 85°, n_D^{18} 1,5204) in Pyridin mit p-Toluolsulfonylchlorid 20 Std. bei 0°; 40 g. Erhitzen von **III** mit $CaCO_3$ in Ä., 24 Std. unter N_2, gibt 18,6 g *2-Acetylmercaptocyclohexyläthyläther,* $C_{10}H_{18}O_2S$, Kp.$_{0,0001}$ 67—70°; n_D^{16} 1,4924; Rk. von **III** mit 2n NaOH, 20 Std. bei Zimmertemp. unter N_2 führt zu *Äthyl-2-mercaptocyclohexyläther,* $C_8H_{16}OS$, Kp.$_{0,5}$ 48—50°; n_D^{18} 1,4820; Erhitzen von **I** mit $CaCO_3$ in W. u. Dioxan, 4 Std., gibt *trans-2-Mercaptocyclohexylacetat* (**IX**), Kp.$_{0,01}$ 70°; n_D^{17} 1,4884; *Phenylurethan,* $C_{15}H_{19}O_3NS$, F. 122° (Bzn.); Erhitzen von **I** mit wss. $NaHCO_3$, 3 Std., *Cyclohexensulfid,* Kp.$_{25}$ 75° neben polymerem Material. — Außer den Verbb. **IV**—**IX** wurden untersucht: *2-Acetylmercaptoäthylacetat,* Kp.$_{15}$ 104° (aus **X** mit Acetanhydrid in Ggw. von H_2SO_4); *trans-2-Acetylmercaptocyclohexylacetat,* Kp.$_{10}$ 132°, n_D^{20} 1,4800 (aus **IX** analog vorst.); *trans-2-Acetylmercaptocyclopentylacetat,* Kp.$_{0,5}$ 90°, n_D^{22} 1,4888 (aus **VI**); *2.3-Bis-acetylmercaptopropanol; 2.3-Dimercaptopropylacetat,* Kp.$_{0,8}$ 93—94°, n_D^{15} 1,5245, u. *2.3-Bis-acetylmercaptopropylacetat,* Kp.$_{0,1}$ 124°, n_D^{21} 1,5140. (J. chem. Soc. [London] **1954.** 1528—36. Mai. London, Imp. Coll. of Sci. and Technol., Dep. of Chem.) H. ULRICH. 600

J. S. Harding und **L. N. Owen,** *Dithiole.* 14. Mitt. *Die alkalische Hydrolyse von acetylierten nichtvicinalen Oxythiolen.* (13. vgl. vorst. Ref.) Vff. beschreiben die quantitative alkal. Hydrolyse von partiell u. vollständig acetylierten Derivv. von *3.4-Dimercaptobutanol* (**I**), *4-Mercaptobutanol* (**II**), *3-Mercaptobutanol* (**III**) u. *3-Mercaptopropanol* (**IV**) u. zeigen, daß Ringschluß nur bei **I** erfolgt. Die Ggw. einer Dithiolgruppierung ist für die Bldg. von cycl. Sulfiden mit größerer Ringgliederzahl nötig. Acetylwanderung erfolgt bei den S-Acetylderivv. von **I**, **III** u. **IV**. Es wird ein Fünf- bzw. Sechsringorthoacetat als Zwischenprod. angenommen. *2-Acetoxyäthyl-2.3-bis-acetylmercaptopropyläther* u. *trans-2-Acetoxycyclohexyl-2.3-bis-acetylmercaptopropyläther* wurden als einfache Vertreter acetylierter 2.3-Dimercaptopropylpolyoläther u. 2.3-Dimercaptopropylglucoside dargestellt u. ihre alkal. Hydrolyse untersucht.

Versuche: *4-Brombutylacetat*, $C_6H_{11}O_2Br$, Kp.$_{11}$ 89—91°, aus 24 g Tetrahydrofuran durch Zugabe von 45 g Acetylbromid in Ggw. von $ZnCl_2$ bei 0°, dann 1$^1/_2$ Std. kochen; n_D^{24} 1,4628; 56,4 g (Ausbeute). — *4-Acetylmercaptobutylacetat* (**VII**), $C_8H_{14}O_3S$, Kp.$_{0,3}$ 84—86°, aus 30 g vorst. Verb., 18,5 g K-Thiolacetat (**V**) u. 0,5 g Thiolessigsäure (**VI**) in A., 2 Std. kochen; n_D^{20} 1,4724; 20 g. — *4-Mercaptobutanol* (**II**), $C_4H_{10}OS$, Kp.$_{20}$ 102 bis 103°, aus 9,5 g **VII** mit 2n NaOH 2 Std. bei Zimmertemp. unter N_2; n_D^{19} 1,4870; 4 g; *Bis-phenylurethan*, $C_{18}H_{20}O_3N_2S$, F. 128° (Bzn.). — *4-Mercaptobutylacetat* (**VIII**), $C_6H_{12}O_2S$, Kp.$_{20}$ 125—127°, aus 1,6 g **II** mit Acetanhydrid–H_2SO_4 in Essigsäure (1:10) bei 0°, dann 1 Std. bei 60° u. 24 Std. bei Zimmertemp.; n_D^{18} 1,4634; 1,05 g; *α-Naphthylurethan*, $C_{17}H_{19}O_3NS$, F. 76° (Bzn.). — *4-Acetylmercaptobutanol* (**IX**), $C_6H_{12}O_2S$, Kp.$_{10}$ 124°, aus 3,35 g **II** in wss. NaOH mit Acetanhydrid 10 Min. bei 0°; n_D^{13} 1,4905; 1,8 g; *Phenylurethan*, $C_{13}H_{17}O_3NS$, F. 64° (PAe.). — *trans-2-[Acetylmercaptomethyl]-cyclohexylmethylacetat* (**X**), $C_{12}H_{20}O_3S$, Kp.$_{0,002}$ 108°, aus 22 g trans-2-Brommethylcyclohexylmethylacetat in A. mit **V**, 3 Std. kochen; n_D^{16} 1,4990; 18,3 g. — *trans-2-Mercaptomethylcyclohexylmethanol*, $C_8H_{16}OS$, Kp.$_{0,2}$ 97°, aus 14,7 g **X** mit n-NaOH 6 Std. bei Zimmertemp. unter N_2; n_D^{9} 1,5241; 7,6 g; *Bis-phenylurethan*, $C_{22}H_{26}O_3N_2S$, F. 127° (Bzn.). — *3-Acetylmercaptopropanol* (**XI**), $C_5H_{10}O_2S$, Kp.$_{0,3}$ 57°, durch Zugabe von 18 g **VI** zu 18 g Allylalkohol in Ggw. von Ascaridol bei 0°, 2 Tage bei Zimmertemp., dann 6 Std. bei 60°; n_D^{18} 1,4938; 23,2 g; *Phenylurethan*, $C_{12}H_{15}O_3NS$, F. 53° (Bzn.). Rk. von **XI** mit überschüssigem Acetanhydrid in Ggw. von 1% H_2SO_4 gibt *3-Acetylmercaptopropylacetat* (**XII**), Kp.$_{19}$ 120—121°; n_D^{23} 1,4720. — *3-Mercaptopropanol* (**IV**), C_3H_8OS, Kp.$_{14}$ 87°, aus 15 g **XI** mit 10%ig. wss. NaOH, 4 Std. bei Zimmertemp. unter N_2; n_D^{22} 1,4918; 5,3 g. — *3-Mercaptopropylacetat* (**XIII**), $C_5H_{10}O_2S$, Kp.$_{20}$ 87°, Kp.$_{30}$ 97—99°, a) aus 2,85 g **IV** in Acetanhydrid in Ggw. von H_2SO_4 in Essigsäure (1:10) bei Zimmertemp.; n_D^{22} 1,4618; 2,25 g; b) aus 3 g **XI** mit Essigsäure, 48 Std. bei 100°; n_D^{18} 1,4638; 1,8 g; *α-Naphthylurethan*, $C_{16}H_{17}O_3NS$, F. 75° (Bzn.). — *3-Oxybutylacetat*, Kp.$_{18}$ 102°, durch Zugabe von 51 g Acetanhydrid in Pyridin zu 45 g Butandiol-(1.3) in Chlf./Pyridin bei 0°; n_D^{20} 1,4235. — *3-Acetylmercaptobutylacetat* (**XIV**), $C_8H_{14}O_3S$, Kp.$_{0,1}$ 52—53°, aus 30 g vorst. Verb. u. p-Toluolsulfonylchlorid → 38 g *3-p-Toluolsulfonyloxybutylacetat*, $C_{13}H_{18}O_5S$, F. 62 bis 63°, aus Bzl./Leichtbenzin u. Rk. von 20 g dieser Verb. mit **V** in A., 5 Std. kochen; n_D^{22} 1,4690; 8,6 g. Hydrogenolyse mit RANEY-Ni gibt *n-Butanol* (*3.5-Dinitrobenzoat*, F. 64°). — *3-Mercaptobutanol* (**III**), $C_4H_{10}OS$, Kp.$_{20}$ 90—91°, Kp.$_{25}$ 108—109°, a) aus 20 g **XIV** mit 1%ig. methanol. HCl; 6 Std. kochen; n_D^{16} 1,4816; 3,8 g; b) aus 11 g **XIV** mit 2n NaOH unter N_2, 3 Std.; n_D^{18} 1,4768; 4,2 g; *Bis-phenylurethan*, $C_{18}H_{20}O_3N_2S$, F. 106° (Bzn.). — *3-Mercaptobutylacetat* (**XV**), $C_6H_{12}O_2S$, Kp.$_{25}$ 93°, aus 1,35 g **III** u. Acetanhydrid in Ggw. von H_2SO_4 in Eisessig (1:10) bei Zimmertemp.; n_D^{18} 1,4560; 1,1 g. — *3-Acetylmercaptobutanol* (**XVI**), $C_6H_{12}O_2S$, Kp.$_{0,5}$ 70—71°, a) aus 1,7 g **III** in wss. NaOH mit Acetanhydrid bei 0°; n_D^{16} 1,4850; 0,9 g (daneben wahrscheinlich **XV**); b) aus 9,5 g **VI** u. 9 g Crotylalkohol in Ggw. von Ascaridol 3 Tage bei Zimmertemp. oder 12 Std. am Rückfluß, Gemisch von Mono- u. Diacetylverbindung. — *2-Acetoxyäthylallyläther*, $C_7H_{12}O_3$, Kp. 175—177°, durch Zugabe von 60 g Äthylenchlorhydrin in Allylalkohol zur sd. Lsg. von 18 g Na in Allylalkohol, dann noch 90 Min. kochen (→ 42 g *2-Oxyäthylallyläther*, Kp. 165—170°; n_D^{17} 1,4367) u. Acetylierung des Prod.; n_D^{21} 1,4255; 41 g (aus 40 g Oxyäther). — *2-Acetoxyäthyl-[2.3-dibrompropyl]-äther*, $C_7H_{12}O_3Br_2$, Kp.$_{0,05}$ 93°, durch Bromierung von 41 g vorst. Verb. in CCl_4; n_D^{19} 1,5055; 62 g (Rohprod.). — *2-Acetoxyäthyl-[2.3-bis-acetylmercaptopropyl]-äther* (**XVII**), $C_{11}H_{18}O_5S_2$, Kp.$_{0,0001}$ 134°, aus 40 g vorst. Verb. mit 37 g **V** u. 0,5 g **VI** in A., 3 Std. Kochen; n_D^{18} 1,5097; 13,9 g. — *2.3-Dimercaptopropyl-[2-oxyäthyl]-äther*, $C_5H_{12}O_2S_2$, Kp.$_{0,0003}$ 85—87°, aus 12 g vorst. Verb. mit 2n NaOH bei Zimmertemp. unter N_2; n_D^{18} 1,5402; 2,3 g (Prod. war wegen eingetretener leichter Zers. trübe); *Trisphenylurethan*, $C_{26}H_{27}O_5N_3S_2$, F. 148° (Bzn.). — *2-Oxycyclohexylallyläther*, $C_9H_{16}O_2$, Kp.$_{0,05}$ 59°, aus 56 g Cyclohexenoxyd u. einer Lsg. von 2 g Na in Allylalkohol, 30 Std. Kochen; n_D^{20} 1,4711; 67 g; *3.5-Dinitrobenzoat*, $C_{16}H_{18}O_7N_2$, F. 84° (Bzn.); *2-Acetoxyverb.*, $C_{11}H_{18}O_3$, Kp.$_{0,3}$ 63°; n_D^{19} 1,4557; 68 g (aus 60 g). — *2-Acetoxycyclohexyl-[2.3-dibrompropyl]-äther*, $C_{11}H_{18}O_3Br_2$, Kp.$_{0,0004}$ 135°, durch Bromierung von 68 g vorst. Acetoxyverb. in CCl_4, 2 Std. bei 0°; n_D^{16} 1,5117; 98 g. — *2-Acet-*

oxycyclohexyl-[2.3-bis-acetylmercaptopropyl]-äther (**XVIII**), $C_{15}H_{24}O_5S_2$, Kp.$_{0,0001}$ 200° (Badtemp.), aus 50 g vorst. Verb. in A. mit **V** 10 Std. Kochen; n_D^{14} 1,5151; 42 g (nicht ohne Zers. destillierbar) — Die Geschwindigkeit der Hydrolyse von **VII**—**XVIII** sowie von *3.4-Dimercaptobutylacetat*, Kp.$_{0,002}$ 85°, n_D^{21} 1,5154; *3.4-Bis-acetylmercaptobutanol* u. *3.4-Bis-acetylmercaptobutylacetat*, Kp.$_{0,01}$ 137°, n_D^{21} 1,5137, sowie von *cis-2-[Acetylmercaptomethyl]-cyclohexylmethylacetat*, Kp.$_{0,2}$ 118°, n_D^{20} 1,4990, wurde durch Best. der abgespaltenen Acetylreste u. der freigesetzten SH-Gruppen verfolgt. (J. chem. Soc. [London] **1954**. 1536—45. Mai.) H. ULRICH. 600

N. S. Johary und **L. N. Owen**, *Dithiole*. 15. Mitt. *Einige Polyoxyderivate des 3.4-Dimercaptobutanols*. (14. vgl. vorst. Ref.) Vff. stellten aus Acetobromoglucose (**I**) u. Buten-(3)-ol-(1) (**II**) über *[Buten-(3)-yl-(1)]-2.3.4.6-tetra-O-acetyl-β-D-glucosid* u. das *3.4-Dibrombutylderiv.* *[3.4-Bis-(acetylmercapto)-butyl]-2.3.4.6-tetra-O-acetyl-β-D-glucosid* (**III**) dar. Die Ringspaltung von 5.6-Anhydro-1.2;3.4-bis-[O-isopropyliden]-D-mannit mit **II** gab den *6-[Buten-(3)-yl-(1)]-äther* u. daraus über *1-[O-Buten-(3)-yl-(1)]-D-mannit*, dessen *Pentaacetat* u. das *3.4-Dibrombutylderiv.* (**IV**) durch Rk. mit K-Thiolacetat (**V**) *1.2.3.4.5-Penta-O-acetyl-6-[O-3.4-bis-(acetylmercapto)-butyl]-D-mannit* (**VI**). Neben dem krist. Dibromid **IV**, das wahrscheinlich eines von 2 möglichen Diastereoisomeren ist, wurden wenig fl. Dibromid u. *Hexa-O-acetylmannit* isoliert. Das mit **VI** stereoisomere Sorbitderiv. (**VII**) wurde analog aus 5.6-Anhydro-1.3;2.4-bis-[O-äthyliden]-D-glucit dargestellt. Die sek. Ätherbindung im *3-[O-Buten-(3)-yl-(1)]-1.2;5.6-bis-[O-isopropyliden]-D-mannit* (**IX**) wird leicht durch verd. Säuren gespalten, die Spaltung des isomeren 1-Äthers erfolgt viel langsamer. *3-[O-Buten-(3)-yl-(1)]-D-mannit* (**X**) gibt bei analoger Behandlung *Mannit* neben *Butadien* u. einem *ungesätt. Alkohol [Buten-(1)-ol-(3) ?]*. Die Spaltung ist keine einfache Hydrolyse, da **II** unter den angewandten Bedingungen weder isomerisiert wird noch Butadien gibt. Die Hydrolyse von Allyl-β-D-glucosid u. Buten-(3)-yl-(1)-β-D-glucosid in 0,28n H_2SO_4 verläuft etwa gleich schnell, die Halbwertszeit für beide Glucoside betrug 8½ Stunden. Bei der Desacetylierung von **III**, **VI** u. **VII** mit methanol. Ba-Methylat oder methanol. HCl tritt teilweise Bldg. cycl. Sulfide ein. [3.4-Bis-(mercapto)-butyl]-β-D-glucosid ist gegen Arsenikvergiftung therapeut. wirksam.

Versuche: *Butin-(3)-ol-(1)*, Kp. 60—61°, nach A. P. 2 106 182 (C. **1938**. I. 4108); n_D^{21} 1,4403. *3.5-Dinitrobenzoat*, $C_{11}H_8O_6N_2$, F. 58° (Nadeln aus Methanol). — *Buten-(3)-ol-(1)* (**II**), Kp. 113—114°, aus 249 g vorst. Verb. durch Hydrierung in A. in Ggw. von Pd/Kohle; n_D^{21} 1,4206; 154 g (Ausbeute). *3.5-Dinitrobenzoat*, $C_{11}H_{10}O_6N_2$, F. 45—47° (gelbe Blättchen aus Methanol). *α-Naphthylurethan*, $C_{15}H_{15}O_2N$, F. 78° (Nadeln aus PAe.). — *Buten-(3)-yl-(1)-bromid*, Kp. 99°, nach LINSTEAD u. RYDON (J. chem. Soc. [London] **1934**. 1995); n_D^{22} 1,4625; 66%. — *[Buten-(3)-yl-(1)]-2.3.4.6-tetra-O-acetyl-β-D-glucosid*, $C_{18}H_{26}O_{10}$, F. 80° (A.–PAe.), aus 82 g **I** u. 17,3 g **II** in Ggw. von Ag_2CO_3 u. Na_2SO_4 in Bzl. (2¼ Std. bei 20°, 3 Std. bei 60°, ½ Std. unter Rückfluß); $[\alpha]_D^{20}$ —23,4° (c = 4,0; Chlf.); 23 g. — *[3.4-Dibrombutyl]-2.3.4.6-tetra-O-acetyl-β-D-glucosid*, $C_{18}H_{26}O_{10}Br_2$, fl., aus 13 g vorst. Verb. in CCl_4 durch Zufügen von Br_2 in CCl_4 in 2 Std.; 17,5 g. — *[3.4-Bis-(acetylmercapto)-butyl]-2.3.4.6-tetra-O-acetyl-β-D-glucosid* (**III**), $C_{22}H_{32}O_{12}S_2$, fl., aus 17,5 g vorst. Verb. durch 6std. Kochen mit **V** u. Thiolessigsäure in A. unter N_2; n_D^{19} 1,4962; $[\alpha]_D^{21}$ —17,2° (c = 3,0; Chlf.); 15,9 g. — *6-[O-Buten-(3)-yl-(1)]-1.2;3.4-bis-[O-isopropyliden]-D-mannit* (**XI**), $C_{16}H_{28}O_6$, Kp.$_{0,0001}$ 130—140° (Bad), durch 7std. Kochen von 5.6-Anhydro-1.2;3.4-bis-[O-isopropyliden]-D-mannit mit einer Lsg. von Na in **II** u. Bzl.; n_D^{19} 1,4590; $[\alpha]_D^{23}$ +16° (c = 4; A.); 64%. — *1-[O-Buten-(3)-yl-(1)]-D-mannit*, $C_{10}H_{20}O_6$, F. 93—94° (A.–Äthylacetat), aus 8,8 g **XI** durch 18 Min. Kochen in A., W. u. H_2SO_4; $[\alpha]_D^{20}$ +7,3° (c = 3; W.); 5,3 g. — *1.2.3.4.5-Penta-O-acetyl-6-[O-buten-(3)-yl-(1)]-D-mannit*, $C_{20}H_{30}O_{11}$, F. 61—63° (wss. A.), aus vorst. Verb. durch Erhitzen mit Acetanhydrid u. CH_3CO_2Na (6 Std., 100°); $[\alpha]_D^{21}$ +29,4° (c = 7; A.). — *1.2.3.4.5-Penta-O-acetyl-6-[O-3.4-dibrombutyl]-D-mannit* (**IV**), $C_{20}H_{30}O_{11}Br_2$, F. 87° (A.–PAe.), aus 20 g vorst. Verb. in CCl_4 u. Br_2 in CCl_4 (1 Std. unter Rühren); $[\alpha]_D^{21}$ +42,2° (c = 5; Chlf.); 12 g; daneben *Hexa-O-acetyl-D-mannit*, $C_{18}H_{26}O_{12}$, F. 122—124° (A.–PAe.); $[\alpha]_D^{20}$ +25° (c = 1; Chlf.). — *1.2.3.4.5-Penta-O-acetyl-6-[O-3.4-bis-(acetylmercapto)-butyl]-D-mannit* (**VI**), $C_{24}H_{36}O_{13}S_2$, Kp.$_{0,0001}$ 240—250° (Bad), aus **IV** u. **V** durch 6std. Kochen in A. unter N_2; n_D^{22} 1,4883; $[\alpha]_D^{22}$ +9,2° (c = 6; Chlf.). — *6-[O-Buten-(3)-yl-(1)]-1.3;2.4-bis-[O-äthyliden]-D-glucit* (**VIII**), $C_{14}H_{24}O_6$, Kp.$_{0,0004}$ 165—175° (Bad), durch 7std. Kochen von 5.6-Anhydro-1.3;2.4-bis-[O-äthyliden]-D-glucit mit einer Lsg. von Na in **II** u. Bzl.; n_D^{20} 1,4790; $[\alpha]_D^{20}$ +4,8° (c = 4,1; Chlf.); 59%; daneben *6-[O-Buten-(3)-yl-(1)]-1.3;2.4-bis-[O-äthyliden]-D-glucit-5-[1.3;2.4-bis-(O-äthyliden)-D-glucityl-(6)-äther]* (?), $C_{24}H_{40}O_{11}$, F. 158° (A.–PAe.). — *1.2.3.4.5-Penta-O-acetyl-6-[O-buten-(3)-yl-(1)]-D-glucit*, $C_{20}H_{30}O_{11}$, Kp.$_{0,001}$ 190—210° (Bad), aus 29 g **VIII** durch 3½std. Erhitzen in A. mit H_2SO_4 auf dem Dampfbad u. Erhitzen des *6-[O-Buten-(3)-yl-(1)]-D-glucits* mit Acetanhydrid u. CH_3CO_2K (10 Std., 100°); n_D^{21} 1,4545; $[\alpha]_D^{20}$ +4,9° (c = 5; Chlf.); 26 g. —

1.2.3.4.5-Penta-O-acetyl-6-[O-3.4-dibrombutyl]-D-glucit, $C_{20}H_{30}O_{11}Br_2$, Kp.$_{0,001}$ 210—240° (Bad), aus 23,5 g vorst. Verb. in CCl_4 u. Br_2 in CCl_4; n_D^{20} 1,4860; $[\alpha]_D^{18}$ —3,7° (c = 5; Chlf.); 21,1 g. — *1.2.3.4.5-Penta-O-acetyl-6-[O-3.4-bis-(acetylmercapto)-butyl]-D-glucit* (**VII**), $C_{24}H_{36}O_{13}S_2$, dunkelrote Fl., aus 12,9 g vorst. Verb. durch 6std. Erhitzen mit **V** u. Thiolessigsäure in A. unter N_2; n_D^{20} 1,5027; 10 g. — *3-[O-Buten-(3)-yl-(1)]-1.2;5.6-bis-[O-isopropyliden]-D-mannit* (**IX**), $C_{16}H_{28}O_6$, Kp.$_{0,0004}$ 135—145° (Bad), aus 55,5 g 1.2;5.6-Bis-[O-isopropyliden]-D-mannit in sd. Dioxan durch Zufügen von heißer wss. NaOH unter Rühren u. folgende Zugabe von Buten-(3)-yl-(1)-bromid in Dioxan (20std. Kochen); n_D^{22} 1,4585; $[\alpha]_D^{21}$ +10,7° (c = 3; A.); 33,3 g (daneben 21 g Ausgangsmaterial); in geringer Ausbeute auch bei der Rk. von Mononatrium-1.2;5.6-bis-[O-isopropyliden]-D-mannit mit überschüssigem Butenylbromid in sd. Dioxan. — *3-[O-Buten-(3)-yl-(1)]-D-mannit* (**X**), $C_{10}H_{20}O_6$, F. 93—96° (A.–Äthylacetat), aus 7,7 g vorst. Verb. in wss. A. u. H_2SO_4 (15 Min. Kochen); $[\alpha]_D^{22}$ +16,7° (c = 4; W.); 4,7 g. — *1.2.4.5.6-Penta-O-acetyl-3-[O-buten-(3)-yl-(1)]-D-mannit*, $C_{20}H_{30}O_{11}$, Kp.$_{0,0001}$ 190—215° (Bad), aus 1,8 g **X** durch 7std. Erhitzen mit Acetanhydrid u. CH_3CO_2Na auf 100°; n_D^{16} 1,4534; $[\alpha]_D^{17}$ +32,3° (c = 5; Chlf.); 2,8 g. — *1.2.4.5.6-Penta-O-acetyl-3-[O-3.4-dibrombutyl]-D-mannit*, $C_{20}H_{30}O_{11}Br_2$, Kp.$_{0,0004}$ 215—235° (Bad), aus vorst. Verb. in CCl_4 u. Br_2 in CCl_4; n_D^{19}1,4833; daneben *Hexa-O-acetylmannit*, F. 124° (A.–PAe.). — *Bariumsalz des [3.4-Dimercaptobutyl]-β-D-glucosids*, $C_{10}H_{18}O_6S_2Ba$, gelbes, hygroskop. Pulver, aus 9,3 g **III** in Methanol durch 2std. Rühren mit methanol. Ba-Methylat bei —17 bis 0° u. 15 Min. bei 25°; $[\alpha]_D^{22}$ —16° (c = 4; 1%ig. wss. HCl); 5,1 g. — *Bariumsalz des [2.3-Dimercaptopropyl]-β-D-glucosids* (mit **P. S. Fitt**), $C_9H_{16}O_6S_2Ba$, analog aus [2.3-Bis-(acetylmercapto)-propyl]-2.3.4.6-tetra-O-acetyl-β-D-glucosid. — *Bariumsalz des 6-[O-3.4-Dimercaptobutyl]-D-mannits*, $C_{10}H_{20}O_6S_2Ba$, analog aus **VI**; $[\alpha]_D^{18}$ —7,7° (c = 4; 2n HCl). — *Verb. $C_{10}H_{20}O_5S_2$*, sintert bei 57—60°, wachsig bei 85—95°, beim Kochen von **VI** mit methanol. HCl. — *Bariumsalz des 6-[O-3.4-Dimercaptobutyl]-D-glucits*, $C_{10}H_{20}O_6S_2Ba$, aus **VII**; unrein. — *Mannit*, F. 166° (A. oder A.–Ae.), a) aus 35 g **IX** durch 3½std. Erhitzen mit n-H_2SO_4 auf dem Dampfbad; 12,9 g; b) analog aus 0,5 g **X**; 0,1 g; c) analog aus 5 g **XI**; 0,5 g. — Die UV-Maxima von **III**, **VI** u. **VII** sind angegeben. (J. chem. Soc. [London] **1955**. 1292—98. April.) H. Bertsch. 600

N. S. Johary und **L. N. Owen**, *Dithiole*. 16. Mitt. *Das O-β-D-Glucosid des 1.3-Dimercaptopropanols-(2)*. (15. vgl. vorst. Ref.) Vff. stellten aus Acetobromoglucose (**I**) u. *1.3-O-Benzylidenglycerin* (**II**) u. saure Hydrolyse des Kondensationsprod. *1.3-Dioxypropyl-(2)-2.3.4.6-tetra-O-acetyl-β-D-glucosid* (**IV**) dar, das sich durch Rk. des Bis-[p-toluolsulfonats] mit K-Thiolacetat leicht in *1.3-Bis-[acetylmercapto]-propyl-(2)-2.3.4.6-tetra-O-acetyl-β-D-glucosid* (**III**) überführen ließ. Verss., **I** mit 1.3-Dibrompropanol-(2) umzusetzen, schlugen fehl; das Dibromhydrin verliert leicht Br_2. **II** ließ sich aus Benzaldehyd u. Glycerin in Ggw. von $HClO_4$ mit 40% Ausbeute darstellen, da $HClO_4$ teilweise Isomerisierung des 1.2-Deriv. bewirkt. Die Desacetylierung von **III** erfolgte wegen der geringen Löslichkeit in methanol. Ba-Methylatlsg. in Na-Alkoholatlsg. u. Fällung mit obigem Reagens. Das freie Dithiol ließ sich nicht isolieren, man erhält wahrscheinlich ein Anhydroderiv. infolge Wasserabspaltung zwischen einer SH-Gruppe u. der OH-Gruppe am $C_{(2)}$.

Versuche: *1.3-O-Benzylidenglycerin* (**II**), F. 64—68° (Bzl.–PAe.), aus 253 g Benzaldehyd, 216 g Glycerin u. 60%ig. $HClO_4$ durch 50 Min. Erhitzen auf 80—90° unter N_2 (60—70 Torr) u. Isomerisierung des mitentstandenen 1.2-Deriv. mit $HClO_4$; 14,1 g (Ausbeute). — *2-[O-2.3.4.6-Tetra-O-acetyl-β-D-glucosyl]-glycerin* (**IV**), F. 101 bis 102° (Bzl.–Ae.), aus 29 g 1.3-O-Benzyliden-2-O-[2.3.4.6-tetra-O-acetyl-β-D-glucosyl]-glycerin (aus **II** u. **I**) in A. durch Zufügen von n-H_2SO_4 bei 50° unter Rühren (7 Min.) u. Neutralisation mit $BaCO_3$ bei 0°; $[\alpha]_D^{20}$ —22° (c = 5; W.); 17,5 g. *Bis-[p-toluolsulfonat]*, $C_{31}H_{38}O_{16}S_2$, F. 107—109° (Methanol), aus 14 g **IV** u. Tosylchlorid in Pyridin (12 Std., 0°); $[\alpha]_D^{20}$ +1,5° (c = 4; Chlf.); 17,5 g. — *1.3-Bis-[acetylmercapto]-propyl-(2)-2.3.4.6-tetra-O-acetyl-β-D-glucosid* (**III**), $C_{21}H_{30}O_{12}S_2$, F. 98—102°, aus vorst. Sulfonat durch 1std. Kochen mit K-Thiolacetat in A. unter N_2; $[\alpha]_D^{19}$ +13,3° (c = 6; Chlf.); λ_{max} 2280 Å (ε = 8300 in A.). — *Bariumsalz des 1.3-Dimercaptopropyl-(2)-β-D-glucosids*, $C_9H_{16}O_6S_2Ba$, Pulver, aus **III** beim Rühren mit 0,3n methanol. Na-Methylatlsg. bei 0° unter N_2 u. Fällung mit 1,2n methanol. Ba-Methylatlösung. *Verb. $C_9H_{16}O_5S_2$*, aus **III** durch Schütteln mit alkoh. Na-Äthylatlsg. bei 0° unter N_2 u. Fällung des Na mit alkoh. HCl; λ_{max} ~2250 Å (ε = 400). (J. chem. Soc. [London] **1955**. 1299—1301. April.) H. Bertsch. 600

N. S. Johary und **L. N. Owen**, *Dithiole*. 17. Mitt. *S-Benzylderivate des 2.3-Dimercaptopropanols und 1.3-Dimercaptopropanols-(2)*. (16. vgl. vorst. Ref.) 2.3-Dibrompropanol oder 2.3-Dibrompropylacetat reagieren mit Na-Benzylmercaptid (**I**) unter Umlagerung zu *1.3-Bis-[benzylmercapto]-propanol-(2)* (**II**), das auch durch selektive

Benzylierung von *1.3-Dimercaptopropanol-(2)* (III) dargestellt wurde. *2.3-Bis-[benzylmercapto]-propanol* (IV) wurde analog aus BAL (V; 2.3-Dimercaptopropanol) dargestellt. Die Strukturen von II u. IV wurden durch Entbenzylierung zu III bzw. V, Entsulfurierung u. Oxydation bewiesen. Für die Umlagerung nehmen Vff. intermediäre Bldg. von Epoxyden an. Die Oxydation von IV mit H_2O_2 gab in einem Schritt *2.3-Bis-[benzylsulfonyl]-propanol,* die Oxydation von II *1.3-Bis-[benzylsulfinyl]-propanol-(2)* (VI) u. weiter *1.3-Bis-[benzylsulfonyl]-propanol-(2)* (VII). VI u. VII unterscheiden sich im F. nur wenig u. ergeben im Gemisch kaum eine F.-Depression. Die Infrarotspektren von VI u. VII werden diskutiert. — 2.3-Dibrompropyl-2.3.4.6-tetra-O-acetyl-β-D-glucosid reagiert mit I in A. unter Desacetylierung zu *2.3-Bis-[benzylmercapto]-propyl-β-D-glucosid;* nach Reinigung über das Tetra-O-acetylderiv., Desacetylierung u. Debenzylierung wurde *2.3-Dimercaptopropyl-β-D-glucosid* erhalten, das sich aber nicht rein isolieren ließ.

Versuche: *2.3-Bis-[benzylmercapto]-propanol* (IV), $C_{17}H_{20}OS_2$, Kp.$_{0,0001}$ 215 bis 230° (Bad), durch 1 std. Rühren von Benzylchlorid u. 12,4 g V in wss. NaOH unter N_2 u. $^1/_2$std. Erhitzen auf 100°; n_D^{18} 1,6150; 23,2 g (Ausbeute). *α-Naphthylurethan,* $C_{28}H_{27}O_2NS_2$, F. 80—82° (Bzl.–PAe.). *Acetat,* $C_{19}H_{22}O_2S_2$, Kp.$_{0,0006}$ 220—230° (Bad); n_D^{19} 1,5856; durch Erhitzen mit Acetanhydrid u. CH_3CO_2Na auf 100°. — *2.3-Dimercaptopropanol* (V), Kp.$_2$ 90°, Kp.$_{10}$ 114—115°, aus IV in fl. NH_3 u. A. durch Zufügen von Na unter Rühren; n_D^{23} 1,5654; n_D^{21} 1,5720; 61%; gibt durch Entsulfurierung mit RANEY-Ni in W. u. Oxydation mit $Na_2Cr_2O_7$ in 15%ig. H_2SO_4 *Propionaldehyd* (*2.4-Dinitrophenylhydrazon,* F. 154—156°). — *1.3-Dibrompropyl-(2)-acetat,* $C_5H_8O_2Br_2$, Kp.$_9$ 106—108°, Kp.$_{20}$ 115—117°, aus 25 g 1.3-Dibrompropanol-(2) u. 25 g Acetanhydrid (1 Std., 130 bis 140°); n_D^{18} 1,5037; 27 g. — *1.3-Bis-[acetylmercapto]-propyl-(2)-acetat,* $C_9H_{14}O_4S_2$, F. 46—48° (Bzl.–PAe.), aus 20 g vorst. Verb. u. K-Thiolacetat in A. durch 1½std. Erhitzen auf dem Dampfbad unter Rühren; Kp.$_{0,08}$ 140—145°; 16,8 g. — *1.3-Dimercaptopropanol-(2)* (III), Kp.$_{0,8}$ 68—69°, Kp.$_{1,8}$ 75—77°, a) aus vorst. Verb. durch 2 std. Kochen in methanol. HCl; b) aus II analog V; n_D^{23} 1,5696; 85 bzw. 82%. — *1.3-Bis-[benzylmercapto]-propanol-(2)* (II), $C_{17}H_{20}OS_2$, Kp.$_{0,0008}$ 220—225° (Bad), a) aus III analog IV; 75%; b) aus 2.3-Dibrompropylacetat u. I in alkoh. Na-Äthylatlsg. (2 Std. auf dem Dampfbad); daneben *Dibenzyldisulfid* [F. 69—70° (Methanol)]; c) wie b) aus 8,6 g 2.3-Dibrompropanol; 12,7 g; n_D^{22} 1,6100. *α-Naphthylurethan,* $C_{28}H_{27}O_2NS_2$, F. 85° (Bzl.–PAe.). *Acetat,* $C_{19}H_{22}O_2S_2$, Kp.$_{0,0001}$ 205—230° (Bad); n_D^{21} 1,5830. — Behandlung von III wie bei V gab *Aceton* (*2.4-Dinitrophenylhydrazon,* F. 124—126°). — *2.3-Bis-[benzylsulfonyl]-propanol,* $C_{17}H_{20}O_5S_2$, F. 171° (A.), durch 30 Min. Erhitzen von 0,65 g IV mit H_2O_2 in Essigsäure auf dem Dampfbad; 0,6 g. — *1.3-Bis-[benzylsulfinyl]-propanol-(2)* (VI), $C_{17}H_{20}O_3S_2$, F. 212° (A.), 0,55 g II mit H_2O_2 in Essigsäure in 5 Min.; 0,6 g. — *1.3-Bis-[benzylsulfonyl]-propanol-(2)* (VII), $C_{17}H_{20}O_5S_2$, F. 210° (Essigsäure), aus 0,55 g II mit H_2O_2 in Essigsäure in 35 Min. auf dem Dampfbad; 0,6 g. — *2.3-Bis-[benzylmercapto]-propyl-2.3.4.6-tetra-O-acetyl-β-D-glucosid,* $C_{31}H_{38}O_{10}S_2$; n_D^{23} 1,5360, aus 2.3-Dibrompropyl-2.3.4.6-tetra-O-acetyl-β-D-glucosid durch 6 std. Kochen mit I in A. unter N_2 u. Reacetylierung mit Acetanhydrid u. CH_3CO_2Na (3 Std., 100°). (J. chem. Soc. [London] **1955.** 1302—07. April.) H. BERTSCH. 600

N. S. Johary und **L. N. Owen,** *Dithiole.* 18. Mitt. *Einige die Sulfonsäuregruppe enthaltende wasserlösliche Derivate.* (17. vgl. vorst. Ref.) Vff. stellten aus Allylbromid u. Na_2SO_3 über *Na-Propen-(2)-1-sulfonat* (I), *Na-2.3-Dibrompropansulfonat* u. *Na-2.3-Bis-[acetylmercapto]-propansulfonat Na-2.3-Dimercaptopropylsulfonat* dar. Aus I wurde über *Propen-(2)-1-sulfonylchlorid* (II) durch Hydrolyse die freie *Propen-(2)-1-sulfonsäure* erhalten. II gab mit A. in Pyridin *Äthylpropen-(2)-1-sulfonat* (III), mit A. u. KOH in Ae. *Äthyl-3-äthoxypropansulfonat.* III addiert in CCl_4 im Sonnenlicht Br_2. Die Chlorsulfonierung von 2'.3'-Dibrompropylbenzol gab *2'.3'-Dibrompropylbenzolsulfonylchlorid,* das möglicherweise ein Isomerengemisch darstellt. Durch Hydrolyse u. Neutralisation wurde das *K-Sulfonat* gewonnen, das durch Rk. mit K-Thiolacetat in das *K-2'.3'-Bis-[acetylmercapto]-propylbenzolsulfonat* u. weiter in *K-2.3-Dimercaptopropylbenzolsulfonat* übergeführt wurde. Alle dargestellten Alkalisalze sind wasserlösl. u. lassen sich nur schwer von den begleitenden anorgan. Salzen trennen.

Versuche: *Na-2.3-Dibrompropansulfonat,* $C_3H_5O_3Br_2SNa$, Zers. bei 250°, aus 15 g I in Essigsäure durch Zutropfen von Br_2 in Essigsäure (30 Min., 10—15°); Kristallisation aus Isopropanol; 29,5 g (Ausbeute). — *Na-2.3-Bis-[acetylmercapto]-propansulfonat,* $C_7H_{11}O_5S_3Na$, aus 24 g vorst. Verb. durch 6 std. Kochen mit K-Thiolacetat u. A.; 17 g. — *Na-2.3-Dimercaptopropansulfonat,* $C_3H_7O_3S_3Na$, aus vorst. Verb. durch 40 std. Erhitzen in 15%ig. Essigsäure unter N_2 auf dem Dampfbad. — *Propen-(2)-1-sulfonylchlorid* (II), Kp.$_{15}$ 74—76°, aus I u. $POCl_3$ (3 Std. kochen); n_D^{20} 1,4767; 61%. — *Propen-(2)-1-sulfonsäure,* $C_3H_6O_3S$, Kp.$_{0,0001}$ 180° (Bad), aus 15 g II durch Erwärmen u. Rühren in W. (30 Min.); n_D^{20} 1,4620; 12 g. *K-Salz,* $C_3H_5O_3SK$, Zers. bei 240° (Blättchen aus Methanol). —

K-2.3-Dibrompropansulfonat, $C_3H_5O_3Br_2SK$, Zers. bei 260° (Methanol), aus vorst. K-Salz u. Br_2 in Essigsäure. — *K-2.3-Bis-[acetylmercapto]-propansulfonat* (IV), $C_7H_{11}O_5S_3K$, aus vorst. Verb. u. K-Thiolacetat in sd. A.; teilweise desacetyliert. — *K-2.3-Dimercaptopropansulfonat*, $C_3H_7O_3S_3K$, aus vorst. Verb. beim Erhitzen mit wss. Essigsäure unter N_2 (48 Std., 100°); Reinigung gelang nicht vollständig. — *Äthylpropen-(2)-1-sulfonat* (III), $C_5H_{10}O_3S$, $Kp._{0,1}$ 53—55°, $Kp._{0,5}$ 80—82°, aus 13,9 g II in A. u. Chlf. beim Zutropfen von Pyridin in Chlf. unter Rühren (30 Min. bei —5°, 20 Min. bei 20°); n_D^{25} 1,4410; 12,6 g. — *Äthyl-3-äthoxypropansulfonat*, $C_7H_{16}O_4S$, $Kp._{18}$ 126—132°, aus 1,4 g II in A. u. Ae. bei Zugabe von KOH-Pulver unter Rühren bei 0 bis —5°, 2std. Rühren bei 0° u. Stehen bei Raumtemp. über Nacht; n_D^{22} 1,4352; 0,35 g; enthält 5—10% III. — *Äthyl-2.3-dibrompropansulfonat*, $C_5H_{10}O_3Br_2S$, $Kp._{0,001}$ 114—118°, aus 10 g III in CCl_4 u. Br_2 in CCl_4 im Sonnenlicht in 3 Std.; n_D^{21} 1,5182, n_D^{32} 1,5142; 18,9 g; gab durch 4std. Kochen mit CH_3COSK in A. wahrscheinlich ein Gemisch von IV u. *K-3-Acetylmercapto-2-brompropansulfonat*. — *2'.3'-Dibrompropylbenzolsulfonylchlorid*, $C_9H_9O_2ClBr_2S$, $Kp._{0,0002}$ 210—220° (Bad), aus 5 g 2'.3'-Dibrompropylbenzol in Chlf. durch Zutropfen zu Chlorsulfonsäure u. Chlf. unter Rühren bei 0° u. 1 Std. bei 25°; 5 g (möglicherweise Isomerengemisch). — *K-2'.3'-Dibrompropylbenzolsulfonat*, $C_9H_9O_3Br_2SK$, Blättchen aus A., aus 17 g vorst. Verb. durch 12std. Kochen in A. u. 4 Std. nach Zusatz von 20% W. u. Neutralisation mit KOH; 10,6 g. — *K-2'.3'-Bis-[acetylmercapto]-propylbenzolsulfonat*, $C_{13}H_{15}O_5S_3K$, Mikrokristalle aus Methanol, aus 7,8 g vorst. Verb. durch 6std. Erhitzen mit K-Thiolacetat in A. unter N_2; 3,3 g. — *K-2'.3'-Dimercaptopropylbenzolsulfonat*, $C_9H_{11}O_3S_3K$, aus 0,75 g vorst. Verb. durch 48std. Erhitzen mit wss. Essigsäure unter N_2; 0,32 g. (J. chem. Soc. [London] **1955**. 1307—11. April.) H. Bertsch. 600

Madeleine M. Joullié und **Allan R. Day**, *Einfluß der Struktur auf die Reaktionsfähigkeit. 9. Mitt. Eine Untersuchung der Aminolyse von Estern der Trichlor- und Trifluoressigsäure.* (8. vgl. Jung u. Mitarbeiter, C. **1954**. 6460.) Prim. u. sek. Amine reagieren mit den Estern der Trichlor- u. Trifluoressigsäure auf verschied. Weise. Wenn Trichloressigsäureäthylester (I) in wasserfreiem A. mit trockenem NH_3 umgesetzt wird, entsteht in guter Ausbeute *Trichloracetamid*. Prim. Amine reagieren sowohl mit I als auch mit Trifluoressigsäureäthylester (II) unter Spaltung der C–O-Bindung, wobei sich die für eine Aminolyse typ. Endprodd., ein Amid u. ein Alkohol, bilden. Der Verlauf dieser Rk. wird durch die Ggw. von stark bas. Katalysatoren, wie Na-Äthylat, nicht verändert. So erhält man aus I *N-Alkyltrichloracetamide* u. aus II *N-Alkyltrifluoracetamide*. Ebenso verläuft die aminolyt. Spaltung von I u. II mit 1.2-Diaminen. Jedoch bleibt die Rk. mit I nicht bei der Diamidstufe stehen, sondern es tritt sofort Ringschluß zu einem Dihydroimidazolderiv. ein; lediglich die Rk. zwischen 1.3-Diaminopropanol-(2) u. I verläuft nur bis zur Bldg. des Diamids. Dagegen setzt sich II mit Diaminen stets nur bis zum Diamid um, ein Dihydroimidazol entsteht nicht. — Sek. Amine geben mit I u. II eine typ. Haloform-Rk., wobei eine C—C-Bindung unter Bldg. des Haloforms u. eines N-substituierten Urethans gespalten wird. Diese Haloformspaltung gelingt mit ster. ungehinderten Aminen, wie Piperidin, Morpholin, Pyrrolidin u. Dimethylamin; Diäthylamin u. α-Methylpiperidin reagieren nicht. — Für die beiden Reaktionstypen werden Mechanismen diskutiert. Es besteht die Möglichkeit, daß der abweichende Reaktionsverlauf mit prim. u. sek. Aminen nicht auf einem unterschiedlichen Verh. der prim. u. sek. Amine, sondern auf einer verschied. Reaktionsfähigkeit der N-Alkyl- u. N-Dialkyltrichloracetamide beruht. Wenn man N-Isopropyltrichloracetamid u. N-Dimethyltrichloracetamid mit einem Äquivalent Na-Äthylat behandelt, tritt in beiden Fällen Haloformspaltung zu den Urethanen ein. Aus dieser Beobachtung ergibt sich die Vermutung, daß die Rkk. von I mit prim. u. sek. Aminen zu verschied. Zwischenkörpern führen, denn andernfalls würde in beiden Fällen Urethanbldg. erfolgen.

V e r s u c h e: *Trichloracetamid*, F. 140—141° (absol. A.); durch Sättigen einer im Eisbad gekühlten Lsg. von 19,1 g I in 60 cm³ wasserfreiem A. mit trockenem NH_3, Stehenlassen über Nacht u. Abdampfen des A. auf dem Dampfbad; 81% (Ausbeute). — *N-Isopropyltrichloracetamid*, CCl_3—CONH—iso-C_3H_7, F. 82,5—84°; durch Zugabe von 11,8 g Isopropylamin zu 38,2 g I, Stehenlassen über Nacht u. Umkristallisieren aus Hexan; 83%, oder aus Trichloressigsäure-tert.-butylester u. Isopropylamin; 40%. — *N-n-Butyltrichloracetamid*, CCl_3—CONH—n-C_4H_9, F. 29—30°, $Kp._1$ 96°; aus I u. n-Butylamin; 71—77%. — *N-tert.-Butyltrichloracetamid*, CCl_3—CONH—tert.-C_4H_9, F. 108 bis 110° (Toluol); 54%. — *N-Nonyltrichloracetamid*, CCl_3—CONH—C_9H_{19}, F. 34—35°, $Kp._2$ 133°; 66%. — *N-[β-Phenyläthyl]-trichloracetamid*, CCl_3—$CONHCH_2CH_2C_6H_5$, F. 118 bis 119° (Bzl.); 94%. — *N-[3-Dimethylaminopropyl]-trichloracetamid-Hydrochlorid*, CCl_3—CONH—$(CH_2)_3$—$N(CH_3)_2HCl$, F. 189—190° (A.); 57%. — *N-[β-Phenyläthyl]-trifluoracetamid*, CF_3—$CONHCH_2CH_2C_6H_5$, F. 56—57° (CCl_4-PAe.); aus II u. β-Phenyläthylamin;

80—85%. — *N-Carbäthoxypiperidin*, $C_5H_{10}NCOOC_2H_5$, Kp.$_1$ 56°; aus Piperidin u. **I**; 65 bis 70%, oder mit **II**; 97%. — *N-Carbäthoxymorpholin*, $OC_4H_8N-COOC_2H_5$, Kp.$_1$ 60°; 73%. — *N-Carbäthoxypyrrolidin* $C_4H_8N—COOC_2H_5$, Kp.$_2$ 63°; 50—60%. — *N-Carbäthoxydimethylamin* (*N.N-Dimethylurethan*), $(CH_3)_2N—COOC_2H_5$, Kp.$_{80}$ 74°; 43%. — *1-Trichloracetyl-2-trichlormethyldihydroimidazol*, $CCl_3—CO—N—C(CCl_3)=N—CH_2—CH_2$, F. 206—207° (Methylcellosolve); aus 6,0 g Äthylendiamin u. 38,2 g **I** in 50 cm³ absol. A.; 84%. — *1-Trichloracetyl-2-trichlormethyl-5-methyldihydroimidazol*, $CCl_3—CO—N—C(CCl_3)=N—CH_2—CH(CH_3)$, F. 196—197° (Äthylcellosolve); aus Propylendiamin u. **I**; 91%. — *1.3-Bis-[trichloracetamido]-propanol-(2)*, $C_7H_8O_3N_2Cl_6$, F. 161—164° (A.); aus 9 g 1.3-Diaminopropanol-(2) u. 38,2 g **I** in 20 cm³ wasserfreiem A.; 80%. — *symm.-Bis-[trifluoracetyl]-äthylendiamin*, $C_6H_6O_2N_2F_6$, F. 201,5—202,5° (absol. A.); aus 6 g Äthylendiamin u. 30 g **II**; 87%. (J. Amer. chem. Soc. **76**. 2990—93. 5/6. 1954. Philadelphia, Pa., Univ. of Pennsylvania, Dep. of Chem.) E. FORCHE. 810

Ryuzaburo Nodzu, Toshizo Isoshima, Keiji Hara und **Shiro Fukai**, *Reaktion von Keten mit Aceton*. Während Keten (**I**) mit Aceton in Ggw. von BF_3 *β.β-Dimethylacrylsäure* u. in Ggw. von konz. H_2SO_4 *Isopropenylacetat* bildete, reagierte Aceton-Na nicht mit **I**.

Versuche: *β.β-Dimethylacrylsäure*, durch Einleiten von 50 g **I** in die Lsg. von BF_3 in 58 g Aceton bei 0°; 32 g (Ausbeute); konnte auch mit $(C_2H_5)_2O \cdot BF_3$ oder $(CH_3CO)_2 \cdot O \cdot BF_3$ erhalten werden. — *Isopropenylacetat*, durch Einleiten von 42 bzw. 59 g **I** in 116 bzw. 87 g Aceton u. konz. H_2SO_4 bei 50°; 28 bzw. 30,5 g. (Bull. Inst. chem. Res., Kyoto Univ. [Kagaku Kenkyusho Hokoku] **32**. 39—40. Jan. 1954. Nodzu Labor. [Orig.: engl.]) HORST BAGANZ. 810

Ja. A. Ugai, *Thermographische Untersuchung der Zersetzung von Oxalaten zweiwertiger Metalle*. Es wurden 14 Oxalate zweiwertiger Metalle sowie Oxalsäuredihydrat mit dem selbstregistrierenden App. nach KURNAKOW thermograph. untersucht, mit dem die Tempp. der Wasserabgabe u. der Zers. sowie Endo- u. Exothermie des Zerfalls registriert wurden. Exotherm erfolgte die Zers. der Oxalate des Cu (Dihydrat) u. Hg (bei beiden autokatalyt.), die anderen waren sämtlich mehr (Pb, Sn, Mg) oder weniger (Ca, Sr, Ba) endotherm. Bei Mg, Pb, Sn erfolgte die Zers. der Oxalate unter bedeutender Überhitzung (bes. Pb, auch Sn), bei Fe-Oxalat tritt eine erhebliche Überhitzung bereits während der Wasserabgabe auf. Auffallend ist der Unterschied bei Mg-Oxalat gegenüber den 3 anderen Erdalkalioxalaten. In einigen Fällen traten thermodynam. (teils irreversible) Umwandlungen des festen Rückstandes ein (Pb, Sn, Mg). 11 Doppelkurven u. 1 Tabelle geben Ausgangsstoff, Wasserabgabe, Zers. u. Rückstand an; darüber hinaus werden die Daten über die Oxalate von Ni, Co, Mn, Zn, Cd, Oxalsäure angegeben. (Журнал Общей Химии [J. allg. Chem.] **24** (**86**). 1315—21. Aug. 1954. Woronesh, Univ.) A. V. WILPERT. 820

M. L. Wolfrom und **Earl Usdin**, *Trithioorthoglyoxylsäuretriäthylester*. Beim Vers. der Darst. von Glyoxalmono-[diäthylthioacetal] (**I**) durch oxydative Spaltung von Aldosethioacetalen wurde nicht **I**, sondern nur *Trithioorthoglyoxylsäuretriäthylester* (**II**) als *Semicarbazon* bzw. *Thiosemicarbazon* isoliert; wahrscheinlich entsteht **II** aus 2 Mol des intermediär gebildeten **I** durch Disproportionierung; **II** wurde durch Hydrolyse seines Semicarbazons zu *Glyoxylsäuresemicarbazon* identifiziert.

Versuche: *Trithioorthoglyoxylsäuretriäthylester* (**II**), roh, durch 2std. Rk. von 2,86 g D-Galaktosediäthylthioacetal mit $Pb(OCOCH_3)_4$ in Dioxan bei 10—20°, Filtrieren u. Dest. (Kp.$_1$ 100°); 1,1 g (Ausbeute); entsteht auch analog aus L-Arabinose- oder Glycerinaldehyddiäthylthioacetal oder in Bzl. bzw. absol. Chlf.–Essigsäure als Lösungsmittel. *Thiosemicarbazon*, $C_9H_{19}N_3S_4$, F. 140,5—141°, aus rohem **II** mit Thiosemicarbazid in absol. A.–Essigsäure durch Erhitzen bis zum Kp. u. Zugabe von W. bis zur Trübung. *Semicarbazon*, $C_9H_{19}ON_3S_3$, F. 195° (A.), durch Neutralisieren von Semicarbazidhydrochlorid mit n-KOH u. Zugabe zu rohem **II** (in A.) bei 90°. — *Glyoxylsäuresemicarbazon*, F. 220—224° (Zers.; 50%ig. A.), durch Kochen vorst. Semicarbazons in A.–konz. HCl unter Durchleiten von N_2 u. Entfernen von C_2H_5SH; einige Daten des Röntgenstrahlenpulverdiagramms sind angegeben. (J. Amer. chem. Soc. **75**. 4619—20. 20/9. 1953. Columbus, O., Ohio State Univ., Dep. of Chem.) W. HOFFMANN. 860

Ryuzaburo Nodzu und **Toshizo Isoshima**, *Reaktionen von Keten mit Verbindungen mit aktivem Methylenwasserstoff*. Ohne Katalysator lieferte Keten (**I**) mit Acetylaceton (**III**) u. Acetessigester (**II**) C-Acetylderivv., während mit Äthylmalonat, Cyanessigester u. Malononitril keine Rk. eintrat. Die Na-Salze der genannten Verbb. gaben C-Acetylderivv. mit **I**. Die Rk. von **I** mit **III** bzw. **II** in Ggw. von H_2SO_4 führte zu O-Acetylderivaten. Während aus **III** u. **II** in Ggw. von Pyridin hauptsächlich O-Acetylderivv. erhalten wurden, lieferten die übrigen Verbb. nur C-Acetylderivate.

V e r s u c h e: *Acetylaceton* (III), *C-Acetylderiv.*, Kp.$_{20}$ 100—102°, n_D^{16} 1,4872, aus I u. III unter Kühlung 61% (Ausbeute); auf dem Dampfbad 80%; aus dem Na-Salz in der Kälte 20%; *Cu-Salz*, Zers. bei 192—196°. *O-Acetylderiv.*, in Ggw. von H_2SO_4 in der Kälte 85%; in der Hitze 37%; in Ggw. von Pyridin in der Kälte 69%, in der Wärme 59%. — *Acetessigester* (II), *C-Acetylderiv.*, Kp.$_{20}$ 102—104°, n_D^{15} 1,4710, aus II u. I in der Wärme 86%; aus II-Na-Salz in der Kälte 55%, in der Hitze 58%; *Cu-Salz*, F. 150—151°. *O-Acetylderiv.*, aus II u. I in Ggw. von konz. H_2SO_4 in der Hitze 79%; in Ggw. von Pyridin in der Kälte 81%, in der Hitze 77% neben wenig C-Acetylderivat. — *Malonsäurediäthylester, C-Acetylderiv.*, Kp.$_{14}$ 125°, n_D 1,4469, aus dem Ester-Na-Salz in der Kälte 51%, in der Hitze 34%; *Cu-Salz*, F. 122—123°. — *Cyanessigester, C-Acetylderiv.*, Kp.$_{20}$ 106—111°, n_D 1,4488, aus dem Na-Salz in der Kälte 20%, in der Hitze 30%; in Ggw. von Pyridin in der Hitze 47%. *Cu-Salz*, F. 234—235°. — Das Acetylderiv. aus Malononitril wurde nicht identifiziert. (Bull. Inst. chem. Res., Kyoto Univ. [Kagaku Kenkyusho Hokoku] **32.** 37 bis 39. Jan. 1954. Nodzu Labor. [Orig.: engl.]) HORST BAGANZ. 870

Charles D. Hurd und **Elwood H. Ensor,** *Abbau von Alkenyltrimethylammoniumhydroxyd.* Zur Klärung der Frage, ob bei der Pyrolyse von Alkenyltrimethylammoniumhydroxyden ein konjugiertes (vgl. WILLSTÄTTERs Cyclooctatetraensynth.) oder kumuliertes Doppelbindungssyst. entsteht, pyrolysieren Vff. als Modellsubstanz *[1-Methylcrotyl]-trimethylammoniumhydroxyd* (I) u. erhalten 95—96% *trans-Pentadien-(1.3)* (trans-II). — Die Darst. von I erfolgte durch GRIGNARD-Rk. von Crotonaldehyd (III) mit CH_3MgJ zu *Penten-(3)-ol-(2)* (IV; entsteht nur bei Zers. des Mg-Komplexes mit W., mit verd. H_2SO_4 bildet sich *1-Methylcrotyläther* [V]), Veresterung mit HBr zu *2-Brompenten-(3)* (VI), Behandeln mit $(CH_3)_3N$ in Ggw. von Dioxan (ohne Lösungsm. wird HBr abgespalten) u. Schütteln mit wss. Ag_2O-Suspension. Die Analyse der Pyrolyseprodd. erfolgte auf Grund der Eig. von trans-II, sich in geschmolzenem Maleinsäureanhydrid zu lösen (cis-II u. gegebenenfalls gebildetes Pentadien-(2.3) sind unlösl.). — In 1.4--Dichlorbuten-(2) kann in Ggw. von Dioxan nur ein Cl-Atom, in CH_3OH jedoch können beide Halogenatome gegen $(CH_3)_3N$ ausgetauscht werden. — Verss., durch vinyloge intramol. Aldolkondensation von III in großer Verdünnung in Ggw. von $NaOCH_3$ über Octatrien-(2.4.6)-al zu Cyclooctatrien-(2.4.6)-ol zu gelangen, ergaben nur in geringer Menge *2.6-Dimethyl-5.6-dihydro-α-pyrancarbonsäure-(3)*.

V e r s u c h e: *Penten-(3)-ol-(2)* (IV), Kp. 120—124°, aus 1,5 Mol III u. 1,5 Mol CH_3MgJ in Ae., Abdampfen, Gießen in Eiswasser u. Dampfdest.; 61% (Ausbeute); bei Zers. mit verd. H_2SO_4 entstanden nur 3,7 g IV neben 36,5 g *1-Methylcrotyläther* (V; Kp. 158°); bei Verwendung von 1,7 Mol CH_3MgJ entstanden 26—27 g IV u. 12—13 g *Pentadien-(1.3)* (II; Kp. 42°). — *2-Brompenten-(3)* (VI), Kp.$_{145}$ 70—73°, aus IV durch 20 Min. Schütteln mit 48%ig. HBr; 50%; daneben V. — *[1-Methylcrotyl]-trimethylammoniumbromid* (VII), $C_8H_{18}NBr$, F. 171,2—171,5° (absol. A.), aus VI u. $(CH_3)_3N$ in Dioxan durch Stehen u. Abdampfen; 75—80%. ½std. Erhitzen von 58 g V mit 100 g 48%ig. HBr auf 130—133° (bis zum Verbrauch der Hälfte von V) u. Rektifikation ergab neben 15 g VI 13 g trans-II (Kp. 41,9°, $D.^{26}_4$ 0,673, n_D^{20} 1,4320), lösl. in Maleinsäureanhydrid. — *[1-Methylcrotyl]-trimethylammoniumhydroxyd* (I), aus VII durch 12std. Schütteln mit wss. Ag_2O-Suspension u. Filtration. Die Pyrolyse von I erfolgte durch 11std. Erhitzen auf 150—160° unter Einleiten des $(CH_3)_3N$ in HCl; das entstandene II bestand zufolge der Analyse aus über 94% *trans-* u. ca. 5,5% cis-II. — *[4-Chlorcrotyl]-trimethylammoniumchlorid*, $C_7H_{15}NCl_2$, F. 174—176° (absol. A.), aus 50 g 1.4-Dichlorbuten-(2) u. 51 g $(CH_3)_3N$ in Dioxan u. Stehen; 67 bzw. 31 g (rein). — *Buten-(2)-1.4-bis-[trimethylammoniumchlorid]*, $C_{10}H_{24}N_2Cl_2$, F. 261° (Zers.; A.), wie vorst., aber in CH_3OH. — *2.6-Dimethyl-5.6-dihydro-α-pyrancarbonsäure-(3)*, F. 68,5—71,5° (Bzl.), aus 14 g III in $CH_3OH + NaOCH_3$ in 36 Std., Trennen vom Lösungsm. in einer wirksamen Kolonne, Ansäuern des Rückstands mit Essigsäure u. Ausäthern; 0,5 g. (J. Amer. chem. Soc. **72.** 5135—37. Nov. 1950. Evanston, Ill., Northwestern Univ., Chem. Labor.)

H. LEHWALD. 910

Ja. L. Goldfarb und **B. P. Fabritschny,** *Synthese von Aminosäuren der aliphatischen Reihe aus Thiophenderivaten.* Thiophen u. Thiophenderivv. werden bei der Hydrierung in Ggw. von RANEY-Ni unter Bldg. von H_2S u. dem entsprechenden KW-stoff gespalten. In vorliegender Arbeit wird diese Rk. zur Darst. von Aminosäuren der Fettreihe angewandt. Aus dl-[5-Methylthienyl-(2)]-aminoessigsäure (I) wird *α-Aminoönanthsäure*, aus dl-[5-Äthylthienyl-(2)]-essigsäure *α-Aminocaprylsäure* gewonnen. Dagegen mißlangen Verss., aus 5-Nitrothiophen-2-carbonsäure zur δ-Aminovaleriansäure zu kommen.

V e r s u c h e: *dl-[5-Methylthienyl-(2)]-aminoessigsäure* (I), $C_7H_9O_2NS$, Zers. bei 199—200°; 32,9 g 5-Methylthiophen-2-aldehyd werden mit 17,2 g KCN, 15,5 g NH_4Cl u. 40 ml konz. NH_4OH in wss. Methanol 4 Std. bei 25° geschüttelt; Extraktion mit Bzl.; 41,5% (Ausbeute). *Hydrochlorid*, $C_7H_9O_2NS \cdot HCl$, F. 182—183°. — *dl-[Thienyl-(2)]-*

aminoessigsäure, $C_6H_7O_2NS$, F. 223—224° (Zers.); analog Vorst. aus 28,8 g Thiophen-2-aldehyd; 8,25 g. — *dl-[5-Äthylthienyl-(2)]-aminoessigsäure*, $C_8H_{11}O_2NS$, Zers. bei 213°; analog Vorst. aus 28,3 g 5-Äthylthiophen-2-aldehyd; 8,45 g. — *α-Aminoönanthsäure*, $C_7H_{15}O_2N$, F. 279—280° (Zers.), 2 g I u. 0,7 g Soda in 100 ml W. werden mit 9 g Raney-Ni 1 Std. zum Sieden erhitzt; das Prod. wird eingedampft u. mit verd. Essigsäure angesäuert; 0,9 g. — *α-Aminocaprylsäure*, $C_8H_{17}O_2N$, F. 270° (Zers.); aus dl-[5-Äthylthienyl-(2)]-aminoessigsäure analog Vorst.; 41%. — *α-Aminocapronsäure*, $C_6H_{13}O_2N$, F. 275—277° (Zers.); aus dl-[Thienyl-(2)]-aminoessigsäure; 59%. (Доклады Академии Наук СССР [Ber. Akad. Wiss. UdSSR] **100.** 461—64. 21/1. 1955. Zelinsky-Inst. für organ. Chemie der Akad. der Wiss. der UdSSR.) H. Hintz. 950

Robert H. Williams und **Lyle A. Hamilton,** *Disubstituierte Phosphinoxyde und disubstituierte Phosphinsäuren.* 2. Mitt. *Di-n-alkylreihen.* (1. vgl. C. **1954.** 7167.) *Di-n-alkylphosphinoxyde* mit 5, 7 u. 9 C-Atome enthaltenden Alkylresten sind therm. instabiler als die anderen untersuchten Vertreter. Die FF. steigen mit wachsender Kettenlänge an. Die Oxydation zu *Di-n-alkylphosphinsäuren* gelingt nur bei den niederen Gliedern mit 30% ig. H_2O_2, dagegen allg. mit Cl_2 oder PCl_5 unter Bldg. der *Chloride $R_2P(O)Cl$*, die ohne Isolierung hydrolysiert wurden. Die FF. der Säuren alternieren wie die der Fettsäuren, doch nimmt dieser Effekt mit wachsendem Mol.-Gew. rasch ab.

V e r s u c h e: *Di-n-alkylphosphinoxyde $R_2P(O)H$*, aus Dibutylphosphit (**III**) u. n-Alkyl-Mg-Halogeniden wie in der 1. Mitt. (l. c.); Meth. **A** wie bei der n-Hexyl-, Meth. **B** wie bei der n-Octadecylverbindung. Beim Vers. zur Darst. der *Methylverb.* wurden keine definierten Prodd. erhalten; die rohen Fll. der *Äthyl-*, *Propyl-* u. *Butylverbb.* zers. sich beim Vers. der Dest. unter Bldg. der entsprechenden Phosphinsäuren. — *R = n-Amyl*, F. 65—66° (Zers.), aus Amylbromid : Mg : **III** (Mol-Verhältnis) = 3 : 3 : 1, **A**; 12% (Ausbeute), Kristalle aus n-Hexan. — *R = n-Hexyl*, F. 76,5° (n-Hexan), aus n-Hexyljodid (3,3 : 3 : 1), **A**; 38,5%. — *R = n-Heptyl*, F. 80,6—81,6° (Zers.; n-Hexan), aus Heptylbromid (3 : 3: 1), **A**; 33,7%. — *R = n-Octyl*, F. 85° (n-Hexan), aus Octyljodid (3,3 : 3 : 1); 70%. — *R = n-Nonyl*, F. 88—89° (Zers.; n-Hexan), aus Nonylbromid (3 : 3 : 1), **A**; 50%. — *R = n-Decyl*, F. 91,5—92,5° (n-Hexan), aus Decylbromid (3 : 3 : 1), **A**; 31%; bzw. (3 : 3 : 0,5), **A**; 66,5%. — *R = n-Undecyl*, F. 96—97° (n-Hexan), aus Undecyljodid (3 : 3: 1), **B**; 27%; bzw. (3 : 3 : 0,5) **B**; 62%. — *R = n-Dodecyl*, F. 97,2—97,8° (Bzl.–n-Hexan), aus Dodecylbromid (3: 3 : 1), **B**; 35%. — *R = n-Tetradecyl*, F. 102—103° (Bzl.–n-Hexan), aus Tetradecylchlorid (3 : 3 : 1), **B**; 51%. — *R = n-Hexadecyl*, F. 106 bis 107° (Bzl.–n-Hexan), aus Hexadecyljodid (3 : 3 : 1), **B**; 34,8%. — *R = n-Octadecyl*, F. 109—109,5°, aus Octadecylbromid (3 : 3 : 1), **B**; 26%. — *Di-n-alkylphosphinsäuren $R_2P(O)OH$*, aus den Phosphinoxyden (Meth. **C**) in Bzl. mit PCl_5 u. Hydrolyse wie in der 1. Mitt. bei **IV** beschrieben, oder (Meth. **D**) aus Olefin, H_3PO_2 u. Dibenzoylperoxyd (**V**) oder Di-tert.-butylperoxyd (**I**) neben den entsprechenden *Mono-n-alkylphosphinsäuren* (Hauptprod.); Trennung mit n-Hexan. **II** u. höhere Vertreter werden aus Bzl. oder Bzl.–A., niedere aus n-Hexan bzw. n-Hexan–A. bzw. –Aceton umkristallisiert. — *R = n-Amyl*, F. 68—69°; nach **C**. — *R = n-Hexyl*, F. 78—79°, nach **C** u. aus n-Hexen-(1), H_3PO_2 u. **V** (Mol-Verhältnis 2 : 1 : 0,15; 18 Std. bei 67—85°) in Dioxan nach **D** 9% (Ausbeute). — *R = n-Heptyl*, F. 77—78°; **C**. — *R = n-Octyl*, F. 85°, **C** u. **D** [aus n-Octen-(1), 2 : 1 : 0,08 **V** in Dioxan; 24 Std. bei 80—85°; 32%]. — *R = n-Nonyl*, F. 84—85°; **C**. — *R = n-Decyl*, F. 87,7—88,3°, **C** u. **D** (aus n-Decen-[1], 2 : 1 : 0,11 **I**; 11 Std. bei 125 bis 175°; 19%). — *R = n-Undecyl*, F. 89—90°; **C**. — *R = n-Dodecyl* (**II**), F. 93,8—94,8°, **C** u. **D** (aus n-Dodecen-[1], 1 : 1 : 0,08 **V** in Dioxan; 22 Std. bei 84°; 22%). — *R = n-Tetradecyl*, F. 97—98°, **C** u. **D** (aus n-Tetradecen-[1], 2 : 1 : 0,22 **I**; 17 Std. bei 135°; 16,6%). — *R = n-Hexadecyl*, F. 102,5—103,5°, **C** u. **D** (aus n-Hexadecen-[1], 2 : 1: 0,17 **I**; 20 Std. bei 135°; 24,7%). — *R = n-Octadecyl* (**IV**), F. 105,3—106°, **C** u. **D** (aus n-Octadecen-[1], 3 : 1 : 0,19 **I**; 19 Std. bei 135°; 40%). (J. Amer. chem. Soc. **77.** 3411—12. 20/6. 1955. Philadelphia, Pa., Temple Univ.) F. J. Meyer. 980

Masaya Ogawa, *Physikalische Eigenschaften von p-Dialkylbenzolen.* 1. u. 2. Mitt. *n-Butylbenzol* u. dessen p–n-Alkylderivv. mit 1, 2, 4, 16 u. 18 C werden aus den entsprechenden Ketonen (erhalten nach Friedel-Crafts) durch Red. nach Clemmensen-Martin rein hergestellt u. die p-Stellung in den Ketonen durch HNO_3-Oxydation bewiesen, die bei *4-Methyl-n-butylbenzol* zu p-Toluylsäure, bei *4-Äthyl-n-butylbenzol* zu p-Äthylbenzoesäure u. bei den restlichen Ketonen zu Terephthalsäure führt. — *n-Propylphenylketon*, $Kp._{50}$ 141°, n_D^{20} 1,5199, $D._4^{20}$ 0,9894; *n-Propyl-p-tolylketon*, $Kp._{30}$ 143°, n_D^{20} 1,5193, $D._4^{20}$ 0,9752; *n-Propyl-p-äthylphenylketon*, $Kp._{10}$ 134°, n_D^{20} 1,5167, $D._4^{20}$ 0,9660; *n-Propyl-p–n-butylphenylketon*, $Kp._{20}$ 160°, n_D^{20} 1,5133, $D._4^{20}$ 0,9454; *n-Pentadecyl-p–n-butylphenylketon*, F. 54,5°, $Kp._3$ 268—269°, n_D^{60} 1,4781, $D._4^{60}$ 0,8682; *n-Heptadecyl-p–n-butylphenylketon*, F. 52,0°, $Kp._2$ 293—295°, n_D^{60} 1,4755, $D._4^{60}$ 0,8675. — *n-Butyl-*

benzol, Kp.$_{25}$ 83°, n_D^{20} 1,4909, D.$^{20}_4$ 0,8619, Viscosität (η) in Centistokes 1,215 (20°), 1,048 (30°), 0,916 (40°), 0,816 (50°), 0,725 (60°); *4-Methyl-n-butylbenzol*, Kp.$_{25}$ 104°, n_D^{20} 1,4891, D.$^{20}_4$ 0,8603, η 1,672 (20°), 1,399 (30°), 1,214 (40°), 1,058 (50°), 0,937 (60°); *4-Äthyl-n-butylbenzol*, Kp.$_{45}$ 131°, n_D^{20} 1,4880, D.$^{20}_4$ 0,8596, η 1,790 (20°), 1,521 (30°), 1,311 (40°), 1,152 (50°), 1,021 (60°); *1.4-Di-n-butylbenzol*, Kp.$_{25}$ 154°, n_D^{20} 1,4871, D.$^{20}_4$ 0,8586, η 3,203 (20°), 2,632 (30°), 2,188 (40°), 1,860 (50°), 1,610 (60°); *4-n-Hexadecyl-n-butylbenzol*, F. 26,9°, Kp.$_3$ 227—228°, n_D^{40} 1,4737, D.$^{40}_4$ 0,8426, η 11,71 (40°), 8,889 (50°), 6,804 (60°), 5,562 (70°), 4,564 (80°); *4-n-Oktadecyl-n-butylbenzol*, $C_{18}H_{37}C_6H_4C_4H_9$, F. 27,2°, Kp.$_3$ 240—241°, n_D^{40} 1,4738, D.$^{40}_4$ 0,8425, η 14,28 (40°), 11,11 (50°), 8,63 (60°), 6,80 (70°), 5,46 (80°). — Ferner werden die bekannten physikal. Konstanten für *n-Monoalkylbenzole* mit Alkylen mit 4, 5, 6, 7, 8, 12, 14, 16, 18, 20 u. 22 C mit den entsprechenden auf gleiche Bedingungen umgerechneten Werten des Vf. u. mit den nach EGLOFFS' (Ind. Engng. Chem., ind. Edit. **39.** [1947.] 1147) bzw. FRANCIS' (Ind. Engng. Chem., ind. Edit. **35.** [1944.] 256) Formeln berechneten verglichen um den Einfl. des Alkyls im einzelnen kennenzulernen. (J. chem. Soc. Japan, ind. Chem. Sect. [Kōgyō Kagaku Zassi] **54.** 99—101. Jan. 1951. Osaka Univ. [Orig.: japan.]) L. SCHULER. 1010

Shozo Yura und **Koji Uno**, *Darstellung von Phenolen durch Hydrolyse von Benzolsulfonaten bei hoher Temperatur.* 4. u. 5. Mitt. (Vgl. J. chem. Soc. Japan, ind. Chem. Sect. [Kōgyō Kagaku Zassi] **50.** [1947.] 136.) In Fortsetzung früherer Verss. wurde untersucht, ob die Behandlung von Natriumbenzolsulfonat (I) mit Wasserdampf u. NaOH, die bisher 62% abdestillierbares Phenol ergab, über die Zwischenstufe von Natriumphenolat (II) verläuft oder direkt durch Hydrolyse von I zu $NaHSO_3$ + Phenol zustande kommt. Daher wurde II denselben Bedingungen wie früher I unterworfen. Mit steigender Temp. (am besten nahe 450°) tritt mehr freies Phenol auf. Überschüssiges NaOH ist zu vermeiden. II lieferte nur bis zu 27,9% freies Phenol. Ferner wurde der Einfl. der gleichzeitigen Anwesenheit von Na-Salzen von Ameisen-, Essig-, Oxal-, Phthal- u. Buttersäure untersucht. Dabei wurde bei 300° neben Phenol Diphenylsulfid u. Thianthren in wechselnden Mengen beobachtet. (J. chem. Soc. Japan, ind. Chem. Sect. [Kōgyō Kagaku Zassi] **54.** 119—21. Jan. 1951. Kyoto Univ. [Orig.: japan.]) L. SCHULER. 1050

Shozo Yura und **Nobuya Matsui**, *Darstellung von Phenolen durch Hydrolyse von Benzolsulfonaten bei hoher Temperatur.* 6. Mitt. *Identifizierung von hochsiedenden Fraktionen.* (5. vgl. vorst. Ref.) In den bei der Hydrolyse von Benzolsulfonaten durch Dampf anfallenden höhersd. Fraktionen vom Kp. ca. 190—310° wurde bei der Fraktionierung 34,4% Diphenyläther, 36,4% Diphenylsulfid, 7% Phenol, 0,6% Diphenyldisulfid u. 21,6% Rückstand festgestellt. (J. chem. Soc. Japan, ind. Chem. Sect. [Kōgyō Kagaku Zassi] **54.** 279—80. April 1951. Kyoto Univ. [Orig.: japan.]) L. SCHULER. 1050

W. C. McCrone und **O. W. Adams**, *Bleistyphnat (normal).* Die Herst. des n. Pb-Salzes der Styphninsäure, des $C_6H(NO_2)_3(OH)OPbOH$, erfolgte durch Fällung aus Lsgg. von *2.4.6-Trinitroresorcin*, $Pb(NO_3)_2$ u. NaOH. Die Verb. krist. monoklin, Gitterkonstanten (2. Wert): a = 10,06 (10,02), b = 12,58 (12,54), c = 8,05 (8,00) Å, β = 91,9° (93°); Formeleinheiten: 4; D.$_{best.}$ 3,095, D.$_{röntg.}$ 3,055. Vff. geben eine tabellar. Zusammenstellung der d-Werte, relativen Intensitäten u. Indizierungen sowie ausführliche Angaben über die opt. Eigg. (Brechungsindices, Mol.-Refr., Dispersion usw.). (Analytic. Chem. **27.** 2014—15. Dez. 1955. Chicago, Ill., Illinois Inst. of Technol., Armour Res. Foundat.) G. RUBAN. 1060

Martin J. Kolbezen, Francis A. Gunther, Roger C. Blinn und **Glenn E. Carman**, *Insekticide Wirkung von Estern und Äthern des 2.2.2-Trichlor-1-[p-chlorphenyl]-äthanol.* (Vgl. BLINN u. Mitarbeiter, C. **1954.** 7870.) Vff. beschreiben die Darst. von Acylderivv. u. Äthern von 2.2.2-Trichlor-1-[p-chlorphenyl]-äthanol (I) u. untersuchen die insekticide Wrkg. dieser Verbb. an vier Insektenarten u. einer Milbenart. Es wird der Einfl. der Polarität der Hydroxylgruppe auf Durchdringungsvermögen u. Transport u. die mögliche Hydrolyse der Ester studiert u. gefunden, daß F. u. Mol.-Gew. in keiner Beziehung zur Toxizität stehen u. daß das gesamte Mol. an der tox. Wrkg. beteiligt ist. Nur gegenüber *Tribolium confusum Duv.* wird eine Spezifität der tox. Wrkg. der Verbb. gefunden (Methyl- > n-Butyl- > n-Octyläther; n-Butyrat > n-Caprylat).

V e r s u c h e : Die Darst. der Acylderivv. erfolgte aus I u. den entsprechenden Säurechloriden nach SCHOTTEN-BAUMANN, die der Äther durch Mischen von 2 Mol Alkyljodid mit 1 Mol I, Zugabe von 1 Mol Ag_2O in kleinen Portionen u. 8std. Kochen. — *Acylderivv. des 2.2.2-Trichlor-1-[p-chlorphenyl]-äthanols* (I) (alle aus Methanol umkrist.): *Acetylderiv.*, F. 123—124,5°; 72% (Ausbeute). *Propionylderiv.*, F. 77,5—78,5°; 58%. *n-Butyrylderiv.*, Kp.$_2$ 148°, F. 20°, n_D^{20} 1,5319; 58%. *Isobutyrylderiv.*, F. 66,5—68°; 68%. *n-Valeroylderiv.*, F. 47,5—48,5°; 90%. *Isovaleroylderiv.*, F. 41,5—42,5°; 50%. *tert.-Valeroylderiv.*, F. 92,5—93,5°; 52%. *n-Caproylderiv.*, F. 36—37°; 27%. *Hexahydrobenzoylderiv.*,

F. 60—61°; 47%. *n-Capryloylderiv.*, F. 43—44°; 45%. *n-Lauroylderiv.*, F. 40—41°; 57%. *n-Palmitoylderiv.*, F. 53—53,5°; 76%. — *Äther von* I: *Methyl-*, $Kp._2$ 115—120°; 85%. *n-Butyl-*, $Kp._{2,5}$ 135—138°, n_D^{20} 1,5342; 23%. *n-Octyl-*, $Kp._{10,6}$ 161—163°; 19%. (J. Amer. chem. Soc. **77.** 5410—11. 20/10. 1955. Riverside, Calif., Univ., Dep. of Entomol., Citrus Exp. Stat.) G. WINKLER. 1070

Hans-Joachim Bielig und **Arno Reidies,** *Darstellung von Thioäthern über Pyridiniumsalze.* 2.4- u. 2.6-Dinitrophenylpyridiniumsalze bilden mit Mercaptanen u. Thiophenolen in sd. Pyridin oder A. in 3—10 Min. mit 70—90%ig. Ausbeute *Thioäther.* An Stelle der Pyridiniumsalze lassen sich auch die p-Toluolsulfonate von Dinitrophenolen oder Dinitrohalogenarylverbb. in Pyridin umsetzen. Bei wasserlösl. oder niedrigsd. Thiolen läßt sich die Rk. auch in W. oder überschüssigem Thiol durchführen. Neben Thiophenol u. dessen Substitutionsprodd. ließen sich auch solche Thiophenole umsetzen, die eine freie phenol. Hydroxygruppe tragen, selbst wenn diese aktiviert ist. Bei der Darst. von gemischten Thio- u. Phenoläthern reagiert die phenol. Hydroxylgruppe eines Monothiohydrochinons mit dem Pyridiniumsalz oft erst dann, wenn die Rk. der SH-Gruppe beendet ist. Beziehungen zwischen der Ätherbldg. aus Pyridiniumsalze u. der Ätherspaltung durch letztere u. Pyridin werden an analogen Beispielen aus der Reihe der Phenoläther u. der Diphenylsulfide aufgezeigt. Zunehmende Substitution des Thiols mit negativ elektromeren Nitrogruppen bewirkt, daß die nucleophile Entstehung der Äther in die nucleophile Zerlegung übergeht. Entsprechend der Elektronegativitätsdifferenz zwischen O u. S ist der Übergang zur Ätherspaltung bei Phenoläthern eher erreicht als bei Thiophenoläthern. Die Reaktionsmechanismen der besprochenen Rkk. werden diskutiert. Bei der Thiolätherdarst. muß wegen der Oxydation zu Disulfiden unter N_2 gearbeitet werden.

V e r s u c h e: *[β-Acetamidoäthyl]-[2.4-dinitrophenyl]-sulfid* (I), $C_{10}H_{11}O_5N_3S$, F. 128 bis 130° (gelbe Prismen aus Bzl.–Bzn.), aus N-[2.4-Dinitrophenyl]-pyridinium-p-toluolsulfonat in heißem W. durch Versetzen mit N-Acetylcysteamin (II), 2—3 Min. Kochen u. Verdünnen mit kaltem W.; 82% (Ausbeute). — *[β-Acetamidoäthyl]-[2.6-dinitro-4-methylphenyl]-sulfid,* $C_{11}H_{13}O_5N_3S$, F. 123—125° (Nadeln aus Bzl.–Bzn.), a) analog **I** aus N-[2.6-Dinitro-4-methylphenyl]-pyridinium-p-toluolsulfonat (**III**) u. **II**; b) aus **III** in **II** durch Erwärmen auf 100° (einige Min.) ohne Lösungsm. u. Verdünnen mit W.; 87%. — *2.6-Dinitro-4-methyldiphenylsulfid* (**IV**), $C_{13}H_{10}O_4N_2S$, F. 117—118° (schwach gelbe, nadelige Prismen aus A.–Bzl.), aus **III** u. Thiophenol in der 15—20fachen Menge Pyridin durch 10 Min. Kochen unter N_2; 79%. — *2.6.4'-Trinitro-4-methyldiphenylsulfid,* $C_{13}H_9 \cdot O_6N_3S$, F. 153—154° (Bzl.–Cyclohexan), aus **III** u. 4-Nitrothiophenol in absol. A. analog **IV**; 77%. — *2.6.2'.4'-Tetranitro-4-methyldiphenylsulfid,* $C_{13}H_8O_8N_4S$, F. 227—228° (gelbe Kristalle aus wss. Essigsäure oder wss. Dioxan), aus **III** u. 2.4-Dinitrothiophenol in Pyridin analog **IV**; 78%. — *2.6-Dinitro-4-methyl-4'-methoxydiphenylsulfid* (**V**), $C_{14}H_{12}O_5N_2S$, F. 142—143° (orangegelbe Blättchen aus A.–Bzl.), aus **III** u. p-Methoxythiophenol in Pyridin analog **IV**; 90%. — *2.6-Dinitro-4.3'.5'-trimethyl-4'-methoxydiphenylsulfid,* $C_{16}H_{16} \cdot O_5N_2S$, F. 140—141° (A.), aus **III** u. 4-Methoxy-3.5-dimethylthiophenol in Pyridin analog **IV**; 74%. — *2.6-Dinitro-4-methyl-4'-oxydiphenylsulfid,* $C_{13}H_{10}O_5N_2S$, F. 171—173° (gelbe Blättchen aus Dioxan oder A.–Bzl.), aus **III** u. Monothiohydrochinon analog **IV** u. Reinigung über das Na-Salz; 86%; gibt in n-NaOH bei 80° mit Dimethylsulfat **V**. — *2.6.3'.5'-Tetranitro-4-methyl-4'-oxydiphenylsulfid,* $C_{13}H_8O_9N_4S$, F. 240—241° (gelbe Nadeln aus Essigsäure), aus **III** u. 2.6-Dinitro-4-mercaptophenol in Pyridin analog **IV**; 70%. — *2.6.3'.5'-Tetranitro-4-methyl-4'-methoxydiphenylsulfid,* $C_{14}H_{10}O_9N_4S$, F. 176—178° (gelbe Blättchen aus 90%ig. Essigsäure), aus vorst. Verb. in Aceton u. äther. Diazomethan; 87%. — *2.4-Dinitrodiphenylsulfid,* $C_{12}H_8O_4N_2S$, F. 120—121° (citronengelbe Stäbchen aus A.), aus Thiophenol u. 2.4-Dinitrophenylpyridiniumchlorid in A. analog **IV**; 87%. — *N-[2.6-Dinitro-4-methylphenyl]-pyridinium-p-toluolsulfonat* (**III**), F. 179° (A.), aus p-Kresol in Eisessig durch Zutropfen eines Gemisches von HNO_3 (D. 1,5) u. Eisessig unter Rühren u. Kühlung auf 20—30°, 30 Min. Rühren, Zers. mit Eis, Rk. des entstandenen *3.5-Dinitro-p-kresols* [F. 80—81° (gelbe Kristalle aus A.); 55%] mit p-Toluolsulfochlorid u. Überführung des *p-Toluolsulfonats* [F. 152° (A.); 60%] in das **III**; 64%. (Chem. Ber. **89.** 550—62. 1956. Heidelberg, Max-Planck-Inst. für Med. Forsch., Inst. für Chem.) H. BERTSCH. 1090

Margaret K. Seikel und **N. Alice Strahan,** *Acetylierung von 3.5-Dibromsulfanilamid.* In Analogie zu 3.5-Dichlorsulfanilamid (vgl. C. **1948.** E. 1056) führt die Acetylierung von 3.5-Dibromsulfanilamid (I) unter verschied. Bedingungen zu den vier möglichen *Acetylderivv.*, deren Eigg. denen der Chlorderivv. sehr ähnlich sind.

V e r s u c h e: *N^4-Acetyl-3.5-dibromsulfanilamid,* $C_8H_8O_3N_2Br_2S$, F. 252—253° (50%ig. A.), aus **I** durch Monoacetylierung nach der l. c. beschriebenen Meth. (10 Min.); Löslichkeit (L., in kaltem W.) 0,031 g/100 ml; 71% (roh; Ausbeute), daneben 18% **II**. —

N^1-Acetyl-3.5-dibromsulfanilamid, $C_8H_8O_3N_2Br_2S$, F. 199—200° (50%ig. A.), durch Acetylierung von I in Pyridin nach der l. c. beschriebenen Meth., aber 30 Min. auf dem Dampfbad; L. 0,007 g/100 ml; 93%. — *$N^1.N_4$-Diacetyl-3.5-dibromsulfanilamid* (II), $C_{10}H_{10}O_4N_2Br_2S$, F. 225—226° (70%ig. A., 50%ig. Aceton oder Dioxan), aus I mit Essigsäureanhydrid–Eisessig in Ggw. von H_2SO_4 (vgl. l. c.); L. 0,062 g/100 ml; 93%. — *$N^1.N^4.N^4$-Triacetyl-3.5-dibromsulfanilamid*, $C_{12}H_{12}O_5N_2Br_2S$, F. 198—199° (50%ig. Aceton), aus I mit einem Überschuß an Essigsäureanhydrid mit 0,001 ml konz. H_2SO_4/0,5 ml nach l. c., aber 30 Min. kochen; L. 0,035 g/100 ml; 80%. (J. Amer. chem. Soc. **73.** 2386—87. Mai 1951. Wellesley, Mass., Wellesley Coll., Dep. of Chem.)
H. FRIESE. 1090

Roberto Palma Lombardi, *Synthese des p-Aminosulfonylbenzaldehydthiosemicarbazons und des 4-Oxy-3-methoxybenzaldehydthiosemicarbazons.* 120 cm³ Toluol wurden mit Chlorsulfonsäure zu einem Gemisch von *o-* u. *p-Toluolsulfochlorid* [F. 67°; 57 g (Ausbeute)], umgesetzt, von denen das p-Isomere bei —15° krist.; von diesen wurden 20 g mit NH_4OH zu 12,2 g *p-Toluolsulfonamid* (F. 134°) umgesetzt u. davon 2 g mit $KMnO_4$/n-NaOH zu 0,6 g *p-Aminosulfonylbenzaldehyd* (F. 148—155°) oxydiert; *Thiosemicarbazon*, F. 235°. — Die Chlorsulfonierung von Benzylchlorid u. Benzylalkohol lieferte nur harzige Prodd., aus denen keine reinen Verbb. isoliert werden konnten. — *Vanillinthiosemicarbazon*, F. 190—194°, aus dem Aldehyd. (Bol. Soc. quím. Perú **17.** Nr. 4. 223—35. Dez. 1951.)
J. ALTPETER. 1110

J. A. Langner und **Z. J. Allan,** *Diazoverbindungen.* 5. Mitt. *Kupplung von Benzoldiazoniumchlorid mit 4-Nitroresorcin.* (4. vgl. HAASE, C. **1956.** 5377.) Die Kupplung von 4-Nitroresorcin (I) mit Benzoldiazoniumchlorid liefert *2.6-Bis-benzolazo-4-nitroresorcin* (II) u. *2-Benzolazo-4-nitroresorcin* (III). Die Gesamtausbeute nimmt mit steigender Alkalität des Kupplungsmediums zu ($NaHCO_3$, Na_2CO_3, NaOH). In essigsaurer Lsg. bleibt die Kupplung aus. Die Verbb. wurden chromatograph. an Al_2O_3 getrennt u. mit authent. Präpp. verglichen. Die reduktive Spaltung von III liefert *2.4-Diaminoresorcin.*

V e r s u c h e : Die Kupplung von 3,2 g I mit der äquivalenten Menge Benzoldiazoniumchlorid in 50 cm³ H_2O u. 25 cm³ 2,5n NaOH liefert nach Ansäuern 4,6 g eines Gemisches von II u. III. Analog auch die Kupplung in $NaHCO_3$- u. Na_2CO_3-Lösung. — *2.6-Bis-benzolazo-4-nitroresorcin* (II), $C_{18}H_{13}O_4N_5$, F. 243° (korr.); durch chromatograph. Trennung der $CHCl_3$-Lsg. vorst. Gemisches; orangefarbene Kristalle aus $CHCl_3$. — *2-Benzolazo-4-nitroresorcin* (III), $C_{12}H_9O_4N_3$, F. 181° (korr.); aus Bzl. rotorangefarbene Kristalle. (Chem. Listy **46.** 247—48. April 1952. Pardubice-Rybitví, Výzk. Ústav organ. synthes. [Orig.: tschech.])
A. EMR/Prag. 1310

J. Dobáš, *Aromatische Diazoverbindungen.* 6. Mitt. *Reaktionen von Diazoniumsalzen mit Hydrochinon.* 1. Mitt. *Synthese einiger Diphenyl- und Terphenylderivate.* (5. vgl. vorst. Ref.) Aus 4-Nitrobenzoldiazoniumchlorid (I) u. Hydrochinon (II) entsteht in schwach saurer Lsg. *2.5-Dioxy-4'-nitrodiphenyl* (III). Analog bildet sich aus 2.4-Dinitrobenzoldiazoniumsulfat u. II *2.5-Dioxy-2'.4'-dinitrodiphenyl* (IV), aus 2-Nitrobenzoldiazoniumchlorid (V) u. II *2.5-Dioxy-2'-nitrodiphenyl* (VI). VI reagiert gleichzeitig mit einem weiteren Mol. von V unter Bldg. von 2 isomeren *Dinitrodiphenylbenzolen,* deren Konst. nicht näher untersucht wurde. Es handelt sich beim ersten wahrscheinlich um *2.2''-Dinitro-2'.5'-dioxyterphenyl* (VII), beim zweiten um *2.5-Dioxy-1.6-bis-[2'-nitropenyl]-benzol* oder um *2.5-Dioxy-1.3-bis-[2'-nitrophenyl]-benzol.* Alle erwähnten Rkk. verlaufen im Sinne der C-Arylierung, es bilden sich keine O-Arylderivate. Aus dem Vgl. mit analogen Arbeiten von MARINI-BETTÓLO (vgl. C. **1942.** I. 3087 u. **1943.** I. 270) geht hervor, daß die Rkk. von I u. V mit II vorteilhafter sind als die Rkk. von I u. V mit Chinon.

V e r s u c h e : *2.5-Dioxy-4'-nitrodiphenyl* (III), $C_{12}H_9O_4N$, F. 223—224° (Zers.); aus I u. II in schwach saurer wss. Lsg.; gelborangefarbene Nadeln aus W. oder Xylol; 89% (Ausbeute). — *2.5-Diacetoxy-4'-nitrodiphenyl,* $C_{16}H_{13}O_6N$, F. 118—119°; aus III u. Acetanhydrid in Pyridin; aus A. gelbe Prismen. — *2.5-Dimethoxy-4'-nitrodiphenyl,* $C_{14}H_{13}O_4N$, F. 116,5°; aus III u. Dimethylsulfat bei 35°; aus A. gelbe Nadeln. — *2.5-Dioxy-2'.4'-dinitrodiphenyl* (IV), $C_{12}H_8O_6N_2$, F. 226° (Zers.); aus 2.4-Dinitrobenzoldiazoniumsulfat u. II in schwach saurer wss. Lsg.; dunkelorangefarbene Nadeln aus W. oder Xylol; 87%. — *2.5-Diacetoxy-2'.4'-dinitrodiphenyl,* $C_{16}H_{12}O_8N_2$, F. 127,5°; aus IV u. Acetanhydrid in Pyridin; aus A. gelbe Plättchen. — *2.2''-Dinitro-2'.5'-dioxyterphenyl* (VII), $C_{18}H_{12}O_6N_2$, F. 288° (Zers.); aus V u. überschüssigem II in sehr schwach saurer wss. Lsg.; gelbe Blättchen aus Aceton; 16%. — *2.2''-Dinitro-2'.5'-diacetoxyterphenyl,* $C_{22}H_{16}O_8N_2$, F. 246°; aus VII; Prismen aus Amylalkohol. — *2.5-Dioxy-1.x-bis-[2'-nitrophenyl]-benzol,* F. ~ 270°, aus der Mutterlauge von VII durch Chromatographie an Al_2O_3. — *2.5-Diacetoxy-1.x-bis-[2'-nitrophenyl]-benzol,* $C_{22}H_{16}O_8N_2$, F. 240°, Nadeln aus Xylol. — *2.5-Dimethoxy-1.x-bis-[2'-nitrophenyl]-benzol,* $C_{20}H_{16}O_6N_2$, F. 292°; aus der

Oxyverb. u. Dimethylsulfat bei 35°; gelbe Plättchen aus Alkohol–Xylol. — *2.5-Dioxy-2'-nitrodiphenyl* (**VI**), $C_{12}H_9O_4N$, F. 167°; das Filtrat von **VII** wurde mit Amylalkohol, der Auszug mit NaOH ausgeschüttelt u. die Lauge mit HCl angesäuert; hellorange Nadeln aus Xylol. — *2.5-Diacetoxy-2'-nitrodiphenyl*, $C_{16}H_{13}O_6N$, F. 150°; aus **VI** u. Acetanhydrid in Pyridin; aus A. Prismen. (Chem. Listy **46.** 277—80. Mai 1952. [Orig.: tschech.])

A. EMR/Prag.1310

F. Mužík und **Z. J. Allan,** *Aromatische Diazoverbindungen.* 7. Mitt. *Kupplungen mit m-Phenylendiamin.* (6. vgl. vorst. Ref.) Die Kupplung von Chrysoidin (I) mit überschüssigem Benzoldiazoniumchlorid (II) u. von m-Phenylendiamin (III) mit 4-Chlorbenzoldiazoniumchlorid (IV) liefert ein Gemisch der entsprechenden *2.4.6-Tris-*, *2.4-Dis-* (asymm.) u. *4.6-Disazofarbstoffe* (symm.) neben unverändertem **I** bzw. seinem *4'-Chlorderivat*. Die Gemische wurden chromatograph. an Al_2O_3 getrennt, mit authent. Präpp. oder mit den aus 2.4-Diaminotoluol (**V**) oder aus 2.6-Diaminotoluol (**VI**) u. **II** bzw. **IV** hergestellten Verbb. verglichen. Bei saurer Kupplung von **I** mit **II** überwiegt der Trisazofarbstoff, bei alkal. Kupplung der 4.6-Disazofarbstoff. Auf den 2.4-Disazofarbstoff ist die p_H-Änderung ohne Einfluß. Auf die Konst. der Disazofarbstoffe wurde weiter aus dem Verlauf ihrer Oxydation geschlossen. Die aus **I** u. **II**, **III** u. **IV**, **VI** u. **II** oder **VI** u.**IV** hergestellten Disazofarbstoffe liefern dabei *6-Benzolazo-5-amino-2-phenylbenztriazol* bzw. sein *4-Methyl-* oder *4'.4''-Dichlorderivat*. Die erschöpfende Oxydation der asymm. Disazofarbstoffe aus **I** u. **II**, **II** u. **IV**, **V** u. **II** oder **V** u. **IV** führt zu einem Gemisch aus *2.5-Diphenyl-ang-benzo-bis-triazol* bzw. seinem *7-Methyl-* oder *4'.4''-Dichlorderiv.* u. *4-Benzolazo-7-amino-6-methyl-2-phenylbenztriazol* bzw. seinem *4'.4''-Dichlorderivat*. Die Acetylierung von symm. Disazofarbstoffen liefert *N.N'-Diacetylderivate*. Dagegen führt die Acetylierung von asymm. Disazofarbstoffen zu einem komplizierten Gemisch, aus dem im Falle des asymm. Farbstoffes aus **V** u. **IV** eine Verb. isoliert wurde, der die Konst. des *7-[4'-Chlorbenzolazo]-3-[4'-chloranilino]-4-acetylamino-2.5-dimethylbenzimidazols* zugeschrieben wird. Es werden einige Absorptionskurven der hergestellten Farbstoffe im sichtbaren Teil angegeben. Es folgt eine eingehende Besprechung der Chemie des m-Phenylendiamins, des Benztriazols u. des Benzo-bis-triazols, in der an Hand der erhaltenen Versuchsergebnisse auf zahlreiche Irrtümer anderer Forscher krit. hingewiesen wird.

Versuche (alle FF. bis 330° korr.): Durch Diazotieren von 1,12 g Anilin u. Kupplung mit 2,85 g **I** in Ggw. von Na-m-Xylolsulfonat wurde erhalten: in Na_2CO_3-Lsg., 3,58 g, in Na-Acetatlsg. 3,89 g des Farbstoffgemisches. Die $CHCl_3$-Lsg. dieser Gemische wurde an Al_2O_3 chromatographiert. Es wurden isoliert: *2.4.6-Trisbenzolazo-1.3-phenylendiamin*, F. 259°, *2.4-Bis-benzolazo-1.3-phenylendiamin* (**VII**), $C_{18}H_{16}N_6$, F. 144°, orangegelbe, haarfeine Nadeln, *4.6-Bis-benzolazo-1.3-phenylendiamin* (**VIII**), $C_{18}H_{16}N_6$, F. 174°, orangefarbene Blättchen. — *2.5-Diphenyl-ang-benzo-bis-triazol*, F. 223°, durch Oxydation von **VII** mittels $CuSO_4$ in wss. Pyridin in der Siedehitze; Kristalle aus Essigsäure. — *6-Benzolazo-5-amino-2-phenylbenztriazol*, $C_{18}H_{14}N_6$, F. 225,5°; aus **VIII** durch Oxydation mit $CuSO_4$ in wss. Pyridin (1 Std. unter Rückfluß); nach chromatograph. Reinigung Kristalle aus $CHCl_3$. — Durch Kupplung von 0,022 Mol **IV** mit 0,01 Mol **III** in Na_2CO_3-Lsg. wurden 4 g Farbstoffgemisch erhalten. Daraus wurden auf chromatograph. Wege isoliert: *2.4.6-Tris-[4'-chlorbenzolazo]-1.3-phenylendiamin*, F. 289°, *2.4-Bis-[4'-chlorbenzolazo]-1.3-phenylendiamin* (**IX**), $C_{18}H_{14}N_6Cl_2$, F. 216°, orangefarbene Kristalle aus Aceton–$CHCl_3$, u. *4.6-Bis-[4'-chlorbenzolazo]-1.3-phenylendiamin* (**X**), $C_{18}H_{14}N_6Cl_2$, F. 256°, Nadeln aus Aceton–$CHCl_3$. — *2.5-Bis-[4'-chlorphenyl]-ang-benzo-bis-triazol*, F. 347°; aus **IX** durch Oxydation mit $CuSO_4$ in wss. Pyridin in der Siedehitze; Kristalle aus Essigsäure. — *6-[4'-Chlorbenzolazo]-5-amino-2-[4''-chlorphenyl]-benztriazol*, F. 274°; aus **X** analog. — *3.5-Bis-benzolazo-2.4-diaminotoluol* (**XI**), $C_{19}H_{18}N_6$, F. 124°; aus **II** u. 5-Benzolazo-2.4-diaminotoluol; dunkelrote Nadeln aus PAe.–$CHCl_3$. — Die Oxydation von **XI** mit $CuSO_4$ in wss. Pyridin liefert ein Gemisch, aus dem durch chromatograph. Trennung seiner Acetonlsg. an Al_2O_3 *2.5-Diphenyl-7-methyl-ang-benzo-bis-triazol*, F. 189° (Eisessig), u. *4-Benzolazo-7-amino-2-phenyl-6-methylbenztriazol*, F. (unscharf) bei 123°, erhalten wurde. — *3.5-Bis-[4'-chlorbenzolazo]-2.4-diaminotoluol* (**XII**), $C_{19}H_{16}N_6Cl_2$, F. 205°, aus 0,05 Mol **IV** u. 0,024 Mol **V** in sodaalkal. Lsg.; Ausbeute quantitativ; dunkelbraunrote Kristalle aus Aceton–$CHCl_3$. Die Acetylierung von **XII** führt wahrscheinlich zu *7-[4'-Chlorbenzolazo]-3-[4''-chloranilino]-4-acetamido-2.5-dimethylbenzimidazol*, $C_{23}H_{20}ON_6Cl_2$, F. 248 bis 258°. Die Oxydation von **XII** mit $CuSO_4$ in wss. Pyridin liefert ein Gemisch, aus dem nach Extraktion mit Aceton *2.5-Bis-[4'-chlorphenyl]-7-methyl-ang-benzo-bis-triazol* (**XIII**), F. 264° (Schuppen aus Essigsäure), hinterbleibt. Die chromatograph. Reinigung des Acetonauszuges gibt unreines *4-[4'-Chlorbenzolazo]-5-amino-2-[4''-chlorphenyl]-6-methylbenztriazol* (**XIV**), F. 218—235°, u. *4-[4'-Chlorbenzolazo]-7-amino-2-[4''-chlorphenyl]-6-methylbenztriazol*, $C_{19}H_{14}N_6Cl_2$, F. 233°, orangerote Nadeln. — *3.5-Bis-benzolazo-2.6-diaminotoluol* (**XV**), $C_{19}H_{18}N_6$, F. 231°; durch kurzes Aufkochen von 8,9 g 2.6-Bisformylaminotoluol mit verd. HCl u. Kupplung mit 0,108 Mol **II**; 10,7 g; lange dunkelrote Nadeln aus A.–$CHCl_3$. *Acetylderiv.*, F. 335° (Essigsäure). — *6-Benzolazo-5-amino-2-phenyl-4-methylbenztriazol*, $C_{19}H_{16}N_6$, F. 161°; aus **XV** durch Oxydation mit $CuSO_4$ in wss. Pyridin; aus $CHCl_3$–PAe. rotbraune Nadeln. *Acetylderiv.*, F. 272°. — *3.5-Bis-[4'-chlorbenzolazo]-2.6-diaminotoluol*, $C_{19}H_{16}N_6Cl_2$, F. 223°; durch kurzes Aufkochen von 4,45 g 2.6-Bisformylaminotoluol mit verd. HCl u. Kupplung mit 0,05 Mol **IV**; 6,7 g; orangefarbene Nadeln aus $CHCl_3$. — *3.5-Bis-[4'-chlorbenzolazo]-2.6-bis-acetylaminotoluol*, $C_{23}H_{20}O_2N_6Cl_2$ (Zers. >360° ohne zu schm.), aus vorst. Verb. u. Acetanhydrid in Essigsäure; orangefarbene Nadeln aus Essigsäure. — **XIV**, $C_{19}H_{14}N_6Cl_2$, F. 242°; aus 2-[4'-Chlorphenyl]-5-amino-6-methylbenztriazol durch Kupplung mit **IV**; aus A. orangefarbene, filzartige Nadeln. Hieraus durch Oxydation mit $CuSO_4$ in wss. Pyridin **XIII**. (Chem. Listy **46**. 350—57. Juni 1952. [Orig.: tschech.]; Collect. czechoslov. chem. Commun. **18**. 388—405. 1953. [Orig.: engl.]) A. EMR/Prag. 1310

Z. J. Allan und **F. Mužík**, *Aromatische Diazoverbindungen*. 8. Mitt. *Kupplungen mit Benzidin*. (7. vgl. vorst. Ref.) Eine wss. Suspension von Benzidin (**I**) reagiert mit 4-Nitrobenzoldiazoniumchlorid (**II**) unter Bldg. von *4'-[4''-Nitrobenzoldiazoamino]-4-aminodiphenyl* (**III**). **III** zerfällt in HCl-Lsg. in der Wärme in *4-Nitranilin* u. *4-Aminodiphenyl-4'-diazoniumchlorid*. Die Kupplung von 2.4-Dinitrobenzoldiazoniumchlorid (**IV**) mit **I** gibt in saurer Lsg. *3-[2'.4'-Dinitrophenyl]-benzidin*. N.N.N'.N'-Tetramethylbenzidin (**V**) reagiert mit **II** unter Bldg. von *3-[4'-Nitrophenyl]-N.N.N'.N'-tetramethylbenzidin*.

Versuche (FF. korr.): *4'-[4''-Nitrobenzoldiazoamino]-4-aminodiphenyl* (**III**), $C_{18}H_{15}O_2N_5$, F. 146—149° (Zers.); aus 0,1 Mol **I** in wss. Suspension u. 0,1 Mol **II** bei 0°; rotbraune Kristalle aus Dioxan; Ausbeute quantitativ. **III**, mit verd. HCl gekocht, zerfällt in *4-Nitranilin* u. *4-Aminodiphenyl-4'-diazoniumchlorid*. — *3-[2'.4'-Dinitrophenyl]-benzidin*, $C_{18}H_{14}O_4N_4$, F. 236°, aus 0,03 Mol **IV** u. 5 g **I** bei 0°; 0,6 g; kupferfarbige Blättchen aus Anilin oder Alkohol–Dioxan. — *3-[4'-Nitrophenyl]-N.N.N'.N'-tetramethylbenzidin*, $C_{22}H_{23}O_2N_3$, F. 70° (unscharf); aus 1,4 g **V** u. 0,012 Mol **II** in saurer Lsg. bei 0°; 1,52 g. Gibt durch chromatograph. Reinigung an Al_2O_3 aus wss. A. braunrote, erstarrte Tröpfchen. (Chem. Listy **46**. 485—86. Juli/Aug. 1952. [Orig.: tschech.]) A. EMR/Prag. 1310

F. Mužík und **Z. J. Allan**, *Aromatische Diazoverbindungen*. 9. Mitt. *2.5.8-Triphenylbenzo-tris-triazol*. (8. vgl. vorst. Ref.) In der 7. Mitt. (vgl. vorvorst. Ref.) wurde gezeigt, daß der zweite Triazolringschluß bei entsprechend am Benzolkern substituiertem 2-Phenylbenzotriazol immer angulär u. niemals linear erfolgt. Es war demnach zu erwarten, daß sich auch 8-Benzolazo-7-amino-2.5-diphenyl-ang-benzo-bis-triazol (**I**) zu *2.5.8-Triphenylbenzo-tris-triazol* (**II**) oxydativ cyclisieren läßt. Zu diesem Zweck wurde Benzoldiazoniumchlorid (**III**) mit 7-Amino-2.5-diphenyl-ang-benzo-bis-triazol (**IV**) (Darst. vgl. FRIES u. WALTNITZKI [1934]) gekuppelt. Das entstandene **I** wurde mit $CuSO_4$ zu **II** oxydiert. Analog wurde 4-Chlorbenzoldiazoniumchlorid (**V**) mit **IV** gekuppelt u. der entstandene Disazofarbstoff zu *2-[4'-Chlorphenyl]-5.8-diphenylbenzo-tris-triazol* oxydiert.

Versuche (FF. bis 330° korr.): *8-Benzolazo-7-amino-2.5-diphenyl-ang-benzo-bis-triazol* (**I**), $C_{24}H_{17}N_9$, F. 256°; λ_{max} 500 mμ (in H_2SO_4); aus 2,69 mMol einer konz. Lsg. von **III** u. 0,79 g **IV** in Pyridin; gelbrote Prismen aus Aceton; 0,97 g (Ausbeute). — *2.5.8-Triphenylbenzo-tris-triazol* (**II**), $C_{24}H_{15}N_9$, F. ~414°; durch Oxydation von **I** mit $CuSO_4$ in wss. Pyridin in der Siedehitze; nach Kristallisation aus Chlorbenzol an Al_2O_3 in heißem Chlorbenzol chromatograph. gereinigt. **II** entsteht auch durch Erhitzen von **I** über 256° bis zur Entfärbung u. zum Erstarren der Schmelze. — *2-[4'-Chlorphenyl]-5.8-diphenylbenzo-tris-triazol*, $C_{24}H_{14}N_9Cl$, F. 371°; durch Kupplung von **V** mit **IV** u. anschließende Oxydation des nicht näher beschriebenen Azofarbstoffes analog **II**; Nadeln aus Pyridin. (Chem. Listy **46**. 487—88. Juli/Aug. 1952. [Orig.: tschech.]) A. EMR/Prag. 1310

Z. J. Allan, **J. J. Dobáš** und **F. Mužík**, *Aromatische Diazoverbindungen*. 10. Mitt. *Kupplungen in Anwesenheit von Natrium-1.3-xylol-4-sulfonat*. (9. vgl. vorst. Ref.) Einige Tris- oder Tetrakisazofarbstoffe, deren vorletzte Komponente 1-Amino-2-äthoxynaphthalin bzw. seine Derivv. bilden, ließen sich nur dann zufriedenstellend darstellen, wenn die letzte Kupplung in wss. Pyridin (**I**) vorgenommen wurde. Vff. haben festgestellt, daß die gleiche Wrkg. auch durch Zugabe von Na-1.3-Xylol-4-sulfonat (**II**) u. ähnlichen hydrotropen Verbb., wie Na-Naphthalin-1- oder -2-sulfonaten, erzielt werden kann. Bei der dritten Kupplung zur Herst. von *Diazolichtgrün GFL* (vgl. BIOS, 1440–1122–c34. 1945) erweist sich der Zusatz von **II** der Wrkg. von **I** vollkommen gleichwertig. Ohne **II** bzw. **I** bleibt die Kupplung aus. Die Ausbeuten wurden colorimetr. ausgewertet. Bei der Synth. des blauen Disazofarbstoffes (*Anilin-4-sulfonsäure → 1-Amino-2-äthoxynaphthalin-6-sulfonsäure → 2-Naphthol-3.6-disulfonsäure*) ist die Wrkg. von **I** bzw. **II** weniger ausgeprägt. Wird die Ausbeute der in W. vorgenommenen 2. Kupplung gleich 100 gesetzt, so ergeben sich für die Ausbeuten in Ggw. von **I** bzw. **II** die Werte 112 bzw. 119. Bei gleichzeitiger Ggw. von **I** u. **II** beträgt die Ausbeute nur 106. Die Ergebnisse wurden colorimetr. ermittelt. Bei der Kupplung von 2-Naphthol-3.6-disulfonsäure mit 2-Amino-4-chlorphenol zu *1-[2'-Oxy-5'-chlorbenzolazo]-2-naphthol-3.6-disulfonsäure* betrugen die gravimetr. ermittelten Ausbeuten 78,7% in Ggw. von **II** u. 74% in Ggw. von **I**. Optimale Ausbeuten wurden bei $NaHCO_3$-Alkalität erzielt. Die quantitative Best. der Wrkg. von **I** auf die Zerfallsgeschwindigkeit von Benzoldiazoniumchlorid in alkal. Lsg. ergab, daß die Halbwertszeit in Ggw. von 5% **I** ca. 15 Std., in Abwesenheit von **I** ca. 90 Std. beträgt. **I** beschleunigt auch den Zerfall von diazotierter Sulfanilsäure u. 1-Naphthylamin-4-sulfonsäure. An Hand ausgeführter Verss. nehmen Vff. an, daß der Zusatz von aromat. Sulfonsäuren sowohl die Kupplungsgeschwindigkeit als auch die Zerfallsgeschwindigkeit der Diazoniumsalze heraufsetzt, wobei die letztgenannte Wrkg. überwiegt. (Chem. Listy **46**. 628—31. Okt. 1952. [Orig.: tschech.]) A. EMR/Prag. 1310

F. Mužík und **Z. J. Allan**, *Aromatische Diazoverbindungen.* 11. Mitt. *Kupplungen mit symm.-Triaminobenzol.* (10. vgl. vorst. Ref.) Eine verbesserte Darst. von *symm.-Triaminobenzol* (**I**) durch Red. von symm.-Trinitrobenzol wird beschrieben. Die Kupplung von Benzoldiazoniumchlorid mit **I** liefert *2.4.6-Tris-benzolazo-1.3.5-triaminobenzol* (**II**). **II** gibt durch $CuSO_4$-Oxydation *2.5.8-Triphenylbenzo-tris-triazol* (**III**). Dadurch wurde die Konst. von **III**, das von Vff. früher aus m-Phenylendiamin synthetisiert wurde, bestätigt (vgl. vorvorst. Ref.).

Versuche (FF. korr.): *symm.-Triaminobenzol* (**I**)-*Trihydrochlorid*, $C_6H_9N_3 \cdot 3\,HCl$; durch Red. von 10 g feingepulvertem symm.-Trinitrobenzol mit 200 g $SnCl_2 \cdot 2\,H_2O$ in W. in der Kälte; nach Umfällen der Base mit HCl Nadeln; 8 g (Ausbeute). — *symm.-Tris-acetylaminobenzol*, $C_{12}H_{15}O_3N_3$, F. 324° (Zers.); durch Acetylierung der wss. CH_3COONa-haltigen Lsg. von **I**-Trihydrochlorid mit Acetanhydrid; aus wss. A. Nadeln. — *2.4.6-Tris-benzolazo-1.3.5-triaminobenzol* (**II**), $C_{24}H_{21}N_9$, F. 294°; aus 0,04 Mol Benzoldiazoniumchlorid u. 2,33 g **I** bei —2° in saurer Lsg.; 75%. Die Lsg. von **II** in o-Dichlorbenzol wurde bei 130—140° über Al_2O_3 gereinigt; hellorangefarbene Kristalle aus Chlorbenzol. — *2.5.8-Triphenylbenzo-tris-triazol* (**III**), Kp.$_{12}$ ~420°, F. 414°; aus 2,18 g **II** durch Oxydation mit $CuSO_4$ in wss. Pyridin in der Siedehitze; Nadeln aus Pyridin-Chlorbenzol; 1,18 g. **III**, mit Oleum bei 120° sulfuriert, gibt ein wasserlösl. *Sulfonylderivat.* (Chem. Listy **46**. 774—75. Dez. 1952. [Orig.: tschech.]) A. EMR/Prag. 1310

P. Rayet, M. Prost und **M. Urbain**, *Über die Darstellung und Eigenschaften der 4-Aminobrenzcatechine.* Die durch FRIEDEL-CRAFTS-Rk. aus Veratrol (**V**) gewonnenen *Ketone* liefern bei der CLEMMENSEN-Red. *5-Äthyl-*, *5-Hexadecyl-* u. *5-Dihydrohydnochaulylveratrol*. *Homoveratrol* dagegen wurde durch direkte Methylierung von 4-Methylbrenzcatechin erhalten. Die katalyt. Hydrierung von Safrol führt zu *Dihydrosafrol* (**VI**). Durch Nitrierung werden *4-Nitro-5-alkylveratrole* bzw. *6-Nitrodihydrosafrol* hergestellt. Die Hydrierung in Ggw. von Ni führt zu den *prim. Aminen*, die in Ggw. von CH_2O zu *4-Methylamino-5-alkylveratrolen* bzw. *6-Methylaminodihydrosafrol* (**IV**) hydriert werden können. Die anderen *sek.-Alkylaminoverbb.* werden durch Hydrierung der Nitroverbb. in Ggw. der entsprechenden Aldehyde erhalten. Die Desalkylierung der *4-Alkylaminoveratrole* bzw. der *Dihydrosafrole* erfolgt mittels CH_3MgJ in Xylol bei 125—130° u. vorsichtiger Aufarbeitung. Die Desalkylierung von **IV** gelingt auch durch Erhitzen mit konz. HCl im Rohr auf 130° unter N_2. Die Desalkylierung der prim. Amine der **V**-Reihe liefert neben den *Brenzcatechinen* zum größeren Teil *Aminoalkylguajacole*. Während letztere stabil sind, sind die *Aminobrenzcatechine* sehr empfindlich gegen Luft. Die Oxydation von *4-Methylamino-5-äthylbrenzcatechin* mit Ag_2O führt nicht zu einem p-Chinonimin, sondern zu rötlichen *Kristallen vom F. 149—150°*, die N-frei sind u. keine Chinon- bzw. Phenol-O-Atome enthalten. Vff. vermuten Dimerisation.

Versuche: *Dihydrohydnochauloylchlorid*, durch 30 Min. Stehen von 20 g Dihydrohydnochaulsäure (vgl. WAGNER-JAUREGG u. VOIGT, C. **1939**. I. 100) mit $SOCl_2$ unter N_2, 1 std. Erhitzen auf 80°, Abdest. des $SOCl_2$ u. Dest. mit Bzl.; 22 g (Ausbeute). — Veratrole: *4-Dihydrohydnochauloyl-*, F. 54—56° (CH_3OH), durch Zugeben von $AlCl_3$ zu 22 g vorst. Verb. u. **V** in PAe. bei 10—20°, Erwärmen auf 25—30°, dann 1 Std. auf 70—75°, Gießen auf Eis u. Ausäthern; 17 g. — *4-Palmitoyl-*, F. 72,0—72,5°. — *4-Äthyl-*, Kp.$_{17}$ 116—123°, durch 4 std. Kochen von 4-Acetoveratrol in HCl (1 : 1) mit Zn-Amalgam; 70%. — *4-Hexadecyl-*, F. 46,5° (CH_3OH), durch 8 std. Erhitzen vorvorst. Verb. in konz. HCl mit $HgCl_2$/Zn auf 120—130°. — *4-Dihydrohydnochaulyl-*, F. 37—38°. — 4-Nitroveratrole: *5-Methyl-* (**I**), F. 118—119° (A.-W.), aus 5-Methylveratrol u. konz. HNO_3 in Eisessig bei 0°. — *5-Äthyl-*, F. 52,5—53,5° (A.-W.). — *5-Hexadecyl-*, F. 62,5—63,5° (CH_3OH), analog aus 4,6 g durch 5—10 Min. langes Erhitzen auf 60°; 4 g. — *5-Dihydrohydnochaulyl-*, F. 37—41° (CH_3OH). — *6-Nitrodihydrosafrol*, F. 36°, aus **VI** (aus Safrol). — Veratrole: *4-Amino-5-methyl-* (**III**), F. 109,0—109,5° (PAe.), durch

Hydrieren von 10 g I in absol. A. bei 60—65° u. n. Druck in Ggw. von RANEY-Ni; 8 g. *Pikrat*, F. 176° (A.). — *4-Äthylamino-5-methyl-*, F. 86—88° (PAe.), $Kp._{16}$ 149—150°, durch 1std. Hydrieren eines Gemisches von 1 g I, Na-Acetat u. Acetaldehyd in absol. A. bei n. Druck u. Temp. in Ggw. von RANEY-Ni; 0,65 g. *Hydrochlorid*, F. 191° (Äthylacetat). — *4-Methylamino-5-methyl-*, $Kp._{15}$ 137—139°, aus 0,84 g III mit CH_2O in 2 bis 3 Std.; 0,8 g. *Pikrat*, F. 170° (A.). — *4-n-Propylamino-5-methyl-*, $Kp._{13}$ 164—165°. *Pikrat*, F. 137—138° (Äthylacetat u. PAe.). — *4-Amino-5-äthyl-*, F. 66,5° (PAe.), $Kp._{16}$ 165 bis 166°. *Hydrochlorid*, dimorph, F. 118° u. F. 190° (Aceton). — *4-Methylamino-5-äthyl-* (II), $Kp._{14}$ 139°. *Pikrat*, F. 194° (A.). — *4-Äthylamino-5-äthyl-*, $Kp._{14}$ 152—154°. *Pikrat*, F. 178° (A.). — *4-n-Propylamino-5-äthyl-*, $Kp._{13}$ 165—167°. *Pikrat*, F. 116° (W.). — *4-Amino-5-hexadecyl-*, F. 50—52°, $Kp._{0,03}$ 250—260°. *Hydrochlorid*, F. 122—123° (Äthylacetat). — *5-Hexadecyl-4-methylamino-*, F. 27—28°, $Kp._{0,01}$ 220—230°. *Hydrochlorid*, F. 58° (Äthylacetat). — *5-Hexadecyl-4-äthylamino-*, F. 36—37°, $Kp._{0,015}$ 240—250°. *Hydrochlorid*, F. 73—75° (Äthylacetat). — *5-Hexadecyl-4-n-propylamino-*, F. ~15°, $Kp._{0,02}$ 260—270°. *Hydrochlorid*, F. 108—110° (Äthylacetat). — *4-Amino-5-dihydrohydnochaulyl-*, $Kp._{0,03}$ 195—200°. *Hydrochlorid*, F. 125° (Äthylacetat). — D i h y d r o s a f r o l e: *6-Amino-*, $Kp._{13}$ 162,0—162,5°. *Pikrat*, dimorph, F. 152° u. F. 154° (W.). — *6-Methylamino-* (IV), $Kp._{14}$ 138—141°. *Pikrat*, F. 196° (A.). — *6-Äthylamino-*, F. 73° (PAe.), $Kp._{15}$ 157,5—158,5°. *Pikrat*, F. 171° (A.). — *6-n-Propylamino-*, F. 46,5—47° (A. u. W.), $Kp._{12}$ 177—178°. *Hydrochlorid*, F. 154—154,5° (Äthylacetat). — B r e n z c a t e c h i n e: *4-Methylamino-5-äthyl-*, $Kp._{0,07}$ 110—130°, durch 1std. Kochen von II mit CH_3MgJ in Xylol, Zugeben von konz. HCl u. $NaHSO_3$, Einstellen auf p_H 6,5—7 mit $NaOH/NaHCO_3$ u. Ausäthern; 65% (25% [wiedergewonnenes Ausgangsmaterial]). *Sulfat*, F. 162° (Aceton). — *4-Amino-5-äthyl-*, $Kp._{0,08}$ 130—150°; 20% (40%). *Sulfat*, F. 132—133° (Aceton). Daneben *4(5)-Amino-5(4)-äthyl-2-methoxyphenol*, F. 138° (Äthylacetat); 20%. *Sulfat*, F. 158—163°. — *4-Äthylamino-5-hexadecyl-*, $Kp._{0,08}$ 220—240°; 85% (roh). — *4-Methylamino-5-n-propyl-*, $C_{10}H_{15}O_2N$, $Kp._{0,06}$ 130—140°, durch 12std. Erhitzen von **IV** mit konz. HCl im Rohr auf 130° unter N_2; 30% (50%). *Hydrochlorid*, F. 210° (Zers.; Äthylacetat u. CH_3OH). — *4-Amino-5-methyl-*, F. 137,5—138° (PAe.); 5% (10%). Daneben *4(5)-Amino-5(4)-methyl-2-methoxyphenol*, F. 256° (Äthylacetat), sublimiert bei 100°/10^{-4} mm; 35%. — *4-Methylamino-5-methyl-*, $Kp._{0,04}$ 95—110°; 60% (10%). *Sulfat*, hygroskopisch. — *4-Äthylamino-5-methyl-*, $Kp._{0,07}$ 95—105°; 45% (30%). *Sulfat*, hygroskop., F. 96—99°. — *4-n-Propylamino-5-methyl-*, $Kp._{0,05}$ 120—140°; 35% (45%). *Sulfat*, hygroskop., F. 102—104°. — *4-Äthylamino-5-äthyl-*, $Kp._{0,07}$ 125—135; 30% (55%). *Sulfat*, F. 141—142°. — *4-n-Propylamino-5-äthyl-*, $Kp._{0,06}$ 130—140°; 40% (40%). *Sulfat*, F. 135—137°. — *4-Amino-5-n-propyl-*, $Kp._{0,06}$ 125—135°; 20% (20%). *Sulfat*, F. 152—153° (Äthylacetat). Daneben 35% *Monomethyläther*. — *4-Äthylamino-5-n-propyl-*, $Kp._{0,08}$ 140—160°; 10% (60%). — *4-n-Propylamino-5-n-propyl-*, $Kp._{0,08}$ 160 bis 180°; 10% (35%). — *4-Amino-5-hexadecyl-*, $Kp._{0,07}$ 240—250°; 60% (roh). *Hydrochlorid*, F. 90° (Äthylacetat). — *4-n-Propylamino-5-hexadecyl-*, $Kp._{0,06}$ 235—250°; 80% (roh). *Sulfat*, F. 151—152°. — *4-Amino-5-dihydrohydnochaulyl-*, $Kp._{0,03}$ 230—240°; 70% (roh). *Hydrochlorid*, F. 82—85° (PAe.). — *4(5)-Methylamino-5(4)-hexadecyl-2-methoxyphenol*, $Kp._{0,07}$ 225—235°; 80% (roh). *Hydrochlorid*, F. 130° (Äthylacetat). (Helv. chim. Acta **39**. 87—98. 1/2. 1956. Brüssel, Labor. de Rech. Labaz; Basel, Univ., Inst. de Chim. Organ.) R. PASEDAG. 1320

Masateru Miyano und **Saburô Funahashi**, *Synthese organischer Phosphorverbindungen. 1. Mitt. p-Substituierte Benzylester.* Vff. stellen *Di-p-brom-* u. *-p-chlorbenzyl-* u. *Di-p-xylylchlorphosphonat* dar, die leichter kristallisieren als der unsubstituierte Ester u. im Gegensatz zu diesem mit CCl_4 + NaOH vollständig zu den entsprechenden *Phosphorsäureestern* hydrolysieren. Im Gegensatz zu den Angaben von BADDILEY u. Mitarbeitern (vgl. C. **1951**. I. 3326) läßt sich die p-Brombenzylgruppe gut hydrogenolysieren; auch die Hydrogenolyse der Xylylgruppe verläuft glatt, die der p-Chlorbenzylgruppe langsamer. Unter den angewandten Versuchsbedingungen wird aber auch das p-substituierte Halogenatom unter Bldg. von Halogenwasserstoffsäure entfernt, die zur Zers. wenig stabiler P-Verbb. beitragen kann. — *Aminophosphonate* von starken Basen lassen sich direkt aus den substituierten Dibenzylphosphiten mit CCl_4 u. der Base gewinnen, solche von schwachen Basen nur aus dem Chlorphosphonat.

V e r s u c h e: *p-Brombenzylalkohol*, F. 77°, u. *p-Chlorbenzylalkohol*, F. 73—74°, aus den p-Halogenbenzylchloriden mit K-Acetat in wss. A. (10 Std. Kochen) u. dann mit KOH in wss. A. (8 Std. Kochen). — *p-Xylylalkohol*, F. 59° (PAe.), aus p-Xylylchlorid mit Soda. — Die *p-substituierten Dibenzylphosphite* werden durch Zugeben von 0,764 Mol der Benzylalkohole u. 0,825 Mol Dimethylanilin in Bzl. unter Ausschluß von Feuchtigkeit bei 8—10° zu 34 cm^3 PCl_3 in Bzl., 20 Min. langes Rühren u. Hydrolyse mit W. in Blättchen erhalten; Umkristallisieren aus A., Bzl. oder Cyclohexan; weitere Fraktionen aus den Filtraten. — *Di-p-brombenzylphosphit*, $C_{14}H_{13}O_3Br_2P$, F. 93—94°; 72,9% (Ausbeute). — *Di-p-chlorbenzylphosphit* (**II**), $C_{14}H_{13}O_3Cl_2P$, F. 75°; 65%. — *Di-p-xylylphosphit* (**I**), $C_{16}H_{19}O_3P$, F. 62°; 62%. — *p-Substituierte Dibenzylchlorphosphonate*, sirupartige Fll., durch tropfenweises Zugeben von 1 Mol SO_2Cl_2 zu vorst. Phosphiten in CCl_4 unter Schütteln im Eisbad u. Eindampfen im Vakuum. Daraus die *p-substituierten Dibenzylanilinophosphonate* durch Zugeben von 2 cm³ Anilin zur kalten Lsg. von 0,01 Mol in CCl_4. — *Di-p-chlorbenzylanilinophosphonat*, $C_{20}H_{18}O_3NCl_2$,P F. 103—104°; 85%. — *Di-p-brombenzylanilinophosphonat*, $C_{20}H_{18}O_3NBr_2P$, F. 119—120°; 83%. — *Aminoverbb.*, durch Schütteln von 0,01 Mol Phosphit in CCl_4 mit 25 cm³ konz. NH_4OH, mehrstd. Stehen bei 0° u. Eindampfen der CCl_4-Schicht; aus Chlf. Kristalle. — *Di-p-brombenzylaminophosphonat*, $C_{14}H_{14}O_3NBr_2P$, F. 130—131°; 48%. — *Di-p-chlorbenzylaminophosphonat*, $C_{14}H_{14}O_3NCl_2P$, F. 136—137°; 55%. — Die *Cyclohexylaminverbb.* werden durch Zugeben von etwas mehr als 2 Mol Cyclohexylamin zum Phosphit in CCl_4, 30 bis 40 Min. langes Stehen, Waschen u. Eindampfen erhalten; aus 70%ig. A. Kristalle. — *Di-p-chlorbenzylcyclohexylaminophosphonat*, $C_{20}H_{24}O_3NCl_2P$, F. 97,5—98,5°; 81%. — *Di-p-brombenzylcyclohexylaminophosphonat*, $C_{20}H_{24}O_3NBr_2P$, F. 114—115°; 90%. — *Di-p-xylylcyclohexylaminophosphonat*, $C_{22}H_{30}O_3NP$, F. 98,5—99,5°; 84%. — *Di-p-xylylphosphat* (**III**), $C_{16}H_{19}O_4P$, F. 88° (Cyclohexan), aus dem nachst. Na-Salz in W. mit verd. HNO_3 beim Schütteln. *Na-Salz*, $C_{16}H_{18}O_4PNa$, aus **I** nach CLARK u. TODD (C. **1951**. I. 3328); ca. 100%. — *Di-p-brombenzylphosphat* (**IV**), $C_{14}H_{13}O_4Br_2P$, F. 156,5° (A.), aus Di-p-brombenzylchlorphosphonat (**VI**) in CCl_4 durch Zugeben von Pyridin u. W. unter Schütteln im Eisbad, nach 30 Std. Ansäuern mit verd. HCl, Aufnehmen aus dem CCl_4 mit Sodalsg. u. Ansäuern; geringe Ausbeute; beim vorst. Verf. tritt Hydrolyse der Brombenzylgruppen ein. — *Di-p-chlorbenzylphosphat* (**V**), $C_{14}H_{13}O_4Cl_2P$, F. 136,5° (70%ig. A.), wie **III** aus dem nachst. Na-Salz (neben einer *Verb.* F. 100—101°; 53,6% C, 4,0% H, 20,1% Cl, aus den Mutterlaugen mit PAe., Nadeln aus Cyclohexan). *Na-Salz*, $C_{14}H_{12}O_4Cl_2PNa$, aus 6,8 g **II** in CCl_4 mit der Lsg. von 8 g NaOH in 25 cm³ W.; Extraktion der gebildeten Kristalle mit warmem Chlf. u. Eindampfen; aus W. Nadeln. — *Hydrogenolyse:* Bei der Hydrierung in 80 cm³ absol. A. in Ggw. von 0,5 g 10%ig. Pd-Kohle nehmen je 0,005 Mol **III**, **IV** u. **V** auf: 28,7 cm³ H_2 (0,0013 Mol); 51,8 cm³ H_2 (0,0023 Mol) u. 50,2 cm³ H_2 (0,0022 Mol), in den ersten 30 Min. davon 91, 93 bzw. 63%. — *Phosphorsäuremonoäthylester, Ba-Salz*, $C_2H_5O_4PBa$, aus **VI** in CCl_4 mit Pyridin u. A. (72 Std. bei 25°), Eindampfen, Zufügen von 5%ig. HCl, Ausäthern u. Eindampfen, 30 Min. Kochen, Sirup in 80%ig. A. mit Aktivkohle u. Hydrierung in wss. A. in Ggw. von Pd-Kohle, Einengen im Vakuum u. Neutralisieren mit $Ba(OH)_2$; nach Zugabe von A. Kristalle; 52,1%. *Dibrucinsalz*, $C_{48}H_{59}O_{12}N_4P$, F. 174—175° (Zers.; Sintern bei 135—140°). (J. Amer. chem. Soc. **77**. 3522—24. 5/7. 1955. Tokyo, Japan, Nagoya Univ., Fac. of Agric., Labor. of Biochem.)

F. J. MEYER. 1380

Masateru Miyano, *Synthese organischer Phosphorverbindungen*. 2. Mitt. *Erschöpfende Entbenzylierungsreaktionen*. (1. vgl. vorst. Ref.) Nach der LiCl-Meth. (vgl. CLARK u. TODD, C. **1951**. I. 3326. 3328) lassen sich aus in p-Stellung halogenierten neutralen u. sauren Phosphorsäurebenzylestern die substituierten Benzylgruppen abspalten. So werden *Phosphorsäuredi-p-brombenzylester* (**I**) u. *-di-p-chlorbenzylester* (**II**) zu den *Mono-p-halogenbenzylestern* (**III** u. **IV**) abgebaut, u. durch stufenweise Entbenzylierung werden aus *Phosphorsäureäthyldi-p-brombenzylester* bzw. *-phenyldi-p-brombenzylester* erst *Phosphorsäuremonoäthylmono-p-brombenzylester* bzw. *-monophenylmono-p-brombenzylester* u. dann *Phosphorsäuremonoäthylester* bzw. *-monophenylester* erhalten. Der Reaktionsmechanismus wird diskutiert; die Meth. scheint allg. anwendbar zu sein. **II** konnte nicht aus p-Chlorbenzylalkohol u. $POCl_3$ dargestellt werden; es entstand dabei *p-Chlorbenzylchlorid*.

Versuche: *Di-p-brombenzyläthylphosphat*, halbkrist. Sirup, aus *Di-p-brombenzylchlorphosphonat* [**V**, aus 24 g Di-p-brombenzylphosphit (**VI**); vgl. vorst. Ref.], in Bzl. durch langsames Zugeben zu 7,5 cm³ A. u. 30 cm³ Pyridin in der Kälte, 3std. Stehen, Schütteln mit verd. HCl u. wss. K_2CO_3 u. Eindampfen im Vakuum. — Daraus *p-Brombenzyläthylphosphat*, mit 5 g LiCl in Äthoxyäthanol (2½ Std. bei 107°); Zugabe von K_2CO_3-Lsg., Ausziehen mit Chlf., Ansäuern mit H_2SO_4 u. Ausäthern; 19,2 g (Ausbeute). *Cyclohexylaminsalz*, $C_{15}H_{25}O_4NBrP$, F. 164—166° (W.). — *Monoäthylphosphat, Ba-Salz*, $C_2H_5O_4PBa$, aus 18,4 g vorst. Verb. u. 2 g NaBr in Diäthylenglykol (3 Std. bei 120 bis 125°), Verdünnen mit W., Ausäthern u. Reinigen über einen Kationenaustauscher; krist. aus den Filtraten nach Neutralisieren mit $Ba(OH)_2$, Einengen u. Versetzen mit A.; 5,25 g. *Diammoniumsalz*, aus dem Ba-Salz mit $(NH_4)_2SO_4$. *Dibenzylisothiuroniumsalz*, $C_{18}H_{27}O_4N_4S_2P$, F. 135° (W.). *Dibrucinsalz*, $C_{48}H_{59}O_{12}N_4P$, F. 174—175° (W.). — *Di-p-brombenzylphenylphosphat*, $C_{20}H_{17}O_4Br_2P$, F. 71—72° (Cyclohexan-PAe.), durch Zugeben von **V** in Bzl. zu Na-Phenolat, Waschen mit verd. HCl, W. u. wss. K_2CO_3 u. Einengen; krist. nach Zugabe von PAe.; 71%. — *p-Brombenzylphenylhydrogenphosphat*, Sirup, aus vorst. Verb. u. LiCl in Äthoxyäthanol (2 Std. bei 100°); Verdünnen mit W., Ausäthern, Ansäuern der wss. Phase, Extraktion mit Chlf. u. Eindampfen. — *Cyclohexylaminsalz*, $C_{19}H_{25}O_4NBrP$, F. 192—193°, Darst. in A., krist. mit W.; 90%. — *Monophenylphosphat, Cyclohexylaminsalz*, F. 214—215° (korr.; wss. A.), aus vorst. Cyclohexylaminsalz mit NaBr in Äthoxyäthanol (50 Min. bei 100°, 1 Std. bei 130°); Verdünnen mit W., Extrahieren mit Chlf., Ansäuern mit verd. H_2SO_4, Ausäthern u. Behandeln mit Cyclohexylamin in Aceton; 46%. *Diammoniumsalz*, $C_6H_{13}O_4N_2P$, F. 164—169° (Zers.), durch tropfenweise Zugabe von 77 g Phenyldichlorphosphinat zu wss. K_2CO_3 bei 50 bis 60°, Ansäuern, Ausäthern u. Behandeln in A. mit NH_4OH; 60,5 g. — *Di-p-brombenzylhydrogenphosphat* (I), F. 156°, aus VI in CCl_4 mit SO_2Cl_2 bei 15°, dann 30 Min. bei 25°, Eindampfen u. Versetzen mit Aceton–W. (1:1); krist. nach 3 Std. bei Zugabe von W.; Nadeln. — *Di-p-chlorbenzylhydrogenphosphat* (II), F. 136° (wss. A.), wie I aus Di-p-chlorbenzylphosphit; 82,2%. — *p-Brombenzyldihydrogenphosphat* (III), *Monoammoniumsalz*, $C_7H_{11}O_4NBrP$, F. 217° (korr.), aus I in Äthoxyäthanol mit LiCl (1½ Std. bei 120°); Ansäuern, Ausäthern, Abdampfen u. Versetzen in A. mit konz. NH_4OH; 97,2%; oder aus I mit N-Methylmorpholin (3 Std. bei 105°) u. Aufarbeitung wie vorst., nur papierchromatograph. nachgewiesen. III-*Dibrucinsalz*, $C_{53}H_{60}O_{12}N_4BrP$, F. 134—135°. — *p-Chlorbenzyldihydrogenphosphat* (IV), $C_7H_8O_4ClP$, F. 126—127°, aus dem nachst. Salz. IV-*Ammoniumsalz*, $C_7H_{11}O_4NClP$, F. 210° (korr.); wie die III-Verb. aus II; 94% (wenn 2 Std. auf nur 100° erhitzt wird, ist die Ausbeute gering). IV-*Dibrucinsalz*, $C_{53}H_{60}O_{12}\cdot N_4ClP$, F. 137°, hygroskopisch. — *p-Chlorbenzylchlorid*, F. 28°, wird beim Vers. der Veresterung von $POCl_3$ mit p-Chlorbenzylalkohol in Ggw. von Pyridin bei 10° als einziges Prod. isoliert; 90%. (J. Amer. chem. Soc. **77**. 3524—26. 5/7. 1955. Anjô, Aichi-ken, Japan, Nagoya Univ., Fac. of Agric., Labor. of Biochem.) F. J. Meyer. 1380

E. Bächli und **P. Karrer**, *Eine neue Synthese des Safranals.* Vff. erhielten aus α-Cyclogeraniumsäureäthylester durch Einw. von Hg(II)-Acetat *4-Acetoxy-β-cyclogeraniumsäureäthylester* (I), dessen partielle Verseifung *4-Oxy-β-cyclogeraniumsäureäthylester* (II) lieferte, aus dem durch Wasserabspaltung mit p-Toluolsulfonsäure *Safransäureäthylester* u. weiter durch Red. mit $LiAlH_4$ *Safranol* (*Dehydro-β-cyclogeraniol*) erhalten wurde, das bei der Oxydation mit MnO_2 *Safranal* (III; *Dehydrocyclocitral*) u. daneben unter weiterer Dehydrierung u. Wanderung einer Methylgruppe *2.3.6-Trimethylbenzaldehyd* (IV) lieferte. III u. IV wurden durch fraktionierte Kristallisation ihrer Derivv. getrennt.

Versuche: *4-Acetoxy-β-cyclogeraniumsäureäthylester* (I), $C_{14}H_{22}O_4$, Kp.$_{0,03}$ 76 bis 78°, aus α-Cyclogeraniumsäureäthylester u. Hg(II)-Acetat in Eisessig durch Erwärmen auf 150° innerhalb 30 Min., anschließend 4 Std. bei 150—160°. — *4-Oxy-β-cyclogeraniumsäureäthylester* (II), $C_{12}H_{20}O_3$, Kp.$_{0,03}$ 90—92°, durch 4std. Stehen von I mit 1,1 Mol 5%ig. alkoh. KOH bei Raumtemperatur. — *4-Oxy-β-cyclogeraniumsäure*, $C_{10}H_{16}O_3$, F. 170 bis 171° (Aceton bei —15°), sublimiert bei 140—150°/0,015 mm, durch 44std. Kochen von I mit KOH in wss. A. (1:1). — *Safransäureäthylester*, $C_{12}H_{18}O_2$, Kp.$_{11}$ 93—95°, durch 30 Min. Kochen von rohem II mit p-Toluolsulfonsäure in Toluol (68% Ausbeute, bezogen auf I). — *Safranol*, $C_{10}H_{16}O$, Kp.$_{0,03}$ 45—50°, Kp.$_{11}$ 107—111°, aus vorst. Verb. mit $LiAlH_4$ in Ae., 2½ Std. bei 40—45°; 83%. — Aus 3 g vorst. Verb. wurden mit MnO_2 in Aceton (40std. Schütteln bei Raumtemp.), Umsetzung mit Reagens D (N.N-Dimethylglycinhydrazid; vgl. Viscontini u. Meier, C. **1951**. I. 2142) in Eisessig (½ Std. auf dem Wasserbad u. 2. Std. bei Raumtemp.), Entfernung von Ausgangsmaterial mit Ae., Lösen in W., Ansäuern u. Ausäthern 460 mg gelbes Öl erhalten, das fraktioniert dest. wurde [1. Kp.$_{11}$ 91—94°, 2. Kp.$_{11}$ 95—102°] u. sich aus *Safranal* (III), $C_{10}H_{14}O$, u. *2.3.6-Trimethylbenzaldehyd* (IV) zusammensetzt. Aus dem Gemisch wurden nachst. Derivv. erhalten: III-*Semicarbazon*, $C_{11}H_{17}ON_3$, F. 163—164,5° (Methanol), schwach gelbe Kristalle. — IV-*Thiosemicarbazon*, $C_{11}H_{15}N_3S$, F. 200—201° (Zers.; Bzl.), schwach gelbe Blättchen. — III-*Thiosemicarbazon*, F. 189° (Bzl.), aus den Mutterlaugen vorst. Thiosemicarbazons. — IV-*2.4-Dinitrophenylhydrazon*, $C_{16}H_{16}O_4N_4$, F. 221—222° (Methanol mit wenig Pyridin), rote Kristalle. — IV-*N.N-Dimethylglycylhydrazon*, $C_{14}H_{21}ON_3$, F. 123—123,5° (W.), mit Reagens D in Eisessig, ½ Std. auf dem Wasserbad u. 2 Std. bei Raumtemp.; Nadeln. — *Natürliches Safranal*, Kp.$_{14}$ 95—100° (Luftbadtemp.), aus 150 g gemahlenem Safran in 3 Liter W., Zugabe von $Ba(OH)_2$ u. Wasserdampfdest.; 1,570 g. — Infrarotspektren von Safranol, Safransäureäthylester, III-Semicarbazon, III- u. IV-Thiosemicarbazon vgl. Original. (Helv. chim. Acta **38**. 1863—69. 1/12. 1955. Zürich, Univ., Chem. Inst.) H. Ascherl. 1920

F. Allisson und **H. E. Fierz-David**, *Bemerkung über die Einwirkung von Alkylnitriten auf Cyclohexanon in Gegenwart von Natrium und Natriumäthylat.* Bei der Einw. von Isoamylnitrit auf Cyclohexanon in Ae. in Ggw. von Na erhielten Vff. nicht das *2-Isonitroso-*

cyclohexanon (I), sondern eine Verb., die sie als *Cyclohexanol-(2)-on-(1)-oxim* (II; $C_6H_{11}\cdot O_2N$, F. 115°, aus W. Tafeln) ansprechen. Der bei der Rk. frei werdende Amylalkohol red. mit dem Na-Metall das zunächst entstandene I zu II. Verss., II zum entsprechenden Amin zu red., blieben erfolglos. Mit $NaOC_2H_5$ statt Na wird *Cyclohexanon-(2)-dioxim-(1.3)* (vgl. BORSCHE, C. **1909**. II. 1549), Zers. bei 200° (Braunfärbung), gelbe Nadeln aus Methanol, erhalten. Mit Octylnitrit in Ggw. von $NaOC_2H_5$ entsteht I-*Na*. (Helv. chim. Acta **34**. 453—55. 15/3. 1951. Zürich, ETH, Organ.-techn. Labor.)

H. FRIESE. 1950

Stanley C. Bunce, *tert.-Butylcyclopropylketon.* Die Alkylierung von Cyclopropylmethylketon (II) mit Methyljodid u. $NaNH_2$ gibt neben einigen Nebenprodd. *Cyclopropyl-tert.-butylketon* (I), das mit CH_3MgJ das entsprechende *tert.-Carbinol* (III) gibt. Aus tert.-Butyl-MgCl u. II wurde neben III *1.3-Dicyclopropylbuten-(2)-on-(1)* erhalten, das bei der Oxydation mit $KMnO_4$ *Cyclopropancarbonsäure* u. mit NaOCl u. KJ *Jodoform* lieferte. Die Infrarotspektren der dargestellten Verbb. sind angegeben.

V e r s u c h e (FF. korr.): *Cyclopropyl-tert.-butylketon* (I), $C_8H_{14}O$, Kp. 147,5 bis 149,5°, durch Zugeben von 100 g Cyclopropylmethylketon (II; Kp. 111—112°) in Bzl. in 3 Std. zu $NaNH_2$ (aus Na u. Fl. NH_3) in Bzl., 3std. Kochen mit CH_3J, Filtration, Extraktion des Salzes mit Bzl., Einengen u. Fraktionierung; n_D^{20} 1,4318, $D.^{20}_4$ 0,8662; 26,5 g (Ausbeute). *2.4-Dinitrophenylhydrazon,* $C_{14}H_{18}O_4N_4$, F. 153,4—153,8° (A.). Daneben 5 g einer Fraktion vom *Kp. 108—129°*, 5,5 g *Cyclopropyläthylketon,* Kp. 129 bis 137°, 10 g vom *Kp. 137—140,5°*, 28 g *Cyclopropylisopropylketon,* Kp. 140,5—141,5°, n_D^{20} 1,4290, u. 13,5 g vom *Kp. 142—147,5°*. — *tert.-Butylcyclopropylmethylcarbinol* (III), $C_9H_{18}O$, $Kp._{42}$ 55—57°, $Kp._{20}$ 64—67°, $Kp._{45}$ 85°, a) durch 10std. Kochen von 12,6 g I mit Methyl-MgJ in Ae. u. Zers. mit Eis u. verd. HCl; n_D^{20} 1,4491, $D.^{20}_4$ 0,886; b) neben nachst. Verb.; 8 g; 7 g. — *1.3-Dicyclopropylbuten-(2)-on-(1)*, $Kp._{12}$ 105—107°, durch Zugeben von 84 g II zu der GRIGNARD-Verb. aus tert.-Butylchlorid u. Mg in Ae., 2std. Kochen, Zers. mit H_2SO_4 u. Eis u. Fraktionierung; n_D^{20} 1,4872, $D.^{20}_4$ 1,001; 25,5 g. *Semicarbazon,* $C_{11}H_{17}ON_3$, F. 142,9—143,4° (verd. A.). — *Cyclopropancarbonsäure,* Kp. 175—185°, durch Oxydation von 4,5 g vorst. Verb. mit $KMnO_4$ in 3 Std., Zugeben von $NaHSO_3$, Filtration, kontinuierliche 2tägige Ae.-Extraktion, Ausziehen mit Alkali u. Ansäuern. Daneben II aus der mit Alkali extrahierten Ae.-Lsg.; 2 g. (J. Amer. chem. Soc. **77**. 6616—18. 20/12. 1955. Troy, N. Y., Rensselaer Polytechn. Inst., Walker Labor.)

W. GEHRMANN. 1960

C. F. H. Allen und **J. A. Van Allan,** *Die Struktur gewisser Diphenylcyclopentenone.* Das Prod. der Red. von Anhydroacetonbenzil [I; 3-Oxy-3.4-diphenylcyclopenten-(4)-on-(1)] (vgl. JAPP u. Mitarbeiter [1897] u. früher), das auch bei der Dehydratisierung von 3-Oxy-3.4-diphenylcyclopentanon (vgl. WEIDLICH u. MEYER-DELIUS, Ber. dtsch. chem. Ges. **74**. [1941.] 1214) entsteht u. dem von JAPP (l. c.) die Struktur eines 3.4-Diphenylcyclopenten-(3)-ons zugeschrieben wurde, wird auf Grund der Ozonisierung, die zu *Desylessigsäure* führt (vgl. BURTON u. SHOPPEE, J. chem. Soc. [London] **1939**. 567) u. seines UV-Spektr., das wegen der Ähnlichkeit mit den Spektren analoger Verbb. eindeutig auf eine α.β-ungesätt. Ketonstruktur hinweist, als *3.4-Diphenylcyclopenten-(2)-on-(1)* erkannt. Bei einer entsprechenden Revision analog gebauter Chloride (vgl. auch l. c.) werden folgende Strukturen sichergestellt: Bei der Einw. anorgan. Chloride auf I (vgl. ALLEN u. SPANAGEL, J. Amer. chem. Soc. **55**. [1933.] 3773) entsteht *3-Chlor-3.4-diphenylcyclopenten-(4)-on-(1)* (II); bei der Chlorierung von 3.4-Diphenylcyclopenten-(2)-on-(1) (vgl. BURTON u. SHOPPEE, J. chem. Soc. [London] **1939**. 1408) bildet sich 2-Chlor-3.4-diphenylcyclopenten-(4)-on-(1); aus II entsteht mit HCl oder HBr (vgl. ALLEN u. RUDOFF, Canad. J. Res., Sect. B **15**. [1937.] 321) das als JAPPs Chlorid bekannte 2-Chlor-3.4-diphenylcyclopenten-(2)-on-(1), das bei der zum Strukturbeweis durchgeführten Ozonisierung *Desylessigsäure,* F. 156—158°, u. etwas *Benzoesäure* liefert. Das aus „VORLÄNDERs Ketol" mit $POCl_3$ (vgl. ALLEN u. RUDOFF, l. c.; VORLÄNDER u. SCHRÖDTER [1903]) gewonnene Chlorid dürfte dann das *5-Chlor-2.3-diphenylcyclopenten-(2)-on-(1)* sein; danach handelt es sich bei dem daraus durch Einw. von Na_2CO_3 u. CH_3OH entstandenen, bisher nicht identifizierten dimeren Prod. um *7-Methoxycarbonyl-3a.4.7.7a-tetrahydro-2.3.4.5-tetraphenylindenon,* $C_{35}H_{28}O_3$. (J. Amer. chem. Soc. **77**. 2315—17. 20/4. 1955. Rochester, N. Y., Eastman Kodak Co., Kodak Res. Labors.)

H. KOCKERT. 1960

John S. Meek und **John W. Rowe,** *Synthese von β-Cyclopropyl-α-aminopropionsäure.* Die Umsetzung von *Cyclopropylcarbinylbromid,* das zur Vermeidung von Umlagerungen bei —80° bereitet wurde, mit Na-Formamidomalonsäurediäthylester führte zu *Cyclopropylcarbinylformamidomalonsäurediäthylester* (I), der zu *β-Cyclopropyl-α-aminopropionsäure* (III) umgesetzt wurde. III, deren Infrarotspektr. angegeben ist, ist ein Antagonist von E. coli A. T. C. C.

V e r s u c h e: *Cyclopropylcarbinylformamidomalonsäurediäthylester* (I), $C_{12}H_{19}O_5N$, F. 65—66° (30%ig. A.), durch langsames Zugeben von PBr_3 unter Rühren zu Cyclopropylcarbinol u. absol. Ae. unter Feuchtigkeitsausschluß u. Kühlung mit Trockeneis/Aceton, Stehen über Nacht bei Raumtemp., Zusetzen von wenig W., Einengen der Ae.-Schicht u. Zugeben des entstandenen *Cyclopropylcarbinylbromids* [$Kp._{627}$ 101,5—102°, $D.^{26,5}_4$ 1,433; 80—87,5% (Ausbeute)] zu *Na-Formamidomalonsäurediäthylester* (IV) [durch 5—10 Min. Kochen von Na in absol. A. mit Formamidomalonsäurediäthylester], 20std. Kochen auf dem Dampfbad, Filtrieren, Verdünnen mit W. u. Kühlung; Kristalle; 53%. — *Allylcarbinylformamidomalonsäurediäthylester* (II), $C_{12}H_{19}O_5N$, F. 94—94,5° (wss. A.), analog I mit *Allylbromid* [$Kp._{610}$ 91—92°, aus *Allylalkohol* (aus Allylchlorid, Mg u. Paraformaldehyd) u. PBr_3; n_D^{20} 1,4607]. — *n-Butylformamidomalonsäurediäthylester*, F. 82,5—83°, a) durch Hydrierung von II in A. bei Raumtemp.; b) aus n-Butylbromid u. IV. — *β-Cyclopropyl-α-aminopropionsäure* (III), $C_6H_{11}O_2N \cdot 1\frac{1}{2} H_2O$, F. 239° (Zers., korr.; A.), durch 8std. Kochen von I mit 10% ig. HBr, Eindampfen, Entfernen der Bromidionen aus der wss. Lsg. an Duolit A-2 u. Einengen; 50,4%. *Phthaloylderiv.*, $C_{14}H_{13}O_4N$, F. 140,5—141° (50% ig. A.), mit Phthalsäureanhydrid. — *Cyclopropylcarbinylaminomalonsäure*, $C_7H_{11}O_4N$, Zers. bei 210° (A.), durch 6std. Kochen von 17 g I mit 15%ig. KOH, Verdünnen, Entfernen der K-Ionen über Duolit C-10 u. Einengen; 14 g. Gab beim Kochen mit 10% ig. HBr unter CO_2-Abspaltung **III**. (J. Amer. chem. Soc. **77**. 6675—77. 20/12. 1955. Boulder, Colo., Univ., Dep. of Chem.) W. GEHRMANN. 2150

Masaya Ogawa, *Herstellung von 1.1'-Diphenylalkanen und deren physikalische Eigenschaften. 1.4-Diphenylbutan, 1.6-Diphenyl-n-hexan* u. *1.9-Diphenyl-n-nonan* wurden, ausgehend von reinster Bernsteinsäure (F. 184,5—185°) bzw. Adipinsäure (F. 150—150,5°) bzw. Azelainsäure (F. 106,5—107°) über die Säurechloride + Bzl. u. anschließende CLEMMENSEN-Red. mit Zn–Hg (150 g pro 50 g Keton in A. + HCl, ingesamt 30 Std.) in 40—45% Ausbeute erhalten u. die physikal. Eigg. der mehrmals fraktionierten Prodd. bestimmt. — *Bernsteinsäuredichlorid* (mit PCl_5 erhalten), $Kp._5$ 71—73°; *Adipinsäuredichlorid* (mit $SOCl_2$ erhalten), $Kp._5$ 104—105°; *Azelainsäuredichlorid* (mit $SOCl_2$ erhalten), $Kp._3$ 140—143°. Aus 1 Mol Säurechlorid + 10 Mol Bzl. + 3 Mol $AlCl_3$ wurden die Ketone gewonnen: *1.2-Dibenzoyläthan*, F. 144—145°; 22% (Ausbeute). *1.4-Dibenzoyl-n-butan*, F. 108—109°, $Kp._5$ 204—205° (27%). *1.7-Dibenzoyl-n-heptan*, F. 55—56,5°, $Kp._{4,5}$ 248—256°; 91%. Als Nebenprodd.: *β-Benzoylpropionsäure*, F. 87—88° u. *δ-Benzoylvaleriansäure*, F. 80—81°. — *1.4-Diphenylbutan*, F. 52—53°, $Kp._5$ 150—152°, $Kp._{760}$ 307°, $D.^{20}_4$ 0,9880, Temperaturkoeff. der D. 0,00068, n_D^{20} 1,5593, Temperaturkoeff. von n 0,000444, Viscosität (η) (in Centistokes) 10,85 (20°), 7,55 (30°) 5,43 (40°), 4,21 (50°), 3,11 (60°), 2,58 (70°), 2,17 (80°), m (nach UBBELOHDE) 4,43. — *1.6-Diphenylhexan*, $Kp._4$ 156—158°, $Kp._{760}$ 330°, $D.^{20}_4$ 0,9974, Temperaturkoeff. der D. 0,00068, n_D^{20} 1,5664, Temperaturkoeff. von n 0,00042. — *1.9-Diphenylnonan*, F. —9,5 bis —8,5°, $Kp._5$ 204 bis 206°, $Kp._{760}$ 375°, $D.^{20}_4$ 0,9378, Temperaturkoeff. der D. 0,00068, n_D^{20} 1,5339, Temperaturkoeff. von n 0,00039. η: 27,11 (10°), 17,19 (20°), 11,92 (30°), 8,81 (40°), 6,60 (50°), m 3,77. Die Daten von SCHMIDT u. GROSSER (C. **1942.** II. 1899) konnten bestätigt werden. (J. chem. Soc. Japan, ind. Chem. Sect. [Kōgyō Kagaku Zassi] **54.** 117—18. Jan. 1951. Osaka Univ. [Orig.: japan.]) L. SCHULER. 2210

Ng. Ph. Buu-Hoï und **René Royer**, *Einige neue Derivate von m-Terphenyl.* Zur Prüfung auf ihre carcinogene Wirksamkeit werden einige *Acylderivv.* von m-Terphenyl (I) nach FRIEDEL-CRAFTS dargestellt. Die Konst. von *4-Propionyl-m-terphenyl* (II) ergab sich aus der BECKMANNschen Umlagerung seines *Oxims* zu *4-Amino-m-terphenyl.* **II**, *4-Benzoyl-* u. *4-Octanoyl-m-terphenyl* lieferten bei der WOLFF-KISHNER-Red. die entsprechenden *KW-stoffe.*

V e r s u c h e: *4-Propionyl-m-terphenyl* (II), $C_{21}H_{18}O$, $Kp._{18}$ 280—300°, F. 117° (A.), aus 100 g I u. 45 g Propionylchlorid in CS_2 in Ggw. von $AlCl_3$ bei Zimmertemp. (24 Std.) u. Zers. mit Eis u. wss. HCl; goldgelbe Täfelchen; 32 g (Ausbeute); daneben ein öliges *Ketongemisch. Semicarbazon*, $C_{22}H_{21}ON_3$, F. 206—207°, aus Bzl. Nadeln. *Oxim* (III), $C_{21}H_{19}ON$, F. ca. 173°, aus A. Nadeln. — *4-[6-Brom-4-carboxy-3-methylchinolyl-(2)]-m-terphenyl*, $C_{29}H_{20}O_2NBr$, F. 318—320° (Zers. > 300°; Eisessig), aus **II** mit 5-Bromisatin nach PFITZINGER; hellgelbe Nadeln; 100%. — *4-Propionylamino-m-terphenyl*, $C_{21}H_{19}ON$, F. 137° (A.), aus **III** mit PCl_5 in Ae. unter Kühlen mit Eis, später bei Zimmertemp. (15 Min.) u. Zers. mit Eis; Prismen. — *4-Amino-m-terphenyl*, F. 100° (A.), aus vorst. Amid mit sd. konz. HCl u. Behandeln des *Hydrochlorids* (Nadeln) mit NH_4OH; Nadeln. — *4-n-Propyl-m-terphenyl* (IV), $C_{21}H_{20}$, $Kp._{18}$ 260—265°, aus 15 g **II** mit 80%ig. Hydrazinhydrat u. KOH in Diäthylenglykol bei 198°; hellgelbes viscoses Öl; 12 g. — *4-n-Butyryl-m-terphenyl*, $C_{22}H_{20}O$, $Kp._{18}$ 280°, F. 62—63° (Methanol), aus 40 g **I** mit 20 g Butyrylchlorid; Blättchen; 20 g; daneben ein *Prod. vom F. 207°*, aus A. Nadeln. —

4-n-Octanoyl-m-terphenyl, $C_{26}H_{28}O$, Kp.$_{18}$ 298—300°, analog **II** mit n-Octanoylchlorid; hellgelbes viscoses Öl; 65%. — *4-n-Octyl-m-terphenyl*, $C_{26}H_{30}$, Kp.$_{20}$ 280°, aus 6 g vorst. Verb. analog **IV**; 4 g. — *4-Phenacetyl-m-terphenyl*, $C_{26}H_{20}O$, F. 118°, aus 30 g **I** u. 23 g Phenacetylchlorid; aus A. Nadeln, in konz. H_2SO_4 mit goldgelber Farbe lösl.; 8 g; daneben *niedrigerschm. Isomeres.* — *4-Benzoyl-m-terphenyl*, F. 117°, aus 50 g **I** u. 34 g Benzoylchlorid; Nadeln; 49 g. — *4-Benzyl-m-terphenyl*, $C_{25}H_{20}$, F. 78°, aus vorst. Verb. analog **IV**; aus Ligroin Nadeln; 80%. — *4-[4-Methoxybenzoyl]-m-terphenyl*, $C_{26}H_{20}O_2$, Kp.$_{18}$ 340—350°, F. 138°, aus 50 g **I** u. 40 g Anisoylchlorid; aus Bzl.-A. Nadeln, in konz. H_2SO_4 orangefarben; 18 g. — *4-[4-Oxybenzoyl]-m-terphenyl*, $C_{25}H_{18}O_2$, F. 172° (Bzl.), a) aus vorst. Verb. mit Pyridinhydrochlorid (20 Min. kochen); Nadeln, in konz. H_2SO_4 orangefarben; 90%; b) aus **I** u. Anisoylchlorid nach FRIEDEL-CRAFTS unter ungenügender Kühlung. (J. org. Chemistry **16.** 320—23. Febr. 1951. Paris, Univ., Radium Inst., Labor. of organ. Chem.) H. GOLD. 2360

Stanley Wawzonek, *Die Anwendung der 1.4-Addition von Grignard-Verbindungen auf α.β-ungesättigte Säurederivate.* 2. Mitt. *Darstellung von 3.4-Diarylhexanonen-(2) und 3.4-Diarylhexanolen-(2).* (1. vgl. J. Amer. chem. Soc. **68.** [1946.] 1157.) *3.4-Diarylhexanone-(2)* wurden aus α-Phenyl-p-methoxyzimtsäurenitril bzw. α-[p-Methoxyphenyl]-p-methoxyzimtsäurenitril nach GRIGNARD hergestellt u. dabei mit C_2H_5MgBr jeweils 2 stereoisomere *Nitrile* u. daraus mit CH_3MgJ 2 stereoisomere *Ketone* erhalten. Die tieferschm. Ketone wurden mit sd. alkoh. $NaOC_2H_5$ oder mit HCl in die höherschm. Isomeren übergeführt. Die Red. der Ketone zu *Hexanolen* führte jeweils zu 2 Isomeren, die zu den entsprechenden *Hexenen* dehydratisiert wurden. — Die östrogene Wirksamkeit der Verbb. wurde untersucht, sie war gering.

V e r s u c h e: *α-Phenyl-β-[p-methoxyphenyl]-valeronitril* (**Ia**), $C_{18}H_{19}ON$, F. 118 bis 119° (Bzl.), aus 47 g α-Phenyl-p-methoxyzimtsäurenitril u. C_2H_5MgBr; 35,2 g (Ausbeute), daneben 14 g (roh) *Isomeres* (**Ib**), F. 69—71° (PAe.), Kp.$_1$ 187—192°. — *α.β-Bis-[p-methoxyphenyl]-valeronitril* (**IIa**), $C_{19}H_{21}O_2N$, F. 131—133,5° (A.), aus 53 g α-[p-Methoxyphenyl]-p-methoxyzimtsäurenitril; 26,5 g, daneben 26,2 g *Isomeres* (**IIb**), Kp.$_1$ 199 bis 200°, gelbes viscoses Öl. — *3-Phenyl-4-[p-methoxyphenyl]-hexanon-(2)* (**III**), $C_{19}H_{22}O_2$, F. 108—109,5° (PAe.), aus 6 g **Ia** (oder **Ib**) u. CH_3MgJ in Bzl./Ae. (24 Std. kochen); 2,1 g, neben 3,2 g *Isomerem*, F. 63—66° (PAe.), Kp.$_1$ 170°. — *3.4-Bis-[p-methoxyphenyl]-hexanon-(2)* (**IV**), $C_{20}H_{24}O_3$, F. 139—142° (A.), aus 24,5 g **IIa** (oder **IIb**) analog **III**; 11 g, daneben 7,8 g *Isomeres*, F. 99—101° (A.). Liefert bei der Entmethylierung mit sd. 40%ig. HBr einen Teer, mit alkoh. KOH (18 Std. bei 215—220°) nicht identifizierte wasserlösl. Produkte. — *3-Phenyl-4-[p-methoxyphenyl]-hexanol-(2)* (**V**), $C_{19}H_{24}O_2$, F. 105—109° (PAe.), a) durch 24std. Kochen von **III** mit Al-Isopropylat/Isopropylalkohol; daneben *Isomeres*, F. 95—97°; (PAe.); b) aus **III** in A. unter 3000 lbs./sq.in. H_2 bei 250° in Ggw. von Cu-Chromit. Gibt mit CrO_3 in Essigsäure **III**. — *3.4-Bis-[p-methoxyphenyl]-hexanol-(2)* (**VI**), $C_{20}H_{26}O_3$, F. 128,5—130,5° (PAe.), aus **IV** analog **III** b); daneben *Isomeres*, F. 112 bis 114° (PAe.). — *3-Phenyl-4-[p-methoxyphenyl]-hexen* (Isomerengemisch?), Kp.$_1$ 145 bis 150°, aus 22 g **V** (Isomerengemisch) mit $KHSO_4$ (45 Min. bei 200—210°); 16,3 g. — *3-Phenyl-4-[p-methoxyphenyl]-hexan*, F. 86—88° (PAe.), aus 5,3 g vorst. Gemisches in A. unter 45 lbs./sq.in. H_2 in Ggw. von PtO_2; 1,27 g (roh). — *3-Phenyl-4-[p-methoxyphenyl]-hexen-(3)*, F. 77—79° (A.), aus 7,5 g vorvorst. Gemisches durch Isomerisieren mit J_2 in sd. Chlf. (4 Std.); 0,28 g. — *3.4-Bis-[p-methoxyphenyl]-hexen* (Isomerengemisch?), 3 Fraktionen: Kp.$_1$ 59—166° (0,9 g), Kp.$_1$ 166—170° (5,3 g) u. Kp.$_1$ > 170° (1,4 g), aus 10 g **VI** mit $KHSO_4$ (15 Min. bei 170—180°). — *meso-3.4-Bis-[p-methoxyphenyl]-hexan* (*Mesohexöstroldimethyläther*), F. 102—130° (unrein), aus vorst. mittlerer Fraktion in A. unter 40 lbs./sq.in. H_2 in sehr geringer Ausbeute. (J. Amer. chem. Soc. **73.** 5746—48. Dez. 1951. Iowa City, Io., State Univ., Dep. of Chem.) I. AHRLÉ. 2380

Tsch. P. Iwanow und **I. M. Panaiotow,** *Antituberkulöse Verbindungen der Diphenylreihe. Alkylester und Hydrazid der 4-Aminodiphenylcarbonsäure-(4').* Zur Unters. der antituberkulösen Aktivität werden das *Hydrazid* u. einige *Alkylester* der *4-Aminodiphenylcarbonsäure-(4')* (**I**) sowie *Acetylderivv.* der **I**-Alkylester gewonnen. **I** wird aus Benzidinmonodiazoniumchlorid durch Einw. von CuCN u. Verseifen des Nitrils dargestellt. Über die Unters. der antituberkulösen Wirksamkeit wird später berichtet.

V e r s u c h e: *4-Amino-4'-cyandiphenyl*, $C_{13}H_{10}N_2$, F. 183—184° (Toluol); aus einer Lsg. von Benzidinmonodiazoniumchlorid mit $CuSO_4$ + KCN-Lsg.; 22—24% (Ausbeute). Oder aus 4-Amino-4'-chlordiphenyl u. CuCN in Chinolin (15 Std. Kochen); 78%. — *4-Aminodiphenylcarbonsäure-(4')* (**I**), F. 241—241,5° (Zers.); durch Verseifung vorst. Verb. in wss.-alkoh. KOH (8 Std. kochen); ~ 100%. *Methylester*, F. 182—183° (CH_3OH); aus **I** mit CH_3OH/H_2SO_4 (6 Std. kochen); 95,5%. *Äthylester*, F. 87,6—88° (A.); 93,6%. *n-Propylester*, F. 98,5—99° (PAe.); 86%. *n-Butylester*, F. 82—82,5° (PAe.); 74,3%.

n-Amylester, F. 97—98° (PAe.); 81%. *n-Hexylester*, F. 193—194° (Bzl.); aus 2,51 g des K-Salzes von I mit 2 ml n-Hexyljodid in 40 ml Xylol (10 Std. Kochen); 62,6%. *Hydrazid*, $C_{13}H_{13}N_3$, F. 229—230° (A.); aus I-Äthylester u. Hydrazinhydrat in Toluol (10 Std. kochen); 68%. *4-Acetylaminodiphenylcarbonsäure-(4')*, F. 410° (Nitrobenzol); aus I mit Acetanhydrid in Eisessig; 92,2%. *Äthylester*, F. 189,5—190° (Xylol); aus I-Äthylester mit Acetanhydrid in Ae.; 95,4%. *Methylester*, F. 233,5—234° (CH_3OH). *n-Amylester*, F. 144—145° (Bzl.). *n-Hexylester*, F. 184—184,5° (Xylol). — *n-Propylester*, F. 183—183,5° (Bzl.); durch Rk. des Ag-Salzes der 4-Acetylaminodiphenylcarbonsäure-(4') mit n-Propylbromid; 14,2%. *n-Butylester*, F. 145—146° (Xylol); analog Vorst. mit n-Butyljodid; 66,7%. (Доклады Академии Наук СССР [Ber. Akad. Wiss. UdSSR] **100.** 465—68. 21/1. 1955. Sofia, Chem.-Techn. u. Metallurg. Inst.) H. Hintz. 2550

William J. P. Neish, *4-Aminofluoren. 4-Aminofluoren* (I) wurde aus 4-Nitrophenanthrenchinon über *4-Nitrofluorenon* → *4-Aminofluorenon* → *Oxim* dargestellt, nachdem die von Weisburger u. Mitarbeitern (J. Amer. chem. Soc. **74.** [1952.] 4540) angeführte Meth. nur geringe Ausbeuten lieferte. UV-Spektren von I u. 2-Aminofluoren vgl. Original. — *4-Nitrophenanthrenchinon*, F. 178—180° (Eisessig), aus 30 g Phenanthrenchinon durch Nitrierung nach Schmidt u. Austin [1903] u. Abtrennen des ebenfalls gebildeten *2-Nitrophenanthrenchinons*; 15 bzw. 6,3 g (Ausbeute). — *4-Nitrofluorenon*, F. 172,5—173°, aus 5 g vorst. Verb. über *4-Nitrodiphenylenglykolsäure* nach Schmidt u. Bauer [1906] u. Chromatographie in Bzl. an Al_2O_3; 0,85 g. — *4-Aminofluorenon*, F. 143°, aus vorst. Verb. durch Red. mit H_2S u. ammoniakal. A.; aus 75%ig. A. rote Nadeln; bei der Clemmensen-Red. entsteht wahrscheinlich *4-Aminofluorenol*, F. 180—182° (wss. A.). *Oxim*, F. 214—216° (bei 208° Sintern), orangegelb. — I, F. 116—117°, aus 0,4 g vorst. Oxims in A. durch Zufügen von Eisessig u. Na-Amalgam u. Gießen in W.; Nadeln oder Platten aus 50%ig. A.; 0,15 g. *Acetylderiv.*, F. 204—205°. (Recueil Trav. chim. Pays-Bas **72.** 899—902. Sept./Okt. 1953. Sheffield, Univ., Dep. of Pathol.) H. Lehwald. 2750

John S. Meek und **John R. Dann,** *Die Oxime des 9-Anthraldehyds.* Die Behandlung von 9-Anthraldehyd (III) mit $NH_2OH \cdot HCl + Na_2CO_3$ nach Fieser u. Hartwell (J. Amer. chem. Soc. **60.** [1938.] 2555) gibt *syn-9-Anthraldoxim* (I), in 50%ig. alkoh. Pyridin dagegen die *anti-Form des Oxims* (II). I läßt sich in II überführen, liefert ein *Acetat* u. ein *O-Allylderiv.*, II dagegen bei entsprechender Behandlung nur *9-Cyananthracen.* Die Diels-Alder-Rk. mit Allylalkohol bzw. -bromid, Acrylsäure, -chlorid bzw. -amid verlief bei I u. II negativ.

Versuche: *syn-9-Anthraldoxim* (I), F. 165—166° (A.), aus $NH_2OH \cdot HCl$ u. III nach Fieser u. Hartwell (l. c.); lange gelbe Nadeln, lösl. in 5%ig. NaOH; 96% (Ausbeute). *Acetat*, F. 132—133°, durch 10 Min. Erwärmen mit Acetanhydrid (Dampfbad), Alkalisieren mit Sodalsg., 10 Min. Erhitzen, Verdünnen mit W. u. Filtration. — *anti-9-Anthraldoxim* (II), $C_{15}H_{11}ON$, F. 218—220° (A.), a) durch 1½std. Erhitzen von III u. $NH_2OH \cdot HCl$ in Pyridin u. absol. A. auf dem Dampfbad, Abdampfen des Lösungsm. unter Luftdurchleiten in 4 Std. u. Aufnehmen mit W.; 97%; b) aus I durch 17std. Erhitzen auf 75° mit alkoh. HCl; schwer lösl. in 5%ig. NaOH; 75%. — *9-Cyananthracen*, F. 173—174°, a) analog I-Acetat aus II; b) durch 20 Min. Kochen von II mit Allylchlorid (IV) in wss.-alkoh. NaOH u. Verdünnen der heißen Lsg. mit W.; gelbe Kristalle. — *O-Allyl-syn-9-anthraldoxim*, $C_{18}H_{15}ON$, F. 85—86° (A./W.), durch Erhitzen von I mit IV in wss.-alkoh. NaOH auf 80°, erneutes Zugeben von IV nach Abkühlen, Erhitzen auf 70° u. Verdünnen mit W.; polymerisiert sich beim Erhitzen auf 200°. (J. Amer. chem. Soc. **77.** 6677—78. 20/12. 1955. Boulder, Colo., Univ., Dep. of Chem.)
W. Gehrmann. 2800

Douglas Lloyd und **Frederick Rowe,** *Azulene.* 2. Mitt. *Anwendung der Pinakonreduktion auf die Synthese von 1-substituierten Azulenen.* (1. vgl. C. **1954.** 9274.) Die intramol. Pinakonred. von *2-Oxo-1-[3'-oxybutyl]-cycloheptan-1-carbonsäuremethylester* liefert nicht das entsprechende Glykol, sondern in geringer Ausbeute *7.8-Dioxy-8-methylbicyclo-[5.3.0]-decan-1-carbonsäure-1.8-lacton* (I), wobei Al-Amalgam in wss. A. das beste Reduktionsmittel ist. Gleichzeitige Dehydratisierung, Decarboxylierung u. Dehydrierung gibt *1-Methylazulen.*

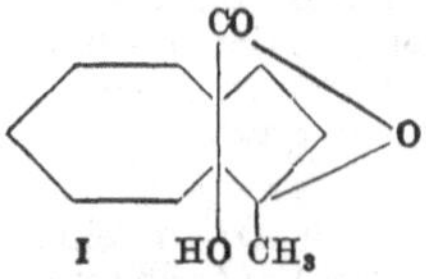

I

Versuche: *2-Oxo-1-[3'-oxybutyl]-cycloheptan-1-carbonsäuremethylester*, Kp.$_{0,02}$ 102—105°, Kp.$_{0,012}$ 99 —102°, aus 2-Oxocycloheptan-1-carbonsäureäthylester nach der Meth. von Prelog u. Mitarbeitern (C. **1946.** I. 1701); 80% (Ausbeute). — Die Red. vorst. Verb. wurde mit Mg–MgJ_2, Al unter Wasserausschluß, Al in wss. A. u. Mg oder Ca in W., wss. A. oder W.–Bzl. untersucht. Nach Zugabe von Al-Folie u. wenig alkoh. $HgCl_2$-Lsg. zu vorst. Verb. in 50%ig. A., 3wöchiges Kochen unter öfterer Zugabe von etwas $HgCl_2$, Einengen, Zugabe von W.,

Zentrifugieren u. Ausäthern wurde *7.8-Dioxy-8-methylbicyclo-[5.3.0]-decan-1-carbonsäure-1.8-lacton* (I), $C_{12}H_{18}O_3$, F. 157,5° (Bzl.), erhalten; 9%. — *1-Methylazulen*, durch Dest. von I bei 0,2 mm in N_2 über auf 350° erhitzte Al_2O_3–Pd-Kohle u. Chromatographie an Al_2O_3; 4%; die UV-Maxima sind angegeben. *Pikrat*, F. 135°. *Trinitrobenzoladdukt*, F. 155°. (J. chem. Soc. [London] **1954**. 4232—33. Dez. St. Andrews, Univ., United Coll. of St. Salvator and St. Leonard.) H.-J. Nitzschke. 2950

C. F. Koelsch und **C. R. Stephens jr.**, *Die innere Michaelkondensation.* 2. Mitt. *Die Bildung von Arylcumaranen, eines Indolins, eines Dihydrothionaphthens und eines Hydrocarbostyrils.* (1. vgl. C. **1945**. I. 389.) Bei der Behandlung von 4-Methyl-β-phenylcumarinsäuremethylester-O-essigsäuremethylester (I) mit $NaOCH_3$ findet eine innere Michael-Kondensation zu *3-Carbomethoxymethyl-6-methyl-3-phenyl-2.3-dihydrocumarilsäuremethylester* statt. Analog entsteht aus α-Phenylcumarinsäuremethylester-O-essigsäuremethylester (II) *3-[α-Carbomethoxybenzyl]-2.3-dihydrocumarilsäuremethylester*, der z. T. in *Cumarilsäuremethylester* u. *Phenylessigsäuremethylester* gespalten wird. Desgleichen kann 2-Methylamino-5-nitrozimtsäuremethylester-N-essigsäuremethylester (III) zu *2-Carbomethoxy-1-methyl-5-nitroindolin-3-essigsäuremethylester*, o-Mercaptozimtsäuremethylester-S-essigsäuremethylester (IV) zu *2-Carbomethoxy-2.3-dihydrothionaphthen-3-essigsäuremethylester* u. o-Phenylacetylaminozimtsäuremethylester zu *3-Phenylhydrocarbostyril-4-essigsäuremethylester* cyclisiert werden. Cinnamoylsarkosinmethylester wird unter diesen Bedingungen nicht cyclisiert, während o-Acetylallozimtsäuremethylester (V) keine einheitlichen Reaktionsprodd. gibt. I u. II wurden aus 3- u. 2-Phenylcumarin durch Kondensation mit Chloressigsäure u. anschließende Veresterung dargestellt, III entstand aus 2-Chlor-5-nitrobenzaldehyd u. Sarkosin über *N-[2-Formyl-4-nitrophenyl]-sarkosin*, anschließende Doebner-Rk. zu *2-Methylamino-5-nitrozimtsäure-N-essigsäure* u. Veresterung. Die Wahl von III zu den Kondensationsverss. erfolgte, nachdem o-Aminozimtsäure oder deren Ester nicht mit Chloressigsäure oder deren Äthylester alkyliert werden konnten, ferner o-Jodzimtsäure (VI) mit Glycin *Carbostyril-1-essigsäure* u. VI oder o-Chlorzimtsäure mit Sarkosin nur geringe Ausbeuten an *o-Methylaminozimtsäure-N-essigsäure* lieferten. IV entstand aus diazotierter o-Aminozimtsäure u. Thioglykolsäure (VII) oder (besser) aus o-Mercaptozimtsäure u. Chloressigsäure. Verss., aus 2-Chlor-5-nitrobenzaldehyd u. VII S-[2-Formyl-4-nitrophenyl]-thioglykolsäure zu erhalten, führten zu *5-Nitro-2-thionaphthencarbonsäure*. V wurde durch HJO_4-Oxydation von 1-Methyl-1.2-dioxynaphthochinol erhalten u. ergab bei der KOJ-Oxydation *o-Carboxyallozimtsäure*.

Versuche: *4-Methyl-β-phenylcumarinsäure-O-essigsäure*, $C_{18}H_{16}O_5$, F. 181 bis 183° (Gasentw.), durch Kondensation von m-Kresol mit Benzoylessigsäureäthylester in Ggw. von 90%ig. H_2SO_4 (konz. H_2SO_4 ohne Wrkg.) zu *7-Methyl-4-phenylcumarin* (25% [Ausbeute]), 1std. Dest. in alkoh. 10%ig. NaOH mit Na-Chloracetat, 1std. Kochen mit weiterer Chloressigsäure + NaOH u. Ansäuern; Nadeln aus verd. Essigsäure; 82%. *Dimethylester* (I), $C_{20}H_{20}O_5$, F. 87—88°, Nadeln aus Ae.–Ligroin; 74%. — *3-Carbomethoxymethyl-6-methyl-3-phenyl-2.3-dihydrocumarilsäuremethylester*, $C_{20}H_{20}O_5$, F. 89 bis 90°, Kp.$_1$ 173—175°, aus I + wenig $NaOCH_3$ in CH_3OH bei 60°; Prismen aus Ae.–Ligroin; 80%. *Freie Säure*, $C_{18}H_{16}O_5$, F. 204—206°; Nadeln aus Äthylacetat–Ligroin. — *α-Phenylcumarinsäure-O-essigsäure*, $C_{17}H_{14}O_5$, F. 197—198°, aus 3-Phenylcumarin + Na-Chloracetat in NaOH wie oben; Nadeln aus verd. Essigsäure; 93%. — *α-Phenylcumarinsäure-O-essigsäuremethylester*, $C_{18}H_{16}O_5$, F. 144—145°, aus 12 g vorst. Verb. in CH_3OH + H_2SO_4; Nadeln aus CH_3OH; 5 g. Daneben *α-Phenylcumarinsäuremethylester-O-essigsäuremethylester* (II), $C_{19}H_{18}O_5$, F. 72°, Nadeln aus Ae.–Ligroin; 5,5 g. — *3-[α-Carbomethoxybenzyl]-2.3-dihydrocumarilsäuremethylester*, $C_{19}H_{18}O_5$, F. 124—125°, Kp.$_2$ 195—197°, aus 2,1 g II + $NaOCH_3$ wie oben; 0,9 g. *Freie Säure*, $C_{17}H_{14}O_5$, F. 162 bis 163°, Platten aus Essigsäure. Daneben bei vorst. Rk. 0,9 g der Spaltprodd. *Cumarilsäuremethylester* ($C_{10}H_8O_3$, F. 54—55°, Kp.$_2$ 130—140°; entsteht auch aus dem Ester bei 20 Min. Erhitzen auf 85—120°) neben *Phenylessigsäuremethylester*. — *N-[2-Formyl-4-nitrophenyl]-sarkosin*, $C_{10}H_{10}O_5N_2$, F. 149°, durch 2std. Kochen von 2-Chlor-5-nitrobenzaldehyd + Na-Sarkosinat u. wenig Cu-Acetat in A. in Ggw. von Na_2CO_3, Abdampfen u. Aufnehmen in W.; gelbe Prismen aus verd. Essigsäure; 65%. *2.4-Dinitrophenylhydrazon*, $C_{16}H_{14}O_8N_6$, F. 209—210°, orangerotes Pulver aus A.–Äthylacetat. — *2-Methylamino-5-nitrozimtsäure-N-essigsäure*, $C_{12}H_{12}O_6N_2$, F. 211—212° (Zers.), aus vorst. Verb. + Malonsäure u. Piperidin in Pyridin (2 Std. bei 100°); gelbe Prismen aus Essigsäure; 87%. *Dimethylester* (III), $C_{14}H_{16}O_6N_2$, F. 79°, durch Fischer-Veresterung; gelbe Platten aus Ae.; 82%. — *2-Carbomethoxy-1-methyl-5-nitroindolin-3-essigsäuremethylester*, $C_{14}H_{16}O_6N_2$, Kp.$_{1,5}$ 210—220° (Zers.), aus 5 g III in Bzl. u. $NaOCH_3$ in CH_3OH; 3 g. *Freie Säure*, $C_{12}H_{12}O_6N_2$, F. 175—177° (Zers.); gelbe Nadeln aus CH_3OH. — *Carbostyril-N-essigsäure*, $C_{11}H_9O_3N$, F. 267—268° (Zers.; Essigsäure), durch 4std. Kochen von VI

u. Glycin, K_2CO_3, 50%ig. KOH u. wenig CuCl bei 120—125°. — *o-Methylaminozimtsäure-N-essigsäure*, $C_{12}H_{13}O_4N$, F. 143—144°, analog vorst. Verb. aus o-Chlorzimtsäure + Sarkosin; gelbe Prismen aus verd. A.; 10,5%. — *2-Chlor-5-nitrozimtsäure*, $C_9H_6O_4NCl$, F. 220—221° (Zers.), aus 2-Chlor-5-nitrobenzaldehyd + Malonsäure u. Piperidin in Pyridin; bräunliche Nadeln aus verd. Essigsäure; 70%. — *5-Amino-2-methylaminozimtsäure-N^2-essigsäure*, $C_{12}H_{14}O_4N_2$, F. 170° (Zers.), aus 5 g 2-Methylamino-5-nitrozimtsäure-N-essigsäure + Fe-Feile in 5%ig. Essigsäure (3 Std. kochen); bräunliche Kuben aus wss. $NaHSO_3$; 2,5 g. *Dimethylesterdihydrochlorid*, $C_{14}H_{18}O_4N_2 \cdot 2HCl$, F. 178—180° (Zers.); Nadeln aus CH_3OH. — *o-Mercaptozimtsäuremethylester-S-essigsäuremethylester* (**IV**), $C_{13}H_{14}O_4S$, F. 42—43° (Ae.-Ligroin), Kp.$_4$ 168—175°, a) durch Diazotieren von 9 g o-Aminozimtsäure in 30%ig. H_2SO_4, Behandeln mit **VII**, 1½std. Kochen des abfiltrierten *Diazosulfids* u. Vakuumabdampfen, Aufnehmen in verd. K_2CO_3, langsames Ansäuern u. Verestern der isolierten *Säure* mit CH_3OH–H_2SO_4; 3,8 g (roh); b) aus 9,3 g o-Aminozimtsäure über das *o.o'-Disulfid* (5,6 g) durch Red. mit Zn-Staub in NaOH, Behandeln des gebildeten Na-Salzes mit Chloressigsäure u. Verestern; 4,4 g. *Freie Säure*, $C_{11}H_{10}O_4S$, F. 237—239° (Zers.); gelbe Kristalle aus Essigsäure. — *2-Carbomethoxy-2.3-dihydrothionaphthen-3-essigsäuremethylester*, $C_{13}H_{14}O_4S$, Kp.$_4$ 160—162°, aus 2 g **IV** + $NaOCH_3$; 1,5 g. *Freie Säure*, $C_{11}H_{10}O_4S$, F. 143—144°; aus W. Prismen. Daneben wahrscheinlich das *Anhydrid*, $C_{11}H_8O_3S$, F. 238—240°; rosafarbene Nadeln aus verd. Essigsäure. — *o-Phenylacetylaminozimtsäuremethylester*, $C_{18}H_{17}O_3N$, F. 140°, aus o-Nitrozimtsäuremethylester durch Red. mit $SnCl_2$ u. Acylieren mit Phenylacetylchlorid bei 0°; Nadeln aus Toluol; 59%. *Freie Säure*, $C_{17}H_{15}O_3N$, F. 232—234°, Nadeln aus Essigsäure. — *3-Phenyl-3.4-dihydrocarbostyril-4-essigsäuremethylester*, $C_{18}H_{17}O_3N$, F. 140—141,5°, aus vorst. Ester + $NaOCH_3$ (2 Std. kochen); Rosetten aus Toluol–Ligroin; 71%. *Freie Säure*, $C_{17}H_{15}O_3N$, F. 207—208°; aus verd. A. Nadeln. — *Cinnamoylsarkosinonitril*, $C_{12}H_{12}ON_2$, F. 92—93°, aus Sarkosinonitril + Cinnamoylchlorid in 20%ig. Na_2CO_3 unter Rühren u. Kühlen; Nadeln aus Toluol; 87%. — *Cinnamoylsarkosinmethylester*, $C_{13}H_{15}O_3N$, F. 59—60°, Kp.$_3$ 177—180°, aus dem Nitril u. HCl-gesätt. CH_3OH (½ Std. erwärmen); Platten aus Ae.–Ligroin; 67%. *Freie Säure*, $C_{12}H_{13}O_3N$, F. 182—183°; aus verd. A. Nadeln. — *o-Acetylallozimtsäure*, $C_{11}H_{10}O_3$, F. 143—144°, aus 1-Methylnaphthol-(2) durch CrO_3-Oxydation zu *1-Methyl-1.2-dioxynaphthochinol* (37%) u. 40std. Stehen von 5 g hiervon mit 7,6 g H_5JO_6 in W. bei 0°; rosafarbene Nadeln aus W.; 2,24 g. *Methylester* (**V**), $C_{12}H_{12}O_3$, F. 55—56°, aus dem Ag-Salz + CH_3J; Prismen aus Ligroin; 65%. — *o-Carboxyallozimtsäure*, F. 181—184°, aus vorst. Säure mit J_2 + KJ; identifiziert als *Phthalidylessigsäure*, F. 150°. Daneben HCJ_3. — **V** gibt bei der Behandlung mit $NaOCH_3$ wie oben ein *Öl vom Kp.$_{3-4}$ 130—140°*, nach Verseifen eine *ungesätt. Säure vom F. 181—185°*. (J. Amer. chem. Soc. **72**. 2209—12. Mai 1950. Minneapolis, Minn., Univ., School of Chem.) H. LEHWALD. 3000

Calvin L. Stevens und **Bruce V. Ettling**, *Epoxyäther*. 10. Mitt. *Die Darstellung und einige chemische Reaktionen eines Aminoepoxyäthers.* (9. vgl. C. **1955**. 4336.) Vff. beschreiben die Darst. von *1-Phenyl-1-[2-dimethylaminoäthoxy]-2-methyl-1.2-epoxypropan* (**I**) u. seines *Methojodids* (**II**). **I** u. **II** sind relativ beständig gegenüber ringöffnenden Agentien (**II** ist der erste Epoxyäther, der in W. lösl. ist, ohne infolge Hydrolyse rasch zerstört zu werden); unter stärkeren Hydrolysebedingungen werden die erwarteten Prodd. erhalten. Mit Methanol liefert **II** das *Methojodid* des *1-Phenyl-1-methoxy-1-[2-dimethylaminoäthoxy]-2-methylpropanols-(2)*. Das Hydrochlorid von **I** gibt bei der Pyrolyse durch Angriff des Cl-Ions am $C_{(2)}$-Atom *2-Chlorisobutyrophenon*, das durch nachfolgende HCl-Abspaltung in *α-Methylacrylophenon* übergeht. Mit 3.5-Dinitrobenzoesäure (**III**) gibt **I** mit der gleichen Geschwindigkeit wie andere Epoxyäther *α-Oxyisobutyrophenon-3.5-dinitrobenzoat* (als geschwindigkeitsbestimmender Schritt wird der Angriff eines 3.5-Dinitrobenzoations auf **I** angenommen, nachdem die Aminogruppe von **I** ein Proton acceptiert hat).

Versuche: *1-Phenyl-1-[2-dimethylaminoäthoxy]-2-methyl-1.2-epoxypropan* (**I**), $C_{14}H_{21}O_2N$, Kp.$_{0,6}$ 91—93°, durch Zugabe von α-Bromisobutyrophenon (**IV**) zu Na-Dimethylaminoäthanolat u. 2std. Kochen; D.$^{25}{}_4$ 0,9896, n_D^{25} 1,4885; 81% (Ausbeute). *Methojodid* (**II**), $C_{15}H_{24}O_2NJ$, F. 143—144° (Bzl./Aceton); 96%. *Hydrochlorid* (**V**), F. 147 bis 150° (Zers.). **I** gibt bei 66std. Kochen in W. in Ggw. von katalyt. Mengen HCl *α-Oxyisobutyrophenon* (Kp.$_{0,5}$ 71°; 73%. *Semicarbazon*, F. 181—183°) u. *Dimethylaminoäthanol* (*Methojodid*, F. 256—258°; 76%), **II** durch 5std. Kochen in W. die gleichen Prodd. (82 bzw. 88%). Aus **I** u. **III** in Ae. bei 35° *α-Oxyisobutyrophenon-3.5-dinitrobenzoat*, F. 150—152° (Bzl./PAe.); 89%. — **V** gibt bei 15 Min. Erhitzen auf 150° *α-Methylacrylophenon*, Kp.$_{0,2}$ 42—44°, n_D^{25} 1,5324; 73% (ferner aus **IV** u. Triäthylamin in Bzl./Pyridin durch 48std. Kochen; n_D^{25} 1,5373; 73%), ferner bei 10 Min. Kochen in Dibutyläther *α-Chlorisobutyrophenon*, Kp.$_2$ 76—79°, Kp.$_{0,7}$ 72—73°; 33% (ferner aus Isobutyrophenon in $CHCl_3$ durch Einleiten von Cl_2 bei Zimmertemp.; 88%). — *1-Phenyl-1-methoxy-1-[2-dimethylaminoäthoxy]-2-methylpropanol-(2), Methojodid,* $C_{16}H_{28}O_3NJ$, F. 176—177° (Aceton/$CHCl_3$), aus **II** in Methanol durch 4tägiges Kochen in Ggw. katalyt. Mengen P_2O_5; 70%. (J. Amer. chem. Soc. **77.** 5412—14. 20/10. 1955. Detroit, Mich., Wayne Univ., Chem. Dep.) G. WINKLER. 3030

Bror Holmberg, *Cumarone und Thioglykolsäure.* Bei der Rk. von Cumaron mit Thioglykolsäure (**I**) u. HCl bei Raumtemp. entstand in guter Ausbeute *[β-(2-Oxyphenyl)-äthyliden]-bis-thioglykolsäure* (**II**; *2-Oxyphenylacetaldehydmercaptalessigsäure*), die auch in geringer Menge, neben einem wahrscheinlich polymeren Prod. unbekannter Konst., durch Erhitzen obigen Reaktionsgemischs erhalten wurde. Durch $HgCl_2$, $CdSO_4$ oder J_2 wurde **II** mehr oder weniger vollständig entschwefelt; die Isolierung des zu erwartenden 2-Oxyphenylacetaldehyds gelang wegen der Empfindlichkeit gegen saure Agentien nicht. **II** wird als Mercaptalessigsäure durch Monobromessigsäure zerlegt; neben *Dimethylthetindicarbonsäure* wurde eine Verb. isoliert, die als dimol. Anhydratisierungsprod. des 2-Oxyphenylacetaldehyds angesehen wird. Beim Erhitzen von **II** im Vakuum trat Zerfall in **I** u. Cumaron ein. Bei der Umsetzung von 3-Oxycumaron [bzw. Cumaranon-(3)] mit **I** entstand unter Wasserabspaltung *S-[Cumaronyl-(3)]-thioglykolsäure* (**III**). Gegen mercaptalspaltende Agentien ist **III** stabil; durch $K_2S_2O_8$ erfolgte Oxydation zum *Sulfoxyd,* das durch $HgCl_2$ in *Chlorquecksilbercumaronyl-(3)-mercaptid* übergeführt wurde. Das entsprechende *Mercaptan* u. *Disulfid* konnten daraus dargestellt werden. Durch Oxydation von **III** mit H_2O_2 wurde das *Sulfon,* durch Bromierung von **III** eine *Bromcumaronylthioglykolsäure,* die gegen heiße NaOH beständig ist, erhalten.

Versuche: *[β-(2-Oxyphenyl)-äthyliden]-bis-thioglykolsäure* (**II**), $C_{12}H_{14}O_5S_2$, F. 133 bis 134° (W.), a) aus 12 g Cumaron, 50 g **I** u. 5 cm³ 2n HCl durch 4 Std. Erwärmen auf dem Wasserbad in geringer Menge; daneben klebrige Prodd.; b) aus 12 g Cumaron, 20 g **I** u. 2 cm³ 5n HCl durch 5tägiges Stehen, Animpfen u. 2monatiges Stehen; 17 g (Ausbeute); zerfällt bei 1std. Erhitzen an der Ölpumpe bei 200° Badtemp. in Cumaron u. **I**. — *Dimethylthetindicarbonsäure,* F. 154—155° (Zers.), aus 3 g **II** nach Neutralisieren mit 20 cm³ n-NaOH u. 8,4 g mit n-NaOH neutralisierter Monobromessigsäure in 2 Std. auf dem Wasserbad; 2,1 g; daneben 0,7 g *Verb.* $C_{16}H_{13,62}O_{3,26}$, F. 70—80°. — *S-[Cumaronyl-(3)]-thioglykolsäure* (**III**), $C_{10}H_8O_3S$, F. 84—86° (PAe.-CCl_4), a) aus 6,7 g 3-Oxycumaron u. 10 g **I** durch 4std. Erhitzen mit 1 cm³ 2n HCl auf dem Wasserbad; 9,3 g; b) analog bei 5tägigem Stehen bei Raumtemp.; 8,9 g. — *[Cumaronyl-(3)-sulfoxyd]-essigsäure,* $C_{10}H_8O_4S$, F. 131—132° (A.), aus 10,5 g **III** u. 21 g Na_2CO_3 in W. durch Zugabe von 14 g $K_2S_2O_8$ unter Rühren u. langsamer Erwärmung u. Stehen über Nacht; 6,7 g; zers. sich beim Erhitzen in neutraler u. alkal. Lösung. — *Dicumaronyl-(3)-disulfid,* $C_{16}H_{10}O_2S_2$, F. 105—107° (schwachgelbe Prismen), aus 2,3 g vorst. Verb. durch 4std. Erhitzen mit 25 cm³ n-HCl auf dem Wasserbad; 0,5 g. — *Chlorquecksilbercumaronylmercaptid,* $C_8H_5OClSHg$, F. ~250° (Sintern bei 170°, cremefarbene Nadeln), aus 2,2 g Sulfoxydsäure durch Zugabe zu 2,7 g $HgCl_2$ in 20 cm³ n-HCl u. 20 cm³ A. u. 1std. Erwärmen auf dem Wasserbad; 2,3 g. — *[Cumaronyl-(3)]-mercaptan,* C_8H_6OS, aus 3,9 g vorst. Verb. durch Schütteln mit 10 g KJ in W., 2n HCl u. PAe. u. 2std. Stehen; 1,2 g. — *[Cumaronyl-(3)-sulfon]-essigsäure,* $C_{10}H_8O_5S$, F. 144—146° (Zers.; A.-PAe.), aus 2,1 g **III** in Aceton u. 3 g Perhydrol durch Eindunsten; 1,5 g. — *Bromcumaronylthioglykolsäure,* $C_{10}H_7O_3BrS$, F. 93—94,5°, aus 2,1 g **III** u. 1,6 g Br_2 in 10 cm³ Bzl. durch Eindunsten; 1,7 g. (Chem. Ber. **89.** 278—82. 1956. Stockholm, TH, Organ.-Chem. Labor. u. Kgl. Akad. der Wiss., Nobelinst., Organ.-Chem. Abt.) H. BERTSCH. 3061

Fritz Micheel und Wilhelm Flitsch, *Synthesen mit 3.4-Dioxopyrrolizidin.* 4. Mitt. (3. vgl. C. **1955.** 9567.) Bei den aus 3.4-Dioxopyrrolizidin (**I**) mit C_2H_5MgBr, C_6H_5MgBr bzw. $C_6H_5C{\equiv}CMgBr$ erhaltenen Verbb. (2. Mitt. vgl. C. **1954.** 4378) handelt es sich nicht um 3.4-Dioxy-3.4-diäthyl-, -3.4-diphenyl- bzw. -3.4-bis-[phenyläthinyl]-pyrrolizidin, sondern um *Diäthyl-* (**II**), *Diphenyl-* (**III**) bzw. *Bis-[phenyläthinyl]-{β-[5-oxopyrrolidyl-(2)]-äthyl}-carbinol.* Dies schließen Vff. aus den Infrarotspektren, die außer den für die OH-Gruppe charakterist. Banden auch solche für die NH- bzw. CO-Gruppe (u. zwar eindeutig als Amid) aufweisen, u. aus der Synth. der Verbb. aus *γ-Aminopimelinsäurelactamäthylester* (**IV**) u. den entsprechenden GRIGNARD-Verbb.; **IV** entsteht durch Spaltung des einen Lactamringes von **I**; ähnlich werden auch die *freie Säure* u. *γ-Aminopimelinsäurelactamamid* erhalten, welches nicht mit dem von LEUCHS u. NAGEL [1922] als solches bezeichneten Prod. ident. ist. Mit $LiAlH_4$ werden **II** u. **III** zu *1.1-Diäthyl-* bzw. *1.1-Diphenyl-3-[pyrrolidyl-(2)]-propanol-(1)* red., ferner läßt sich **III** mit Eisessig/HCl unter Spaltung des Lactonringes u. Dehydratation zu *3-Amino-6.6-diphenylhexen-(5)-carbonsäure-(1)* umsetzen. — Zum Konstitutionsbeweis fast aller dargestellten Verbb. werden die Infrarotspektren herangezogen.

Versuche: *γ-Aminopimelinsäuremonolactam*, F. 123,5° (n-Butanol), durch 1std. Kochen von **I** in wss. NaOH u. Behandeln mit Kationenaustauscher Lewatit S 100; 90% (Ausbeute). *Äthylester* (**IV**), $C_9H_{15}O_3N$, F. 61° (CCl_4–PAe.), durch 5std. Kochen von **I** in Ggw. von Lewatit S 100 in absol. A.; 52%. — *γ-Aminopimelinsäurelactamamid*, $C_7H_{12}O_2N_2$, F. 173° (n-Butanol), durch 20 Min. langes Kochen von **I** in gesätt. methanol. NH_3; 91%. — *1.1-Diäthyl-3-[pyrrolidyl-(2)]-propanol-(1)*, durch 3std. Red. von **II** mit $LiAlH_4$ in sd. Ae. u. Behandeln mit 15%ig. NaOH; Sirup; 90%. *Pikrat*, $C_{11}H_{23}ON \cdot C_6H_3O_7N_3$, F. 124°, aus W.–A. Oktaeder. — *1.1-Diphenyl-3-[pyrrolidyl-(2)]-propanol-(1)*, $C_{19}H_{23}ON$, F. 154° (Ae.–PAe.), analog vorst. Verb. aus **III**; 79%. — *3-Amino-6.6-diphenylhexen-(5)-carbonsäure-(1)*, $C_{19}H_{21}O_2N$, F. 181° (Zers.; Essigsäure–W.), durch 8std. Kochen von **III** in Eisessig–HCl u. Zugabe von W. u. wss. NaOH bis p_H 6; 54,5%. — *1-Phenyl-3-[5-oxopyrrolidyl-(2)]-propanon-(1)*, $C_{13}H_{15}O_2N$, F. 114° (A.–Ae.), durch Zutropfen von C_6H_5MgBr-Lsg. (aus 1,5 g C_6H_5Br) zu 1 g **I** in Anisol, Zers. mit 10%ig. H_2SO_4, Aufnehmen des Rohprod. in A. u. fraktioniertes Fällen mit Ae. (zuerst Nd. von **I**); 0,116 g; gibt mit einem weiteren Mol C_6H_5MgBr **III**. — *{β-[5-Oxopyrrolidyl-(2)]-äthyl}-bis-[phenyläthinyl]-carbinol*, F. 175°, aus **IV** u. einer GRIGNARD-Lsg. aus $C_6H_5C{\equiv}CH$, C_2H_5Br u. Mg in Bzl.; 90%. Analog aus **IV** mit C_2H_5MgBr bzw. C_6H_5MgBr **II** bzw. **III**. (Chem. Ber. **89**. 129—32. 1956. Münster/Westf., Univ., Organ.-Chem. Inst.) W. HOFFMANN. 3081

Monique Clerc-Bory, *Untersuchungen in der Indolreihe*. 9. Mitt. *Synthese neuer Derivate und strukturelle Untersuchungen über ihre Oxydationsprodukte*. (8. vgl. C. **1955**. 6745.) Vff. stellt einige substituierte *2-Phenyl-3-methylindole* nach bekannten Verff. her, sowie die entsprechenden *Hydroperoxyde* u. stabilen *Ozonide*; letztere liefern beim Kochen in Essigsäure oder bei Red. mit KJ-Lsg. die entsprechenden *o-[N-Benzoylamino]-acetophenone*. Die *Hydroperoxyde* entstehen beim Kochen der 2-Phenyl-3-methylindole in benzol. Lsg. an der Luft. — Die nebenst. Formeln für die Ozonide (**A**) u. für die Peroxyde (**B**; vgl. WITKOP u. Mitarbeiter, C. **1954**. 506 u. **1955**. 1709) erscheinen dadurch gesichert, daß *N-Methylderivv.* der dargestellten *2-Phenyl-3-methylindole* weder Hydroperoxyde noch stabile Ozonide bilden.

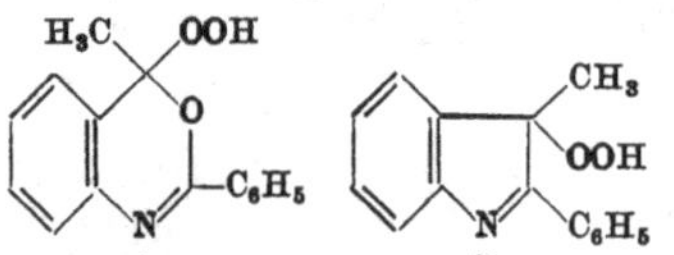

A B

Versuche: Die nachst. 2-Phenylindole wurden durch 10 Min. Erhitzen von 0,1 Mol α-Brompropiophenon mit 0,5 Mol aromat. Amin auf 180° u. Eingießen in n-HCl dargestellt; Kristallisation aus Essigsäure: *3-Methyl-* (**I**), $C_{15}H_{13}N$, F. 93°, aus Anilin; 67% (Ausbeute). — *3.5-Dimethyl-* (**II**), $C_{16}H_{15}N$, F. 122°, aus p-Toluidin; 84%. — *3.6-Dimethyl-* (**III**), $C_{16}H_{15}N$, F. 142°, aus m-Toluidin; 69%. — *3-Methyl-5-methoxy-* (**IV**), $C_{16}H_{15}ON$, F. 115°, aus p-Anisidin; 68%. — *3-Methyl-6-methoxy-* (**V**), $C_{16}H_{15}ON$, F. 164°, aus m-Anisidin; 50%. — 1std. Ozonisieren vorst. Verbb. in Essigester in der Kälte, Eindampfen im Vakuum, Lösen in Ae., Behandeln mit 10%ig. $FeSO_4$-Lsg. u. Kristallisation aus A. führte zu folgenden Ozoniden vom Typ **A**: **I**-, $C_{15}H_{13}O_3N$, F. 164°; 45%. — **II**-, $C_{16}H_{15}O_3N$, F. 181°; 60%. — **III**-, $C_{16}H_{15}O_3N$, F. 131°; 51%. — **IV**-, $C_{16}H_{15} \cdot O_4N$, F. 169°; 56%. — **V**-, $C_{16}H_{15}O_4N$, F. 129°; 45%. — Erhitzen der entsprechenden Indolozonide in Essigsäure in Ggw. von Tierkohle lieferte folgende o-[N-Benzoylamino]-acetophenone: *4-Methyl-*, $C_{16}H_{15}O_2N$, F. 120°. — *5-Methyl-*, $C_{16}H_{15}O_2N$, F. 128°. — *4-Methoxy-*, $C_{16}H_{15}O_3N$, F. 116°. — *5-Methoxy-*, $C_{16}H_{15}O_3N$, F. 138°. — Durch 6std. Kochen von 5%ig. Lsgg. der Indole in Bzl.–PAe. (4:1), Vakuumverdampfen u. Kristallisation aus A. entstanden die nachst. Peroxyde vom Typ **B**: **II**-, $C_{16}H_{15}O_2N$, F. 168°. — **III**-, $C_{16}H_{15}O_2N$, F. 157°. — **IV**-, $C_{16}H_{15}O_3N$, F. 185°. — **V**-, $C_{16}H_{15}O_3N$, F. 131°. — Nach Eintragen von Na in fl. NH_3, dann des entsprechenden Indols, Zugabe von Dimethylsulfat in Ae. nach $^1/_4$ Std., Rühren unter Verdampfen des NH_3 u. langsamer Zugabe von Ae.–CH_3OH–W. (2:1:2) wurden aus der äther. Lsg. die nachst. 2-Phenylindole gewonnen u. aus A. krist. bzw. in ihre Pikrate übergeführt: *3.N-Dimethyl-*, $C_{16}H_{15}N$, F. 69°, $Kp._2$ 172—175°; 70%. *Pikrat*, F. 117° (A.). — *3.5.N-Trimethyl-*, $C_{17}H_{17}N$, $Kp._2$ 182—184°; 68%. *Pikrat*, F. 104° (A.). — *3.6.N-Trimethyl-*, $C_{17}H_{17}N$, $Kp._2$ 183—185°; 66%. *Pikrat*, F. 103° (A.). — *3.N-Dimethyl-5-methoxy-*, $C_{17}H_{17}ON$, F. 65°; 72%. *Pikrat*, F. 108° (A.). — *3.N-Dimethyl-6-methoxy-*, $C_{17}H_{17}ON$, F. 83°; 67%. *Pikrat*, F. 98° (A.). (Bull. Soc. chim. France, Mém. [5] **1955**. 88—90. Jan. Lyon, Fac. des Sci., Labor. de Chim. Biol.) H.-J. NITZSCHKE. 3081

W. M. Rodionow und **N. N. Besinger**, *Die Curtius'sche Reaktion in der Reihe der β-Aminosäuren*. Die CURTIUSsche Rk. mit N-acylierten β-Aminosäuren führt zu *Derivv.* des *3-Acylglyoxalidons-(2)*. So wird aus N-Benzoyl-β-phenyl-β-alanin (**I**) über das Hydrazid, Azid u. Urethan *3-Benzoyl-4-phenylglyoxalidon-(2)* erhalten. Diese Meth. gibt bessere Ausbeuten an Acylglyoxalidonen als der HOFMANNsche Abbau, da hier im alkal. Medium die Acylgruppe ganz oder teilweise abgespalten wird. Beim Verseifen von 3-Benzoyl-4-phenylglyoxalidon-(2) mit KOH wird neben *4-Phenylglyoxalidon-(2)* eine *Verb. $C_{31}H_{30}O_3N_4$*, wahrscheinlich *N.N'-Bis-[β-phenyl-β-benzoylaminoäthyl]-harnstoff*, erhalten. Aus N-Benzoyl-β-[3-nitrophenyl]-β-alanin (II) wird der *Äthylester* erhalten, der mit einem geringen Überschuß an Hydrazinhydrat in 70%ig. A. II-*Hydrazid* bildet. Bei Anwendung eines großen Überschusses entsteht ein schwer trennbares Gemisch von II-Hydrazid u. *N-Benzoyl-β-[3-aminophenyl]-β-alaninhydrazid* (III); wird ohne Lösungsm. gearbeitet, so entsteht nur III. Das aus II-Hydrazid gewonnene II-*Azid* liefert beim Erhitzen mit A. direkt *3-Benzoyl-4-[3'-nitrophenyl]-glyoxalidon-(2)*. Das Urethan wird nicht erhalten, wie auch nicht bei der Darst. von *3-Benzoyl-4-piperonylglyoxalidon-(2)* aus N-Benzoyl-β-piperonyl-β-alanin (IV)-azid. Beim Verseifen der 3-Benzoyl-4-arylglyoxalidone-(2) mit HCl werden die entsprechenden Aryläthylendiamine, CO_2 u. Benzoesäure erhalten.

Versuche: *N-Benzoyl-β-phenyl-β-alanin* (I), *Hydrazid*, $C_{16}H_{17}O_2N_3$, F. 212 bis 213° (A.); aus 15 g I-Äthylester in 80%ig. A. u. 3,5 g Hydrazinhydrat (4 Std. Kochen); 11,7 g (Ausbeute). Gibt beim Erhitzen mit *Aceton* u. *Benzaldehyd* in alkoh. Lsg. die entsprechenden *[β-Benzoylamino-β-phenylpropionyl]-hydrazone* (F. 221 bzw. 233°). *Hydrazidhydrochlorid*, $C_{16}H_{18}O_2N_3Cl$, F. 240° (A.); 95,5%. *Azid*, Zers. bei 74°; a) man leitet durch einen Brei aus 5 g I-Hydrazid u. 70 ml W. bei $<3°$ NO + NO_2 (aus HNO_3 u. Stärke) u. extrahiert nach 15—25 Min. mit Ae.; aus Chlf. Kristalle; 4,9 g; b) aus I-Chlorid (F. 166—168°; 5 g I, 4 ml $SOCl_2$, 4 Std. bei 40—43°) durch 50std. Schütteln mit 1,4 g NaN_3 in 150 ml Ae.; 1,6 g. — *β-Phenyl-β-benzoylaminoäthylcarbaminsäureäthylester*, $C_{18}H_{20}O_3N_2$, F. 163,5° (wss. A.), aus 2 g I-Azid u. 50 ml absol. A. (3 Std. Kochen); 1,68 g. — *3-Benzoyl-4-phenylglyoxalidon-(2)*, $C_{16}H_{14}O_2N_2$; aus I-Azid in Bzl. (1½ Std. Kochen), aus A. glänzende Nädelchen. 2,7 g liefern beim Verseifen mit 20 ml 10%ig. KOH (1½ Std. bei 80°) *N.N'-Bis-[β-phenyl-β-benzoylaminoäthyl]-harnstoff* (?), $C_{31}H_{30}O_3N_4$, F. 239,5° (96%ig. A.); 0,7 g u. *4-Phenylglyoxalidon-(2)*, F. 162—163° (A.); 0,2 g. — *N-Benzoyl-β-[3-nitrophenyl]-β-alanin* (II), $C_{16}H_{14}O_5N_2$, F. 204—205° (Methanol); aus β-[3-Nitrophenyl]-β-alanin mit Benzoylchlorid in Ggw. von NaOH bei $<10°$. *Äthylester*, $C_{18}H_{18}O_5N_2$, F. 110—110,5°; aus II mit A./H_2SO_4 (7 Std. Kochen). *Hydrazid*, $C_{16}H_{16}O_4N_4$, F. 226—227° (A. oder Methylalkohol); aus II-Äthylester in 70%ig. A. mit einem geringen Überschuß an Hydrazinhydrat (5 Std. Kochen); 70%. *Azid*, Zers. bei 60°; durch Behandeln einer Lsg. des vorst. Hydrazids in HCl mit wss. $NaNO_2$ bei 0°; 90—95%. — *N-Benzoyl-β-[3-aminophenyl]-β-alaninhydrazid* (III), $C_{16}H_{18}O_2N_4$, F. 205° (A.); man erhitzt 4,5 g Hydrazinhydrat zum Sieden u. setzt 3,4 g II-Äthylester in kleinen Portionen zu; 2 g. — *3-Benzoyl-4-[3'-nitrophenyl]-glyoxalidon-(2)*, $C_{16}H_{13}O_4N_3$, F. 233,5 bis 234,5°; 2 g II-Azid werden mit 75 ml Bzl. 2 Std. zum Sieden erhitzt; aus A. + Essigsäure (5:1) glänzende Blättchen; 1,75 g. Diese Verb. auch durch Kochen von II-Azid mit W. oder A.; 85—90%. — *4-[3'-Nitrophenyl]-glyoxalidon-(2)*, $C_9H_9O_3N_3$, F. 179° (Methylalkohol); aus vorst. Verb. mit 10%ig. KOH (1 Std. bei 80—85°), neben *Benzoesäure*. — *N-Benzoyl-β-piperonyl-β-alanin* (IV), *Äthylester*, $C_{19}H_{19}O_5N$, F. 130,5—131° (verd. A.); aus IV mit A./H_2SO_4 (7 Std. Kochen). *Hydrazid*, $C_{17}H_{17}O_4N_3$, F. 224—225° (A.); aus IV-Äthylester mit Hydrazinhydrat (8 Std. Kochen); 90%. *Azid*, Zers. bei 50—51°; 85%. — *3-Benzoyl-4-piperonylglyoxalidon-(2)*, $C_{17}H_{14}O_4N_2$, F. 241° (Butylalkohol); aus 2 g IV-Azid in Bzl. (1½ Std. Kochen); 1,8 g. Diese Verb. auch beim Erhitzen von IV-Azid in W. oder Alkohol; 35—40%. — *4-Piperonylglyoxalidon-(2)*, $C_{10}H_{10}O_3N_2$, F. 207° (wss. A.); aus vorst. Verb. durch Verseifen mit 10%ig. KOH (1 Std. Kochen); 1,24 g, neben *Benzoesäure*. (Известия Академии Наук СССР, Отделение Химических Наук [Nachr. Akad. Wiss. UdSSR, Abt. chem. Wiss.] **1952**. 962—71. Sept./Okt.) U. WÖRFFEL. 3122

Robert Sureau, *Synthese der 6-Aminoindazol-5-sulfonsäure*. Die Synth. der *6-Aminoindazol-5-sulfonsäure* u. ihre Charakterisierung durch Desaminierung zu der bekannten *Indazol-5-sulfonsäure* wird beschrieben. — *2.2'-Dinitro-4.4'-diacetylamino-5.5'-dimethyldiphenyldisulfid*, durch 2std. Kochen von 5-Chlor-4-nitro-2-acetylaminotoluol in A. mit $Na_2S \cdot 9H_2O$ u. S in W.; gelbe Kristalle; 83% (Ausbeute). *Freies Diamin*, F. 228 bis 229° (Essigsäure), durch 3—4std. Kochen von 140 g Diacetylverb. mit verd. H_2SO_4 u. Neutralisieren; orangefarben; 115 g. — *6.6'-Dinitrodiindazyl-(5.5')-disulfid*, $C_{14}H_8 \cdot O_4N_6S_2$, F. 236—237° (Essigsäure), durch Diazotieren des Hydrochlorids vorst. Amins (110 g) mit $NaNO_2$ bei 5—10°, 10 Min. Stehen u. 20 Min. Erhitzen auf 60° mit Na-Acetat/verd. HCl; orangefarben; 110 g. — *6-Nitroindazol-5-sulfonsäure*, $C_7H_5O_5N_3S$, durch 2std. Erhitzen von 60 g vorst. Verb. mit konz. HNO_3 auf 40—45°, Filtrieren u. Einengen; aus W. gelbe Kristalle; 30 g. *K-Salzhemihydrat*, $C_7H_4O_5N_3SK \cdot ½H_2O$. — *6-Amino-*

indazol-5-sulfonsäure, $C_7H_7O_3N_3S$, durch ½std. Erhitzen vorst. Säure mit Fe-Pulver/konz. HCl auf 90°, Alkalisieren mit Na_2CO_3, Heißfiltration u. Ansäuern; aus W. dünne Stäbchen. — *Indazol-5-sulfonsäure*, durch Lösen von 11 g vorst. Säure in NH_4OH, Diazotieren mit $NaNO_2$/HCl bei 0—5°, Abfiltrieren, 4std. Kochen in A. mit Zn-Staub, Dest. u. Einengen; 6,5 g. *Ag-Salz*, Sechsecke. *Chlorid*, F. 147—148°. (Bull. Soc. chim. France [5] **1956**. 101—02. Jan. Usine d'Oissel, C. F. M. C., Labor. de Rech. des Prod. Intermed.) R. Pasedag. 3122

Mitsuo Okazaki, *Untersuchungen in der Acenaphthenreihe*. 1. Mitt. *Kondensation des Naphthalsäureanhydrids mit o-Phenylendiamin*. Der Mechanismus der Kondensation des Naphthalsäureanhydrids (I) mit o-Phenylendiamin (II) zu *1.2-[Naphthoylen-(1'.8')]-benzimidazol* (III) wird erklärt. Bei der Kondensation von **I** mit **II** in A. entsteht wenig **III** neben dem Hauptprod. *Naphthalsäure-2'-aminophenylimid* (**IV**), das beim Erhitzen in Eisessig oder Nitrobenzol leicht in **III** übergeht, was bedeutet, daß **IV** bei der Kondensation von **I** mit **II** in Eisessig oder Nitrobenzol zuerst entsteht u. dann durch Dehydratation in **III** übergeht. Das *Acetyl-* u. *Benzoylderiv.* von **IV** wird hergestellt. **IV** hat die gleiche Struktur wie das von Chakrabarti beschriebene o-Aminonaphthoanil (vgl. J. Indian chem. Soc. **1**. [1924.] 19), aber **IV** selbst u. auch seine zwei Derivv. haben verschied. Schmelzpunkte. **I** gibt mit **II** keine Naphthalaminoanilidsäure (vgl. dagegen Bistrzycki u. Risi, Helv. chim. Acta **8**. [1925.] 816.)

Versuche: *Naphthalsäure-2'-aminophenylimid* (**IV**), $C_{18}H_{12}O_2N_2$, F. ca. 300° (Zers.), aus **I** u. **II** in absol. A. durch 3std. Kochen; 36,5% (Ausbeute); glänzende Nadeln aus A.; leicht lösl. in Eisessig, Butylacetat, Nitrobenzol u. Pyridin mit Übergang in **III**, schwer lösl. in A., Aceton u. Chlf., unlösl. in verd. anorgan. Säuren. *Acetylderiv.*, $C_{20}H_{14}O_3N_2$, F. 280—281°, aus **IV** u. wasserfreiem Natriumacetat in $CHCl_3$. *Benzoylderiv.*, $C_{25}H_{16}O_3N_2$, F. 233°, aus **IV** u. Benzoylchlorid in Chloroform. — *1.2-[Naphthoylen-(1'.8')]-benzimidazol* (**III**), $C_{18}H_{10}ON_2$, F. 205,5—206°, a) aus den Mutterlaugen von **IV**; 6%; b) aus **I** u. **II** in Eisessig durch 30 Min. Kochen oder aus **I** u. **II** in Nitrobenzol durch 2std. Kochen mit azeotrop. Entfernung des entstandenen W.; 83,3% bzw. 77,8%; grüngelbe Nadeln aus Eisessig; leicht lösl. in Eisessig, lösl. in Chlorbenzol, schwer lösl. in A., Aceton, Chlf. u. C_6H_6. (J. Soc. org. synth. Chem., Japan **13**. 80—84. Febr. 1955. Tokio, TH. [Orig.: japan.]) E. Maekawa. 3122

Max Erne, F. Ramirez und **A. Burger**, *Über Thiazolylisopropylamine. 1-[Thiazolyl-(4')]-* (I) u. *1-[Thiazolyl-(5')]-2-aminopropan* (II) wurden synthetisiert. β-Phthalimidobuttersäurechlorid wurde mit CH_2N_2 zu *1-Diazo-4-phthalimidopentanon-(2)* umgesetzt u. dieses mit Thioformamid zu *1-[Thiazolyl-(4')]-2-phthalimidopropan* kondensiert. Stufenweise Hydrolyse lieferte **I**. Andererseits wurde der aus Brombrenztraubensäureäthylester mit Thioformamid erhältliche *Thiazol-4-carbonsäureäthylester* über das *Hydrazid* u. das *Phenylsulfonylhydrazid* in *Thiazol-4-aldehyd* übergeführt, der nach Kondensation mit Nitroäthan zu *1-[Thiazolyl-(4')]-2-nitropropen-(1)* (**III**) u. Red. mit $LiAlH_4$ **I** lieferte. **II** wurde aus *Thiazol-5-carbonsäurehydrazid* analog erhalten. *Thiazol-5-carbonsäuremethylester* wurde durch Kondensation von Chlorformylessigsäuremethylester mit Thioformamid hergestellt.

Versuche (FF. korr.): *β-Phthalimidobuttersäure*, $C_{12}H_{11}O_4N$, F. 121—122° (aus absol. Bzl. Prismen), *Hydrat*, $C_{12}H_{11}O_4N \cdot H_2O$, F. 105—106° (aus W. Blättchen), aus β-Aminobuttersäure u. Phthalsäureanhydrid bei 160°; 80% (Ausbeute). *Chlorid*, $C_{12}H_{10}O_3NCl$, F. 81—82°, mit $SOCl_2$; aus Hexan Prismen; 90%. — *1-Diazo-4-phthalimidopentanon-(2)*, $C_{13}H_{11}O_3N_3$, F. 114—115° (Zers.), aus vorst. Chlorid u. CH_2N_2; aus Isopropyläther hellgelbe Nadeln. — *1-Chlor-4-phthalimidopentanon-(2)*, $C_{13}H_{12}O_3NCl$, F. 105—106°, aus vorst. Verb. in Ae. durch Einleiten von HCl; aus A. Prismen; 75%. — *1-[Thiazolyl-(4')]-2-phthalimidopropan*, $C_{14}H_{12}O_2N_2S$, F. 107—108°, aus vorst. Verb. u. Thioformamid in Ae.; aus A. Prismen; 80%. — *1-[Thiazolyl-(4')]-2-aminopropan* (**I**), $Kp._{12}$ 110—112°, a) aus vorst. Verb. (in 10%ig. NaOH) mit konz. HCl (3 Std. kochen); 65%; b) aus **III** mit $LiAlH_4$ in Ae.; 30%. *Dihydrobromid*, $C_6H_{10}N_2S \cdot 2HBr$, F. 201—203°, aus CH_3OH-Äthylacetat Blättchen. *Dipikrat*, $C_6H_{10}N_2S \cdot 2C_6H_3O_7N_3$, F. 183—184°, aus A. gelbe Prismen. — *Thiazol-4-carbonsäure, Äthylester*, $Kp._{18}$ 142—145°, F. 57°, aus Brombrenztraubensäureäthylester u. Thioformamid in Ae.; 65%. *Hydrazid*, F. 143 bis 144° (A.); 80%. *Phenylsulfonylhydrazid*, $C_{10}H_9O_3N_3S_2$, F. 213—214°, aus dem Hydrazid u. Benzolsulfochlorid in absol. Pyridin; aus A. Nadeln; 90%. — *Thiazol-4-aldehyd*, C_4H_3ONS, $Kp._{16}$ 100—102°, F. 65—66°, aus vorst. Phenylsulfonylhydrazid in Äthylenglykol mit Na_2CO_3 bei 160°; aus Hexan Prismen; 25%. *2.4-Dinitrophenylhydrazon*, $C_{10}H_7O_4N_5S$, F. 250—252°, aus CH_3OH orangerote Nädelchen. *1-[Thiazolyl-(4')]-2-nitropropen-(1)* (**III**), $C_6H_6O_2N_2S$, F. 99—100°, aus vorst. Verb. in Nitroäthan in Ggw. von n-Butylamin; aus Isopropyläther gelbe Prismen; 73%. — *Chlorformylessigsäuremethylester*, $Kp._{15}$ 40—85°, aus Chloressigsäuremethylester u. Methylformiat in absol. Methanol mit Na in absol. Ae.; 46%. — *Thiazol-(5)-carbonsäuremethylester*, Kp.$_{18}$ 100—105°, F. 68 bis 69° (Hexan), aus vorst. Verb. u. Thioformamid in Ae.; 50%. — *Thiazol-(5)-carbonsäurephenylsulfonylhydrazid*, $C_{10}H_9O_3N_3S_2$, F. 187—188°, aus Thiazolcarbonsäure-(5)-hydrazid u. Benzosulfochlorid in Pyridin; aus A. Nadeln; 90%. — *Thiazol-5-aldehyd*, Kp.$_{16}$ 92—94°, aus vorst. Verb.; 30%. *2.4-Dinitrophenylhydrazon*, $C_{10}H_7O_4N_5S$, F. 238 bis 240° (CH_3OH). *Semicarbazon*, $C_5H_6ON_4S$, F. 210—212°, aus CH_3OH Blättchen. — *1-[Thiazolyl-(5')]-2-nitropropen-(1)*, $C_6H_6O_2N_2S$, F. 106—107°, aus vorst. Verb. mit Nitroäthan u. n-Butylamin (9 Tage stehen); aus Isopropyläther oder CH_3OH gelbe Nadeln; 46%. — *1-[Thiazolyl-(5')]-2-aminopropan* (II), *Dihydrobromid*, $C_6H_{10}N_2S \cdot 2HBr$, F. 251 bis 253° (Zers.), aus vorst. Verb. mit $LiAlH_4$ in absol. Ae.; aus Methanol–Äthylacetat Blättchen; 31%. *Dipikrat*, $C_6H_{10}N_2S \cdot 2C_6H_3O_7N_3$, F. 187—188°, aus A. oder W. gelbe Nadeln. (Helv. chim. Acta **34**. 143—48. 1/2. 1951. Charlottesville, Va., Univ., Cobb Chem. Labor.) I. AHRLÉ. 3142

Frederick Kurzer, *Thiodiazole.* 1. Mitt. *Die Oxydation von Amidinothioharnstoff. Amidinothioharnstoff* (I) entsteht beim Einleiten von H_2S in die wss. Lsg. von Dicyandiamid (II; N-Cyanguanidin). Rk. von I mit H_2O_2 in Ggw. von Mineralsäure liefert *3.5-Diamino-1.2.4-thiodiazol* (III), das in Form der *Arylsulfonate* isoliert wird. Letztere bilden sich auch bei der Oxydation der entsprechenden I-*Arylsulfonate*. In beiden Fällen wird ein geringer Teil von I zu *Amidinoharnstoff* entschwefelt. III entsteht aus I auch mit J_2 in CH_3OH, allerdings nur in ca. 35% ig. Ausbeute, da das sich bildende I·*HJ* (VIII) von J_2 nicht oxydiert wird; Rk. in verd. wss. Lsg. liefert III in guter Ausbeute. *N-Amidino-S-äthylthioharnstoff* u. Diguanidin reagieren nicht mit J_2. Mit Zn u. HCl entsteht aus III wieder I.

Versuche: *Amidinothioharnstoff* (I), $C_2H_6N_4S$, F. 170—172° (Zers.), durch Einleiten von H_2S in die wss. Lsg. von II (12 Std. bei 75° u. 24—30 Std. bei 65—70°), Alkalisieren bei 45° u. 24 Std. Stehen bei 0°; glänzende Prismen aus CH_3OH; 66—73% (Ausbeute), daneben 8—10% *2.4-Dithiobiuret*, $C_2H_5N_3S_2$, F. 183—185° (Zers.), aus A.-W. Nadeln. *p-Toluolsulfonat* (V), $C_9H_{14}O_3N_4S_2$, F. 177—178° (Zers.; wss. A.). *m-Nitrobenzolsulfonat* (VI), $C_8H_{11}O_5N_5S_2$, F. 205—206° (Zers.). *Benzolsulfonat*, $C_8H_{12}O_3N_4S_2$, F. 112—114° (Zers.). *Hydrojodid* (VIII), $C_2H_6N_4S \cdot HJ$, F. 186—187° (Zers.). — *3.5-Diamino-1.2.4-thiodiazol* (III), $C_2H_4N_4S$, F. 169—171°, aus den Salzen; Prismen aus A.-PAe.; 64—76%. *p-Toluolsulfonat* (VII), $C_9H_{12}O_3N_4S_2$, F. 238—240° (Zers.), a) aus I in A. mit konz. HCl u. 6% ig. H_2O_2 u. anschließende Behandlung mit p-Toluolsulfonsäure; Plättchen aus A.-PAe.; 65—76%, daneben 5—6% *Amidinoharnstoff-p-toluolsulfonat* (IX), $C_9H_{14}O_4N_4S$, F. 238—242° (Zers.), Plättchen aus A.; b) aus wss. I mit J_2; 65%; gibt mit Zn u. HCl in heißem A. 91% V. *m-Nitrobenzolsulfonat*, $C_8H_9O_5N_5S_2$, F. 226—228° (Zers.), analog VII bzw. aus VI; rötlichgelbes kristallines Pulver; 91 bzw. 75%. *Benzolsulfonat*, $C_8H_{10}O_3N_4S_2$, F. 229—231° (Zers.), Plättchen aus A.; 35%. *Hydrojodid*, $C_2H_4N_4S \cdot HJ$, F. 174—178° (Zers.), aus I in CH_3OH mit J_2; 32—35%, daneben VIII. — *N-Amidino-S-äthylthioharnstoff*, *Hydrobromid*, $C_4H_{10}N_4S \cdot HBr$, F. 128—134° (Zers.; A.-Ae.), aus I durch 4std. Kochen mit Äthylbromid in CH_3OH; 75—85%; mit J_2 keine Rk.; gibt mit H_2O_2 in sd. A. nach Behandlung mit p-Toluolsulfonsäure 42% IX. *p-Toluolsulfonat*, $C_{11}H_{18}O_3N_4S_2$, F. 151—153° (Zers.), aus A. Prismen. *m-Nitrobenzolsulfonat*, $C_{10}H_{15}O_5N_5S_2$, F. 161—163° (Zers.), aus A. blaßgelbe Prismen. (J. chem. Soc. [London] **1955**. 1—6. Jan. London, Univ., Royal Free Hosp., School of Med.) R. GOMPPER. 3173

M. G. Marathey und **J. M. Athavale,** *Die Synthese von 7-Oxyflavonen.* 2'.4'-Dioxy-5'-äthylchalkon (I) liefert mit 1 Mol Br_2 nicht das erwartete Chalkondibromid, sondern *2'.4'-Dioxy-3'-brom-5'-äthylchalkondibromid* (II), das durch alkoh. NaOH in *7-Oxy-8-brom-6-äthylflavon* (III) übergeführt wird. 7-Oxy-6-äthylflavanon (IV) gibt mit 1 Mol Br_2 *7-Oxy-6-äthyl-3.8-dibromflavanon* (V), welches mit Alkali HBr abspaltet unter Bldg. von III. 2'.4'-Dioxy-5'-äthyl-4-methoxychalkon (VI) liefert mit 1 oder besser 2 Mol Br_2 *2'.4'-Dioxy-3'-brom-5'-äthyl-4-methoxychalkondibromid* (VII), neben *3.8-Dibrom-7-oxy-6-äthyl-4'-methoxyflavanon* (VIII), mit ½ Mol Br_2 nur *2'.4'-Dioxy-3'-brom-5'-äthyl-4-methoxychalkon* (IX). VIII entsteht auch aus 7-Oxy-6-äthyl-4'-methoxyflavanon (X) mit 1 Mol Br_2; X gibt mit ½ Mol Br_2 *7-Oxy-6-äthyl-8-brom-4'-methoxyflavanon* (XI), das durch alkal. Hydrolyse in IX, mit 1 Mol Br_2 in VIII übergeführt wird. Durch HBr-Abspaltung wird aus VII u. VIII *7-Oxy-6-äthyl-8-brom-4'-methoxyflavon* (XII) erhalten, dessen alkal. Hydrolyse *6-Acetyl-4-äthyl-2-bromresorcin*, *4-Äthyl-2-bromresorcin-6-carbonsäure* u. *Anissäure* ergibt. Bei der Rk. von VI-Diacetat mit Br_2 wird ein öliges Prod. erhalten, das mit alkoh. NaOH *7-Oxy-6-äthyl-4'-methoxyflavon* liefert.

Versuche: *2'.4'-Dioxy-5'-äthyl-3'-bromchalkondibromid* (II), $C_{17}H_{15}O_3Br_3$, F. 186°, aus I u. Br_2 in Essigsäure neben VIII; aus Essigsäure prismat. Kristalle; $FeCl_3$-Rk. braun.

— *7-Oxy-6-äthyl-3.8-dibromflavanon* (V), $C_{17}H_{14}O_3Br_2$, F. 198° (Zers.; Essigsäure), aus IV u. Br_2 in Essigsäure. — *7-Oxy-6-äthyl-8-bromflavon* (III), $C_{17}H_{13}O_3Br$, F. 256° (Zers.), aus II oder V mit 10n NaOH in A., Stehen über Nacht u. Ansäuern; aus Essigsäure seidige Nadeln. — *2'.4'-Dioxy-5'-äthyl-3'-brom-4-methoxychalkon* (IX), $C_{18}H_{17}O_4Br$, F. 176°, a) aus VI u. ½ Mol Br_2 in Essigsäure, b) aus 0,5 g XI u. alkoh. Alkali bei Zimmertemp. (24 Std.); 0,2 g (Ausbeute); aus Essigsäure orangefarbene Kristalle; $FeCl_3$-Rk. braun. *Dibromid* (VII), $C_{18}H_{17}O_4Br_3$, F. 178° (Zers.; Essigsäure), a) aus 1 g VI u. 1 Mol Br_2 in Essigsäure; 0,2 g; b) aus IX u. ½ Mol Br_2 in Essigsäure; $FeCl_3$-Rk. tiefbraun. — *7-Oxy-6-äthyl-8-brom-4'-methoxyflavanon* (XI), $C_{18}H_{17}O_4Br$, F. 185° (A.), aus 1 g X u. ½ Mol Br_2 in Essigsäure (2 Std.); 0,3 g. — *7-Oxy-6-äthyl-3.8-dibrom-4'-methoxyflavanon* (VIII), $C_{18}H_{16}O_4Br_2$, F. 195° (Zers.), a) aus X u. 2 Mol Br_2 in Essigsäure (3 Std.); b) aus XI u. 1 Mol Br_2 in Essigsäure u. Stehen über Nacht; aus A. feine Kristalle. — *7-Oxy-6-äthyl-8-brom-4'-methoxyflavon* (XII), $C_{18}H_{15}O_4Br$, F. 250° (Zers.; Essigsäure), a) aus 0,5 g VII in A. u. 10n NaOH, Stehen über Nacht u. Ansäuern, 0,3 g; b) aus VIII u. alkoh. NaOH (24 Std.). — *6-Acetyl-4-äthyl-2-bromresorcin*, $C_{10}H_{11}O_3Br$, F. 131° (30%ig. A.), a) aus XII u. 10n NaOH in sd. A. (8 Std.), Ansäuern, Extraktion mit Ae. u. Waschen des Extraktes mit $NaHCO_3$-Lsg.; b) aus 4-Äthyl-6-acetylresorcin u. 1 Mol Br_2 in Essigsäure; $FeCl_3$-Rk. tiefbraun. — *4-Äthyl-2-bromresorcin-6-carbonsäure*, $C_9H_9O_4Br$, F. 196° (Zers.), a) aus der $NaHCO_3$-Lsg. durch Ansäuern neben *Anissäure*; b) aus 4-Äthylresorcin-6-carbonsäure (F. 175°) u. 1 Mol Br_2 in Essigsäure; $FeCl_3$-Rk. tiefblau. — *2'.4'-Diacetoxy-5'-äthyl-4-methoxychalkon*, $C_{22}H_{22}O_6$, F. 87° (60%ig. Essigsäure), aus 1 g VI, Essigsäureanhydrid u. Na-Acetat bei 150—160° (10 Min.); 0,6 g. — *7-Oxy-6-äthyl-4'-methoxyflavon*, $C_{18}H_{16}O_4$, F. 260° (Essigsäure), aus vorst. Verb. u. Br_2 in Essigsäure (3 Std.), Verdünnen mit W., Stehen des harzigen Prod. mit 10n NaOH in A. über Nacht u. Ansäuern. (J. Indian chem. Soc. **31**. 695—700. Sept. 1954. Poona, Univ., Ranade Inst., Dep. of Chem.) E. HANSCHKE. 3211

Ahmed Mustafa, Wafia Asker und **Mohamed Ezz El-Din Solhy**, *Reaktionen mit halogensubstituierten Xanthonen.* 2. Mitt. (1. vgl. C. **1953**. 687.) 2-Chlor- (I), 4-Chlor- (II), 2-Brom- (III) u. 4-Bromxanthon (IV) liefern bei der Red. mit $LiAlH_4$ in sd. Ae.-Bzl. oder mit Na in A. *Xanthen* (V), während 1-Chlor-4-methylxanthon (VI) durch $LiAlH_4$ unter gleichen Bedingungen zu *1-Chlor-4-methylxanthydrol* red. wird. 1-Chlor-4-methylthiaxanthon, VI u. 1.6-Dichlor-4-methylxanthon liefern mit Arylmercaptanen u. KOH in heißem Amylalkohol *1-Arylmercapto-4-methylxanthone*; I—IV reagieren nicht. V bildet mit I im Sonnenlicht unter Luftabschluß *2-Chlor-9-oxydixanthyl-(9.9')*, welches bei 270° wieder in die Komponenten zerfällt; II u. V liefern *Dixanthylen*. 2-Chlor-9-phenylxanthen bildet im Sonnenlicht in Ggw. von Luft *Bis-[2-chlor-9-phenylxanthyl-(9)]-peroxyd*.

V e r s u c h e : *Xanthen* (V), F. 101° (Methanol), a) durch Zugeben von I, II, III oder IV in Bzl. zu $LiAlH_4$ in Ae., 3std. Kochen u. Stehen bei Zimmertemp. über Nacht; b) durch Zugeben der Verbb. I—IV in absol. A. zu geschmolzenem Na; 100% (Ausbeute). — *1-Chlor-4-methylxanthydrol*, $C_{14}H_{11}O_2Cl$, F. 170° (Bzl.-Bzn.), aus 1 g VI u. $LiAlH_4$; 0,73 g. Lsg. in H_2SO_4 orangefarben, Schmelze gelb. — Die *1-Arylmercapto-4-methylxanthone* werden aus 1-Chlor-4-methylxanthonen bzw. -thiaxanthonen u. Arylmercaptanen in Ggw. von KOH in sd. Amylalkohol (3 Std.), Stehen bei Zimmertemp. über Nacht u. Extraktion des gelben Nd. mit A., W., Aceton u. heißem Bzn. erhalten; aus Eisessig gelbe Kristalle; Lsg. in H_2SO_4 orangerot. *1-[o-Tolylmercapto]-*, $C_{21}H_{16}O_2S$, F. 170°; 52%. — *1-[m-Tolylmercapto]-*, F. 163°; 58%. — *1-[p-Tolylmercapto]-*, F. 166°; 73%. — *1-Phenylmercapto-6-chlor-*, $C_{20}H_{13}O_2ClS$, F. 164°; 81%. — *1-[o-Tolylmercapto]-6-chlor-*, $C_{21}H_{15}O_2ClS$, F. 205°; 62%. — *1-[m-Tolylmercapto]-6-chlor-*, F. 140°; 58%. — *1-[p-Tolylmercapto]-6-chlor-*, F. 180; 78%. — *1-Arylmercapto-4-methylthiaxanthone*: *1-Phenylmercapto-*, $C_{20}H_{14}OS_2$, F. 150°; 83%. — *1-[o-Tolylmercapto]-*, $C_{21}H_{16}OS_2$, F. 162°; 64%. — *1-[m-Tolylmercapto]-*, F. 140°; 61%. — *1-[p-Tolylmercapto]-*, F. 164°; 84%. — *1-Arylsulfonyl-4-methylxanthone*, aus vorst. Verbb. in Eisessig u. H_2O_2 auf dem Wasserbad (1 Std.) u. Stehen bei Zimmertemp. über Nacht; Lsg. in H_2SO_4 blaßgelb. *1-[o-Toluolsulfonyl]-*, $C_{21}H_{16}O_4S$, F. 260°; 63%. — *1-[m-Toluolsulfonyl]-*, F. 226°; 61%. — *1-[p-Toluolsulfonyl]-*, F. 270°; 76%. — *1-Benzolsulfonyl-6-chlor-*, $C_{20}H_{13}O_4ClS$, F. 210—212°; 84%. — *1-[o-Toluolsulfonyl]-6-chlor-*, $C_{21}H_{15}O_4ClS$, F. 242°, 73%. — *1-[m-Toluolsulfonyl]-6-chlor-*, F. 198°; 69%. — *1-[p-Toluolsulfonyl]-6-chlor-*, F. 240°; 79%. — *1-Arylsulfonyl-4'-methylthiaxanthon-S-dioxyde*: *1-Benzolsulfonyl-*, $C_{20}H_{14}O_5S_2$, F. 176°; 82%. — *1-[o-Toluolsulfonyl]-*, $C_{21}H_{16}O_5S_2$, F. 180°; 75%. — *1-[m-Toluolsulfonyl]-*, F. 182°; 70%. — *1-[p-Toluolsulfonyl]-*, F. 210°; 85%. — *2-Chlor-9-oxydixanthyl-(9.9')*, $C_{26}H_{17}O_3Cl$, F. 174° (Zers.; Bzl.), aus I u. V in absol. thiophenfreiem Bzl. durch 10tägiges Schütteln im Sonnenlicht unter CO_2 in einer SCHLENK-Röhre; 80%; Lsg. in H_2SO_4 orangefarben. —

Dixanthylen, $C_{26}H_{16}O_2$, F. 201°, aus 0,7 g **II** u. 0,5 g **V**; aus Bzl. Nadeln; 0,32 g. — *2-Chlor-9-phenylxanthydrol*, $C_{19}H_{13}O_2Cl$, F. 113° (PAe.), aus 1 g **I** u. C_6H_5MgBr in Ae.-Bzl. auf dem Wasserbad (1 Std.) u. Stehen bei 25° über Nacht; 0,87 g; Lsg. in H_2SO_4 orangefarben. — *2-Chlor-9-phenylxanthen*, $C_{19}H_{13}OCl$, F. 139° (A.), aus vorst. Verb., Zn-Staub u. Essigsäure in Ggw. von $PtCl_2$; 100%. — *Bis-[2-chlor-9-phenylxanthyl-(9)]-peroxyd*, $C_{38}H_{24}O_4Cl_2$, F. 221° (Zers.; Bzl.), aus 1 g der vorst. Verb. in Bzl. im Sonnenlicht (15 Tage) in Ggw. von Luft; 0,63 g; Lsg. in H_2SO_4 orangegelb. Therm. Zers. von 0,5 g bei 270° liefern *Xanthon*, blaßgelbes Sublimat; 0,18 g. (J. Amer. chem. Soc. **77**. 5121—24. 5/10. 1955. Cairo, Univ., Fac. of Sci., Chem. Dep.) E. HANSCHKE. 3211

W. Gruber und **K. Schlögl**, *Lithiumreaktionen an α-Picolinen*. 3. Mitt. *über Pyridinderivate*. (2. vgl. C. **1951**. I. 1731.) α-Picolyl-Li läßt sich mit überschüssigem, festem CO_2 in äther. Lsg. zu *Pyridyl-(2)-essigsäure* umsetzen. 5-Äthoxy-α-picolin-Li reagiert mit C_2H_5Br nur sehr unbefriedigend zu *Äthoxyconyrin*. Aus 2-Chlor-5-nitropyridin läßt sich mit Na-Malonester u. durch anschließende decarboxylierende Verseifung in ca. 45%ig. Ausbeute *5-Nitro-α-picolin* erhalten, dessen Li-Verb. mit C_2H_5Br *2-Propyl-5-nitropyridin* liefert.

Versuche: *Pyridyl-(2)-essigsäuremethylester*, $Kp._{0,005}$ 80—90° (Luftbad), gelbliches Öl; zur äther. Lsg. von Phenyl-Li aus 8,2 g Brombenzol u. 0,78 g Li werden 4,8 g α-Picolin unter Kühlung eingetropft; nach einigem Stehen wird die Lsg. rasch zu ca. 50 ml CO_2-Schnee gegossen, nach ½ Std. bei 20° im Vakuum zur Trockne gebracht u. mit CH_3OH/HCl verestert; 35% (Ausbeute). *Pikrat*, $C_8H_9O_2N \cdot C_6H_3O_7N_3$, F. 142 bis 144°. *Anilid*, $C_{13}H_{12}ON_2$, F. 134—136°, aus dem Methylester durch Erhitzen mit Anilin auf 170°; 75%. *Äthylester*, $Kp._{0,005}$ 70—80°, grünliches Öl, durch Umesterung aus dem Anilid; 75%. *Pikrat*, F. 138—139°, Nadeln (A.). — *5-Oxy-2-methylpyridin*, F. 166—167°, durch Sulfonieren von 18 g α-Picolin mit 100 g 20%ig. Oleum u. 0,5 g HgO nach D.R.P. 541 036; die Kalischmelze wird in W. gelöst, mit HCl schwach angesäuert u. die Lsg. nach Übersättigen mit $NaHCO_3$ extrahiert. — *5-Äthoxy-2-methylpyridin*, $Kp._9$ 83°, aus dem K-Salz vorst. Verb. mit C_2H_5Br in A.; 60%. *Pikrat*, $C_8H_{11}ON \cdot C_6H_3O_7N_3$, F. 137 bis 139°. — *5-Äthoxy-2-stilbazol*, $C_{15}H_{15}ON$, F. 70—72° ($Kp._{0,005}$ 100—120°), aus vorst. Verb. u. Benzaldehyd u. etwas $ZnCl_2$ während 5 Std. bei 200°; gelbe Prismen (A./PAe.); 40%. *Pikrat*, F. 215—217°. — *5-Acetoxy-2-methylpyridin*, $Kp._{0,005}$ 30—40°, aus dem Oxypicolin u. Essigsäureanhydrid auf dem Wasserbad. *Pikrat*, $C_8H_9O_2N \cdot C_6H_3O_7N_3$, F. 146 147°, Nadeln (W.-CH_3OH). — *5-Methoxy-2-methylpyridin*, $Kp._{0,005}$ 40—50°, aus dem Oxypicolin mit CH_2N_2 in Ae.; 35%. *Pikrat*, $C_7H_9ON \cdot C_6H_3O_7N_3$, F. 138—140°, Nadeln (A.). Die Umsetzung von 5-Äthoxy-α-picolin-Li mit C_2H_5Br gab eine *ölige Substanz*, Kp. 150 bis 160° (Wasserstrahlvakuum). Hieraus durch Ätherspaltung mit HBr ein *glasiges Öl*, $Kp._{0,005}$ 90—100°. — *5-Nitropyridyl-(2)-malonsäurediäthylester*, $C_{12}H_{14}O_6N_2$, F. 97—99° ($Kp._{0,005}$ 150—160°, gelbrotes Öl), aus Na-Malonester u. 2-Chlor-5-nitropyridin während 1 Std. bei 120°; Nadeln (A.); 53%. — *5-Nitro-2-methylpyridin*, $C_6H_6O_2N_2$, F. 110—112°; vorst. Ester wird mit H_2SO_4 (1:2) verseift, die sodaalkal. gemachte Lsg. ausgeäthert u. der Ae.-Rückstand bei 50—60°/0,005 Torr sublimiert; Blättchen (Ae./PAe.); 90%. *Pikrat*, F. 130—131°. — *2-Propyl-5-nitropyridin*, aus der Li-Verb. vorst. Picolins mit C_2H_5Br; $Kp._{0.005}$ 60—70°; 17%. *Platinsalz*, $(C_8H_{10}O_2N_2)_2 \cdot H_2PtCl_6$, F. 175—177° (Zers.). (Mh. Chem. **81**. 473—79. S.-B. österr. Akad. Wiss., math.-naturwiss. Kl., Abt. IIb **159**. 473—79. 1950. Wien, Univ., II. Chem. Labor.) K. NEZEL. 3231

T. J. King, *Reduktion von Allylaminen mit Natrium in flüssigem Ammoniak*. *N-Allylpiperidin* (**I**), *N-Methallylpiperidin* (**II**) u. *Diäthylmethallylamin* (**III**) werden durch Na in fl. NH_3 in Ggw. von Methanol zu den entsprechenden gesätt. Verbb. red., *N-Crotyl-*, *N-2-tert.-Butylallyl-*, *N-Cyclohexen-(2)-yl-*, *N-Benzyl-* u. *N-2.3.4.5-Tetrahydrobenzylpiperidin* werden dagegen nicht verändert.

Versuche: *N-Allylpiperidin* (**I**), $C_8H_{15}N$, Kp. 148—151°, aus Allylbromid u. 2 Äquivalenten Piperidin in Bzl.; 67% (Ausbeute). *Pikrat*, $C_{14}H_{18}O_7N_4$, F. 85°, Blättchen. *Methojodid*, $C_9H_{18}NJ$, Öl. — *N-Methallylpiperidin* (**II**), $C_9H_{17}N$, Kp. 164°, aus Methallylchlorid; 71%. *Pikrat*, $C_{15}H_{20}O_7N_4$, F. 117—118°, Prismen. *Methojodid*, $C_{10}H_{20}NJ$, Öl. — *Diäthylmethallylamin* (**III**), $C_8H_{17}N$, ohne Lösungsm. dargestellt; Kp. 129°; 52%. *Pikrat*, $C_{14}H_{20}O_7N_4$, F. 91—92°, Platten. *Methojodid*, $C_9H_{20}NJ$, F. 171°, Täfelchen. — *N-Crotylpiperidin*, $Kp._{11}$ 61°, aus Crotylbromid; 74%. *Pikrat*, $C_{15}H_{20}O_7N_4$, F. 98—99°, Blättchen. *Methojodid*, $C_{10}H_{20}NJ$, F. 119°, Täfelchen. — *N-Cyclohexen-(2)-ylpiperidin*, $C_{11}H_{19}N$, $Kp._{10}$ 105°, aus 3-Bromocyclohexen; 88%. *Pikrat*, $C_{17}H_{22}O_7N_4$, F. 108—109°, Blättchen. *Methojodid*, $C_{12}H_{22}NJ$, F. 160°, Nadeln. — *N-2-tert.-Butylallylpiperidin*, $C_{12}H_{23}N$, $Kp._{12}$ 95°, aus 3-Brom-2-tert.-butylpropen [$C_7H_{13}Br$, $Kp._{500}$ 140—145°, aus 2-tert.-Butylpropen u. N-Bromsuccinimid in CCl_4 (4 Std. kochen); 40%]; 71%. *Pikrat*, $C_{18}H_{26}O_7N_4$, F. 132° (getrocknet bei 100°/12 mm), Blättchen. *Methojodid*, $C_{13}H_{26}NJ$, F. 148 bis

155°, Nadeln. *Hydrogenoxalat*, $C_{14}H_{25}O_4N$, F. 155°, Platten. — *N-2.3..4.5-Tetrahydrobenzylpiperidin*, $C_{12}H_{21}N$, Kp.$_{12}$ 107°, aus 1-Brommethylcyclohexen oder aus 2-Brom-1-methylcyclohexan; 69%. *Pikrat*, $C_{18}H_{24}O_7N_4$, F. 156°, Prismen. *Methojodid*, $C_{13}H_{24}NJ$, F 170°, Blättchen. — *N-Benzylpiperidin*, $C_{12}H_{17}N$, Kp.$_{13}$ 115°, aus Benzylchlorid; 78%. *Pikrat*, $C_{18}H_{20}O_7N_4$, F. 178—179°. — *N-Propylpiperidin*, Kp. 148—150°, a) aus I in CH_3OH u. fl. NH_3 durch portionsweise Zugabe von Na, Abdampfen von NH_3 u. CH_3·OH, Zugabe von W. u. Ae-Extraktion; 75% ; b) durch katalyt. Hydrierung von **I**; c) aus Propyljodid u. Piperidin. *Pikrat*, $C_8H_{17}N \cdot C_6H_3O_7N_3$, F. 112°. *Methojodid*, $C_9H_{20}NJ$, F. 185°. *Hydrochlorid*, F. 227° (Sublimation). — *N-Isobutylpiperidin*, $C_9H_{19}N$, Kp. 161 bis 163°, analog vorst. Verb. nach a) aus **II**; 72% ; oder nach b); 62%. *Pikrat*, $C_{15}H_{22}O_7N_4$, F. 144—145°, Nadeln. *Methojodid*, $C_{10}H_{22}NJ$, F. 197—198°, Nadeln. — *N-Isobutyldiäthylamin*, $C_8H_{19}N$, Kp. 132°, aus **III** nach a); 51%. *Pikrat*, $C_{14}H_{22}O_7N_4$, F. 87—88°, Prismen. *Methojodid*, $C_9H_{22}NJ$, F. 195°, Nadeln. — *N-2-tert.-Butylpropylpiperidin*, $C_{12}H_{25}N$, Kp.$_{10}$ 95°, nach b). *Pikrat*, $C_{18}H_{28}O_7N_4$, F. 135°, Prismen, *Hydrogenoxalat*, $C_{14}H_{27}O_4N$, F. 156°, Platten. — *N-Cyclohexylmethylpiperidin*, $C_{12}H_{23}N$, Kp.$_{11}$ 110° nach b). *Pikrat*, $C_{18}H_{26}O_7N_4$, F. 148—149°. *Methojodid*, $C_{13}H_{26}NJ$, F. 223—224°, Nadeln. (J. chem. Soc. [London] **1951**. 898—900. April. Durham, Univ., King's Coll., u. Nottingham, Univ.) I. FROHLOFF. 3231

A. Ara Blesa, *Darstellung und Eigenschaften von 8-Oxychinolinthiosulfat.* Durch Lösen von 8-Oxychinolin in W. u. verd. H_2SO_4, Zugabe von $BaS_2O_3 \cdot H_2O$, Abfiltrieren von $BaSO_4$ nach 1 Std. u. 24std. Stehen wurde *8-Oxychinolinthiosulfat* $(C_9H_7ON)_2 \cdot H_2S_2 \cdot O_3 \cdot 3\,H_2O$, F. 69,5°, mit 50%ig. Ausbeute erhalten. (An. Real Soc. españ. Física Quím., Ser. B **50**. 329—31. März 1954. Zaragoza, Inst. „A. de G. Rocasolano".) J. ALTPETER. 3231

Raymond F. Collins, *Die katalytische Hydrierung der Reissertverbindung und Hydrolyse des Reaktionsproduktes.* Vf. erhält bei der Hydrierung der REISSERT-Verb. (**I**; 1-Benzoyl-2-cyan-1.2-dihydrochinolin) *1-Benzoyl-2-cyan-1.2.3.4-tetrahydrochinolin* [**II**, Struktur durch unabhängige Synth. aus Chinaldinsäuremethylester (**III**) sichergestellt]. Im Gegensatz zu den Beobachtungen von MCEWEN u. Mitarbeitern (C. **1953**. 5335) erhält Vf. bei der sauren Hydrolyse von reinem **II** *1.2.3.4-Tetrahydrochinolon-2-carbonsäure* u. Benzoesäure, dagegen keinen Benzaldehyd; mit weniger reinen Präpp. von **II** (durch Hydrierung von **I** erhalten) werden daneben wechselnde Mengen Benzaldehyd (2,5—5,3%) gebildet. Die Isolierung unterschiedlicher Prodd. bei der sauren Hydrolyse von **I** u. **II** macht es nach Vf. erforderlich, den bisherigen Reaktionsmechanismus zu revidieren; es ist anzunehmen, daß eine elektron. Verschiebung der 3.4-Doppelbindung bei der Rk. wirksam ist u. daß die Aromatisierung des Chinolinkernes die Energie für die REISSERT-Rk. liefert.

Versuche: *1-Benzoyl-2-cyan-1.2.3.4-tetrahydrochinolin* (**II**), $C_{17}H_{14}ON_2$, F. 148 bis 149° (Bzl., PAe.), durch Hydrierung von 10 g **I** über PtO_2 bis zur Aufnahme von 1 Mol H_2; 6,15 g (Ausbeute), ferner durch 3std. Kochen von 0,44 g 1-Benzoyl-1.2.3.4-tetrahydrochinolin-2-carbonsäureamid u. Triäthylamin mit P_2O_5 in Bzl.; 0,2 g; gibt bei saurer Hydrolyse *1.2.3.4-Tetrahydrochinolin-2-carbonsäure* [*1-Nitrosoderiv.*, $C_{10}H_{10}O_3N_2$, F. 123 bis 125° (Zers.)] u. *Benzoesäure.* — *1.2.3.4-Tetrahydrochinolin-2-carbonsäuremethylester*, Kp.$_{0,05}$ 106—110°, durch Hydrierung von 7,5 g **III** in A. über PtO_2; 6,9 g. — *1-Benzoyl-1.2.3.4-tetrahydrochinolin-2-carbonsäuremethylester*, $C_{18}H_{17}O_3N$, F. 111—112° (Methanol), aus 6,9 g vorst. Verb. mit Benzoylchlorid in Pyridin bei 0—10°; 7 g. — *1-Benzoyl-1.2.3.4-tetrahydrochinolin-2-carbonsäure*, $C_{17}H_{15}O_3N$, F. 184—186° (A.), durch 2½std. Kochen von 1,5 g vorst. Verb. mit $KHCO_3$ in Methanol/W.; 1 g. *Amid*, $C_{17}H_{16}O_2N_2$, F. 188—189° (Äthylacetat, PAe.), aus 1,5 g vorst. Verb. durch 3std. Erhitzen mit Sulfamid in Pyridin auf 100°; 0,8 g. (J. Amer. chem. Soc. **77**. 4921—23. 20/9. 1955. London, Sir John Cass Coll., Dep. of Chem.) G. WINKLER. 3231

Raymond Quelet, Joseph Hoch, Colette Borgel, Mehdi Mansouri, Robert Pineau, Elisabeth Tchiroukine und **Nicole Vinot,** *Neue Synthesen mittels Aminodiäthylacetals.* Die aus Benzonitrilen durch Addition von GRIGNARD-Verbb. erhaltenen rohen *Ketimine* setzen sich nach BUSCH [1904] mit 2-Aminoacetaldehyddiäthylacetal (**II**) zu *Ketiminoacetalen* (A) um. Diese werden nach POMMERANZ u. FRITSCH unter dem Einfl. von H_2SO_4 zu *1-substituierten Isochinolinen* cyclisiert, wobei Bis-[o-methoxyphenyl]- u. nichttert. Alkylarylketiminoacetale nur sehr geringe Ausbeuten geben. Die aus aromat. Aldehyden u. **II** gewonnenen *Benzylidenaminoacetale*, die meistens stabile Fll. darstellen, werden mit GRIGNARD-Verbb. zu *N-[α-Alkyl- (Aryl-) benzyl]-aminoacetalen* umgesetzt, deren Konst. durch Oxydation u. durch die Identität mit den Hydrierungsprodd. der entsprechenden A bestätigt wurde. Während in saurem Medium Hydrolyse zu den *Aldehyden* erfolgt u. Cyclisierungsverss. mit H_2SO_4 u. verschied. Oxydations- u. Dehydratationsmitteln scheiterten, wurde bei der Einw. von BF_3 auf N-[α-Phenylbenzyl]-aminoacetal (**I**) *1-Phenyl-4-äthoxy-1.2.3.4-tetrahydroisochinolin* in 60%ig. Ausbeute isoliert, das durch Erhitzen in Tetralin (**VII**) mit Pd-Kohle in *1-Phenylisochinolin* übergeführt werden konnte. Bei der Einw. von **II** auf Anisol (**III**) bzw. Veratrol entstehen *α.α-Bis-[4-methoxyphenyl]*-(**IV**) bzw. *α.α-Bis-[3.4-dimethoxyphenyl]-β-aminoäthan* (**V**). **IV** muß von der isomeren *o-Methoxyverb.* über das *Hydrochlorid* befreit werden. Während die CrO_3-Oxydation von **IV** bzw. **V** *4.4'-Dimethoxy-* (F. 143°) bzw. *3.4.3'.4'-Tetramethoxybenzophenon* (F. 145°) liefert, entstehen bei der Desaminierung mit HNO_2 *4.4'-Dimethoxy-* (F. 208—210°) bzw. *3.4.3'.4'-Tetramethoxystilben* (F. 155°). 3.4.3'.4'-Tetramethoxydiphenyl kondensiert sich mit **II** glatt zu *2.3.6.7-Tetramethoxy-9-aminomethylfluoren* (F. 210—211°), das zu *2.3.6.7-Tetramethoxyphenanthren* desaminiert werden kann. Mit 2-Acetylamino- (**VIII**), 2-Benzoylamino- bzw. 2-Phthalimidoacetaldehyddiäthylacetal (**VI**) wurden in 70—90%ig. Ausbeute die *Acetyl-*, *Benzoyl-* u. *Phthalimidoderivv.* von **IV** u. **V** hergestellt. Während **II** mit **VII** schlecht reagiert, gibt **VI** nach Hydrazinolyse *α.α-Bis-[5.6.7.8-tetrahydronaphthyl-(2)]-β-aminoäthan* (F. 137—138°), das als *Hydrochlorid* (sublimiert bei 210°) u. *Acetylderiv.* (F. 270°) charakterisiert wird. Letzteres entsteht auch durch direkte Kondensation von **VIII** mit **VII**. Die Desaminierung des Amins führt zu *symm.-Bis-[5.6.7.8-tetrahydronaphthyl-(2)]-äthylen* (F. 131°), das auch durch Dehydrochlorierung des Kondensationsprod. von Chloracetal u. **VII** entsteht. Die Verwendung von Phthalimidoäthanal an Stelle von **VI** ist möglich, bringt aber keine Vorteile.

Versuche: Durch Erhitzen der Ketimine mit **II**, ansteigend von 80 auf 110°, bis zur Beendigung der NH_3-Entw. folgende β.β-Diäthoxyäthylimine (A): *Benzophenon-*, $Kp._{10}$ 210—212°; 92% (Ausbeute). — *Bis-[o-tolyl]-keton-*, $Kp._{10}$ 220—222°; 77%. — *Bis-[p-tolyl]-keton-*, $Kp._{11}$ 223—225°; 84%. — *Bis-[o-methoxyphenyl]-keton-*, F. 78°, $Kp._{18}$ 235—242°; 82%. — *Phenyl-tert.-butylketon-*, $Kp._{10}$ 155—156°; 75%. — *p-Tolyl-tert.-butylketon-*, $Kp._{15}$ 168—172°; 73%. — *4-Methoxyphenyl-tert.-butylketon-* $Kp._{25}$ 200—225°; 20%. — Durch Zutropfen vorst. Verbb. zu H_2SO_4 bei 0°, Zugeben von 160° heißer H_2SO_4, 3 Min. Stehen u. Gießen auf Eis folgende Isochinoline: *1-Phenyl-*, F. 93°; 80%. — *1-o-Tolyl-8-methyl-*, F. 61—62°; 76%. — *1-p-Tolyl-6-methyl-*, F. 115—116°; 61%. — *1-tert.-Butyl-*, $Kp._{10}$ 150—151°; 80%. — *1-tert.-Butyl-6-methyl-*, F. 37°; 87%. — *1-tert.-Butyl-6-methoxy-*, F. 79°; 50%. — *N-[3.4-Dimethoxybenzyliden]-2-aminoacetaldehyddiäthylacetal*, F. 59°, aus Veratrumaldehyd. — Durch 1std. Kochen der N-Benzylidenaminoacetale mit GRIGNARD-Verbb., Hydrolyse mit 10%ig. H_2SO_4, Alkalisieren u. Ausäthern folgende N-[α-Alkyl (Aryl)-benzyl]-2-aminoacetaldehyddiäthylacetale: *α-Methyl-*, $Kp._{12}$ 143—145°; 80%. *Oxalat*, F. 146—147°. — *α-Äthyl-*, $Kp._{12}$ 153—155°; 85%. *Oxalat*, F. 116—117°. *α-Phenyl-* (**I**), $Kp._{12}$ 206—208°; 75%. *Oxalat*, F. 147—149°. — *α-[p-Tolyl]-*, $Kp._{12}$ 217—220°; 60%. *Oxalat*, F. 133—134°. — *α-[Naphthyl-(1)]-*, $Kp._{1}$ 210—215°; 15%. *Phenylharnstoffderiv.*, F. 163—164°. — *α-Methyl-p-methoxy-*, $Kp._{16}$ 184—185°; 68%. — *α-Äthyl-p-methoxy-*, $Kp._{15}$ 190—191°; 68%. *Hydrochlorid*, F. 150—155°. — *α-Phenyl-p-methoxy-*, $Kp._{1}$ 170 bis 175°; 58%. *Phenylharnstoffderiv.*, F. 102—104°. — *α-[p-Tolyl]-p-methoxy-*, $Kp._{1,5}$ 210—215°; 38%. *Phenylharnstoffderiv.*, F. 138—140°. — *1-Phenyl-4-äthoxy-1.2.3.4-tetrahydroisochinolin*, $Kp._{13}$ 195—197°, aus **I** u. BF_3; 60%. *Oxalat*, F. 184—185°. *Phenylharnstoffderiv.*, F. 137—140°. — *α.α-Bis-[4-methoxyphenyl]-β-aminoäthan* (**IV**), F. 50°, durch 24std. Stehen von **II** u. **III** bei 10—15° mit H_2SO_4 in Ggw. von Essigsäure; 70 bis 80%. — *α.α-Bis-[3.4-dimethoxyphenyl]-β-aminoäthan* (**V**), F. 45° (Bull. Soc. chim. France [5] **1956**. 26—29. Jan. Paris, Fac. des Sci., Labor. de Chim. Organ. II.)

R. PASEDAG. 3231

Karl Winterfeld, Walter Zengerling und **Melanie Rink**, *Zur Kenntnis des 3-[2'-Pyridyl]-chinolizidions-(2.4).* *3-[Pyridyl-(2)]-chinolizidion-(2.4)* (**II**) wird zum Beweis seiner Struktur auf verschied. Arten dargestellt, wobei hervorgeht, daß es sich nicht um Dipyridylcyclobutandion-(1.3) handeln kann. Aus K-Essigester u. Pyridyl-(2)-essigsäureäthylester (**I**) wurde nicht das erwartete Chinolizidion-(2.4) erhalten, sondern **II**, aus K-Phenylessigester u. **I** nur sehr wenig *3-Phenylchinolizidion-(2.4)* (**III**) u. viel **II**. Verss. zur Darst. von 2-[Pyridyl-(2)]- u. 4-Phenyl-2-[pyridyl-(2)]-acetessigester aus **I** u. Essigester bzw. Phenylessigester verliefen ebenfalls erfolglos u. gaben im zweiten Falle neben viel **II** wenig **III**. Die katalyt. Hydrierung von **II** an Pt ergab das *Tetrahydroderiv.*, das enolisierbar ist u. ein *Tosylderiv.* lieferte. Anwendung von Druck u. RANEY-Ni führte unter Abspaltung von *Piperidin* zu *2-Oxy-4-chinolizidon-(4)*, das mit $LiAlH_4$ zu *2-Oxychinolizidion* red. wurde. Die Ultrarotspektren von **II** u. dessen Tetrahydroderiv. sind angegeben.

Versuche: *3-[Pyridyl-(2)]-chinolizidion-(2.4)* (**II**), $C_{14}H_{10}O_2N_2$, F. 181—182° (gelbe Nadeln aus A.), a) durch 4std. Erhitzen von 20 g **I** (Wasserbad), Abdestillieren des unumgesetzten **I** u. 48std. Stehen mit wenig Methanol; 0,3 g (Ausbeute); b) wie a) bei 145° u. 12std. Stehen mit Methanol; 8%; c) analog bei 200—210°; 16%; d) durch langsames Zugeben von **I** zu K-Pyridylessigester (aus feinverteiltem K in sd. Xylol unter Rühren u. Zutropfen von I) unter Rühren u. 6std. Kochen, Filtration, HCl-Extraktion des Filtrats, Eintragen des Nd. in viel W. u. Neutralisieren der vereinigten wss. Lsgg. mit Na-Acetat; 93%; e) durch Zutropfen von **I** zu K-Äthylat in sd. Xylol u. 6std. Kochen; 90,4%; f) durch langsames Zugeben von **I** zu K-Essigester (in sd. Xylol) u. 6std. Kochen; 80%. *Hydrochlorid*, F. 230—240°. *Pikrat*, $C_{14}H_{10}O_2N_2 \cdot C_6H_3O_7N_3$, F. 237 bis 238° (Zers.; Methanol, Aceton), orangegelbe Nädelchen. — *3-Phenylchinolizidion-(2.4)* (III), $C_{15}H_{11}O_2N$, F. 245—247° (Essigester), wie **II** nach f) mit K-Phenylessigester, Eingießen in viel W. u. Ansäuern mit Essigsäure; gelbe Kristalle, im UV-Licht strahlend hellblau, Lsgg. fluorescieren himmelblau; 0,8 g (aus 27,5 g **I**); daneben 5 g **II**. — *3-[Pyridyl]-(2)]-6.7.8.9-tetrahydrochinolizidion-(2.4)*, $C_{14}H_{14}O_2N_2$, F. 123—124° (50%ig. A.), durch Hydrierung von **II** u. Eisessig über Pt-Oxyd bei 50° über Nacht, Einengen u. Verdünnen mit W.; Nadeln; 91%. *Pikrat*, $C_{14}H_{14}O_2N_2 \cdot C_6H_3O_7N_3$, F. 228—229° (Zers.; A., W.), citronengelbe Nadeln. *Tosylderiv.*, $C_{21}H_{20}O_4N_2S$, F. 134° (Bzl./Cyclohexan 1:3), mit Tosylchlorid in Ae. u. 0,5n KOH unter kräftigem Rühren in 24 Std.; Nadeln. — *2-Oxy-4-oxochinolizidin*, Kp.$_{13}$ 215°, durch Hydrierung von **II** in Methanol über RANEY-Ni unter Rühren in 3 Std. bei 50°/135 atü, 2 Std. bei 150°, 1 Std. bei 180° u. Abdestillieren des Methanols; gelblichgrünes, hochviscoses, hygroskop. Öl; 84%. — *Piperidin*, Kp. 106°, aus der abdest. Methanollsg. durch Ansäuern mit HCl, Lösen des beim Einengen verbleibenden Rückstandes in W. u. Ae.-Extraktion der alkal. Lösung. *Hydrochlorid*, F. 245—247°, Nadeln. *Pikrat*, F. 149—150°, gelbe Nadeln. — *2-Oxychinolizidin*, $C_9H_{17}ON$, Kp.$_{13}$ 127—130°, durch langsames Zutropfen von vorvorst. Verb. in Ae. unter Rühren zu $LiAlH_4$, 6std. Kochen u. Zers. mit W.; 71%. *Hydrochlorid*, F. 266 bis 269° (Zers.; Aceton/wenig W.); Nädelchen. *Pikrat*, F. 166—167° (A.); gelbe Nadeln. *Phenylurethan*, F. 146—147° (PAe.), glänzende Nadeln. — *2-Oxochinolizidin*, Kp.$_{16}$ 142—144°, durch 25 Min. Erwärmen vorst. Verb. mit $K_2Cr_2O_7$ u. H_2SO_4 (Wasserbad), Alkalisieren mit 50%ig. KOH u. Chloroformextraktion. *Pikrat*, F. 209—211° (A.); gelbe Nadeln. (Liebigs Ann. Chem. **597**. 104—10. 23/12. 1955. Bonn, Univ., Pharmazeut. Inst.) W. GEHRMANN. 3231

Herbert Fox, Julian I. Lewis und Wilhelm Wenner, *Derivate von 1.3-Dimethyl-2-azafluoren (1.3-Dimethyl-9H-indeno-[2.1:c]-pyridin)*. Das aus Benzaldehyd, Acetessigsäureäthylester u. β-Aminocrotonsäure u. nachfolgende Oxydation des erhaltenen *Dihydroderiv.* mit HNO_3 dargestellte *3.5-Dicarbäthoxy-4-phenyllutidin* läßt sich nach Verseifung zur freien *Dicarbonsäure* zu *1.3-Dimethyl-4-carboxy-9-oxo-2-azafluoren* (**I**) cyclisieren. **I** liefert über das *Säurechlorid* den entsprechenden *Äthyl-* u. *β-Dimethylaminoäthylester*. Die Synth. von *1.3-Dimethyl-9-oxo-2-azafluoren* (**II**) gelingt durch Ringschluß von *3-Chlorformyl-4-phenyllutidin* (**III**) mit $AlCl_3$ oder besser durch therm. Decarboxylierung von **I**. Bei der katalyt. Hydrierung wird **II** je nach Katalysator u. Versuchsbedingungen in das entsprechende *9-Oxy-* (**IV**) oder *9-Oxy-1.2.3.4.4a.9a-hexahydroderiv.* bzw. unter weiterer Red. der OH-Gruppe in *1.3-Dimethyl-2-azafluoren* (**V**) sowie dessen *Tetra-* u. *Hexahydroderiv.* verwandelt. Die aus **II**-Oxim (**IIa**) durch Hydrierung erhaltene *9-Aminoverb.* (**VI**) läßt sich mit KCN bzw. mit Äthylchlorformiat leicht in das *Ureido-* oder *Carbäthoxyaminoderiv.* überführen, doch wird bei der Behandlung mit β-Dimethylaminoäthylchlorid oder mit sd. Äthylenchlorhydrin (ebenso mit sd. n-Butanol) die NH_2-Gruppe unter Bldg. von **V** abgespalten. Die gleiche Labilität der Substituenten am $C_{(9)}$ zeigt sich auch bei dem aus **IV** mit $SOCl_2$ erhaltenen *9-Chlorderiv.* (**VII**) u. in noch stärkerem Maße bei der aus **V** mit Butyl-Li u. CO_2 erhaltenen *9-Carboxyverb.*, die schon bei der Aufarbeitung in **V** übergeht. *1.3-Dimethyl-9-[β-oxyäthylamino]-2-azafluoren* läßt sich durch Kondensation von **VI** mit Äthylenchlorhydrin in verd. Isopropanol in Ggw. von MgO oder aus **VII** mit Äthanolamin darstellen u. liefert nach Überführung in das *β-Chloräthylaminoderiv.* das *β-Dimethylamino-* u. das *β-Diäthylaminoäthylaminoderivat*. Das aus **IV** erhaltene *Chloracetat* wird bei der Rk. mit Dimethylamin zu **IV** verseift.

V e r s u c h e (FF. korr.): *3.5-Dicarbäthoxy-4-phenyldihydrolutidin*, F. ca. 153° (CH_3OH), aus 590 g Benzaldehyd, 737 g Acetessigsäureäthylester u. 737 g β-Aminocrotonsäureäthylester; 1440 g (roh; Ausbeute). — *3.5-Dicarboxy-4-phenyllutidin*, F. 287 bis 288° (Zers.), durch Verseifung von 282 g Diäthylester; 208 g. *5-Monoäthylester* (**VIII**), F. 177—179°, aus 1110 g Diäthylester mit KOH in 95%ig. A. nach HANTZSCH [1884]; 762 g. *Diäthylester*, F. 60—61° (verd. CH_3OH), aus 1371 g vorst. Verb. mit W., konz. HNO_3 u. konz. H_2SO_4; 1110 g. — *1.3-Dimethyl-4-carboxy-9-oxo-2-azafluoren* (**I**), $C_{15}H_{11} \cdot O_3N$, Zers. bei 272—273° (W.), aus 86 g vorst. Säure mit konz. H_2SO_4 (10 Std. bei 130°); Isolierung als *Sulfat*, F. 263°; 84 g. *Säurechlorid*, aus der Säure mit $SOCl_2$. *Äthylester*, $C_{17}H_{15}O_3N$, F. 112—113°, aus wss. A. gelbe Nadeln. *β-Dimethylaminoäthylester*, $C_{19}H_{20} \cdot$

O_3N_2, F. 125—126°, aus dem Chlorid u. Dimethylaminoäthanol (1 Std. bei 110—120°); aus verd. Isopropanol, dann verd. CH_3OH goldgelbe Schuppen. — *1.3-Dimethyl-9-oxo-2-azafluoren* (**II**), F. 155—156°, a) aus 77 g **I** bei 280—290° u. anschließende Vakuumdest.; 43 g; b) aus **III** (Rohprod., vgl. nachst.) in Nitrobenzol (10°) mit $AlCl_3$ bei 20—25°, dann 12 Std. bei 45°; 45 g. *Oxim* (**IIa**), F. 273,5° (vorher Dunkelwerden), aus wss. A. Nadeln. — *3-Carboxy-4-phenyllutidin, Hydrochlorid,* Zers. bei 236—241°, aus dem Äthylester mit sd. alkoh. KOH (12 Std.); Prismen u. Tafeln. *Äthylester,* Kp. 310—320°, aus 669 g **VIII** durch therm. Zers. nach HANTZSCH (l. c.); 200 g, daneben 144 g *4-Phenyllutidin,* Kp. 281—283°, F. 59—60° (*Pikrat,* F. 230—232°). — *3-Chlorformyl-4-phenyllutidin* (**III**), aus 105 g vorst. Verb. mit $SOCl_2$. — *1.3-Dimethyl-9-oxy-2-azafluoren* (**IV**), $C_{14}H_{13}ON$, F. zwischen 140 u. 160° (Gemische der opt. Isomeren), aus 14,6 g **II** in A. unter 50 lbs./sq.in. H_2 in Ggw. von PtO_2; aus verd. CH_3OH Nadeln; 12 g. *Oxalat,* Zers. bei 154—163°. *Hydrochlorid,* Zers. bei 216—220°. *Pikrat,* F. 217—222°. *Chloracetat,* $C_{16}H_{14}O_2NCl$, F. 146,5—147,5°, mit Chloracetylchlorid in Eisessig; aus verd. CH_3OH fleischfarbene, federartige Kristalle. — *1.3-Dimethyl-9-oxy-1.2.3.4.4a.9a-hexahydro-2-azafluoren,* $C_{14}H_{19}ON$, F. 157—158°, aus **II** analog **IV**, aber unter 250 lbs./sq.in. bei 100°; aus verd. A. Nadeln. — *1.3-Dimethyl-1.2.3.4.4a.9a-hexahydro-2-azafluoren,* F. 62 bis 64°, aus **II** in verd. HCl unter 300 lbs./sq.in. H_2 bei 100° in Ggw. von Pt-Katalysator; Reinigung über das *Hydrochlorid,* Zers. bei 189—191°. — *1.3-Dimethyl-2-azafluoren* (**V**), $C_{14}H_{13}N$, F. 92—93°, a) aus **II** in A. unter 50 lbs./sq.in. H_2 über RANEY-Ni; Nadeln; b) aus **VI** mit sd. Äthylenchlorhydrin (6 Std.) oder mit sd. n-Butanol; c) aus **VII** mit A. u. Äthanolamin (mehrere Std. kochen); d) aus **VII** in CH_3OH unter 40 lbs./sq.in. H_2 über RANEY-Ni. *Oxalat,* $C_{14}H_{13}N \cdot C_2H_2O_4 \cdot H_2O$, F. 215—216°, Rhomboeder. *Hydrochlorid,* F. $>$300°, aus verd. HCl haarfeine Nadeln. — *1.3-Dimethyl-1.2.3.4(?)-tetrahydro-2-azafluoren,* Öl, aus **II** in A. unter 350 lbs./sq.in. H_2 über RANEY-Ni bei 90°. *Hydrochlorid,* $C_{14}H_{17}N \cdot HCl$, Zers. bei 298°, aus CH_3OH, dann verd. HCl Nadeln. — *1.3-Dimethyl-9-amino-2-azafluoren* (**VI**), $C_{14}H_{14}N_2$, F. 84—86° (vorher Sintern), aus **IIa** in A. unter 50 lbs./sq.in. H_2 über RANEY-Ni bei 50°; aus verd. CH_3OH federartige Büschel. — *1.3-Dimethyl-9-ureido-2-azafluoren,* $C_{15}H_{15}ON_3$, ohne definierten F., aus 34 g **VI**·2 HCl in wss. NaOH mit KCN; aus 90%ig. A. Nadeln; 27 g. — *1.3-Dimethyl-9-[carbäthoxyamino]-2-azafluoren,* $C_{17}H_{18}O_2N_2 \cdot H_2O$, F. 221,5—222,5°, aus 20 g **VI** in Ae. mit Chlorameisensäureäthylester; aus verd. A. Nadeln; 11 g. — *1.3-Dimethyl-9-chlor-2-azafluoren* (**VII**), $C_{14}H_{12}NCl$, F. 113—115° (Skellysolve B), aus 20 g **IV** in sd. Bzl. mit $SOCl_2$; Isolierung als *Hydrochlorid,* $C_{14}H_{12}NCl \cdot HCl$, F. $>$300°, aus verd. HCl Nadeln; 23 g. — *1.3-Dimethyl-9-[β-oxyäthylamino]-2-azafluoren,* $C_{16}H_{18}ON_2$, F. nicht definiert, aber $<$150°, a) aus **VI**·2 HCl, Äthylenchlorhydrin, MgO, W. u. Isopropanol (72 Std. kochen); aus Bzl. Nadeln, daneben **V**; b) aus 18 g **VII** u. Äthanolamin in Dioxan (½ Std. auf dem Dampfbad); 19 g (roh). — *1.3-Dimethyl-9-[β-chloräthylamino]-2-azafluoren,* Öl, aus vorst. Verb. mit $SOCl_2$. — *1.3-Dimethyl-9-[β-dimethylaminoäthylamino]-2-azafluoren,* $C_{18}H_{23}N_3$, F. 109—111°, aus vorst. Verb. mit methanol. Dimethylamin bei 100° im Rohr, aus verd. CH_3OH Nadeln; Isolierung als *Trihydrochloridmonohydrat,* $C_{18}H_{23}N_3 \cdot 3\,HCl \cdot H_2O$, Zers. bei 208—211° (vorher Dunkelwerden), aus wss. Isopropanol Nadeln, bzw. *Trihydrochloridsemihydrat.* — *1.3-Dimethyl-9-[β-diäthylaminoäthylamino]-2-azafluorentrihydrochlorid,* $C_{20}H_{27}N_3 \cdot 3\,HCl$, Zers. bei 179—182° (vorher Dunkelwerden), aus vorvorst. Verb. u. Diäthylamin (3 Tage stehen); aus verd. HCl–Isopropanol, dann A.–Isopropanol Mikrokristalle. — *1.3-Dimethyl-9-carboxy-2-azafluoren,* aus **V** u. n-Butyl-Li in Ae. u. anschließende Behandlung mit Trockeneis; Nadeln; zers. sich in alkoh. u. methanol. Lsg. sowie in warmem W. u. beim Erhitzen auf 48—49° unter Verlust der Löslichkeit in wss. NaOH, Na_2CO_3 u. NH_4OH zu **V**. (J. org. Chemistry **16**. 1259—70. Aug. 1951. Nutley, N. Y., Hoffmann-La Roche, Inc., Res. Labors.) H. GOEBEL. 3231

Masao Yokote, *Azanthrachinon und Azabenzanthron.* Überblick über die Synth. u. die Derivv. der *Azanthrachinone* u. *Azabenzanthrone.* — 60 Literaturangaben. (J. Soc. org. synth. Chem., Japan **13**. 53—64. Febr. 1955. Tokio, Nihon-Daigaku. [Orig.: japan.]) E. MAEKAWA. 3231

G. W. Kenner, C. B. Reese und **Alexander R. Todd,** *Die Acylierung von 3-Methylcytosin.* In dem Monoacetyl- (**III**) u. Monobenzoylderiv. (**IV**) des *3-Methylcytosins* (**I**) sind die Acylreste an das exocycl. N-Atom gebunden, da die Methylierung mit Diazomethan das *Acetyl-* u. *Benzoylderiv. des 1.3-Dimethylcytosins* liefert. Durch Vgl. der Spektren u. Dissoziationskonstanten wird geschlossen, daß **I** u. seine Acylderivv. hauptsächlich in der Aminoform u. nicht in der tautomeren Iminoform vorliegen.

V e r s u c h e (FF. korr.): *3-Methylcytosin* (**I**), F. 300°, a) aus 3,5 g 6-Methoxy-3-methylpyrimidon-(2) (**II**) u. methanol. NH_3 (8 Std. bei 150°); p_{K_α} 4,57; 3 g (Ausbeute); b) aus 1 g **II** u. Acetamid mit $NaOCH_3$ (1 Std. bei 100°/15 mm unter N_2); 0,1 g, daneben

III. *N⁶-Acetylderiv.* (III), $C_7H_9O_2N_3$, F. 268°, aus A. Nadeln. *N₆-Benzoylderiv.* (IV), F. 222° (A.). — *3.N⁶-Dimethylcytosin* (V), $C_6H_9ON_3$, F. 179° (A. u. Äthylacetat), aus II mit 33%ig. wss. Methylamin (8 Std. bei 150°); p_{K_a} 4,47; daneben *3-Methyluracil*. *N⁶-Acetylderiv.*, $C_8H_{11}O_2N_3$, F. 196°, aus A. Nadeln. *N⁶-Benzoylderiv.*, $C_{13}H_{13}O_2N_3$, F. 145° (A.). — *3.N⁶.N⁶-Trimethylcytosin*, $C_7H_{11}ON_3$, F. 179°, analog vorst. Verb., aber mit 35%ig. Dimethylamin; p_{K_a} 4,20; Nadeln. — *1.3-Dimethylcytosin* (VI), $C_6H_9ON_3$, F. 147—147,5°, aus 0,2 g I in A. mit Diazomethan in Ae. (3 Tage) u. Sublimation bei 80°/0,2 mm; p_{K_a} 9,29; 0,03 g. — *1.3.N⁶-Trimethylcytosin*, $C_7H_{11}ON_3$, F. 79° (nach Sublimation bei 45°/0,5 mm), aus 0,36 g V mit CH_3J in CH_3OH (7 Tage im Dunkeln). — *N⁶-Acetyl-1.3-dimethylcytosin*, $C_8H_{11}O_2N_3$, F. 156°, aus III in A. mit äther. Diazomethan (18 Std. bei Zimmertemp.); Nadeln, Reinigung durch Sublimation bei 90°/0,2 mm. Gibt bei der Entacetylierung (2 Std. in methanol. $NaOCH_3$) VI. — *N⁶-Benzoyl-1,3-dimethylcytosin*, $C_{13}H_{13}O_2N_3$, F. 156°, aus 0,25 g IV in A. mit äther. Diazomethan; aus A. Nadeln; 0,2 g. — *2-Chlor-4-methoxypyrimidin*, $C_5H_5ON_2Cl$, F. 55° (PAe.), aus 1,5 g 2.4-Dichlorpyrimidin (VII) mit $NaOCH_3$ in CH_3OH; 0,6 g. — *4-Methoxypyrimidin*, $Kp._{33}$ 71°, aus 3 g vorst. Verb. in CH_3OH mit H_2 in Ggw. von MgO u. Pd–$BaSO_4$; 1,6 g. *Pikrat*, $C_5H_6ON_2 \cdot C_6H_3O_7N_3$, F. 122,5° (A.). — *4-Acetamidopyrimidin*, $C_6H_7ON_3$, F. 203° (nach Sublimation bei 120°/0,5 mm), aus 1,07 g vorst. Verb. mit methanol. NH_3 (7½ Std. bei 150—160°) u. Acetylierung des gebildeten *4-Aminopyrimidins*; 0,5 g. — *6-Chlor-3-methylpyrimidon-(2)*, $C_5H_5ON_2Cl$, F. 207—208°, aus 2 g 3-Methyluracil mit $POCl_3$ (4½ Std. bei 135°); 0,63 g; daneben VII. Gibt mit methanol. NH_3 (8 Std. bei 150°) I. — Die UV-Absorptionsmaxima der meisten Verbb. in A. u. in 0,1n HCl sind angegeben. (J. chem. Soc. [London] **1955**. 855—59. März. Cambridge, Univ., Chem. Labor.)

W. PFLEIDERER. 3272

W. F. Beech, *Derivate des 2.5-Dimethyl-3.6-diphenylpyrazins*. Kondensation von Diazoniumsalzen mit Oximinoaceton (I) führt zu Derivv. des *Oximino-1-phenylacetons* (II), die nach Red. u. Selbstkondensation *arylsubstituierte 2.5-Dimethylpyrazine* liefern. Nitrierung des *2.5-Dimethyl-3.6-diphenylpyrazins* u. seines *N.N'-Dioxyds* führt zu *Di-m-nitroderivv.*; nitrierte 3.6-Diphenyl-2.5-dimethylpyrazine sind nicht direkt aus I u. Nitranilinen erhältlich.

Versuche: *Oximinoaceton* (I), F. 65—67°: Acetessigester u. 10%ig. KOH 24 Std. geschüttelt, bei 0—8° nitrosiert; 80% (Ausbeute). — 1-Oximinoacetone: *1-Phenyl-* (II), $C_9H_9O_2N$, F. 165—166° (W.), aus mit Na-Acetat neutralisierter Benzoldiazoniumchloridlsg. (aus 93 g Anilin), die in eine Lsg. von 100 g I, 627 g Na-Acetat, 25 g Cu-Sulfat, 4 g Na_2SO_3 in 680 ml W. bei 10—20° einlaufen gelassen wurde; nach 1 Std. filtriert, Rückstand mit heißer NaOH extrahiert u. mit heißer 50%ig. Essigsäure gefällt; 82%. — *1-[p-Carboxyphenyl]-* (III), $C_{10}H_9O_4N$, F. 186° (W.), analog aus I u. diazotiertem p-Aminobenzoesäureäthylester; 70%. — *1-[o-Tolyl]-* (IV), $C_{10}H_{11} \cdot O_2N$, F. 134—135°. — *1-[m-Chlorphenyl]-*, $C_9H_8O_2NCl$, F. 145°. — *1-[p-Chlorphenyl]-*, $C_9H_8O_2NCl$, F. 177°. — *1-[p-Acetamidophenyl]-* (V), $C_{11}H_{12}O_3N_2$, F. 187—188°. — *1-[p-Nitrophenyl]-*, $C_9H_8O_4N_2$, F. 202°. — *1-[4-Acetamido-3-methoxyphenyl]-* (VI), $C_{12}H_{14} \cdot O_4N_2$, F. 213—215° (Zers.). — *4-Amino-2-methoxyacetanilid*, $C_9H_{12}O_2N_2$, F. 120—121°, (n-Butanol; vgl. dagegen D. R. P. 294 159). — *1-Oximino-1-[pyridyl-(3')]-aceton*, $C_8H_8 \cdot O_2N_2$, F. 201—202°, lange seidige Nadeln aus Methanol, aus diazotiertem 3-Aminopyridin; 60%. — 2.5-Dimethylpyrazine: *3.6-Diphenyl-* (VII), F. 126° (verd. CH_3COOH), aus 60 g II in 5n NaOH u. 80 g Zn-Staub (2 Std., 25—30°), mit W. verd., filtriert, mit heißem Chlf. extrahiert, 15 Min. Luft durchgeblasen, bei 1 mm dest.; 40%. — *3.6-Di-[o-tolyl]-*, $C_{20}H_{20}N_2$, F. 110—111° (Aceton CH_3OH u. verd. CH_3COOH), analog aus IV. — *3.6-Di-[p-chlorphenyl]-*, $C_{18}H_{14}N_2Cl_2$, F. 224—225°. — *3.6-Di-[m-chlorphenyl]-*, $C_{18}H_{14}N_2Cl_2$, F. 160° (CH_3COOH u. Aceton). — *3.6-Di-[pyridyl-(3')]-*, $C_{16}H_{14}N_4$, F. 202—203°. *Dimethojodid*, $C_{18}H_{20}N_4J_2$, F. 250° (Zers.), durch 16std. Kochen mit Methyljodid. — *3.6-Di-[p-carboxyphenyl]-* (VIII), $C_{20}H_{16}O_4N_2$, F. >320° (Pyridin), aus III. Das red. alkal. Filtrat neutralisiert, dann mit Soda alkal. gemacht, filtriert u. auf p_H 7—7,5 eingestellt. Bei 40° $HgCl_2$-Lsg. zugefügt, nach 5 Min. mit Soda alkal. gemacht, sauer gefällt. Zur Reinigung nochmals umgefällt u. über Kieselgur filtriert; 50%. — *3.6-Di-[p-carbamoylphenyl]-* (IX), $C_{20}H_{18}O_2N_4$, F. >340°, aus VIII u. PO_5–$POCl_3$, nach Abdestillieren des überschüssigen $POCl_3$ mit NH_4OH behandelt. — *3.6-Di-[p-methoxycarbonylphenyl]-*, $C_{22}H_{20}O_4N_2$, F. 243—244° (CH_3COOH u. Dioxan), aus VIII über das Säurechlorid, das mit Methanol gekocht wurde; 71%. — *3.6-Di-[p-aminophenyl]-* (X), $C_{18}H_{18}N_4$, F. 277°, durch HOFMANNschen Abbau aus IX; blaßgelbe Kristalle aus 2-Äthoxyäthanol; 60%. — *3.6-Di-[p-acetamidophenyl]-*, $C_{22}H_{22}O_2N_4$, F. >300°, aus V u. Zn-Essigsäure u. anschließende Behandlung mit NH_4Cl–NH_4OH; Nadeln aus Nitrobenzol; 42%. Mit konz. HCl überführbar in X. — *3.6-Di-[4-acetamido-3-methoxyphenyl]-*, $C_{24}H_{26}O_4N_4$, F. 322°, aus VI wie vorst. Verb.; 27%. Daraus *3.6-Di-[4-amino-3-methoxy-*

phenyl]-, $C_{20}H_{22}O_2N_4$, F. 221—223°, durch Kochen mit 5n HCl. — *3.6-Di-[m-nitrophenyl]-*, $C_{18}H_{14}O_4N_4$, F. 285—286° (Pyridin), aus **VII** durch Nitrierung; 61%. Daraus *3.6-Di-[m-aminophenyl]-* (**XI**), $C_{18}H_{18}N_4$, F. 235—236°, durch Red. mit $SnCl_2$; 69%. — *3.6-Di-[m-chlorphenyl]-*, $C_{18}H_{14}N_2Cl_2$, F. 160°, aus vorst. Verb. durch Diazotierung u. Verkochen mit HCl–CuCl. — *3.6-Diphenyl-, 1.4-Dioxyd*, $C_{18}H_{16}O_2N_2$, F. 259—260°, aus **VII** durch 48std. Erhitzen (55—60°) mit H_2O_2–Essigsäure; 87%. — *3.6-Di-[m-nitrophenyl]-, 1.4-Dioxyd*, $C_{18}H_{14}O_6N_4$, F. ca. 300° (Zers.), aus vorst. Verb. durch Nitrierung; Red. mit Sn–HCl führt zu **XI**. (J. chem. Soc. [London] **1955.** 3094—98. Sept. Manchester, Imp. Chem. Ind. Ltd., Dyestuffs Div.) W. SCHWENKE. 3272

A. I. Kiprianow und **M. M. Kroschtschenko,** *Synthese der Derivate von 1.2;3.4-Dibenzophenazin und Acenaphthyleno-[1'.2':2.3]-chinoxalin.* (Vgl. C. **1954.** 1020.) Durch Kondensation von Phenanthrenchinon mit 2.3-Diamino- u. 3.4-Diaminoanisol werden *1.2;3.4-Dibenzo-5*(bzw. *6*)*-methoxyphenazin* gewonnen, die mit HBr zu den entsprechenden *Oxyphenazinen* entmethyliert werden. Beim Erwärmen der Oxyphenazine mit p-Toluolsulfonsäuremethylester u. Behandeln der erhaltenen quartären Salze mit KJ werden die *Methojodide* der *Oxyphenazine* erhalten, denen auf Grund elektronentheoret. Überlegungen die Konfigurationen *1.2;3.4-Dibenzo-5-oxyphenazin-9-jodmethylat* bzw. *1.2;3.4-Dibenzo-6-oxyphenazin-10-jodmethylat* zugesprochen werden. Beim Behandeln der wss. Lsg. der Methyl-p-toluolsulfonate mit Soda entstehen *1.2;3.4-Dibenzo-9-methyl-5-keto-* bzw. *1.2;3.4-Dibenzo-10-methyl-6-ketophenazin.* Analog werden aus Acenaphthenchinon u. 3.4-Diaminotoluol, 2.3- u. 3.4-Diaminoanisol die entsprechenden Derivv. des *Acenaphthyleno-[1'.2':2.3]-chinoxalins* gewonnen.

V e r s u c h e: *1.2;3.4-Dibenzo-5-methoxyphenazin,* $C_{21}H_{14}ON_2$, F. 270—271°; aus 0,5 g Phenanthrenchinon in 50 ml Eisessig u. 0,51 g 2.3-Diaminoanisolhydrochlorid in 15 ml A., 20 Min. Kochen; blaßgelbe Nadeln; 0,4 g (Ausbeute). — *1.2;3.4-Dibenzo-5-oxyphenazin,* $C_{20}H_{12}ON_2$, F. 255—256°; aus 1 g vorst. Verb. durch 4std. Erhitzen mit 5 ml 66%ig. HBr im Rohr auf 150—160°; aus 10%ig. NaOH + Essigsäure, dann aus Toluol gelbe Nadeln. *9-Jodmethylat,* $C_{21}H_{15}ON_2J$, F. >300°; aus vorst. Verb. mit p-Toluolsulfonsäuremethylester durch 2std. Erhitzen auf 150°, Lösen des Reaktionsprod. in W. u. Zugabe von KJ; aus W. orangegelbe Kristalle. — *1.2;3.4-Dibenzo-9-methyl-5-keto-5.9-dihydrophenazin,* $C_{21}H_{14}ON_2$, F. 192—193°, durch Zugabe von Sodalsg. zu einer wss. Lsg. von 1.2;3.4-Dibenzo-5-oxyphenazinmetho-p-toluolsulfonat; rotbraune Kristalle. — *1.2;3.4-Dibenzo-6-methoxyphenazin,* $C_{21}H_{14}ON_2$, F. 201—202°; aus Phenanthrenchinon u. 3.4-Diaminoanisolhydrochlorid; gelborange Nadeln; 59%. — *1.2;3.4-Dibenzo-6-oxyphenazin,* $C_{20}H_{12}ON_2$, F. 305—306°; gelbe Nadeln. *10-Jodmethylat,* $C_{21}H_{15}ON_2J$, F. >300°, gelbe Nadeln. — *1.2;3.4-Dibenzo-10-methyl-6-keto-6.10-dihydrophenazin,* $C_{21}H_{14}ON_2$, F. 215 bis 216°. — *6-Methylacenaphthyleno-[1'.2':2.3]-chinoxalin,* $C_{19}H_{12}N_2$, F. 228—229°, aus 0,5 g Acenaphthenchinon in 75 ml Eisessig u. 0,33 g 3.4-Diaminotoluol in 10 ml A., 1 Std. Kochen u. Verdünnen mit W.; aus 20%ig. HCl + NH_3 hellgelbe Kristalle; 0,6 g. — *5-Methoxyacenaphthyleno-[1'.2':2.3]-chinoxalin* (**I**), F. 269—270°; aus Acenaphthenchinon u. 2.3-Diaminoanisolhydrochlorid in Eisessig + A.; 45 Min. Kochen; blaßgelbe Nadeln; 85%. — *6-Methoxyacenaphthyleno-[1'.2':2.3]-chinoxalin,* $C_{19}H_{12}ON_2$, F. 197—198°; aus Acenaphthenchinon u. 3.4-Diaminoanisol; 85%. — *5-Oxyacenaphthyleno-[1'.2':2.3]-chinoxalin,* $C_{18}H_{10}ON_2$, F. 255—257°; durch 5std. Erhitzen von **I** mit 66%ig. HBr im Rohr; gelbe Nädelchen; 45%. *Jodmethylat,* $C_{19}H_{13}ON_2J$, dunkelgelbe Kristalle. — *6-Oxyacenaphthyleno-[1'.2':2.3]-chinoxalin,* $C_{18}H_{10}ON_2$, F. 283—285°; gelbliche Nadeln; 66%. *Jodmethylat,* $C_{19}H_{13}ON_2J$, dunkelgelbe Nadeln. — *1-Methyl-5-keto-1.5-dihydroacenaphthyleno-[1'.2':2.3]-chinoxalin,* $C_{19}H_{12}ON_2$, F. 182—184°; durch Zugabe von Sodalsg. zu einer wss. Lsg. von 5-Oxyacenaphthyleno-[1'.2':2.3]-chinoxalinmetho-p-toluolsulfonat; aus A. dunkelrote Nadeln; 40%. —*1-Methyl-7-ketoacenaphthyleno-[1'.2':2.3]-chinoxalin,* $C_{19}H_{12}ON_2$, F. 177—179°; braunes Kristallpulver; 29%. (Украинский Химический Журнал [Ukrain. chem. J.] **19.** 302—07. 1953. Inst. für organ. Chem. der Akad. der Wiss. der UkrainSSR.) G. FROELICH. 3272

William T. Caldwell und **Chao-Shing Cheng,** *Darstellung von p-[2-Amino-6-oxypuryl-(8)-methylamino]-benzoesäure.* Als Analogon zur Pteroinsäure wurde *p-[2-Amino-6-oxypuryl-(8)-methylamino]-benzoesäure* aus p-{[2.4-Diamino-6-oxypyrimidyl-(5)]-carbamylmethylamino}-benzoesäure (**I**) durch Ringschluß mit konz. H_2SO_4 dargestellt. Aus **I** u. 20%ig. HCl konnte nur *2.4.5-Triamino-6-oxypyrimidin,* mit Formamid eine mit Guanin nicht ident. Verb. erhalten werden.

V e r s u c h e: *p-{[2.4-Diamino-6-oxypyrimidyl-(5)]-carbamylmethylamino}-benzoesäure* (**I**), $C_{13}H_{14}O_4N_6 \cdot \frac{1}{2}H_2O$, F. >360°, durch 6std. Kochen von 2.4-Diamino-6-oxy-5-chloracetamidopyrimidin mit p-Aminobenzoesäure in W., Filtration, Lösen in n-NaOH, Einstellen mit n-HCl auf p_H 7 u. nochmaliges Umfällen; 51,6% roh (Ausbeute). *Hydro-*

chlorid u. *Sulfat*, weiße Kristalle, instabil. — *p-[2-Amino-6-oxypuryl-(8)-methylamino]-benzoesäure, Sulfat*, $C_{13}H_{12}O_3N_6 \cdot \frac{1}{2} H_2SO_4 \cdot 2 H_2O$, Zers. >225°, durch 2std. Erhitzen von I in konz. H_2SO_4 auf dem Dampfbad, Filtration, Eingießen in Eiswasser u. Stehen über Nacht; orangefarbene Nadeln; 39,7%. Gab beim Kochen mit Dimethylformamid unter Ringöffnung I zurück u. lieferte beim Lösen in kalter 0,5n NaOH u. Ausfällen mit 0,5n HCl die *freie Base*, $C_{13}H_{12}O_3N_6 \cdot 1\frac{1}{2} H_2O$, Zers. bei 315—317°. (J. Amer. chem. Soc. **77**. 6631—32. 20/12. 1955. Philadelphia, Pa., Temple Univ., Dep. of Chem.)
W. GEHRMANN. 3272

R. H. Vogel und **M. J. Kopac**, *Ein heterocyclisch substituiertes Sulfon mit Aktivität gegen Mycobacterium tuberculosis.* Vff. beschreiben die Darst. von *p-[2.4-Diamino-symm.-triazinyl-(6)-amino]-phenyl-p'-aminophenylsulfon.* Die Verb. hemmt in vitro bei einer $1{,}2 \cdot 10^{-4}$ mol. Konz. das Wachstum von *Mycobacterium tuberculosis* (Stamm H 37 Ra) u. *Escherichia coli* (Stamm B) völlig, ebenso wie 4.4'-Diaminodiphenylsulfon (I). Die Hemmwrkg. wird durch p-Aminobenzosäure völlig aufgehoben.

Versuche: *p-[2.4-Diamino-symm.-triazinyl-(6)-amino]-phenyl-p'-aminophenylsulfon*, $C_{15}H_{15}O_2N_7S$, F. 240—245° (bei raschem Erhitzen), aus I u. 2-Chlor-4.6-diamino-symm.-triazin in sd. 0,35n HCl (1 Std.); Isolierung als *Dihydrochlorid*, $C_{15}H_{15}O_2N_7S \cdot 2 HCl$; 31% (Ausbeute); daneben *Bis-[p-{2.4-diamino-symm.-triazinyl-(6)-amino}-phenyl]-sulfondihydrochlorid.* (Proc. Soc. exp. Biol. Med. **77**. 859—60. Aug. 1951. New York City, N. Y., Univ., Washington Square Coll. of Arts and Sci., Dep. of Biol.)
H. GOEBEL. 3313

W. M. Beresowski und **Je. P. Rodionowa**, *Umwandlung und Synthese von Kohlenhydraten.* 9. Mitt. *Sterische Hinderungen bei der Bildung stereoisomerer N-polyoxyalkylsubstituierter o-Aminoazofarbstoffe.* (8. vgl. C. **1956**. 5013.) Durch Kondensation von 3.4-Dimethylanilin mit d-Xylose u. d-Lyxose werden die N-Glykofuranoside u. hieraus durch Hydrieren an Skelett-Ni 3.4-Xylyl-d-xylamin (I) u. 3.4-Xylyl-d-lyxamin (II) hergestellt. Diese sowie 3.4-Xylyl-d-ribamin (III) u. 3.4-Xylyl-d-arabinamin (IV) werden mit Diazoniumsalzen behandelt. Hierbei reagiert vorzugsweise H in 6-Stellung des Benzolrings, untergeordnet H in 2-Stellung. Aus III u. Benzoldiazoniumchlorid entstehen 92% *N-[3.4-Dimethyl-6-(benzolazo)-phenyl]-d-ribamin* u. 6% *N-[3.4-Dimethyl-2-(benzolazo)-phenyl]-d-ribamin.* Die Rk. mit Diazoniumsalzen verläuft je nach dem p_H in verschied. Richtungen. Bei höherem p_H entstehen in zunehmendem Maße Diazoniumverbb., u. zwar bes. dann, wenn durch die „trans"-Stellung der OH-Gruppen an $C_{(2')}$ u. $C_{(3')}$ im Polyoxyalkylrest (bei I u. IV) ster. Hinderungen entstehen, die die Azokupplungs-Rk. verlangsamen. Bei „cis"-Stellung (bei II u. III) erfolgt Substitution des H der NH-Gruppe nur in geringerem Maße. Die Azokupplungsprodd., bei denen sich die Azogruppe in 6-Stellung befindet, lassen sich durch Kondensation mit Barbitursäure in die entsprechenden Flavine überführen; bei 2-Stellung der Azogruppe entstehen keine Flavine. Weiter werden zur Beurteilung der Konst. aller Verbb. die Absorptionsspektren im UV u. sichtbaren Gebiet herangezogen.

Versuche: Man löst 1 g einer der Verbb. I—IV bei 65—80° in 100 ml W., setzt 0,5 ml HCl hinzu, kühlt auf 20—25° ab, gibt diese Lsg. unter Rühren zu der aus 0,46 g Anilin, 0,66 g H_2SO_4 u. 0,34 g $NaNO_2$ bereiteten Diazoniumsalzlsg., deren p_H durch Zusatz 15%ig. Na-Acetatlsg. auf den gewünschten Wert eingestellt wird, läßt 3 Std. einwirken u. filtriert. Rk. von I—IV mit Benzoldiazoniumsalz: *N-[3.4-Dimethyl-6-(benzolazo)-phenyl]-d-xylamin*, $C_{19}H_{25}O_4N_3$, F. 139,5—140°; aus I bei p_H 2,7 bis 3; aus A. orangerote Nadeln; 49,6% (Ausbeute). — *N-[3.4-Dimethylphenyl]-N-benzolazo-d-xylamin* (Diazoaminoverb. aus I), $C_{19}H_{25}O_4N_3$, F. 112° (Zers.); aus I bei p_H 5; aus A. hellorange Kristalle; 85%. — *N-[3.4-Dimethyl-6-(benzolazo)-phenyl]-d-lyxamin*, $C_{19}H_{25}O_4N_3$, F. 136—136,5°; aus II bei p_H 3,8—4; aus 50%ig. A. orangerote Nadeln; 81%. — *N-[3.4-Dimethylphenyl]-N-benzolazo-d-lyxamin*, $C_{19}H_{25}O_4N_3$, F. 144° (Zers.), an anderer Stelle F. 114° (Zers.); aus II bei p_H 5; 98%. — *N-[3.4-Dimethyl-6-(benzolazo)-phenyl]-d-ribamin*, $C_{19}H_{25}O_4N_3$, F. 174—175°; aus III bei p_H 4; 85%. — *N-[3.4-Dimethylphenyl]-N-benzolazo-d-ribamin*, $C_{19}H_{25}O_4N_3$, F. 135,5° (Zers.); aus III bei p_H 5; hellorangefarbene Nadeln; 60% neben 6,4% vorst. Verbindung. — *N-[3.4-Dimethyl-6-(benzolazo)-phenyl]-d-arabinamin*, $C_{19}H_{25}O_4N_3$, F. 203—204° (Zers.); aus IV bei p_H 1,8; orangerote Nadeln aus Butylalkohol; 10,6%. — *N-[3.4-Dimethylphenyl]-N-benzolazo-d-arabinamin*, $C_{19}H_{25}O_4N_3$, F. 160,8° (Zers.); aus IV bei p_H 2,8; gelbe Nadeln aus Butylalkohol; ca. 73%. — Rk. von IV mit p-Nitrobenzoldiazoniumsalz: Erhalten werden *N-[3.4-Dimethyl-6-(p-nitrobenzolazo)-phenyl]-d-arabinamin*, $C_{19}H_{24}O_6N_4$, F. 197—198°, u. *N-[3.4-Dimethylphenyl]-N-[p-nitrobenzolazo]-d-arabinamin*, $C_{19}H_{24}O_6N_4$, F. 182,5° (Zers.). (Доклады Академии Наук СССР [Ber. Akad. Wiss. UdSSR] [N. S.] **87**. 585—88. 1/12. 1952.)
H. SCHMEISS. 3400

W. M. Beresowski, Je. P. Rodionowa und **L. I. Streltschunass,** *Umwandlung und Synthese von Kohlenhydraten.* 10. Mitt. *Gewinnung von d- und l-Lyxoflavin.* (9. vgl. vorst. Ref.) d-Galaktose liefert durch Oxydation mit Br_2 in W. *d-Galaktonsäure,* deren Ca-Salz, mit H_2O_2 in Ggw. von Fe(III)-Salz behandelt, *d-Lyxose* gibt. *l*-Lyxose wird aus Diaceton-2-keto-*l*-gulonsäure hergestellt. Diese wird hydrolysiert u. mit H_2O_2 oxydiert: *l-Xylonsäure.* Erhitzen des Doppelsalzes aus Cadmium-*l*-xylonat u. $CdBr_2$ in Ggw. von Pyridin führt zur isomeren *l-Lyxonsäure,* die in ihr *γ-Lacton* umgewandelt wird. Hieraus durch Red. an der Hg-Kathode *l-Lyxose.* Durch Kondensation von d- u. *l*-Lyxose mit 3.4-Dimethylanilin, Red. der erhaltenen *N-[d-* u. *l-Lyxofuranoside]* zu *N-[3.4-Dimethylphenyl]-d-* u. *-l-lyxamin,* Kupplung mit Benzoldiazoniumsalz zu *N-[3.4-Dimethyl-6-(benzolazo)-phenyl]-d-* u. *-l-lyxamin* u. Kondensation mit Barbitursäure werden *d-* u. *l-Lyxoflavin* gewonnen.

Versuche: *d-Galaktonsäure;* aus 120 g d-Galaktose u. 45 ml Br_2 in 500 ml W. bei 48std. Einw. in der Dunkelheit; Isolierung als *Ca-Salz;* 77,7% (Ausbeute). — *d-Lyxose;* man läßt zu einem Gemisch von 80 g des Ca-Salzes vorst. Verb. in 1000 ml W., 1,4 g $Fe_2(SO_4)_3 \cdot 9\,H_2O$ in 12 ml W. u. 2 g $(CH_3CO_2)_2Ba$ in 12 ml W. bei 60° in 1½ Std. 80 ml 30%ig. H_2O_2, mit 200 ml W. verd., zufließen, filtriert, dampft im Vakuum bei maximal 60° auf 80 ml ein, setzt 480 ml CH_3OH u. 320 ml Aceton hinzu, filtriert den Nd. ab u. dampft im Vakuum zum Sirup, 29,6 g mit 62,8% d-Lyxosegeh., ein. — *3.4-Dimethylanilin-N-[d-lyxofuranosid],* $C_{13}H_{19}O_4N$, F. 146—147°; aus 4 g d-Lyxose u. 3,2 g 3.4-Dimethylanilin in 60 ml absol. A., 15—20 Min. auf dem Wasserbad unter Rückfluß; Tafeln; 5,75 g. — *N-[3.4-Dimethylphenyl]-d-lyxamin,* $C_{13}H_{21}O_4N$, F. 150—151°; durch Hydrieren vorst. Verb. in Ggw. von Skelett-Ni (40 at; 65—70°; 2 Std.); aus W. Nadeln; $[\alpha]_D^{20}$ +31,5° (2nHCl; 5%ig. Lsg.); 74%. — *N-[3.4-Dimethyl-6-(benzolazo)-phenyl]-d-lyxamin,* $C_{19}H_{25}O_4N_3$, F. 136,5—137,5°; aus vorst. Verb. u. Benzoldiazoniumsalzlsg. bei 18—20° u. p_H 3,8—4; aus 50—60%ig. A. orangerote Nadeln; ca. 80%. — *d-(+)-Lyxoflavin,* $C_{17}H_{20}O_6N_4$, F. 276—278° (Zers.); 0,5 g vorst. Verb. werden mit 0,3 g Barbitursäure in 6 ml Butylalkohol + 1 ml Eisessig 5 Std. auf dem sd. Wasserbad erhitzt; das Reaktionsprod. wird zur Oxydation von Hydrierungsprodd. des Flavins längere Zeit mit H_2O_2 in verd. HCl behandelt; gelbe Nadeln; $[\alpha]_D^{20}$ +46 ± 5° (0,05nNaOH; 0,25%ig. Lsg.). — *l-Xylonsäure;* eine Lsg. von 200 g Diaceton-2-keto-*l*-gulonsäuremonohydrat in 600 ml W. wird 40 Min. gekocht, mit Na_2CO_3 neutralisiert u. bei 0° mit 160 ml 30%ig. Perhydrol, innerhalb 1 Std. zugesetzt, oxydiert; Isolierung als *Cadmiumdoppelsalz,* $(C_5H_9O_6)_2Cd \cdot CdBr_2 \cdot 2\,H_2O$, Kristalle; 75%. — *l-Lyxonsäure-γ-lacton;* 40 g vorst. Cd-Doppelsalzes werden 5 Std. im Drehautoklaven unter N_2 mit 50 ml Pyridin in 500 ml W. auf 144—146° erhitzt; Pyridin wird durch Wasserdampf entfernt, unverbrauchtes Doppelsalz durch Eindampfen zur Kristallisation, Cd aus der Mutterlauge durch H_2S; nach Eindampfen im Vakuum, zuletzt bei p_H 2,5, wird 2 Std. auf dem sd. Wasserbad erhitzt; 65% (auf umgesetztes Doppelsalz bezogen). — *l-Lyxose;* durch elektrolyt. Red. von 36 g vorst. Lactons bei 13—15°, 5—6 V u. p_H 3,5—4,5; Anolyt 10%ig. H_2SO_4, Anode Pb; der Katolyt enthält 10% Lacton u. 10% Na_2SO_4; Kathode Hg; erhalten werden nach Reinigung 15 g eines Sirups, der 6 g *l*-Lyxose enthält. — *N-[3.4-Dimethylphenyl]-l-lyxamin,* $C_{13}H_{21}O_4N$, F. 148—148,5°; das aus 5 g *l*-Lyxose u. 3.4-Dimethylanilin erhaltene *3.4-Dimethylanilin-N-[l-lyxofuranosid]* wird analog vorst. Verb. hydriert; aus W. Nadeln; $[\alpha]_D^{20}$ —32,5° (2nHCl; 2%ig. Lsg.); 3,6 g. — *N-[3.4-Dimethylphenyl]-dl-lyxamin,* F. 131—132° (A.); durch Mischen der Lsgg. der Antipoden; Nadeln. — *N-[3.4-Dimethyl-6-(benzolazo)-phenyl]-l-lyxamin,* $C_{19}H_{25}O_4N_3$, F. 134—135°; aus wss. A. rote Nadeln. — *l-(—)-Lyxoflavin,* $C_{17}H_{20}O_6N_4$, F. 277—279°; gelbe Nadeln; $[\alpha]_D^{20}$ —45 ± 5° (0,05nNaOH; 0,4%ig. Lsg.). (Журнал Общей Химии [J. allg. Chem.] **24** (86). 628—35. April 1954. Allunions Wiss. Vitaminforschungsinst.)

R. KNOBLOCH. 3400

W. M. Beresowski und **L. I. Streltschunass,** *Umwandlung und Synthese von Kohlenhydraten.* 11. Mitt. *Untersuchung auf dem Gebiete der Oxydation von Ketosen.* (10. vgl. vorst. Ref.) Eine nähere Unters. der Oxydation von *l*-Sorbose (I) in alkal. Lsg. durch O_2 zu *l-Xylonsäure* (II). Durchführung der Rk. in einem Rohr unter Durchleiten von feinstzerteiltem O_2. Optimale Ausbeute 36,4% optimale Temp. 24°, Dauer mehrere Stunden. Bei höherer Temp. herrschen Neben-Rkk. zu stark vor, so daß bei 48° nur noch 13,6% II entstehen. Die Oxydation verläuft unter Verbrauch von 2 O/Mol I u. Bldg. von *Ameisensäure* als 2. Produkt. Damit scheidet 2-Keto-*l*-gulonsäure (III) als Zwischenprod. aus, da in diesem Fall nicht weniger als 3 O notwendig wären. Experimentelle Bestätigung für das Fehlen von III: die Reaktionslsg. gibt beim Erhitzen mit HCl keine Ascorbinsäure. Ameisensäure entsteht bei der Oxydation von 36,5 g I in einer Menge von 7,8—8,4 g; außerdem werden 0,462—0,463 g *Oxalsäure* festgestellt. Von den 2 reagierenden Stoffen, I u. O_2, ist I allein veränderlich, da die O_2-Menge am Reaktionsort, der Phasengrenze zwischen Fl. u. Gas, überschüssig ist u. als konstant gelten kann. I zers. sich nach dem monomol. Mechanismus; die Geschwindigkeitskonstanten bei 24, 30 u. 40° verhalten sich wie 0,00747 : 0,01840: 0,05401. Die Aktivierungsenergie ist 20300 cal. Wird die Oxydation von I im Autoklaven unter O_2-Druck bei 30—35° durchgeführt, so werden nur 22% II erhalten, gegenüber ca. 33% beim Arbeiten im Rohr ohne Druck. — *l-Xylonsäure* (II); 73 g I u. 60 g KOH (die äquivalente Menge NaOH), in W. zu 560 ml gelöst, werden im Drehautoklaven mit Drahtnetzfüllung bei 30—35 at anfänglichem O_2-Druck 3 Std. auf 30—35° erwärmt; Isolierung als *Cadmiumdoppelsalz* mit *Cadmiumbromid*, $C_{10}H_{18}O_{12}Br_2Cd_2 \cdot 2\,H_2O$, aus W. Kristalle; 32,4 g. (Журнал Общей Химии J . allg. Chem.] **24** (86). 856—60. Mai 1954.) R. KNOBLOCH. 3400

Francis B. Cramer, *Die α-Form der 2-Desoxy-D-glucose.* Vf. fand, daß die von BERGMANN u. Mitarbeitern (Ber. dtsch. chem. Ges. **56 B.** [1923.] 1052 u. früher) beschriebene α-Form von *2-Desoxy-D-glucose* mindestens 47% des β-Anomeren enthält. Eine nach BERGMANN (l. c.) dargestellte Probe zeigte nach weiterem Reinigen (W., Tierkohle, Isopropanol, Trocknen im Vakuum) F. 134—136° (Erweichen bei 132°); Mutarotation in Pyridin, $[\alpha]_D^{26}$ $+156 \rightarrow 103°$. Diese Werte entsprechen der reinen α-Form. Weitere Präpp. waren Gemische der α- u. β-Form mit mindestens 7,8% des β-Anomeren. (J. Franklin Inst. **257**. 69—70. Jan. 1954. Philadelphia, Pa., Franklin Inst., Biochem. Res. Foundat.) D. AMELUNG. 3400

Toji Matsui, *Über die Wirkung von saurem Natriumsulfit auf Glucose bei höherer Temperatur.* 7.—12. Mitt. (6. vgl. J. chem. Soc. Japan, ind. Chem. Sect. [Kōgyō Kagaku Zassi] **53.** [1950.] 430.) Auf Grund der Erörterungen in den früheren Mitt. u. der Unterss. vorliegender Mitt. erteilt Vf. der stabilen aus *Glucose* u. $NaHSO_3$ bei höherer Temp. entstehenden Verb. die Formel eines *lävoglucosan-6-sulfonsauren Na* (I). Dies wird durch folgende Beobachtungen noch weiter gestützt: Verb. F′ einer früheren Mitt. vom F. 197—200° (Zers.) u. I liefern bei der Acetylierung dasselbe *tetraacetyllävoglucosan-6-sulfonsaures Na* (II) (Zers. 123—125°). Aus II wird durch wss. NH_3 I zurückerhalten. II liefert weder ein Hydrazon noch ein Semicarbazon. Bei der Bromierung von II entsteht *1-bromtriacetyllävoglucosan-6-sulfonsaures Na* (III). Mit HNO_3 liefert I Sulfoessigsäure u. Oxalsäure. Aus einer Neben-Rk. beim Kochen des ursprünglichen Ansatzes mit HCl ließ sich mittels Ae. Methylglyoxal u. Monothioglykol (IV) isolieren. Das Auftreten von IV wird ausführlich erörtert u. ist ein Beweis für das Bestehen einer C—S-Bindung. (J. chem. Soc. Japan, ind. Chem. Sect. [Kōgyō Kagaku Zassi] **54.** 72—83. Jan. 1951. Osaka Univ. [Orig.: japan.]) L. SCHULER. 3400

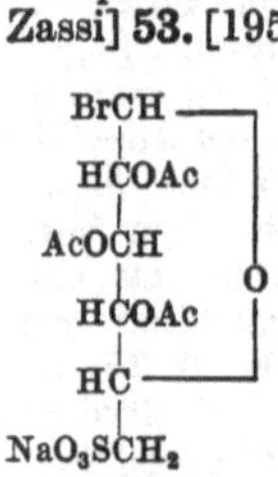

III

Ac = CH_3CO—

Alfred Bertho und **Dorothea Aures,** *Zur Kenntnis der α-Formen von 1-Azidoaceto-d-glucosen.* 10. Mitt. *über stickstoffhaltige Zucker.* (9. vgl. C. **1956.** 729.) *α-1-Azidoaceto-d-zucker* konnten nicht aus den bes. leicht anomerisierbaren β-Halogenosen durch milde Rk. mit AgN_3 erhalten werden (in der Erwartung, daß ein Austausch unter Wechsel der Konfiguration an $C_{(1)}$ der Anomerisierung den Rang abläuft); die Umsetzungen von β-Chloracetoglucose u. -galaktose mit AgN_3 in Ae. bzw. Chlf. bei n. Temp. ergaben vielmehr die stabilen β-Formen. Die stabile *β-Chlor-2-trichloracetyl-3.4.6-triacetyl-d-glucose* (I) konnte jedoch durch Rk. mit anorgan. Azid, partielle Verseifung des Trichloracetylrestes, Reacetylierungen u. Umacylierungen in α-Azidoglucosederivv. übergeführt werden. I wurde aus β-Pentacetylglucose u. PCl_5 dargestellt; α-Pentacetylglucose reagierte unter den gleichen Bedingungen nicht. Die Umsetzung von I mit AgN_3 in sd. Ae. zu *α-Azido-2-trichloracetyl-3.4.6-triacetylglucose* (II) muß mit bes. akt. AgN_3 durchgeführt werden; in Chlf. reagiert I nicht, auch gelang die Umsetzung mit NaN_3 nicht, wofür nicht die Alkalität des Salzes verantwortlich ist, da I unverändert zurückgewonnen wurde, sondern dessen gegenüber der α-Verb. geringere Reaktionsfähigkeit. *β-Azido-3.4.6-triacetylglucose* (V), die wesentlich stabiler ist als die entsprechende Cl-Verb., wurde aus β-Chlor-3.4.6-triacetylglucose (III) u. NaN_3 in Tetrahydrofuran gewonnen, da III in Ae. schwer lösl. ist; als Hauptprod. wird jedoch *α-Azido-3.4.6-triacetylglucose* (IV) entstanden sein, denn die Acetylierung lieferte *α-Azido-2.3.4.6-tetracetylglucose* (VI). Die zu IV führende Rk. verläuft sicher nach dem S_N2-Mechanismus, die Entstehung von V wird auf Anomerisierung von III zurückzuführen sein. IV wurde aus II mit absol. äther. NH_3 erhalten u. gab bei Acetylierung VI. Die dritte Meth. zur Darst. von VI ist die glatte Umacylierung von II mit Acetanhydrid in Pyridin; I reagiert nicht entsprechend zur β-Chloracetylglucose oder zum Pentacetat, weil wahrscheinlich eine quartäre Glykosylpyridiniumbase gebildet wird. — Die opt. Daten von II, IV, V, VI u. *β-Azido-2.3.4.6-tetracetylglucose* sind tabellar. zusammengestellt u. werden diskutiert; aus ihnen folgt, daß die HUDSONschen Regeln [1924] bei den Azidoacetoglucosen ebensowenig Gültigkeit haben wie bei den Chloracetoglucosen u. -galaktosen. — Hydrierung von II mit Pd-$CaCO_3$ liefert *α-Azido-2-dichloracetyl-3.4.6-triacetylglucose*, Hydrierung von VI mit Pd-Kohle *β-Amino-2.3.4.6-tetracetylglucose*, wobei sicher prim. die α-Aminoverb. entstanden sein wird, da die Hydrierung der Azidogruppe ohne Konfigurationswechsel verläuft.

Versuche ($[\alpha]_D$ in 1%ig. Chloroformlsg. $\pm 2^0$): Akt. *Silberazid* wurde durch Herst. einer Suspension aus $AgNO_3$ u. NaN_3 in W., Dekantieren, Waschen mit W., A. u. mehrfach mit Ae. bei jedesmaligem Dekantieren gewonnen, wobei die vollständige Entfernung des A. wichtig ist. — *β-Chlor-2-trichloracetyl-3.4.6-triacetyl-d-glucose*(I), F. 141,5° (absol. Ae.), nach Brigl [1921] u. Hickinbottom [1929] aus reiner β-Pentacetylglucose; $[\alpha]_D^{19}$ +8,88°; $[\alpha]_D^{19}$ +2,96° (Bzl., c = 1). — *α-Azido-2-trichloracetyl-3.4.6-triacetylglucose* (II), $C_{14}H_{16}O_9N_3Cl_3$, F. 139,5°, durch Zugabe von akt. AgN_3 in Ae. zu I in Ae., 3 std. Kochen, Eindampfen des Filtrats, Lösen in Aceton, Kühlen in Kältemischung u. Durchreiben mit A.; säulenförmige Kristalle; $[\alpha]_D^{19}$ +145,7°; 62% (Ausbeute). — *α-Azido-2-dichloracetyl-3.4.6-triacetylglucose*, $C_{14}H_{17}O_9N_3Cl_2$, F. 89—90°, durch ½ std. Hydrierung von II in Essigester mit Pd-$CaCO_3$, Einengen des Filtrats, Trocknen u. Digerieren mit Ae.; $[\alpha]_D^{19,5}$ +163,8°. — *β-Chlor-3.4.6-triacetylglucose* (III), F. 156°, aus I nach Brigl (l. c.); $[\alpha]_D^{19}$ +23,4°; $[\alpha]_D^{19}$ +26,7° (Tetrahydrofuran, c = 1); 65%. — *β-Azido-3.4.6-triacetylglucose* (V), $C_{12}H_{17}O_8N_3$, F. 155°, aus 2 g III in Ae. u. akt. AgN_3 durch ³/₄ std. Erhitzen auf dem Wasserbad, Einengen des Filtrats, Lösen des Kristalls in Ae., Einengen u. Versetzen mit PAe.; Nadelbüschel; 220 mg, in Chlf. 40% roh. — *β-Azido-2.3.4.6-tetraacetylglucose*, F. 128—129°, aus V u. Acetanhydrid in Pyridin in der Kälte; 87%. — *α-Azido-3.4.6-triacetylglucose* (IV), $C_{12}H_{17}O_8N_3$, F. 66°, durch ½ std. Stehen von 4 g II mit NH_3-gesätt. Ae., Einengen, Verdunsten des Ae. [*Trichloracetamid*, F. 141° (W.-A.), Tafeln; 1,05 g, scheidet sich aus], Trocknen des verbleibenden Sirups, Lösen in Ae., Versetzen mit PAe. u. Animpfen; $[\alpha]_D^{19,5}$ +223,1°. — *α-Azido-2.3.4.6-tetracetylglucose* (VI), $C_{14}H_{19}O_9N_3$, F. 103° (Ae.-PAe.), a) durch Rk. von III u. akt. AgN_3 wie oben, Befreien der Lsg. von V u. Acetylierung des verbleibenden Sirups in Pyridin mit Acetanhydrid; $[\alpha]_D^{18,5}$ +173,1°; 65%; b) durch Verseifen von II wie bei IV, Verdunsten des Ae., Lösen des Sirups in Pyridin, mehrtägiges Stehen mit Acetanhydrid, Entfernung von Pyridin u. Acetanhydrid u. Anreiben mit Ae.; 70% roh; c) durch langsames Zusetzen von Acetanhydrid zu II in Pyridin bei 0°, mehrtägiges Stehen, Einengen im Exsikkator, Zugabe von Ae., erneutes Eindunsten u. Dekantieren mit W.; 90%. — Hydrierung von 400 mg VI in Essigester mit Pd-Kohle gab *β-Amino-2.3.4.6-tetracetylglucose*, F. 121° (Ae.); $[\alpha]_D^{20}$ +22,5°; ebenso konnte die Hydrierung in Cyclohexan durchgeführt werden. (Liebigs Ann. Chem. **592**. 54—69. 11/3. 1955. München, Univ., Chem. Labor.)

H.-J. Nitzschke. 3400

E. C. Taylor jr. und **Aldo J. Crovetti**, *Pyridin-1-oxyde*. 2. Mitt. *Eine neue Synthese des Ricinins*. (1. vgl. C. **1955**. 2201.) Vff. beschreiben eine Synth. des *Ricinins* aus 3-Picolin-1-oxyd über folgende Zwischenprodd.: *4-Nitro-3-picolin-1-oxyd* (I), *4-Nitronicotinsäure-1-oxyd* (II), *4-Methoxynicotinsäure-1-oxyd* (III), III-*Methylester* (IV), *4-Methoxynicotinsäureamid-1-oxyd* (V) u. *2.4-Dichlornicotinsäurenitril* (VI). II wurde aus I durch Chromschwefelsäureoxydation bei Raumtemp. erhalten. Verss., aus I durch Chromsäureoxydation den entsprechenden 3-Aldehyd zu erhalten, schlugen fehl, energischere Oxydation mit H_2SO_4-$Na_2Cr_2O_7$ ergab nur Zersetzungsprodukte. Durch Rk. von II mit methanol. Na-Methylat wurde III u. daraus durch Erhitzen mit CH_3OH u. HCl IV erhalten, das sich bei —33° mit fl. NH_3 in V überführen ließ. Die Behandlung von V mit $POCl_3$ u. PCl_5 führte unter Ersatz der Methoxygruppe durch Chlor, Eliminierung des Oxyd-O u. Einführung von Chlor in 2-Stellung unter Dehydratisierung der Amidfunktion zu VI. 4.6-Dichlornicotinsäurenitril wurde nicht gebildet. VI wurde nach Späth u. Koller [1923] in *Ricinin* übergeführt. Aus I wurde durch Rk. mit Acetylchlorid *4-Chlor-3-picolin-1-oxyd* dargestellt, das aber nicht zu 4-Chlornicotinsäure-1-oxyd (VIII) oxydiert werden konnte; selbst mit verd. neutraler $KMnO_4$-Lsg. trat Zers. ein. Überraschenderweise ließ sich auch 3-Picolin-1-oxyd nicht zu Nicotinsäure-1-oxyd oxydieren. Verss., II mit methanol. HCl zu verestern, führten unter Stickoxydentw. zu *4-Chlornicotinsäuremethylester-N-oxyd* (VII), das auch aus II durch Rk. mit Acetylchlorid zu *4-Chlornicotinsäure-1-oxyd* (VIII) u. Veresterung dargestellt wurde. Bei letzterer Rk. trat weitgehend Zers. ein. II u. VII sind instabil. II zers. sich bei trockenem Erhitzen u. beim Erhitzen der wss. Lsg. unter Stickoxydentw., VII polymerisiert sich unter Lufteinwirkung. 2.4-Dichlornicotinsäureamid konnte durch Chlorierung von II oder VIII u. Ammonolyse nicht erhalten werden, da bei der Rk. mit $POCl_3$/PCl_5 nur Harze entstanden, was auf die große Reaktionsfähigkeit der 4-Chlorpyridinzwischenprodd. zurückgeführt wird. *2-Methoxynicotinsäurenitril* (IX) wurde aus 2-Chlornicotinsäurenitril u. Na-Methylat u. *2-Methoxynicotinsäureamid* aus IX durch Rk. mit alkal. H_2O_2 dargestellt. Beide Verbb. ließen sich nicht in die N-Oxyde überführen.

Versuche (FF. korr.): *4-Nitronicotinsäure-1-oxyd* (II), $C_6H_4O_5N_2$, F. 170—172° (Zers.), durch Zugabe von I zu konz. H_2SO_4 unter Rühren bei 20—25°, Zugabe von $Na_2Cr_2O_7 \cdot 2\,H_2O$ bei 30° in 1½ Std. u. 2½std. Rühren; 56% (Ausbeute). — *4-Methoxynicotinsäure-1-oxyd* (III), $C_7H_7O_4N$, F. 202° (Zers.; W.), aus II in absol. CH_3OH durch Zugabe einer gekühlten Lsg. von Na in CH_3OH, 1³/₄std. Kochen unter Rühren u. Zers. der wss. Salzlsg. nach Abdest. des Lösungsm. mit HCl; 59,6—62,2%. *Methylester* (IV), F. 141—143° (Zers.), durch 1std. Einleiten von HCl in eine auf 0 bis —10° gekühlte Suspension von III in absol. CH_3OH u. 2½std. Kochen; 55%; *Pikrat*, $C_8H_9O_4N \cdot C_6H_3O_7N_3$, F. 146—147° (absol. CH_3OH). — *4-Methoxynicotinsäureamid-1-oxyd* (V), $C_7H_8O_3N_2$, F. 210—211° (Zers.; CH_3OH), aus IV durch 4std. Stehen mit fl. NH_3 u. Abdampfen des NH_3 in 6—8 Std.; 96—99%. — *2.4-Dichlornicotinsäurenitril* (VI), $C_6H_2N_2Cl_2$, F. 114 bis 115° (Sublimation 80°/0,05 Torr), aus V, PCl_5 u. $POCl_3$ durch 1½std. Erhitzen auf 115 bis 120°; 33,2%. — *2.4-Dimethoxynicotinsäurenitril*, F. 146,5—147,5° (Sublimation bei 100—111°), aus VI u. Na-Methylat durch 5std. Erhitzen in CH_3OH. — *Ricinin*, F. 200 bis 202° (Sublimation bei 170—180°/0,05 Torr), aus vorst. Verb. durch 10std. Erhitzen mit CH_3J auf 155° im Rohr. — *4-Chlor-3-picolin-1-oxyd*, C_6H_6ONCl, F. 121—123° (PAe.), aus I durch langsame Zugabe von auf 0° gekühltem Acetylchlorid u. 2std. Kochen unter Feuchtigkeitsausschluß; 70%. — *4-Chlornicotinsäure-1-oxyd* (VIII), F. 145—146° (Zers.), durch Zugabe von II zu kaltem Acetylchlorid u. 2½std. Kochen; 65%. *Methylester* (VII), F. 84° (Zers.), a) aus II in absol. CH_3OH durch Kühlen auf 0°, 10 Min. Einleiten von HCl u. 2std. Kochen; 67%; b) aus VIII in CH_3OH analog; geringe Ausbeute; gibt in methanol. Lsg. das Pikrat von IV. — *2-Methoxynicotinsäurenitril* (IX), $C_7H_6ON_2$, F. 76,5—77,5° (Sublimation bei 55—60° im Vakuum), aus Na in CH_3OH u. 2-Chlornicotinsäurenitril durch 1½std. Kochen unter Rühren; 78,5%. — *2-Methoxynicotinsäureamid*, $C_7H_8O_2N_2$, F. 130—131° (Vakuumsublimation bei 100°), aus IX in absol. A. durch Zugabe von KOH unter Rühren, langsame Zugabe von 30%ig. H_2O_2 u. Erwärmen auf 65° unter Rühren; 70%; entstand auch neben IX. (J. Amer. chem. Soc. **78**. 214—16. 5/1. 1956. Princeton, N. J., Univ., Frick Chem. Labor.; Urbana, Ill., Univ., Noyes Chem. Labor.)

H. BERTSCH. 3500

N. F. Prosskurnina, *Alkaloide aus Pancratium maritimum. Identifizierung von Methylpancratin mit Tazettin.* (Vgl. C. **1955**. 11216.) Pancratin (I) geht durch Methylierung mit CH_3J in *Methylpancratin* über, das mit *Tazettin* ident. ist. I ist also Nortazettin. Die Ähnlichkeit (Identität?) von I mit *Hämanthidin* (vgl. BOIT, Ber. dtsch. chem. Ges. **87**. [1954.] 1339) wird hervorgehoben.

Versuche: *Methylpancratin* (*Tazettin*), $C_{18}H_{21}O_5N$, F. 207—209° (CH_3OH); aus I u. CH_3J in CH_3OH beim Erwärmen; Isolierung als *Hydrojodid*, F. 165—168° (A.). *Hydrochlorid*, F. 209—210°; Nadeln. *Pikrat*, F. 206—208°; aus A. Nadeln. *Jodmethylat*, F. 223—225° (A.); Kristalle. (Доклады Академии Наук СССР [Ber. Akad. Wiss. UdSSR] **103**. 851—52. 11/8. 1955. Allunions Wiss. Chem.-Pharmaz. Ordshonikidse-Forschungsinst.)

R. KNOBLOCH. 3500

Hans-G. Boit und **Horst Ehmke**, *Alkaloide von Sprekelia formosissima, Galanthus Elwesii, Zephyranthes candida und Crinum Powellii.* 8. Mitt. *Über Amaryllidaceenalkaloide.* (7. vgl. C. **1956**. 3043.) Aus den Zwiebeln von Sprekelia formosissima, die nach ca. 2monatiger Lagerung 0,06% Alkaloide enthielten, wurden 46% *Tazettin* (I), 12,5% *Haemanthamin* (II), das auch in zahlreichen anderen Amaryllidaceen aufgefunden wurde, 5,5% *Lycorin* (III) u. 2% *Haemanthidin* (IV) isoliert; letzteres ist das Hauptalkaloid von Haemanthus „König Albert". Bei der Aufarbeitung der Zwiebeln von Galanthus Elwesii, die nach 5monatiger Lagerung 0,14% Alkaloide enthielten, wurden 39% *Galanthamin* (V), 21% III, 19% I u. 2% eines krist. Alkaloids gewonnen, das sich als II erwies. 54% III, 3% I u. 2,5% II wurden ebenfalls aus den Zwiebeln von Zephyrantes candida, die 0,03% Alkaloide enthielten, isoliert; außerdem wurden noch 4,5% *Nerinin* (VI), $C_{19}H_{25}O_5N$, das zuerst aus Nerine sarniensis gewonnen wurde u. dem wahrscheinlich die Konst. eines Methoxylycorins oder eines Dimethoxygalanthamins zukommt, gefunden. Schließlich wurden bei der Aufarbeitung der Zwiebeln zweijähriger Pflanzen von Crinum Powellii 0,16% Alkaloide isoliert, die 48% III, 20% *Crinidin* (VII), 2% *Crinin* (VIII) u. 2 Basen der Zus. $C_{17}H_{19}O_4N$ in 0,2- bzw. 1%ig. Ausbeute enthielten; die erstere ist wahrscheinlich ident. mit dem aus anderen Crinumarten u. Ammocharis coranica isolierten *Crinamin* (IX), während es sich bei der zweiten um ein bisher nicht beschriebenes Alkaloid *Powellin* (X) handelt.

Versuche: Die Aufarbeitung der Zwiebeln erfolgte im wesentlichen nach einer früher angegebenen Vorschrift (vgl. C. **1956**. 3042). Nach Abtrennen des in Chlf. schwer lösl. *Lycorins* (III) werden die in Chlf. lösl. Alkaloide in phenol. u. nichtphenol. getrennt, beide Fraktionen durch Ausschütteln in verd. H_2SO_4 oder verd. CH_3COOH mit Chlf.

gereinigt u. die Nichtphenolbasen dann in schwach u. stark bas. getrennt, indem man die schwach essigsaure Lsg. durch Zusatz von NH_4OH nacheinander auf p_H 7,5—8 u. stark alkal. Rk. bringt u. mit Chlf. ausschüttelt. — Aus 8 kg Sprekelia formosissima: 0,26 g **III**; 0,65 g Tazettin (**I**) u. ein Gemisch aus 0,40 g **I** u. 0,13 g *Haemanthidin* (**IV**) aus der Phenolbasenfraktion (**A**); 0,80 g **I** u. ca. 0,65 g *Haemanthamin* (**II**) aus den schwachen Nichtphenolbasen (**B**); 0,55 g **I** aus den starken Nichtphenolbasen (**C**). — Aus 8,5 kg Galanthus Elwesii: 2,4 g **III**; 1,1 g **I** aus **A**; 3,15 g *Galanthamin* (**V**)-*Hydrojodid* u. 0,13 g **II** aus **B**; 1,3 g **I**, 3,5 g **V**-*Hydrojodid* u. 0,1 g **II** aus **C**. — Aus 7,5 kg Zephyranthes candida: 1,05 g **III**, 0,03 g **I** aus **A**; 0,9 g *Nerinin* (**VI**), 0,04 g (**II**) u. 0,03 g **I** aus den nicht aufgeteilten Nichtphenolbasen. — Aus 14,5 kg Crinum Powellii: 11,3 g **III** u. 0,5 g *Crinin* (**VIII**) wie aus Crinum Moorei nach l. c.; 6,1 g *Crinidin* (**VII**), 0,05 g *Crinamin* (**IX**) u. 0,25 g *Powellin* (**X**) aus den ungeteilten Nichtphenolbasen. — **III**, F. 280—281° (Zers., Methanol). *Pikrat*, F. 198—200° (Zers.; W.). — **I**, F. 207—208° (Methanol). *Pikrat*, F. 216 bis 217° (Zers.; Methanol). — **II**, F. 200—201 (Aceton). *Pikrat*, F. 222° (Zers.; Methanol.) — **IV**, F. 173° (Aceton); *Hemihydrat*, F. 189—190°. *Pikrat*, F. 208° (Zers.; Methanol). — **V**, F. 127—129° (Aceton). *Hydrojodid*, F. 260—261° (Zers.); aus Methanol oder W. Prismen. *Jodmethylat*, F. 288° (Zers.; W.). — **VI**, F. 209—210° (Aceton). — **VII**, F. 206 bis 207° (Aceton). *Pikrat*, F. 233—234° (Zers.; Methanol). — **VIII**, F. 213—214° (Zers.; Aceton). *Jodmethylat*, F. 258—259° (Zers.; Aceton). — **X**, $C_{17}H_{19}O_4N$, F. 197—198°; $[\alpha]_D^{22}$ 0° (c = 0,5; Chlf.); aus Aceton, Bzl. oder Essigester Nadeln. *Pikrat*, $C_{17}H_{19}O_4N \cdot C_6H_3O_7N_3$, F. 223—224°; aus wss. A. Tafeln. *Jodmethylat*, $C_{18}H_{22}O_4NJ$, F. 273—274° (Zers.), durch 2 std. Erhitzen von **X** mit CH_3J in Methanol; aus Methanol oder Aceton nadelförmige Prismen. — **IX**, $C_{17}H_{19}O_4N$, F. 195°; $[\alpha]_D^{22}$ +158° (c = 0,25; Chlf.); aus Aceton Nadeln. *Pikrat*, F. 270—271° (Zers.); aus Methanol + W. Prismen. (Chem. Ber. **88**. 1590—94. 1/10. 1955. Berlin, Humboldt-Univ., Chem. Inst.) I. BUCHTA. 3500

A. A. Katschan und **B. Ja. Dain**, *Photochemie des Chlorophylls bei der Temperatur der flüssigen Luft.* Die Belichtungsverss. mit 0,040—0,078 g *Chlorophyll a + b* pro Liter Lösungsm. führen in A. oder A. + Ae. (1 : 3) zu verschied. Ergebnissen. Während in A. durch sichtbares u. nicht filtriertes UV-Licht bei der Temp. der fl. Luft keine Veränderungen der roten Absorptionsbande eintreten, zeigen die Lsgg. in A. + Ae. diese Stabilität nur gegenüber dem sichtbaren Licht. Bei der UV-Bestrahlung tritt schon nach 20—30 Min. eine Abnahme der Intensität der roten Absorptionsbande ein. Das Absorptionsmaximum wird hierbei nicht verschoben. Die entstehenden Prodd. haben bei tiefer Temp. eine lange Lebensdauer. Beim Übergang zur Zimmertemp. wird die ursprüngliche Absorptionskurve wiederhergestellt. Die prim. Wrkg. der Quanten erfolgt wohl nach dem Schema: Chlorophyll $\xrightarrow{h\nu}$ positives Chlorophyllion + Elektron. Da die vermutete Photoionisation nur in Ggw. von Ae. erfolgt, ist anzunehmen, daß sich das bei tiefer Temp. stabile Oxoniumion $(C_2H_5)_2OH^+$ bildet. Die Einw. des sichtbaren Lichts auf die Lsgg. in A. führt dagegen nur zur Bldg. elektronenerregter, metastabiler Moleküle. (Доклады Академии Наук СССР [Ber. Akad. Wiss. UdSSR] [N. S.] **80**. 619—22. 1/10. 1951. Pissarshewski-Inst. für physikal. Chem. der Akad. der Wiss. der UkrSSR.) O. LEBTAG. 3550

Maurice D. Sutherland, *Das Citronellolproblem und die Isolierung von α-Citronellol.* Die Isolierung des in der Natur nicht vorkommenden u. bisher nicht in reiner Form isolierten *α-Citronellols* (α-**I**) aus dem bei der Red. von Citronellal gewonnenen β-**I** (Kp.$_{10}$ 104,6°) durch Dest., 6 std. Erhitzen mit Benzoylchlorid auf 160°, Verseifung u. fraktionierte Dest. in 95%ig. Reinheit wird beschrieben. α-**I** hat Kp.$_{10}$ 103,0°, n_D^{25} 1,4494, $D.^{25}_4$ 0,8484 u. $[\alpha]_D^{25}$ —1,63; es liefert ebenso wie β-**I** bei der Hydrierung *Dihydrocitronellol* (*Phenylazophenylurethan*, F. 86,5—87,5°, aus Hexan Büschel orangefarbener Tafeln), bei der Oxydation 73% *Formaldehyd* u. bei der Ozonisierung nur 5—6% *Aceton* (aus β-**I** 93—98%) u. bildet ein *Phenylazophenylurethan*, F. 64—65° (aus Hexan Büschel orangefarbener Nadeln; gibt 3,1—4,8% Aceton), das mit β-**I**-*Phenylazophenylurethan*, F. 69—70° (aus Hexan Büschel orangefarbener Nadeln; gibt 96—97% Aceton) feste Lsgg. bildet. (J. Amer. chem. Soc. **73**. 2385. Mai 1951. Brisbane, Australia, Univ. of Queensland, Chem. Dep.) G. FRIESE. 3600

E. Engelmann und **E. Rauer**, *Über die Gewinnung eines neuen Sesquiterpenalkohols (Animol) aus dem Öl des Holzes Myoporum crassifolium (Animeöl).* Im *Animeöl* wurde zu ≥80% ein neuer monocycl. tert. *Sesquiterpenalkohol* (*Animol*) (**I**), $C_{15}H_{26}O$, mit Doppelbindungen gefunden; katalyt. hydrierbar zu *Tetrahydroanimol*, $C_{15}H_{30}O$; mit HCl bzw. HBr entsteht das *Trihydrochlorid* (**II**), $C_{15}H_{27}Cl_3$, bzw. *Trihydrobromid*, $C_{15}H_{27}Br_3$; Veresterungsverss. führten meist zu KW-stoffen. Katalyt. Dehydrierung gab ein *Azulen* (**III**) u. *Cadalin* (**IV**), beide $C_{15}H_{18}$, Oxydation mit $KMnO_4$ neben Essigsäure durch Wasserdampfdest. ein Gemisch mehrerer Carbonylverbb., die ein krist. *Dinitrophenylhydrazon* lieferten. **II** ist ident. mit dem Trihydrochlorid des *Bisabolols* u. gab durch HCl-Abspaltung das *Sesquiterpen Animen* (**V**), $C_{15}H_{24}$; hydrierbar zu *Hexahydroanimen.* Kochen mit HCOOH führte **V** über in ein isomeres, bicycl. *Sesquiterpen,* dehydrierbar zu **III** u. **IV**. Aus **I** entstand durch Wasserabspaltung mit HCOOH ein von **V** verschied., mit dessen Umlagerungsprod. aber offenbar ident., bicycl. *Sesquiterpen,* das *Isoanimen,* $C_{15}H_{24}$ mit 2 Doppelbindungen, ebenfalls dehydrierbar zu **III** (10%) u. **IV** (20%), hydrierbar zu *Tetrahydroisoanimen.* (Naturwissenschaften **40.** 363. Juli 1953. Datteln, Westf., Techn.-Wissenschaftl. Arb.-Gemeinsch.) W. SCHULENBURG. 3600

Lee A. Subluskey und **L. Carroll King,** *Isobornylisothiuroniumsalze. Isobornylisothiuronium-p-toluolsulfonat* (**I**) konnte aus Camphen (**II**), Camphenmethyläther, Tricyclen (**III**), Isobornylmethyläther, Isoborneol oder Bornyl-p-toluolsulfonat dargestellt werden, wobei Nebenprodd., wie ein Bornylisothiuroniumsalz oder Camphanisothiuroniumsalz nicht gebildet wurden. Die enantiomorphen Formen von **I** bilden eine rac. Verbindung. Bei der Darst. aus **III** wurde opt.-inakt. **I** u. aus **II** opt.-akt. **I**, das aber bei der Reinigung teilweise Racemisierung erlitt, erhalten. Es wurden ferner opt. reines *Isobornylisothiuronium-d-camphersufonat* (**IV**) u. *Isobornylisothiuroniumjodid* sowie *Isobornylmercaptan* (**VI**) u. einige Derivv. dargestellt. Der Mechanismus der Bldg. von **I** aus den verschied. Terpenen wird diskutiert.

V e r s u c h e: *Isobornylisothiuronium-p-toluolsulfonat* (**I**), $C_{18}H_{28}O_3N_2S_2$, 6std. Kochen von **II** (F. 45—46°, $[\alpha]_D^{25}$ 52,7°; CH_3OH) mit p-Toluolsulfonsäuremonohydrat (**VII**) u. Thioharnstoff (**V**) in A. ergab 96% **I** vom F. 160—170°, $[\alpha]_D^{24}$ —21,4° (in CH_3OH), das zu 17% racemisiert war, nach mehrmaligem Umkristallisieren aus W.–A. oder Ae.–A. F. 181—183°, $[\alpha]_D^{25}$ —2,2°. Analog aus **II**-*Methyläther* (Kp.$_{17}$ 88—89°, $[\alpha]_D^{25}$ —3,30°) 96% **I** vom F. 169—174°, $[\alpha]_D^{25}$ —3,09°, zu 57% racemisiert, nach Umkristallisieren F. 181—183°, $[\alpha]_D^{25}$ 0°; aus **III** [F. 65—66° (A.)] inakt. **I**, F. 182—183°; 96% aus *Isobornylmethyläther* (Kp.$_{17}$ 77,8—79°, durch 5std. Kochen von **II** u. **VII** in CH_3OH) 97% **I** vom F. 177—179°; aus *Isoborneol* [F. 212—214° (im zugeschmolzenen Röhrchen)] 97% **I** vom F. 179—181° u. aus *Bornyl-p-toluolsulfonat* [$C_{17}H_{24}O_3S$, F. 78,8—79,4° (im zugeschmolzenen Röhrchen), $[\alpha]_D^{23}$ 2,04° (CH_3OH)] 85% **I** vom F. 177—180°, $[\alpha]_D^{25}$ —2,52°, zu 43% racemisiert, nach Umkristallisieren F. 181—183°, $[\alpha]_D^{25}$ 0°. — **I** mit $[\alpha]_D^{25}$ —12,1°, —33,8° u. 0° konnte durch Behandeln mit alkoh. NaOH in 76-, 85- u. 90%ig. Ausbeute in *Isobornylmercaptan* (**VI**), $C_{10}H_{18}S$, F. 140—141,5°, übergeführt werden. *Hg-Salz,* $C_{20}H_{34}S_2Hg$, F. 198—200°, aus **VI** u. $Hg(CN)_2$. — **I**, $[\alpha]_D^{24}$ —21,4°, ließ sich mit RANEY-Ni in alkoh. Lsg. in *Camphan,* $C_{10}H_{18}$, F. 157—158° (geschlossenes Röhrchen), überführen. 84%. — *Isobornyldisulfid,* $C_{20}H_{34}S_2$, F. 227—228,5° (im geschlossenen Röhrchen), aus **VI** u. J_2 in 5%ig. alkoh. NaOH; 88%. — *l-Isobornylisothiuronium-d-camphersulfonat* (l-**IV**), $C_{21}H_{36}O_4N_2S_2 \cdot H_2O$, F. 197—198°, aus **II** {$[\alpha]_D^{25}$ 10,3° (in CH_3OH)}, **V** u. d-Camphersulfonsäure {$[\alpha]_D^{25}$ 37,8° (in CH_3OH)}; $[\alpha]_D^{25}$ —19,8° (in CH_3OH). — d-**IV**, F. 197 bis 200°, $[\alpha]_D^{26}$ 40,6°, aus den Mutterlaugen von l-**IV**. — **I**, l-**IV** u. d-**IV** konnten mit wss. HJ in *dl-Isobornylisothiuroniumjodid,* $C_{11}H_{21}N_2JS$, F. 188—191°; 93%; in *l-Isobornylisothiuroniumjodid,* F. 190—193°, $[\alpha]_D^{25}$ —61,2° (CH_3OH); 78%; bzw. in *d-Isobornylisothiuroniumjodid,* F. 190—193°, $[\alpha]_D^{25}$ 31,6° (CH_3OH); 81%, übergeführt werden. (J. Amer. chem. Soc. **73.** 2647—50. Juni 1951. Evanston, Ill., Northwest. Univ., Chem. Labors.) U. FAASS. 3600

A. M. Ssokolskaja und **L. N. Manion,** *Triterpensaponine.* Übersicht. — 47 Literaturangaben. (Вестник Академии Наук Казахской ССР [Nachr. Akad. Wiss. KasachSSR] **1955.** Nr. 4. 74—80. April) A. v. WILPERT. 3600

Jean Allard und **Robert Berge,** *Darstellung von Nopolderivaten.* 1. Mitt. *Von Nopylmagnesiumchlorid ausgehende Synthesen.* Direkte Einw. von Trioxymethylen auf Terpentin von Bordeaux im Autoklaven lieferte *Nopol* {**I**; *7.7-Dimethyl-4-[β-oxyäthyl-bicyclo-[1.1.3]-hexen-(3)*}. Aus dem daraus erhältlichen *Nopyl-MgCl* (**III**) synthetisierten Vff. eine Reihe von neuen Terpenderivv.; Hydrolyse gab *Homopinen* (**IV**).

V e r s u c h e (unter teilweiser Mitarbeit von **Yvan Dussau**): *Nopol* (**I**), Kp.$_{16}$ 117,5°, durch 1std. Erhitzen von 600 g Terpentin ($[\alpha]_D$ —32,75° [l = 1], n_D^{25} 1,4645, D^{25}_4 0,8579) mit Trioxymethylen im Rührautoklaven auf 170—180°; n_D^{25} 1,4918, D^{25}_4 0,9651; $[\alpha]_D^{25}$ —37,80°; 75 g (Ausbeute). *p-Nitrobenzoat,* $C_{18}H_{21}O_4N$, F. 69,5—70° (CH_3OH), $[\alpha]_D$ —22,20° (c = 0,120 g·cm^{-3}; Ae.). *3.5-Dinitrobenzoat,* $C_{18}H_{20}O_6N_2$, F. 68—68,5° (CH_3OH), $[\alpha]_D$ —23,00° (c = 0,105 g·cm^{-3}; Ae.). — *Nopylchlorid* (**II**), $C_{11}H_{17}Cl$, Kp.$_{15}$ 103 bis 104°, Kp.$_1$ 72—73°, aus 100 g **I** u. PCl_5 in PAe. bei 40° (2 Std.), Destillationsrückstand ist zersetzlich; n_D^{25} 1,4950, D^{25}_4 1,0135, $[\alpha]_D^{25}$ —31,10°; 55 g. — *Nopylmethyläther,* $C_{12}H_{20}O$, Kp.$_{0,7}$ 56°, aus 25 g **I** u. $NaNH_2$ in sd. Toluol (12 Std.), dann Behandeln mit CH_3J; n_D^{25} 1,4692, D^{25}_4 0,9163, $[\alpha]_D^{25}$ —29,45°; 20 g. — *Nopyläthyläther,* $C_{13}H_{22}O$, Kp.$_{0,7}$ 61°, analog mit C_2H_5J; n_D^{25} 1,4662, D^{25}_4 0,9041, $[\alpha]_D^{25}$ —25,70°; 25 g. — *Nopadien,*

$C_{11}H_{16}$, Kp.$_{32}$ 86—87°, aus 166 g **I** u. sd. glykol. KOH bei Ggw. von Phenyl-β-naphthylamin; n_D^{25} 1,5022, D.$^{25}_4$ 0,8856, $[\alpha]_D^{25}$ +19,20°; 33 g. Nahm mit ADAMS-PtO_2 in Eisessig die berechnete Menge H_2 auf. *Maleinsäureanhydridaddukt*, $C_{15}H_{18}O_3$, F. 133° (Ae.–PAe.). — *Nopylmagnesiumchlorid* (**III**), $C_{11}H_{17}MgCl$, aus **II** u. Mg in sd. Ae. (4 Std.). — *Homopinen* (**IV**), $C_{11}H_{18}$, Kp.$_{15}$ 65—65,5°, aus 60 g **II** u. Mg in sd. Ae., dann Hydrolyse mit NH_4Cl; n_D^{25} 1,4683, D.$^{25}_4$ 0,8640, $[\alpha]_D^{25}$ —39,40°; 25 g; daneben ca. 10 g *Dinopyl* (?), $C_{22}H_{34}$, Kp.$_1$ 138—141°, n_D^{25} 1,5128, D.$^{25}_4$ 0,9537, $[\alpha]_D^{25}$ —43,20°. — Hydrierung von **IV** mit ADAMS-PtO_2 in Eisessig gab 100% *Homopinan*, $C_{11}H_{20}$, Kp.$_{18}$ 74,5—75°, n_D^{25} 1,4640, D.$^{25}_4$ 0,8598, $[\alpha]_D^{25}$ —30,80°. — Oxydation von 33 g **IV** mit wss. $KMnO_4$ bei Ggw. von $(NH_4)_2SO_4$ unter Eiskühlung gab 25 g saure u. ca. 10 g neutrale Prodd.; aus den ersten schieden sich 3 g *rac. Homopinonsäure* ab, $C_{11}H_{18}O_3$, F. 85—86° (Ae.–PAe.). *Semicarbazon*, $C_{12}H_{21}O_3N_3$, F. 196—197° (CH_3OH). Rest der sauren Prodd. (wahrscheinlich Gemisch aus *cis-* u. *trans-Homopinonsäure*) hatte α_D zwischen — 67 u. —80,2°; *Semicarbazon*, $C_{12}H_{21}O_3N_3$, F. 218—219° (CH_3OH). *Oxim*, $C_{11}H_{19}O_3N$, F. 144—145° (CH_3OH). — *Nopylformaldehyd* (**V**), $C_{12}H_{18}O$, Kp.$_{15}$ 116—117°, aus **III** u. Orthoameisensäuretriäthylester in sd. Ae. (6 Std.), Reinigung über die Bisulfitverb.; Verbenengeruch; n_D^{25} 1,4835, D.$^{25}_4$ 0,9574, $[\alpha]_D^{25}$ —45°; 18%. *Semicarbazon*, $C_{13}H_{21}ON_3$, F. 109—110° (CH_3OH), $[\alpha]_D$ —36,60° (c = 0,038 g·cm^{-3}; A.). *2.4-Dinitrophenylhydrazon*, $C_{18}H_{22}O_4N_4$, F. 105—106° (95%ig. A.); orangegelbe Nadeln. *Oxim*, $C_{12}H_{19}ON$, fl., Kp.$_1$ 125—127°, n_D^{25} 1,5055, D.$^{25}_4$ 1,0009, $[\alpha]_D^{25}$ —39,10°. — *Nopylameisensäure*, $C_{12}H_{18}O_2$, Kp.$_1$ 130—131°, a) aus 2,4 g **V** u. Ag_2O in wss. A. (2 g); b) aus 74 g **II** über **III** mit CO_2 (35 g); n_D^{25} 1,4885, D.$^{25}_4$ 1,0278, $[\alpha]_D^{25}$ —40,30°. *Ag-Salz*, $C_{12}H_{17}O_2Ag$. *Methylester*, $C_{13}H_{20}O_2$, Kp.$_{0,8}$ 88—88,5°, aus dem Ag-Salz mit CH_3J; n_D^{25} 1,4744, D.$^{25}_4$ 0,9890, $[\alpha]_D^{25}$ — 36,50°; 80%. *Äthylester*, $C_{14}H_{22}O_2$, Kp.$_{0,7}$ 89°, analog; n_D^{25} 1,4721, D.$^{25}_4$ 0,9735, $[\alpha]_D^{25}$ —31,80°; 80%. *p-Bromphenacylester*, $C_{20}H_{23}O_3Br$, F. 92—92,5° (95%ig. A.). — *Dihydronopylameisensäure*, F. 38,5—39° (wss. CH_3OH), durch Hydrierung vorst. Säure mit ADAMS-PtO_2 in Eisessig. — *Methylnopylcarbinol*, $C_{13}H_{22}O$, Kp.$_{16}$ 136—136,5°, a) aus **III** u. Acetaldehyd in Ae. (30%, daneben etwas *Homopinan*); b) aus **V** u. CH_3MgJ in Ae. (95%); n_D^{25} 1,4870, D.$^{25}_4$ 0,9448, $[\alpha]_D^{25}$ —32,10°. *3.5-Dinitrobenzoat*, $C_{20}H_{24}O_6N_2$, F. 94—95° (CH_3OH). — *Methylnopylketon*, $C_{13}H_{20}O$, Kp.$_{17}$ 133—134°, aus 10 g vorst. Verb. u. CrO_3-Eisessig (50°); n_D^{25} 1,4813, D.$^{25}_4$ 0,9460, $[\alpha]_D^{25}$; 7 g. *Semicarbazon*, $C_{14}H_{23}ON_3$, F. 179° (CH_3OH). — *Äthylnopylcarbinol*, $C_{14}H_{24}O$, Kp.$_{17}$ 147—148°, aus **V** u. C_2H_5MgBr; n_D^{25} 1,4860, D.$^{25}_4$ 0,9385, $[\alpha]_D^{25}$ —29,30°, 95%. *3.5-Dinitrobenzoat*, $C_{21}H_{26}O_6N_2$, F. 90—91° (CH_3OH). (Bull. Soc. chim. France, Mém. [5] **1955**. 1399—1408. Nov./Dez. Bordeaux, Fac. des Sci., Labor. de Chim. M. P. C.) J. ROTHE. 3600

A. M. Ssokolskaja, *Die Steroidsaponine*. Übersicht. (Вестник Академии Наук Казахской ССР [Nachr. Akad. Wiss. KasachSSR] **1955**. Nr. 6. 69—84. Juni.) A. v. WILPERT. 3650

Pablo Th. Herzig und Maximilian Ehrenstein, *Untersuchungen über Steroide*. **17.** Mitt. *Dehydratationsuntersuchungen in der 3β.5.19-Trioxyätiocholansäurereihe*. (16. vgl. C. **1956**. 5022.) 3β.5.19-Trioxyätiocholansäure (**I**) läßt sich analog ihrem Äthylester (**Ia**; vgl. EHRENSTEIN u. Mitarbeiter, C. **1953**. 4049) durch Oxydation mit N-Bromacetamid u. Behandlung mit GIRARDSs Reagens T in *3-Keto-19-oxy-Δ⁴-ätiocholensäure* (**II**) überführen. Die Dehydratation von **Ia**-3.19-Diacetat (**IIIa**) mit $SOCl_2$ in Ae. in Ggw. von Pyridin liefert *3β.19-Diacetoxy-Δ⁴-ätiocholensäureäthylester* (**IV**), der auch aus **I**-3.19-Diacetat (**III**) auf die gleiche Weise u. durch nachfolgende Veresterung mit A. erhalten wird. Die Behandlung von **IIIa** mit $SOCl_2$ ohne Lösungsm. gibt dagegen zu ca. gleichen Teilen **IV** u. dessen *Δ⁵-Isomeres*. **IV** wird zu *3β.19-Dioxy-Δ⁴-ätiocholensäure* (**V**)-*Äthylester* (**Va**) verseift, der auch aus **II**-Äthylester (**IIa**) durch Red. mit $NaBH_4$ erhalten wird. Entsprechend liefert die Red. von **II** mit $NaBH_4$ hauptsächlich **V** (daneben wenig *3α-Isomeres* [**VI**]), das sich zu **Va** verestern läßt. Das Gemisch von **V** u. **VI** ist ziemlich instabil, offenbar wegen der Tendenz zur Bldg. eines $\Delta^{3.5}$-Diens. Bei der katalyt. Hydrierung (Pt/Eisessig) von **V**-*Diacetatmethylester* (**Vb**) werden *19-Acetoxy-* u. *3β.19-Diacetoxyätio(allo?)cholansäuremethylester* erhalten, deren Konfigurationen am $C_{(5)}$ nicht feststehen.

V e r s u c h e (FF. mit FISHER-JOHNS-App.; opt. Drehungen in 2 cm^3 Chlf. im 1,2 dm-Rohr): *3β.19-Dibenzoyloxy-5-oxyätiocholansäureäthylester*, $C_{36}H_{44}O_7$, F. 166 bis 167°, aus **Ia** durch Benzoylierung; nach Chromatographie aus Methanol–W. Tafeln; $[\alpha]_D^{31}$ +30 ± 1° (13,31 mg); 86% (Ausbeute). — Krist. *3β.19-Diacetoxy-5-oxyätiocholansäure* (**III**), $C_{24}H_{36}O_7$, F. 156—158°, aus der amorphen Modifikation (EHRENSTEIN u. Mitarbeiter. C. **1951**. II. 1888) durch Chromatographie an Silicagel u. Rekristallisation aus A.–W. bzw. durch Impfen einer äther. Lsg. mit diesem Material; Nadeln; $[\alpha]_D^{31,5}$ +56 ± 1° (11,92 mg). — *3β.19-Diacetoxy-Δ⁴-ätiocholensäureäthylester* (**IV**), $C_{26}H_{38}O_6$,

F. 70—72°, a) aus 100 mg **IIIa** (F. 104—105°) in absol. Ae., Pyridin u. $SOCl_2$ bei 15°, anschließend 4 Std. bei Zimmertemp.; nach Chromatographie aus Methanol–W. Nadeln; $[\alpha]_D^{20,5}$ +54,7 ± 2° (10,68 mg); 64,1 mg; gibt mit $C(NO_2)_4$ eine schwachgelbe Färbung; b) aus 89,4 mg **III** (F. 153—155°) durch zweimalige Behandlung wie unter (a), anschließend mit absol. A. u. Pyridin, 10 Min. bei Zimmertemp.; 39,5 mg. — *3β.19-Diacetoxy-Δ⁵-ätiocholensäureäthylester,* $C_{26}H_{38}O_6$, F. 135—137°, aus 100 mg **IIIa** u. $SOCl_2$ bei —20° (bei —0° über Nacht stehen); nach Chromatographie (5. u. 6. Eluat mit PAe.–Bzl. 3 : 2 u. 1 : 1) aus Methanol–W. Nadeln; $[\alpha]_D^{20,5}$ —54,2 ± 3° (9,23 mg); 15,8 mg, daneben (3. Eluat mit PAe.–Bzl. 4 : 1) 14,8 mg **IV**. — *3β.19-Dioxy-Δ⁴-ätiocholensäureäthylester* (**Va**), $C_{22}H_{34}O_4$, F. 136—137°, a) aus 24,4 mg **IV** in 96%ig. A. u. NaOH bei Zimmertemp. über Nacht; aus Ligroin feine Nadeln; $[\alpha]_D^{31}$ + 80 ± 2° (6,25 mg); 12,5 mg; gibt in Chlf. mit $C(NO_2)_4$ eine schwach gelbe Färbung; b) aus 15 mg **IIa** (F. 180 —181°, aus **II** u. Diazoäthan) in A. u. $NaBH_4$ in A.–W. (1 : 1) bei 50° (30 Min.); nach Chromatographie aus A.–W. Tafeln; 4,7 mg; c) aus **V** in A. u. äther. Diazoäthan. — *3-Keto-19-oxy-Δ⁴-ätiocholensäure* (**II**), $C_{20}H_{28}O_4$, F. 228—230°, aus 178 mg **I** in tert.-Butylalkohol, N-Bromacetamid u. W. (bei Zimmertemp. über Nacht); das Prod., wahrscheinlich unreine *3-Keto-5.19-dioxyätiocholansäure* (F. 172—175° [Zers.]; Nadeln; 172,5 mg), wird in A. mit GIRARDs Reagens T. u. Eisessig 1 Std. am Rückfluß gekocht; nach Chromatographie an Silicagel aus A.–W. Nadeln; $[\alpha]_D^{23}$ +107 ± 2° (9,44 mg, in A.-haltigem Chlf.); λ_{max} 242 mμ (ε = 15000; A.); 79 mg. *19-Acetat,* $C_{22}H_{30}O_5$, F. 193—194°, feine Nadeln aus Methanol–W.; $[\alpha]_D^{27}$ +193 ± 3° (17,68 mg), +200 ± 3° (20,50 mg). *Methylester,* $C_{21}H_{30}O_4$, F. 176 bis 177°, Nadeln aus A.–W.; $[\alpha]_D^{23}$ +111 ± 2° (8,02 mg); λ_{max} 242 mμ (ε = 14000; A.). — *3β.19-Dioxy-Δ⁴-ätiocholensäure* (**V**, enthält etwas *3α-Isomeres* [**VI**]), F. 205—207°, aus **II** in 0,1n NaOH u. wss. $NaBH_4$ (1 Std. bei Zimmertemp.); Nadeln aus A. u. Bzl; bei wiederholter Umkristallisation aus wss. A. wird der F. erniedrigt, dabei tritt im UV eine die Ggw. einer konjugierten Doppelbindung anzeigende Absorption auf. Durch Chromatographie an Silicagel wird **V** größtenteils zersetzt. Beim Versuch der Hydrolyse von 34,0 mg **IV** mit alkoh. KOH (Rückfluß) wurden nur 8,0 mg offenbar unreines saures Material von F. 158—160° (Tafeln aus Methanol–W.) erhalten, das bei der Veresterung nur wenig **Va** lieferte. *Methylester,* $C_{21}H_{32}O_4$, F. 187—189°, aus 73,2 mg vorst. rohem Gemisch aus **V** u. **VI** in Methanol u. äther. CH_2N_2; nach Chromatographie (Elution mit Ae.–Methanol) aus Aceton–Ligroin kräftige Tafeln; $[\alpha]_D^{27}$ +88 ± 2° (13,16 mg); 35,5 mg, daneben aus den Mutterlaugen durch erneute Chromatographie weitere 15,9 mg Methylester u. 10,2 mg *3α.19-Dioxy-Δ⁴-ätiocholensäure* (**VI**)-*Methylester,* $C_{21}H_{32}O_4$, F. 133—135°, aus Methanol–W. Nadeln. **V**-*Diacetatmethylester* (**Vb**), F. 82—83° (nach Festwerden bei 86—88° F. 101—102°), aus Methanol–W. feine Nadeln. — *19-Acetoxyätio(allo?)-cholansäuremethylester,* $C_{23}H_{36}O_4$, F. 106—107°, aus 19 mg **Vb** in Eisessig in Ggw. von red. PtO_2 unter H_2 (0,5 Std. bei 28°/759 mm Hg) u. Chromatographie; PAe.–Bzl. (1 : 1)-Eluate, aus Methanol–W. Nadeln; $[\alpha]_D^{25}$ +45 ± 1° (8,1 mg); 8,2 mg, daneben durch Elution mit Bzl. u. Bzl.–Ae. (4 : 1) 7,7 mg *3β.19-Diacetoxyätio(allo?)cholansäuremethylester,* $C_{25}H_{38}O_6$, F. 121—122°, Tafeln aus Methanol–W.; $[\alpha]_D^{25}$ +31 ± 1° (7,65 mg). (J. org. Chemistry **17**. 713—23. Mai 1952. Philadelphia, Pa., Univ. of Pennsylvania, John Herr Musser Dep. of Med. Res., Div. of Steroid Res.) H.-J. KOCH/Berlin. 3700

Pablo Th. Herzig und **Maximilian Ehrenstein,** *Untersuchungen über Steroide.* 18. Mitt. *Chloride und cyclische Sulfite in der 3β.5.19-Trioxyätiocholansäurereihe. Ein Fall von asymmetrischem Schwefel.* (17. vgl. vorst. Ref.) Das Na-Salz der 3β.19-Diacetoxy-5-oxyätiocholansäure (**I**; l. c.) wird durch Behandlung mit Oxalylchlorid, Umsetzung des nicht isolierten Säurechlorids mit CH_2N_2 u. Behandlung des Diazoketons mit äther. HCl in *21-Chlorpregnan-3β.5.19-triol-20-on-3.19-diacetat* verwandelt. Die Behandlung von 3β.5.19-Trioxyätiocholansäureäthylester (**II**) mit $SOCl_2$ in Pyridin liefert 2 Formen von *3α-Chlor-5.19-dioxyätiocholansäureäthylester-5.19-sulfit* (**IIIa** u. **IIIb**), die sicher voneinander verschieden sind, keine polymorphen Formen darstellen u. in Zus. u. Konfiguration der C-Atome des Kerns übereinstimmen, da die Hydrolyse beider Formen *3α-Chlor-5.19-dioxyätiocholansäureäthylester* (**IV**) liefert. Vff. nehmen an, daß das S-Atom von **IIIa** bzw. **IIIb** Zentrum der Stereoisomerie ist. Die Lage des Sulfitringes wird durch mehrere Rkk. bewiesen. 3β.5.19-Trioxyätiocholansäure (**V**) liefert bei Behandlung mit $SOCl_2$ und anschließender Umsetzung mit CH_2N_2 u. mit HCl nur eine Form von *3α.21-Dichlorpregnan-5.19-diol-20-on-5.19-sulfit,* das bei der Hydrolyse das freie *3α.21-Dichlorpregnan-5.19-diol-20-on* gibt. Die Behandlung von **I** mit $SOCl_2$ führt wahrscheinlich zu einem Gemisch der ungesättigten Säurechlo-

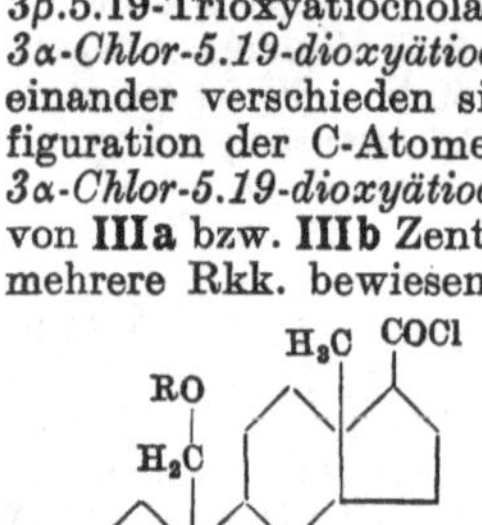

VI

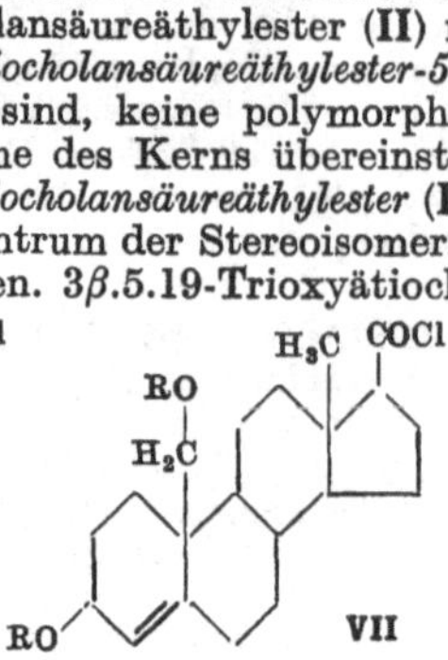

VII

ride **VI** u. **VII**, das bei Umsetzung mit CH_2N_2, nachfolgender Behandlung mit HCl u. Hydrolyse ein Gemisch von *21-Chlor$\Delta^{3,5}$-pregnadien-19-ol-20-on* u. seinem *Acetat* liefert.

Versuche (FF. mit FISHER-JOHNS-App.; opt. Drehungen in 2 cm³ Chlf. im 1,2 dm-Rohr): *21-Chlorpregnan-3β.5.19-triol-20-on-3.19-diacetat*, $C_{25}H_{37}O_6Cl$, F. 118 bis 120°. Aus I-Na (auf 100 mg I u. 0,106n NaOH) in Bzl. u. Oxalylchlorid wird unter Kühlung mit Eis/NaCl (5 Min., dann 15 Min bei Zimmertemp.) das Säurchlorid bereitet u. in Bzl. mit 1,8%ig. äther. CH_2N_2 behandelt (½ Std. bei Zimmertemp.), anschließend mit äther. HCl ½ Std. bei Zimmertemp.; nach Chromatographie aus wss. A. kräftige Nadeln; $[\alpha]_D^{28}$ +115 ± 2° (5,440 mg); 21,3 mg (Ausbeute). — *3α-Chlor-5.19-dioxyätiocholansäureäthylester-5.19-sulfit*, $C_{22}H_{33}O_5ClS$, F. 222—224° (Zers.; **IIIa**, nach Chromatographie u. Elution mit PAe. aus A.-W. rhomb. Tafeln; $[\alpha]_D^{28}$ +69 ± 2° [6,73 mg]; 23,3 mg) u. F. 203—205° (Zers.; **IIIb**, nach Elution mit PAe.-Bzl. 4 : 1 u. 3 : 2 aus A.-W. kub. Kristalle; $[\alpha]_D^{28}$ +67 ± 2° [8,31 mg]; 18,0 mg), aus 100 mg **II** in Pyridin, CCl_4 u. $SOCl_2$ (1 Std. am Rückfluß); Misch-F. von **IIIa** u. **IIIb** 193—197°. Unter veränderten Bedingungen (2 Tage bei 0° bzw. ohne CCl_4 16 Std. bei Zimmertemp. oder 2 Tage bei —20°) werden geringere Ausbeuten erhalten. **IIIa** u. **IIIb** sind beständig gegen Al_2O_3 (1½ Std.) u. äther. n-HCl (1½ Std. bei Zimmertemp.). — *3α-Chlor-5.19-dioxyätiocholansäureäthylester* (**IV**), $C_{22}H_{35}O_4Cl$, F. 169—171°, a) aus 5,3 mg **IIIa** u. 0,5n HCl in 90%ig. A. (15 Min. am Rückfluß); 3,2 mg, b) aus 8,0 mg **IIIa** in A. u. 0,1n alkoh. KOH (3 Std. bei Zimmertemp.; 5,3 mg, c) aus 10,0 mg **IIIb** u. 0,5n HCl in 95%ig. A. (30 Min. am Rückfluß); Nadeln aus A.-W.; $[\alpha]_D^{31,5}$ +61 ± 1° (8,05 mg); 8,2 mg, d) aus 8,0 mg **IIIb** wie unter (b); 5,2 mg. Die Behandlung von 13,1 mg **IV** in Eisessig mit 1,3 Äquivalenten CrO_3 in 96%ig. Essigsäure (bei Zimmertemp. über Nacht) liefert 7,0 mg harziges neutrales Prod. [gibt nach Trennung mit GIRARDs Reagens T 4,5 mg nichtketon. (**IV**?) u. 2,5 mg keton. Material] u. 4,7 mg saures Material. **IV** wird durch Behandlung mit N-Bromacetamid in tert.-Butylalkohol u. W. (bei Zimmertemp. über Nacht) mit Dimethylanilin (20 Min. am Rückfluß) u. mit Chinolin (1 Std. am Rückfluß) nicht verändert. **IV**-*19-Monoacetat*, $C_{24}H_{37}O_5Cl$, F. 114—115°, nach Chromatographie (Elution mit Bzl. u. Bzl.-Ae. 3 : 1) aus A.-W. feine Tafeln vom F. 49—51° (nach Erstarren bei 70—76° F. 114—115°) u. aus Ae. -PAe.Büschel von Tafeln. — *3α.21-Dichlorpregnan-5.19-diol-20-on-5.19-sulfit*, $C_{21}H_{30}O_4Cl_2S$, F. 197—199° (Zers.), aus 100 mg **V** u. $SOCl_2$, nach Aufhören der Gasentwicklung Zusatz von Bzl. u. Pyridin (30 Min. bei Zimmertemp. u. 15 Min. am Rückfluß), anschließend in Bzl. u. 1,8%ig. äther. CH_2N_2 (½ Std. bei Zimmertemp.), dann in Bzl. mit äther. n-HCl (½ Std. bei Zimmertemp.), Nadeln aus Methanol u. Aceton-PAe.; $[\alpha]_D^{28}$ +105 ± 2° (3,975 mg); 42,1 mg. — *3α.21-Dichlorpregnan-5.19-diol-20-on*, $C_{21}H_{32}O_3Cl_2$, F. 176—178°, aus 23,6 mg vorst. Verb. u. 0,5n HCl in ca. 90%ig. Methanol (1 Std. am Rückfluß); feine Nadeln aus Methanol-W.; $[\alpha]_D^{28}$ +149 ± 10° (1,66 mg); 12,8 mg (nicht ganz rein). — *21-Chlor-$\Delta^{3,5}$-pregnadien-19-ol-20-on*, $C_{21}H_{29}O_2Cl$, F. 139—141°, aus 250 mg **I** u. $SOCl_2$ bei —20° (15 Min., dann bei 0°, insgesamt 45 Min.) u. weiter analog vorvorst. Verb.; nach Chromatographie des neutralen Prod. (Elution mit PAe.-Bzl. 1 : 3, Bzl. u. Bzl.-Ae. 4 : 1) aus Methanol-W. Nadeln; $[\alpha]_D^{29}$ —38 ± 1° (8,64 mg); λ_{max} 234 mμ (ε = 22800; A.); 24,3 mg; gibt ebenso wie sein Acetat in Chlf. mit $C(NO_2)_4$ eine deutliche Gelbfärbung. Daneben 8,2 g *Acetat*, $C_{23}H_{31}O_3Cl$, F. 119—121°, PAe.-Bzl. (3 : 1)-Eluate aus Methanol-W., Nadeln; $[\alpha]_D^{29}$ —61 ± 1° (5,47 mg); λ_{max} 234 mμ (ε = 17400, A.). Das Acetat wird auch durch Acetylierung der freien Verb. erhalten. (J. org. Chemistry **17**. 724—36. Mai 1952.) H.-J. KOCH/Berlin. 3700

Charles P. Balant und **Maximilian Ehrenstein**, *Untersuchungen über Steroide*. 19. Mitt. *Weitere Abbauprodukte von Strophanthidol*. (18. vgl. vorst. Ref.) Die Ozonisation u. anschließende reduktive Spaltung des Ozonids von Strophanthidoldiacetat (**Ia**) ergibt das nichtkrist. *3β.19-Diacetoxy-21-glyoxyloxy-14-isopregnan-5.14-diol-20-on* (**III**). Die Hydrolyse von **III** mit wss. methanol. $KHCO_3$ liefert ein Gemisch von *14-Isopregnan-3β.5.14-19.21-pentol-20-on* (**IV**) u. dessen *3β-Acetylderiv*. (**V**). **IV** wurde nicht krist. erhalten, doch ergab sich bei einem Hydrolyseverss. mit chromatograph. gereinigtem **III** in 25% (Ausbeute) krist. *14-Iso-17-isopregnan-3β.5.14.19.21-pentol-20-on* (**VII**), das als *3β.19.21-Triacetylderiv*. (**VIII**) u. durch Oxydation mit HJO_4 als *3β.5.14.19-Tetraoxy-14-iso-17-isoätiocholansäure* (**IX**) bzw. deren *Äthylester* charakterisiert wurde. Das sich bei der Verseifung von **III** ergebende Gemisch aus **IV** u. **V** gibt bei Acetylierung das *3β.19.21-Triacetylderiv*. (**VI**) von **IV** u. bei Oxydation mit HJO_4 u. nachfolgende Verseifung die *3β.5-14.19-Tetraoxy-14-isoätiocholansäure* (**II**). Zur Unters. der unerwarteten Epimerisierung am $C_{(17)}$ bei der milden Hydrolyse von **III** wurde mit $KHCO_3$ vorbehandeltes **III** mit K_2CO_3 in wss. Dioxan-Methanol behandelt. Bei nachfolgender Acetylierung ergab sich neben einer sauren Fraktion als einziges krist. Prod. das *3β.19.21-Triacetoxyderiv. von* **VII** (**VIII**). Die Ozonisation von freiem Strophanthidol (**I**) ergab nur ein harziges *21-Glyoxyloxy-14-isopregnan-3β.5.14.19-tetrol-20-on* (**X**), dessen nichtkrist. Hydrolyseprod. (**IV**) in krist. **VI** (daneben wenig **VIII**) übergeführt werden konnte. In einem orientierenden Vers. wurde **III** in alkal. Medium der Luft ausgesetzt, um zu prüfen, ob die Oxydation oder die Epimerisierung am $C_{(17)}$ schneller verläuft. Es wurden aus dem sich ergebenden sauren Material (80%) bei der Reinigung über die Acetatmethylester etwa zu gleichen Teilen **II**- u. **IX**-*Methylester-3.19-diacetat* erhalten, die auch durch Acetylierung des authent. **II**- u. **IX**-Methylesters (**IXa**) erhalten werden. Weiterhin wird **VI** zum *3β.19.21-Triacetoxy-14-isopregnan-5.14.20β-triol* (**XIa**) hydriert. **XIa** läßt sich durch CrO_3-Oxydation in **VI** zurückverwandeln u. liefert bei der Hydrolyse das *Hexol* (**XI**). Ferner wird *Isostrophanthidol* (**XII**) u. dessen Diacetat aus **I** bzw. **Ia** dargestellt.

Versuche (FF. mit FISHER-JOHNS-App., opt. Drehungen in 2 cm^3 Lsg. im 1,2 dm-Rohr): *3β.19.21-Triacetoxy-14-isopregnan-5.14-diol-20-on* (**VI**), $C_{27}H_{40}O_9$, F. 188,5 bis 189,5° (Aceton–PAe. nach Chromatographie); durch eine Lsg. von 3 g **Ia** (F. 186,5 bis 187,5°) in Äthylacetat wird 40 Min. bei −70° O_2 + 4% O_3 durchgeleitet u. weitere 30 Min. bei −70° gehalten, anschließend in Eisessig mit Zn-Staub behandelt; das gebildete harzige **III** (3,036 g [Ausbeute], daneben 106,3 mg saures Material) wird mit wss. methanol. $KHCO_3$ 18 Std. bei Zimmertemp. behandelt u. ergibt ein harziges Gemisch (2,6417 g), wahrscheinlich aus **IV** u. **V** bestehend; **IV**/**V** wird mit Acetanhydrid u. Pyridin 21 Std. bei Zimmertemp. acetyliert; Nadeln; $[\alpha]_D^{27}$ +71,7° (23,7 mg in Chlf., [α] +1,70°); 584,1 mg. — *3β.5.14.19-Tetraoxy-14-isoätiocholansäure* (**II**), F. 214—217,5° (aus Aceton–Ae. durch Fällung mit PAe.), aus 1 g **IV**/**V** in Dioxan mit HJO_4, 3 Std. bei Zimmertemp., u. Hydrolyse des harzigen Prod. mit methanol. KOH; 305,7 mg. *Äthylester* (**IIa**), F. 188—188,5°, aus 75 mg **II** in Aceton mit Diazoäthan in Ae.; Nadelbüschel aus Aceton nach Zusatz von Ae. u. PAe.; 81,4 mg. *Äthylester-3β.19-diacetat*, $C_{26}H_{40}O_8$, F. 140,5—141° (aus Aceton mit wenig Ae. u. viel PAe.), $[\alpha]_D^{26}$ +52,3° (11,3 mg in Chlf., [α] +0,59°); 24,2 mg aus 25,6 mg **IIa**. — *3β.19.21-Triacetoxy-14-isopregnan-5.14.-20β-triol* (**XIa**), $C_{27}H_{42}O_9$, F. 104—105° (nach Erstarren bei 110° F. 134—135°), aus 950 mg **VI** in Eisessig mit red. PtO_2 u. H_2 (8 Std.); Nadeln aus Aceton–PAe.; $[\alpha]_D^{25,5}$ +24,7° (20 mg in Chlf., [α] +0,51°); 358,0 mg. *Freies Hexol* (**XI**), $C_{21}H_{36}O_6$, F. 248—248,5° (aus Methanol durch Zusatz von Ae. u. PAe.), aus 143 mg **XIa** mit methanol. $KHCO_3$, 17 Std. bei Zimmertemp.; $[\alpha]_D^{22,5}$ +17,0° (15,36 mg in A., [α] +0,26°); 65,8 mg. — *14-Iso-17-isopregnan-3β.5.14.19.21-pentol-20-on* (**VII**), $C_{21}H_{34}O_6$, F. 243,5—244,5°, aus 108,4 mg zweimal gereinigtem rohem **III**-(Bzl.–Ae.- u. Ae.-Eluate) mit wss. methanol. $KHCO_3$, 22 Std. bei Zimmertemp.; hexagonale Kristalle aus Dioxan–Ae. u. Methanol; $[\alpha]_D^{23}$ −25,1° (10,3 mg in A., [α] −0,26°); 26,2 mg. — *3β.19.21-Triacetoxy-14-iso-17-isopregnan-5.14-diol-20-on* (**VIII**), $C_{27}H_{40}O_9$, F. 221,5—223,5° (nach Chromatographie), a) aus 20 mg **VII** durch Acetylierung; Büschel dünner Nadeln aus Aceton–PAe.; $[\alpha]_D^{28}$ +6,6° (17,8 mg in Chlf., [α] +0,12°; F. 220—222,5°); 21,1 mg, b) aus 600 mg **IV**/**V** in Methanol u. Dioxan mit wss. K_2CO_3 (in 2 Anteilen nach je 2½ Std., dann über Nacht bei Zimmertemp.) u. nachfolgende Acetylierung des neutralen Anteils (378,6 mg); $[\alpha]_D^{27}$ +7,4° (20,3 mg in Chlf., [α] +0,15°); 45,6 mg. — Bei der Ozonisation u. anschließenden Spaltung des Ozonids von 1,750 g **I** (vgl. **VI**) werden 1,1468 g harziges **X** erhalten, das bei der Hydrolyse mit wss. methanol. $KHCO_3$ 887,7 mg harziges Gemisch aus **IV** u. **VII** liefert; letzteres ergibt bei der Acetylierung direkt 169,5 mg **VI** (F. 193,5—194°) u. aus den Mutterlaugen durch chromatograph. Trennung 23,3 mg **VIII** (F. 221—223,5° aus Aceton–PAe.) u. weitere 201,0 mg **VI** (Nadeln aus Aceton–PAe.). — *3β.5.14.19-Tetraoxy-14-iso-17-isoätiocholansäure* (**IX**), F. 247—248,5° (Aceton), aus 13,3 mg **VII** in Aceton mit wss. HJO_4 (3 Std. bei Zimmertemp.); 7,2 mg. 15 mg **IX** geben bei der Veresterung in Aceton mit äther. Diazoäthan den *Äthylester*, $C_{22}H_{36}O_6$, F. 231—232,5°, Nadeln aus Aceton–Ae. nach Zusatz von PAe.; $[\alpha]_D^{28}$ + 8,9° (7,9 mg in Chlf., [α] +0,07°); 12,7 mg. — *Methyl-3β.19-diacetoxy-5.14-dioxy-14-isoätiocholanat*, $C_{25}H_{38}O_8$, F. 105 bis 105,5° (Ae.-PAe.), aus 50 mg **II** durch Acetylierung; $[\alpha]_D^{27}$ +57,0° (20,2 mg in Chlf., [α] +1,15°); 34,5 mg. — *Methyl-3β.19-diacetoxy-5.14-dioxy-14-iso-17-isoätiocholanat*, $C_{25}H_{38}O_8$, F. 69—77,5° (nach Erstarren bei 81° F. 178—179°), aus 15 mg **IXa** durch Acetylierung; Büschel dünner Nadeln aus Ae.-PAe.; $[\alpha]_D^{28}$ +1,8° (13,1 mg in Chlf., α +0,02°); 14,0 mg. — *Isostrophanthidol* (**XII**), $C_{23}H_{34}O_6$, F. 226,5—227,5°, aus 1 g **I** in Methanol mit KOH (1½ Std. bei Zimmertemp.), dann in Eiswasser gießen u. über Nacht im Eisschrank stehenlassen; Büschel kleiner Nadeln aus Äthylacetat; $[\alpha]_D^{28,5}$ +36,2° (20,2 mg in Methanol, [α] +0,73°); 631,5 mg. *3.19-Diacetat*, $C_{27}H_{38}O_8$, F. 225—226,°; Nadeln aus Aceton–PAe.; $[\alpha]_D^{28}$ +32,6° (21,5 mg in Chlf., [α] +0,70°); 216 mg aus 20,5 mg **XII**. (J. org. Chemistry **17**. 1576—86. Dez. 1952.) H.-J. KOCH/Berlin. 3700

Charles P. Balant und **Maximilian Ehrenstein**, *Untersuchungen über Steroide*. 20. Mitt. *6β- und 6α-Acetoxy- und -Oxyderivate von Progesteron und Androstendion*. (19. vgl. vorst. Ref.) Die Dehydratation von 6β-Acetoxyallopregnan-5-ol-3.20-dion (**I**) mit HCl in A.-freiem Chlf. oder CCl_4 ergibt *6β-Acetoxyprogesteron* (**II**), das zu *6β-Oxyprogesteron* (**IV**) verseift wird. Bei der Dehydratation von **I** in A.-haltigem Chlf. entsteht das amorphe *6α-Epimere* von **II** (**III**), das zur *6α-Oxyverb.* (**V**) verseift wird. Danach werden die früher (EHRENSTEIN u. STEVENS, J. org. Chem. **5.** [1940.] 318; **6.** [1941.] 908) beschriebenen 6-Acetoxyprogesterone als **II** u. **III** erkannt. **II** gibt beim Erhitzen mit KOH in Methanol–W. das *Allopregnan-3.6.20-trion* (**VI**), das auch aus **V** durch Umlagerung in Eisessig in Ggw. von H_2SO_4 erhalten wird. Die früher (EHRENSTEIN, J. org. Chem. **6** [1941.] 626; **13.** [1948.] 214) beschriebene Dehydratation von 6β-Acetoxyandrostan-5-ol-3.17-dion (**VII**) führt in Analogie zu obigen Rkk. zu *6β-Acetoxy-Δ⁴-androsten-3.17-dion* (**VIII**) bzw. dessen *6α-Epimeren* (**IX**) u. daraus zu den entsprechenden *6β-* (**X**) u. *6α* (**XI**)-*Oxyverbindungen.* Weiter wird aus **VIII** mit Methanol–W. in der Hitze oder aus **XI** durch Umlagerung das *Androstan-3.6.17-trion* erhalten. Die Verbb. **VIII–XI** haben bei Kühen keine androgene Wrkg. bei Dosen von 150γ (**VIII** u. **IX**) bzw. 300γ (**X** u. **XI**).

Versuche (FF. mit FISHER-JOHNS-App.; opt. Drehungen in Chlf. im 1,2 dm-Rohr; UV-Absorptionsspektren in A.): *6β-Acetoxyprogesteron* (**II**, *6β-Acetoxy-Δ^4-pregnen-3.20-dion*), F. 147—148⁰ (Ae.); a) durch eine Lsg. von 100 mg **I** in A.-freiem Chlf. wird 2 Std. bei —2 bis +2⁰ (letzte 20 Min. bei Zimmertemp.) HCl durchgeleitet; Tafeln aus Ae.–PAe.; $[\alpha]_D^{32}$ +100,9⁰ (20,0 mg, [α] +2,02⁰); λ_{max} 235 mμ (ε = 13,970); 49,7 mg (Ausbeute); b) durch eine Lsg. von 200 mg **I** in CCl_4 wird 1½ Std. bei —5 bis +5⁰ HCl durchgeleitet; 20,7 mg; c) aus 15 mg **IV** durch Acetylierung; 9,2 mg. — *6β-Oxyprogesteron* (**IV**; *Δ^4-Pregnen-6β-ol-3.20-dion*), $C_{21}H_{30}O_3$, F. 178—179⁰, aus 80 mg **II** in absol. A. mit alkoh. KOH (20 Min. bei Zimmertemp.); Büschel dünner Nadeln aus Aceton–PAe.; $[\alpha]_D^{28}$ +106,8⁰ (19,2 mg; [α] +2,05⁰); λ_{max} 235,5 mμ (ε = 12390); 47,2 mg. — *6α-Acetoxyprogesteron* (**III**; *6α-Acetoxy-Δ^4-pregnen-3.20-dion*), harziges Prod. nach Chromatographie; a) durch eine Lsg. von 150 mg **I** in Chlf. mit 0,7% A. wird 1½ Std. bei —5⁰ HCl durchgeleitet; 146,0 mg, daneben 41,7 mg **II**; b) aus 20 mg **II** wie unter a) (1 Std.); 22,8 mg; c) aus 16,3 mg **V** durch Acetylierung; $[\alpha]_D^{25,5}$ +138,8⁰ (6,7 mg, [α] +0,93⁰); λ_{max} 235,5 mμ (ε = 14910); 9,5 mg. — *6α-Oxyprogesteron* (**V**; *Δ^4-Pregnen-6α-ol-3.20-dion*), $C_{21}H_{30}O_3$, F. 192—193⁰ (aus wss. Methanol, dann Aceton–PAe.), aus 115,9 mg **III** [Darst. nach a)] mit methanol. KOH (2¾ Std. bei Zimmertemp.); Nadeln aus Aceton durch Zusatz von PAe.; $[\alpha]_D^{27}$ +149,9⁰ (15,0 mg, [α] +2,25⁰); λ_{max} 240 mμ (ε = 15570); 70,1 mg. — *Allopregnan-3.6.20-trion* (**VI**), F. 232,5—233⁰, a) aus 160 mg **II** in Methanol mit wss. methanol. KOH auf dem Wasserbad (1 Std.); dünne Nadeln aus Aceton–PAe.; $[\alpha]_D^{28}$ +61,0⁰ (20,0 mg, [α] +1,22⁰); 109,1 mg; b) aus 22 mg **V** in Eisessig mit 3%ig. H_2SO_4 (44 Std. bei Zimmertemp.); 13,8 mg. — *6β-Acetoxy-Δ^4-androsten-3.17-dion* (**VIII**), $C_{21}H_{28}O_4$, F. 200—201,5⁰ [große Tafeln aus Aceton–PAe., Darst. nach a)], a) aus 748 mg **VII** wie **II**, a) (—10⁰, 2¾ Std.); 372,9 mg; b) aus 105 mg **VII** wie **II** nach b) (—15⁰, 2 Std.); F. 199—201⁰, $[\alpha]_D^{27}$ +110,7⁰ (20,0 mg, [α] +2,21⁰); λ_{max} 235 mμ (ε = 12480); 46,2 mg; c) aus 15,5 mg **X** durch Acetylierung; 8,9 mg. **VIII** färbt sich in direktem Sonnenlicht tiefgelb. — *6β-Oxy-Δ^4-androsten-3.17-dion* (**X**), $C_{19}H_{26}O_3$, F. 193,5—194,5⁰, aus 70 mg **VIII** wie **IV** (35 Min.); Tafeln aus Aceton–PAe. $[\alpha]_D^{28}$ +109,2⁰ (19,4 mg, [α] +2,12⁰); λ_{max} 235,5 mμ (ε = 13550); 44,3 mg. — *6α-Acetoxy-Δ^4-androsten-3.17-dion* (**IX**), F. 176,5 177,5⁰ (Aceton–PAe. oder wss. Methanol), a) aus 150 mg **VII** wie **III** nach a) (0⁰, 2 Std.); Büschel dünner Nadeln aus Aceton–PAe.; $[\alpha]_D^{32}$ +164,2⁰ (20,0 mg, [α] +3,28⁰); λ_{max} 235 mμ (ε = 15520); 87,9 mg; b) aus 46 mg **VIII** wie unter a); 31,0 mg; c) aus 15 mg **XI** durch Acetylierung; 9,4 mg. — *6α-Oxy-Δ^4-androsten-3.17-dion* (**XI**), $C_{19}H_{26}O_3$, F. 229 bis 230⁰, aus 100 mg **IX** wie **V**; Nadeln aus Aceton–PAe.; $[\alpha]_D^{27}$ +181,9⁰ (21,1 mg, [α] +3,84⁰); λ_{max} 239,5 mμ (ε = 16170); 68,7 mg. — *Androstan-3.6.17-trion*, F. 191,5 bis 192,5⁰, a) aus 100 mg **VIII** wie **VI** nach a); lange dünne Nadeln aus Aceton–PAe.; $[\alpha]_D^{28}$ +71,0⁰ (20,0 mg, [α] +1,42⁰); keine Absorption im UV bei 222—300 mμ; 58,0 mg; b) aus 40 mg **IX** wie **VI** nach b); 12,1 mg. — Die gelbe Lsg. der Verbb. **II, IV, V, VIII** u. **X** in konz. H_2SO_4 entwickelt eine grüne Fluorescenz. (J. org. Chemistry **17.** 1587—96. Dez. 1952.) H.-J. KOCH/Berlin. 3700

Y. Fulmer Shealy und **R. M. Dodson,** *Die Darstellung von 3β-Methoxy-5-methyl-19-nor-Δ^8-cholesten, einem Isomeren von Cholesterinmethyläther.* Das aus Cholesterylmethyläther (**I**) mit HCOOH u. H_2O_2 erhältliche *3β-Methoxy-5α.6β-dioxycholestan* (**II**) liefert ein *6-Monoacetat* (**IIa**), das mit H_2SO_4 in Acetanhydrid zu *3β-Methoxy-5-methyl-6β-acetoxy-19-nor-Δ^8-cholesten* (**IIIa**) umgelagert wird. **IIa** wird mit $SOCl_2$ in Pyridin zu *3β-Methoxy-6β-acetoxy-Δ^4-cholesten* dehydratisiert. Der aus **IIIa** gewonnene *freie Alkohol* (**III**) gibt bei der Oxydation mit CrO_3 das entsprechende *Keton,* das nach WOLFF-KISHNER zu *3β-Methoxy-5-methyl-19-nor-Δ^8-cholesten* (**IV**) red. wird. Verss. zur Red. von **III**-*Mesylat* (**IIIb**) mit $LiAlH_4$ zu **IV** schlugen fehl. Bei einem Vers. zur Umlagerung des aus **II** erhaltenen *6-Monoketons* erfolgte nur Acetylierung; wahrscheinlich verhindert der induktive Einfl. der benachbarten Carbonylgruppe die Entfernung des 5α-OH. Bei Verss. zur Verschiebung der 5-CH_3-Gruppe von **III** durch Behandeln mit Säuren bzw. von **IIIb** mit polaren Solventien wurden nur teerige Prodd. erhalten; wahrscheinlich hat die CH_3-Gruppe die 5β-Konfiguration, so daß wegen der cis-Stellung zum 6β-OH die Umlagerung erschwert ist. Mit $SOCl_2$ in Pyridin liefert **III** das *Bis*-**III**-*sulfit*.

V e r s u c h e (opt. Drehungen in Chlf. im 2 dm-Rohr, Fehler ±2°): *3β-Methoxy-5α.6β-dioxycholestan* (**II**), F. 152,5—153,5°, aus **I** in CCl_4 mit 96%ig. HCOOH u. 30%ig. H_2O_2 (1 Std. bei 40° u. 4 Std. bei 50°) u. anschließende Hydrolyse mit sd. methanol. KOH; aus Bzl. Nadeln; $[\alpha]_D^{28}$ −5,8°; 74% (Ausbeute), daneben (wahrscheinlich) *5.6-Oxidocholesterylmethyläther*, $C_{28}H_{48}O_2$, F. 81—81,5° (CH_3OH), $[\alpha]_D^{28}$ −51,5°. *6-Monoacetat* (**IIa**), F. 120—121°, $[\alpha]_D^{28}$ −32°. — *3β-Methoxy-5-methyl-6β-oxy-19-nor-Δ⁸-cholesten* (**III**), $C_{28}H_{48}O_2$, F. 107—107,5° (CH_3OH), aus **IIIa** mit sd. methanol. KOH (6 Std.); $[\alpha]_D^{27}$ +118,5°; 99%. *Acetat* (**IIIa**), $C_{30}H_{50}O_3$, F. 121,5—122,5° (CH_3OH), aus **IIa** in Acetanhydrid in Ggw. von konz. H_2SO_4 bei 40—43° (5 Min.); $[\alpha]_D^{28}$ +88,2°, + 88,6°; 53%. *Mesylat* (**IIIb**), $C_{29}H_{50}O_4S$, F. 106—107,5° (Zers.). — *Bis-[3β-methoxy-5-methyl-19-nor-Δ⁸-cholesten-6-yl]-sulfit*, $C_{56}H_{94}O_5S$, F. 191—192° (Bzl.-CH_3OH), aus 2,0 g **III** mit $SOCl_2$ in Pyridin; $[\alpha]_D^{27}$ +170°; 1,72 g. — *3β-Methoxy-5-methyl-6-keto-19-nor-Δ⁸-cholesten*, $C_{28}H_{46}O_2$, F. 64,5—65,5° (CH_3OH), aus **III** mit CrO_3 in wss. Essigsäure u. anschließende Chromatographie; $[\alpha]_D^{27}$ −7,8°; 41%. *Semicarbazon*, $C_{29}H_{49}O_2N_3$, F. 183,5—185° (Äthylacetat). — *3β-Methoxy-5-methyl-19-nor-Δ⁸-cholesten* (**IV**), $C_{28}H_{48}O$, F. 59,5—60,5°, aus vorst. Verb. mit Hydrazinhydrat u. NaOH in Äthylenglykol (1 Std. bei 90—100°, nach Zusatz von weiterem Hydrazin u. NaOH 2½ Std. bei 140°, dann Dest. bis zur Temp. von 195° u. 3 Std. bei 195—200°); nach Chromatographie aus A. Nadeln; $[\alpha]_D^{27}$ +61,7°; 56,5%. — *3β-Methoxy-5α-oxycholestan-6-on*, $C_{28}H_{48}O_3$, F. 146 bis 147° (aus wss. Dioxan Nadeln) bzw. F. 137,5—138,5° (Nitromethan; geht beim Erhitzen in die höherschm. Form über), aus **II** in wss. Dioxan mit N-Bromsuccinimid bei 20—25° (1 Std.), nach Zusatz von W. über Nacht bei 10—15°; $[\alpha]_D^{28}$ −43,5°; 90%. *Acetat*, $C_{30}H_{50}O_4$, F. 130,5—131,5 (CH_3OH), aus 1,0 g Oxyverb. analog **IIIa**; $[\alpha]_D^{27}$ −21,9°; 0,4 g. — *3β-Methoxy-6β-acetoxy-Δ⁴-cholesten*, $C_{30}H_{50}O_3$, F. 94—94,5° (CH_3OH), aus 0,1 g **IIa** mit $SOCl_2$ in Pyridin unter Eiskühlung (10 Min.); 0,90 g. (J. org. Chemistry **16**. 1427—33. Sept. 1951. Minneapolis, Minn., Univ., School of Chem.)

G. HALDER. 3700

Edward Walton, Arthur F. Wagner, Frank W. Bachelor, Louis H. Peterson, Frederick W. Holly und Karl Folkers, *Synthese der (+)-α-Liposäure und ihres optischen Antipoden.* (Vorl. Mitt. vgl. J. Amer. chem. Soc. **76**. [1954.] 4748.) Umsetzung von 7-Carbäthoxyhepten-(2)-säure mit Thiolessigsäure (**I**) lieferte *DL-3-Acetylmercapto-7-carbäthoxyheptansäure* (DL-**II**). Deren *Chlorid* (DL-**III**) reagierte mit $NaBH_4$ zu einem Gemisch (**IV**) von Reduktionsprodd., aus welchem durch alkal. Hydrolyse *8-Oxy-6-mercaptooctansäure* (DL-**V**) entstand. Aus dieser erhielten Vff. *DL-α-Liposäure* (DL-**VI**) durch Rk. mit Thioharnstoff + HBr u. nachfolgende Oxydation. Spaltung von DL-**II** mit Ephedrin lieferte die Ausgangsstoffe für entsprechende Synthesen von (+)- u. (—)-**VI**.

V e r s u c h e: *7-Carbäthoxyhepten-(2)-säure*, $C_{10}H_{16}O_4$, $Kp._{0,1}$ 133—137°, F. ca. 20°, aus Adipinsäuremonoäthylester (vgl. BROWN u. Mitarbeiter, C. **1948**. I. 700); n_D^{26} 1,4650; 40—60% (Ausbeute). — *DL-3-Acetylmercapto-7-carbäthoxyheptansäure* (DL-**II**), $C_{12}H_{20}O_5S$, aus vorst. Verb. u. **I** (16 Std. — 17 Tage); n_D^{26} 1,4836; 93%. —(—)-**II**-*l-Ephedrinsalz*, $C_{22}H_{35}O_6NS$, F. 129—131° (CH_3OH), aus DL-**II** u. *l*-Ephedrin in Ae.; 30%. —(—)-**II**, $C_{12}H_{20}O_5S$, durch Ansäuern einer Suspension vorst. Salzes in W.-Ae.; n_D^{25} 1,4840; $[\alpha]_D^{23}$ −6,8° (c = 8,5; CH_3OH); 85%. — (+)-**II**-*Benzhydrylaminsalz*, $C_{25}H_{33}O_5NS$, F. 92—96° (Diisopropyläther), aus roher (+)-**II** (gewonnen aus dem Filtrat vorvorst. Salzes durch Ansäuern u. Ausäthern) u. Benzhydrylamin in Diisopropyläther; $[\alpha]_D^{23}$ +1,3° (c = 8,06; CH_3OH); 22%. — (+)-**II**, $C_{12}H_{20}O_5S$, aus vorst. Salz; 97%. — (+)-**II**-*d-Ephedrinsalz*, $C_{22}H_{35}O_6NS$, F. 129—131° (CH_3OH-Ae. 1 : 2), aus (+)-**II** u. d-Ephedrin in Ae.; 35%. Zerlegung mit HCl gab (+)-**II**; $[\alpha]_D^{25}$ +7,5° (c = 7,5; CH_3OH). — *DL-3-Acetylmercapto-7-carbäthoxyheptanoylchlorid* (DL-**III**), $C_{12}H_{19}O_4ClS$, instabiles Öl, aus DL-**II** u. $SOCl_2$ (16 Std.); n_D^{25} 1,4850; 99%. — (+)-**III**, $C_{12}H_{19}O_4ClS$, analog aus (+)-**II**; n_D^{26} 1,4855; $[\alpha]_D^{29}$ +29,3° (c = 2,42; Bzl.); 99%.. — (—)-**III**, $C_{12}H_{19}O_4ClS$, analog aus (—)-**II**; n_D^{26} 1,4852; $[\alpha]_D^{26}$ −30,1° (c = 2,56; Bzl.); 99%. — Red. von 57 (bzw. 32,3) g DL-**III** mit $NaBH_4$ in Dioxan (bzw. Ae.) gab 45,3 (bzw. 23,1) g eines Öles mit dem $Kp._{40-70\mu}$ 115—125°, das ein Gemisch (**IV**) aus 30% *DL-8-Oxy-6-mercaptooctansäureäthylester*, 50% *DL-8-Oxy-6-acetylmercaptooctansäureäthylester* u. 20% *DL-8-Acetoxy-6-mercaptooctansäureäthylester* ($C_{12}H_{22}O_4S$, $Kp._{3\mu}$ 112—116°; n_D^{25} 1,4660; Infrarotspektr.; 2,4 g aus dem in Ae. durchgeführten Ansatz) darstellte. — *DL-8-Oxy-6-mercaptooctansäure* (DL-**V**), $C_8H_{16}O_3S$, durch ½std. Kochen von **IV** mit wenig Zn-Staub in 30%ig. NaOH-CH_3OH; $n_D^{23,5}$ 1,4989; 83%. — *DL-6.6'-Dithio-bis-[8-oxyoctansäure]* (DL-**VII**), $C_{16}H_{30}O_6S_2$, aus **IV** u. wenig Zn-Staub in sd. 30%ig. NaOH-CH_3OH (1 Std.), dann Zugabe von HCl bis p_H 7 u. Oxydation mit J_2; 55%, bezogen auf DL-**III**. — (+)-**V**,

$C_8H_{16}O_3S$, aus (+)-**III** u. $NaBH_4$ in Dioxan, dann ½ Std. kochen mit Zn-Staub in NaOH–CH_3OH; n_D^{26} 1,5000; $[\alpha]_D^{30}$ +4,8° (c = 7,7; CH_3OH); 70%, bezogen auf (+)-**III**. – (–)-**VII**, aus (+)-**V** u. J_2; $[\alpha]_D^{27}$ –47° (c = 2,53; CH_3OH); 75%. – (–)-**V**, $C_8H_{16}O_3S$, aus (–)-**III**; n_D^{26} 1,5000; $[\alpha]_D^{30}$ –5,1° (c = 7,96; CH_3OH); 60%. – (+)-**VII**, aus (–)-**V**; $[\alpha]_D^{33}$ +53,1° (c = 3,2; CH_3OH); 69%. – *DL-α-Liposäure* (DL-**VI**), F. 59–61° (Cyclohexan), a) aus DL-**VII** u. Thioharnstoff in sd. 40% ig. HBr (17 Std.), dann ½ Std. kochen mit 0,5n NaOH (10%); b) aus DL-**V** analog, dann Oxydation mit J_2 (36%) oder $FeCl_3$ u. Luft (23%). – (+)-**VI**, $C_8H_{14}O_2S_2$, F. 46–48° (Cyclohexan), sublimiert bei 85–90°/25μ, aus (–)-**VII** (8%) bzw. aus (+)-**V** über (–)-*6.8-Dimercaptooctansäure* (n_D^{26} 1,5238; $[\alpha]_D^{27}$ –8,8° [c = 6,92; CH_3OH]), dann Oxydation mit $FeCl_3$ u. Luft (20%); $[\alpha]_D^{27}$ +99° (c = 1,07; Bzl.); UV-Spektrum. – (–)-**VI**, $C_8H_{14}O_2S_2$, F. 45–47,5° (Cyclohexan), aus (+)-**VII** (6%) oder aus (–)-**V** über (+)-*6.8-Dimercaptooctansäure* (n_D^{26} 1,5267; $[\alpha]_D^{30}$ +11° [c = 5,51; CH_3OH]), dann Oxydation mit $FeCl_3$ u. Luft (32%); $[\alpha]_D^{23}$ –113° (c = 1,88; Bzl.); UV-Spektrum. – Ein Gemisch aus gleichen Mengen (+)-**VI** u. (–)-**VI** hatte nach Umkristallisation aus Cyclohexan den F. 60–61°. (J. Amer. chem. Soc. **77**. 5144–49. 5/10. 1955. Rahway, N. J., Merck & Co., Inc., Chem. Div., Res. Labors.)
J. ROTHE. 3950

Arthur F. Wagner, Edward Walton, Carl H. Hoffman, Louis H. Peterson, Frederick W. Holly und **Karl Folkers**, *Synthese der DL-Dimethyldihydro-α-liposäure.* Vff. beschreiben, ausgehend von γ-Butyrolacton, eine 9-stufige Synth. der *DL-6.8-Bis-[methylmercapto]-octansäure* (*DL-Dimethyldihydro-α-liposäure*; **I**). **I** zeigte im enzymat. POF-Vers. keine α-Liposäureaktivität (vgl. GUNSALUS u. Mitarbeiter, C. **1953**. 1189). Bei zahlreichen Verss., **I** in α-Liposäure umzuwandeln, erhielten Vff. nur geringe Ausbeuten (bestimmt nach der enzymat. Wirksamkeit).

Versuche: *2.4-Dibrombuttersäure* (**II**), durch Erhitzen von γ-Butyrolacton mit PBr_3 auf 100° u. Zugabe von Br_2 unter Rühren (3 Std. bei 110–115°). – *α-Methylmercapto-γ-butyrolacton*, $C_5H_8O_2S$, Kp.$_{0,1}$ 64,0–66,5°, durch langsames Zufügen von CH_3SNa in CH_3OH zu einer gekühlten methanol. Lsg. von α-Brombutyrolacton, dann 1std. Stehen bei n. Temp.; n_D^{25} 1,5040; Infrarotspektr.; 29% (Ausbeute; rein). – *2.4-Bis-[methylmercapto]-buttersäure*, $C_6H_{12}O_2S_2$, Kp.$_{0,15}$ 154–158°, a) aus vorst. Verb. u. CH_3SNa in Toluol (1std. Rühren bei n. Temp., dann Stehen über Nacht, Abdest. des Toluols u. 30 Min. Schmelzen des Rückstandes bei 165–170°; 20% rein); b) aus **II** u. CH_3SNa in CH_3OH (1 Std. kochen; 43%); n_D^{25} 1,5276; Infrarotspektrum. *Methylester*, $C_7H_{14}O_2S_2$, Kp.$_{0,17}$ 72–74°, mit CH_2N_2; n_D^{25} 1,5097; UV-Spektr.; 40% rein. – *2.4-Bis-[methylmercapto]-butyrylchlorid*, Kp.$_{2-3}$ 93–94°, aus der Säure u. $SOCl_2$ (1 Std. rühren); n_D^{25} 1,5340; 50%; Rk. mit CH_3OH gab vorst. *Methylester* (70%). – *[2.4-Bis-(methylmercapto)-butyryl]-essigsäureäthylester*, $C_{10}H_{18}O_3S_2$, Kp.$_{0,08}$ 116–121°, durch Suspendieren von $Mg(OC_2H_5)_2$ in absol. Ae., Zugeben von Di-tert.-butylmalonat (15 Min. rühren, dann 15 Min. kochen), Zufügen vorst. Verb. unter Kochen, Ansäuern, Ausäthern, Lösen in Bzl. u. 3std. Kochen mit p-Toluolsulfonsäure; n_D^{25} 1,5088; UV- u. Infrarotspektren; 29%, daneben 8% vom Kp.$_{0,08}$ 108–116° (n_D^{25} 1,5025). – *4-Carbäthoxy-4-[2.4-bis-(methylmercapto)-butyryl]-buttersäuremethylester*, $C_{14}H_{24}O_5S_2$, Kp.$_{5\mu}$ 137–186°, aus vorst. Verb. u. a) Methylacrylat in Ggw. von Triton B (Temp. anfangs 25°, dann 48 Std. rühren bei 50–55°; n_D^{26} 1,5039; 55%), b) β-Chlorpropionsäuremethylester u. CH_3ONa in absol. CH_3OH (2 Std. kochen; 62,5%); UV- u. Infrarotspektren. – *4-[2.4-Bis-(methylmercapto)-butyryl]-buttersäure*, $C_{10}H_{18}O_3S_2$, aus vorst. Verb. u. HCl–Eisessig (48 Std. stehen), dann Einengen, Aufnehmen in Chlf., Stehen des sauren Chloroformextrakts mit 1n NaOH über Nacht bei 5°, Ansäuern, Ausziehen mit Chlf., Abdest. u. 1½std. Erhitzen des Rückstandes auf 80–85°; UV- u. Infrarotspektren. – *6-[1.3-Bis-(methylmercapto)-propyl-(1)]-tetrahydropyron-(2)*, $C_{10}H_{18}O_2S_2$, Kp.$_{0,3}$ 185–190°, aus 10 g vorst. Verb. u. $NaBH_4$ in A.–W.; n_D^{23} 1,5398; Infrarotspektr.; 1,32 g, daneben 2,05 g mit dem Kp.$_{0,075}$ 165–170° (n_D^{23} 1,5385). – *DL-6.8-Bis-[methylmercapto]-octansäure* (*DL-Dimethyldihydro-α-liposäure*, **I**), $C_{10}H_{20}O_2S_2$, Kp.$_{20-30\mu}$ 140–155°, aus 11 g vorst. Verb., J_2 u. rotem P in Eisessig (6 Std. bei 85–90°); n_D^{25} 1,5440; 4,9 g roh. *l-Ephedrinsalz*, $C_{20}H_{35}O_3NS_2$, F. 74–76° (Ae.). – Folgende Reagentien wurden bei Verss. zur Umwandlung von **I** in α-Liposäure untersucht: 50% ig. wss. H_2SO_4 (85°), Eisessig–66% ig. H_2SO_4 1 : 1 (85°), 85% ig. H_3PO_4 (85°), HBr–Eisessig (85°), HBr (80–130°), 55% ig. HJ–Eisessig 2 : 1 (85°), Thiuroniumbromid (110–160°), -chlorid (110–160°), Pyridiniumchlorid (110–150°), Thioharnstoff u. Fe bzw. Zn (160°), BF_3–Eisessig (110°), BF_3–Thioessigsäure (100°), p-Thiokresol. (J. Amer. chem. Soc. **77**. 5140–43. 5/10. 1955. Rahway, N. J., Merck & Co., Inc., Chem. Div., Res. Labors.) J. ROTHE. 3950

J. Marmur, F. Schlenk und **R. N. Overland**, *Eine verbesserte Methode zur Darstellung von Inosinsäure und Ribose-5-phosphat.* Zur Isolierung von *Inosinsäure* (**I**; $C_{10}H_{11}O_8 \cdot N_4P \cdot 7{,}5\ H_2O$) als *Ba-Salz* wird 1 kg möglichst frisches zerkleinertes Muskelgewebe mit

W. extrahiert u. mit Trichloressigsäure behandelt, die Lsg. bei p_H 8—8,5 (mit NaOH) mit 20%ig. Ba-Acetat versetzt u. bei p_H 5 mit 20%ig. Hg-Acetat in 2%ig. Essigsäure gefällt, der Nd. mit H_2S behandelt u. nach Einengen im Vakuum (bei p_H 5—6, mit $BaCO_3$) mit $Ba(OH)_2$ auf p_H 8,5 gebracht; 1,5 g (Ausbeute). — *Ba-Ribose-5-phosphat,* aus I oder Adenosin-5-phosphorsäure durch Hydrolyse mit 0,1n H_2SO_4 (2 bzw. 4 Std. auf dem Wasserbad), Fällung von Hypoxanthin bzw. Adenin mit Ag_2SO_4, Behandlung mit H_2S, nach Entfernung des H_2S durch Durchsaugen von Luft Einstellen mit $Ba(OH)_2$ auf p_H 6—7, Einengen u. Zugabe von $Ba(OH)_2$ bis p_H 8,5; 60—70%. (Arch. Biochem. Biophysics **34.** 209—15. Nov. 1951. Ames, Io., State Coll., Dep. of Bacteriol.)
Wolfgang Albrecht. 3950

Conrad Schuerch jr., *Löslichkeitseffekte bei Ligninalkoholysereaktionen.* Zur rohen Best. der Ausbeute an *Lignin* (I) bei der Alkoholyse in Abhängigkeit vom Lösungsm. wird Pechtannenholzmehl 48 bzw. 64 Std. bei 60—62° in 0—100%ig. Dioxan–CH_3OH-Gemischen in Ggw. von 2% HCl behandelt u. die opt. D. der erhaltenen Lsgg. bei 275 u. 280 mμ gemessen. Bei Verwendung der reinen Lösungsmittel ist die I-Ausbeute nur gering, bei Dioxan wegen des Fehlens reakt. Gruppen, bei reinem CH_3OH wegen der geringen Löslichkeit des Prod.; ein Maximum des I-Geh. der Lsg. wird bei ca. 10 Vol.-% CH_3OH im Gemisch erreicht. Danach beruht die geringe Ausbeute bei der Isolierung von I durch Alkoholyse (vgl. Hewson, McCarthy u. Hibbert, J. Amer. chem. Soc. **63.** [1941.] 3041) eher auf einer zu geringen Löslichkeit der Prodd. als auf Polymerisations-Rkk. während der Alkoholyse. (J. Amer. chem. Soc. **73.** 2385—86. Mai 1951. Syracuse, N. Y., State Univ., Coll. of Forestry.)
H. Friese. 3950

D. Makromolekulare Chemie.

Werner Brandt, *Zwischenmolekulare Kraftfelder in Hochpolymeren, zusammengesetzt aus alternierenden Dipolketten.* (Sitzungsbericht.) (Physic. Rev. [2] **100.** 969. 1/11. 1955. E. I. du Pont de Nemours & Co., Inc.)
H. Liepack. 4000

Helmut G. Reik und **Fritz Gebert,** *Zur Thermodynamik verdünnter makromolekularer Lösungen.* 1. Mitt. Vff. geben ein abgekürztes Verf. zur Berechnung der thermodynam. Funktionen von Hochpolymerlsgg. an. Entgegen den bisherigen Verff. (Verwendung der Temperaturableitungen der differentiellen freien Enthalpie $\Delta\mu_1$ der Verdünnung) gehen Vff. von der Konzentrationsabhängigkeit von $\Delta\mu_1$ aus. Zunächst werden nur das lineare u. quadrat. Glied von c berücksichtigt. u. die grundlegenden Beziehungen abgeleitet. Anschließend geben Vff. eine Erweiterung für beliebige Potenzen von c. Die Rechnungen zeigen, daß man so die thermodynam. Funktionen für Lösungsm. u. Gelöstes aus relativ wenigen osmot. Messungen bestimmen kann. Die Ergebnisse stehen im Einklang mit den von Haase u. Münster (vgl. C. **1950.** II. 1211) über den Konzentrationsverlauf der thermodynam. Funktionen von verd. Lsgg. erhaltenen. Die Ergebnisse werden an Hand von einigen Literaturdaten erläutert. (Z. Elektrochem., Ber. Bunsenges. physik. Chem. **58.** 458—67. 1954. Karlsruhe, TH, Inst. für theoret. Phys. u. Carl-Engler- u. Hans-Bunte-Inst. für Mineralöl- u. Kohleforsch.)
O. Fuchs. 4000

E. F. Gurnee, L. T. Patterson und **R. D. Andrews,** *Apparatur für die gleichzeitige Messung von Spannung und Doppelbrechung an Polymeren.* (Sitzungsbericht.) (Physic. Rev. [2] **98.** 1547. 1/6. 1955. Dow Chem. Comp.)
R. Levi. 4000

G. R. Taylor und **S. R. Darin,** *Streckfestigkeit von Elastomeren.* (Sitzungsbericht.) (Physic. Rev. [2] **98.** 1558—59. 1/6. 1955. Mellon Inst.)
E. Klever. 4000

Chester G. Bragaw jr., *Bruch bei biaxialem Kriechen bei Hochpolymeren.* (Sitzungsbericht.) (Physic. Rev. [2] **98.** 1559. 1/6. 1955. Du Pont.)
E. Klever. 4000

Yoh-Han Pao, *Ausdehnung der Hertzschen Stoßtheorie auf den viscoelastischen Fall.* (Sitzungsbericht.) (Physic. Rev. [2] **98.** 1548. 1/6. 1955. Du Pont.)
R. Levi. 4000

Malcolm L. Williams, Robert F. Landel und **John D. Ferry,** *Temperaturabhängigkeit des Relaxationsmechanismus in amorphen Polymeren und anderen glasbildenden Flüssigkeiten.* (Sitzungsbericht.) (Physic. Rev. [2] **98.** 1549. 1/6. 1955. Univ. of Wisconsin.)
R. Levi. 4000

E. M. Banas und **B. A. Mrowca,** *Kern-Spin-Spin-Relaxationszeit in Polymeren.* (Sitzungsbericht.) (Physic. Rev. [2] **98.** 1548. 1/6. 1955. Univ. of Notre Dame.)
R. Levi. 4000

T. G. Fox und **S. Loshaek,** *Die Viscositäts-Molekulargewichts-Beziehung für langkettige Polymere in Substanz oder in konzentrierten Lösungen.* (Sitzungsbericht.) (Physic. Rev. [2] **98.** 1549. 1/6. 1955. Rohm & Haas Comp.)
R. Levi. 4000

C. W. Bunn, *Molekülstruktur und Kristallinität von langkettigen Polymeren.* Vf. gibt eine allg. Übersicht über den Zusammenhang zwischen der Struktur u. der Kristallisation von Hochpolymeren. Die Kristallisation wird durch eine regelmäßige geometr. Struktur sowie durch starke zwischenmol. Kräfte (z. B. durch Wasserstoffbrücken) begünstigt. Eine absol. Regelmäßigkeit ist aber nicht erforderlich; das folgt z. B. aus der Tatsache, daß gewisse Copolymere ebenfalls kristallisieren, vorausgesetzt allerdings, daß die einzelnen Gruppen der Komponenten hinsichtlich ihrer Größe u. Gestalt nicht zu verschieden voneinander sind. Die Kristallisation wird behindert durch störende Seitengruppen oder bei stereochem. unregelmäßiger Anordnung der Seitengruppen. Neben der Kristallisation als solcher ist die Leichtigkeit der Kristallisation zu beachten; Vf. hält es für möglich, daß gewisse, als nichtkristallisierbar bezeichnete Hochpolymere in Wirklichkeit doch kristallisieren können, allerdings relativ schwer u. unter Bedingungen, die noch nicht bekannt sind. Die Kristallisation wird erschwert, wenn die Differenz zwischen dem F. u. der Umwandlungstemp. 2. Ordnung klein ist. Auf den Unterschied zwischen den beiden voneinander zu trennenden Vorgängen der Keimbldg. u. des Keimwachstums wird bes. hingewiesen. Die Geschwindigkeit des Wachstums wird verringert, wenn der Abstand zwischen den wiederkehrenden Kettenstücken groß ist. Die Betrachtungen werden an Hand zahlreicher Beispiele erläutert. (J. appl. Physics **25.** 820—25. Juli 1954. Welwyn Garden City, I. C. I., Plastics Div.) O. FUCHS. 4000

Raymond F. Boyer, *Beziehung zwischen den Übergangstemperaturen erster und zweiter Ordnung von kristallinen Hochpolymeren.* An Hand zahlreicher Beispiele wird gezeigt, daß zwischen dem F. T_1 u. der Umwandlungstemp. 2. Ordnung T_2 von krist. Hochpolymeren eine lineare Beziehung besteht. Im (T_2, T_1)-Diagramm liegen die symm. u. die asymm. Polymeren auf 2 getrennten Geraden, wobei die Neigung im ersten Falle größer ist; der Unterschied wird darauf zurückgeführt, daß in $T_1 = \Delta H/\Delta S$ die Größe ΔS stark von der Symmetrie u. der Kettensteifheit abhängt. Für einzelne Hochpolymere ist T_2 proportional der Kohäsionsenergiedichte. Bei Zusatz eines Verdünnungsmittels zum Hochpolymeren werden T_1 u. T_2 erniedrigt; zwischen $(1/T_1 - 1/T_1^0)$ u. $(1/T_2 - 1/T_2^0)$ besteht hier Linearität, wo sich T_1^0 u. T_2^0 auf das unverd. Material beziehen. Über den Einfl. des Mol.-Gew. liegen keine Unterlagen vor. (J. appl. Physics **25.** 825—29. Juli 1954. Midland, Mich., Dow Chem. Comp.) O. FUCHS. 4000

Leo Breitman, *Glasübergänge in plastifizierten polymeren Systemen.* (Sitzungsbericht.) (Physic. Rev. [2] **98.** 1559. Erratum 1529. 1/6. 1955. Polymer Corp. Ltd.) E. KLEVER. 4000

John Lauren Lundberg, *Molekulargewichtsverteilungen von Polymeren.* 1. Mitt. *Spekulationen von der Polymerisation bis zum Gleichgewicht.* (Sitzungsbericht.) (Physic. Rev. [2] **98.** 1559. 1/6. 1955. Bell Telephone Labors., Inc.) E. KLEVER. 4000

T. W. Scheremetewa, *Berechnung des Umwandlungsgrades von hochmolekularen Verbindungen bei der Gewinnung ihrer Derivate.* Vf. gibt eine allg. Formel zur Berechnung der Umwandlung einer beliebigen hochmol. Verb. in Mol-% bei Gewinnung eines beliebigen Derivats. Es sei: M_0 = das Mol.-Gew. des Monomeren des Ausgangsprod.; M_1 = das Mol.-Gew. des Endprod.; x = der Molenanteil des zur Rk. verbrauchten Monomeren u. M_x = das mittlere Mol.-Gew. vom Monomeren des Endproduktes. Dann ist $M_x = M_0 + (M_1 - M_0)\,x$. Nimmt man zur Analyse a g des Endprod., das aus b g des Ausgangsprod. gewonnen wurde, so ist $b/a = M_0/[M_0 + (M_1 - M_0)\,x]$ oder $b = a \cdot M_0/[M_0 + (M_1 - M_0)\,x]$. Bezeichnet man mit m das Gewicht der funktionellen Gruppe des Ausgangsprod. u. mit k den Äquivalentanteil der an der Rk. beteiligten funktionellen Gruppen, so ist der Gewichtsanteil der an der Rk. beteiligten funktionellen Gruppen des Ausgangsprod. k m/b, woraus sich folgender Ausdruck für den Gewichtsanteil der funktionellen Gruppen im Endprod. ergibt: $k \cdot m/a \cdot M_0/[M_0 + (M_1 - M_0)\,x]$; da der Gewichtsanteil der funktionellen Gruppen im Ausgangsprod. m/M_1 ist, so haben wir für x $x = k\,m\,[M_0 - (M_1 - M_0)\,x]/a \cdot M_0 \cdot m/M_0 = k\,M_0/[a - k\,(M_1 - M_0)]$. Falls 2 Endprodd. entstehen, entsprechend $x = k_1\,M_0/[a - k_1\,(M_1 - M_0) - k_2\,(M_2 - M_0)]$; $y = k_2\,M_0\,[a - k_1\,(M_1 - M_0) - k_2\,(M_2 - M_0)]$. (Журнал Прикладной Химии [J. angew. Chem.] **26.** 538—42. Mai 1953.) J. v. SCHROEDER. 4000

S. L. Aggarwal und **G. P. Tilley,** *Bestimmung der Kristallinität in Polyäthylen durch das Röntgenstrahldiffraktometer.* Es wird eine schnelle Röntgenstrahlenbeugungsmeth. zur Best. der prozentualen Kristallinität in *Polyäthylen* beschrieben, die neben dem Norelco-Diffraktometer ein „abtastendes" Goniometer mit GEIGER-Zähler u. Skalenzähler benutzt. Untersucht wurden die folgenden Polyäthylenpolymeren: *Alathon-1, DYNH, DYNJ, DYNK, J·C·J-2* u. *J·C·J-7.* Die prozentuale Kristallinität der untersuchten Präpp. lag zwischen 65 u. 71%. Weiter wurde festgestellt, daß die Temp., von der die Polyäthylenschmelze abgeschreckt wurde, keinen merkbaren Einfl. auf den Grad der Kristallinität hatte. (J. Polymer Sci. **18.** 17—26. Sept. 1955. New Haven, Conn., Olin Mathieson Chem. Corp., Film Res. and Development Dep.) C. GOTTFRIED. 4010

S. Krimm und **C. Y. Liang**, *Infrarotspektrum und Struktur von Polyvinylidenchlorid.* (Sitzungsbericht.) (Physic. Rev. [2] **98.** 1547—48. 1/6. 1955. Univ. of Michigan.) R. Levi. 4010

C. Y. Liang und **S. Krimm**, *Normalschwingungen und Infrarotspektrum von Polytetrafluoräthylen.* (Sitzungsbericht.) (Physic. Rev. [2] **98.** 1548. 1/6. 1955. Univ. of Michigan.) R. Levi. 4010

E. E. Schneider, *Paramagnetische Resonanz von röntgenbestrahltem Teflon.* Vf. hat bei Zimmertemp. eine paramagnet. Resonanzabsorption bei 23700 MHz in mit Röntgenstrahlen bestrahltem, handelsüblichem *Teflon* beobachtet. Die Lage der Resonanz entspricht einem g-Faktor von $g = 2{,}021$, im Vgl. mit dem g-Wert des freien Elektrons demnach eine positive g-Verschiebung. Die Struktur der Resonanzen ist ein Triplett mit einem Abstand von 19 Gauß zwischen den Maxima. Es wird vermutet, daß es sich um eine Hyperfeinstruktur handelt, die der Wechselwrkg. der Elektronen mit den F-Kernen zuzuschreiben ist. Wahrscheinlich ist die Resonanz durch unpaarige Elektronen bedingt, die vom Brechen der C—C-Bindungen in der Polymerenkette herrühren u. die an den C-Atomen am Bruch lokalisiert sind. Die beobachtete Triplettstruktur wäre danach der Wechselwrkg. der Elektronen mit den Kernen von $J = 1/2$ der 2 F-Atome zuzuschreiben, die direkt an das C-Atom gebunden sind. (J. chem. Physics **23.** 978—79. Mai 1955. Durham, N. C., Duke Univ., Dep. of Phys.) C. Gottfried. 4010

A. J. Warner, F. A. Muller und **H. G. Nordlin**, *Elektrische Leitfähigkeit von einigen polymeren Stoffen, induziert durch ionisierende Strahlung.* Verschied. Hochpolymere wurden längere Zeit (z. T. mehr als 100 Std.) mit γ-Strahlen (Verwendung von ^{60}Co, Photonenergie 1,2 MeV) bestrahlt u. die dabei auftretende zeitliche Änderung der Leitfähigkeit k gemessen. k von *Polyäthylen* steigt nach 10 Std. um ca. eine Zehnerpotenz an u. bleibt dann konstant. k von *Teflon* geht durch ein schwaches Maximum u. fällt nach 100 Std. stärker ab. k von *Polystyrol* steigt nach 10 Std. um ca. das 5fache an. k von *Poly-p-chlorstyrol* fällt gleichmäßig ab. k von *Polyvinylchlorid* ist auch nach 30 Std. unverändert. k von *Kel-F* steigt zunächst an u. bleibt nach 5 Std. konstant. Ein Mischpolymerisat aus Styrol u. p-Chlorstyrol (Zus. nicht angegeben) verhält sich etwa wie Polystyrol. Soweit bei diesen Hochpolymeren ein Anstieg von k vorliegt, erfolgt er bes. in den ersten Minuten. Der Anstieg wird auf die Bldg. von Ionen zurückgeführt, die Abnahme auf Abbauvorgänge, wodurch sich als Ionenfänger wirkende Dipole bilden. (J. appl. Physics **25.** 131. Jan. 1954. Nutley, N. J., Internat. Telephone Telegraph Corp., Federal Telecommunicat. Labor., Chem. Phys. Labor.) O. Fuchs. 4010

R. D. Andrews, *Retraktion von orientierten Polystyrol-Monofasern.* (Sitzungsbericht.) (Physic. Rev. [2] **98.** 1547. 1/6. 1955. Dow Chem. Comp.) R. Levi. 4010

W. P. Slichter und **J. M. Mays**, *Magnetische Protonenresonanz bei Polyamiden.* (Sitzungsbericht.) (Physic. Rev. [2] **98.** 1559—60. 1/6. 1955. Bell Telephone Labors.) E. Klever. 4010

H. A. Stuart und **B. Kahle**, *Beobachtungen über die morphologische Struktur in Hochpolymeren.* Vff. untersuchten zuerst elektronenmkr. *Perlonfilme*, die durch Eintrocknen von Perlon in Ameisensäure erhalten worden waren. Auf den Aufnahmen ist deutlich ein Übergang von einseitig gerichtetem, dann fächerartigem Wachstum im Sphärolithkern zum radialen Wachstum des eigentlichen Sphärolithen zu erkennen. Aufnahmen der Bruchfläche eines massiven, in der Kälte gebrochenen Perlonstücks zeigten, wie der Bruch häufig längs der Radialfasern verläuft u. durch den Sphärolithkern geht. Mkr. Aufnahmen von Mikrotomschnitten von Perlonfilmen verschied. Dicke zeigten Sphärolith-„Straßen" von großer Regelmäßigkeit, für die eine Erklärung noch nicht gegeben werden kann. An *Rilsan* (*Polyamid aus Aminoundecansäure*) wurden nach einer von Price (vgl. C. **1953.** 2453) beschriebenen Meth. Bestimmungen der Wachstumsgeschwindigkeiten der Sphärolithe durchgeführt. Die Wachstumskurven sind graph. wiedergegeben. (J. Polymer Sci. **18.** 143—47. Sept. 1955. Mainz, Johann-Gutenberg-Univ., Inst. für physikal. Chem.) C. Gottfried. 4010

Frederick T. Wall und **Patricia M. Saxton**, *Elektrisches Potential von Nylonfasern in wässerigen Medien.* Fortführung der von Wall u. Swoboda (vgl. C. **1952.** 5584) angestellten Betrachtungen. Vff. gehen davon aus, daß beim Einbringen von *Nylon*-Fasern (**I**) in eine wss. Lsg. einer einwertigen Base (z. B. von NaOH) folgende Rkk. stattfinden: $COOH \rightleftharpoons COO^- + H^+$; $NH_3^+ \rightleftharpoons NH_2 + H^+$; $COONa \rightleftharpoons COO^- + Na^+$; $H_2O \rightleftharpoons H^+ + OH^-$. Das elektr. Potential ψ von **I** berechnet sich aus der Gleichung für die Änderung der freien Energie, die z. B. für die erstgenannte Rk. lautet: $\Delta\,\mu_1 = \Delta\,\mu_1^0 + R\,T \cdot \ln([COO^-]/[COOH]) + R\,T \cdot \ln[H^+] - \psi\,F$. Auf Grund der von Vff. früher (J. physic. Chem. **57.** [1953.] 370) erhaltenen experimentellen Ergebnisse ergibt sich ψ bei 25° zu $-0{,}35$ V. Der Temperaturkoeff. von ψ wird auf Grund der gleichen Daten abgeschätzt zu d ψ/d T = 2·10⁻⁴ V/Grad. Aus diesen Ergebnissen folgt, daß äquivalente Mengen an Kationen u. Anionen an I adsorbiert werden. Der Einfl. der Endgruppen von I ist zu vernachlässigen. (J. physic. Chem. **58.** 83—86. Jan. 1954. Urbana, Ill., Univ., Noyes Chem. Labor.) O. Fuchs. 4010

Frederick T. Wall und **Patricia M. Saxton,** *Die Absorption von zweiwertigen Basen an Nylonfasern.* Nach der von Wall u. Swoboda (vgl. C. **1952.** 5584) angegebenen Meth. wurde in wss. Lsg. die Absorption von *$Sr(OH)_2$* (I) an *Nylon*-Fasern (II) im Konzentrationsbereich c = 0—45·10^{-6} Mol I/1 g **II** gemessen. Es wird gezeigt, daß bei der Absorption die Gruppen $COOSr^+$ u. COOSrOH gebildet werden. Zunächst findet die Rk. 2 COOH + Sr^{2+} + 2 OH^- ⇌ $COOSr^+$ + COO^- + 2 H_2O mit der Gleichgewichtskonstanten 7,8·10^8 statt. Ab c = 8·10^{-6} kommen die Rkk. COOH + Sr^{2+} + 2 OH^- ⇌ COOSrOH + H_2O u. COOH + $SrOH^+$ + OH^- ⇌ COOSrOH + H_2O mit den Gleichgewichtskonstanten 7,6·10^7 u. 1,0·10^7 hinzu. Kurz bevor alle COOH-Gruppen erfaßt sind, findet die Rk. NH_3^+ + COOH + Sr^{2+} + 2 OH^- ⇌ $COOSr^+$ + NH_2 + 2 H_2O mit K = 2,6·10^6 statt. Im alkal. Gebiet erfolgen wahrscheinlich gleichzeitig folgende Rkk.: NH_3^+ + COO^- + Sr^{2+} + 2 OH^- ⇌ COOSrOH + NH_2 + H_2O (K = 2,7·10^5); NH_3^+ + COO^- + $SrOH^-$ + OH^- ⇌ COOSrOH + NH_2 + H_2O (K = 3,6·10^4); 2 NH_3 + COO^- + Sr^{2+} + 2 OH^- ⇌ $COOSr^+$ + 2 NH_2 + 2 H_2O (K = 9,3·10^3). (J. physic. Chem. **58.** 86—90. Jan. 1954. Urbana, Ill., Univ., Noyes Chem. Labor.) O. Fuchs. 4010

Gabor B. Levy, Isidoro Caldas jr. und **David Fergus,** *Wertbestimmung von Polyvinylpyrrolidonpräparaten.* Zur Wertbest. von Plasmaersatzpräpp. auf *Polyvinylpyrrolidon* (I)-Basis beschreiben Vff. nachst. Verf.: 1. Best. des tox. monomeren Vinylpyrrolidons durch Dest. mit H_2SO_4, Umsetzung des gebildeten Acetaldehyds mit NH_2OH·HCl u. acidimetr. Best. der in äquivalenter Menge frei gemachten HCl. 2. Best. der Feuchtigkeit durch Trocknen. 3. Best. des mittleren Mol.-Gew. durch Viscositätsmessungen. 4. Analoge Best. des Mol.-Gew. der Fraktion mit dem höchsten (bzw. tiefsten) Polymerisationsgrad, erhalten durch Fällung der Lsg. mit 3,5 (bzw. 6) Teilen Aceton. Zur Viscositätsmessung ist die I-Lsg. durch Ionenaustauscher zu entsalzen. (Analytic. Chem. **24.** 1799—1803. Nov. 1952. Lawrenceburg, Ind., Schenley Labors., Inc.) E. Moisar. 4010

W. H. Banks, *Oberflächenfilme von Polydimethylsiloxanen auf organischen flüssigen Substraten.* Geringe Mengen von Siliconen üben eine auffallende Oberflächenaktivität beim Vermischen mit organ. Fll. aus, die sich selbst bei Unmischbarkeit mit der organ. Fl. zeigt u. durch die Existenz unlösl. Filme hervorgerufen wird. Als Beweis für das Vorhandensein dieser Filme dient die Erhöhung u. Erniedrigung des Oberflächendrucks durch Variierung der Oberfläche mittels einer besonderen Schwelle. Für verschied. Substrate werden Kraft/Oberflächen-Diagramme wiedergegeben. Bei der Spreitung verlieren Tropfen von ungelöstem Siloxan sofort ihre Identität u. der spreitende Film zeigt Interferenzränder von beachtenswerter Regelmäßigkeit. Die Spreitungsdistanz l, die durch die Bewegung einer geringen Menge aufgebrachten Lycopodium-Pulvers in der Zeit t angezeigt wird, wird durch die Gleichung $l = k \cdot t^{1/2}$ dargestellt. k steht im umgekehrten Verhältnis zur Quadratwurzel der Viscosität des Substrates. (Nature [London] **174.** 365—66. 21/8. 1954. Leatherhead, Surrey, Pack. and All. Trad. Res. Assoc.) J. Roch. 4010

Michael J. Forster, *Einseitige Kompression von Kautschuk.* (Sitzungsbericht.) (Physic. Rev. [2] **98.** 1559. 1/6. 1955. Firestone Tire & Rubber Co.) E. Klever. 4030

G. M. Martin, F. L. Roth und **R. D. Stiehler,** *Verhalten von nichtpigmentierten Kautschukvulkanisaten bei Spannung.* (Sitzungsbericht.) (Physic. Rev. [2] **98.** 1559. 1/6. 1955. Nat. Bur. of Stand.) E. Klever. 4030

J. E. Ivory, F. P. Baldwin und **R. L. Anthony,** *Experimentelle Untersuchung des Verhaltens von Kautschukarten bei einfacher Scherspannung.* (Sitzungsbericht.) (Physic. Rev. [2] **98.** 1558. 1/6. 1955. Univ. of Notre Dame.) E. Klever. 4030

Donald E. Roberts und **Leo Mandelkern,** *Die Natur des „Stark"-Kautschuks.* (Sitzungsbericht.) (Physic. Rev. [2] **98.** 1559. 1/6. 1955. Nat. Bur. of Stand.) E. Klever. 4030

Shû Kambara une **Akira Hayashi,** *Über Kautschukderivate.* 10. Mitt. *Reaktionsprodukte aus Crepegummi und Thioglykolsäure.* Eine 5%ig. Benzollsg. von mastiziertem hellem *Crepegummi* wurde für 20 Std. bei 60° mit *Thioglykolsäure* behandelt. Es entstand ein braunes, durchscheinendes Prod., dessen Analyse der Zus. $(C_5H_8)_{16}(SHCH_2COOH)_5$ entspricht. Aufarbeitung u. Gang der Rk. werden erörtert. (J. chem. Soc. Japan, ind. Chem. Sect. [Kōgyō Kagaku Zassi] **54.** 68—70. Jan. 1951. Tokyo, TH. [Orig.: japan.]) L. Schuler. 4030

W. Philippoff und **J. Brodnyan,** *Die dynamischen Eigenschaften von Glucoseglas.* (Sitzungsbericht.) (Physic. Rev. [2] **98.** 1549. 1/6. 1955. Franklin Inst.) R. Levi. 4050

A. W. Dumanski und **Je. F. Nekrjatsch** (unter experimenteller Mitarbeit von **W. I. Ssolnyschkin**), *Die Reaktionswärme von Cellulose mit Ätznatron.* Best. der Benetzungs- bzw. der Reaktionswärme von 4 verschied. *Cellulose* (I)-Materialien in W. u. weiterhin in NaOH von Konzz. von 1—18% ergab ein Ansteigen der Wärmetönung in nachst. Reihenfolge: *Baumwolle* < *Sulfit*-I < *Salpetersäure*-I < *Sulfat*-I. Es ist dieses eine Reihenfolge, die einer ansteigenden Destruierung des Materials entspricht. Bei Ggw. von NaOH steigt die Reaktionswärme q mit steigender NaOH-Konz. an. Vff. finden $q = q_l + (d\,q/d\,c) \cdot c$, wo q_l = Benetzungswärme bei I + W. u. c = NaOH-Konz. ist. Während q_l durch strukturelle Besonderheiten des I-Materiales stark beeinflußt wird, wirken diese Faktoren auf die Reaktionswärme bei I + NaOH nicht ein. Aus der Tatsache, daß bei Ggw. von NaOH die Reaktionswärme eine lineare Funktion von der NaOH-Konz. ist u. von der Natur der I nicht abhängt, folgern Vff. weiterhin, daß es sich beim Mercerisierungsprozeß um eine chem. Rk. handelt. Auf Grund eines größeren Versuchsmateriales wird gefunden: $d\,q/d\,c = 1{,}22$ u. damit $q = q_l + 1{,}22 \cdot c$. (Коллоидный Журнал [Kolloid-J.] **17.** 173—79. Mai/Juni 1955. Kiew, Inst. für allg. u. anorgan. Chem. der Akad. der Wiss. der UkrSSR.) M. ULMANN. 4050

Je. N. Ljubimowa und **N. I. Nikitin**, *Die Verwendung aktivierter Cellulose für die Synthese ihrer niedrigsubstituierten Methyl- und Äthyläther.* Durch Einfrierenlassen in 8%ig. NaOH oder durch leichte Xanthogenierung aktivierte *Sulfitcellulose* wurde nach Mercerisation (30%ig. NaOH) durch Einw. von Dämpfen von CH_3J bzw. C_2H_5J bei 50° (4 Std.) alkyliert. Das aktivierte Material ergab einen etwas höheren Substitutionsgrad, z. B. 6,6 statt 5,8 OCH_3, oder 4,6 statt 4,1 OC_2H_5. Wird mit $(CH_3)_2SO_4$ methyliert, so findet man größere Unterschiede, 13,2 statt 7,8 OCH_3 bei nichtaktiviertem Material. Die Äther aus aktivierter Cellulose zeigen wesentlich größere Löslichkeit als aus nichtaktiviertem Material. (Журнал Прикладной Химии [J. angew. Chem.] **28.** 402—06. April 1955. Forsttechn. Kirow-Akad., Labor. für Holz- u. Cellulosechem.) M. ULMANN. 4050

W. I. Alexejenko, I. U. Mischusstin und **Ss. Ss. Wojutzki**, *Über die gemeinsame Verwendung von Nitrocellulose mit anderen Hochpolymeren.* Ausführliche Wiedergabe der C. **1955.** 3156 referierten Arbeit. (Коллоидный Журнал [Kolloid-J.] **17.** 3—9. Jan./Febr. 1955. Wiss. Zentralforschungsinst. für Lederersatzstoffe.) M. ULMANN. 4050

D. J. Plazek und **John D. Ferry**, *Dynamisch mechanische Eigenschaften von konzentrierten Cellulosetrinitratlösungen.* (Sitzungsbericht.) (Physic. Rev. [2] **98.** 1548—49. 1/6. 1955. Univ. of Wisconsin.) R. LEVI. 4050

Yoshiro Yoshihiro, *Hemicellulosen und Pektin.* 1. Mitt. *Extraktion und Acetylierung von Bagassehemicellulosen.* Ein Maximum an *Hemicellulose A* wird bei p_H 5,6—6,0 gefällt. Für die Koagulation von *Hemicellulose B* bei 17° sind folgende Minimalkonzz. nötig: CH_3OH 41,2, C_2H_5OH 31,4 u. Aceton (I) 23,1%. Die Fällwrkg. von A. steigt stark in Ggw. von I. Hemicellulosen lassen sich mit $(CH_3CO)_2O$ u. H_2SO_4 gut acetylieren, falls sie vorher mit Eisessig gewaschen werden. (J. chem. Soc. Japan, ind. Chem. Sect. [Kōgyō Kagaku Zassi] **54.** 147—48. Jan. 1951. Tokyo Univ. [Orig.: japan.]) L. SCHULER. 4050

Roy L. Whistler und **E. S. Turner**, *Feinstruktur von Stärkekornschnitten.* Vff. untersuchten elektronenmkr. Mikrotomschnitte von Körnern von *Maisstärke.* Zur Darst. der Schnitte wurden die Körner in ein Gemisch von 20% Methylmethacrylat in n-Butylmethacrylat eingebettet u. diese Mischung 24 Std. bei 47° zur Polymerisation belassen. Beobachtet wurden lamellare Ringe mit einem Ringabstand zwischen 0,1 bis etwas über 1 μ. Nach Beschattung mit Cr wurde eine feine Granulation festgestellt. In der Feinstruktur der Banden war zu erkennen, daß die Schichten tangential in Klumpen aufbrachen, welche oft eine radiale Kontinuität aufwiesen. Außerdem waren perlenartige Adern sichtbar, bei denen es sich möglicherweise um einzelne Micellen handelt. Diese perlenartigen micellaren Adern haben einen Durchmesser von 180—250 Å u. eine Länge von > 2500 Å. (J. Polymer Sci. **18.** 153—56. Sept. 1955. Lafayette, Ind. Purdue Univ., Dep. of Biochem.) C. GOTTFRIED. 4050

Sidney W. Benson und **Ryden L. Richardson**, *Eine Untersuchung der Hysterese bei der Sorption von polaren Gasen durch natürliche und denaturierte Proteine.* Vff. bestimmten die Sorptions-Desorptions-Isothermen verschied. polarer Gase an natürlichen u. bei Tempp. von 25 u. 40° denaturierten Proteinen mit Hilfe einer modifizierten Sorptionswaage nach MCBAIN. Dabei wurde festgestellt, daß *Eialbumin* u. *Rinderplasmaalbumin* die untersuchten Gase in der Reihenfolge $H_2O > C_2H_5OH > (C_2H_5)_2O > C_2H_5Cl$ binden. Die adsorbierte Menge verminderte sich bei Einschränkung der Fähigkeit des Adsorbats H-Bindungen mit dem festen Protein zu bilden; dies gilt auch für in der Wärme denaturiertes Eialbumin. Bei der Sorption von CH_3OH, C_2H_5OH u. *Isobutylalkohol* an Eialbumin bei 25° trat eine erhebliche Abnahme der adsorbierten Menge mit Zunahme der Größe des adsorbierten Mol. auf. Alle Isothermen zeigten Hystereseschleifen, die annähernd zu der insgesamt adsorbierten Menge u. dem Mol.-Vol. des Adsorbats in Beziehung gesetzt werden konnten. Die Hysterseschleifen waren gut reproduzierbar. Die Dissipation der freien Energie bei Vervollständigung einer Hystereseschleife wurde mit Hilfe der GIBBS-DUHEM-Gleichung berechnet. Die Werte, ausgedrückt in kcal/Mol Protein, für Eialbumin bei 25° waren: H_2O = 66; MeOH = 118; C_2H_5OH = 79 u. C_2H_5Cl = 38. Die Berechnung der Sorptions- u. Desorptionswärmen mittels der CLAUSIUS-CLAPEYRON-Gleichung für C_2H_5OH an Eialbumin zeigten ein n. Verh. im Gegensatz zu den Werten, die früher für H_2O an Rinderplasmaalbumin veröffentlicht wurden (vgl. SEEHOF, KEILIN u. BENSON, C. **1955.** 1063). (J. Amer. chem. Soc. **77.** 2585. 5/5. 1955. Los Angeles, Calif., Univ. of Southern California, Chem. Dep.) G. WILLE. 4070

H. Lindley, *Einige mögliche Abänderungen der α-Schraubenkonfiguration mit Einschluß von Änderungen der Richtung und des Sinns der Schraube.* An Hand von Modellen untersuchten Vff. die Möglichkeit einiger einfacher Abänderungen der α-Schraubenkonfiguration. Es wurde gefunden, daß schon relativ geringe Änderungen, wie z. B. eine Abweichung in der Schraubenrichtung, die Formulierung von spezif. Strukturen gestatten, wodurch einige Beschränkungen der Formulierung der Proteinstruktur durch eine einfache α-Schraube aufgehoben werden. Diese spezif. Strukturen stimmen mit vielen, auf Grund chem. u. anderer Beweise früher vorgeschlagenen, allg. Theorien über die Proteinstruktur überein. (Biochim. biophysica Acta [Amsterdam] **18.** 194–201. Okt. 1955. Pasadena, Calif., Inst. of Technol., Gates and Crellin Labor. of Chem.) C. GOTTFRIED. 4070

Leo Lutwak, *Darstellung von radioaktiv jodiertem Serumalbumin.* 1,2 ml 0,002 mol. NaJ-Lsg. u. 1,2 ml 0,02mol. $NaNO_2$-Lsg. werden mit 1 ml einer Lsg. von trägerfreiem ^{131}J in $NaHSO_3$ (1 ml = 1 mC) geschüttelt, mit 0,5nHCl auf $p_H < 4$ gebracht, nach einigen Min. mit 0,25nNaOH neutralisiert u. mit W. auf 16,5 ml verdünnt. Dieses Reagens wird tropfenweise zu einem Gemisch von 20 ml 25%ig. Serumalbuminlsg. u. 5 ml 25%ig. Na_2CO_3-Lsg. gegeben u. insgesamt 15 Min. geschüttelt. Die Lsg. wird über Amberlite JR-4B u. dann über Amberlite JR-100H geschickt. 20 ml Filtrat werden mit 1,3 ml 15%ig. NaCl-Lsg. isoton. gemacht u. steril durch SEITZ-Filter gegeben. Durch die Behandlung mit Amberlite wird nicht proteingebundenes ^{131}J prakt. entfernt. (Proc. Soc. exp. Biol. Med. **80.** 741. Aug./Sept. 1952. Upton, N. Y., Brookhaven Nat. Labor., Med. Dep.) F. KRUSEN. 4070

Jean Roche, Serge Lissitzky und **Raymond Michel,** *Charakterisierung der Jodhistidine in jodierten Proteinen (Thyreoglobulin und Jodglobin).* Nicht denaturiertes *Pferdeglobin* (**I**) wurde in 0,2nNaOH bei 0–5° durch allmählichen Zusatz einer Lsg. von J_2 in PAe. jodiert, wobei je Mol *Tyrosin* u. *Histidin* 4 Atome J (+ 10%) zur Einw. kamen. Aus dem enzymat. Hydrolysat des jodierten **I** wurden *Monojodhistidin* (**II**) u. *Dijodhistidin* durch Adsorption an Silicagel abgetrennt u. papierchromatograph. (n-Butanol/Essigsäure W., 78 : 5 : 17, oder NH_3-gesätt. n-Butanol) charakterisiert. *Thyreoglobulin* (Ratte, Hund) enthält **II** (maximal 2% des Gesamt-*J*-Geh.), das, nach vorangegangener subcutaner Injektion von trägerfreiem ^{131}J als *NaJ*, im enzymat. Hydrolysat (Rohtrypsin) nach verschied. Fraktionierungen radiochromatograph. nachgewiesen werden konnte. Die Ggw. von **II** neben viel größeren Mengen *Jodtyrosinen* ist vom Cyclus der Thyroxinbldg. unabhängig. Die bei der Verwendung markierter Jodhistidine zum chromatograph. Nachw. dieser Verbb. benutzten Verff. (Autogramme, Radiochromatogramme) eignen sich auch für andere ähnliche Untersuchungen. (Biochim. biophysica Acta [Amsterdam] **8.** 339–45. März 1952. Paris, Coll. de France, Biochim. gén. et comparée.) K. MAIER. 4070

Ernst Waldschmidt-Leitz und **Otto Zeiss,** *Über Protofibroin, die kristalline Hauptkomponente der Seidenfaser.* (Vgl. Hoppe Seyler's Z. physiol. Chem. 298. [1954.] 239.) *Seidenfibroin* (**I**) wurde durch Entbasten der Rohseide mit Papain gewonnen. Der Abbau von **I** durch Chymotrypsin liefert die krist. Komponente *Protofibroin* (**II**). **II** setzt sich nach den Ergebnissen der Säulenchromatographie an Stärke aus *Glycin, Alanin, Serin* u. *Tyrosin* im Verhältnis 21 : 14 : 72 : 1 zusammen. In der Peptidkette von **II** steht *Glycin* N-endständig u. *Tyrosin* C-endständig. Die Peptidkette besteht aus 43 Aminosäureresten, darunter 1 Tyrosinrest. Die partielle HCl-Hydrolyse u. Papierchromatographie der Spaltprodd. führt Vff. zur Annahme folgender Struktur der Peptidkette: $(Gly \cdot Ala \cdot Ser \cdot Gly \cdot Ala \cdot Gly)_7 \cdot Tyrosin$. (Hoppe-Seyler's Z. physiol. Chem. **300.** 49–67. 29/4. 1955. München, TH, Inst. für organ. Chem.) E. SCHWERDTFEGER. 4070

J. Drenth und **E. H. Wiebenga,** *Excelsin, Edestin und Kristalle von Tabaksamenglobulin. Darstellung, Dichte und röntgenographische Messungen. Tabaksamenglobulin* (**I**), *Excelsin* (**II**) aus Kernen von brasilian. Nüssen u. *Edestin* (**III**) aus Hanfsamenkernen wurden nach bekannten Methoden dargestellt. Vor der Extraktion mit der Salzlsg. wurde die Hauptmenge des Öls aus den Samen durch Pressen oder durch Extraktion mit Ae. entfernt. Ein Teil des Öls u. möglicherweise Fette werden durch diese Behandlung nicht entfernt u. lösen sich zusammen mit dem Protein in der Salzlösung. Zu diesem Zweck wurden diese Lsgg. mit n-Butylalkohol gerührt, der die Hauptmenge dieser Verunreinigungen aufnimmt; es wird eine Emulsion gebildet, die durch Zentrifugieren in ihre Bestandteile getrennt werden kann. Aus dem Elektrophoresediagramm von **II** ist ersichtlich, daß die Substanz eine geringe Menge Verunreinigung enthält. Bei **III** war der reinigende Einfl. der Butanolbehandlung deutlich aus diesem Diagramm erkenntlich. **I** erwies sich bei p_H 6,8 als elektrophoret. homogen. Zur Best. der Löslichkeitskurven wurde eine Lsg. des Proteins in einer gepufferten Salzlsg. benutzt. Zunehmende Voll. dieser Lsg. wurden mit dem reinen Lösungsm. derart gemischt, daß das Gesamtvol. jeder Mischung 5 cm^3 betrug. Durch Verdünnung mit 5 cm^3 W. wurde, mit Ausnahme niedriger Proteinkonzz., ein Nd. gebildet. Nach Gleichgewichtseinstellung wurden 5 cm^3 klare Lsg. entnommen u. eine N-Best. nach KJELDAHL durchgeführt. Die N-Gehh. wurden gegen die Gesamtmenge N aufgetragen, die von einer N-Best. in der vor der Herst. der Mischungen benutzten Proteinlsg. her bekannt war. Aus der Löslichkeitskurve des **III** ist ersichtlich, daß das Protein nicht vollkommen rein war. Aus den Löslichkeitskurven von **I** bei p_H 9,2 u. 7,0 war zu ersehen, daß bei p_H 7,0 das Prod. aus 2 Komponenten mit angenähert den gleichen Löslichkeiten in einem Verhältnis 1: 6 bestand. Bei p_H 9,2 konnte noch eine dritte Komponente nachgewiesen werden, deren Menge ca. 10% des Gesamtproteins betrug. — Gute Kristalle aller Proteine wurden durch Dialyse bei konstanter Temp. in dest. W. erhalten. **III** krist. in opt. isotropen Oktaedern, **II** in Platten, die zuweilen ein vollkommenes Sechseck bilden. Mkr. ist ersichtlich, daß die Kristalle verzwillingt u. aus Dreiecken zusammengesetzt sind. Die Dreiecke sind opt. zweiachsig, positiv mit 2 E (Na-Licht) für die feuchten Kristalle $= 38^0$; die spitze Bisektrix steht senkrecht zu den Platten. **I** bildet zuweilen hexagonale Platten, zuweilen Kristalle mit unregelmäßiger Form u. gerundeten Ecken. Sie sind homogen u. scheinen opt. einachsig zu sein mit der opt. Achse senkrecht zu den Platten. Die Brechungsindices der lufttrockenen Kristalle aller 3 Proteine beträgt $1{,}545 \pm 0{,}005$ (Na-Licht). Die gemessenen Dichten der 3 Proteine bei verschied. relativen Feuchtigkeiten sind tabellar. u. graph. wiedergegeben. Die Röntgenaufnahmen an Einkristallen ergaben für **I** rhomboedr. Symmetrie mit $a = 98$ Å; $c = 3 \cdot 74$ Å; $a_{rh} = 93$ Å, $\alpha = 63{,}6^0$ für einen feuchten Kristall mit 23% Wasser. Für den trockenen Kristall ist $a = 88$ Å; $c = 3 \cdot 67$ Å; $a_{rh} =$ 84 Å; $\alpha = 63{,}4^0$. **II** ist ebenfalls rhomboedr., hat die LAUE-Symmetrie $R\bar{3}$ m u. bei einem Wassergeh. von 30% $a = 95{,}4$ Å; $c = 3 \cdot 73{,}4$ Å; $a_{rh} = 91{,}7$ Å; $\alpha = 62{,}7^0$. Für einen trockenen Kristall ist $a = 82{,}8$ Å; $c = 3 \cdot 65{,}4$ Å; $a_{rh} = 81{,}0$ Å; $\alpha = 61{,}5^0$. **III** ist kub. mit $a = 136 \pm 2$ Å für einen Kristall mit 23% W. u. 122 ± 2 Å für den trockenen Kristall. Die Strukturen der 3 Proteine bestehen aus angenähert dichten Packungen von Kugeln. Die Mol.-Geww., berechnet aus den Elementarkörperdimensionen u. den Dichten der trockenen Kristalle, sind 350000 ± 20000 für **I**, 303000 ± 10000 für **II** u. 360000 $\pm$ 20000 für **III**. (Recueil Trav. chim. Pays-Bas **74**. 813—31. Juli 1955. Groningen, Univ., Labor. for Inorganic and Phys. Chem.) C. GOTTFRIED. 4070

E. Biologische Chemie. Physiologie. Medizin.

E_1. Allgemeine Biologie und Biochemie.

Yoshihisa Suzuki, *Die Permeabilität von Organgeweben gegenüber Farbstoffen.* Messung der Durchdringung der *Farbstoff* (I)-Lsgg. von *Methylenblau, Neutralrot, Safranin, Toluidinblau, Eosin, Kongorot, Indigocarmin, Säureviolett* durch Trennwände aus Organen der Kröte wie Haut, Gaumen, Oesophagus, Magen, Dünndarm, Rectum in 2 Richtungen ergab größeren Effekt mit I in Richtung zum Epithelium als umgekehrt, die Färbung war auf der Epithelseite geringer als auf der entgegengesetzten Seite. Der Vorgang der I-Durchdringung in Organgeweben verläuft analog wie Diffusion von I in Gelen. (J. Kyoto prefect. med. Univ. **56**. 681—91. Okt. 1954. Kyoto, Pref. Med. Univ., Dep. of Bio-physicochemistry. [Orig.: japan., Auszug: engl. S. 52.]) H. DOSSMANN. 4150

Hiroyuki Ando und **Michio Tamura**, *Die Bildung von Verbindungen der Anilinfarbstoffe mit humanen Erythrocyten.* 51 verschied. Anilinfarbstoffe wurden Erythrocytensuspensionen beigemischt, beide in 0,9%ig. NaCl-Lsg., u. 2 Std. auf 37° gehalten. In der nach Zentrifugieren überstehenden Fl. wurde die Änderung der Farbstoffkonz. mit DUBOSCQ-Colorimeter bestimmt, die Erythrocytenbindung lag bei bas. Farbstoffen zwischen 0,4—70,7%, bei sauren zwischen 0,1—65,1% mit Unterschieden bei Derivv. derselben Serie mit Ausnahme der Thiazinderivate. (J. Kyoto prefect. med. Univ. **56**. 672—74. Okt. 1954. Kobe Med. Coll., Dep. of Anatomy. [Orig.: japan., Auszug: engl. S. 50.]) H. DOSSMANN. 4150

Max Alfert, *Veränderungen in der Anfärbbarkeit der Kernkomponenten während der Zelldegeneration.* Veränderungen in der Anfärbbarkeit der Desoxyribonucleinsäure der Kerne von degenerierenden Follikelzellen bei Meerschweinchen wurden nach Tingierung mit FEULGENs Reagens oder Methylgrün photometr. bestimmt. Während der Pyknose schwindet die Anfärbbarkeit. (Biol. Bull. **109**. 1—12. Aug. 1955. Berkeley, Calif., Univ. of California, Dep. of Zool. u. Cancer Res. Genet. Labor.) H. HERMANN. 4150

Michel Charles Durand, *Bemerkungen über die Entwicklung der Nucleinsäuren bei der Ovogenese von Gryllus bimaculatus.* Zu Beginn der meiot. Prophase verändern sich die Chromosomen von *G. bimaculatus*, werden pyroninophil u. labil gegen *Ribonuclease* (I)-Einwirkung. Sie besitzen für eine gewisse Zeit ein durch Methylgrün färbbares, FEULGEN-positives Zentralkörperchen. Nachdem sie dann vollständig pyroninophil u. FEULGEN-negativ geworden sind, gehen sie in wenig anfärbbare linsenförmige Gebilde über, die mehr u. mehr diffus werden. Am Ende der Dotterbldg. lösen sich die Chromosomenformen vollkommen auf, wobei wahrscheinlich gleichzeitig eine Depolymerisierung der *Desoxyribonucleinsäure* erfolgt. Die Entw. des Cytoplasmas findet in 2 Perioden statt. Während der ersten (Cytoplasmazunahme) zeigt das Cytoplasma eine ausgeprägte Pyroninophilie, die mit dem Auftreten der Dotterpartikel abnimmt. Diese intensive Basophilie verschwindet nur nach 5std. Hydrolyse mit I bei 37°. Die enzymat. Wrkg. wird durch eine vorhergehende Säurebehandlung (10—30 Min., n-HCl, 37°) beschleunigt. Das Cytoplasma färbt sich ohne vorhergehende Säurehydrolyse mit SCHIFFschem Reagens. Die Färbbarkeit verschwindet vollständig bei I-Behandlung. In der Periode der *Vitellin*-Bldg. vermindert sich das schwach pyroninophile Cytoplasma. Die Dotterscheibchen sind SCHIFF-positiv (Violettfärbung), färben sich mit UNNA-Mischung violettgrün, zeigen aber keinerlei Empfindlichkeit gegen saure oder I-Hydrolyse. Sie zeigen ähnliche Eigg. wie Gebilde, die die „*Plasmal*"-Rk. geben. (C. R. hebd. Séances Acad. Sci. **235**. 824—26. 13/10. 1952.) K. MAIER. 4150

A. K. Beloussowa, *Die Synthese von Nucleinsäuren in Homogenaten und isolierten Kernen von Geschwulstzellen und normalen Zellen.* (Vgl. C. **1955**. 4124.) Verss. mit n. u. Geschwulstzellen von Ratten u. Mäusen ergaben, daß für die Synth. der *Nucleinsäuren* in Homogenaten u. isolierten Kernen die Ggw. von *Adenosintriphosphorsäure* (I), *Äpfelsäure* (II) u. *Ribonucleinsäure* (III) oder Spaltprodd. von III erforderlich ist. Gemeinsames Substrat für die Synth. von *Desoxyribonucleinsäure* (IV) u. III sind die in Säure lösl. Ribonucleotide, als Energiequelle dient I. Werden I u. II ausgeschaltet, so wird das Gleichgewicht stark nach dem Zerfall der Nucleinsäuren verschoben (Unterdrückung der Synth.). Bei Erhöhung des Verhältnisses Substrat/Endprod. (III oder IV) verschiebt sich das Gleichgewicht nach der Synthese. Alle Zellkerne der untersuchten Geschwülste zeichnen sich dadurch aus, daß IV bei so geringen Substratkonzz. synthetisiert wird, die eine Synth. in der n. Zelle unmöglich machen. Die Synth. von IV ist gegenüber der Synth. von III vorherrschend. Bei Substratmangel wird die Synth. von III unterdrückt. (Биохимия [Biochemie] **20**. 495—506. Juli/Aug. 1955. Moskau, Inst. für exp. Pathol. u. Therapie des Krebses der Akad. der Wiss. der UdSSR.) O. LEBTAG. 4160

L. L. Bennett, Howard E. Skipper, C. Chester Stock und **C. P. Rhoads**, *Untersuchung über auswertbare biochemische Differenzen zwischen normalen und Krebszellen.* 1. Mitt. *Nucleinsäure-Purin-Stoffwechsel in tierischen Neoplasmen.* Der relative Einbau von $^{14}C_{(2)}$-Guanin, $^{14}C_{(2)}$-2.6-Diaminopurin, $^{14}C_{(8)}$-Adenin u. ^{14}C-Formiat, in tier. Tumorzellen, Eingeweide u. Leber wurde 6 Std. nach einmaliger Injektion der markierten Verbb. untersucht. Alle Tumoren bauten Guanin nur wenig, dagegen 2.6-Diaminopurin in stärkerem Maße ein als Eingeweide u. Leber. Die Eingeweidepolynucleotide enthielten mehr Formiat u. Adenin als die Tumorgewebe. Formiat wurde von Leber weniger eingebaut, als von Eingeweiden oder den untersuchten Tumoren. (Cancer Res. **15**. 485—91. Aug. 1955. Birmingham, Ala., Southern Res. Inst., Kettering-Meyer Labor., u. New York, N. Y., Sloan-Kettering Inst. for Cancer Res.) H. GOEBEL. 4160

Darrell N. Ward und **A. Clark Griffin**, *Phosphoreinbau in Nucleinsäuren und Proteine der Lebernuclei bei normalen und mit Azofarbstoffen gefütterten Ratten.* Vff. untersuchten den Einbau von radioakt. *Phosphat* (I) in die Kernribonucleinsäurefraktion von Leber bei n. u. präcancerösen Tieren. I wurde bei beiden Tiergruppen in gleichem Maße eingebaut; die Nucleotide unterschieden sich nicht voneinander, mit Ausnahme der *Adenylsäure*, die ca. 30% mehr I enthielten. (Cancer Res. **15**. 456—61. Aug. 1955. Stanford, Calif., Stanford Univ., School of Med., Dep. of Chem.) H. GOEBEL. 4160

C. Romieu, J. Gary-Bobo, A. Pages, H. Pourquier und **E. Thibaud**, *Untersuchung über Fixierung und Ausscheidung von ^{32}P in Urin bei Tumoren mit Metastasen.* Nach einer Gabe ^{32}P (1 mC) wurden Ausscheidung im Urin, Messungen an oberflächlichen Tumoren oder nach Biopsie bei 70 Patienten durchgeführt. Bei Patienten mit multiplen Metastasen oder bei Mitbefall des Knochensyst. kam es zur Retention des P (Ausscheidung nach 24 Std. ca. 2%, n. 6% der gegebenen Dosis). Bei kleinen isolierten Metastasen wurde sogar mehr ^{32}P als n. ausgeschieden. (Bull. Assoc. franç. Étude Cancer **42** (**46**). 37—48. 1955.) P. GERBER. 4160

H. Laser, *Der Stoffwechsel des Gewebes bei Hodgkin-Krankheit.* Manometr. Unterss. lymphat. Gewebe bei Lymphogranulomatose (Lymphknoten, Milz, Mandeln usw.) ergeben gegenüber n. Geweben im allg. eine etwas erhöhte Respiration, sowie ziemlich hohe aerobe u. hohe anaerobe Glykolysewerte (charakterist., doch nicht spezif. für Tumoren). Während n. Lymphknoten u. Milz gegenüber Geweben bei HODGKIN-Krankheit geringere aerobe u. anaerobe Glykolysewerte ergeben, unterscheiden sich n. Mandeln von pathol. durch eine etwas höhere O_2-Aufnahme. (J. nat. Cancer Inst. **12.** 259—68. Okt. 1951. New York, N. Y., St. Vincent's Hosp., Hodgkin's Disease Res. Labor.) R. REISS. 4160

Gottfried Leonhardi, *Über Struktur und Lichtabsorption der Harnmelanogene.* Durch Chromatographie an Filterkartons (SCHLEICHER & SCHÜLL Nr. 2230) konnten die früher (Naturwissenschaften **40.** [1953.] 621; **41.** [1954.] 305 u. C. **1956.** 5032) papierchromatograph. aufgefundenen 3 *Harnmelanogene A, B* u. *C,* die *5.6-Dioxyindolderivv.* darstellen, angereichert u. präparativ isoliert werden. *A* wurde krist. erhalten. Bei der Säurehydrolyse ist *Glutaminsäure* (I) abspaltbar, die wahrscheinlich als *Pyrrolidoncarbonsäure* (II) vorliegt. *A* gab außer dem Pb- u. Hg-Salz nur ein *Pikrat,* $C_{25}H_{25}O_{13}N_7$ (?). Möglicherweise ist in *A* ein Peptid aus I u. II, das eine N-CH_3- u. eine Säureamidgruppierung enthält, mit dem Oxyindol verknüpft. Diese Annahme erfährt eine Stütze durch das UV- u. Ultrarotspektrum. Diese Ergebnisse sprechen dafür, daß die in vitro erkannte Grund-Rk. der Melaninbldg. aus Tyrosin wenigstens bis zur Stufe des *5.6-Dioxindols* (III) in der Melanomzelle in gleicher Weise abläuft. Das unter pathol. Bedingungen gebildete III wird anscheinend in der Tumorzelle mit II bzw. dem genannten Peptid substituiert u. ausgeschieden. (Naturwissenschaften **42.** 17—18. 1. Jan.-H. 1955. Frankfurt/M., Univ.-Hautklinik.) K. MAIER. 4160

I. Banga, J. Baló und **P. Reiman,** *Die Wirkung von Substanzen, die die Redox-Vorgänge bei der Entwicklung von Mäusekrebs beeinflussen.* Da die Oxydationsvorgänge im Gewebe von großer Bedeutung für die Bldg. u. Entw. von Krebs sind, werden in der vorliegenden Arbeit autoxydable Metallkomplexe (Verbb. von *Fe, Cd, Mn, Cu, Cr* u. *Co* mit *Ascorbinsäure, Malonsäure* oder *Citronensäure*) in vivo auf ihren Einfl. auf das Wachstum von Mäusekrebs untersucht. Zwei Substanzen, der Fe-Ascorbinsäure-Komplex (I) u. der Cd-Ascorbinsäure-Komplex (II) sind bes. charakterist., I als Förderer, II als Inhibitor der Krebsentwicklung. I u. II bilden zusammen einen Komplex von erhöhter Wirksamkeit. Das Gleichgewicht von I wird bei Anwesenheit von II zum Fe^{III} verschoben (vermehrter O_2-Verbrauch in der WARBURG-App.). Zum Studium des Wirkungsmechanismus wird der Einfl. von I u. II auf das Atmungsferment (*Cytochromoxydase*) in vitro an Mäusekrebs u. Rattenmuskeln untersucht. Das Maß für die Rk. ist die Oxydation von p-Phenylendiamin. Sie wird von I gehemmt, von II gefördert. Es besteht also offenbar ein Zusammenhang zwischen der Schädigung der *Cytochromoxydase* u. der Entstehung bzw. dem vermehrten Wachstum des Krebses. Der Mn-Malonsäure-Komplex, der ähnlich wie II wirkt, aber wesentlich weniger tox. ist, könnte für Therapieverss. in Frage kommen. (Acta physiol. Acad. Sci. hung. **5.** 273—91. 1954. Budapest, Med. Univ., Dep. of Pathol. Anat. and Exp. Cancer Res.) U. BAUMANN. 4160

Henry L. Plaine und **Bentley Glass,** *Der Einfluß von Tryptophan und verwandter Verbindungen auf die Wirkung eines spezifischen Gens und das Auftreten melanotischer Tumoren bei Drosophila melanogaster.* Die Verfütterung von *l-Tryptophan* (I) mit Hefe an Larven ließ das Auftreten melanot. Tumoren von 4 auf über 60%, Augenveränderungen von 9 bis über 35% ansteigen. Waren die Embryonen zunächst reinem O_2 ausgesetzt u. dann als Larven mit I gefüttert worden, stiegen die Tumorfälle bis über 80% u. die Augenveränderungen auf 50%. O_2-Behandlung wirkt lang anhaltend synergist. mit dem I-Effekt. Tyrosin, Phenylalanin, Anthranilsäure, Alanin, Indol, Serin oder Indol u. Serin zusammen haben schwächere Wirkung. Indol u. Serin allein verfüttert, waren sehr tox., kombiniert war die Toxizität aufgehoben. — 55 Literaturangaben. (J. Genetics **53.** 244—61. Mai 1955. Baltimore, Univ., Dep. of Biol.) H. W. GRAMM. 4160

Helmut Willig, *Tierexperimentelle Untersuchungen über den Einfluß von Thyroxin auf das Wachstum des Jensen-Sarkoms bei Ratten. Thyroxin* hat keinen Einfl. auf Angehen u. Wachstum des JENSEN-Sarkoms bei Ratten. (Aerztl. Forsch. **9.** I/369—71. 10/8. 1955. Düsseldorf, Med. Akad. Frauenklinik.) HEINRICH HERMANN. 4160

E. Sega und **L. Ragaini,** *Hyaluronidase und Tumoren: Die Antihyaluronidase-(Mesomucinase-) Aktivität des menschlichen Serums bei Tumoren vor und nach Röntgen-*

bestrahlung. Die *Antihyaluronidase*-Aktivität des Serums ist bei Personen mit Tumoren (mit oder ohne Metastasen) um mehr als das Doppelte höher als bei n. Personen bzw. bei solchen, die eine Röntgenbestrahlung durchgemacht haben. Die Lokalisation des Primärtumors ist nicht ausschlaggebend. (Minerva med. [Torino] **43 I.** 1376—79. 25/6. 1952. Senigallia, Ospedale Civile.) P. G. SCHEURLEN. 4160

Herbert Braunsteiner und **Charlotte Friend,** *Mit transplantabler Mäuseleukämie verbundene Virushepatitis.* 1. Mitt. *Akute Lebererscheinungen nach Behandlung mit Urethan oder Methylformamid.* In Unterss. mit verschied. Mäusestämmen wiesen Vff. nach, daß bei mit transplantabler Leukämie infizierten Mäusen gleichzeitig eine Virushepatitis auftritt, die im allg. latent u. asymptomat. bleibt. Durch Behandlung der Mäuse mit *Urethan* (I) oder *Methylformamid* (II) in je 3 Dosen von 1 g/kg vor u. nach der Infektion wird die Krankheit manifest u. äußerst sich in schweren Lebernekrosen. Die Mortalität dabei war bei den einzelnen Mäusestämmen unterschiedlich. Tiere, die eine subakute Erkrankung überstanden hatten oder denen die latente Form des Virus injiziert worden war, waren gegen Reinfektionen immun. Diese Immunität konnte jedoch durch Behandlung mit **I** oder **II** beseitigt werden. Die Virulenz des Erregers wird bei Passage durch mehrere Generationen mit **I** oder **II** behandelter Tiere verstärkt. (J. exp. Medicine **100.** 665—74. 1/12. 1954. New York, N. Y., Sloan-Kettering Inst. for Cancer Res.) F. KRUSEN. 4160

Austin S. Weisberger und **John P. Storaasli,** *Optische Isomeren von Cystein bei der Verhinderung der durch Stickstofflost hervorgerufenen Leukopenie.* Bei Kaninchen u. bes. bei Ratten schützt vorherige Injektion von *L-Cysteinhydrochlorid* (600 mg/kg, mit NaOH auf p_H 7,0 eingestellt) besser als das D-Isomere vor Leukopenie u. Neutropenie, die durch Stickstoffsenfgas (Methyl-bis-[β-chloräthyl]-aminhydrochlorid; **I**) verursacht wird (1,5 mg **I**/kg bei der Ratte, 2,5 mg beim Kaninchen). Demnach ist für diese präventive Wrkg. die Anwesenheit von benachbarten SH-, NH_2- u. COOH-Gruppen sowie eine spezif. räumliche Anordnung nötig. Dies macht es unwahrscheinlich, daß die Wrkg. nur auf einer chem. Inaktivierung von **I** beruht, sondern es dürfte ein Schutz auf eine oder mehrere für den Leukocytenstoffwechsel wesentliche Substanzen ausgeübt werden. (J. Lab. clin. Med. **43.** 246—52. Febr. 1954. Cleveland, O., Western Res. Univ., School of Med., u. Lakeside Hosp., Depp. of Med. and Radiology.) W. WILLENBERG. 4160

A. Hervé und **S. Neukomm,** *Der chemische Schutz gegen Röntgenstrahlen durch Mercaptoäthylamin und die Entwicklung der bestrahlten Tumoren bei geschützten Tieren. Cysteinamin* wirkt auf die Einzelzelle. In hohen Dosen vor der Bestrahlung verabreicht werden auch Impftumoren von Mäusen teilweise geschützt, was sich an einem stärkeren Tumorwachstum bei den geschützten bestrahlten Tieren zeigt. (Sonderbände zur Strahlentherapie **32.** 10—11. 1955. Lüttich u. Lausanne.) K. PRCHAL. 4160

H. Brügel, *Die Behandlung der chronischen Leukosen mit radioaktivem Phosphor.* Behandlung chron. Leukosen (14 Fälle) mit radioakt. ^{32}P (Injektion in ca. 10tägigem Intervall, ½—4 mC als Orthophosphat in Phosphatpuffer auf p_H 7,2 u. 1 mC $^{32}P/cm^3$ Injektionslsg. eingestellt; Gesamtdosis 2—32,7 mC) bietet gegenüber der Röntgenstrahlen-TEM-Behandlung nur den Vorteil besserer Verträglichkeit. (Dtsch. med. Wschr. **80.** 643—47. 22/4. 1955. Stuttgart-Bad Cannstatt, Krankenhaus, Inn. Klin.) V. SACHS. 4160

Justus F. Lehmann und **Frank H. Krusen,** *Biophysikalische Wirkungen der Ultraschallenergie auf Carcinome und ihre mögliche Bedeutung.* Bei Ausschaltung von Cavitation u. Wärmewirkungen durch Ultraschall (US), 8,4 W/cm² u. 10^6 Hz/Sek., wurde an Tumorsuspensionen u. gesetzten Carcinomen am Mäuseschwanz kein Einfl. von US auf das Wachstum von Tumoren festgestellt. Dagegen konnte eine erhöhte Rückbldg. von Tumoren bei kombinierter Anwendung von US- u. Röntgenbestrahlung gegenüber alleiniger Röntgenbehandlung, offenbar bedingt durch Temperatursteigerung infolge selektiver Absorption von US im erkrankten Gewebe, festgestellt werden. — 63 Literaturangaben. (Arch. physic. Med. Rehabilität. **36.** 452—59. Juli 1955. Rochester, Minn., Mayo Clin. and Mayo Foundat.) H. DOSSMANN. 4160

—, Giornate biochimiche italo-franco-elvetische. Spoleto: Panetto e Petrelli. 1955. (494 S.) 8°. L. 4000.—.

E₂. Enzymologie. Gärung.

Keith A. Booman und **Carl Niemann,** *Die Bestimmung der kinetischen Konstanten enzymkatalysierter Reaktionen durch Verfahren, die auf integrierten Geschwindigkeitsgleichungen beruhen.* 2. Mitt. (1. vgl. FOSTER u. Mitarbeiter, C. **1954.** 6024.) Es werden drei mögliche Gleichungen aufgestellt u. daraus die Geschwindigkeits- u. Gleichgewichtskonstanten am Beispiel der α-Chymotrypsin-katalysierten Hydrolyse von L-Tryptophan-

oxyamid abgeleitet. (J. Amer. chem. Soc. **77.** 5733—35. 5. 11. 1955. Pasadena, Calif., Chem.-California Inst. of Technology, Gates and Crellin Labor.)
WOLFGANG SIMON. 4210

P. W. Ssimakow, *Einfluß von Menge und Eigenschaften der Nahrungsproteine auf die Thermostabilität einiger eisenhaltiger Fermente.* Es wird der Einfl. subinaktivierender Tempp. auf die Aktivität der Fermente des Blutes weißer Ratten untersucht, welche mit der Nahrung Protein verschied. Qualität u. in verschied. Mengen erhielten, u. dabei festgestellt, daß ein qualitativer u. quantitativer Proteinmangel in der Nahrung die Aktivität der *Katalase* u. etwas weniger die der *Peroxydase* im Blut herabsetzt. Bes. wird die Fermentwirksamkeit durch das Fehlen von Tryptophan u. Histidin in der Nahrung beeinträchtigt. (Вопросы Питания [Fragen d. Ernähr.] **14.** Nr. 3. 22—26. Mai/Juni 1955. Moskau, Ernährungsinst. der Akad. der Med. Wiss. der UdSSR, Labor. für Ernährungsphysiol. des wachsenden Organismus.) E. RENTZ. 4210

T. F. Dixon, *Der Blutspiegel der 5-Nucleotidase (Adenosin-5-phosphatase).* Im Hinblick auf den hohen *Adenosin-5-phosphatase* (I)-Geh. des sich verknöchernden Knorpels wurden die I-Blutspiegel bei verschied. Erkrankungen untersucht. Bei Knochenerkrankungen, wie z. B. PAPETsche Krankheit u. Rachitis, war der I-Geh., bei erhöhtem Spiegel der nichtspezif. *alkal. Phosphatase* (II), normal. Bei infektiöser Gelbsucht u. Okklusionsikterus waren die Blut-I- u. -II-Spiegel erhöht. Einige Fälle tuberkulöser Wirbelsäulenerkrankungen zeigten anomale I-Spiegel. (Biochem. J. **50.** XXXII. März 1952. London, Roy. Nat. Orthopaedic Hosp., Inst. of Orthopaedics.) K. MAIER. 4210

W. A. Engelgardt und **G. A. Jarowaja,** *Über die Identität der Adenosintriphosphatase und des Myosins.* Aus den Unterss. über die Änderung der *Adenosintriphosphatase* (I)-Aktivität von *Myosin* (II) u. seiner Reaktionsfähigkeit mit *Actin* (III) unter dem Einfl. von Temp., p_H, Cd- u. Ag-Ionen ergibt sich, daß bei jeder Art der Einw. die Fähigkeiten von II, I zu spalten u. mit III zu reagieren, sich prakt. völlig gleich verändern. Die Änderung der enzymat. Wrkg. ist hierbei immer stärker als das Reaktionsvermögen mit III, dadurch bedingt, daß der 1. Prozeß komplizierter ist. Die Vff. behaupten, daß es keinen einzigen Fall gibt, daß ein Eiweiß mit III reagiert u. dabei keine I-Aktivität aufweist oder daß ein aus I-Präpp. gewonnenes Prod. eine I-Aktivität aufweist, jedoch nicht mit III reagiert. Die Fähigkeit, Adenosintriphosphorsäure zu spalten u. mit III zu reagieren, kommt dem gleichen Eiweiß zu, das nach der Nomenklatur der Vff. als Ermomyosin zu bezeichnen ist. (Український Біохімічний Журнал [Ukrain. biochem. J.] **27.** 312—23. 1955. Moskau, Univ., Lehrstuhl für Biochem.; Biochem. Inst. der Akad. der Wiss. der UdSSR.) O. LEBTAG. 4210

S. Ss. Gerschenowitsch und **S. G. Bronowitzkaja,** *Adenosintriphosphorsäure, Kreatinphosphat und Aktivität der Adenosintriphosphatase des Gehirns bei Einwirkung von Sauerstoff unter Druck.* Im Vers. mit Ratten u. Meerschweinchen wurde in der Norm u. bei Einw. von O_2-Druck im Gehirn der Geh. an *anorgan. P*, *Kreatinphosphat* (I) u. *Adenosintriphosphat* (II) bestimmt. Trotz der schweren Krämpfe nach der O_2-Intoxikation war bei Ratten der II-Geh. nach Einw. des O_2-Druckes unverändert, bei Meerschweinchen sogar etwas erhöht. Der anorgan. P stieg leicht an, der I-Geh. nahm etwas ab. Vff. nehmen an, daß bei der O_2-Intoxikation die Ausnutzung von II gestört ist, da trotz der Hemmung der Atmung u. der Glykolyse u. der dadurch bedingten Störung der II-Resynth. der II-Geh. nicht zurückgeht. Diese Annahme wird dadurch bestätigt, daß der erhöhte O_2-Druck in vitro die Aktivität der *Adenosintriphosphatase* im Rattenvers. um 9% erhöht, in vivo dagegen um 26% vermindert. (Биохимия [Biochemie] **20.** 425—30. Juli/Aug. 1955. Rostow/Don, Molotow-Univ., Biochem. Labor.) O. LEBTAG. 4210

G. W. Titowa und **W. Ss. Schapot,** *Über einen Zusammenhang zwischen der Richtung der Umwandlungen von Adenosintriphosphorsäure und der Erneuerung der Proteinkomplexe cytoplasmatischer Bildungen.* An cytoplasmat. Granula der Nierenrinde wurden Atmung, Phosphorylierung u. Protoplasmaerneuerung bei Zusatz von *6-Phosphofructokinase* (I) untersucht. I wurde statt der Hefehexokinase gewählt, weil sie die endständige Phosphatgruppe von *Adenosintriphosphat* (II) auf Fructose-6-phosphat unter Bldg. von Fructose-1.6-diphosphat überträgt u. eine konstantere Aktivität aufweist. Atmung u. Phosphorylierung wurden stark intensiviert. Der Einbau von ^{35}S-Methionin in die Proteine u. von ^{32}P in die Phospholipide der Granula wurde verzögert, die Erneuerung der Ribonucleinsäure dagegen beschleunigt. Die Störung des plasmat. Stoffwechsels in den Granula als Folge der II-Beteiligung an anderen Prozessen betrachten Vff. als ein biochem. Modell der Erschöpfung des physiol. Systems. (Биохимия [Biochemie] **20.** 485—89. Juli/Aug. 1955. Leningrad, Inst. für exp. Med. der Akad. der Wiss. der UdSSR, Abt. Biochem.) O. LEBTAG. 4210

Olavi Eränkö und **Jeddi Hasan**, *Die enzymatische Hydrolyse von Thiaminpyrophosphat durch gefrorene Schnitte von Niere, Nebenniere und Leber der Ratte.* Die enzymat. Spaltung von *Glycerinphosphat* (I) u. *Thiaminpyrophosphat* (*Cocarboxylase*; **II**) wurde histochem. nach der Meth. von GOMORI untersucht. Im alkal. Milieu war kein Unterschied der beiden Substrate nachweisbar. Bei p_H 5 war die **II**-Spaltung in der Niere vorwiegend im Kern lokalisiert, die **I**-Hydrolyse an den für unspezif. Phosphatase typ. Stellen. Die Fehlermöglichkeiten der histochem. Meth. werden kurz diskutiert. (Acta pathol. microbiol. scand. **35.** 563—72. 1954. Helsinki, Työterveyslaitos, Inst. of occupational Health, Dep. of Physiol.) WOLFGANG ALBRECHT. 4210

Je. A. Mischukowa, *Besonderheiten des Stoffwechsels der Skelettmuskeln, die kein Carnosin und Anserin enthalten.* Durch Unterss. von SSEWERIN u. Mitarbeitern (vgl. C. **1948.** E. 1948; **1951.** I. 1484; **1953.** 7315) war gezeigt worden, daß *Carnosin* (**I**) u. *Anserin* an der mit einer Phosphorylierung einhergehenden glykolyt. Oxydored. u. an der Atmungsphosphorylierung beteiligt sind. In der vorliegenden Arbeit wurde nachgewiesen, daß die Kohlenhydratumwandlungen in den Extrakten u. im Brei des Muskelgewebes der Karausche in der gleichen Weise erfolgt wie im Muskelgewebe der übrigen Wirbeltiere, jedoch mit geringerer Geschwindigkeit. Der Umsatz ist vorwiegend anaerober Natur. Durch 1000 mg% **I** oder Hystidin wird die glykolyt. Oxydored. beschleunigt, die Dephosphorylierung der Phosphobrenztraubensäure gehemmt. Der Muskelbrei weist eine hohe Adenosintriphosphatase- u. Kreatinphosphoferaseaktivität auf. Es ist anzunehmen, daß der Muskelbrei der Karausche eine akt. Phosphomutase der Adenosindiphosphorsäure enthält. (Биохимия [Biochemie] **20.** 307—16. Mai/Juni 1955. Moskau, Biochem. Labor. der Akad. der Wiss. der UdSSR u. Lomonossow-Univ., Lehrstuhl für Biochem. der Tiere.) O. LEBTAG. 4210

Ss. Ja. Michlin und **N. I. Issmailow**, *Der Gehalt an Fermenten im Duodenalsaft und in den Faeces bei der Sprue.* Bei 5 von 10 Spruekranken waren die *Enterokinase* (**I**)-Werte in den Faeces annähernd n. (von Spuren bis zu 20—40 E./g), bei den anderen stark erhöht (bis zu 1500 E./g). Die Ausscheidung der alkal. *Phosphatase* war bei allen Patienten gesteigert (250—1000 E./g; Normalwert: 20—150 E./g). Die **I**-Werte von Duodenalsaft lagen an der unteren Grenze der Norm oder darunter (100—400 E./ml; Normalwert 200—670 E./ml). *Trypsin* u. *Amylase* betrugen meist 300—500 E./ml, vereinzelt auch mehr (bei 800—1100 E./ml; Normalwerte 135—670 bzw. 200—670 E./ml). Die *Lipase* war meist herabgesetzt (18—52 E./ml; Normalwert 70—200 E./ml). (Вопросы Питания [Fragen d. Ernähr.] **14.** Nr. 5. 40—41. Sept./Okt. 1955. Moskau, Ernährungsinst. der Akad. der Med. Wiss., Labor. für Verdauung; Taschkent, Med. Inst., Propädeut. Therapeut. Klin.) E. RENTZ. 4210

A. R. Fahmy und **E. O'F. Walsh**, *Einige Wirkungen von Nicotin auf verschiedene Dehydrogenasesysteme.* Vff. untersuchten die Wrkg. von *Nicotin* (**I**) auf verschied. *Dehydrogenase*-Systeme mit Hilfe colorimetr. u. manometr. Methoden. Es konnte bewiesen werden, daß **I** nicht mit elektronenübertragenden Mechanismen über die gelben Fermente u. das Cytochromsyst. interferiert. Dehydrogenasesysteme mit Pyridinnucleotiden, Milchsäure-, Äpfelsäure-, Brenztraubensäure- u. Glucosedehydrogenase werden durch **I** gehemmt; Isocitronensäuredehydrogenase wird nicht beeinflußt, u. Alkoholdehydrogenase wird aktiviert. (J. Pharmacy Pharmacol. **7.** 107—11. Febr. 1955. London, Royal Free Hosp., School of Med., Dep. of Physiol.) H. GOEBEL. 4210

L. P. Kendal und **A. N. Ramanathan**, *Leberalkoholdehydrase und Esterbildung.* Die Fähigkeit gewisser Leberenzympräpp. (Pferdeleber) zur Dismutation von CH_2O wurde bestätigt. Bei Ggw. von CH_3OH im Syst. wurde das Verschwinden von CH_2O ohne entsprechende raschere Säurebldg. stark beschleunigt. Das Auftreten von *Methylformiat* (**I**) nahm jedoch in einem der Beschleunigung der CH_2O-Verwertung entsprechenden Maße zu. Nach verlängerter Incubation der Reaktionsmedien nahm die Säurebldg. weiter zu u. erreichte schließlich die von **I**. Die Diskrepanz zwischen Säure- u. **I**-Bldg. während der frühen Reaktionsmedien beruht auf Anreicherung eines flüchtigen Ameisensäureesters, der anschließend langsam hydrolysiert wird. Vff. nehmen an, daß in Ggw. von CH_3OH aus CH_2O **I** entsteht, u. zwar als Ergebnis der Dehydrierung des aus CH_2O u. CH_3OH gebildeten *Halbacetals*: $HCHO + CH_3OH \rightleftharpoons H_2C(OH)OCH_3 \xrightarrow{Co\,I} HCOOCH_3$. In geringerem Maße erfolgt die Bldg. eines flüchtigen Esters auch in einem Enzym–CH_2O–A.-System. (Biochem. J. **52.** 430—38. Nov. 1952. Manchester, Victoria Univ., Physiol. Dep.) K. MAIER. 4210

Albert Schatz, R. Ram Mohan und **Gilbert S. Trelawny**, *Oxydation von Zwischenprodukten des Tricarbonsäurecyclus durch Streptomyces nitrificans.* Mit *Urethan* (**I**) als einziger Quelle für C, N u. Energie gewachsener *Streptomyces nitrificans* baut 2-, 4- u.

6-C-Verbb. des Tricarbonsäurecyclus etwas weniger leicht ab als in Pepton/Glycerin/Hefeextrakt (II) gewachsene Zellen; Pyruvat u. α-Ketoglutarat wird durch I-Zellen jedoch rascher oxydiert als durch II-Zellen. Weder I noch Malonat hemmen die Bernsteinsäuredehydrogenaseaktivität von in Ggw. von I oder II gewachsenen Zellen spezifisch. (Antonie van Leeuwenhoek **21.** 225—38. 1955. Bucks County, Pa., Farm School P. O., Nat. Agric. Coll.) H. GOEBEL. 4210

William L. Doyle und **R. Liebelt,** *Verteilung von Esterase im Epithelgewebe und lymphatischem Gewebe aus dem Appendix des Kaninchens.* Die *Esterase*-Aktivität der verschied. Appendixkomponenten wird nach der Meth. von GOMORI (J. Lab. clin. Med. **34.** [1949.] 275) durch Hydrolyse von Phenylbenzoat u. Messung des freigesetzten Phenols im BECKMANN-Spektrophotographen bestimmt. Auf Grund der Ggw. von Blut, Lymphe u. intercellulärer Fl. ist in dem gesamten Bindegewebe unter der Schleimhautoberfläche Esteraseaktivität vorhanden. Hohe Esterasewerte wurden nur in den Epithelien gefunden mit Ausnahme der LIEBERKÜHN-Krypten, die gleich niedrige Werte wie die lymphat. Gewebe zeigten. Die Esteraseaktivität der Epithelien ließ in den einzelnen Regionen deutliche Unterschiede erkennen. (J. Histochem. Cytochem. **3.** 50—60. Jan. 1955. Chicago, Ill., Univ.) L. LEICHTER. 4210

N. Taketomi und **K. Shiozawa,** *Untersuchungen über Bakterienamylase.* 2. Mitt. *Einfluß der Züchtungsbedingungen auf die Amylaseerzeugung.* (1. vgl. Waseda appl. chem. Soc. Bull. **21.** [1952.] 2.) Die für die *Amylase*-Bldg. optimale Temp. war 37° bei einem schwachsauren p_H von 6—7. Die genaue Einstellung des für jeden Nährboden geeignetsten p_H ist wichtig. Da die Amylasebldg. vor allem in der oberflächlichen Bakterienhaut erfolgt, ist eine Tiefe der Nähr-Fl. von ca. 20 mm am günstigsten. Es gelang, die Amylasebildungsfähigkeit länger zu erhalten, wenn man die Bakterienfilmbldg. fördert u. dem Film stets frisches Nährsubstrat zuführt, was die Alterung verhindert. Zu starkes Rühren, Schütteln u. Belüften, das den Oberflächenfilm zerstört, vermindert die Amylaseabsonderung, sie wird aber durch zweckmäßiges Rühren u. Belüftung gefördert. (Waseda appl. chem. Soc. Bull. **21.** Nr. 2. 11—13. März 1953. Waseda Univ. [Orig.: japan.]) L. SCHULER. 4210

S. S. Gothoskar, R. P. Scheffer, J. C. Walker und **M. A. Stahmann,** *Die Rolle von Enzymen bei der Entwicklung der Fusariumwelke der Tomate.* Aus Kulturfiltraten von *Fusarium oxysporum f. lycopersici* (F) wurde mit W. ein hitzestabiler, nichtdialysierbarer Faktor isoliert, der Braunfärbung u. Welken von Tomatenpflanzen bewirkt; derselbe Effekt bei Tomaten konnte mit Vergleichsenzympräpp. erzielt werden, die pektinabbauende Aktivität besaßen. Aus dem F-Kulturfiltrat wurde durch A.-Fällung ein Präcipitat mit *Pektinmethylesterase*- u. *Depolymerase*-Aktivität erhalten. Die Ergebnisse zeigen, daß die durch F gebildeten pekt. Enzyme wichtige Faktoren bei der Entstehung der Tomatenwelke sind. (Phytopathology **45.** 381—87. Juli 1955. Madison, Wis., Univ. of Wisconsin, Depp. of Biochem. and Plant Pathol.) H. GOEBEL. 4210

Ludwik Rzucidło, Danuta Weyman und **Aleksandra Stachów,** *Der Einfluß von Hyaluronidase auf Polysaccharide von Candida albicans und auf experimentelle Infektionen mit Candida albicans.* Verss. zeigen, daß *Hyaluronidase* (I) keinen Einfl. auf isolierte bzw. noch in Suspension vorhandene Polysaccharide von C. albicans u. des saprophyt. Hefestammes 2505 ausübt, da keine reduzierenden Zucker nachzuweisen sind. Bei Kaninchen, die mit lebenden Suspensionen intracutan geimpft worden waren, konnte eine geringere Vergrößerung der entzündeten Hautfläche in Abhängigkeit vom Geh. an I festgestellt werden. (Med. doświadczalna Mikrobiol. **7.** 345—51. 1955. Warschau, Inst. Dermatol., Wenerolog.) F. URBAN. 4210

Irwin B. Wilson, *Die aktive Oberfläche der Serumesterase.* Die Aktivität menschlicher *Serumesterase*-Präpp. gegenüber Acetylcholin wird bei Ggw. verd. Gelatinelsgg. erhöht, wobei eine Verschiebung des p_H-Optimums erfolgt. An Hand der Hemmwrkg. substituierter Ammoniumionen u. der Reaktionsgeschwindigkeit gegenüber verschied. methylierten Substraten wird gezeigt, daß Methylgruppen durch VAN DER WAALSsche Kräfte vom Enzymsyst. gebunden werden u. das Enzymprotein anion. Charakter besitzt. Tert. Kationen werden fester gebunden als quartäre Ionen. (J. biol. Chemistry **208.** 123—32. Mai 1954. New York, N. Y., Columbia Univ., Dep. of Neurol., Coll. of Phys. and Surgeons.) M. W. ROTHE. 4210

Thomas R. Blohm und **Wanda Gonzalez Willmore,** *Wirkungen von N-Allylnormorphin auf Cholinesterase. N-Allylnormorphin* hemmt *Cholinesterase* (I) des Mäusehirns u. des Pferdeserums etwas stärker, I der roten Blutzellen etwas schwächer als *Morphin.* Der Vers. belegt, daß die I-Hemmung nichts mit der spezif. Wrkg. der *Opiate* zu tun hat. (Proc. Soc. exp. Biol. Med. **77.** 718—21. Aug. 1951. Houston, Univ. of Texas, School of Dent., Dep. of Biochem.) F. JUNG. 4210

K. L. Pawolotzkaja und **W. N. Bukin,** *Neue Beobachtungen über die fest an Protein gebundene Form von Riboflavin.* Nach dem Verf. von WARBURG u. CHRISTIAN (Biochem. Z. **298.** [1938.] 150) wurde nach vorheriger Entfernung der durch Säure abspaltbaren Form des Flavins die an Eiweiß fest gebundene Form des *Riboflavins* (I) gewonnen u. spektroskop. u. chromatograph. untersucht, wonach I ein *Flavinadenindinucleotid* (II) ist. Das *Apoferment der d-Aminooxydase* wurde durch Zusatz von I völlig reaktiviert, während das aus Blättern hergestellte Mononucleotid wirkungslos blieb. Wurden aus der nach STOTZ u. HASTINGS (J. biol. Chemistry **118.** [1937.] 429) gewonnenen *Succindehydrase* (III) durch Dialyse die locker gebundenen Formen von I entfernt, so wurde das im Nd. verbleibende fest gebundene I durch 15 Min. UV-Bestrahlung merklich inaktiviert. Durch Zusatz von II aus Hefe oder Blättern wurde das Ferment fast völlig reaktiviert. Die Ergebnisse sprechen für eine Flavinnatur von III, als dessen Coferment II zu betrachten ist. (Український Біохімічний Журнал [Ukrain. biochem. J.] **27.** 364—67. 1955. Moskau, Bach-Inst. für Biochem. der Akad. der Wiss. der UdSSR.)
O. LEBTAG. 4210

A. Je. Braunstein, R. M. Asarch und **S. G. Mogilewskaja,** *Über die Hemmung der enzymatischen Umaminierung durch Hydroxylamin und α-Methyl-DL-glutaminsäure.* $1 \cdot 10^{-4}$ bis $2 \cdot 10^{-3}$ mol. *Hydroxylamin* (I) bewirkt eine konkurrierende Hemmung der Wrkg. von *Glutaminalaninaminoferase* (II). Beim Verhältnis I:Substrat 1:10 erreicht diese Wrkg. von I 30—55%. *α-Methyl-DL-asparaginsäure* u. *α-Methylalanin* zeigen keine oder nur eine sehr schwache hemmende Wrkg. auf die Umaminierung in Ggw. von II. α-Methyl-DL-glutaminsäure zeigt bei hoher Konz. (ca. 10^{-1} mol.) eine nichtkonkurrierende hemmende Wrkg. auf II. Diese Wrkg. schwankt sehr stark zwischen 13 u. 67%. Die hier festgestellte Wrkg. von II wird mit den aus der Literatur bekannten Wirkungen des II auf verschied. Fermentsysteme beim Umsatz von Glutamin u. Glutaminsäure verglichen. (Український Біохімічний Журнал [Ukrain. biochem. J.] **27.** 259—66. 1955. Moskau, Inst. für biol. u. med. Chem. der Akad. der med. Wiss. der UdSSR.)
O. LEBTAG. 4210

W. L. Kretowitsch, A. A. Bundel und **W. I. Gunar,** *Die Synthese von Glutaminsäure aus α-Ketoglutarsäure und Ammoniak in Erbsenkeimlingen.* Die Aminierung von *α-Ketoglutarsäure* (I) durch NH_3 (II) wurde in Verss. mit Brei von Erbsenkeimlingen, bei Vakuuminfiltration von I in die lebenden Erbsenkeimlinge sowie in Verss. mit dem aus den Keimlingen gewonnenen Fermentpräp. untersucht. In allen Fällen verlief die Synth. von *Glutaminsäure* (III) am intensivsten beim p_H 7,7. Das aus den Keimlingen durch Fällung mit $(NH_4)_2SO_4$ u. anschließende Dialyse gewonnene Fermentpräp. katalysierte die I-Aminierung durch II. In den Verss. mit Brei u. Fermentpräp. wurde die III-Bldg. durch Zusatz von Cozymase u. Glucose stark intensiviert. In den Versuchsergebnissen sehen Vff. einen Beweis dafür, daß in der Pflanze eine Bldg. von III durch fermentative reduzierende Aminierung von I erfolgt. Hierbei ist die Cozymase ein unbedingter Bestandteil des die III-Synth. katalysierenden Systems. (Український Біохімічний Журнал [Ukrain. biochem. J.] **27.** 342—47. 1955. Moskau, Bach-Inst. für Biochem. der Akad. der Wiss. der UdSSR.) O. LEBTAG. 4210

Ss. R. Mardaschew und **W. F. Markelowa,** *Die Synthese von Glutamin in den morphologischen Strukturen des Herzmuskels.* Die Synth. von *Glutamin* (I) aus Glutaminsäure (II) u. NH_4Cl im Herzmuskel des Kaninchens wurde in Homogenat, Sarkosomen, Kern u. Fl. über dem Nd. bei der differenzierten Zentrifugierung untersucht. Danach erfolgt die I-Synth. durch Amidierung von II durch die Sarkosomen. Durch Zusatz von Adenosintriphosphorsäure wird die I-Synth. im Homogenat nicht beeinflußt u. in der Sarkosomenfraktion prakt. bis zum Wert des Ausgangshomogenats gesteigert. Aus den Werten für die Ausnutzung von NH_3 u. II geht hervor, daß beide Stoffe außer für die Biosynth. von I auch für andere Prozesse verbraucht werden. „Kernfraktion" u. klare Zentrifugen-Fl. enthalten kein die I-Synth. katalysierendes Ferment. (Український Біохімічний Журнал [Ukrain. biochem. J.] **27.** 348—54. 1955. Moskau, 1. Med. Inst., Lehrstuhl für Biochemie.) O. LEBTAG. 4210

Sch. Gonaschwili, *Zur Frage der fermentativen Gerinnung von Casein.* Ohne Zusatz von Ca-Salz bildet sich im Casein unter Einw. von Labferment, Pepsin oder Trypsin bei p_H 5,0—5,2 ein Gerinnsel. Bei Inaktivierung des Ferments durch Erhitzen bildet sich unter gleichen Bedingungen kein Niederschlag. Die Gerinnung des Caseins hängt vom p_H u. von der Temp. ab. Bei $p_H > 5,25$—5,30 u. 20—24 Std. Proteolyse tritt Gerinnen nicht ein. Je mehr der p_H-Wert sich dem isoelektr. Punkt von Casein nähert, desto schneller erfolgt das Gerinnen. Im Casein mit $p_H < 5,25$ tritt bei niedriger Temp. (3—5°) u. lang dauernder Proteolyse keine Koalugation ein. Bei Erwärmung bis zur Zimmertemp. tritt sofortige Koagulation ein. Die Fermentation mit Extrakten aus

P. rudis zeigte, daß die p_H-Werte des isoelektr. Punktes des Caseins mit zunehmender Fermentation nach der alkal. Seite verschoben werden, u. daß die Stabilität der Lsg. gegenüber den H-Ionen abnimmt. Casein u. Paracasein werden nicht nur durch Ca-Ionen, sondern auch durch andere Kationen bei verschied. Salzkonz. koaguliert. (Молочная Промышленность [Milch-Ind.] **16.** Nr. 6. 27—29. 1955. Grusin. Wiss. Forschungsinst. für Tierzucht.) OTTO MAIER. 4210

Ann D. Anderson und **R. L. Patton,** *In vitro-Untersuchungen der Harnsäuresynthese bei Insekten.* Zur Unters. der *Harnsäure* (I)-Synth. bei Insekten wird bei *Prodenia eridania, Galleria mellonella* u. *Periplaneta americana* der I-Spiegel im Blut bestimmt. Die Werte variieren stark (22,3 mg%, 8,0 u. 4,4), außerdem wird festgestellt, daß gefütterte Tiere weniger I produzieren als solche, die ohne Nahrung bleiben. Dieser Befund wird bei Unterss. des Fettkörpers von *Periplaneta americana* bestätigt. In Fettkörperextrakten von *Prodenia eridania* u. *Tenebrio molitor* wird der Einfl. verschied. Substrate auf die I-Synth. geprüft. *Xanthin, Hypoxanthin* u. *Guanin* fördern die Rk., womit die Ggw. von *Guanase, Adenase* u. *Xanthinoxydase* bewiesen ist. *Monoäthyloxalacetat* wirkt ebenfalls fördernd, während *Harnstoff, Diäthylbarbitursäure* u. einige nichtcycl. Substanzen, die beim Säugetier uricogen sind, hier ohne Wrkg. bleiben. *Malonat* hemmt die Reaktion. Die Unwirksamkeit des *Harnstoffs* deutet darauf hin, daß er hier nicht als Vorstufe zu I zu betrachten ist. Die Wrkg. von *Malonat* u. *Oxalacetat* läßt vermuten, daß der KREBSsche Citronensäurecyclus hier bei der I-Synth. mitspielt. (J. exp. Zoology **128.** 443—51. April 1955. New York, N. Y., Cornell Univ., Dep. of Entomol.) U. BAUMANN. 4210

P. R. Srinivasan und **V. N. Patwardhan,** *Lipase im menschlichen Blutplasma.* Um zwischen den möglicherweise im menschlichen Blutplasma vorhandenen beiden Enzymen *Esterase* (I) u. *Lipase* (II) unterscheiden zu können, werden nach den üblichen Verff. dargestellt Leber- u. Nierenesterase (Rind) sowie Pankreaslipase (Rind); Prüfung der hydrolysierenden Wrkg. der I an Äthylbutyrat als Substrat nach dem Verf. von CHERRY u. CRANDALL (Amer. J. Physiol. **100.** [1931.] 266), derjenigen der II nach GOLDSTEIN, EPSTEIN u. ROE (J. Lab. clin. Med. **33.** [1948.] 1047). Die Verss. lehren, daß $3{,}7 \cdot 10^{-3}$mol. Na-Tauroglykocholat die Wrkg. der I im Tributyrinsyst. vollständig, im Äthylbutyratsyst. aber nur partiell hemmt; die II-Wrkg. gegenüber Tributyrin wird durch den Zusatz aktiviert. Na-Cetylsulfat ($0{,}5 \cdot 10^{-3}$mol.) legt in den Systemen Tributyrin u. Äthylbutyrat sowohl die Wrkg. der Leber-I als auch die der pankreat. II lahm. Es erweist sich, daß II das Äthylbutyrat nicht hydrolysiert; auf diesem Befund wird eine Meth. zur Ermittlung der Plasma-I entwickelt u. in analoger Weise eine solche zur Best. der Plasma-II: Zu 10 ml des vorbereiteten Substrats (Tributyrin) gibt man 0,5 ml Na-Tauroglykocholatlsg. ($3{,}7 \cdot 10^{-3}$mol.) u. 0,5 ml Plasma; 4 Std. Incubation bei 37°; Titration der in Freiheit gesetzten Buttersäure mit n/20 NaOH, Phenolphthalein als Indicator; es wird der Blindwert der Best. an 0,5 ml des durch Erhitzen inaktivierten Plasmas ermittelt u. vom Versuchswert in Abzug gebracht; 1 Lipaseeinheit = Verbrauch von 1 ml 0,1n NaOH. (J. Lab. clin. Med. **40.** 860—66. Dez. 1952. Coonoor, South India.) K. TÄUFEL. 4210

Kiyoshi Ashihara, *Rhodanese und sein „Beschleuniger" im Blutserum.* Der Geh. an dem Enzym *Rhodanese* (I) im Serum war beim Kaninchen mit Leberstörungen erhöht, aber nicht bei einem Patienten mit Hepatitis. Verss. zur Klärung der Diskrepanz führten zur Feststellung einer Substanz im Serum, die eine beschleunigende Wrkg. auf I ausübt, nach ihrer Hitzebeständigkeit ist sie nicht anorgan. Natur u. spielt keine Rolle als Substrat bei der Bldg. von Rhodanid. (J. Kyoto prefect. med. Univ. **56.** 641—44. Okt. 1954. Kyoto, Pref. Med. Univ., Dep. of Med. [Orig.: japan., Auszug: engl. S. XLVI.]) H. DOSSMANN. 4210

Kiyoshi Ashihara, *Die Thiocyanaterzeugung in den Verdauungsorganen.* Laborunterss. ergaben, daß *Thiocyanat* (I) in vitro nicht allein aus S u. Cynat, sondern nur bei Zusatz von Magen- u. Darmsaft entsteht. Die Verss. beweisen, daß Magen u. Dünndarm das für die I-Entstehung verantwortliche Enzym *Rhodanese* enthalten, dessen Eigg. in den verschied. Organen differieren. (J. Kyoto prefect. med. Univ. **56.** 645—48. Okt. 1954. Kyoto, Pref. Med. Univ., Dep. of Med. [Orig.: japan., Auszug: engl. S. XLVI.]) H. DOSSMANN. 4210

Kiyoshi Ashihara, *Rhodanese in Beziehung zur Leberfunktion. Rhodanese* (I) findet sich in verschied. Geweben u. steht in engem Zusammenhang mit der Leberfunktion. Bereits beim Auftreten von Leberstörungen zeigt I in Serum u. Erythrocyten deutliche Veränderungen, die auch in den beschädigten Leberstellen nachweisbar sind. (J. Kyoto prefect. med. Univ. **56.** 649—52. Okt. 1954. Kyoto, Pref. Med. Univ., Dep. of Med. [Orig.: japan., Auszug: engl. S. XLVII.]) H. DOSSMANN. 4210

B. L. Horecker und **P. Z. Smyrniotis,** *Reinigung und Eigenschaften der Transaldolase der Hefe. Transaldolase* (Hefe), welche die Rk. *Sedoheptulose-7-phosphat* + *Glycerinaldehyd-3-phosphat* ⇌ *Fructose-6-phosphat* + *Tetrosephosphat* katalysiert, konnte auf das 700fache gereinigt werden. Dabei wurde kein Anhaltspunkt für eine prosthet. Gruppe oder einen Cofaktor erhalten. Bei der reversiblen Rk. wird eine Dioxyacetongruppe übertragen. (J. biol. Chemistry **212.** 811—25. Febr. 1955. Bethesda, Md., U. S. Public Health Serv., Nat. Inst. of Health.) A. HESSE. 4270

Thomas H. Wood, *Einfluß von Temperatur und Phase auf die Röntgensensibilität von Hefe.* In einem Temperaturbad wurden Hefekulturen (*Saccharomyces cerevisiae*) in einer Konz. von 10^6 Zellen/ml in $^1/_{15}$mol. KH_2PO_4 suspendiert u. röntgenbestrahlt. Bestrahlungsdaten: 250 kV, 15 mA, Dosisleistung 425 r/Min. an der Oberfläche der Proben. Diese wurden vor, während oder nach der Bestrahlung erhöhten Tempp. ausgesetzt. Als Funktion von Bestrahlungsdosis u. Temperaturbehandlung wurde die Zahl der überlebenden Zellen bestimmt. Die Messungen ergaben: Mit einem Temperaturkoeff. von 0,0034/Grad wächst die Strahlensensibilität der haploiden Hefezellen zwischen 0 u. 40° an. Stärker ist der Anstieg oberhalb 50°, wo die Wärmeinaktivierung der Hefe einsetzt. Bes. wirksam ist der additive Effekt von Wärme u. Bestrahlung bei gleichzeitiger Einw. beider Behandlungen. Erwärmung vor Bestrahlung ist weniger wirksam, jedoch mehr als nach Bestrahlung. Unterkühlte fl. Proben (—0,5 bis —10°) verhalten sich wie im Temperaturbereich 0—40°. Bei —10° sind die Hefezellen in fester Phase doppelt so resistent wie in fl. Phase. In fester Phase steigt bei Temperaturänderung von —10 bis —5° die Sensibilität nahezu proportional der Temp. an. Bei Tempp. unterhalb —10° (feste Phase) bleibt die Strahlensensibilität konstant. Die Erscheinungen werden als Diffusionsprozesse der durch die Bestrahlung erzeugten tox. Stoffe gedeutet. Prinzipielle Übereinstimmung mit den beschriebenen Befunden an Hefezellen werden bei Beobachtungen an den *Bakteriophagen T 2* gewonnen. (Arch. Biochem. Biophysics **52.** 157—74. Sept. 1954. Chicago, Ill., Univ. of Chicago, Inst. of Radiobiol. and Biophys.) W. REUSSE. 4270

E_3. Mikrobiologie. Bakteriologie. Immunologie.

G. Wix, *Versuche zur Isolierung von lithocholsäureabbauendem Mikroorganismus.* Mit Hilfe eines modifizierten Anreicherungsverf. wurden aus 2 Bodenproben 12 Organismen isoliert, von denen 6 auf Zugabe von *Lithocholsäure* (**I**) im WARBURG-Vers. mit Erhöhung des O_2-Verbrauchs reagierten. Von den 6 Stämmen wurde einer (FG 5-3) eingehender untersucht u. dabei festgestellt, daß er **I** angreifen bzw. abbauen kann; bei FG 5-3 handelt es sich um eine bisher nicht beschriebene *Corynebakterien*-Art. Verbb. der Cholestan- u. der Coprostanreihe werden abgebaut, ebenso Verbb. mit längerer Seitenkette (Cholesterin u. Cholsäuremethylester) u. solche, deren 3-Oxygruppe geschützt ist. Nicht oxydiert werden Östron u. Östradiol. (Acta microbiol. Acad. Sci. hung. **2.** 369—83. 1955. Budapest, Forschungsinst. für Pharmazeut. Ind.) H. GOEBEL. 4320

Jeanne B. Zwisler und **Michael G. Lysenko,** *Der Sauerstoff-Stoffwechsel von Trypanosoma lewisi bei mit Salicylat behandelten, infizierten weißen Ratten.* Unterss. an 4 Typen von Populationen von T. lewisi, die sich durch Alter der Infektion u. Behandlung der Wirtstiere unterschieden. Sich vermehrende Populationen von Ratten mit *Salicylat* (**I**)-Behandlung zeigten eine niedrigere O_2-Aufnahme als entsprechende von unbehandelten Tieren. Der Unterschied. wird auf das Auftreten eines Antikörpers: *Ablastin* zurückgeführt. Ein in vitro-Effekt auf aus unbehandelten Ratten isolierte Erreger war nicht nachzuweisen. Unter anaeroben Bedingungen war die CO_2-Menge bei beiden Versuchsreihen etwa gleich. (J. Parasitology **40.** 531—35. Okt. 1954. Madison, Wis., Univ. of Wisconsin, Dep. of Zoology and Med. Microbiol.) H. DOSSMANN. 4320

E. Jeney und **T. Zsolnai,** *Experimentelle Angaben zur Chemotherapeutik der Brucellose.* 1. Mitt. Es wurde die bakteriostat. Wrkg. von 183 Verbb. auf den international benutzten *Brucella abortus*-Stamm „B_{99}" in vitro in einer 2% Dextrose enthaltenden Normalbouillon bei Anwendung von Verdünnungsreihen untersucht (Konzz. 1:25000 bis 1000000). Für therapeut. Verss. scheinen sich von den untersuchten Verbb. am besten die Dithiocarbamate u. die Xanthogenate sowie deren Schwermetallsalze zu eignen; sie sind noch in Konzz. von 1:250000 bis 1:500000 bakteriostat., ihre Wrkg. wird weder vom Blutserum noch von Formelementen verringert, u. ihre Toxizität ist niedrig. — Getestet wurden folgende Verbb. (bakteriostat. Grenzverdünnung z.B. 1:50000 = [50]; falls keine Zahl angegeben, wirkt die Verb. bei Verdünnung 1:50000 nicht mehr bakteriostat.): Phenolderivv.: *2.4-Dibrom-6-methyl-* [250], *2.6-Dibrom-4-methyl-* [250], *2.4.6-Tribrom-* [250], *4-Methylamino-*, *4-Chlor-*, *4-Brom-*, *2.4-Dichlor-*,

2-Isopropyl-5-methylphenol, 4-Hexylresorcin [250], *Tetrabrombrenzcatechin* [250], *4.4'-Dioxy-1.1'-dinaphthyl* [50], *2.2'-Dioxy-1.1'-dinaphthyl* [50], *2.2'-Dioxy-1.1'-dinaphthylmethan* [250], *1-Diäthylaminomethylnaphthol-(2)* [250], *8-Oxychinolin* [125], *5-Chlor-7-jod-8-oxychinolin* [500], *4-Phenylazophenol* [125], *Hydrochinon, Vanillin, Naphthol-(1), Naphthol-(2), 2-Oxynaphthaldehyd-(1), 9-Anthron, 2.2'-Dioxy-1.1'-diphenyldisulfid, 5-Phenylazo-2-oxybenzoesäure, 4-Phenylazoresorcin, 2-Phenylazo-4-methylphenol, 2-Phenylazo-4-methylphenol-4'-sulfonsäure, 4.4'-Tetrazodiphenyl-bis-(2-oxybenzoesäure-[5])* [*Chrisamin*], *1-Phenylazonaphthol-(2), 4-Phenylazonaphthol-(1).* Nitrophenole: *2.4-Dinitro-6-methylphenol* [50], *2.4-Dinitronaphthol-(1)* [50], *4-Nitro-, 2.4-Dinitro-, 2.6-Dinitro-4-methyl-, 2.4.6-Trinitro-, 2.4-Dinitro-6-chlor-, 2.6-Dinitro-4-chlorphenol, 2.4-Dinitroresorcin, 3.5-Dinitro-2-oxybenzoesäure.* Nitrosoverbb.: *2.6-Dinitroso-4-hexylresorcin* [50], *1-Nitrosonaphthol-(2)* [125], *4-Nitrosodimethylanilin* [125], *4-Nitrosodiäthylanilin* [50], *N-Nitrosodiphenylamin* [50], *4-Nitrosophenol, 2.4-Dinitrosoresorcin, 3-Nitroso-4-dimethylaminobenzaldehyd.* Chinone: *1.4-Naphthochinon* [50], *2-Methyl-* [125], *2.3-Dichlor-1.4-naphthochinon* [50]. *Vitaplex K „Chinoin"* [50], *1.4-Benzochinon, Tetrachlor-1.4-benzochinon, Trichlortoluchinon, 2.5-Di-[pyridyl-(2')]-3.6-dichlor-1.4-benzochinon.* Ungesätt Ketone: *Benzalacetophenon* [50], *Furfuralacetophenon* [50], *Dibenzalaceton, Di-[4-dimethylaminobenzal]-aceton, Dibenzalcyclohexanon, Difurfuralaceton, Santonin, Benzalacetophenondibromid, Dibenzalacetontetrabromid.* Hydrazin- u. Hydroxylaminderivv.: *Phenylhydrazin* [125], *p-Nitrophenylhydrazin* [125], *Furfurolphenylhydrazon* [50], *5-Nitrofurfurolphenylhydrazon* [50], *2-Oxy-5-methylbenzaldehydphenylhydrazon* [50], *5-Nitrofurfurol-p-nitrophenylhydrazon* [50], *d-Xylosazon* [50], *l-Rhamnosazon* [50], *Hydroxylaminhydrochlorid, Furfuroloxim, 5-Nitrofurfuroloxim, Hydrazin, Furan-α-carbonsäurehydrazid, Isonicotinsäurehydrazid, 2-Phenylchinolincarbonsäure-(4)-hydrazid* u. *-phenylhydrazid, Phthalsäurehydrazid, Maleinsäurephenylhydrazid, N.N'-Diphenyl-N''-aminoguanidin, N^1-Phenylaminodiguanidinhydrochlorid, 4-Phenylthiosemicarbazid, 4-Acetylaminobenzaldehydthiosemicarbazon* (*Thiomicid*), *Benzaldehyd-, 4-Dimethylaminobenzaldehyd-, 4-Acetylaminoacetophenon-, 2-Oxy-1-naphthaldehyd-, Acetessigesterphenylhydrazon, Benzaldehyd-, 4-Dimethylaminobenzaldehyd-, Furfurol-, Furoin-, Furyl-p-nitrophenylhydrazon, d-Glucosazon, d-Galaktosazon, Benzaldazin, 4.4'-Bis-dimethylaminobenzaldazin, Acetophenonazin, 4-Acetylaminoacetophenonazin, Furfuraldazin, 5.5'-Dinitrofurfuraldazin, Furoinazin, 2.2'-Dioxy-5.5'-dimethylbenzaldazin, 2.2'-Dioxy-1.1'-naphthaldazin.* Bas. Verbb.: *4.4'-Diphenyl-N.N'-bis-diguanidinhydrochlorid* [50], *Bis-[β-benzoyläthyl]-methylaminhydrochlorid* [50], *Tris-[β-benzoyläthyl]-aminhydrochlorid* [50], *1-Methyl-3-benzoyl-4-oxy-4-phenylpiperidin* [50], *1-Methyl-1-äthyl-3-benzoyl-4-oxy-4-phenylpiperidiniumäthylsulfat* [125], *3.6-Diamino-10-methylacridiniumchlorid* (*Trypaflavin*) [1000], *3.6-Dithiocarbamido-10-methylacridiniumrhodanid* [250], *3.6-Bis-[N^1-diguanidino]-10-methylacridiniumchlorid* [125], *Bis-6'-methylpyridino-[2'.3':3.4]-[2'.3':5.6]-10-methylacridiniumchlorid* [50], *2-Äthoxy-6.9-diaminoacridinlactat* (*Rivanol*) [125]. *4-Aminoazobenzolhydrochlorid, N.N'-Diphenylguanidin, N.N'-Di-[4-diäthylaminophenyl]-thiocarbamid, N^1-Phenyldiguanidinhydrochlorid, p-Phenylen-N^1.N^1-bis-diguanidinhydrochlorid, 4-Aminobenzoesäure-β-diäthylaminoäthylesterhydrochlorid* (*Novocain*), *4-Butylaminobenzoesäure-β-dimethylaminoäthylesterhydrochlorid* (*Pantocain*), *β-Diäthylaminopropiophenon, 2.6-Bis-[diäthylaminomethyl]-cyclohexanon-(1), 1-Phenyl-2.5-dimethyl-1.4-dihydropyrazin, 1-Furfuryl-2-[α-furyl]-benzimidazol, 1-[5'-Nitrofurfuryl]-2-[5'-nitro-α-furyl]-benzimidazol, 1-Benzyl-2-phenyl-, 2-Methyl-, 2-n-Amylbenzimidazol, 1.5-Diphenyl-3-styrylpyrazolin-(4.5), 5-Phenyl-[3'-benzalhexahydrobenzo]-[1'.2':3.4]-pyrazolin-(4.5), 1.5-Diphenyl-[3'-benzalhexahydrobenzo]-[1'.2':3.4]-pyrazolin-(4.5), 2.2'-Dipyridyl, 2-Methyl-6-aminochinolin, Chininhydrochlorid, Optochinhydrochlorid, Triphenyltetrazoliumchlorid, Atebrin.* Farbstoffe: *Gentianaviolett* [500], *Kristallviolett* [500], *Viktoriablau* [125], *Malachitgrün* [1000], *Safranin* [50], *Nilblau* [50], *Brillantgrün* [500], *Methylenblau* [50], *Toluidinblau* [250], *Thionin* [50], *Fuchsin, Pyronin, Methylgrün, Trypanblau, Neutralrot.* Andere Verbb.: *1-Nitrosonaphthol-(2)-Cu* [125]; *Kalium-* [500], *Zn-* [500], *Cu-* [250], *Co-Methyldithiocarbamat* [50], *K-* [50], *Zn-Diäthyldithiocarbamat* [250], *Zn-* [250], *Cu-Äthylxanthogenat* [125], *Furan-α-carbonsäure, Furfurylalkohol, Furfurol, Benzaldehyd, Furoin, 2.4.6-Tribromanilin, 2.6-Dibrom-4-nitroanilin, 3.5-Dibromnitrobenzol, N-Phenylmaleinimid, N-Phenylphthalimid, Isatin, 1.3-Diketohydrinden, Bis-[4-oxycumarinyl]-essigsäureäthylester* (*Pelentan*), *2-Mercapto-4-phenylthiadiazolin-(4.5)-Kalium, K-Äthylxanthogenat.* (Acta microbiol. Acad. Sci. hung. **2.** 249—56. 1955. Debrecen, Med. Univ., Mikrobiol. Inst.) H. GOEBEL. 4330

Rudolf Bönicke, *Die H_2O_2-Empfindlichkeit INH-sensibler und resistenter Tuberkelbakterienstämme.* Best. der tuberkulostat. Wrkg. von H_2O_2 nach Verdünnungstest u. der tuberkuloiden Wrkg. im Suspensionsvers. gegenüber verschied. *INH* (**I**)-sensiblen u. **I**-resistenten Mycobakterienstämmen. Die **I**-resistenten Stämme sind gegenüber H_2O_2

ca. 10mal so empfindlich wie die I-sensiblen, was auf ihr Unvermögen, H_2O_2 katalyt. zu spalten, zurückgeführt wird. (Naturwissenschaften **41.** 577. 2. Dez.-H. 1954. Borstel, Tuberkulose-Forschungsinst.) H. DOSSMANN. 4330

Yuji Oishi, *Antibiotica- und Chemotherapeuticawirkungen auf das Wachstum von Fibroblasten aus Kükenembryoherzen in der vereinfachten, wiederholten Gewebekultur (simplified replicate tissue culture).* 1. Mitt. Nach der Meth. von KATSUTA wurden in verschied. Konzentrationsstufen in ihrer Wrkg. auf das Fibroblastenwachstum untersucht: *K-Penicillin-G* (I), *Dihydrostreptomycinsulfat* (II), I + II, *Streptomycinsulfat* (III), *Aureomycin-* u. *Terramycinhydrochlorid* (IV, V), *Chloromycetin* (VI), *PAS-Na* u. *-Ca* (VII, VIII), *INH* (IX), *Na-Isonicotinylhydrazinmethansulfonat* (X), *Thioacetazon* = *TBI* (XI), *Na-Glycinat* (XII). Steigende Hemmwrkg. mit steigender Konz. bei **I, VI, IX, XI; II, III, IV, V, VII, VIII** ergaben bei Konzz. über 1000, 10, 500, 50, 32, 4,6 in γ pro Kulturröhrchen Hemmwrkg., darunter meist beschleunigende Wirkung. Es zeigte **I + II** bei niedriger I-Konz. beschleunigende Wrkg. durch **II**, in hohen Konzz. Hemmwrkg., **XII** als Puffer zu **IV** u. **V** leichte Hemmwrkg. mit steigender **XII**-Konzentration. (Jap. J. exp. Med. **24.** 167—79. Juni 1954. Tokyo, Univ., Inst. for Infectious Diseases.) H. DOSSMANN. 4340

T. Berti und **L. Cima,** *Veränderungen in der Zuckerzusammensetzung von E. coli unter dem Einfluß von Antibioticis.* 1. Mitt. *Tetracyclin und Penicillin.* E. coli-Stamm K 12 wurde auf M 9-Medium gezüchtet; zu verschied. Zeiten wurden hydrolysierbare, Rest- u. Gesamtkohlenhydrate mit der colorimetr. Anthronmeth. bestimmt. Die Kohlenhydrate nehmen während der 1. Phase zu u. fallen dann wieder ab. Bei Ggw. von *Tetracyclin* findet sich eine wirkliche Zunahme, in Ggw. von *Penicillin* eine scheinbare Zunahme der Polysaccharide, die hier durch Abnahme der Monosaccharide bedingt wird. (Boll. Ist. sieroterap. milanese **34.** 478—87. Juli/Aug. 1955. Padua, Ist. di Farmacol.) G. GERBER. 4340

Robert J. Reedy, William A. Randall und **Henry Welch,** *Unterschiede in der antimikrobiellen Aktivität der Tetracycline.* 2. Mitt. (1. vgl. C. **1955.** 3409.) *Chlortetracyclin (Aureomycin;* I), *Tetracyclin (Achromycin;* II) u. *Oxytetracyclin (Terramycin;* III) wurden in vitro auf ihre Wrkg. gegenüber 999 Bakterienstämmen (10 Genera umfassend) getestet. I zeigte gegenüber grampositiven Kokken, **II** gegenüber gramnegativen Organismen die höchste Aktivität. **III** lag in der Wirksamkeit zwischen **I** u. **II.** Da die antimikrobielle Wrkg. der 3 Substanzen schwankt, ist im allg. eine gründliche in vitro-Unters. anzuraten, um eine größtmögliche therapeut. Wrkg. zu erzielen. (Antibiotics and Chemotherapy **5.** 115—23. März 1955. Washington, D. C., Dep. of Health, Educat. and Welfare, Food and Drug Admin.) HANS THIELE. 4340

G. Ivánovics und **L. Alföldi,** *Beobachtungen über die Lysogenese bei B. megatherium und über Megacin, das antibakterielle Prinzip dieser Bacillenart.* Von 16 aus Erde, Tierexkrementen u. der Luft isolierten Stämmen von *B. megatherium* war ein einziger lysogen. Andererseits entwickelte ein großer Teil der Stämme eine antagonist. Wrkg. von Nichtphagencharakter auf den als Indicator benutzten phagenempfindlichen Teststamm; dieses Phänomen ist unabhängig davon, ob der Stamm lysogen oder nichtlysogen ist. Bei 2 Stämmen trat durch kurze UV-Bestrahlung Lysis ein, u. das dabei entstandene Lysat übte auf B. megatherium-Stämme eine antibakterielle Wrkg. aus. Das antibakterielle Prinzip hat Proteincharakter u. wurde *Megacin* (I) benannt. I-Bldg. ist der Grund der letalen Biosynthese. I wirkte bactericid gegen 41 Stämme von B. megatherium; Stämme, die I produzieren, sind selbst dagegen empfindlich; I unterscheidet sich darin von den „Bacteriocinen" (Colicine, Pyocine), die lediglich auf empfindliche Stämme wirken. (Acta microbiol. Acad. Sci. hung. **2.** 275—92. 1955. Szeged, Med. Univ., Inst. of Microbiol.) H. GOEBEL. 4340

K. Eberhard Meier, *Der Mikroschnelltest nach Poetschke und Hanke.* Beschreibung eines orientierenden Schnelltests für klin. Zwecke, der es gestattet, nach der Koloniebldg. der zu testenden Keime, die nach 3—4 Std. mkr. nachweisbar sind, ihre Resistenz u. Empfindlichkeit gegenüber einem *Antibioticum* (I) zu bestimmen. Angabe der Herst. des benutzten 10%ig. Serumagars mit bekannter I-Konz., Erprobung des Tests mit verschied. Stämmen von Staphylokokken, Streptokokken u. Escherichia coli mit *Penicillin* u. *Streptomycin* als I. (Dtsch. Gesundheitswes. **9.** 1503—04. 16/12. 1954. Rostock, Univ., Inst. für Mikrobiol.) H. DOSSMANN. 4340

A. Allegranza und **A. M. Carini,** *Resistenz des für die sogenannte experimentelle allergische Stirnhirnencephalomyelitis verantwortlichen Faktors gegen proteolytische Enzyme.* Gehirnhomogenat von Hunden, gemeinsam mit abgetöteten Tuberkelbakterien subcutan Meerschweinchen gespritzt, erzeugt bei ihnen eine Encephalomyelitis. Gehirnemulsion, die vorher 24 Std. mit Trypsin oder Pepsin behandelt wurde, ist dazu nicht in der Lage. Es wird vermutet, daß es sich bei dem verantwortlichen Faktor um ein Protein handelt. (Boll. Ist. sieroterap. milanese **34.** 386—91. Juli/Aug. 1955. Mailand, Ospedale Psichiatrico.) G. GERBER. 4350

E. K. Afrikjan, *Über spezifische saccharolytische Eigenschaften der links- und rechtsdrehenden Form von Bac. mycoides.* Untersucht wurden 24 rechts-, 32 links- u. 4 unbestimmt gedrehte Kulturen von *Bacterium mycoides* (B.m.). Auf festen Nährböden wurden Formen mit schwacher u. auch mit starker Ansäuerungsfähigkeit (Indicator Phenolrot) ermittelt. Im fl. Kartoffelaufguß mit 2% Saccharose zeigten alle B.m.-Formen schon nach 1 Tag eine Ansäuerung (Indicator Bromkresolpurpur). Die Annahme, daß die *l*-Formen die Saccharose durch ihre bes. fermentative Aktivität zerlegen können, hat sich nicht bestätigt. Das Verhältnis der verschied. Formen von B.m. gegenüber Saccharose kann nach der angewandten Unters. des Nährbodens nicht erschöpfend geklärt werden. Das Sauerwerden des Nährbodens in Ggw. von B.m. beruht nicht allein auf der Fähigkeit, Zucker zu vergären, sondern kann auch mit anderen Eigg. der biochem. Tätigkeit zusammenhängen. (Доклады Академии Наук Армянской ССР [Ber. Akad. Wiss. ArmenSSR] **20.** 139—42. 1955. Sektor Mikrobiol. der Akad. der Wiss. der ArmenSSR.) OTTO MAIER. 4350

Abraham G. Osler und **Betsy M. Hill,** *Untersuchungen zum Ablauf der Komplementbindung.* 1. Mitt. *Die Methode.* Unter Verwendung von Pneumokokken S III-Polysaccharid u. dem homologen Antiserum wurde eine Meth. entwickelt, die über die tatsächlich gebundene Komplementmenge bei der Antigen–Antikörper-Rk. u. über den Zeitpunkt der Bindung Auskunft gibt. (J. Immunology **75.** 137—45. Aug. 1955. Baltimore, Md., Johns Hopkins Univ., School of Hyg. and Publ. Health, Dep. of Microbiol.) E. FISCHOEDER. 4370

Betsy M. Hill und **Abraham G. Osler,** *Untersuchungen zum Ablauf der Komplementbindung.* 2. Mitt. *Die Bedeutung der Antikörperavidität und ihre uneinheitliche Zusammensetzung.* (1. vgl. vorst. Ref.) Bei Verwendung eines rasch u. gut flockenden Antiserums wird bei der Antigen–Antikörper-Rk. mehr Komplement (C′) gebunden als bei schwach flockenden oder teilweise adsorbierten Seren. Die gebundene C′-Menge ist größer, wenn C′ während der Antigen–Antikörper-Rk. gegenwärtig ist, kleiner, wenn C′ erst zu dem gebildeten Komplex zugegeben wird. Das Neutralisationsvermögen eines Antiserums steht nicht immer in direkter Beziehung zu seiner Bindungsfähigkeit von C′. Die Komplementbindungs-Rk. ist daher oft für quantitative Antikörperbestimmungen nicht verwendbar. (J. Immunology **75.** 146—54. Aug. 1955.) E. FISCHOEDER. 4370

M. Pontecorvo, F. Rappaport, V. Tompkins und **T. Vogelsang,** *Vergleichende Untersuchungen von Lecithin als Komponente der Cardiolipinantigene.* Lecithin aus Eigelb oder aus Rinderherz als Bestandteil des Cardiolipins war bei verschied. Lues-Rkk. nach Unterss. in 4 Laborr. mehr oder weniger gleichwertig. (Bull. Organisat. mond. Santé **13.** 323—25. 1955. Neapel, Ist. Sieroterapeutico; Tel Aviv, Municip. a. Beilinson Hosp.; Albany, N. Y., State Dep. of Health, Div. of Labor. and Res.; Bergen, Univ., Gades Inst.) E. FISCHOEDER. 4370

Emanuel Suter und **Robert G. White,** *Die Reaktion des reticuloendothelialen Systems auf die Injektion von „gereinigtem Wachs" und von Lipopolysacchariden aus Tuberkelbakterien. Histologische und immunologische Untersuchung.* Sofern Meerschweinchen mit 200 γ der „gereinigten Wachsfraktion" (I) in einer W.-in-Öl-Emulsion (*Arlacel* u. *Bayol F*) einmal geimpft werden, treten granulomartige Veränderungen an der Impfstelle u. den regionalen Lymphdrüsen, aber auch in der Lunge, Milz u. anderen Organen auf. Die Monocyten des durch intraperitoneale Injektion von Glykogen hervorgerufenen Peritonealexsudats bei den geimpften Tieren besitzen in vitro die Fähigkeit, eine Vermehrung phagocytierter Tuberkelbakterien zu hemmen. 14 Tage nach der Impfung zeigen die Tiere eine undeutliche Tuberkulinreaktion. Wesentlich für diese Wirkungen der **I** scheint die Verwendung der W.-in-Öl-Emulsion zu sein, die für sich allein wirkungslos ist. Ferner wurde festgestellt, daß die Impfung mit 1000 γ **I** unter gleichen Bedingungen eine schwächere Hemmung der intracellulären Bakterienvermehrung zur Folge hatte als mit 200 γ. Das aus **I** isolierte Lipopolysaccharid besitzt die gleiche, teilweise sogar eine stärkere Wirkung. (Amer. Rev. Tubercul. **70.** 793 bis 805. Nov. 1954. Boston, Mass., Harvard Med. School, Dep. of Bact. and Immunol.) E. FISCHOEDER. 4370

Gunnar Fischer, Sven Gardell und **Erik Jorpes,** *Über die chemische Natur des Acerins und die viruciden und antivirotischen Effekte einiger pflanzlicher Tannine.* Das *Acerin* (**I**, Extrakt aus Ahornfrüchten, vgl. FISCHER, Acta pathol. microbiol. scand. **34.** [1954.] 482) hat noch in einer Konz. von 1 : 50000 einen ausgesprochen viruciden Effekt, aber keine bactericide Wrkg.; es besitzt auch antivirot. Wrkg. u. verhält sich in mehreren Hinsichten wie ein Tannin. Ähnliche virucide u. keine baktericide Wrkg.

wie I besitzen auch andere pflanzliche Tannine, wie gemahlener Canaigre, Quebracho, Babulrinde, Mimosatannin u. reine Gerbsäure. Ihre Wrkg. läßt sich als Gerbeffekt auf die Virusproteine erklären, der sich auf das extracelluläre Virus beschränkt, während die Wirtszelle, Escherichia coli, unversehrt bleibt. Mit pflanzlichen Tanninen ist es möglich, Colikulturen von unerwünschten Verunreinigungen durch Bakteriophagen zu befreien. Weiter wird vorgeschlagen, zu prüfen, wieweit vegetabil. Tannine Pflanzen gegen Virusinfektionen zu schützen vermögen. (Zbl. Bakteriol., Parasitenkunde, Infektionskrankh. Hyg., I. Abt., Orig. **161.** 349—53. Sept. 1954. Stockholm, Schweden, Karolin. Inst., II. Chem. Abt. u. Abt. für Hyg.) H. GOEBEL. 4374

E. Weston Hurst, G. A. Snow und **D. C. Roberts,** *Die Antiviruswirkung von Mepacrine in Beziehung zu morphologischen, durch das Präparat bedingten Änderungen.* Besprechung von Verss., nach denen Gewebe u. Organe von Mäusen nach großen Dosen *Mepacrine* (I) mehrere Tage Gelbfärbung u. gleichzeitig Ablagerung basophiler Teilchen (b.T.) bes. in R.E.S-Syst., Leber, Niere, Muskeln, Haut zeigen; die b.T. sind gelb u. fluorescieren im UV. Färbung u. biol. Eigg. der b.T. deuten auf Geh. eines säurebildenden Stoffwechselprod. von I hin. Verschied. Species von Versuchstieren verhalten sich unterschiedlich gegenüber I, auch konnte die überzeugende therapeut. I-Wrkg. bei der Virusinfektion durch Pferde-Encephalomyelitis bei der Maus an ihnen nicht bestätigt werden. Die therapeut. I-Wrkg. scheint nicht mit der Fähigkeit der Ablagerung von b.T. oder ihrem Vorhandensein im Zusammenhang zu stehen. (Brit. J. exp. Pathol. **36.** 215—25. Juni 1955. Manchester, Blackley, Hexagon House, Imp. Chem. Ltd.) H. DOSSMANN. 4374

E_4. Pflanzenchemie. Pflanzenphysiologie. Pflanzenpathologie.

E. Baldacci, E. Betto und **A. Amici,** *Der Stoffwechsel des Phosphors in grünen, verletzten Geweben untersucht mit* ^{32}P. Nicotiana tabacum, Var. Samsun wurde einmal mit gesunden, ein andermal mit beschädigten Blättern in künstlicher Nährlsg. gehalten, wobei vor u. nach der Verletzung der Blätter auf der Oberseite radioakt. *P* zugeführt wurde. Vff. stellen fest, daß die verletzten Blätter mehr P aufnehmen als die unbeschädigten u. daß während der Vernarbung der P-Bedarf hauptsächlich der Nährlsg. entnommen wird. (Phytopathol. Z. **23.** 335—40. April 1955. Mailand, Univ., Inst. für Pflanzenpathol.) E. VEVERA. 4460

C. P. Whittingham, *Geschwindigkeit der Photosynthese und Konzentration des* CO_2 *bei Chlorella. Chlorella pyrenoidosa*-Suspensionen in saurer $^1/_{30}$ mol. KH_2PO_4-Lsg. (p_H 4,6) wurden in einer mit Gaseinleitungsfritte versehenen Röhre, die zu einem geschlossenen, mit Trockengefäßen u. einer Absorptionsröhre eines Ultrarotgasanalysegerätes ausgestatteten Syst. gehörte (Gasumwälzung in 10—15 Sek. durch Pumpe), belichtet (20000 Lux), wobei die CO_2-Konz. progressiv abfiel. Aus dem zeitlichen Verlauf kann die Beziehung zwischen Geschwindigkeit der CO_2-Abnahme aus der Gasphase u. der Konz. in der Gasphase bestimmt werden. Die tatsächliche Geschwindigkeit der Photosynth. ist größer als die gemessene, die CO_2-Konz. in der Gasphase höher als die beim Gleichgewicht mit der wss. Phase in den Zellen. Die Minimalkonz., die halbe maximale Geschwindigkeit (extrapoliert) der Photosynth. ermöglicht, beträgt bei 25° $1{,}2 \cdot 10^{-6}$ mol. (unter Berücksichtigung der Gaslöslichkeit $0{,}95 \cdot 10^{-6}$ mol.). Eine Beeinflussung durch Bicarbonation ist durch dessen zu vernachlässigende Konz. bei p_H 4,6 ausgeschaltet. Bei p_H 4,6 u. 6,8 u. einer CO_2-Konz. von 0,01—0,02% wurde eine lange Induktionsphase ($t_{1/2}$ 13 bzw. 18 Min.) beobachtet. Bei p_H 6,8 u. 8,2 waren für Halbsättigung höhere CO_2-Konzz. erforderlich. (Nature [London] **170.** 1017—18. 13/12. 1952. Cambridge, Bot. School.) K. MAIER. 4460

Melvin Calvin, *Chemische und photochemische Reaktionen der Thioctsäure und verwandter Disulfide.* Vortrag. — Bei Photosyntheseverss. mit Algen in Ggw. von $^{14}CO_2$ fand Vf., daß durch Licht die Übertragung des ^{14}C vom Photosynthese- in den Citronensäurecyclus blockiert wird u. daß die Übertragung erst in der auf die Belichtung folgenden Dunkelpause erfolgt. Das „akt. Acetyl" auf Coenzym A übertragende Coenzym, die *6.8-Thioctsäure* (I, „*6.8-Dithiooctansäure*", *α-Liposäure, Protogen A, Brenztraubensäureoxydasefaktor*), wird im Laufe des Übertragungsprozesses zur offenkettigen *6.8-Dimercaptooctansäure* (II) aufgespalten, worauf II wieder zu I reoxydiert wird. Ausgehend von der Annahme, daß zwischen I u. II ein Gleichgewicht besteht, das durch Licht zugunsten von II verschoben wird, untersucht Vf. näher das chem. u. photochem. Verh. folgender Verbb. [in () charakterist. Absorptionsmaximum in Å]: I (3340), *5.8-* (III; 2860) u. *4.8-Thioctsäure* (ca. 2600), bzw. die unsubstituierten Ringe *Trimethylen-* (IV; ca. 3300; aus Trimethylendibromid durch Erhitzen mit Na_2S_2 in A., gelbes Öl), *Tetramethylen-* (ca. 2900) u. *Pentamethylendisulfid* sowie das offenkettige *Dimethyldisulfid* u. *n-Propyl-*

disulfid (**V**; ca. 2500). Die Spektren zeigen, daß sich das Maximum mit Verengung des Ringes unter gleichzeitiger Intensitätsabnahme nach dem Sichtbaren verschiebt u. daß die unsubstituierten Ringe ein den entsprechenden Thioctsäuren sehr ähnliches Spektr. haben. — Der Grund für die bes. biol. Aktivität der **I** gegenüber ihren Homologen liegt nach Ansicht des Vf. in der hauptsächlich in der SS-Bindung lokalisierten Ringspannung. Eine untere Grenze für diese Ringspannung ist etwa die bei der Bldg. eines fast ebenen 5-Ringes aus einem offenkettigen Disulfid mit S-förmiger C—S—S—C-Gruppierung mindestens zu überwindende Rotationshemmung (10—15 kcal). Eine obere Grenze kann andererseits aus den Spektren abgeleitet werden mit der Annahme, daß der erste angeregte Zustand aller dieser Ringe ein offenkettiges Dimercaptan ist u. daß auf Grund des vermutlich geringen Einfl. der zwischen den SH-Gruppen liegenden CH_2-Gruppen diese angeregten Zustände einander sehr ähnlich sind. Die Differenz zwischen dem Grundzustand des offenen Disulfids, z. B. **V**, u. den Grundzuständen der Ringe wäre dann gleich der jeweiligen Ringspannung, d. h. im Falle des 5-Ringes ca. 27 kcal. — Weitere Aufschlüsse liefern passende Gleichgewichtsreaktionen. 1. Reduzierbar sind die cycl. Verbb. nur mit Zn/HCl, u. zwar am leichtesten der 5-Ring. 2. Mit Mercaptanen, R—SH, reagiert **IV** rasch u. reversibel unter Ringöffnung u. Bldg. des offenen Disulfids R—S—S—$(CH_2)_3$—SH (Δ H ca. —7 kcal). 3. Die bimol. Rk. mit $(NH_4)_2S_2O_8$, die zur Bldg. eines *cycl. Thiosulfinsäureesters* (**VI**; *Disulfidmonoxyd*), S——S=O (verbrückt durch $(CH_2)_3$), oder *Sulfensäureanhydrids*, S—O—S (verbrückt durch $(CH_2)_3$), führt, kann gut spektrophotometr. am Verschwinden der 3300 Å-Bande verfolgt werden. Für diese Rk. werden folgende Geschwindigkeitskonstanten ermittelt (Mol^{-1}Liter/min^{-1} bei 25° in W., 0,01 n H^+): **I**: 141, **III**: 4,2, *8-Methyl-6.8-thioctsäure*: 220, u. offenkettiges Disulfid: in 24 Std. keine wesentliche Reaktion. Die Werte verdeutlichen die besondere Reaktionsfähigkeit des 5-Ringes. — Zn-Tetraphenylporphin sensibilisiert die Photooxydation von **IV** zu **VI**. Die Neigung von **IV**, in PAe. oder A. bei Belichtung spontan zu polymerisieren oder Diphenylpicrylhydrazin zu entfärben, zeigt, daß im photoangeregten Zustand freie Radikale vorliegen. In angesäuertem A. (p_H 1—2) hingegen unterbleibt die Polymerisation des **IV** u. als prim. Photolyseprod. kann eine *Thiolsulfensäure* (bzw. *-ester*), HS—$(CH_2)_3$—S—OH (bzw. —OR), die sowohl reduzierende als auch oxydierende Eigg. hat, nachgewiesen werden. Etwa 30—35 kcal sind für diese Rk. erforderlich, eine Energiemenge, die durch die Absorption des Chlorophylls (**VII**) bei 7000 Å oder auch des Bakterien-**VII** bei 9000 Å zur Verfügung stünde. — Von diesen Ergebnissen ausgehend, entwickelt Vf. eine Vorstellung vom Primärprozeß der Photosynth. bzw. der prim. H_2O-Photolyse, wonach **VII** die Lichtenergie direkt auf **I** überträgt. Die Wege hierfür werden diskutiert. Die angeregte **I** reagiert mit W. zur entsprechenden *Thiolsulfensäure* (**VIII**). Vf. ist der Ansicht, daß der bei der Photosynth. diskutierte „akt. H" u. das „akt. OH" die SH- u. Sulfensäuregruppe der **VIII** sind. Für den weiteren Weg zu CO_2-reduzierenden Verbb. nimmt Vf. Dismutation zweier **VIII** unter Mitwrkg. eines Elektronen- oder H-übertragenden Enzyms (vermutlich ein Cu- oder Fe-Enzym) zu **II** + oxydierter Verb. (**IX**; z. B. Disulfensäure, Sulfinsäureanhydrid oder Disulfidmonoxyd) u. schließliche Rückbldg. der **I** unter H_2O_2-Entw. aus **IX** an. Je nach dem weiteren Schicksal des H_2O_2 (Zers. zu mol. O_2 oder Wrkg. als Reduktionsmittel) wären ca. 4 bzw. 3 Quanten für den Gesamtprozeß erforderlich. Prüfung dieses Weges durch Verss. mit der Alge Scenedesmus ergaben zwar auf Zusatz von **I** eine 50%ig. Steigerung der Chinonred. + O_2-Entw., jedoch sind diese Verss. noch nicht eindeutig. (Im Original einige Formelbilder irrtümlich verstellt, der Referent.) — Diskussion: CO_2-Fixierung durch die lösl. Fraktion von Spinatblätterhomogenat ist abhängig von der Ggw. von Pentosephosphat (*Ribose-5-phosphat*, **X**). Bei Verwendung von $^{14}C_{(1)}$-**X** wurde Radioaktivität in der Phosphoglyceratfraktion (**XI**) gefunden, davon 25% in der Carboxylgruppe von **XI** u. der größte Anteil am β-C-Atom. Bei Verwendung von $^{14}CO_2$ waren 80% der Radioaktivität in der Carboxylgruppe von **XI** wiederzufinden, $<$3% am α- u. β-C-Atom (B. L. HORECKER). — Die biol. Aktivität gegen T. geleii, S. faecalis u. C. bovis besitzt, verglichen mit DL-**I** (= 100; 100; 100), bei *DL-5.8-* (0,4; 0,1; 0,1) u. *-4.8-Dithiooctansäure* (0,1; 0,05; 0,1), *DL-7.8-Dimercapto-* (0,3; 0,2; 1,0), *8-Benzylmercapto-6-keto-* (1,0; 0,1; 0,2), *DL-6-Oxy-8-mercapto-* (0,1; 0,001; 0,1) u. *DL-6-Mercaptooctansäure* (0,0; 0,0; 0,3) die in () angegebenen Werte. Der aktivste Antagonist für **I** ist *8-Methylthioctsäure* (*DL-6.8-Dithiononansäure*, F. 54°) (E. L. R. STOCKSTADT). (Federat. Proc. **13**. 697—711. Sept. 1954. Berkeley, Calif., Univ., Dep. of Chem. and Radiat. Labor.) K. PRCHAL. 4460

Gertrud Ochs, *Zur Wirkungsweise des Wuchsstoffes auf das Streckenwachstum der Wurzel.* Bei einer Überprüfung der Wuchsstoffe *β-Indolylessigsäure* (**I**), *β-Indolylbutter-*

säure, α-Naphthylessigsäure, Phenylessigsäure, 2.4-Dichlorphenoxyessigsäure, 2.3.5-Trijodbenzoesäure im Kressewurzeltest zeigte sich, daß die Wachstumsförderung bei einer Erhöhung der Testlsg. von 5 auf 30 cm^3 um ein Vielfaches gesteigert wird. Bei einer Kombination von lipoidlösl. Substanzen mit I ergab sich, daß die wachstumsfördernde I-Wrkg. mehr oder weniger aufgehoben wird. Vf. schließt, daß die wachstumsfördernde I-Wrkg. durch eine Adsorption des I-Mol. an lipoide Plasmagrenzflächen, die wachstumshemmende dagegen durch eine Beeinflussung fermentativer Prozesse im Binnenplasma bedingt wird. (Planta **44**. 412–36. 1954. Freiburg/Br., Univ., Bot. Inst.)
W. BEINERT. 4485

Helga Winter, *Der Einfluß von Wirkstoffen, von Röntgen- und Elektronenstrahlen auf die Cambiumtätigkeit von Beta vulgaris.* Die Cambiumtätigkeit bei drei Wochen alten Keimlingen von *Beta vulgaris* konnte durch die Einw. von *Indolyl-3-essigsäure, Indolyl-3-buttersäure,* Tryptophan, *2.4-Dichlorphenoxyessigsäure, Ascorbinsäure* u. *Pollenwuchsstoff* von *Oenothera longiflora* gefördert werden. Auch *Cumarin* regte in geringen Konzz. die Teilungstätigkeit des Cambiums an. Als Maß für die Wirksamkeit wurde die Anzahl der entstandenen Cambiumringe ausgewertet. — Unters. mit Röntgenstrahlen u. schnellen Elektronen ergaben, daß niedrige Dosen beider Strahlenarten die Cambiumtätigkeit verlangsamen u. höhere Dosen zu einer Einstellung der Cambiumtätigkeit führen. Durch Röntgenstrahlen werden ruhende u. in Teilung befindliche Zellen in gleicher Weise geschädigt, während Elektronenstrahlen das Cambiumgewebe stärker angreifen als das umliegende Parenchymgewebe. (Planta **44**. 636–68. 1954. Erlangen, Univ., Bot. Inst.)
R. STAAB. 4485

K. Kumar und **A. K. Rajan,** *Der Gebrauch von Wuchsstoffen zur Erzeugung von Parthenokarpie bei Lycopersicum esculentum und Capsicum annuum.* Bei *Lycopersicum esculentum* u. *Capsicum annuum* wurden zur Erzeugung parthenokarper Früchte die Knospen mit verschied. Konzz. von *Phenoxyessigsäure* (I) u. *Indolylessigsäure* (II) gespritzt. II in einer Konz. von 1 p.p.m. ergab die größte Anzahl parthenokarper Früchte sowohl bei L. esculentum als auch bei C. annuum. I in einer Konz. von 10 p.p.m. ergab die geringste Anzahl. Bei C. annuum wurden durch I u. II (10 p.p.m.) größere Früchte, bei L. esculentum durch I (10 p.p.m.) kleinere, durch II (10 p.p.m.) gleich große Früchte wie bei den Kontrollen erzielt. (Current Sci. **23**. 94. März 1954. Banaras, Univ., Coll. of Agric., Plant Physiol. Labor.)
W. BEINERT. 4485

F. N. Ponnamperuma, R. Bradfield und **M. Peech,** *Durch Eisentoxizität bedingte physiologische Erkrankung von Reis.* Vff. stellten im Rahmen von Unterss. über den Einfl. der Reduktionsstärke überfluteter Böden auf Wachstum u. Erträge bei Reis fest, daß das Auftreten der unter der Bezeichnung „mentek" (Java), „penyakit merah" (Malaya) oder „browning disease" (Ceylon) bekannten Erkrankung der Reispflanzen dem Geh. an Fe^{2+} im Boden umgekehrt porportional ist. Ca. 5 Wochen nach dem Auspflanzen in überschwemmten Böden erscheinen bei dieser Krankheit auf den älteren Blättern braune Flecken, die sich nach u. nach ausbreiten u. schließlich zum Vertrocknen führen. Die erkrankten Pflanzen haben nur ein schwach entwickeltes, dunkelbraun gefärbtes Wurzelsystem. Die Symptome ähneln etwa denen des K-Mangels. Erfahrungen mit Freilandverss. liegen noch nicht vor. Vorbeugende Maßnahmen sollten darauf abzielen, die Anhäufung von Fe^{2+} zu vermeiden, das kann durch Verkürzung der Überschwemmungszeit, gute Drainage, Verminderung des Geh. an organ. Substanz u. Zugabe von $NaNO_3$ zur Verzögerung des Reduktionsprozesses erfolgen. (Nature [London] **175**. 265. 5/2. 1955. Ithaca, N. Y., Cornell Univ., Coll. of Agric., Dep. of Agronomy.)
HANS THIELE. 4495

Gerard S. Weissman und **Sam F. Trelease,** *Der Einfluß von Schwefel auf die Toxizität von Selen bei Aspergillus.* Die Wachstumshemmung u. Se-Speicherung bei Aspergillus niger ist eine Funktion des Verhältnisses S/Se im Nährmedium, wenn S als Sulfat u. Se als Selenat angeboten wird. Je größer dieses Verhältnis, desto besser das Wachstum u. desto weniger Se wird gespeichert. Zusatz von Na-Caseinat erhöht die Hemmung, Caseinhydrolysat, Glutathion, Cystein, Cystin, Homocystin u. Methionin heben sie dagegen ganz oder teilweise auf. Die Anwesenheit einer D-Aminosäureoxidase wird dadurch angezeigt, daß sowohl D- als auch L-Methionin die Selenathemmung beseitigen. Methionin wirkt auch in Abwesenheit von Sulfat. S-haltige Aminosäuren beseitigen die Hemmung anscheinend durch Konkurrenz mit den Se-Analogen. Dafür spricht auch der Befund, daß adsorbiertes Selenat ohne Zusatz von S-haltigen Aminosäuren in organ. Bindung übergeführt wird, in Ggw. von Methionin aber in anorgan. Form bleibt. (Amer. J. Bot. **42**. 489–95. Juni 1955. New York, N. Y., Columbia Univ., Labor. of Plant Physiol.)
A. DILLMANN. 4495

Randolph T. Wedding und **Louis C. Erickson,** *Veränderungen der Permeabilität von Pflanzenzellen für* $^{32}PO_4$ *und Wasser nach Einwirkung von ozonisiertem Hexen (Smog).*

Ozonisiertes *n-Hexen-(1)* wirkt auf Pflanzen schädlich wie die bei Los Angeles gefundenen Verunreinigungen der Luft (Smog). Das Reaktionsprod. aus n-Hexen-(1) mit Ozon zeigt oxydierende, aber keine sauren Eigg. u. ein von dem der Ausgangsstoffe abweichendes UV-Absorptionsspektrum. Es bewirkt bei kurzer Behandlung (bis 3 Std.) eine Abnahme der Permeabilität von Zellen in Bohnenblättern für radioakt. Phosphat. Eine Zunahme der Permeabilität, verbunden mit sichtbaren Schäden, bei längerer Behandlung wird als oxydative Zerstörung von Proteinen der semipermeablen Zellmembranen gedeutet. Verss. mit Scheiben aus Kartoffelknollen zeigen ähnliche Ergebnisse für die ^{32}P-Aufnahme, Wasseraufnahme u. -abgabe nach Einw. von künstlichem „smog". (Amer. J. Bot. **42.** 570—75. Juni 1955. Riverside, Calif., Univ. of California, Citrus Exp. Stat., Dep. of Plant Biochem.) A. DILLMANN. 4495

Frederick T. Wolf und **Frederick A. Wolf,** *Giftwirkung als eine Ursache der „Schwarzstengelkrankheit" der Tabakpflanze.* Vff. haben durch eine indirekte Meth. ein noch nicht näher bestimmtes Toxin von Phytophthora parasitica var. nicotianae nachgewiesen, in welchem sie die Ursache der „Schwarzstengelkrankheit" der Tabakpflanze sehen. (J. Elisha Mitchell sci. Soc. **70.** 244—55. Dez. 1954. Nashville, Tenn., Vanderbilt Univ., Dep. of Bot.; Durham, N. C., Duke Univ., Dep. of Bot.) G. WELTZIEN. 4495

E₅. Tierchemie. Tierphysiologie. Tierpathologie.

R. E. Davies und **H. L. Kornberg, G. M. Wilson,** *Die Beziehung zwischen dem gesamten und austauschbaren Natrium im Organismus.* In Verss. mit ^{24}Na bei 6 Erwachsenen (Blutunters.) u. bei Kaninchen (Gewebsunters.) wurden $48 \pm 0{,}75$ bzw. $46 \pm 1{,}13$ mMol austauschbares Na je kg Körpergewicht festgestellt, was bei den Tieren $69 \pm 1{,}7$% des gesamten Na entspricht. Es wurde berechnet, daß bei diesen das gesamte nicht austauschbare Na sich in den Knochen befindet. (Nature [London] **170.** 979. 6/12. 1952. Sheffield, Univ., Dep. of Biochem., Med. Res. Counc. Cell Metabol. Res. Unit.) J. SCHWAIBOLD. 4510

Howard Miller, Harold Haft und **Dorothy M. Kraemer,** *Der Kohlenhydratgehalt des menschlichen Aortenalbumins.* Der Kohlenhydratgeh. der Albumine aus menschlicher Aorta beträgt, unabhängig von Alter, Geschlecht oder patholog. Veränderungen ca. 10,9 mg *Glucose*/g Albumin. (Proc. Soc. exp. Biol. Med. **79.** 411—14. März 1952. Brooklyn, N. Y., State Univ., Med. Center, Coll. of Med., Dep. of Anatomy.) H. SCHEURLEN. 4520

A. Chevallier, S. Manuel, C. Burg und **R. Wagner,** *Über die Verbreitung der Fettsäuren mit 5 Doppelbindungen und ihre Schwankungen in verschiedenen tierischen Fetten.* Gelegentlich früherer UV-spektrometr. Unterss. (vgl. C. **1952. 4167**) nach vorhergehender Alkaliisomerisierung der polyolefin. Fettsäuren wurde neben den Absorptionsmaxima bei 2340, 2680 u. 3160 Å noch ein solches bei 3500 Å beobachtet, das nach HERB u. Mitarbeitern (vgl. C. **1952. 6677**) der Ggw. einer Pentaensäure zuzuschreiben ist. Die Auswertung der früher mitgeteilten experimentellen Befunde führt zu dem Schluß, daß im menschlichen n. Blutserum ca. 32 mg, in den Blutkörperchen ca. 40 mg Pentaene je 1 g Lipoid enthalten sind. Im Körperfett der n. Ratte finden sich 21 mg Pentaene/g Lipoid, bei der mit Thyroxin behandelten Ratte aber 40 mg/g; die analogen Zahlen beim Meerschweinchen sind 6 mg bzw. 11—12 mg/g. Es wird abgeleitet, daß die Fettsäuren mit 5 Doppelbindungen n. Konstituenten der geprüften Lipoide sind. Hinweis auf die physiol. Bedeutung. (C. R. Séances Soc. Biol. Filiales **146.** 1133—35. Juli 1952. Paris, Inst. de Physique biol. á la Fac. de Med.) K. TÄUFEL. 4520

R. M. Brachi, *Prüfung einiger Bestandteile von Leberölen von Cephalopoden und des Spermwales mittels der chromatographischen Methode.* Im Gegensatz zu den Bartenwalen, die sich prakt. ausschließlich von den *Vitamin A* (I) enthaltenden Walkrebschen ernähren, leben die antarkt. Spermwale von Cephalopoden (10armige Species). Während der Walfangperiode 1951—52 wurden Unterss. an den Leberölen der Cephalopoden u. der Spermwale auf ihren Geh. an **I** durchgeführt. Darst. des Unverseifbaren (Us) sowie einer Fraktion nach KARRER u. JUCKER (Carotenoids, London 1950), in der *Astacen* (**II**) zu erwarten war. Das Us. aus dem Spermwalleberöl wird aus Petrolätherlsg. an Al_2O_3 verschied. Aktivität wiederholt chromatographiert; Ermittlung des Verh. der Präpp. im sichtbaren Licht u. im UV. Aus den Ergebnissen ist abzuleiten, daß im Leberöl des untersuchten antarkt. Cephalopoden vorhanden sind: *Provitamin D, Astaxanthin* (**III**) oder **II** (noch ungeklärt). In den ferner untersuchten Lipoiden des Meeresplanktons dürfte sich **III** vorfinden, so daß dieses Carotinoid wohl auch im Leberöl des Cephalopoden zu erwarten ist. Im rohen Spermwalleberöl ist chromatograph. **I** nachweisbar, u. in der sogenannten Fraktion des Anhydridvitamins A tritt ein Carotinoid auf, das wohl

Carotin selbst darstellt; ferner findet sich in der „oxydierten Substanz" (vgl. Orig.) eine weitere, noch nicht näher erkannte Verbindung. (Biochem. J. **54.** 459—66. Juni 1953.) K. TÄUFEL. 4520

André Chevallier und **R. Schneider,** *Über die spezifischen Aktivitäten der mineralischen Plasmaphosphate und der Phospholipoide der Unterhautfette nach Verabfolgung von markierten Phosphaten bei der Ratte.* Unter Anknüpfung an frühere Verss. über die Bldg. radioakt. *Phospholipoide* (I) im Unterhautfett, bzw. im perirenalen Fett der n. Ratte nach subcutaner Injektion von radioakt. Phosphaten werden Unterss. angestellt, um den Koeff. aus den spezif. Aktivitäten der mineral. Phosphate des Plasmas u. der Phospholipoide des Unterhautfettes in Abhängigkeit von der Zeit nach der Injektion des akt. Phosphates zu ermitteln. Die tabellar. u. graph. dargestellten Resultate zeigen, daß dieser Koeff. anfänglich groß (nach $6^3/_4$ Std. 7,85) ist u. allmählich absinkt (nach 48 Std. 1, nach 120 Std. 0,55). Aus diesem Verh. wird abgeleitet, daß die Phosphate des Plasmas die Vorläufer zur Synth. der I des Unterhautfettes darstellen können. (C. R. Séances Soc. Biol. Filiales **146.** 1135—37. Juli 1952. Paris, Inst. de Physique biol. de la Fac. de Méd.) K. TÄUFEL. 4520

André Chevallier und **R. Schneider,** *Über die spezifische Aktivität der Phospholipoide der Unterhautfette der Ratte nach Verabfolgung von durch ^{32}P markierten Phospholipoiden.* Um die Herkunft der *Phospholipoide* (I) des Unterhautfettes weiter aufzuklären (vgl. vorst. Ref.), werden Verss. ausgeführt, indem Ratten intravenös mit ^{32}P markierte I verabfolgt werden; letzte werden gewonnen, indem man Ratten zunächst mit großen Dosen akt. Phosphate behandelt u. aus den nach 8 Std. getöteten Tieren einen entsprechenden Extrakt (Lecithin) in radioakt. Form gewinnt, der in wss. Emulsion injiziert wird. In gewissen Zeitabständen werden die spezif. Aktivitäten der I des Plasmas u. des Unterhautfettes sowie der mineral. Phosphate des Plasmas analyt. ermittelt; tabellar. u. graph. Darst. der Ergebnisse. Es zeigt sich, daß die Entw. der Aktivität des Unterhautfettes viel rascher verläuft als im Falle der Injektion von akt. Phosphaten; erst nach 30 Std. gleichen sich die Verhältnisse an. Die spezif. Aktivität der Plasma-I bleibt gegenüber derjenigen des Unterhautfettes erhöht. Die Aktivität der mineral. Plasmaphosphate steigt an, erreicht nach 7 Std. ein Maximum u. fällt dann (ca. 48 Std.) ab unter Angleichung an die Aktivität des Unterhautfettes. Diskussion der Versuchswerte, die auf ein verwickeltes Geschehen hinweisen, wobei Raum für die Synth. der I aus den Phosphaten bleibt. (C. R. Séances Soc. Biol. Filiales **146.** 1138—40. Juli 1952. Paris, Inst. de Physique biol. de la Fac. de Méd.) K. TÄUFEL. 4520

Klaus-Ditmar Bachmann, *Über das Lipofuscin der Leber.* Auf Grund der histolog. Unters. von insgesamt 712 Leberpunktaten wird gefunden, daß das *Lipofuscin* (I) auch in den Lebern junger Personen reichlich vorhanden sein, bei alten Personen dagegen fehlen kann. Wiederholte Punktionen zeigen, daß I verhältnismäßig schnell schwinden, aber auch auftreten kann. Ein Fehlen von I wird bei Lebererkrankungen bzw. Schädigungen der Leberzellen (Hepatitis, Cirrhose, Verfettung) festgestellt. Danach besteht die Bezeichnung von I als „Abnutzungspigment" bzw. „tote Schlacke" zu Unrecht. (Virchow's Arch. pathol. Anatom. Physiol. klin. Med. **323.** 133—42. 1953. Marburg, Univ., Pathol. Inst.) H.-J. KOCH/Berlin. 4520

C. H. Lea und **D. N. Rhodes,** *Phospholipoide.* 1. Mitt. *Verteilungschromatographie von Eigelbphospholipoiden auf Cellulose.* Überblick über das analyt. Verh. der verschied. Phospholipoide, deren eine Gruppe (mit Äthanolamin bzw. Serin) in Filtrierpapier- bzw. Cellulosesäulen niedrige R_F-Werte zeigt u. mit Ninhydrin positiv reagiert, während die andere (Cholin enthaltend) unter den gleichen Bedingungen hohe R_F-Werte aufweist u. sich mit Phosphormolybdänsäure nach der Red. mit $SnCl_2$ zu Molybdänblau umsetzt (vgl. BEVAN u. Mitarbeiter, C. **1952.** 2229). Anwendung dieser Untersuchungstechnik auf Eigelbphospholipoide, die durch Extraktion mit CH_3OH aus Trockeneigelb u. Fällung mit Aceton gewonnen werden. Es können nach dieser Technik aber auch mittels Ionenaustauscher bes. die die Phospholipoide begleitenden Aminosäuren (I) abgetrennt werden. Rohes Eigelbphospholipoid zeigt ein Verhältnis N/P von 1,12 bis 1,00. Unter den freien I der rohen Eigelbphospholipoide u. des frischen Eigelbes selbst finden sich *Serin, Glykokoll, Threonin, Alanin, Lysin, Arginin, Prolin, Tyrosin, Valin, Leucin* u. *Phenylalanin.* (Biochem. J. **54.** 467—69. Juni 1953. Cambridge, Univ., Low Temp. Stat. for Res. in Biochem. and Biophysics, and Dep. of Sci. and Ind. Res.) K. TÄUFEL. 4520

R. Chanda und **E. C. Owen,** *β-Carotin in Ziegenleber und Colostrum.* Während das bemerkenswert weiße Aussehen von Ziegenmilch auf die Abwesenheit von *β-Carotin* (I) zurückzuführen ist, ist das Colostrum von 6 Ziegen mit 12—46 γ /100 ml gelb bis orange gefärbt. Der Geh. der Leber variiert stark zwischen 0—0,84 γ/g, die Nieren sind I-frei. 4 der Ziegenlebern enthielten außerdem noch *Lutein.* (Biochem. J. **51.** IV. April 1952. Kirkhill, Ayr, Hannah Dairy Res. Inst.) H. L. DU MONT. 4520

René Grangaud, Isabelle Garcia und **Renée Massonet,** *Nachweis von Astaxanthin bei Triton nodifer Lamarck.* Aus den Extrakten der Leber, des Pankreas u. der Gonaden wurden *Astaxanthin* (I) isoliert u. papierchromatograph. nachgewiesen, sowie die Absorptionsspektren, der auftretenden 3 Zonen bestimmt, wovon die violette I angehört. (C. R. hebd. Séances Acad. Sci. **235.** 446—48. 11/8. 1952.) E. LUDOLPHY. 4520

René Grangaud, René Dieuzeide, Renée Massonet und **Thérese Douard,** *Die Verfärbung von Salmo irideus Gibb. nach Verabreichung von Astaxanthin.* Das im intestinalen Bindegewebe von Aristeus antennatus Risso. vorkommende Pigment enthält *Astaxanthin* (I; *3.3'-Dioxy-4.4'-diketo-β-carotin*) u. verursacht beim Verfüttern an noch nicht ausgewachsene Lachse eine Verfärbung. Der Farbstoff ist im Petrolätherauszug auf Grund des Absorptionsmaximums bei 492 mμ als I anzusprechen. (C. R. hebd. Séances Acad. Sci. **235.** 213—14. 16/7. 1952.) F. LÜPNITZ. 4520

Siegfried Woislawski, *Ionisierung und Verteilung von Farbstoffen zwischen wässerigen und nichtwässerigen Lösungsmitteln im Zusammenhang mit der Magensekretion.* Bei 17 bas. Farbstoffen wurden die pK_B-Werte, ihre Verteilung zwischen wss. Puffer (p_H 2 u. 6,73) u. Bzl. sowie ihre Sekretion durch den Magen untersucht. Bei Verwendung von handelsüblichen Farbstoffen wurde eine etwas bessere Beziehung zwischen pK_B u. Magen/Blut-Verhältnis gefunden als mit den reinen Farbstoffen. Dagegen scheint kein Zusammenhang zwischen der Verteilung der Farbstoffe zwischen Puffer u. Bzl. u. ihrer Sekretion durch den Magen zu bestehen. (Proc. Soc. exp. Biol. Med. **79.** 390—93. März 1952. Gainesville, Fla., Univ. of Florida, Cancer Res. Labor.) H. SCHEURLEN. 4555

L. Ss. Fomina, *Die Sekretion der Darmfermente in nach Thiry isolierten und „denervierten" Darmabschnitten von Hunden in Abhängigkeit von der Eiweißmenge in der Nahrung.* 1. Mitt. *Die Menge an Nierensekret.* In Verss. an 4 eiweißarm ernährten Hunden (2,7% Eiweiß in der Nahrung) sank die Menge des festen Anteils des Darmsaftes in dem nach THIRY isolierten Abschnitt, beginnend mit den ersten Tagen des Vers., ab u. betrug im Stadium des ausgeprägten Proteinmangels bei allen Hunden $^1/_3$—$^1/_4$ des Ausgangswertes. Der fl. Anteil des Darmsaftes war im isolierten oberen Darmabschnitt erst herabgesetzt, dann erhöht, im isolierten unteren Darmabschnitt erst erhöht, danach herabgesetzt. Im „denervierten" Darmabschnitt ist am n. Tier nach 1 Monat die Darmsekretion stark herabgesetzt u. nimmt bei eiweißarmer Diät weiter ab. Das bezieht sich jedoch nur auf den festen Anteil des Darmsaftes, während der fl. Anteil keine gesetzmäßigen Veränderungen zeigt. (Вопросы Питания [Fragen d. Ernähr.] **14.** Nr. 3. 16—22. Mai/Juni 1955. Moskau, Ernährungsinst. der Akad. der Med. Wiss. der UdSSR, Labor. für Physiol. der Verdauung.) E. RENTZ. 4555

Charles D. Kochakian, José Gongora und **Nicholas Parente,** *Stoffwechsel des Testosterons in Leber- und Nierenhomogenisaten von Kaninchen.* Bei der Bebrütung von Leber- u. Nierenhomogenisaten mit *Testosteron* (I; $2^1/_2$ Std. bei 37°), anschließender Trennung in Keto- u. ketofreie Fraktionen u. Chromatographie an Mg-Silicat–Cellit wurde neben I noch *Δ^4-Androsten-3.17-dion* u. in wesentlich geringerer Menge noch *Epitestosteron* gefunden. Diese Ergebnisse stimmen mit den durch Leberschnitte erhaltenen überein u. zeigen, daß zum Stoffwechsel von I nicht unbedingt intakte Zellen nötig sind. (J. biol. Chemistry **196.** 243—46. Mai 1952. Rochester, N. Y., Univ., School of Med. and Dent., Dep. of Physiol. and Vital Economics.) H. SCHEURLEN. 4559

André Soulairac, *Wirkung des Testosteronpropionats auf das sexuelle Verhalten der normalen erwachsenen männlichen Ratte. Testosteronpropionat* (I) wurde in täglichen Dosen von 1 mg zunächst 4 Tage lang, dann teils in größeren, teils in kleineren Intervallen weiter verabfolgt u. das sexuelle Verh. beobachtet. Nur die Ejaculationen zeigen eine direkte Beziehung zur I-Dosierung, während andere Formen des sexuellen Verh. offenbar noch durch außerhormonelle Einfll. gesteuert werden. (C. R. Séances Soc. Biol. Filiales **146.** 55—58. Jan. 1952.) P. G. SCHEURLEN. 4559

C. F. Fluhmann, *Vergrößerung des Ovargewichtes bei Ratten durch Chorionhormon.* Ratten (21 Tage alt) bekamen 3 subcutane Injektionen verschied. Substanzen u. am folgenden Tage Injektionen von 750 I.E. *Chorionhormon* intraperitoneal. Es zeigte sich, daß *Priscol* u. *Trimethylammoniumbromid* ohne Einfl. auf das Ovargewicht waren, während durch *Padutin*-WINTHROP (ein insulinfreies Hormon aus dem Pankreas), *ACTH, Cortison, Pitressin* u. vor allem durch *Neostigmin* eine Vergrößerung des Ovargewichtes eintrat. (Proc. Soc. exp. Biol. Med. **80.** 507—08. Juli 1952. San Francisco, Univ., Med. School, Dep. of Obstetr. and Gynecol.) H. SCHEURLEN. 4559

Herbert Tuchmann-Duplessis, Maurice Mayer, Jean Quelet und **André Sahy,** *Über das Vorkommen einer die Nebennierenrinde stimulierenden Substanz in der menschlichen Placenta.* In Verss. an hypophysektomierten ♂ u. ♀ Ratten zeigen Vff., daß nach Injektion von Extrakten aus menschlicher Placenta eine Zunahme des Nebennierengewichts auftritt. Gleichzeitig wurde eine charakterist. Verbreiterung der Zona fasciculata beobachtet. Diese Befunde sprechen für das Vorhandensein einer die Nebennierenrinde stimulierenden Substanz im Placentarextrakt. (C. R. hebd. Séances Acad. Sci. **235.** 209—11. 16/7. 1952.) H.-J. SCHÜMANN. 4559

Ilse L. Riegel und **Roland K. Meyer,** *Die intracelluläre Verteilung des östrogeninaktivierenden Mechanismus bei der Rattenleber und anderen Geweben.* Die beim Zentrifugieren von Rattenleberhomogenaten erhaltenen Fraktionen (Kerne, Mitochondrien, Mikrosomen u. Überstand) bewirken, einzeln angewandt, bei der Incubation mit *Östradiol* (**I**), *Östron* (**II**) oder *Diäthylstilböstrol* (**III**) keine wesentliche Senkung der östrogenen Aktivität. Die Aktivität der Kombination Mikrosomen + Überstand war jedoch ungefähr so groß wie die des Homogenats. Ebenso waren Nieren- oder Speicheldrüsenhomogenate inakt., doch war ihr Überstand in Kombination mit Lebermikrosomen oder *Riboflavinmonophosphat* (**IV**) akt. gegen **I**. Die Inaktivierung von **II** entsprach ganz der von **I**. Gegen **III** war schon allein der Überstand des Leberhomogenats, ja sogar schon **IV** allein wirksam, nicht dagegen der Überstand von Nierenhomogenaten. Da auch gekochtes Leberhomogenat inaktivierend wirkt, nehmen Vff. an, daß **III** auch durch einen nichtenzymat. Mechanismus inaktiviert werden kann. (Proc. Soc. exp. Biol. Med. **80.** 617—23. Aug./Sept. 1952. Madison, Wis., Univ., Dep. of Zool.) H. SCHEURLEN. 4559

Donald J. Hanahan, E. G. Daskalakis, T. Edwards und **Hyp J. Dauben jr.,** *Der Stoffwechsel von ^{14}C-Diäthylstilböstrol.* Nach einer einmaligen oralen oder subcutanen Gabe von 5 γ an den CH_2-Gruppen markiertem *^{14}C-Diäthylstilböstrol* (I) bei erwachsenen ♀ Ratten werden nach 6 Std. 49—57 bzw. 60—66% der zugeführten Radioaktivität im Gastrointestinaltrakt (einschließlich Inhalt mit Faeces) wiedergefunden. Eine vorübergehende Speicherung findet sich in der Leber als einzigem Organ; in der Atemluft konnte kein $^{14}CO_2$ nachgewiesen werden. Da bei vollständig eingetretenem Östrus bei ovariektomierten Tieren in der Lymphe keine Radioaktivität nachzuweisen war, wird eine Resorption von **I** über das Lymphsyst. ausgeschlossen. Dieselbe findet wahrscheinlich über das Pfortadersyst. statt. Zum Beweis eines enterohepat. Kreislaufs wird nachgewiesen, daß sich bei Tieren mit Gallenfistel 96% des zugeführten **I** vom F. 170,3 bis 170,7° aus der Galle wiedergewinnen lassen. Das in der Galle wahrscheinlich in Form eines *Monoglucuronids* ausgeschiedene **I** hat nach Zufuhr bei einem anderen Tier volle östrogene Wirksamkeit. (Endocrinology **53.** 163—70. Aug. 1953. Seattle, Wash., Univ. of Washington, Dep. of Biochem., Dep. of Chem. and Chem. Engng.) H.-J. KOCH/Berlin. 4559

M. Goldstein und **M. A. Gerebtzoff,** *Vermehrung der Granulocyten im Gewebe unter der Wirkung von Bromtriphenyläthylen.* Das Östrogen *Bromtriphenyläthylen* bewirkt beim Kaninchen eine Granulocytose im Blut, welcher eine generalisierte Leukocyteninfiltration in die Gewebe folgt. Es handelt sich um Granulocyten, deren Granula den Charakter von Eosinophilen aufweisen. Es sind alle Organe betroffen, in erster Linie Milz u. Lunge. (C. R. Séances Soc. Biol. Filiales **146.** 1421—23. Sept. 1952. Liège, Univ., Inst. de Thérapeut. exp. et d'Anatomie.) WOLFGANG ALBRECHT. 4559

Hans Selye und **Pierre Bois,** *Experimentelle Untersuchungen über die Rolle der Nebenniere bei der Anregung des Körperwachstums durch das Hypophysen-Somatotropin.* Vgl. der Wrkg. von Somatotropin (**I**; *Somatotropin*; ARMOUR) bei intakten Ratten u. Tieren mit entfernter Nebenniere bei alleiniger Verabreichung von *Desoxycorticosteronacetat* (*Cortate* **II**; SCHERING) oder bei Kombination von **II** + *Cortisolacetat* = *Cortril* (**III**; PFIZER) zur Feststellung, ob die von der Nebenniere ausgeschiedenen Mengen von *Glucocorticoiden* (**IV**) genügen, um die **I**-Wrkg. zu hemmen. Mit **I** wird bei der Ratte ohne Nebenniere unter **II** ein bedeutend stärkeres Körperwachstum erzielt als mit **I** bei der n. Ratte. Der übergroße Wuchs durch **I** kann durch gleichzeitige Verabreichung von **II** + **III** verhindert werden. Die n. Sekretion der Nebenniere an **IV** übt danach eine konstante Hemmwrkg. auf das Wachstum aus. (Semaine Hôpitaux Paris **31.** 3075 bis 3077. 6/10. 1955.) H. DOSSMANN. 4560

Raoul Lecoq, *Einfluß der intravenösen Injektion von somatotropem Hormon auf die Alkalireserve des Plasmas.* Vf. injizierte Kaninchen in die Ohrvene 100 E. *somatotropes Hormon* (**I**) u. fand einen deutlich anhaltenden Abfall der Alkalireserve im Plasma, was mit den Ergebnissen nach der Chronaxiemeth. übereinstimmt, daß **I** ein Acidose bewirkendes Hormon ist. Die Blut- u. Gewebsacidose, die **I** bewirkt, steht im Gegensatz zur Blut- u. Gewebsalkalose, die ACTH unter gleichen Versuchsbedingungen auslöst. (Thérapie **9.** 715—16. 1954. Saint-Germain-en-Laye, Labor. de l'Hôpital.) K. BÖHM. 4560

Roger Acher, Jaqueline Chauvet und **Pierre Fromageot,** *Die Anordnung einiger Aminosäuren im Rinder-Vasopressin.* Die Anordnung von *Cystin, Arginin, Glycin, Asparaginsäure, Glutaminsäure, Prolin, Tyrosin* u. *Phenylalanin* im Rinder-Vasopressin wird nach stufenweiser Hydrolyse papierchromatograph. u. elektrophoret. ermittelt. (Biochim. biophysica Acta [Amsterdam] **9.** 471—72. Okt. 1952. Paris, Fac. des sci., Labor. de chim. biol.) H. MATTHIES. 4560

John G. Pierce, Samuel Gordon und **Vincent du Vigneaud,** *Weitere Verteilungsuntersuchungen am oxytocischen Hormon des Hypophysenhinterlappens und Darstellung eines aktiven kristallisierten Flavianats.* 1000stufige CRAIG-Verteilung hochgereinigter *Oxytocin* (I)-Präpp. (ca. 500 E./mg) im Syst. 0,05%ig. Essigsäure–sek. Butanol gab eine einer einzigen Substanz entsprechende Verteilungskurve. Die *Aminosäuren* (II)-Zus. blieb hierbei unverändert (Geh. 470—490 U. S. P.-E./mg). Eine Verteilung zwischen 0,01 mol. NH_3–sek. Butanol hatte das gleiche Ergebnis. Aus I-Präpp. mit 450—500 E./mg wurde ein krist. *Flavianat* (doppeltbrechende, extrem feine Nadeln, F. 190—200°) erhalten, das auf den I-Geh. berechnet Wirksamkeit u. II-Zus. des amorphen I besaß. Präpp. von Schweine-I hatten die gleiche biol. Aktivität u. II-Zus. wie Rinder-I. Aus Schweine-I wurde gleichfalls ein krist. Flavianat vom gleichen Schmelzbereich erhalten. (J. biol. Chemistry **199.** 929—40. Dez. 1952. New York, N. Y., Cornell Univ. Med. Center, Dep. of Biochem.) K. MAIER. 4560

L. Hajdu und **P. Forgács,** *Untersuchungen über den Gehalt des menschlichen Blutes an adrenocorticotropem Hormon (ACTH).* Trotz Verbesserung der Untersuchungsmethoden scheiterten Verss., den *ACTH* (I)-Geh. des menschlichen Blutes zu bestimmen. Entweder verschwindet I überraschend schnell aus dem Kreislauf oder aber der n. Blutspiegel ist so klein, daß er mit den zur Zeit zur Verfügung stehenden Untersuchungsmethoden nicht erfaßt werden kann. (Acta med. Acad. Sci. hung. **6.** 153—60. 1954. Budapest, Nat. Inst. of Rheum. and Balneol., Nat. Inst. for Balneol. Res.) H. P. FIEDLER. 4560

Herman T. Blumenthal, *Beziehung des Alters zum Hormongehalt des menschlichen Hypophysenvorderlappens.* (*Wirkung verschiedener physikalischer und chemischer Stoffe auf thyreotrope, corticotrope und parathyreotrope Hormone.*) Infantilen ♀ Meerschweinchen wurden menschliche Hypophysen (H) implantiert. Ihre Organbefunde ergaben für H nach dem 20. Lebensjahr gleiche thyreotrope u. corticotrope Aktivität. Die Existenz parathyreotroper Hormone wurde nur bei ganz jungen H für möglich gehalten. Die basophilen Zellen scheinen ihre Tätigkeit bis ins Alter beizubehalten. (A. M. A. Arch. Pathol. **57.** 481—94. Juni 1954. St. Louis, Jewish Hosp. u. St. Louis Univ., School of Med.) J. BROSEMANN. 4560

C. A. de Groot und **A. Vlasblom,** *Der Fettgehalt im Körper von ACTH-behandelten normalen Ratten.* Verabreichung von *ACTH* (1 mg/Tag) bewirkt keine Änderung im Fettgeh. des Körpers von Ratten. Versuchs- u. Kontrolltiere wurden völlig gleich ernährt. Die beobachtete vermehrte Fettbldg. nach ACTH-Behandlung bei Menschen beruht also offenbar nicht auf einem Einfl. des *ACTH* auf den Fettstoffwechsel. (Acta physiol. pharmacol. neerl. **3.** 325—30. 1954. Leiden, Univ., Pharmacol. Dep.) U. BAUMANN. 4560

O. Hechter, M. M. Solomon und **E. Caspi,** *Corticosteroidstoffwechsel in der Leber. Untersuchungen an Rattenleberperfusaten.* In Rindercitratblut gelöste *Corticosteroide* werden unter einem Druck von 40—48 mm Hg u. einem Durchfluß von 2,4—4,5 ml/Min./g Gewebe durch isolierte Ratten- oder Kaninchenlebern geleitet u. die Prodd. durch direkte Extraktion mit Ae.–Chlf. isoliert. Die Isolierung aus den Perfusaten durch Adsorption an Tierkohle war unvollständig. Bei der Perfusion von *Cortison* (10 mg/100 ml Blut) werden nach papierchromatograph. Unterss. beim ersten Durchfluß ca. 100 µg/Min./g Gewebe abgebaut, beim erneuten Durchleiten derselben Lsg. noch 15—20 µg/Min./g. Mit *17-Oxycorticosteron, Desoxycorticosteron* u. *17-Oxydesoxycorticosteron* werden ähnliche Ergebnisse erhalten. Mit bekannten Analysenmethoden wird festgestellt, daß dabei als Haupt-Rk. eine Red. der Δ^4-3-Ketogruppierung eintritt, dabei verlieren einige der Prodd. die für Corticoide charakterist. α-Ketolseitenkette. — Kurze Diskussion der physiol. Vorgänge u. der Wirkungen der möglichen Produkte. (Endocrinology **53.** 202—15. Aug. 1953. Shrewsbury, Mass., Worcester Found. for Exp. Biol.) H.-J. KOCH/Berlin. 4561

Eliahu Y. Caspi, Harold Levy und **Oscar M. Hechter,** *Cortisonstoffwechsel in der Leber.* 2. Mitt. *Isolierung gewisser Cortisonstoffwechselprodukte.* (1. vgl. vorst. Ref.) Es wird eine Meth. zur Analyse der bei der Perfusion von *Cortison* (I) durch Leber erhaltenen Prodd. beschrieben. Jeweils 10 Liter Rindercitratblut, enthaltend 1 g I in 50 ml A., werden innerhalb 5—6 Std. durch 10 parallel geschaltete Rattenlebern geleitet u.

Proben von je 7 Litern mit 3mal 14 Litern Äthylacetat extrahiert. Der aus insgesamt 24 Litern Perfusat + Wasch-Fl. (entspricht 2,3 g **I**) erhaltene Extrakt(32,5 g) wird durch Verteilung zwischen Hexan u. 70%ig. CH_3OH u. die methanol. Phase durch Chromatographie (Chr) in Bzl.-Äthylacetat an Silicagel vorgereinigt. Die einzelnen mit Bzl.-Äthylacetat, Äthylacetat u. CH_3OH erhaltenen Eluate werden durch (gegebenenfalls wiederholte) Durchlaufpapierchromatographie (mit Chlf.-Formamid [**a**], Toluol-Propylenglykol [**b**] u. Ligroin-Propylenglykol [**c**]) weiter getrennt. Identifizierung der Flecke mit Tetrazoliumblau (**II**), 2.4-Dinitrophenylhydrazin (**III**) u. ZIMMERMANN-Reagens (**IV**) sowie durch die Infrarotspektren. Mit **a** (24 Std.) wurden 2 Zonen (a_1 u. a_2, beide negativ mit **III**, positiv mit **II**) erhalten. Aus a_1 nach Acetylierung u. erneuter Chr 4 **II**-positive Zonen sowie 1,5 mg *Substanz vom F. 177—178°* u. 1,2 mg *Substanz vom F. 179—180°* (beide negativ mit **II** u. **III**). Aus a_2 120 mg Sirup, dessen 56 mg in Äthylacetat lösl. Anteile nach Acetylierung u. Chr an Silicagel aus dem ersten Haupteluat (12,9 mg) nach Chr mit **c** 4 **II**-positive Zonen gaben, daraus 0,6 mg *Allopregnan-3α.11β.17α.21-tetrol-20-on-3.21-diacetat,* F. 191—194° u. 0,7 mg unbekannte *Verb. vom F. 185—188°*; aus dem zweiten Haupteluat (5,3 mg) 0,6 mg *Δ^4-Pregnen-17α.20β.21-triol-3.11-dion-20.21-diacetat,* F. 250—251° (Äthylacetat-Neohexan; positiv mit **III**, negativ mit **II**). Mit **a** [12 Std., Durchlauf von **a** (24 Std.)] 3 Zonen (a_3, a_4, a_5; stark positiv mit **II**, negativ mit **III**). Aus a_3 nach Acetylierung, Chr u. Dest. bei 10^{-3} mm 2 mg *Nichtsteroide* u. 2 mg Substanz vom $Kp._{10^{-3}}$ 100—150°, daraus 0,6 mg *Allopregnan-3β.11β.17α.21-tetrol-20-on-3.21-diacetat,* F. 210—218° (Äthylacetat-Bzl.). Aus a_4 nach Chr an Silicagel, dann an Papier mit **a** 8,9 mg *Allopregnan-3β.17α.21-triol-11.20-dion,* F. 211—214° (Äthylacetat. *3.21-Diacetat,* F. 197—201°). Aus a_5 nach Behandlung analog a_4, dann Chr an Papier mit **b**, außer Fraktion a_4 20,2 mg amorphe M. (negativ mit **II** u. **III**) u. 2,2 mg *Allopregnan-3α.17α.21-triol-11.20-dion,* F. 208—212° (Äthylacetat-Neohexan. *3.21-Diacetat,* F. 211—214°). Aus dem Durchlauf von **a** (12 Std.) wurden mit **a** (8 Std.) mehrere **III**-positive (mit **II** schwach positive) Zonen, daraus weniger als 1 mg Sirup erhalten. Aus dem Durchlauf von **a** (8 Std.) mit **b** (48 Std.) 2 Zonen (b_1, b_2; positiv mit **II**); b_1 (orangefarben mit **III**) ist wahrscheinlich unverändertes **I**; b_2 (mit **III** gelb) gab bei erneuter Chr mit **b** 2 Zonen, wahrscheinlich *Allopregnan-17α.21-diol-3.11.20-trion* u. *Pregnan-17α.21-diol-3.11.20-trion,* doch reichte die Menge (0,3 bzw. 0,2 mg) nicht zur genauen Identifizierung der beiden Hydrocortisone aus. Aus dem Durchlauf von **b** (48 Std.) mit **c** (96 Std.) 3 **IV**-positive Zonen, aus der am schnellsten wandernden (mit **III** orangefarben) wurden 0,7 mg *Verb. vom F. 208°* (CH_3OH) u. 1,6 mg *Δ^4-Androsten-3.11.17-trion* (*Adrenosteron*), F. 230—231° (CH_3OH) isoliert. Bei einem weiteren analog durchgeführten Perfusionsvers. wurden aus dem Durchlauf von **c** noch 0,2 mg *Δ^4-Pregnen-11β.17α.21-triol-3.20-dion* (*17-Oxycorticosteron*), F. 195—197°, isoliert. — Der mögliche Reaktionsverlauf während der Perfusion wird diskutiert. (Arch. Biochem. Biophysics **45.** 169—82. Juli 1953.) H.-J. KOCH/Berlin. 4561

I. Leslie, *Wirkung von Cortison, Wachstumshormon und Insulin auf embryonales in vitro wachsendes Gewebe.* Für die Verss. wurden Kükenherzexplantate 13 Tage alter Embryonen verwandt. Veränderungen der Zellzahl wurden mit Hilfe des Desoxyribonucleinsäure-P (**I**) bestimmt. *Cortison* (**II**) allein ist ohne Wrkg., *Wachstumshormon* (**III**) gleichfalls. Beide zusammen erhöhen die Zellzahl um 75% gegenüber der Kontrolle mit entsprechender Erhöhung des *Lipoid-P* (**IV**) u. *Ribonucleinsäure-P* (**V**), *Insulin* (**VI**) u. **II** zusammen erzeugen eine Zunahme von **I** u. sogar eine Zunahme von **IV** u. **V** pro Zelle, dagegen erhöht **VI** allein nur **V** signifikant. **VI** u. **III** zusammen ergeben eine Erhöhung der Totalsynth. von **I**, **IV** u. **V**. Alle 3 Hormone zusammen ergeben eine bedeutende Stimulierung des Wachstums. (Biochem. J. **52.** XXI. Dez. 1952. Glasgow, Univ., Dep. of Biochem.) H. J. SCHÜMANN. 4561

C. I. Reed (unter techn. Mitarbeit von **Charles J. Lockwood** und **Heinz Prill**), *Cortisonwirkung auf die positiven Potentiale, die durch Glucosamin und Aminopurine in den Synovialhöhlen von Hunden erzeugt werden.* Neben *Glucosamin* (**I**) wurde *p-Aminobenzoesäure* (**II**), *p-Aminosalicylsäure* (**III**), *Adenin* (**IV**) u. *Guanin* (**V**) untersucht. Alle erzeugen positive Potentiale der gleichen Größenordnung. In Ggw. von Na-Glutamat oder anderen Aminosäuren in der gleichen Konz. werden die durch die Amine erzeugten Potentiale stark herabgesetzt. *Cortison* (**VI**), intramuskulär, red. die durch **I**, **II** oder **III** erhaltenen Potentiale, während erst größere Dosen **VI** die Wrkg. von **IV** u. **V** beeinflussen. Chron. **VI**-Gaben können zum völligen Verlust des Potentials führen. (Amer. J. Physiol. **168.** 820—24. 1/3. 1952. Chicago, Ill., Univ. of Illinois, Chicago Professional Coll., Dep. of Physiol.) H.-J. SCHÜMANN. 4561

L. Chedid und **F. Boyer,** *Wirkung von Cortison auf die Empfindlichkeit der Maus gegenüber einem Bakterienendotoxin.* Injektion von 2 mg *Cortison* (**I**) erhöht die Widerstandsfähigkeit der Maus gegenüber einer tödlichen Dosis von *Salmonella–Endotoxin* (II), wenn II eine Std. später gegeben wird. — Demgegenüber wird durch Injektion von I mehrere Tage vor der II-Gabe die Empfindlichkeit so gesteigert, daß selbst Tiere sterben, die sonst nicht tödliche Dosen von II erhalten. (C. R. Séances Soc. Biol. Filiales **146**. 239—41. Febr. 1952.) H.-J. SCHÜMANN. 4561

F. B. Benjamin und **Theodore Cornbleet**, *Analgetische Wirkungen von Cortison und Hydrocortison.* Vff. untersuchten die analget. Wirkungen von *Cortison* (I), *Hydrocortison* (II), von *Benzylalkohol*, von *Diphenhydramin*, *Chlorprophenpyridamin* (III) u. *Procainhydrochlorid* (IV) gegen Schmerzreize, die durch intradermale Injektionen von Thiamin, Rohleberextrakt u. Histamin ausgelöst wurden. Der unmittelbare analget. Effekt von I u. II war eindeutiger als der der anderen getesteten Substanzen. Zwischen I u. II wurden keine signifikanten Unterschiede gefunden. Für spätanalget. Wirkungen bleiben I u. II hinter IV u. III zurück. Bei der unmittelbaren Hemmung der Hautaufflammung waren die Antihistaminica ebenso wirksam wie I u. II, während IV keinen unmittelbaren Effekt besitzt. Mögliche Erklärungen für diese Ergebnisse werden diskutiert. (A. M. A. Arch. Dermatol. Syphilol. **69**. 688—93. Juni 1954. Chicago, Ill.) K. BÖHM. 4561

Léon Velluz (unter Mitarbeit von **André Petit** und **Jean Mathieu**), *Die Chemie des Cortisons und ihre neueren Entwicklungen.* Zusammenfassender Überblick über die Chemie des *Cortisons*, ihre Teil- u. Totalsynthesen u. Abbaureaktionen. — 131 Literaturangaben. (Bull. Soc. chim. France, Mém. [5] **19**. 1—16. Jan./Febr. 1952.) H. SCHEURLEN. 4561

R. I. S. Bayliss, *Einige Beobachtungen über die Hydrolyse und Extraktion von formaldehydbildenden Corticosteroiden.* Vf. trennte durch Ausschüttelungen mit Chlf.–Ae. bei verschied. p_H u. Hydrolyse der Glucuronide mit HCl oder *β-Glucuronidase* (II) die im *Urin* ausgeschiedenen *Corticosteroide* (I) u. bestimmte in den einzelnen Fraktionen den Anteil der bei der Oxydation mit HJO_4 HCHO liefernden I. Sowohl Säurehydrolyse als auch Spaltung mit II bewirkte Zunahme des HCHO-liefernden I-Anteils. Die Verss. zeigten, daß *Corticosteroide* im Urin ausgeschieden werden 1. als freie Verbb., 2. als chloroform- oder Ae.-lösl. Konjugate, die teilweise mit Säure leicht zu säurelabilen u. -stabilen Verbb. hydrolysiert werden, 3. als ein Konjugat, das bei Zimmertemp. u. p_H 1 langsam hydrolysiert wird u. 4. als ein leicht durch II spaltbares Glucuronid. (Biochem. J. **52**. 63—70. Sept. 1952. New York., N. Y., Columbia Univ., Presbyterian Med. Centre, Dep. of Med.) H. SCHEURLEN. 4561

Sidney H. Ingbar, *Die Wirkung von Cortison auf den Jodstoffwechsel der Schilddrüse und Niere.* Bei hypophysektomierten Ratten wird weder das n. noch das durch *Hypophysenthyrotropin* (I) erhöhte Verhältnis der J-Konzz. von Schilddrüse u. Plasma durch Gaben von *Cortison* (II) verändert. Ebenso beeinflußt II nicht die n. oder durch I erhöhte Schilddrüsenclearance von Plasma-J. Die durch II unabhängig von I-Gaben erhöhte Geschwindigkeit des Verschwindens von ^{131}J aus dem Plasma u. die damit verbundene verminderte Speicherung in der Schilddrüse findet eine genügende Erklärung in der erhöhten Nierenclearance. (Endocrinology **53**. 171—81. Aug. 1953. Washington, D. C., Walter Reed Army Med. Center, Army Med. Serv. Graduate School, Dep. of Biophys.) H.-J. KOCH/Berlin. 4561

A. K. Barua, **D. Chakravarti** und **R. N. Chakravarti**, *Verwendung indischer Dioscorea-Arten für die Darstellung von Cortison.* Nach einer Literaturübersicht über die Darst. von *Cortison* aus *Diosgenin* (I; F. 204—206°, aus A. Nadeln, $[\alpha]_D$ —129°. *Acetat*, F. 194—195°. *Benzoat*, F. 236—237°) wird über eine systemat. Unters. der Gewinnung von I aus den Wurzelknollen (kurze Beschreibung u. photograph. Aufnahmen jeder Art) von 19 ind. *Dioscorea*-Arten berichtet. Bes. hoch war der Geh. in *D. deltoidea* (33,5 [g/100 g getrocknete Wurzel]) u. *D. prazeri* (21,0), weniger hoch in *D. esculenta* (1,7). In anderen untersuchten Arten wurden gar kein Sapogenin bzw. minimale Mengen unreiner Sapogeningemische gefunden. (Indian med. Gaz. **88**. 422—28. Aug. 1953. Calcutta, Bethune Coll. u. School of Trop. Med., Dep. of Chem.) H.-J. KOCH/Berlin. 4561

G. Meyerheim und **H. J. Hübener**, *Der Nachweis relativ großer Mengen 17-Oxycorticosteron (Compound F) im Schwangerenharn.* Zur Identifizierung von Nebennierenrindenhormon (I) wurden diese nach BURTON u. Mitarbeitern (C. **1951**. II. 2206) isoliert u. auf SCHLEICHER & SCHÜLL-Papier Nr. 2043b mit 25% Methanol aufsteigend chromatographiert. *Compound F* (I) wurde durch die Reduktionsprobe mit Triphenyltetrazoliumchlorid, mit der Fluorescenzprobe mit 15%ig. Phosphorsäure, durch das charakterist. UV-Spektr., durch den R_F-Wert in einem nichtpolaren Lösungsm. u. durch die Identität des R_F-Wertes mit dem von I in Methanol charakterisiert. Die I-Flecken wurden auf dem Chromatogramm durch Kontaktphotographie im UV-Licht sichtbar gemacht. — Die I-Ausscheidung war bei 9 Patientinnen im 6.—9. Schwangerschaftsmonat (von n. 10—50 γ) bis auf das 10fache erhöht. (Naturwissenschaften **39.** 482—83. 1952. Frankfurt/M., Inst. für vegetative Physiol.) E. SCHEIBE. 4561

Robert Courrier und **Maurice Marois,** *Beziehungen zwischen Testosteron und Cortison in ihren Wirkungen auf gewisse Receptoren.* Während *DOCA* oder *Cortison* (I) allein am Hahnenkamm, an den Samenblasen u. am Analmuskel der Ratte keinen Einfl. ausüben, kann das nach *Testosteron* (II) übliche Wachstum des Hahnenkamms vorübergehend gehemmt werden, wenn täglich 100 mg I gegeben werden. Geringere Dosen hemmen nicht. Demgegenüber vermag I die Wrkg. des II auf das Wachstum der Samenblasen der kastrierten Ratten nicht zu hemmen. Der Gewichtszuwachs der Analmuskulatur nach II wird durch I wiederum gehemmt. Demnach kann sich der Antagonismus zwischen I u. II nicht auf der Ebene der androgenen Wrkg. abspielen, sondern hängt sicher von der jeweils verschied. biol. u. chem. Qualität jener Receptoren ab. (C. R. hebd. Séances Acad. Sci. **234.** 271—73. 14/1. 1952.) P. G. SCHEURLEN. 4561

G. B. West, *Adrenalin und Noradrenalin.* Sammelref. über *Adrenalin* u. *Noradrenalin,* ihr biol. Vork., biol. Wrkg., Biosynth. u. Stoffwechsel u. anomale Bldg., mit 86 Zitaten. (J. Pharmacy Pharmacol. **7.** 81—98. Febr. 1955. Dundee, Queen's Coll., Dep. of Pharmacol. and Therapeut.) H. GOEBEL. 4561

Marjorie V. Mussett und **Rosalind Pitt-Rivers,** *Die schilddrüsenähnliche Wirkung von Trijodthyroninabkömmlingen.* Die Verbb. *Thyroxin, Trijodthyronin, Tetrabromthyronin, Tribromthyronin, 3.5-Dibrom-3'.5'-dijodthyronin, 3.5-Dibrom-3'-jodthyronin, 3.5-Dijod-3'.5'-dibromthyronin* u. *3.5-Dijod-3'-bromthyronin* wurden auf ihre Wrkg. untersucht. Für die Wrkg. ist eine unsubstituierte Portion (ortho-Stellung zur Phenolgruppe im Thyroninmol.) verantwortlich zu machen, was für die Hypothese spricht, daß *Trijodthyronin* das peripher wirksame Schilddrüsenhormon darstellt. Die geringe Wrkg. von Tetrabrom- u. Tetrachlorthyronin wird mit der Unfähigkeit eines hypothet. Enzyms erklärt, welches dehalogenisierend auf diese Verbb. einwirkt. (Lancet **267.** 1212—13. 11/12. 1954. London, Mill Hill, Nat. Inst. for Med. Res.) WOLFGANG ALBRECHT. 4562

Rulon W. Rawson, *Derzeitiger Stand unserer Kenntnisse über die Schilddrüsenphysiologie auf Grund neuer Untersuchungsmethoden.* Es wird eine kurze Übersicht über die Physiologie der Schilddrüse gegeben. Weitere Erkenntnisse sind zu erwarten durch Isolierung u. Definition des Enzymsyst. in der Schilddrüse, das die Oxydation des J, die Jodierung des *Tyrosins,* die Synth. des *Thyroxins* entweder durch oxydative Kupplung zweier Dijodtyrosinmoll. oder durch direkte Jodierung des *Thyronins,* das proteolyt. Enzym, welches das *Thyroglobulin* hydrolysiert u. die Ausschüttung des Thyroxins in den Kreislauf anregt u. schließlich das Enzym kontrolliert, welches das die Schilddrüse stimulierende Hormon aktiviert. Auch der Wirkungsmechanismus des Thyreoidhormons auf gesundes u. krankes Gewebe muß noch untersucht werden. (Federat. Proc. **13.** 663—71. Juni 1954. New York City, N. Y., Memorial Center for Cancer and allied Diseases.) H. P. FIEDLER. 4562

E. Jacobs und **M. Verbranck,** *Die Wirkung von Nebenschilddrüsenhormon auf die Nieren beim Menschen.* Intravenöse Injektionen von *Nebenschilddrüsenhormon* steigern sofort die Ausscheidung von *Phosphat* im Urin bei n. Patienten u. bei solchen mit einer künstlich erzeugten Phosphatämie. Die Wrkg. beruht außer auf einer erhöhten Filtrationsgeschwindigkeit der Glomeruli auch auf einer herabgesetzten tubulären Rückresorption. (Acta med. scand. **145.** 143—54. 15/4. 1953. Brüssel, Univ., Dep. of Med.) H.-J. KOCH/Berlin. 4563

Genevieve Audy und **Margaret Kerly,** *Der Gehalt des Pankreas verschiedener Tierarten an glykogenolytischem Faktor.* Bei verschied. Tieren wurde der Geh. des Pankreas an glykogenolyt. Faktor untersucht; dabei wurden immer sehr ähnliche Werte erhalten. Es wurden nur geringe Unterschiede zwischen der Aktivität des Pankreasextraktes junger u. alter Tiere gefunden. (Biochem. J. **52.** 77—78. Sept. 1952. London, Univ. Coll., Dep. of Biochem.) H. SCHEURLEN. 4564

Genevieve Audy und **Margaret Kerly,** *Der Gehalt einiger Insulinproben an glykogenolytischem Faktor.* Vff. untersuchten 23 *Insulin*-Präpp. verschied. Herkunft nach 2 Methoden auf ihren Geh. an glykogenolyt. Faktor. Es wurde beobachtet, daß die Menge dieses Faktors in den einzelnen Proben sehr stark variiert u. dieser in einigen überhaupt nicht mehr nachzuweisen war. (Biochem. J. **52.** 70—74. Sept. 1952. London, Univ. Coll., Dep. of Biochem.) H. SCHEURLEN. 4564

W. Rössel, L. Wullen, H. Valentin und **H. Venrath,** *Das Verhalten der Atmung bei gesunden Menschen während der Insulinhypoglykämie.* Vff. untersuchten an gesunden jungen Männern unter Grundumsatzbedingungen mit Hilfe des Spirographen nach

KNIPPING das Verh. von Atmung u. O_2-Aufnahme nach intravenöser Injektion von *Insulin* (15—120 E.). Atemfrequenz u. Atemminutenvol. steigen während der Hypoglykämie an, der O_2-Verbrauch wird gesenkt, es kommt zu Störungen in der Atemrhythmik, die sich deutlich von denen bei Narkose u. akutem O_2-Mangel unterscheiden. Als Ursachen werden neben cerebralen u. reflektor. Einfll. auf das Atemzentrum die Möglichkeit erhöhter Acetylcholinproduktion infolge Fortfalls der hemmenden Wrkg. der Glucose auf die Cholinacetylaseaktivität diskutiert. (Z. klin. Med. **151.** 549—58. 1954. Köln, Univ., Physiol. Inst. u. Med. Klinik.) K. BÖHM. 4564

Floyd C. McIntire, L. W. Roth und Muriel Sproull, *Histaminfreisetzung im Kaninchenblut durch einfache Moleküle, Hemmung und Untersuchungen über die Reaktionsgeschwindigkeit.* 3,6 ml Lsg. der zu prüfenden Verbb. wurde mit 2 ml frischem Kaninchenblut versetzt, 20 Min. bei 37° incubiert, die Zellen abzentrifugiert u. das *Histamin* (I) im Überstehenden bestimmt. *Octadecylamin* (II) bis $0{,}4 \cdot 10^{-4}$ mol. setzte über 50% des Blut-I frei. Gut, jedoch weniger wirksam war *Octadecylmethylamin,* wesentlich weniger *Octadecyldimethylamin* u. *Octadecyltrimethylammoniumion* (III). Mäßig wirksam waren ferner *Hexadecylmethylamin* (30% I-Freisetzung bei $2 \cdot 10^{-4}$ mol.) u. *Dodecylmethylamin.* Dieselbe Wrkg. wie II besaß *N-[n-Hexadecyl]-β-carbomethoxypyridiniumion* (IV). Ersatz der Carbomethoxygruppe durch *Br* oder *Carbamid* bzw. der Hexadecylgruppe durch die Dodecylgruppe red. die I-Freisetzung auf weniger als $^1/_{10}$. Geringe Fähigkeit zur I-Freisetzung in denselben Konzz. (um 10^{-4} bis 10^{-3} mol.) besaßen auch $C_{11}H_{23}COOH < C_{13}H_{27}COOH$ u. wesentlich besser $C_{15}H_{31}COOH \approx C_{17}H_{35}COOH > C_{12}H_{25}OSO_3H > NH_2(CH_2)_{10}NH_2$. Die Wirkungen dieser Verbb. waren mit denen des *Morphins, Codeins, Curare* u. *Epinephrins* vergleichbar. Die I-Freisetzung war nie von Hämolyse begleitet. Die I-Freisetzung durch IV wird durch $C_{18}H_{37}N(CH_3)_2$, III, *Dodecyltrimethylammoniumion, Octyltrimethylammoniumion, N-[n-Hexadecyl]-β-brompyridiniumion* u. vor allem *N-[n-Tetradecyl]-β-chlorpyridiniumion* stark gehemmt. Im allg. hemmen die schwach wirksamen tert. Verbb. bes. die Freisetzung durch II, die schwach wirksamen quarternären Verbb. bes. die Freisetzung durch IV. Die I-Freisetzung durch II vollzieht sich innerhalb 1—2 Min. bei 37°, auch II-Mengen, welche nur wenig I freisetzen, wirken ähnlich schnell. Dies ist ein Hinweis darauf, daß die Freisetzung keine enzymat. Rk. ist, sondern einfach eine Austauschreaktion. (Amer. J. Physiol. **167.** 233—40. 1/10. 1951. North Chicago, Ill., Abbott Labors.) F. JUNG. 4569

I. Went, E. Varga, E. Szücs und O. Fehér, *Eine Analyse der sympathicomimetischen Wirkung des Histamins an isolierten Säugetierherzpräparaten.* Nach *Histamin* (I)-Gaben wird an isolierten Säugetierherzen zunächst eine Abnahme der Herzmuskelleistung beobachtet, die nach wenigen Sek. von einer Steigerung abgelöst wird. Diese zweite sympathicomimet. Wrkg. scheint nach den hier beschriebenen Verss. nicht auf I selbst zurückzuführen zu sein, sondern auf eine von ihm hervorgerufene Ausschüttung eines adrenalinähnlichen Stoffes. Dafür spricht auch, daß die Hemmung von *Atropin* u. *Ergotamin* nicht beeinflußt wird, während die Anregung durch *Ergotamin* völlig aufgehoben wird. In den abfließenden Perfusaten ließ sich ebenfalls eine sympathicomimet. Substanz nachweisen (Prüfung am hypodynamen Froschherzen u. am isolierten Kaninchendarm u. Rattenuterus), die dialysabel ist u. durch Kochen im alkal. Milieu (p_H 8) inaktiviert wird. Es wird vermutet, daß sie mit *Adrenalin* oder *Noradrenalin* ident. ist. (Acta physiol. Acad. Sci. hung. **5.** 121—30. 1954. Debrecen, Med. Univ., Physiol. Inst.) U. BAUMANN. 4569

B. Benacerraf, G. Biozzi und B. N. Halpern, *Die Wirkung von Histamin auf die lokale Fixierung von Antikörpern in der Haut beim Meerschweinchen.* Bei der passiven Anaphylaxie verhält sich die Latenzzeit zwischen der intravenösen Injektion des Antiserums (AK) u. der nachfolgenden intracutanen Injektion des Antigens (AG) umgekehrt proportional zur verabfolgten AK-Menge. Wird das AK intravenös u. unmittelbar danach intracutan *Histamin* (0,05—50 γ; optimal 3 γ) injiziert, so ruft das 2 Std. später intravenös gegebene AG am Ort der Histamininjektion eine lokale Rk. hervor, deren Auftreten eine wesentlich kürzere Latenzzeit erfordert, als bei der AK-Dosierung zu erwarten wäre. Histamin verursacht demnach durch Permeabilitätssteigerung der Capillarwand eine Anreicherung der AK im Gewebe u. eine lokale AK-Fixierung an Gewebezellen. (J. Immunology **73.** 318—21. Nov. 1954. Paris, Hôp. Broussais, Clin. méd. propedeut., u. Centre Nat. de la rech. sci.) E. FISCHOEDER. 4569

D. I. Rafalsson, *Vergleichende Bewertung der Nicotinsäure-, Magnesium-, Calcium- und Lobelinmethode zur Bestimmung der Blutumlaufzeit.* Beim Vgl. der genannten Methoden an Blutspendern ergab sich, daß bei Anwendung von *Nicotinsäure* höhere Werte (im Durchschnitt 19,8 Sek.) als bei $MgSO_4$ (15,4), $CaCl_2$ (15,8) oder *Lobelin* (11,5) erhalten wurden. (Терапевтический Архив [Therap. Arch.] **23.** Nr. 4. 57—62. Juli/Aug.

1951. Leningrad, Wiss. Forschungsinst. für Blutübertrag., Blutspenderabt. u. Therap. Klinik.) F. DU MANS. 4572

Gajdos-Török, H. Bénard, J. Coursaget und **A. Gajdos,** *Ausnutzung des schweren Stickstoffs (^{15}N) bei Untersuchung der in vitro-Synthese der Porphyrine und des Hämoglobins.* Zusatz von *Glykokoll,* das 3% ^{15}N enthält, zu Hühnerblutproben führt innerhalb von 17—22 Std. bei 37° zu einer Aufnahme des ^{15}N in das *Hämoglobin* (I) u. das in den Erythrocyten frei vorkommende *Protoporphyrin* (II). Der nach 20 Std. Incubation neugebildete Blutfarbstoff beträgt ca. 3,6%. Die frei vorkommenden II sind stark vermehrt; sie werden als Zwischenstufen bei der I-Synth. gedeutet u. nicht als Abbauprodd. des Blutfarbstoffes. (C. R. Séances Soc. Biol. Filiales **146.** 1076—78. Juli 1952.) W. SCHELER. 4572

S. Kilpi, *Die Dissoziationskonstanten von Hämoglobin und Hämatin und die Pufferkapazität des Blutes.* Best. der Säure–Basen-Dissoziationskonstanten des *Hämoglobins* (I) u. des *Hämins* (II) bzw. *Hämatins* durch potentiometr. Titration. Titrationskurven zeigen 2 Pufferkapazitätsminima bei p(aH) 5,8 u. 8,7 für I- u. bei 5,51 bzw. 9,13 für II-Lösungen. Die Pufferkapazität des I wird zu ca. 40% durch das II u. außerdem wesentlich durch das *Histidylhistidin* der Globinkomponente bedingt, sie ist für Rinder-I $<$ Pferde-I $<$ Menschen-I. Die Angaben für Gesamtblut stimmen nahezu mit den Daten für I überein. Die Pufferkapazität des Gesamtblutes wird zwischen den Inflexionspunkten hauptsächlich durch I, weniger durch *Kohlen-* u. *Phosphorsäure,* bestimmt. Der Verlauf der Titrationskurve ist beim Rind vom Alter des Tieres unabhängig. Für das Rinder-I werden folgende pK-Werte mit den entsprechenden Säure–Basen-Funktionen des I-Mol. angegeben (n): 3,46 (62); 4,32 (29); 6,71 (16); 7,71 (8); 10,04 (12,5); 10,66 (32); 11,45 (33). (Acta chem. scand. **6.** 475—93. 1952. Helsinki, Univ., Chem. Inst.) W. SCHELER. 4572

K. Dalziel und **J. R. P. O'Brien,** *Die Reaktion von Hämoglobin mit Wasserstoffperoxyd. Hämoglobin* (I) wird in *Dithionat* (II)-Lsg. bei p_H 7,0—9,5 durch H_2O_2 teilweise in *Choleglobin* (III) übergeführt, u. spektrokinet. Messungen zeigen, daß ein unstabiles Zwischenprod. gebildet wird. Für einige Sek. ist das I-Spektr. vollkommen durch ein dreibandiges Spektr. λ_{max} 417, 545 u. 580 mμ von allmählich abnehmender Intensität ersetzt. Die Halbperiode für die Bldg. dieser Verb. nimmt ab mit Zunahme der H_2O_2-Konz.; die Lebensdauer dieser Verb. wird durch Zunahme der H_2O_2-Konz. verlängert u. vermindert durch Zunahme der Pigment- oder II-Konz. oder Katalase. Die quantitative Spektralabsorption u. die kinet. Daten unterscheiden die Verb. von Oxyhämoglobin, *Methämoglobin* (IV) u. IV-H_2O_2. Es wird angenommen, daß sie einen I–H_2O_2-Komplex (V) darstellt. Die Bldg. von III wird als eine Stufe in der progressiven Oxydation von V durch H_2O_2 verstanden, wahrscheinlich durch Angriff auf eine Methinbrücke, gefolgt von der Koordination einer Peroxydgruppe zum Fe-Atom. (Biochem. J. **52.** V—VI. Sept. 1952. Oxford, Univ., Dep. of Biochem., Radcliffe Infirmery.) H. BENISCHKE. 4572

K. Dalziel und **J. R. P. O'Brien,** *Die Reaktion von Methämoglobin mit Wasserstoffperoxyd.* (Vgl. vorst. Ref. u. C. **1955.** 3397.) Die Rk. katalasefreien menschlichen *Methämoglobins* (I) mit H_2O_2 wird bei p_H 6,0—8,5 begleitet von der Bldg. eines unstabilen *I-H_2O_2-Komplexes* mit einem Absorptionsmaximum bei 545 mμ; eine SORET-Bande wurde bei λ_{max} 418 mμ erhalten. Die Extinktionskoeffizienten waren ε_{545} 10,5 u. ε_{418} 105. Mit überschüssigem H_2O_2 war es eine Rk. 1. Ordnung. Die spezif. Reaktionsgeschwindigkeit bei 20° war ca. 0,25 bei p_H 6,0 u. 0,025 bei p_H 8,5. Langsame Zers. des Komplexes war von Protohämatinzerstörung begleitet in einem vom p_H u. H_2O_2-Konz. abhängigen Ausmaß. (Biochem. J. **52.** VI. Sept. 1952.) H. BENISCHKE. 4572

Howard H. Rostorfer, *Aerobe und anaerobe Rückbildung des Methämoglobins in Vogelerythrocyten in vitro.* Unters. der *Methämoglobin* (I)-Rückbldg. (Rb.) in Entenerythrocyten mittels der WARBURG-Methode. I-Bldg. erfordert höhere Nitritkonzz. bzw längere Einwirkungszeit als bei Hundeerythrocyten. Die anaerobe Rb. durch *Milchsäure* (II), *Glucose* (III), Plasma u. II + III verläuft mit fortschreitender Rk. schneller, die aerobe Red. mit konstanter Geschwindigkeit. Die aerobe I-Red. durch III verlief langsamer ($k_1 = 0{,}002$) als anaerob ($k_1 = 0{,}012$ im Mittel). Die k_1-Werte hängen dabei noch von der Initialkonz. des I ab, je höher die I-Konzz., um so kleiner wird k_1. Die Rb. durch II erreichte unter anaeroben wie aeroben Bedingungen gleiche Reaktionsgeschwindigkeiten ($k_1 = 0{,}02$). Die schnellste Red. erfolgte anaerob durch II + III ($k_1 = 0{,}029$ im Mittel). Die I-Rb. durch III konnte mit *Monojodacetat* (IV), die durch II mit *Pyruvat* (V) u. die Red. des I durch Plasma nur gering mit IV, aber stark mit V gehemmt werden. Daraus wird der Schluß gezogen, daß die I-Red. durch Plasma auf Kosten der Plasma-II erfolgt. Bei der Rb. durch II entsteht unter aeroben wie anaeroben Bedingungen *Brenztraubensäure,* ca. 1 Mol pro 2 Äquivalente zurückgebildetes I. Für die

I-Red. durch III liegen die experimentellen Werte tiefer, eine Umrechnung unter gewissen Voraussetzungen macht ein Verhältnis von 1 : 2 gleichfalls wahrscheinlich. Für die Substrate Plasma u. II + III wird dieselbe Beziehung gefunden. (Amer. J. Physiol. **170.** 648—60. Sept. 1952. Bloomington, Ind., Univ., School of Med., Dep. Physiol.) W. SCHELER. 4572

Klaus Betke, *Zur Frage der Hämoglobinfraktionen des Erwachsenenblutes.* Zu 5 cm^3 einer *Hämoglobin* (I)-Lsg. aus Erwachsenenblut wurden 0,1 cm^3 einer 2n NaOH-Lsg. zugegeben u. dann die eintretende Denaturierung nach 20—90 Sek. abgestoppt. Der so vorbehandelte Blutfarbstoff zeigt bei erneuter Alkalidenaturierung keinen Unterschied zu nicht vorbehandeltem. Das Erwachsenen-I besteht somit nicht aus 2 gegen Alkali verschieden empfindlichen Fraktionen. (Naturwissenschaften **39.** 308—09. 1952. Freiburg/Br., Univ., Kinderklinik.) W. SCHELER. 4572

J. F. Garcia, D. C. van Dyke und **N. I. Berlin,** *Beseitigung der Anämie bei Hypophysektomie durch Kobaltgaben.* Bei hypophysektomierten Ratten kann Polycythämie durch Co erzielt werden, während auf Erniedrigung der O_2-Spannung kein Anstieg der Erythrocyten oder der Hb-Werte erfolgt. Die Hypophyse ist also notwendig für die Erythropoese bei O_2-Spannungserniedrigung, hingegen nicht für diejenige, die durch Co erzielt wird. (Proc. Soc. exp. Biol. Med. **80.** 472—74. Juli 1952. Berkeley, Calif., Univ. of California, Donner-Labor. of Med. Phys., u. Inst. of Exp. Biol.) H. MATTHIES. 4573

Vincent S. Bavisotto, Gordon H. Pritham und **Max E. Chilcote,** *Verbesserung eines Reinhämins durch Umkristallisieren.* Roh-*Hämin* zeigte verschied. Absorptionskoeffizienten, die nach 4maligem Umkristallisieren konstant blieben, was auf eine Vergrößerung des Reinheitsgrades zurückzuführen ist u. durch den Fe-Geh. nachgewiesen wurde. (Proc. Soc. exp. Biol. Med. **81.** 280—83. Okt. 1952. Pennsylvania State Coll.) H. MATTHIES. 4573

Virgil L. Koenig und **J. D. Perrings,** *Kritische Untersuchungen an Rinderfibrinogen mittels Ultrazentrifuge und Viscositätsmessungen.* (Vgl. C. **1951.** I. 1029.) Angaben über die Abhängigkeit der Sedimentationskonstanten S_{20} des *Fibrinogens* (I) in 0,2 mol. NaCl oder 0,1 mol. Na_2HPO_4 bei 59733 U/Min. von Temp. u. I-Konzentration. S_{20} ist auch von der Umdrehungszahl abhängig; so wird z. B. S_{20} einer 2%ig. I-Lsg. bei 59733 U/Min. mit 6,16, bei 50773 U/Min. mit 6,45 u. bei 39466 U/Min. mit 6,21 angegeben. Diese Beobachtungen sprechen für eine Asymmetrie des I-Mol., das sich mit steigender Umdrehungszahl stärker ausrichtet. Es folgen Daten über die Viscosität verschieden konz. I-Lsgg. bei 20, 25 u. 30°. Deren Berücksichtigung als Korrektur der üblichen Gleichung für S_{20} wirkt sich günstig aus. (Arch. Biochem. Biophysics **36.** 147—57. März 1952. Los Alamos, N. Mex., Univ., Sci. Labor.) W. SCHELER. 4574

Edna B. Andrews und **Adrian C. Kuyper,** *Die potentiometrische Titration nicht identifizierbarer Serumbestandteile.* Die potentiometr. Titration der nicht näher bestimmbaren Bestandteile eines Serumultrafiltrats bei konstanter Ionenstärke u. Temp. ergibt im p_H-Bereich 3—6, 6—8 u. 8—11 jeweils einen Geh. von 0,2, 0,5 u. 0,6 Millivalent/Liter Serum. (Arch. Biochem. Biophysics **37.** 106—11. Mai 1952. Detroit, Mich., Univ., Wayne Coll. of Med.) H. MATTHIES. 4574

John P. Utz, Frank D. Mann und **Nelson W. Barker,** *Klärung von lipämischem Plasma durch Heparin: Dauer des Effekts und andere Untersuchungen.* Bei Atherosklerotikern hält nach Gaben von 3 bzw. 20 mg *Heparin* (I) die Clearance des nach fettreichen Mahlzeiten entstandenen lipäm. Plasmas weniger als 1 bzw. weniger als 2 Std. an. Bei einer Gabe von 25 mg I gleichzeitig mit der Fettmahlzeit ist der Grad der Lipämie nach 3 Std. gleich dem der Kontrollen. Nach Gaben von 100 mg I/Tag für 3 Tage wird die lipäm. Rk. von Atherosklerotikern annähernd normal. (Proc. Staff Meetings Mayo Clin. **28.** 531—36. 23/9. 1953.) H.-J. KOCH/Berlin. 4574

Hans Hoch und **Alfred Chanutin,** *Wirkungen von Antikoagulantien auf Serum und Plasma. Heparin* (I) u. *Paritol* beeinflussen in niederen, aber schon gerinnungshemmenden Konzz. (25 γ I/ml) die Elektrophorese der Serumproteine nicht. In höheren Konzz. ($\geqq 50\ \gamma$ I/ml) bilden sich Komplexverbb. mit Teilen der α_2- u. β-Globuline u. mit Fibrinogen, deren Wanderungsgeschwindigkeit sich in Abhängigkeit von der I-Konz. ändert. Protamin bewirkt eine Aufhebung mittlerer I-Dosen. Oxalat, Sequestren u. Citrat beeinflussen die Elektrophorese nicht. (J. biol. Chemistry **197.** 503—11. Aug. 1952. Charlottesville, Va., Univ. of Virginia, Med. School, Biochem. Labor.) H. MATTHIES. 4574

D. Quivy und **Ivan Bertrand,** *Über die gemeinsame Wirkung von 2 thrombokinetischen Stoffen: Thrombin und Venin.* Gleichzeitige Anwendung etwa wirkungsgleicher Dosen von *Thrombin* u. *Venin* aus *Bothrops atrox* hat hinsichtlich der Plasmagerinnung eine Summierung der Einzeleffekte zur Folge. Beide Stoffe scheinen unabhängige

Wirkungsmechanismen zu besitzen. (C. R. Séances Soc. Biol. Filiales **146.** 508—11. April 1952.) W. SCHELER. 4574

M. Burstein, *Über die Antithrombinwirkung des Heparins. Die Rolle der Heparinkonzentration.* Es wird die Verlängerung der Gerinnungszeit durch *Heparin* (I) u. deren Abhängigkeit von der I-Konz. untersucht. Es ergibt sich ein Wirkungsmaximum bei einer I-Konz. von 1 : 10000, bei einer Thrombinkonz. von 1 : 1000 bis 1 : 2000. (C. R. Séances Soc. Biol. Filiales **146.** 641—42. Mai 1952. Centre nat. de Transfus. sanguine.) H. MATTHIES. 4574

George J. Jacobs, Eugene P. Cronkite und **Sidney G. White,** *Beobachtungen am Serum-Prothrombin-Accelerator bei Pancytopenie durch Röntgenstrahlen. Serum-Prothrombin-Conversion-Accelerator* (*SPCA*) beschleunigt die Umwandlung von *Prothrombin* (I) in *Thrombin* in einem einstufigen I-System. Es ist ident. mit *Cothromboplastin* u. *Proconvertin.* SPCA liegt im Serum in einer Vorstufe vor u. wird während der Gerinnung in akt. SPCA verwandelt. Bei röntgenbestrahlten Hunden ist die Bldg. von SPCA herabgesetzt, ohne daß ein Mangel der Vorstufe vorliegt. Mechan. oder chem. Mittel führen zu einem übernormalen Anstieg von SPCA, die Synth. von SPCA ist unabhängig vom lymphat. App. u. Knochenmark oder von der Ggw. der Blutplättchen. (Amer. J. Physiol. **170.** 390—95. Aug. 1952 Bethesda, Md., Naval Med. Res. Inst.) H. MATTHIES. 4574

J. J. Ghosh, *Vergleichende Studien über die biologische Verwertbarkeit von Eisen in Reiskörnern, die mit Ferrosulfat, Ferrichlorid und Ferriorthophosphat angereichert wurden.* Reis enthält nur wenig blutbildende Fe-Verbindungen. Vf. stellte Testverss. mit 6 Wochen alten Ratten an, um zu prüfen, welchen Einfl. Beimengungen von Fe-Salzen zu einem Standardreisfutter auf den *Hämoglobin* (I)-Geh. des Blutes haben. Dieses Futter bestand im wesentlichen aus: 80% Reis (gepulvert), 14% Casein, 3% bestimmter Salzmischung, 3% Erdnußöl. Fe-Geh. ca. 0,055 mg/g Futter. Reispulver wurde mit Lsgg. von $FeSO_4$, $FeCl_3$ oder $FePO_4$ behandelt u. dann auf 4% Feuchtigkeit getrocknet. So wurde der Fe-Geh. im Reis etwa verdoppelt. Der I-Geh. der mit $FeCl_3$- u. $FeSO_4$-haltigem Futter ernährten Ratten war in 4 Wochen 3mal so stark angestiegen wie der der n. ernährten Ratten. $FePO_4$ bewirkte einen 2mal so starken Anstieg des I-Gehaltes. (Sci. and Cult. **18.** 340—41. Jan. 1953. Calcutta, Univ., Coll. of Sci. and Technol., Nutr. Res. Unit.) H. BÜTTNER. 4575

Marcus S. Morgan und **Francis J. Pilgrim,** *Anreicherung eines hyperglykämischen Faktors aus dem Harn von Schizophrenen.* Im Harn von Schizophrenen wurde ein Faktor angereichert, der nach intraperitonealer Injektion bei Ratten Blutzuckeranstieg hervorrief. Im Harn von n. Personen fand sich keine meßbare Menge dieses Faktors. Die Anreicherung erfolgte durch A.- u. Ae.-Extraktion des beim Ansäuern des Harns mit Eisessig (p_H 4,5) auftretenden Präcipitats, Wasserextraktion bei p_H 8—10, Ansäuern des Überstehenden auf p_H 3, Entionisierung des abzentrifugierten Präcipitats, Entfärbung der koll. Lsg. mit Aktivkohle u. gegebenenfalls nach vorangegangener Einw. von rohem Trypsin Gewinnung des nichtdialysierbaren Anteils. Es wird vermutet, daß der hyperglykäm. Faktor entweder ein Protein oder fest an ein Protein gebunden ist. (Proc. Soc. exp. Biol. Med. **79.** 106—11. Jan. 1952. Pittsburgh, Pa., Univ., Dep. of Res. in Organ. Chem.) H. G. SCHWEIGER. 4577

R. Lallier, *Animalisierung des Seeigeleis durch Zink und Cadmiumsalze.* Eier von Paracentrotus wurden nach der Befruchtung mit $ZnCl_2$ behandelt. Schon bei Konzz. von 1 : 10^6 kommt es zu einer verstärkten Entw. des Orallappens. Höhere Konzz. hemmen das Entoderm- u. fördern das Ektodermwachstum. Cadmiumsalze wirken ähnlich, aber schwächer. (Exp. Cell Res. **8.** 230—31. Febr. 1955. Paris, Inst. de Biol. physico-chim.) G. GERBER. 4583

S. Bieber, R. F. Nigrelli und **G. H. Hitchings,** *Die Wirkungen von Purin- und Pyrimidinanalogen auf die Entwicklung von Rana pipiens.* Der hemmende Einfl. von 25 Analogen des Purins u. Pyrimidins (*8-Azaadenin, 6-Mercaptopurin, 5-[2'.4'-Dichlorphenoxy]-4-oxy-2-mercaptopyrimidin, 2-Amino-5-[4'-chlorphenoxy]-4-oxypyrimidin, 5-[4'-Chlorphenyl]-2.4-diaminopyrimidin, 5-[4'-Chlorphenyl]-2.4-diamino-6-äthylpyrimidin, 2.4-Diamino-5-[3'.4'-dichlorphenyl]-pyrimidin, 6-Amyl-5-[4'-chlorphenyl]-2.4-diaminopyrimidin, 5-[4'-Chlorphenoxy]-2.4-diaminopyrimidin, 5-[4'-Chlorphenoxy]-2.4-diamino-6-methylpyrimidin, 2.4-Diamino-5-phenoxypyrimidin, 5-[3'.4'-Dichlorphenoxy]-2.4-diaminopyrimidin, 5-Benzyl-2.4-diamino-6-methylpyrimidin, 5-[4'-Chlorbenzyl]-2.4-diamino-6-methylpyrimidin, 2.4-Diamino-5-[4'-nitrobenzyl]-6-methylpyrimidin, 2.4-Diamino-5-[3'.4'-dimethyoxybenzyl]-pyrimidin, 4-Aminopteroylglutaminsäure* (*Aminopterin*), *8-Azaguanin, 5-Nitrouracil, 5-Bromuracil, 5-Oxyuracil, 2.4-Diamino-5.6-dimethylpyrimidin, 2.6-Diaminopurin, Xanthopterin, 2.4-Diamino-6.7-dimethylpteridin*) auf die embryonale

Entw. von Rana pipiens wurde untersucht. (Proc. Soc. exp. Biol. Med. **79**. 430—32. März 1952. New York, N. Y., Univ., Washington Square Coll., Dep. of Biol.)
H.-G. SCHWEIGER. 4583

William A. Phillips und **Clarence P. Berg,** *Die Wirkung der D-Isomeren in synthetischen Gemischen essentieller Aminosäuren auf das Wachstum.* Ratten wurden mit verschied. Gemischen der essentiellen Aminosäuren (5,9 bzw. 2,95% der Gesamtnahrung) als hauptsächlichste N-Quelle gefüttert u. in 36 Tage-Verss. deren Wrkg. auf das Wachstum beobachtet. Dieses wurde etwas verbessert, wenn man von der Gruppe der schlecht invertierbaren Aminosäuren (Valin, Leucin, Isoleucin, Lysin u. Threonin) doppelt soviel DL- als L-Isomere verfütterte. Eine weitere Wachstumszunahme bewirkte eine zusätzliche Gabe von 0,34 g Glycin u. 0,27 g NH_4-Citrat zu 100 g Nahrung. Wird von der Gruppe der Aminosäuren, deren D-Isomeren invertierbar sind (Tryptophan, Methionin, Phenylalanin, Histidin u. Alanin), so viel in DL-Form verfüttert, daß dies nach der Inversion dem 5,9%-Spiegel für die L-Form berechnet entspricht, so ist das Wachstum geringer als bei direkter Verfütterung der L-Form; bei Verss. auf dem 2,95%-Spiegel war es in diesem Falle gleich. Werden nur die D-Formen dieser Gruppe verfüttert, so sinkt das Wachstum auch bei höheren Dosen auf dem 5,9%-Spiegel, während es auf dem 2,95%-Spiegel bei höheren Gaben verbessert wird. Dies wird hauptsächlich durch eine unvollständige oder langsame Umwandlung der D- in die L-Form erklärt. (J. Nutrit. **53**. 481—98. 10/8. 1954. Iowa City, Io., Univ. of Iowa, Biochem. Labor.)
K. GENEST. 4585

W. J. Monson, E. A. Harper, D. A. Benton und **C. A. Elvehjem,** *Die Wirkung des Nahrungsproteinspiegels auf das Wachstum von Küken, die mit einer Saccharose oder Dextrin enthaltenden Nahrung gefüttert wurden.* Zu einer Grunddiät mit 60,2% Saccharose oder Dextrin wurden wechselnde Mengen Casein, Rinderextrakt, Aminosäure- (L-Lysin, DL-Threonin, DL-Tryptophan, DL-Valin, L-Histidin, DL-Methionin) u. Antibioticagemisch (2,5 mg Bacitracin + 10 mg Penicillin/100 g Nahrung) sowie 10% Fibrin oder 10% Weizengluten zugesetzt u. deren Wrkg. auf das Wachstum der Küken beobachtet. Bei 18% Caseinzusatz u. Dextringabe wurde die größte Gewichtszunahme erzielt, die auch annähernd erreicht werden konnte bei Versorgung mit 18% Casein u. Saccharose bei zusätzlicher Gabe des Aminosäuregemisches oder der anderen Proteinquellen oder bei Saccharose u. mehr als 18% Casein. Das Antibioticagemisch erhöhte das Wachstum sowohl bei Saccharose- als auch bei Dextringabe bei 18—25% Casein, wobei die Wrkg. in dextrinhaltiger u. caseinreicher Nahrung geringer war. Bes. ausgeprägt war die Wrkg. des Dextrins bei weiblichen Küken. (J. Nutrit. **53**. 563—73. 10/8. 1954. Madison, Wis., Univ. of Wisconsin, Coll. of Agricult., Dep. of Biochem.)
K. GENEST. 4585

D. E. Becker, S. W. Terrill und **R. A. Notzold,** *Proteinergänzung und die Reaktion des Ferkels auf Antibiotica.* 6 mg *Chlortetracyclin* (I) oder ein Gemisch aus gleichen Teilen I, *Procain-Penicillin* u. *Streptomycin* je lb. Futter erhöhte das Wachstum entwöhnter Ferkel, die mit Mais–Sojabohnenschrot oder Mais–Fischmehl gefüttert wurden. Die Größe der Wachstums-Rk. auf die Antibiotica variierte mit der Proteinergänzung. In Abwesenheit der Antibiotica wurde Mais–Fischmehl-Futter, das 0,1% Tryptophan (II) enthielt, durch Zugabe von 0,05% DL-II signifikant verbessert. — 10 Literaturangaben. (J. Animal Sci. **14**. 492—98. Mai 1955. Illinois Agric. Exp. Stat.)
H. PATZSCH. 4585

R. C. Miller, J. L. Gobble und **L. J. Kuhns,** *Reaktion der Schweine auf eine Beifütterung mit Vitamin B_{12}, Streptomycin und Sulfathalidin.* Das Grundfutter bestand aus Maisschrot, Sojakuchenmehl, Mineralstoffen unter Vitaminergänzung. Hierzu wurden 0,5% *Sulfathalidin* (*Phthalylsulfathiazol*; I) im Vgl. zu *Vitamin B_{12}* (II) u. II + *Streptomycin* (III) gegeben. Die Zunahmen betrugen beim Grundfutter 1,23 lb., bei I 1,48, bei II 1,39 u. bei III 1,52 lb. je Tier u. Tag. Es wurden also bei I die gleichen Zunahmen wie beim Gemisch III erhalten, während die Zufütterung von II allein nicht zum vollen Erfolg führte. (Proc. Soc. exp. Biol. Med. **78**. 168—69. Okt. 1951. Pennsylvania State Coll., Dep. of Agric. and Biol. Chem. and Animal Husbandry.) K. NEHRING. 4585

K. M. Leutski und **S. K. Leutskaja,** *Die Abhängigkeit des Gehaltes an Vitamin A und Carotin im Organismus vom Vorhandensein von Eiweiß in der Nahrung.* Weiße Ratten (♂) erhielten in der Kontrolle Diät mit Zusatz von *Vitamin A* (I) u. 18% *Eiweiß* (II; *Casein*), in Serie 2 nur 3% II, in Serie 3 50% II. Die Serien 4, 5 u. 6 erhielten die gleiche abgestufte Nahrung, jedoch ohne I. Die Kontrolltiere enthielten in der Leber durchschnittlich 99 γ I u. 3,5 γ *Carotin* (III) auf 1 g Gewebe. Bei Serie 2 fiel I bis auf 53 γ, III blieb unverändert. Bei Serie 3 stieg der I-Geh. bis 252 γ, III bis 5,8 γ. Bei I-freier Diät ging I, unabhängig von der zugeführten II-Menge, innerhalb 10—15 Tagen verloren. Der **III**-Geh. ging bei der Kontrolle (18% **II**) auf 2,3 γ zurück, bei 3% **II** auf 2,9 γ, bei 50% **II** auf 4,6 γ. Vff. nehmen an, daß die Umwandlung von **III** in **I** hierbei gestört ist. (Доклады Академии Наук СССР [Ber. Akad. Wiss. UdSSR] **100.** 519—20. 21/1. 1955. Tschernowitz, Univ.) F. DU MANS. 4587

Paul Weiss und **Ruth James**, *Hautmetaplasie in vitro, hervorgerufen durch kurze Einwirkung von Vitamin A.* Nach Trypsinbehandlung suspendierte Zellen einer Hühnerembryoepidermis erleiden auch nach kurzer Einw. (15 Min.) von *Vitamin A* Metaplasie vom squamösen verhornten in einen cuboiden, Schleim absondernden Zustand, wenn sie danach wieder in n. Medium gezüchtet werden. Dieser Befund läßt darauf schließen, daß die kurze Einw. des Vitamins den Differenzierungsmechanismus der Zellen in eine andere Synthesebahn lenkt. (Exp. Cell. Res., Suppl. Nr. 3. **1955.** 381—94. New York, N. Y., Rockefeller Inst. for Med. Res., u. Chicago, Ill., Univ., Dep. of Zool.) A. DILLMANN. 4587

Alfred Froehlich, *Hautveränderungen und Krampfverhütung unter D_2-Hypervitaminose bei jungen Albinoratten.* Bei jungen Albinoratten konnten durch hohe, aber nicht tödliche Gaben von *Vitamin D_2* (**I**) die nach Injektion von *Säurefuchsin* (**II**) auftretenden Krämpfe verhindert werden. Injektion von Theophyllin vor der mit **II** hob die **I**-Wrkg. wieder auf. **I** stellt also die Blut–Gehirn-Schranke her, die zu einer verringerten Gewebedurchlässigkeit führt u. normalerweise bei der jungen Ratte noch fehlt. Ein Schutz gegen die durch Injektion von Galle bewirkten Krämpfe ließ sich mit **I** nur unter gewissen Umständen erreichen. Als Folge der **I**-Hypervitaminose trat Haarausfall, bes. am Kopf u. gelegentlich am Rumpf, auf. Gleichzeitig bildeten sich sogenannte Schädelkappen auf den haarlosen Stellen, die in der Hauptsache aus ausgeschiedenem $Ca_3(PO_4)_2$ bestanden. (Naunyn-Schmiedebergs Arch. exp. Pathol. Pharmakol. **219.** 512—17. 1953. Cincinnati, O., Jewish Hosp.) W. SPITALER. 4587

I. N. Agapkin und **T. G. Plotitzyna**, *Gefäßreaktionen bei tuberkulösem Lupus nach Behandlung mit Vitamin D_2.* In Verss. an 35 Patienten mit tuberkulösem Lupus ließen die Plethysmogramme 2 Typen von Gefäß-Rkk. (auf unbedingte therm. Reize) erkennen: solche mit geringen Schwankungen (überwiegende Hemmungsprozesse) bei 25 Patienten u. solche von wellenförmigem Charakter (Überwiegen der Erregungsprozesse) bei 10 Patienten. Durch Behandlung mit *Vitamin D_2* (50000—100000 E. täglich) in Kombination mit NaBr (1 Eßlöffel der 0,5—1%ig. Lsg. 2—3mal täglich) gelang es, bei der Mehrzahl der Patienten die Gefäß-Rkk. zu normalisieren. (Вестник Венерологии и Дерматологии [Nachr. Venerol. Dermatol.] **1955.** Nr. 5. 18—22. Sept./Okt. Wiss. Forschungs-Inst. für Hauttuberkulose.) E. RENTZ. 4587

Brian Russell, *Behandlung von Lupus vulgaris durch intraläsionale Injektionen von Calciferol. Seine Anwendung in lokalisierten, recurrenten oder refraktären Fällen.* Bericht über 9 Fälle von begrenztem Lupus vulgaris, die durch Injektionen von 100000 bis 600000 I.E. *Vitamin D_2* (**I**) in Abständen von 2—3 Wochen behandelt wurden. In 6 Fällen trat klin. Heilung, in 1 davon nach 13 Monaten ein Rückfall ein, der durch erneute **I**-Therapie geheilt wurde. 2 Fälle wurden weitgehend gebessert, 1 blieb resistent. Neben-Rkk. außer Injektionsschmerzen traten nicht auf. Intraläsionale **I**-Therapie ist indiziert bei lokalisierten, refraktären u. recurrenten Fällen, bei Überempfindlichkeit gegen allg. **I**-Behandlung sowie bei gleichzeitiger Lungentuberkulose, Herz- u. Nierenschäden u. Gravidität. (A. M. A. Arch. Dermatol. Syphilol. **64.** 676—83. Dez. 1951. London, St. Bartholomew's Hosp.) F. KRUSEN. 4587

Robert B. Grainger, Boyd L. O'Dell und **Albert G. Hogan**, *Kongenitale Mißbildungen im Zusammenhang mit Mangel an Riboflavin und Vitamin B_{12}, der Proteinquelle, des Calcium–Phosphor-Verhältnisses und des Skelettphosphorstoffwechsels.* Bei Fütterung von Ratten mit einer Mais–Weizengluten-Nahrung (rachitogen, arm an *Vitamin B_{12}* [**I**], *Riboflavin* [**II**], möglicherweise an Folsäure) traten bei den Jungen häufig Hydrocephalus, Augenschädigungen u. Skelettveränderungen auf. Diese Störungen wurden durch Zusatz der bekannten Vitamine stark vermindert u. bei Zusatz zu einer Nahrung mit Sojaprotein nahezu verhindert. Durch Fehlen von **I** wurden alle diese Schädigungen verursacht, durch Fehlen von **II** wurden die Skelettveränderungen vermehrt, noch stärker durch Fehlen von **I** u. **II**, ebenso auch durch hohes Ca/P-Verhältnis. Die alkal. Phosphatase war in der Tibia von Neugeborenen mit **I**- u. **II**-Mangel vermindert, ebenso das Ausmaß der P-Ablagerung, gemessen nach Anwendung von ^{32}P. Diese Veränderungen scheinen die Ursache für die häufigen Skelettanomalitäten bei **I**- u. **II**-Mangel zu sein. (J. of Nutrit. **54.** 33—48. 10/9. 1954. Columbia, Univ., Dep. of Agric. Chem.) J. SCHWAIBOLD. 4587

William Shive, *B-Vitamine beim Stoffwechsel von C_1-Einheiten.* Ausführliche Literaturbesprechung der Rolle der einzelnen *Vitamine der B-Gruppe* für den Stoffwechsel von C_1-Einheiten u. der entsprechenden Reaktionsmechanismen. (Federat. Proc. **12.** 639—46.

Juni 1953. Austin, Tex., Clayton Found. for Res., u. Univ. of Texas, Dep. of Chem., Biochem. Inst.) H.-J. KOCH/Berlin. 4587

W. Mueller-Hepburn, *Fructobion (Lävulose und Vitamin C) und seine prophylaktischen Anwendungsmöglichkeiten für den Werksarzt unter besonderer Berücksichtigung von Hitzearbeit.* Klin. Betrachtungen. (Zbl. Arbeitsmed. Arbeitsschutz **5.** 91—95. Mai 1955.) H. ZELLER. 4587

Ralph Golden und **Frederick Sargent II,** *Der Durchtritt von Ascorbinsäure durch die Membran menschlicher Erythrocyten.* In vitro ist kein Durchtritt von *Ascorbinsäure* (**I**) durch die Erythrocytenmembran zu beobachten, wenn das Suspensionsmedium 0 bis 4,6 mg% **I** enthält. *Adrenalin* (**II**) u. *Insulin* (**III**) sind ohne Einfluß. Erhöhung der **I**-Konz. auf 4,7—8,28 mg% bewirkt bei gleichzeitiger Anwesenheit von 1 E. **III**/ml ein Ansteigen des intracellulären **I**-Geh. um 150—200%. **II**-Zusatz zeigt widersprechende Ergebnisse. Niedere (8—22) u. hohe (159—218 mm Hg) CO_2-Drucke üben keinen Einfl. auf die **I**-Passage aus. In vivo erfolgt ein Durchtritt von **I** durch die Erythrocytenmembran, wobei der Eintritt wesentlich schneller als der Austritt erfolgt. Vff. nehmen eine intracelluläre Substanz an, an die sich die **I** bindet, die aber nicht mit dem *Ascorbigen* ident. ist. (Arch. Biochem. Biophysics **39.** 138—46. Juli 1952. Urbana, Ill., Univ. of Illinois, Dep. of Physiol.) W. SCHELER. 4587

Jean Fabianek, Joseph Neumann und **Jean Lavollay,** *Zur Kenntnis von Vitamin P. Ascorbinsäure zur Verhinderung der Gefäßbrüchigkeit und der Hämorrhagien während eines Jahres beim Meerschweinchen.* Es wird die Zus. einer rachitogenen Nahrung beschrieben, die frei von Flavonoiden u. Tannoiden ist. Mit dieser Nahrung zeigten Versuchstiere, die täglich zusätzlich 20 mg *Ascorbinsäure* (**I**) erhielten, während 13 Monaten gutes Wachstum, sie blieben frei von Skorbut, wiesen keine Hämorrhagien u. Zahnlockerung auf u. die Widerstandsfähigkeit der Gefäße war im Vgl. zu n. ernährten Tieren nicht merklich verringert. Zur Aufrechterhaltung n. Gefäßbeschaffenheit u. Verhinderung von Gefäßbrüchigkeit ist demnach außer **I** kein weiterer Faktor notwendig. (C. R. hebd. Séances Acad. Sci. **234.** 894—96. 18/2. 1952.) J. SCHWAIBOLD. 4587

Henrik Dam, Inge Prange und **Ebbe Søndergaard,** *Speicherung injizierter massiver Dosen kolloidalen Vitamins K_1 bei Küken nach partieller Blockade des reticuloendothelialen Systems und bei tragenden Ratten.* Injiziert man Küken einen Tag vor intravenöser Gabe einer koll. *Vitamin K_1* (**I**)-Lsg. Tusche, so läßt sich **I** hauptsächlich in der Milz nachweisen, während es sonst vor allem in der Leber abgelagert wird. Insgesamt finden sich nahezu 60% der Gesamtdosis **I** in diesen beiden Organen. Vff. folgern daraus, daß **I** hauptsächlich vom reticuloendothelialen Syst. gespeichert wird. Bei tragenden Ratten konnte **I** weder in der Placenta noch bei den Foeten oder Jungtieren colorimetr. ermittelt werden. (Acta pharmacol. toxicol. [Köbenhavn] **11.** 90—93. 1955. Copenhagen, Polytechn. Inst.) G. RENTSCH. 4587

P. F. Solvonuk, L. B. Jaques, J. E. Leddy, L. W. Trevory, und **J. W. T. Spinks,** *Versuche mit ^{14}C-Menadion (Vitamin K_3).* Als Beitrag zur Kenntnis des Stoffwechsels von Vitamin K wurden Verss. mit *^{14}C-Menadion (2-Methyl-^{14}C-1.4-naphthochinon)*, nach intramuskulärer Zufuhr von 1 u. 0,1 mg bei Mäusen u. von 1 mg/kg Körpergewicht bei cholecystonephrostomierten Hunden durchgeführt. Es wurde gefunden, daß die radioakt. Wirksamkeit rasch von der Stelle der Injektion resorbiert u. im Harn ausgeschieden wird, ohne daß mehr als Spuren im Blut gefunden werden. Eine Ausscheidung von radioakt. CO_2 in der Atemluft fand nicht statt. In keinem der untersuchten Gewebe war eine erhebliche Speicherung feststellbar, eine sehr geringe bei den höchsten Gaben in Leber u. Lunge. Fast die gesamte Ausscheidung, ca. 30% der angeführten radioakt. Wirksamkeit, erschien innerhalb von ca. 3 Std. im Harn. Die Ausscheidung scheint in Form einer einzigen Verb. zu erfolgen, aber nach milder Hydrolyse trat eine zweite Komponente auf, aus der vielleicht die erste spontan hervorgeht. (Proc. Soc. exp. Biol. Med. **79.** 597—604. April 1952. Saskatoon, Saskatikewan, Can., Univ., Deps. of Physiol. and Chem.) J. SCHWAIBOLD. 4587

A. J. Clawson, J. T. Reid, B. E. Sheffy und **J. P. Willman,** *Anwendung von Chromoxyd bei Verdauungsversuchen mit Schweinen.* Die Verdauungskoeffizienten, die aus der Cr_2O_3-Konz. des Futters u. der Faeces berechnet wurden, waren fast übereinstimmend mit denen, die in Tierverss. bestimmt wurden. Die wiedergefundenen Mengen an Cr_2O_3 aus Einzelproben von Faeces, die zu verschied. Zeiten am Tage genommen wurden, waren signifikant unterschiedlich. — Diskussion. (J. Animal Sci. **14.** 700—09. Aug. 1955. Ithaca, N. Y., Cornell Univ., Dep. of Animal Husbandry.) H. PATZSCH. 4594

J. T. Sullivan, *Cellulose und Lignin in Futtergräsern und ihre Verdauungskoeffizienten. Cellulose* (**I**), *Lignin* (**II**), *säurehydrolysierbare KW-stoffe* u. in *A. lösl. Substanzen* (**III**) wurden in 36 Gräsern u. 2 Hülsenfruchtproben bestimmt. Die Faeces von Schafen, die diese Gräser als ausschließliches Futter erhielten, wurden analysiert, um Verdauungskoeffizienten zu berechnen. Die Verdauungskoeffizienten der wahren u. natürlichen I schwankten zwischen 56—89, ebensogroß waren die der Rohfaser. Der **II**-Geh. stand in signifikanter Korrelation zur Verdaulichkeit aller unlösl. KW-stoffe u. der Gesamttrockenmasse. **II** selbst hat einen beachtlichen Verdauungsgrad. Der Geh. an **III** steht mit der verdaulichen Trockenmasse in Korrelation. (J. Animal Sci. **14**. 710—17. Aug. 1955. U. S. Dep. of Agric.) H. PATZSCH. 4594

A. John G. Barnett und **T. B. Miller**, *Berechnung der Proteinverdaulichkeit in Silage.* Vff. entwickeln eine Formel zur Berechnung des verdaulichen Proteins getrockneter Proben von Grassilage aus dem Verhältnis des lösl. N zum Gesamt-N-Gehalt. Es wird die Übereinstimmung der aus den Formeln anderer Autoren errechneten Werte mit den eigenen diskutiert. Fütterungsverss. bestätigen die Richtigkeit der nach der beschriebenen Meth. erhaltenen Resultate. (Nature [London] **167**. 997. 16/6. 1951. Aberdeen, Univ., Div. of Agric. Biochem., Dep. of Biol. Chem.) K. NEHRING. 4594

Lawrence J. Schroeder, Michael Iacobellis und **Arthur H. Smith**, *Verdaulichkeitsversuche in vitro an Modellpeptiden, zusammen mit Glucose erhitzt.* Hinweis darauf, daß MAILLARD-Rk. u. Bräunungs-Rk. 2 voneinander unabhängige Phänomene sind, deren Ablauf von den Milieubedingungen abhängt (p_H, trocken oder feucht). Zur weiteren Aufklärung der Zusammenhänge werden Modellverss. mit definierten Peptiden (Glycyl-L-leucin, Glycyl-DL-valin) u. Glucose durchgeführt. Die Gemische der beiden Partner (Peptid/Glucose = 1/1 bzw. 1/3) werden trocken bzw. im wss. Medium — im letzten Falle ungepuffert bzw. bei p_H 9,7 in Phosphatpuffer — 30 Min. unter 15 lbs. Druck im Autoklaven erhitzt. Das Reaktionsgemisch der Lsg. wird nach Versuchsabschluß mit H_2O auf 50 ml gebracht u. auf Gesamt-N (KJELDAHL) untersucht; ferner papierchromatograph. Prüfung der trocken autoklavierten Gemische. Aus den Ergebnissen (graph. Darst.) wird abgeleitet, daß — im Einklang mit früheren Verss. in vivo — beim Erhitzen der Reaktionspartner Bräunung einsetzt, daß aber die MAILLARD-Rk. nur stattfindet bei trockenem Erhitzen bzw. im alkal. Milieu; im letzten Falle erfährt der Amino-N eine Verminderung u. die enzymat. Hydrolyse der Reaktionsprodd. ist beeinträchtigt. Dies steht im Einklang mit den Resultaten des analog durchgeführten Tiervers. hinsichtlich der beobachteten Herabsetzung des Nähreffektes u. wird auf die Bldg. von chem. Bindungen zurückgeführt, die gegen die fermentative Hydrolyse resistent sind. (J. Nutrit. **55**. 97—104. 10/1. 1955. Detroit, Mich., Wayne Univ., School of Med., Dep. of. Physiol. Chem.) K. TÄUFEL. 4594

W. Hewitt, *Histochemische Untersuchungen über die Fettresorption im Dünndarm der Ratte.* Dünndarmschnitte von Ratten, welche $2^3/_4$ Std. zuvor *Triolein* oral erhalten hatten, wurden histochem. auf Fett untersucht u. festgestellt, daß in den Epithelzellen der Darmschleimhaut, den Zellgrenzen u. zwischen den einzelnen Zellen Lipoidpartikel vorkommen. (Quart. J. microscop. Sci. **95**. 153—57. Juni 1954. Univ. of Liverpool, Dep. of Anatomy.) WOLFGANG ALBRECHT. 4594

John H. Annegers, *Die Funktion des pankreatischen Saftes und der Galle bei der Assimilation der Nahrungstriglyceride. Eine Übersicht.* Bei Verabfolgung von *Triglyceriden* (**I**) zur Nahrung findet bei n. Individuen keine signifikante Vermehrung der fäkalen Lipoid-Exkretion statt. In Abwesenheit von Pankreassaft werden 60% u. in Abwesenheit von Galle ca. 40% der **I** beim Hund assimiliert. (A. M. A. Arch. intern. Med. **93**. 9—22. Jan. 1954. Chicago, Ill., Northwestern Univ., Med. School, Dep. of Physiol.) H. BENISCHKE. 4594

Dwight J. Ingle, James E. Nezamis und **Erving H. Morley**, *Die Wirkung fortdauernder intravenöser Glucoseinfusionen auf die Leistung adrenalektomierter Ratten und die Beziehung zum Flüssigkeitsvolumen.* Adrenalektomierte u. adrenalnephrektomierte Ratten (♀) werden mit Na-Phenobarbital anästhesiert u. der Musculus gastrocnemius durch Heben gereizt. Salzlsgg. mit u. ohne *Glucose* (**I**) werden durch fortgesetzte Injektionen in die Jugularvene appliziert. Bei 20 cm^3 Fl./24 Std. u. Zugabe von 15 mg **I** auf 100 g Ratte pro Std. geht die Leistung zurück. Bei Zunahme der Fl. auf 40 u. 80 cm^3/24 Std. u. bei gleicher Menge **I** steigt die Leistung. (Amer. J. Physiol. **165**. 473—75. 1/5. 1951. Kalamazoo, Mich., Upjohn Comp., Res. Labor.) H. PATZSCH. 4595

Peter Strümpel und **Günther Vogel**, *Tierexperimentelle Untersuchungen zur physiologischen Schwankungsbreite und Regulation der arterio-venösen Blutzuckerdifferenz nach intravenöser Glucosebelastung.* Vff. beschreiben das Verh. der Glykämie u. der arteriell-venösen Blutzuckerdifferenz (a.-v. BZ) an 11 n. (a) u. 5 adrenalektomierten Katzen (b) nach intravenöser *Glucose* (**I**)-Belastung mit 300 mg/kg. In fast allen Verss. wird ein erhöhtes arterielles Ausgangsblutzuckerniveau (ca. 260 mg% gegenüber einem n. Wert von 140 bis 160 mg%) beobachtet. Die a.-v. BZ; die positiv ist, wenn der arterielle Blutzuckerwert den venösen überschreitet, beträgt bei a im Durchschnitt 16 mg%. Sie vergrößert sich nach I-Belastung u. erreicht auf dem Maximum der Glykämie ihren höchsten Wert. Die b-Tiere reagieren in gleicher Weise, vor allem kehren sich die negativen Ausgangsblutzuckerdifferenzen ins Positive um. Diese Erscheinungen sind am deutlichsten, wenn die Ausgangsblutzuckerdifferenz klein ist. Ferner wird mit fallendem Blutzuckerniveau eine Verminderung der Glykämie festgestellt, die zuweilen in eine schwache Hypoglykämie übergehen kann. Die Zeit zwischen I-Injektion u. Auftreten des Minimums der Blutzuckerdifferenz beträgt für a 92, für b 57 Minuten. Zwischen Abstiegssteilheit der Blutzuckerkurve u. Größe der a.-v. BZ bestehen Beziehungen, indem sich eine zu Beginn der Blutzuckersenkung große a.-v. BZ bei Verringerung der Abstiegssteilheit verkleinert. Aus den Befunden geht hervor, daß die Regulation der a.-v. BZ u. der Glykämie durch einen homöostat. Mechanismus geschieht, während hormonale Einfll. erst in zweiter Linie ein Rolle spielen. (Z. ges. inn. Med. Grenzgebiete **9.** 883—88. Sept. 1954. Berlin, Humboldt-Univ., Physiol. Inst. u. Inst. für Veterinärphysiol.) P. FAHRNLAENDER. 4596

Jean Mayer und **Margaret W. Bates**, *Blutzucker und Nahrungsaufnahme bei normalen und hypophysektomierten, alloxanbehandelten Ratten.* Tägliche Injektionen von *Glucose* (**I**), *Fructose* oder *Adrenalin* bewirken Rückgang der Nahrungsaufnahme bei 300 Ratten, auch bei Berücksichtigung des calor. Werts der injizierten Zuckermengen. Insulinhypoglykämie führt zu signifikantem Anstieg der Nahrungsaufnahme. Injektionen von Saccharose u. Fett haben keine solchen Effekte. Hypophysektomierte alloxanbehandelte Ratten zeigen nach intraperitonealen I-Gaben zur Erzeugung einer prolongierten Hyperglykämie beträchtliche Abnahme der Nahrungsaufnahme. Vff. schließen auf eine Regulation der Nahrungsaufnahme durch den Blutzuckerspiegel über hypothalam. oder andere Regulatoren. (Amer. J. Physiol. **168.** 812—19. 1/3. 1952. Boston, Mass., Harvard School of Publ. Health, Dep. of Nutr.) H. MATTHIES. 4596

E. J. Masoro, Arthur I. Cohen und **Sylvia S. Panagos**, *Wirkung der Kälteexposition und des Nahrungsentzuges auf den Acetatstoffwechsel in der Leber.* Vff. geben Ratten eine kohlenhydrathaltige Kost (51 g Dextrose, 25 g Casein, 10 g Pflanzenfett, 5 g Cellulose, 6 g Bierhefe, 3 g Mineralsalzgemisch, 0,04 g Dorschleberölkonzentrat u. 0,01 g α-Tocopherol) u. setzen sie bei 25° (a) u. 0° (b) einer 24std. Hungerperiode aus. An Leberschnittpräpp., die mit 10 mg *Na-$^{14}C_{(1)}$-Acetat* (I) (KREBS-HENSELEIN-Bicarbonatpuffer; 3 Std., 37,5°) incubiert worden sind, wird beobachtet, daß die von a- u. b-Tieren weniger (23 bzw. 11%) I in CO_2 überführen als die von n. (34%). Ferner wird I bei a u. b nicht für die Lipogenese- u. *Cholesterin*-Synth. verwertet u. der Kohlenhydratgeh. in der Leber beträgt nur 0,2%. Applikation von 400 mg% *Glucose* (per os oder zum Substrat) erhöht bei a u. b die CO_2-Bldg. u. Fettsynth. aus I. Daraus geht hervor, daß zur Oxydation von I eine Minimalkonz. an Kohlenhydraten in der Leber vorhanden sein muß. (Amer. J. Physiol. **180.** 341—44. Febr. 1955. Boston, Mass., Tufts Coll. Med. School, Dep. of Physiol.) P. FAHRNLAENDER. 4596

W. Prinz, R. Moch, R. Fahr und **W. Krewitt**, *Beiträge zum Eiweißstoffwechsel des Schweines.* 3. Mitt. (2. vgl. C. **1955.** 4146.) Die während des Eiweißmangels verminderten Albumine werden durch Zulagen von tier. Eiweiß in Form von *Molke*: *Nesmida* (Hydrolysenprod. auf Milcheiweißgrundlage; Fa. NESTLE) erhöht, dagegen die erhöhten α-Globuline des Blutserums gesenkt. Die Erythrocyten- u. Leukocytenzahl, die bei Eiweißmangelkost verringert ist, wird in statist. nicht gesicherter Weise erhöht. Wegen des *Vitamin-B_1* (I)-Mangels in der Mangelkost sinkt der I-Spiegel des Blutes während der Eiweißmangelfütterung ab. Der nach Molkezugabe beobachtete I-Anstieg im Blut wird mit dem natürlichen I-Geh. der Molke erklärt. (Dtsch. tierärztl. Wschr. **62.** 357—62. 1/10. 1955. Hannover, Tierärztl. Hochschule, Physiol. Inst.) H. PATZSCH. 4596

Sidney W. Fox, *Eine Hypothese der durch Citronensäure aktivierten Proteinsynthese.* Vf. hält mehrere Wege der Proteinsynth. für möglich. Für einen davon nimmt er eine aktivierende Wrkg. der *Citronensäure* (I) u. deren Stoffwechselprodd. an. Die hierfür benötigte I kann aus dem Kohlenhydratstoffwechsel geliefert werden. Die Hypothese stützt sich auf die vom Vf. früher beobachtete Aktivierung der papainkatalysierenden Synth. von Acylaminosäureamiden durch Citratpuffer. (Proc. nat. Acad. Sci. USA **37.** 291—93. Mai 1951. Ames, Io., Iowa State Coll., Chem. Labor.) K. NEHRING. 4596

William S. Fones, Herbert A. Sober und **Julius White**, *Die Umwandlung von D-Valin in Glykogen durch die Ratten.* Es wurde die Umwandlung von in den Methylgruppen mit ^{13}C markiertem *D-Valin* (I) in *Glykogen* (**II**) in Rattenverss. untersucht. Beide Isomere von I werden in II umgewandelt, aber die Höhe der Umwandlung betrug bei der D-Form nur 41% von der der L-Form. Im Harn wurden bei der D-Form 31—34% des Isotopen ausgeschieden gegenüber $<$ 2% bei der L-Form. Die Ausnutzung der L-Form ist also etwa doppelt so hoch. (Arch. Biochem. Biophysics **34.** 158—61. Nov. 1951. Bethesda, Md., Nat. Inst. of Health, Nat. Cancer Inst.) K. NEHRING. 4596

Max Biggs und **David Kritchevsky,** *Beobachtungen über die Anwendung von tritiummarkiertem Cholesterin zur Untersuchung des Cholesterinstoffwechsels.* Tritiummarkiertes *Cholesterin* (I) besitzt wegen seiner geringen β-Strahlung den Vorteil, daß die hierdurch bedingten Veränderungen vernachlässigbar klein sind. Vff. verglichen die Stabilität sowohl von T- als auch von ^{14}C-markiertem **I**, indem sie beide Verbb. an ein Kaninchen mit Hypercholesterinämie verfütterten. Wie die anschließende Messung der Radioaktivität des Blutserums zeigte, änderte sich das Verhältnis der Aktivität des T zu dem des ^{14}C nicht. Vor u. nach dem Verfüttern war dieses Verhältnis (im Blutserum) konstant 33 : 1. Dies zeigt, daß sich T-markiertes **I** zu Stoffwechselunterss. genau so gut verwenden läßt, wie ^{14}C-markiertes. (Arch. Biochem. Biophysics **36.** 430—33. April 1952. Berkeley, Calif., Univ. of California, Donner Labor. of Med. Phys. and Radiat. Labor.)
H. SCHEURLEN. 4596

Sanford O. Byers und **Max W. Biggs,** *Cholsäure und Cholesterin: Untersuchungen über die mögliche gegenseitige Umwandlung.* (Vgl. vorst. Ref.) Verss. mit tritiummarkierten *Cholesterin* (I) u. *Cholsäure* (II) (dargestellt in vivo) zeigten, daß bei Ratten die Umwandlung von **I** in **II** möglich ist. Nach intravenöser Gabe von markiertem **II** konnte, obwohl die Konz. von **I** im Blute zunahm, nach Fällung des gesamten Körper-**I** als Digitonid keine T-Aktivität nachgewiesen werden. Es kann also der Weg von **II** nach **I** im Organismus ausgeschlossen werden, zumal die Markierung von **II** mit T durch ihre in vivo-Darst. (Ratten bekamen T-haltiges W.) wohl über das ganze Mol. verteilt wird. (Arch. Biochem. Biophysics **39.** 301—04. Aug. 1952. San Francisco, Calif., Harold Brunn Inst., Mount Zion Hosp., u. Berkeley, Calif., Univ., Donner Labor.) H. SCHEURLEN. 4596

Rolf Blomstrand und **J. A. Rumpf,** *Die Umwandlung von $^{14}C_{(1)}$-Cetylalkohol in Palmitinsäure in der Darmschleimhaut von Ratten.* *$^{14}C_{(1)}$-Cetylalkohol* (I) wurde durch eine Fistel direkt in den Ductus thoracicus von Ratten gebracht u. dort gut resorbiert. Über 50% der resorbierten Aktivität fanden sich in der Lymphe wieder, 15% davon als unveränderter **I**. Der Rest davon war zu Palmitinsäure oxydiert u. lag in Form von Triglyceriden u. Phospholipoiden vor. Diese Oxydation scheint bes. während des Durchtritts der Lipoide durch die Zellen der Darmschleimhaut stattzufinden. (Acta physiol. scand. **32.** 374—83. 1954. Lund, Univ., Physiol. chem. Abt.) A. DILLMANN. 4596

Karl-Bernd Pfennings und **Norbert Schümmelfeder,** *Histochemische Untersuchung an Granulomen einer Lipoidgranulomatose.* (*Hand-Schüller-Christian'sche Krankheit.*) An dem untersuchten Fall einer Lipoidgranulomatose ließen sich in dem Granulationsgewebe der Lunge verschiedenartige Granulome feststellen. Eine Gruppe zeigte stark positive Aldehyd-Rk., ohne daß Fette u. Lipoide nachweisbar waren. Andere ließen eine zentralwärts zunehmende Einlagerung von Fetten u. Lipoiden in verschied. Teilchengröße erkennen. Die zeitliche Reihenfolge der Stapelung ist: Aldehyde, Cholesterinester u. Neutralfette, Lipoide u. freie Fettsäuren. Granulationsgewebe aller Formen durchsetzte Gefäßwände u. füllte Gefäßlichtungen aus, eine Vernarbung der einzelnen Granulome konnte nur peripher beobachtet werden. Vff. betrachten die Lipoidgranulomatose als eine intracelluläre Stoffwechselstörung, bei der die von den Zellen aufgenommenen Fette u. Lipoide nicht abgebaut oder weitergegeben werden können. (Zbl. allg. Pathol. pathol. Anatom. **88.** 95—99. 20/12. 1951. Münster, Univ., Patholog. Inst.) F. KRUSEN. 4596

Paul P. Weinstein und **Willard T. Haskins,** *Der chemische Beweis einer exkretorischen Funktion des sogenannten exkretorischen Systems der filariformen Larven von Nippostrongylus muris.* An der Ausscheidungspore von *Nippostrongylus muris*-Larven bilden sich bei Incubation in wss. Lsgg. von Mono-, Di- u. Trioxybenzolderivv. Verbb., welche zur Chinonbldg. fähig sind, u. in Chinon Präcipitate, welche als polymere Substanzen anzusprechen sind. Ihre Bldg. wird durch Verwendung nichtdest. W. u. $CaCl_2$-Zusatz beschleunigt. In den Präcipitaten fanden sich prim. aliphat. Amine, 1.2-Dicarbonsäuren u. Ammoniumsalze. Papierchromatograph. wurden *Äthylendiamin, Cadaverin, Äthanolamin, Methylamin, Propylamin* u. *Butylamin* nachgewiesen. Es ist anzunehmen, daß die Präcipitatbldg. durch eine Wechselwrkg. von Aminen, bes. Diaminen, u. Chinonen unter Bldg. eines Polymeren zustande kommt. (Exp. Parasitology **4.** 226—43. Mai 1955. Bethesda, Md., U. S. Dep. of Health, Educat., and Welfare, Public Health Serv., Nat. Inst. of Health, Nat. Microbiol. Inst.) WOLFGANG ALBRECHT. 4596

Roy G. Holly, *Untersuchungen über Eisen- und Kobaltstoffwechsel.* Bei 55 n. Schwangeren wurde eine Abnahme des mittleren Hämoglobinspiegels u. Zellvol. sowie des mittleren Serum-Fe-Spiegels u. eine Erhöhung des mittleren Erythrocytenprotoporphyrins festgestellt. Bei 94 längere Zeit mit Fe u. 58 mit *Fe + Co* behandelten Schwangeren waren keine derartigen Veränderungen feststellbar. Durch Behandlung mit Co allein wurde in 20 Fällen keine derartige Wrkg. erzielt. Durch die Co-Behandlung wurden keine tox. Erscheinungen verursacht. In keinem Fall trat eine Schilddrüsenvergrößerung ein. Bei Mäusen wurde durch Co-Behandlung keine Unterdrückung der Schilddrüsenfunktion bewirkt. Bei Ratten wurde durch Co-Behandlung der Hämoglobinspiegel u. der Erythrocytenwert deutlich erhöht, die Schilddrüse aber nicht verändert. Nur bei sehr hohen Co-Gaben trat Nierenschädigung ein. (J. Amer. med. Assoc. **158.** 1349—52. 13/8. 1955. Omaha.) J. SCHWAIBOLD. 4596

M. Rosenzweig und **J. Frei,** *Wahrscheinlicher Ursprung der Kompensation des anorganischen Phosphatspiegels im Serum nach intravenöser Fructosebelastung.* Vff. bestimmen bei 8 an Lebercirrhose erkrankten Patienten den Geh. an *anorgan. Phosphat* (I) im Serum u. Gesamtblut sowie die Konz. an *labilem Phosphat* (II) nach dessen Hydrolyse (n-HCl, 9 Min., 100°) vor u. 10, 30 bzw. 60 Min. nach intravenöser Injektion von 32 g *Fructose* (III) (40%ig. wss. Lsg.). Während bei n. Versuchspersonen 10 Min. nach III-Applikation der I-Abfall im Serum u. Gesamtblut sehr ausgeprägt, u. die Kompensation nach 30—60 Min., bes. im Serum, infolge Phosphorylierung von III durch das Phosphat der Blutbestandteile sehr weitgehend ist, wird bei den Erkrankten unter gleichen Bedingungen nach anfänglichem Absinken des I-Spiegels im Gesamtblut keine Kompensation beobachtet u. der I-Geh. steigt nicht über den vor III-Injektion ermittelten an. Es wird angenommen, daß bei Lebercirrhose die Phosphorylierung von III gestört u. der Austausch von I zwischen den Blutzellen, dem Serum u. den Leberzellen gehemmt ist. Der von *Adenosindi-* u. *-triphosphat* herrührende II-Geh. im Blut zeigt nach parenteraler Zufuhr von III weder bei Kranken noch gesunden Personen bemerkenswerte Veränderungen. II ist daher nicht für die Kompensation des Serum-I verantwortlich. (Schweiz. med. Wschr. **85.** 877—79. 10/9. 1955. Lausanne, Clin. méd. Univ.) P. FAHRNLAENDER. 4596

B. Engfeldt und **R. Zetterström,** *Zum Einbau von radioaktivem Phosphat im Skelett rachitischer Ratten.* Rachit. Ratten wurden 1½—6 Std. nach Injektion von ^{32}P getötet u. ihre Knochen analysiert. Die rasche Aufnahme des Isotops in die mit $(NH_4)_2SO_4$ extrahierbare Fraktion ist die gleiche wie bei n. Tieren, während die spezif. Aktivität im Rückstand viel geringer ist als bei n. oder mit *Vitamin D* behandelten rachit. Tieren. (Acta physiol. scand. **32.** 320—24. 1954. Stockholm, Karolinska Inst., Abt. für physiol. Zellforsch., u. Karolinska Sjukhuset, Pediatric Clin.) A. DILLMANN. 4596

Richard M. Peters und **Albert Roos,** *Die Wirkung einseitiger Stickstoffbeatmung auf die Lungendurchblutung.* Bei 11 narkotisierten Hunden wurde bei geöffnetem Brustraum die Lunge erst beiderseitig mit O_2, dann eine Seite mit O_2 u. die andere mit N_2 beatmet. Bei 8 Tieren wurde der ursprüngliche Blutfluß zur N_2-Lunge um 16—68% verringert. O_2-Sättigung des Blutes der N_2-Lunge betrug 10—50%, die des gemeinsamen arteriellen Blutes 62—96%. (Amer. J. Physiol. **171.** 250—55. Okt. 1952. St. Louis, Mo., Washington Univ., School of Med.) H. MATTHIES. 4596

R. E. Davies und **H. A. Krebs,** *Biochemische Betrachtungen des Transports von Ionen durch Nervengewebe.* (Vgl. DAVIES u. OGSTON, Biochem. J. **46.** [1950.] 324.) Bei Hirnschnitten von Meerschweinchen u. der Retina von Ochsen wurde eine rasche Abgabe von ca. 50% des intracellulären K in das suspendierende Medium beobachtet. In Ggw. von *O_2*, *Glucose* (I) u. *Glutamat* (II) wird das abgegebene K jedoch wieder vollständig resorbiert. *Na* wandert in etwa äquivalenten Mengen entgegengesetzt. Es besteht auch eine annähernde Äquivalenz zwischen K u. II. Nach der Resorption des abgegebenen K bleibt seine Konz. im Gewebe konstant, aber es findet ein dauernder rascher Austausch mit dem K im Medium statt. Dies kann „akt." Resorption u. „passiver" Verlust sein oder eine Austauschdifferenz beider Vorgänge, die II u. die Energie der I-Oxydation benötigen. Durch *Toluol-p-sulfonamid,* einen starken Hemmungsstoff der *Kohlensäureanhydrase,* wird die Geschwindigkeit der K-Resorption vermindert u. die K-Konz. gesenkt. (Biochem. J. **50.** XXV. Febr. 1952. Sheffield, Univ., Dep. of Biochem., Med. Res. Counc., Unit for Res. in Cell Metabol.) J. SCHWAIBOLD. 4598

H. Gastaut, R. Naquet, A. Roger und **M. Badier,** *Irradiierte Reaktion im Kleinhirn auf Lichtreiz bei der Katze unter Cardiazoleinwirkung.* Verss. an der Katze unter Dialnarkose, elektroencephalograph. Registrierung. Vor *Cardiazol* (I)-Gabe lassen sich bei period. Lichtreizung in der vorderen Vierhügelgegend u. der Substantia reticularis des Mesencephalons Rkk. ableiten, dagegen nicht im Kleinhirn. Unter der Wrkg. von 15 bis 20 mg I/kg intravenös nehmen die mesencephalen Potentiale an Intensität zu, sie bleiben jedoch mit den Reizen synchron. Im Cerebellum werden zusätzlich Potentiale großer Amplitude nachweisbar. (C. R. Séances Soc. Biol. Filiales **145.** 916—17. Juni 1951.) F. JUNG. 4598

J. F. Cier, *Chloralose und Reflexaktivität des Rückenmarks.* An Hunden wurde das Halsmark bei C7—C8 durchtrennt. Nach Gabe von 0,2 mg/kg *Atropin* tritt bei solchen Tieren auf zentripetale Reizung des Ischiadicus oder Cruralis Tachycardie u. Blutdrucksteigerung auf. Der Effekt bleibt nach bilateraler Decapsulation erhalten; er muß somit auf einem Reflex in einem Rückenmarksegment beruhen. Bereits sehr geringfügige Mengen *Chloralose* (0,5 cg/kg) reduzieren oder heben den Reflex auf. (C. R. Séances Soc. Biol. Filiales **145.** 1541–42. Okt. 1951.) F. JUNG. 4598

Günther O. Schenck, *Die photochemische Erregung des Sehnerven als eine über O_2-affine, phototrop-isomere Diradikale ablaufende Zwischenreaktionskatalyse.* Vf. fand, daß phototrop-isomere Diradikale die reagierenden Zwischenstoffe der Photo-Rkk. des *Anthracens, Acridins, Acenaphthylens* usw. sowie der Polyene wie *β-Carotin* u. *Vitamin A* sind; er gibt ein Reaktionsschema für diese Rkk. an u. diskutiert die Hypothese, daß Lichtempfänger der Netzhaut im photochem. Primärakt. O_2-affine phototrop-isomere Diradikale bilden, deren Rk. mit O_2 jeweils die erste zur Erregung des Sehnerven führende Dunkel-Rk. ist. Vf. stellt die photochem. Erregung des Sehnerven als Analogon der Photosynth. in den Pflanzen dar. (Z. Elektrochem., Ber. Bunsenges. physik. Chem. **57.** 675–80. 1953. Göttingen, Univ., Organ. Chem. Inst.) M.-L. KLAAR. 4598

Ichijiro Honjo und **Mikita Kato,** *Aufnahme des Radiophosphors durch die Froschretina.* Unterss. mit ^{32}P an der Froschretina: Während Belichtung ohne Wrkg. ist, nehmen Retinae nach Vorbelichtung u. Dunkeladaptation, vor allem die *Protein*-Fraktion, um 30% mehr ^{32}P auf als nur dunkeladaptierte Retinae. Zusammenhang mit *Rhodopsin*-Regeneration wird diskutiert. (Z. vergleich. Physiol. **37.** 169–79. 1955. Osaka, Univ., Biol. Inst. der Naturwissenschaftl. Fakultät.) D. ZEMKE. 4598

O. Kleifeld, O. Hockwin und **P. Arens,** *Gibt es einen Tätigkeitsstoffwechsel der Linse?* Nach galvan. Stromstoß, der zu einer Kontraktion der Linse führt, sinkt der Geh. der Linse an *Milchsäure* u. *Zucker,* während der O_2-Verbrauch steigt, analog den Vorgängen bei der Akkommodation. Unterss. über den Geh. an *Adenosintriphosphat, Vitamin C* u. *Glutathion* verliefen nicht eindeutig. Andere physikal. Reize führten zu stark abweichenden Resultaten. (Graefes Arch. Ophthalmol. verein. Arch. Augenheilkunde **156.** 467–79. 1955. Bonn, Univ., Augenklinik, Inst. für experiment. Ophthalmol.) D. ZEMKE. 4598

Angèle Rapaport, *Untersuchung über den sensoriellen Mechanismus der Aktivität von Natriumglutaminat als „Verbesserer" des Lebensmittelgeschmackes. Natriumglutaminat und geschmackliche Wahrnehmbarkeit.* Beobachtungen an Hand des Schrifttums über die geschmacklichen Wirkungen von *Na-Glutaminat* (I). Es wird die Hypothese experimentell geprüft, die postuliert, daß I das Niveau der geschmacklichen Empfindungsgrenze allg. beeinflußt. Schwellenwertbest. mittels der App. nach HAHN-GÜNTHER unter zeitlicher u. räumlicher Festlegung der gereizten Partie der Zunge bei 3 Versuchspersonen; zugrunde gelegt werden der salzige (NaCl), der süße (Saccharose), der bittere (Chininsulfat) u. der saure (Citronensäure) Geschmack. Es zeigt sich, daß I den Schwellenwert der geprüften 4 Geschmacksarten nicht herabsetzt, daß also die oben erwähnte Hypothese nicht zutrifft; dabei wird offen gelassen, ob andere, nicht geprüfte Zonen der Geschmacksempfindung nicht anders reagieren können. (C. R. Séances Soc. Biol. Filiales **146.** 378–80. März 1952. Paris, Labor. de Physiol. des Sensations.) K. TÄUFEL. 4598

G. Alberti, Vitamine e vitaminizzazione. Roma: Istituto de medicina sociale. 1955. (123 S.) 8°. L. 1100,—.

Robert Nivet, Recherches physico-chimiques et physiopathologiques sur le cholestérol du sérum sanguin. Bordeaux: Impr. de E. Drouillard. 1955. (103 S. m. Abb.) 8°.

H. Thiers, Les Vitamines. Biochimie. Biologie. Emploi thérapeutique. Paris: Masson et Cie. 1955. (626 S.) fr. 4600.—.

E_6. Pharmakologie. Therapie. Toxikologie. Hygiene.

Paul Mandel, Pierre Métais, Charles Gros und **Raymond Voegtlin,** *Verhalten der Nucleinsäuren des Knochenmarks unter dem Einfluß totaler Röntgenbestrahlungen.* Biol. möglichst gleichartige weiße Ratten wurden mit 500 r röntgentotalbestrahlt. Nach 40 Min. bis 21 Tagen wurden die Tiere einzeln getötet, das gesamte Knochenmark aus Tibia u. Femur extrahiert u. sein Geh. an Nucleinsäuren, P, Pentose, Desoxypentose u. Purinbasen nach verschied. Methoden bestimmt. In den ersten 4 Tagen zeigen *Pentosenucleinsäure* (I), *Desoxypentosenucleinsäure* (II) u. *Proteine* (III) starken Abfall (60–80%). Die Kernmasse ist um 70% reduziert. Später steigen die Gehh. an I, II u. III wieder an. Die Ergebnisse werden in Verbindung mit histolog. Befunden diskutiert. (C. R. hebd. Séances Acad. Sci. **233.** 1685–87. 19/12. 1951.) W. REUSSE. 4601

G. Hevesy und **A. Forssberg,** *Der Einfluß einer Röntgenbestrahlung auf die Ausatmung von Kohlendioxyd bei Mäusen.* Vff. haben erwachsene Mäuse mit subletalen Röntgendosen bestrahlt u. die CO_2-Abscheidung in der Atemluft der Tiere ermittelt. Unmittelbar nach der Bestrahlung erhielt ein Teil der Tiere subcutane Injektionen mit *Glucose* (I), deren sämtliche C-Atome durch ^{14}C substituiert waren. Die bestrahlten Tiere gaben ca. 80% CO_2 ab, wenn man diejenige der nichtbestrahlten Tiere zu 100% ansetzt. Messung erfolgte durch Absorption in $Ba(OH)_2$-Lösung. Durch Messung der Aktivität des gewonnenen CO_2 kann außerdem gezeigt werden, daß die Bestrahlung der Tiere speziell eine Herabsetzung der I-Assimilation herbeiführt. (Nature [London] **168.** 692. 20/10. 1951. Stockholm, Univ., Inst. for Res. in Org. Chem. u. Inst. of Radiophys.) W. REUSSE. 4601

H. O. Kunkel und **P. H. Phillips,** *Cholinoxydase und endogene Atmung in Leberhomogenaten von röntgenbestrahlten Ratten.* 6 Std. nach Röntgenbestrahlung (mehr als 200 r) von männlichen ausgewachsenen Ratten war die endogene Atmung von Leberhomogenaten (in 0,039 mol. Phosphatpuffer) gesteigert, während die *Cholinoxydase* (I)-Aktivität der Leber herabgesetzt war. Bei Bestrahlungen mit mehr als 400 r war nach 6 Std. der Abfall der I-Aktivität geringer als in Homogenaten von Kontrolltieren. In der Rattenniere stieg 18 Std. nach Bestrahlung (800 r) die I-Aktivität an u. fiel nach 72 Std. wieder ab. (Arch. Biochem. Biophysics **37.** 366—74. Juni 1952. Madison, Wis., Univ., Coll. of Agric., Dep. of Biochem.) H. G. SCHWEIGER. 4601

Gordon E. Gustafson und **Simon Koletsky,** *Stickstoffwechsel nach Ganzkörperröntgenbestrahlung.* Bei Ratten wurden nach einer Ganzkörperbestrahlung mit Röntgenstrahlen (660 r) die N-Aufnahme u. -Ausscheidung, das Gewicht u. die Wasseraufnahme mehrere Tage lang gemessen. In den ersten 6 Tagen nach der Bestrahlung zeigte sich eine negative N-Bilanz, die um mindestens 30% kleiner war, als die von unbestrahlten Kontrolltieren, die aber die gleiche Futtermenge wie die bestrahlten Tiere erhielten. Die Wasseraufnahme nimmt bei den Versuchstieren am 2. u. 3. Tag stark ab, während sie bei den Kontrolltieren zunimmt. Tiere, die mit 1000 r bestrahlt wurden, zeigen eine weniger negative N-Bilanz, als die mit 660 r bestrahlten Tiere. (Amer. J. Physiol. **171.** 319—24. Nov. 1952. Cleveland, O., Western Res. Univ., School of Med., Inst. of Pathol.)
H. SCHEURLEN. 4601

W. M. Dale und **J. V. Davies,** *Die Freisetzung von Schwefelwasserstoff durch Röntgenbestrahlung aus Cystein und Glutathion. Cystein* (I) gibt bei Röntgenbestrahlung H_2S ab, dessen Menge proportional der Strahlungsdosis ist u. mit steigender I-Konz. bis $10^3\ \gamma/cm^3$ zu-, dann wieder abnimmt. Der optimale p_H-Wert liegt bei 6, die O_2-Konz. ist ohne Einfluß. H_2O_2 in einer Konz., die der bei der Bestrahlung erreichten entspricht, führt nur zur Abgabe von 2%, bei 10facher Konz. von 20% der bei der Bestrahlung entwickelten H_2S-Menge. Bei *Cystin* wird in saurer Lsg. keine H_2S-Abgabe festgestellt, in alkal. Lsg. nur eine sehr geringe. Red. *Glutathion* (II) gibt bei Röntgenbestrahlung ebenfalls H_2S ab, die Menge steigt von p_H 2—6,5, jedoch mit einem Zwischenminimum bei p_H 5,5, bei oxydiertem II erfolgt keine H_2S-Abgabe. Vff. vermuten eine b i o l. Bedeutung der Befunde im Hinblick auf eine mögliche tox. Wrkg. des H_2S. (Biochem. J. **48.** 129—33. Febr. 1951. Manchester, Christie Hosp. u. Holt-Radium-Inst.) R. K. MÜLLER. 4601

Philip O'B. Montgomery und **Shields Warren,** *Zum Mechanismus der akuten Hypotension nach Röntgentotalbestrahlung.* Nach Totalbestrahlung von Ratten (200 kV, 1500 bis 2500 r, Filter: 3 mm Al) wurde deren Rk. untersucht, insoweit sie in Zusammenhang mit der der Bestrahlung folgenden Hypotension (Hy.) steht. Eingehende Unters. des Blutes ergab, daß die Hy. nicht als klin. Schock im gewöhnlichen Sinne zu deuten ist, da sie nicht von äquivalenten Variationen des Blutdruckes u. der Hämatokritwerte begleitet ist. Während die Hy. nach ca. 30 Min. abklingt, dehnen sich die histolog. Degenerationserscheinungen auch später noch weiter aus, so daß auch hier kein unmittelbarer Zusammenhang evident wird. Die die Hy. kräftig beeinflussende Nebennierenrinde zeigt nach der Totalbestrahlung ebenfalls keine histolog. Erscheinungen, die auf einen Zusammenhang zwischen Hy. u. Bestrahlung hinweisen. Vff. glauben demgegenüber, daß die Bestrahlung eine nervöse Depression bewirkt, die ihrerseits die beobachtete Hy. auslöst. (Proc. Soc. exp. Biol. Med. **77.** 803—07. Aug. 1951. Boston, Mass., New England Deaconess Hosp., Cancer Res. Inst.) W. REUSSE. 4601

D. J. Kimeldorf und **D. C. Jones,** *Die Beziehung zwischen Röntgenstrahlendosis und Letalität bei körperlich erschöpften Tieren.* ♂ Ratten erhielten Totalbestrahlungen mit Röntgenstrahlen (250 kVs, 15 mA, Filter: 0,5 mm Cu + 1,0 mm Al, FHA 40 in., Dosisleistung 8,5—25 r/Min.). Ein Teil der Tiere mußte für 2 Wochen vor u. 4 Wochen nach der Bestrahlung 5mal täglich in einem zwischen 15 u. 21° temperierten Wasserbecken bis zur Erschöpfung schwimmen. Diese Tiere zeigten gegenüber nur bestrahlten Kontrollexemplaren eine größere Letalität u. eine größere Zahl von Todesfällen bei geringeren Dosen, wenn die Tiere n a c h der Bestrahlung der körperlichen Beanspruchung unterzogen wurden. Im Mittel war die Letaldosis dann um ca. 28% herabgesetzt. V o r der Bestrahlung angesetzte Schwimmübungen blieben ohne merklichen Einfl. auf die Letalität. (Amer. J. Physiol. **167.** 626—32. 1/12. 1951. San Francisco, Calif., U. S. Naval Radiol. Defense Labor., Div. of Biol. and Med. Sci.) W. REUSSE. 4601

Edith Paterson und **Joyce J. Matthews**, *Die Schutzwirkung von Äthylalkohol gegen Strahlenwirkungen bei Mäusen.* Sechs bis acht Wochen alte Mäuse erhielten Röntgentotalbestrahlungen von 700 r. Ein Teil bekam 80 u. 20 Min. vor der Bestrahlung orale Dosen von je 1 ml einer 10%ig. Lsg. von A. in physiol. Kochsalzlösung. Die mittlere Überlebenszeit betrug ohne A.-Gabe 9 Tage, mit A.-Gabe 12,1 Tage. Wird der A. n a c h der Bestrahlung gegeben, dann bleibt die Überlebenszeit unverändert. Intravenöse Injektionen von 20 mg *Cystein* zeigten einen größeren Einfl. als die genannten A.-Dosen. Die Wrkg. der letzteren ist nach Ansicht der Vff. nicht auf die anästhesierende Wrkg. des A. auf die Tiere zurückzuführen, da andere Anästhetica (*Nembutal, Äthylcarbamat*) keine entsprechende Wrkg. zeigten. (Nature [London] **168.** 1126–27. 29/12. 1951. Manchester, Christie Hosp. u. Holt-Radium-Inst., Dep. of Radiobiol.) W. REUSSE. 4601

Z. M. Bacq und **A. Herve**, *Schutzwirkung von Methylamin gegen Röntgenstrahlenschäden.* Vier bis sechs Monate alte Mäuse erhielten Totalbestrahlungen mit Röntgenstrahlen (250 kV, 18 mA, Filter: 0,25 mm Cu, FHA 50 cm, Feldgröße 150 cm^2, mittlere Dosisleistung 90 r/Min.). Bei einer Gesamtdosis von 700 r starben sämtliche Tiere 5–10 Tage, bei 850 r 4–8 Tage nach der Bestrahlung. Bei intraperitonealer Injektion mit 2 mg *Methylamin* (I) überlebten 73% bei 700 r, bei 850 r überlebten nur noch 7%. Die Tiere mit Injektion starben durchschnittlich später als die nichtinjizierten Tiere. Die Schutzwrkg. des I tritt nur dann auf, wenn es bei der Bestrahlung bereits im Körper des Tieres vorhanden ist. (Nature [London] **168.** 1126. 29/12. 1951. Liège, Univ., Labor. de Pathol. gén. u. Labor. de Radiothérapie, Centre Nat. de Rech. sur le Croissance norm. et pathol.) W. REUSSE. 4601

Kenneth W. Taber, *Corticotropin (ACTH) als Gegenmittel gegen das akute Bestrahlungssyndrom.* Zur Rückbldg. von Bestrahlungssyndromen nach therapeut. Bestrahlung von bösartigen Geschwülsten verschied. Art gibt Vf. täglich oder 3mal wöchentlich intramuskulär 5 I.E. *Corticotropin (ACTH,* I). Beobachtung von 416 Fällen sowie Befunde anderer Autoren lassen gute Erfolge erkennen. Bei I-Behandlung kann daher mit höheren Dosen bestrahlt werden. Contraindikationen sind Tuberkulose, chron. Arthritis, CUSHING-Syndrom, Hypertension, Diabetes mellitus u. Herzfehler. — 34 Literaturangaben. (Amer. J. Roentgenol., Radium Therapy Nuclear Med. **73.** 259–64. Febr. 1955. Elkins, West Virginia, Mem. Gen. Hosp., Golden Clinic.) W. REUSSE. 4601

William C. Strittmatter, *50%iges Urokon-Natrium als intravenöses Kontrastmittel für die Urographie. Eine Untersuchung über 250 Fälle.* Vf. berichtet über 250 intravenöse Urogramme, die mit einer 50%ig. Lsg. von *Urokon* (*Na-3-acetylamino-2.4.6-trijodbenzoat,* I) als Kontrastmittel aufgenommen wurden. Bei guter Kontrastbldg. zeigt I in ca. 50% der Fälle ungünstige Nachwirkungen bei den Patienten. Vf. hat daher I zugunsten von *Hypaque* abgesetzt, das bei gleicher Kontrastbldg. nur in ca. 10% der Fälle Nachwirkungen zeigt. (Cleveland clin. Quart. **22.** 157–60. Okt. 1955. Dep. of Roentgenology.) W. REUSSE. 4601

Dorothy Neuhaus, Adam A. Christman und **Howard B. Lewis**, *Der Wert verschiedener organischer Jodverbindungen als Röntgenkontrastmedien.* Die folgenden J-haltigen Verbb., die als Kontrastmedien in der Röntgenologie verwendet werden, wurden an Hunden erprobt (Zahlen in Klammern = prozentualer J-Geh.): 1. *3-Formylamino-2.4.6-trijodobenzoesäure* (70%), 2. *3-Acetylamino-2.4.6-trijodobenzoesäure [Urokon]* (68,4%), 3. *3-Propionylamino-2.4.6-trijodobenzoesäure* (66,7%), 4. *3-Butyrylamino-2.4.6-trijodobenzoesäure* (65,1%), 5. *3-Caproylamino-2.4.6-trijodobenzoesäure* (62,1%), 6. *N-[3-Amino-2.4.6-trijodobenzoyl]-ε-amino-n-capronsäure* (61,7%), 7. *2-[4-Oxy-3.5-dijodbenzyl]-benzoesäure* (52,9) u. 8. *α-Phenyl-β-[4-oxy-3.5-dijodphenyl]-propionsäure [Priodax]* (51,5%). Nach oraler Applikation ergaben nur 6 u. 7 ausreichende Sichtbarkeit der Gallenblase u. der Gallenwege bis zu 16 Std. nach der Fütterung. Substanz 6 zeigte die höchste Konz. in der Leber; in der Niere fanden sich 1, 2, 3 u. 4 kurz nach der Applikation in größerer Dosis, nach 3 Std. war der Geh. der Niere fast völlig verschwunden. Die Abscheidung der Substanzen durch die Nieren nahm mit wachsender Länge der Acylgruppen ab. Weitere Unterss. über den Geh. des Blutes an *J* sowie über den zeitlichen Verlauf der Änderungen des J-Geh. in Leber u. Niere werden mitgeteilt. (Proc. Soc. exp. Biol. Med. **78.** 313–17. Okt. 1951. Ann Arbor, Mich., Univ. of Michigan, Dep. of biol. Chem.) W. REUSSE. 4601

H. E. Johns, L. M. Bates, E. R. Epp, D. V. Cormack, S. O. Fedoruk, A. Morrison, W. R. Dixon und **C. Garrett**, *1000 Curie ^{60}Co-Bestrahlungseinheiten für therapeutische Zwecke.* Vff. beschreiben zwei für therapeut. Arbeiten entwickelte Anordnungen für die Applikation der Strahlung von ^{60}Co. Die beiden Strahlenquellen sind 0,5 in. stark u. haben einen Durchmesser von 1 in. Sie befinden sich in Bleikammern mit entsprechenden Blendenöffnungen für die Begrenzung des Strahles. Jede Einheit ist leicht beweglich u.

rotierbar montiert. Durch geeignete Vorsatztuben läßt sich das Behandlungsfeld u. der Abstand Patient—Strahlenquelle fixieren. Vgl. der Isodosenkurven an einem Wasserphantom mit denjenigen der Röntgenstrahlung eines VAN DE GRAAF-Generators ergab eine deutlich bessere relative Tiefenwrkg. gegenüber einer 2 MeV-Strahlung u. eine eben nachweisbare Erhöhung gegenüber der 3 MeV-Strahlung. Die schädliche Strahlendosis außerhalb des Behandlungskonus betrug 5 mr/Stunde. (Nature [London] **168.** 1035—36. 15/12. 1851. Saskatoon, Univ. of Saskatchewan, Cancer Comm. and Phys. Dep.; Ottawa, Nat. Res. Council, Phys. Div., Radiol. Labor.) W. REUSSE. 4601

Brownell Wheeler, Marvin A. Jackson und **Paul F. Hahn,** *Blutbildveränderungen bei Hunden nach intravenöser Injektion von radioaktivem kolloidalem Gold.* 14 Hunden wurde intravenös 1 mC/kg Körpergewicht radioakt. koll. ^{198}Au (I) injiziert (Halbwertszeit des I 2,7 Tage). Die injizierte Menge entspricht den therapeut. Dosen. Die Meth. der Unterss. wird beschrieben. Bei allen Tieren trat eine Leukocytenverminderung ein, jedoch nur bei einem Tier eine Leukopenie. Die Senkungsgeschwindigkeit nahm zu, wenn auch nicht im gleichen Maße wie die Leukocyten abnahmen. Im Laufe der folgenden Wochen gingen Hämoglobin u. Hämatokritwert zurück. Schwerere Leberschädigungen waren nicht nachweisbar, bei einigen Hunden zeigten sich allerdings leichte Parenchymschäden. Die Unterss. ergaben die relativ gute Verträglichkeit des I in zur Behandlung von Leukämien u. Carcinomen üblicher Dosierung bei gesunden Hunden. Im Hinblick auf die Leber- u. Blutbildveränderungen besteht jedoch bei der therapeut. Verwendung des I beim Menschen eine unmittelbare — wenn auch nur geringe — Gefahr. (Amer. J. Physiol. **166.** 323—27. 1/8. 1951. Nashville, Tenn., Meharry Med. Coll., Cancer Res. Labor.) U. BALZER. 4601

E. Alexander, *Thorium-B-markierte Erythrocyten. Th B* wird im Blut zu 98% von den Erythrocyten aufgenommen. *ThC* u. *RaE* zeigen annähernd gleiche Verteilung zwischen Erythrocyten u. Plasma. *Markiertes Pb* wird zu 84% von den Erythrocyten aufgenommen. (Ark. Kemi **4.** Nr. 23. 363—68. 1952. Stockholm, Univ., Inst. for organ. and Biochem.) H. MATTHIES. 4606

Guillaume Valette und **Charles Combescot,** *Beruht die biologische Wirksamkeit des Kaliums auf seiner Radioaktivität?* Eine *Tyrode*-Lsg. (I), welche nur soviel K^+ als ^{42}K enthält, daß die Radioaktivität einer n. I erreicht wird, verhält sich gegenüber isolierten Organen wie eine K^+-freie I. Wird soviel ^{42}K zugefügt, daß die Lsg. einen prakt. n. K^+-Geh. hat, so zeigt sie die n. physiol. Wirkungen; diese haben somit mit der Radioaktivität nichts zu tun. (C. R. Séances Soc. Biol. Filiales **145.** 1625—27. Nov. 1951.) F. JUNG. 4606

F. W. Klemperer, A. P. Martin und **R. E. Liddy,** *Das Schicksal von Berylliumverbindungen in der Ratte.* Auf teilweise widersprechende Befunde verschied. Autoren über die Speicherung von *Be* im Organismus wird hingewiesen. In den vorliegenden Verss. mit Injektion von reinen ^{7}*Be-Verbb.* wurde festgestellt, daß Be als Citratkomplex u. in ionisierter Lsg. zugeführt zur Hälfte ausgeschieden, zur anderen Hälfte in den Knochen gespeichert wird. Dagegen wird koll. Be [neutrale $BeCl_2$-Lsg. oder $Be(OH)_2$] überwiegend in der Leber abgelagert. In den Knochen wird das Be lange zurückgehalten, in der Leber rascher wieder mobilisiert u. teils ausgeschieden, teils in die Knochen übergeführt. (Arch. Biochem. Biophysics **41.** 148—52. Nov. 1952. Trudeau, N. Y., Trudeau Found. for the Clin. and Exp. Study of Pulmon. Disease.) J. SCHWAIBOLD. 4606

S. F. Scheidy, P. W. Wilcox und **Alan A. Creamer,** *Arsenrückstand in Geweben des Schweines nach oraler Verfütterung.* Bei jungen gesunden Schweinen riefen Gaben von 2,0 *Sulfathalidin* u. *Phthalylsulfathiazol* u. 52 mg *As*/30 lbs. Körpergewicht u. auch die doppelte Menge, täglich eine Woche lang gegeben, keine Vergiftungserscheinungen hervor. In Proben von Blut, Fett, Muskel, Magen, Dünn- u. Dickdarm, Leber (L), Niere (N), Haut, Pankreas, Mark, Galle (G), Herz, Borsten (B), Milz u. Füßen (F) wurde der As-Geh. als As_2O_3 bestimmt, der zwischen 0,01—5,3 p.p.m. betrug u. in B, L, G, N u. F am höchsten war. (J. Amer. veterin. med. Assoc. **123.** 341—42. Okt. 1953. Philadelphia, Pa.) K. BÖHM. 4606

M. Weatherall, *Das Schicksal von intravenös verabreichtem Koproporphyrin III in normalen und mit Blei behandelten Kaninchen.* Das bei mit Pb-Salzen vorbehandelten Kaninchen im Urin auftretende *Koproporphyrin III* (I) wird mindestens zur Hälfte als Vorstufe durch die Niere ausgeschieden u. diese sek. in I umgewandelt. Intravenös verabreichtes I wird durch die Leber sowohl bei n. als auch bei Pb-vergifteten Tieren innerhalb von 4 Std. zu 35—75% ausgeschieden, es erfolgt jedoch keine zusätzliche Ausscheidung im Urin. Die durch Pb bewirkte Stoffwechselstörung findet ihren Ausdruck in einer Überproduktion bzw. einem Utilisationsmangel der I-Vorstufe, nicht aber des I selber. (Biochem. J. **52.** 683—90. Dez. 1952. London, Hosp. Med. Coll., Dep. Pharmacol.) W. SCHELER. 4606

D. Cordier und **G. Dessaux**, *Einfluß der Inhalation hoher CO_2-Konzentrationen auf den Glykogengehalt des Herzens.* Am Rattenherz wurde ein n. Geh. von 397 mg/100 g Frischgewebe *Glykogen* (I) festgestellt. Bei Anoxie (reines N_2) ist im Augenblick des Todes der Geh. auf ca. 50 mg/100 g red., bei Atmung reinen CO_2 dagegen bleiben 359 mg I/100 g erhalten. Atmung von 50% CO_2 u. 50% N_2 ergibt 182 u. Atmung von 80% CO_2 u. 20% N_2 bzw. auch 80% CO_2 u. 20% O_2 ca. 290 mg I /100 g. CO_2 vermag somit die in Anoxie eintretende Glykogenolyse zu bremsen. (C. R. Séances Soc. Biol. Filiales **145.** 1542—46. Okt. 1951.) F. JUNG. 4606

E. B. Brown jr. und **Fletcher Miller**, *Kohlendioxydtoleranz des Hundeherzens.* Bei Anstieg der CO_2-Konz. während 60—90 Min. ertragen 5 von 7 Hunden 90% CO_2 in der Atemluft, ehe der Blutdruck auf 0 sinkt. Der Abfall beginnt bei 50—70%. Die P—R-Strecke wird vergrößert. (Amer. J. Physiol. **170.** 550—54. Sept. 1952. Minneapolis, Univ. of Minnesota, Dep. of Physiol.) H. MATTHIES. 4607

S. Bettini und **M. Boccacci**, *Toxische Wirkung der Jod- und Chloressigsäure auf Insekten. Hemmung der Triosephosphatdehydrogenase. J-* u. *Cl-Essigsäure* zeigten gegenüber Periplaneta americana u. Musca domestica insekticide Wrkg., die auf dem Weg einer Hemmung der *Triosephosphatdehydrogenase* (I) zustande kommt. Die Aktivität der I ist bei beiden Insektenarten gleich groß. (Riv. Parassitol. **16.** 13—29. Jan. 1955. Roma, Ist. Sup. di Sanità.) P. G. SCHEURLEN. 4607

S. Bettini, M. Boccacci und **C. Rossi**, *Das Schicksal von mit ^{14}C markierter, eingeimpfter Bromessigsäure in Periplaneta americana.* Vff. injizieren Periplaneta americana *^{14}C-Bromessigsäure* (2 C) u. messen die Radioaktivität der verschied. Organe u. Gewebe. Diese nimmt nach der Injektion im Blut rasch zu u. ist nach 50 Min. gleich Null, während die der Organe der injizierten Menge proportional ist, außer dem Grimmdarm u. dem Tubus malpighiani, wo zur Sättigung eine kleine Dosis genügt. Die Radioaktivität des Muskelgewebes ist gering, höher da, wo Bernsteinsäuredehydrogenase vorhanden ist. Papierelektrophoret. zeigt ein deproteinisierter Extrakt 5 elektronegative u. 2 elektropositive Komponenten. (Riv. Parassitol. **16.** 103—12. April 1955.) E. VEVERA. 4607

Raoul Lecoq, *Veränderung des Gehaltes an Brenztraubensäure und Acetaldehyd im Blut unter dem Einfluß von Alkohol.* Einmalige hohe A.-Gabe nach Tetraäthylthiuramdisulfid beim Kaninchen sowie die wiederholte Einw. von A. bei chron. Alkoholikern zeigten einen gleichlaufenden Anstieg des Acetaldehyd- u. Brenztraubensäuregeh. des Blutes. Da letztere sich toxischer als Acetaldehyd erweist, so werden zum großen Teil die Erscheinungen der Alkoholvergiftungen auf sie zurückzuführen sein. (C. R. Séances Soc. Biol. Filiales **145.** 1603—06. Nov. 1951. Saint Germain en Laye, Labor. de l'Hôp.) D. ITZEROTT. 4607

Denyse Kohler. *Wirkungsvergleich einiger isosterer Amine, deren —CH_2-Gruppierung durch O ersetzt ist, am isolierten Dünndarm.* Am isolierten Rattendünndarm wurden *Diäthylvalerylamin* (*JL 1047*, **I**) u. *Diäthylheptylamin* (*JL 1046*, **II**) mit *1-Äthoxy-2-dimethylaminoäthan* (*JL 417*, **III**) u. *1-Butoxy-2-dimethylaminoäthan* (*JL 424*, **IV**) verglichen. **III** u. **IV** bewirken in Dosen um 1—10 mg/40 ml eine Tonussteigerung u. bei höheren Dosen schließlich Spasmus. **II** u. **III** bewirken ebenfalls eine Tonusvermehrung, welche aber einen geringeren Umfang besitzt u. schneller reversibel ist. **III** u. **IV** vermehren die *Adrenalin*-Wrkg. am Darm, erst in hohen Dosen hemmen sie dieselbe etwas; **I** u. **II** wirken in hohen u. mittleren Dosen hemmend u. nur in kleinsten Dosen leicht sensibilisierend. Ebenso verhalten sie sich gegenüber dem *Acetylcholin*, indem wiederum bei den O-haltigen Stoffen die Hemmwrkg. weit mehr zurücktritt. (C. R. Séances Soc. Biol. Filiales **145.** 997—99. Juli 1951.) F. JUNG. 4607

J. Leonard Brandt, Anthony Caccese und **Victor Ginsberg**, *Wirkungen des modifizierten menschlichen Globins beim normalen Menschen.* Bei 6 Rekonvaleszenten ohne Nierenerkrankungen werden die Wirkungen langsamer u. relativ schneller Infusionen von modifiziertem menschlichem Globin (Hersteller: SHARP u. DOHME, Glenolden, Pa.) untersucht. Es wird keine signifikante Vermehrung der Harnflut gegenüber Kontrollen beobachtet, dagegen ein leichter Anstieg der Na-Ausscheidung. Keine Verminderung der Blutsenkungsgeschwindigkeit u. Agglutinabilität der roten Blutkörperchen. (Proc. Soc. exp. Biol. Med. **77.** 108—10. Mai 1951. Brooklyn, N. Y., State Univ. of New York, Coll. of Med., and Kings County Hosp., Dep. of Med.) H. PATZSCH. 4607

F. Herr, J. Borsi, Gy. Oláh und **A. Pavláth**, *Fluorurethane.* Aus Toxizitätsbestimmungen von *Fluorurethanen* (I) an Ratten u. Mäusen ergab sich eine Latenzzeit von 2—3 Tagen; Unterss. am Blutdruck der Katze, am isolierten Froschherzen u. am Kaninchendarm ließen keine pharmakol. Wrkg. der I erkennen. Es wird gefolgert, daß die I selbst nicht tox. sind, daß vielmehr im Organismus durch Esterasen Fluoräthanol gebildet u. dieses dann zu tox. wirkender Fluoressigsäure oxydiert wird. Dafür spricht auch, daß Ratten nach Inaktivieren der Esterasen die letale Dosis überlebten. (Acta physiol. Acad. Sci. hung. **6.** Suppl. 20. Kongr. ung. physiol. Ges. Budapest, 105—06. **1954.** Budapest, Med. Univ., Pharmakol. Inst. u. Organ.-Chem. Inst. der Ungar. Akad. der Wiss.) H. ENDRASS. 4607

D. Cordier und **G. Cordier,** *Wirkungsweise des Yperits auf das Cardiovascularsystem. Wirkungen von chemisch dem Yperit nahestehenden Verbindungen. Dichlormethylsulfid,* 35 mg/kg intravenös, bewirkt am Hund einen laufenden Blutdruckabfall, welcher von keiner Herzverlangsamung oder Erregbarkeitsänderung des Vagus begleitet ist. Nervöse Störungen oder erhebliche Speichelsekretion bewirkt es nicht. 100 mg/kg sind schnell tödlich. *1.2-Di-[β-chloräthylthio]-äthan,* 10—15 mg/kg, bewirkt am Hund eine kurz dauernde intensive Blutdrucksenkung, doch wird der Ausgangsdruck nicht wieder erreicht. Es folgt ein langsamer Blutdruckabfall, welcher schließlich mit dem Tod des Tieres endet. Die Erregbarkeit des peripheren Vagusstumpfes ist zunächst ausgesprochen, später aufgehoben. Herzverlangsamung führt es nicht herbei. *Atropin*-Wirkungen gegenüber *Acetylcholin* sind in keiner Phase der Vergiftung nachweisbar. *Allylisothiocyanat,* 1500 mg/kg intrapertioneal an Kaninchen, führt zu keinen Veränderungen der Vaguserregbarkeit. Die geprüften Stoffe unterscheiden sich somit im Fehlen der *Atropin*-Wrkg. wesentlich vom *Yperit.* (C. R. Séances Soc. Biol. Filiales **145.** 1310—14. Sept. 1951.) F. JUNG. 4607

M. J. H. Smith, *Über die Salicylatwirkung auf die durch Cortison hervorgerufene Glucosurie und Hyperglykämie bei der normalen Ratte.* An n. mit kohlenhydratreichem Futter ernährten Ratten treten nach *Cortison* (**I**) Glucosurie u. Hyperglykämie auf. Diese Erscheinungen lassen sich durch *Salicylat* (**II**)-Gaben reduzieren. — Bei adrenalektomierten Tieren verursacht **II** eine Verminderung der Leberglykogenvorräte u. hemmt die durch **I** hervorgerufene Zunahme des Leberglykogens. (Biochem. J. **52.** 649—52. Dez. 1952. London, King's Coll. Hosp., Med. School., Dep. of Chem. Pathol.) H.-J. SCHÜMANN. 4607

L. György, J. Pórszász, K. Gibiszer-Pórszász und **E. Zsigmond,** *Atmungs- und Kreislaufwirkungen des Capsaicins (Capsicum annuum). Capsaicin,* intravenös verabreicht, löst den BEZOLD-JARISCH-Reflex aus, übt auf das Atmungs- u. vasomotor. Zentrum eine starke Reizwrkg. aus, verursacht zunächst Apnoe, Blutdrucksenkung u. Bradycardie, zeigt dann aber Vagopressorwirkung. Die Erscheinungen lassen sich nicht auf Histaminwrkg. zurückführen. (Acta physiol. Acad. Sci. hung. **6.** Suppl. 20. Kongr. ung. physiol. Ges. Budapest. 106. 1954. Budapest, Med. Univ., Pharmakol. Inst.) H. ENDRASS. 4607

L. Issekutz, P. Hajdu und **J. Pórszász,** *Der Zusammenhang zwischen der brennenden Eigenschaft des Capsaicins und seiner Wirkung auf die Atmung und den Blutkreislauf.* Strukturell vom *Capsaicin* verschied. Substanzen, wie z. B. Piperin, Zingeron u. Shogaol, haben zwar sehr scharf brennende Geschmackseigg., zeigen aber keine Vagopressorwirkung. Andererseits steigern Acylderivv. des Homovanillinamins mit aliphat. Säuren die Atmung, besitzen aber keine brennenden Eigenschaften. Vff. folgern daraus, daß die Vagopressorwrkg. von der Struktur der Phenylgruppe abhängt, die Schärfe aber vom Abstand zwischen N u. Phenylgruppe bestimmt wird. (Acta physiol. Acad. Sci. hung. **6.** Suppl. 20. Kongr. ung. physiol. Ges. Budapest 107. **1954.** Budapest, Med. Univ., Pharmakol. Inst.) H. ENDRASS. 4607

P. N. Campbell, T. S. Work und **E. Mellanby,** *Die Isolierung einer toxischen Substanz aus behandeltem Weizenmehl.* (Vgl. C. **1951.** I. 357.) Die Isolierung einer krist. tox. Substanz aus mit NCl_3 behandeltem Mehl wird eingehend beschrieben, so die Abtrennung des Glutens vom Mehl, dessen Säurehydrolyse, Reinigung durch Elektrodialyse u. Kohle, Fraktionierung in Papierkolonnen, Kristallisation aus wss. A.; Zers. der Substanz bei 226—232°. Das Toxin, das aus den Mehlproteinen stammt, erweist sich, wie durch Abbau-Rk. nachgewiesen, als *Deriv. des Methionins.* Bei der Behandlung von Methioninpeptiden mit NCl_3 bildet sich die tox. Substanz nicht. Sie scheint jedoch ident. zu sein mit einer Substanz, die aus mit NCl_3 präpariertem Zein gewonnen wurde u. ähnliche physiol. Eigg. besitzt. (Biochem. J. **48.** 106—13. Jan. 1951. London, Nutrition Building, Mill Hill.) G. NIESWANDT. 4607

N. Speranza und **Ch. Serbetis,** *Die toxische Wirkung von DDT auf Fische.* DDT in Form einer 5%ig. Lsg. oder einer Emulsion wirkt tödlich auf *Mugil auratus.* Die Wrkg. auf die anderen Seefischgattungen ist zweifelhaft, wenn nicht negativ. An Süßwasserfischen wurden keine Verss. vorgenommen. Da jedoch zur Bekämpfung des Sumpffiebers aus Flugzeugen auch über Binnenseen DDT ausgestreut wurde u. keinerlei Beschwerden über Fischsterben bekannt wurden, kommen Vff. zu dem Schluß, daß keine schädliche Wrkg. eintritt. Die Giftwrkg. des DDT erstreckt sich auf das Nerven- u. Kreislaufsyst. der Fische u. nicht auf den Verdauungstractus. (Praktika Akad. Athenon **22.** 249–55. 1947, ausg. 1951. [Orig.: griech.]) A. VLACHOS. 4607

Irvin E. Liener, *Die intraperitoneale Toxizität von Konzentraten des Sojabohnentrypsininhibitors.* Bei Reinigung von *Trypsininhibitor*-Präpp. aus Sojabohnen wurden Fraktionen gefunden, die den Tod von Ratten oder Küken bei intraperitonealer Verabreichung verursachen können. Die Gabe betrug 200 u. 2000 mg/kg. Wiederholte Gaben von 130 mg des rohen Inhibitors hemmten das Wachstum parallel zur Häufigkeit der Injektion. Der krist. Inhibitor verursachte keine Wachstumshemmung. Behandlung mit Säure zerstörte die antitrypt. Eigg., jedoch nicht die Wachstumshemmung. Der wachstumshemmende Faktor reicherte sich in einer Fraktion an, die bei p_H 4,7 unlösl. war. Zugabe von Methionin änderte die Hemmwrkg. nicht. (J. biol. Chemistry **193.** 183–91. Nov. 1951. St. Paul, Minn., Univ. of Minnesota, Div. of Agric. Biochem.) K. NEHRING. 4608

Leah E. Castillon, Melvin Karon, A. M. Altschul und **F. N. Martin,** *Darstellung von Kombinationsprodukten aus Gossypol und Glycin bzw. Dextrose und deren Giftwirkung auf Mäuse. Gossypol* (I) von hohem Reinheitsgrad wurde aus Baumwollsamenpigmentkörpern (PK) bzw. aus Extrakten entfetteter PK gewonnen u. durch Fällung aus organ. Lösungsm. gereinigt. Nach dem Aufschwemmen von 40 g I in 400 ml W. u. Zufügen von 4n NaOH bis zur vollständigen Lsg. von I (p_H 11) wurden 40 g *Glycin* (II) oder 40 g *Dextrose* (III) zusammen mit 400 ml W. unter Rühren zugefügt. Einstellen der Gemische mit HCl auf p_H 7; Gefriertrocknung. Auf ähnliche Weise wurden (ohne Zufügen von II bzw. III) lyophiles I bzw. Na-I durch Rk. zwischen I u. NaOH bei p_H 11 dargestellt u. die Reaktionsprodd. bei Zimmertemp. bzw. bei -18^0 aufbewahrt. – An Mäuse mittels Schlauchsonde verfüttert, wirkt das I–III-Reaktionsprod. giftig, offensichtlich giftiger als I u. etwa gleich giftig wie eine Probe von PK; die Giftwrkg. läßt jedoch nach Lagerung beträchtlich nach. Durch Grundfilterchromatographie u. Säulenchromatographie (an Talkum) wurde eine Verb. isoliert, die 3,37% N enthält u. keiner bestimmten Verb. von I u. II entspricht, keine bestimmte Kristallform aufweist, ein Cellulose–Membran-Filter nicht passiert, in Gemischen von W. u. organ. Lösungsmitteln mit mehr als 10% W. lösl. ist u. sich weder in Aceton noch in Ae., Chlf., Methanol, Bzl. u. Leichtbenzin löst. I–II enthält weder freie Carbonylgruppen noch reduzierende Gruppen (im Gegensatz zu I). Da die Ninhydrin-Rk. bei I–II negativ ausfällt, wird geschlossen, daß II innerhalb der Verb. relativ fest gebunden ist. Trotzdem kann diese Verb. leicht zers. werden. Die in den PK enthaltene giftige Verb. könnte solch einem locker gebundenen I-Kombinationsprod. ähnlich sein. – UV-Absorptionsspektren von I u. I–II. (Arch. Biochem. Biophysics **44.** 181–88. Mai 1953. New Orleans, La., Southern Regional Res. Labor. u. Tulane Med. School, Dep. of Pharmacol.) E. SCHEIBE. 4608

J. B. Roberts und **A. Wilson,** *Untersuchung einiger Wirkungen von Stechginsterextrakt.* Wss. Extrakte aus *Stechginster* (*Ulex gallii*) bewirken Kontraktion des isolierten Uterus von Meerschweinchen, Ratte, Kaninchen, Ziege u. trächtigen Katzen. Der wss. Extrakt lieferte bei Extraktion mit organ. Lösungsmitteln 2 Fraktionen, eine, die Kontraktion des isolierten Uterus u. der Eingeweide beim Meerschweinchen bewirkt (**A**), u. eine, die Relaxation der Eingeweide (**B**) hervorruft. **A** fluoresciert im UV-Licht blau, **B** grün. Die chem. Natur der beiden Fraktionen ist unbekannt. (J. Pharmacy Pharmacol. **7.** 99–106. Febr. 1955. Liverpool, Univ. of Liverpool, Dep. of Pharmacol. and General Therapeut.) H. GOEBEL. 4608

J. N. Banerjee, J. J. Lewis und **G. W. G. Sharp,** *Vorläufige Mitteilung über die Alkaloide aus Aspidosperma excelsum BTH. Alkaloide* (I) aus Aspidosperma excelsum, die Indolbasen enthalten, weisen gegen die spast. Wrkg. von *Acetylcholin, Histamin* u. *Ba* auf Muskelpräpp. von Meerschweinchen u. den Dünndarm von Kaninchen einen Antagonismus auf. Am isolierten Frosch- u. Kaninchenherz rufen I eine Depression des Tonus, der Amplitude u. Frequenz sowie auricular-ventriculäre Blockierung hervor. Die constringierende Wrkg., die durch 0,1–1 μg *Adrenalinhydrochlorid* (II) auf die Blutgefäße des Kaninchenohrs u. der hinteren Extremitäten der Ratte erzeugt wird, läßt sich durch I umkehren. Ferner besitzen 0,5–1 mg I eine dilatator. Wrkg. auf die Blutgefäße des Kaninchenohrs, dagegen eine constringierende auf die der Hinterextremitäten der Ratte. I erzeugen bei chloralosierten Katzen eine verlängerte Blutdrucksenkung. 2 mg I (intraperitoneal) erniedrigen die Körpertemp. von n. Mäusen, 3 mg I heben die Wrkg. tox. Dosen II auf, 5 mg I sind unwirksam gegen Plasmodium berghei. – Eine lokalanästhet. Wrkg. von I läßt sich nachweisen. 1 mg I, in den dorsalen Lymphknoten des Frosches injiziert, verursacht Miosis, Verlangsamung der Atmung u. Muskelerschlaffung; ähnliche Erscheinungen rufen auch 100 mg/kg I bei Mäusen hervor.

(J. Pharmacy Pharmacol. **6.** 660—62. Sept. 1954. Nottingham, Univ., Pharm. Dep., Pharmacol. Labors.) P. FAHRNLAENDER. 4608

J. Scherrer, *Wirkung des Strychnins auf den segmentalen spinalen Reflex.* Verss. an Katzen unter *Nembutal* oder nach Decerebrierung. *Strychnin* wurde intravenös (bis 2 mg/kg) oder lokal (0,5%ig. Lsg.) appliziert. In beiden Fällen beobachtet man bei Registrierung der Aktionspotentiale an der vorderen Wurzel nach maximaler sensibler Reizung zunächst eine Vermehrung der Höhe des monosynapt. Potentials (spike) u. bald das Auftreten zunehmender Nachpotentiale, bis schließlich eine anhaltende, fast rechtwinklige Erregungsserie erhalten wird. Die Rk. wird damit insgesamt bei maximaler Reizung von 10 msec auf 16—20 msec verlängert. (C. R. Séances Soc. Biol. Filiales **145.** 1031—34. Juli 1951.) F. JUNG. 4608

Shungo Wakabayashi, *Die bakterielle Wirksamkeit von Leukin, einem Leukocytenextrakt. Leukin* (I) steigert die Phagocytose der Leukocyten in vitro, was bes. bei I-Zusatz zu Immunserum sichtbar wird. In vivo bei der Maus kann bei Pneumokokkeninfektionen Schutz durch I-Injektion erreicht werden, I-Prophylaxe bei Infektionen mit Bac. anthracis u. Staph. aureus war nicht überzeugend; mit wiederholten I-Injektionen gelingt z. T. Unterdrückung von Infektionen mit Borr. duttoni u. Tryp. gambiense. (J. Kyoto prefect. med. Univ. **56.** 669—74. Okt. 1954. Kyoto, Pref. Med. Univ., Dep. of Microbiol. [Orig.: japan.; Auszug: engl. S. 50.]) H. DOSSMANN. 4609

I. M. Rollo, *Ein 2.4-Diaminopyrimidin bei der Behandlung von proguanilresistenten Laboratoriumsmalariastämmen. 2.4-Diamino-5-p-chlorphenyl-6-äthylpyrimidin* (I) besitzt hohe Wirksamkeit bei experimentellen Malariainfektionen. I wurde an Malariastämmen (Pl. gallinaceum u. Pl. berghei) geprüft, bei denen eine Resistenz gegen *Proguanil* (II) u. *Sulfadiazin* hervorgerufen worden war. Es zeigte sich, daß keine Kreuzresistenz auftritt u. daß I seine hohe Wirksamkeit auch bei II-resistenten Stämmen beibehält. Eine I-Resistenz konnte bei Pl. gallinaceum-Stämmen nur unvollkommen erreicht werden: der mit I behandelte Stamm war nur 2½mal resistenter gegenüber I als der n. Stamm. (Nature [London] **168.** 332—33. 25/8. 1951. London, Wellcome Labors. of Trop. Med.) R. KÖNIG. 4610

Paul Durand und **Maurice Mathis,** *Die Taubenmalaria in Tunis* (*Hämoproteus columbae*) *und ihre Behandlung mit 4'-Diäthylamino-1'-methyl-4-butylamino-7-chlorchinolin.* Kurze Notiz über die Epidemiologie der Taubenmalaria, die bislang meist nur in Tunis beobachtet wurde. Sie kann mit *4'-Diäthylamino-1'-methyl-4-butylamino-7-chlorchinolin* behandelt werden. Dosis letalis 1,5—2 g. (C. R. hebd. Séances Acad. Sci. **234.** 1412—13. 24/3. 1952.) P. G. SCHEURLEN. 4610

E. H. Shoemaker und **E. M. Yow,** *Die Wirkung von Gantrisin auf die Prothrombinaktivität.* 15 Patienten unter *Gantrisin*-Behandlung zeigten keine Veränderung ihres Prothrombinverhaltens. (J. Urology **72.** 87—88. Juli 1954. Houston, Tex., Baylor Univ., Coll. of Med., u. Jefferson Davis Hosp.) L. BERGER. 4610

J. W. Cornforth, P. D'Arcy Hart, R. J. W. Rees und **J. A. Stock,** *Die antituberkulöse Wirkung verschiedener oberflächenaktiver Polyoxyäthylenäther an der Maus.* Die Entw. experimenteller Tuberkulose bei der Maus (intravenöse Infektion mit *Mycobact. tuberculosis Stamm H 37 RV*) konnte durch Injektion nicht ionisierter, wasserlösl., oberflächenakt. Verbb. von der Art des *Triton A 20* deutlich gehemmt werden. — Die einzelnen Verbb. wurden durch Kondensation von *p-tert.-Octylphenol* mit *Formaldehyd* u./oder *Äthylenoxyd* bzw. von *Diphenylmethan* mit *Formaldehyd* erhalten. (Nature [London] **168.** 150—53. 28/7. 1951. London, Nat. Inst. for Med. Res., Mill Hill.) K. A. IRRGANG. 4610

H. Mauer, *Über Veränderungen des intermediären Phosphatstoffwechsels unter Einwirkung von Tuberkelbakterien, ihrer Chemotherapeutica und Antibiotica.* 1. Mitt. Durch Tuberkelbacillen u. ihre Toxine werden die Phosphormonoesterasen des Gewebes, *Adenosintriphosphatase* u. *Phosphorylase* aktiviert u. bewirken verstärkte glykolyt. Rkk. des tuberkulösen Herdes, die zur Nekrose der Zelle führen. Schon durch Konzz. von 1 γ/cm^3 *Streptomycin, PAS, Thiosemicarbazon* werden diese Fermente gehemmt, nicht dagegen durch *INH.* Eine noch viel stärker Ferment-hemmende Wrkg. besitzt *Phloridzin,* das ebenfalls die Zerfallsneigung des tuberkulösen Herdes hemmend beeinflußt. (Naturwissenschaften **39.** 502—03. 1952. Tönsheide, Holstein, Krankenhaus.) R. RUTKOWSKI. 4610

H. Mauer und **W. Finkeldey,** *Die Hemmung des Zerfalls tuberkulöser Herde mittels Phloridzin.* (2. vorl. Mitt.) (1. vgl. vorst. Ref.) Bei der experimentellen Meerschweinchentuberkulose bewirkten 0,25, 0,5 oder 1 mg *Phloridzin* (I) täglich eine Hemmung des Gewebezerfalls. Kombination von 1 mg I + 20 mg *Isonicotinsäurehydrazid*/kg Körpergewicht täglich hemmte außerdem noch die Generalisation der Tuberkulose. (Naturwissenschaften **39.** 503–04. 1952.) R. RUTKOWSKI. 4610

H. Mauer und **W. Finkeldey,** *Zur Hemmung der Resistenz von Tuberkelbakterien gegenüber Chemotherapeutica und Antibiotica durch stoffwechselaktive Substanzen.* 3. Mitt. (2. vgl. vorst. Ref.) In in vitro-Verss. auf modifiziertem HOHNschen Eiernährboden Substrat 4 u. an der Chorioallantoismembran des bebrüteten Hühnereies kam es bei humanen Tuberkelbacillen zu einer Resistenzabnahme gegen *Streptomycin, PAS* u. *INH*, wenn gleichzeitig mit dem Antibioticum *Phloridzin* (I; 100 γ/cm³ Nährboden) zugesetzt war. Dieser Effekt wurde nicht erreicht, wenn Vff. den resistenten Stamm erst auf I-haltigem Nährboden wachsen ließen u. dann auf antibioticahaltigen überimpften. (Naturwissenschaften **39.** 504. 1952.) R. RUTKOWSKI. 4610

Nils Riska, *Änderungen in der PAS-Konzentration im Blut und ihr Einfluß auf die Tuberkulosebehandlung.* Besprechung der Ergebnisse von ca. 1000 *PAS* (I)-Bestimmungen im Blut von 44 Patienten mit Lungentuberkulose nach Verabreichung von 4 g I mit 25 verschied. I-Präparaten. Als Maßstab für Reinheitsgrad u. Qualität von I gilt der *m-Aminophenol*-Geh. von I, der 0,8% nicht überschreiten soll. Vf. diskutiert den Wert dieser Beurteilung nach seinen Versuchen. Die festgestellten Schwankungen im I-Blutspiegel waren sehr groß; sie beruhten neben der unterschiedlichen Resorptionsfähigkeit der Patienten auf der Qualität der Präparate. Bei der reinen Säure häufig zu niedrige I-Spiegel, I-Fettgranula u. mit *Dihydroxy-Al-Aminoacetat* + *Mg-Carbonat* gepufferte I-Tabletten (FERROSAN) ergaben konstantere u. länger anhaltende Werte. *Na*-I u. *Ca*-I bedingten große Schwankungen der Konz., die aber den Erfolg der Therapie nicht beeinflussen, da die I-Salze an sich hohe I-Blutspiegel ergeben. Nach Vf. sind z. Z. die I-Salze der reinen Säure vorzuziehen. (Acta Tubercul. scand. **30.** 144–63. 1954. Rőykkä, Finland, Nummela Sanatorium.) H. DOSSMANN. 4610

Kazuyoshi Kitamura, *Untersuchung antituberkulöser Mittel mit Beeinflussung des Wachstums von Hühnerembryos.* Unters. des Einfl. von *Streptomycin* (I), *PAS, TBI, Isonicotinsäurehydrazid* (II) in verschied. Konzz. auf das Wachstum von Hühnerembryonen nach der Gewebekulturmeth. an Herz, Leber, Lunge, Niere, Milz. Bei hohen Konzz. wird im allg. Wachstumshemmung oder -zerstörung festgestellt, während bei niedrigen Konzz. Anregung des Wachstums eintritt, am größten durch II in der Konz. 10 γ/cm³ bei der Lunge. Unterss. von I + *PAS*, I + *TBI*, *PAS* + *TBI*, II + *TBI*, I + II, *PAS* + II beweisen den Wert von Kombinationen für die Therapie der Lungentuberkulose. Ferner Unters. von *Cephalantin* (III) u. *Vitamin K* (IV) als *Kativ*-Lsg., 5 mg/cm³. Mit III in 2–20facher Verdünnung Wachstumsbeschleunigung bes. von Leber u. Niere, mit IV zerstörende Wrkg. bei hoher, beschleunigende, bes. auf Herz, Leber, Milz, bei 2500facher Verdünnung. (J. Kyoto prefect. med. Univ. **56.** 561–616. Okt. 1954. Kyoto, Pref. Med. Univ., Dep. of Med. [Orig.: japan.; Auszug: engl. S. 43–44.]) H. DOSSMANN. 4610

E. de Ritter, L. Drekter, J. Scheiner und **S. H. Rubin** (unter Mitarbeit von **E. Febbraro** und **E. Kostelak**), *Die Ausscheidung von Hydrazinderivaten der Isonicotinsäure bei normalen Personen.* Bei 7 n. Personen wurde die Art u. Geschwindigkeit der Ausscheidung von oralen Gaben von *Rimifon* (*Isonicotinoylhydrazin*; I) u. *Marsilid* (*1-Isonicotinoyl-2-isopropylhydrazin*; II), denen antituberkulöse Wrkg. zugeschrieben wird, durch Überführung mit Permanganat in *Isonicotinsäure* (III) nach der Meth. der Vff. (vgl. Diseases of the Chest **21.** [1952.] 439) u. colorimetr. Best. von III untersucht. Die Versuchsanordnung u. Arbeitsweise werden beschrieben. Die Ergebnisse weisen darauf hin, daß innerhalb von 48 Std. im Mittel ca. 65% der zugeführten Mengen von I u. II wieder ausgeschieden werden, im gleichen Zeitraum aber nur die Hälfte an unhydrolysiertem II wie I. In den ersten 8 Std. ist die relative Ausscheidung von II gegenüber der von I noch geringer, im Mittel ca. $^1/_4$. Bei Gabe von 125 oder 192 mg I wird etwa die Hälfte vor der Ausscheidung aufgespalten. Bei II-Gabe ist die Ausscheidung an freier III in 24 bzw. 48 Std. ca. 50% höher als nach I-Gabe, wahrscheinlich wegen längerer Retention von II. Die Befunde wurden teilweise durch mikrobiol. Prüfung bestätigt. (Proc. Soc. exp. Biol. Med. **79.** 654–58. April 1952. Nutley, N. J., Hoffmann-La Roche, Inc., Nutrit. Labors.) J. SCHWAIBOLD. 4610

Thomas H. Haight, Sumner R. Ziegra und **Frederick H. Kahn,** *Erythromycintherapie bei Infektionen der Atmungsorgane.* 2. Mitt. *Wirkungen bei Änderungen der Therapiedauer der Streptokokkeninfektionen mit Vernichtung der Streptokokken und Bildung von Antistreptolysin O.* (1. vgl. C. **1954.** 10287.) Bericht über 114 Fälle mit Infektionen der Atmungsorgane, 3 Behandlungsgruppen mit *Erythromycin* (I), 800 mg/Tag in 4 Gaben, über 3 bzw. 5 bzw. 7 Tage. I hat einen deutlichen Effekt auf die klin. Faktoren beim Verlauf akuter Streptokokkeninfektionen u. auf die Vernichtung des Erregers.

Keine sichtbaren Unterschiede im Heilungsprozeß bei den 3 Gruppen. Bei Patienten, die nur 3 u. 5 Tage behandelt wurden, stieg der %-Satz mit positiven Kulturen nach Absetzen von **I** bis zum 21. Tag auf 45%, bei 7tägiger Behandlung wurden nur 13% wieder positiv. Die frühe **I**-Verabreichung unterdrückt die *Antistreptolysin-O* (**II**)-Bldg., der Grad der **II**-Hemmwrkg. scheint von der Dauer der Therapie abhängig zu sein. Geringe gastrointestinale Nebenwirkungen. Nach Vff. ist unter Umständen höhere **I**-Dosierung u. längere Therapiedauer angezeigt. (Antibiotics and Chemotherapy **4.** 439—50. April 1954. Great Lakes, Ill., U. S. Naval Training Center, Administrative Command, Naval Med. Res. Unit No. 4, u. Med. Dep.) H. DOSSMANN. 4611

Paul Andresen, *Die Penicillinkonzentration im Plasma nach peroraler Verabreichung von Phenoxymethylpenicillinkalium (V-Penicillinkalium) und anderen Penicillinpräparaten. Vergleichende Untersuchungen.* Peroral zugeführtes *V-Penicillin* u. intramuskulär injiziertes *G-Penicillin* führen zu ähnlichen Plasmakonzz. an Penicillin. Mit gepuffertem G-Penicillin peroral wird eine niedrigere Konz. erzielt, noch niedriger mit *Dibenzyläthylendiamindibenzylpenicillin* peroral. (Ugeskr. Laeger **117.** 1365—70. 20/10. 1955. Sønderborg, Statshosp., med. afd.) R. K. MÜLLER. 4611

Joseph Meites und **R. C. Ogle,** *Antithyreotische Effekte von Antibioticis bei Ratten.* Ratten, die thyreotox. *Protamone* (**I**, *jodiertes Casein*, welches *Thyroxin* enthält) -Gaben erhielten, erlitten eine Wachstumsverzögerung. Erhielten diese Ratten eine Nahrung mit genügendem *Vitamin-*B_{12} (**II**)-Geh., so ließ sich die Wachstumshemmung durch *Penicillin* oder *Neomycin*, aber nicht völlig durch *Streptomycin* aufheben. War die Nahrung **II**-arm, so waren alle drei *Antibiotica* (**III**) nur teilweise wirksam. Die beschriebene **II**-Wirksamkeit wird auf einen erhöhten Nahrungsverbrauch u. -umsatz zurückgeführt. **III** erhöhen weder den unter **I** um 74% gestiegenen Grundumsatz der Ratten, noch beeinflussen sie die **I**-Wrkg. auf Nebennieren u. Milz. **III** verhindern ganz oder teilweise eine Thymusatrophie. Der **I**-Zusatz zur Nahrung betrug 0,16%, der **II**-Zusatz 0,05% Penicillin G bzw. Neomycinsulfat bzw. Streptomycinsulfat. Versuchsdauer: 36—42 Tage. (Proc. Soc. exp. Biol. Med. **77.** 758—61. Aug. 1951. East Lansing, Mich., Michigan State Coll., Dep. of Physiol. and Pharmacol.) W. BRANDT. 4611

Paul Giroud und **Jean-A. Gaillard,** *Vergleich der Wirkung von Terramycin und Aureomycin auf Toxoplasmosen.* An Kaninchen vorgenommene Hautinokulationen von Toxoplasma zeigen, daß Aureomycin die Infektion verlangsamt, wogegen Terramycin sie völlig hemmt u. die Tiere überleben läßt. (C. R. hebd. Séances Acad. Sci. **232.** 1457 bis 1459. 9/4. 1951.) W. WESLY. 4611

E. W. Tucker und **S. D. Johnson,** *Beobachtungen bei Behandlungen von Euterinfektionen und Mastitis mit Neomycinsulfat.* Vff. untersuchten den Einfl. von 3 verschied. *Neomycinsulfat* (**I**)-Zubereitungen auf die Euterinfektionen u. Mastitis erzeugenden Erreger, wie Streptokokken, Str. agalactiae, hämolyt. Staphylokokken, Coliformen u. Pseudomonas. Die Heilungsquote wurde weder durch die Häufigkeit der Behandlungen noch durch das gebrauchte Präp. signifikant beeinflußt. Für Streptokokken u. Staphylokokkeninfektionen des Euters ist *Penicillin* noch immer das Antibioticum der Wahl, gegen andere Erreger sollte **I** als gegen verschied. Arten von Bakterien wirksameres Antibioticum gebraucht werden. (J. Amer. veterin. med. Assoc. **123.** 332—34. Okt. 1953. Ithaca, N. Y.) K. BÖHM. 4611

A. P. Fletcher, *Die Darstellung von partiell gereinigtem Plasmin und ein Bericht über seine intrathecale Anwendung bei Patienten.* Vf. berichtet über die Darst. von partiell gereinigtem *Plasminogen* (**I**) mit 5—10000 E./mg N. Nach Sterilisation u. Aktivierung von **I** mit *Streptokinase* (**II**) war das *Plasmin* (**III**)-Präp. für den klin. Gebrauch geeignet. **III** wurde bei 83 Injektionen an 15 Patienten mit tuberkulöser Meningitis erprobt. Die **III**-Injektion führte bei den Patienten zum Anstieg des Spiegels der intrathecalen fibrinolyt. Aktivität. Dieses Ergebnis steht im scharfen Gegensatz zu denen, die als Folge von **II**-Injektionen erhalten wurden. Bei Patienten mit Blockierung der Cisterna wurde mit Erfolg **III** verabreicht. Es trat Lysis des tuberkulösen Exsudates in vivo ein. Ausführlicher Krankheitsbericht von 8 Fällen.

V e r s u c h e: Darst. von **I** aus Citrat–Glucose–Humanblut (4—6 Wochen alt). Zutropfen von Ae. (100 cm^3) zum Plasma (1 Liter) bei 0°. Nach Verwerfen des Nd. Zutropfen von weiterem Ae. (150 cm^3), 12std. Einfrieren mit CO_2-Schnee, Auftauen bei 4°. Nach Klären der Lsg. u. Abtrennung der Ae.-Schicht 12 Std. Dialyse gegen fließendes W.; 5fache Verdünnung mit dest. W., p_H 5,3. Der Nd. wurde in 400 cm^3 0,225mol. NaCl-Lsg. aufgenommen. Nach Zufügen von 20 cm^3 0,1mol. Phosphatpuffer p_H-Einstellung auf 7,4. Nach Filtration durch WHATMAN-Papier Nr. 52 10fache Verdünnung, p_H-Einstellung auf 5,3. Der Nd. wurde in 0,15mol. NaCl-Lsg. (300 cm^3) gelöst. Sterilfiltration durch mit 0,05mol. Phosphatpuffer, p_H 6,5, vorbehandeltes SEITZ-Filter.

Die I-Lsg. wurde auf 100—150 I-E./cm^3 verd. u. mit 50—100 Streptokinase-E. aktiviert. (J. clin. Invest. **33.** 1242—51. Sept. 1954. London, Wright-Fleming Inst. of Microbiol. u. St. Mary's Hosp.) G. BRATFISCH. 4614

M. Khayyl bey, W. Koskowski und **M. Metawi,** *Einfluß der Antihistamine auf die bei der Taube durch Histamin ausgelöste Magensaftsekretion.* Tauben bilden auf intramuskuläre Gabe von 0,04 mg *Histamin-HCl* (I) im Mittel 3 ml Magensaft. *Benadryl,* 5 mg 30—60 Min. zuvor gegeben, ferner *Pyribenzamin, Antistin* u. *Neoantergan* (**II**) in denselben Dosen reduzieren die Sekretion um ca. 20—30%, gleichzeitig wird auch der Säuregeh. verringert. Nach Gabe von 3—5 mg *Ascorbinsäure* intramuskulär u. gleichzeitig 20 cg *Histidin* tritt ebenfalls Magensaftsekretion auf, auch diese ist durch **II** hemmbar. Ebenso hemmt **II** die durch intraduodenale oder intravenöse *Äthanol*-Gabe ausgelöste Flüssigkeits- u. Säuresekretion. (C. R. Séances Soc. Biol. Filiales **145.** 1499 bis 1503. Okt. 1951. Alexandria, Fac. de Méd., Inst. de Pharmacol.) F. JUNG. 4625

W. W. Winternitz und **D. B. Hackel,** *Wirkung von Antihistaminen auf die experimentelle Nephritis von Kaninchen.* Enten erhielten über 10 Wochen 2 mal wöchentlich 5 ml einer 10%ig. Suspension von homogenisierter Kaninchenniere. Das nephrotox. Entenserum wurde dann an Kaninchen in Mengen von 5 ml gegeben. Wurden die Tiere mit *Pyribenzamin* (0,8 mg alle 2 Std.) behandelt, so war zwar der Eintritt der Albuminurie etwas verzögert, insgesamt war aber die Summe der Erscheinungen bei den behandelten Tieren nicht reduziert. (Proc. Soc. exp. Biol. Med. **78.** 294—95. Okt. 1951. Edgewood, Md., Army Chem. Center.) F. JUNG. 4625

W. Thüer, *Versuche mit einem neuen Antiallergicum* (*Sandosten*) *in Kombination mit Calcium-Sandoz.* Als Antihistaminicum bewährte sich in 99 Fällen *Sandosten* (*1-Methyl-4-amino-N'-phenyl-N'-*[*thenyl-*(*2*)]*-piperidin*) in Kombination mit Calcium-SANDOZ. (Praxis [Bern] **43.** 596—98. 8/7. 1954. Lausanne, Univ., Policlin. méd.) H. P. FIEDLER. 4625

B. N. Halpern und **G. Bourdon,** *Wirkungsvergleich des Phenergans und Neoantergans als Histaminschutz bei der nebennierenlosen Maus.* Die tödliche *Histamin*-Dosis bei der n. Maus beträgt ca. 50 mg/20 g, nach Nebennierenentfernung dagegen ca. $^1/_{100}$. Gabe von 0,4 mg/20 g *Phenergan* steigert die Resistenz der n. Maus nicht, führt aber die der nebennierenlosen Maus auf die der n. Maus zurück. Eine entsprechende Dosis (0,4 mg/20 g) *Neoantergan* ist ebenfalls, wenn auch nicht so gut, wirksam. (C. R. Séances Soc. Biol. Filiales **145.** 1005—08. Juli 1951.) F. JUNG. 4625

Raoul Lecoq, Paul Chauchard und **Henriette Mazoué,** *Die Bedeutung des Histamins und der synthetischen Antihistamine bei der Reaktion TTD–Alkohol.* Die im Anschluß an 0,5 mg *Histamin* bei der weißen Ratte feststellbare leichte Vermehrung der Nervenchronaxie wird durch 50 Min. zuvor erfolgte Gabe von *A.* leicht red., dagegen durch *TTD* (*Tetraäthylthiuramdisulfid*; I) erheblich gesteigert. Diese Steigerung ist noch größer, wenn gleichzeitig mit **I** noch *A.* gegeben wird. *Phenergan* (**II**) bewirkt keine Chronaxieveränderung, auch nicht nach *A.*-Gabe. **II** scheint somit gegen die *A.*-Wrkg. zu schützen. Dies wird noch deutlicher, wenn *A.* u. **I** sowie **II** gleichzeitig gegeben werden. Auch dann verändert sich die Chronaxie kaum. (C. R. Séances Soc. Biol. Filiales **145.** 1606—09. Nov. 1951.) F. JUNG. 4625

Marcel Junod, *Die moderne Narkose.* Übersicht über Pharmakologie u. Verwendung von Narkoticis u. Muskelrelaxantien. (Schweiz. Apotheker-Ztg. **93.** 923—32. 10/12. 1955. Genf, Hôp. Cantonal.) P. LOCH. 4627

V. Szász und **E. Komlós,** *Die Rolle der Leber im Synergismus der Analgetica und Parasympathicomimetica.* Verss. an lebenden Ratten u. Mäusen zeigen, daß bei durch CCl_4 verursachten Leberschädigungen die analget. Wrkg. von *Morphin, Methadon* u. *Dolantin* höher ist als bei intakter Leber. *Prostigmin* (**I**), das bei gesunden Tieren die analget. Wrkg. steigert, zeigt bei leberkranken Tieren keine synergist. Wirkung. Eine Steigerung der analget. Wrkg. kann nur beobachtet werden, wenn **I** gleichzeitig mit dem Analgeticum verabreicht wird, schon 23 Min. später ist es wirkungslos. Diese Wrkg. von **I** wird mit der Hemmung von enzymat. Prozessen in der Leber erklärt, da bei n. Funktion der Leber ein Teil des Analgeticums inaktiviert wird. (Acta physiol. Acad. Sci. hung. **6.** Suppl. 20. Kongr. ung. physiol. Ges. Budapest, 103—04. 1954. Budapest, Med. Univ., Pharmakol. Inst.) H. ENDRASS. 4627

Mortimer B. Lipsett und **Ralph Goldman,** *Butazolidinvergiftung: Bericht über einen Fall von akutem Versagen der Nierenfunktion.* Nach häufiger Einnahme von Tabletten mit 200 mg *Butazolidin* innerhalb von 3 Wochen trat akutes Versagen der Nierenfunktion ein. Der Patient konnte nach 6 Tagen zur ambulanten Behandlung, nach 22 Tagen vollständig entlassen werden. (Ann. intern. Med. **41.** 1075—79. Nov. 1954. Los Angeles, Calif., Univ., Dep. of Med., Med. Center; Veterans Admin. Center.) H. CARLS. 4627

Jean La Barre und **Henri Plisnier,** *Vergleichende Untersuchung über die hustenhemmende und toxische Wirkung von Codein, Dihydrocodeinon, Acetyldesmethyldihydrothebain im Verhältnis zur Wirkung von Diacetylmorphin (Heroin).* Angabe von Verss. an 30 Katzen u. 55 Meerschweinchen mit *Codein* (**I**), *Dihydrocodeinon* = *Biocodone* (**II**), *Acetyldesmethyldihydrothebain* = *Thebacetyl* (**III**) u. *Diacetylmorphin* = *Heroin* (**IV**) zur Feststellung ihrer physiol. u. toxikolog. Wirkungen. Die Wirksamkeit bei Linderung des Hustenreizes war mit **I–II–III** 15-1,5-3mal geringer als mit **IV**. Die tox. Dosis betrug für **IV–I–II–III** 17,56–106–110,5–88,5 mg/kg. Verglichen mit **IV** wurden **I–II–III** 6,02-6,45-5,04mal besser vertragen. Der errechnete Verträglichkeitskoeff. gegenüber **IV** = 1 betrug für **I–II–III**: 0,43–4,3–1,68, wonach **II** u. **III** dem **IV** deutlich überlegen sind. (Bull. Acad. roy. Méd. Belgique [6] **19.** 445—57. 1954. L'Acad. roy. de Méd. de Belgique.)
H. DOSSMANN. 4627

A. P. Blasiu, *Schmerzbekämpfung bei Carcinom mit Cobralgesin.* Erprobung des Kobraneurotoxinpräp. *Cobralgesin* (**I**; ZYMA A. G., Nyon, Schweiz) an 30 Kranken mit Krebsrezidiven bewirkte in 17 Fällen Schmerzfreiheit, in 5 Linderung. Beeinflussung der Tumoren u. Metastasen wurde mit **I** nicht erzielt. (Praxis [Bern] **43.** 836—37. 30/9. 1954. München, Univ., I. Frauenklinik, Strahleninst.) H. DOSSMANN. 4627

W. R. McCrum, W. R. Ingram und **R. G. Boylan,** *Histologie des Gehirns und des Blutes bei chronischer experimenteller Sedation durch Barbiturate und Presidon.* Hunde erhielten eben hypnot. Dosen *3.3-Diäthyl-2.4-dioxotetrahydropyridin* (*Presidon*) (~300 bis 400 mg/kg) oder *Barbital* (~100—150 mg/kg) bzw. *Phenobarbital* (~60—70 mg/kg), u. zwar teils 6 Monate oder 1 Jahr lang täglich. Lediglich die mit *Barbital* behandelten Tiere zeigten eine leichte Milzvergrößerung, sonst waren keine patholog. oder histolog. Veränderungen nachweisbar. (Proc. Soc. exp. Biol. Med. **78.** 193—95. Okt. 1951. State Univ. of Iowa, Dep. of Anat.) F. JUNG. 4627

Graham Chen, Charles R. Ensor und **David Russell,** *Die zentrallähmende Wirkung des Khellins.* Die durch *Coffein,* 30 mg/kg, erzeugte Hyperaktivität von Ratten kann durch Dosen um 10 mg *Khellin* (**I**)/kg auf ca. 50%, durch höhere Dosen vollständig verhindert werden. **I** besitzt Hemmwirkungen gegenüber Elektroschock (Katze, Ratte u. Maus) u. *Cardiazol*-Krampf. Die Schlafdauer von Mäusen nach 50 mg *Pentobarbital-Na*/kg, intraperitoneal, wird durch 1 mg **I**/kg oral bereits von 23 auf 37 Min. verlängert. 5 mg **I**/kg zusätzlich ergeben bereits eine Schlafdauer von 90 Minuten. (Proc. Soc. exp. Biol. Med. **78.** 305—07. Okt. 1951. Detroit, Mich., Parke, Davis & Co., Res. Labor.)
F. JUNG. 4627

J. J. Desmarez, *Über die glykämischen Reaktionen nach intravenösen Injektionen von D-Tubocurarin beim Hund.* Die beim Hund nach Injektion von *D-Tubocurarin* auf tretende Glykämie hat ihre Ursachen in der verminderten Atmung, was durch künstliche Atmung verhindert werden kann, u. in der Freisetzung von Histamin, das einen Reiz auf die parasympath. Nervenendigungen ausübt. Diese Wrkg. bleibt nach Vagotomie bestehen, läßt sich aber durch Antihistaminica u. Atropin aufheben. (C. R. Séances Soc. Biol. Filiales **146.** 1633—36. Okt. 1952. Brüssel, Univ., Labor. de Pharmacodyn. et de Thérapeut.) H. MATTHIES. 4628

Giovanni Calligari und **Pietro Torsello,** *Das Pyridostigmin als Antidot gegen Curare in der Anästhesie.* Um den Curareeffekt postoperativ abzukürzen, bewährte sich bei den Vff. die Anwendung von *Pyridostigmin* (**I**; *Dimethylcarbaminester* des *1-Methyl-3-oxypyridins*). **I** wurde in einer Dosierung von 2,5—5 mg, in einzelnen Fällen höher dosiert, 5 Min. vor Beendigung der Operation gegeben. Um dem **I** als Parasympathicomimeticum eigene gesteigerte Schweiß- u. Speichelbldg. sowie ungünstige Wirkungen auf den Kreislauf zu verhindern, wurde teilweise gleichzeitig 0,5 mg Atropin verabreicht. (Gazz. med. ital. **114.** 169—71. Aug. 1955. Milano, Osp. Fatebenefratelli.) P. G. SCHEURLEN. 4628

E. Rothlin, H. Konzett und **A. Cerletti,** *Der Antagonismus von Mutterkornalkaloiden gegen die Hemmwirkung von Epinephrin und Norepinephrin auf den isolierten Kaninchendarm.* Hexamethonium u. Atropin in Dosen, welche ausreichen, die Wrkg. von Nicotin u. Acetylcholin aufzuheben, stören den Antagonismus der Mutterkornalkaloide mit einer Polypeptidseitenkette, *Ergotamin, Dihydroergotamin* u. *Dihydroergocornin* (**I, II, III**) gegen die Hemmwrkg. von *Epinephrin* u. *Norepinephrin* (**IV, V**) auf die Pendelbewegungen des isolierten Kaninchendarmes nicht. Dies schließt die Möglichkeit aus, daß der Antagonismus von **I, II** u. **III** gegen die Hemmwrkg. von **IV** u. **V** von einer Reizwrkg. auf die Innenwandganglien herrührt oder von einer Verstärkung der cholinerg. Gegenwrkg. im Darm. Die durch Papaverin verursachte Hemmung der Pendelbewegungen des isolierten Kaninchendarmes wird durch **I, II** u. **III** in Dosen, welche ausreichen, um die Wrkg. von **IV** u. **V** aufzuheben, nicht beeinflußt. Der Antagonismus von **I, II** u. **III** gegen die Hemmung von **IV** u. **V** ist deshalb spezifisch. (J. Pharmacol. exp. Therapeut. **112.** 185—90. Okt. 1954. Basel, Sandoz Ltd.) H. AMAN. 4628

J. Delay und **P. Pichot,** *δ-Lysergsäurediäthylamid und die psychischen Störungen des Ergotismus.* Die psych. Wirkungen des *δ-Lysergsäurediäthylamids* werden bestätigt u. die Vermutung einer Beteiligung an den psych. Erscheinungen des Ergotismus geäußert. (C. R. Séances Soc. Biol. Filiales **145.** 1609—10. Nov. 1951.) F. JUNG. 4628

F. M. Berger, *Krampfhemmende Aktivität von 2.2-disubstituierten 1.3-Propandiolen beim Elektroschock.* Die Schutzwrkg. (ED_{50}) gegenüber Elektroschock (ton. Extensorenkomponente) wurde an Mäusen bei oraler Gabe 30 Min. vor dem Schock für eine Reihe 2.2-disubstituierte Derivv. des *1.3-Propandiols* bestimmt. Untersucht wurden folgende 1.3-Propandiole (ED_{50} in mMol/kg in [ ]): *2.2-Dimethyl-*, [>20,6]; *2.2-Diäthyl-*, [2,8]; *2.2-Di-n-propyl-*, [2,6]; *2.2-Di-n-butyl-*, [2,9]; *2-Methyl-2-äthyl-*, [5,8]; *2-Methyl-2-n-propyl-*, [2]; *2-Methyl-2-isopropyl-*, [3,2]; *2-n-Butyl-*, [5,8]; *2-Methyl-2-n-butyl-*, [3,2]; *2-Methyl-2-n-butyl-*, [3,4]; *2-Äthyl-2-äthoxy-*, [8,7]; *2-Phenyl-*, [3,2]; *2-Äthyl-2-phenyl-*, [1,2]; *2-Äthyl-2-phenoxy-*, [4,5]; *2.2-Diphenyl-*, [1]; *2.2-Dibenzyl-*, [3,1]; *Dimethyl-*, [>20,6]; *Diäthyl-*, [2,8]; *Di-n-propyl-*, [2,6]; *Di-n-butyl-*, [2,9]; *Methyläthyl-*, [5,8]; *Methyl-n-propyl-*, [2]; *Methylisopropyl-*, [3,2]; *H-n-Butyl-*, [5,8]; *Methyl-n-butyl-*, [3,2]; *Äthyl-n-butyl-*, [3,4]; *Äthyläthoxy-*, [8,7]; *H-Phenyl-*, [3,2]; *Äthylphenyl-*, [1,2]; *Äthylphenoxy-*, [4,5]; *Diphenyl-*, [1]; *Dibenzyl-*, [3,1]; ferner *Phenobarbital-Na*, [0,16] u. *Myanesin*, [2,3]. Bes. wirksam gegen *Cardiazol*-Krämpfe war das Diäthylderiv. mit einer Schutzwrkg., die der des Phenobarbitals entsprach. Die Schutzwrkg. ist sehr kurz u. nach 90 Min. nicht mehr nachweisbar. Es wird vermutet, daß der anticonvulsiven Wrkg. der Barbitursäuren u. der der neuen Verbindungsreihe dieselbe Ursache (gegebenenfalls in einem gemeinsamen Spaltprod.) eignet. (Proc. Soc. exp. Biol. Med. **78.** 277—79. Okt. 1951. New Brunswick, N. J., Wallace Labor.) F. JUNG. 4628

Thomas J. Haley und **Murray Bassin,** *Quantitative Bestimmung antispasmodischer Wirkungen unter Verwendung eines Gallenblase–Gallengang-Präparates vom Meerschweinchen.* An einem Gallenblase–Gallengang-Präp. vom Meerschweinchen zeigten *Histamin*, $BaCl_2$ u. *Acetylcholin* gute kontrahierende Wirkungen. Das Präp. ist gegen neurotropen Reiz empfindlicher als gegen muskulotropen Reiz. Die Wrkg. des *Acetylcholins* wird in folgender Reihenfolge gehemmt: *Atropin* > *Phenergan* > *Diphenylhydramin* > *Ambodryl* (*β-Dimethylaminoäthyl-[4-brombenzhydryl]-äther*) > *Thenfadil* (*N'-[Pyridyl-(2)]-N'-[thenyl-(3)]-N.N-dimethyläthylendiamin*) > *C-5581-H Bristol* (*2-Benzylphenoxy-N.N-dimethyläthanolamin*) > *Chlorocyclizine*(*N-Methyl-N'-[4-chlorbenzhydryl]-piperazin*) > *Chloroprophenpyridamin* (*1-[4-Chlorphenyl]-1-[pyridyl-(2)]-3-dimethylaminopropan*) > *Anthallan* (*3-Di-[n-butyl]-aminomethyl-4.5.6-trioxyphenylphthalamid*). (Proc. Soc. exp. Biol. Med. **78.** 147—49. Okt. 1951. Los Angeles, Calif., Univ. of California, Atomic Energy Project, Div. of Pharmacol. and Toxicol.) F. JUNG. 4628

S. Charles Freed und **Meyer Friedman,** *Blutdrucksenkende Wirkung von Kaliumeinschränkung bei der Ratte.* (Vgl. C. **1951.** II. 254.) Ratten unter *K*-armer Diät (0,01% *K*) verlieren im Verlauf von 6 Wochen zwar nicht an Gewicht, wirken jedoch adynam., u. ihr Blutdruck sinkt von ca. 105 mm Hg auf 84 mm Hg. Die Wrkg. tritt nur ein, wenn gleichzeitig n. oder übernormale *Na*-Mengen zur Verfügung gestellt werden, sie entfällt bei gleichzeitiger *Na*-Einschränkung. Die Tiere mit Hypotension zeigten im Herzen subendocardiale Nekrosen u. Infiltrate. Auch diese Veränderungen fehlten bei gleichzeitiger *Na*-Einschränkung. Das Herzgewicht der *K*-arm ernährten Tiere war zwar n., jedoch war die Trockenmasse verringert. Die Nieren waren leicht ödematös. (Proc. Soc. exp. Biol. Med. **78.** 74—77. Okt. 1951. San Francisco, Calif., Mount Zion Hosp., Harold Brunn Inst. for Cardiovasc. Res.) F. JUNG. 4630

Meyer Friedman, Ray H. Rosenman und **S. Charles Freed,** *Depressorische Wirkung von Kaliumverarmung auf den Blutdruck hochdruckkranker Ratten.* 7—8 Wochen alte Ratten wurden einseitig nephrektomiert u. an der Gegenseite mittels Ligatur die Nierendurchblutung gedrosselt. Nach 4 Wochen gelangten die Ratten in den Vers., welche Hochdruck über 140 mm Hg zeigten. Die Tiere erhielten ein synthet. Futter ad libidum mit einem *K*-Geh. von 0,006%. Die Kontrolltiere bekamen eine 0,5%ig. *KCl*-Lsg. zusätzlich. Während bei den letzteren nach ca. 7 Wochen ein Blutdruckniveau um 170 mm erreicht wurde, fiel die Versuchsgruppe auf ca. 120 mm ab. Die Versuchsgruppe zeigte eine erheblich geringere Gewichtszunahme als die Kontrollen, schlechte Behaarung u. erheblich verminderte traumat. Toleranz. Die Mortalität war erheblich größer. Myocardschädigungen (Nekrose u. Fibrose), Nierenschädigungen u. Nebennierenveränderungen waren bei den K-verarmten Tieren wesentlich deutlicher als bei den Kontrollen. Zwischen Myocardschäden u. Blutdruckveränderungen bestanden keine Beziehungen. (Amer. J. Physiol. **167.** 457—61. 1/11. 1951. San Francisco, Calif., Mount Zion Hosp., Inst. for Cardiovasc. Res.,) F. JUNG. 4630

G. Boggio Gilot und **F. Navazio,** *Elektrocardiographische und histologische Befunde über die Wirkung des Glucose-1-phosphats bei der experimentellen, hypertrophischen*

Myocarderkrankung der Ratte. Vff. untersuchten elektrocardiograph. u. histolog. die Herzen von Ratten, die einer 15tägigen Behandlung mit Ephetonin (täglich 15 mg) unterworfen worden waren u. gleichzeitig täglich 25 mg/kg *Glucose-1-phosphat* (I) erhielten. Unter der Behandlung mit I werden die elektrocardiograph. Veränderungen behoben, während histolog. kein einheitliches Verh. festgestellt werden konnte. (Arch. Scienze med. **100** (**80**). 117—20. Aug. 1955. Rom, Univ., Ist. di Idrologia Med.)
P. G. SCHEURLEN. 4630

Jorge T. Solis und **Hiram E. Essex,** *Wirkung des Protaminsulfats und einiger anderer Stoffe auf das Gefäßsystem des Kaninchens.* 20 mg/kg *Protaminsulfat* (I) intravenös bewirkt am Kaninchen eine sehr intensive u. lang anhaltende Constriction der Ohrarterie ohne Beteiligung der kleineren Gefäße. Extremitätengefäße werden gleichzeitig nicht beeinflußt, die Coronardurchströmung dagegen reduziert. Diese Befunde wurden am isolierten Ohr u. Herz bestätigt. Denervation des Ohres führt zu einer Steigerung der Sensibilität. I verändert den Pulmonaldruck der Tiere nach Gabe kaum, der Carotidendruck sinkt dagegen sofort ab. Die I-Wrkg. am Ohr kann durch intraperitoneale Gabe von *Benadryl* (*Diphenhydramin-*)*-hydrochlorid,* 5 mg 1 Std. vor I, nicht verhindert werden. Wird I mit Blut vor Injektion gemischt, so wird der Effekt ebenfalls nicht modifiziert. Während nach I-Gabe im Coronarausfluß kein *Histamin* (II) feststellbar ist, enthält das Blut aus den Ohrvenen II. II bewirkt am Kaninchen eine generalisierte Vasoconstriction, ebenso auch *Ephedrin* u. *Pitressin.* Die Wrkg. des I kann nicht auf II u. schon gar nicht auf Bldg. von Emboli zurückgeführt werden. (Amer. J. Physiol. **167.** 1—12. 1/10. 1951. Rochester, Minn., Univ. of Minnesota, Mayo Found., Div. of Exp. Med.)
F. JUNG. 4630

F. Jourdan und **J. Heyraud,** *Einfluß des Acetylcholins und des Adrenalins auf den nodalen Rhythmus.* Bei Kaninchen wurde der KEITH-FLACKsche Knoten entfernt, worauf der TAWARA-Knoten die Schrittmacherfunktion am Herzen übernimmt. Nach einigen Wochen stellt sich eine fast n. Herzaktion wieder her, doch wird die abnorme Situation dann bei Erregung der Herznerven deutlich. Derartige Herzen sind gegenüber der Frequenzverlangsamung durch *Acetylcholin* sehr empfindlich, dafür entfällt die negativ dromotrope Wrkg. aus verständlichen Gründen. *Adrenalin* führt zu relativ komplexen Störungen, häufig zu reflektor. Bradycardie. (C. R. Séances Soc. Biol. Filiales **145.** 1184—86. Aug. 1951.)
F. JUNG. 4630

René Hazard, Elisabeth Corteggiani und **Annick Cornec,** *Über einige Wirkungen des p-Aminobenzoyldiisopropylaminoäthanols* (*Isocain*) *und seines Jodmethylats. Isocain* (I) besitzt in Dosen um 5 mg am Blutdruck des *Chloralose*-narkotisierten Hundes eine senkende Wrkg., am isolierten Herz entsprechend die Fähigkeit zur Amplituden- u. Frequenzreduktion. Die negativ inotrope u. chronotrope Wrkg. des *Acetylcholins* wird vermindert, seine Gesamtwrkg. (Hypotension) dagegen nicht beeinflußt bzw. sogar vermehrt. Sowohl am n. Hund als auch nach Vagotomie steigert I die *Adrenalin* (I)-Wirkungen erheblich. Die Blutdruckwirkungen einer Dosis von $^1/_{20}$ mg *Nicotin* (II) werden durch 0,01 g I vollständig verhindert. Das *Jodmethylat* des I bewirkt in Dosen um 0,5 mg eine geringe, in höheren Dosen eine intensive Blutdrucksenkung. Es sensibilisiert sehr stark gegen I u. hemmt ebenso stark auch die Wrkg. des II. (C. R. Séances Soc. Biol. Filiales **145.** 872—74. Juni 1951.)
F. JUNG. 4630

René Hazard, Elisabeth Corteggiani und **Annick Cornec,** *Über einige Wirkungen des Hydrochlorids des ω-Diäthylamino-2.6-dimethylacetanilids* (*Xylocain oder Lidocain*) *und seines Jodmethylats.* (Vgl. vorst. Ref.) Verss. am Hund in Chloralosenarkose. *Xylocain* (I), 0,01—0,05 g, bewirkt bei intravenöser Gabe eine Blutdrucksenkung u. Herzdepression. Die blutdrucksteigernde Wrkg. von *Adrenalin* wird leicht vermehrt, die Herzwrkg. des *Acetylcholins* leicht vermindert. Dosen von 0,03—0,05 g hemmen die Wirkungen des *Nicotins* (II) $^1/_{20}$ mg/kg ausgesprochen. Das *Jodmethylat* des I senkt den Blutdruck ab 0,01 g u. hemmt die II-Wirkungen noch erheblich stärker als I. Bereits 0,01 g unterdrücken beide Phasen derselben völlig. (C. R. Séances Soc. Biol. Filiales **145.** 1038—39. Juli 1951.)
F. JUNG. 4630

R. Hazard, A. H. Nezamie, E. Corteggiani und **A. Cornec,** *Wirkungsvergleich des Jodmethylats des Procains und seines niederen Homologen, des p-Aminobenzoyldimethylaminoäthanols. Rolle der entsprechenden Aminoalkohole.* (Vgl. vorst. Ref.) *Jodmethylat* des *Procains* besitzt in Dosen von 0,5—1 mg/kg am Hund bei intravenöser Gabe eine kräftige *Nicotin* (I)-Wrkg., während das *Jodmethylat* des *Isocains* I-Wirkungen hemmt. Das *Jodmethylat* des *p-Aminobenzoyldimethylaminoäthanols* besitzt bereits in Dosen um 0,2 mg/kg eine sehr intensive zweiphas. Blutdruck- u. Milzwirkung. Das *Jodmethylat* des *Diäthylaminoäthanols* wirkt in Dosen um 10 mg/kg lediglich blutdrucksenkend, das des *Dimethylaminoäthanols* in derselben Dosis bereits zweiphasig. (C. R. Séances Soc. Biol. Filiales **145.** 1040—41. Juli 1951.)
F. JUNG. 4630

R. Hazard, M. Beauvallet und **R. Giudicelli,** *Umkehr der blutdrucksenkenden Aludrinwirkung durch Naphthazolin.* Die blutdrucksenkende Wrkg. des *Aludrins* (*Isopropylnoradrenalin*) läßt sich durch Vorbehandlung mit *Ergotamin* oder mit *Hypophysenhinterlappenextrakt* in eine blutdrucksteigernde umkehren. In der vorliegenden Arbeit zeigen Vff. an Hunden, daß durch *Naphthazolin* der gleiche Effekt erreicht wird. Durch *Yohimbin* läßt sich diese Entwicklungsumkehr rückgängig machen. (C. R. Séances Soc. Biol. Filiales **146.** 181—83. Febr. 1952.) H.-J. SCHÜMANN. 4630

R. Hazard, M. Beauvallet und **R. Giudicelli,** *Umkehr der blutdrucksenkenden Wirkung kleiner Adrenalindosen durch Hypophysenhinterlappenextrakt und Naphthazolin.* (Vgl. C. **1952.** 4806.) In Verss. an Hunden in *Chloralose*-Narkose zeigen Vff., daß die Blutdrucksenkung nach kleinen Adrenalindosen sowohl durch Naphthazolin- als auch durch Hypophysenhinterlappenextrakt-Vorbehandlung in eine Blutdrucksteigerung umgewandelt wird. (C. R. Séances Soc. Biol. Filiales **146.** 183—85. Febr. 1952.)
H.-J. SCHÜMANN. 4630

R. Hazard, M. Beauvallet und **R. Giudicelli,** *Über den Mechanismus der durch Ergotamin ausgelösten Umkehr der blutdrucksenkenden Wirkung des Isopropyladrenalins.* In Verss. an Hunden mit Registrierung des Beinvol. u. des Blutdrucks zeigen Vff., daß die Herabsetzung des Beinvol. durch *Ergotamin* (I) nur von kurzer Dauer ist, u. daß die Umkehrwrkg. von I auch nach abgeklungener Gefäßconstriction noch vorhanden ist. *Isopropyladrenalin* (II), intraarteriell injiziert, führt auch nach I-Gaben noch zur Blutdrucksenkung. — Aus diesen u. anderen Beobachtungen schließen Vff., daß die I-Vasoconstriction weder notwendige Bedingung noch genügende Erklärung für die blutdrucksteigernde II-Wrkg. nach I-Gaben ist. (C. R. Séances Soc. Biol. Filiales **146.** 241 bis 244. Febr. 1952.) H.-J. SCHÜMANN. 4630

Clement A. Stone, George Entwisle und **E. R. Loew,** *Nebennierenmarkerregung durch Tetraäthylammonium.* Katzen wurden eviseriert, die Nierengefäße hilusnah abgebunden u. schließlich die großen Abdominalgefäße unmittelbar unter dem Abgang der Nierenarterie unterbunden, so daß Injektionen in die Aorta abdominalis prakt. nur in die Nebenniere gelangten. An solchen Tieren bewirken Gaben von 4 mg *Tetraäthylammonium*-Verb. (*TEA*; I) in die Aorta abdominalis regelmäßig Blutdrucksteigerung u., nach Entfernung der Halsganglien, auch Nickhautkontraktion. Bei intravenöser Gabe ist der Effekt kaum wahrnehmbar. Auch *Acetylcholin* oder *Histamin* wirken an diesen Präpp. bei Gabe in die Aorta blutdrucksteigernd. Intravenöse Gabe von *933F* oder *N-Äthyl-N-[2-chloräthyl]-9-fluorenamin-HCl* (*SY-21*) oder Nebennierenentfernung heben die pressor. Wirkungen auf. Vermutlich beruhen nach diesen Verss. hierauf die gelegentlich auf I auch am Menschen beobachteten pressor. Wirkungen. (Proc. Soc. exp. Biol. Med. **78.** 358—62. Okt. 1951. Boston, Univ., School of Med., Dep. of Physiol.)
F. JUNG. 4630

F. Jourdan und **P. Duchène-Marullaz,** *Wirkung des Tetraäthylammoniumbromids auf die Adrenalinsekretion durch den Splanchnicus.* Verss. am Hund in *Chloralose*-Narkose. Auf Reizung des Splanchnicus kommt es zu Blutdrucksteigerung u. Nierenkontraktion. Die letztere entfällt nach Entnervung der Niere, es tritt dann zunächst eine druckpassive Volumenvermehrung, gefolgt von einer langsamen Kontraktion, ein. Nach Gabe von 20—30 mg *Tetraäthylammoniumbromid*/kg ist die Rk. einer innervierten Niere dieselbe, die entnervte Niere zeigt dagegen lediglich eine leichte druckpassive Erweiterung. Dies wird als Beleg verwertet, daß nunmehr auf Splanchnicusreizung kein *Adrenalin* mehr in den Kreislauf austritt. Diese Ausschaltung der Adrenalinsekretion läßt sich auch an der Rk. der Herzfrequenz nachweisen. (C. R. Séances Soc. Biol. Filiales **145.** 1315—18. Sept. 1951.) F. JUNG. 4630

Henry Haimovici, Marvin Moser und **Henry Krakauer,** *Wirkung oraler Gaben von 688A (N-Phenoxyisopropyl-N-benzyl-β-chloräthylamin-HCl) auf den Blutdruck bei Personen mit normalem Blutdruck und Hochdruck. 688A* wurde 3mal täglich in Gesamttagesdosen von 30—560 mg oral verabreicht. Die Wrkg. ist 1—1½ Std. nach Gabe maximal, sie besteht in einer Blutdruckreduktion. Die Wrkg. hält 3—5 Std. an. Sie ist bei Patienten mit maligner Hypertension, aber auch essentieller Hypertension größer als bei n. Personen. Bes. hohe Werte erreichten sie bei einem Fall von Phäochromocytom. Die Pulsfrequenz nimmt unter der Wrkg. zu. Subjektive Besserung war eindeutig. An Nebenwirkungen wurde gesehen Nausea, Erbrechen, schnelle Ermüdung. Toleranz kann sich entwickeln. (Proc. Soc. exp. Biol. Med. **77.** 477—80. Juli 1951. New York, N. Y., Monte Fiori Hosp., Surg. and Med. Div.) F. JUNG. 4630

A. M. Wedd und **H. A. Blair,** *Wirkung von Coumingin auf den Herzmuskel.* Das Erythrophleumalkaloid *Coumingin* besitzt am Herzvorhof der Schildkröte in Konzz. von ca. 10^{-7} eine durch *Atropin* hemmbare negativ inotrope Wirkung. Am Ventrikel verlängert es die Reizleitungszeit u. die elektr. Erregbarkeit. Es führt ab $0{,}25 \cdot 10^{-7}$ zu verringerter diastol. Erschlaffung, welche jedoch durch *Cystein* oder *Glutathion* nicht verhindert werden kann. Positiv inotrope Wrkg. war selten nachweisbar, Tachycardie häufiger. (Proc. Soc. exp. Biol. Med. **78.** 271—74. Okt. 1951. Rochester, N. Y., Univ., School of Med. and Dent., Dep. of Physiol. and Pharmacol.) F. JUNG. 4630

L. I. Goldberg und **M. deV. Cotten,** *Wirksamkeit von Procain bei ventriculärer Tachycardie durch Digitalis.* Verss. an Hunden in *Dial–Urethan*-Narkose. Ein Teil der Tiere war bilateral cervical vagosympathektomiert. Die bei großen *Digitalis-* oder *Ouabain* (I)-Dosen auftretende ventriculäre Tachycardie (0,75—1,25 Katzeneinheiten/kg innerhalb 2 Std.) kann durch schnelle intravenöse Gabe einer 10%ig. Lsg. von *Procainamid* (*Pronestyl;* SQUIBB; **II**) bis zu Dosen von 10—20 mg/kg aufgehoben werden. Diese Wrkg. ist gelegentlich vorübergehend, sie läßt sich dann reproduzieren. Im Anschluß an die **II**-Gabe ist das PR-Intervall verlängert, direkte EKG-Veränderungen jedoch waren nicht vorhanden. Bei einem Teil der Tiere trat auf **II** Herzstillstand ein. **II** verändert die tödliche **I**-Dosis bei Dauerinfusion an der Katze (Katzeneinheit) nicht. (Proc. Soc. exp. Biol. Med. **77.** 741—44. Aug. 1951. Charleston, S. C., Med. Coll. of South Carolina, Dep. of Pharmacol.) F. JUNG. 4630

René Hazard und **Jean Hazard,** *Änderung der Empfindlichkeit gegenüber Digitalin in Abhängigkeit vom Kaliumspiegel des Blutes.* Bei Meerschweinchen wurde durch Dauertropfinfusion die mittlere letale Dosis von *Digitalin* (**I**) allein u. bei gleichzeitiger Gabe von *KCl* (**II**), *K-Oxalat* (**III**), *K-Citrat* (**IV**) u. *Na-Citrat* (**V**) bestimmt. **II** erhöht die letale Dosis, gleichzeitiges Ausfällen der Ca-Ionen durch **IV** erhöhte die K-Wirkung. **III** zeigte diese Steigerung nicht, was durch die tox. Wrkg. der Oxalationen auf den Herzmuskel erklärt wird. **V** erhöht die letale Dosis von **I** nur unwesentlich. (C. R. Séances Soc. Biol. Filiales **146.** 832—34. Juni 1952. Fac. de Méd., Labor. de Pharmacol.) H. MATTHIES. 4630

J. W. McCubbin und **Irvine H. Page,** *Wirkung von Veratramin auf den arteriellen Druck und die Herzfrequenz beim normalen und hochdruckkranken Hund.* Durch Carotissinusentfernung u. Durchtrennung der Depressornerven wurde bei Hunden eine neurogene Hypertension bewirkt; renale Hypertension wurde durch Erzeugung einer Cellophanperinephritis herbeigeführt. *Veratramin* (**I**), 0,1—0,2 mg/kg intravenös als Acetat, bewirkt am n. Hund in *Pentobarbital*-Anästhesie eine Blutdrucksenkung von durchschnittlich 13 mm Hg, die Pulsfrequenz wird um ca. 40 Min. verringert. Zwischen Blutdruckabfall, Ausgangsblutdruck u. Frequenz besteht keine nachweisbare Korrelation. Am Hund mit neurogenem Hochdruck entspricht in Anästhesie der Blutdruck dem von Kontrolltieren. **I** bringt aber einen durchschnittlichen Absturz um 70 mm Hg zustande, die Pulsfrequenzabnahme beträgt 60/Min.; nach Abklingen der Wrkg. kann der Vers. wiederholt werden, ohne daß Tachyphylaxie eintritt. Wird bei diesen Tieren noch eine cardiale Sympathektomie durchgeführt, so ist die Blutdrucksenkung durch **I** noch größer. Am Hund mit renaler Hypertension ist die **I**-Wrkg. dieselbe wie bei Kontrolltieren. Während der **I**-Wrkg. am hochdruckkranken Hund ist die Herzleistung nicht red. oder sogar vermehrt, so daß der Effekt auf einer Verminderung des peripheren Widerstandes beruhen muß. Dementsprechend steigt das Schlagvol. mitunter erheblich an. Wird vor **I** *Tetraäthylammonium* gegeben, so ist die **I**-Wrkg. sehr reduziert. Wird es während der **I**-Wrkg. gegeben, so kann der Blutdruck weiter absinken. Die angewandten **I**-Dosen verändern die Rk. auf *Adrenalin* u. *Noradrenalin* nicht. Am n. Hund beeinflußt **I** (0,3 mg/kg) die Carotissinus-Rk. nicht. Die **I**-Wrkg. wird durch vorherrschende *Atropin*-Gabe nicht verändert. Bilaterale Entfernung des Parasympathicus an einem Tier mit neurogener Hypertension red. die **I**-Wrkg. erheblich. (Amer. J. Physiol. **167.** 714—20. 1/12. 1951. Cleveland, O., Res. Div. of Cleveland, Clin. Found. and Frank E. Bunts Educat. Inst.) F. JUNG. 4630

A. A. Pychtina, *Zur Analyse der Wirkung von Papaverin.* Neben seiner Hauptwrkg. (Myotropie) zeigte *Papaverin* (**I**) auch eine Wrkg. auf die peripheren u. zentralen Mechanismen der Neuroregulation der Blutgefäße (Gefäßverengerung, daher Abschwächung der Myotropie). Intravenöse Zufuhr von 0,5 mg/kg **I** an Katzen erzeugten nur eine Blutdrucksenkung im Gesamtorganismus, während bei 1 mg/kg **I** außerdem eine Gefäßverengerung in der isolierten Milz u. im isolierten Dünndarm (beide hatten Nervenverb. zum Körper) beobachtet wurde. (Фармакология и Токсикология [Pharmakol. u. Toxikol.] **17.** Nr. 6. 33—36. Nov./Dez. 1954. Moskau, 2. Med. Stalin-Inst., Lehrstuhl für Pharmakol.) A. v. WILPERT. 4630

L. W. Lyssenko, *Pharmakologische Untersuchung von Glykoviol. Glykoviol* (**I**), sowjet. Präp. aus Cheiranthus cheiri, zeigte bei Fröschen eine biol. Aktivität von 3,3, bei Katzen von 0,44 mg/kg. Sie nähert sich daher jener des *Digitoxins* (**II**); **I** ist jedoch weniger tox. als **II**, wirkt weniger kumulativ u. wird rascher ausgeschieden als **II**. In geringen Dosen vergrößert **I** die Amplituden u. verlangsamt den Rhythmus der

Herzschläge; in hohen Gaben führt es zum systol. Herzstillstand. (Фармакология и Токсикология [Pharmakol. u. Toxikol.] **17.** Nr. 6. 37—39. Nov./Dez. 1954. Charkow, Pharmakol. Labor. des forschungswiss. Chem.-Pharmaz. Inst. sowie Lehrstuhl für Pharmakol. des Pharmaz. Inst.) A. v. WILPERT. 4630

M. Lövi, V. Ádor und **M. Gábor,** *Wirkung von Rutin auf die Heilung experimenteller Corneageschwüre.* An Kaninchen wurde die Wrkg. von *Rutin* (I) bei künstlich gesetzten Corneaverletzungen untersucht. Die lokale Anwendung als 5%ig. I-Salbe war wirkungslos. Dagegen wurde die Heilungszeit der Geschwüre durch intravenöse **I**-Gaben auf $^1/_4$ herabgesetzt. Der Na-Geh. des Kammerwassers war bei **I**-Gabe herabgesetzt (n. 335 mg%, nach I-Behandlung 430—460 mg% Na). Die Wrkg. von **I** wird dadurch erklärt, daß **I** als permeabilitätsherabsetzender Stoff die in Verbindung mit der Ulceration der Cornea auftretenden Komplikationen verhindert. (Acta med. Acad. Sci. hung. **6.** 391—96. 1954. Szeged, Med. Univ., Augenklinik u. Pharmakol. Inst.)
WOLFGANG ALBRECHT. 4633

Sherman Kupfer, David D. Thompson und **Robert F. Pitts,** *Die isolierte Niere und ihr Verhalten gegenüber Diureticis.* Am mit Heparinblut durchströmten Pumpe–Lunge–Niere-Präp. des Hundes waren Glomerulusfiltration (Kreatininclearance), p-Aminohippursäureclearance sowie das Konzentrationsverhältnis Urin/Plasma gegenüber den Werten in situ red., während die Na-Ausscheidung ungefähr gleich blieb. Die isolierte Niere wies einen höheren vasculären Widerstand auf. 50 mg *Aminophyllin* (**I**) verminderten den renalen Gefäßwiderstand u. erhöhten die Wasserausscheidung. *Salyrgan* (**II**; 8 mg Hg; intraarteriell) setzte die Glomerulusfiltration u. die Nierendurchblutung stark herab; Harn- u. Wasserausscheidung waren reduziert. Sowohl **II** als auch **I** wirkten zum großen Teil durch Hemmung der tubulären Reabsorption von W. u. Salz. (Amer. J. Physiol. **167.** 703—13. 1/12. 1951. New York City, N. Y., Cornell Univ., Med. Coll., Dep. of Physiol.) H. G. SCHWEIGER. 4634

Raymond L. Cahen und **Kristen M. Tvede,** *Bestimmung der Schutzwirkung von Antiulcus-Substanzen mittels einer quantitativen Methode.* 125—250 g schwere Ratten, denen eine Pylorusligatur angelegt worden war, erhielten *Atropin* (**I**), *Artane* (**II**), *Diparcol* (**III**), *Banthine* (**IV**), *Pentamethonium* (**V**), *Hexamethonium* (**VI**), *Tetraäthylammonium* (**VII**; Bromid bzw. Chlorid), *Pyribenzamin* (**VIII**), *Benadryl* (**IX**), *Tephorin* (**X**) oder *Tagathen* (**XI**) subcutan injiziert oder peroral verabreicht u. wurden 5 Std. oder 17—19 Std. nach der Ligatur getötet. Die Injektionen bzw. die perorale Verabreichung geschahen entweder gleichzeitig mit der Ligatur oder 5 Std. später. Die Substanzen wurden an verschied. Ratten in steigenden Dosen gegeben; ermittelt wurde diejenige Dosis DE_{50}, die 50% der Ratten vor ulcerativen Läsionen im Rumen schützte. Die beste Schutzwrkg. zeigten die anticholinerg. Substanzen **I** u. **II**, ferner auch **IV**, sowohl bei subcutaner als auch bei peroraler Verabreichung. Die ganglienblockierenden Substanzen **V, VI** u. **VII** hatten nur eine kurze Wrkg.; keine der antihistaminwirksamen Substanzen **VIII, IX, X** u. **XI** wirkte ulcusverhindernd. (Proc. Soc. exp. Biol. Med. **78.** 708—11. Dez. 1951. Morristown, N. Y., Maltbie Labors.) W. BRANDT. 4645

Marcello Ricci und **Salvatore Corbo,** *Über die Wirkung des Piperazinhydrats gegen Enterobius vermicularis.* Vff. behandelten 175 mit Enterobius vermicularis befallene Kinder im Alter von 2—12 Jahren mit *Piperazinhydrat* (**I**), in einem Fall 14 Tage hintereinander, im anderen 2mal 7 Tage mit dazwischenliegender Pause. Die 1. Behandlungsart erwies sich als wirksamer. Vergiftungserscheinungen wurden nicht beobachtet. **I** hat keine Wrkg. auf: Enterobius coli, Jodamöba bütschlii, Giardia intestinalis, Hymenolepis nana, Trichuris trichina; bei Ascaris lumbricoides konnte in 4 Fällen ein Erfolg beobachtet werden. (Riv. Parassitol. **16.** 73—80. April 1955.) E. VEVERA. 4649

Lyle H. Hamilton und **Steven M. Horvath,** *Die Wirkung des Dibenzylins auf die Leukocytenverschiebung infolge von Adrenalingaben.* Versuchsreihen an Hunden mit Injektionen von *Dibenzylin* u. dessen Wrkg. auf das durch Adrenalin veränderte weiße Blutbild werden beschrieben. (Amer. J. Physiol. **172.** 725—30. März 1953. Iowa City, Io., Coll. of Med.) K. J. SCHMERSAHL. 4561

H. Haury, *Glutaminsäuretherapie 1943—1955.* Allg. Ausführungen über die Physiologie u. therapeut. Verwendung von *Glutaminsäure* in zusammenfassender Form. — 16 Literaturangaben. (Schweiz. Apotheker-Ztg. **93.** 932—36. 10/12. 1955.)
P. LOCH. 4670

Heinz Anders, *Betrachtungen zur Glutaminsäuretherapie.* Vf. bespricht die Stoffwechselvorgänge in den Nerven u. Geweben u. die entgiftende Wrkg. der *Glutaminsäure* auf den bei Funktion des Nervengewebes entstehenden Ammoniak. (Österr. Apotheker-Ztg. **9.** 195. 19/3. 1955. Berlin-Grünheide.) E. VEVERA. 4670

Williamina A. Himwich und **Inez M. Petersen** (unter Mitarbeit von **Juanita P. Graves**), *Einnahme von Na-Glutamat und der Glutaminsäuregehalt des Plasmas.* Der *Glutaminsäure* (I)-Geh. des Plasmas wurde nach oraler Gabe von I (1 Woche 15 g/Tag, die 2. Woche 30 g/Tag, die nächsten Wochen 45 g/Tag) nach BESSMAN u. Mitarbeitern (J. biol. Chemistry **175.** [1948.] 817) untersucht. Es wurden große individuelle Unterschiede im I-Geh. des Plasmas festgestellt, welche auch bei gleichen Versuchspersonen bei Entnahmen zu verschied. Zeiten auftraten. Die dauernde Einnahme von I hatte keine Wrkg. auf den I-Spiegel im Plasma, auch *Glutamin* zeigte sich nicht erhöht. In 16 Fällen bewirkte I in einmaliger Dosis individuelle, von der Dosis abhängige Ausschläge. (J. appl. Physiol. **7.** 196—99. Sept. 1954. Galesburg, Ill., Thudichum Psychiatr. Res. Labor., Galesburg State Res. Hosp.) WOLFGANG ALBRECHT. 4670

K. S. Holt, *Schwierigkeiten der Salicylatbehandlung von rheumatischem Fieber bei Kindern bei Verwendung hoher Dosen. Na-Salicylat* wurde allein u. in Kombination mit *Na-Bicarbonat, Cortison* u. in Form von *Aspirin* Kindern mit rheumat. Filber in hoher Dosierung gegeben. Als Zeichen tox. Alteration wurde Hyperpnoe, in seltenen Fällen Ohrensausen u. Taubheit beobachtet. (Lancet **267.** 1197—99. 11/12. 1954. Univ. of Sheffield.) WOLFGANG ALBRECHT. 4670

E. Szold und **S. Vajna**, *Behandlung des Blutes mit Ionenaustauschern. Harnstoff* (I), ein bei der Urämie wahrscheinlich tox. wirkender Stoff, wurde in Modellverss. an ionenaustauschendes Harz (Polystyrolsulfonsäure) adsorbiert, u. zwar entzieht 100 cm^3 Harz (Vol. des Ionenaustauschers in der mit Fl. gefüllten Säule) aus 100 cm^3 Blut ca. 45% I. Das Harz muß mit RINGER- oder TYRODE-Lsg. vorbehandelt werden, um den Austausch der physiol. Kationen zu verhindern. Durch die Behandlung werden die wesentlichen Bestandteile des Blutes nicht verändert, Hämolyse tritt nicht ein, doch sind zur Verhinderung der Gerinnung Blut u. Harz mit Citrat zu behandeln. Beim gesunden lebenden Hund tritt durch die Behandlung mit Harz keine Schädigung in Erscheinung, beim durch I uräm. gemachten Hund nimmt der Rest-N nach der Behandlung ab. (Acta med. Acad. Sci. hung. **6.** 419—32. 1954. Budapest, Med. Univ., Urol. Klinik, u. Forschungsinst. der Zuckerindustrie.) WOLFGANG ALBRECHT. 4670

Harold S. Feldman, Karl Urbach, Charles F. Naegele, Frederic D. Regan und **Alexander A. Doerner**, *Kationenadsorption durch Alginsäure beim Menschen. Alginsäure* (I) ist ein wasserunlösl. amorphes Polymeres von *Anhydro-B-D-mannuronsäure*, das durch seine freien Carboxylgruppen eine Kationenadsorptionskapazität von 5,7 Milliäquivalent/g besitzt. Wie aus Unterss. der Vff. hervorgeht, bewirkt I, oral gegeben (45 g/Tag), eine starke Senkung von Na u. K im Urin u. eine starke Zunahme der beiden Kationen in den Faeces bis auf $^1/_5$—$^1/_6$ der durch andere klin. angewandte Kationenaustauscher bewirkten Zunahme. (Proc. Soc. exp. Biol. Med. **79.** 439—41. März 1952. Staten Island, N. Y., U. S. P. H. S. Hosp., Dep. of Med.) H. SCHEURLEN. 4670

Fritz Hauschild und **Günther Dentzer**, *Zur Wirkung des an Äthylendiamintetraessigsäure gebundenen Calciums und Magnesiums.* Die pharmakol. Prüfungen des *Ca-Äthylendiamintetraessigsäure-Na-Salzes* am isolierten Froschherzen u. der Mg-Narkose der weißen Maus zeigten, daß keine nennenswerten Mengen von Ca-Ionen aus dieser Verb. abgespalten werden. Es wurde nachgewiesen, daß aus dem *Mg-Äthylendiamintetraessigsäure-Na-Salz* (I) durch Ca-Ionen das komplexgebundene Mg verdrängt wird, I also zum Entzug von Ca führt. (Klin. Wschr. **33.** 495—96. 15/5. 1955. Leipzig, Univ., Pharmakol. Inst.) G. RENTSCH. 4670

S. Callaway, D. R. Davies und **J. E. Risley**, *Die Regeneration der Erythrocyten- und Plasmacholinesterase bei Menschen und Hunden nach Vergiftung mit Bis-[isopropylamino]-fluorphosphinoxyd.* Beschreibung von Vergiftungen durch *Bis-[isopropylamino]-fluorophosphinoxyd*, die infolge einer *Cholinesterase* (I)-Zerstörung bei 2 Männern u. 1 Frau intensive cholinerg. Symptome sowie nach Wochen vorübergehende Lähmungen der Hände u. der Beine hervorriefen. Die Regeneration der Erythrocyten-I verläuft linear (ca. 1% Regeneration/Tag), die Plasma-I steigt exponentiell, aber langsam an, so daß nach 10 Tagen ca. 25%, nach 40 Tagen ca. 60% regeneriert waren. Kontrollunterss. bei Hunden. (Biochem. J. **50.** XXX. März 1952. Porton, Wilts, Ministry of Supply.) W. SCHELER. 4675

H. Ollivier, Hedel, R. Castela und **J. Quicke**, *Überlegungen anläßlich einer seltsamen Zauberpraktik auf Madagaskar: drei Fälle von Vergiftungen mit der Tanghin-Nuß.* Von 3 mittels der Tanghin-Nuß einem „Gottesgericht" unterworfenen Eingeborenen starb einer, während die anderen gastro-intestinale Störungen u. anhaltenden Schwindel zeigten. (Ann. Méd. légale Criminol. **35.** 148—52. Juli/Aug. 1955.) F. KRUSEN. 4675

E. G. Gross and **M. J. Schiffrin**, Clinical analgetics. Springfield, Ill.: C. C. Thomas. 1955. (112 S.) 8°. $ 3,—.
T. Lubuono, I farmaci antiparassitari. Parte I. Napoli: E. S. I. 1955. (137 S.) 8°. L. 1300,—.

F. Pharmazie. Desinfektion.

Karl Winterfeld und **Kurt Bodendorf** (unter Mitarbeit von **Paul Loth, Hermann Picher, Melanie Rink** und **G. Schwenker**), *Entwürfe zur Gestaltung von Prüfungsvorschriften für den Nachtrag zum DAB. 6.* (Vgl. C. **1956.** 501.) Für folgende Arzneimittel werden Prüfungsvorschläge zur Diskussion gestellt: p-Aminosalicylsäure (I), Na-Salz von I, 3-Acetamido-4-oxyphenylarsonsäure-(1), 7-Jod-8-oxychinolin-5-sulfonsäure, Na-Salz der Antimon(III)-bis-[brenzcatechin-3.5-disulfonsäure] u. Isonicotinsäurehydrazid. (Dtsch. Apotheker-Ztg. **95.** 1124—28. 24/11. 1955; Pharmaz. Ind. **17.** 519—23. Nov. 1955. Pharmaz. Ztg. verein. Apotheker-Ztg. **91/100.** 1324—28. 24/11. 1955. Bonn/Rh., Univ., Pharmaz. Inst.; Karlsruhe, TH, Pharmaz.-Chem. Inst.; Wuppertal-Elberfeld, Bayer-Werke; Farbwerke Hoechst.) W. BARZ. 4750

K. W. Rosenmund und **H. Vogt,** *Zur Gestaltung der Prüfungsvorschriften der für eine Aufnahme in den Nachtrag zum DAB. 6 in Frage kommenden Sulfonamide. Bemerkungen zur Prüfung auf „sauer reagierende Bestandteile" in den Vorschlägen von Prof. Dr. Kurt Winterfeld, Prof. Dr. K. Bodendorf und Dr. P. Loth.* (Vgl. C. **1955.** 8441.) Vf. machen zu den Prüfungsvorschriften von WINTERFELD u. Mitarbeitern (C. **1955.** 6801) ihrerseits Vorschläge, die Zusätze zum Abschnitt „Prüflösung" betreffen, u. stellen diese Zusätze zur Diskussion. (Dtsch. Apotheker-Ztg. **95.** 1241—42. 29/12.; Pharmaz. Ind. **17.** 555—56. Dez. 1955. Kiel, Univ., Pharmaz. Inst.) W. BARZ. 4750

W. Kern und **O. Salzmann,** *Über die Prüfung einiger Salbengrundlagen. Vorschlag für einen Nachtrag zum DAB. 6 bzw. für das DAB. 7.* Inhaltlich ident. mit der 5. Mitt. der C. **1956.** 191 referierten Arbeit gleichen Titels. (Dtsch. Apotheker-Ztg. **95.** 968. 6/10. 1955.) W. BARZ. 4750

W. Poethke und **M. Hädicke,** *Kreislaufmittel im Nachtrag zum DAB. 6.* Inhaltlich ident. mit der C. **1954.** 3280 referierten Arbeit. (Pharmaz. Zentralhalle Deutschland **91.** 384—90. Okt. 1952. Jena, Univ., Inst. für Pharmaz. u. Lebensmittelchemie.) W. SPITALER. 4750

S. Börngen, K. Gebler und **F. Hauschild,** *Antihistaminica im Nachtrag zum DAB. 6.* Inhaltlich ident. mit der C. **1954.** 8396 referierten Arbeit. (Pharmazie **8.** 121—22. Febr. 1953. Leipzig, Univ., Pharmakol. Inst. u. Ausschuß für Antihistaminica der Dtsch. Arzneibuch-Kommission.) W. SPITALER. 4750

G. Kunert und **R. Gerlich,** *„Destilliertes Wasser" im neuen Arzneibuch.* Vff. stellen den Entwurf eines Artikels über „Aqua destillata", der zur Aufnahme in den Nachtrag zum DAB. 6 bzw. in das DAB. 7 vorgesehen ist, zur Diskussion. (Pharmazie **10.** 588—89. Okt. 1955. Berlin, Apotheke der Charité.) W. BARZ. 4750

T. Stokke und **A. Vidnes,** *Einige Kommentare zu Zusatz Nr. 11—13 zum norwegischen Arzneibuch 1953.* Bemerkungen zu chem. Eigg., Best. u. physiol. Verh. des *Salicylamids* auf Grund der Literatur. — 8 Literaturhinweise. (Norges Apotekerforen. Tidsskr. **61.** 422—25. Sept. 1953.) R. K. MÜLLER. 4750

Anwar Hussain, I. I. Chaudhri, Fateh Muhammad und **A. Wahhab,** *Veränderungen im Harzgehalt verschiedener Teile von Podophyllum emodi L.* Alle Teile von *Podophyllum emodi* weisen im Frühjahr den höchsten Harzgeh. (I) auf. Daher sind Rhizom u. Wurzel (16—18% I) im zeitigen Frühjahr zu sammeln. Die Blätter enthalten 7,8—9,7% I u. sollten zur Harzgewinnung herangezogen werden. Das Alter der Pflanzen spielt für den I keine wesentliche Rolle. — Beschreibung der Pflanze; 8 Literaturstellen. (J. Pharmacy Pharmacol. **6.** 62—65. Jan. 1954. Abbotobad, Pakistan, Botan. Survey of med. Plants.) K. HERRMANN. 4782

Ricardo Granados Jarque und **Amelia de Irazazabal Nerpell,** *Untersuchung der aktiven Bestandteile des Podophyllins aus Emodiharz.* 2. Mitt. (1. vgl. C. **1952.** 3212.) Es wird versucht, das früher benutzte Verf. zur Trennung der Bestandteile des *Podophyllins* (I) aus dem Harz von Podophyllum Emodi Wall zu verbessern. Doch auch bei Anwendung des Verf. von HARTWELL (vgl. C. **1951.** I. 1314) blieben immer noch Harze übrig, die eine weitere Charakterisierung nicht zuließen. Deshalb wurde eine weitere Verbesserung vorgenommen, die auf der bevorzugten Löslichkeit des Glucosids in W. u. der des *Podophyllotoxins* (II) in Bzl. u. Chromatographie mit verschied. Lösungsmittelgemischen beruht. Hiernach wurden aus dem I von P. Emodi 54,4% **II,** $C_{22}H_{22}O_8$, F. 115—117° (aus Bzl. oder Chlf.), F. 152,6—154,7° (wss. A.), F. 106—108° (50%ig. A.), $[\alpha]_D^{15}$ —100,0° (A., c = 0,7), —100,5° (A., c = 1,1), —133,3° (Chlf., c = 0,8), frei von Peltatin, 5,6% 1-O-(*β-D-Glucopyranosyl*)-*pikropodophyllin* (**III**), $C_{28}H_{32}O_{13} \cdot H_2O$, F. 249,8—250,9° (korr.), 7,8% *Podophylloquercetin,* 0,6% *Wachs* mit I-Geruch u. 9,6% *Podophylloresin* erhalten. Die **II**-Präpp. mit F. 115—117° u. F. 153

bis 155° gaben mit Essigsäureanhydrid das gleiche Acetylderiv. $C_{24}H_{24}O_9$, F. 211—212°. II gibt mit *Aceton* (IV) u. *Al-tert.-Butylat* (V) durch Oxydation einer CHOH- zur Carbonylgruppe die *Verb.* $C_{22}H_{20}O_8$ (VI), F. 273,3° (korr.), die mit GIRARD-Reagens T das Hydrazon liefert, dessen Spaltung VI rein ergibt. 2.4-Dinitrophenylhydrazon, F. 133—138°. II geht beim Kochen mit 10%ig. Na-Acetatlsg. in *Pikropodophyllin*, $C_{22}H_{22}O_8$, F. 225,4 bis 228,6° über. Oxydation des vorigen mit IV + V u. Reinigung über das Hydrazon gibt eine gelbe *Carbonylverb.* $C_{22}H_{20}O_8$, F. 139—141° (A.-W.). II wird mit Pt-Schwarz bei 240—260° dehydriert, nach Extraktion mit Bzl. ergaben sich fluorescierende Kristalle, F. ca. 85°. III gibt mit Essigsäureanhydrid das Tetraacetylderiv. $C_{36}H_{40}O_{17}$, F. 280° (korr., absol. A.). III ist mit n-HCl hydrolysierbar, unter den Spaltprodd. wird Glucose gefunden. (An. Real Soc. españ. Física Quím., Ser. B **50.** 779—84. Sept./Okt. 1954. Valladolid, Univ., Fac. Cie., Labor. Quim. orgán., u. C. S. I. C., Inst. „Alonso Barba".) W. METZENER. 4782

H. R. Arthur, *Eine phytochemische Übersicht über Pflanzen von Nordborneo.* 205 Spezies (darunter viele therapeut. verwendete Pflanzen) aus 71 Familien wurden mit Farb-Rkk. u. organolept. auf Alkaloide (I), Bitterstoffe, äther. Öle, Blausäure, Saponine u. Triterpene (II) geprüft (Tabelle). Fast 20% sollen **I**, fast 30% **II** enthalten. (J. Pharmacy Pharmacol. **6.** 66—72. Jan. 1954. Hong Kong, Univ.) K. HERRMANN. 4782

Edward P. Claus, *Eine pharmakognostische Untersuchung von Pyrularia pubera Michx.* Die Taxonomie, Verbreitung u. Heimat der Santalacee *Pyrularia pubera Michx.* sowie Morphologie u. Histologie ihrer reifen u. unreifen Früchte u. Samen wird beschrieben. (J. Amer. pharmac. Assoc., sci. Edit. **44.** 39—42. Jan. 1955. Pittsburgh, Pa., Univ. of Pittsburgh, School of Pharmacy.) F. NEUWALD. 4782

Roberto Bozzola, *Glycerinmonoolein und Emulsionen zur inneren Anwendung.* Vff. schlagen zwei Rezepte vor, um Lebertran u. Vaselinöl mit *α-Monoolein* (I) zu emulgieren: 1. 450 (g) Lebertran, 50 **I**, 5 Traganth (**II**), 325 dest. W., 150 Sirup (**III**), 0,50 p-Oxybenzoesäuremethylester (**IV**), 12 Ca-Hypophosphit, 8 Na-Hypophosphit, Aroma. 2. 450 (g) Vaselinöl, 50 **I**, 5 **II**, 340 dest. W., 150 **III**, 0,50 Vanillin, 0,50 **IV**, 5 A., gegebenenfalls noch 15 Phenolphthalein. Auf die übliche Zugabe von letzterem u. Agar-Agar zu Emulsionen glauben Vff. verzichten zu können. (Boll. chim. farmac. **93.** 415—17. Nov. 1954.) B. STIEB. 4790

Robert J. Donovan, Lesie M. Ohmart und **Mitchell J. Stoklosa,** *Das Färben von Minzenspiritus.* Die Unterss. von verschied. Mustern Peppermint Spirit U. S. P., die mit verschied. Teerfarbstoffen (Guinea Green B, Light Green SF Yellowish u. Fast Green FCF) gefärbt waren, im Hinblick auf die Stabilität der Farbe ergab, daß sich nur „Fast Green FCF" eignet. (J. Amer. pharmac. Assoc., sci. Edit. **43.** 609—12. Okt. 1954. Boston, Mass., Massachusetts Coll. of Pharmacy.) F. NEUWALD. 4790

Charles K. Kolstad und **C. O. Lee,** *Die relative Eignung verschiedener Salbengrundlagen als Vehikel für Antiseptica.* Es wurden Jod (I), Borsäure (II), Quecksilberpräcipitat (III) u. gelbes Quecksilberoxyd (IV) auf ihre antisept. Wrkg. in 5 neueren Salbengrundlagen [Beeler Base (V), Jelene 50 W (VI), Methylcellulose Base (VII), Petrolatum Rose Water Ointment U. S. P. (VIII) u. Polyethylene Glycol Ointment U. S. P. (IX)] geprüft. Als Testkeim wurde Staphylococcus aureus u. als Vergleichsstandard die entsprechenden offizinellen Salben der Arzneistoffe I—IV verwendet. **V, VII** u. **IX** wirken als Grundlage für **II, III** u. **IV** besser als die offizinelle „weiße Salbe". **V** u. **IX** sind geeignetere Vehikel für **I** als die offizinelle „gelbe Salbe". **VIII** ist eine bessere Grundlage für **III** u. **IV** als die offizinelle „weiße Salbe", trotz der Unverträglichkeit zwischen **IV** u. **VIII**. (J. Amer. pharmac. Assoc., sci. Edit. **44.** 5—7. Jan. 1955. Lafayette, Ind., Purdue Univ., School of Pharmacy.) F. NEUWALD. 4792

Harold Sheinaus und **C. O. Lee,** *Eine Prüfung der Stabilität von gepufferten Erythromycinsalben.* Die Prüfung von 1%ig. Erythromycinsalbe in einer O/W-Grundlage („Beeler Base") ergab, daß die größte Stabilität durch Pufferung des Vehikels auf p_H 8,6 erreicht wird. Als Puffer wurden „U. S. P. XIV Clark and Lubs"-Puffer mit 6 verschied. p_H-Werten zwischen 7,3 u. 11,9 verwendet. (J. Amer. pharmac. Assoc., sci. Edit. **44.** 7—9. Jan. 1955. Lafayette, Ind., Purdue Univ., School of Pharmacy.) F. NEUWALD. 4792

Jens Linnert Jensen, *Hydrocortisonsalbe 1% KH.* Die von HEILESEN u. Mitarbeitern (C. **1955.** 9369) angegebene Vorschrift ist ident. mit der von JENSEN (C. **1955.** 7033) veröffentlichten. (Arch. Pharmac. og Chem. **61** (**111**). 1033—34. 27/12. 1954.) R. K. MÜLLER. 4792

G. Valette, *Die Bedeutung der Pharmakodynamik für die Orientierung der therapeutischen Forschungen.* Am Beispiel der Entw. der Antiepileptica, Muskelrelaxantien,

Malariamittel u. Östrogene wird die Bedeutung des pharmakol. Experiments für die Entw. neuer Arzneimittel durch den Chemiker gezeigt. (Produits pharmac. **7.** 317—22. Juni 1952. Paris, Fac. de Pharmacie.) A. DAUTZENBERG. 4800

Erich Langer und **Rudolf Kaden,** *Lackförmige fungistatische Wirkstoffe.* Überblick über fungistat. Wirkstoffe, bes. Antimykotica, mit lackförmiger Konsistenz. Nach in vitro-Unterss. der Vff. hat sich zur Austestung der Objektträger-Filmtest bewährt. — 23 Literaturangaben. (Münchener med. Wschr. **96.** 674—76. 4/6. 1954. Berlin, Freie Univ., Rudolf-Virchow-Krankenhaus.) F. GÜNTHER. 4806

Robert P. Tansey und **George H. Schneller,** *Untersuchungen über die Stabilisierung von Folsäure in flüssigen pharmazeutischen Zubereitungen.* Da Folsäure (I)-Lsgg. in Ggw. von Lactoflavin einer oxydativen Zers. unterliegen, wurde der Einfl. verschied. Antioxydantien (II) untersucht. Die wss. Testlsg. enthielt in je 100 cm^3 0,01 g **I**, 0,01 g Lactoflavin, Propylenglykol (in wechselnden Mengen), 0,05 g Methylparaben, 0,02 g Propylparaben u. Citrat–Phosphat-Puffer (zur Erhaltung eines p_H-Wertes von 4,5 bis 5,5). Die untersuchten **II** zeigten deutliche Schutzwirkung. Am besten wirkten Nordihydroguajaretsäure, butyliertes Oxyanisol u. der Äthylester der 3.4-Dioxyphenylpropionsäure. (J. Amer. pharmac. Assoc., sci. Edit. **44.** 34—37. Jan. 1955. Bound Brook, N. J., Amer. Cyanamid Co., Calco Chem. Div.) W. SPITALER. 4808

Milton A. Lesser, *PVP.* Übersicht über die Verwendung des *PVP* (*Polyvinylpyrrolidon*) als Blutplasmaersatz (Präpp. mit Mol.-Gew. 25000—40000, zu 3,5% in physiol. Kochsalzlsg. gelöst) zur Verzögerung der Resorption bestimmter Arzneistoffe (einschließlich Penicillin u. Insulin) sowie über seine Fähigkeit, Toxine zu binden u. lösl. Komplexe mit zahlreichen Arzneimitteln zu bilden, u. über seine Verwendung in der Kosmetik. — 57 Patent- u. Literaturangaben. (Drug Cosmet. Ind. **75.** 32—33. 126—31. Juli 1954.) W. SPITALER. 4812

W. Huber, *Plasmaersatzmittel, Herstellung und Verwendungsbereich.* Um den durch Blutverlust oft verursachten Schockzustand wirkungsvoll zu beseitigen, stehen heute zahlreiche Plasmaersatzmittel zur Verfügung, die sich, wenngleich sie sämtlich noch nicht in allen Punkten den an ein ideales Plasmaersatzmittel zu stellenden Anforderungen entsprechen, in der Praxis bewährt haben. Bes. werden empfohlen tier. Serum, Dextran u. Polyvinylpyrrolidon. (Schweiz. Apotheker-Ztg. **93.** 444—49. 28/5. 1955. Basel, F. Hoffmann-La Roche & Co., Akt.-Ges.) H. P. FIEDLER. 4812

R. Strässle, *Blutprodukte: Isolierung, Eigenschaften und therapeutische Verwendung.* Als Therapeutica werden neuerdings nicht mehr Vollblut, sondern Reinfraktionen, die durch Fraktionierung von Blut, Plasma oder Serum erhalten werden, eingesetzt. Nach Besprechung der theoret. Grundlagen der Plasmafraktionierung werden die neueren Fraktionierungsverff. zur Gewinnung von Albumin, γ-Globulin, antihämophilem Globulin, Isoagglutininen, Fibrinogen, Prothrombin, Faktor V u. VII u. von Thrombin u. Fibrin, z. T. für sich, meist jedoch in Gemischen, u. die Kontrollprüfung u. die Verwendung einzelner Fraktionen kurz beschrieben. (Schweiz. Apotheker-Ztg. **93.** 434—43. 28/5. 1955. Basel, F. Hoffmann-La Roche & Co., Akt.-Ges.) H. P. FIEDLER. 4812

J. Lewin, *Verfahren des „Centre National" für Blutübertragung zur fabrikatorischen Herstellung von Trockenplasma und seinen Fraktionierungsprodukten.* Beschreibung der Einrichtungen für die Gefrierentwässerung des Plasmas u. die Herst. der Plasmafraktionen, einiger im Institut gebauter Originalapparaturen u. Anführung der prakt. Lehren aus einer 5jährigen Fabrikationserfahrung (mit Abb.). (Semaine Hôpitaux Paris **30.** 3029 bis 3033. 26.—30/8. 1954. Centre National de Transfusion Sanguine.) W. SCHULENBURG. 4812

J. Kessler, *Versuche und Erfahrungen mit pyrogenhaltigen Infusionslösungen.* 1. Mitt. Verss. über Pyrogene mit NaCl-, Glucose-, Tyrode- u. gemischten Lsgg. ergaben am Kaninchen keine Beziehung zwischen Keimzahl u. Pyrogenreaktion. Bei den Tieren müssen Temperaturvormessungen erfolgen. Positive Pyrogenreaktionen beim Kaninchen traten mit denselben Lsgg. beim Menschen nicht auf. (Pharmac. Acta Helvetiae **30.** 211—28. Mai/Juni 1955. St. Gallen, Kantonsapotheke.) PH. FRESENIUS. 4832

Mary Dawson und **J. P. Todd,** *Die leukocytäre Reaktion von Kaninchen auf Pyrogen aus Proteus vulgaris.* 1. Mitt. *Mononucleare und Temperaturreaktionen.* Als Beitrag zur quantitativen Best. der Pyrogene wird der Einfl. eines Präp. aus Proteus vulgaris (vgl. C. **1953.** 9521) auf die kleinen u. großen Lymphocyten, Monocyten u. die Temp. geprüft. Es werden Angaben über die Variation des Lymphocytensturzes u. die Dosisbeziehung zur Temperatursteigerung mitgeteilt. (J. Pharmacy Pharmacol. **6.** 317—21. Mai 1954. Glasgow, Roy. Techn. Coll.) F. LEUSCHNER. 4832

J. G. Dare und **G. A. Mogey,** *Die Reaktionen des Kaninchens auf die menschlichen Grenzdosen eines bakteriellen Pyrogens.* Es wird über vergleichende Temperaturbestimmungen an Menschen u. Kaninchen mit dem Pyrogentestpräp. 1 (vgl. CO TUI u. SCHRIFT, Proc. Soc. exp. Biol. N. Y. **49.** [1942.] 320) berichtet. Kaninchen erwiesen sich abhängig von den Versuchsbedingungen $^1/_3$- bis 7mal empfindlicher als Menschen. Die Dosiswirkungskurven werden zu Literaturbefunden in Beziehung gesetzt. (J. Pharmacy Pharmacol. **6.** 325—32. Mai 1954. Leeds, Univ., Dep. of Pharmacol.)
F. LEUSCHNER. 4832

Joseph B. Niederl und **Angela Muruzabal de Westerkamp,** *Alkylsulfate des quaternären Ammoniums. Zusammensetzungen und interessante Möglichkeiten innerhalb eines weiten Bereiches der Technik und Industrie.* Erörtert werden die zuerst von NIEDERL u. seinen Mitarbeitern beschriebenen symmetr. u. asymmetr. Alkylsulfate des quaternären Ammoniums. Letztere knüpfen an die von DOMACK u. KUHN u. deren Mitarbeitern beschriebenen Haloide des quaternären Ammoniums an. Es wird deren Herst. nach verschied. Verff., unter Hervorhebung des Äthylsulfats von N-Äthyl-N-cetylmorpholin, angegeben. Die zahlreichen Anwendungsmöglichkeiten als bakterien-, pilz- u. keimtötende Mittel werden einer näheren Betrachtung unterzogen. (Ind. y Quím. **15.** 62—63. 76. April/Mai 1953.) K. PISTOR. 4832

Lj. Kraus, *Ein Beitrag zur Gehaltsbestimmung von Anthrachinonderivaten in Drogen (Rhizoma Rhei und Cortex Frangulae).* Im Hinblick auf das tschechoslowak. Arzneibuch (2. Ausgabe) wird eine colorimetr. Best. für Anthrachinone (I), modifiziert nach AUTERHOFF, ausgearbeitet; die Ergebnisse sind in Tabellen zusammengefaßt. I-Mindestgeh. bei Rhizoma Rhei 3,5%, bei Cortex Frangulae 4,3%. — 48 Literaturangaben. (Českoslov. Farmac. **3.** 171—74. Mai 1954. Praha, Sanitas, techn. kontr.-lab.)
E. VEVERA. 4880

E. Lienert und **I. Stickler,** *Pharmakognosie der Rotenonpflanzen.* Krit. Übersicht über qualitative u. quantitative Prüfungsmethoden von Rotenonpflanzen, bes. Rhiz. Derridis. (Wiener tierärztl. Mschr. **40.** 414—26. Juli 1953. Wien, Tierärztl. Hochschule.)
K. J. SCHMERSAHL. 4880

I. Bauermeister und **U. Hagenström,** *Der Einfluß verschiedener Faktoren auf die Wertbestimmung von Drogen mit ätherischem Öl.* Es wurde der Einfl. folgender Faktoren auf die Ausbeute an äther. Öl untersucht: Höhe der Ölsäule im Auffangrohr, Drogeneinwaage u. Menge der Destillierflüssigkeit. Durch Erhöhung der Drogen- oder Wassermenge sowie mit dem Anwachsen der Ölsäule im Auffangrohr sinkt die relative Ausbeute an äther. Öl. Die Verwendung von Glycerin oder Karion als Zusatz zur Destillier-Fl. bietet keine nennenswerten Vorteile. Durch vorsichtiges Austreiben des äther. Öles aus dem Kühler eines App. nach B. P. 1953 entstehen keine Verluste. Das Einwirken der Droge in der Destillier-Fl. beeinflußt das Endergebnis nicht. — Aus den Unterss. ergibt sich, daß zur Durchführung von Wertbestimmungen bei Drogen mit Geh. an äther. Öl Konventionsmethoden angewandt werden müssen, die in allen Einzelheiten festgelegt sind. (Dtsch. Apotheker-Ztg. **95.** 960—61. 6/10. 1955. Hameln, Raths-Apotheke.) W. BARZ. 4880

J. Büchi und **M. Soliva,** *Die Anwendung der Papierchromatographie in der Arzneimittelanalyse.* 2. Mitt. (1. vgl. C. **1956.** 3375.) Systemat. Durcharbeitung der Papierchromatographie von Antihistaminen (I) (Antistin, Avil, Benadryl, Decapryn, Histadyl, Mepyramin, Phenergan, Thiergan, Pyribenzamin, Synopen, Thonzylamin) u. Lokalanästheticis (II) (Novocain, Cocain, Xylocain, Pantocain, Percain). Die optimalen Bedingungen einer Trennung der Stoffe werden ermittelt. Für II beträgt das optimale p_H 5,5, Lösungsm. Toluol/Butanol/W. (Vol.-Teile 85/15/50) (III), die Trennungen von I sind stark p_H-abhängig, Lösungsm. III oder mit W. gesätt. Äther. Die Ergebnisse u. Störungen wie Diffusionserscheinungen u. Doppelflecke werden diskutiert. Besprechung der Möglichkeiten zum papierchromatograph. Nachw. von Substanzen. (Pharmac. Acta Helvetiae **30.** 195—210. Mai/Juni 1955. Zürich, ETH, Pharmazeut. Inst.)
PH. FRESENIUS. 4880

I. Grosfeld-Nir, S. Gassner und **E. Weissenberg,** *Eine quantitative Methode für die Isolierung und Bestimmung von Morphin in Opium und medizinischen Zubereitungen.* Beschreibung einer einfachen chromatograph. Adsorptionsmeth. für die Trennung des *Morphins* (I) von den übrigen Opiumalkaloiden (II) u. anderen, in rohem Opium (III) vorhandenen störenden Substanzen (IV). Das III wird mit W. bei 60° 2 Std. extrahiert, der filtrierte Extrakt mit konz. NH_3 versetzt u. in einer Adsorptionssäule wird das I an Celite Nr. 545 oder 655 (JOHNS-MANVILLE Diatomeenerde) adsorbiert, während die übrigen II u. anderen IV mit Bzn. ausgewaschen werden. Anschließend wird das I mit einer Chlf.–A.-Mischung (3 : 1) vom Adsorbens eluiert, die Elutions-Fl. im Wasserbad abdest., aller NH_3 sorgfältig entfernt u. endlich das I gegen SHIRO-TASHIRO-Indicator

(Methylrot u. Methylblau 2 : 5) acidimetr. titriert. — An Hand von Tabellen werden die Vorteile der Meth. gegenüber anderen demonstriert. (Bull. on Narcotics **6.** Nr. 2. 23—26. Mai/Aug. 1954. Jerusalem, Government Inst. for the Standardization and Control Pharmaceuticals.) M. NEGWER. 4880

Mitchell L. Borke und **Ernst R. Kirch,** *Trennung einiger Opiumalkaloide durch Oberflächenchromatographie.* Glasstreifen (2,5·43 cm) werden 1 mm stark mit einer Adsorptionspaste aus 10 g Kieselsäure, 10 g MgO, 4 g Gips, 0,250 g fluorescierendem Zn-Silicat Nr. 609 u. 0,250 g fluorescierendem Zn–Cd-Sulfid Nr. 1502 (beide E. I. DU PONT DE NEMOURS & CO) u. 38 ml Phosphatpuffer (p_H 6,6) bestrichen, bei 80—90° getrocknet u. in die Testlsg. getaucht. Die Chromatogramme werden mit 1.4-Dioxan entwickelt. Die einzelnen Komponenten werden als violette oder blaue Punkte auf lichtgrünem Untergrund bzw. auf Grund ihrer R_F-Werte identifiziert. Es konnten in Mischung noch nachgewiesen werden (Zahlen in Klammern = R_F-Werte): 15—20 γ *Papaverin–HCl* (0,88), *Narcotin* (0,92), *Mekonsäure* (0,0) bzw. 50 γ *Morphin* (0,39), *Codein* (0,62) u. *Narcein* (0,00). (J. Amer. pharmac. Assoc., sci. Edit. **42.** 627—29. Okt. 1953. Chicago, Ill., Univ. of Illinois, Coll. of Pharm., Dep. of Chem.) H. P. FIEDLER. 4880

W. Huhn, *Notiz zur Morphinbestimmung.* Die von ZÝKA beschriebene (C. **1955.** 5129) bromometr. Morphinbest. ist nach Vf. ungenau. Die Darst. des Morphinäthers nach MANNICH [1935] u. Titration des Reaktionsprod. erscheint zweckmäßiger (geringe Arbeitszeit, genaue Ergebnisse). (Pharmazie **10.** 243. April 1955.) W. BARZ. 4880

Farbwerke Hoechst Akt.-Ges., vormals Meister Lucius & Brüning (Erfinder: **Walter Krohs,** Frankfurt/M. und **Gustav Ehrhart,** Bad Soden), *Wässerige Lösungen schwerlöslicher Arzneimittel,* z. B. 1-Phenyl-2.3-dimethyl-4-dimethylaminopyrazolon-(5), Diäthylallylacetamid, Progesteron, Desoxycorticosteron oder *Cortison,* lassen sich herstellen, wenn *1.2.4-Trimethyl-3-phenylpyrazolon-(5)* als Lösungsvermittler verwendet wird. (**D. B. P. 936 818** Kl. 30h vom 8/11. 1952, ausg. 22/12. 1955. Anmeldung bekanntgemacht 16/6. 1955.) K. HEINZE. 4786

Farbwerke Hoechst Akt.-Ges., vormals Meister Lucius & Brüning, Frankfurt/M.-Höchst (Erfinder: **Alois Kornmüller,** Göttingen), *Gewinnung hirnwirksamer Substanzen* nach Hauptpatent, dad. gek., daß Gehirne nicht vorbehandelter Tiere verarbeitet werden. Es wird die in Aceton lösl. Fraktion der Lipoidextrakte gewonnen. (**D. B. P. 926683** Kl. 30h vom 15/12. 1951, ausg. 21/4. 1955. Anmeldung bekanntgemacht 23/9. 1954. **Zusatz zu D. B. P. 920438; C. 1956. 1671.**) K. HEINZE. 4791

Carter Products, Inc., New York, N. Y., V. St. A., *Hautadstringierendes Mittel,* das ein leicht wasserlösl. u. ein in W. schwerlösl. Zr-Salz, wie Na–Zr-Lactat u. Zr-Lactat enthält. Die wss. Lsg. kann in *Salbengrundlagen* eingearbeitet werden. (**E. P. 735 681** vom 13/7. 1953, ausg. 24/8. 1955. A. Prior. 6/8. 1952.) K. HEINZE. 4793

Schering Akt.-Ges. (Erfinder: **Max Dohrn†,** Berlin, und **Paul Diedrich,** Falkensee), *Herstellung von therapeutisch wirksamen p-Aminobenzolsulfonamiden* der Formel I (X = in 2-Stellung gebundener unsubstituierter oder so substituierter Pyrimidinrest, daß in 4- u. 6-Stellung höchstens 2 CH_3-Gruppen stehen bzw. in 4-Stellung gebundener 2.6-Dimethylpyrimidinrest), dad. gek., daß man etwa mol. Mengen eines Benzolsulfonsäureamids, das in p-Stellung einen in eine Aminogruppe überführbaren Substituenten enthält, mit etwa mol. Mengen von 2-Halogenpyrimidin, das auch in 4- u. 6-Stellung höchstens 2 CH_3-Gruppen enthalten kann, oder von 4-Halogen-2.6-dimethylpyrimidin kondensiert, worauf der zur Sulfonamidgruppe p-ständige Substituent in üblicher Weise in eine freie NH_2-Gruppe übergeführt wird. Man kann auch Benzolsulfonsäuren oder deren reaktionsfähige Derivv., wie Säurehalogenide, mit den entsprechenden Aminopyrimidinen in Ggw. oder Abwesenheit von Kondensationsmitteln u./oder die Halogenwasserstoffabspaltung fördernden Katalysatoren umsetzen. — Aus 4-Carbäthoxysulfanilsäurechlorid u. 2-Amino-4.6-dimethylpyrimidin in Ggw. von Pyridin → Carbäthoxyverb., F. 104°, daraus mit 2n-NaOH bei 80° u. Zusatz von Essigsäure → *2-(4'-Aminobenzolsulfonamido)-4.6-dimethylpyrimidin,* aus A. F. 198—200°. — *4-(4'-Aminobenzolsulfonamido)-2.6-dimethylpyrimidin,* F. 240°. — 2-Aminopyrimidin → Carbäthoxyverb., F. 237° (Zers.), → *2.(4'-Aminobenzolsulfonamido)-pyrimidin,* F. 255—256°. — *Heilmittel.* (**D. B. P. 933 340** Kl. 12p vom 24/11. 1939, ausg. 22/9. 1955. Anmeldung bekanntgemacht 30/11. 1950.) G. KRAUSS. 4807

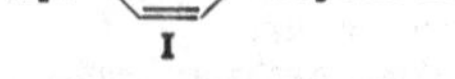

I

Farbwerke Hoechst Akt.-Ges., vormals Meister Lucius & Brüning (Erfinder: **Josef Karl Kaupp**), Frankfurt/M., *Basische γ-Aryloxybuttersäureester,* dad. gek., daß man γ-Aryloxybuttersäuren über ihre Chloride oder zweckmäßiger ihre niederen Alkylester, bes. Äthylester, durch Umesterung, zweckmäßig in Ggw. von metallischem Na, mit tert. Aminoalkoholen verestert u. die Ester in ihre wasserlösl. Salze überführt. —

γ-Phenoxybuttersäurehexamethyleniminoäthylester. Aus γ-Phenoxybuttersäurechlorid ($Kp._3$ 126°) u. Hexamethyleniminoäthylalkohol in Benzol. $Kp._3$ 194—196°; *Hydrochlorid*, F. 112—113°. — Analog: *γ-Phenoxybuttersäuredimethylaminoäthylesterhydrochlorid*, F. 120—122°. — *γ-(p-Chlorphenoxy)-buttersäurediäthylaminoäthylester.* Man erhitzt γ-(p-Chlorphenoxy)-buttersäureäthylester mit Diäthylaminoäthanol u. Na auf 110—120°. $Kp._3$ 187—190°; *Hydrochlorid*, F. 72—73°. — Ferner: *γ-(2-Naphthyloxy)-buttersäurediäthylaminoäthylesterhydrochlorid*, F. 64°. — *γ-(2-Naphthyloxy)-buttersäuredimethylaminoäthylesterhydrochlorid*, F. 125—126°. — *γ-(2-Isopropyl-5-methylphenoxy)-buttersäurediäthylaminoäthylester*, $Kp._4$ 185—187°; *Hydrochlorid*, F. 124—125°. — *γ-(1-Naphthyloxy)-buttersäurediäthylaminoäthylesterhydrochlorid*, F. 129—130°. — *γ-(m-Dimethylaminophenoxy)-buttersäurediäthylaminoäthylesterhydrochlorid*, F. 55—56°. — *γ-(2-Methoxyphenoxy)-buttersäurediäthylaminoäthylester*, $Kp._{0,5}$ 218—220°. — *Anästhetica.* (**D. B. P. 935 605** Kl. 12q vom 8/2. 1952, ausg. 24/11. 1955. Anmeldung bekanntgemacht 2/6. 1955.) G. LANGER. 4807

Cassella Farbwerke Mainkur Akt.-Ges., Frankfurt/M., *Rhodanverbindungen. Durch* Rk. von p-(Bromäthoxy)-benzoesäure mit KSCN in absol. A. erhält man *p-(β-Rhodanäthoxy)-benzoesäure*, $HOOC \cdot C_6H_4 \cdot O \cdot CH_2 \cdot CH_2 \cdot SCN$, F. 165—166°. Analog wird das Rhodansäuresalz des *8-(β-Rhodanäthoxy)-chinolins* u. die *p-(β-Rhodanäthoxy)-benzolsulfonsäue* hergestellt. — *Blutdrucksenkende Mittel.* (**E. P. 743 910** vom 13/1. 1953, ausg. 25/1. 1956. D. Prior. 14/1. 1952.) A. BRÖSAMLE. 4807

F. Hoffmann-La Roche & Co. Akt.-Ges., Basel, Schweiz (Erfinder: **Moses Wolf Goldberg**, Upper Montclair, und **Albert Israel Rachlin**, Hackensack, N. J., V. St. A.),

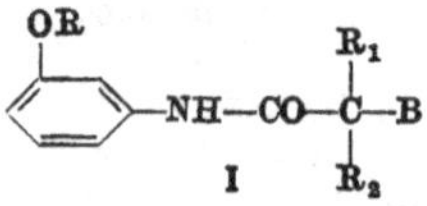

I

m-Oxyanilinverbindungen der Formel **I**, in welcher R eine Benzylgruppe oder einen nichtcycl. KW-stoffrest, R_1 u. R_2 H oder einen nichtcycl. KW-stoffrest, B eine quaternisierte, gegebenenfalls in p-Stellung mit einem elektronegativen Substituenten substituierte Benzylamingruppe oder einen eine solche tragenden Alkylrest bedeuten, dad. gek., daß man ein tert. Amin der Formel **I**, in welchem B eine sek. Aminogruppe oder einen eine solche tragenden Alkylrest bedeutet, mit einem Benzylester oder einem in p-Stellung mit einem elektronegativen Substituenten substituierten Benzylester quaternisiert. — Die Verbb. wirken *anthelminth.* u. *protozoocid.* — *m-Allyloxynitrobenzol* (**II**). Beim Kochen von m-Nitrophenol mit Allylbromid, $NaOCH_3$ u. Äthanol. — *m-Allyloxyanilin* (**III**). Beim Kochen von **II** mit Fe-Spänen u. Essigsäure. $Kp._{0,09}$ 95—98°. — *m-Allyloxybromacetanilid* (**IV**). Aus **III**, Bromacetylbromid u. NaOH in W. + Äther, F. 78—80°. — *m-Allyloxyphenylcarbamylmethyldiäthylamin* (**V**). Beim Erhitzen von **IV** mit Diäthylamin u. K_2CO_3 in A. auf 85°. — *(m-Allyloxyphenylcarbamylmethyl)-diäthyl-(p-nitrobenzyl)-ammoniumbromid.* Beim Kochen von **V** mit p-Nitrobenzylbromid in Aceton, F. 164—166°. — Analog werden erhalten: *(m-Allyloxyphenylcarbamylmethyl)-diäthyl-(p-chlorbenzyl)-ammoniumchlorid*, F. 117—118. — *(m-Allyloxyphenylcarbamylmethyl)-diäthyl-(p-acetylbenzyl)-ammoniumbromid*, F. 131—133°. — *(m-Allyloxyphenylcarbamylmethyl)-diäthylbenzylammoniumbromid*, F. 108—110°. — *(m-Allyloxyphenylcarbamylmethyl)-dipropylbenzylammoniumbromid*, F. 103—105°. — *1-(m-Allyloxyphenylcarbamylmethyl)-1-(4-nitrobenzyl)-morpholiniumbromid*, F. 130—131. — *1-(m-Allyloxyphenylcarbamylmethyl)-1-(4-nitrobenzyl)-piperidiniumbromid*, F. 115—116°. — *(m-Benzyloxyphenylcarbamylmethyl)-dipropyl-(p-chlorbenzyl)-ammoniumbromid*, F. 96—100°. — *(m-Propyloxyphenylcarbamylmethyl)-dipropyl-(p-chlorbenzyl)-ammoniumbromid*, F. 105 bis 107°. — *1-(m-Propyloxyphenylcarbamylmethyl)-1-(4-nitrobenzyl)-morpholiniumbromid*, F. 168—169°. — *1-(m-Propyloxyphenylcarbamylmethyl)-1-(4-nitrobenzyl)-piperidiniumbromid*, F. 192—194°. — *(m-Allyloxyphenylcarbamylmethyl)-dipropyl-(p-nitrobenzyl)-ammoniumbromid*, F. 148—150°. — *(m-Allyloxyphenylcarbamylmethyl)-dipropyl-(p-chlorbenzyl)-ammoniumbromid*, F. 125—127; *Monohydrat*, F. 97—110°. — *(m-Allyloxyphenylcarbamylmethyl)-dipropyl-(p-chlorbenzyl)-ammoniumjodid*, F. 117—119°. — *(m-Allyloxyphenylcarbamylmethyl)-dipropyl-(p-chlorbenzyl)-ammoniumchlorid*, F. 93—96°. (**D. B. P. 934 170** Kl. 12q vom 28/2. 1954, ausg. 13/10. 1955. Anmeldung bekanntgemacht 21/4. 1955. A. Prior. 16/3. 1953.) G. LANGER. 4807

J. R. Geigy Akt.-Ges., Basel, Schweiz, *Herstellung eines baktericid wirksamen Salicylsäureanilids*, des *5-Chlorsalicylsäure-3'.4'-dichloranilids*, F. 246—248°, dad. gek.; daß man 1 Mol 5-Chlorsalicylsäure u. 1 Mol 3.4-Dichloranilin in einem inerten Lösungsm. (Toluol, Chlorbenzol, Nitrobenzol, Kerosin) in Ggw. eines wasserentziehenden Mittels (PCl_3 oder $SOCl_2$), zweckmäßig in Ggw. geringer Mengen von $AlCl_3$ erhitzt. (**Schwz. P. 304 558** vom 29/12. 1951, ausg. 16/3. 1955.) R. LINK. 4807

Rheinpreussen Akt.-Ges. für Bergbau & Chemie, Homberg/Ndrh. (Erfinder: **Walter Grimme** und **Johannes Wöllner**, Moers), *4-Amino-2-oxybenzoesäureamid.* Man erhitzt 4-Amino-2-oxybenzoesäure mit Harnstoff, zweckmäßig in Ggw. einer geringen

Menge einer mehrbas. Säure, wie H_3PO_4, auf höchstens 150°; F. 174°. — *Therapeuticum* u. *Zwischenprodukt*. (**D. B. P. 930 031** Kl. 12q vom 14/3. 1953, ausg. 7/7. 1955. Anmeldung bekanntgemacht 16/12. 1954.) G. LANGER. 4807

Herts Pharmaceuticals Ltd., Welwyn Garden City, Hertfordshire, England (Erfinder: **Donald Edwin Seymour** und **David John Drain**), *Alkalisalze* u. *Ca-Salz der p-(2-Oxy-4-aminobenzoylamino)-salicylsäure* werden in üblicher Weise hergestellt u. als *Tuberkulosemittel* verwendet. (**E. P. 736 720** vom 27/4. 1953, ausg. 14/9. 1955.) G. LANGER. 4807

Badische Anilin- & Soda-Fabrik Akt.-Ges. (Erfinder: **Walter Reppe, Otto Schlichting, Franz Westphal, August Amann** und **Heinz Oettel**), Ludwigshafen/Rh., *Herstellung von cyclooctylierten Alkylessigsäuren mit stark gallentreibender Wirkung*, dad. gek., daß man Ester, Amide oder Nitrile von Säuren der allg. Formel I, in der 2 benachbarte X oder X u. X_1 zusammen eine Doppelbindung, die übrigen X sowie X_1 H-Atome, X_1 gegebenenfalls auch COOH u. R ein Alkyl, Cycloalkyl, Alkenyl bzw. Cycloalkyl bedeuten, einer verseifenden Behandlung unterwirft u. erforderlichenfalls die gebildete Dicarbonsäure zur Monocarbonsäure decarboxyliert oder

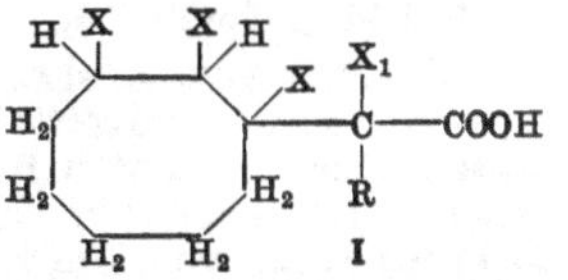

I

daß man Ester, Amide oder Nitrile von 1-Oxycyclooctylalkylessigsäuren gleichzeitig oder in beliebiger Reihenfolge einer wasserabspaltenden u. verseifenden Behandlung unterwirft u. die erhaltenen Säuren gegebenenfalls in Salze überführt. — Aus Δ^1-Cyclooctenyläthylcyanessigsäureäthylester mit KOH in 90%ig. A. nach 45 Std. bei 160—170°, Verdünnen des Reaktionsgemisches mit W. u. Ansäuern → *Δ^1-Cyclooctenyläthylessigsäure*, viscose Fl., $Kp._{0,4}$ 122—123°. — Δ^1-Cyclooctenylmethylcyanessigsäureäthylester → *Δ^1-Cyclooctenylmethylessigsäure*, $Kp._{0,4}$ 118—122°. — Δ^1-Cyclooctenylpropylcyanessigsäureäthylester, $Kp._{0,4}$ 130—133° → *Δ^1-Cyclooctenylpropylessigsäure*, $Kp._{0,6}$ 132—135°. — Δ^1-Cyclooctenylbutylcyanessigsäureäthylester, $Kp._{0,4}$132—135°, → *Δ^1-Cyclooctenylbutylessigsäure*, $Kp._{0,8-0,6}$ 146—152°. — Δ^1-Cyclooctenylallylcyanessigsäureäthylester, $Kp._{0,2}$ 130—134°, → *Δ^1-Cyclooctenylallylessigsäure*, $Kp._{0,3}$ 121—125°. — Δ^2-Cyclooctenyläthylmalonsäurediäthylester (aus 1.2-Dibromcyclooctan + Monoäthylmalonsäurediäthylester + Na-Alkoholat) → *Δ^2-Cyclooctenyläthylmalonsäuremonoäthylester*, $Kp._{0,4}$ 145—154°; SZ. 201, → *Δ^2-Cyclooctenyläthylessigsäureäthylester*, $Kp._{0,1-0,15}$ 83—87°, → *Δ^2-Cyclooctenyläthylessigsäure*, $Kp._{0,4}$ 115—119°, → *Na-*, *Mg-*, *Ca-*, *Zn-Salz*. — Cyclooctanon + α-Brombuttersäureäthylester in thiophenfreiem Bzl. in Ggw. von Zn → [1-Oxycyclooctyl-(1)]-äthylessigsäureäthylester, $Kp._{0,8}$ 117—120°, + $KHSO_4$ bei 180° nach 2 Std. unter Wasserabspaltung → *Δ^1-Cyclooctenyläthylessigsäureäthylester*, $Kp._{0,4}$ 84—87°, → *Δ^1-Cyclooctenyläthylessigsäure*, $Kp._{0,4}$ 122—123°. *NH_4-* u. *Aminsalze*. — 1-Cyclooctenylpropylacetonitril ($Kp._{31}$ 174—175°, aus Δ^1-Cyclooctenylpropylcyanessigsäureäthylester + KOH in Methanol u. CO_2-Abspaltung) → *Δ^1-Cyclooctenylpropylessigsäure*, $Kp._{0,6}$ 132—135°. Cyclooctylidencyanessigsäureäthylester + Dimethylsulfat + Na-Methylat bei 60—65° → *Δ^1-Cyclooctenylmethylcyanessigsäureäthylester*, $Kp._{0,4}$ 113—115°. — *Δ^1-Cyclooctenyläthylcyanessigsäureäthylester*, $Kp._{0,3}$ 116°. — Die Ausgangsstoffe erhält man z. B. durch Kondensation von Cyclooctanon mit funktionellen Malonsäurederivv., wie Cyanessigester oder Malonsäurediäthylester; die Reaktionsprodd. werden dann mit Alkyl-, Alkenyl-, Alkinyl-, Cycloalkenyl- oder Aralkylhalogeniden, wie CH_3J, Dodecylbromid, Allylchlorid, Propargylbromid, Cyclohexylchlorid, Cyclohexenylchlorid, Cyclooctylchlorid, Δ^1-Cyclooctenylchlorid oder Benzylchlorid in Ggw. von Na-Alkoholat umgesetzt. Man kann auch Cyclooctanon mit α-Bromfettsäureestern nach REFORMATZKI bzw. Cyclooctyl-Mg-halogenid mit funktionellen Derivv. der Brenztraubensäure oder α-Ketobuttersäure kondensieren. Die Säuren bilden mit anorgan. oder organ. Basen, wie Alkalien, Mg- oder Ca-Carbonat, NH_3, Diäthylamin, Äthanolamin, Triäthanolamin, Morpholin, Pyrrolidin, Hexylamin, Piperidin, wasserlösl. Salze, welche eine bevorzugte Verabreichungsform darstellen. Die gallentreibende Wrkg. (Sekretionssteigerung bei narkotisierten Ratten vgl. Tabelle) übertrifft die der Desoxycholsäure. (**D. B. P. 934 103** Kl. 12o vom 29. 8/1953, ausg. 13/10. 1955. Anmeldung bekanntgemacht 21/4. 1955.) G. KRAUSS. 4807

Bristol Laboratories, Inc., New York, N. Y., V. St. A., *2-(o-Benzylphenoxymethyl)-imidazolin*, F. 90—91°, erhält man durch Rk. eines o-Benzylalkaliphenolates mit einem Halogenessigsäureäthylester u. Umsetzung des erhaltenenen o-Benzylphenoxyessigsäureäthylesters mit Äthylendiamin. — *Antihistamin*. (**Schwz. P. 308 147** vom 14/11. 1950, ausg. 1/9. 1955. A. Priorr. 17/11. 1949 u. 30/8. 1950.) A. BRÖSAMLE. 4807

Hoffmann-La Roche, Inc., übert. von: **Max Hoffer**, Nutley, N. J., V. St. A., *Sulfisoxazole*. Durch Einw. von Acetanhydrid auf Sulfisoxazol (in äquimol. Menge) in Ggw.

von Pyridin u. von Aceton als Lösungsm. erhält man unter Wasserausschluß das *N-Monoacetylsulfisoxazol* F. 193—194°. Entsprechend werden dargestellt: *N-Monobutyryl-* (F. 174—175°), *N-Monopropionyl-* (F. 178°), *N-Monolauroyl-* (F. 122°) u. *N-Monooleoylsulfisoxazol* (F. 79—80°). — Die Verbb. sind *antibakteriell* wirksam. (**A. P. 2721200** vom 13/7. 1953, ausg. 18/10. 1955.) A. BRÖSAMLE. 4807

Ciba Akt.-Ges., Basel, Schweiz, *Diketopiperidine.* Zu Oe. P. 172 933; C. **1954.** 1597 u. A. P. 2 664 424; C. **1955.** 4888 sowie zu Schwz. P. 302 311; C. **1955.** 11748 ist nachzutragen: *3-(p-Chlorphenyl)-3-(β-diäthylaminoäthyl)-2.6-diketopiperidin,* F. (aus Äthylacetat–Ligroin) 136—141°; *Hydrochlorid,* F. (aus Äthylacetat–Methanol) 187—189°. — *3-Naphthyl-(1[1])-3-(β-diäthylaminoäthyl)-2.6-diketopiperidin,* F. 164—164,5; *Hydrochlorid,* F. (aus Methanol–Äthylacetat) 232—234°. (**E. P. 715 755** vom 6/7. 1951, ausg. 22/9. 1954. Schwz. Priorr. 7/7. 1950 u. 22/6. 1951.) R. LINK. 4807

Hoffmann-La Roche, Inc., Nutley, N. J., übert. von: **Thomas Samuel Gardner,** Rutherford, und **Edward Wenis,** Leonia, N. J., V. St. A., *Nicotinaldehydthiosemicarbazon* (I) erhält man, wenn man β-Cyanpyridin mit $SnCl_2$ u. trockenem HCl in einem wasserfreien organ. Lösungsm. umsetzt, mit einer wss. Lsg. von Thiosemicarbazid eine Anlagerungsverb. von $SnCl_2$ an Nicotinaldehydthiosemicarbazon ausfällt, F. 214—215° (unkorr.; aus kochendem W. u. HCl), diese mit H_2S u. HCl zur Entfernung des Sn behandelt u. das erhaltene I-*Hydrochlorid,* F. 232—233° (unkorr.), mit Alkali in die freie Base I, F. 206—207° (unkorr.), überführt. — *Tuberkulostatica.* (**A. P. 2 685 584** vom 3/6. 1950, ausg. 3/8. 1954.) R. LINK. 4807

Herts Pharmaceutical Ltd., Antony Gwynne Woodman, Donald Edwin Seymour, Welwyn Garden City, und **David John Drain,** Isleworth, Midlesex, England, *Isonicotinylsemicarbazid,* F. 236—238° (aus W.), erhält man, wenn man Isonicotinsäurehydrazid mit Harnstoff in einem inerten organ. Lösungsm., z. B. einem Alkohol (Amylalkohol), bei 100° unter Rückfluß erhitzt. — *Heilmittel* zur Bekämpfung der *Tuberkulose.* (**E. P. 719 273** vom 31/7. 1952, ausg. 1/12. 1954.) R. LINK. 4807

Farbenfabriken Bayer Akt.-Ges., Leverkusen, *Hydrazone.* In üblicher Weise werden die *Mono-* bzw. *Dihydrazone* aus Isonicotinsäurehydrazid u. aliphat. Dioxoverbb. hergestellt, z. B. die *Diisonicotinsäurehydrazone* von *Glyoxal* (Zers. bei 340—360°), *Acetonylaceton* [F. 194—196° (Zers.)] u. *Diacetyl* (Zers. bei 270°) sowie das *Monoisonicotinsäurehydrazon* des *Acetylacetons,* F. 134—135°. — *Therapeutica.* (**E. P. 743 299** vom 2/10. 1953, ausg. 11/1. 1956. D. Prior. 6/10. 1952.) A. BRÖSAMLE. 4807

Lepetit S. p. A., Mailand, Italien, *Acylhydrazone.* Das in üblicher Weise aus Citral (I) u. Isonicotinsäurehydrazid (II) hergestellte Hydrazon vom F. 130—131° ist, bei geringer tox. Wrkg., ein ausgezeichnetes *Tuberkuloseheilmittel,* ebenso das aus Citronellal u. II sowie das aus I u. 3.5-Dinitro-2-thiophencarbonsäurehydrazid erhältliche Hydrazon. (**E. P. 741 263** vom 10/11. 1953, ausg. 30/11. 1955. It. Prior. 19/11. 1952.) A. BRÖSAMLE. 4807

Lepetit S. p. A., Mailand, Italien, *Acylhydrazone gemischter Ketone.* In üblicher Weise werden aus den Säurehydraziden dargestellt: die *Isonicotinsäurehydrazone* von *5-Nitro-2-acetothienon* (F. 249—250°), *2-Propiothienon* (F. 205—206°), *α-Acetamido-2-acetothienon* (F. 223°), *α-Acetamido-β-oxy-2-propiothienon, α-Aminoacetophenon, α-Acetamidoacetophenon* (F. 180—181°), *α-Acetamido-β-oxypropiophenon* (F. 168—170°) sowie die *p-Nitrobenzoesäurehydrazone* von *2-Acetothienon* u. *α-Propionamidoacetophenon.* — *Antibakterielle* Wirksamkeit. (**E. P. 742 630** vom 10/11. 1953, ausg. 30/12. 1955. It. Prior. 20/11. 1952.) A. BRÖSAMLE. 4807

Chattanooga Medicine Co., Chattanooga, Tenn., V. St. A., *Diureticum.* Man stellt in üblicher Weise das Salz aus 8-Bromtheophyllin u. 2-Amino-2-methyl-1-propanol her. — Erhöhte diuret. Wirksamkeit. (**E. P. 743 385** vom 9/11. 1953, ausg. 11/1. 1956. A. Prior. 19/11. 1952.) A. BRÖSAMLE. 4807

Hoffmann-La Roche, Inc., Nutley, übert. von: **Robert August Schmidt,** Wallington, und **Wilhelm Wenner,** Upper Montclair, N. J., V. St. A., *Herstellung von 6.7-Dihydro-5H-dibenz-(c.e)-azepin* (I) u. seinen Derivv. (vgl. A. P. 2 619 484; C. **1956.** 1100). Man red. das cycl. Imid der Diphensäure mit $LiAlH_4$ u. erhält I, F. 287—289° (Hydrochlorid). Durch Rk. von I mit Allylbromid gewinnt man *6-Allyl-6.7-dihydro-5H-dibenz-(c.e)-azepin,* F. 211—215° (Phosphat). — *Therapeutica.* (**A. P. 2 693 465** vom 20/4. 1953, ausg. 2/11. 1954.) K. FABEL. 4807

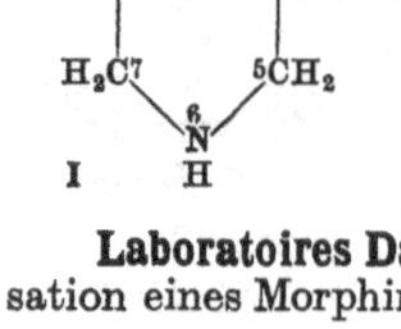

I

Laboratoires Dausse, Paris, Frankreich, *Morphinäther* erhält man durch Kondensation eines Morphinalkalisalzes mit einem Halogenid oder Hydrochalogenid der Formel

$R_1(R_2)$ NCH_2CH_2X bzw. HX (R_1 u. R_2 = Alkyl mit höchstens 4 C-Atomen, das mit dem N-Atom auch einen heterocycl. Ring bilden kann, X = Halogen) unter Wasserausschluß in Ggw. von A. als Lösungsmittel. — Aus Morphin (24 Std. bei 60° getrocknet), Na-Äthylat u. Morpholyläthylchlorid in A. unter Rückfluß → *Morphin-β-morpholyläthyläther*, F. 91°, Ausbeute 90%. (**E. P. 717 900** vom 12/1. 1953, ausg. 3/11. 1954. F. Prior. 12/3. 1952. **Zusatz zu E. P. 680 952; C. 1955. 11730.**) G. KRAUSS. 4807

G. D. Searle & Co., übert. von: **Raymond M. Dodson**, Park Ridge, und **Clarence G. Bergstrom**, Chicago, Ill., V. St. A., *9β.11β; 16α.17α-Bis-epoxyprogesteron und 9α-Halogen-16α.17α-epoxy-11-ketoprogesterone.* Man führt z. B. in *16α.17α*-Epoxyprogesteron auf biol. Wege, wie durch Bebrütung mit Rhizopus nigricans, eine 11-ständige Oxygruppe ein → *16α.17α-Epoxy-11α-oxyprogesteron*, F. 238—238,5°; [α] +137°; λ_{max} 242 mμ (ε = 16,500); *11-Methansulfonat* (I), F. 160—161° (Zers.); $[\alpha]_D$ +124°; λ_{max} 238,5 mμ (ε = 15,300); Infrarotmaxima bei 5,90; 5,98; 6,23; 7,37; 7,56; 8,52; 10,82 u. 11,03 μ. — I + Na-Acetat + Eisessig → *16α.17α-Epoxy-4.9(11)-pregnadien-3.20-dion*, F. ca. 174—179°; daraus durch Rk. mit N-Bromsuccinimid in Ggw. von $HClO_4$ u. in Dioxan → *9α-Brom-16α.17α-epoxy-11β-oxyprogesteron* (II), F. 152,5—153° (Zers.); $[\alpha]_D$ +166°; λ_{max} 243 mμ (ε = 15,000); Infrarotmaxima bei 2,88; 3,00; 5,88 u. 6,08 μ. — II + K-Acetat in A. → *9β.11β;16α.17α-Bis-epoxyprogesteron* (III), F. ca. 228—235°; $[\alpha]_D$ +49°; λ_{max} 244 mμ (ε = 13,000); Infrarotmaxima bei 5,85; 6,00; 6,20; 7,33 u. 11,57 μ. — III + HCl in Eisessig → *9α.16β-Dichlor-11β.17α-dioxyprogesteron* (IV), F. ca. 196—197° (Zers.); λ_{max} 241 mμ (ε = 17500); Infrarotmaxima bei 2,91; 5,85; 6,06; 6,20 u. 7,40 μ. — IV + CrO_3/Pyridin → *9α-Chlor-16α.17α-epoxy-11-ketoprogesteron*, F. 200,5—202,5° bzw. 212°; $[\alpha]_D$ +272°; λ_{max} 237 mμ (ε = 16,300); Infrarotmaxima bei 5,83; 5,88; 6,03 u. 6,22 μ. — II + HBr + Eisessig → *9α.16β-Dibrom-11β.17α-dioxyprogesteron* (V), λ_{max} 241 mμ (ε = 17,400); V + CrO_3/*Pyridin* → *9α-Brom-16α.17α-epoxy-11-ketoprogesteron*, λ_{max} ca. 237 mμ (ε = 16,500); Infrarotmaxima bei 5,83; 5,88; 6,03 u. 6,22 μ. — III + HF-Gas in Chlf. → *9α.16β-Difluor-11β.17α-dioxyprogesteron* (VI), gummiartige Masse; λ_{max} 240 mμ (ε = 18,500); Infrarotmaxima bei 2,91; 5,85; 6,06 u. 6,20 μ. — VI + CrO_3/Pyridin → *9α-Fluor-16α.17α-epoxy-11-ketoprogesteron*, λ_{max} ca. 235 mμ (ε = 17,000); Infrarotmaxima bei 5,88; 6,02 u. 621 μ. — *Heilmittel* sowie Zwischenprodd. zu deren Herstellung. (**A. PP. 2 703 799** vom 12/5. 1954, ausg. 8/3. 1955, u. **2 705 711** vom 24/9. 1954, ausg. 5/4. 1955.) U. SIEVERS. 4809

Glidden Co., Cleveland, O., übert. von: **Percy L. Julian**, Maywood, **Edwin W. Meyer** und **Isabelle Ryden**, Chicago, Ill., V. St. A., *16.17-Oxido-5-pregnene* erhält man durch Rk. von 5.16-Pregnadien-3-ol-20-onen bzw. deren 3-Acylaten mit Perbenzoesäure (I; nach vorherigem Schutz der 5ständigen Doppelbindung z. B. durch Bromanlagerung oder Überführung in den 6-Alkoxyisoäther). — 5.16-Pregnadien-3β-ol-20-onacetat + Br_2 in Chlf. → 5.6 Dibromverb., die durch Rk. mit I in Bzl. u. anschließende Enthalogenierung mit Zn + Essigsäure in *16.17-Oxido-5-pregnen-3β-ol-20-onacetat*, F. 152—155°, übergeführt wird. — *5.16-Pregnadien-3β-ol-20-on-p-tosylat*, F. 163—164° (Zers.) + CH_3OH + K-Acetat → *16-Dehydro-6-methoxyisopregnan-20-on*, F. 58—60°; $[\alpha]_D^{26}$ +87,4°; daraus durch Rk. mit I u. anschließende Hydrolyse mit H_2SO_4/Dioxan *16.17-Oxido-5-pregnen-3β-ol-20-on* (II), F. 189—190°. — Aus II erhält man durch OPPENAUER-Oxydation *16.17-Oxidoprogesteron*, F. 205—207°; $[\alpha]_D^{27}$ + 160,8°. — *Zwischenprodd.* für die Herst. von *Steroidhormonen.* (**A. P. 2 686 181** vom 11/8. 1949, ausg. 10/8. 1954.) U. SIEVERS. 4809

G. D. Searle & Co., Chicago, übert. von: **Leonard N. Nysted**, Highland Park, Ill., V. St. A., *5(10)-Östren-3.17-diol* (I), F. 206—208°; $[\alpha]_D$ +184°, *und dessen Ester* erhält man durch Rk. von 5(10)-Östren-*17β*-ol-3-on, F. ca. 174—176°, mit $LiAlH_4$ u. anschließende Acylierung. — I-*Diacetat*, F. 118—119°; $[\alpha]_D$ +129°; Infrarotmaxima bei 5,79 u. 8 μ. — *Heilmittel* von anabol. u. androgener Wrkg. sowie *Zwischenprodd.* für die *Herst. von Steroidhormonen.* (**A. P. 2 705 721** vom 14/4. 1954, ausg. 5/4. 1955.) U. SIEVERS. 4809

Organics, Inc., übert. von: **Lawrence Hicks**, Chicago, Ill., V. St. A., *19-Nor-4-androsten-17β-ol-3-on-17-benzoat*, F. 174—175°; $[\alpha]^{20}$ 104,5°, erhält man durch Veresterung des freien 17-Alkohols mit Benzoesäureanhydrid in bekannter Weise. — *Heilmittel* von erhöhter anabol. bei nur geringer androgener Wirkung. (**A. P. 2 698 855** vom 4/3. 1954, ausg. 4/1. 1955.) U. SIEVERS. 4809

American Home Products Corp., New York, N. Y., V. St. A., *Arzneimittel*, gek. durch einen Geh. an Cholin oder einem Salz, wie Cholincitrat u. gegebenenfalls Inosit, unter Zusatz von kationakt., anionakt. oder nichtionogenen Netzmitteln, wie Na-Tetradecylsulfat, Lauryltrimethylammoniumbromid oder Polyoxyäthylensorbitanmonolaurat u. dergleichen. Die Komponenten können, zu Tabletten verpreßt, buccal appliziert oder in W.

u. Glycerin gelöst werden. (**Belg. P. 515596** vom 17/11. 1952, ausg. 20/8. 1954. A. Prior. 19/11. 1951.) K. HEINZE. 4815

S. E. Massengill Co., Bristol, Tenn., V. St. A., *Arzneimittel aus Theophyllin* oder seinen Salzen mit Aminen, wie Äthylendiamin, Diäthanolamin u. dgl., u. einem Antacidum, wie $Al(OH)_3$-Gel, $AlPO_4$, Mg-Trisilicat. *Gegen Gastritis.* (**E. P. 727 831** vom 24/12. 1952, ausg. 6/4. 1955. A. Prior. 29/12. 1951.) K. HEINZE. 4815

George A. Jeffreys, Salem, Va., V. St. A., *Tierarzneimittel,* bestehend aus Trockenkulturen von aus Wiederkäuermagen gewonnenen Bakterienkulturen, Verdauungsenzymen u. Vitaminen des B-Komplexes u. Vitamin B_{12} mit Trockenmilch oder/u. Zellstoff als Trägersubstanz. Granulieren unter inertem Gas. Das Granulat wird mit einem dichten Schutzfilm überzogen. (**A. P. 2 700 611** vom 13/3. 1951, ausg. 25/1. 1955.) K. HEINZE. 4815

G. Analyse. Laboratorium.

S. Bartniski Garcia, *Eine automatische Anlage zur Fällung mit H_2S.* Vf. beschreibt eine einfache Anlage zur Fällung mit H_2S. Die App. besteht aus einem Entwicklungsgefäß, einer Waschflasche, einem Fällungsgefäß u. einer Sicherheitsflasche u. kann auch zur Entw. von CO_2 u. anderen Gasen benutzt werden. (J. chem. Educat. **31.** 73. Febr. 1954. Mexico, Inst. Politécnico Nacional.) K. G. HACKSTEIN. 5006

H. Scheid, *Verdunstungsverluste aus der Preglschen Präzisionswägepipette über Phosphorpentoxyd.* An 1 ml fassenden Pipetten nach PREGL wurde mit W. u. verschied. biol. Fll. festgestellt, daß sich die Pipetten auch dann für Dichtebestimmungen eignen, wenn sie längere Zeit über P_2O_5 aufbewahrt werden müssen. (Mikrochim. Acta [Wien] **1954.** 308—12. Wien, Univ., I. Med. Klinik.) K. GENEST. 5014

D. V. Atterton und **D. H. Houseman,** *Messung der Temperaturen der Metall/Gußform-Zwischenflächen.* Vff. beschreiben Verf. zur Messung der Temp. an der Zwischenfläche von Metall u. Gußform, das den Fehler infolge des Temperaturgradienten beseitigt, die therm. Verzögerung vermindert u. eine genaue Lokalisation der Zwischenfläche ermöglicht. (Nature [London] **171.** 980—81. 30/5. 1953. Cambridge, Univ. of Cambridge, Dep. of Metall.) R. LACMANN. 5016

G. Westerburg, *Ein handlicher Schmelzpunktbestimmungsapparat.* Inhaltlich ident. mit der C. **1955.** 2494 referierten Arbeit. (Pharmaz. Ztg. verein. Apotheker-Ztg. **91/100.** 515—16. 19/5. 1955. Frankfurt/M.) E. BOYE. 5018

George Standart, *Theorie der absatzweise arbeitenden adiabatischen Trockner.* Es werden Gleichungen für das Trocknen von kristallinen oder porösen festen Stoffen in einem absatzweise arbeitenden adiabat. Trockner mit Luftrezirkulation abgeleitet. Diese Gleichungen werden für die wichtigsten Fälle des Trocknungsverlaufes gelöst. Diese Fälle unterscheiden sich durch die Form der Abhängigkeit der Trocknungsgeschwindigkeit von der Feuchtigkeit des Stoffes u. durch den zeitlichen Charakter des Trocknungsvorgangs, da in einzelnen Perioden das Trocknen in verschied. Teilen des Trockners entweder bei gleichen oder bei ungleichen Bedingungen verlaufen kann. Die Ergebnisse können zur Best. der Trocknungscharakteristik eines gegebenen Gutes im absatzweise arbeitenden Laboratoriumstrockner verwendet werden. (Chem. Listy **48.** 1717—29. Dez. 1954. [Orig.: tschech.]; Collect. czechoslov. chem. Commun. **20.** 82—94. Febr. 1955. Praha, Vys. šk. chem. techn., Katedra procesů a aparátů.) M. RYBA/Prag. 5022

Auguste Grüne, *Über Filtrierpapiere.* Zusammenfassung über die Rohstoffe, Herst. u. Eigg. von verschied. Sorten Filterpapieren. Besprochen werden qualitative, quantitative, chromatograph. u. hydrophobierte Papiere sowie Papierflockenmassen u. techn. Filterpappen. (Schweiz. Apotheker-Ztg. **93.** 567—74. 16/7. 587—95. 30/7. 605—11. 6/8. 1955. Dassel, C. Schleicher & Schüll.) H. BECKER. 5024

A. Grüne, *Neuere Entwicklungen auf dem Gebiet der Laborfilter.* (Vgl. vorst. Ref.) Es wird über Filterpapiere aus Polyvinylchloridfasern u. über chromatograph. sowie elektrophoret. Papiere berichtet. Vorschläge für die Verwendung neuerer Papiere werden gegeben. (Pharmaz. Ztg. verein. Apotheker-Ztg. **91/100.** 511—12. 19/5. 1955. Dassel, Kreis Einbeck, Schleicher & Schüll.) E. BOYE. 5024

W. Schöniger, *Beschreibung eines elektrischen Ofens mit automatischer Temperaturregelung für die Sauerstoffbestimmung nach Unterzaucher.* Der für die mikroanalyt. O_2-Best. geeignete Kontaktofen wird mit 36 V betrieben u. hat über mindestens $^2/_3$ der Ofenlänge eine Temp. von 1120°. (Mikrochim. Acta [Wien] **1954.** 320—26. Basel, Sandoz A.-G., Pharmaz. Abt.) K. GENEST. 5028

H. v. Wartenberg, *Mit Molybdändrahtöfen erreichbare Temperaturen.* Es wird gezeigt, daß die mit Mo-Drahtwicklungen erreichbaren Tempp. von 1400—1500° nicht

überschritten werden können, da die unedlen Oxyde durch eine nur thermodynam., nicht thermochem. zu erklärende Umsetzung unter Bldg. leichtflüchtiger Moll. von MoO_2, AlO u. SiO red. werden. (Chemie-Ing.-Techn. **26.** 508—09. Aug./Sept. 1954.)
W. Blauhut. 5028

Emin Ulusoy, *Über eine vollautomatische Rektifizierkolonne für das Laboratorium.* Beschreibung einer höchstwirksamen Trennapp. zur Reindarst. von aliphat. Alkoholen der Kettenlängen $C_{10}-C_{22}$ aus techn. Gemischen von Paraffincarbinolen sowie auch zur Reindarst. von Fettsäureestern für Einsätze von 200—1000 g. (Chemiker-Ztg. **79.** 46—48. 20/1. 1955. Istanbul, Univ., 2. chem. Inst.) K. Pistor. 5038

Rolland F. Feldkamp und **William A. Wilt,** *Ein Kühler mit konischem Rohr.* Vff. beschreiben einen abgeänderten Liebig-Kühler. Die Hülse der Schliffverb. ist direkt mit dem inneren Rohr, welches kon. gehalten ist, verbunden. Dadurch wird ein vollständiger Abfluß des Destillats erreicht. Der Kühler ist bes. für niedrig sd. Stoffe geeignet. (J. chem. Educat. **31.** 84. Febr. 1954. New York, N. Y., Sterling-Winthrop Res. Inst.)
K. G. Hackstein. 5038

S. Peter und **W. Sliwka,** *Ein Absolutviscosimeter des Couette-Typs von hoher Meßgenauigkeit.* Vff. beschreiben ein Absolutviscosimeter nach Couette, bei dessen Konstruktion auf folgende Punkte bes. Wert gelegt wurde: Die Rotationsgeschwindigkeit des Zylinders wird durch elektron. Steuerung konstant gehalten, die Spaltbreite ist klein im Verhältnis zum Radius der zylindr. Meßflächen ($\nu_a^2/\nu_i^2 = 1{,}0405$ bzw. 1,101), die Randstörungen können eliminert werden. Messungen an thixotropen Substanzen werden dadurch ermöglicht, daß der Meßspalt mit Hg verschlossen wird. Mit diesem Viscosimeter wurden Messungen an *W.*, *Paraffinöl* u. einer *Bentonit*-Suspension (10% Na-Bentonit) durchgeführt. Die Messung der Absolutviscosität des W. bei 20° führt zu einem Wert von $1{,}003 \pm 0{,}002$ cP. Bei den Messungen an Paraffinöl wurde der Einfl. der Randstörungen berücksichtigt. Es ergibt sich eine unterschiedliche Störung bei kleinen u. hohen Viscositätswerten. Daraus folgt, daß die Eichung eines Rotationsviscosimeters mit einer Newtonschen Fl. nur dann richtig ist, wenn Eich-Fl. u. Probe-Fl. die gleiche Viscosität besitzen. Die Fließkurve der Na-Bentonitsuspension zeigt die Existenz von 2 stationären Fließzuständen in einem bestimmten Schubspannungsbereich. Die Meßgenauigkeit des von Vff. beschriebenen Gerätes beträgt bei Viscositäten von 0,01 Poise 0,7%, bei höheren Viscositäten 0,5%. (Chemie-Ing.-Techn. **28.** 49—53. Jan. 1956. Hannover, TH, Inst. für physik. Chem.) H. U. Woelk. 5040

Johs. Krutzsch, *Die Messung der Wärmeausdehnung als Mittel zur Flüssigkeitskontrolle.* (Äther. Öle, Riechstoffe, Parfümerien, Essenzen Aromen **3.** 271—74. Dez. 1953. München-Solln. — C. **1954.** 4443.) W. Barz. 5048

Jan Vřešťál, *Einige technische Behelfe der qualitativen Mikroanalyse.* Es wird ein neues Filtrationsverf. zur einfachen u. quantitativen Trennung von Ndd. von der Fl. mit Hilfe eines gläsernen Mikrohebers beschrieben; die Verluste bei 2maligem Auswaschen eines Nd. betragen 1—4%. Ferner wurden neue Reaktionsgefäße, Ständer, Tüpfelplatte u. ein H_2S-Entwicklungsapp. gebaut u. im n. qualitativen Untersuchungsgang geprüft. Man kann 10 Kationen nebeneinander in 1 mg Probe in 0,3 cm^3 ermitteln. (Chem. Zvěsti **6.** 217—22. März/April 1952.) H. Freytag. 5050

L. Zernow und **G. Hauver,** *Kinomikroskopie von Funken, explodierenden Drähten und Bruchbildungen bei Bildgeschwindigkeiten $>10^6$/Sekunde.* (Sitzungsbericht.) (Physic. Rev. [2] **98.** 1551. 1/6. 1955. Aberdeen, Proving Ground.) H. Liepack. 5056

Jan Kutina, *Beitrag zur Methodik der genetischen Untersuchung von Anschliffen in der Erzmikroskopie.* Es wird die Anwendung eines Dreiecksdiagramms von Bernard (C. **1955.** 1465) beim genet. Studium von systemat. entnommenen Erzanschliffen mitgeteilt. (Chem. d. Erde **17.** 176—80. 1955. Prag, Karls-Univ., Katheder für Geochem., Mineralog. u. Kristallographie.) J.-E. Hiller. 5056

János Inczédy, *Die Anwendung der Ionenaustauscher in der analytischen Chemie.* Überblick über die Anwendung der Ionenaustauscher in der analyt. Chemie. — 23 Literaturangaben. (Magyar Kémikusok Lapja [Z. Ver. ung. Chemiker] **9.** 365—69. 25/12. 1954.) R. Birthler. 5062

J. Ylstra, *Die Brauchbarkeit der Papierchromatographie.* Die Brauchbarkeit der Papierchromatographie wird an Hand der Unters. mehrerer biol. Mischungen aufgezeigt. (Chem. Weekbl. **49.** 316—23. 2/5. 1953. Delft, Biophys. Werkgroep.) W. Wesly. 5062

M. W. P. Strandberg und **M. Peter,** *Genauigkeit von Mikrowellenspektrographen.* (Sitzungsbericht.) (Physic. Rev. [2] **100.** 963. 1/1. 1955. MIT.) H. Liepack. 5063

J. R. Haskins, George Heller und **Eugene Miller,** *Äquivalentstromkreis für eine in der Radiofrequenztitrimetrie benutzte Spulenzelle.* Vff. nehmen Bezug auf Unterss. von

Hamme, Grove u. Kassner (vgl. C. **1955.** 11509) über radiofrequenztitrimetr. Messungen in Behältern vom Spulentyp, wobei festgestellt worden war, daß die charakterist. Änderung der Zelleitfähigkeit mit der Frequenz von den Eigg. der Fl. in der Zelle abhängig war. Vff. stellten Verss. mit einem Glasbecher an, um den eine Drahtspule gewunden war. Als Zell-Fl. wurde dest. W. u. 0,2n HNO_3 benutzt. Aus der Übereinstimmung zwischen den berechneten Kurven u. den experimentellen Ergebnissen kann geschlossen werden, daß als Basis für ein besseres Verständnis der Hochfrequenztitrimetrie in einer Spulenzelle die Verwendung eines Äquivalentstromkreises zu empfehlen ist. (J. chem. Physics **23.** 755—56. April 1955. Huntsville, Ala., Redstone Arsenal, Ordnance Missile Labor., Res. Div.) C. Gottfried. 5063

J. Bombi Llopis, *Absorptiometrische Analyse.* Beschreibung der Grundlagen der Colorimetrie u. Absorptiometrie u. der Geräte, bes. des Spekker-Absorptiometers, Tabellen der Transmission von 8 Ilford-Lichtfiltern zwischen 3800 u. 7000 Å u. der Hauptemissionslinien des Hg-Dampfes. Als Beispiel wird ein Analysenschema für Fe-Legierungen, die bis zu je 0,5% Mn oder Ni, bis 0,6% Cr, bis 0,8% Mo, je bis 1,0% V, Cu oder Co oder bis 5,0% Ni enthalten, auf Grund von bekannten Farb-Rkk. geboten. Dazu werden die Zuss. der Reaktionslsgg. u. der ihnen entsprechenden Lsgg. für die Leerverss. mitgeteilt. (Inform. Quím. analít. **8.** 169—79. Sept./Okt. 1954. Barcelona.) W. Metzener. 5063

E. Lippert, *Lösungsmittelkorrektur und unechte Maxima in Absorptionsspektren.* Bei der Kompensation der Lösungsmittelabsorption durch Vergleichsmessungen zwischen Lsg. u. Lösungsmittel in zwei Küvetten gleicher Länge tritt Überkompensation durch die verschied. Konz. des Lösungsm. in der Lsg. u. im reinen Lösungsm. ein. Der Fehler ist ausgleichbar durch Verkürzung der Lösungsmittelküvette. In Erweiterung der Berechnungen von Bayliss u. Brackenbridge (Chem. and Ind. **1955.** 477) zeigt Vf., daß ein Maximum vorgetäuscht wird, wenn die wahre Absorptionskurve der Substanz wie bei einem Maximum u. der Absorptionskurve des Lösungsm. wie bei einem Minimum, oder wenn beide Kurven gleichsinnig gekrümmt sind u. das Verhältnis ihrer Krümmungen größer oder kleiner ist als das der Mol.-Voll., je nachdem, ob beide Kurven wie bei einem Maximum oder wie bei einem Minimum gekrümmt sind. In den umgekehrten Fällen handelt es sich um ein Minimum. (Angew. Chem. **67.** 704. 21/11. 1955. Stuttgart, TH, Labor. für physikal. Chem.) M.-L. Klaar. 5063

M. Pestemer, *Reinigung von Lösungsmitteln für spektroskopische Zwecke.* 2. Mitt. (1. vgl. C. **1951.** II. 1785.) Vf. gibt Reinigungsvorschriften für *n-Heptan, Isopentan, 3-Methylpentan, Methylcyclohexan, Chlf., A., Ae., Essigsäureäthylester, Pyridin* u. *Anilin* sowie Durchlässigkeitsbereiche verschied. Substanzen zwischen 15 u. 25 mμ (vgl. Marrison, C. **1953.** 9248). Auch bestimmte wss. Lsgg. anorgan. Salze vermögen organ. Substanzen zu lösen (Lyotropie); wss. Lsgg. von Perchloraten 2wertiger Metalle (Mg), z. T. auch des Na, sind bis 2000 Å durchlässig. (Angew. Chem. **67.** 740—41. 7/12. 1955. Leverkusen/Rh., Farbenfabriken Bayer, Hauptlabor.) M.-L. Klaar. 5063

Gerhard Hesse und **Hermann Schildknecht,** *Reinigen von Kohlenwasserstoffen als Lösungsmittel für die Ultraviolettspektroskopie.* Vff. untersuchten Reinigungsmethoden für *Hexan* u. *Cyclohexan* (I) zur Verwendung dieser Stoffe in der UV-Spektroskopie. Vorreinigung mit Schwefelsäure u. anschließende Filtration durch eine Aluminiumoxydsäule ergab brauchbare Reinheitswerte. Eine bes. bequeme Reinigungsmeth. für techn. reines **I** ist die aufeinanderfolgende Filtration durch Kieselgel u. Aluminiumoxyd („Trockenreinigung"). (Angew. Chem. **67.** 737—39. 7/12. 1955. Erlangen, Univ., Inst. für organ. Chem.) M.-L. Klaar. 5063

A. Rodríguez Pérez, *Die Elektroden in der spektrochemischen Analyse.* Wenn nicht das zu untersuchende Material als Elektrode dient, benutzt man als Träger für die Probe eine Hilfselektrode (HE). Die klass. HE ist aus Kohle oder Graphit höchster Reinheit u. schwer zu beschaffen. Deshalb hat Vf. seit langer Zeit mit HE aus Cu gearbeitet u. gefunden, daß diese HE gegenüber der klass. manche Vorteile bietet: bessere Identifizierung u. kleinere Störung auch schwacher Linien durch die Cu-Linien im sichtbaren Gebiet; ident. Verh. beider Arten bei Unterss. von Sn-Folien, Überlegenheit der Kohle-HE im UV; leichtere Erhältlichkeit von reinem Elektrolyt-Cu als von reinster Kohle; sek. Rkk. infolge Legierung der Probe mit dem Cu der HE stören bei Verwendung der Mikroelektrode, gegebenenfalls bei genügend langer Exposition, nicht, während die Ausschaltung einer manchmal störenden CO-Entw. bei der Kohle schwieriger ist. Auch alle äußeren Bedingungen, Beschaffung, Herst., Bearbeitung, sprechen zugunsten des Cu. (Inform. Quím. analít. **8.** 157—63. Sept./Okt. 1954. Madrid, Inst. Edafología y Fisiol. vegetal., Labor. Espectroanál.) W. Metzener. 5063

Roger Cayrel, *Sekundäreffekte, welche eine Fehlerquelle in der Spektralphotometrie verstärken.* Hinweis auf die Fehler (bis zu 30%), welche beim Photometrieren mit einem

Mikrophotometer mit thermoelektr. Empfänger u. ungenügender, chromat. Korrektur der Abbildungslinsen dadurch entstehen können, daß die Scharfstellung des Photometerspalts, welche mit sichtbarem Licht erfolgt, für den Hauptteil der ausgenutzten Strahlung im Infrarot nicht erreicht wird, sowie dadurch, daß bei Verwendung von Abbildungslinsen großer Öffnung durch die Emulsionsdicke eine störende Verschlechterung der Abb. des Photometerspalts hervorgerufen wird. (Ann. Astrophysique **16.** **466.** **1953.** Inst. d'Astrophys.) H.-J. EICHHOFF. 5064

K. Marha und **L. Jenšovský,** *Automatisches Registrierphotometer.* Es werden das Schaltschema u. die Lichtbilder der einzelnen Teile eines automat. Registrierphotometers angeführt. Dieser App. registriert photograph. die Zeitänderungen der Färbungs- oder Trübungsintensität von 20 Küvetten, welche thermostasiert werden können. (Chem. Listy **49.** 926—28. Juni 1955. Praha, Ústav hygieny práce a chorob z povolání. [Orig.: tschech.]) V. KAČENA/PRAG. 5064

Béla Lengyel, Béla Csákvári, Ferenc Till und **Zoltán Boksay,** *Alkalibeständige Glaselektroden.* Durch den Zusatz von geringen Mengen MgO u. Al_2O_3 wird ein neues Na-Glas, das sich zur Herst. von Glaselektroden eignet, gewonnen. Zus.: 21 (%) Na_2O, 6 CaO, 2 MgO, 2 Al_2O_3, 69 SiO_2. Die aus diesem Glas gewonnenen Glaselektroden zeigten bzgl. p_H-Funktion das gleiche Verh. wie ein CORNING 015-Glas. Für Messungen im p_H-Bereich 11—13 wurde ein Li-Glas folgender Zus. erschmolzen: 12 Li_2O, 20,6 BaO, 67,4 SiO_2, welches im Gegensatz zu einem ähnlich zusammengesetzten Glas von PERLEY (Analytic. Chem. **21.** [1949.] 391) sich als stabil u. sehr gut geeignet erwies. Das bessere Ergebnis wird auf eine höhere Einschmelztemp. u. auf eine geeignetere Herstellungsmeth. der Glaselektrode zurückgeführt. In mehreren Tabellen werden die Meßergebnisse gegen verschied. Pufferlsgg. angegeben, wobei sich nur ganz geringfügige Abweichungen zeigten. Zur Berechnung des Alkalifehlers konnte die empir. Formel von JORDAN, welche dieser für ein Glas von MACINNES u. DOLE aufgestellt hat, auch hier Anwendung finden. (Magyar Kémikusok Lapja [Z. Ver. ung. Chemiker] **9.** 265—68. Sept. 1954. Budapest, Univ., Allg. u. Anorgan. Chem.) R. BIRTHLER. 5066

M. Mirnik und **B. Težak,** *Die Silber–Silberjodid-Elektrode.* Die Eigg. der rotierenden Ag–AgJ-Elektrode werden durch Messung der Einstellgeschwindigkeit des Gleichgewichtspotentials in Abhängigkeit von der zu titrierenden Lsg. u. der Vorbehandlung untersucht. Durch Paraffinieren der Elektrode wird erreicht, daß die Gleichgewichtseinstellung bei der Titration $Ag^+ + J^-$ u. $J^- + Ag^+$ nur ca. 2½ Min. dauert, gegenüber 40 Min. bei der unbehandelten Elektrode. Spült man die Elektrode nach jeder Messung mit W. ab u. läßt sie dann 20 Min. in einer 10^{-7}n NaJ-Lsg. rotieren, so behält sie monatelang diese Eig. bei. (Arhiv. Kemiju [Arch. Chim.] **23.** 14—21. 1951. Zagreb, Fiz.-Kem. Inst. Prirodoslowni Fakultet.) F. URBAN. 5066

Hanns Benninghoff und **E. Werner,** *Der p_H-Wert.* 2. Mitt. (1. vgl. C. **1955.** 9894.) Es werden p_H-Meßgeräte u. Indicatorpapiere beschrieben. (Metallwaren-Ind. Galvano-Techn. **44.** 325—31. Nov./Dez. 1952.) H.-G. MOSLÉ. 5066

W. Ingold, *p_H-Meßtechnik im Laboratorium und in der Industrie.* Beschreibung von p_H-Meßgeräten der Fa. POLYMETRON A.-G., Zürich. (Chem. Ind. [Solothurn] **1951/52.** 91. Zürich.) H.-G. MOSLÉ. 5066

Eduardo M.ª Gálvez Laguarta, *Per se eingestellte Lösungen.* Vf. bezeichnet im Gegensatz zu den a priori (durch Lösen einer gewogenen Menge Substanz zu bestimmtem Vol.) u. den a posteriori eingestellten Lsgg. (durch analyt. Konzentrationsbest.) solche Lsgg., deren Geh. durch Messung einer physikal. Eig. gefunden wird, als „per se eingestellte Lösungen". Als geeignete Eig. führt er die für verschied., bestimmte Tempp. geltenden Sättigungskonzz. an u. gibt eine Übersicht über die Verwendung derartiger Lsgg., die an *$Ca(OH)_2$*, *$Na_2B_4O_7 \cdot 10H_2O$*, *$B(OH)_3$*, *Salicyl-* oder *Weinsäure*, *$CaSO_4 \cdot 2H_2O$* oder *Weinstein* gesätt. sind, die sich bes. für techn. Laborr. eignen, mit den Versuchsbedingungen. Vf. weist darauf hin, daß es zweckmäßiger wäre, die Löslichkeit nicht als Konz., d. h. als Gewichtsmenge gelöster Substanz im Gleichgewicht *mit* einem bestimmten Lösungsmittelgewicht, sondern besser als „Inzentration (encentración)" anzugeben, d. h. als Gewichtsmenge Substanz, die in einem bestimmten Vol. gesätt. Lsg. enthalten ist. (Inform. Quím. analít. **8.** 153—56. Sept./Okt. 1954. Zaragoza.) W. METZENER. 5070

G. Alessandro, E. Mecarelli und **L. Novacic,** *Komplexone und ihre analytische Anwendung.* Übersicht über die komplexometr. Titration von Kationen mit Komplexonen, wie Nitrilotriessigsäure, Äthylendiamintetraessigsäure u. deren Di-Na-Salz zur Härtebest. von W. u. zur Best. von Ca, Mg u. Hg in pharmazeut. Spezialitäten u. in einigen Rohstoffen. — 15 Literaturzitate. (Boll. chim. farmac. **93.** 319—32. Sept. 1954. Milano, „Farmitalia", Stabilimento.) B. STIEB. 5072

E. Gagliardi und **W. Haas**, *Thiobenzamid als Reagens in der Analytik.* Die Rk. von *Thiobenzamid* (I) mit 40 Metallen wurde untersucht, davon geben Cu^{2+} bei Überschichtung mit dem Reagens einen eigelben Ring, Au^{3+} weißen bis goldgelben Ring, Pd^{2+} blaßgelben Ring, Ir^{3+} blaßgelben Ring, Ag^{+} u. Hg^{+} schwarze flockige Fällung u. Hg^{2+} weiße, gelbe oder schwarze flockige Fällung. — Für Cu erwies sich I als empfindliches u. spezif. Reagens. 0,5 g Cu läßt sich noch einwandfrei nachweisen. Die gelbgefärbte Komplexlsg. gehorcht dem LAMBERT-BEERschen Gesetz u. kann daher colorimetriert werden. Der Einfl. von Mineralsäuren, Essigsäure u. Alkali- u. Schwermetallsalzen ist untersucht worden. — I stellt man auf folgendem Wege her: 5 Teile Benzamid u. 2 Teile P_2S_5 werden nach dem Vermischen 15 Min. auf dem Wasserbad erhitzt, dunkelrotes, bittermandelartig riechendes Öl erstarrt unter Farbaufhellung, Aufnehmen in Ae., abdest., mit W. kochen u. sd. filtrieren, lange gelbe Nadeln, F. 119,5°. — Reagens wird als 1%ig. Lsg. in 60%ig. A. verwendet. (Mikrochim. Acta [Wien] **1954**. 593—98. Graz, Univ., Inst. für anorgan. u. analyt. Chem.) R. BORCHARDT. 5072

Jaroslav Janák, Miroslav Rusek und **Anatolij Lazarev**, *Chromatographische Semimikroanalyse von Gasen.* 12. Mitt. *Trennung und Analyse von gasförmigen Cycloparaffinen.* (11. vgl. C. **1955.** 7507; 10. vgl. C. **1956.** 4526.) Anwendung der chromatograph. Semimikroanalyse von Gasen, die von JANÁK (C. **1956.** 3953) ausgearbeitet wurde, auf die Trennung u. Analyse von gasförmigen Cycloparaffinen. Die charakterist. Elutionsvoll. (chromatograph. Spektren) von Cyclopropan, Methylcyclopropan u. Cyclobutan werden angeführt. Die Trennung von Cyclopropan–Methylcyclopropan u. Cyclobutan–Cyclopropan-Gemischen ist möglich. Die Trennung von Methylcyclopropan–Cyclobutan-Gemisch ist mit dieser Meth. unmöglich. Vff. führen an, daß die Adsorptionsfähigkeit von KW-stoffen mit 2 u. 3 C-Atomen von dem energet. Inhalt der KW-stoffmoll. u. nicht von ihren Kpp. abhängt. Der energet. Inhalt des KW-stoffmol. ist durch innere Spannung der 2fachen oder 3fachen Bindung oder durch Spannung des 3gliedrigen Kohlenstoffringes gegeben. Als Beispiel der prakt. Anwendung dieser Meth. ist die Analyse eines gasförmigen Schlafmittels (Gemisch von He, O_2, N_2O, C_2H_4 u. Cyclopropan) angegeben. (Chem. Listy **49.** 700—05. 1955. [Orig.: tschech.]; Collect. Czechoslov. chem. Commun. **20.** 1199—1205. 1955. Brno, Ústav pro naftový výzkum.) K. SETÍNEK/Prag. 5086

J. L. Monkman, *Eine Mikrogaskammer zur Identifizierung von Luftverunreinigungen.* Es wird eine Gaskammer aus Borsilicatglas in Form eines Gassammelrohrs beschrieben. Zur Einführung der Deckgläser mit den gesammelten festen u. fl. Luftverunreinigungen besteht sie aus zwei durch Schliff verbundenen Teilen. In ihr können die Proben mit gasförmigen Reagentien, wie HCl, W., NH_3, A., Acetylaceton, behandelt werden, wodurch die einzelnen Teilchen auf Grund der Veränderung, z. B. ihrer Kristallform oder Farbe, sich mit Hilfe des Mikroskops oder durch die entstehenden gasförmigen Prodd. identifizieren lassen. Als Beispiele werden Calcit, Fe- u. As-Verbb., Sulfate, organ. Stoffe, Metalle u. Metalloxyde angeführt. (Analytic. Chem. **27.** 704—08. Mai 1955. Ottawa, Can., Dep. of Nat. Health and Welfare, Occupational Health Labor.) W. LUCHSINGER. 5088

a) Elemente und anorganische Verbindungen.

Jean Barlot, *Bestimmung von Salpetersäure in Wasserstoffperoxyd.* Konz. H_2O_2-Lsg. reagiert schwach sauer; diese Acidität ist im wesentlichen auf geringe Mengen HNO_3 zurückzuführen. Diese geringen Mengen HNO_3 lassen sich nach Zerstörung des H_2O_2 durch Kochen der alkalisierten Lsg. nach Konzentrieren u. Ansäuern colorimetr. durch die Antipyrinmeth. von DENIGÈS bestimmen. (Mém. Poudres **32.** 383—85. 1950. Toulouse, Poudrerie Nationale.) K. F. MÜLLER. G 241

B. J. MacNulty und **G. J. Hunter,** *Die Bestimmung von Fluorid in Mikrogrammmengen.* 3. Mitt. *Der Reaktionsmechanismus des Aluminium-Hämatoxylin-Reagenses.* (2. vgl. BEVERIDGE u. Mitarbeiter, C. **1954.** 11021.) Aus spektralphotometr. Unterss. von frischen u. gealterten Lsgg. von *Hämatoxylin* (**I**), von *Hämatein* (**II**) u. von den Al-Komplexen mit **I** u. **II** wird geschlossen, daß das eigentümliche Reagens bei der Fluoridbest. (vgl. HUNTER u. Mitarbeiter, C. **1953.** 9251) nicht **I**, sondern **II** ist. Die Alterung von **I** beruht auf einer Gleichgewichtseinstellung mit **II**. Der Al-Komplex entsteht nach der Reaktionsfolge: Oxydation von **I** zu **II**, Ionisation des **II** zu einem Syst. aus zwei Resonanzformen u. Bldg. des Al-Farbkomplexes nach zwei verschied. Reaktionsmechanismen, von denen möglicherweise der eine in alkal., der andere in saurem Medium vorherrscht. Bei der Zerstörung des Komplexes durch F^--Ionen bildet sich vermutlich $AlF(OH)_2$ oder $Al(OH)_3F^-$ u. nicht, wie PRICE u. WALKER (C. **1953.** 5891) annehmen, AlF_6^{-3}. (Analytica chim. Acta [Amsterdam] **9.** 425—40. Nov. 1953. London, Ministry of Supply, Chem. Inspectorate.) E. FORCHE. G 246

A. S. Jones und **D. S. Letham,** *Eine Submikromethode für die Bestimmung von Schwefel.* Vff. fällen kleinste Menge Sulfat mit *4-Chlor-4'-aminodiphenyl* (I) in Ggw.von Cotyltrimethylammonimumbromid u. bestimmen den Verbrauch an I nach Zentrifugieren durch Messung der UV-Absorption der fl. Phase (λ_{max} von I in 0,1n HCl 254 mμ). Durch diese Meth. lassen sich nach CARIUS-Oxydation noch 20 μg S bestimmen. Störendes Phosphat wurde als $MgNH_4PO_4$ gefällt. (Chem. and Ind. **1954.** 662—63. 5/6. Birmingham, Edgbaston, Univ., Chem. Dep.) H. BERTSCH. G 253

R. E. Press und **K. A. Murray,** *Eine neue manometrische Methode zur Bestimmung von Sulfid in Lösung.* Vff. geben ein Verf. zur Best. von S^{2-} in der Konz. von 0,5 bis 0,01 p.p.m. an, das auf der katalyt. Wrkg. von S^{2-} bei der Rk. zwischen N_3^- u. J_2 u. manometr. Messung des entwickelten N_2 beruht. Versuchsbedingungen wurden untersucht, sowie die stattfindende Rk. kinet. verfolgt. Die Standardabweichung bei der Best. beträgt 10% der Sulfidkonzentration. (J. South African chem. Inst. [N. S.] **5.** 31—43. Juni 1952. Johannesburg, Univ. of the Witwatersrand, Dep. of Chem. and Chem. Engng.) H. BRAASCH. G 253

R. E. Press und **K. A. Murray,** *Eine empfindliche elektrometrische Methode zur Bestimmung von Sulfid in Lösung.* (Vgl. vorst. Ref.) Es wird ein Verf. angegeben, bei dem die katalyt. Wrkg. von S^{2-} auf die Rk. zwischen J_2 u. N_3^- benutzt wird, S^{2-} mit elektrolyt. bereitetem J_2 (1—10 mA) zu bestimmen. Der Endpunkt ist erreicht, sobald der Katalysator zerstört ist. Der J_2-Überschuß wird amperometr. bestimmt. Nach diesem Verf. können 0,08—0,01 p.p.m. Sulfid in einer 75 cm^3-Probe mit einer Standardabweichung von 0,0032 p.p.m. bestimmt u. herab bis 0,0025 p.p.m. mit 95%ig. Sicherheit nachgewiesen werden. (J. South African chem. Inst. [N. S.] **5.** 45—54. Juni 1952.) H. BRAASCH. G 253

Jaroslav Čelechovský, *Photometrische Mikrobestimmung der Kieselsäure.* Vf. studiert die optimalen Bedingungen für die Entstehung der *Silicomolybdänsäure* (I) u. für die Red. zum Molybdänblau. I entsteht in der größten Konz. bei einem Geh. von 0,001 bis 0,28 mg SiO_2/ml in HCl, jedoch nicht in H_2SO_4-Lsg. bei p_H 0,7—1,1. Um die Red. des überschüssigen Mo (18—21 mg/ml) zu verhindern, benutzt Vf. *Citronensäure* (II), die einen festen Komplex mit Mo bildet. Zum Maskieren von z. B. 0,00123 Mol MoO_3 braucht man 0,0045 Mol II, u. die Rk. dauert 3 Minuten. I wird am besten mit $SnCl_2$-Lsg. (20 μg Sn^{2+}/ml) reduziert. Nach 2 Min. erreicht die Extinktion den konstanten Wert u. wird bei λ = 750 mμ gemessen. Das LAMBERT-BEERsche Gesetz ist für die Konzentrationsgrenzen 0,4—24 μg SiO_2/ml annähernd gültig. (Chem. Listy **48.** 391—96. März 1954. Brno, přírodovědecká fakulta, ústav analyt. chemie. [Orig.: tschech.]) J. HORÁČEK/Prag. G 261

G. C. Collins und **H. Polkinhorne,** *Eine Untersuchung über Anionenstörung bei der Bestimmung von kleinen Mengen Kalium und Natrium mit einem neuen Flammenphotometer.* Vff. beschreiben das Flammenphotometer der EVANS ELECTROSELENIUM LTD. u. untersuchen den Einfl. von Cl^-, SO_4^{2-}, PO_4^{3-}, NO_3^--Ionen auf die Best. von K^+ u. Na^+. Bei Ggw. von Anionen wird die Emission der Alkalien erniedrigt, erklärbar nach z. B. K = $[Na^+][Cl^-]/[NaCl]$. Wird der Prozentsatz der Abweichung der Emission infolge der Ggw. von Anionen, gegen den $\log_{10}$ der Konz. der Anionen aufgetragen, so erhält man nahezu eine Gerade. Für jedes Anion wird eine Grenzkonz. aufgefunden, unterhalb deren kein Einfl. festzustellen ist. Die Grenzkonz. beträgt: bei NO_3^- 40000 (p.p.m.) für 10 Na, 100000 für 10 K; bei SO_4^{2-} 18000 bzw. 56000; bei Cl^- 1400 bzw. 1200; bei Br^- 1000 bzw. 2100; bei PO_4^{3-} 600 bzw. 400. (Analyst **77.** 430—36. Aug. 1952. Harlow, Essex, Evans Electroselenium Ltd., u. Stratford, London, Thomas Tyrer Ltd.) H.-G. MOSLÉ. G 275

Pál Rózsa, *Über die Bestimmung von Kalium und Natrium in Salzen.* Vf. beschreibt ein Verff. zur Best. des K u. Na in Alkalisalzen (Carbonaten, Chloriden, Bromiden, Jodiden, Nitraten, Sulfaten u. Tartraten). Das K-Salz (mit Ausnahme der Sulfate u. Jodide) wird in das Nitrat, Borat u. Carbonat umgewandelt u. in Ggw. von p-Äthoxychrysoidin mit 0,1n $HClO_4$ titriert. Das Na berechnet man aus der Differenz. Man kann auch das Na titrimetr. nach VOLHARD bestimmen. Vf. behandelt Alkalisulfate mit Borsäure u. Jodide mit Oxalsäure u. verfährt dann weiter wie bei den anderen Salzen. Vf. bestimmte auf diese Weise 5—10% K neben Na u. umgekehrt mit einer Genauigkeit von 1—2%. (Acta pharmac. hung. **1953.** 38—45. Dez.) H. LANGENBECK. G 275

W. Rüdorff und **H. Zannier,** *Eine maßanalytische Bestimmungsmethode von Kalium und Ammonium nebeneinander.* Vff. arbeiteten ein Verf. aus, das es ermöglicht, auf einfache Weise K^+ u. NH_4^+ bei einem möglichst geringen Verbrauch von Na-Tetraphenyloborat nebeneinander zu bestimmen. Vff. titrieren zuerst das NH_4^+ mit Formaldehyd. Anschließend wird Formaldehyd im großen Überschuß hinzugefügt u. so viel festes NaOH zugegeben, daß die Lsg. ca. 1n an NaOH ist. Dann wird in der Hitze das K^+ als $K[B(C_6H_5)_4]$ gefällt. Die Fällung ist auch im stark alkal. Gebiet vollständig u. der Nd. gut filtrierbar. Anschließend wird der Nd. nach der „Acetonmeth." (C. **1954.** 8865) maßanalyt. bestimmt. Die angegebenen Beleganalysen zeigen befriedigende Werte. (Z. analyt. Chem. **140.** 241—44. 1953. Tübingen, Univ., Chem. Inst., Anorgan.-analyt. Abt.) K. HACKSTEIN. G 275

Z. Řezáč, *Einige Bemerkungen zum Nachweis von Calcium nach Gutzeit's qualitativem Verfahren.* Die Entstehung der blauen Färbung bei der Rk. der ammoniakal. Phenollsg. mit Chlorkalk nach GUTZEIT (Helv. chim. Acta **12.** [1929.] 728) ist als Ca-Nachw. unrichtig, da es sich in Wirklichkeit um einen Phenolnachw. mit NH_3 u. Chlorkalk handelt. Dieser „Ca-Nachw." wurde auch von anderen Autoren übernommen (FEIGL, Qualitative Analysis by Spot Tests, S. 287, Elsevier [1947]). Nach Vorschlag des Vf. soll diese Rk., soweit sie als Ca-Nachw. eingeführt ist, aus der Fachliteratur gestrichen werden. (Chem. Listy **48.** 471—72. März 1954. Ústí n./L., Spolek pro chem. a hutní výrobu n. p. [Orig.: tschech.]) J. HORÁČEK/Prag. G 283

Lech Bogusławski und **Andrzej Cygański,** *Mitteilung über die gemeinsame Fällung von Zinkhexarhodanowismutat und Zinktetrarhodanomercurat.* 2. Mitt. Die Einführung von Zn^{2+} in eine Lsg., die Bi^{3+}, Hg^{2+} u. CNS^- enthält, erzeugt eine ziegelrote Fällung. In Ggw. größerer Hg^{2+}-Mengen ist der Nd. rosa gefärbt. Er besteht aus $Zn_3[Bi(CNS)_6]_2$ u. $ZnHg(CNS)_4$. Das Reagens besteht aus 5 ml 0,5mol. $Bi(NO_3)_3$-Lsg., 4 ml 2mol. NH_4·CNS-Lsg. u. 1 ml 0,2mol. $Hg(NO_3)_2$-Lsg. u. ist infolge Bldg. von $Bi[Bi(CNS)_6]$ gelb gefärbt. Es gibt noch deutliche Rkk. mit Lsgg., die 0,0075 g-Ion Zn^{2+}/Liter enthalten. Die Rk. kann als Tüpfel-Rk. in qualitativer Analyse Anwendung finden. Unter den Kationen der $(NH_4)_2S$-Gruppe stören Co^{2+} u. Fe^{3+}. (Roczniki Chem. [Ann. Soc. chim. Polonorum] **28.** 667—68. 1954. Łódź, Politechn., Zakład. Chem. Nieorgan.) O. POLLAK-V. EMHOFEN. G 288

A. Jílek und **J. Brandštetr,** *Über einen verläßlicheren Nachweis von Cadmium in der analytischen Ib-Gruppe der Kationen.* Der Nachw. von Cd mittels H_2S in komplexer Cyanidlsg. als gelbes *CdS* ist in Ggw. von Pb^{2+}, Bi^{3+} u. Hg^{2+} unsicher. Dies beruht auf der unvollständigen Abtrennung von Pb^{2+} u. Bi^{3+} mit NH_4OH als unlösl. Hydroxyden, die mit H_2S dunkle Sulfide bilden, die das CdS umhüllen. Es empfiehlt sich die Anwendung von $(NH_4)_2CO_3$ anstatt NH_4OH. Beide Kationen werden dann völlig als Carbonate abgetrennt. Liegt Hg^{2+} in der Nitratlsg. vor, so entsteht HgS im Gemisch mit CdS. Man löst dann das HgS mit Na_2S, wobei CdS übrigbleibt u. erkannt wird. (Chem. Zvesti **6.** 179—84. März/April 1952.) H. FREYTAG. G 289

Antonín Jílek und **Jiří Brandštetr,** *Der Quecksilbernachweis durch Reduktion von alkalischem Jodomercurat oder Cyanomercurat mit Formaldehyd.* Aus der alkal. Lsg., die Hg als Komplexanion HgJ_4^{2-} oder $HgCN_4^{2-}$ enthält, kann man in der Kälte am besten mit Formaldehyd zu metall. Hg red.: $HgJ_4^{2-} + 3OH^- + HCOH = Hg + 4J^- + HCOO^- + 2H_2O$. Zur Entfernung von störenden Kationen, die unlösl. Hydroxyde bilden, verwenden Vff. Weinsäure u. KCN. Neben der 20fachen Menge von Ag^+, Pb^{2+}, Bi^{3+}, Cu^{2+}, Cd^{2+}, As^{3+}, Sb^{3+}, Sn^{2+}, Ni^{2+}, Co^{2+}, Fe^{2+}, Zn^{2+}, Al^{3+}, Ca^{2+}, Sr^{2+}, Ba^{2+}, Mg^{2+}, NH_4^+ u. kleinen Mengen von Cr^{3+} u. Mn^{2+} kann noch 0,02 mg Hg in 5 cm^3 nachgewiesen werden. In Ggw. der gefärbten Anionen CrO_2^-, CrO_4^{2-} oder größerer Mengen Mn^{2+} ist es notwendig, das Hg als HgS abzuscheiden. TeO_3^{2-}, TeO_4^{2-}, SeO_3^{2-}, $C_2O_4^{2-}$, PO_4^{3-}, SO_3^{2-}, SO_4^{2-}, CO_3^{2-}, NO_2^-, NO_3^-, Cl^-, Br^-, F^-, WO_4^{2-}, MoO_4^{2-}, VO_4^{3-} stören nicht. Weiter beschreiben Vff. eine ausführliche Anleitung zum Nachw. von Hg neben den Kationen der ersten bis fünften analyt. Gruppe u. zum Nachw. von Hg in *Zinnober.* (Chem. Listy **48.** 386—90. März 1954. [Orig.: tschech.]; Collect. Czechoslov. chem. Commun. **19.** 1049—51. 1954. Brno, Vojenská techn. akad.) J. HORÁČEK/Prag. G 290

E. Gagliardi und **W. Haas,** *Quantitative Quecksilberbestimmung mit Thiobenzamid.* (Vgl. C. **1956.** **5370.**) Es wird ein neuartiges Verf. zur quantitativen Best. von Hg^{2+} beschrieben. Hg^{2+} gibt mit 1%ig. verd.-alkoh. Lsg. von Thiobenzamid je nach der Konz. verschieden gefärbte Fällungen, bei denen der Farbumschlag bei ganz bestimmten Gehh. an Hg^{2+} vor sich geht u. gut reproduzierbar ist. Die Best. dauert 10—15 Min. u. bedarf keines apparativen Aufwands. Der Einfl. von Alkali- u. Schwermetallen u. die Abhängigkeit des Farbwechsels von der Acidität ist untersucht worden. Die Genauigkeit der Best. liegt im Durchschnitt bei $\pm 0,26\%$. (Mikrochim. Acta [Wien] **1954.** 599—603. Graz, Univ., Inst. für anorgan. u. analyt. Chem.) R. BORCHARDT. G 290

K. G. Mijesserow, *Bestimmung des Aluminiums in mit Aluminiumoxyd aktiviertem Silicagel.* Es wird durch Verss. nachgewiesen, daß es nicht erforderlich ist, das Al im Silicagel (**I**) durch Abrauchen der Probe mit HF zu bestimmen: Ist das **I** mit Al_2O_3 [$Al(NO_3)_3$-Lsg] aktiviert worden, so läßt sich die entstandene Bindung Si–O–Al leicht durch Bearbeiten mit n HCl (bei vorhergegangenem Glühen, gegebenenfalls mit nachfolgendem 5 Min. dauerndem Sieden, sonst 10—30 Min. in der Kälte) lösen u. das in Lsg. gegangene Al im HCl-Auszug nach SSOKOLOW (Titration mit 25 ml 0,03n NaOH unter Zusatz von 4—8 ml NaF-Lsg.) oder nach TREADWELL bestimmen. Bei Ggw. von freiem Al_2O_3 ist Sieden mit n HCl u. Best. des Al nach TREADWELL zu empfehlen. (Журнал Прикладной Химии [J. angew. Chem.] **27.** 677—80. Juni 1954. Erdölinst. der Akad. der Wiss. der UdSSR.) A. v. WILPERT. G 294

F. Feigl, V. Gentil und **D. Goldstein,** *Zum Nachweis von Thallium mit Rhodamin B in der Tüpfelanalyse und in der Spurensuche.* Zu einem Tropfen der schwach sauren Tl(I)-Lsg. gibt man in einer Mikroeprouvette 1 Tropfen gesätt. Bromwasser; das überschüssige Br_2 entfernt man mit einem Tropfen 10%ig. Lsg. von Sulfosalicylsäure. Durch dieses Verf. werden die Tl(I)-Salze vollständig zu $(TlBr_4)^-$-Ionen oxydiert. Die erhaltene Lsg. versetzt man mit einem Tropfen Rhodamin B-Lsg. (0,05%ig. Lsg. in konz. HCl) u. 6—8 Tropfen reinstem Bzl. u. schüttelt aus. Bei Ggw. von Tl fluoresciert die rote Benzolschicht im UV intensiv orangerot. Erfassungsgrenze 0,03 γ Tl; Grenzverdünnung 1:1660000. Enthält die auf Tl zu prüfende Lsg. noch Sb, Au u. Hg, werden diese Metalle durch Behandlung der Prüflsg. mit Cu- oder Messingdraht entfernt. Anschließend wird Tl wie angegeben nachgewiesen. Es lassen sich so noch 0,1 γ Tl neben 500 γ Au, Hg u. Sb nachweisen. Extrem verd. Lsgg. konz. man, indem man Tl in Ggw. von Mn nach Oxydation mit Bromwasser mit NaOH als Hydroxyd fällt; der Nd. wird abfiltriert u. in 1 ml HCl (1:1), der einige Kriställchen Na_2SO_3 beigegeben sind, gelöst. Die überschüssige SO_2 wird durch Verkochen entfernt, u. nun kann man in dieser angereicherten Lsg. Tl nach dem angegebenen Verf. nachweisen. Man kann so noch 0,1 γ Tl in 500 ml nachweisen, was einer Verdünnung von $1:5\cdot10^9$ entspricht. (Analytica chim. Acta [Amsterdam] **9.** 393—99. Nov. 1953. Rio de Janeiro, Min. da Agricult., Labor. da Prod. Mineral.) A.-M. FRETZDORFF. G 297

L. Erdey, L. Kálmán und **A. Almásy,** *Bestimmung der Gruppe der Seltenen Erdmetalle.* Zur Best. der Summe der Seltenen Erden in Ggw. eines großen Phosphatüberschusses (R_2O_3:P_2O_5 = 1:5) fällen Vff. das Phosphat in einem Meßkolben mit Ammoniummolybdat. In aliquoten Teilen des Filtrats werden die Seltenen Erden erst mit NH_3, dann, nach Wiederauflösen, mit Oxalsäure gefällt u. bei 1000° zum Oxyd verglüht. Fehler der Meth. ca. 1%. Bei Ggw. höherwertiger Erden wird zur Korrektur der überschüssige Sauerstoff nach der Meth. von BUNSEN in einer modifizierten einfacheren App. jodometr. bestimmt u. von der Auswaage abgezogen. (Acta chim. Acad. Sci. hung. **6.** 173—82. 1955. Budapest, Techn. Univ., Inst. of Gen. Chem., u. Veszprém, Inst. for Res. in the Heavy Chem. Ind.) F. UMLAND. G 303

J. Huré und **Saint James-Schonberg,** *Colorimetrische Bestimmung geringer Mengen Cer im Uran.* Zur Best. geringer Mengen Ce (0—100°/₀₀) wird die Hauptmenge der im Untersuchungsmaterial enthaltenen Beimengungen, bes. U u. Fe neben Mn, Cr, V, Ni, Cu u. Al, durch Extraktion der wss. Lsg. der Metallthiocyanate mit Essigester entfernt. In der wss. Lsg. wird das Ce durch $(NH_4)_2S_2O_8$ in Ggw. von $AgNO_3$ oxydiert, u. anschließend wird die Absorption der wss. Lsg. bei 360 mμ bestimmt. In der Lsg. verbliebenes Mn wird in einem aliquoten Teil der Prüflsg. nach Red. mit Oxalsäure absorptiometr. bei 525 mμ ermittelt u. bei dem für Ce erhaltenen Wert in Rechnung gesetzt. Man kann so 1—5 γ Ce/ml mit einem Fehler von ca. 15% bestimmen. (Analytica chim. Acta [Amsterdam] **9.** 415—24. Nov. 1953. Saclay, France, Dep. de Métallurgie et Chim. appl., Sect. de Rech. analyt., Commissariat à l'Énergie atomique.) A.-M. FRETZDORFF. G 304

R. P. Graham, A. Hitchen und **J. A. Maxwell,** *Die polarographische Bestimmung von Titan in Stählen und Legierungen auf Nickelbasis.* Zur Best. geringer Mengen Ti in Stahl u. Legierungen auf Ni-Basis wurden genau gewogene Proben von 1—2,5 g Legierung in Säure gelöst, vorsichtig mit 25 ml 5mol. H_2SO_4 bis zur Nebelbldg. eingedampft, mit 20 ml W. verd. u. mit Hilfe von 55 ml W. in eine Elektrolysezelle gespült. Störende Elemente, bes. Fe, Cu, Ni, konnten nun durch Elektrolyse mit Hg-Kathode (90 ml reinstes Hg) u. Pt-Spirale als Anode bei 4—6 V u. einer Stromdichte von 0,20—0,27 A/cm² innerhalb einer Std. beseitigt werden. Der Elektrolyt wurde dann quantitativ nach Ablassen des Hg durch einen am Boden der Zelle befindlichen Dreiweghahn entfernt, filtriert, auf 50 ml eingedampft u. mittels 15mol. NH_3-Lsg. gegen Lackmus neutralisiert. Nach Zugabe von 25 ml 2,0mol. H_2SO_4-Lsg. u. 15,0 g wasserfreier Weinsäure wurde die Lsg. auf 100,0 ml verd. u. anteilweise in einem HEYROVSKÝ-Polarographen nach 15 Min. langem Einleiten von gereinigtem N_2 bei 25,0 ± 0,1° zwischen 0,0 u. —0,8 V gegen die gesätt. Kalomelelektrode je 4mal gemessen. Das Brückenpotential betrug 2,0 V u. die Galvanometerempfindlichkeit R = 10. Die Konz. an Ti wurde durch Vgl. mit Eichkurven bestimmt. Die dazu verwendeten Ti-Lsgg. sollen 1,20mol. an $(NH_4)_2SO_4$,

1,0mol. an Weinsäure u. 0,5mol. an H_2SO_4 sein. Mit abnehmender $(NH_4)_2SO_4$-Konz. steigt der Diffusionsstrom etwas (bei 20% Abnahme um ca. 1,5%). Bei Ti-Konzz. von $1{,}0 \cdot 10^{-4}$ bis $1{,}4 \cdot 10^{-3}$mol. betrug der durchschnittliche Fehler bei 8 Messungen 0,8 bis 2,7%. Die Meth. ist für sehr verschied. Stähle u. Legierungen anwendbar. (Canad. J. Chem. **30.** 661—67. Sept. 1952. Hamilton, Ontario, Can., McMaster Univ., Hamilton Coll., Dep. of Chem.) H. PLUSKAL. G 321

Inge-Maria Ladenbauer, O. Slama und **F. Hecht,** *Über die quantitative Extrahierbarkeit des Germaniumtetrabromids mit Äther.* 1. Mitt. Zur Best. geringer Mengen Ge wurden höchstens 25 ml Versuchslsg. in einem Ae.-Extraktor mit 100 ml einer mit Ae. u. KBr gesätt. 48%ig. HBr-Lsg. versetzt u. 5 Std. mit 80 ml Ae. extrahiert. Dann wurde die äther. Lsg. mehrmals mit einigen ml HBr-Lsg. u. anteilweise mit 10—80 ml W. ausgeschüttelt. Zur Auswertung des Ge-Geh. in aliquoten Teilen dieser wss. Lsg. diente ein KRUMHOLZ-Photometer. 6 ml Lsg. wurden mit 1 ml Gummi arabicum-Lsg. (1 g in 200 ml W.) u. 3 ml Phenylfluoronlsg. [0,03 g Reagens + 85 ml A. + 5 ml verd. H_2SO_4 (1 + 6) mit A. auf 100 ml aufgefüllt] versetzt u. nach 1std. Stehen photometriert. Die Meth. wurde auf die Ge-Best. einer Zn-Blende angewendet. Bei einer Einwaage von 0,1 g ZnS wurde ein Ge-Geh. von 1,62 μg mit 4,36% Fehler gefunden. Zur Red. geringer Mengen Fe^{3+}, die die Best. stören, dient ein Zusatz von 3 ml gesätt. $TiBr_3$-Lsg. vor der Extraktion. (Mikrochim. Acta [Wien] **1955.** 118—22. Wien, Univ., II. Chem. Labor.) H. PLUSKAL. G 326

Jaroslav Čihalík, *Anwendung von Jodmonochlorid in der analytischen Chemie.* 2. Mitt. *Bestimmung von Arsen, Antimon und Zinn.* (1. vgl. C. **1956.** 1110.) Systeme As^{3+}/As^{5+}, Sb^{3+}/Sb^{5+} u. Sn^{2+}/Sn^{4+} haben ein niedrigeres Redoxpotential in sauren u. alkal. Lsgg. als 0,65 V u. können daher mit JCl (J^-/J^+ = 1,06 V) oxydiert werden. Nach den Gleichungen: $J^+ + 2HCO_3^- \rightarrow JO^- + 2CO_2 + H_2O$, $AsO_3^{3-} + JO^- \rightarrow AsO_4^{3-} + J^-$ kann man in Ggw. von überschüssigem $NaHCO_3$ die 0,001—0,005n Lsgg. von As oder Sb potentiometr. mit einer Genauigkeit von $\pm$0,12% oder visuell mit Stärke als Indicator scharf titrieren. In sauren Lsgg. von As (auch Sb), die weniger als 0,5n an HCl sind, spielen sich folgende Rkk. ab: $As^{3+} + J^+ \rightarrow As_5^+ + J^-$; $J^- + J^+ \rightarrow J_2$, welche potentiometr. gut zu verfolgen sind. In inerter Atmosphäre in schwach sauren Lsgg. (0,1n HCl) oxydiert JCl analog auch das Zinn $Sn^{2+} + J^+ \rightarrow Sn^{4+} + J^-$; $J^- + J^+ \rightarrow J_2$. In stark alkal. Medium ist nur die erste Rk. möglich, die mit einem großen u. scharfen Sprung beendigt ist. (Chem. Listy **49.** 1167—75. Aug. 1955. Praha, Karlova univ., katedra analytické chemie. [Orig.: tschech.]) J. HORÁČEK/Prag. G 327

W. Kirsten, *Reagens zum Wismutnachweis.* Zum Bi-Nachw. kann statt *Na-Stannit*-Lsg. eine wss. Lsg. von *N-dimethyldithiocarbamidsaurem Na* (I) dienen. Der $Bi(OH)_3$-Nd. färbt sich gelb u. löst sich nicht in verd. NH_3, im Gegensatz zu dem auch gelblichen Nd. von Molybdat, der lösl. ist. Die Herst. von I wird beschrieben. (Chem. Techn. **5.** 393. Juli 1953. Halle.) H.-G. MOSLÉ. G 334

Harold H. Paige, A. E. Taylor und **Robert B. Schneider,** *Uranbestimmung mittels der Photozersetzung von Oxalsäure.* Vff. beschreiben ein Verf. zur Best. von U in Konzz. von 10^{-4} g/Liter. Die U-Salzlsg. wird unter festgelegten Bedingungen mit Oxalsäure (I)-Lsg. versetzt, mit Licht von 2537 Å bestrahlt u. die von der vorhandenen U-Menge abhängige Photozers. der I durch Titration mit $KMnO_4$ ermittelt. Fehlergrenze der Meth. liegt unter 10^{-5} g/Liter. (Science [Washington] **120.** 347—48. 27/8. 1954. Pocatello, Id., Idaho State Coll., Chem. Dep.) MAX SCHMIDT. G 339

H. Malissa und **E. Weigert,** *Zur Verwendung von Natrium-Penicillin-G in der Mikroanalyse. Die Bestimmung des Eisens.* (Vgl. C. **1955.** 1804.) *Fe* reagiert mit *Na-* u. *K-Penicillin-G* (I) unter Bldg. eines gelben voluminösen Nd., wobei die absol. Empfindlichkeit (pDa) für *Fe^{3+}*-Ion auf der Tüpfelplatte 4,6, im Spitzröhrchen 4,9, die relative Empfindlichkeit (pDr) bei 1000fachem *Ni-* u. *Co*-Überschuß 4,6 bzw. 4,9 ist, so daß diese beiden Ionen nicht stören. I fällt mit Fe^{3+} bei p_H <2 aus, wobei ein Salz der Zus. $(C_{16}H_{18}O_5N_2S)_2Fe$ entsteht (Faktor 0,07462). Best.: 1 cm³ *Fe^{3+}*-Lsg. in EURICH-Becher tropfenweise mit 1 cm³ 5%ig. I-Lsg. in Essigsäure–Acetat-Puffer fällen, nach 3 Min. Stehen absaugen, mit 6—8 cm³ dest. W. auswaschen, Becher äußerlich entfetten (Ae., CCl_4), 30 Min. bei 65° u. 20 mm Hg im Vakuumexsiccator trocknen. Es sind derart *Fe-Mengen* bis herunter zu 200 γ/cm³ bestimmbar. Geringere Konzz. können nach Lösen des *Fe*-Nd. photometr. ermittelt werden. In Ggw. der 50fachen Menge von *Ni* u. *Co* ist Fe auf $\pm$0,5% genau erfaßbar. (Mikrochim. Acta [Wien] **1954.** 413—16. Graz, TH, Inst. für Mikrochem.) K. MAIER. G 354

Walter Nielsch, *Zur photometrischen Nickelbestimmung mit Dimethylglyoxim.* Vf. bestimmt Ni durch Extraktion des Ni-Dimethylglyoxims in alkal. oder essigsaurem Mittel mit Chlf. u. anschließende photometr. Best. des entwässerten Extrakts. Durch

Anwendung von Maskierungsmitteln für andere Metalle kann Ni in Leicht- u. Buntmetallen sowie Fe- u. Stahllegierungen schnell bestimmt werden. Das Absorptionsmaximum ist bei 330—380 mμ. Die Eigenabsorption des Dimethylglyoxims liegt in einem anderen Bereich, so daß hierdurch keine Störungen auftreten. Für einen Konzentrationsbereich von 3,3—13,3 μg Ni/ml Chlf. ist das Beersche Gesetz erfüllt. Die Messungen wurden mit dem Zeiss-Optonphotometer „Elko II" unter Benutzung einer Hg-Lampe durchgeführt. (Z. analyt. Chem. **140.** 267—71. 1953. Laucherthal, Versuchsanst. der Fürstlich Hohenzollernschen Hüttenverwaltung.) K. Hackstein. G 356

R. A. Karassew und **A. Ju. Poljakow**, *Bestimmung des Gehaltes an Gasen in Metallen und Legierungen.* Beschreibung einer App., mit welcher die in Legierungen u. Metallen gelösten Gase durch Schmelzen des Prüfstücks im Vakuum bestimmt werden. Der Schmelzofen wird von einem Hochfrequenzgenerator („LG-15") gespeist; 2000 bis 2200°, 10—12 kW; an Stelle der gläsernen Zuleitungen werden Röhrchen aus nichtrostendem Stahl verwendet; Analyse der Gase durch fraktioniertes Einfrieren (bei Tempp. des fl. N_2). (Вестник Академии Наук СССР [Nachr. Akad. Wiss. UdSSR] **24.** Nr. 11. 61—62. Nov. 1954.) A. v. Wilpert. 5280

P. B. Dempster und **P. D. Ritchie**, *Physikalisch-chemische Untersuchungen an Stäuben.* 5. Mitt. *Untersuchung von feingemahlenem Quarz durch thermische Differentialanalyse und andere physikalische Methoden.* (4. vgl. Cumming u. Mitarbeiter, C. **1955.** 7276.) Die Best. des Quarz-Geh. in mineral. Stäuben durch therm. Differentialanalyse wird in hohem Grade von der Größe der Quarzteilchen beeinflußt. So ergab z. B. ein reiner Bergkristallstaub mit 1,3 μ Teilchengröße einen Geh. an Quarz von nur **49,5%.** Diese Abweichung der Werte, die schon bei Stäuben von unter 5—10 μ Korngröße deutlich in Erscheinung tritt, beruht auf einer gestörten, durch HF wegätzbaren Oberflächenschicht der Quarzteilchen, die ebenso wie unter 1 μ vermahlener Quarz keine Kristallstruktur mehr besitzt u. daher kein Röntgenspektr. u. keine Umwandlung von α- in β-Quarz mehr aufweist. Aus den gleichen Gründen versagt auch infolge zu schwacher Linienintensität die Best. derartiger Stäube auf röntgenograph. Wege. (J. appl. Chem. **3.** 182—92. April 1953. Glasgow, Roy. Techn. Coll., Techn. Chem. Dep.) T. Oppermann. 5290

Sture Landergren, *Über spektrochemische Analyse von Sedimenten und Gesteinsarten.* Die gepulverte Analysenprobe wird in 3 Teile geteilt, einen für Best. der Hauptbestandteile (Konz. >1 Gew.-%), einen für Nebenbestandteile (Konz. 0,0001—1%), einen für besondere Analysen verschied. Art, Kontrollen usw. Vor Best. der Hauptbestandteile wird durch Lösen oder Zusammenschmelzen mit einem Flußmittel (H_3BO_3, Li_2CO_3) u. Lösen in 2n HNO_3 homogenisiert; ein zweiter Teil der Schmelze wird durch 85 DIN-Sieb passiert, mit reinem Graphitpulver gemischt, zu Briketts gepreßt, diese werden direkt als Elektroden in einem Hochspannungsfunken verwendet. Zur Best. der Nebenbestandteile wird die Probe in einem elektr. Lichtbogen nach Goldschmidt vergast. (Geol. Fören. Stockholm Förh. **77.** 64—65. Jan./Febr. 1955.) R. K. Müller. 5290

Fr. Hegemann und **Chr. Leybold,** *Eine spektrochemische Analysenmethode zur schnellen quantitativen Bestimmung der Spurenelemente im Bleiglanz.* Der Abbrand einer mit *Bleiglanz* (I) gefüllten, kathod. geschalteten Lochkohle u. die Anregung der Analysenelemente werden auf der Grundlage einer Stromstärke- bzw. Spannungs–Zeit-Kurve u. mehrerer Fahrspektrogramme untersucht. Unter Verwendung der ersten 60 Sek. des Abbrandes wird ein für geochem. Unterss. geeignetes spektrochem. Verf. zur Schnellbest. der in **I** enthaltenen Elemente entwickelt, wobei als Bezugselement zur visuellen u. photometr. Auswertung Ni dient. Die Vergleichsunters. wird ohne NiO-Zusatz ausgeführt. Die schnelle leitprobenfreie Auswertung der Spektrogramme erfolgt meist visuell mit Vergleichstafeln unter Benutzung „homologer Linien". Die Empfindlichkeit des Verf. für die meisten Elemente beträgt ca. 10^{-4}%. (Z. Erzbergbau Metallhüttenwes. **6.** 175—80. Mai 1953. München, TH, Mineral.-Geol. Inst., Forschungsstelle für Geochem.) W. Wesly. 5292

Erkki Laurila, O. Jantti und **R. T. Hukki,** *Magnetische und chemische Analysen von magnetit- und ilmenithaltigen Erzen und Hüttenprodukten.* Zur Best. von *Magnetit* u. *Ilmenit* in Fe–Ti-Erzen werden je ein Gerät zur Analyse von Bohrkernen u. von pulverisierten Erzen entwickelt, die die verschied. Susceptibilität der Mineralien ausnutzen. Die Best. von Fe, Ti u. V nebeneinander ist durch ein potentiometr. Analysenverf. möglich, welches auf Lingane (C. **1950.** I. 322) zurückgeht. Die V^{5+}, Fe^{3+} u. Ti^{4+} enthaltende Lsg. wird mit $CrSO_4$ in CO_2-Atmosphäre titriert u. stufenweise reduziert. Eine Pt-Elektrode zeigt die Äquivalenzpunkte der Rkk. $V^{5+} \rightarrow V^{4+}$ u. V^{4+}, $Fe^{3+} \rightarrow V^{3+}$, Fe^{2+} durch Potentialsprünge an, zur Best. des Äquivalenzpunktes $Ti^{4+} \rightarrow Ti^{3+}$

dient eine Hg-Elektrode. Bezugselektrode ist eine Kalomelelektrode. Die Fehlergrenzen dieser Meth. betragen für Fe $\pm 0{,}3\%$, V_2O_3 $\pm 0{,}1\%$, TiO_2 $\pm 0{,}2\%$ absolut. Vff. machen schließlich einen Vorschlag für eine automat. u. kontinuierliche Betriebskontrolle auf magnet. Grundlage. (Mining Engng. **3.** 797—802. Sept. 1951. Helsinki, Finland Inst. of Technol.; Finnish Defense Force, Chem. Labor.) D. BREDTSCHNEIDER. 5292

b) Organische Verbindungen.

F. Buscarons und **P. Mir,** *Halbmikrobestimmung halogenierter Derivate.* Die als Makroverf. beschriebene Meth. der Vff. zur Halogenbest. in organ. Substanzen (An. Física Quím. **1945.** 518 u. **1946.** 1065) durch Hydrolyse mit nKOH in Diäthylenglykol findet auch zur Mikrobest. Anwendung. Die Hydrolyse erfolgt nur bei aliphat. Verbb., nicht aber bei aromatischen. Diese beiden Körperklassen können also mit dem Verf. getrennt werden. Die Best. des mineralisierten Halogens erfolgt auf übliche Weise, z. B. nach VOLHARD. J wird nach LEIPERT (Biochem. Z. **261.** [1933.] 436) oder LACOURT (Mikrochemie **23.** [1938.] 308) bestimmt. (Analytica chim. Acta [Amsterdam] **7.** 185—90. Aug. 1952. Barcelona, Espagne, Univ.) PH. FRESENIUS. 5352

G. Haberland, *Spezifischer Nachweis für Äthylenglykol, Polyäthylenglykole und deren Derivate.* Verbb., die eine Äthylenglykolgruppierung aufweisen, geben mit sauren Kondensationsmitteln, z. B. H_2SO_4, 1.4-Dioxan. Dies ist durch seine Wasserlöslichkeit u. seine Salzbldg. mit $HgCl_2$ leicht zu erkennen. — 1 g Polyglykol wird im Reagensglas mit 2—3 Tropfen konz. H_2SO_4 versetzt u. zum Sieden erhitzt. Die entstehenden Dämpfe werden durch ein Glasrohr in ein zweites Reagensglas geleitet, das 1 cm^3 gesätt. $HgCl_2$-Lsg. enthält. Äthylenglykole geben eine starke, farblose, kristalline Fällung. (Arch. Pharmaz. Ber. dtsch. pharmaz. Ges. **287/59.** Nr. 9/10; Mitt. dtsch. pharmaz. Ges. **24.** 142—43. 1954. Hamburg, P. Beiersdorf u. Co. A.-G.) M. NEGWER. G 570

Evžen Grebenovský und **Zdeněk Řezáč,** *Die Formaldehydbestimmung durch direkte Titration mit Hydroxylaminhydrochlorid.* Vff. benutzten bei der Titration des *Formaldehyds* (I) mit *Hydroxylaminhydrochlorid* (II) in alkal. Lsg. (3—15 mg I in 40 cm^3 H_2O u. 10 cm^3 1n NaOH) die „Totpunktmeth." u. polarograph. „Ableitungstitration" (vgl. REILLEY, C. **1953.** 1218), welche viel schärfer den Äquivalenzpunkt als die ursprüngliche acidimetr. Meth. erkennen lassen. Die Best. ist genau u. ist auch bei 100fachem Überschuß von Essig-, Ameisensäure, Methanol u. A. möglich. Unter angegebenen Bedingungen tritt die CANNIZZAROsche Rk. nicht ein. Störung durch andere Aldehyde u. Ketone. (Chem. Listy **49.** 1185—87. Aug. 1955. Ústi n./L. Spolek pro chem. a hutní výrobu n. p. [Orig.: tschech.]) J. HORÁČEK/Prag. G 670

Robert A. Resnik und **Irving M. Klotz,** *Die Titration von Polyaminen in Gegenwart von Natriumdodecylsulfat.* Vff. untersuchen die Bedingungen, unter denen Polyamine potentiometr. titriert werden können. Es wird gefunden, daß die mit der Meth. von GAUSS, CRUMPLER u. JONASSEN (C. **1952.** 5074) erhaltenen unscharfen Endpunkte deutlich erkennbar werden, wenn der zu titrierenden Lsg. Natriumdodecylsulfat (ca. $2\cdot 10^{-3}$ Mol) zugesetzt wird. Untersucht wurden *Triäthylentetramin, Tetraäthylenpentamin* sowie *N.N.N'.N'-Tetra-[β-aminoäthyl]-äthylendiamin,* die Meth. scheint allg. anwendungsfähig zu sein. (J. Amer. chem. Soc. **77.** 5015. 5/10. 1955. Evanston, Ill., Northwestern Univ., Chem. Labor.) K. FRENKLER. G 910

Jaroslav Čihalík und **Drahomír Vavrejnová,** *Anwendung von Jodmonochlorid in der analytischen Chemie.* 3. Mitt. *Bestimmung von einigen organischen Stoffen.* (2. vgl. C. **1956.** 5374.) *JCl* wirkt nicht nur als Oxydans, sondern auch als Additions- u. Substitutionsmittel. *Hydrochinon* reagiert mit JCl in schwach saurer Lsg. folgendermaßen: $C_6H_4(OH)_2 + 2J^+ \rightarrow C_6H_4O_2 + J_2 + 2H^+$ u. in gesätt. Lsg. von $NaHCO_3$ nach: $C_6H_4(OH)_2 + J^+ \rightarrow C_6H_4O_2 + J^- + 2H^+$ quantitativ. Die Best. kann man mit potentiometr. Kontrolle oder auch visuell durchführen. In schwach saurer bis neutraler Lsg. wird auch „*Metol*" (*Methyl-p-aminophenolsulfat*) quantitativ zum entsprechenden *Chinonimin* oxydiert: $OHC_6H_4NHCH_3 + 2J^+ \rightarrow O{-}C_6H_4{=}NCH_3 + J_2 + 2H^+$. Sehr unterschiedlich ist aber das Verh. der drei *Phenylendiamine* (I) gegen JCl. Freie Base von p-I u. auch Hydrochlorid von p-I kann man nur in schwach saurer Lsg. mit JCl titrieren, sonst ist die Best. ungenau. Das Reaktionsschema ist $C_6H_4(NH_2)_2 + 2J^+ \rightarrow C_6H_4(NH_2) + J_2 + 2H^+$. Freie Base von o-I oxydiert sich mit JCl, aber nicht quantitativ, während die freie Base von m-I mit genau 4 Äquivalenten JCl reagiert. Auf die Hydrochloride von o-I u. m-I wirkt aber JCl als Substitutionsmittel. Es entstehen unlösl. Trijodderivv., u. die Best. nach $C_6H_4(NH_2)_2\cdot 2HCl + 3JCl \rightarrow C_6HJ_3(NH_2)_2\cdot 2HCl + 3HCl$ ist quantitativ u. mit scharfem Potentialsprung beendet. (Chem. Listy **49.** 1176—84. Aug. 1955. [Orig.: tschech.]) J. HORÁČEK/Prag. G 1060

Jaroslav Haase, *Diazoniumverbindungen. 4. Mitt. Bestimmung von primären aromatischen Aminen durch Titration mit Natriumnitrit in Gegenwart von hydrotropen Verbindungen.* (3. vgl. ALLAN u. DOBÁŠ, C. **1952.** 4131.) Die quantitative Best. von prim. aromat. Aminen durch Titration mit $NaNO_2$ läßt sich nur dann verläßlich durchführen, wenn die Amine wie auch ihre Diazoniumsalze in mineralsaurer Lsg. lösl. sind. Arbeitet man in einer mineralsauren Lsg., die ca. 40% *Na-m-Xylolsulfonat* (I) oder *Naphthalinsulfonsäure-(1)* enthält, so lassen sich auch unlösl. u. früher nicht bestimmbare Amine leicht u. genau titrieren. Der Zusatz von I wirkt nicht nur löslichkeitserhöhend, sondern auf das Diazoniumsalz auch stabilisierend ein, so daß man bei 25° titrieren kann. I unterdrückt auch die Bldg. von Diazoaminoverbindungen. Die Meth. ist universell anwendbar. Bestimmt wurden nach dieser Meth. *p-Nitranilin, 4-Aminoazobenzol,1-Aminoanthrachinon, 2-Aminonaphthol-(5)-sulfonsäure-(7), 2-Aminonaphthol-(8)-sulfonsäure-(6), 1-Aminonaphthalin-4-* u. *-8-sulfonsäure, Primulinsulfonsäure, 4.4'-Diaminostilben-2.2'-disulfonsäure, 4-Aminoazobenzol-4'-sulfonsäure* u. *2-[p-Aminophenyl]-6-methylbenzthiazol-7-sulfonsäure.* (Chem. Listy **45.** 222—24. Mai 1951. Pardubice-Rybitví, Výzk. ústav českoslov. chem. závodů n. p., organ. technolog. labor. [Orig.: tschech.]) A. EMR/Prag. G 1310

H. Auterhoff und **G. Zeisner,** *Die TTC-Reaktion mit alicyclischen Ketonen.* Vff. untersuchen die TTC (Triphenyltetrazoliumchlorid)-Rk. mit *Cyclohexanon* (I) u. *Cyclopentanon* (II) als Modellsubstanzen für alicycl. Ketone. Zum quantitativen Verlauf der Rk. ist die Ggw. von 1n NaOH u. 0,5%ig. TTC-Lsg. notwendig. Die Abhängigkeit der Formazanabscheidung von der Zeit wird untersucht. Als Umsetzungsprodd. wurden papierchromatograph. für I Adipinsäure, Capronsäure u. Glutarsäure u. für II Glutarsäure, n-Valeriansäure u. Bernsteinsäure festgestellt. Bei Hydrolyse von I u. II ohne TTC-Zusatz fehlt jeweils die letzte Säure im Umsetzungsprodukt. (Arch. Pharmaz. Ber. dtsch. pharmaz. Ges. **287/59.** 541—43. 1954. Würzburg, Univ., Inst. für Pharmazie u. Lebensmittelchemie.) M. NEGWER. G 1960

J. B. Schute, *Probleme bei der Papierchromatographie von Alkaloiden.* Bei der Papierchromatographie von Alkaloiden (I) treten oft Abweichungen vom n. Chromatogramm auf, was durch das Ionisationsgleichgewicht der I erklärt werden könnte. Es zeigt sich jedoch, daß unter Umständen auch eine irreversible Adsorption der I die Ursache dafür sein kann. Wenn man sowohl die Ionisation als auch die Adsorption verhindert, erscheint ein n. Chromatogramm. In diesem Falle kann das Verteilungsprinzip bei der Auffindung von chromatograph. Systemen dienlich sein, vorausgesetzt, daß der Verteilungskoeff. bekannt ist. Das trifft zu, wenn die stationäre Phase aus W. u. die bewegliche Phase aus einem mit W. nicht mischbaren Lösungsm. besteht. Die Löslichkeit eines Stoffes in reinem W. kann von seiner Löslichkeit in W., das an Cellulose gebunden ist, abweichen. Vielfach ist die Zus. der stationären Phase nicht bekannt u. die Ermittlung des Verteilungskoeff. unmöglich. Das braucht kein Beweis dafür zu sein, die Papierchromatographie durch Adsorption zu erklären. Adsorption muß als ein Vorgang erklärt werden, der von der reversiblen Lsg. in einer Volumenphase verschieden ist. Eine stationäre Volumenphase kann in vielen Fällen infolge von Durchfeuchtung u. Capillarkondensation entstehen. (Chem. Weekbl. **49.** 301—05. 2/5. 1953. Leiden, Rijksuniv., Pharmac. Labor.) W. WESLY. G 3500

K. Weber und **F. Valić,** *Beiträge zur Methodik der fluorometrischen Porphyrinbestimmung.* Fluorometr. Apparate werden hinsichtlich ihrer Eignung für Porphyrinbestimmungen krit. besprochen, u. auf günstige Lichtquellen u. einwandfreie Filterkombinationen wird hingewiesen. Lsgg. u. Adsorbate von Rhodamin B an Filterpapier werden als Ersatz für Koproporphyrineichproben bei der fluorometr. Analyse empfohlen. Diesbzgl. Eichkurven u. Umrechnungstabellen werden mitgeteilt. (Recueil Trav. chim. Pays-Bas **74.** 556—62. Mai 1955. Zagreb, Jugoslav. Akad. der Wiss., Inst. für med. Forsch.) K. F. MÜLLER. G 3550

J. Haslam, S. Grossman, D. C. M. Squirrell und **S. F. Loveday,** *Nachweis und Bestimmung von Ultraviolettabsorbern und anderen Zusätzen in Polymethacrylsäuremethylester und Methacrylsäuremethylester–Acrylsäureäthylester-Mischpolymerisat.* Vff. beschreiben chem. u. spektroskop. Methoden zur Analyse von kleinen Mengen (1% u. weniger) an S-Zusätzen, wie Laurylmercaptan, oder Dibutylphthalat sowie UV-Absorbern, wie Methylsalicylat, Phenylsalicylat, 2.4-Dioxybenzophenon, Stilben oder Resorcinmonobenzoat, in *Polymethacrylsäuremethylester* u. *Methacrylsäuremethylester–Acrylsäureäthylester-Mischpolymerisaten.* Einige Beobachtungen über das Verh. von Kresylestern, Hydrochinon u. Brenzcatechinmonobenzoat bei den Testen werden mitgeteilt. (Analyst **78.** 92—106. Febr. 1953. Welwyn Garden City, Herts., Imp. Chem. Ind. Ltd., Plastics Div.) R. SCHÄFF. G 4010

c) Bestandteile von Pflanzen und Tieren.

Harvey F. Glassner, Abraham M. Breslau und **Clarence M. Agress,** *Silberfärbung von Nervenfasern im Herzgewebe.* Eine As-Imprägnierung von Hundeherznervenfasern mittels Silberproteinats in Ggw. von Cu-Draht wird beschrieben. Als Reduktionsmittel dienen Hydrochinon u. Natriumsulfit. Anschließend wird mit Goldchloridlsg. getont, mit Oxalsäure red. u. mit $Na_2S_2O_3$ fixiert. Die Meth. liefert gute Imprägnierung der feinen Nervenfasern, ohne das Reticulargewebe unübersichtlich anzufärben. (Stain Technol. **29.** 189—95. Juli 1954. Los Angeles, Calif., Univ. of California, Med. Center, Cardiovascular and Histological Laborr.) K. KRAFT. 5662

F. D. Anderson, *Gegenfärbung mit alkoholischem Thionin, folgend auf Golgi-Bichromat-Silber-Imprägnierungen.* Die Färbung wurde am Katzenhirn, das längere Zeit mit Formalin fixiert worden war, vorgenommen. Nach der Silberimprägnierung wurde das Material in kleinen Stückchen in niedrigschm. Paraffin eingebettet u. in 100 μ-Schnitte zerlegt. Nach Abspülen in A. u. Xylol zur Entfernung des Paraffins wurde 3—5 Min. in einer gesätt. alkoh. Thioninlsg. gefärbt. Ein schädlicher Einfl. der Gegenfärbung auf die Imprägnierung konnte nicht festgestellt werden. (Stain Technol. **29.** 179—84. Juli 1954. New York, N. Y., Cornell Univ., Med. Coll., Dep. of Anat.) K. KRAFT. 5662

—, *Die Behandlung von tanninhaltigem Pflanzenmaterial für cytologische Studien.* Da in den meisten Fällen bei der cytolog. Schnelluntersuchungsmeth. von Antheren u. Ericaceen essigsäurehaltige Fixier- u. Färbemittel (Karmin–Essigsäure, Orcein–Essigsäure, Lackmus–Essigsäure) verwendet werden, kommt es durch die Benutzung von metall. Instrumenten leicht zur Einschleppung von Schwermetallionen, die im Objekt Fällungen u. Schwärzungen hervorrufen. Es wird daher vorgeschlagen, Kunststoff oder Glasinstrumente zu verwenden. Auch chromat-, chromsäure- oder osmiumsäurehaltige Fixiermittel geben dunkle Ndd. mit Tannin. Jedoch lassen sich bei Ausstrich- u. Quetschbehandlung diese Mittel weitgehend durch Essigsäure ersetzen. Paraffinschnitte, welche mit den vorgenannten Mitteln behandelt wurden, lassen sich nachdrücklich ohne Schaden bleichen. (Stain Technol. **29.** 217—18. Juli 1954.) K. KRAFT. 5662

Je. W. Morosowa und **A. W. Pesskowa,** *Eine Methode zur gleichzeitigen Bestimmung der Pentosane und Uronsäuren in pflanzlichen Materialien.* Durch geeignete Kombination der Methoden zur Best. von *Uronsäuren* (**I**) u. von *Furfurol* (**II**) beschreiben Vff. die gleichzeitige Best. dieser Stoffe in einer näher angegebenen 3teiligen App., bestehend aus einer Anordnung zur Befreiung der Luft von CO_2, einem Reaktions- u. Kondensationssyst., in welchem unter CO_2-Ausschluß 0,5—1,0 g des zu untersuchenden Materials mit 12%ig. HCl zur Einw. gebracht wird, u. einem Absorptionssyst., bestehend aus einer Kondensationsanlage für **II** u. einem $Ba(OH)_2$-Lsg. enthaltenden Absorptionsgefäß zum Auffangen des von **I**, HCl-Dämpfen u. flüchtigen organ. Säuren befreiten CO_2. Dauer einer Best. 4—5 Stunden. Der Geh. an **I** errechnet sich aus der gefundenen CO_2-Menge mal 4,409. Da **II** aus vorgelegten Polyuronsäuren nur zu $^1/_3$ gefunden wird, muß zur Umrechnung des **I**-Anhydrids auf Pentosane ein Koeff. von 0,34 eingeführt werden. (Бумжаная Промышленность [Papier-Ind.] **30.** Nr. 4. 10—12. April 1955. Zentr. Wiss. Holzchem. Forschungsinst., Labor. für die Chemie des Holzes.) M. ULMANN. 5666

J. A. Cohen und **R. A. Oosterbaan,** *Papierchromatographie von organischen Phosphaten, die durch ^{32}P gekennzeichnet sind.* Übersicht über Unterss. mit Hilfe der Papierchromatographie u. Verwendung von ^{32}P als Tracer. Die Unterss. erstrecken sich auf den Einfl. der Röntgenbestrahlung auf die Mitochondrien der Rattenmilz, die Glykolyse der Muskelextrakte von Ratten, denen Tetanustoxine injiziert worden sind, das Cholinacetylasesyst. aus Lactobacillus Plantarum, die Aufnahme u. Ausscheidung von radioakt. *Diisopropylfluorphosphonat* (**I**) nach intramuskulärer Injektion beim Menschen u. den Angriff von **I** auf Cholinesterase. (Chem. Weekbl. **49.** 308—14. 2/5. 1953. Rijksverdedigingsorganisatie, Medisch Biol. Inst., T. N. O.) W. WESLY. 5666

d) Medizinische und toxikologische Analyse.

Nepomuk Zöllner und **Elisabeth Zeilinger,** *Über eine Verbesserung der van Slykeschen Apparatur zur manometrischen Bestimmung der Blutgase.* Bei der App. nach VAN SLYKE zur manometr. Blutgasbest. kann die Schüttelfrequenz von 300 auf 140 je Min. bei 3 Min. Dauer vermindert werden, wenn die 50 ml-Gaspipette herzförmig u. mit einem entlang der Schüttelrichtung gerichteten längsovalen Querschnitt ausgeführt wird. (Naturwissenschaften **41.** 423. Sept. 1954. München, Univ., Med. Poliklin., Labor. für Staublungen-Krankh.) F. KRUSEN. 5727

W. A. Pierce jr., R. H. Steele und **A. G. C. White,** *Eine colorimetrische Methode zur Hyaluronsäurebestimmung.* Abwandlung des Trübungstestes von *Hyaluronsäure*, dad. gek., daß statt des sonst üblichen Serum(albumin)s Schafshämoglobin bei p_H 3,8 verwandt, die Fällung mit 6n NaOH gelöst u. die Farbstoffkomponente nach Zusatz von NaCN als Ferrihämcyanid bei 550 mμ gegen einen Vergleichsstandard colorimetriert wird. (Proc. Soc. exp. Biol. Med. **83.** 373—75. Juni 1953. New Orleans, La., Tulane Univ., School of Med., Dep. of Microbiol. and Biochem.) H. GIBIAN. 5728

E. Wiedemann, *Moderne Untersuchungs- und Bestimmungsmethoden der Plasmaproteine.* Kurze Übersicht über qualitative u. quantitative Methoden zur Unters. der Plasmaproteine unter besonderer Berücksichtigung von freier u. Papierelektrophorese u. Sedimentation in der Ultrazentrifuge. Wie Vf. an Hand eines Beispiels zeigt, kann die Kombination von Elektrophorese u. Ultrazentrifugierung für die Aufklärung gewisser komplizierter klin. Bilder von Vorteil sein. (Ann. paediatrici [Basel] **58.** Suppl. **1.** 663—74. 1954. Basel, Chem.-pharmazeut. Labor. „Sandoz".) K. NEHRING. 5728

J. Goa, *Eine Mikrobiuretmethode zur Proteinbestimmung. Bestimmung des Gesamteiweißes in der Cerebrospinalflüssigkeit.* Die vom Vf. beschriebene Meth. eignet sich außer für die Cerebrospinal-Fl. (I) auch für sonstige Mikroeiweißbestimmungen. Das Protein wird zunächst mit Trichloressigsäure (II) gefällt. Hierzu wird 1 ml **I** mit 4 ml 11%ig. **II** versetzt, 10 Min. bei Zimmertemp. belassen u. dann 15 Min. bei 2500 U/Min. zentrifugiert. Nach Trennung vom Überstand wird der Nd. in **4** ml **3**%ig. NaOH-Lsg. gelöst, 0,2 ml BENEDICTs Reagens (Lsg. von 173 g Na-Citrat + 100 g wasserfreiem Na_2CO_3 mit Lsg. von 17,3 g $CuSO_4 \cdot 5H_2O$ in 100 ml W. vermischen u. auf 1 Liter auffüllen) zugegeben u. durchgemischt. Messung gegen einen Blindwert (4 ml 3%ig. NaOH + 0,2 ml BENEDICTs Reagens) nach 15 Min. im BECKMAN-Spektrophotometer bei 330 mμ mit 1 cm-Küvette. Die Ergebnisse werden entweder aus einer Eichkurve abgelesen oder nach der Gleichung $P = 345\,D - 7$ errechnet, wobei P der mg%-Geh. an Protein u. D die opt. Dichte bedeuten. Als Ultramikrometh. zur Best. von 10—400 γ Protein läßt sich die gleiche Meth. anwenden, wenn Mikroküvetten u. ein Reaktionsvol. von 0,5 ml verwandt werden. Die Mikrometh. (10—200 mg% Protein) arbeitet mit einer Genauigkeit von $\pm 1{,}5$ mg%. (Scand. J. clin. Lab. Invest. **5.** 218—22. 1953. Gothenburg, Sweden, Med. School, Dep. of Clin. Chem. and Sahlgren's Hosp., Central Labor.)
E. SCHWERDTFEGER. 5730

Wilhelm Völksen, *Beitrag zum toxikologischen Nachweis des Pflanzenschutzmittels „Systox".* Zum qualitativen Nachw. des Insekticids „Systox" bei Vergiftungsfällen werden vom Vf. folgende Vorschläge gemacht: 1. Mit MAYERs Reagens (HgJ_2–KJ) gibt der reine Wirkstoff nach Erhitzen der erst alkal. gemachten u. dann angesäuerten Lsg. nach Zusatz des Reagenses eine Trübung. Der Emulgator des Handelspräp. reagiert mit dem Reagens in saurer Lsg. ohne Vorbehandlung in der gleichen Weise. Nachweisgrenze 1:50000. 2. Mit 5%ig. Au-Chloridlsg. geben Wirkstoff u. Emulgator noch in einer Verdünnung von 1:20000 eine Trübung, wenn in salzsaurer Lsg. gearbeitet wird. 3. Wird wss. Systoxlsg. (3 cm^3) mit 10%ig. NaOH zum Sieden erhitzt u. nach Abkühlen mit 3 Tropfen 10%ig. Nitroprussidnatriumlsg. versetzt, tritt eine rotviolette Färbung auf, die in kurzer Zeit nach Gelbbraun verblaßt. Nachweisgrenze 1:5000. **4.** Das nach 3. vorbehandelte Systox ergibt mit 0,5%ig. Phosphormolybdänsäurelsg. (**I**) einen blauen Niederschlag. Die Rk. wird wesentlich empfindlicher, wenn man an Stelle von **I** das Reagens nach FOLIN u. CIOCALTEU verwendet, das noch in einer Verdünnung von 1:100000 den Nachw. des Systox gestattet. (Dtsch. Apotheker-Ztg. **95.** 865—66. 8/9. 1955. Hannover, Städt. Krankenhaus Nordstadt, Apotheke.) W. KNÖPKE. 5764

H. Angewandte Chemie.

I. Allgemeine chemische Technologie.

George Standart, *Hydraulisches Analogon zur Untersuchung von Wärmeaustauschern im Beharrungszustand.* Das hydraul. Analogon von JUHASZ u. HOOPER (vgl. C. **1954.** 5823) wurde auf Gegenstrom-, Spaltstrom- u. mehrgängige Wärmeaustauscher erweitert. Diese Erweiterung erfolgte mit Hilfe von Schwimmröhren im Gegensatz zu JUHASZ u. HOOPER, die nur fest angeordnete Röhren benutzten. Dadurch werden auch Änderungen der Wärmedurchgangszahl u. der spezif. Wärme sowie Wärmeverluste an die Umgebung u. Änderungen des Aggregatzustandes erfaßt. Darüber hinaus können auf diese Weise auch Wärmeaustauscher mit mehr als zwei Flüssigkeitsströmen oder Anordnungen mit mehreren Wärmeaustauschern untersucht werden. (Chem. Listy **48.** 633—47. Mai 1954. [Orig.: tschech.]; Collect. czechoslov. chem. Commun. **19.** 632—45. Aug. 1954. Praha, Vys. šk. chem. techn., Katedra procesů a aparátů.)
M. RYBA/Prag. 5814

—, *Die Ionenaustauscherharze.* Überblick über Natur, Eigg. u. Anwendungen. — 20 Literaturhinweise. (Ind. Plast. mod. **4.** 43. 45. Juni. 49. 51. Sept./Okt. 1952.) M. WINIKER. 5826

L. Pozzetto, *Behandlung der Körner mit schweren Flüssigkeiten in den französischen Wäschereien.* Besprochen werden die hauptsächlichen Apparatetypen, statist. Angaben, allg. u. besondere Vorteile bei den verschied. Apparatetypen u. -gruppen. Die Ergebnisse der Unterss. werden dargelegt. — Viele Tabellen u. Kurven. (Rev. Ind. minérale **36.** 166—83. 15/1. 1955.) E. BOYE. 5828

Fumitake Yoshida, Tetsushi Koyanagi, Takashi Katayama und **Haruo Sasai,** *Destillation in Füllkörpersäulen.* Es wird über Verss. berichtet, die mit dem Modellgemisch Bzl.-Toluol in einer Füllkörpersäule von 150 mm Innendurchmesser u. variabler Schütthöhe von 15 mm RASCHIG-Ringen bei verschied. Verhältnissen von Gas- zu Flüssigkeitsbelastungen ausgeführt wurden, mit der Absicht, die Abhängigkeit der Höhe einer Übergangseinheit von den Betriebsverhältnissen zu ermitteln. Es ergab sich, daß die relative Größe der individuellen Filmwiderstände vom Wert der Verhältniszahl m G_m/L_m abhängt, wobei m die Steigung der Gleichgewichtslinien u. G_m bzw. L_m den mol., auf die Flächeneinheit bezogenen Durchsatz bedeuten. Im Falle, daß diese Verhältniszahl >1 ist, überwiegt der Widerstand der Flüssigkeitsschicht, ist sie <1, der der Gasschicht. Außerdem steigt die Höhe einer Übertragungseinheit mit zunehmender Schütthöhe. (Ind. Engng. Chem. 1756—62. Sept. 1954.) W. BLAUHUT. 5864

Phillips Petroleum Co., übert. von: **Sam P. Robinson,** Bartlesville, Okla., V. St. A., *Rekristallisierte Aluminiumoxydkörner.* Eine innige Mischung von 90—99 (Gew.-%) Al_2O_3 u. wenigstens einem Oxyd des Be, Cr, Fe, Mn oder Ti in Mengen von 0,1—10 wird wenigstens 3 Std. auf 1735—1810° erhitzt, bis die Al_2O_3-Kristalle eine mittlere Größe von 60 μ u. darüber haben. Die feinstzerkleinerte M. wird mit einem Bindemittel, wie Leim, Dextrin, Zucker, Casein, u. 2—20 Al-Silicat, wie Cyanit, Sillimanit oder Ton, vermischt. Das Gemisch wird mit W. angemacht u. zu kleinen Körnern verarbeitet, die bei 1600—1760° gebrannt werden. Die Körperchen haben eine geringe Porosität u. sind als *Wärmeaustauscher* geeignet. (**A. P. 2 685 528** vom 24/10. 1949, ausg. 3/8. 1954.) F. REINHART. 5815

Rhein-Emscher Armaturenfabrik G. m. b. H., Baerl (Erfinder: **Walter Klöckner,** Witten), *Rückspülbares Siebfilter für Flüssigkeiten oder Gase* mit senkrecht in einem Gehäuse angeordneten Siebtrommeln aus Drahtgewebe, gek. durch einen Antrieb zur Erschütterung der nachgiebig gelagerten Siebtrommel als Ganzes durch stoßende u. schwingende Bewegung u. durch eine Einrichtung zum Spülen der Siebtrommel mit Fl. oder Gas im Gegenstrom. — Abbildungen. (**D. B. P. 935 424** Kl. 12d vom 4/1. 1949, ausg. 17/11. 1955. Anmeldung bekanntgemacht 10/8. 1950.) K. DEMMLER. 5831

Thomas R. Komline, Ridgewood, N. J., V. St. A., *Filtrieren von mit Feststoffen verunreinigten Flüssigkeiten,* bes. von *Industrie- u. a. Abwässern,* mittels über eine rotierende Filtertrommel laufender oder über einen feststehenden Zylinder gewickelter Filterelemente, die aus biegsamen Spiralschraubenfedern, gegebenenfalls mit einer schlauchförmigen, flüssigkeitsundurchlässigen Einlage, z. B. aus synthet. Kautschuk, bestehen. — Abbildungen. (**A. P. 2 699 260** vom 27/7. 1948, ausg. 11/1. 1955.) K. DEMMLER. 5831

George Francois Jaubert, Paris, Frankreich, *Gase und Dämpfe absorbierende Körper* aus Alkalicarbonaten. Zur Erhöhung der akt. Oberfläche werden den geschmolzenen oder gelösten Carbonaten (K_2CO_3) nichtaktivierte poröse Massen (vegetabil. Kohlenstoff, Infusorienerde, Kieselgur oder leichte Magnesia) zu etwa gleichen Teilen, bes. unter Vakuum (5—10 mm Hg) zugesetzt. Die Körper werden bei über 100° (im heißen Luftstrom) getrocknet. — Vgl. auch Schwz. P. 276 137; C. **1952.** 1549. (**E. P. 655 620** vom 30/12. 1947, ausg. 25/7. 1951. F. Prior. 21/3. 1939.) O. STEIL. 5849

Georges Fontaine, Frankreich, *Trockene Reinigung und Entfettung mit flüchtigen Lösungsmitteln.* Ein Luftstrom wird von einem Ventilator durch einen Erhitzer u. dann über die mit dem Lösungsm. behafteten Gegenstände geleitet. Aus dem umlaufenden Strom wird ein Teilstrom abgetrennt u. das darin enthaltene Lösungsm. durch den Hauptstrom wieder zugeführt. — Zeichnung. (**F. P. 960 527** vom 12/8. 1944, ausg. 19/4. 1950.) HOLM. 5855

C. Ferri, Guida dei principali prodotti chimici. Vol. I. Bologna: Zanichelli. 1955. (XVI + 738 S.) 8°. L. 6000,—.

II. Betriebsschutz. Feuerschutz.

A. S. Woodward und **L. L. Hedgepeth,** *Stationäre Lagerkessel für flüssiges Chlor.* Sicherstellung des Cl_2-Bedarfs für Anlagen der öffentlichen Gesundheit erfordert Vorräte, die in festen Kesseln von mindestens Kesselwageninhalt gelagert werden sollten. An Hand der Eigg. von fl. Cl_2 werden Vorschriften u. Gesichtspunkte für ihre u. des Zubehörs (Ventile, Leitungen, Fördereinrichtungen) Erstellung, Unterhaltung u. Handhabung sowie die geeigneten Werkstoffe besprochen. (Water Sewage Works **100.** 310—13. Aug. 1953. Philadelphia, Pa., Pennsylvania Salt Mfg. Co., Round Brook, N. J., Amer. Cyanamid Co.) H. MÜHLMEISTER. 5930

L. Le Bouffant, *Untersuchung über die Ausflockung frischer Stäube durch Kochsalzaerosole.* Auf Grund von umfangreichen Verss., die beschrieben werden, wird die Ansicht vertreten, daß die künstliche Ausflockung von Stäuben durch ein Elektrolytaerosol selbst hoher Konz. in der Praxis kein Mittel sein dürfte, einen wirksamen Kampf gegen Feinstäube zu führen. Theorie u. Verss. beweisen, daß die Größenordnung der Ausflockung zu klein ist, um die Sedimentation wesentlich zu beschleunigen u. das Eindringen des Staubes in die Alveolen der Lunge zu verhindern. (Rev. ind. minérale **36.** 62—79. 1/1. 1955. Centre d'Études et Rech. des Charbonnages de France.) H. EISENBARTH. 5932

H. Schultze-Rhonhof, *Wirksamkeit von Gesteinsstaub als Abwehrmittel gegen Explosionen.* Verschied. Ausführungen von Gesteinsstaubsperren werden beschrieben, die je nach örtlichen Bedingungen u. Heftigkeit der Grubengas- u. Kohlenstaubexplosionen diese aufhalten. Bloße Verdämmungen oder Bedeckungen des Kohlenstaubs im Stollen mit Gesteinsstaub sind kaum wirksam. (Rev. Ind. minérale **34.** 260—62. März 1953. Dortmund-Derne, Versuchsstat., u. Trémonia, Mine expér.) K. BLUMRICH. 5936

H. Schultze-Rhonhof, *Grubengasexplosionsversuche in einem großen, aufgelassenen Bergwerk.* Große Gesteinsstaubsperren innerhalb einer mit 9% CH_4 begasten, am Zündungsende abgedämmten 300 m-Strecke in der Grube CAROLINE in Holzwickede erwiesen sich in 2 Verss. wegen der zu großen Fortpflanzungsgeschwindigkeit (Detonation!) als ganz unwirksam. Die Flamme überschritt die begaste Strecke nur wenig, im Unterschied zu langsamen Verpuffungen. (Rev. Ind. minérale **34.** 268—71. März 1953. Dortmund-Derne, Versuchsstat., u. Trémonia, Mine expér.) K. BLUMRICH. 5936

Herbert Ellern und **Donald E. Olander,** *Spontane Explosion eines normalerweise stabilen komplexen Salzes.* Ein geschilderter Unfall mit *Trihydrazinnickel(II)-nitrat* legt die Warnung nahe, beim Arbeiten mit normalerweise nichtexplosiven Mischungen von Chloraten, Perchloraten, Nitraten u. den Komplexbildnern, bes. Hydrazin, die gleichen Vorsichtsmaßregeln wie bei explosiven Stoffen zu beobachten. (J. chem. Educat. **32.** 24. Jan. 1955. St. Louis, Mo., Universal Match Corp.) W. KUNTZ. 5936

Harold George Cruikshank Fairweather, London, England, *Verhinderung der Mineralstaubbildung in der Atmosphäre.* Man benetzt feinverteilte Mineralien, Flotationsabgänge, Bremssand, Kohlenstaub, Metallstaub mit einer geringen Menge wasserlösl., ionisierten linearen Additionspolymerer einer monoäthylen. ungesätt. Verb. u. eines wasserlösl. Salzes. Das mittlere Mol.-Gew. soll mindestens 10000 betragen. Die Polymeren sind im allg. unschädlich. Die Additionspolymeren sind z. B. Polymere von ungesätt. aliphat. Monocarbonsäuren, wie Acrylsäure, Methacrylsäure, Vinylessigsäure. Die Polymerisation der Säuren kann mit Vinylpyridin, Vinylacetat, Vinyläther oder mit ungesätt. KW-stoffen, wie Isobutylen, erfolgen. Prakt. kommen von den Polymeren u. deren wasserlösl. Salzen in Betracht: Hydrolysiertes Polyacrylnitril, Polyacrylamid, Polyacrylsäure, Na-Polyacrylat, Ca-Salz des hydrolysierten 1:1-Mischpolymeren des Vinylacetat–Maleinsäureanhydrids, Diäthanolammoniumpolyacrylat u. dgl. mehr. Polymere mit kationakt. Gruppen sind bes. brauchbar. Solche Polymere sind z. B. Dreipolymere von Acrylamid, Äthylacrylat u. Acrylamidopropylbenzyldimethylammoniumchlorid, Mischpolymere von Methylolacrylamid u. Acrylamidopropylbenzyldimethylammoniumchlorid, von Butadien u. 2-Vinylpyridin, u. gewisse quaternäre Verbb., wie Polydimethylaminostyrol, quaternisiert mit Benzylchlorid, Allylchlorid u. dgl., u. quaternisierte Mischpolymere von Vinylalkohol u. Morpholinyläthylvinyläther. (**E. P. 723 638** vom 15/12. 1952, ausg. 9/2. 1955.) W. HAUSWALD. 5949

III. Elektrotechnik.

Otto Schöne, Deutschland, *Imprägniermittel für Stromspulen.* Zum Einbetten von mit Lack isolierten, mit Seide umsponnenen oder auch nichtisolierten Drähten in einer blockbildenden, den Verlustfaktor vermindernden M. dient eine wss. Dispersion von

Polymerisationsprodd. der Acryl- oder Methacrylsäure, von Harnstoffkunstharz, Phenolkunstharz oder trocknenden Ölen. — 2 Beispiele. — Es werden z. B. 70 (kg) Harnstoffkunstharz, 15 Methylhexanon, 15 aromat. KW-stoff, 40 Chlornaphthalin u. 5 linolsaures Ammonium in 150 W. dispergiert. — Vgl. auch Ung. P. 136 263; C. **1955.** 6199. (**F. P. 975 067** vom 20/1. 1942, ausg. 1/3. 1951.) B. SCHMIDT. 5957

Erie Resistor Corp., übert. von: **Howard I. Oshry**, Erie, Pa., V. St. A., *Bariumtitanatdielektrika.* $BaTiO_3$ mit kub. Kristallstruktur wird mit 0,1—2,5 (Gew.-%) Metallen in Form von Oxyden versetzt, die Ionenradien der zweiwertigen Ionen von 0,6—1,0 Å aufweisen; solche Metalle sind Fe, Ni, Co, Mn, Ca, Mg. Die $BaTiO_3$-Oxydgemische werden geformt u. bei 1350° gebrannt. Solche Körper bewirken eine ziemlich gleichbleibende elektr. Kapazität zwischen —60 u. +135° u. haben nur geringe dielektr. Verluste. (**A. P. 2 695 239** vom 3/5. 1951, ausg. 23/11. 1954.) F. REINHART. 5957

Erie Resistor Corp., übert. von: **Howard I. Oshry**, Erie, Pa., V. St. A., *Bariumtitanatkörper.* Ein kristallines Ba-Titanatsalz einer organ. Säure, z. B. das Ba-Titanatoxalat, wird calciniert, um das organ. Säureradikal abzutreiben u. ein feines Pulver herzustellen, in dem die Kristallite im Röntgenbild bei Tempp. unterhalb der CURIE-Temp. kub. erscheinen. Das Pulver wird mit 0,1—3 Gew.-%, vorzugsweise oxyd. Verbb. des Fe, Co, Ni oder Mg, versetzt u. bei Tempp. um 1350° gebrannt. Es werden zweckmäßig Massen gebrannt, die einen Überschuß an TiO_2, ca. 1%, über das stöchiometr. Verhältnis des $BaTiO_3$ enthalten. Die erhaltenen Prodd. sind dicht u. zeigen eine Verminderung der Temperaturkonstante der *Dielektrizitätskonstante* gegenüber nichtkub. $BaTiO_3$. (**A. P. 2 695 240** vom 9/1. 1953, ausg. 23/11. 1954.) F. REINHART. 5957

Soc. d'Électro-Chimie, d'Électro-Métallurgie et des Aciéries Électriques d'Ugine, Frankreich, *Magnetisierbares Eisenpulver und Magnete daraus.* Ein Gemisch von α-Fe_2O_3 oder $Fe(OH)_3$ oder einer Fe-Verb., die beim Erhitzen in Fe_2O_3 übergeht, mit einem Erdalkalioxyd u. einem Alkalioxyd-hydroxyd oder -carbonat, in dem auf 9 Atome Fe ein Atom Erdalkali kommt, wird so hoch erhitzt, ca. 500—800°, daß sich ein Alkaliferrit, z. B. $K_2O \cdot Fe_2O_3$, bildet. Das Erhitzungsprod. wird mit W. behandelt. Die wss. Lsg. wird durch Filtration von dem Rückstand getrennt, der mit kochendem W. gewaschen u. dann getrocknet wird. Das trockene Prod. wird mit H_2 bei Tempp. von 250—500° reduziert. Es entsteht ein Pulver, das hauptsächlich aus metall. Fe u. geringen Mengen Fe_2O_3 besteht, das 0,1—10,0% Erdalkalioxyd enthält. Das Fe-Pulver hat gute Koerzitivkraft u. Remanenz. (**F. P. 1 076 496** vom 27/4. 1953, ausg. 27/10. 1954. E. Prior. 22/5. 1952.) F. REINHART. 5959

British Thomson-Houston Co. Ltd., London, England, *Ferroelektrische keramische Stoffe.* Eine Mischung von Nb_2O_5 mit einer Pb-Verb., gegebenenfalls unter Zusatz von bis zu 17% TiO_2 oder ZrO_2, wird geformt, u. die Formlinge werden schnell bei Tempp. von 1250—1325° zur Bldg. von Bleiniobat gesintert, das der Formel $(PbO)_x \cdot Nb_2O_5$ entspricht, wobei x zwischen 0,5 u. 1,5 liegt. Die Prodd. sind polykristallin u.haben remanente *piezoelektr.* Eigenschaften. Ihr CURIE-Punkt liegt erst in der Nähe von 540°. Die Prodd. sind als Stromwandler geeignet. (**E. P. 724 126** vom 9/6. 1951, ausg. 16/2. 1955.) F. REINHART. 5961

Muirhead & Co. Ltd., Beckenham, England (Erfinder: **E. W. Tucker**), *Elektrisches Normalelement.* Das Normalelement besteht aus einem Körper mit 2 Halbzellen, welche die akt. Stoffe enthalten. Der Zellenkörper soll ein gerades Rohr darstellen, dessen Bodenstück durch eine nach oben gerichtete Trennwand den unteren Teil der einen Halbzelle unterteilt. Der eine Teil wird mit Cd-Amalgam u. der andere mit Hg gefüllt. Über dem Hg befindet sich $HgSO_4$ u. über beiden eine Schicht aus $CdSO_4$-Kristallen. Die Halbzelle wird nach oben durch eine Membran abgeschlossen, oberhalb dieser befindet sich $CdSO_4$-Lösung. Das Normalelement ist sehr kompakt gebaut, so daß prakt. keine Temperaturdifferenzen zwischen beiden Halbzellen auftreten können. (**Schwed. P. 138 282** vom 30/12. 1949, ausg. 2/12. 1952.) K. H. KÄHLER. 5971

Opta Radio Akt.-Ges., Berlin, *Modulationsröhre mit Hohlraumresonator außerhalb des Vakuumbehälters.* Die Verbindungsstelle zwischen Röhre u. Hohlraumresonator soll aus einem keram., äußerst dünnwandigen Material bestehen, das noch gerade vakuumdicht ist, aber nicht mehr als 0,1 mm beträgt. Glas kommt nicht in Betracht; geeignet sind alle keram. Stoffe, bei denen der dielektr. Verlust wesentlich geringer, die DK wesentlich größer als bei Glas ist u. zwischen 80—12, der Verlustfaktor zwischen 0,3 bis 0,1‰ bei 10^6 Hz liegen soll. (**Dän. P. 74 211** vom 28/10. 1942, ausg. 26/5. 1952. D. Prior. 12/11. 1941.) K. H. KÄHLER. 5975

Anny Biefeld, München, und **Deutsche Ton- & Steinzeugwerke Akt.-Ges.**, Schwarzenfeld/Obpf. (Erfinder: **Karl Biefeld**, Bad Freienwalde/Oder), *Elektrolytkondensator.* Der als Depolarisator dienende Stoff wird während der Ladephase nicht chem. an die auf dem Anodenkörper aufgebrachte wirksame Schicht gebunden, sondern in ungebundenem Zustand auf der Anode durch deren aufgerauhte Oberfläche so festgehalten, daß sich die an der Anode sich absetzenden kleinen Teilchen des Depolarisators nicht zu Tropfen oder Gasblasen vereinigen können. Bei Verwendung einer metall. Anode wird deren Oberfläche zuerst mit einer dünnen Schicht von Isolierlack überzogen, der dann mit parallelen oder gekreuzten Strichen teilweise wieder entfernt wird, worauf die Platte zur Vertiefung der Rillen noch chem. oder elektrolyt. nachgeätzt wird, während eine bereits rauhe Oberfläche, wie die einer Kohleplatte, durch vorsichtiges Bedrucken an den äußeren Teilen mit Isolierlack überzogen wird. (**D. B. P. 917 381** Kl. 21g vom 27/2. 1944, ausg. 25/10. 1954. Anmeldung bekanntgemacht 10/12. 1953. **Zusatz zu D. B. P. 915 960; C. 1955. 10 598.**) H. KESSEL. 5983

IV. Wasser. Abwasser.

Hermann Manz, *Wasserreinigung im Textilausrüstungsbetrieb.* Zusammenfassender Überblick über die heute gebräuchlichen Verff. an Hand zahlreicher Abbildungen. (Reyon, Zellwolle andere Chemiefasern **1955.** 635—39. Sept.) P. ECKERT. 6010

W. H. Lang, *Maßnahmen zur Milderung der Luftverschmutzung erschweren die Verhütung der Wasserverunreinigung.* Soweit zur Verhütung der Luftverunreinigung Staube, Nebel u. Gase durch W. ausgewaschen werden, entstehen dadurch häufig zusätzliche Abwässer, für deren Behandlung Beispiele u. Anregungen gegeben werden. (Sewage ind. Wastes **27.** 957—61. Aug. **1955.** Linden, N. J., Esso Res. and Engng. Co.) H. MÜHLMEISTER. 6036

—, *Ausbreitung und Schichtung der Sulfitablaugen in der Bleilochsperre und Bilanz der Selbstreinigung des Stausees im Jahre 1951.* Die schlechte Wasserbeschaffenheit der Bleilochtalsperre wird durch die Ablaugen der Sulfitzellstoffabrik Blankenstein verursacht, die 91,7% der $KMnO_4$ verbrauchenden Stoffe ausmachen. Die Einschichtung des Saalewassers in den Stausee erfolgt entsprechend D., im Herbst u. Winter als 72 km langer Grundstrom im alten Flußbett bis zur Sperrmauer, im Frühjahr u. Sommer entsprechend der therm. Schichtung in Horizontalströmung parallel zur Oberfläche in 2—10 m Tiefe über die ganze Breite des Sees einschließlich der Seitentäler. Sie vermischt sich nur sehr langsam mit dem W. unter u. über ihr u. bewirkt schnelle Aufzehrung des Luft-O_2 im Meta- u. Epilimnion, während das Hypolimnion im unteren Hauptteil unbeeinflußt bleibt. 1951 bei n. Zu- u. Abflüssen betrug die Selbstreinigung 45,8% der Verschmutzung als PMV = 70500 t, der Abfluß der Sperre führte 83000 t fort, von denen 27,9% biol. nicht mehr angreifbar waren. Da die Selbstreinigungskraft der Sperre nicht zum Verdauen der Verschmutzung, selbst in einem Durchschnittsjahr, ausreicht, bleibt die Forderung auf Abstellung dieser auf die Dauer untragbaren Verschmutzung bestehen. Die geringen Niederschlagsmengen Ende 1953/Anfang 1954 haben die Verhältnisse verschärft. (Papier u. Druck **3.** Zellstoff u. Papier 170—71. Juli 1954.) H. MÜHLMEISTER. 6038

E. W. Steel und **Earnest F. Gloyna**, *Anreicherung von Radioaktivität in Oxydationsteichen.* Die unter den klimat. Bedingungen des Südwestens zur sek. Abwasserbehandlung bewährten Oxydationsteiche ließen sich mit einem Entseuchungsfaktor 1,3 für je 5 Tage auch zur Entseuchung von radioakt. Isotopen (**I**) durch ihre Aufspeicherung in der wachsenden Algen–Bakterien-Masse u. deren Entfernung verwenden, wobei die verschied. Algengruppen sich weitgehend ähnlich verhielten. Laboratoriums- u. Betriebsverss. (13 Tabellen, 10 Diagramme) zeigten, daß ^{32}P von den längeren Algenzellen zum Aufbau gebraucht u. besser zurückgehalten wird als von Bakterien; das Algenwachstum kann lange Zeit aufrechterhalten werden. ^{131}J u. ^{137}Cs dürften durch Ionenaustausch u. Ausfällung bei der langen Einwirkungszeit entfernt werden, ebenso ^{89}Sr, bei dem laufende Entfernung der verseuchten Zellen wesentlich ist. Bes. wirksam sind Algen bei ^{141}Ce, das (mit einem Faktor bis 20) bis zu 95% entfernt wird. Für die prakt. Durchführung ist zu beachten, daß die bei längeren Rückhaltezeiten absterbenden Organismen in den Bodenschlamm übergehen u. die in diesem enthaltenen **I** bei kurzen Halbwertzeiten verschwinden, bei langen aber bei seiner Zers. wieder frei werden; so kann weitere Behandlung des radioakt. Ablaufs erforderlich werden. (Sewage ind. Wastes **27.** 941—56. Aug. 1955. Austin, Tex., Univ., Sanit. Engng.) H. MÜHLMEISTER. 6040

Henry R. King, *Mechanische Grundlagen der Sauerstoffabsorption in Belüftungsanlagen mit Spiralströmung.* 3. Mitt. *Anwendung der Formeln.* (1. vgl. C. **1956.** 5109; 2. vgl. Sewage ind. Wastes **27.** [1955.] 1007.) Die in der 1. u. 2. Mitt. entwickelten Formeln zur Berechnung der Absorption des durch poröse Platten zerstreuten O_2 gestatten zwar keine sichere Berechnung des für einzelne Belüftungsprozesse erforderlichen Luftbedarfs, da über das Ausmaß der Oxydation der Feststoffe im Verhältnis zum O_2-Absorptionskoeff. u. der Abflutbeschaffenheit zu wenig bekannt ist. Sie helfen aber bei der Forschung, der Übertragung von Ergebnissen im Labor. auf den Betrieb u. bei der Berechnung über das beste Verhältnis zwischen BSB-Last, Beckengröße u. -tiefe u. Luftbedarf. Vf. gibt hierfür Beispiele. Je größer die BSB-Last bei sonst gleichen Bedingungen, desto größer ist für die Einheit absorbierten O_2 der Kraftbedarf. Dieser wächst auch mit der Beckentiefe, wird aber mehr als ausgeglichen durch die bessere Wrkg. u. die Verkleinerung des Beckeninhalts, die auch durch Vergrößerung der Luftzuführungsfläche u. Verkleinerung der Bläschengröße möglich ist; sie findet aber ihre Grenze in der Rücksicht auf die zusätzlichen Kosten für größere Endklärbecken u. erhöhte Schlammrückführung, die zur Erzielung einer gleichwertigen Abflut nötig sind. (Sewage ind. Wastes **27.** 1123—29. Okt. 1955. Chicago, Ill., Sanit. Distr.) H. MÜHLMEISTER. 6040

Jerzy Gańczarczyk, *Die Komplexverbindungen der Ligninsulfonsäuren mit Eisen.* Die Feststellung, daß durch Fällung der Komplexverbb. des Eisens mit Ligninsulfonsäuren, laut Poln. P. 37 342 vom 26/3. 1954, eine vollständigere Reinigung der Abwässer aus Sulfitzellstoffabriken erreicht wird als durch Fällung der komplexsalzfreien Ablaugen mit Kalkmilch oder Alaun, veranlaßt Vf., die Entstehung dieser Komplexverbb., sowie ihre Eigg., u. zwar die Verfärbung, den p_H-Einfl. u. den Fällungsverlauf, näher zu untersuchen. (Przegląd Papierniczy **11.** 263—67. Sept. 1955. Schles. Polytechnik, Forschungsstelle für Brunnen u. Kanalisation.) L. SKARK. 6042

J. Hubie und H. Chossat, *Bestimmung des Phosphations im Dampfkesselwasser.* PO_4^{3-} muß zur Vervollständigung anderer Enthärtungsverff. mit 20—50 mg/Liter Überschuß im Kessel vorhanden sein. Nach Besprechung der zu seiner Best. angewandten Methoden (alkalimetr., mit $UO_2(CH_3 \cdot COO)_2$, als $MgNH_4PO_4$) u. colorimetr. durch Red. des P–Mo-Komplexes, sowie ihrer Nachteile, geben Vff. eine verbesserte Vorschrift für letztere u. erläutern Einfl. von Temp., p_H u. anderen Ionen. 5 (cm^3) der filtrierten Wasserprobe werden im 50-Meßkolben mit 0,1 Phenolphthalein u. 0,1n HCl, notfalls nach vorherigem Zusatz von 0,1n NaOH, neutralisiert, dadurch p_H ca. 7 eingestellt u. mit dest. W. aufgefüllt. Zu 10 dieser Lsg. werden 1 einer Lsg. von 756 mg NH_4-Molybdat in 100 3n H_2SO_4, darauf 1 von 190 mg $SnCl_2 \cdot 2H_2O$ in 100 0,1n HCl zugefügt, 100 mm hoch in ein Beobachtungsrohr 20 × 140 mm gefüllt u. dieses zusammen mit einem gleichen graduierten Rohr in einen App. eingesetzt, der den Farbvgl. im reflektierten durchscheinenden Licht in der Längsachse der Rohre gestattet. Nach 8—10 Min. wird das graduierte Rohr allmählich mit einer Vergleichslsg. von 5 mg PO_4^{3-}/Liter gefüllt u. an der Höhe dieser Füllung bei gleicher opt. D. der blauen Farbe beider Rohre der PO_4^{3-}-Geh. abgelesen. Wenn in Ausnahmefällen die Farbe des Kesselwassers stört, kann es mit P-freier akt. Kohle entfärbt oder die organ. Substanz mit H_2SO_4 zerstört werden. Eine Beobachtung nach einer Std. zeigt noch keine wesentliche Änderung der opt. D., die zwischen 1 u. 7,5 mg PO_4^{3-}/Liter genaue Bestimmungen ermöglicht. (Chaleur et Ind. **36.** 307—21. Okt. 1955. Ville de Paris, Serv. techn.) H. MÜHLMEISTER. 6060

P. G. Popow, *Neue Einheit zur Messung der Wasserhärte.* Nach der vom Amt für Standardisierung bestätigten Best. GOST 6055–51 wird als Härte des W. der in mg-Äquivalent /Liter W. ausgedrückte Geh. an lösl. Ca- u. Mg-Salzen bezeichnet, wobei 1 mg-Äquivalent einem Geh. von 20,04 mg/Liter Ca^{2+} oder 12,16 mg/Liter Mg^{2+} entspricht. Für geringe Härtewerte wird 1 μ-Äquivalent/Liter W. angewandt. Für die Härte des W. ergeben sich in der neuen Einheit folgende Werte in mg-Äquivalent/Liter: sehr weich 0—1,5; weich 1,5—3,0; mittelhart 3—4,5; ziemlich hart 4,5—6,5; hart 6,5—11,0; sehr hart $>$11,0. (Химия в Школе [Chem. Schule] **10.** Nr. 1. 21—23. Jan./Febr. 1955.) O. LEBTAG. 6062

A. Beling und **K. H. Maier,** *Die Wasserversorgung und ihre Überwachung mit Hilfe der Membranfiltermethode.* Die bakteriolog. Prüfung des W. mit Hilfe des Membranfilters wird eingehend beschrieben u. ihre Vorzüge hervorgehoben. (Vom Wasser **21.** 118—28. 1954. Göttingen. Membranfilter-Ges. Sartorius-Werke Akt.-Ges. & Co.) H. MÜHLMEISTER. 6064

H. B. Tench, *Einige Beobachtungen zu den Analysen häuslicher und gewerblicher Abwässer.* Überblick über die wichtigsten chem. Methoden zur Best. der Inhaltsstoffe des Abwassers, die Grenzen ihrer Anwendung u. mögliche Fehlerquellen. (J. Proc. Inst. Sewage Purificat. **1954.** Part 2. 140—48. Manchester Corp. Rivers Dep.) H. MÜHLMEISTER. 6068

V. Anorganische Industrie.

N. Sch. Ssafiullin und **M. I. Olewinski,** *Unschädlichmachung der Abgase der Schwefelsäure-Turmsysteme.* Zur Entfernung der N-Oxyde u. des H_2SO_4-Nebels werden die aus den Türmen austretenden Gase nacheinander über mit konz. H_2SO_4 berieselte Füllkörper u. über ein nasses Elektrofilter geführt. Dadurch wird der Nebelgeh. auf 0,04—0,10 g/m³ vermindert. Zweckmäßig beträgt der Oxydationsgrad der N-Oxyde 45—50%. Die umlaufende H_2SO_4 soll mindestens 88%ig. sein. (Химическая Промышленность [Chem. Ind.] **1955.** Nr. 3. 4—8. April/Mai.) R. K. MÜLLER. H 253

M. Je. Posin, I. P. Muchlenow und **L. Ss. Wassilessku** (unter Mitarbeit von **L. A. Ssarkitz**), *Über die Oxydation von Schwefligsäureanhydrid in Eisensulfatlösungen.* Die beiden gegenläufigen Rkk. 2 $FeSO_4 + SO_2 + O_2 = Fe_2(SO_4)_3$ (1) u. $Fe_2(SO_4)_3 + SO_2 + 2 H_2O = 2 FeSO_4 + 2 H_2SO_4$ (2) werden experimentell in Abhängigkeit von dem Verhältnis $SO_2:O_2$, der Temp. u. der Fe(II)-Sulfatkonz. untersucht. Durch Auswertung der entsprechenden Kurven werden die optimalen Bedingungen für die Gewinnung von Fe(III)-Sulfat bzw. von Schwefelsäure ermittelt. Liegt der Schwerpunkt auf der Gewinnung von Schwefelsäure, dann arbeitet man in dem Temperaturintervall zwischen 80 u. 90°, dem $SO_2:O_2$-Verhältnis 1:4 u. einer Fe^{2+}-Konz. zwischen 10 u. 30 g/Liter. Man kann demnach die im Betrieb anfallenden Gase (SO_2) verwerten sowie Fe(II)-Lsgg. regenerieren. (Журнал Прикладной Химии [J. angew. Chem.] **28.** 681—86. Juli 1955. Leningrad, Technol. Inst. „Lensowjet".) W. OESTREICH. H 253

John P. Howe, *Die Eigenschaften von Graphit.* Zusammenfassender Überblick über die Struktur, die mechan., therm., elektr. u. magnet. Eigg., sowie die chem. Reaktionsfähigkeit von Graphit. — 31 Literaturangaben. (J. Amer. ceram. Soc. **35.** 275—82. Nov. 1952. Schenectady, N. Y., General Electric Co., Res. Labor.) H. KNOLL. H 260

S. Mrozowski, *Diskussionsbemerkung zur Veröffentlichung von Howe.* Ergänzende Bemerkung zur Arbeit von HOWE (vgl. vorst. Ref.), die sich auf die Temperaturabhängigkeit der therm. Leitfähigkeit verschied. Graphitsorten bezieht. (J. Amer. ceram. Soc. **35.** 282—83. Nov. 1952. Buffalo, N. Y., Univ.) H. KNOLL. H 260

H. Zane Schofield, *Diskussionsbemerkung zur Veröffentlichung von Howe.* Bemerkung zur Arbeit von HOWE (vgl. vorvorst. Ref.), die auf die Bedeutung der Kenntnis der Eigg. des Graphits für die Anwendung in verschied. Industriezweigen hinweist. (J. Amer. ceram. Soc. **35.** 283. Nov. 1952. Columbus, O., Battelle Memorial Inst., Ceramic Div.) H. KNOLL. H 260

A. P. Madhavan Nair und **B. Jagannadhaswamy,** *Aktive Kohle aus South Arcot-Braunkohle.* Die South Arcot-Braunkohle, welche sich wegen ihres niedrigen Aschegeh. u. wegen ihrer im verkokten Zustande porösen Natur bes. zur Herst. von akt. Kohle eignet, wurde verkokt u. dann aktiviert oder beide Vorgänge wurden gleichzeitig ausgeführt. Die Aktivierung erfolgte in 2—2½ Std. bei 500—800° mittels 40%ig. $ZnCl_2$-, 40%ig. $CaCl_2$-Lsg., Dampf oder H_3PO_4 (D. 1,75). Schon die nichtaktivierte Kohle besitzt gute Adsorptionseigg., die mit der Verkokungstemp. bis zu einem Maximum von ca. 650° ansteigen. Bei der Aktivierung mit Dampf liegt das maximale Adsorptionsvermögen ebenfalls bei 650°. Außer bei H_3PO_4 ist das Verf. der gleichzeitigen Verkokung u. Aktivierung vorzuziehen. Die besten akt. Kohlen erhält man mittels H_3PO_4 u. $ZnCl_2$. Bei $ZnCl_2$ hat die Aktivierungstemp. (500—800°) nur einen geringen Einfl. auf die Aktivierung, während bei $CaCl_2$ die beste Aktivierungstemp. bei 650° liegt. (Current Sci. **24.** 75—76. März 1955. Madras, Univ., Coll. of Techn.) T. OPPERMANN. H 260

Léon D. Visse, *Die Phosphatvorkommen.* Vf. berichtet in einer ausführlichen Arbeit über Charakteristika der Sediment-Phosphatlagerstätten im allg. nach petrograph., mineralog. u. chem. sowie physikal. Gesichtspunkten. (Rev. Inst. franç. Pétrole Ann. Combustibles liquides **8.** 87—99. 1953. Paris, Assoc. Intern. de Sedimentologie.) O. BÄR. H 264

E. Herrmann, I. Dvornik, O. Korelić und **V. Matković,** *Untersuchungen über die Dekantation von Rotschlamm aus Drnis-Bauxit.* Die Dekantation von *Rotschlamm* (**I**) aus der nach dem BAYER-Verf. erhaltenen Aluminatlsg. bereitet bei manchen Bauxitsorten Schwierigkeiten. Unterss. der Struktur des Bauxits u. des Reaktionsmechanismus des Aufschlusses führen auf 2 Reaktionsmöglichkeiten, die die Koagulation von **I** verschieden stark beeinflussen. Die Behinderung des Ausflockens von **I** soll auf Schutzkolloidwrkg. beruhen. Der Mehlzusatz im techn. Prozeß verdrängt die dispergierende Aluminatlsg. (Solvathülle im Rotschlammgel) u. steigert so die Aggregation von I. (Arhiv Kemiju [Arch. Chim.] **23.** 82—103. 1951. Zagreb, Inst. za Lake Metale Lozovac-Šibenik, Tvornica Glinice i Alumiinja.) F. URBAN. H 294

Kymin Osakeyhtiö-Kymmene Aktiebolag, Kuusankoski, Finnland, *Herstellung von Chlordioxyd.* Reine oder chloridhaltige Chloratlsg. wird, bes. nach Ansäuern, mit SO_2 behandelt. Zur Vermeidung von Neben-Rkk. wird die Zuführung von SO_2 so eingestellt, daß das Verhältnis zwischen verbrauchtem SO_2 u. verbrauchtem Chlorat möglichst 1:2 beträgt, wobei die Zuführung von SO_2 in Abhängigkeit vom Ionenverhältnis SO_4^{2-} zu ClO_3^- in der Lsg. bestimmt wird. (**Finn. P. 26 759** vom 25/9. 1944. Auszug veröff. 30/1. 1954. Schwed. Prior. 16/11. 1943.) K. H. KÄHLER. H 247

Klaus Gäbelein, München, *Herstellung von chemisch reinen, wasserfreien Alkalibisulfaten* aus mit cellulosehaltigen Stoffen verunreinigten Alkalisulfaten, dad. gek., daß die Alkalisulfate mit hochkonz. H_2SO_4 umgesetzt u. die organ. Beimengungen gleichzeitig durch Zusatz ausreichender Oxydationsmittelmengen, bes. 30%ig. H_2O_2-Lsg., oxydiert werden. Die eingeführten Wassermengen werden durch genau dosierte Zusätze von rauchender H_2SO_4 abgebunden. Das Verf. wird in einfachen keram. Anlagen durchgeführt u. ergibt rein weiße Prodd., die frei von Feuchtigkeit sind. (**D. B. P. 931 592** Kl. 12 l vom 5/8. 1953, ausg. 11/8. 1955. Anmeldung bekanntgemacht 17/2. 1955.) H. KARST. H 253

Callery Chemical Co., Pittsburgh, übert. von: **William H. Schechter**, Zelienople, und **Shelby L. Walters**, Evans City, Pa., V. St. A., *Herstellung von Diborandiammoniakat* ($B_2H_6 \cdot 2NH_3$). BF_3 wird mit NH_3 zu $BF_3 \cdot NH_3$ umgesetzt. $BF_3 \cdot NH_3$ u. $NaBH_4$ werden, bes. im Mol-Verhältnis 1:3, in fl. NH_3 gelöst. Das beim Kp. ausgeschiedene NaF wird abgetrennt u. aus der Lsg. NH_3 abgedampft. BF_3 wird bes. in Form organ. Komplexe oder Additionsverbb., z.B. dem Komplex aus BF_3 u. Ae., angewendet. (**A. P. 2 708 152** vom 11/7. 1950, ausg. 10/5. 1955.) A. ZÜRN. H 258

Attapulgus Minerals & Chemicals Corp., übert. von: **James B. Duke**, Medulla, und **Wesley M. Houston**, Lakeland, Fla., V. St. A., *Aufbereitung von Phosphaterzen*. Zunächst wird nach dem Entkalken das Phosphat in 2 Fraktionen zerlegt. Die gröbere Fraktion wird in einer wss. Trübe 2 Min. lang bei 70% Festanteilen mit kationenakt. Reagens, das 0,4 (lbs.) kaust. Soda, 4,5 Heizöl u. 0,7 Tallöl (je t Erz) enthält, konditioniert. Hiernach wird der Sand abgetrennt. Die feinere Fraktion wird ebenfalls in gleicher Weise konditioniert u. hierauf der Flotation unterworfen. Das hierbei anfallende Rohkonzentrat wird nach Entwässerung in die Flotationsmaschine mit W. zurückgeführt, wobei das W. mit H_2SO_4 auf ein p_H von 3 eingestellt wird. Durch Belüften u. Aufschwimmen wird ein hochkonz. Phosphat erhalten. Das noch sandhaltige Rohkonzentrat der gröberen Fraktion wird mit dem Rückstand aus der Flotation der feineren Fraktion vereinigt. Diese Mischung wird während 3 Min. bei 50% Festbestandteilen mit 4,0 lbs. H_2SO_4 (je t Mischung) behandelt u. dann mit W. bis zur völligen Entfernung der Säure u. des ausgebrauchten Reagens gewaschen. Nach diesem Waschen wird die Mischung in einer Flotationszelle zunächst während 15 Sek. mit einem anionenakt. Reagenz, das 0,36 „Armac T" (ein Prod. der ARMOUR & CO.), 0,4 Kerosin u. 0,23 Kieferölschaum enthält, konditioniert, worauf die Beschickung der Flotationszelle belüftet wird. Der SiO_2-Anteil geht hierbei in das Schaumprod., während als Rückstand ein hochwertiges Phosphatkonzentrat verbleibt. (**A. P. 2 676 705** vom 27/12. 1951, ausg. 27/4. 1954.) W. HAUSWALD. H 264

W. R. Grace & Co., Norwalk, Conn., V. St. A. (Erfinder: **Edward Merriam Glocker**), *Herstellung von Aluminiumfluorid*. Al enthaltendes Material, z. B. Bauxit, wird mit nicht mehr als der stöchiometr. erforderlichen Menge HF oder H_2SiF_6 oder Gemischen beider in wss. Lsg. intensiv bei ca. 100—190° gemischt u. der unlösl. Rückstand zu einem Zeitpunkt von der AlF_3-Lsg. abgetrennt, der der maximalen Konz. des AlF_3 in der Lsg. entspricht, z. B. nach 20—40 Minuten. (**E. P. 735 156** vom 8/7. 1953, ausg. 17/8. 1955.) K. DEMMLER. H 294

VI. Silicatchemie. Baustoffe.

György Korányi, *Über die Zerreißfestigkeit von Glas*. Es wurde die Zerreißfestigkeit an Probekörpern von 15 u. 25 mm Durchmesser mittels einer SCHOPPERschen 50 t-Maschine zwecks Festlegung interner Normen bestimmt. In den meisten Fällen konnte an den Zerreißflächen ein spiegelnder (5—20%) u. ein faseriger Teil scharf unterschieden werden, u. jedesmal befand sich zwischen diesen ein trüber Oberflächenteil, dessen Ausbreitung mit den beiden anderen proportional war. Ausgenommen solche Fälle, wo die ganze Fläche spiegelnd war, löste sich noch ein 8—10 mm dicker Teil mit etwa 30° Schiefe von faseriger Struktur ab. Bei rascher Steigerung der Kraft sank die Ausbreitung des spiegelnden Teils auf 1—2%. (Építöanyag [Baumaterial] **7.** 40—44. Jan. 1955.) J. PLANK. 6200

Oszkár Knapp, *Die Bestimmung der Viscosität von Glasschmelzen*. Vf. entwickelte ein Viscosimeter nach dem Rotationsverf., bestimmte die Viscosität von 6 verschied. Gläsern zwischen 1250—750° u. die optimalen Temperaturgrenzen zur Bearbeitung dieser Gläser. (Építöanyag [Baumaterial] **7.** 37—40. Jan. 1955.) J. PLANK. 6200

Ernst-Günther Bunzel, *Das physikalisch-chemische Verhalten der Segerkegel. Erläuterungen zur neu bearbeiteten Segerkegeltabelle.* Historischer Rückblick u. erstmalige exakte Festlegung der Segerkegelfallpunkte unter definierten Bedingungen. Für die Segerkegel 022—20 wurden für die Normal- sowie die Laborkegel die Fallpunkte bei den Erhitzungsgeschwindigkeiten 150°/Std. u. 20°/Std. neu festgelegt. Ab Segerkegel 26—42 wurden kleine Kegel mit einer Erhitzungsgeschwindigkeit von 150° gemessen. — Ausführlicher Schrifttumsnachweis. (Tonind.-Ztg. keram. Rdsch. **77**. 353—62. Nov. 1953. Staatliche Porzellanmanufaktur Berlin, Werk Selb.) W. SCHÜTZ. 6210

Hans Marzahl, *Einfluß des Quarzes auf die Porzellanfestigkeit.* Die Verspannung der Glasphase im Porzellan ist im wesentlichen eine Funktion der Gesamtoberfläche der restlichen Quarzmenge, multipliziert mit der dritten Wurzel der restlichen Quarzmenge im Porzellan. Je höher die Verspannung der Glasphase, desto höher die Festigkeit. Nicht verschmolzene Quarzkörner erhöhen die Festigkeit. Korngröße, Kornverteilung, Brenntemp. u. Dauer müssen dafür aufeinander abgestimmt werden. (Ber. dtsch. keram. Ges. e. V. **32**. 203—11. Juli 1955. Kronach/Bay., Kronacher Porzellanfabrik G. m. b. H.) W. SCHÜTZ. 6214

M. Itzel, *Theoretische Gesichtspunkte über Tonbindemittel mit Anwendung auf die p_H-Kontrolle bei Formmassen.* Zusammenfassender Vortrag über den Stand der Theorien über die Wirkungsweise der Tonbindemittel u. ihre Auswertung für die Erklärung der Wrkg. von p_H-Änderungen auf das Bindevermögen eines Tones, bes. auf die Festigkeitseigg. von Formmassen. (Gjuterit **45**. 123—28. Sept. 1955. Katrineholm.) R. K. MÜLLER. 6216

W. D. Kingery und **F. A. Halden**, *Metallkeramische Wechselwirkungen.* 5. Mitt. *Bemerkungen über Reaktionen von Titancarbid und Titannitrid mit Metallen.* (4. vgl. C. **1955**. 2750.) Die Berührungsflächen-Rkk. von TiN u. TiC mit Ni, Fe, Mo, Si, Nb, Zr werden bei 1600 u. 1800° untersucht. Mo zeigt als einzigstes Metall keine Rkk. bis 2000°. (Amer. ceram. Soc. Bull **34**. 117—119. April 1955. Cambridge, Mass., Massachusetts Inst. of Technol.) W. SCHÜTZ. 6220

—, *Untersuchungen des Alkaligehaltes feuerfester Stoffe mit dem Flammenphotometer nach Riehm-Lange.* Das Verf. mit dem Flammenphotometer nach RIEHM-LANGE eignet sich bei hinreichender Genauigkeit bes. für Serienanalysen. Zum Aufschluß der Untersuchungssubstanz eignet sich am besten H_2SO_4 + HF-Gemisch, für Zement auch HCl + HF. Neben der Vermeidung des Einfallens eines störenden Lichtes sind vor allen Dingen Gas- u. Luftreinigung u. Feinregulierung wesentliche Voraussetzungen für reproduzierbare Analysenwerte. Bei der Herst. von Eichlsgg. ist die Verwendung von höheren Konzz. als 1% für Na_2O u. 4% für K_2O möglichst zu vermeiden. Störelemente müssen ebenso wie die Acidität bei diesen berücksichtigt werden. (Forschungsber. Wirtschafts- u. Verkehrministeriums Nordrhein-Westfalen Nr. **59**. 29—49. 1954. Bonn, Forschungs-Inst. der Feuerfest-Ind.) R. WALCKER. 6252

Max Meth, Atlantic City, N. J., V. St. A., *Glasversatz zur Herstellung von Schaumglas.* Dieser besteht zu gleichen Gew.-Teilen aus Sand, Na_2CO_3 u. einem Alkalialuminiumsilicat, wie Feldspat. Der Versatz wird 12—15 Std. bei 2600° F geschmolzen u. dann verarbeitet, wobei sich in der M. eine große Anzahl von Gasblasen bilden. (**A. P. 2 673 808** vom 18/12. 1950, ausg. 30/3. 1954.) HANS HOFFMANN. 6175

Owens-Illinois Glass Co., Ohio, übert. von: **Edward M. Lobdell**, Wood River, und **Joseph W. Wright**, Alton, Ill., V. St. A., *Herstellung von Rubinglas.* Einem Glasversatz werden zusammen mit granulierter Kohle geringe Mengen einer Cu- u. einer Bi-Verb. zugesetzt, wobei der Bi-Geh. zwischen 0,006 u. 0,01 (Gew.-%) Bi_2O_3 liegen soll. Der Versatz wird dann offen niedergeschmolzen. — Z. B. enthält ein derartiger Versatz 68—72,5 SiO_2, 3—5 Al_2O_3, 5,5—11,15 CaO, 0,05—6,0 MgO, 14,5—17,0 Na_2O, 0,04—0,1 Cu, 0,12—0,25 SnO_2 u. 0,006—0,011 Bi_2O_3. (**A. P. 2 672 423** vom 12/5. 1950, ausg. 16/3. 1954.) HANS HOFFMANN. 6177

Standard Oil Development Co., Elizabeth, N. J., V. St. A., *Schmiermittel für Glasblasformen.* Dieses besteht aus einem Schmieröl, welches bei Formtemp. flüchtig ist, mit einem Zusatz von 0,1—5 (Gew.-%) Graphit u. 0,4—5 eines ebenfalls bei dieser Temp. flüchtigen, öllösl. Alkylesters einer Fettsäure mit einem oder zwei aliphat. Resten mit 12—24 C-Atomen u. mindestens einem Rest mit weniger als 6 C-Atomen. — Beispiel für die Zus. eines derartigen Schmiermittels: 95 eines naphthen. Schmieröles mit einer Viscosität von 40 S.S.U. bei 210° F, 3 einer 10%ig. Graphitsuspension in Öl u. 2 Isopropyloleat. (**E. P. 698 483** vom 13/9. 1949, ausg. 14/10. 1953. A. Prior. 11/2. 1949.) HANS HOFFMANN. 6181

Pittsburgh Plate Glass Co., Allegheny County, übert. von: **John Jacob Smith**, Tarentum, Pa., V. St. A., *Glas für Fernsehröhren.* Ein Glas mit prakt. konstanter Lichtabsorption im Bereich von 440—660 mμ soll 50—63 (Gew.-%) SiO_2, 1—15 Na_2O, 7—26 K_2O, 1—10 CaO, 0—8 MgO u. 2—12 Al_2O_3 enthalten, wobei die Summe von SiO_2 u. Al_2O_3 61—66,5, die von Na_2O 22—27 u. diejenige von CaO u. MgO 7—10 betragen soll. — Beispiel für eine Glaszus.: 55,23 SiO_2, 10,03 Na_2O, 16,10 K_2O, 5,27 CaO, 3,62 MgO, 7,46 MgO, 0,29 Fe_2O_3, 0,0025 CoO u. 0,0105 NiO. (**A. P. 2 669 807** vom 15/9. 1951, ausg. 23/2. 1954.) HANS HOFFMANN. 6201

Pittsburgh Plate Glass Co., übert. von: **James Earle Duncan**, Brackenridge, und **John J. Smith**, Tarentum, Pa., V. St. A., *Glas für Fernsehröhren.* Ein Glas mit nahezu konstanter Lichtabsorption im Bereich von 440—660 mμ soll 50—63 (Gew.-%) SiO_2, 15—25 Na_2O, 0,5—7 K_2O, 1—10 CaO, 0—8 MgO u. 2—12 Al_2O_3 enthalten, wobei die Summe von SiO_2 u. Al_2O_3 zwischen 61 u. 66,5, die von Na_2O u. K_2O zwischen 22 u. 27 u. die von CaO u. MgO zwischen 7 u. 10 liegen soll. Ein derartiges Glas kann erschmolzen werden aus einem Versatz, der aus 665 (Gew.-Teilen) Sand, 625 Na_2CO_3, 257 Dolomit, 590 Aplit, 0,32 NiO u. 0,03 CoO besteht. (**A. P. 2 669 808** vom 15/9. 1951, ausg. 23/2. 1954.) HANS HOFFMANN. 6201

Pittsburgh Plate Glass Co., Allegheny County, übert. von: **Richard F. Raymond**, Saxonburg, Pa., V. St. A., *Haltbare spiegelnde Oberfläche.* Zur Herst. haltbarer spiegelnder Oberflächen auf glatten Unterlagen, wie Glas, wird ein Überzug aus PdO von einer Stärke aufgebracht, welcher sich nach dem gewünschten Reflexionsfaktor richtet. (**A. P. 2 691 323** vom 31/10. 1950, ausg. 12/10. 1954.) HANS HOFFMANN. 6201

Pittsburgh Plate Glass Co., übert. von: **James Earle Duncan**, Brackenridge, und **John J. Smith**, Tarentum, Pa., V. St. A., *Ultraviolettdurchlässiges Glas.* Ein stark UV-durchlässiges Glas, welches die sichtbaren Strahlen abdämmt, besteht im wesentlichen aus 65—72 (%) SiO_2, 12—15 Na_2O, 0—8 K_2O, 8—13 CaO, 0—5 MgO, 1,5—3 CuO, 0,75—2 NiO u. 0,1—0,4 CoO. — Beispiel für eine Glaszus.: 68,68 SiO_2, 13,40 Na_2O, 11,35 CaO, 2,20 MgO, 0,12 Al_2O_3, 0,04 Fe_2O_3, 0,68 As_2O_5, 2,00 CuO, 1,28 NiO u. 0,25 CoO. (**A. P. 2 693 422** vom 25/8. 1951, ausg. 2/11. 1954.) HANS HOFFMANN. 6201

Pittsburgh Plate Glass Co., Pittsburgh, Pa., V. St. A. (Erfinder: **Kenneth Baker McAlpine** und **Dale W. Rinehart**), *Indicatorglas für kurzwellige Strahlungen.* Ein Glas, welches sich unter der Einw. von kurzwelligen Strahlen verfärbt oder seine Transparenz ändert, besteht im wesentlichen aus 39—80 (Gew.-%) SiO_2 (I), 10—23 Na_2O (II), K_2O oder Rb_2O oder deren Verbb., 5—45,5 BaO (III), SrO oder deren Verbb. u. weniger als zwei Verunreinigungen. — Beispiel für eine Glaszus.: 57,5 **I**, 20,5 **II** u. 22 **III**. (**E. P. 726 813** vom 14/11. 1952, ausg. 23/3. 1955. **Belg. P. 515 501** vom 13/11. 1952, ausg. 13/5. 1953. Beide A. Prior. 14/11. 1951.) HANS HOFFMANN. 6201

Cutler-Hammer, Inc., Milwaukee, übert. von: **Irvin W. Cox**, West Allis, Wis., V. St. A., *Metallkörper zum Verschmelzen mit Glas.* Der Metallkörper besteht aus einer Fe-Legierung u. ist mit zwei Schichten umkleidet. Die untere, dickere Schicht besteht aus 29 (Gew.-%) Ni, 17 Co, 0,3 Mn, Rest Fe, während die dünnere Außenschicht eine Zus. von 42 Ni, 6 Cr, Rest Fe aufweist. (**A. P. 2 677 877** vom 30/4. 1948, ausg. 11/5. 1954.) HANS HOFFMANN. 6203

Graphire Corp., übert. von: **Constantine Velonis**, Forest Hills, und **William Karp**, New York, N. Y., V. St. A., *Erhabene Metalldekore auf glasigen Oberflächen.* Mittels einer M. aus einem Flußmittel u. einem flüchtigen Binder werden Dekore, z. B. durch ein Druckverf., auf die Oberfläche gebracht u. bis zur Sinterung bei einer Temp. unterhalb der Erweichung der glasigen Oberfläche gebrannt. Die erhabenen Dekore werden dann mit einer kolloidalen Edelmetalldispersion nach dem gleichen Druckverf. wie oben überzogen, u. das Metall wird bei einer Temp. unter der Erweichungstemp. des Flußmittels eingebrannt. (**A. P. 2 701 214** vom 22/3. 1951, ausg. 1/2. 1955.) F. REINHART. 6203

Firth-Vickers Stainless Steels Ltd., übert. von: **Edwin Smith**, Sheffield, England, *Verschmelzen von Glas und Metall.* Um eine Cr–Fe-Legierung mit Glas zu verschmelzen, wird auf den Metallteil zunächst auf elektrolyt. Wege ein dünner Co-Überzug aufgebracht. Dieser wird beim Verschmelzen mit Glas oxydiert; das entstandene CoO wird von dem plast. Glas absorbiert u. setzt dessen Plastifizierungstemp. herab. (**A. P. 2 670 572** vom 17/5. 1951, ausg. 2/3. 1954. E. Prior. 22/8. 1950.) HANS HOFFMANN. 6203

United States of America, übert. von: **Warren M. Trigg** und **Robert D. Rowley**, Pittsburgh, Pa., V. St. A., *Imprägnieren von ungebrannten anorganischen Körpern mit organischen Siliciumverbindungen.* Die Körper werden mit einer dünnen Schicht eines

Organosilans überzogen, das auf jedes Atom Si ein bis drei monovalente hydrolysierbare Aminreste u. als übrige Substituenten am Si KW-stoffe oder oxydierte KW-stoffreste enthält. In Gegenwart von ausreichend W. zum Hydrolysieren der Aminosilane wird mindestens 1 Std. über 100° erhitzt u. unter Entwässerung die Überzugsschicht kondensiert. Die Körper werden darauf mit einem teilweise kondensierten, warmhärtbaren Siloxanharz imprägniert u. erhitzt. Die behandelten Körper zeigen gegenüber den nichtbehandelten eine erheblich gesteigerte *elektr. Isolierfähigkeit.* (**A. P. 2 685 533** vom 28/6. 1949, ausg. 3/8. 1954.) F. REINHART. 6213

Kaiser Aluminum & Chemical Corp., Oakland, übert. von: **Teynham Woodward**, Los Altos, Calif., V. St. A., *Magnesiahaltiges Material.* Hydrat. Magnesia aus Seewasser oder dgl. wird bei mittleren Tempp. gebrannt, so daß ein mit W. nur träge reagierendes Prod. entsteht. Diese Magnesia wird mit W. versetzt geformt oder gekrümelt u. nach Erhärten der Körper zur Bldg. von Periklas gebrannt. Das Prod. ist sehr dicht. (**A. P. 2 695 242** vom 15/6. 1951, ausg. 23/11. 1954.) F. REINHART. 6219

Dolomitwerke G. m. b. H., Wülfrath, Rhld., *Herstellen feuerfester Steine.* Gesinterter Dolomit oder ähnliche gesinterte feuerfeste Stoffe werden zerkleinert u. die feinen Anteile von 0,25—0,5 mm entfernt. Diese werden dann, gegebenenfalls unter Zusatz eines Bindemittels, unter Anwendung eines Preßdrucks geformt, der ausreicht, die Formkörper handhabungsfest zu machen, ohne daß die Körner der M. zerdrückt werden. Die Ausbildung von Capillaren in dem Gefüge des Formkörpers soll dadurch vermieden u. der Formkörper beständig gegen Schlackeninfiltration gemacht werden. (**E. P. 727 288** vom 27/2. 1953, ausg. 30/3. 1955. D. Prior. 20/3. 1952.) F. REINHART. 6219

Dolomitwerke G. m. b. H., Wülfrath, Rhld., *Herstellen feuerfester Steine.* Aus gesintertem zerkleinertem Magnesit werden die feinen Anteile von 0,25—0,5 mm entfernt u. gegebenenfalls unter Zusatz eines Bindemittels derart zu Körpern gepreßt, daß sich in der M. keine Capillaren ausbilden können. Dies wird gemäß dem Hauptpatent E. P. 727 288 dadurch erreicht, daß der angewendete Druck dem Körper zwar Zusammenhalt gibt, aber die Körner der M. nicht zerstört. (**E. P. 727 302** vom 26/6. 1953, ausg. 30/3. 1955. D. Prior. 30/7. 1952. **Zusatz zu E. P. 727 288; vorst. Referat.**) F. REINHART. 6219

Johan Arvid Hedvall, Die Anwendung der physikalischen Chemie zur Konservierung antiker Kunstwerke und in der modernen Bautechnik. Mainz: Verl. d. Akad. d. Wiss. u. d. Literatur; Wiesbaden: Steiner in Komm. 1955. (22 S.) 4°. = Akademie der Wissenschaften und der Literatur. Abhandlungen. Math.-naturwiss. Klasse. Jg. 1955. Nr. 9. DM. 6,—.

Albert Nicol, Évolution de silicates et d'aluminates de calcium cristallisés au contact d'une quantité d'eau limitée mais suffisante pour former pâte. Paris: Centre d'études et de recherches de l'industrie des liants hydrauliques. 1955. (48 S. m. Abb.) 8°.

VII. Agrikulturchemie. Schädlingsbekämpfung.

A. B. Bekturow und **G. I. Ljudogowski**, *Wege zur Gewinnung von Phosphordüngemitteln aus kasachischen Rohstoffen.* Zusammenfassende Behandlung der halbtechn. u. industriellen Herst. von *Thermophosphaten* aus den Phosphoriten des Kara-Tau. (Вестник Академии Наук Казахской ССР [Nachr. Akad. Wiss. KasachSSR] **1955.** Nr. 8. 17—27. Aug.; Nr. 9. 27—32. Sept.) E. LINTER. 6282

J. Durand, *Über einige Böden des Waldes von Akfadou und der Umgebung von Yakouren (Großkabylien).* Bericht über Zus. u. Genese der Böden. (Ann. Inst. nat. Rech. agronom., Sér. A **2.** 110—26. März/April 1951. Alger, Service de la Colonisation et de l'Hydraulique.) C. GRIMME. 6300

G. F. Makarowa, *Die Wirksamkeit von Ölkuchenschrot als organisches Düngemittel.* Die Anwendung von *Ricinusölkuchenschrot* (**I**) vermindert den Geh. des Bodens an leicht aufnehmbarer P_2O_5. Man muß daher gleichzeitig mit **I** auch P-Düngemittel anwenden. Die schlechte Wrkg. höherer Gaben von **I** erklärt sich durch diese Verringerung des Geh. an leicht aufnehmbarer P_2O_5 sowie durch ungenügende Bodenfeuchtigkeit. Auf Böden mit gutem Feuchtigkeitsgeh. wird **I** im 1. Jahr vollständig verwertet, auf weniger feuchten Böden erstreckt sich die Wrkg. auf längere Zeit; **I** zeigt dann auch eine Nachwrkg. im 2. Jahr. Es wird empfohlen, **I** in Form eines Gemischs von 2 t **I** mit Mineraldünger (50 kg N + 100 kg P_2O_5) je ha bei dem Umpflügen der Weinberge anzuwenden. Auf Böden mit hoher Feuchtigkeit gibt man 2 t **I** jährlich, auf Böden mit niedriger Feuchtigkeit jedes 2. Jahr. (Виноделие и Виноградарство СССР [Weinbereit. Weinbau UdSSR] **13.** Nr. 11. 43—46. Nov. 1953. Inst. Magaratsch.) A. JACOB. 6304

M. M. Kononowa, *Einige Diskussionsfragen auf dem Gebiet der Bodenmikrobiologie.* Diskussionsbeitrag zu der Arbeit von CHUDJAKOW (vgl C. **1955.** 9422), in welchem an

Hand der Literatur (28 Hinweise) die Regulierung der mikrobiol. Prozesse im Boden, die Verff. zur Unters. der Mikroorganismentätigkeit im Boden u. die Rolle der Mikroorganismen bei der Pflanzenernährung behandelt werden. Vf. leugnet zwar nicht die spezif. Rolle der Pflanzen je nach Art der Wurzelausscheidungen bei den mikrobiol. Prozessen des Bodens, warnt jedoch vor deren Überbewertung, da die Eigg. des Bodens u. die Bodenbearbeitungsverff. stärker berücksichtigt werden müssen. (Микробиология [Mikrobiologie] **23.** 485—91. Juli/Aug. 1954. Moskau, Bodeninst. der Akad. der Wiss. der UdSSR.) O. LEBTAG. 6306

A. K. Khudairi und **Karl C. Hamner,** *Einfluß von Äthylenchlorhydrin auf den Blühbeginn bei Xanthium.* Unter Langtagsbedingungen gezogene Xanthium pennsylvanium-Pflanzen, die *Äthylenchlorhydrin*-Dämpfen ausgesetzt worden waren, begannen zu blühen, unbehandelte hingegen nicht. — 8 Literaturangaben. (Bot. Gaz. **115.** 289—91. März 1954. Los Angeles, Calif., Univ. of California, Dep. of Bot.) F. RANG. 6312

H. A. Waterson, *Einige Gesichtspunkte zur Anwendung von synthetischen Pflanzenwachstumsreglern bei Hafer.* Der Ertrag von Hafer wurde durch Spritzen der 6—8 in. hohen Pflanzen mit 2—8 lbs. Na-Salz der *MCPA*/acre vermindert. Eine Beeinträchtigung hinsichtlich des Wertes als Futtermittel oder Saatgut wurde nicht festgestellt. — 17 Literaturangaben. (Agric. Progr. **29.** 54—59. 1954. Auchincruive, Ayr, West of Scotland Agric. Coll.) F. RANG. 6312

Richard C. French und **Harry Beevers,** *Wachstumsfördernde Aktivität von Kaliumindoxylsulfat und Indoxylacetat.* Das Wachstum von Segmenten von Maiskoleoptilen in Nährlösung wurde durch *K-Indoxylsulfat* u. *Indoxylsulfat* angeregt. Die Wrkg. war in diffusem weißem Licht erheblich stärker (ca. 20%ig. Steigerung) als im Dunkeln (ca. 10%ig. Steigerung). Bei p_H 7,0 bewirkte *Isatin* schon in einer Konz. von 10^{-7} m eine 35%ig. Wachstumssteigerung. *N-Acetylisatin, 2.3-Dioxindol* u. *N-Acetylindoxyl* (Konzz. 10^{-3} bis 10^{-6} mol., p_H 5,0) bewirkten nur eine 15—20%ig. Wachstumssteigerung. — 7 Literaturhinweise. (Bot. Gaz. **115.** 292—95. März 1954. Lafayette, Ind., Purdue Univ., Dep. of Biol. Sci.) F. RANG. 6312

M. Kandaswami und **P. Govinda Rao,** *Versuche zur Bekämpfung von Pythiumspecies in Tabakpflanzungen.* Bei 2jährigen Verss. zur Bekämpfung von Pythiumspecies in Tabakpflanzungen waren Bordeauxbrühe u. Burgunderbrühe wirkungsvoller als koll. Cu. (Madras agric. J. **42.** 223—28. Juni 1955.) F. RANG. 6312

G. A. Kirjuchin, *Untersuchung von Insekticiden gegen Phylloxera unter den Bedingungen des Gebietes von Odessa.* Behandelt werden die Kontaktinsekticide, system. Insekticide u. Begasungsmittel. Bei der Bekämpfung der Phylloxera muß man auf die biol. u. ökolog. Bedingungen achten, damit die Pflanze nicht beschädigt wird. Zu diesem Zwecke wird geteilte Anwendung empfohlen. (Виноделие и Виноградарство СССР [Weinbereit. Weinbau UdSSR] **15.** Nr. 5. 40—**44.** 1955. Allunions-Wiss. Antiphylloxera-Station des Landwirtschaftsmin.) A. JACOB. 6312

P. I. Nikolajew, *Kontaktverfahren der Phylloxerabekämpfung ohne Vernichtung der Sträucher.* Eine gute Wrkg. gab eine Emulsion aus 120 g eines 5%ig. *DDT-Staubes,* 67 g *Solaröl,* 8 g *KOH,* 80 g *Anabasinsulfat* u. 1 Liter Wasser. Für die Bekämfung der Wurzelform der Phylloxera werden 250—400 m³ der Emulsion in den Boden gebracht, soweit genügend W. zur Verfügung steht. Für die Bekämpfung der Blattform der Phylloxera wird die Emulsion auf die Pflanzen versprüht. (Виноделие и Виноградарство СССР [Weinbereit. Weinbau UdSSR] **15.** Nr. 5. 35—40. 1955. Inst. Magaratsch.) A. JACOB. 6312

T. S. Ramakrishnan und **N. V. Sundaram,** *Krankheiten des Weinstocks und ihre Bekämpfung.* Die hauptsächlichen Krankheiten des Weinstocks u. die Methoden zu ihrer Bekämpfung werden beschrieben. (Madras agric. J. **42.** 108—15. März 1955.) F. RANG. 6312

Roger B. Johnson und **W. L. Thompson,** *Untersuchungen über die Anwendung von Malathion bei Citrus.* Die Citrusschädlinge: Lepidosaphes beckii (Newm.), Chrysomphalus aenidium (L.), u. Coccus hesperidum (L.) können mit *Malathion* (25%ig. benetzbares Pulver oder 57%ig. Emulsion) bekämpft werden, ohne das phytotox. Schäden eintreten. Gegen Parlatoria pergandii (Comst.), Metatetranychus citri (MacG.) u. Phylleo optruta eleivora (Ashm.) ist das Mittel nicht auf längere Dauer wirksam. (Citrus ind. **36.** Nr. 9. 10—11. 16. Sept. 1955. Lake Alfred, Florida Citrus Exp. Stat.) F. RANG. 6312

Irwin Hornstein, Howard Reynolds und **Gladys L. Gilpin,** *Benzolhexachloridgehalt und Geschmack von Erdnüssen, die im Fruchtwechsel mit Baumwolle, die mit diesem Insekticid bestäubt worden war, angebaut wurden.* Baumwollanbauflächen wurden mit 42 bis

168 pounds 3% ig. *γ-Benzolhexachlorid* (I), 8,3—36% reinen Wirkstoff enthaltend, bestäubt. Unterss. an Erdnüssen, die nach der Aberntung der Baumwolle auf den gleichen Feldern angebaut wurden bzw. an daraus gewonnenem Fett ergaben, daß keine wesentlichen Mengen I darin enthalten waren. Auch der Geschmack der Erdnußbutter wurde nicht beeinträchtigt. Bodenproben, die bei Pflanzung u. Ernte der Erdnüsse entnommen wurden, enthielten ebenfalls keine signifikanten I-Mengen. (J. agric. Food Chem. **2.** 776—78. 21/7. 1954. Beltsville, Nd., U. S. Dep. of Agric., Agric. Res. Serv., Human Nutr. Res. Branch.) F. KRUSEN. 6312

Gladys L. Gilpin, Elsie H. Dawson und **Edouard H. Siegler,** *Wirkung von Benzolhexachloridsprays auf den Geschmack von frischen, gefrorenen und dosenkonservierten Pfirsichen.* Pfirsichkulturen wurden mit *γ-Benzolhexachlorid* in Konzz. von 0,265 u. 0,53 lbs./100 Gallonen Fl. besprüht, der Wirkstoffgeh. der reinen Präpp. lag bei 97,7 bis 99,9%. Es wurden dabei verwendet: handelsübliches *γ-Isomeres*, reine *α-*, *β-*, *γ-* u. *δ-Isomere* u. eine Mischung der reinen Isomeren. Eine deutliche Verschlechterung der Geschmacksqualitäten wurde bei Früchten von Bäumen festgestellt, die mit dem Isomerengemisch u. mit dem reinen δ-Isomeren gespritzt worden waren. Dabei stieg die nachteilige Geschmacksbeeinflussung von rohen über gefrorene zu dosenkonservierten Früchten an. Die reinen α-, β- u. γ-Isomere hatten keinen deutlichen Einfl. auf den Geschmack der Pfirsiche. (J. agric. Food Chem. **2.** 781—83. 21/7. 1954. Beltsville, Md., U. S. Dep. of Agric., Agric. Res. Serv., Human Nutr. Res. and Entomol. Res. Branches.) F. KRUSEN. 6312

Gladys L. Gilpin, Ruth A. Redstrom, Howard Reynolds und **Fred W. Poos,** *Beeinflussung des Geschmacks von Erdnußbutter durch Aldrin, Chlordan, Dieldrin, Heptachlor und Toxaphen, die bei wachsenden Erdnüssen als Insekticide angewendet wurden.* Zur Schädlingsbekämpfung auf Erdnußfeldern wurden *Aldrin, Chlordan, Dieldrin, Heptachlor* u. *Toxaphene* in verschied. Präpp., unterschiedlichen Dosen u. mit verschied. Applikationsarten verwendet. In den von diesen Erdnüssen hergestellten Fettpartien wurden keine Geschmacksbeeinträchtigungen festgestellt. (J. agric. Food Chem. **2.** 778—80. 21/7. 1954. Beltsville, Md., U. S. Dep. of Agric., Agric. Res. Serv., Human Nutr. Res. Branch). F. KRUSEN. 6312

Zwi H. Levinson, *Die Bekämpfung von Bettwanzen (Cimex lectularius L.) mit DDT und HCH in Israel.* Vf. berichtet von Resistenzerscheinungen der Bettwanze gegenüber DDT. HCH war aber immer vollwirksam. (Riv. Parassitol. **14.** 233—34. Okt. 1953. Jaffa, Israel.) W. KNÖPKE. 6312

Pierre Halais, *Blattdiagnose in Montpellier und auf Mauritius an einigen mittelfranzösischen Reben.* Bericht über Unterss., aus denen die Eignung photoelektr. Analysenmethoden für die Blattdiagnose zur Ermittlung des Düngerbedarfs von Kulturpflanzen, z. B. Reben, hervorgeht. (Ann. Inst. nat. Rech. agronom., Sér. A **3.** 125—26. Jan./Febr. 1952. Curepipe, Insel Mauritius.) C. GRIMME. 6322

H. Gleen, *Ein modifiziertes Pettenkofer-Rohr.* Vorr. u. Verf. zum Entnehmen von 1 ml Fl. (vorgelegt 0,1 n NaOH) aus dem Absorptionsrohr, ohne die Bodenrespirationsverss. zu unterbrechen, u. zum Titrieren von 12 Proben innerhalb 15 Min. werden beschrieben. (Nature [London] **172.** 817—18. 31/10. 1953. Bristol, Long Ashton, Res. Stat.) K. BLUMRICH. 6324

H. Margulis und **R. Huron,** *Über die Bestimmung der Phosphorsäure des Bodens nach der Methode von Schloesing-De Sigmond.* Auf Grund ihrer Unterss. kommen Vff. zu dem Schluß, daß zur Erfassung des gesamten durch eine starke Säure (bestimmter Konz.) mobilisierbaren P_2O_5 eine einzige Extraktion nicht ausreicht. Eine entsprechende Modifikation (maximal 4 Extraktionen) der Meth. von SCHLOESING-DE SIGMOND wird vorgeschlagen. (Ann. Inst. nat. Rech. agronom., Sér. A **3.** 185—89. März/April 1952. Toulouse.) C. GRIMME. 6324

Bernard Davidow und **George Schwartzman,** *Das Verhalten des Goldfisches gegenüber verschiedenen chlorierten Insekticiden.* Die Insekticide *Endrin* (**I**), *Isodrin* (**II**), *Stroban* (**III**) u. *TDE* wurden in Mikrokonz. dem W. für Goldfische zugesetzt u. die Zeit bis zum Einsetzen von Konvulsionen der Fische beobachtet. Bei **II** u. **III** ergab sich keine Beziehung zwischen Konz. u. Beobachtungszeit. TDE bewirkte bis zu 6 mg/250 ml W. überhaupt keine Reaktion. Jedoch ergab **I** eindeutige Beziehung zwischen Konz. u. Reaktionszeit. Die Resultate decken sich mit analogen Verss. an Fliegen, die als Anhalt für die aus pflanzlichem Material extrahierbaren I-Gehh. dienen. Der Goldfisch scheint ein für den biol. I-Nachweis geeignetes Versuchstier zu sein. (J. Assoc. off. agric. Chemists **38.** 533—34. 15/5. 1955. Washington, D. C., Dep. of Health, Educ. and Welfare, Div. of Pharmacol. and Food, Food and Drug Administration.) R. BEYTHIEN. 6328

Glenn E. Pollard, William M. Saltman und **Peter Yin,** *Infrarotbestimmung von Dieldrin und DDT in Gemischen. Dieldrin* (I) u. *DDT* (II) werden aus Insekticiden mit CS_2 oder, falls freier S vorhanden ist, mit Aceton extrahiert. Die eingedampften Extrakte werden in CS_2 gelöst u. mittels Infrarotspektrophotometrie untersucht. I u. II können nebeneinander bestimmt werden. Genauigkeit für I $\pm$ 0,1%, für II $\pm$0,34%. (J. Assoc. off. agric. Chemists **38.** 478—82. 15/5. 1955. Denver, Col., Shell Chemical Corporation.)
R. BEYTHIEN. 6328

J. R. Geigy Akt.-Ges., Basel, Schweiz, *Schädlingsbekämpfungsmittel.* Das Mittel soll einen Geh. an Verbb. der allg. Formel I aufweisen, worin R—X— den Rest der

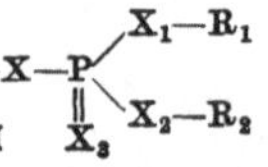

I

Enolform einer gegebenenfalls substituierten, nichtkondensierten heterocycl. Verb. mit endocycl., enolisierbarer Keto- oder Thioketogruppe, R_1 u. R_2 Alkyl-, Alkenyl-, Alkoxyalkyl-, Alkylmercaptoalkyl- oder Halogenalkylreste, u. X_1, X_2 u. X_3 Sauerstoff oder Schwefel bedeuten. Als geeignete Trägerstoffe kommen z. B. $CaCO_3$, aber auch Holzmehl, Korkmehl, als Verteilungsmittel z. B. Vaseline u. andere Salbengrundlagen in Frage. — Vgl. auch D. B. P. 910 652; C. **1955.** 5636. (**Oe. P. 181 123** vom 19/4. 1952, ausg. 25/2. 1955. Schwz. Prior. 20/4. 1951.)
H. HEYER. 6313

VIII. Metallurgie. Metallographie. Metallverarbeitung.

Makoto Shima, *Geochemisches Prospektieren nach Manganerzlagern.* 1. Mitt. Durch Unters. des Oberflächenwassers auf Mn-Geh. nach dem Ag_2O_2-Verf. wurde das mögliche Vorhandensein eines Mn-Erzlagers bestimmt. Die Analyse des Bodens auf MnO_2 u. Fe_2O_3 ergab eine engere Begrenzung des Erzlagers u. die der Grubenwässer deutete auf die Qualität des Erzes hin. (Rep. sci. Res. Inst. [Kagaku-Kenkyujo-Hokoku] **29.** 99—110. März 1953. [Orig.: japan.])
L. SCHULER. 6354

R. V. Flint, *Multiple Wechselbeziehung von Hochofenunterschieden.* Die multiple Wechselbeziehung ist ein mathemat. Verf., durch das eine Anzahl von quantitativ ausgedrückten Variablen gleichzeitig errechnet werden kann. Das Verf. wird zur Unters. der Faktoren, die den Koksverbrauch von Hochöfen beeinflussen, angewandt. (Blast Furnace, Coke Oven, raw Mater. Comittee Iron Steel Divis., Amer. Inst. Mining metallurg. Engr., Proc. **11.** 49—73. 1952.)
W. WESLY. 6372

S. Kadokura, *Metallurgische Carbonisierung.* Überblick über die sogenannte metallurg. trockne Dest., ihre Vorteile u. Anwendung, z. B. auf Pyritabbrände. — 12 Literaturangaben. (Kinzoku [Metals] **23.** 861—64. Nov. 1953. [Orig.: japan.])
L. SCHULER. 6380

R. G. Thorpe, Peter E. Kyle und **John P. Fraser,** *Zehnter Jahresbericht über die Untersuchung von Stahlsand bei erhöhten Temperaturen.* Zahlreiche Verss. zeigen, daß die Neigung von Formsand zu Krustenbldg. auf dem Gußstück auf Grund der Beziehung zwischen den Grundeigg. der Ausdehnung u. der Wärmeverformung vorausbestimmt werden kann. — Diskussion. (Trans. Amer. Foundrymen's Soc. **58.** 133—43. 1950. Ithaca, N. Y., Cornell Univ., School of Chem. and Metallurg. Engng.; Emeryville, Calif., Shell Developm. Co.)
W. WESLY. 6382

Victor Paschkis, *Einige wärmetechnische Betrachtungen in der Gießereipraxis.* (Vgl. C. **1955.** 5404.) Übersicht über die in der Gießereipraxis auftretenden wärmetheoret. u. -prakt. Fragen u. die Anwendung eines Wärmeflußanalysengerätes zu ihrer Untersuchung. Die Einfll. verschied. Faktoren auf Erstarrungszeit u. Wärmegewinnung werden in Diagrammen wiedergegeben. — 20 Literaturzitate. (Trans. Amer. Foundrymen's Soc. **59.** 7—19. 1951. New York, N. Y., Columbia Univ., Heat and Mass Flow Analyzer Labor.)
W. WESLY. 6382

Ss. T. Kischkin, *Über den Entfestigungsvorgang und die Zerstörung kristalliner Körper mit der Zeit bei hoher Temperatur.* Der Vorgang der Entfestigung infolge Bldg. u. Entw. von Rissen stellt sich offensichtlich als der Hauptvorgang der Festigkeitserschöpfung von Metallen u. Legierungen mit der Zeit bei den verschiedenartigsten Verff. ihrer Belastung u. den verschied. Prüfbedingungen dar. Bei Einw. einer stat. Belastung im Gebiete hoher Tempp. arbeitet der Werkstoff ohne Rißbldg. nur 10—20% der Zeit bis zur Zerstörung. Im Zusammenhang hiermit kommt dem Problem der Verfestigung der Korngrenzen hitzebeständiger Legierungen eine besondere Bedeutung zu. (Доклады Академии Наук СССР [Ber. Akad. Wiss. UdSSR] [N. S.] **95.** 789—91. 1/4. 1954.)
H. HOCHSTEIN. 6388

M. A. Kekelidse, A. Ju. Arssenischwili und **W. W. Perowa,** *Untersuchung der Ssadachliner Kalksteine im Hinblick auf ihre Verwendbarkeit beim Hochofenprozeß.* Die Ssadachliner Kalksteine werden auf Grund ihrer chem. Zus. u. ihres Aussehens in verschied. Sorten eingeteilt. Die Gleichmäßigkeit der Steine, ihr hoher Geh. an CaO u. ihre geringe Menge an schädlichen Beimengungen lassen die Steine als Schlackenbildner für den Hochofenbetrieb als geeignet erscheinen. Das spezif. u. das allg. Gewicht sowie die Porosität der Kalksteinproben schwanken in nur engen Grenzen, wobei die mittleren Werte 2,7 bzw. 2,63 für die beiden Gewichte bzw. 2,6% für die Porosität betragen. Die Zerreibfestigkeit der Kalksteine ist gut; der %-Geh. an Abrieb beträgt bei der hellgrauen Sorte 2,79—2,96% u. bei der grauen Sorte 3,10—3,55%. Die mechan. Festigkeit (Beanspruchung auf Druck) liegt bei 400 kg/cm². — Schrifttumsangaben. (Сообщения Академии Наук Грузинской ССР [Mitt. Akad. Wiss. GrusinSSR] **16.** 363—68. 1955. Tbilissi, Inst. für Metalle u. Bergbau der Akad. der Wiss. der GrusinSSR.)
H. HOCHSTEIN. 6400

N. P. Lewenetz und **A. M. Ssamarin,** *Oxydation von in flüssigem Eisen gelöstem Phosphor und Einfluß des Phosphors auf die Löslichkeit des Sauerstoffes.* Bei 1650, 1600, 1550 u. 1500° wurde der Gleichgewichtszustand der Rk. $2[P] + 8H_2O_{(g)} + Fe_{(fl)} \rightleftharpoons (FeO)_3P_2O_{5(fl)} + 8H_{2(g)}$ bestimmt. Aus der Kurve O_2-Geh. im fl. Fe–P-Konzentrat geht hervor, daß bei Zunahme des P-Geh. bis 1,2% die O_2-Löslichkeit in Fe abnimmt, bei höherer P-Konz. zunimmt. Im Konzentrationsbereich 0,008—1,2% P erfolgt die P-Oxydation nach der obigen Gleichung. Es entsteht hierbei wahrscheinlich die Verb. $(FeO)_3 \cdot P_2O_5$. Aus den abgeleiteten Formeln ergibt sich, daß P u. O_2 nur sehr wenig die Aktivität der in fl. Fe gelösten Elemente herabsetzen. Die Aktivitätsänderung von P u. O_2 bei ihrer Lsg. im fl. Fe ist damit zu erklären, daß neben der Bldg. von Fe-Triphosphat auch andere Verbb. von P u. O entstehen können. (Доклады Академии Наук СССР [Ber. Akad. Wiss. UdSSR] **101.** 1089—92. 21/4. 1955. Baikow-Inst. für Metallurgie der Akad. der Wiss. der UdSSR.)
OTTO MAIER. 6400

O. A. Jessin und **W. N. Schichow,** *Die Kinetik der Verteilung von Schwefel zwischen flüssigem Eisen und Schlacke.* (Vgl. C. **1955.** 7391 u. **1956.** 2582.) Auf Grund ihrer Verss. unter Zuhilfenahme von ^{35}S u. ^{59}Fe (es erhöht sich die Geschwindigkeit der Entschwefelung durch saure Schlacke bei Temperaturerhöhung von 1580 auf 1680° um das 8fache, durch neutrale u. bas. nur um das 1,5fache) kommen Vff. zu dem Schluß, daß die Entschwefelung durch saure Schlacke eine chem. Rk. ist, die nach dem Schema $S_{(Met.)} + Fe_{(Met.)} = S^{2-}_{(Schl.)} + Fe^{2+}_{(Schl.)}$ erfolgt, durch neutrale oder bas. Schlacke Diffusionscharakter hat u. nach dem Schema $S_{(Met.)} + O^{2-}_{(Schl.)} = S^{2-}_{(Schl.)} + O_{(Met.)}$ erfolgt. (Доклады Академии Наук СССР [Ber. Akad. Wiss. UdSSR] **102.** 583—86. 21/5. 1955. Swerdlowsk, Uraler Polytechn. Kirow-Inst.)
J. v. SCHROEDER. 6400

N. P. Dubinin, *Strukturdiagramm für in metallische Formen vergossenes Gußeisen.* Aufstellung von Diagrammen auf Grund experimenteller Daten, die den Einfl. von chem. Zus. (bes. C, Si, Mn, S), Erstarrungs- u. weiterer Abkühlungsgeschwindigkeit (unter Berücksichtigung von Gießtemp., Form u. Wandstärke der Gußstücke) auf die Art der Gefüge- u. Graphitausbldg. im Gußeisen wiedergeben. Die Zweckmäßigkeit u. die verschied. Möglichkeiten der Anwendung solcher Diagramme als Hilfsmittel für den Praktiker werden näher besprochen. (Литейное Производство [Giessereiwesen] **1955.** Nr. 8. 15—16. Aug.)
V. EHMCKE. 6402

E. A. Lange und **R. W. Heine,** *Die Einwirkung der Schmelzofenatmosphäre auf die Gußeigenschaften und die Härtbarkeit von Schmiedeeisen.* Die Einfll. von CO, CO_2, N_2, H_2, Wasserdampf u. Luft auf chem. Zus. u. Eigg., Fließbarkeit, Warmbruch, Härtbarkeit u. Mikrostruktur von Schmiedeeisen werden untersucht u. in zahlreichen Zahlentafeln u. Diagrammen wiedergegeben. — Diskussion (Trans. Amer. Foundrymen's Soc. **61.** 107—30. 1953. Madison, Wis., Univ. of Wisconsin, Mechan. Engng.)
W. WESLY. 6408

L. Ss. Ssapiro, *Über den Mechanismus der Bildung von Gasporen in Gußstücken.* Vff. untersuchten an auf Gußeisen aufgeschmolzenem Monelmetall u. an weichem Stahlguß den im Verlauf der Erstarrung sich abspielenden Prozeß der Gassporenbildung. Es wird zwischen den weniger schädlichen Poren abgerundeter, sphär. Art u. solchen gestreckter u. eckiger Form, die das Stück stärker gefährden, unterschieden u. ihre Entstehung u. Weiterentw. in den verschied. Stadien des Kristallisationsprozesses an einer Reihe von Mikroaufnahmen erläutert. (Литейное Производство [Giessereiwesen] **1955.** Nr. 8. 21—22. Aug.)
V. EHMCKE. 6408

A. I. Cholodow, Ss. I. Ssutschilnikow und **I. P. Malkin,** *Untersuchung der netzenden Eigenschaften von Schlacken der Elektroschmelze von Stahl.* Untersucht wurden 3 synthet. u. 4 Fabrikschlacken, die aus einem Bodenofen während der Reduktionsperiode der Schmelze entnommen wurden. Die Ergebnisse zeigten, daß der Benetzungswinkel bei beiden Schlacken bei 1350—1630° in den Grenzen 77—26° liegt. Bei allen Schlacken nimmt die Benetzung mit steigender Temp. u. steigendem CaC_2-Geh. zu. Bei hohem CaC_2-Geh. wird die Grenze Metall–Schlacke an oberflächenakt. C nicht nur auf Kosten des Metalls, sondern auch auf Kosten der Schlacke angereichert. (Доклады Академии Наук СССР [Ber. Akad. Wiss. UdSSR] **101.** 1093—96. 21/4. 1955. Uraler Polytechn. Kirow-Inst.) OTTO MAIER. 6408

A. Witschew, *Beobachtungen über den Elektrodenverbrauch bei der Herstellung von Elektrostahl.* Bei Beobachtungen in einem 2 t-Elektroofen mit einer paraboloidförmigen Elektrode ohne Kühlung wird festgestellt, daß sich der 80%ig. Verbrauch durch O (55% beim Luftansaugen u. 25% durch die Außenluft) wie folgt verteilt: untere Zone bis 300 mm 33,1%, mittlere Zone bis 900 mm 16,1%, obere Zone bis 1600 mm 27,5%, dazu noch die Stirnseite 3,5 + 11,4% durch Zerstäubung. (Минно Дело (София) [Bergbau (Sofia)] **10.** Nr. 4. 63—68. Juli/Aug. 1955.) O. POLLAK v. EMHOFEN. 6408

Herbert Buchholtz, Franz Braumann und **Albert Eier,** *Zusammenhang zwischen dem Auftreten von Verformungszwillingen und der Bruchart beim α-Eisen.* Es wurde der Einfl. der Beanspruchungsgeschwindigkeit u. -temp. auf die Bruchart u. das Auftreten von Verformungszwillingen für den einachsigen Spannungszustand an vier *Stählen* bei Beanspruchungsgeschwindigkeiten von 50—4600 mm/Sek. u. Prüftempp. von +80 bis —195° jeweils für unterschiedliche Korngrößen sowie im ungealterten u. gealterten Zustand untersucht. Im Beanspruchungs–Geschwindigkeits–Temp.-Schaubild weist jeder Stahl drei Felder auf: in der Tieflage ein Feld für Trennbruch mit Verformungszwillingen u. in der Hochlage je ein Feld für Verformungsbruch mit Verformungszwillingen u. für Verformungsbruch ohne Verformungszwillinge. Es wird gefolgert, daß zwischen Trennbruch u. Verformungszwillingen kein ursächlicher Zusammenhang bestehen kann. Die Lage der Begrenzungskurven der einzelnen Felder ändert sich von Stahl zu Stahl. Sie hängt aber auch von der Korngröße u. der Wärmebehandlung ab. Während Kornverfeinerung zu einer Verlagerung beider Begrenzungskurven zu niedrigen Tempp. führt, werden sie für Stähle, die einer Alterungsbehandlung unterworfen wurden oder im versprödeten Zustand vorliegen, nicht in gleicher Richtung verlagert. In einem Fall, bei dem es sich um einen versprödeten Zustand handelte, wurde gefunden, daß beide Kurven zusammenfallen, so daß der Übergang vom Verformungs- zum Trennbruch gleichzeitig auch das Auftreten von Verformungszwillingen anzeigt u. der Eindruck erweckt werden könnte, daß Trennbruch durch Verformungszwillinge hervorgerufen wird. Es wird durch mkr. Beobachtung an einer Probe mit Trennbruch eine Beziehung zwischen Mikrorissen u. Verformungszwillingen gefunden, die eine modellmäßige Betrachtung der Entstehung von miteinander gekoppelten Verformungszwillingen u. Mikrorissen gestattet. Hieraus folgt, daß die Zwillingsbldg. dem Bruch entgegenwirkt, in dem durch sie der metall. Zusammenhang zwischen Kornteilen, die durch Mikrorisse voneinander getrennt sind, erhalten werden kann. Einmal entstandene Mikrorisse wirken bei weiterer Beanspruchung als Mikrokerben. (Arch. Eisenhüttenwes. **26.** 337—44. Juni 1955. Duisburg-Huckingen, Mannesmann-Forschungsinst. G. m. b. H.)
H. HOCHSTEIN. 6408

K. P. Bunin und **E. N. Pogrebnoi,** *Über den Mechanismus des Einflusses der Härtung auf die Graphitisierung.* Zur Klärung des die Graphitisierung beschleunigenden Einfl. einer vorhergehenden Härtung führten Vff. Verss. mit in Formsand gegossenen Probestäben (20 mm Durchmesser) aus Si-Stahl (0,93% C, 1,06% Si, 0,38% Mn, 0,04 P, 0,032% S, 0,2% Cr) durch, die einer graphitisierenden Glühung bei 680° von 10 Std. Dauer unterworfen wurden. An einigen Proben wurde diese Behandlung direkt im Rohzustand vorgenommen (a); an anderen nach vorhergehender Härtung von 1100° in W. (b), bei den übrigen nach Einschaltung einer austenitisierenden Glühung bei 900 bis 1200° mit nachfolgender Luftabkühlung zwischen Härtung u. Graphitisierung (c). Auf Grund metallograph. Unterss. wird an den Proben (b) ein viel weiteres Fortschreiten der Graphitisierung gegenüber (a) festgestellt. An den (c)-Proben wird der Beschleunigungseffekt der Härtung, der nach 1 std. Austenitisierung bei 900° zunächst erhalten bleibt, mit steigender Austenitisierungstemp. u. -dauer zunehmend abgeschwächt u. schließlich ganz aufgehoben. Die Ergebnisse werden dahin gedeutet, daß die beim Härten im Stahl auftretenden Mikrorisse (die erst unter verschärften Austenitisierungsbedingungen durch „Ausheilen" voll verschwinden) als spätere Graphitabscheidungszentren die Hauptursache für die Beschleunigung des Graphitisierungsprozesses darstellen. Daneben sind auch durch die Härtung hervorgerufene Gitterzerrungen wegen ihres begünstigenden Einfl. auf die Selbstdiffusionsvorgänge (Abwanderung von Fe-Atomen von der Graphitisierungsfront) von Bedeutung. Hingegen spielt die durch die Härtung bewirkte Erhöhung der Dispersität u. des Spannungszustandes des Zementits beim Glühen nur eine zweitrangige Rolle, denn dieser Unterschied des gehärteten gegenüber dem gegossenen Zustand wird durch die kurzzeitige Austenitisierung bei 900° behoben, ohne daß dies eine Beeinträchtigung des Beschleunigungseffekts der Härtung zur Folge hat. (Литейное Производство [Giessereiwesen] **1955.** Nr. 8. 25—27. Aug.) V. EHMCKE. 6408

M. P. Arbusow und **W. G. Tscherny,** *Die Kinetik des Kristallwachstums der Carbidphase beim Anlassen von Austenit.* Die Unterss. an Stahl mit 5,4% Mn u. 1% C, der bei 500, 550, 600 u. 650° angelassen wurde, ergaben, daß bei allen untersuchten Tempp. in einem geringen Anfangszeitraum die Carbidteilchen rasch wachsen; dann nimmt die Geschwindigkeit ab u. hört nach 1½ std. Anlassen prakt. auf. Die Geschwindigkeit des Kristallwachstums ist kleiner als in C-Stahl. Die hemmende Wrkg. des Mn auf das Wachstum der Carbidteilchen hängt damit zusammen, daß die C-Diffusion in der festen Lsg. durch Mn verzögert wird. (Доповіді Академії Наук Української РСР [Ber. Akad. Wiss. UkrSSR] **1955.** 261—64. Labor. für Metallphysik der Akad. der Wiss. der UkrSSR.) O. LEBTAG. 6408

K. A. Ossipow und **Je. M. Miroschkina,** *Die Härte der festen γ-Lösung des Systems Eisen–Kohlenstoff bei hohen Temperaturen.* Bei Kurzverss. u. bei Tempp. von 910 bis 1100° ist die Härte von Austenit um so höher, je größer in ihm der Geh. an C ist. Eine solche Gesetzmäßigkeit in der Veränderung der mechan. Eigg. weist auf starke Verzerrungen im Austenitgitter bei hohen Tempp. hin, die durch den gelösten C entstanden sind. Diese Verzerrungen können bis zu Tempp. nahe dem F. der Stähle erhalten bleiben. Bei Dauerverss. u. bei hohen Tempp. zeigt sich dagegen, daß der Austenit um so schneller verformt wird, je höher in ihm der Geh. an C ist. Dies führt dazu, daß schon bei einer Temp. von 1100° u. bei einer Bestimmungszeit von ca. 1 Min. die erhaltenen Werte der Austenithärte nicht von dem in ihm enthaltenen C abhängen. Bei einer anhaltenden plast. Verformung unter Bedingungen, die für das Auftreten einer Diffusion günstig sind, erfahren feste Lsgg., welche die größten Verzerrungen im Kristallgitter besitzen, die stärkste Entfestigung. Aus der Tatsache der Verfestigung bei niedrigen Tempp. bilden diese Verzerrungen die Ursache für die Entfestigung bei hohen Temperaturen. In letztem Falle kann die Bedeutung der Gitterverzerrungen dazu führen, daß sie die Aktivierungsenergie sowohl für die Diffusion als auch für die plast. Verformung verringern. — Schrifttumsangaben. (Доклады Академии Наук СССР [Ber. Akad. Wiss. UdSSR] [N. S.] **94.** 1065—67. 21/2. 1954. Baikow-Inst. für Metallurgie der Akad. der Wiss. der UdSSR.) H. HOCHSTEIN. 6408

Werner Schmiedel und **Heinrich Lange,** *Einfluß äußerer Spannungen auf die Martensitbildung.* Aus Unterss. folgt, daß die Martensitbldg. mit zunehmenden, einseitigen Zug- u. Druckspannungen ansteigt. Durch einen Hammerschlag um 80% verformte Proben sind rein martensitisch. Die Martensitmenge ist bei stat. Druckverss. unabhängig von der Belastungszeit. Bei mehreren aufeinanderfolgenden, gleich hohen Druckbeanspruchungen steigt dagegen der Martensitgeh. mit der Zahl der Belastungen an. Die Zunahme der Martensitmenge wird jedoch nach jedem Lastwechsel kleiner. Der auf diese Weise entstandene Endgeh. an Martensit liegt um so höher, je höher der Druck bei der Wechselbelastung ist. Allseitige Druckspannungen rufen keine Martensitbldg. hervor. Spiegelt man die Kurve für die Abhängigkeit des Martensitgeh. vom Druck an der Schaubildachse für den Martensitgeh., so läßt sie sich bei Wahl eines entsprechenden Maßstabes mit der Anlaßkurve einer bei Raumtemp. rein martensit. Probe zur Deckung bringen. Durch Sprengungen in Werkstoffen, die bei Druckbeanspruchung eine magnet. Phase ausscheiden, läßt sich über die in den verschied. Querschnitten des Werkstoffes vorhandenen Mengen der ausgeschiedenen magnet. Phase die Verteilung der bei der Sprengung entstandenen Druckspannungen u. damit die Wirksamkeit verschied. Sprengmittel bestimmen. Es wird angenommen, daß die thermodynam. Voraussetzungen für eine vollständige Umwandlung des Austenits in Martensit bei Raumtemp. gegeben sind, daß aber „wirksame" Versetzungen im Werkstoff vorhanden sein müssen, damit die Umwandlung ablaufen kann. Der Grad der Entspannung dieses Ungleichgewichtszustandes muß auf Grund der Versuchsergebnisse von der Zahl, Größe u. Art der Versetzungen u. diese wiederum von der Zahl, Größe u. Art der Spannungen sowie von der Entfernung des Ungleichgewichtszustandes vom Gleichgewichtszustand der Umwandlung u. damit vom Martensitgeh. abhängen. (Arch. Eisenhüttenwes. **26.** 359—63. Juni 1955. Köln, Univ.) H. HOCHSTEIN. 6408

D. A. Draigor, *Der Einfluß von Oxydhäutchen auf die Festigkeit von Stahl bei wiederholter wechselnder Belastung.* Stahl 40 Ch wurde bei 830° in W. gehärtet u. dann bei 550° bis zur Härte $R_c = 30-32$ angelassen. Wurde das Probestück durch Erhitzen an der Luft auf 220—230° an der Oberfläche oxydiert, so ging die Festigkeit bei wechselnder Belastung auf $^1/_7$ des Ausgangswertes zurück. Dies erklärt sich aus der ungleichmäßigen Spannung an der Oberfläche, wodurch die Bldg. von Oberflächenrissen begünstigt wird.

Wurde von dem bis zur Dunkelgelbglut erhitzten Probestück die 20—50 Å starke Oxydschicht abgeschliffen, so wurde die Festigkeit im Vgl. zur Oxydschicht bei Zimmertemp. um das 1,6fache erhöht. (Доповіді Академії Наук Укпаїнської PCP [Ber. Akad. Wiss. UkrSSR] **1955.** 238—40. Inst. für angew. Mechanik der Akad. der Wiss. der UkrSSR.) O. LEBTAG. 6408

A. W. Rjabtschenkow und **W. F. Abramowa,** *Kombiniertes Verfahren zur Erhöhung der Korrosionsdauerfestigkeit von Stahl.* An einem *Stahl 45* mit 0,44 (%) *C*, 0,26 *Si*, 0,69 *Mn*, 0,029 *S* u. 0,027 *P* wird der Einfl. einer kombinierten Behandlung durch elektrolyt. Chromierung oder durch einen elektrolyt. Schutzüberzug (Verzinkung) einerseits sowie durch eine Oberflächenverfestigung (durch Schlag, Walzen oder Oberflächenhärtung) andrerseits auf die Dauerwechselfestigkeit in einer korrosiven 3%ig. NaCl-Lsg. untersucht. Bei der Unters. des Stahles mit einer Oberflächenverfestigung u. nachfolgender Chromierung zeigte sich, daß die Korrosionsdauerwechselfestigkeit im Vgl. zu einem chromierten normalisierten Stahl wesentlich erhöht war. Die günstigsten Ergebnisse wurden bei einem chromierten Stahl erhalten, der zuvor durch Abschreckung oberflächengehärtet worden war. Ebenso wurde durch eine elektrolyt. Verzinkung nach voraufgegangener Oberflächenverfestigung die Korrosionswechselfestigkeit stark erhöht. — Schrifttumsangaben. (Вестник Машиностроения [Nachr. Maschinenbau] **35.** Nr. 7. 54—57. Juli 1955.) H. HOCHSTEIN. 6408

V. Paschkis, *Die Erstarrung von Zylindern.* Unterss. der Erstarrung eines Stahlzylinders, dessen Abmessungen u. Eigg. im einzelnen angegeben werden, zeigen: Die wahrscheinliche Gesamterstarrungszeit des Gußstückes, d. h. die bis zur Erstarrung des Zylindermittelpunktes erforderliche Zeit liegt zwischen 83 u. 116 Sekunden. Die Zeit, in der die Zwischenflächentemp. vermutlich von der RIEMANN-Temp. (1339°) um über 10% fällt, ist von Einfl. auf die Gesamterstarrungszeit. — Zahlentafeln u. Diagramme. — Diskussion. (Trans. Amer. Foundrymen's Soc. **61.** 142—49. **1953.** New York, Columbia Univ., Heat and Mass Flow Analyzer Labor.) W. WESLY. 6408

K. I. Bassow und **M. I. Mnogolet,** *Zur Methodik der Untersuchung von Sulfideinschlüssen im Stahlguß.* Vff. berichten über die von ihnen angewandte Meth. zur besseren Sichtbarmachung sulfid. Einschlüsse im Stahlguß durch Abkühlen der Schliffproben nach 1 std. Glühen bei 870° bis auf 750° im Ofen u. Abschrecken in Wasser. An Hand einer Reihe von Gefügeaufnahmen so behandelter Proben aus Stahlguß mit 0,25% C wird die verschied. Art der Ausbldg. der Einschlüsse u. deren Einfl. auf die plast. Eigg. desselben näher besprochen. (Литейное Производство [Giessereiwesen] **1955.** Nr. 8. 20—21. Aug.) V. EHMCKE. 6408

N. A. Fertik, *Über eine Methode zur Bewertung der Sprödigkeit der nitrierten Schicht.* Die Unters. wurde an Probestäben 120×22×100 mm aus *38ChMJuA*-Stahl (Cr—Mo—Al) durchgeführt, die nach Stirnabschreckung von 950° in W. in Plättchen 120×20×3 mm, entsprechend der abfallenden R-Härte, unterteilt u. nach Anlassen auf 630—650° in üblicher Weise bei 525—540° nitriert worden waren. Die Prüfung der Sprödigkeit der Nitrierschicht nach dem meist üblichen Verf. durch Eindrücken einer Diamantpyramide ließ keinen Unterschied zwischen den einzelnen Probeplättchen erkennen. Hingegen zeigte die im Biegevers. bestimmte Sprödfestigkeit der Nitrierschicht einen steten Anstieg mit zunehmender R-Härte der nach dem Abschrecken noch nicht angelassener Plättchen, d. h. je vollkommener die Durchvergütung vor dem Nitrieren, um so höher der Widerstand der Nitrierschicht gegen Sprödbruch. Ein ähnliches Ergebnis wurde beim Vergüten einmal in üblicher Weise, das andere Mal durch Erhitzen mit Hochfrequenzstrom auf Härtetemp. erhitzen, Proben erzielt. Die Biegefestigkeitswerte der Nitrierschicht lagen bei letzteren erheblich höher, als bei ersteren; die Prüfung mit der Diamantpyramide zeigte auch in diesem Fallkeinen Unterschied an. Hieraus die Schlußfolgerung, daß die neu erprobte Meth. zur Bewertung der Sprödigkeit der Nitrierschicht, wegen ihrer größeren Anzeigeempfindlichkeit, gegenüber den bisherigen zu bevorzugen ist. (Заводская Лаборатория [Betriebs-Lab.] **21.** 200—01. 1955.) V. EHMCKE. 6408

G. F. Golowin und **Je. P. Jewangulowa,** *Methodik zur Bestimmung der Tiefe und Qualität der gehärteten Schicht bei Hochfrequenzhärtung.* Zur Vereinheitlichung des bisher verschied. definierten Begriffs der Härtetiefe wird vorgeschlagen, als solche die Entfernung von der Oberfläche bis zur 50% Martensit enthaltenden Zone anzusehen. An Hand von auf Grund statist. Auswertung aufgestellter typ. Härtekurven wird ausgeführt, daß zwischen der Tiefe der Schicht maximaler Härte u. der (so definierten) Gesamthärtetiefe bei gleichwertigen Stählen u. Konstruktionsteilen, innerhalb gewisser zulässiger Grenzen, ein feststehendes Verhältnis besteht. Es ist daher möglich, auf Grund der Oberflächenhärte Schlüsse bzgl. der Tiefe der gehärteten Schicht zu ziehen. Zur qualitativen Kontrolle u. Gütebewertung der Härteschicht wird die Benutzung einer standardisierten Gefügebildskala empfohlen, in der in 10 Abstufungen die bei Induktionshärtung von C-Stahl (0,40—0,50%) auftretenden Gefügeunterschiede nach Art u. Gleichmäßigkeit der Martensitausbldg. wiedergegeben sind. (Заводская Лаборатория [Betriebs-Lab.] **21.** 190—93. 1955. Wiss. Wologdina-Forschungsinst. für Hochfrequenzströme.) V. EHMCKE. 6408

M. Fujisawa, *(Thermische) Massenwirkung von Stählen.* Ansätze zur rechner. Behandlung der „Grenzabkühlungsgeschwindigkeit" von Stählen u. deren Zusammenhang mit den Legierungsbestandteilen. Berechnungsarten nach der S-Kurve, nach GROSSMANN u. nach JOMINY. — 17 Literaturangaben. 11 Diagramme. (Kinzoku [Metals] **23.** 871—75. Nov. 1953. Tokyo, TH. [Orig.: japan.]) L. SCHULER. 6410

A. P. Guljajew und **A. P. Akschenzewa,** *Einfluß der Abkühlungsgeschwindigkeit auf die Kinetik der Austenitumwandlung in Martensit.* Vff. untersuchten an zylindr. Proben (3 mm Durchmesser) von Stählen verschied. Zus. die Kinetik der Austenitumwandlung in Abhängigkeit von der Abkühlungsgeschwindigkeit in Martensitintervall bei verschied. hoher Lage desselben. Als Stähle mit dem Martensitintervall oberhalb Raumtemp. wurden verwendet: *Cr-Mn-W-Stahl* (1,0% C; 0,9% Mn; 1,2% W; 1,0% Cr) (**I**); *Cr-Stahl* (1,1% C; 1,3% Cr) (**II**) u. Cr-Stahl (0,95% C; 2,25% Cr) (**III**), die von 850° in Öl von 250° abgeschreckt u. anschließend im Ofen oder an Luft (Abkühlungsgeschwindigkeit 5 bzw. 50°/Min.) auf 20° erkalten gelassen wurden. Als Stahl mit dem Martensitgebiet unterhalb Raumtemp., hochlegierter *Cr-V-Stahl* (1,4% C; 11,1% Cr; 0,7% V) (**IV**), von 1180 auf 25° abgeschreckt (Mittel nicht genannt) u. anschließend bis auf —196° (fl. N_2), mit zwischen 5—100°/Min. variierter Geschwindigkeit, abgekühlt; in einigen Fällen wurden durch direkte Abschreckung in fl. N_2 eine Abkühlungsgeschwindigkeit von ca. 500°/Min. erreicht. An Hand magnetometr. Messungen wird festgestellt, daß bei den Stählen **I—III** mit steigender Abkühlungsgeschwindigkeit die Menge des beim Abkühlen entstandenen Martensits zunimmt, während bei Stahl **IV** durch Erhöhung der Abkühlungsgeschwindigkeit die Martensitbldg. zunehmend unterdrückt wird. Andererseits entsteht beim Wiedererwärmen dieses Stahles von —196° bis auf +25° um so mehr zusätzlicher Martensit, je größer die Abkühlungsgeschwindigkeit war. Es ergibt sich nach einer derartigen Anlaßbehandlung der vorher schnell abgekühlten Proben sogar eine größere Gesamtmenge an Martensit, als bei den langsamer abgekühlten. Die Ergebnisses werden durch mit Stahl **IV** bei tiefen Tempp. isotherm durchgeführte Umwandlungsverss. bestätigt. Vff. deuten die beobachteten Erscheinungen im Lichte eines maßgebenden Einfl. von Umwandlungsspannungen in den Kristallen auf die Keimbldg. der Martensitphase. (Журнал Технической Физики [J. techn. Physik] **25.** 299—312. Febr. 1955.) V. EHMCKE. 6410

B. Chatterjee, *Wiedergewinnung des Zinns von Weißblechabfällen.* Ersatz des Al durch *Zn* für die Red. des bei der Weißblechentzinnung mit trockenem Cl_2 erhaltenen $SnCl_4$. Das unter NH_4Cl aus dem zunächst erhaltenen Nd. erschmolzene Sn war sehr rein. — 83% Wiedergewinnung. (Sci. and Cult. **20.** 143. Sept. 1954. Howrah, Bengal Engng. Coll., Dep. of Chem. and Metallurgy.) K. BLUMRICH. 6428

F. M. Baker, C. Upthegrove und **F. B. Rote,** *Die Schmelzbeschaffenheit und die Bruchmerkmale von 85-5-5-5-Rotguß.* Die Schmelzbeschaffenheit von *85-5-5-5-Rotguß* (**I**) wird nach den Dehnungseigg. u. der D. von Zerreißstäben, die nach amerikan. Standardverff. hergestellt werden, beurteilt. Die so festgelegte Schmelzbeschaffenheit wird mit dem Bruchaussehen von **I**-Sandgußproben u. abgeschreckten, in gebrannten Gußkernformen hergestellten Blöcken in Beziehung gebracht. — Diskussion. (Trans. Amer. Foundrymen's Soc. **58.** 122—32. 1950. Ann Arbor, Mich., Univ. of Michigan, Dep. of Metallurg. Engng.) W. WESLY. 6332

R. D. Shelleng, C. Upthegrove und **F. B. Rote,** *Beschaffenheit der Schmelze und Bruchkennwerte von 85-5-5-5-Rotguß und 88-8-4-Bronze.* Zahlreiche Unterss. zeigen: Zur Prüfung der Beschaffenheit von Gußwerkstücken sind abgeschreckte Blöcke von $^3/_4 \cdot 3 \cdot 6$ in. am besten geeignet. Das Bruchaussehen ändert sich nicht, wenn man die Abschrecktemp. von Rotguß von 20 auf 372° steigert. Zwischen den Schmelzeigg. von 88-8-4-Bronze u. dem Bruchaussehen abgeschreckter Blöcke besteht eine bestimmte Beziehung (Zahlentafeln). Der Bruch guter Gußstücke ist durch feines dichtes Gefüge u. hellgelbe Farbe, der schlechtere Guß durch grobes Gefüge u. rötlichgraue Farbe gekennzeichnet. Die Entgasung der Schmelze mit trockenem N_2 verbessert Bruch u. Beschaffenheit der Schmelze. (Trans. Amer. Foundrymen's Soc. **59.** 67—78. 1951. Ann Arbor, Mich., Univ., Dep. of Metallurg. Engng. and Metal Processing.) W. WESLY. 6432

Rolf Nordheim und **Nicholas J. Grant,** *Aushärtungseigenschaften von titan- und aluminiumhaltigen Nickel-Chrom-Legierungen.* Es werden Härte-, elektr. Widerstands-, röntgenograph. u. mkr. Unterss. über die Aushärtung von Legierungen mit ca. 80% Ni u. 20% Cr mit Al- u./oder Ti-Zusatz bis zu je 4% durchgeführt. Die Ergebnisse von Zeitstandverss. bei 1500° F (816° C) werden mitgeteilt. Die Unters. bestätigt die bereits von HIGNETT gemachte Feststellung, daß die Ti- u. Al-haltigen Cr–Ni-Legierungen vom *Nimonic 80*-Typ ihre hohe Festigkeit der Ausscheidung einer intermetall. Verb. verdanken, welche auf der kub. Ni_3Al-Phase γ' beruht u. in der Al teilweise durch Ti ersetzt sein kann. Diese Substitution, welche das Nichtpassen zwischen den Gittern der γ'-Phase u. der Grundmasse vergrößert, erhöht die Kriech- u. Bruchfestigkeit der Legierungen. Dieser Anstieg in der Festigkeit wird von einer verhältnismäßig starken Abnahme in der Kaltbildsamkeit begleitet. Durch Erhöhung der Aushärtungstemp. der Ti-reichen Legierungen kann jedoch ihre Kaltbildsamkeit ohne Verlust der Bruchfestigkeit verbessert werden. Wenn das Ti/Al-Verhältnis der Legierungen über die Löslichkeitsgrenze für Ti in Ni_3Al erhöht wird, beginnt die Ausscheidung der hexagonalen Ni_3Ti-η-Phase. Die Ausscheidungsgeschwindigkeit dieser η-Phase ist langsam. Daher ist die Zunahme der Festigkeit infolge der Ausscheidung dieser Phase sehr langsam. Um die Verwendungstemp. für die Cr–Ni-Legierungen zu erhöhen, wird vorgeschlagen, das Ti/Al-Verhältnis zu erhöhen. — 10 Schrifttumsangaben. (J. Metals **6.** Nr. 2. Sect. 2. Trans. AIME **200.** 211—18. Febr. 1954. Cambridge, Mass., Massachusetts Inst. of Technol.) H. HOCHSTEIN. 6434

Betsy Ancker und **Earl R. Parker**, *Untersuchungen über die Zusammenhänge zwischen Substruktur und Festigkeitseigenschaften bei Nickellegierungen.* Die bei der Verformung bei Raumtemp. in Ni u. Ni-Legierungen auftretende Substruktur (I) wurde röntgenograph. untersucht. Es wurde festgestellt, daß mit der D. der Korngrenzen der I bei reinem Ni u. Ni–Ti-Legierungen die Festigkeit linear mit wachsender Verformung zunimmt. Bei Ni–Co-Legierungen erreichte die D. der Korngrenzen der I ein Maximum. Bei Tempp. von 800° verändert sich die Anzahl der Korngrenzen der I nicht, wohl aber die Natur des Netzwerks; je höher die Temp. ist, um so schärfer werden die Korngrenzen. — Schrifttumsangaben. (J. Metals **6.** 1155—62. Okt. 1954. Berkeley, Calif., Univ. of California, Minerals Res. Labor.) F. VIER. 6434

R. G. Nelson und **H. G. Anderson**, *Legierungen auf Chrombasis.* Bericht über Unterss., die die Herst. hochreiner Cr/Fe-Legierungen, die gute Biegsamkeit bei Zimmertemp. u. hohe Festigkeit bei hohen Tempp. besitzen sollten, zum Ziel hatten. Ausgangsmaterial war ein in Laboratoriumsmaßstab durch H_2-Behandlung hergestelltes sehr reines Cr. Als günstigste Legierung wurde gefunden: 60 Cr/40 Fe mit nur 0,0085% Sauerstoff, die nach 1 std. Wärmebehandlung bei 875° eine Dehnung von 17% zuließ bei einer Festigkeit von 117000 lbs./sq.inch. Geringster O_2-Geh. ist notwendig für die erwünschte Biegsamkeit in kaltem Zustande. Zugaben von ca. 0,5% *Al* oder *Ti* oder 1% Al + Ti zeigten Fortschritte bei der Desoxydation, ließen die Cr/Fe-Legierung aber durch Auftreten von Korngrenzfehlern brüchig werden. (U. S. Dep. Interior, Bur. Mines, Rep. Invest. **1955.** Nr. 5107. 1—20. Jan.) P. WOLF. 6440

L. O. Ssokolowski und **A. G. Kapalin**, *Die Behandlung der Legierung AL–13 durch Kaliumfluorzirkonat mit Durchblasen von Stickstoff.* Die Al-Legierung *AL–13*, deren Gattierung mit 5,5 (%) Mg, 1,1 Si, 0,25 Mn, Rest Al berechnet wird, neigt beim Schmelzen zu einer Gassättigung u. infolge ihrer hohen Oxydationsfähigkeit zu Gießfehlern, wie Porosität u. Bldg. von Oxyden u. anderen Verunreinigungen. Die Schmelze muß daher sorgfältig entgast u. bes. vom H_2 befreit werden. Dies wird durch die Behandlung der Schmelze mit K_2ZrF_6 erreicht. Hierbei bildet sich MgF_2 u. Zr. Letzteres geht in die Legierung über u. reagiert z. T. mit in der Legierung gelösten H_2 unter Bldg. eines bei Schmelztemp. beständigen Hydrids, wodurch die Gassättigung der Schmelze erniedrigt u. ein dichterer Abguß erzielt wird. Außerdem bildet das aus K_2ZrF_6 red. Zr feste Teilchen von der Verb. $ZrAl_3$, die sich aus der fl. Lsg. ausscheiden u. bei der Kristallisation als Keimzentren für die Bldg. von Feinkorn wirken. Ein weiterer geringer Zr-Anteil geht in der Legierung in eine feste Lsg. über u. erhöht so deren Festigkeitseigenschaften. Das Prinzip der Wrkg. des N_2-Durchblasens durch die Schmelze ist analog der Wrkg. anderer inerter Gase in bezug auf den Gasgeh. im Metall. Hierdurch wird ein wesentlicher Teil der Gase im Metall der beständigen Hydride u. der nichtmetall. Einschlüsse zur Ausscheidung gebracht, wodurch die Entgasung der Legierung noch weiter vorgetrieben u. eine weitere Erhöhung der Festigkeitseigg. erreicht wird. Die so behandelte Schmelze liefert Gußstücke mit 16—17 (kg/mm²) Zugfestigkeit, 3—4% Dehnung u. 60—65 BRINELL-Härte. Das Feingefüge besteht aus fester Lsg. von Mg im Al, aus den selten auftretenden glänzenden Mg_2Al_3-Körnern u. einem Eutektikum aus α-Mischkristallen u. Mg_2Si in Form von dunklen Kristallen. (Литейное Производство [Giessereiwesen] **1955.** Nr. 2. 10—12. Febr.) H. HOCHSTEIN. 6446

P. Je. Djatschenko, O. Je. Kesstner und **L. A. Tschatynjan**, *Untersuchung des Verschleißes bei trockener Reibung und erhöhter Temperatur.* Beschreibung einer App. zur Messung der Verschleißfestigkeit von Metallen durch Reiben an einer rotierenden Stahlscheibe bei Tempp. bis 800°. Vff. bestimmten an im Schleuderguß hergestellten Proben aus Cu, Ni, Stahl 30 ChGSA u. einer Reihe verschied. Bronzelegierungen den Verschleißwiderstand u. den Reibungskoeff. in Abhängigkeit von Belastung, Zeit u. Temperatur. Den höchsten Verschleiß zeigten hierbei, bes. bei erhöhter Temp. (100°), einige durch gute Antifriktionseigg. in fl. Medien bekannte Bronzelegierungen (Sb-Bronze). Die durch mkr., chem. u. Härteunterss. ergänzten Ergebnisse wurden wie folgt ausgewertet: Das Verh. von Cu-Legierungen bei trockener Reibung ist ein anderes als in fl. Medien; die üblichen Antifriktionslegierungen sind für trockene Verwendung bei Tempp. unter 200° nicht brauchbar. Guter Verschleißwiderstand u. niedriger Reibungskoeff. werden durch die Fähigkeit der Legierung zur Bldg. eines dünnen u. dichten, aus Metalloxyden bestehenden Films auf der Arbeitsfläche bestimmt. Durch Auswahl geeignet zusammengesetzter Legierungen ist es möglich die Arbeitsfläche wirksam gegen Verschleiß bei trockener Reibung zu schützen. (Известия Академии Наук СССР, Отделение Технических Наук [Nachr. Akad. Wiss. UdSSR, Abt. techn. Wiss.] **1954.** Nr. 11. 44—52. Nov. Moskau.) V. EHMCKE. 6480

T. G. Bradbury, *Metallurgische Gesichtspunkte der Betriebswartung.* Übersicht über die in Stahlwerken zur Aufrechterhaltung eines geordneten Betriebes angewandten chem. u. physikal. Prüfverff. u. die vielfach vorkommenden Werkstoffehler. (Iron Steel Engr. **31.** Nr. 9. 90—97. Sept. 1954. Hamilton, Can., Steel Co. of Canada, Ltd.) W. WESLY. 6480

Hans Bühler und **Hans Hendus,** *Ermittlung von Eigenspannungen an wasserabgeschreckten Stahlzylindern.* Die Wärmespannungen unterhalb A_1 abgeschreckter Stahlzylinder werden nach dem Ausbohr- oder Abdrehverf. sowie nach dem röntgenograph. Rückstrahlverf. ermittelt. Die Formänderungen an der Probenoberfläche werden mit dem Dehnungsmeßstreifen verfolgt. Der Einfl. der Stirnflächen auf die Oberflächeneigenspannungen wird ermittelt u. ein Vgl. verschied. Arten der Mittelwertbldg. röntgenograph. Ergebnisse angestellt. (Arch. Eisenhüttenwes. **26.** 355—58. Juni 1955. Saarbrücken, Inst. für Metallforsch.) H. HOCHSTEIN. 6480

C. W. Phillips und **M. J. Sinnott,** *Eine statistische Untersuchung der kurzzeitigen Zeitstandfestigkeitsprüfung.* An einer Anzahl von stranggepreßten Stangen aus *2 S-Aluminium* wurden nach einer 6std. Glühung bei 565° Zeitstandfestigkeitsprüfungen bis zu 2 Std. bei einer Temp. von 480° durchgeführt. Die Abweichung der Bruchzeit u. der Einschnürung bei gegebener Spannung wird in logarithm. Maßstab dargestellt, während die Abweichung in % der Dehnung n. ist. Eine klare Beziehung zwischen % Dehnung u. Bruchzeit bei irgend einer Spannung bestand nicht. Die bei hohen Spannungen durchgeführten Prüfungen jedoch haben, in % Dehnung gemessen, eine größere Bildsamkeit als die unter niedrigeren Spannungen durchgeführten Proben. Der Knick in der Zerreißkurve hat nichts mit einer Rekristallisation zu tun, da in strengem Sinne eine Rekristallisation nicht auftritt. In weiterem Sinne jedoch tritt eine Art der Rekristallisation, die Polygonisation oder Unterkornbldg. auf beiden Armen der Zerreißkurven auf. — 20 Schrifttumsangaben. (Trans. Amer. Soc. Metals **46.** 63—86. 1954. Ann. Arbor, Mich., Univ. of Michigan.) H. HOCHSTEIN. 6480

W. R. Apblett und **W. S. Pellini,** *Registrierendes Dilatometer für hohe Temperaturen.* Eine neue Vorr. für dilatometr. Unterss. mit einer kleinen stabförmigen Probe mit elektr. Widerstandserhitzung für Tempp. von weit über 980° wird beschrieben. Das Gerät wird verwendet für Unterss. über die lineare Wärmeausdehnung hitzebeständiger Legierungen bis 1315°, von *Mo* bis 1650° u. *W* bis 2630° sowie für Umwandlungsuntersuchungen. — Schrifttumsangaben. (Trans. Amer. Soc. Metals **44.** 1200—14. 1952. Washington, D. C., Naval Res. Labor.) H. HOCHSTEIN. 6480

Oleg D. Sherby und **John E. Dorn,** *Einige Beobachtungen über die Beziehungen zwischen dem Kriechverhalten und den in festen α-Lösungen entstehenden Gefügen.* Für bei hoher Temp. unter konstanter Belastung durchgeführte Dauerstandverss. von Legierungen mit festen α-Lsgg. wird die Kriechspannung nach der Gleichung: $\Theta = \int e^{-\Delta H/RT} dt$ berechnet, wobei die Aktivierungsenergie ΔH gleich einer Konstanten von ca. 36000 cal pro Mol ist. Die aus einem gegebenen Kriechspannungszustand resultierenden Unterstrukturen sind Funktionen der von der Temp. unabhängigen Kriechspannung. Jede neue Kriechbeanspruchung ergibt eine neue einheitliche Reihe von Kornunterstrukturen. — 11 Schrifttumsangaben. (J. Metals **5.** Nr. 2. Sect. 2. Trans. AIME **197.** 324—30. Febr. 1953. Berkeley, Calif., Univ.) H. HOCHSTEIN. 6480

Herbert Müller, *Beitrag zur Ermittlung der Einsatzhärtungstiefe bei Einsatzstählen.* Proben von mehreren Einsatzstählen wurden zusammen ca. 1 mm tief eingesetzt u. dann je 15 verschied. Wärmebehandlungen unterworfen, um Härte-Tiefe-Kurven mit möglichst verschiedenartigem Verlauf zu erhalten. Die Einsatzhärtungstiefe wurde durch Unters. am Bruchgefüge, makroskop. u. mkr. Prüfung am geätzten Schliff, Ritzvers. u. Härte–Tiefe-Kurvenbest. ermittelt. Hierbei zeigte sich, daß die mkr. Ermittlung der Einsatzhärtungstiefe nicht einwandfrei durchführbar ist. Die nach dem Ritzverf. ermittelte Tiefe ist allg. wesentlich größer als die nach den anderen Verff. gemessene. Die Härte–Tiefe-Kurve liefert nur im oberen Kurvenverlauf eindeutig bestimmbare Härte–Tiefe-Werte. Die am Bruchgefüge u. makroskop. am geätzten Schliff ermittelten Werte besitzen ähnlich große Streuungen. Nur das einfachere Bruchverf. liefert Tiefenwerte, die innerhalb einer Genauigkeit von $\pm 0{,}1$ mm zu ca. 70% mit der Einhärtungstiefe für eine VICKERS-Härte von 500 HV übereinstimmen. — Diskussion. (Arch. Eisenhüttenwes. **25.** 125—35. März/April 1954. Düsseldorf, Gelenkwellenbau G. m. b. H.) H. HOCHSTEIN. 6480

A. A. Pressnjakow und **S. G. Taratynowa,** *Über die Anwendung der Härtebestimmung zur Feststellung der mechanischen Eigenschaften von Metallblechen.* Vff. bestimmten an Blechen aus Messing u. Cu von 2—4 mm Stärke verschied. Verformungsgrades die R-Härte u. die Zerreißfestigkeit. Es wird festgestellt, daß bei Blechen vorliegender Stärke das Verhältnis σ_B/R_B innerhalb von 15—40% Verformung konstant (0,65) bleibt, bei höheren Verformungsgraden wird es etwas größer (0,70 bei 65% Verformung), bei geringeren als 15% ist es starken Schwankungen unterworfen. Innerhalb der so abgesteckten Grenzen ist die R-Härtebest. als geeignetes Verf. zur laufenden Betriebskontrolle anzusehen. (Заводская Лаборатория [Betriebs-Lab.] **21.** 228—29. 1955.) V. EHMCKE. 6480

M. Je. Goldstein, *Dickenkontrolle von passivierten Zinkdeckschichten.* Von den verschied. Verff. erweist sich auf Grund von Unterss. an galvan. verzinkten Stahlproben das magnet. als das sicherste. Grundlage desselben bildet die zwischen der Dicke einer auf ein ferromagnet. Metall aufgetragenen unmagnet. Schicht u. dem Kraftbedarf zum Abheben des am zu untersuchenden Stück haftenden Magneten bestehende Beziehung. Das Verf. wird bes. zur Kontrolle von passivierten Deckschichten empfohlen. (Заводская Лаборатория [Betriebs-Lab.] **21.** 204. 1955.) V. EHMCKE. 6480

J. Brigg, *Neue Anwendungen von Ultraschall in der Werkstoffprüfung.* Nach einer Beschreibung des nach dem Impulsverf. arbeitenden „Flaw Detector" geht der Vf. auf einige typ. Anwendungsbeispiele, wie Schweiß-, Achsen-, Korrosionsprüfung, Nachw. lamellarer Fehlstellen usw., ein. Eine Übersichtstabelle über die Möglichkeiten einer Anwendung von Ultraschall beschließt die Arbeit. (Rev. univ. Mines, Métallurg., Trav. publ., Sci. Arts appl. Ind. [9] **11** (**98**). 137—51. April 1955.) A. SCHAAL. 6480

Edmund C. Franz, *Einfluß einer wiederholten Zugvorspannung auf die Verarbeitbarkeit einiger Metalle.* An *Al*-Legierungen u. Elektrolyt-*Kupfer* wird nachgewiesen, daß durch Vorspannungen mit niedrigem Lastwechsel eine Verringerung in der Verarbeitbarkeit auftritt. Jedoch bleibt die Tatsache bestehen, daß zwischen der n. Zugprüfung u. der üblichen Dauerwechselfestigkeit mit Millionen von Lastwechseln eine wesentliche Verringerung in der Verarbeitbarkeit nur in denjenigen Metallen u. Legierungen auftritt, welche keine Empfindlichkeit für Reckalterung aufweisen. — Schrifttumsangaben. (J. Metals. **6.** Nr. 1. Sect. 1. Trans. AIME **200.** 56—57. Jan. 1954. Cleveland, O., Aluminium Co. of America.) H. HOCHSTEIN. 6490

Erich Fitzer, *Die Insilizierung von Stahl als Oberflächenschutz. Die Insilizierung über flüchtige Halogenverbindungen.* Untersucht wurde, wie die dampfförmigen Si-Halogene reagieren u. inwieweit diese Umsetzungen gelenkt werden können, um eine brauchbare Silizierungsschicht auf Eisen zu bekommen. Durch thermodynam. Überlegungen u. Silizierungsverss. wird gezeigt, daß derartige Halogenid-Rkk. über niederwertige Zwischenstufen ablaufen. Die Halogenidesilizierung führte bes. zu Fe_3Si-Schichten mit 12 bis 14% Si, während glühbeständige Fe_3Si-freie, ferrit. Diffusionsschichten nur durch besondere Glühbehandlung erzeugt werden können. — 24 Schrifttumsangaben. (Arch. Eisenhüttenwes. **25.** 601—12. Nov./Dez. 1954. Wien, TH.) H. HOCHSTEIN. 6492

B. I. Medowar, *Über den Einfluß der Löslichkeit der Elemente auf die Entstehung von Warmrissen in Schweißnähten.* Ausgehend von der von vielen Forschern vertretenen Ansicht, daß für das Auftreten von Warmrissen in Schweißnähten das Vorhandensein von interkristallinen fl. Schichten eine notwendige Voraussetzung ist, wird die Hypothese einer direkten Beziehung zwischen der Art des Zustandsdiagramms, nach dem die Schweißschmelze erstarrt u. der Widerstandsfähigkeit der Naht gegen Warmrißbldg. aufgestellt. An einer Reihe von Schweißungen an niedriggekohlten u. austenit. Stählen sowie an Cu, wird die Brauchbarkeit der Hypothese nachgewiesen. (Автоматическая Сварка [Automat. Schweissen] **8.** Nr. 2. 79—90. März/April 1955. Paton-Inst. für Elektro-Schweißen der Akad. der Wiss. der UkrSSR.) V. EHMCKE. 6506

N. F. Laschko und **Ss. W. Laschko-Awakjan,** *Über die Gründe der Entstehung von Warmrissen und Maßnahmen zu deren Verhütung.* Auf Grund krit. Behandlung des einschlägigen Schrifttums u. eigener Unterss. an bin. u. tern. Al-Legierungen wird festgestellt, daß die Entstehung von Warmrissen an Schweißverbb. durch folgende Faktoren bestimmt wird: Volumenänderungen in der erstarrenden Legierung infolge Schrumpfung; Wärmeausdehnung u. -kontraktion des Grundmaterials im Verlauf des Schweißprozesses; Erstarrungsgeschwindigkeit; Dauer des Vorhandenseins fl. interkristalliner Schichten während der Erstarrung, von denen in der Regel die Risse ausgehen. Eine besondere Rolle kommt in diesem Zusammenhang leichtschm. Eutektika in heterogenen Legierungen zu. Zur Vorbeugung der Entstehung von Warmrissen ist die richtige Auswahl des Zusatzmaterials von Bedeutung. Dessen Kristallisationsbeginn soll nicht bei höherer Temp. liegen als der des Grundmaterials u. es darf keine Komponenten enthalten, die mit dem Grundmaterial leichter schmelzbare Eutektika bilden als das Eutektikum des Grundmaterials selbst. (Автоматическая Сварка [Automat. Schweissen] **8.** Nr. 2. 66—78. März/April 1955. Allunions Wiss. Forschungsinst. für Flugzeugmater.) V. EHMCKE. 6506

N. G. Rjabokon, *Verfahren der Kaltschweißung von Gußeisen.* Zum Kaltschweißen von Gußeisen werden Elektroden aus Cu, aus niedriggekohltem Stahl mit einer Cu-Umhüllung, aus einem austenit. Stahl sowie der Elektrodenmarke OMM-5 verwendet u. die hierbei erzielten Ergebnisse miteinander verglichen. Hieraus ergibt sich, daß das Kaltschweißverf. nicht für alle in der Zuckerindustrie vorkommenden Fälle einwandfreie Ergebnisse liefert. Nur bei Verwendung von niedriggekohlten, mit einem Cu-Mantel versehenen Stahlelektroden konnten zufriedenstellende Kaltschweißungen an gußeisernen Gegenständen für die Zuckerindustrie erreicht werden. (Сахарная Промышленность [Zucker-Ind.] **29.** Nr. 3. 27—29. 1955.) H. HOCHSTEIN. 6506

H. Enzfelder, *Die Reinigung von technischen Zinksulfatlösungen durch Zementation.* Nach einem Überblick über die für die elektrolyt. Abscheidung von Zn aus seinen Lsgg. erforderliche Entfernung der Verunreinigungen in der Praxis durchgeführten Verff., nach denen Fe, Al, SiO_2, As, Sb, Ge u. z. T. Ni u. Co durch Hydrolyse gefällt, Cu, Cd u. der Rest Ni mit Zn-Staub zementiert, u. der Rest Co durch besondere Verff. entfernt werden, wird über Laboratoriumsverss. berichtet, um die minimalen Zn-Mengen, die zur Entfernung von Cu, Cd u. Ni bis unter 1 mg/Liter nötig sind, zu ermitteln u. wie weit sich die Fremdmetalle untereinander bei der Ausfällung beeinflussen. Die Ni-Fällung kann nur heiß vorgenommen werden, während bei Ggw. größerer Mengen Cd die Fällung kalt durchgeführt werden muß. — Schrifttumsangaben. (Berg- u. hüttenmänn. Mh. montan. Hochschule Leoben **98.** 227—34. Nov. 1953. Gailitz.) H. VIER. 6514

Ju. I. Kasennow, *Über eine interkristalline Korrosion an geschweißten Verbindungen aus stabilisierten Stählen des Typus 18-8.* Vf. berichtet über das Auftreten von interkristalliner Rißkorrosion unmittelbar neben der Schweißnaht an den mit Ti bzw. Nb stabilisierten austenit. Stählen 1Ch18N9T, Ch18N12M2T u. Ch18N11B nach Mehrlagenschweißung oder einem entspannenden Glühen bei 650—700°. Als Ursache hierfür ist eine Destabilisierung des Austenits durch teilweises Inlösunggehen der Ti- u. Nb-Carbide oberhalb 1200° bzw. Carbidausscheidung in ungünstiger Form bei 650—750° anzusehen. Außer der Zus. u. Wärmebehandlung ist die Zeit des Verweilens auf krit. Temp. u. der Gefügezustand (vergröbertes Korn) von Einfluß. Als vorbeugende Maßnahmen, neben Konstruktionen u. Schweißtechnik, werden Abschrecken des Stahles von 850 bis 1000° zwecks Abbindung der stabilisierenden Legierungselemente u. Vermeidung von Glühtempp. von 600—700° empfohlen. (Автоматическая Сварка [Automat. Schweissen] **8.** Nr. 2. 91—93. März/April 1955. Wiss. Forschungsinst. für chem. Maschinenbau.) V. EHMCKE. 6538

A. A. Bulach und **I. A. Kortschmarek,** *Untersuchung der Korrosionsbeständigkeit von Überzügen aus Wolfram-Nickel.* Untersucht wird die Korrosionsbeständigkeit ein- u. mehrschichtiger W-Ni-Überzüge auf Eisen in H_2SO_4- u. HCl-Lsgg. sowie in einer NaOH-Lsg. mit u. ohne Anwendung von Strom. Die unzureichende Beständigkeit der W-Ni-Überzüge wird einerseits dadurch erklärt, daß die Überzüge porös werden u. viele Querrisse aufweisen, u. andererseits dadurch, daß die W-Ni-Schicht selbst nicht absol. beständig ist. Die Beständigkeit der Überzüge wird etwas durch ein Ausglühen verbessert. Das Auftragen der W-Ni-Überzüge in Form von mehrschichtigen Überzügen mit dazwischen liegenden Ni-Schichten erwies sich als nicht vorteilhaft. — Schrifttumsangaben. (Известия Академии Наук Казахской ССР, Серия Химическая [Nachr. Akad. Wiss. KasachSSR, Ser. Chem.] **1953.** Nr. 7. 105—10.) H. HOCHSTEIN. 6538

B. W. Lossikow, *Schutzmöglichkeiten gegen Korrosion bei den derzeitigen Antifriktionslegierungen.* Die Bldg. eines Schutzhäutchens ist eine Folge einer chem. Rk. zwischen den in Schmierölen vorhandenen oxydierenden Mitteln, z. B. Luft oder Peroxyden, u. den Oberflächenschichten der Lagermetalle, wobei die Reaktionsprodd. fest mit dem Metall verbunden werden können. Das Schutzhäutchen hat eine komplizierte

Struktur, wobei die dem Metall am nächsten liegende Schicht mit diesem chem. gebunden ist, während die darauffolgenden durch Adsorption festgehalten werden. Für jede Lagerlegierung u. jeden Ölzusatz ist nur ein bestimmter Temperaturbereich, z. B. 80—120°, erforderlich, in dem die Wirksamkeit des Ölzusatzes hinsichtlich der Schutzhäutchenbldg. am größten ist. Bei niedrigerer Temp. verläuft der Lösungsvorgang des Metalles schneller als die Bldg. des Schutzhäutchens. Bei der Temp. über 120° wird der Diffusionsvorgang der agressiven Ölbestandteile durch das Häutchen verstärkt. Für Öle, die antikorrosive Zusätze enthalten, ist die Säurezahl nicht ein Kriterium der Agressivität des Öles, wenn die Berührung des Öles mit dem Metall unter Bedingungen stattfindet, welche die Einw. der Ölzusätze sicherstellen. (Вестник Машиностроения [Nachr. Maschinenbau] **35.** Nr. 8. 58—60. Aug. 1955.) H. HOCHSTEIN. 6538

B. Waeser, *Korrosionsschutzfragen unter besonderer Berücksichtigung der Eisenrostung.* Allg. Überblick über Korrosionsschutzprobleme; Grundkenntnisse u. Theorien über Korrosionsvorgänge, Vorbehandlung von Eisenflächen, verschied. Schutzanstrichsysteme u. techn. Anforderungen in bezug auf ihre Haltbarkeit. — 27 Literaturzitate. (Chemiker-Ztg. **78.** 720—23. 5/11. 1954. Elmshorn bei Hamburg.) S. HÜTTIG. 6538

T. Marković und **Z. Dugi,** *Theoretische Grundlagen der Metallkorrosion im Boden.* Die Korrosion von Metallen, bes. Fe, im Boden hängt vom Zutritt von W. u. Luft ab. An W. ungesätt. Boden setzt dem O_2-Transport größeren Widerstand entgegen als an W. gesätt. Boden; im ersteren Falle findet akt., im letzteren passive Korrosion statt. (Nafta [Zagreb] **6.** 175—79. Juni 1955. Zagreb, Tehn. fak., Inst. za fiz. kem.) R. K. MÜLLER. 6538

I. L. Rosenfeld und **T. I. Pawlutzkaja,** *Neues Prinzip zur Untersuchung der atmosphärischen Korrosion von Metallen.* Wenn die effektiven Potentiale zweier *Cu*-Kathoden, von denen eine in einem Elektrolyten eingetaucht ist, während auf der anderen sich ein Elektrolythäutchen in der Stärke von 70 μ befindet, miteinander verglichen werden, so ergibt sich zwischen ihnen bei einer Stromdichte von 250 $\mu A/cm^2$ ein Potentialunterschied in der Größenordnung von 350—400 mVolt. Es wird gefolgert, daß unter den Bedingungen der atmosphär. Korrosion, d. h. wenn sich auf der Metalloberfläche sehr dünne Elektrolythäutchen befinden, Cu als Kathode wirksamer sein wird als innerhalb des Elektrolyten. Das anod. Verh. von Cu unter dünnen Elektrolythäutchen (0,01 n NaCl) kann durch Kurven der anod. Polarisation gek. werden. Aus solchen Kurven wird sichtbar, daß der anod. Prozeß mit einer Verringerung der Stärke des Elektrolythäutchens auf dem Metall stark gehemmt wird. Damit fällt die Geschwindigkeit des anod. Prozesses stark. Bei einer Häutchendicke von 70 μ wird Cu eine stark polarisierte Anode u. geringe Stromdichten sind erforderlich, um sein Potential auf einen Wert von 1 Volt zu bringen. Infolgedessen wird in dünnen Häutchen des Elektrolyten Cu wesentlich leichter einer anod. Passivität unterworfen als innerhalb des Elektrolyten. Dies beweist, daß der Charakter des Verlaufes von Korrosionsprozessen in dünnen Elektrolythäutchen nicht nur mit einer Veränderung des O_2-Zutritts zur Metalloberfläche verbunden ist. Die Ergebnisse führen zu der Annahme der Möglichkeit des Vorhandenseins einer neuen Art von Korrosionselementen mit einem wesentlichen Potentialunterschied, der durch den unterschiedlichen Grad des Überzuges der einzelnen Teile der Metalloberfläche durch den Elektrolyten bedingt wird. (Доклады Академии Наук СССР [Ber. Akad. Wiss. UdSSR] [N. S.] **91.** 315—17. 11/7. 1953.) H. HOCHSTEIN. 6538

Höganäs-Billesholms Aktiebolag, Höganäs, Schweden, *Trockene Reduktion von Erzen* in einem von außen beheizten vertikalen Reduktionsgefäß, in dem konzentr. eine Zone geschaffen wird, die dem Durchtritt der Heizgase geringeren Widerstand entgegensetzt als der übrige Teil des Gefäßes. Zu diesem Zweck wird ein Erz-Kohle-Gemisch einer feineren Körnung mittels eines Rohres in die Mitte des Reduktionsgefäßes eingeführt u. dann der Zwischenraum zwischen dem Rohr u. der Wandung des Reduktionsgefäßes mit einem Gemisch gröberer Körnung ausgefüllt. Das Rohr kann aus hitzebeständigem Material bestehen u. nach Füllung des Reduktionsgefäßes wieder entfernt werden, oder aus einem Werkstoff, der bei der Rk. verbraucht wird. Durch das Verf. wird erreicht, daß die bei der Red. entstehenden heißen Gase radial nach innen strömen u. auf diese Weise schneller die ganze Charge erhitzen. — Vgl. auch F. P. 1 057 644; C. **1955.** 3245. (**E. P. 715 416** vom 26/5. 1952, ausg. 15/9. 1954. Schwed. Prior. 6/6. 1951.) G. APEL. 6381

Marvin J. Udy, Niagara Falls, N. Y., V. St. A., *Gewinnung und Trennung des Eisens* von mindestens einem anderen Element aus einem dieser beiden Elemente als Sulfide enthaltenden Stein, dad. gek., daß der zerkleinerte Stein mit verd. H_2SO_4 einer Konz. u. solange behandelt wird, daß sich eine konz. $FeSO_4$-Lsg., die frei aller übrigen im Stein enthaltenen Bestandteile ist, u. gasförmiger H_2S bildet, während die übrigen

Sulfide als Rückstand verbleiben. Die $FeSO_4$-Lsg. wird dann vom Rückstand getrennt, in feste Form übergeführt u. hieraus S-freies Fe_2O_3 gewonnen, das zu metall. Fe red. wird. — Verfahrensstammbaum. (**E. P. 656 142** vom 1/12. 1947, ausg. 15/8. 1951. A. Prior. 9/12. 1946.) G. APEL. 6391

Kennecott Copper Corp., New York, N. Y., übert. von: **Julian Glasser**, La Grange, und **Clifford A. Hampel**, Homewood, Ill., V. St. A., *Gewinnung schwer schmelzbarer Metalle*, u. zwar *Zr, Hf, Th, V, Nb, Ta, Cr, Mo, W* u. *U*, aus ihren *Halogeniden*, dad. gek., daß die Halogenide mit einem *Alkaliamalgam* in Ggw. eines inerten Gases kräftig durchmischt werden, bis sich das Halogenid mit dem Amalgam zu elementarem Metall, Alkalihalogenid u. Hg umgesetzt hat. Das Metall wird dann von dem Alkalihalogenid u. dem Hg getrennt. — Verfahrensstammbaum. (**A. P. 2 703 752** vom 20/1. 1951, ausg. 8/3. 1955.) G. APEL. 6421

National Smelting Co. Ltd., London, England, *Schmelzen von Zink*. Beim Schmelzen von Zn-Erzen im Hochofen u. Kondensieren des Zn-Dampfes in einem Kondensationsgefäß unter Einleiten von O_2-haltigem Gas wird dieses im Hochofen durch ein Rohr über der Charge eingeleitet, wo die Hochofengase sich ansammeln. Außer beim Schmelzen im Hochofen kann das O_2-haltige Gas auch in die gasförmigen Prodd. der Schmelzoperation eingeleitet werden, die mindestens 1,5% CO_2 enthalten u. in denen mindestens 80% des Zn-Dampfes zu metall. Zn kondensiert ist. (**E. P. 726 530** vom 30/12. 1953, ausg. 16/3. 1955. A. Priorr. 3/7. u. 14/8. 1953. **Zusatz zu E. P. 682179; C. 1954. 5914.**) G. APEL. 6427

Mullard Radio Valve Co. Ltd., London, England (Erfinder: **Christopher Fredric Bareford**), *Herstellung von Kupferartikeln*, z. B. Kupferröhrchen für lineare Acceleratoren. Cu-Bleche aus Elektrolytkupfer werden aufgerauht, in einer H_2 enthaltenden reduzierenden Atmosphäre erhitzt (800°), darauf in einer Atmosphäre von 10 (%) H_2 u. 90 inertem Gas abgekühlt, bearbeitet u. mittels Lot (Cu–Ag-Eutektikum) zusammengelötet. Der Körper wird darauf bei niederer Temp. (780°) zuerst in inerter Atmosphäre oder im Vakuum u. zum Schluß in einer Atmosphäre von 10 H_2 u. 90 inertem Gas behandelt, worauf der Körper wiederum im Vakuum oder inerter Atmosphäre abgekühlt wird. (**E. P. 718 165** vom 17/9. 1952, ausg. 10/11. 1954.) C. GÖTZE. 6433

Sherritt Gordon Mines Ltd., Toronto, Can., *Metallgewinnung auf nassem Wege*. Das gepulverte Ausgangsgut, das mindestens ein Metall enthält, das in ammoniakal. Lsg. lösl. Metallammine zu bilden vermag, z. B. *Ni, Co* u. *Cu*, u. das dieses Metall in elementarer u. in sulfid. Form enthält jedoch mit einem S-Geh., der geringer ist, als dessen stöchiometr. Verhältnis entspricht, wird mit einer *wss. ammoniakal. Lsg.*, die freies NH_3 u. ein NH_4-*Salz*, wie $(NH_4)_2SO_4$ enthält unter kräftigem Umrühren in Berührung gebracht, in eine erhitzte Reaktionszone gebracht u. dort unter Druck mit einem oxydierenden Gas behandelt. Aus der entstandenen Lsg. werden die Metalle durch selektive Fällung gewonnen. Das NH_4-Salz kann als solches oder in statu nascendi durch Zusatz von $(NH_4)_2S$, $(NH_4)_2S_2O_3$,$(NH_4)_2SO_3$, SO_2, H_2S zugesetzt werden. (**E. P. 722 373** vom 16/9. 1952, ausg. 26/1. 1955. A. Prior. 21/9. 1951.) G. APEL. 6435

International Nickel Co., Inc., New York, übert. von: **Pierre Emile Le Grand**, Plainfield, und **Theodore Ephraim Kihlgren**, Berkeley Heights, N. Y., V. St. A., *Nickel–Kupfer-Legierungen* bestehen aus 1,2—1,8 (%) *Si*, 0,05—0,4 *C*, 0,6—1,25 *Mn*, bis 3,5 *Fe*, 25—35 *Cu*, 1—3 *Nb*, 0,002—0,01 *Pb* als Verunreinigung, Rest *Ni*. Die Legierungen sind gut gießbar u. widerstandsfähig gegen Brüchigwerden in der Hitze. (**A. P. 2 686 715** vom 31/7. 1952, ausg. 17/8. 1954.) C. GÖTZE. 6435

Manganese Chemicals Corp., übert. von: **Bernard R. Babbitt** und **Charles B. Kunz**, Minneapolis, Minn., V. St. A., *Laugung von Manganerz*. Angefeuchtetes, MnO-haltiges Manganerz wird mit einem an NH_3 angereicherten Gas, z. B. einer Mischung aus NH_3 u. CO_2, behandelt u. dann mit einer ammoniakal. Lsg. eines Ammoniumsalzes, wie von $(NH_4)Cl$ oder $(NH_4)_2SO_4$, ausgelaugt. (**A. P. 2 663 618** vom 23/8. 1951, ausg. 22/12. 1953.) G. APEL. 6437

United States of America, United States Atomic Energy Commission, übert. von: **Edward C. Creutz**, Pittsburgh, Pa., V. St. A., *Schmieden von Beryllium*. Ein Barren von Be wird unter Zwischenlagerung eines inerten hitzebeständigen Oxyds mit einer Ummantelung eines schmiedbaren Metalls versehen u. das Ganze bei einer Temp. geschmiedet, die zwischen 700° u. dem F. des am niedrigsten schm. Eutektikums des Be u. des Umhüllungsmetalls liegt. Als Oxyd kommt z. B. *CaO*, als Umhüllung *Cu* oder *Stahl* in Frage. Bei Stahl beträgt die Schmiedetemp. 850—1150°. (**A. P. 2 653 494** vom 24/12. 1946, ausg. 29/9. 1953.) G. APEL. 6443

Inventa Akt.-Ges. für Forschung und Patentverwertung Luzern, Luzern, übert. von: **Georg Messner**, Johannesburg, Union of South Africa, *Vorbereiten von Aluminium-*

legierungen zur Extraktion von Aluminium mittels Quecksilber. — Zu Schwz. P. 279 968; C. **1953.** 2024 ist nachzutragen: Die geschmolzenen Legierungen können auch in Ggw. von Hg-Dampf unter Schütteln zum Erkalten gebracht, oder fl. Legierungen über eine rotierende Walze gegossen werden, die zu einem Drittel in fl. Hg getaucht ist. — Abbildungen. (**A. P. 2 676 358** vom 19/10. 1950, ausg. 27/4. 1954.) G. APEL. 6447

Kaiser Aluminum & Chemical Corp., Oakland, Calif., übert. von: **Lawrence J. Barker**, Spokane, Wash., V. St. A., *Wärmebehandlung von Aluminiumlegierungen.* Um die Haftung chem. nichtgebundener Überzüge auf vergütbaren Al-Legierungen zu verbessern werden die Legierungen nach dem Lösungsglühen bei 200—400° F (93—204° C) 1—20 Std. aber nur so lange geglüht, bis an den Korngrenzen Ausscheidungen auftreten, u. dann mit chem. angreifenden, bes. sauren Mitteln, wie 10%ig. HCl, behandelt, wodurch an den Korngrenzen Haarrisse entstehen, die eine verkeilende Wrkg. auf den später aufzubringenden Überzug ausüben. Eine Legierung aus 0,8—1,2 (%) *Mg*, 0,4 bis 0,8 *Si*, bis 0,35 *Cu*, bis 0,35 *Cr*, Rest *Al* wird z. B. 4—6 Std. bei 325—340° F (163 bis 171° C) geglüht. — Abbildungen. (**A. P. 2 658 845** vom 7/4. 1950, ausg. 10/11. 1953.) G. APEL. 6447

National Lead Co., New York, übert. von: **Stephan F. Urban**, Kenmore, N. Y., V. St. A., *Schmelzen leicht oxydierbarer Metalle. Ti, Zr* oder *Hf* u. Legierungen solcher Metalle werden in inerter Atmosphäre u. in Ggw. einer Verb. der Formel $MO \cdot ZrO_2$ über ihren F. erhitzt, wobei M eins der Metalle *Ca, Sr, Ba* u. *Mg* ist. (**A. P. 2 684 297** vom 4/8. 1951, ausg. 20/7. 1954.) G. APEL. 6449

Zaidan Hojin Sekitan Sogo Kenkyujo, Japan, *Gewinnung von Germanium aus den Verbrennungs- und Verkokungsprodukten von Kohle.* Um das in der Kohle enthaltene Ge zu gewinnen, wird die Kohle verbrannt oder verkokt. Die dabei entstehenden Gase, die das Ge in Form flüchtiger Verbb. enthalten, werden mit W. oder einer bas. oder sauren wss. Lsg. gewaschen, die Lsg., z. B. durch Eindampfen, konz. u. aus ihr das Ge gewonnen. Hierzu wird z. B. die konz. Lsg. mit H_2SO_4 versetzt, dann chloriert, u. das dadurch entstandene $GeCl_2$ in bekannter Weise zu Ge reduziert. (**F. P. 1 072 154** vom 3/3. 1953, ausg. 9/9. 1954. Jap. Prior. 3/3. 1952.) G. APEL. 6449

Siemens & Halske Akt.-Ges., Berlin und München (Erfinder: **Ernst Döring**, Berlin-Tegel, und **Horst Guido Müller**, Berlin-Zehlendorf), *Kontaktlegierungen für die Fernmeldetechnik* bestehen aus 3—10 (%) *Ni*, 0,5—4 mindestens eines Zusatzmetalls, das die Rekristallisationstemp. erhöht, wie *Cu, Co, Fe, Cr, Mn*, Rest *Au*. Durch diese Zusatzmetalle wird die Korrosionsbeständigkeit der Kontakte bei erhöhten Tempp. u. die Rekristallisationstemp. auf 700—750° erhöht. Nach D. B. P. 913 702 bestehen die Zusatzmetalle aus *Ag, Pt* oder *Pd.* (**D. B. PP. 910 839** Kl. 40b vom 16/10. 1942, ausg. 6/5. 1954. Anmeldung bekanntgemacht 24/9. 1953, u. **913 702** [Zusatzpatent] Kl. 40b vom 19/11. 1942, ausg. 18/6. 1954. Anmeldung bekanntgemacht 5/11. 1953.) C. GÖTZE. 6463

Tatsuo Matsukawa, Osaka, Japan, *Herstellung von Überzügen aus einer Kupfer-Blei-Legierung auf Graphitpulver.* Das Graphitpulver wird zusammen mit einem Pulver aus einer Pb–Zn-Legierung mit 0,5 (%) Pb, Rest Zn mit einer wss. Lsg. eines Cu-Salzes, z. B. $CuSO_4$ oder $CuCl_2$, behandelt. Es kann auch eine Pb–Zn–Cu-Legierung mit 0,5 bis 10 Pb, 0,5—20 Cu, Rest Zn verwendet werden. Das metallisierte Graphitpulver dient z. B. zur Herst. von Kohlebürsten u. selbstschmierenden Lagern. (**A. P. 2 683 686** vom 4/3. 1952, ausg. 13/7. 1954.) F. VIER. 6475

Westinghouse Electric Corp., East Pittsburgh, Pa., übert. von: **Bloomfield Bank & Trust Co.**, Bloomfield, N. J., und **Robert D. Malin**, Park Forest, Ill., V. St. A., *Herstellung von leicht zerspanbarem Molybdän.* Pulverförmiges Mo wird zu einem Block gesintert, der Block bei 1350—1500° gewalzt, wodurch eine faserförmige Struktur erreicht wird, bei ca. 1600° rekrist. u. schließlich bis auf 25% Querschnittverringerung weiterverarbeitet, wodurch die Kristallite so gestreckt werden, daß das Verhältnis von Länge : Durchmesser von etwas über 1 : 1 bis 7 : 1 beträgt. Dieses Verhältnis hängt von der beabsichtigten Festigkeit ab, die mit wachsender Kornlänge ansteigt. — Abbildungen. (**A. P. 2 628 926** vom 21/6. 1949, ausg. 17/2. 1953.) G. APEL. 6475

VEB Elektrochemisches Kombinat Bitterfeld, Bitterfeld (Erfinder: **Josef Martin Michel**, Bitterfeld), *Regenerieren von Salpeterschmelzbädern.* Die beim Vergüten von Legierungen veränderten Bäder werden durch Zusatz von so viel *Alkalibichromat* regeneriert, daß nicht nur das freie u. das als Aluminat u. Ferrit gebundene Alkali, sondern auch das Alkalinitrat in Monochromat umgewandelt wird. (**D. P. [DDR] 5 208** Kl. 40d vom 28/8. 1937, ausg. 1/3. 1954 [Wirtschaftspatent].) H. HOLM. 6493

Diffusion Alloys Ltd., England, *Herstellen von Diffusionsschichten auf Metallen.* Das zu behandelnde Metall wird mit einem Überzug versehen, der das einzudiffundierende

Metall in Pulverform mit einem Halogenid u. einem Bindemittel enthält. — Beispiel: Bleche aus *Flußstahl* werden auf 150° erhitzt u. mit einer Pistole eine Mischung von 60 (%) Ferrochrom, 39 Kaolin u. 1 NH_4J, versetzt mit W., aufgespritzt. Der Überzug hat eine Dicke von 0,25 mm. Die Bleche werden dann in einem Ofen auf 900° 48 Std. lang erhitzt. Es entsteht eine Cr-reiche Diffusionsschicht von 0,0625 mm Dicke. Das anhaftende Pulver kann durch leichtes Bürsten entfernt werden. An Stelle von Kaolin können auch organ. Silicate, Leim, Kollodium, Celluloseacetat, als zu diffundierende Metalle können *Cr, Mo, W, V, Be, B, Zr, Ti, Nb, Ta, Si, Cu, Ni, Co, Mn* u. ihre Legierungen verwendet werden. (**F. P. 1 057 067** vom 13/3. 1952, ausg. 4/3. 1954. E. Prior. 14/3. 1951.) F. VIER. 6493

Deutsche Edelstahlwerke Akt.-Ges., Krefeld (Erfinder: **Fritz Frehn**), *Wärmebehandlung von gesinterten Dauermagnetkörpern* auf der Basis *Fe–Al–Ni* u./oder *–Co*, dad. gek., daß Abschreck- u. Anlaßtempp. durch Erhitzen im Salzbad erreicht werden, mit der Maßgabe, daß das Vorwärmen auf ca. 800° in einem Gemisch auf der Basis Ca-, Ba- u. Na-Chlorid, das Erhitzen auf die Abschrecktemp. von 1240—1280° in $BaCl_2$ u. das Anlassen auf ca. 600° in einem Gemisch aus Alkali- u. Erdalkalichloriden durchgeführt wird, mit der weiteren Maßgabe, daß die Zus. der Salzgemische auf eine solche Viscosität eingestellt wird, daß bei den in Frage kommenden Behandlungstempp. die Salzschmelze in die Poren der Sinterkörper nicht eindringt. (**D. B. P. 928 718** Kl. 18c vom 13/9. 1950, ausg. 10/6. 1955. Anmeldung bekanntgemacht 10/1. 1952.) H. HOCHSTEIN. 6493

Eutectic Welding Alloys Corp., Flushing, N. Y., übert. von: **René D. Wasserman,** Stamford, Conn., V. St. A., *Flußmittel zum Löten und Schweißen* besteht aus einer Mischung von *Borax* u. *$B(OH)_3$* mit einem solchen Überschuß an Borax, daß für die $B(OH)_3$ genügend W. vorhanden ist, daß das bei Raumtemp. feste Flußmittel bei ca. 900° F (480° C) zu fließen beginnt, u. einer kleinen Menge Bindemittel, wie *Harz, Stärke, Dextrose* oder lösl. *Silicate.* Dem Flußmittel kann bis 10 (%) *Alkalifluorid* u. bis 50 *Metallpulver* zugesetzt werden. — Beispiel: 100 g $B(OH)_3$ u. 400 Borax werden fein gepulvert u. die Mischung auf 200° F (94° C) erhitzt. Nach einer Std. hat die M. sirupartige Konsistenz u. kann in Formen vergossen werden, in denen sie bei Raumtemp. nach Zusatz von Impfkristallen erstarrt. Als Beispiel für Metallpulver werden genannt: Cu, Zn, Sn, Fe, Ag, Ni, Al, Mg u. Cd. Sie dienen als Füller u. zum Desoxydieren der Schweiße. (**A. P. 2 684 312** vom 20/12. 1949, ausg. 20/7. 1954.) F. VIER. 6505

Radio Corp. of America. übert. von: **Milton B. Lemeshka,** Lancaster, Pa., V. St. A., *Trennen zusammengelöteter Gegenstände.* Die Gegenstände werden Dämpfen von Hg ausgesetzt, wodurch das Lotmetall amalgamiert u. die Lötung zerstört wird. Das Verf. eignet sich nur für solche Lötungen, die mit leicht amalgamierbaren Metallen erzeugt sind, wie *Ag, Cu, Au, Pb, Sn, Cd* u. *Al.* — Abbildung. (**A. P. 2 704 707** vom 18/2. 1954, ausg. 22/3. 1955.) F. MARKHOFF. 6505

Rheinische Röhrenwerke Akt.-Ges., Mülheim/Ruhr (Erfinder: **Hermann Josef Schiffler, Josef Wingerath** und **Ewald Baerlecken,** Düsseldorf), *Schweißdrähte oder -elektroden aus austenitischen Stählen zum Schweißen von austenitischen Manganstählen.* Schweißdrähte oder -elektroden aus austenit. Stählen mit bis 0,7 (%) *C*, mindestens 12 *Mn*, 0,6—1,5 *Si*, Rest Eisen mit den üblichen Verunreinigungen werden zum Verbindungs- u. Dichtschweißen von austenit. Mn-Stählen verwendet, wenn von der Schweißverb. hohe Zähigkeit nach Luftvergütung gefordert wird, ohne daß der Schweiße sonstige Legierungselemente zugesetzt werden. (**D. B. P. 924 601** Kl. 49h vom 21/9. 1940, ausg. 3/3. 1955. Anmeldung bekanntgemacht 20/3. 1952. **Zusatz zu D. R. P. 746 170; C. 1944. II. 1345.**) H. HOCHSTEIN. 6507

Herbert-Manfred Freud genannt **Jean Frasch,** Frankreich, *Entrostungspaste* besteht aus einem inerten, mineral. Trägerstoff, wie Bentonit, u. der wss. Lsg. eines Oxydationsmittels, wie $KMnO_4$, dessen rH oberhalb 41 liegt u. dessen rO kleiner als 0 ist. Die Paste wird auf die zu reinigende Oberfläche aufgebracht u. 10—15 Tage einwirken gelassen. — Beispiel: In 600 (g) *W.* werden 30 *$KMnO_4$* u. 70 *$(NH_4)_2SO_4$* gelöst u. der Lsg. langsam 300 *Bentonit* zugegeben. p_H der entstandenen Paste 7, rH 46. Die rote Farbe der Paste ändert sich bei der Einw. auf den Rost in dunkelbraun. (**F. P. 1 085 422** vom 24/6. 1953, ausg. 2/2. 1955.) F. MARKHOFF. 6513

Dow Chemical Co., V. St. A., *Ätzlösung für das chemische Gravieren* besteht nach F. P. 1 074 979 aus einem Gemisch von *HNO_3* u. einer gesätt. aliphat. Säure mit 5 bis 26 C-Atomen, wie *Laurin-, Palmitin-, Stearin-, Capryl-* u. *Valeriansäure.* — Nach F. P. 1 074 980 aus einem Gemisch von *HNO_3* u. einem Ester aus einer aliphat. Säure mit 12 bis 18 C-Atomen u. einem aliphat. Polyalkohol mit 2—6 C-Atomen, wie *Sorbitollaurat, Monolaurat* u. *Monooleat* des *Diäthylenglykols* sowie *Monolaurat* des *Propylenglykols* u. des

Glycerols. — Nach F. P. 1 074 981 aus einem Gemisch von HNO_3, einem *Petroleumsulfonat* mit 18—30 C-Atomen u. einer Fraktion des Petroleums, deren Kp. zwischen 90 u. 390° liegt. Die Lsgg. sind bes. bei der Photogravierung von Metallplatten aus Zn u. Mg geeignet. — Vgl. A. PP. 2 640 763; C. **1954.** 8440, u. 2 640 764/7; C. **1954.** 7052. (**F. PP. 1 074 979, 1 074 980** u. **1 074 981** vom 21/2. 1953, ausg. 11/10. 1954.)
F. MARKHOFF. 6513

Radio Corp. of America, übert. von: **Leonard P. Fox,** Lancaster, Pa., V. St. A., *Chemisches Polieren von Nickel.* Die gereinigte Ni-Oberfläche wird mit einer Lsg. aus 60—70 (Vol.-%) *Eisessig* u. 40—30 konz. HNO_3 sowie 0,5 cm³ konz. *HCl* auf 100 cm³ Lsg. mindestens 15 Sek. behandelt. (**A. P. 2 680 678** vom 1/4. 1952, ausg. 8/6. 1954.)
F. MARKHOFF. 6513

Armco Steel Corp., übert. von: **Ronald Harry Espy,** Baltimore, Md., V. St. A., *Elektrolytisches Polieren von nichtrostendem Stahl.* Die Gegenstände werden elektrolyt. in einem Elektrolyt aus H_2SO_4 u. einer aliphat. Carbonsäure, wie *Citronensäure,* mit Wechselstrom behandelt, wobei eine Gegenelektrode aus Ta verwendet wird. Die auf dem Ta sich bildende Oxydschicht bewirkt eine Gleichrichtung des Stroms. (**A. P. 2 695 872** vom 15/12. 1948, ausg. 30/11. 1954.) F. MARKHOFF. 6513

Percy Allan Charlesworth, Adlington, Chester, England, *Beseitigung von Oberflächenspannungen in Gegenständen aus nichtrostendem Stahl oder anderen Legierungen mit hohem Chrom- oder Chrom–Nickel-Gehalt.* Nach mechan. Bearbeitung durch Pressen oder ähnlichen Arbeitsgängen wird die durch diese Arbeitsgänge entstehende Oberflächenspannung durch anod. Behandlung beseitigt, indem eine dünne Oberflächenschicht aufgelöst wird. (**E. P. 716 487** vom 1/3. 1951, ausg. 6/10. 1954.) F. MARKHOFF. 6515

Radio Corp. of America, übert. von: **Daniel J. Donahue,** Lancaster, und **Alexander M. Rennie,** Landisville, Pa., V. St. A., *Erzeugen feinmaschiger Siebe.* Auf eine keram. Platte, die mit einem Netzwerk von Vertiefungen versehen ist, wird eine Lsg. von Wachs in einem leicht flüchtigen Lösungsm. aufgebracht u. das Lösungsm. verdampft. Dann wird auf die entstandene Wachsschicht mittels Kathodenzerstäubung im Vakuum eine Schicht aus *Au, Pt* oder *Pd* aufgebracht u. schließlich alles Wachs u. die darauf befindliche Metallschicht von den erhöhten Stellen der Platte entfernt u. die in den Vertiefungen befindliche Metallschicht elektrolyt. verstärkt, so daß sich in den Vertiefungen ein zusammenhängendes Metallsieb von ausreichender Stabilität bildet. — Abbildungen. (**A. P. 2 702 270** vom 7/6. 1952, ausg. 15/2. 1955.) F. MARKHOFF. 6515

Indiana Steel & Wire Co., Inc., übert. von: **Alvin W. Holmes** und **Richard H. Burns,** Muncie, Ind., V. St. A., *Werkstoff für Stromzuführungen in galvanischen Bädern* besteht aus *W, Mo, Ta, Nb, Zr* oder *Hf.* Bei der Stromzuführung zu Drähten, die durch das galvan. Bad gezogen werden u. denen unterhalb des Badspiegels der Strom zugeführt wird, scheidet sich an der Kontaktstelle ebenfalls das Überzugsmetall nach u. nach in dicker Schicht ab, die dann die Plattierschicht auf dem Draht verkratzt. Auf den oben genannten Metallen scheidet sich keine festhaftende Metallschicht ab. Bes. geeignet ist das Material in ammoniakal. Zn-Bädern. — Abbildungen. (**A. P. 2 708 181** vom 17/5. 1951, ausg. 10/5. 1955.) F. MARKHOFF. 6517

DEHYDAG, Deutsche Hydrierwerke G. m. b. H., Deutschland, *Verhindern der Nebelbildung bei der galvanischen Abscheidung von Metallüberzügen aus alkalischen Bädern.* Den Bädern werden geringe Mengen von nicht ionogenen organ. Verbb. zugesetzt, die in den Bädern lösl. oder dispergierbar sind, wie *Äthylenoxydderivate.* Z. B. wurden einem cyankal. Zn-Bad 0,01—2 g der Verb. aus 1 (g·Mol) einer Fettsäure mit 10—16 C-Atomen u. 9 Äthylenoxyd zugesetzt. An Stelle dieser Verb. kann der *Dipentaerythritester der Ölsäure* oder ein *Polyglycerinester der Palmitinsäure,* der in W. lösl. ist, zugesetzt werden. (**F. P. 1 089 694** vom 17/12. 1953, ausg. 21/3. 1955. D. Prior. 6/3. 1953.) F. MARKHOFF. 6517

Bell Telephone Laboratories, Inc., New York, N. Y., übert. von: **James J. Lander,** Watchung, N. J., V. St. A., *Herstellung von Metallüberzügen* auf Gegenständen aus Eisen, Stahl, Ni, Cu oder anderen Metallen, oder aus Keramik oder Glas durch Abscheiden der Metalle aus ihren Carbonylen. Verwendet werden *W-, Cr-* oder *Mo-Carbonyle.* Die Oberfläche der Gegenstände wird auf Tempp. zwischen 200 u. 600° erhitzt u. die Carbonyle zusammen mit CO u. einem Zusatz von H_2 in einer Menge von bis 1000 Mol H_2 auf 1 Mol Carbonyl bei einem Druck von 0,001—12 mm Hg übergeleitet. Den Gasen kann auch H_2O-Dampf zugesetzt werden mit Ausnahme von den Fällen, wo Cr abgeschieden wird oder wo Cr in wesentlichen Mengen in dem zu behandelnden Gegenstand enthalten ist. Bei niederen CO-Zusätzen u. Tempp. werden Überzüge aus den niederen Carbiden gebildet, bei hohen Zusätzen u. Tempp. die höheren Carbide, reine Metallüberzüge bei hohen Tempp. u. keinem oder geringem CO-Zusatz. — Vorrichtung. (**A. P. 2 690 980** vom 18/1. 1950, ausg. 5/10. 1954.) F. VIER. 6517

Wilhelm Pfanhauser, Wien, Österreich, *Galvanische Erzeugung glänzender Bronzeniederschläge mit Ausnivellierungseigenschaften.* Als Elektrolyt dienen alkal. u. canid. Bäder, die Amine, bes. *Diäthylentetramin*, neben *K-Na-Tartrat* enthalten. Arbeitstemp. 50—90°. Zur Erhöhung der Härte werden den Bädern noch H_2VO_4, H_2MoO_4 oder deren Salze zugesetzt. (**Oe. P. 178 244** vom 3/9. 1952, ausg. 26/4. 1954.) F. MARKHOFF. 6517

Houdaille-Hershey Corp., Detroit, übert. von: **William J. Pierce**, Southfield Township, Oakland County, Mich., V. St. A., *Galvanisches Glanzkupferbad* besteht aus einer sauren $CuSO_4$-Lsg. u. einem Glanzmittel, das einen heterocycl. Ring nebenst. Struktur aufweist, wobei X entweder S oder O sein kann. Es werden 0,005—1 g/Liter Glanzmittel verwendet. — Z. B. besteht dieses aus *6-Amino-2-mercaptobenzothiazol.* (**A. P. 2 663 684** vom 2/6. 1952, ausg. 22/12. 1953.) F. MARKHOFF. 6517

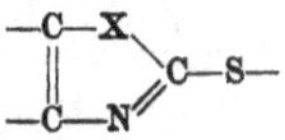

Dow Chemical Co., V. St. A., *Verhindern des Abplatzens von galvanisch erzeugten Metallüberzügen auf Magnesium und seinen Legierungen*, die galvan. mit Schichten aus *Zn, Cu, Ni* u. *Cr* überzogenen Gegenstände aus Mg-Guß werden 4—16 Std. auf Tempp. zwischen 121 u. 232°, bes. 190 u. 205°, erhitzt. Nach dieser Behandlung können die Gegenstände auf Tempp. von über 232° erhitzt werden, ohne daß die Überzugsschicht sich abheben läßt. (**F. P. 1 083 115** vom 7/9. 1953, ausg. 5/1. 1955.) F. MARKHOFF. 6517

Battelle Development Corp., übert. von: **Lloyd A. Snavely, Charles L. Faust** und **John E. Bride**, Columbus, O., V. St. A., *Elektrolytische Erzeugung von Chromüberzügen aus dreiwertigen Chromverbindungen.* Als Elektrolyt dient eine Lsg. von 200 (g/Liter) bis zur Sättigungsgrenze $Cr_2(SO_4)_3 \cdot (NH_4)_2SO_4 \cdot 24H_2O$, 10—200 $MgSO_4 \cdot 7H_2O$, 25 bis 175 $(NH_4)_2SO_4 \cdot 7H_2O$, 0,001—1,0 $Na_2SO_3 \cdot 7H_2O$. Arbeitstemp. 135—160° F (57—71° C); Stromdichte 100—500 A/sq.ft. (10,7—53,5 A/dm²). — Beispiel: 60 ml/Liter einer 28%ig. NH_4OH-Lsg., 700 (g/Liter) $Cr_2(SO_4)_3 \cdot (NH_4)_2 \cdot 24H_2O$, 13,5 $FeSO_4 \cdot (NH_4)_2SO_4 \cdot 6H_2O$, 20 $MgSO_4 \cdot 7H_2O$, 50 $(NH_4)_2SO_4 \cdot 7H_2O$ u. 50 ml/Liter einer Na_2SO_3-Lsg. mit 0,005 g/Liter Badtemp. 145° F (63° C), p_H-Wert 1,7. Spannung 7 Volt. Stromdichte 400 A/sq.ft. C 42,8 A/dm²). Man erhält einen Nd. mit 94(%) Cr u. 6 Fe von großer Härte. (**A. P. 2 693 444** vom 12/2. 1951, ausg. 2/11. 1954.) F. MARKHOFF. 6519

Udylite Corp., Detroit, übert. von: **Henry Brown**, Huntington Woods, Mich., V. St. A., *Elektrolyt zum Erzeugen von glänzenden Nickelniederschlägen* besteht aus einer sauren Lsg. von $NiSO_4$, $NiCl_2$ oder einer Mischung von beiden Verbb. mit einem Zusatz von 0,5—3 g/Liter *Cumarinsulfonsäure.* (**A. P. 2 694 041** vom 14/8. 1953, ausg. 9/11. 1954.) F. MARKHOFF. 6521

Dr. W. Kampschulte & Cie., Solingen (Erfinder: **Adolf Schwedhelm**, Düsseldorf, und **Karl Küll**, Solingen), *Galvanisches Erzeugen von Silberüberzügen aus cyankalischen Elektrolyten.* Es werden Elektrolyte verwendet, die mehrfach ungesätt. Alkohole u. gegebenenfalls noch CS_2 u./oder sulfonierte ungesätt. Oxysäuren enthalten. Die Ndd. sind glatt, blank u. hart. (**D. B. P. 921 184** Kl. 48a vom 21/8. 1952, ausg. 9/12. 1954. Anmeldung bekanntgemacht 6/5. 1954.) F. MARKHOFF. 6527

Glacier Metal Co. Ltd., Wembley, Middlesex, England (Erfinder: **David Mitchell**), *Traglager.* Die Oberfläche des Lagers besteht aus WS_2, welches gute Schmierwrkg. zeigt. Zur Herst. dieser Schicht wird eine W-Schicht, z. B. durch Aufsintern von W-Pulver erzeugt, die dann durch Erhitzen in einer H_2S-, CS_2- oder Mercaptanatmosphäre oberflächlich in eine Sulfidschicht umgewandelt wird. (**E. P. 704 794** vom 3/8. 1951, ausg. 3/3. 1954.) F. MARKHOFF. 6529

Soc. Continentale Parker, Deutschland, *Erzeugen von Schutzschichten auf Metallen, insbesondere Eisen und Stahl.* Es werden Lsgg. verwendet, die Oxalsäure oder Oxalate, Alkali- u./oder Ammoniumphosphate u. Alkali- u./oder Ammoniumchromate oder -bichromate enthalten, z. B. 88 g $NaH_2PO_4 \cdot 2\,aq$, 25 $(COOH)_2 \cdot 2\,aq$ u. 2 $Na_2Cr_2O_7 \cdot 2\,aq$ in 1 Liter W. bei einem p_H-Wert von 2. (**F. P. 1 094 319** vom 5/6. 1953, ausg. 18/5. 1955. D. Prior. 23/6. 1952.) F. MARKHOFF. 6529

Paul Lechler, Deutschland, *Überziehen der Innenfläche von Rohrleitungen mit Korrosionsschutzmitteln.* Die fl. oder pulverförmigen Schutzmittel werden mittels einer Düse in das Rohr eingebracht, von dem Gasstrom in dem Rohr mitgenommen u. durch Einw. von Ultraschall gleichmäßig auf eine lange Rohrstrecke verteilt. — Abbildung. (**F. P. 1 059 880** vom 24/3. 1952, ausg. 29/3. 1954. D. Prior. 6/4. 1951.) F. MARKHOFF. 6529

J. R. Geigy Soc. An., Schweiz, *Verschließen der Poren von anodisch erzeugten Oxydschichten auf Aluminium.* Die Gegenstände werden in *borsauren Lsgg.* von *Ni-Acetat* u. *Co-Acetat* von 90—100° getaucht, denen das Kondensationsprod. der Naphthalinsulfonsäure u. des Formaldehyds zugesetzt ist. Das Zusatzmittel bewirkt, daß die

Gegenstände hochglänzend aus dem Bade kommen. (**F. P. 1 095 799** vom 17/3. 1954, ausg. 6/6. 1955. Schwz. Prior. 18/3. 1953.) F. MARKHOFF. 6531

Glenn L. Martin Co., Middle River, Md., V. St. A., *Erzeugen harter, abriebfester Oxydüberzüge auf Aluminium.* Die Gegenstände werden anod. in den üblichen Elektrolyten, wie H_2SO_4, unter Einleiten von CO_2 u. bei einer Temp. von unter 40° F (4,4° C) behandelt. (**E. P. 706 739** vom 11/2. 1952, aus. 7/4. 1954. **Zusatz zu E. P. 701 390; C. 1956. 9157.**) F. MARKHOFF. 6531

Parker Rust Proof Co., Detroit, Mich., V. St. A., übert. von: **Montagu Hyams** und **Andrew Nicholson**, London, England, *Erzeugen von Phosphatschichten auf Eisen.* Es wird eine Lsg. von H_3PO_4, $(NH_4)_3PO_4$ oder *Alkaliphosphaten* unter Zusatz von *Hydroxylamin* verwendet. Arbeitstemp. 60°. p_H-Wert der Lsg. 4,2—5,8. (**A. P. 2 702 768** vom 21/7. 1949, ausg. 22/2. 1955.) F. MARKHOFF. 6533

Pyrene Co. Ltd., Brentford, Middlesex, England, *Erzeugen von Phosphatschichten mittels Orthophosphatlösungen.* Orthophosphatlsgg., die nur ein Metall enthalten, das nicht in den Phosphatüberzug eingeht, wie Phosphatlsgg. von *Na, K, Mg,* NH_4 oder organ. Basen, wie *Triäthanolamin, Guanylharnstoff, Pyridin,* werden geringer hydratisierte Phosphate als Orthophosphate zugesetzt, um Schlammbldg. zu vermeiden, wie *Meta-, Pyro-* oder *Polyphosphate.* Die Zusätze sind auch in Lsgg. wirksam, die die bekannten Beschleunigungszusätze, wie Chlorate, Nitrite, Nitrate u. Sulfite, enthalten. (**E. P. 726 935** vom 30/6. 1952, ausg. 23/3. 1955. D. Prior. 28/6. 1951.) F. MARKHOFF. 6533

N. V. de Bataafsche Petroleum Mij., Holland (Erfinder: **Thurston Skei** und **William A. Bonner**), *Schutz gegen die Bildung von Wasserstoffrissen in Eisenmetallen bei Erdölbetrieben.* Das die Rißbldg. verursachende Eindiffundieren von H_2 in Fe wird verhindert, wenn der die H_2-Entw. verursachende KW-stoff auf einen p_H-Wert von mehr als 7 gehalten u. außerdem ein anorgan., lösl. Polysulfid anwesend ist, z. B. *Na-* oder NH_4-*Polysulfid.* — Diagramme u. Abbildung. (**F. P. 1 095 978** vom 17/2. 1954, ausg. 8/6. 1955. Holl. Prior. 17/2. 1953.) F. MARKHOFF. 6539

IX. Organische Industrie.

Tatsuo Yamanaka, *Erzeugung von Äthylen durch katalytische Hydrierung von Acetylen.* 1. Mitt. *Versuche über die technische Äthylenerzeugung durch Teilhydrierung von Acetylen.* Im kontinuierlichen Verf. mit Pd-Kieselgur-Katalysator in einem techn. App. mit 183 Röhren (je 50 mm Durchmesser) in einem Ölbad wurde aus 6000 m³ gereinigtem C_2H_2 5500 m³ C_2H_4 in 30 Tagen erhalten. Polymerisationsprodd. werden mit Dampf entfernt. (Rep. sci. Res. Inst. [Kagaku Kenkyujo-Hokoku] **30.** 123—30. März 1954. [Orig.: japan.]) L. SCHULER. H 520

Tatsuo Yamanaka, *Erzeugung von Äthylen durch katalytische Hydrierung von Acetylen.* 2. Mitt. *Reinigung von Acetylen und Wasserstoff.* (1. vgl. vorst. Ref.) Für den Pd-Katalysator giftige Verunreinigungen des C_2H_2 werden wirksam beseitigt durch Überleiten über eine Holzkohlenschicht unter beständigem Zutropfen von bis zu 100° warmem Wasser. Im H_2 enthaltene, von der NaCl-Elektrolyse stammende Katalysatorgifte werden durch Waschen mit konz. H_2SO_4 u. NaOH entfernt u. so die Lebensdauer des Katalysators wesentlich verlängert. (Rep. sci. Res. Inst. [Kagaku Kenkyujo-Hokoku] **30.** 131—34. März 1954. [Orig.: japan.]) L. SCHULER. H 520

Tatsuo Yamanaka, *Erzeugung von Äthylen durch katalytische Hydrierung von Acetylen.* 3. Mitt. *Erzeugung von Äthylenchlorhydrin, Äthylenoxyd und Glykol.* (2. vgl. vorst. Ref.) Im techn. Maßstab wird C_2H_2 über C_2H_4 nach GOMBERG (C. **1920.** I. 196) in Äthylenchlorhydrin (I) u. daraus nach der NaOH-Tropfmeth. in Äthylenoxyd oder mit Na_2CO_3 in Glykol umgewandelt (80—90% Ausbeute). (Rep. sci. Res. Inst. [Kagaku Kenkyujo-Hokoku] **30.** 135—38. März 1954. [Orig.: japan.]) L. SCHULER. H 520

Standard Oil Development Co., Elizabeth, N. J., V. St. A., *Ausführung von Dampfphasenreaktionen in Gegenwart von suspendierten Katalysatoren,* z. B. zwecks Gewinnung von Maleinsäure durch Oxydation von Bzl.; als Katalysator dient staubförmiges V-, Mo- oder Cr-Oxyd. Die Berührungszeit in der Reaktionszone ist bei 800—1100° F kleiner als 1 Sek. (0,3—0,6 Sek. bei 900—950° F). (**E. P. 660 329** vom 14/6. 1949, ausg. 7/11. 1951. **Zusatz zu E. P. 634 102; C. 1953. 9319.**) O. STEIL. 6557

Imperial Chemical Industries Ltd., England, *Trennung von Vinylchlorid* aus einem Gemisch von gasförmigem C_2H_2 u. HCl gegebenenfalls auch von Luft durch Regelung von Temp. u. Druck zur Verflüssigung des größten Teiles des Vinylchlorids, während die übrigen Bestandteile entweder gasförmig bleiben oder nur wenig kondensieren. Der

fl. Anteil wird abgetrennt u. fraktioniert destilliert. — Vgl. auch E. P. 692 745; C. **1954.** 4718. (**F. P. 1 061 745** vom 22/2. 1952, ausg. 14/4. 1954. E. Prior. 21/3. 1951.)
M. F. MÜLLER. H 520

Böhme Fettchemie G. m. b. H. (Erfinder: **Rudi Wilhelm Joachim Heyden,** Düsseldorf, **Johann Heinrich Helberger,** Ciudad de Tucuman, Argentinien, und **Hans Lantermann,** Hannover), *Sultone* erhält man nach D. B. P. 887 341 durch Abspaltung von Alkohol bzw. W. aus Äthermono- u. -disulfonsäuren. — Methoxybutansulfonsäure → *Butansulton,* $Kp._{12}$ 150°. — Dibutyläther-ω.ω'-disulfonsäure (erhalten aus ω.ω'-Dichlor-di-n-butyläther mit kochender Na_2SO_3-Lsg.) → *Sulton,* $Kp._{13}$ 152°, F. 14°. — Zwischenprodukte. (**D. B. P. 902 615** Kl. 12o vom 1/10. 1941, ausg. 25/1. 1954. **Zusatz zu D. B. P. 887 341; C. 1955. 11292.**)
G. KRAUSS. H 600

Badische Anilin-& Soda-Fabrik Akt.-Ges. (Erfinder: **Rudolf Keller, Ernst Keyssner,** Ludwigshafen/Rh., **Alfred Münster,** Heidelberg, und **Peter Pfaff,** Neustadt/Weinstraße), *Aufarbeitung der bei der Herstellung von Acrylsäurenitril aus Acetylen und Blausäure anfallenden Reaktionsprodukte* unter Verwendung von hintereinander geschalteten Kühl-, Extraktions- u. Nachwaschgefäßen, dad. gek., daß man die in direkte Berührung mit den Reaktionsgasen kommende Kühl-Fl., bes. W., im unteren Teil des Kühlgefäßes auf ca. 70—100° erwärmt, die das Kühlgefäß verlassende Fl. nach Abkühlung im Nachwaschgefäß zum Auswaschen des in den Gasen enthaltenen organ. Extraktionsmittels verwendet u. sodann die im Nachwaschgefäß erhaltene Lsg. zum Kühlgefäß zurückführt u. als Kühlmittel benutzt. Die Reaktionsgase werden zuerst mit W. u. dann mit Acrylsäurenitril gewaschen. Die Aufarbeitung des Rohnitrils erfolgt in bekannter Weise. Man erhält z. B. 99% ig. Acrylsäurenitril. — Vorr., Zeichnung. (**D. B. P. 928 229** Kl. 12o vom 16/10. 1952, ausg. 26/5. 1955. Anmeldung bekanntgemacht 11/11. 1954.)
G. KRAUSS. H 890

Badische Anilin- & Soda-Fabrik Akt.-Ges., Ludwigshafen/Rh. (Erfinder: **Walter Reppe** und **Manfred Heintzeler,** Ludwigshafen/Rh., **Nikolaus v. Kutepow,** Karlsruhe), *Herstellung von sekundären und tertiären Aminen,* dad. gek., daß man auf ein- oder zweifach N-substituierte Ammoniumsalze in von Phosphor- oder Schwefelsäure oder von Carbonsäuren mit > 1 C-Atom, deren ein- oder zweifach N-substituierte Ammoniumsalze W. lösl. sind, Olefine, CO u. W. in Ggw. von Metallcarbonylen bzw. Metallcarbonylwasserstoffen oder deren Salzen als Katalysator bei erhöhter Temp. u. erhöhtem Druck einwirken läßt. — *Dipropylamin* u. *Tripropylamin.* Man erhitzt n-Propylamin mit Propionsäure, Fe-Carbonyl, Äthylen u. CO im Autoklaven auf 130° bei 200 at. — Analog erhält man ein Gemisch aus *Triäthylamin* u. *Diäthylpropylamin*; ferner *N-Propylpyrrolidin*; *N-Butylpyrrolidin*; *Di-n-butylamin.* (**D. B. P. 931 948** Kl. 12q vom 1/11. 1952, ausg. 22/8. 1955. Anmeldung bekanntgemacht 20/1. 1955.) G. LANGER. H 910

Badische Anilin- & Soda-Fabrik Akt.-Ges., Ludwigshafen/Rh. (Erfinder: **Richard Kuhn** und **Günther Quadbeck,** Heidelberg), *Thiolverbindungen.* Weitere Ausbildung des Verf. gemäß D. B. P. 893 795 zur Herst. von Thiolverbb., dad. gek., daß man N-Acylverbb. des Äthylenimins mit H_2S oder diesen liefernden Stoffen umsetzt. — *N-Acetylcysteamin.* Man leitet H_2S in eine Lsg. von *N-Acetyläthylenimin* in Methanol unter Kühlung ein. $Kp._7$ 138—140°. — *Zwischenprodukte.* (**D. B. P. 932 374** Kl. 12q vom 24/10. 1952, ausg. 29/8. 1955. Anmeldung bekanntgemacht 3/3. 1955. **Zusatz zu D. B. P. 893 795; C. 1954. 3804.**) G. LANGER. H 920

Ruhrchemie Akt.-Ges., Oberhausen/Rhld. (Erfinder: **Hans Feichtinger** und **Hans Tummes,** Duisburg), *Am Stickstoffatom acylierte oder sulfonylierte aliphatische Aminocarbonsäureamide,* dad. gek., daß man einheitliche, am N-Atom acylierte oder sulfonylierte aliphat. Chloramine oder Chlorierungsgemische von am N-Atom acylierten oder sulfonylierten aliphat. Aminen mit Ammoniumpolysulfidlsgg. bei 150—300°, bes. bei 150—180°, umsetzt. — *δ-Benzoylamino-n-valeriansäureamid.* Aus N-(ε-Chlor-n-amyl)-benzamid u. Ammoniumpolysulfid in Pyridin bei 160°, F. 180°. — Analog: *ε-Benzoylamino-n-capronsäureamid,* F. 143°. — *δ-p-Toluolsulfamino-n-valeriansäureamid,* F. 133°. — *ε-p-Toluolsulfamino-n-capronsäureamid,* F. 138°. (**D. B. P. 929 192** Kl. 12q vom 2/3. 1952, ausg. 20/6. 1955. Anmeldung bekanntgemacht 2/12. 1954.) G. LANGER. H 950

Firestone Tire & Rubber Co., V. St. A. (Erfinder: **Eugène Paul Stefl, Chris Edward Best** und **Lloyd Oscar Bentz**), *Herstellung von Organostanniverbindungen und Stabilisieren von Polyvinylchloriden mit diesen Verbindungen.* Man läßt Mercaptane der Formel $R_1 \cdot SH$ mit Stannonen der Formel $R_2 \cdot Sn(O) \cdot R_2$ oder Alkalisalze der Mercaptane mit Diorganostannidihalogeniden $(R_2)_2SnCl_2$ reagieren. R_1 = organ. Rest mit 1—22 C-Atomen, die auch doppelte aromat. u. 3fache Bindungen enthalten können, H, aromat. Kerne, wobei R_1 auch OH^-, SH-, Äther-, Thioäther-, Ester-, Amidocarbonsäuregruppen oder F-Atome enthalten kann, R_2 = R_1 oder halogenhaltiger aromat. Rest. — 3000 (Teile)

Dodecylmercaptan werden mit 1750 Dibutylstannioxyd (I; Dibutylstannon) portionsweise bei 145° versetzt u. Reaktionswasser entfernt, Temp. auf 170° gesteigert u. abgekühlt. Das *Dibutylstannidilaurylmercaptan* hat $Kp._{0,001}$ 160°; n_D^{20} 1,5011. Das Reaktionsprod. aus **I** u. Octadecylmercaptan hat F. 26°, die aus **I** u. Thiosalicylsäure oder Thiozimtsäure sind Harze. Diese Verbb. der Formel $R_1 \cdot S \cdot Sn(R_2)_2 \cdot S \cdot R_1$ werden in Mengen von 0,25—5% Polymeren oder Mischpolymeren des Vinylchlorids als Stabilisiermittel zugesetzt. (**F. P. 1 055 906** vom 26/6. 1951, ausg. 23/2. 1954. A. Prior. 27/6. 1950.) M. PANKOW. H 980

United States Rubber Co., V. St. A., *Thio-bis-[benzolsulfohydrazid]*, das, da es in der Wärme N_2 entwickelt, als Zusatz zu Kautschuk u. plast. Massen verwendet werden kann, wird durch Rk. von p.p'-Thio-bis-[benzolsulfochlorid] (**I**), das aus Diphenylsulfid (**II**) u. Chlorsulfonsäure (**III**) bereitet wird, mit Hydrazin (**IV**) hergestellt. — Man setzt zu 0,5 (Mol) **II** unter Rühren bei 60—80° 3 **III**, kühlt auf 20° u. rührt weitere 2 Std.; nach Eingießen in W. erwärmt man auf 80°, filtriert u. trocknet. Man erhält 70% **I**, $C_{12}H_8O_4 \cdot Cl_2S_3$, F. 155—156° (Chlf.). 0,17 **I** werden in 500 cm^3 A. unter Rühren bei 20° allmählich mit 0,67 **IV** versetzt. Nach weiterem 2std. Rühren wird auf Eis gegeben: *Thio-bis-[benzolsulfohydrazid]*, $C_{12}H_{14}O_4N_4S_3$, F. 163° (Zers.) nach Lösen in verd. NaOH u. Fällen mit CH_3COOH; Rohausbeute 93,6%. (**F. P. 1 071 081** vom 22/8. 1952, ausg. 24/8. 1954.) S. MEIER. H 1090

Metallgesellschaft Akt.-Ges. (Erfinder: **Wilhelm Thumm**), Frankfurt/M., *Abtrennung von aromatischen Basen*, wie *Toluidin* oder *Xylidin*, aus solche enthaltenden Gasen, z. B. aus beim Sulfidinverf. nach der SO_2-Absorption anfallenden Restgasen, dad. gek., daß man die Gase einen Waschprozeß mit W. bzw. wss. Salzlsgg. entsprechend den beim Sulfidinverf. verwendeten üblichen Salzlsgg. bei Ggw. von SO_2 unterzieht. — Zeichnung. (**D. B. P. 934 652** Kl. 12q vom 24/4. 1953, ausg. 3/11. 1955. Anmeldung bekanntgemacht 5/5. 1955.) G. LANGER. H 1310

Alfred Dornow und **Hans Theidel**, Hannover, *Aminoalkohole* von der Art des *Phenyl-(1)-äthanol-(1)-amin-(2)* (**I**) erhält man durch Red. von Ketonitrilen oder Isonitrosoketonen mit $LiAlH_4$. — **I**-*Hydrochlorid*, F. 212°, aus 5,4 (Gewichtsteilen) Benzoylcyanid in 75 absol. Ae. u. 2,5 $LiAlH_4$ in 100 absol. Ae., oder aus 5 Isonitrosoacetophenon u. 2,3 $LiAlH_4$ in absol. Äther. — *p-Bromphenyl-(1)-äthanol-(1)-amin-(2)-hydrochlorid*, F. 252 bis 253°. — *p-Fluorphenyl-(1)-äthanol-(1)-amin-(2)-hydrochlorid*, F. 242—243°. (**D. B. P. 887 652** Kl 12q vom 28/10. 1951, ausg 24/8. 1953.) U. SIEVERS. H 1320

Linde Air Products Co., V. St. A. (Erfinder: **John Joseph Duane**), *Behandeln von Halogensilanen.* (Nachtrag zu E. P. 683 182; C. **1954.** 2273.) Man kann Halogensilan statt mit Bicarbonat auch mit Bisulfit unter wasserfreien Bedingungen reagieren lassen. (**F. P. 1 029 377** vom 11/12. 1950, ausg. 2/6. 1953. A. Prior. 17/12. 1949.) M. PANKOW. H 1380

International Standard Electric Corp., New York, N. Y., V. St. A. (Erfinder: **Stanley George Foord**, Charlton, England), *Zeitweise Stabilisation von Styrol gegen Polymerisation unter Zusatz von Stabilisatoren*, dad. gek., daß zunächst dem Styrol die lösl. u. schwerlösl. Stabilisatoren in Mengen von 0,2—0,5 Gew.-% zugesetzt u. dann nach Ablauf der gewünschten Stabilisationsperiode die nicht verbrauchten Stabilisatoren durch Erhitzen des Styrols auf 120°, gegebenenfalls nach mechan. Abtrennen nichtgelöster Anteile, entfernt werden. So sind dem Styrol zuzusetzen bis zu 0,2% z. B. Benzochinon, Chloranil, Toluchinon, 1-Aminoanthrachinon u. p-Nitrosodimethylanilin oder bis zu 0,5% z. B. Brenzcatechin, Phenyl-α- oder Phenyl-β-naphthylamin, Methylanilin, 2.4-Diaminoazobenzol, Hydrochinon, p-Phenylendiamin, N-Methylaminophenol, Hexanitrodiphenylamin, Hydroxylaminhydrochlorid, Resorcin, o-Nitro-p-kresol u. 1.5-Dinitroanthrachinon. (**D. B. P. 932 487** Kl. 12o vom 12/6. 1938, ausg. 1/9. 1955. Anmeldung bekanntgemacht 24/2. 1955. A. Prior. 11/9. 1937. E. Prior. 24/12. 1937.) W. GRÄGER. H 1410

Ruhrchemie Akt.-Ges. (Erfinder: **Josef Meis**, Oberhausen, und **Karl Büchner**, Duisburg), *Herstellung von Tricyclodecandicarbonsäure*, $C_{12}H_{16}O_4$, SZ. 500, End-F. 187°, aus Tricyclodecandimethylol, $C_{12}H_{18}(OH)_2$ ($D.^{50}$ 1,11; n_D^{50} 1,5210; Neutralisationszahl 0; VZ. 2; OHZ. 550; COZ. 5) oder dessen Rohprodd. oder Mischungen mit Lösungsmitteln durch Alkalischmelze, dad. gek., daß die H-Abspaltung unter 300°, bes. bei 250—260°, durchgeführt wird u. die Aufarbeitung der Schmelze in bekannter Weise erfolgt. Die Schmelze wird zweckmäßig mit 100—150%, bes. 110—120%, der theoret. erforderlichen Alkalimenge durchgeführt. Die Ausfällung der Säure erfolgt zweckmäßig zuerst bei p_H 5—6,5 u. dann bei 2—4. Durch starkes Rühren der sauren Lsg. kann die Säure in die mikrokristalline Form übergeführt werden. — Zwischenprodukt. (**D. B. P. 924 752** Kl. 12o vom 26/11. 1952, ausg. 7/3. 1955. Anmeldung bekanntgemacht 5/8. 1954.) G. KRAUSS. H 2020

Henkel& Cie. G. m. b. H. (Erfinder: **Bernhard Raecke** und **Herbert Schirp**), Düsseldorf, *Naphthalin-2.6-dicarbonsäure* (*Dichlorid*, F. 186—187°; *Dimethylester*, F. 183—184°; *Diamid*, F. 360°, unter Sublimieren) erhält man durch Erhitzen von Dikaliumnaphthalat z. B. auf 390° in Ggw. von CO_2 in 27%ig. Ausbeute. (**D. B. P. 932 125** Kl. 12o vom 12/3. 1953, ausg. 25/8. 1955. Anmeldung bekanntgemacht 3/3. 1955.) U. SIEVERS. H 2700

Centre National de la Recherche Scientifique, Frankreich (Erfinder: **Wiemann & Glacet**), *Dihydro- und Tetrahydrofurane aus Mesityloxyd.* Mesityloxyd wird durch ein Metall in gepufferter Lsg. reduziert. Man red. entweder mit Al-, Mg- oder Zn-Pulver bei langsamer Addition von HCl u. puffert mit Na-Acetat, oder man red. mit Mg-Pulver in wss. Medium, wobei sich durch das gebildete MgO p_H 8 einstellt; durch HCl löst man das MgO. Zusatz von etwas Ae. gestattet das Arbeiten bei —3 u. —4°; man kann auch in Aceton bei —40° reduzieren. Während der Red. wird energ. gerührt. Dann wird filtriert, die organ. Phase abdekantiert, getrocknet u. das Gemisch der *Dihydro-* (**I**) u. *Tetrahydrofurane* (**II**) durch Dest. getrennt; $Kp._{11}$ von **I** 71°, $Kp._{15}$ von **II** 115°. (**F. P. 1 019 087** vom 26/5. 1950, ausg. 16/1. 1953.) S. MEIER. H 3061

Böhme Fettchemie G. m. b. H., Düsseldorf, *Oxazolidine.* Durch Rk. von Paraformaldehyd mit N-(β-Oxyäthyl)-4-toluolsulfonamid (**I**) in trockenem Bzl., unter Einleiten von trockenem HCl-Gas, erhält man *N-(4-Toluolsulfonyl)-oxazolidin,* F. 105—106°. Analog werden dargestellt: *N-(4-Chlorbenzolsulfonyl)-oxazolidin,* F. 83—84°; *N-(4-Nitrobenzolsulfonyl)-oxazolidin,* F. 110°; *N-(Dodecansulfonyl)-oxazolidin.* Aus **I** u. CH_3CHO erhält man eine Verb. vom F. 127—128°. — Zwischenprodukte. (**E. P. 740 583** vom 12/8. 1953, ausg. 16/11. 1955. D. Prior. 13/8. 1952.) A. BRÖSAMLE. H 3132

Dr. A. Wander Akt.-Ges., Bern, Schweiz, *Herstellung von Xanthen-9-carbonsäure.* Bei dem Verf. des Hauptpatents wird eine Aryl- bzw. Alkylnatriumverb. (**I**) in Ggw. eines organ. Lösungsm. mit Xanthen umgesetzt u. dann mit CO_2 behandelt. **I** wird jetzt aus Na u. der entsprechenden Halogenverb., z. B. ClC_6H_5, hergestellt, wobei die verwendete Menge Na das 3—4fache der Theorie beträgt. Als Lösungsm. soll ein Phenylalkyläther dienen, z. B. Anisol oder Phenetol. (**Schwz. PP. 306 540** vom 10/8. 1951 u. **306 541** vom 8/2. 1952, beide ausg. 16/6. 1955. **Zusätze zu Schwz. P. 299 705; C. 1955. 4701.**) K. FABEL. H 3211

Riedel-de-Häen Akt.-Ges., Seelze bei Hannover (Erfinder: **Friedrich Boedecker, Albrecht Heymons** und **Willy Schnabel,** Berlin), *Herstellung von Nicotinsäureestern* durch Oxydation von Oxychinolin mit HNO_3 in Abwesenheit von Salzsäure u. deren Oxydationsprodd. u. direkte Veresterung des so erhaltenen rohen Nicotinsäurenitrats mit Alkoholen, dad. gek., daß man an Stelle von reinem Oxychinolin rohe Oxychinolingemische verwendet, die verschied., die OH-Gruppe in unterschiedlicher Stellung am aromat. Kern aufweisende Oxychinoline sowie andere, aus techn. Prozessen stammende Beimengungen enthalten. — Beispiel: 100 (g) eines Oxychinolingemisches, das durch Alkalischmelze von sulfoniertem techn., ca. 85—90%ig. Chinolin gewonnen wurde u. als Beimengungen 5-, 7- u. 8-Oxychinolin enthält, werden in einer Mischung von 58 60%ig. HNO_3 u. 200 cm^3 W. gelöst u. allmählich in 1 kg auf 90—105° erhitzte 60%ig. HNO_3 eingetragen. Die überschüssige HNO_3 wird abdest., der Rückstand einige Zeit auf 140—150° erhitzt u. dann in eine Mischung von 332 CH_3OH u. 186 konz. H_2SO_4 eingetragen. Man erhitzt 5 Std. u. gießt das Reaktionsgemisch dann nach Entfernen des überschüssigen CH_3OH in wss. Na_2CO_3-Lsg. ein. 61 *Nicotinsäuremethylester* scheiden sich als braunes Öl ab. (**D. B. P. 928 528** Kl. 12q vom 4/11. 1952, ausg. 2/6. 1955. Anmeldung bekanntgemacht 11/11. 1954. **Zusatz zu D. B. P. 817 910; C. 1952. 7892.**) R. LINK. H 3231

American Cyanamid Co., New York, N. Y., übert. von: **Barbara Roth,** Bound Brook, N. J., V. St. A., *Herstellung von relativ unlöslichen Salzen substituierter Pteridine.* Man vermischt Formyltetrahydropteroylaminosäuren (z. B. *5-Formyl-5.6.7.8-tetrahydropteroylglutaminsäure*) mit starken Säuren (z. B. HNO_3, wss. Oxalsäure). (**Can. P. 487 930** vom 10/8. 1951, ausg. 11/11. 1952. A. Prior. 30/6. 1951.) T. OPPERMANN. H 3272

Ruhrchemie Akt.-Ges., Oberhausen-Holten, Rhld. (Erfinder: **Hans Feichtinger** und **Hans Tummes,** Duisburg), *Herstellung von Sultamen* der Formel **I** (R_1 = geradkettiges oder verzweigtkettiges Alkyl mit 3—6 C-Atomen; R_2 = H, Alkyl mit 1—3 C-Atomen), dad. gek., daß man die mineralsauren Salze der Aminoalkansulfochloride cyclodehydrochloriert, bes. bei 50—100°. — Aus 1-Aminobutansulfochloridhydrochlorid in Toluol bei 100° nach 4 Std. → $C_4H_9O_2NS$, $Kp._{1,4}$ 145—160°; n_D 1,4900; Mol.-Gew. 135,18. — 1-Aminopentansulfochloridhydrochlorid → *Öl,* $C_5H_{11}O_2NS$, $Kp._{0,8}$ 148°; n_D^{20} 1,4920; Ausbeute 49,4%. — Sulfochlorierungsprod. aus n-Butylaminhydrochloridamin → *Butansultam,* n_D^{20} 1,4905. — Sulfochlorierungsprod. von n-Pentylamidhydrochlorid → *Pentansultam,* $Kp._1$ 152°; n_D^{20}

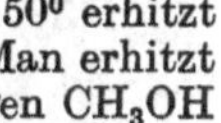

I

1,4920. — *Propansultam*, $C_3H_7O_2NS$; n^{20} 1,4917. — Sulfochlorierungsprod. von n-Hexylaminhydrochlorid → *gelblich gefärbtes erstarrendes Öl*, $C_6H_{13}O_2NS$, F. 70—71°. — *N-Methylbutansultam*, $C_5H_{11}O_2NS$; n_D^{20} 1,4753. Durch starke Säuren u. Basen hydrolysieren die Sultame zu Aminoalkansulfonsäuren. (**D. B. P. 932 676** Kl. 12p vom 15/3. 1953, ausg. 5/9. 1955. Anmeldung bekanntgemacht 17/3. 1955.) G. KRAUSS. H 3292

Henkel & Cie. G. m. b. H. (Erfinder: **Arthur Zimmermann**), Düsseldorf, *Gewinnung von Glucosaminhydrochlorid* (I) *und Huminstoffen.* Nicht auf Verfettung gezüchtete, mycelbildende Mikroorganismen, z. B. durch submerse Gärung von *Fusarium sambucinum*, erhaltenes Naßmycel mit 6,6 (%) Fettgeh., werden nach Vorextraktion mit Methanol mit PAe. entfettet. Der fettfreie Rückstand wird mit 1%ig. NaOH durch Erhitzen bis auf 110° von Eiweiß befreit. Das 47 Reinchitin enthaltende Gerüstmycel wird nach dem Trocknen bei 105° mit 41%ig. HCl auf 105° erhitzt, wobei sich die Huminstoffe abscheiden. Die Mutterlauge gibt nach Behandeln mit Aktivkohle I. (**D.B.P. 870 695** Kl. 12o vom 23/4. 1943, ausg. 16/3. 1953. **Zusatz zu D. B. P. 855 560; C. 1956. 1452.**) G. KRAUSS. H 3400

Armour & Co., übert. von: **Robert G. Brault** und **Richard A. Reck**, Chicago, Ill., V. St. A., *Abietinsäurenitrile* (= Harzsäurenitrile). Man erhitzt die Harzsäuren mit NH_3 in Ggw. eines P-Katalysators auf 120—270° u. dann das gebildete Harzsäureamid auf 300—340°, wobei Wasserabspaltung erfolgt. — 617 g Abietinsäurenmischung (aus Tallöl) werden mit 5 g rotem P u. 0,1 g Borsäure auf 140—160° erhitzt, wobei NH_3 unter Rühren eingeleitet wird; dann wird schnell auf 320—340° erhitzt, bis kein W. mehr übergeht. Nach dem Abfiltrieren des P bei 150° erhitzt man die Reaktionsmischung, um die gebildeten NH_4-Seifen zu zers.; Ausbeute an *Abietinsäurenitril* 95,5%. Als Säuren sind noch verwendbar: Dextropimar-, Pyroabietin-, Dihydroabietin-, Dehydroabietin-, Tetrahydroabietin-, Neoabietin- u. Lävopimarsäure. — *Weichmacher* für *synthet. Kautschuk*; Zwischenprodd. zur Herst. von Amiden, Aminen, Aldehyden u. Ketonen. (**A. P. 2 695 284** vom 19/5. 1951, ausg. 23/11. 1954.) G. KRAUSS. H 3950

X. Färberei. Organische Farbstoffe.

Bernhard Kramer, *Über die Vorgänge beim Färben vollsynthetischer Fasern mit Dispersionsfarbstoffen.* Das Dipolmoment eines Dispersionsfarbstoffes spielt für seine färber. Eigg. eine wesentliche Rolle. Vor allem gilt das im Hinblick auf die Eigg. stark polarer Farbstoffmoll., die Ketten zu spreizen u. damit gewissermaßen selbst als Carrier zu wirken. Sehr günstig verhalten sich lineare Farbstoffe, Derivv. des Azobenzols mit endständigen OH-Gruppen. Bei Derivv. des Anthrachinons kann man das Dipolmoment durch Halogenieren erhöhen u. damit Farbstoffe erhalten, die selbst für sehr hydrophobe Fasern mit hoher Packungsdichte geeignet sind. Besondere Bedeutung kommt auch den Resonanzstrukturen zu. Hierüber wird eingehend berichtet. Durch Verschieben in den Resonanzstrukturen kann man die unterschiedlichen Farbtöne einiger Farbstoffe auf vollsynthet. Fasern erklären. In diesem Zusammenhang wurde nun weiter an Hand von Verss. untersucht, inwieweit das Dipolmoment die färber. Eigg. des Dispersionsfarbstoffes beeinflußt. (Reyon, Zellwolle andere Chemiefasern **1955.** 607—09. Sept. 682—86. Okt.) P. ECKERT. 7002

Alberto Airoldi, *Anwendungsbedingungen und Entwicklung der Naphtholfarbstoffe* (*auf der Faser entwickelte Azofarbstoffe*). 1. Mitt. Übersicht über Zus., Eigg. u. Anwendung der verschied. Kupplungskomponenten u. Echtbasen der Naphthol AS-Reihe mit ausführlicher Beschreibung der beim Färben u. Entwickeln zu beachtenden Bedingungen u. benötigten Hilfsstoffe. (Fibre e Colori **2.** 57—62. Febr. 1952.) A. SANDER. 7020

Alberto Airoldi, *Anwendungsbedingungen und Entwicklung der Naphtholfarbstoffe* (*auf der Faser entwickelte Azofarbstoffe*). 2. Mitt. (1. vgl. vorst. Ref.) Ausführliche Beschreibung der Anwendungstechnik von Naphtholechtfarben für einheitliche u. Mischtöne. (Fibre e Colori **2.** 105—09. März 1952.) A. SANDER. 7020

Henry D. Grimes, *Das Färben von Wolle und Wolle in Mischung mit synthetischen Fasern.* Übersicht der Farbstoffklassen zum Färben von Wolle allein u. für die einzelnen synthet. Fasern. Physikal. Verh. der Mischfasern. Vorschriften u. ausgewählte Farbstoffe zum Färben von Mischungen aus Wolle mit Nylon, Dacron, Acrilan, Vicara u. Dynel. (Canad. Textile J. **71.** Nr. 22. 67—71. 5/11. 1954.) I. SCHOENMANN. 7020

I. M. S. Walls, *Das Färben von Acetatreyon mit Azofarbstoffen.* (Canad. Textile J. **72.** Nr. 18. 55—60. 9/9. 1955. — C. **1955.** 11 102.) P. ECKERT. 7020

Y. Matsuda, T. Adachi und **S. Matsutani**, *Untersuchung über gemeinsames Färben von Mischtextilien aus Acetat- und Viscosereyon.* 1. Mitt. *Acetatreyonfärbung mit Acetat-*

farbstoffen. Gewebe aus glänzendem Acetatreyon werden mit Dispersionsacetatfarbstoffen gefärbt u. spektrophotometr. geprüft. Entsprechend der Beziehung zwischen Stimuluswert u. Färbetemp. (FT) bzw. -dauer lassen sich verschied. Färbetypen unterscheiden. Solange die Faser nicht leidet, ist Hochtemp. (90°)-Färbung wirksamer als solche bei 70°. Die Färbungen werden durch die FT beeinflußt. Mit unvermischten Farbstoffen steigt die Reinheit der Färbung mit der FT. Bei Mischungen ändert sich die vorherrschende Wellenlänge mit den Färbebedingungen. (J. Soc. Textile Cellulose Ind., Japan [Sen-i Gakkaishi] **10.** 189—92. April 1954. Dainihon Cellul. Co. [Orig.: japan.; Auszug: engl.]) L. Schuler. 7020

D. Horrocks, *Neue Drucktechnik auf Acetat.* Besprochen wird die Verwendung von Küpenfarbstoffen für den Druck auf Celluloseacetat. (Skinner's Silk Rayon Rec. **28.** 1174—75. Nov. 1954.) P. Eckert. 7022

R. Zeidler, *Erfahrungen und Probleme bei der Farbstoffixierung von mit Dispersionsfarbstoffen bedruckten Polyestergeweben.* Vf. berichtet über Erfahrungen u. Probleme bei der Farbstoffixierung von mit Dispersionsfarbstoffen, wie Celliton(echt)farbstoffen der BASF, bedruckten Polyestergeweben, wie Terylene, Dacron, Diolen, Tergal u. Terital. Nach Vf. ist die Auswahl geeigneter Dämpfbedingungen für die unter den üblichen, für hydrophobe Gewebe zu berücksichtigenden Gesichtspunkten hergestellten Drucke u. deren Farbausbeute von großer Bedeutung; durch druckloses Dämpfen oder durch Dämpfen bei 0,2 atü sind mit den meisten Dispersionsfarbstoffen nur schwache bis mittlere Farbstärken zu erhalten, während zur Erzielung kräftiger Farbtöne verschärfte Dampfbedingungen zu wählen sind. Leider fehlen in der Praxis die dazu erforderlichen geeigneten Dämpfaggregate. Derartige Apparate, die auch möglichst ein kontinuierliches Arbeiten bei 0,5, 1,0 oder 1,5 atü erlauben sollten, wären von großem Interesse. Eine Verbesserung der Farbstärke ist nach Vf. in vielen Fällen ebenfalls durch Zusatz spezieller Hilfsmittel (Carriers) zum Druckansatz zu erzielen, doch bestehen auch hier bei deren Anwendung Schwierigkeit u. Probleme. (Textil-Prax. **10.** 820—24. Aug. 1955.) K. Hoinkis. 7022

Ciba Akt.-Ges., Basel, Schweiz, *Herstellung eines Acylessigsäurearylids* durch Acylierung von 1 (Mol) des Leukoschwefelsäureesters von 2.6-(Diacetoacetylamino)-anthrachinon mit 2 p-Chlorbenzoylchlorid u. Verseifung des gebildeten Di-(p-chlorbenzoylacetylessigsäure)-arylids in alkal. Medium. Gelbliches, in W. leicht lösl. Prod., das sich *mit Diazoverbb. kuppeln* läßt. (**Schwz. P. 284 988** vom 17/1. 1950, ausg. 16/12. 1952. **Zusatz zu Schwz. P. 281 126; C. 1953. 610.**) O. Müller-Meiningen. 7053

Ciba Akt.-Ges., Basel, Schweiz, *Herstellung eines Monoazofarbstoffes* (I). 2-Amino-5-nitro-1-oxybenzol → 2-Amino-naphthalin-1-sulfonsäure. (**Schwz. P. 302 050** vom 4/10. 1951, ausg. 1/12. 1954. **Zusatz zu Schwz. P. 298 883; C. 1956. 577.**) U. Sievers. 7053

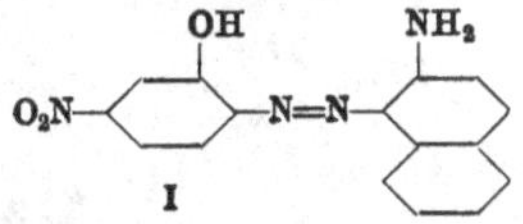

I

Ciba Akt.-Ges., Basel, Schweiz, *Herstellung eines metallhaltigen Azofarbstoffes.* 4-Chlor-2-amino-1-oxybenzol-5-sulfonsäureamid → 1-(4'-Methylphenyl)-3-methyl-5-pyrazolon. Der Farbstoff wird in alkal. Lsg. mit Natriumkaliumchromsalicylat chromiert; Wolle aus neutralem oder essigsaurem Bade rot. (**Schwz. P. 302 813** vom 1/4. 1952, ausg. 3/1. 1955. **Zusatz zu Schwz. P. 298 511; C. 1955. 10 144.**) U. Sievers. 7053

J. R. Geigy Akt.-Ges., Basel, Schweiz, *Monoazofarbstoffe.* 2-Amino-8-oxynaphthalin-6-sulfonsäure wird in saurer Lsg. mit folgenden Derivv. von 2-Amino-1.1'-diphenylsulfid (I) gekuppelt: 4.5-Dichlor-4'-methyl-I, 4.4'-Dichlor-I, 2'.4-Dichlor-I, 4-Methyl-I-4'-carbonsäure-n-amylester, 4-Chlor-I-2'-carbonsäure-n-butylester, 4-Methylsulfon-4'-chlor-I, 4-Chlor-I-4'-dimethylsulfamid u. 4-Chlor-I-4'-sulfonsäure-p-tert.-amylphenylester. Braunrote bis dunkelrote, in heißem W. lösl. Pulver, die Wolle aus neutralem bis schwachsaurem Bade blaustichigrot färben. (**Schwz. PP. 299 199, 299 200, 299 201, 299 202, 299 203, 299 204, 299 205** u. **299 206** vom 15/6. 1951, ausg. 2/8. 1954. **Zusätze zu Schwz. P. 295 676; C. 1955. 11 746.**) A. Kalix. 7053

Nepera Chemical Co., Inc., Yonkers, übert. von: **George W. Mast,** South Salem, und **Leon E. Tenenbaum,** Brooklyn, N. Y., V. St. A., *Azofarbstoffe.* Man diazotiert ein Sulfadiazin der allg. Formel I (X = H oder CH_3) u. kuppelt mit einer Oxyphenylcarbonsäure, wie Salicyl- oder Gentisinsäure. — Sulfadiazin (II) → p-Aminosalicylsäure, Zers. bei ca. 250°; Baumwolle (A) kakaobraun. — II → Gentisinsäure, Zers. bei ca. 250°; A kakaobraun. — II → Salicylsäure, Zers. bei ca. 250°; A kakaobraun. (**A. P. 2 665 273** vom 19/7. 1952, ausg. 5/1. 1954.) U. Sievers. 7053

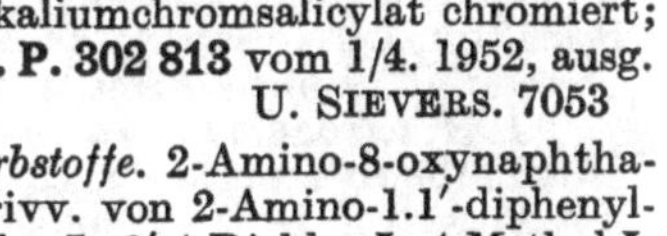

I

Sherwin-Williams Co., Cleveland, O., übert. von: **Thomas E. Ludwig** und **Oswald E. Knapp,** Chicago, Ill., V. St. A., *Wasserunlösliche Metallsalze von Azofarbstoffen* erhält man durch Kuppeln von 2-Naphthol (I) mit einer diazotierten Dichloranilinsulfonsäure u. anschließende Behandlung mit einem lösl. Metallsalz, bes. $CaCl_2$. — 2.3-Dichloranilin-5-sulfonsäure (II) → I; Ca-Salz liefert gelbstichigrote Färbungen. — Ersetzt man II durch 3.4-Dichloranilin-6-sulfonsäure, 2.5-Dichloranilin-4-sulfonsäure, 2.4-Dichloranilin-6-sulfonsäure oder 3.4-Dichloranilin-5-sulfonsäure u. gegebenenfalls Ca durch Mn, Mg, Al, Ni, Pb, Sn, Zn, K oder Ba, so liefern die erhaltenen Farbstoffe, in Alkydharzen, Nitrocelluloselacken oder Harnstoff–Formaldehyd-Kondensaten dispergiert, rote Töne von guter Lichtechtheit sowie Hitze- u. Säurebeständigkeit. (**A. P. 2 694 056** vom 10/12. 1951, ausg. 9/11. 1954.) U. Sievers. 7053

General Aniline & Film Corp., New York, N. Y., übert. von **Milton L. Hoefle,** Roseville, Mich., **David I. Randall** und **Edgar E. Renfrew,** Easton, Pa., V. St. A., *Anthrachinonfarbstoffe,* die Celluloseacetat u. andere Textilmaterialien, wie Dacron, in lichtechten u. rauchgasfesten blauen Tönen färben u. die allg. Formel I besitzen (R = je einmal OH u. NH_2, R_1 = H, Cyanoalkyl oder Oxalkyl mit 2—3 C-Atomen in der Alkylgruppe, R_2 = Oxalkyl oder Cyanoalkyl, R_3 = H oder eine niedrige Alkylgruppe, wie CH_3, C_2H_5, C_3H_7 oder C_4H_9), erhält man durch Red. mit Na_2S in wss. Suspension bei 85—95° der Farbstoffe, die man durch Kondensation von 4.5-Dinitrochrysazin oder 4.8-Dinitroanthrarufin mit Amino-N-oxy- oder -cyanoalkylbenzolsulfonamiden in Ggw. von Nitrobenzol bei 160—210° herstellen kann. So können Farbstoffe der Zus. I erhalten werden, in denen 1. R in 8-Stellung = OH, R in 5-Stellung = NH_2, R_1 u. R_2 = $-CH_2CH_2OH$, R_3 = H bedeutet, u. der $-SO_2N\langle^{R_1}_{R_2}$-Rest sich in 3-Stellung des Phenylaminorestes befindet; 2. R = OH, R = NH_2, R_1 u. R_2 = CH_2CH_2CN, R_3 = H, $-SO_2N\langle^{R_1}_{R_2}$-Rest in 5-Stellung; 3. R = NH_2, R = OH, R_1 u. R_2 = $-CH_2CH_2OH$, R_3 = H, $-SO_2N\langle^{R_1}_{R_2}$-Rest in 3-Stellung; 4. R = NH_2, R = OH, R_1 u. R_2 = $-CH_2CH_2OH$, R_3 = CH_3, $-SO_2N\langle^{R_1}_{R_2}$-Rest in 2-, R_3 in 4-Stellung des Phenylaminorestes; 5. R = OH, R = NH_2, R_1 = H, R_2 = CH_2CH_2OH, R_3 = H, $-SO_2N\langle^{R_1}_{R_2}$-Rest in 5-Stellung. (**A. P. 2 704 292** vom 19/10. 1953, ausg. 15/3. 1955.) O. Roick. 7059

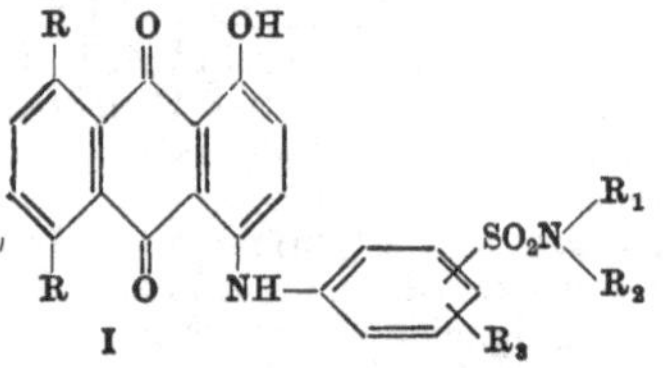

I

XIa. Farben. Anstriche. Lacke. Naturharze.

Arthur W. Slocum, *„Anwendungsverfahren."* Allg. Ausführungen. Besprochen werden moderne Verff. der Spritz-, Tauch-, Flut-, Walz- u. Trommellackierung. — Schrifttumshinweise. (Amer. Paint J. **38.** Nr. 45. 80. 82. 84. 86. 88. 89. 26/7. 1954. Chicago, Ill., Illinois Paint Works.) K. Steiner. 7090

J. H. Greenblatt, *Was die Marine durch Anstrichteste lernte.* Laboratoriums- u. Langzeitbewitterungsteste ergaben, daß Primer 1–GP–48 A für sich u. in Verbindung mit Deckfarbe 1–GP–61 anderen Materialien überlegen ist. Zwischen beiden Testarten besteht keine Beziehung. (Canad. Paint Varnish Mag. **29.** Nr. 8. 18—25. Aug. 1955.) B. Scheifele. 7090

Werner Tangermann, *Etwas über das Ölen der Hölzer.* Beobachtungen u. Verss. des Vf. zufolge ist bei der Lackierung von Holz mit Nitrolacken das vorherige Imprägnieren mit nichttrocknenden Mineralölen unzweckmäßig. (Ind.-Lackier-Betrieb **23.** 214. Sept. 1955. Köln.) M. Winjker. 7090

Harold Dean, *Lederlackierung in der Möbelindustrie.* Prakt. Angaben. (Ind. Finishing **29.** Nr. 2. 78—80. Dez. 1952.) B. Scheifele. 7090

B. M. Holmes, *Das Anstreichen von mit Fasereinlagen versehenem Gips mit Wasserfarben.* Beim Anstreichen der in Australien allg. als Auskleidungsmaterial verwendeten Gipsplatten (mit eingelegten Sisal- u. anderen Fasern) mit Wasserfarben u. Protein als Bindemittel treten häufig Fleckenbldg., Abblättern, Schimmelbefall u. Verfärbung auf, die auf Schwermetallsulfide, von der Verwendung mit Trocknern versetzter Ölgrundanstriche herrührend, zurückzuführen sind. Maßnahmen zur Beseitigung des Übelstands werden beschrieben. (J. Oil Colour Chemists' Assoc. **37.** 221—46. Mai 1954. Melbourne.) K. Steiner. 7090

—, *Untersuchung von Pigmentdispersionen.* Es wurde versucht, durch geeignete Lösungsmittel die Pigmentdispersion zu fördern. *Cellosolve* ermöglicht die Erzeugung anreibbarer Farbpasten bei maximalem Festkörpergeh. bei Verarbeitung auf Kneter u. anschließend auf der Walzenmühle. Das Anreiben auf Kugelmühlen kann bei niedrigem Festkörpergeh. erfolgen. (Paint, Oil chem. Rev. **115.** Nr. 25. 72—78. 4/12. 1952. New York Club, Tech. Committee, Fed. Paint Varn. Prod. Clubs.) B. SCHEIFELE. 7092

V. Charrin, *Einige zusammenfassende Worte über weiße Mineralfarben.* Übersicht. Besprochen werden Weißpigmente des Ca, Ba, Al, Mg, Si, Zn, Sb, Ti, Pb, Sn, Bi, Mn. (Peintures, Pigments, Vernis **30.** 574—76. Juli 1954.) K. STEINER. 7092

H. Rabaté, *Eisenglimmer als Bestandteil von Anstrichfarben für Zwischen- und Deckschichten für Metalle und Eisenlegierungen.* Eisenglimmer (I) ist wegen seiner chem. Widerstandsfähigkeit u. Lamellarstruktur sowie seiner Glanzbeständigkeit u. Härte für Anstrichfarben gut geeignet. **I** ist mit andern Pigmenten u. trocknenden Ölen verträglich. Seine Sedimentierneigung in Ölen kann durch Zugabe von 2—4% Alkalipalmitat, -stearat, -oleat, -naphthenat oder -abietat herabgesetzt werden. Das E. P. 700 431 empfiehlt ein Gemisch von **I** u. Pb-Cyanamid als Rostschutzmittel. (Peintures, Pigments, Vernis **30.** 572—73. Juli 1954.) K. STEINER. 7092

J. Konrad und **N. Dubay,** *Die Herstellung von Bronze- und Aluminiumpigmenten.* Pigmente aus Bronze u. Al in Pastenform dienen zur Herst. von Lacken mit Metall-, Hammerschlag- u. Mehrfarbeneffekten. Angaben über deren Zusammensetzung. (Chim. Peintures **18.** 355—57. Okt. 1955.) B. SCHEIFELE. 7092

Laurence Wilson, *Rohstoffe in der kanadischen Lackindustrie.* Wichtig sind Lein-, Holz-, Ricinus-, Soja- u. Tallöl; Pb, Zn, Ti, S, Lithopone, chem. Trockenfarben, Natur- u. Kunstharze, Cellulosederivate. (Paint Manufact. **22.** 132—36. 138. April 1952. Canadian Paint Varnish & Lacquer Assoc., Inc.) B. SCHEIFELE. 7096

Josef Weiss, *Trocknende Öle aus gesättigten Fettsäuren.* Gesätt. Fettsäuren mit einer zur Carboxylgruppe benachbarten Methylengruppe (ausgenommen Harzsäuren) ergaben bei Zusatz eines organ. Katalysators trocknende Prodd., die aus Lsg. in KW-stoffen durch A. ausgefällt werden u. ähnliche Filme wie Leinöl ergeben. Nach Zugabe des Katalysators erfolgt Abfall von SZ. u. Zunahme der Viscosität. Die Verfilmung beginnt mit Autoxydation u. vollzieht sich weiter durch Kondensation. Die Filmeigg. sind abhängig von der SZ. der Fettsäure, deren Konz. im Lösungsm. u. der Katalysatormenge. (Paint Manufact. **24.** 5—7. Jan. 1954. Stockholm, Kemiska Ingeniörbryån A. B.) B. SCHEIFELE. 7096

A. Doadrio und **R. Montequi,** *Über die Darstellung von Monoglyceriden der Leinölfettsäuren.* Die Umsetzung von Glycerin u. Leinöl wurde bei Tempp. zwischen 170 u. 250° untersucht, wobei 25—40% Glycerin auf das Leinölgewicht angewendet wurden. Als Katalysator diente KOH. Die Bedingungen für maximale Ausbeute an Monoglycerid wurden ermittelt u. die bei der Glycerolyse gebildete M. mittels Hexan, Aceton u. Mischungen beider in Fraktionen zerlegt. (An. Real Soc. españ. Física Quím., Ser. B **48.** 687—92. Sept./Okt. 1952. Madrid, Inst. „Alonso Barba", Abt. für angew. analyt. Chem.) B. SCHEIFELE. 7096

R. P. A. Sims und **F. P. Cooper,** *Einige Gesichtspunkte über die Fluorescenz trocknender Öle.* Unter Hinweis auf das einschlägige Schrifttum werden systemat. Verss. mit Lein-, Saflor-, Holz- u. Oiticicaöl durchgeführt, um Beziehungen zwischen Fluorescenzintensität u. Mol.-Gew. beim Trocknen dieser Öle aufzufinden. Es wird unter Benutzung eines COLEMAN-Photofluorometers, Modell 12, u. Heranziehung der Filter B 1 (365 mμ), B 2 (430), PC 1 (480) u. PC 2 (>510) mittels eigens entwickelter Küvette eine experimentelle Unters. zur Intensitätsmessung an erhitzten u. nichterhitzten Ölen ausgeführt. Die tabellar. u. graph. dargestellten Ergebnisse lehren, daß die Fluorescenz vegetabil. Öle einmal auf die nichtglycerid. Bestandteile, zum andern auf die konstituierenden Glyceride selbst zurückzuführen ist. Bei Leinöl fällt die Intensität der Fluorescenz mit Verlängerung der Belichtungsdauer (365 mμ) ab. Lein- u. Safloröl erleiden während der Erhitzung, wie sie zur Verdickung angewendet wird, zunächst einen Abfall der Fluorescenz, an den sich mit dem Voranschreiten der Polymerisierung ein Wiederanstieg anschließt. Die Fluorescenz der erhitzten Öle wird durch flüchtige Zersetzungsprodd. maskiert. Die beobachteten Beziehungen zwischen Fluorescenz u. anderen Charakteristika der erhitzten Öle sind bei den verschied. Prodd. unterschiedlich, aber relativ einheitlich einmal bei den Ölen mit 2 nichtkonjugierten (Lein- u. Safloröl), zum andern bei denjenigen mit 2 konjugierten Doppelbindungen (Holz- u. Oiticicaöl). (J. Amer. Oil Chemists' Soc. **32.** 381—84. Juli 1955. Ottawa, Can., Nat. Res. Council.) K. TÄUFEL. 7096

A. Underhaug, *Der Mechanismus der Trocknungsverzögerung durch Toluidinrottoner.* Toluidinrot verursacht bei öligen Farben eine Trocknungsverzögerung. Mit Pb- u.

Mn-Naphthenat siccativierte Sojaöl–Alkyd-Harze von mittlerem Ölgeh. wurden einerseits mit Chromgrün (I) u. andrerseits mit verschied. Toluidinrottonern (II) pigmentiert u. auf Trockenfähigkeit geprüft. Die I-Farbe trocknete n. in 6 Std. klebfrei, die II-Farben erst nach mehr als 24 Std., wobei sich größere Unterschiede ergaben. Toluidinrot wird dargestellt durch Diazotieren von m-Nitro-p-toluidin u. nachfolgende Kupplung mit β-Naphthol, das zur Erzeugung leuchtender Farbtöne in schwachem Überschuß bei p_H 7 angewendet wies. β-Naphthol wirkt an sich trocknungsverzögernd. Ein französ. Toluidinrot, das mit schwacher Natronlauge ausgezogen wurde (wobei das Filtrat eine merkliche Menge β-Naphthol enthielt), wies n. Trocknungsfähigkeit auf. Auch Trocknung der II in der Wärme sowie Anreiben auf Mühlen ohne Wasserkühlung wirken trocknungsverzögernd. Niedere Trocknungs- u. Mahltempp. scheinen für ein einwandfrei trocknendes Toluidinrot wesentlich zu sein. (Paint Manufact. 22. 254—55. Juli 1952. Norwegen, Fleischers Kjemiske Fabrikker A. S.) B. SCHEIFELE. 7096

F. J. Buege, A. L. Cipriano und **R. B. Drubel**, *Vinyltoluol in Anstrichfarben und Firnissen.* Überblick über Eigg. u. Verwendung des monomeren Vinyltoluols, das im Gegensatz zu Styrol auch mit den billigen trocknenden Ölen, wie Sojabohnen-, Baumwollsaat-, Tallölen usw., leicht wertvolle, in aliphat. Lösungsmitteln gut lösl. Copolymere liefert. Geeignete Polymerisationsmethoden u. Eigg. der so erhaltenen modifizierten Öle u. Alkydharze sowie ihre Verwendung in der Anstrichtechnik werden beschrieben. (Off. Digest Federat. Paint Varnish Product. Clubs **27.** 148—62. März 1955.) A. SANDER. 7096

Herman Hardesty, *Entfernen dunkler Streifen in hellen Holzlackierungen.* Prakt. Hinweise. (Ind. Finishing **29.** Nr. 2. 70—76. Dez. 1952.) B. SCHEIFELE. 7100

C. G. Moore, *Industrielacke.* Allg. Ausführungen. Besprochen werden folgende Spezialprodd.: 1. Kristallacke (Nitrocelluloselacke mit gelöstem Naphthalin oder Dichlorbenzol, das beim Verdunsten des Lösungsm. auskrist.). 2. Reißlacke mit 3 Schichten, deren zweite keinen Weichmacher u. Rein-Al-Stearat enthält u. unter Rißbldg. eintrocknet. 3. Hammerschlaglacke, die Al-, Cu- oder Bronzepulver enthalten u. gehämmerte Oberflächen vortäuschen (mit Rezeptbeispielen). 4. Kräusellacke, auf die in zahlreichen Zitaten hingewiesen u. deren Herst. u. Einbrennen beschrieben wird. (Amer. Paint J. **38.** Nr. 47. 77—80. 82. 83. 86. 88. 89. 92. 94. 9/8. 1954. Chicago, Ill., Glidden Co., Nubian Ind. Div.) K. STEINER. 7106

Arno J. Liebman, *Korrosionsbeständige Deckanstriche.* Allg. Ausführungen. Besprochen werden: Physikal. u. chem. Verh., Prüfverff.; 5 Anwendungsbeispiele unter verschied. Beanspruchung; Einbrennlacke, Metallüberzüge; Behandlung von Schweißnähten u. schwer zugänglichen Flächen. — 21 Schrifttumshinweise. (Amer. Paint J. **38.** Nr. 47. 26—29. 32. 34. 36. 38. 39. 9/8. 1954. Pittsburgh, Pa.) K. STEINER. 7106

Kenkyō Inaba, *Anstrichfarbe für Schiffsböden.* 2. Mitt. *Nutzbarkeit von giftigen Pigmenten und der Schutz gegen das „Faulen".* Durch Eintauchverss. in Seewasser wurde die „Nutzbarkeit" (= gelöste Menge/ursprünglicher Geh.) giftiger Pigmente mit 5 bis 7% *Hg* bzw. 15—20% *Cu* zu 3—10% in 6 Monaten ermittelt; bei Austauschergiften beträgt sie 17—20%. Hg löst sich leichter (2—10%) als Cu (0,5—3%). Durch geeignete Wahl des Farbträgers läßt sich mehr Cu zur Giftwrkg. bringen. Die Fäulnisschutzwrkg. war proportional der Gesamtmenge des herausgelösten Giftes, nicht dessen %-Gehalt. (Rep. sci. Res. Inst. [Kagaku-Kenkyujo-Hokoku] **29.** 121—29. März 1953. [Orig.: japan.]) L. SCHULER. 7106

Wayne R. Fuller, *Kontrollprüfung von Anstrichstoffen des Handels.* Prüfung von Anstrichmaterialien unter Heranziehung von Flüssigkeits- u. Farbstandards auf Mahlfeinheit, Konsistenz, D., Deckfähigkeit, Festgeh., Trockenzeit, Glanz, Farbton, SZ. u. Verlauffähigkeit. (Off. Digest Federat. Paint Varnish Product Clubs **332.** 586—602. Sept. 1952. Grand Rapids, Mich., Grand Rapids Varnish Corp.) B. SCHEIFELE. 7158

L. R. Lebras und **E. G. Bobalek,** *Einige praktische Arbeitsweisen zur Erzielung freier Anstrichfilme von verschiedenen Unterlagen.* Beschreibung eines unter Verwendung wss. Lsgg. eines Polyvinylalkohols entwickelten Verf. zur Gewinnung von freien Anstrichfilmen zwecks mkr., spektrophotometr. u. anderen Unterss., das im Gegensatz zu den bisherigen elektrolyt. oder Amalgamverff. unbeschädigte, von störenden Nebenprodd. freie Filmschichten liefert u. sich auf nichtmetall. Unterlagen anwenden läßt. (Off. Digest Federat. Paint Varnish Product. Clubs **27.** 163—66. März 1955.) A. SANDER. 7158

L. D. Galloway, *Schimmelwachstum auf Oberflächenanstrichen.* Übersicht über die das Schimmelwachstum begünstigenden Faktoren (Nährböden, Feuchtigkeit, Infektionsquellen u. Anstrichfehler), Best. der Schimmelfestigkeit von Anstrichen, Schutzmittel gegen Schimmelbefall. Eine vom Vf. entwickelte, bes. für Mischinfektionen geeignete Prüfungsmeth. sowie der Nachw. schwer erkennbarer Schimmelkulturen auf verschmutzten Anstrichen u. ihre morpholog. Auswertung werden ausführlich beschrieben. (J. Oil Colour Chemists' Assoc. **38.** 250—59. Mai 1955.) A. SANDER. 7158

Petrolite Corp., Wilmington, Del., übert. von: **Kenneth J. Lissant**, Kirkwood, Mo., V. St. A., *Harzartiges Überzugsmittel*, bestehend aus 58—65 (%) eines Gemisches von Furfurol u. Furfurylalkohol im Mischungsverhältnis von 45 : 55 bis 65 : 35, 2—8 eines harten ketonlösl. Polyvinylharzes (Polyvinylbutyral, Polyvinylchlorid, Mischpolymer von Vinylchlorid u. Vinylacetat), 6—20 Montmorillonit, Bentonit oder Fullererde, 14—18 eines flüchtigen Lösungsm. (Aceton) u. 1—4 eines sauren Polymerisationskatalysators, bes. H_3PO_4, der erst kurz vor der Verwendung zugesetzt wird. Der Überzug haftet bes. gut auf biegsamen Stahlwaren, ohne abzuplatzen. (**A. P. 2 666 719** vom 28/3. 1950, ausg. 19/1. 1954.) W. GRÄGER. 7107

Imperial Chemical Industries Ltd., London, England (Erfinder: **John Scott Gourley** und **Jack Stanley Wakeley**), *Mischpolymerisation von vinylaromatischen Kohlenwasserstoffen mit dehydriertem Ricinusöl* (**I**) wird in Lösungsmitteln, wie Xylol, mono- oder bicycl. Terpenen, z. B. Dipenten, unter stufenweiser Zugabe von z. B. Styrol (**II**) durchgeführt. Verhältnis von **I**: **II** beträgt 1,5 oder mehr. **I** soll niedrigviscos mit 1,5 poise bei 25° sein. Die Mischpolymerisate können mit Alkydharzen, z. B. aus Glycerin u. Phthalsäureanhydrid, kondensiert werden. Mit Siccativen versetzt, ergeben die Endprodd. schnell trocknende *Überzüge*. — Mengenbeispiele. (**E. P. 727 965** vom 14/11. 1950, ausg. 13/4. 1955.) H. SCHINDLER. 7107

Titan Co., Inc., Del., V. St. A., *Trocknende Überzugsmittel* enthalten *Titansäureester* (**I**) eines nichtsubstituierten aliphat. Alkohols mit 2—20 C-Atomen, z. B. Butyltitanat, oder Alkoxytitanacylat, z. B. Tributoxytitanmonolinolat, u. Öle mit konjugierten Doppelbindungen, z. B. Holz-, Oiticica- u. Ricinenöl. Bei Zusatz von 2—10% werden elast., *runzelfreie Filme* erhalten. (**E. P. 733 229** vom 5/6. 1952, ausg. 6/7. 1955. A. Prior. 9/6. 1951.) M. BÖTTCHER. 7107

American Gilsonite Co., Salt Lake City, übert. von: **John H. Baker**, Bonanza, und **Roy E. Nelson**, Salt Lake City, Ut., Del., V. St. A., *Isolieren von Metallrohren*, die heißen Fll. oder Dämpfen ausgesetzt sind. Man bedeckt die Oberfläche eines Rohres mit einer wenigstens 2 Zoll starken lockeren Füllung aus pulverisiertem, bituminösem Material, z. B. Gilsonit oder Glanzpech, u. erhitzt 10—50 Std. auf 200—500° F, bes. 235—375° F, so daß sich eine dichte, eng anschmiegende, äußere Schicht um das Rohr bildet. Nun legt man um diese Schicht noch eine zweite aus dem gleichen, aber gesintertem Material u. auf diese noch eine dritte aus nur lockerem Pulver. (**A. P. 2 668 125** vom 6/7. 1951, ausg. 2/2. 1954.) H. NEBELSIEK. 7107

Shell Development Co., Emeryville, übert. von: **Hans Dannenberg**, Berkeley, Calif., V. St. A., *Harzbildende Mischung für Formkörper*, bestehend aus einem 1.2-Epoxypolyäther, der gegebenenfalls mit weiterem Bis-phenol nachkondensiert ist, u. einer 50%ig. Lsg. von butyliertem Harnstoffharz in n-Butanol–Xylol (80 : 20) mit 0,2—1% eines durch Umsetzung eines Amins (Morpholin, Triäthylamin, Pyridin, Anilin u. dgl.) mit p-Toluolsulfonsäure erhaltenen Produktes. Herst. von *Überzügen* auf *Metall*, die in der Wärme nachgehärtet werden. (**A. P. 2 687 397** vom 21/9. 1951, ausg. 24/8. 1954.) G. SALZMANN. 7107

Stoner-Mudge, Inc., Pittsburgh, übert. von: **Daniel M. Gray** und **George L. Reymann**, Sewickley, Pa., V. St. A., *Überziehen von Metallen*. Man überzieht z. B. die Innenwände eines Fe- oder Sn-Behälters mit einem in Xylol oder Toluol gelösten Harz (15—32% Harzgeh.) u. verfestigt diesen Überzug durch Erhitzen auf ca. 300° F. Das Harz ist ein Polymeres des Vinylidenchlorids u. Vinylchlorids (Verhältnis 26 : 44,5), sein Cl_2-Geh. ist 61—64 Gew.-% u. seine Viscosität 0,15—0,30, bestimmt bei 20° in einer 0,4%ig. Nitrobenzollösung. (**A. P. 2 675 334** vom 18/7. 1951, ausg. 13/4. 1954.) H. NEBELSIEK. 7107

Schering Akt.-Ges. (Erfinder: **Alfred Lübke**), Berlin, *Anstrich- und Imprägniermittel für Schiffsböden, Unterwasserbauten und dergleichen*, dad. gek., daß sie als bewuchshemmenden Wirkstoff die bei der Reinigung von $\alpha.\alpha$-Bis-(p-chlorphenyl)-$\beta.\beta.\beta$-trichloräthan anfallenden öligen Rückstände (DDT-Öl), gegebenenfalls unter Zusatz von Netz- u. Haftmitteln u./oder anderen Schutzstoffen u./oder Emulgatoren, gegebenenfalls mit einem Zusatz von Pigmenten oder Farbstoffen, enthalten. (**D. B. P. 937 368** Kl. 22g vom 28/12. 1952, ausg. 5/1. 1956. Anmeldung bekanntgemacht 14/7. 1955.) W. GRÄGER. 7107

Celanese Corp. of America, New York, N. Y., übert. von: **William B. Horback**, Irvington, und **Gregory M. Moelter**, Basking Ridge, N. J., V. St. A., *Überzugslacke für Celluloseesterfilme*, bes. *Celluloseacetatfilme*, enthalten Nitrocellulose (**I**), einen Weichmacher, ein thermoplast. Polyamid (**II**) aus Äthylendiamin u. dimerer oder trimerisierter

Linol- u. Linolensäure mit einem Mol.-Gew. von 6000—9000 u. einem Erweichungspunkt von 105—115° (Ring u. Ball) sowie gegebenenfalls Paraffin (III). Die lackierten Filme sind wasserdampfundurchlässig u. heißsiegelfest bei 250—280°. — Beispiel: 54 (Teile) II, 27 I, 13,6 Dibutylphthalat, 5,4 III werden gelöst in 26,3 Petroleumnaphtha (60—90°), 25,4 Hexon, 18,6 Isopropylalkohol, 27,6 Toluol, 2,1 Butanol. (**A. P. 2 689 800** vom 15/3. 1951, ausg. 21/9. 1954.) M. BÖTTCHER. 7107

Kurt Berthold, München, und **Hans Sagel**, Burg/Dillkr, *Aufbringen einer hellen Deckschicht auf schwarz eingefärbte trägerlose Polymerisatkunstharzschichten* oder auf mit schwarz eingefärbten Polymerisatkunstharzen, beschichtete bzw. imprägnierte Gewebebahnen, dad. gek., daß die Kunstharzoberfläche mit einer Aufschwemmung von Metallpulvern in solchen Lösungsmitteln behandelt wird, welche eine sofortige starke Anlösung der Kunstharzoberfläche bewirken. — Beispiel: Ein mit aufgelöstem Polyisobutylen u. dunklen Füllstoffen imprägniertes Gewebe aus Jute oder Hanf wird mit einer 8%ig. Aufschwemmung von Aluminiumbronze in Bzl. bestrichen. (**D. B. P. 931 585** Kl. 81 vom 14/9. 1951, ausg. 11/8. 1955. Anmeldung bekanntgemacht 10/6. 1954.) M. BÖTTCHER. 7107

XIb. Plaste (Kunstharze. Plastische Massen).

W. W. T. H. Ehlers, *Einige Bemerkungen zum Schneckenstrangpressen von Thermoplasten mit Einschneckenextrudern.* Die wesentlichen Gesichtspunkte beim Arbeiten mit Einschneckenextrudern für verschied. Kunststoffe werden besprochen. (Austral. Plastics **8.** Nr. 100. 6—8. Nov. 1953.) R. SCHÄFF. 7170

A. H. Zimmerman, *Vakuumverformung von thermoplastischen Folien.* Das Verf., die Ausrüstung, die Formen u. Anwendungen sowie Vgl. mit anderen Verff. werden erörtert. (Canad. Plastics **1954.** 99—104. März/April. Port Washington, N. Y., Vacuum Forming Corp.) R. SCHÄFF. 7170

F. L. Connors, *Schweißen von Kunststoffen mit heißen Gasen.* 1., 2. u. 3. Mitt. Die therm. Eigg. der Materialien (Polyäthylen, Polyvinylchlorid, Polymethylmethacrylat), die Schweißausrüstung, Arbeitsweise beim Schweißen u. die Qualität der erhaltenen Schweißverb. sowie die prakt. Anwendung (Rohrverschweißung) werden erörtert. — 27 Literaturangaben. (Austral. Plastics **10.** Nr. 105. 6/14. April. Nr. 106. 6—15. Mai. Nr. 108. 6—12. Juli 1954. Kensington, Univ. of Technol., Plast. Res. Labor., Chem. Engng.) R. SCHÄFF. 7170

Edward T. Severs, *Plastigele, Herstellung und Anwendung.* Die Herst. u. Verarbeitung von Plastigelen (Kombination aus einem Plastisol — in Weichmacher dispergiertes Vinylharz — u. einem Gelierungsmittel) werden erörtert. (Austral. Plastics **8.** Nr. 100. 27—28. Nov. 1953. Mellon Inst., Bakelite Fellowsh.) R. SCHÄFF. 7170

A. Foulon, *Kunststoffe in der Papierindustrie.* Allg. Ausführungen. (Plastverarbeiter **6.** 195—96. Mai 1955.) M. WINIKER. 7170

C. H. Hall, *Einige Probleme bei der Färbung von Kunststoffen.* Die bei der Färbung von Kunststoffen mit organ. Farbstoffen oder Pigmenten auftretenden Probleme werden an Hand von Beispielen besprochen, z. B. Ausbluten — Ausblühen — Abkreiden — Qualitätskontrolle durch Farbmessung usw. — Diskussionsbemerkungen. (Plast. Inst., Trans. and J. **23.** Nr. 51. 4—16. Jan. Nr. 52. 120—21. April 1955. London, Imperial Chem. Ind. Ltd., Plastics Div.) E. PREU. 7170

Walter Ehlers, *Grundsätzliches über die Verarbeitung von Vinylpolymeren.* 2. Mitt. (1. vgl. C. **1954.** 6113.) Das Fließen von Polymeren wird auch durch die am Makromol. hängenden polaren bzw. nichtpolaren Seitengruppen beeinflußt, wie am Beispiel des Polyisobutylens, Polystyrols, Polyvinylchlorids, Polyvinylidenchlorids, Polyvinylalkohols, Polyvinylacetats u. Polymethacrylsäuremethylesters gezeigt wird. (Austral. Plastics **8.** Nr. 100. 39—40. Nov. 1953.) R. SCHÄFF. 7172

George Nietbauer, *Hart-PVC-Folien und deren Anwendung.* Kurze Übersicht über Herst., Eigg. u. Anwendung von Folien aus nichtweichgemachtem *Polyvinylchlorid* (Typ: *Genotherm*). (Austral. Plastics **10.** Nr. 106. 39—42. Mai 1954. Gendorf, Anorgana.) R. SCHÄFF. 7172

A. F. Williams und **M. Kaufman**, *Acenaphthylen: Ein neues Monomeres, dessen Polymere und Mischpolymere.* Vff. beschreiben die labormäßige u. halbtechn. Herst. von *Acenaphthylen* (I) durch Dampfphasendehydrierung von *Acenaphthen.* Die Polymerisation von I u. Eigg. von weichgemachten I-Polymerisaten werden erörtert. Ferner wurde die Mischpolymerisation von I mit *Styrol* u. a. Monomeren nach dem Block-, Perl- u. Emulsionsverf. untersucht. Die wirtschaftliche Seite der I-Herst. wird diskutiert. (Plast. Inst., Trans. and J. **22.** Nr. 50. 253—82. Okt. 1954. Powell Duffryn Carbon Products Ltd.) R. SCHÄFF. 7172

Ikumi Kagawa und **Zenjiro Shirai,** *Untersuchung über die erste Reaktionsphase bei Phenol–Formaldehydharzbildung.* 1. u. 2. Mitt. Für die 1. Stufe der Rk. der Harzbldg. aus *Phenol* + *CH_2O-Lsg.* mit sauren Katalysatoren wird eine verbesserte Gleichung für die Reaktionsgeschwindigkeit vorgeschlagen u. experimentell gestützt, die auch die Erscheinung der Emulsionsbldg. u. die Konz. des H_2O berücksichtigt. (J. chem. Soc. Japan, ind. Chem. Sect. [Kōgyō Kagaku Zassi] **54.** 64—67. Jan. 1951. Nagoya, Univ. [Orig.: japan.]) L. SCHULER. 7176

A. Foulon, *Polyesterharze, ihre Verarbeitung und Anwendung.* Übersicht mit Beispielen. (Plastverarbeiter **5.** 278—80. Sept. 1954.) R. SCHÄFF. 7176

E. S. Narracott, *Epoxydharze.* (Vgl. C. **1953.** 9649.) An Hand von Beispielen wird die Anwendungstechnik von Epoxydharzen erörtert. — Diskussionsbemerkungen. (Plast. Inst., Trans. and J. **22.** Nr. 50. 300—12. Okt. 1954. Shell Petroleum Co. Ltd.) R. SCHÄFF. 7176

Sutezo Oguri und **Yoshiro Sekine,** *Über die Reaktion zwischen Formaldehyd und Harnstoff im Anfangsstadium.* 1. Mitt. *NH_3 und p_H-Änderung.* Bei Benutzung von NH_3 in der Kondensation von *Formalin* (I) mit *Harnstoff* [um die HCO_2H (II) des I zu neutralisieren] steigt bei 85° der p_H-Wert zuerst an u. fällt allmählich auf ca. 4. Wird die II zuerst aus dem I durch einen Kunstharzaustauscher entfernt, stellt sich ein etwas höheres End-p_H ein. Mögliche Erklärungen werden erörtert. (J. chem Soc. Japan, ind. Chem. Sect. [Kōgyō Kagaku Zassi] **54.** 149—50. Jan. 1951. Tokyo, Waseda Univ. [Orig.: japan.] L. SCHULER. 7180

Sutezo Oguri und **Yoshiro Sekine,** *Über die Reaktion zwischen Formaldehyd und Harnstoff im Anfangsstadium.* 2. Mitt. *Das p_H der Reaktionslösung bei der Neutralisation des Formalins mit NaOH und die Bedingungen zur Gewinnung eines durchsichtigen Produkts.* (1. vgl. vorst. Ref.) Zur Erzeugung eines durchsichtigen Prod. ist ein Mol-Verhältnis *Harnstoff*/ *CH_2O* über 3 erforderlich sowie ein $p_H < 5$ vor Einsetzen der Rk. (bei 85°), falls NaOH zur Neutralisation an Stelle von NH_3 verwendet werden soll. Dabei ist für ein Mol-Verhältnis von 3 der p_H-Bereich sehr eng auf 4,6—4,8 begrenzt, was techn. mit NaOH schwer zu erfüllen ist. Die Gefahren des NaOH infolge der CH_2O-Spaltung nach der CANNIZZARO-Rk. u. der Zers. des Harnstoffs werden erörtert u. zur Erklärung der Änderung des ursprünglich eingestellten p_H herangezogen. — 2 Diagramme. (J. chem. Soc. Japan, ind. Chem. Sect. **54.** 403—05. Juni 1951. Tokyo, Waseda Univ. [Orig.: japan.]) L. SCHULER. 7180

Makoto Okawara, *Polyamide aus Furfurol.* 1. Mitt. *Synthese von 1.4-Dihalogenpentanen.* Mit dem Ziel der Synth. einer Polyamidgrundlage für Nylonfasern wurden die Herstellungsschritte, von *Furfurol* (I) ausgehend, über *Methylfuran* (II), *Tetrahydro-2-methylfuran* (III), *1.4-Dihalogen-n-pentan, 1.4-Dicyanpentan* zu *α-Methyladipinsäure* bzw. *α-Methylhexamethylendiamin* untersucht. — **II** wurde aus **I** nach WOLFF (40%ig. wss. N_2H_4) in 75% Ausbeute oder durch katalyt. Hydrierung in Gasphase mit einem Cu-Cr-Ba-Katalysator (3½ Std. 220°) in 90,5% Ausbeute gewonnen. **II** lieferte mit RANEY-Ni bei 70° u. 60 at H_2-Anfangsdruck in 7 Std. **III** in 95% Ausbeute neben wenig *Pentandiol.* Aus **III** wurde mit HBr bei gewöhnlichem Druck in 83% Ausbeute *1.4-Dibrom-n-pentan* ($Kp._9$ 81—83°, $D.^{20}{}_4$ 1,6902), mit HCl im Druckrohr mit 90% Ausbeute *1.4-Dichlor-n-pentan* ($Kp._{10}$ 56—57,5°, $D._4{}^{20}$ 1,0878) erhalten. — Apparaturskizze. (J. chem. Soc. Japan, ind. Chem. Sect. [Kōgyō Kagaku Zassi] **54.** 132—34. Jan. 1951. Yamaguchi Univ. [Orig.: japan.]) L. SCHULER. 7180

M. Venugopalan, S. Ranganathan, Y. Sankaranarayanan und **H. K. Sen,** *Schellackplaste.* Ausführliche Besprechung des Formpreß- u. Spritzgußverf. von Schellack, der durch CH_2O u. Harnstoff modifiziert ist. Die Wärmefestigkeit solcher Schellackformkörper beträgt ca. 90°; durch stufenweise therm. Nachbehandlung kann diese Wärmefestigkeit bis auf ca. 120° erhöht werden. (Indian Lac Res. Inst., techn. Note **1952.** Nr. 5. 1—12.) R. SCHÄFF. 7198

B. Parkyn, *Symposium über glasfaserverstärkte Kunststoffe. Die Harze und die Methoden.* Die Methoden zur Herst. von Polyesterharz-Glasfaserpreßmassen u. -Schichtpreßstoffen werden erörtert. (Plast. Inst., Trans. and J. **22.** Nr. 48. 99—112. April 1954. Scott Bader & Co. Ltd.) R. SCHÄFF. 7204

A. M. Dobson, *Symposium über glasfaserverstärkte Kunststoffe. Produkte und Anwendungen.* (Vgl. vorst. Ref.) Die Herst. der Glasfasergewebe, ihre Vorbehandlung u. andere Anwendungsformen für Glasfasern werden besprochen. — Diskussionsbemerkungen. (Plast. Inst., Trans. and J. **22.** Nr. 48. 113—28. April 1954. Fibreglass Ltd.) R. SCHÄFF. 7204

Standard Oil Co., übert. von: **Edwin F. Peters**, Chicago, Ill., V. St. A., *Herstellung hochmolekularer Produkte aus Äthylen, Propylen oder deren Gemischen* durch Polymerisation in Ggw. eines Lösungsm. (aromat. KW-stoff) mit einem auf γ-Al_2O_3, TiO_2 oder ZrO_2 aufgezogenen MoO_3-Katalysator bei Tempp. von 125—260°. Die Ablagerung von harzartigen Prodd. auf dem Katalysator kann durch Lösungsmittel entfernt werden. Um diese Ablagerungen zu verhindern, wird der Katalysator mit H bei 300—650° aktiviert, dann läßt man 0,01—5 Gew.-% Acetylen während 1—30 Min. bei n. Temp. bis 325° einwirken. Die Polymerisation erfolgt bei 75—325° unter kontinuierlicher Abführung des Polymeren, des Reaktionsmediums u. des Katalysators aus der Reaktionszone. Mit heißem Lösungsm. (Xylol) wird dann der Katalysator in $^1/_4$ der bisherigen Zeit vom anhaftenden Polymerisat befreit. — Mengenbeispiele. (**A. P. 2 700 663** vom 2/6. 1952, ausg. 25/1. 1955.) H. SCHINDLER. 7173

W. Scheermesser, Rheinbreitbach, und **Wolfgang Spindler**, Stuttgart-Weilimdorf, *Herstellung von Suspensionen fester hochmolekularer Stoffe* in Fll., dad. gek., daß man die hochmol. Stoffe bei erhöhter Temp. löst, die Lsg. auf eine Temp. abkühlt, bei der sie ein Gel bildet, u. dann das Gel unter Zerkleinerung in einer Fl. suspendiert. — Beispiel: *Polyäthylen* (Mol.-Gew. > 15000) wird im Schnellmischer mit Testbenzin (**I**) oder Trichloräthylen (**II**) bei 70—90° gelöst, darauf wird bis zur Gelbldg. abgekühlt (ca. 45°) u. das Gel unter Zusatz der 4—12fachen Menge **I** oder **II** weiter gerührt. Vorteilhaft ist der Zusatz von Organopolysiloxanöl (0,1%). (**Schwz. P. 306 395** vom 24/9. 1951, ausg. 16/7. 1955. D. Priorr. 25/9. u. 17/11. 1950.) M. BÖTTCHER. 7173

Dow Chemical Co., Midland, übert. von: **Jack H. Bates**, Bay City, Mich., V. St. A., *Stabile wässerige Emulsionen aromatischer Polyvinylverbindungen*, z. B. von Polystyrol, -vinyltoluol, Styrol–Butadien-Mischpolymerisaten, erhält man durch Zugabe von je 0,4—2 (%) NaN_3 u. Alkalibicarbonat sowie 0,1 NH_4OH oder Alkalilauge, bis der p_H-Wert 9—12 beträgt. Bes. in Berührung mit Fe u. Stahl, von denen das erstere auch verzinnt, verzinkt oder verbleit sein kann, tritt bei längerer Lagerung keine Koagulation auf. (**A. P. 2 683 698** vom 14/11. 1952, ausg. 13/7. 1954.) G. SALZMANN. 7173

Lankro Chemicals Ltd., Eccles, Manchester, übert. von: **Adolf Koebner** und **Alfred Gee Williamson**, England, *Herstellung neutraler Orthophosphorsäureester* durch stufenweisen Austausch der Halogenatome in $POCl_3$ gegen Alkohol- u./oder Phenolreste, bes. bei 70—90° in Ggw. eines metall. Katalysators, z. B. Mg, u. in der 3. Stufe gegebenenfalls in Ggw. von KW-stofflösungsm. unter Rückfluß. Hergestellt werden folgende *Orthophosphorsäureester: Diphenyltetrahydrofurfuryl-, Ditolyltetrahydrofurfuryl-, Phenylxylyltetrahydrofurfuryl-, Octylphenylphenylisooctyl-, Octylkresylphenyl-,,alphanyl"-* (*„Alphanol"*-Mischung prim. Alkohole aus der Oxysynth.), *Bis-(octylphenyl)-butoxyäthyl-, Bis-(octylphenyl)-tetrahydrofurfuryl-, Diäthylenglykol-bis-(ditolyl)-, Diphenylolpropan-bis-(phenyl „alphanyl")-, Diphenylolpropan-bis-(tetrahydrofurfurylphenyl)-, Diphenylolpropan-bis-(butoxyäthylphenyl)-, Diphenyl-(2-äthylhexyl)-, Di-(o-chlorphenyl)-2-äthylhexyl-, Bis-(2.4-dichlorphenyl)-„alphanyl"-, Phenylchlorphenyltetrahydrofurfuryl-. — Weichmacher für Polyvinylchlorid.* (**E. PP. 734 764, 734765, 734 766, 734767** u. **734 768** vom 10/1. 1952, ausg. 10/8. 1955.) K. FABEL. 7173

Buffalo Electro-Chemical Co., Inc., Tonawanda, übert. von: **Frank P. Greenspan** und **Ralph J. Gall**, Buffalo, N. Y., V. St. A., *Stabilisierungsmittel für halogenierte Vinylharze*, bestehend aus einem Salz eines mehrwertigen Metalls u. einer aliphat., gegebenenfalls substituierten 11—22 C-Atome u. eine Epoxygruppe aufweisenden Säure, z. B. dem Mg-, Ca-, Zn-, Sr-, Ba-, Cd-, Al-, Th-, Zr-, Pb-, Sn-, Sb-, Cr-, Mn- oder Co-Salz der Epoxyöl-, -elaidin-, -leinöl-, -linolen-, -menhadenöl-, -tallöl-, -holzöl-, -rizinusöl- oder -talgölsäure oder seinen Mischungen. (**A. P. 2 684 353** vom 31/5. 1951, ausg. 20/7. 1954.) G. SALZMANN. 7173

Union Carbide and Carbon Corp., übert. von: **Ernest H. Wood**, Westfield, und **James R. Wilkinson**, Milwaukee, Wis., V. St. A., *Gegen Wetter und Ultraviolettstrahlen beständiges Polystyrol*, gek. durch einen Geh. an 0,1—5% Resorcindibenzoat oder -disalicylat. — Als Stabilisierungsmittel sind ferner 0,01—15% 2.4-Dinitrophenylhydrazin geeignet. (**A. PP. 2 704 749** vom 1/7. 1952, ausg. 22/3. 1955, u. **2 701 241** vom 19/5. 1953, ausg. 1/2. 1955.) G. SALZMANN. 7173

Röhm & Haas G. m. b. H. (Erfinder: **Klaus Tessmar**), Darmstadt, *Überführung wasserunlöslicher Mischpolymerisate des Acrylnitrils in wasserlösliche Verbindungen*, wobei die Mischpolymerisate (**I**) durch Blockpolymerisation aus im wesentlichen Acrylnitril u. Methacrylsäureestern niederer Alkohole u. gegebenenfalls anderen polymerisierbaren Zusätzen erhalten wurden, dad. gek., daß die **I** mit der wss. Lsg. von Alkalien bzw. mit wss. NH_3 unter 2—20 at verseift werden. Die **I** können vor der Verseifung mechan. zerkleinert werden. Mengenbeispiele. Schlichte- u. Klebemittel. (**D. B. P. 931 733** Kl. 39c vom 9/3. 1952, ausg. 16/8. 1955. Anmeldung bekanntgemacht 5/11. 1953.) H. SCHINDLER. 7173

Angel Riart Ribera und **Jorge Miralles Guilera**, Spanien, *Perlmutterersatz.* Man polymerisiert eine Mischung von Methylmethacrylat mit 3 (%) eines Weichmachers, 3 Stearinsäure, 2 Guaninlsg. (aus Fischschuppen) u. 1‰ Benzoylperoxyd, gibt in eine flache, von Glasplatten begrenzte Form u. polymerisiert, wobei die Mischung bei passender Viscosität durchgerührt wird. (**F. P. 1 069 565** vom 14/1. 1953, ausg. 9/7. 1954.) M. PANKOW. 7173

Dow Chemical Co., Midland, Mich., übert. von: **Malcolm E. Pruitt**, Lake Jackson, und **Joseph M. Baggett**, Freeport, Tex., V. St. A., *Polymerisation von Propylenoxyd* (I) zu festen *Harzen* erfolgt in Ggw. von Katalysatoren, die Kondensate von I mit wasserfreiem $FeCl_3$ oder $FeBr_3$ darstellen u. der empir. Formel $FeX_3(C_3H_6O)_n$ entsprechen, wobei n 0,5—3 ist. Man erhält sie, indem man I ganz allmählich unter Rühren zu einer Lsg. des Fe-Halogenids gibt. — 10 (Gew.-Teile) $FeCl_3$ in 50 Ae. werden langsam mit 10 fl. I bei $> 60^0$ versetzt. Nach Beendigung der Kondensation entfernt man im Vakuum die flüchtigen Stoffe u. erhält eine halbfeste, braune Masse. (**A. P. 2 706 181** vom 5/6. 1952, ausg. 12/4. 1955.) J. MÜHLEISEN. 7177

Industrial Rayon Corp., Cleveland, übert. von: **Herman A. Bruson**, Shaker Heights, O., V. St. A., *Mischpolymerisate aus Acylnitril und tert. Chlorallylaminen* der allg. Formel $X-CH=C(X)-CH_2-N(a)-b$, worin ein X = Cl u. das andere X = Cl oder H u. a u. b = Alkyl, Oxyalkyl, Cyanalkyl, Alkoxyalkyl, Carbalkoxyalkyl, Carboxyalkyl, Aralkyl, Aryl oder Cycloalkylreste sein können, a u. b können jedoch auch mit dem N einen Heterocyclus bilden. In den Beispielen sind genannt: N-Dimethyl-, N-Diäthyl- u. N-Morpholino-2-chlorallylamin, 1-Chlorallyl-N-diäthanolamin u. N-Piperidino-2-chlorallylamin. Die Polymerisation erfolgt in wss. Medium bei erhöhter Temp. in Ggw. von Persulfaten. Die Prodd. haben ein Mol.-Gew. von 30000—100000 u. lassen sich gut durch saure Wollfarbstoffe anfärben. Orientierte Fasern. (**A. P. 2 700 027** vom 12/4. 1951, ausg. 18/1. 1955.) H. SCHINDLER. 7181

Polymer Corp., Reading, Pa., V. St. A. (Erfinder: **Ralph Emerson James jr.** und **Robert Bruce Koch**), *Maßgerechtes Ziehen von Nylonröhren.* Die vorgeformte Röhre wird durch eine Ziehöse niedrigeren Durchmessers, als dem Enddurchmesser entspricht, gezogen u. dann einer Orientierung, z. B. durch Behandlung in kochendem W. während 30 Min., unterworfen, wobei bei entsprechender Abstimmung des Ziehösendurchmessers die vorgesehene Abmessung erreicht wird. — Abb., Vorrichtung. (**E. P. 720 274** vom 14/6. 1951, ausg. 15/12. 1954. A. Prior. 22/7. 1950.) H. MÖLLERING. 7181

H. Staudinger und **Kuno Wagner**, Freiburg, *Lösungsmittel für Thioharnstoff-CH_2O-Harze,* bestehend aus Dimethylformamid oder geschmolzenem Caprolactam für sich oder unter Zusatz von indifferenten organ. Lösungsmitteln, wie aromat. KW-stoffen, Aceton, Äthern, Estern, Tetrahydrofuran u. aliphat. Halogen-KW-stoffen. Verwendung zum Imprägnieren von Papier, Baumwoll- oder Zellwollgewebe. (**D. B. P. 910 336** Kl. 39b vom 26/9. 1951, ausg. 3/11. 1955. Anmeldung bekanntgemacht 17/9. 1953.) G. SALZMANN. 7181

Dow Corning Ltd., London, England, *Siloxanelastomere.* Bei dem im E. P. 691 821 angegebenen Ansatz kann dem organ. Polysiloxan bei 10% Zinkperoxyd u. statt ZnO auch ein anderes Füllmittel, bes. ein SiO_2-Füllmittel, zugesetzt werden. Zn-Peroxyd kann durch ZnO u. ein organ. Peroxyd ersetzt werden — 100 (Teile) in Bzl. lösl. Dimethylpolysiloxan, 40 SiO_2, 1,5 Benzoylperoxyd u. 0,5 ZnO werden zusammengemahlen. Die Vergütung erfolgt in 24 Std. bei 250°. (**E. P. 720 454** vom 12/12. 1952, ausg. 22/12. 1954. A. Prior. 23/2. 1952. **Zusatz zu E. P. 691 821; C. 1954. 11 320.**) H. MÖLLERING. 7189

Th. Goldschmidt Akt.-Ges., Deutschland, *Herstellung von Polysiloxanemulsionen* zum Auskleiden von Ampullen (z. B. für Penicillin) oder Flakons mit einem Siliconfilm. Zu D. B. PP. 894 771; C. **1954.** 2721, 900 018; C. **1954.** 5407 u. 905 422; C. **1954.** 10798, ist nachzutragen, daß man die Emulsionen mit einer geringen Menge Fettsäure (z. B. Ölsäure) als Stabilisator versetzen kann. (**F. P. 1 074 887** vom 16/2. 1953, ausg. 11/10. 1954. D. Priorr. 13/6., 16/6., 6/8. u. 21/8. 1952.) T. OPPERMANN. 7189

Wacker-Chemie G. m. b. H., München (Erfinder: **Siegfried Nitzsche, Manfred Wick** und **Sebastian Reichstaller**, Burghausen), *Härtungsbeschleuniger für Siliconharze,* bestehend aus organ. S-Verbb., bei denen ein direkt an S gebundenes H-Atom durch ein Metall ersetzt ist, z. B. Metallsalze der Dithiocarbaminsäuren, Xanthogensäuren oder Mercaptane, welche die verschiedensten organ. Reste aufweisen können, u. a. Zn-, Co-, Cu-, Sn- oder Pb-Salze der Methyl-, Äthyl-, Propyl-, Cyclohexyläthyl-, Phenyl-, Tolyl-, Dimethyldithiocarbamidsäure, der Methyl-, Äthyl-, Propyl- oder Phenylxanthogensäure, des Methylmercaptans u. dgl. (**D. B. P. 935 455** Kl. 39b vom 19/11. 1953, ausg. 17/11. 1955. Anmeldung bekanntgemacht 26/5. 1955.) G. SALZMANN. 7189

Konrad Weiss, München, *Herstellung von plastischen Massen*, die an der Luft mit oder ohne Wärmezufuhr erhärten, erhält man durch Anteigen eines trocknen Gemisches aus etwa gleichen Teilen feingemahlenem Holzfaserstoff u. Roggenmehl mit einer geringen Menge gepulverter Porzellanerde sowie kleineren Mengen von Zement u. Celluloseäthern in Pulverform, mit W. zu einer formbaren Masse. Modelliermasse, Herst. von Reliefs u. dgl. (**D. B. P. 934 790** Kl. 39b vom 9/12. 1952, ausg. 3/11. 1955. Anmeldung bekanntgemacht 12/5. 1955.) G. SALZMANN. 7199

Semtex Ltd., London (Erfinder: **Walter Saul, Thomas Joseph Wiggins** und **Eric Linley**), England, *Polyvinylverbindungen enthaltende Preßmasse*, gek. durch einen Geh. an Wassergasteer (I). — In 100 (Teile) Polyvinylacetatemulsion (50% ig.) werden nacheinander 15 Dibutylphthalat, 15 W. u. 110 I-Emulsion (50%ig.) eingerührt. Wird dem Ansatz Zement, Asbestmehl u. Pigment zugefügt, so erhält man eine Bodenbelagmasse. Auch zu Dachziegeln lassen sich ähnliche Zubereitungen pressen. — Vgl. F. P. 1 056 886; C. **1955**. 9683. (**E. P. 722 505** vom 20/12. 1950, ausg. 26/1. 1955.)
H. MÖLLERING. 7205

XII. Kautschuk. Guttapercha. Balata.

P. J. Flory, *Kautschukstruktur und -elastizität.* Überblick über die Struktur von vulkanisiertem Kautschuk, die Theorie der Kautschukelastizität u. die Beziehung zwischen Elastizität u. Struktur. (India Rubber J. **127**. Nr. 23. 7—10. 4/12. 1954. Ithaca, N. Y., Cornell Univ., Dep. of Chem.) R. SCHÄFF. 7170

G. V. Kullgren, *Stand der Automatisierung in der Kautschuk- und Kunststoffindustrie.* Die bisher getroffenen Maßnahmen betreffend die Mechanisierung von Arbeitsgängen u. die Einrichtung automat. Regelorgane in der Kautschuk- u. Kunststoffindustrie u. die Entwicklungsrichtung werden krit. erörtert. (Rubber Wld. **132**. 339—47. Juni 1955. Akron, O., Hale & Kullgren, Inc.) R. SCHÄFF. 7220

C. Vervloet und **A. J. Noothout**, *Untersuchung der Avros Experiment Station über die Klassifizierung von Naturkautschuk auf Grund seines Schmutzgehaltes.* Mitt. von Befunden bei einer Unters. des Schmutzgeh. von mehreren Naturkautschuktypen der Pflanzungen in Ostsumatra. (Arch. Rubber Cultivat. **31**. 15—23. März 1954. Medan, Avros Experim. Stat.) R. SCHÄFF. 7222

C. E. T. Mann, *Technisch klassifizierter Kautschuk.* Vf. erörtert das Problem der techn. Klassifizierung von Naturkautschuk für den Verarbeiter z. B. durch die Verarbeitbarkeit (bestimmt durch die MOONEY-Viscosität) oder die Vulkanisationsgeschwindigkeit (ermittelt durch den Modul bei definierten Bedingungen). Die Klassifizierung hat sich in der Praxis bewährt u. gewinnt mehr u. mehr an Bedeutung. (Arch. Rubber Cultivat. **31**. 171—76. Aug. 1954.) R. SCHÄFF. 7222

G. J. van der Bie, *Reinheit von Heveakautschuk.* Das Problem der Verschmutzung von Naturkautschuk bzw. deren Vermeidung wird kurz erörtert. (Arch. Rubber Cultivat. **31**. 177—78. Aug. 1954.) R. SCHÄFF. 7222

P. Bourgois, *Physikalische Eigenschaften und chemische Beständigkeit von weichem Naturkautschuk.* Nach kurzer Darst. der physikal. Eigg. u. Anwendungen weicher Naturkautschuksorten wird die chem. Beständigkeit u. ihre Abhängigkeit von der Zus. ausführlich behandelt. (Revêtement et Protection **1954**. 57—68. Sept./Okt.)
H. SYDOW. 7222

K. F. Heinisch, *Einfluß von Infrarotstrahlung auf rohen Heveakautschuk.* Mittels Infrarotbestrahlung (10, 20 u. 30 Min. bei 130 bzw. 140°) können die Alterungseigg. von Rohkautschuk schnell ermittelt werden. Zwischen diesem Test, dem VAN DALFSEN-Test für Krepp u. dem Transporttest besteht gute Übereinstimmung. Die Zunahme der Plastizität mit der Zeit infolge der Bestrahlung der Proben gibt Hinweise über die Alterungsbeständigkeit. Die Wärmeabsorptionskoeffizienten verschied. Kautschuktypen wurden ermittelt. Die Alterung hängt vom Spektr. der Infrarotstrahlung ab: bei Verschiebung des Maximums nach längeren Wellen wird die Alterung verstärkt. Ferner wurde der Einfl. von Cu, Mn u. H_2SO_4 auf die Alterung von Rohkautschuk untersucht. (Arch. Rubber Cultivat. **31**. 25—46. März 1954. Bogor, Indonesien, Foundat. Rubber Res. Inst.) R. SCHÄFF. 7222

K. F. Heinisch und **R. M. Wargadiwidjaja**, *Markierungsfarben für Kautschukballen.* (Vgl. C. **1954**. 11 066.) In organ. Lösungsmitteln lösl. Farbstoffe eignen sich besser zur Kennzeichnung von Kautschukballen als die üblichen Pigmentfarben, da sie abriebfester sind u. noch in Spuren durch UV erkannt werden können. (Arch. Rubber Cultivat. **31**. 1—14. März 1954. Bogor, Indonesien, Foundat. Rubber Res. Inst.)
R. SCHÄFF. 7222

M. van den Tempel, *Bildung von sauren Bestandteilen im ammoniakbehandelten Hevealatex.* Vf. untersuchte die Faktoren, die die Konzz. von 4 wichtigen ion. Bestandteilen [höhere Fettsäuren, flüchtige Fettsäuren (I), Phosphat u. CO_2] in NH_3-konserviertem Naturkautschuklatex regeln. Die zunehmende KOH-Zahl von konserviertem Latex hängt mit der Konzentrationszunahme der 3 sauren Bestandteile zusammen. Die Konz. von mindestens 2 Komponenten (I u. Carbonat) wird durch Bakterien bestimmt. (Arch. Rubber Cultivat. **31**. 247—75. Dez. 1954. Bogor, Indonesien, Foundation for Rubber Res. & Developm.) R. SCHÄFF. 7222

M. van den Tempel, *Bildung von Kohlendioxyd in frischem Hevealatex*, Vf. untersucht die CO_2-Bldg. in frischgezapftem Hevealatex u. vergleicht den CO_2-Geh. von frischem u. konserviertem Latex. CO_2 in konserviertem Latex wird durch 2 oder 3 verschied. Vorgänge (bes. durch Mikroorganismen, aber auch durch andersartige Rkk.) gebildet. Die spontane CO_2-Bldg. in sehr frischem Latex hängt vermutlich mit der Decarboxylierung einer ursprünglich in den Kautschukkügelchen vorhandenen Carbonsäure zusammen. Der Einfl. verschied., in der Latextechnologie üblicher Zusätze auf die Geschwindigkeit der CO_2-Bldg. sowie der Einfl. der CO_2-Bldg. u. der O_2-Absorption auf die Zus. u. Eigg. des Latex wurden untersucht. (Arch. Rubber Cultivat. **31**. 209—32. Dez. 1954. Bogor, Indonesien, Foundat. for Rubber Res. & Developm.) R. SCHÄFF. 7222

J. J. Zeehuisen und **Th. G. F. Schoon**, *Der Einfluß von Glyoxal auf die Vulkanisationseigenschaften von Naturkautschuk.* Zur Einstellung der Vulkanisationseigg. von techn. klassifiziertem Kautschuk (T. C. Kautschuk) wird Glyoxal als Vulkanisationsverzögerer verwendet. Vff. erörtern den Mechanismus dieser Verzögerung. Die Anwesenheit verschied. Wassermengen in einer Mischung kann den wirklichen Effekt von Verbb., die hinsichtlich ihres Einfl. auf die Vulkanisationsgeschwindigkeit von Naturkautschuk getestet werden sollen, verfälschen. (Arch. Rubber Cultivat. **31**. 233—45. Dez. 1954. Bogor, Indonesien, Proefstat. der C. P. V. u. Foundat. for Rubber Res. & Developm.) R. SCHÄFF. 7228

Deutsche Shell Akt.-Ges., Hamburg, und **Metallgesellschaft Akt.-Ges.**, Frankfurt/M. (Erfinder: **Carl Zerbe**, Hamburg), *Herstellen von Kautschukmischungen*, gek. durch die Verwendung von *Zusatzstoffen*, die aus den bei der Raffination von Mineralölen mit H_2SO_4 anfallenden Abfallsäuren abgeschiedenen organ. Anteilen bestehen, die von freier H_2SO_4 befreit wurden u. die keine bei der Vulkanisationstemp. sich abspaltende Sulfogruppen enthalten bzw. aus denen man durch Erhitzen auf Tempp. zwischen 200 u. 350° die Sulfogruppen abgespalten hat. Es können solche Abfallsäuren verwendet werden, die bei 200—350° mit Stoffen behandelt wurden, die einen hohen Geh. an Aromaten oder an mit H_2SO_4 zur Harzbldg. neigenden ungesätt. KW-stoffen aufweisen. (**D. B. P. 935 157** Kl. 39b vom 12/4. 1942, ausg. 10/11. 1955. Anmeldung bekanntgemacht 5/5. 1955.) W. OVERBECK. 7227

Deutsche Shell Akt.-Ges., Hamburg, und **Metallgesellschaft Akt.-Ges.**, Frankfurt/M. (Erfinder: **Johannes Jaenicke**, Frankfurt/M.), *Zusatzmittel für Kautschukaustauschstoffe.* Verwendung von zumindest teilweise ungesätt. in H_2SO_4 lösl. KW-stoffen, wie sie bei der Aufarbeitung fl. oder fester Brennstoffe erhalten werden, als Plastikatoren, Elastikatoren, Weichmacher, Quell- u. Streckmittel bei solchen Kautschukaustauschstoffen, die durch Polymerisation von einfachen Olefinen mit geringen Mengen Diolefinen hergestellt worden sind u. die aus natürlichen oder synthet. fl. Brennstoffen durch dehydrierende Behandlung, z. B. Cracken, gewonnen wurden. (**D. B. P. 932 985** Kl. 39b vom 9/8. 1942, ausg. 15/9. 1955. Anmeldung bekanntgemacht 24/3. 1955.) W. OVERBECK. 7227

Gebrüder Giulini G. m. b. H., Deutschland, *Helle Füllstoffe für Kautschuk- und Kunstharzmischungen.* Man läßt Lsgg. von Al- oder Si-Verbb. auf die Mittel, welche Gele aus ihnen fällen, in parallelen Strömen einwirken, etwa indem man sie in W. eintreten u. bei gleichmäßigem p_H ausfällen läßt. Durch Pulverisieren des gewaschenen Gels in heißem Luftstrom erhält man Füllstoffe mit verstärkender Wirkung. — Man führt $AlCl_3$-Lsg. u. Sodalsg. aus gegenüberliegenden Rohren in tangentialer Richtung unter eine stark gerührte Wasseroberfläche u. hält das p_H z. B. bei 6,8. (**F. P. 1 072 559** vom 23/12. 1952, ausg. 14/9. 1954.) M. PANKOW. 7227

Deutsche Gold- & Silberscheideanstalt vormals Roessler, Frankfurt/M., *Feinverteilte Oxyde.* Zu ihrer Herst. werden bei Verbrennung W. liefernde Gase (H_2, CH_4) u. O_2 mit flüchtigen, hydrolisierbaren Metall- oder Metalloidverbb., z. B. $SiCl_4$, in einem Brenner gemischt u. zweckmäßig in einiger Entfernung von der Brennermündung verbrannt. — *Füllstoffe* für *Kautschuk.* (**E. P. 726 250** vom 2/4. 1953, ausg. 16/3. 1955. D. Prior. 2/4. 1952.) W. MATTHAES. 7227

United States Rubber Co., New York, N. Y., V. St. A., *Monoalkylphenylester der phosphorigen Säure.* Man setzt ein Alkylphenol mit einem Überschuß an PCl_3 um u. hydrolysiert das entstandene Alkylphenoxyphosphordichlorid. Die Alkylgruppe soll wenigstens 4 C-Atome enthalten. — Hergestellt werden: *Mono-o-sek.-amylphenylphosphit, Mononoonylphenylphosphit, Monodinonylphenylphosphit, Mono-2.4-ditert.-butyl-5-methylphenylphosphit.* — *Stabilisatoren für synthet. Kautschuk, bes. Butadien–Styrol-Mischpolymerisate.* (**E. P. 729 400** vom 21/7. 1953, ausg. 4/5. 1955. A. Prior. 4/9. 1952.) K. FABEL. 7227

XIII. Ätherische Öle. Parfümerie. Kosmetik.

E. P. Meunier, *Extraktion von Duftstoffen mittels Lösungsmittel, insbesondere Butan.* Die Lösungsmittelextraktion von Duftstoffen hat sich bewährt u. gibt bes. dann gute Ergebnisse, wenn bei möglichst niedrigen Tempp. u. möglichst kurze Zeit bei der gewählten Temp., gegebenenfalls unter gleichzeitiger Anwendung von Vakuum, extrahiert wird. Bes. geeignet ist Butan. (Ind. Parfumerie **10.** 24. Jan. 1955.) H. P. FIEDLER. 7262

Domenico La Face, *Über die Gewinnung von ätherischen Ölen der grünen Mentha (Pfefferminze).* Bericht über Kulturverss. mit Mentha spicata (HUDS.) var. tenuis, M. viridis L., M. spicata (HUDS.) var. crispata auf tonigen Kalkböden u. Kieselböden. Die typ. Kennzahlen der gewonnenen Öle werden mitgeteilt. Es ergab sich ein oftmals sehr typ. Unterschied in der Ausbeute u. den Kennzahlen je nach dem Standort. (Essenze Deriv. Agrumari **24.** 96—103. Juli/Sept. 1954.) C. GRIMME. 7262

Krishna Bhushan Dutt, *Indisches Pfefferminzöl und das Ziel seiner weiteren Verbesserung.* Im nördlichen u. westlichen Himalaya u. Kaschmir reichlich wachsende verschied. Pfefferminzarten geben ein an Menthol (26—34%) u. Menthon (3—4,5%) armes, an Menthylacetat (11—26%) reiches äther. Öl. Für die Erzielung eines möglichst auch geschmacklich u. geruchlich hochwertigen Öls werden Gesichtspunkte für Kultur u. Ernte (während der vollen Blüte), Be- u. Verarbeitung des Krautes genannt. Bringen diese nicht das gewünschte Öl, so ist Züchtung geeigneter Pflanzen erforderlich. Hierzu wird auf erfolgreiche Verss. in Brasilien aus *Mentha arvensis* u. in USA durch Kreuzung aus *M. arvensis, M. spicata* u. *M. aquatica* verwiesen. (Indian Soap J. **20.** 179—82. Jan. 1955. Calcutta Chem. Co.) H. MÜHLMEISTER. 7262

J. N. Tandon und **G. N. Gupta,** *Ätherisches Ajowanöl.* Bei in Indien dest. Samen u. Kraut der Umbellifere Ptychotis Ajowan oder Carum copticum Benth et Hook wurden äther. Öle erhalten, deren Eigg. von den in der Literatur bekannten abweichen. Für Samen- bzw. (Kraut-) Öl wurde gefunden: Ausbeute 2,7 (1,52) %, $D.^{15}$ 0,9366 (0,8875), n_D^{20} 1,5057 (1,4876), $[\alpha]_D$ +1,0° (+8,0°), SZ. 3,7 (1,9), EZ. 10,6 (5,6), Gesamtphenol mit NaOH 57 (25,0) %, Thymol 47 (23,9) %, lösl. in 1,4 (8,5) Voll. 80%ig. Alkohol. Außer diesen wurden im Samenöl γ-Terpinen, Dipenten, p-Cymol u. Carvacrol nachgewiesen. Thymolherst. aus Ajowanöl lohnt nicht mehr. (Indian Soap J. **20.** 267—70. April 1955. Kanpur, H. B. Technol. Inst.) H. MÜHLMEISTER. 7262

R. Moline, *Allergie in Kosmetologie und Parfümerie.* Hinweis auf allerg. Rkk., die nach Gebrauch von Lippenstiften, Nagellacken, Brillantinen, Haarfarben usw. auftreten können. Besprechung der Austestung des oder der allerg. Faktoren. (Ind. Parfumerie **10.** 20—23. Jan. 1955.) H. P. FIEDLER. 7284

H. C. Friederich, *Erscheinungen der Unverträglichkeit der Haut gegenüber kosmetischen Produkten.* Es werden die Methoden der Unters. der Unverträglichkeit u. einige Beispiele hierfür dargelegt. (Ind. Parfumerie **10.** 104—06. März 1955. Tübingen.) E. BOYE. 7284

K. W. Rosenmund und **H. H. Grandjean,** *Jodzahlbestimmungen ätherischer Öle.* Das Verf. von ROSENMUND u. KUHNHENN (Z. Unters. Lebensmittel **46.** [1923.] 155) ist zur Best. der JZZ. von äther. Ölen nicht geeignet, da der Sulfatanteil des Reagens, Pyridinsulfatdibromid (I), Störungen verursacht. Es konnte gezeigt werden, daß an Stelle von I *Pyridinmethylbromiddibromid* mit Vorteil zur Best. der JZ. äther. Öle geeignet ist. Die Theorie der Br-Addition, die Vorbehandlung des Untersuchungsmaterials, die Arbeitsvorschrift u. die Herst. der Reagentien werden ausführlich beschrieben. Die Beleganalysen beweisen die Brauchbarkeit des neuen Verf. im Vgl. zu bisher üblichen. (Arch. Pharmaz. Ber. dtsch. pharmaz. Ges. **286/58.** 531—43. 1953. Kiel, Univ., Pharmaz. Inst.) H. P. FIEDLER. 7286

Pierre Vélon, *Analyse von Lippenrot.* Zur Unters. von Lippenstiften wurden diese im SOXHLET-App. mit Trichloräthylen (I) extrahiert, dann mit Aceton (II) gewaschen. Unlösl. bleibt ein Teil der Lacke u. Pigmente. Aus dem Extrakt werden die wasserlösl. Lösungsmittel mit W. ausgewaschen u. in je 4 Teilen der wss. Lsg. die prim. Alkohole

(Tetrahydrofurfurylalkohol) abgetrennt, α-Glykole mit Perjodat, Polyole mit Ba-Silicowolframat u. Tetrahydrofurfurylacetat durch VZ. nachgewiesen. Nach Abdest. von I wird der trockene Rückstand mit II aufgenommen, ungelöst bleiben Lanolin, Wachse u. Paraffine, von denen ersteres nach LIEBERMANN-STORCH, letztere mit konz. H_2SO_4 bestimmt werden. Das in II Lösliche wird chromatograph. in I über Al_2O_3 durch Auswaschen mit I, Bzl.-Aceton u. Methanol in die Bestandteile Ricinusöl u. die restlichen Farbstoffe getrennt. (Parfumerie mod. **47.** Nr. 44. XIX. März/April 1955.)
H. MÜHLMEISTER. 7294

XIV. Zucker. Kohlenhydrate. Stärke.

M. Simon, *Abschluß der Forschungen des Zuckerrüben-Instituts im Jahre 1954.* Bericht über die Mechanisierung der Zuckerrübenernte (Erntemaschinen), Fortschritte in der Speicherung von Nebenprodd., Einbringung der Ernte u. Mechanisierung der Feldbestellung (Aussetzen von Sämlingen). (Sucrerie belge **74.** 538—53. 1/15. 7. 1955. Inst. Belg. pour Amélioration de la Betterave.) P. FAHRNLAENDER. 7406

C. H. O. Pearson, *Fortschrittsbericht über die Feldversuche, die die Verwendung von Zuckerrohrblättern und Düngemitteln betreffen.* Das Entblättern von Zuckerrohr vor dem Schnitt ist gegenüber dem oft angewandten Abbrennen vorteilhafter. Die Verwendung von Düngemitteln in Verbindung mit den Blattabfällen des Zuckerrohres führt zu guten Erfolgen, die bes. bei den 2. u. 3. Schößlingen deutlich werden. (Proc. annu. Congr. South African Sugar Technologists' Assoc. **1952.** 124—29.)
R. RUTKOWSKI. 7440

H. E. Krumm, *Wirkung auf die Citronensäurelöslichkeit von „Langfos", wenn es zusammen mit Abfallprodukten der Zuckerindustrie gedüngt wird.* Die Citronensäurelöslichkeit von „*Langfos*" (I) blieb unverändert, wenn es gedüngt wurde in Mischung mit Bagasse u. Kuhdung. Beim Mischen mit Filtrierrückständen wurde ein Ansteigen der Citronensäurelöslichkeit von I bemerkt. (Proc. annu Congr. South African Sugar Technologists' Assoc. **1952.** 100—05. Bellville Fertiliser Works, African Metals Corp. Ltd.)
R. RUTKOWSKI. 7440

J. O. Duchenne, *Bemerkungen über Saftklärung in Umfolozi (ein modifizierter Sulfitierungsprozeß zur Weißzuckerherstellung).* Beschreibung des Sulfitierungsprozesses von Rohrzuckersäften in Umfolozi. (Proc. annu. Congr. South African Sugar Technologists' Assoc. **1952.** 62—68.) R. RUTKOWSKI. 7440

Robert H. Hughes, *Salzkristalle in niedergrädigen Melasselaugen.* Die niedergrädigen Rohrzuckermelasselaugen enthalten einen hohen Anteil an Asche, die vorwiegend aus krist. KCl besteht. Dieses krist. in jeder Phase des Herstellungsprozesses aus, u. die Menge richtet sich nach der im Saft vorhandenen Salzkonzentration. Verss. zur Entfernung des störenden KCl werden beschrieben. Es wird festgestellt, daß die Zuckerrohrart u. der Typ des zum Berieseln der Pflanzung benutzten W. einen Einfl. auf die Salzkonz. des Zuckerrohrsaftes haben. (Rep. Hawaiian Sugar Technologists **1952.** 59—66.)
R. RUTKOWSKI. 7440

T. M. Reynolds, *Adsorption von Glucose an einem schwach basischen Anionenaustauscherharz.* Die Adsorption von Zuckern an Amberlite IR 4 B bei der Aufarbeitung von Fruchtsäften wird untersucht. Aus verschieden zusammengesetzten Mischungen von Glucose (I), Fructose (II) u. Saccharose (III) sowie Äpfelsäure, Citronensäure, Chinasäure, Galakturonsäure u. H_3PO_4 werden I sowie Spuren von II u. III am Harz adsorbiert. Eine quantitative Unters. zeigt, daß ca. 1% von I adsorbiert wird. (Nature [London] **175.** 46—47. 1/1. 1955. Homebush, N. S. W., Commonwealth Sci. and Ind. Res. Organ., Div. of Food Preserv. and Transport.) GÜNTER LANGE. 7442

Matao Nakamura, *Über den nach der sauren Verzuckerung von Stärke verbleibenden unvergärbaren Rest.* 1. Mitt. Die saure Verzuckerung wurde 60—90 Min. durchgeführt. Bei Ggw. von viel W. ist der Zuckerrest gering, nimmt aber mit Verringerung des Wassergeh. zu. Seine Zus. wurde durch Behandlung mit Emulsin, Takadiastase u. HCl u. jeweiliger Beobachtung des Reduktionswertes untersucht. Die Möglichkeit der Abspaltung von *Isomaltose* u. *Gentiobiose* aus Stärke oder deren nachträgliche Bldg. aus Glucose, gegebenenfalls im Gleichgewicht mit ihr, wird erwogen. (J. Chem. Soc. Japan, ind. Chem. Sect. [Kōgyō Kagaku Zassi] **54.** 137—38. Jan. 1951. Tokyo. [Orig.: japan.])
L. SCHULER. 7448

A. F. McCulloch, *Die direkte Bestimmung des Fasergehaltes einzelner Zuckerrohrsendungen.* Schema zum kontinuierlichen Wiegen von Bagasse für die Best. des Fasergeh. der Zuckerrohrsendungen. (Proc. annu. Congr. South African Sugar Technologists' Assoc. **1952.** 85—99.) R. RUTKOWSKI. 7470

W. O. Christianson, *Zuckerrohrteste mit besonderer Berücksichtigung der Anwendung des Java-Verhältnisses in Natal.* Der Zuckergeh. von Zuckerrohrmustern wird mit Hilfe des Java-Verhältnisses bestimmt. Es wurde eine Beziehung zwischen dem Anteil an reduzierenden Zuckern u. dem Java-Verhältnis gefunden. Dieses Java-Verhältnis wird von einer Reihe von Faktoren beeinflußt, z. B. dem Reifungsgrad u. den Zuckerrohrkrankheiten. (Proc. annu. Congr. South African Sugar Technologists' Assoc. **1952.** 69—84.) R. RUTKOWSKI. 7470

Robert J. Brown, *Chromatographische Bestimmung von Raffinose in Zuckerrüben und Rübenrohsaft.* Der Geh. an *Raffinose* in Rübenzuckersäften wird papierchromatograph. nach den Methoden von DE WHALLEY (C. **1950.** II. 2132; **1951.** I. 942) u. ALBON u. GROSS (C. **1952.** 7428) nach der Entsalzung durch einen gemischten, geschichteten Ionenaustauscher, der aus 2 Vol. Anionenaustauscher (1 RA–400) u. 1 Vol. Kationenaustauscher (1 R–120) besteht, bestimmt. Gegebenenfalls vorhandene koll. Bestandteile, die die Chromatographie stören können, werden vor dem Entsalzen entfernt. (Int. Sugar J. **54.** 217—18. Aug. 1952. Denver, Gt. Western Sugar Co., Res. Labor.) R. RUTKOWSKI. 7474

XV. Gärungsindustrie.

J. White, *Wirkung der Impfquote und Zuckerkonzentration auf das Hefewachstum und Gärung in belüfteter Glucosewürze.* Die Werte des Gärungskoeff. (**I**), des Wachstumskoeff. (**II**) u. der Anteil des Zuckerverbrauchs variieren mit der Hefeimpfquote (**III**), der Zuckerkonz. (**IV**) u. den Bedingungen, unter welchen die geimpfte Hefe wächst. Es wird die Beziehung zwischen all diesen Faktoren für das Wachstum der Hefe bei 30° in Glucosewürze (**V**) diskutiert. **V** wird einer konstanten Belüftung unterworfen. Mit steigender **III** sinkt **II** ab. Bei Hefe steigt **I** bis zu einer **III** von 25 g/Liter. **IV** ändert sich nur wenig bis zu einer **III** von 30 g/Liter, bei größerer **III** fällt **IV** schnell ab. (J. Inst. Brewing **61** ([N. S.] **52.**) 146—50. März/April 1955.) J. MILLER. 7506

E. E. Bruchmann, *Untersuchungen über die Bestrahlung von ergosterinreichen Hefen mit Osram-Quecksilberdampf-Hochdrucklampen.* Im Vgl. mit Bestrahlungslampen der Quarzlampengesellschaft Hanau wurde die Eignung der OSRAM-Quecksilberdampf-Hochdrucklampen (I) HQS 1000, HQS 2000 u. HQA 2000 als UV-Lichtquellen bei der photochem. Synth. von *Vitamin D* (**II**) in ergosterinreichen Hefen untersucht. Zwar lagen die mit den HQS-I erhaltenen **II**-Gehh. bei gleichen Bedingungen unter denen der Hanauer Lampen, sie ließen sich jedoch durch mehrmalige Bestrahlung auf Werte zwischen 4000 u. 10000 I.E./g Trockensubstanz steigern, so daß die einfacher zu handhabenden I-Lampen empfohlen werden können, wenn keine extrem hohen **II**-Gehh. gefordert werden. (Branntweinwirtschaft **76.** 295—98. 10/8. 1954. Berlin, Inst. für Gärungsgewerbe.) W. SPITALER. 7506

I. L. S. Mitchell und **S. Bayne,** *Die Einwirkung von D- und L-Glucoson auf die Hefegärung.* Die Einw. von D (**I**)- u. L (**II**)-Glucoson in verschied. Konzz. auf die Glucosegärung in Ggw. von Cyanid zur Respirationsverhinderung wird in der WARBURG-App. verfolgt. Die niedrigste Konz. von **I** zeigt keine, höhere Konz. zeigt Hemmwirkung. Unter denselben Bedingungen wirkt **II** bei keiner Konz. als Gärhindernis. (Biochem. J. **50.** XXVII. März 1952. St. Andrews, Bute Med. Buildings, Dep. of Biochem.) K. MÜLLER. 7510

D. N. Klimowski, N. A. Lossew und **A. P. Ssawwina,** *Zur Frage der Methylalkoholbildung bei den Prozessen der Spritherstellung.* Es wurden 631 Serienanalysen zur Best. des CH_3OH (**I**) im Rohsprit durchgeführt. Es zeigte sich, daß **I** nur während des Verkochens aus dem Pektin des Rohstoffes entsteht, da aus Getreide nur 0,01—0,04%, aus Kartoffeln 0,28—0,36% **I** (auf Trockenmasse berechnet), entsprechend dem Pektingeh. des Rohstoffs, gebildet werden. Bei den späteren Prozessen (Zuckern, Gären) wird prakt. kein **I** mehr gebildet; Zusatz von Formalin kann eine Erhöhung des **I**-Geh. um 0,002% vortäuschen (Überdest. von Formaldehyd). Die **I**-Menge erfährt zudem eine Steigerung, die dem Druck beim Zerkochen der Rohmasse proportional ist. Es wird daher ein möglichst niedriger Druck empfohlen, außerdem ein guter Dampfumlauf. **I** konz. sich bei der Rektifikation in den Böden, fließt bei geringer Drucksenkung ab u. verunreinigt die 1. Sorte. Der mittlere **I**-Geh. der untersuchten Proben beträgt 0,04%. Rohsprit aus Zuckerrübenmelasse enthält kein **I**. (Спиртовая Промышленность [Spirituosen-Ind.] **20.** Nr. 4. 18—20. 1954.) A. v. WILPERT. 7536

G. Krauss, H. Waller und **R. Schmid,** *Der Einfluß einiger Brauwassersalze auf den Geschmack des Bieres.* Voll entsalztem W. wurden verschied. Salze zugesetzt u. das Bier geschmacklich nach KUTTER bewertet. Voll entsalztes W. war nicht besser als W. von

6—10° d. H. an $CaCl_2$, $MgCl_2$, $CaSO_4$, $MgSO_4$ oder $CaCO_3$, zwischen denen kaum Geschmacksunterschiede feststellbar waren. Auch Unterschiede zwischen Ca- u. Mg-Bieren waren nur klein. Bei mehr als 20° d. H. an $CaCl_2$ trat mastiger u. Salzgeschmack auf. Das Mg-Ion schädigte erst ab 20° d. H. an $MgSO_4$ geringfügig. Das Carbonation bewirkte stärkste, unangenehmste u nachhängende Bittere. Das Chloridion war in der Bittere besser als das Sulfation. Chlorzusatz von 1 g/m³ hatte keinen ungünstigen Einfl. auf den Biergeschmack. (Brauwelt, Ausg. B **95.** 617—24. 24–27/5. 1955. Stuttgart-Vaihingen, Brauerei Rob. Leicht AG., Versuchsbrauerei.) H. G. SCHULTZE-BERNDT. 7540

K. Göpp, *Arbeitsziele im deutschen Braugerstenbau.* 1954 wurde von 35 Sorten Saatgut erzeugt. Bei Züchtung ist Standfestigkeit zu prüfen. Neue Rassen von Mehltau gefährden resistente Sorten. In einjährigem Düngungsvers. war Kalksalpeter besser als Kalkammonsalpeter. Einjähriger Großanbauvers. zeigte qualitative Überlegenheit alter Sorten gegenüber neuen bei gleichen Erträgen. Kleinmälzungen ergaben Sortenunterschiede im Malzextrakt bis 2% u. unterstützen die Züchtung ausgesprochener Qualitätsbraugerstensorten. (Brauwelt, Ausg. B **95.** 595—601. 24–27/5. 1955. Bad Kreuznach, Arbeitsgem. z. Förderung d. Qualitätsgerstenbaus im Bundesgebiet.) H.-G. SCHULTZE-BERNDT. 7540

A. R. Chubb, *Compartmentmälzen.* Beschreibung einer Anlage zur Compartmentmälzung: Silo, Mälzkammern, Trocknungsanlage mit Ölfeuerung, Luftumlauf, mechan. Wender u. Kontrolle der Arbeitsweise durch registrierende Feuchtigkeitsschreiber. (J. Inst. Brewing **60** ([N. S.] **51**). 205—10. Mai/Juni 1954. Newark-on-Trent, Gilstrap, Earp & Co. Ltd.) H. HAEVECKER. 7540

E. Schild und **H. Kammermayer,** *Beziehungen zwischen Schrotzusammensetzung und Extraktausbeute bei der Malzanalyse.* 16 verschieden gelöste Malze wurden auf der Grobschrotmühle vermahlen. Sie unterschieden sich im Mehl- u. Siebanteil des Pfungstädter Plansichters ohne erkennbaren Zusammenhang mit dem Auflösungsgrad u. der Extraktausbeute. Gut gelöstes Malz liefert einen größeren Mehlanteil. Abgenutzte Riffelwalzen zerkleinern das Malz stärker. Der Unterschied zwischen alten u. neuen Grobschrotmühlen betrug 0,4% Extraktausbeute. (Brauwelt, Ausg. B **95.** 606—08. 24–27/5. 1955. München, Weihenstephan, TH, Inst. für chem. techn. Analyse.) H.-G. SCHULTZE-BERNDT. 7540

B. D. Hartong, *Die Biochemie der Malzanalyse.* Vf. unterscheidet die biol. (Wachstums-) u. die chem. (Umwandlungs-) Phase. Die Qualitätsschädigung von Malz beruht auf der Ringwrkg. der feuchten Belüftung in der chem. Phase. Löslichkeit in W. ist bedingt durch die Wechselwrkg. von Enzymkraft u. Angreifbarkeit. Die relative Löslichkeit bei 20 u. 45° charakterisiert die Enzymkraft, bei 65 u. 80° die Angreifbarkeit. Zwischen Verarbeitungszahl (VZ) bei 45° u. Eiweißlösungsgrad nach KOLBACH besteht ein Zusammenhang mit einem Korrelationskoeff. $r = +0{,}86$. Die Umrechnungsformel ist: KOLBACH-Zahl $= 0{,}75 \cdot VZ\ (45°) + 10$ mit Fehlergrenze $\pm 1{,}25\%$. Standardwert der HARTONG-Zahl ist 5, heutiger Mittelwert 4,5. (Brauwelt, Ausg. B **95.** 609—16. 24–27/5. 1955. Amersfoort, Phoenix-Brauerei.) H.-G. SCHULTZE-BERNDT. 7540

A. Ruppert, *Vermälzungs- und Brauversuch mit der Gerstensorte „Breuns Wisa".* „Breuns Wisa" gibt bei kurzer Keimzeit u. guter Lsg. Malz mit hohem Extraktgeh. (83%) u. hohem Eiweißlösungsgrad nach KOLBACH sowie hoher Verarbeitungszahl nach HARTONG. Das Bier hatte eine helle Farbe, feinen Geschmack u. gute physikal.-chem. Stabilität. (Brauwelt, Ausg. B **95.** 602—05. 24–27/5. 1955. Nürnberg, Bayer. Landesgewerbeanst., Versuchsanst. für Bierbrauerei.) H. G. SCHULTZE-BERNDT. 7544

Kaspar Schamberger, *Über die Bierstabilisation.* Überblick über brautechn. (langes Hopfenkochen) u. andere (Tannin, Bentonite, Enzympräpp., Reduktone) Methoden zur Stabilisierung. (Brauwelt, Ausg. B **95.** 551—52. 17–20/5. 1955.) H. G. SCHULTZE-BERNDT. 7550

C. H. van den Noortgaete, *Moderne Ansichten über die Proteine des Bieres.* Vf. verfolgt die Proteine von der Gerste bis zum Bier, ihren Einfl. auf Kolloide u. Schaumbldg. u. Schaumgehalt. Trübungen haben durch Einw. von Kälte, Oxydationsmittel, Hitze u. Licht ihre Ursache. Die Stabilität eines Bieres läßt sich durch einige Verff. berechnen. Vf. gibt abschließend Hinweise, bes. um die Kolloidstabilität des Bieres zu verbessern. (Petit J. Brasseur **63.** 200—02. 25/3. 1955. Gand, Gärungsinst.) J. MILLER. 7550

F. Klinkhammer, *Biersarcinen. Bakterielle Schädlinge im Bier.* Aussehen, Auftreten, Herkunft, Nachw. u. Sichtbarmachen (Anfärben) von Sarcinakokken sowie Verhütung u. Bekämpfung ihres Auftretens in Brauereien. (Mikrokosmos **44.** 172—74. Mai 1955. Krefeld.) K. BLUMRICH. 7550

Noboru Taketomi, Kiyoshige Shiozawa und **Shozo Minagawa,** *Milchsäuregärung von Pentosen und pentosanhaltigen Materialien.* 1. Mitt. Es wurden 2 Arten von Bakterien, zu Lactobacillus pentoaceticus gehörig, isoliert, eine aus Reiskleiemaische mit hoher Gärwrkg. auf *Xylose* u. eine aus gesalzenen Schalotten für *Arabinose*. (J. chem. Soc. Japan, ind. Chem. Sect. [Kōgyō Kagaku Zassi] **54.** 142—44. Jan. 1951. Tokyo, Waseda Univ. [Orig.: japan.]) L. SCHULER. 7578

Noborn Taketomi und **Kiyoshige Shiozawa,** *Milchsäuregärung von Pentosen und pentosanhaltigen Materialien.* 2. Mitt. *Pentosanmaterial.* (1. vgl. vorst. Ref.) Entkörnte Maiskolben, Erdnußschalen u. ähnliche pentosanhaltige Rohstoffe wurden nach Säureverzuckerung den beiden Milchsäuregärungserregern ausgesetzt. Ein Geh. von mehr als 0,1% *Furfurol* hemmte die Milchsäuregärung. Als Nährstoffe erwiesen sich bei 5% Verzuckerungsgrad 2—3% Maiskeime oder 0,5% Trockenhefe vorteilhaft. Bei einem Verzuckerungsgrad von 3—5% u. 30° war in 5—7 Tagen die Gärung beendet. 90—100% des Zuckers waren verbraucht u. 80—90% des verbrauchten Zuckers in Säure verwandelt. Das Verhältnis *Milchsäure*: *Essigsäure* wurde zu ca. 6:4 gefunden. (J. chem. Soc. Japan, ind. Chem. Sect. [Kōgyō Kagaku Zassi] **54.** 429—30. Juni 1951. Tokyo, Waseda Univ. [Orig.: japan.]) L. SCHULER. 7578

A. I. Duchowny, *Die Bestimmung von Kupfer und Eisen in Weinbrandprodukten.* Der Destillationsrest von 300 ml Weinbrand wird auf dem Wasserbad eingedampft u. im Muffelofen verascht. Nach Erkaltung wird die Asche in einem Gemisch von 4,5 ml konz. HNO_3 u. 4—5 ml W. gelöst, die Lsg. auf 100 ml aufgefüllt. 20 ml der Lsg. werden mit 10%ig. NH_3 neutralisiert u. auf 50 ml aufgefüllt. In der Lsg. wird Fe mit NH_3 gefällt, das Filtrat auf 100 ml aufgefüllt, 3 Tropfen 5%ig. $K_4Fe(CN)_6$ zugesetzt u. das Cu colorimetriert. Das Fe wird wie üblich colorimetr. bestimmt. (Виноделие и Виноградарство СССР [Weinbereit. Weinbau UdSSR] **15.** Nr. 6. 28—29. 1955. Odessa, Weinbrandfabrik.) OTTO MAIER. 7596

XVI. Nahrungs-, Genuß- und Futtermittel.

Willy Lange, *Cholesterin-, Phytosterin- und Tocopherolgehalt von Lebensmitteln und tierischen Geweben.* Übersichtsbericht mit 13 ausführlichen Tabellen u. 100 Literaturangaben. (J. Amer. Oil Chemists' Soc. **27.** 414—22. Nov. 1950. Cincinnati, O., Procter and Gamble Comp.) F. KRUSEN. 7630

Sándor Jaschik und **Mihályné Krámer,** *Säure- und basenbildende Lebensmittel.* Die säuren- u. basenbildende Wrkg. zahlreicher Lebensmittel (Fleisch, Pilze, Milchprodd. usw.) wurde untersucht. Die Resultate wurden in Tabellen zusammengefaßt. Alkalität u. Acidität wurden direkt bestimmt. In 1 g Asche der veraschten Substanz wurde der Geh. der positiven u. negativen Ionen titriert. (Élelmezési Ipar [Verpflegungs-Ind.] **7.** 309—12. Okt. 1953.) H. LANGENBECK. 7630

F. J. Fontein, *Hydrocyclone zur Gewinnung oder Trennung fester Partikel; Anwendungen in der Nahrungsmittelindustrie.* (Vortrag.) Konstruktion u. Arbeitsweise von Hydrocyclonen wird beschrieben u. ihre Anwendung zur Trennung von Kernen u. Schalen der Palmnüsse u. zur Reinigung der Kartoffelstärke besprochen. — 7 Literaturangaben. Diskussion. (Ingenieur ['s-Gravenhage] **65.** Ch. 101—Ch. 107. 30/10. 1953. Heerlen, State Mines, Coal Preparat. Div., Central Res. Labor.) PH. FRESENIUS. 7632

R. McL. Whitney, *Lebensmittelbeschallung.* Überblick über die theoret. u. prakt. Grundlagen der Ultraschallanwendung bei Lebensmitteln. Eine App. zur Ultraschallanwendung wird beschrieben (Skizze). — 14 Literaturhinweise. (Food Engng. **27.** Nr. 5. 80—82. 159—60. Mai 1955. Urbana, Ill., Univ. of Illinois.) H. GERTH. 7632

Ss. L. Brinberg und **L. Ss. Chasskin,** *Anwendung der Antibiotica in der Lebensmittelindustrie.* Vff. behandeln an Hand der nichtsowjet. Literatur (37 Hinweise) die Möglichkeiten einer Anwendung von Antibioticis zur Lebensmittelkonservierung. (Антибиотики [Antibiotika] **8.** Nr. 5. 59—69. 1955.) G. MÖNCH. 7634

Fridrich Görner, *Reinigende und sterilisierende Mittel im Ernährungswesen.* Ausführliche Erklärung der Begriffe, die für den reinigenden u. sterilisierenden Effekt grundlegend sind. Besprechung der verschied. für die Reinigung u. Sterilisation verwendeten Mittel u. ihre Kontrolle. — 7 Abb., 1 Tabelle. (Bratislavské Lekárske Listy **33.** 367—88. Mai 1953. Bratislava, Ústav hygieny.) E. ROTTER. 7634

Robert R. Williams, *Lebensmittelanreicherung. Fortschritt und Kontroversen.* Ausführliche Darst. der mit der Anreicherung von Lebensmitteln durch Vitaminisieren zusammenhängenden Probleme. (J. agric. Food Chem. **2.** 770—74. 21/7. 1954. New York, N. Y., Williams-Waterman Found., Res. Corp.) F. KRUSEN. 7642

M. W. Lindner, *Diätetisch-pharmazeutische Eiweißpräparate der Industrie und der internationalen Wirtschaft.* Vf. bespricht Proteine bzgl. ihrer Resorption im menschlichen Organismus u. ihre Gewinnung aus Fleisch, Leber, Leim, Blut, Milch, Eiern, Eiweiß höherer Pflanzen u. Hefe. Auch Erzeugnisse aus Eiweißspaltprodd. einschließlich Aminosäuren werden abgehandelt. Aufzählung zahlreicher Präparate. (Apotheker-Ztg. **62.** 105 bis 109. Mai. 137—40. Juni 1950. Berlin.) A. Liebner. 7646

James J. Winston, *Bessere Makkaroniprodukte durch Weizenkleberpräparate.* Der Zusatz von Weizenkleberpräpp. zu Makkaroniprodd. erhöht deren Festigkeit. Die Farbe wird nur wenig beeinflußt. Bei etwas verlängerter Kochzeit erfolgt bessere Zunahme an Vol. u. Gewicht. Die Menge an gelöster Substanz (beim Kochen) wird verringert, der Geschmack verbessert. (Food Engng. **27.** Nr. 5. 73—74. 187. Mai 1955. New York, N. Y., Jacobs-Winston Labors., Inc.) H. Gerth. 7672

M. R. Geoffroy, *Untersuchung der Amylolyse im Brot.* Die Brotgärung wird vornehmlich durch die Menge korrodierter Stärkekörner beeinflußt u. nur wenig durch den Enzymgeh., da im Teig stets ein Überschuß an β-Amylase u. prakt. wenig α-Amylase vorhanden ist. (C. R. hebd. Séances Acad. Agric. France **41.** 270—71. 1955.) H. Haevecker. 7674

P. Priske, *Die Verwendung von Polymerisaten und Polykondensaten bei der Herstellung von Gebäckpräparaten.* Allg. Ausführungen. (Brot u. Gebäck **8.** 16—18. Jan. 1954. Wilhelmshaven.) M. Winiker. 7674

H. M. Teeter, L. E. Gast, E. W. Bell, W. J. Schneider und **J. C. Cowan,** *Untersuchungen über die bitter und die bohnig schmeckenden Bestandteile von Sojabohnen.* Zur Aufklärung der nach dem Schrifttum noch nicht bekannten Verbb., die beim Sojamehl die strenge (bittere) u. die bohnenartige Geruchs- u. Geschmacksnuance verursachen, wird aus entölten Sojaflocken (mit Hexan extrahiert) mit 95%ig. A. ein Extrakt hergestellt, aus dem durch Konzentrierung 368 g eines Sirups gewonnen werden, die in systemat. Weise (vgl. Original) fraktioniert werden. Unters. der Fraktionen nach Gegenstromverteilung, nach chromatograph. Trennung, nach fraktionierter Dest. u. Charakterisierung der Fraktionen durch Röntgenstrahlendispersion, analyt. Kennzahlen u. Chromatographie. Die aus dem alkoh. Extrakt gewonnene bitter (streng) schmeckende Fraktion enthält einen in W. lösl. Bitterstoff, der aber aus der Sojabohne mit W. nicht ausziehbar ist; der nachgewiesene Bitterstoff dürfte also mit dem nativen Bitterstoff der Bohnen nicht ident. sein. Das bohnig schmeckende isolierte Prod. enthält Ketone, Carbonsäuren (Capron- sowie C_3-, C_5-, C_7-, C_8 u. C_9-Säuren), Ester, Phenole u. indifferente Komponenten (vielleicht Äther oder KW-stoffe); es werden Aceton u. Methylpropylketon identifiziert; ferner ist ein α.β-ungesätt. Keton nachweisbar. Nach Verseifung der Esterfraktion fallen noch nicht identifizierte Säuren an. Der Petrolätherextrakt aus dem ursprünglichen Äthanolextrakt stellt eine ölige Substanz dar, enthaltend wenig Capron- u. mehr C_{16}- u. C_{18}-Säuren; durch Wasserdampfdest. sind daraus abtrennbar C_6-, C_7-, C_8-, C_9- u. C_{10}-Säuren. (J. Amer. Oil Chemists' Soc. **32.** 390—97. Juli 1955. Peoria, Ill., U. S. Dep. of Agricult., Northern Utilizat. Res. Branch, Agricult. Res. Serv.) K. Täufel. 7684

V. Subrahmanyan, G. S. Bains, M. Swaminathan und **D. S. Bhatia,** *Untersuchungen an Getreideersatzprodukten.* 5. Mitt. *Der Nährwert von synthetischem Reis.* (4. vgl. C. **1955.** 5923.) Vgl. des Nährwertes von *rohem gemahlenem Reis* (I) mit dem von „*synthet. Reis*" (II) (Ersatzprod., hergestellt aus einem Gemisch von 60% Tapioka-, 15% Erdnuß- u. 25% Weizenmehl), sowie **II** mit einem Überzug von *Ca-Caseinat* (**III**). Durch Rattenwachstumsverss. wurde ermittelt, daß **II** u. bes. mit **III** überzogener **II** höher zu bewerten sind als **I.** Neben geringerem Wachstum der mit **I** gefütterten Tiere bleibt bei diesen auch die Nachkommenschaft aus, im Gegensatz zu den Tieren, welche **II** oder mit **III** überzogenen **II** als Futter erhielten. (Bull. centr. Food technol. Res. Inst., Mysore **4.** 55—57. Dez. 1954.) R. Woller. 7686

L. Nicolaisen-Scupin, *Aus der Forschungsarbeit über die Kaltlagerung von Äpfeln.* (Vgl. nachst. Ref.) „*Landsberger Renette*" eignet sich infolge ihrer völligen Resistenz gegen Fleischbräune bestens zur Kaltlagerung bei 0 bis -1^0. Oberhalb $+1^0$ lassen Haltbarkeit u. Geschmack nach. Die Einlagerung muß in grünem, unreifem Zustande erfolgen, um spätere Geschmacksverschlechterung u. Kernhausbräune zu vermeiden. Lagerfähigkeit 5—6 Monate. Der Säuregeh. nimmt während der Lagerung deutlich zu, mit steigenden Tempp. stärker. Refraktometerwert u. osmot. Wert sowie Trockensubstanzgeh. zeigen im Verlauf der Kaltlagerung nur geringe Veränderungen. (Kälte **8.** 77—80. März 1955.) K. Herrmann. 7688

L. Nicolaisen-Scupin, *Das Problem der Kaltlagerung von Äpfeln.* (*Dargestellt an den Sorten: „Cox' Orangen Renette" und „Laxtons Superb".*) „*Laxtons Superb*" eignet sich sehr gut zur Kaltlagerung um 0^0, da sie verhältnismäßig widerstandsfähig gegen Fleischbräune u. Fäulnis ist. „*Cox' Orangen Renette*" neigt stark zur Fleischbräune, ist gegen Fäulnis u. Kernhausbräune weniger widerstandsfähig u. muß daher oberhalb $+3^0$ gelagert werden. Kaltlagerung ist abzulehnen. Die Höhe der Analysenwerte variiert bei beiden Sorten nach Erntezeit, Herkunft usw. u. zeigt keine direkte Beziehung zur Haltbarkeit im Kaltlager. Hingegen liefert die Beobachtung der Tendenzen in der Veränderung von Refraktometerwert u. osmot. Wert. Hinweise auf den Reifezustand. (Kälte **8.** 1—4. Jan. 1955. Wehrda/Hünfeld.) K. HERRMANN. 7688

R. E. Henze, C. E. Baker und **F. W. Quackenbush,** *Carbonylverbindungen in den flüchtigen Stoffen von Lageräpfeln. Carbonylverbb.* (I) aus den flüchtigen Stoffen von Lageräpfeln (unter handelsüblichen Kühllagerungsbedingungen) wurden an Aktivkohle adsorbiert, mit Ae. extrahiert u. der Ae.-Extrakt mit Na-Bisulfitlsg. ausgeschüttelt. Acetaldehyd, Aceton u. Propionaldehyd wurden identifiziert. 15 andere I wurden über ihre 2.4-Dinitrophenylhydrazone. chromatograph. abgetrennt u. ihre Absorptionsspektra aufgenommen u. mitgeteilt. — 16 Literaturangaben. (J. agric. Food Chem. **2.** 1118—20. 27/10. 1954. Lafayette, Ind., Purdue Univ., Agric. Exp. Stat.) H. PATZSCH. 7688

J. M. R. de la Borbolla y Alcalá, C. Gómez Herrera und **A. Izquierdo Tamayo,** *Untersuchungen über Zubereitung der grünen Oliven.* 11. Mitt. *Verwendung reiner Kulturen von Milchsäurebakterien.* Der Zusatz der Kulturen zur Salzlauge verbessert die Qualität der Oliven, unterstützt die Fermentation. Man setzt zweckmäßig vergärbare Stoffe, wie Glucose, Saccharose, zu. Erprobung des Verf. in 140-Tage-Versuchen. (An. Real Soc. españ. Física Quím., Ser. B **50.** 497—504. Mai 1954. Patronato „Juan de la Cierva", Inst. Especial de la Grasa y sus Derivados.) J. ALTPETER. 7688

Lászlóné Széchényi, *Der Likov-Effekt beim Trocknen von Pflanzen.* Nach dem LIKOVschen Gesetz wandert die Feuchtigkeit bei Temperaturdifferenz von dem wärmeren Teil zum kälteren. Die vorliegenden Unterss. beweisen das auch für die Trocknungsvorgänge von Obst u. Gemüse. Tabellen u. graph. Darstellungen sind beigefügt. (Élelmezési Ipar [Verpflegungs-Ind.] **7.** 8—11. Jan. 1953.) H. LANGENBECK. 7690

K. Heintze, *Einfluß der Verschlußart auf die Schimmelbildung bei Marmeladen.* Bei undichtem Verschluß ist die Luftfeuchtigkeit der Lagerräume, bei dichtem Verschluß u. nicht steriler Füllung die Zuckerkonz. (ab 70%) der begrenzende Faktor für die Schimmelbildung. Hohes Vakuum u. hoher Ascorbinsäuregeh. können dieselbe nicht verhindern. Vf. empfiehlt steriles Einfüllen (55% Zucker; 50 mg% Ascorbinsäure). Bei atmendem Verschluß (*Cellophan*) trat auch nach einjähriger Lagerung keine Schimmelbldg. auf, allerdings war auch eine Geschmacksverschlechterung festzustellen. (Ind. Obst- u. Gemüseverwert. **40.** 88—90. 10/3. 1955. Karlsruhe, Bundesforschungsanstalt für Lebensmittelfrischhaltung.) K. HERRMANN. 7702

K. Vogl, *Die Herstellung von Essenzlimonaden und ihren Grundstoffen.* In Ergänzung der C. **1954.** 4054 referierten Arbeit werden Berechnungsschemata zur Herst. von Limonaden- u. Traubenzuckersirupen unter Anführung von Beispielen mitgeteilt. (Brauerei **7.** 311—12. 10/8. 1953.) H. PATZSCH. 7706

Roy E. Morse, *Ascorbinsäure und gebundenes Kupfer.* Die Wirksamkeit von *Na-Hexametaphosphat* (I) als Mittel zur Verhütung der durch Cu bedingten Zerstörung der *Ascorbinsäure* (II), z. B. in Fruchtsäften, wird untersucht. Phosphat–Citrat-Puffer nach MCILVAINE greift in den Mechanismus der II-Zerstörung ein durch Bindung des Cu durch die Citronensäure. I verhindert die II-Zerstörung in Ggw. von äquimol. Cu-Konz. nicht. I ist dagegen in äquimol. Konz. zum Na-Metaphosphatgeh. in Metaphosphorsäure wirksam, wenn mit Dichloressigsäure angesäuert wird. (Food Res. **18.** 48—56. Jan./Febr. 1953. Anniston, Ala., Monsanto Chemical Co.) PH. FRESENIUS. 7706

Hugh C. Vincent, Matthew J. Lynch, Florence M. Pohley, Fred J. Helgren und **F. J. Kirchmeyer,** *Geschmacksprüfung einer Cyclamat–Saccharin-Mischung und ihrer Komponenten.* Saccharin–Natrium (I) wurde 350mal oder mehr süßer als Rohrzucker empfunden, während Cyclamat–Natrium (II; Cyclohexylsulfamat–Natrium) nur ca. 30mal süßer ist. Die Mischung von I u. II im Verhältnis 1:10 zeigt eine Steigerung der Süßkraft gegenüber den Komponenten der Mischung allein. (J. Amer. pharmac. Assoc., sci. Edit. **44.** 442—46. Juli 1955. Chicago, Ill., Abbott Labors.) F. NEUWALD. 7712

Karl Schiller, *Mononatriumglutamat.* 2. Mitt. (1. vgl. C. **1952.** 147.) Bericht über Arbeiten u. Patente der letzten Jahre bzgl. Herst. u. Verwertung von *Mononatriumglutamat* (I) u. seine Verwendung in der Nahrungsmittelindustrie. I ist infolge seiner die Geschmacksnerven anregenden Wrkg. ein vorzügliches Würzmittel. Es entsteht beim Kochen durch Hydrolyse von Eiweißstoffen, kann auch synthet. erzeugt werden. Gegen seine Verwendung bei Herst. u. Zubereitung von Lebensmitteln bestehen keine Bedenken. Der Stoffwechsel des Gehirngewebes wird durch I günstig beeinflußt, es wird daher auch als Arzneimittel ausgewertet. Bzgl. analyt. Best. von I in Lebensmitteln u. Eiweißhydrolysaten wird die Meth. von TARDENT u. HÖGL näher erläutert. (Stärke **5.** 216—20. Aug. 1953. Heilbronn/Neckar, Chem. Labor. Dr. Karl Schiller.) R. BEYTHIEN. 7714

James K. Palmer, *Chemische Untersuchungen der Tabakpflanze.* 10. Mitt. *Bestimmung organischer Säuren durch Ionenaustauschchromatographie.* (9. vgl. VICKERY, C. **1955.** 3510.) Beschreibung einer Arbeitstechnik zur schnellen u. genauen Best. von *Äpfel-* u. *Citronensäure* u. der gesamten nichtflüchtigen organ. Säuren in Ae.- oder Wasserextrakten von getrockneten Tabakblättern. Die Trennung der Säuren erfolgt nach Absorption an einer Anionenaustauschersäule (Dowex 1-X10) durch Elution mit kontinuierlich ansteigenden Konzz. von Ameisensäure. Die Menge der einzelnen Säuren nach papierchromatograph. Identifizierung wird — nach Entfernung des Elutionsmittels — durch Titration ermittelt. Die Genauigkeit des Verf. liegt zwischen 97 u. 102%. Es wurden in wss. Extrakten in Milliäquivalenten je 100 g Trockensubstanz gefunden: Gesamte organ. Säuren 208,1 $\pm$ 2,8; *Äpfelsäure* 120,1 $\pm$ 1,69 u. *Citronensäure* 20,4 $\pm$ 0,5. Die in Ae.-Extrakten gefundenen Werte lagen sehr ähnlich. Eine mit dem beschriebenen Verf. erhaltene Fraktion, die verschied. Säuren umfaßte, wurde durch Austauscherchromatographie an Dowex 1 in Acetatform u. Elution mit kontinuierlich ansteigenden Konzz. von Essigsäure fraktioniert u. *Glutamin-*, *Asparagin-*, *Glycerin-*, *Glykol-* u. *Bernsteinsäure* nachgewiesen. — 21 Literaturangaben. (Connecticut agric. Exp. Stat., New Haven, Bull. **1955.** Nr. 589. **3**—31. Febr.) F. KRUSEN. 7734

Elemér Almási, *Die Wirkung des Grades der Kühlung bei der Lagerung von gefrorenen Nahrungsmitteln.* Es werden Resultate mitgeteilt, die bei verschied. Gefriermethoden an eingelagertem Geflügel u. Rindfleisch beobachtet wurden. (Élelmezési Ipar [Verpflegungs-Ind.] **7.** 245—48. Aug. 1953.) H. LANGENBECK. 7750

Oscar Jones und **F. E. Deatherage,** *Der Diäthylstilböstrolgehalt des Fleisches von Küken, die mit östrogener Substanz behandelt worden waren.* 10 Wochen alten Hähnchen wurde eine fettlösl. Tablette mit 15 mg *Diäthylstilböstrol* (**I**) subcutan implantiert. Eine andere Gruppe erhielt eine gleichdosierte subcutane Injektion. Nach 4 Wochen wurden die Tiere getötet, zugerichtet u. eingefroren. 2 Wochen später fand die Unters. statt. Bei keinem Tier beider Gruppen wurden wesentliche Mengen von **I** in Leber, Brustfleisch u. Abdominalfett gefunden. Die Reste der implantierten Tablette enthielten durchschnittlich noch 3,97 mg **I**. Die 4 Tiere, denen **I** injiziert worden war, enthielten noch 700, 335 u. 2mal je 31,25 γ. Hormonimplantationen sollen so vorgenommen werden, daß die Implantationsstelle verworfen werden kann u. nicht an den Verbraucher gelangt. (Food Res. **18.** 30—34. Jan./Febr. 1953. Columbus, O., State Univ., Agric. Exp. Stat. and Dep. of Agric. Biochem.) PH. FRESENIUS. 7750

Antonio Zanzucchi und **Gemma Delindati,** *Mikrobiologische und chemische Untersuchung über das Erweichen von Bologneser Wurst während des Kochens.* Als Ursachen für das Weichwerden beim Kochen von Bologneser Wurst konnten das Vorhandensein gewisser Keime (Typ Subtilis mesentericus u. Enterococcus liquefaciens), sowie gewisse chem. Veränderungen (Zunahme an lösl. N u. an NH_3–N) festgestellt werden. (Ind. Conserve **28.** 73—78. April/Juni 1953. Parma, Staz. Sper. per l'Industria delle Conserve Alimentari.) C. GRIMME. 7750

Treva C. Kintner und **Margaret Mangel,** *Überleben von Staphylokokken und Salmonellaarten, die mit Trockenei zubereiteten Salatzutaten zugesetzt worden waren.* Gekochte *Salatzutaten* (I) aus Fett, Mehl, Milch, W., Trockenei, Zucker, Salz, Senf, Paprika u. Essig, in denen die Mengen Zucker u. Essig wechselten, mit einem p_H von 3,4—4,56 werden mit Staphylococcus aureus u. 6 Arten von Salmonella beimpft u. bis 24 Std. bei Raumtemp. aufbewahrt. Danach wurde auf Nährsubstrat übertragen u. das Bakterienwachstum beobachtet. Gleichartige Proben von **I** wurden mit beimpfter Brühe zubereitet u. für $\frac{1}{2}$ Min. auf 84—86° erhitzt. Bei keinem p_H werden die überimpften Keime völlig zerstört, aber auch kein p_H bietet günstige Wachstumsbedingungen. Die Erhitzung tötet die Keime ab. (Food Res. **18.** 6—10. Jan./Febr. 1953. Columbia, Mo., Univ., Dep. of Home Economics.) PH. FRESENIUS. 7754

M. Muers, *Erfahrungen in der Behandlung und Überwachung von Molkereiabwässern.* Hinweise auf Wichtigkeit der Verminderung der Verluste bis 0,05—0,1% des Milchdurchsatzes, Überwachung des Abflusses durch Best. der gesamten organ. Substanz mit $K_2Cr_2O_7$ + konz. H_2SO_4 in Ggw. von Ag_2SO_4, auch colorimetr. durch Umschlag gelb ($K_2Cr_2O_7$) in grün [$Cr_2(SO_4)_3$], Reinigung durch wechselweise doppelte biol. Tropfkörper, die bei 0,3 kg BSB (biol. Sauerstoff-Bedarf) je m^3 Filterkörper u. Tag bis auf 10 mg BSB/Liter abbauen, oder Ausflockung des Caseins u. Fettes mit $Al_2(SO_4)_3$ u. nachherige Verrieselung, nur für kleine Betriebe wegen des großen Anfalls an Schlamm, der ausgefault werden kann. Belebtschlamm hat sich nicht bewährt. Die Abflut sollte durch Best. von Menge, BSB u. Feststoffen überwacht werden. (Ind. laitière [N. S.] **1954.** 50—52. März. London, United Dairies Ltd., Labor. centr. de Rech.)
H. MÜHLMEISTER. 7756

J. Pien, *Die Abwasserfrage in der Molkereiindustrie.* Vf. empfiehlt 2 Reinigungsverff.: 1. Ausflockung mit $Al_2(SO_4)_3$ u. $Ca(OH)_2$, Filtrieren des Schlammes auf oder mit Torf u. seine Kompostierung, anwendbar bei Abwässern ohne Molke [BSB (biol. Sauerstoff-Bedarf) 300—500] oder mit höchstens 5% (BSB 2500—3000), die bei Verdünnung bis 1:12 bzw. 1:50 in Wasserläufe ohne Schaden für Forellen abgelassen werden können, wo Verdünnung bis 1:300 möglich, auch mit höherem Molkegehalt. 2. Bei stärkerer Verunreinigung erfolgt Abbau der Lactose durch aerobe *Mikroorganismen* (I) bei 35—40° in einem Ansatz, gemischt aus Molke, Gartenerde, fauligem Quark, gebrauchtem Torf (vgl. oben) u. 30 g $CaCO_3$/Liter. Nach einigen Tagen ist bei ständiger Neutralisation mit $CaCO_3$ die Lactose abgebaut, neue Molke kann bei ständiger Erhöhung der Gaben zugefügt werden, bis nach ca. 2 Wochen laufender Betrieb bei häufigem Rühren, Erhaltung der Temp. u. Neutralität möglich ist. Ähnlich werden in einer 2. Gärung anaerob die Proteine zu NH_3 abgebaut, auch diese I werden in einem Ansatz wie oben mit lactosefreier Molke u. N-haltigen fauligen Abfällen erhalten. Das lactose- u. proteinfreie Abwasser wird nach dem 1. Verf. noch geklärt. (Ind. laitière [N. S.] **1954**. 53—55. März. Saint Quen, Labor. S. A. F. R.) H. MÜHLMEISTER. 7756

Jean Pien, *Vor der Lösung der Molkereiabwasserfrage.* Nach eingehender Behandlung der Selbstreinigung von Wasserläufen u. ihrer Berechnung kommt Vf. zu dem Schluß, daß durch Torf filtrierte Molkereiabwasser ohne Molke bis zu 300 mg/Liter BSB (biol. Sauerstoff-Bedarf) bis zu 3—5% ohne Schaden Wasserläufen zugesetzt werden können, wenn der Abfluß gleichmäßig auf den Tag verteilt wird. Bei einem BSB 300—1000, entsprechend 0,2—0,3% Milch oder 1—2% Molke muß vor dem Filtern chem. mit $Al_2 \cdot (SO_4)_3 + CaO$ ausgeflockt u. der Zusatz auf 1—2% vermindert werden. Bei noch höherem Geh. an Molke (5—20%) muß diese getrennt u. nach im vorst. Ref. beschriebenen Verf. bes. gereinigt werden, dann kann auch dieses Abwasser mit dem anderen vereinigt u. abgelassen werden. — Beispiel einer Molkerei von 100 m^3 Abwasser/Tag mit 20% Molke u. Abfluß von 1,25 Liter/Sek. in 12 Liter Wasserführung. (Ind. laitière [N. S.] **1954**. 111—17. Mai.) H. MÜHLMEISTER. 7756

Erkki Peltola und **Yrjö Mälkki**, *Bericht über die Prüfung des Reinigungsmittels Kalk-Ex.* Das Reinigungsmittel für Milchgefäße u. Melkgeräte *Kalk-Ex* (Hersteller: A/S. FABRIKEN NOMA, Kopenhagen) ist bas., leicht lösl. in lauwarmem W. u. stark Ca-bindend. Mindestens 0,25%ig. Lsgg. entfernen Eiweiß, 0,25—0,50%ig. Lsgg. emulgieren Fett, abhängig von der Härte des W.; in einem W. von $>5^0$ deutscher Härte ist die emulgierende Wrkg. schwach. 0,25%ig. Lsgg. greifen Al u. Sn prakt. nicht an, 0,5%ig. Lsgg. korrodieren Sn beträchtlich. Eine hautreizende Wrkg. wurde nicht beobachtet. (Karjantuote **38**. 560—61. 16/9. 1955. Jokioinen, Finnland, Valtion Maitotalouskoelaitos.) S. BECKMANN. 7756

C. Gainor und **D. E. Wegemer**, *Untersuchungen über ein Schleimigkeit in Milch hervorrufendes psychrophiles Bakterium.* 1. Mitt. *Morphologische und physiologische Feststellungen.* Aus einer Probe von schleimiger Milch wurde ein gekapselter Mikroorganismus mit Ähnlichkeit zu Alcaligenes viscosus isoliert, der sich von diesem jedoch durch die fehlende Eig., Fett zu spalten, unterschied. Das Bakterium kann Arabinose, Glucose, Galaktose u. Xylose vergären, wobei sich p_H-Werte von 4,6—5,6 einstellen. Es wächst im Gegensatz zu A. viscosus nicht mehr bei Tempp. über 35°, vermehrt sich dagegen noch gut bei 5°. (Appl. Microbiol. **2**. 95—97. März **1954**. Pittsburgh, Pa., Univ., Dep. of Biol. Sci.) F. KRUSEN. 7756

D. E. Wegemer und **C. Gainor**, *Untersuchungen über ein Schleimigkeit in Milch hervorrufendes psychrophiles Bakterium.* 2. Mitt. *Chemische Natur des Kapselpolysaccharides.* (1. vgl. vorst. Ref.) Von Kulturen des im vorst. Ref. beschriebenen Organismus wurden durch Zentrifugieren die Zellen abgetrennt u. das die Kapseln bildende Polysaccharid durch A.-Zugabe aus der überstehenden Fl. abgeschieden. Im Hydrolysat des Polysaccharids wurde papierchromatograph. nur *Fructose* nachgewiesen. Die Kapseln bestehen demnach aus *Lävan* (Fructosan?), was bei einer nicht Schleimigkeit hervorrufenden Variante des Bacteriums nicht nachweisbar war. (Appl. Microbiol. **2**. 97—99. März 1954.) F. KRUSEN. 7756

C. J. Babcock, D. R. Strobel, R. H. Yager und **E. S. Windham**, *Gefrorene homogenisierte Milch.* 9. Mitt. *Gefriercharakteristika von homogenisierter und nichthomogenisierter Milch.* (8. vgl. C. **1953**. 5755.) Abgesehen vom Fett zeigten *homogenisierte Milch* (I) u. *nichthomogenisierte Milch* (II) ähnliches Verh. beim Gefrieren bei —20°. Bei beiden war eine allmähliche Zunahme des %-Geh. von Protein, Gesamttrockenmasse u. Asche im nichtgefrorenen Anteil zu beobachten. Mit fortschreitendem Gefrieren zeigten die unteren Schichten in beiden Fällen eine Zunahme des Fettgehalts. Derselbe nahm bei I in den mittleren Schichten zu, bei II dagegen leicht ab. Bei I war er in den oberen

Schichten uneinheitlich, bei II gleichmäßig zunehmend. Er konz. sich bei II nach Beendigung des Gefriervorgangs im oberen Teil der Proben. Im unteren Teil zeigten dann I u. II ähnliche Konzz. von Protein u. Aschebestandteilen. — 9 Literaturangaben. (J. Dairy Sci. **37.** 1416—19. Dez. 1954.) PH. FRESENIUS. 7756

Willibald Diemair und **Gisela Schwindling-Manderscheid,** *Der Gehalt der ultraviolett bestrahlten Milch an D-Vitaminen.* Entgegnung auf eine krit. Betrachtung von WAGNER (Milchwissenschaft **7.** [1952.] 396) über eine frühere Arbeit des Vf. den Nachw. der D-Vitamine in UV-bestrahlter Milch betreffend. (Milchwissenschaft **8.** 87—88. März 1953.) F. GÜNTHER. 7756

N. W. Desrosier, F. J. McArdle, H. A. Hollender und **W. W. Marion,** *Der Einfluß von Kathodenstrahlen auf Eier und Milch.* Frische Eier u. entrahmte Milch wurden mit Kathodenstrahlen bestrahlt. Eier können mit 6 000 000 rep. (Röntgen equivalent physical) sterilisiert werden. Der dabei auftretende schale Geschmack geht zum größten Teil beim Kochen verloren. Beim Bestrahlen der Milch tritt ebenfalls ein unerwünschter Geschmack auf, die Labgerinnungszeit wird verlängert u. die Hitzestabilität des Caseins nimmt ab. Wird jedoch die Milch vor der Bestrahlung eingedickt, so sind die Qualitätsbeeinträchtigungen geringer. (Food Engng. **27.** Nr. 5. 78—79. 214. Mai 1955. Lafayette, Purdue Univ., Ind., Agricult. Exp. Stat.) H. GERTH. 7756

William G. Schulz, *Neue Methode zur Milchkonservierung.* Die vom Euter bis zum Verbraucher nicht mit Luft in Berührung kommende Milch wird 8 Sek. auf 130° erhitzt. Alle Vorgänge werden im Vakuum (345 mm Hg) bzw. N_2-Atmosphäre ausgeführt. (Ind. lechera **34.** 599—600. Nov. 1952.) R. K. MÜLLER. 7756

G. Loftus Hills, *Die Gewinnung und Verwendung der Milchfeststoffe in Australien.* Allg. Ausführungen. (J. Austral. Inst. agric. Sci. **18.** 130—34. Sept. 1952. Fischermen's Bend, Melbourne, CSIRO, Dairy Res. Stat.) F. HOPPE. 7756

N. N. Grigorjanz, *Über die chemische Zusammensetzung von gegorener Kamelmilch.* Frische bzw. gegorene Kamelmilch hat folgende Zus. (Mittel aus 10 Proben): D. 1,025 bzw. 1,019, Säuregrad nach THÖRNER 18 bzw. 128, Fett 4,3 bzw. 4,3%, Lactose 2,75 bzw. 1,32%, fettfreie Trockenmasse 8,2 bzw. 6,6%, Asche 0,86 bzw. 0,75%, Vitamin C 5,6 bzw. 4,8 mg%, A. 0 bzw. 1,1%. (Вопросы Питания [Fragen d. Ernähr.] **13.** Nr. 4. 41—42. Juli/Aug. 1954. Sanitäre-epidem. Stat. des Gesundheitsminist. der Turkmen. SSR.) W. SCHMELZ. 7756

J. Lyons und **M. J. O'Shea,** *Bericht über Versuche mit dem kontinuierlichen Alfa-Butterungsverfahren.* Das Alfa-Butterungsverf. wird genau beschrieben. Die so erhaltene *Butter* (I) hat etwas andere Eigg. (z. B. Geschmack, Textur) als gewöhnliche I. Nachteilig ist die Tendenz der *Alfa*-I zum Talgigwerden. (J. Dep. Agric. [Dublin] **49.** 82—92. 1952/53. Cork, Univ. Coll., Dairy Technol. Dep.) F. HOPPE. 7758

R. F. Holland und **B. L. Herrington,** *Die Butterungszeit von Milchfett bei verschiedenen Temperaturen.* (Ind. lechera **36.** 676—78. Nov. 1954. — C. **1954.** 3127.) HANS THIELE. 7758

R. M. Dolby, *Gefleckte Farbe bei Butter.* Dieser Butterfehler wird durch *Kochsalz* (I) bei unsachgemäßer Behandlung des Fettes im Butterfertiger während des Butterungsvorganges hervorgerufen. Zu seiner Vermeidung empfiehlt Vf. folgendes: 1. I gut verteilen u. länger einwirken lassen; 2. den Feuchtigkeitsgeh. so hoch wie möglich halten u. die Sahne nicht zu stark verdünnen; 3. bei niedriger Temp. u. mit kleiner Korngröße buttern; 4. den I-Geh. niedrig halten u. gegebenenfalls die I-Kristalle vor Zugabe zerkleinern. (New Zealand J. Sci. Technol., Sect. A **36.** 527—47. April 1955. Palmerston North, N. Z., Dairy Res. Inst.) F. HOPPE. 7758

Homer E. Walter, Arthur M. Sadler, James P. Malkames jr. und **Clair D. Mitchell,** *Ein Schnellverfahren zur Herstellung von amerikanischem Cheddarkäse aus pasteurisierter Milch.* Inhaltsgleich mit den C. **1954.** 1616 u. 3597 referierten Arbeiten. (Ind. lechera **36.** 635—42. 71. Nov. 1954.) HANS THIELE. 7760

O. R. Irvine, D. H. Bullock und **R. E. Edmond,** *Paraffin und mikrokristalline Wachse als Überzugstoffe für Käse.* In raffiniertes Paraffin u. anschließend in mikrokristallines Erdwachs (es wurden 15 Sorten erprobt) eingetauchter Cheddar-Käse hatte während einer 11monatigen Lagerungsdauer nur geringe Schrumpfungsverluste. — 14 Literaturangaben. (Canad. J. agric. Sci. **35.** 153—67. März/April 1955. Guelph, Ontario, Can., Ontario Agric. Coll., Dep. of Dairying u. Sarnia, Ontario, Imp. Oil Res. Labors.) F. RANG. 7760

K. Richter und **K. L. Cranz,** *Gemeinsame Einsäuerung von rohen Zuckerrüben und gedämpften Kartoffeln.* 2. Mitt. (1. vgl. Neue Mitt. Landwirtsch. **65.** [1950.] 705.) Es wurde festgestellt, daß bei der gemeinsamen Einsäuerung von rohen Zuckerrüben u. gedämpften Kartoffeln mit steigendem Rübenanteil der Verlust an organ. Substanz ansteigt. Dabei ist bes. zu beachten, daß es sich hierbei um Verluste an leichtverdaulichen, hochwertigen Nährstoffen handelt. Bei Mischungsverhältnissen 3:1 bzw. 2:1 (Kartoffeln:Rüben) liegt dieser Gärungsverlust namentlich bei Einsäuerung in der kälteren Jahreszeit noch in erträglichen Grenzen. Ein Mischungsverhältnis 1:1 hingegen kann nicht mehr allg. empfohlen werden. (Mitt. dtsch. Landwirtschafts-Ges. **67.** 704—05. 2/10. 1952. Braunschweig-Völkenrode, Inst. für Tierernährung.) M. WINIKER. 7782

T. M. MacIntyre, *Die Verdaulichkeit von getrocknetem Seetangmehl für Legehennen.* Durch Beigabe von getrocknetem u. gemahlenem Seetang (Fucus vesiculosus u. Ascophyllum nodosum) zum Futter wurde die Verdaulichkeit sämtlicher Nährstoffe mit Ausnahme von Fett für Legehennen herabgesetzt. — 15 Literaturangaben. (Canad. J. agric. Sci. **35.** 168—74. März/April 1955. Nappan, N. S., Exp. Farm.) F. RANG. 7786

W. Franklin Dove, *Eine universale Geschmacksskala in D-Einheiten.* Vf. beschreibt ausführlich eine neue universal anwendbare Geschmacksskala, deren Fixpunkte für Chemikalien durch eine mol. Lsg. u. für Lebensmittel durch eine jeweils festzusetzende Gewichts- oder Volumenkonz. festgelegt werden. Ausgehend von diesen Fixpunkten werden dann durch fortschreitende Verdünnung die D- (dilation) *Einheiten* der Skala erhalten. — Beispiele für die Anwendung dieser Skala bei organolept. Untersuchungen. — 94 Literaturhinweise. (Food Res. **18.** 427—53. Sept./Okt. 1953. Chicago, Ill., Coll. of Med., Dep. of Publ. Health.) F. KRUSEN. 7788

Károly Lindner und **Viktória Nagy,** *Eine Schnellmethode zur Fettbestimmung in Speisen, die Kohlenhydrate enthalten.* Die Fettbestimmungsmeth. nach NEUSAL wurde so umgearbeitet, daß sie sich für Fettbest. bei Speisen eignet. Diese Meth. ist für rasche Serienbestimmungen anwendbar, u. zwar unter einfachen Arbeitsbedingungen. Auch die Zus. der verwendeten NEUSAL-Lsg. wurde von Vff. modifiziert. (Élelmezési Ipar [Verpflegungs-Ind.] **7.** 172—74. Mai 1953.) H. LANGENBECK. 7788

Louis Chaiet, Thomas Miller und **A. E. Boley,** *Bestimmung des Vitamin-B_{12}-Gehaltes von Futterzusatzmitteln und Wirkung von Pseudovitamin B_{12}.* Unterss. mit verschied. mikrobiol., spektrophotometr. u. Wachstumsverff. zur Best. von *Vitamin B_{12}* (I) ergaben an einigen Futterzusatzmitteln beträchtliche Unterschiede. Es wurde festgestellt, daß die mikrobiol. u. spektrophotometr. Verff. I u. *Pseudo*-I nicht zu differenzieren vermögen. Dagegen ist durch Ionophorese mit 300 V in 0,5n-Essigsäure im Verlauf von 16 Std. eine Trennung von I, *Pseudo*-I u. *Chlorcobalamin* zu erreichen. — Diskussion der Bedeutung dieser Befunde für die Beurteilung von Futtermitteln. (J. agric. Food Chem. **2.** 784—86. 21/7. 1954. Rayway, N. J., Merck & Co.) F. KRUSEN. 7788

L. F. Romysch und **G. Ja. Godess,** *Die Bestimmung von Granosan in Getreide und Getreideprodukten.* Zum Nachw. des Beizmittels *Granosan* (I), eines Gemisches aus 2 bis 3% C_2H_5HgCl, 97—98% Talk u. 0,6—1,2% Mineralöl, werden 100 g Getreide oder Mehl in 150—250 cm³ 12%ig. HCl mit 10 mm eines blanken dünnen Cu-Drahtes 10 Min. gekocht u. 24 Std. stehengelassen. Der durch Erhitzen des abgespülten Drahtes erhaltene Hg-Beschlag wird in 2mal 2 cm³ J_2–KJ-Lsg. gelöst u. mit 3 cm³ einer Lsg. von $CuSO_4$, Na_2SO_3 u. $NaHCO_3$ versetzt. Bis herab zu 0,5 γ I entsteht der orangegefärbte Komplex $CuJ \cdot HgJ_2$. Zur quantitativen Best. ist diese Meth. nicht geeignet, da sich Hg auf dem Cu-Draht weder restlos niederschlägt, noch von ihm abdestilliert. (Вопросы Питания [Fragen d. Ernähr.] **13.** Nr. 1. 33—35. Jan./Febr. 1954. Minsk, Weißruss. Sanit.-Inst.) W. SCHMELZ. 7798

N. W. Desrosier, M. L. Fields und **G. R. Ammerman,** *Neue Färbetechnik ermöglicht eine Kontrolle auf Insektenbefall während der Fabrikation.* Kurze Beschreibung einer zur Betriebskontrolle von Tomatensaft auf Verunreinigung durch Fruchtfliegeneier u. Maden geeigneten Meth., dessen Prinzip darin besteht, daß durch 1%ig. Kristallviolettlsg. die Tomatenteilchen im Saft blaugefärbt werden, während die genannten Verunreinigungen ungefärbt bleiben. (Food Engng. **27.** Nr. 6. 109—225. Juni 1955. Lafayette, Ind., Purdue Univ., Dep. of Horticult.) H. GERTH. 7808

—, *Die Untersuchung von Fleischwaren. Eine mit Bezug auf die Fleischwarenverordnung von 1952 von der Gesellschaft der öffentlichen Chemiker und anderen analytischen Chemikern empfohlene Methode.* Der Inhalt von Fleischbüchsen soll nach der Meth. von STUBBS u. MORE (Analyst **44.** [1919.] 125) bestimmt werden. Als N-Faktoren für die Umwandlung in fettfreies Fleisch sollen angewandt werden: Für Rind u. Hammel 100/3,4; für Schwein 100/3,6; für gemischtes Fleisch 100/3,5. Wenn eine Weizenmehlfüllung verwandt wurde, muß die von STUBBS u. MORE empfohlene N-Korrektur vorgenommen werden; wurde Kartoffelstärke verwandt, so entfällt die Korrektur. Nach Vorbereitung des Materials werden folgende Bestimmungen ausgeführt: Wasserbest. im Ni-Schälchen (Trocknen bei 100°). Fettbest.: Trocknen im Ni-Schälchen auf dem Wasserbad u. Extrahieren mit Ae., gegebenenfalls nach vorheriger Behandlung mit verd. HCl. Stickstoffbest. nach KJELDAHL. Aschebest. in Pt-Schälchen, darin Halogenbest., Vgl. mit Best. nach VOLHARD in der Originalsubstanz. Stärkebest.: Behandlung mit alkoh. KOH u. Wägung des entsprechend gereinigten Rückstandes unter Berücksichtigung der Asche. Berechnungen. (Analyst **77.** 543—44. Okt. 1952.) B. KRAFT. 7850

Ida Szeredi, *Die Prüfung der chemischen Prozesse bei verdorbenem Schweinefleisch.* Es wird die quantitative Best. der reduzierenden Stoffe beschrieben, die beim Stehen u. Verderben des Fleisches in steigender Menge frei werden. Verbrauch an O über den Standardwert zeigt schon den Beginn der Verderblichkeit an, bevor er mit den Sinnesorganen wahrgenommen werden kann. (Élelmezési Ipar [Verpflegungs-Ind.] **7.** 286—88. Sept. 1953.) H. LANGENBECK. 7850

N. Brio, *Die Bestimmung des gesamten Trockenrückstandes in der Milch.* Vf. schlägt 2 Formeln für die Ermittlung des Trockenrückstandes der Milch vor. (Молочная Промышленность [Milch-Ind.] **16.** Nr. 6. 26—27. 1955. Allunions Wiss. Forschungsinst. der Milchind.) OTTO MAIER. 7856

XVII. Fette. Seifen. Wasch- u. Reinigungsmittel. Wachse. Bohnermassen usw.

H. P. Kaufmann und **H. Kirschnek,** *Zur Kenntnis der Fettaldehyde.* 2. Mitt. *Darstellung aus Amiden mit Hilfe von Lithiumaluminiumhydrid. Studien auf dem Fettgebiet.* 154. Mitt. (Vgl. C. **1956. 5436.**) Durch Red. von Stearylnitril mit $LiAlH_4$ bei -60^0 in Ae. während 48 Std. u. darauffolgende Zers. mit konz. Ammoniumchloridlsg. konnte Stearinaldehyd als 2.4-Dinitrophenylhydrazon in 25%ig. Ausbeute gewonnen werden. Weiter wurden durch Red. von Fettsäurearylamiden mit $LiAlH_4$ die entsprechenden Aldehyde erhalten. Durch Umsetzung der Säurechloride mit sek. Aminen in sd. Xylol erhielten Vff. erstmalig N-Stearyldiphenylamin (F. 71⁰), Oleylcarbazol (F. 41⁰) u. Elaidylcarbazol (F. 72⁰). Bei der Gewinnung der Aldehyde als Hydrazone gehen Vff. vom Diphenylamid aus. — Zu einer 10%ig. Lsg. des Amids in Tetrahydrofuran gibt man unter Kühlung $^1/_4$ Mol (20% Überschuß) einer mol. äther. $LiAlH_4$-Lösung. Nach 3 Std. bei 0^0 Zugabe von etwas Essigester u. Zers. mit verd. HCl oder K–Na-Tartratlösung. Freie Aldehyde werden ähnlich über die Phenthiazinderivv. gewonnen. Man zers. durch Zugabe von 100 ml verd. HCl ($^1/_{100}$ Mol Amid) von 0^0 u 50 ml Ae. u. neutralisiert sofort. Der Rückstand der äther. Schicht wird in kaltem PAe. aufgenommen. Ausbeute an Stearinaldehyd 92%. Im Rückstand befindet sich trimärer Aldehyd. — Mit 2.4-Dinitrophenylhydrazin in A./Eisessig erhielt man die Hydrazone von Stearinaldehyd (F. 105^0), Oleylaldehyd (F. 68^0) u. Elaidylaldehyd (F. 89^0). Quantitative Best. der monomeren Fettaldehyde erfolgt durch Red. mit $LiAlH_4$ in äther. Lsg., Zers. des überschüssigen Reagenses mit benzol. Jodlsg. u. Titration mit Thiosulfat. (Fette u. Seifen, Anstrichmittel **55.** 851—54. Dez. 1953. Münster/Westf., Deutsches Inst. für Fettforsch.) H.-J. HAASE. 7908

J. H. Wigner, *Allerlei über Seifenherstellung. Ein Überblick über die derzeitige Literatur und kürzliche Entwicklung.* Besprechung von Veröffentlichungen über die Glycerinreinigung durch Ionenaustauscher, Metallricinoleate in Lösungsmitteln u. Seifenherst. u. -kontrolle. (Soap, Perfum. Cosmet. **26.** 1234—37. Dez. 1953.) J. BÖSS. 7910

Lizzi Fursund, *Untersuchung über die Haltbarkeit von Trypsin im basischen Gebiet mittels Hämoglobinsubstrat, durchgeführt im Hinblick auf die Anwendung von Trypsinpräparaten in Vorwaschmitteln.* Die Aktivität des Trypsins (I) in einem Handelspräp. zeigt ein Maximum bei p_H 7,5—9,0 u. fällt bei höherem p_H deutlich ab; bei p_H 11 ist die Inaktivierung vollständig. Da **I** in Vorwaschmitteln meist in Sodalsg. mit p_H 10,2 verwendet wird, wird ein Hämoglobinsubstrat mit p_H 10,2 hergestellt u. **I** in Sodalsg. zugesetzt; dabei wird eine Abnahme der Aktivität in den ersten 10 Min., aber nur geringe Abnahme in den folgenden 5Std. beobachtet. In W. mit künstlicher Härte (Zusatz von $CaCl_2$ oder $MgCl_2$) wird bei 25 u. 40^0 aktivitätsstabilisierende Wrkg. von Ca^{2+} festgestellt, während Mg^{2+} nur indirekt, durch Freisetzung von Ca^{2+}, stabilisierend zu wirken scheint. Obwohl $Na_6(PO_3)_6$ (**II**)-Zusatz zu einem niedrigeren p_H führt als Soda (8,0 bzw. 10,2), ist die **I**-Aktivität bei Zusatz von **II** geringer, vermutlich infolge des großen Komplexbildungsvermögens des **II**; der Zusatz von **II** als Enthärter ist daher bei Verwendung von **I**-Präpp. als Vorwaschmittel unzweckmäßig. (Kem. Maanedsbl. nord. Handelsbl. kem. Ind. **36.** 61—66. 1955. FDB, Centrallabor.) R. K. MÜLLER. 7912

—, *Handreinigungsmittel auf Lösungsmittelbasis. Literaturübersicht.* Kurzer Überblick unter Angabe einiger Rezepturen von Handreinigungsmitteln, die organ. Lösungsmittel, wie Tri-, o-Dichlorbenzol, Glykolderivv., Aceton usw., enthalten. (Soap, Perfum. Cosmet. **26.** 1249—50. Dez. 1953.) J. BÖSS. 7912

H. P. Kaufmann und **J. Budwig,** *Studien auf dem Fettgebiet.* 142. Mitt. *Die Papierchromatographie auf dem Fettgebiet.* 14. Mitt. *Untersuchung von „Polyölen".* (141. vgl. C. **1953.** 5110; vgl. auch C. **1952.** 7590.) Von Vff. ausgeführte Unterss. an 10 Ölen ergaben durch papierchromatograph. Entw. des Öles u. Anfärben z. B. mit Rhodamin/Nilblausulfat, mit Co-Acetat oder mit Rhodamin u. Betrachtung im UV-Licht oder durch Behandeln mit NH_3-Dämpfen u. Betrachtung im UV-Licht den Nachw. von Polymerisaten. Die „Brombindigkeit" ergab Hinweise auf die Art der Reaktionsprodd. (konjugierte oder dimere). Die radiometr. JZ. der polymeren Anteile u. die additive Anlagerung von Co, die an der Verfärbung des Co oder durch Röntgenographie mittels Co^{60} möglich ist, geben im Papyrogramm über die Ungesättigtheit der Polymeren Aufschluß, was für die Verwendung von Fischölen als Speiseöl zur Best. der erreichten Polymerisationsstufe wichtig erscheint. Bei therm. Polymerisation von Seetierölen nehmen die hochungesätt. Fettsäuren ab; jedoch sind in Polyölen noch mehrfach ungesätt. Fettsäuren (konjugierte Fettsäuren u. Dimere) festgestellt. Trübungen in Polyölen sind auf Eiweiß u. Fettsäuren, wohl Lipoproteide, zurückzuführen. Das Vitamin A geht bei der Herst. von Polyölen verloren. (Fette Seifen einschl. Anstrichmittel **54.** 348—56. Juni 1952. Münster/Westf., Chem. Landesuntersuchungsamt Nordrhein-Westfalen.) A. LIEBNER. 7932

Claude Domart, D. T. Miyauchi und **W. N. Sumerwell,** *Die Fraktionierung von Seetieröl-Fettsäuren mit Harnstoff.* Unter Hinweis auf die komplizierte Zus. der Seetieröle hinsichtlich der am Aufbau beteiligten gesätt. mono- sowie polyolefin. Fettsäuren werden Verss. zur Fraktionierung der Gesamtfettsäuren verschied. Öle (Menhaden, Hering, Thunfisch, Seehund, Lachseier, Lachskopf, Lachseingeweide) nach der Arbeitsweise mit Harnstoff behandelt. Aus den Ölen (200 g in 400 ml PAe. gelöst) werden die Fettsäuren durch kalte Verseifung mit Na-Äthylat (24 Std. unter Rühren) in Freiheit gesetzt, daraus das Unverseifbare durch Extraktion mit PAe./Ae. (1:1) entfernt u. dann die Gesamtfettsäuren in üblicher Weise gewonnen. Lsg. derselben (50 g) in 100 ml Methanol; Zugabe einer gesätt. Lsg. von Harnstoff in Methanol in variierter Menge; Stehenlassen des Reaktionsgemisches bei verschied. Temp., Absaugen des Nd., Zerlegen desselben durch Lösen in W. u. Abtrennen der Fettsäuren, die durch Ausbeute, JZ. u. Refraktionsindex charakterisiert werden. Nach den tabellar. mitgeteilten Ergebnissen liefert die Fraktionierung der Menhadenfettsäuren bei 1° u. dem Verhältnis Harnstoff:Fettsäuren = 12:1—13:1 im Nd. die gesamten gesätt. u. monoolefin. Fettsäuren; es hinterbleibt eine Fraktion mit der JZ. über 300. Wird die Harnstoffmenge erhöht, dann fallen zusätzlich diolefin. Vertreter aus. Bei dem Verhältnis Harnstoff:Fettsäuren = 9,2:1 ergibt sich bei 1° u. bei 25° ein Nd., der prakt. die gesamten gesätt. u. monoolefin. Vertreter enthält; bei —30° gehen die diolefin. Säuren zu erheblichen Anteilen in das ausgefallene Addukt. (J. Amer. Oil Chemists' Soc. **32.** 481—83. Sept. 1955. Seattle, Wash., Technol. Labor.) K. TÄUFEL. 7932

D. F. Maskey, D. M. Ledbetter und **H. L. Craig,** *Entwicklung des kontinuierlichen Feuchtigkeitsmessers nach Buckeye für ölhaltige Materialien.* Auf der Grundlage der auch sonst vielfach herangezogenen Best. der Dielektrizitätskonstante, der bei pflanzlichem ölhaltigem Material stark vom Geh. an W. abhängt, wobei andere störende Einfll. ausschaltbar sind, werden 2 kontinuierlich arbeitende Feuchtigkeitsmesser beschrieben. Wenn beide Verff. auch nicht die Genauigkeit von Laboratoriumsunterss. haben, so stellen sie in der Fabrikation doch sehr wertvolle Hilfen dar; über theoret. Grundlage u. Konstruktion der Meßapp. vgl. Original. (J. Amer. Oil Chemists' Soc. **32.** 344—47. Juni 1955. Cincinnati, O., Buckeye Cotton Oil Co.) K. TÄUFEL. 7932

H. P. Kaufmann und **W. H. Nitsch,** *Die Papierchromatographie auf dem Fettgebiet.* 16. Mitt. *Weitere Versuche zur Trennung von Fettsäuren. Studien auf dem Fettgebiet.* 156. Mitt. (14. bzw. 154. vgl. C. **1956.** 5436 bzw. 5435.) Vff. berichten über die Trennung der höheren Fettsäuren mit Hilfe der Verteilungschromatographie auf Papier. Bei Anwendung von höheren KW-stoffen als stationäre Phase u. von verd. Alkoholen als mobile Phase befriedigen die Ergebnisse nicht. Um eine gegenseitige Beeinflussung der Fettsäuren zu verhindern, werden als mobile Phase Gemische von Eisessig u. W. verwendet. Diese Arbeitsweise, die im einzelnen beschrieben wird, gestattet eine Trennung der Fettsäuren von Caprin- bis Stearinsäure. (Fette, Seifen, Anstrichmittel **56.** 154—58. März 1954. Münster/Westf., Univ., Inst. für Pharm. u. chem. Technol., u. Deutsches Inst. für Fettforsch.) W. WESLY. 7936

H. P. Kaufmann, J. Baltes und **E. Duddek,** *Über die Schäumfähigkeit von Waschmitteln und ihre Bestimmung mit einem neuartigen Gerät. Studien auf dem Fettgebiet.* 158. Mitt. (156. vgl. vorst. Ref.) Krit. Übersicht über die den bisher beschriebenen Methoden der Messung des Schaumvol., der Schaumzahlen u. Schaumbeständigkeit zugrunde liegenden Kennzahlen. Zur Unters. der Zusammenhänge zwischen chem.

Struktur u. anderen Eigg. waschakt. Substanzen wurde ein neues Gerät entwickelt, das den Forderungen nach einem homogenen, stabilen u. mechan. nicht beeinflußten Schaum entspricht. Die Wirkungsweise des neuen Gerätes „Vibrationszerschäumer" beruht auf der Zerteilung der in die Flotte mittels Capillare eingeführten Gasblasen durch eine vibrierende engporige Siebglocke. Zur Beurteilung der Schaumeigg. der zu prüfenden Stoffe werden die Begriffe Schaumvol. (SchV), Vol. der zerschäumten Fl. (FlV), spezif. Schaumvol. (spezSchV), spezif. Schaumgewicht (spez. SchGew), spezif. Schaumbldg. (spezSchB), spezif. Schaumentwässerung u. Schaumbeständigkeit genau definiert u. zueinander in Beziehung gesetzt. Aus den Verss. ergibt sich, daß die Schaumhöhe zur Charakterisierung waschakt. Stoffe ungeeignet ist. Dagegen erweist sich FlV u. das spezSchV zur Differenzierung verschied. Schäumer als gut geeignet. Das spezSchV ist konzentrationsabhängig u. nähert sich bei höheren Konzz. einem Grenzwert, der bei Texapon-, Oleat- u. Stearatlsg. bei relativ niedrigen Konzz. erreicht (0,1—0,2%) wird. Beim Cocosöl-Fettsäureester mit propandiolsaurem Na, K-Elaidinat u. Hostapon besteht dagegen eine Konzentrationsabhängigkeit über den gesamten untersuchten Bereich von 0—1%. In der Schaumbeständigkeit erweisen sich K-Stearat u. Texapon am beständigsten. Die Temp. beeinflußt bis 50° die Schaumbeständigkeit nicht wesentlich. SpezSchV bzw. spezSchG bilden nach den vorliegenden Versuchsergebnissen charakterist. Kennzahlen für die Schaumfähigkeit waschakt. Substanzen. — 18 Literaturangaben. (Fette, Seifen, Anstrichmittel **56.** 596—603. Aug. 1954. Münster/Westf., Deutsch. Inst. für Fettforsch.) H. SPOHN. 7942

Procter & Gamble Co., Cincinnati, O., V. St. A., *Herstellen von Formlingen aus festen Reinigungsmitteln,* z. B. *Seife,* die infolge ihrer Struktur zu Beschädigungen neigen, indem sie bei Tempp. von 125—160° F in einer Strangpresse verformt werden, die den Formlingen in ihrer Längsrichtung verlaufende Prägungen bzw. Konturen gibt. — Abbildungen. (**E. P. 699 394** vom 5/12. 1951, ausg. 4/11. 1953. A. Prior. 5/12. 1950.)
K. DEMMLER. 7911

Böhme Fettchemie G. m. b. H. (Erfinder: **Rudi Wilhelm Joachim Heyden,** Düsseldorf, **Johann Heinrich Helberger,** Ciudad de Tucuman, Argentinien, u. **Georg Manecke,** Berlin-Wilmersdorf), *Sulfonate* bzw. *halogenhaltige Sulfonate* erhält man durch Rk. von Sultonen mit KW-stoffverbb. von Metallen der 1., 2. oder 3. Gruppe des Period. Syst. bzw. mit Salzen von Halogenwasserstoffsäuren. — Das aus Fluoren mit Na-Alkoholat in Ggw. von Dekalin unter Erhitzen erhaltene Gemisch gibt mit Oxybutansulton (II)

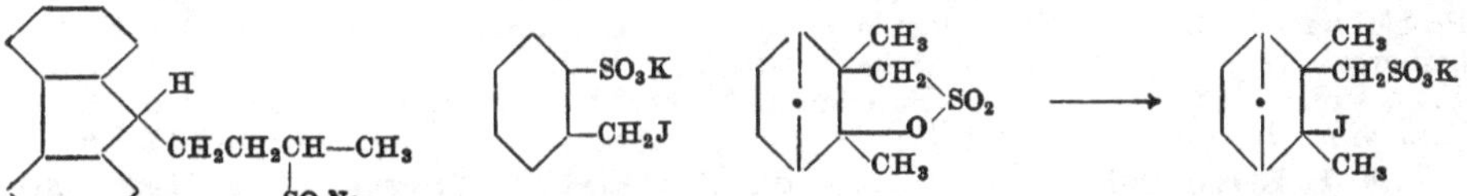

I III IV V

(erhalten nach D. B. P. 887 341; C. **1955.** 11292) bei 150—180° **I.** — C_2H_5MgBr + **II** → *$C_6H_{13}SO_3MgBr$.* — C_6H_5MgBr + **II** → *$C_6H_5C_4H_8SO_3MgBr$.* An Stelle von **II** kann auch Oxyisopentansulton verwendet werden. — **II** + KJ → *$JH_8C_4SO_3K$.* — *$KO_3S—C(CH_3)_2 \cdot CH_2CH_2CH_2J$.* — *K-Fluorbutansulfonat.* — *Na-Brombutansulfonat.* — Tolylsulton → **III.** — Sulton **IV** → **V.** — *Reinigungs-, Netz-, Textilhilfsmittel, Pharmazeutica, Desinfektions-, Schädlingsbekämpfungsmittel,* Zwischenprodd. für Farbstoffe. (**D. B. PP. 895 598** Kl. 12o vom 23/3. 1941 u. **895 599** Kl. 12o vom 13/8. 1941, beide ausg. 5/11. 1953.)
G. KRAUSS. 7913

Badische Anilin- & Soda-Fabrik Akt.-Ges., Ludwigshafen/Rh. (Erfinder: **Emil Finck,** Ludwigshafen/Rh., und **Georg Hummel,** Mannheim), *Herstellung harter, elastischer Wachse mit geringem Schwund* durch weitere Ausbldg. des Verf. nach D. B. PP. 895 834 u. 926 813; C. **1955.** 10884, dad. gek., daß man den kautschukartigen Vernetzungsprodd., die man durch Einw. von polyfunktionellen Verbb. auf Mischungen aus noch freie OH-Gruppen enthaltenden Estern höhermol. Fettsäuren mit Polyalkoholen oder Oxyfettsäuren oder deren Estern u. freie OH- oder COOH-Gruppen enthaltenden Harzen erhält, natürliche oder synthet. Wachse oder Paraffine, sowie gegebenenfalls auch Amide höhermol. Fettsäuren einverleibt. — 50 (Teile) Ricinusöl (OH-Zahl 170) u. 40 Kolophonium werden mit 10 Toluylendiisocyanat verschmolzen u. auf 170° erhitzt. Zu der kautschukartigen M. gibt man 700—900 Hartparaffin oder Hartwachs u. erhält ein hartes u. elast. Produkt. (**D. B. P. 927 899** Kl. 39c vom 28/3. 1952, ausg. 20/5. 1955. Anmeldung bekanntgemacht 23/9. 1954. **Zusatz zu D. B. P. 895 834; C. 1954. 2065.**)
J. MÜHLEISEN. 7925

XVIIIa. Holz. Cellulose. Zellstoff. Papier. Papierdruck. Celluloid. Linoleum.

Hans Meier, *Über den Zellwandabbau durch Holzvermorschungspilze und die submikroskopische Struktur von Fichtentracheiden und Birkenholzfasern.* Holzklötzchen von Birke u. Fichte wurden der Einw. verschied. Holzvermorschungspilze ausgesetzt. Danach angefertigte Dünnschnitte wurden elektronenmkr. untersucht. Es wird unterschieden zwischen: Braun-, Weiß-, Simultan- u. Moderfäule. Der verschiedenartige Angriff der Pilze auf die Zellwandschichten wird dargelegt. Die Sekundärwand wird stets am leichtesten abgebaut. Aus der größeren Widerstandsfähigkeit des fibrillären Materials der Primärwand, Übergangslamelle u. Tertiärwand gegen Pilzangriff im Gegensatz zu dem der Sekundärwand leitet Vf. die Möglichkeit ab, daß das fibrilläre Material chem. nicht einheitlich ist, sondern teilweise aus Hemicellulose oder einer bes. resistenten Cellulose besteht. Die bisher als äußere Schicht der Sekundärwand bezeichnete Lamelle wird vom Vf. auf Grund der gekreuzten, dichten Fibrillentextur mit nur lockerer Bindung zur Sekundärwand u. hoher Widerstandsfähigkeit gegen Pilzangriff als selbständige Schicht angesehen u. Übergangslamelle genannt. Aufbau u. Entstehung der Tertiärlamelle werden erörtert. (Holz Roh- u. Werkstoff **13.** 323—38. Sept. 1955. Zürich, ETH, Inst. für allg. Bot.) W. WERGIN. 7952

William F. Clapp, *Angemessene Kontrolle — eine Notwendigkeit für Schiffspfähle.* Durch Unters. der Ursachen, die zur Zerstörung von Holzkonstruktionen durch Meerwasserschädlinge führen, obwohl eine Holzschutzbehandlung mit Kreosot vorausgegangen war, kommt der Vf. zu dem Schluß, daß das Versagen nicht auf das verwendete Holzschutzmittel an sich zurückzuführen ist. Die Mängel beruhen in einer großen Zahl von Fällen auf unsachgemäßer Behandlung des Holzes u. könnten durch fachmänn. Kontrolle vor dem Einbau verhindert werden. (Proc. annu. Meeting Amer. Wood Preservers' Assoc. **47.** 128—34. 1951. Duxbury, Mass., William F. Clapp Labor., Inc.) S. HÜTTIG. 7952

Waldemar Jensen, Rurik Skogman und **Sven Franzén,** *Birke als Rohstoff zur Zellstoffherstellung.* 7. Mitt. *Beziehung zwischen Viscosität und Festigkeit von gebleichtem Sulfat- und Sulfitzellstoff aus Birke.* (6. vgl. Paperi ja Puu **36.** [1954.] 321.) Sulfatzellstoff (**I**) mit 2,6 ROE-Zahl u. Sulfitzellstoff (**II**) von Birke (*Betula verrucosa*) wurden im Labor. gebleicht u. auf Viscosität u. Festigkeit untersucht. **I** wurde zusammen mit **R. Gustafsson** in 5 Stufen in 10 Verss. mit 2,6—15,9% Gesamt-Cl zu Stoffen gebleicht mit 133—19 cp Viscosität, bestimmt nach der schwed. Meth. CCCA 16. Ähnlich wurde **II** in 3 Stufen mit 10—17,5% Gesamt-Cl zu Stoffen von 261—28 cp gebleicht. Die von diesen gebleichten Proben nach Mahlung u. Blattbldg. nach der schwed. Standardmeth. ermittelten Festigkeitswerte zeigten, daß die Festigkeitswerte unterhalb der Viscositätsgrenze von 35 bis 40 cp steil abfallen. (Paperi ja Puu **36.** 387—90. 15/10. 1954. Åbo, Åbo Akad., G. A. Serlachius Oy Univ. u. Kangas, Finnland.) E. BORCHERS. 7962

W. E. Byron Baker, *Die Ablauge des Neutralsulfitverfahrens. Möglichkeiten der Rückgewinnung und Verwertung.* Beim Aufschluß von Holz mit schwach alkal. Na_2SO_3–Na_2CO_3-Lsg. werden nur 15—30% des Holzes gelöst, so daß Neutralsulfitablauge (**I**) hinsichtlich der Abflut einen Einwohnerwert 1350 je 1 t Halbzellstoff hat, d. h. weniger als Sulfitablauge mit 3000—4000. Bisher wird **I** eingedickt u. zusammen mit Sulfatschwarzlauge wie üblich verbrannt u. regeneriert. Vf. schildert dann die Verss., **I** durch partielle Oxydation mit Luft-O_2 zu Na_2SO_3 zu regenerieren, u. zwar seitens der MEAD-CORP. sowie durch ARIES u. POLLAK nach dem in Entw. befindlichen Sulfoxverfahren. Bei letzterem wird **I** zu einem Gemisch von Na_2S u. Na_2CO_3 verbrannt, das in wss. Lsg. durch genau bemessene Luftzufuhr zu Na_2SO_3 oxydiert wird. (Pulp and Paper **26.** Nr. 5. 42—44. Mai 1952. Lockhaven, Pa., New York & Penn Co.) E. BORCHERS. 7962

Ragnar Monnberg, Alpo Ora und **Ulla Lehmuskoski,** *Pentamethylphenol und Durochinon aus einer Ligninsubstanz.* (Vgl. C. **1954.** 2081.) Das aus Sulfitablaugen durch Kalkfällung u. HCl-Behandlung isolierte *Rauma-Lignin* wurde durch Behandlung mit Methylalkohol u. Kalk bei 350° u. 600 at sowie Vakuumdest. in weißes *Rauma-Phenol* übergeführt. Dieses konnte als Pentamethylphenol identifiziert werden, Ausbeute 7% der Trockensubstanz. Eine Oxydation mit Chromsäure ergab Durochinon. (Paperi ja Puu **35.** 8—12. 15/1. 1953. Rauma, Finland, Res. Inst. of Rauma-Repola Oy.) K. NEHRING. 7966

Friedrich Burgstaller, Jugoslawien, und **Friedrich Otto,** Deutschland, *Gewinnung von Halbcellulose und Cellulose.* Ein ununterbrochener Arbeitsgang läßt sich bei der Verarbeitung von Arundo donax, Hanfschäben u. dgl. erreichen, wenn das Rohmaterial zunächst unter Druck u. hoher Temp. (105°) 30 Min. im Dampfstrom behandelt u. hierbei gleichmäßig u. stetig mit einer reduzierenden Lauge behandelt wird, deren Menge das 5,3fache der Rohstoffmenge an Sulfitlauge u. einen Geh. von 59 g Alkali je Liter, berechnet als NaOH, enthält. Hierbei wird die Fasermasse durch Schlagmittel zerkleinert u. aufgelockert, um anschließend auf einen Trockengeh. von 30% ausgepreßt zu werden. Dann wird die M. in kürzester Zeit (10 Min.) auf die erforderliche Höchsttemp. (185°) gebracht, wodurch eine sofortige Aufschließung erreicht wird. — 2 Vorrichtungen, (**F. P. 1 048 798** vom 27/7. 1951, ausg. 23/12. 1953.) R. GLAFEY. 7963

Deutsche Bergin Akt.-Ges. (Erfinder: **Theodor Riehm**), Mannheim, *Wiedergewinnung von Salzsäure bei Cellulose-Hydrolyse-Verfahren*, dad. gek., daß bei der Vakuumdest. der sauren Holzzuckerlsgg. die HCl–H_2O-Brücken nur teilweise kondensiert werden u. der restliche Teil in der Dampfphase mit W. entziehenden Mitteln behandelt wird. Diese Maßnahme ist kombiniert mit einem definierten Auswaschverf. der Säure aus dem Lignin u. einer Unterteilung der anfallenden sauren Kondensate nach ihrem Säuregrad. (**D. B. P. 845 779** Kl. 89i vom 14/3. 1950, ausg. 1/8. 1955. Anmeldung bekanntgemacht 18/10. 1951.) A. GRADL. 7969

DEHYDAG Deutsche Hydrierwerke G. m. b. H., Düsseldorf (Erfinder: **Winfried Hentrich**, Riehen, Schweiz, **Christoph Grundmann**, Columbus, O., V. St. A., und **Rudolf Endres**, Frankfurt/M.), *Weichmachungsmittel für Cellulosederivate*, bestehend aus höhermol. Nitroparaffinen bzw. ihren Abkömmlingen, bes. Nitroparaffinalkoholen oder deren Ester. (**D. B. P. 927 475** Kl. 39b vom 12/2. 1941, ausg. 9/5. 1955. Anmeldung bekanntgemacht 17/9. 1952.) G. SALZMANN. 7971

Deutsche Gold- & Silberscheideanstalt vormals Roessler, Frankfurt/M. (Erfinder: **Wilhelm Gärtner**, Neunkirchen/Odenwald), *Bleichen von Holzschliff und anderem mechanisch erzeugtem Fasermaterial* nach D. B. P. 931 690, dad. gek., daß man das mit Peroxyd zu bleichende Fasermaterial mit ClO_2 oder dieses abgebenden oder bildenden Chemikalien vorbehandelt. — Z. B. werden 0,2—3% Chlorit, zweckmäßig im Schleifer unter Ausnutzung der Reibungswärme, verwendet. (**D. B. P. 932 762** Kl. 55c vom 9/9. 1949, ausg. 8/9. 1955. Anmeldung bekanntgemacht 10/7. 1952. **Zusatz zu D. B. P. 931 690; C. 1956. 291.**) G. VOGEL. 7979

XVIIIb. Textilfasern.

A. G. Jemeljanow, *Die Anwendung von Natriumalkylsulfat in der Ausrüstung.* Das unter der Bezeichnung „Waschmittel“ herausgebrachte *Na-Alkylsulfat* wird bei der Ausrüstung von Baumwollgeweben für folgende Zwecke empfohlen: Erhöhung der Capillarität durch Zusatz von 1—3 g/Liter zur Beuchflotte; Waschen bedruckter u. gefärbter Gewebe (bes. in hartem W.) als teilweiser Ersatz für Seife im Verhältnis 1—2 g/Liter mit 3—4 g/Liter Seife; Erhöhung der Stabilität kalter Diazoldruckfarben 3—5 g auf 1 kg Farbe; um Zellwollgeweben beim Waschen u. Appretieren einen weichen Griff zu verleihen. (Текстильная Промышленность [Textil-Ind.] **15.** Nr. 3. 38—40. März 1955.) N. STSCHERBINA. 8032

B. C. M. Dorset, *Neue fluorescierende optische Bleichmittel, die einen Triazinkern enthalten.* Übersichtsarbeit. In diesem Zusammenhang werden die Forderungen aufgezeigt, die an ein opt. Bleichmittel (I) gestellt werden müssen. Es werden die verschied. im Handel befindlichen u. aus der Patentliteratur bekannten I, unter Anführung der Strukturformel, beschrieben. (Textile Manufacturer **80.** 254—58. Mai 1954.) P. ECKERT. 8032

Otto Mecheels, *Der Einfluß textilchemischer Eingriffe auf die physiologischen Eigenschaften des Textilgutes.* Die Unterss. beziehen sich auf die Messung der Wärmerückhaltung, des Wasserhaushaltes u. des Schweißtransportes. Textilchem. Eingriffe wurden an Wolle, Leinen, Baumwolle u. an vollsynthet. Fasern bzw. Geweben durchgeführt. Die Wolle wurde chromiert, chloriert u. dann chromiert, bzw. zuerst chloriert u. dann chromiert. Die behandelten Fasern wurden nach der Behandlung dem Angriff von Hautbakterien ausgesetzt. Die Versuchsergebnisse werden tabellar. u. im Bild wiedergegeben. Das Leinen wurde unter bestimmten Bedingungen gewaschen u. die vollsynthet. Faser (Perlon) wie die Wolle chromiert, die Baumwolle wurde imprägniert. (Melliand Textilber. **36.** 722—28. Juli 1955. Forschungsinst. Hohenheim/Württ.) P. ECKERT. 8040

Mary L. Nelson, Leon Segal und **Hilda M. Ziifle**, *Der Einfluß des Beuchens auf die Kristallitstruktur der Baumwollcellulose.* Rohbaumwollgarne werden mit 1%ig. NaOH oder dest. W. unter Druck 6 Std. auf 108° erhitzt oder im Soxhlet 2 Std. mit 95%ig. A. extrahiert u. das Verhältnis von Kristallitstruktur zu amorphem Anteil in den Proben durch verschied. bekannte Methoden bestimmt. Durch den Reinigungsprozeß wird der Kristallitanteil erhöht, das Maß der Erhöhung hängt von der Art des Ausgangsmaterials ab. (Textile Res. **25.** 534—40. Juni 1955. New Orleans, La., Southern Reg. Res. Labor.) H. ROSSOW. 8044

Robert O. Leonard und **R. H. Burns**, *Vorläufige Untersuchung über selenhaltige Wolle.* Zwischen dem Se-Geh. des Blutes u. dem der Wolle von Schafen, die auf Se-haltigen Böden gegrast haben, besteht kein Unterschied. Se hat keine signifikante Wrkg. auf die Länge der Wollfaser, die Faserdicke oder Faserstärke. Die Rauheit der Wolle ist nicht an den Se-Geh. der Wolle gebunden. Der Se-Geh. der Wolle hat eine stark signifikante Korrelation zur Zahl verdrehter Fasern im Vlies. — 29 Literaturangaben. (J. Animal Sci. **14.** 446—57. Mai 1955. Univ. of Wyoming.) H. PATZSCH. 8060

E. H. Mercer, *Die Wirkung von Beizmitteln.* Unterss. mit Abb. u. Erklärung der Beizwrkg. an Pelzhaaren u. Vergleiche zum Filzen der Wolle. (J. Textile Inst., Trans. **45.** T719—22. Sept. 1954.) I. SCHOENMANN. 8066

E. Schauenstein, O. Kratky und **O. Gold**, *Blockierungseffekt in der phenolischen Tyrosindissoziation des Seidenfibroins.* Die Unterss. an 3 verschied. Formen des Seidenfibroins (renaturierte Lsg., renaturierter Film, Nativfilm) haben ergeben, daß die Gestalt u. die Anordnung der Moll. eines Proteins die chem. Reaktionsfähigkeit der Seitengruppen wesentlich beeinflussen können. Im besonderen konnte spektrograph. gefunden werden, daß der Übergang von quasiglobulargelösten in den fibrillärfesten Zustand die phenol. Dissoziation der Tyrosinmoll. beträchtlich herabsetzt. Unter Heranziehung der röntgenograph. Aussagen über die Proteinstruktur des Fibroins kann die micellarheterogene Reaktionsweise als plausibelste Interpretierung gefolgert werden. (Melliand Textilber. **35.** 375—78. April 1954. Graz, Univ., Inst. für theoret. u. physikal. Chem.) H. G. FRÖHLICH. 8068

Erich Fitza, *Die Situation der Chemiefaserausrüstung.* Behandelt werden chem.-techn. Probleme auf dem Gebiet der Ausrüstung, bes. vollsynthet. Fasern. In diesem Zusammenhang wird auch auf die bisher erzielten Fortschritte hingewiesen. (Reyon, Zellwolle andere Chemiefasern **1955.** 604—06. Sept.) P. ECKERT. 8070

E. Elöd, K. Götze und **H. Rauch**, *Untersuchungen über die Wirkung grenzflächenaktiver Verbindungen bei der Herstellung und Verspinnung von Viscose.* (Vgl. C. **1955.** 10889.) Verwendet wurden sulfatierte Öle von niedrigem Sulfatierungsgrad (Türk. Rotöltyp); Na-Salze hochsulfatierter Fettsäuren (Praestabitöltyp); Na-Salze hochsulfatierter Fettsäuren mit Zumischung von Lösungsmitteln; alkylierte, oxyäthylierte quaternäre Ammoniumsalze; oxyäthylierte Fettamine; alkylierte, oxyäthylierte Aminsalze sulfatierter Fettsäuren; oxyäthylierte Fettalkohole. Untersucht wird die Lichtdurchlässigkeit u. die Filtrierbarkeit der mit diesen Stoffen versetzten Viscosen. Die grenzflächenakt. Mittel wurden der Maischlauge, ferner zu Beginn der Xanthogenierung sowie nach Beendigung des Lösevorgangs zugesetzt. Geprüft wird das Fadenziehvermögen der entsprechenden Viscosen u. die Verstreckbarkeit der aus diesen Viscosen frisch gesponnenen Fäden. Die gesponnenen Fäden werden auf Festigkeit u. Bruchdehnung u. die Spinndüsenkanäle auf ihre Verkrustung untersucht. Die Versuchsergebnisse, die in Tabellen, Diagrammen u. Abb. wiedergegeben werden, werden eingehend diskutiert. (Reyon, Zellwolle andere Chemiefasern **1955.** 626—28. 630—31. Sept. 680—82. Okt. 751—54. 756—57. Nov. 818—19. Dez.) P. ECKERT. 8074

G. Landells und **C. S. Whewell**, *Behandlung und Eigenschaften von Regeneratcellulose, die Vinylpolymere enthält.* 2. Mitt. *Charakteristika der Anfärbung, Quellung und Steifheit.* (1. vgl. C. **1952.** 4393.) Die Arbeit befaßt sich mit der näheren Unters. der lokalen An- bzw. Einlagerung u. den resultierenden Eigg. behandelter Fasern. Naßsteifheitsmessungen zeigen, daß mit zunehmendem Geh. an Polymeren die Faserverhärtung steigt. Anfärbeverss. mit Jodlsg. u. Quellprüfungen nach dem Kupferoxyd-Ammoniak-Verf. lassen mkr. erkennen, in welche Faserzonen ein Eintritt erfolgt. Messungen des Faserdiameters beweisen, daß mit der Einlagerung das Vol. der Faser wächst. Die Meßmethoden werden beschrieben u. die Resultate an Hand von Mikroskopaufnahmen u. Tabellen besprochen. Beim Anfärben der Faserquerschnitte färben sich zunächst Cellulose u. Polymere. Beim Waschen halten aber nur die Polymeranteile das J zurück. Die Schnitte veranlassen zu der erwarteten Annahme, daß die Polymereinlagerung fast nur in den Mantelzonen der Faser stattfindet. Der Quelltest läßt feststellen, daß die Quellung behandelter Fasern wohl ein beträchtliches Maximum erreichen kann, aber nicht in einen Lösungsvorgang übergeht. Geprüft wurden Polymere von Methylacrylat, Acrylnitril, Styrol, Acrylnitrilstyrol u. Methacrylamid. (J. Soc. Dyers Colourists **71.** 171—74. April 1955. Leeds, Univ., Dep. of Textile Ind.) E. WAGNER. 8074

Hans Böhringer, *Textile Analyse der synthetischen Fasern.* 1. Mitt. An Hand eigener Arbeiten u. von Literaturangaben bringt Vf. eine textile Analyse der synthet. Fasern (Polyamid-, Polyester-, Polyacrylnitril- u. Polyvinylchloridfasern), bestehend in einem Vgl. der Eigg. (Festigkeit, Dehnung, Arbeitsvermögen, relative Schlingen- u. Naßfestigkeit sowie spezif. Gewicht bzw. spezif. Vol.) dieser Fasern untereinander u. mit denen der Natur sowie der Regeneratfasern. Dabei werden auch die besonderen Eigg. u. Eigentümlichkeiten der genannten synthet. Fasern berücksichtigt u., darauf aufbauend, der typ. Verwendungszweck herausgearbeitet u. in diesem Zusammenhang der charakterist. Gebrauchswert aufgezeigt. — Diagramme u. Tabellen. (Textil-Prax. **10.** 751—58. Aug. 1955.) K. HOINKIS. 8080

—, *Eigenschaften von Terylene.* (Vgl. C. **1955.** **7349.**) Es wird ein Überblick über die technolog., chem. u. physikal. Eigg. der Faser gebracht. — Diagramme. (Brit. Rayon Silk J. **31.** Nr. 370. 50—53. März 1955.) P. ECKERT. 8080

J. A. Somers, *Fortschritte bei der Herstellung von Polymeren.* 2. Mitt. *Acrylfasern.* (1. vgl. C. **1955.** 7812.) Besprochen wird die Herst. von Mischpolymerisaten aus Acrylnitril mit 2- u. 4-Vinylpyridin, 2-Vinylchinolin, N-Vinylimidazol, N-Vinylpyrrolidon u. a. mehr. Die Eigg. dieser Mischpolymerisate, bes. hinsichtlich ihres färber. Verh., werden behandelt. (Brit. Rayon Silk J. **31.** Nr. 370. 64—66. März 1955.) P. ECKERT. 8080

Herbert M. Ulrich, *Einige Reaktionen zur Unterscheidung der Polyamidfasertypen voneinander und von anderen synthetischen Faserstoffen.* Übersicht. An Hand zahlreicher Literaturangaben wird kurz über die Herst. verschied. Polyamidfasern u. über einige Rkk. zur Unterscheidung der Polyamidfasertypen voneinander u. von anderen synthet. Faserstoffen berichtet. (Textil-Prax. **10.** 747—51. Aug. 1955.) K. HOINKIS. 8100

Solvay & Cie., Belgien, *Oxydierung cellulosehaltiger Fasern mittels Chloritlösungen.* Die cellulosehaltigen Fasern werden durch organ. Lösungsmittel entfettet u. mit dem anhaftenden Lösungsm. anschließend in eine Chloritlauge eingeweicht. Eine Verbesserung der oxydierenden Wrkg. tritt ein, wenn die Fasern mit einer Lsg. von Cl_2 in Tetra vorbehandelt werden, wobei das Cl_2 in Abwesenheit von W. einwirkt, anschließend durch Verdunsten das Lösungsm. entfernt u. die Fasern in das Chloritbad eingebracht werden. (**F. P. 59 291** vom 16/5. 1949, ausg. 24/5. 1954. **Zusatz zu F. P. 955 862; C. 1950. II. 485.**) R. GLAFEY. 8027

Monsanto Chemicals Ltd., London, England (Erfinder: **John Payne** und **Kenneth Conrad Bryant**), *Behandlung von Textilfasern mit Lösungen kolloider Kieselsäure.* Ein nahezu erschöpfendes Aufziehen koll. SiO_2 aus der Dispersion erreicht man durch Zusatz von in W. lösl. Metallsalzen, die positive Ionen mit mindestens 3 Valenzen freisetzen, z. B. $Al_2(SO_4)_3$, Alaun, $FeCl_3$, Cr-Alaun oder Ce–NH_4-Nitrat. Der Salzzusatz kann auch während der Imprägnierung erfolgen. Infolge verminderter Fasergleitung aufeinander lassen sich so behandelte Fasern besser verspinnen. (**E. P. 728 237** vom 4/9. 1952, ausg. 13/4. 1955.) H. MÖLLERING. 8031

American Viscose Corp., Wilmington, Del., übert. von: **Adrianus L. Bauling,** Deventer, Holland, und **David T. Milne,** Fredericksburg, Va., V. St. A., *Herstellung von Folien mit wasserabstoßenden, fettdichten Eigenschaften.* Man behandelt den zu schützenden Gegenstand, z. B. einen Stoff, mit einer wss. Emulsion aus einem Melamin-Formaldehyd-Harz (I), Paraffin (II) u. wenigstens 0,2—10% eines wasserlösl. Na-Carboxymethylcelluloseäthers (**III**), wobei das Verhältnis von **I:III**, wie auch das von **II:III** = 1:1 bis 20:1 ist. Außerdem besprüht man den Überzug noch mit einer wss. $Al_2(SO_4)_3$-Lsg., spült mit W. nach, trocknet u. erhitzt auf ca. 100 —150°. (**A. P. 2 672 427** vom 26/5. 1951, ausg. 16/3. 1954.) H. NEBELSIEK. 8037

Davies-Young Soap Co., übert. von: **Ralf B. Trusler** und **Barbara Sutton,** Dayton, O., V. St. A., *Wasserabweisende Gewebeausrüstung.* Es wurde gefunden, daß bei der Imprägnierung des Gutes mit üblichen Lsgg. von Paraffin, Wachsen oder Harzen in organ. Lösungsmitteln die beim Durchgang des Gutes durch die Lsgg. erzeugte elektrostat. Aufladung der Lsg. die wasserabweisende Wrkg. beeinträchtigt. Durch Erdung des Imprägniergefäßes u. durch Unterschichtung der Imprägnierlsg. mit einer dünnen Wasserschicht, wobei beide Schichten durch ein Sieb getrennt werden, wird für Ableitung der Elektrizität gesorgt. Bei dem Verf. aufgewirbelte geringe Mengen von Wassertropfen bewirken zusätzlich eine elektr. Entladung der Imprägnierlösung. — Vorrichtung. (**A. P. 2 704 731** vom 13/8. 1952, ausg. 22/3. 1955.) H. MÖLLERING. 8037

Chemische Werke Albert (Erfinder: **Karl Brückel** und **Arthur Greth**), Wiesbaden, *Wasserbeständige Textilausrüstung* erhält man durch Aufbringen solcher plastifizierter härtbarer Phenolharze (oder deren in der OH-Gruppe verätherten Derivv.), die durch Erhitzen von Phenolaldehydkondensaten mit OH-Gruppen enthaltenden öl- oder harzartigen Estern aus ein- oder mehrwertigen Carbonsäuren u. mehrwertigen Alkoholen (oder Gemischen ein- u. mehrwertiger Alkohole) erhalten sind. — Geeignet sind z. B. Phenolresole, die mit einem Adipinsäureglykolester modifiziert sind. (**D. B. P. 907 408** Kl. 8k vom 26/9. 1943, ausg. 25/3. 1954. **Zusatz zu D. B. P. 903 206; C. 1954. 8257.**) H. MÖLLERING. 8037

Commonwealth Engineering Co. of Ohio, übert. von: **George L. Deniston**, Dayton, O., V. St. A., *Umschichtete Baumwollgarne als Einlage für Kautschuktreibriemen oder Kunstharzkörper.* Das Garn wird mit einer Lsg. von z. B. 50 (%) Dextran, 10 NaOH u. 50 W. imprägniert u. anschließend mit einem Alkylierungsmittel, wie einem Alkyl- oder Benzylhalogenid oder z. B. einer Lsg. aus 50 Diäthylsulfat, 20 NaOH u. 30 W., behandelt, wodurch man einen gegen W., Lsgg. von Alkali oder Mineralsäuren beständigen, jedoch mit Aceton, Dioxan, Bzl. oder Toluol quellbaren Überzug erhält. — Imprägniervorrichtung. (**A. P. 2 706 690** vom 14/8. 1951, ausg. 19/4. 1955.) H. MÖLLERING. 8045

Cluett, Peabody & Co., Inc., übert. von: **Charles A. Fetscher**, Troy, N. Y., V. St. A., *Nichtfilzende Wolle.* Man behandelt das Gut mit einer wss. Dispersion eines hochmol. homopolymeren Butadiens (I) u. einem Mischpolymerisat aus I mit einem Geh. von 20—40% Acrylnitril. Es sollen nach dem Trocknen der Wolle oder der Wolle enthaltenden Textilien 2—8% Festteile aus der Dispersion aufgenommen sein. (**A. P. 2 704 729** vom 1/3. 1952, ausg. 22/3. 1955.) H. MÖLLERING. 8061

American Cyanamid Corp., New York, N. Y., übert. von: **James K. Dixon**, Riverside, und **Norman T. Woodberry**, Stamford, Conn., V. St. A., *Weitgehend hydrophobes Reyon* erhält man aus Viscose, der man ein alkyliertes Trimethylolmelaminharz, z. B. methyliertes Pentamethylolmelamin, einverleibt oder unmittelbar nach Austritt des Fadens aus der Düse zugeführt hat. Die Seide kann mit Säurefarbstoffen gefärbt werden. (**A. P. 2 684 343** vom 17/11. 1950, ausg. 20/7. 1954.) G. SALZMANN. 8075

E. I. du Pont de Nemours & Co., Wilmington, Del., V. St. A., *Polyäthylenterephthalatfasern* von hoher Sprungelastizität, die eine Doppelbrechung von 0,004—0,011 besitzen, erhält man durch Streckung der in einem 1,4% Fettalkoholsulfonat enthaltenden Wasserbad angefeuchteten Fadenstränge (Einzelfaden 3 den) zwischen 4 auf 40° erwärmten Walzen (47,5 m U/Min.) u. Nachstreckung zwischen 4 weiteren kalten Walzen (104 m U/Min.) um ca. das 4fache der Länge. Die Fäden erhalten dann durch Stauchung 10—12 Kräuselwindungen je 2,5 cm, worauf man sie in einer Kammer 2 Min. bei 155 bis 165° oder in sd. W. frei schrumpfen läßt. Die geschnittenen wollähnlichen Fasern können zu Papierfilzen, Teppichen, Unterwäsche, Badeanzügen, Strickjacken u. dgl. verarbeitet werden. (**E. P. 721 912** vom 18/6. 1952, ausg. 12/1. 1955. A. Prior. 12/7. 1951.) G. SALZMANN. 8081

British Celanese Ltd., London (Erfinder: **John Downing** und **James Wotherspoon Fisher**), England, *Für die Film- und Fädenherstellung geeignete Lösungen von Polyacrylnitril* (I). In Nitromethan (II) mit <5% Wassergeh. sind Mischpolymerisate mit einem Geh. von >85% I lösl., wobei als 2. Komponente niedrigmol. Alkylester der Acrylsäure dienen. — Ein getrocknetes u. gepulvertes Mischpolymerisat mit einem Geh. von 67,5 (Teilen) I u. 7,5 Methylacrylat wird in der 4fachen Menge II bei 80° unter Rühren gelöst. Die Lsg. wird beim Abkühlen steif u. dann gelartig; sie verflüssigt sich beim Wiedererwärmen. (**E. P. 720 199** vom 25/2. 1952, ausg. 15/12. 1954.) H. MÖLLERING. 8081

Industrial Rayon Corp., Cleveland, übert. von: **Gilman S. Hooper**, Bay Village, und **Thomas S. Solomon**, Parma, O., V. St. A., *Naßspinnen von Polyacrylnitril* (I). Eine 20%ig. Lsg. von I in Äthylencarbonat (II) wird bei 120° in ein Bad aus 80 Dipropylenglykol u. 20 II (130°) gesponnen; der Faden läuft über eine Umlenkstange (30,5 cm durch Luft) in vielen Windungen mit 42 m/Min. über eine Walze, auf der er mit W. von 60° gewaschen wird. Dann passiert er ein Dampfrohr, läuft über eine Befeuchtungswalze u. eine zweite Walze (140°; 5 Sek.) auf die Sammelspule. Der Faden zeichnet sich durch seinen Weißheitsgrad u. permanenten Glanz aus. — Zeichnung. (**A. P. 2 692 185** vom 27/9. 1951, ausg. 19/10. 1954.) G. SALZMANN. 8081

Vereinigte Glanzstoff-Fabriken Akt.-Ges., Wuppertal-Elberfeld, *Spinngefärbte Fäden aus Polyacrylsäurenitril* oder dessen Mischpolymerisaten. Beim Lösen der Polymerisate setzt man solche Farbstoffe zu, die in deren Lösungsmitteln lösl. sind, z. B. Mono- u. Polyazofarbstoffe, Wollfarbstoffe u. Küpenfarbstoffleukoester; genannt sind Siriusechtblau, Alizarinbrillantgrün u. Cellitonätzblau. Es wird trocken gesponnen. (**Schwz. P. 305 685** vom 27/8. 1951, ausg. 16/5. 1955. D. Prior. 13/11. 1950.) G. SALZMANN. 8081

Eastman Kodak Co., Rochester, übert. von: **Theodore E. Stanin** und **Joseph B. Dickey**, Kingsport, Tenn., V. St. A., *Fasern aus einem Gemisch von Polyacrylnitril und formyliertem Polyvinylalkohol* mit 20—37% Formyl werden im Verhältnis 60—90:40—10% aus Lsgg. in N.N-Dimethylformamid, Äthylencarbonat oder -carbamat oder γ-Butyrolacton in ein Bad aus Isopropylalkohol gesponnen. Es können auch die entsprechenden Mischpolymerisate zu Filmen, Bändern u. dgl. verarbeitet werden. (**A. P. 2 697 088** vom 27/6. 1951, ausg. 14/12. 1954.) G. SALZMANN. 8081

Monsanto Chemical Co., St. Louis, Mo., übert. von: **Ralph F. Nickerson**, Marblehead, Mass., V. St. A., *Maschenfeste Wirkware aus synthetischen Fasern.* Man netzt das Gut in der 6—20fachen Gewichtsmenge einer auf p_H 3—6,5 angesäuerten wss. Lsg. mit einem Geh. von 0,025—0,4 (%) koll. SiO_2 u. 0,3—7 eines in W. lösl. NH_4- oder Alkalisalzes, bes. $(NH_4)_2SO_4$ oder NH_4Cl. Zweckmäßig verwendet man zur sauren Einstellung HCOOH u. ein alkal. reagierendes SiO_2-Sol. (**A. P. 2 701 218** vom 30/3. 1950, ausg. 1/2. 1955.) H. MÖLLERING. 8081

Owens-Corning Fiberglas Corp., Del., übert. von: **Jack H. Waggoner**, Newark, O., V. St. A., *Herstellung von gefärbten Glasfasern.* Die Glasfasern werden mit einer besonderen organ. Verb. von Sb, Zn, Sn, Pb, Ti oder Ba überzogen, welche beim Erhitzen ein weißes Reaktionsprod. hinterlassen, das auch mit dem Glase in Rk. tritt. Die Fasern lassen sich nach dieser Vorbehandlung dauerhaft mit Farbstoffen färben. (**A. P. 2 671 033** vom 15/3. 1952, ausg. 2/3. 1954.) HANS HOFFMANN. 8083

Owens-Corning Fiberglas Corp., Toledo, übert. von: **Lawrence P. Biefeld**, Granville, und **Joseph P. Stalego**, Newark, O., V. St. A., *Herstellung von Litzen und Garnen aus Glasfasern.* Die Glasfasern werden mit einer 2—20%ig. Lsg. eines Stoffs behandelt, welcher zu 99—85 (Gewichtsteilen) aus einem Reaktionsprod. von polymerisierten Fettsäuren mit Diaminen u. zu 1—15 aus Nitrocellulose besteht. Nach dieser Vorbehandlung werden die Glasfasern zu Litzen oder Garnen zusammengefügt. (**A. P. 2 671 744** vom 9/2. 1951, ausg. 9/3. 1954.) HANS HOFFMANN. 8083

XIX. Brennstoffe. Erdöl. Mineralöle.

Charles Ellis, *Erkenntnisse in der Kohlenindustrie.* Für alle Aufgaben, die bei der Gewinnung, Aufbereitung, Staubverhütung, Brikettierung, Verkokung u. Verbrennung der Kohle entstehen, können wir uns wegen der großen Verschiedenheit der Kohlen auf eine Vielzahl von empir. Daten stützen. Nach Ansicht des Vf. benötigt man aber quantitative Bezugsgrößen zur eindeutigen Kohlenbest., um mit einer geringen Zahl von Experimenten durch Interpolation den weiten Bereich der Kohlen wissenschaftlich erfassen zu können. (Proc. Roy. Soc. [London], Ser. B **139**. 449—63. 10/7. 1952.) H. SCHÖBERL. 8126

Monmohan Roy, *Schwefel in der Kohle.* Die Arten des S in Kohlen (organ., anorgan., flüchtiger, verbrennlicher u. Pyrit-S), die Ursachen des S-Geh. u. ferner die Entfernung des S aus hoch S-haltigen Kohlen werden besprochen. Hierbei kommen trockene u. nasse Aufbereitungsverff. in Frage, die jedoch nur den Pyrit-S zu entfernen vermögen. Zur Befreiung der Kohle von organ. S können der Kohle vor dem Verkoken Salz, oder Oxyde, Carbonate, Silicate, Chloride usw. von Ca, Mg, Fe, Al usw. zugegeben werden, oder es werden Gase bzw. Dämpfe (Wasserdampf, H_2, N_2, Koksofengas, Wassergas bzw. Mischungen aus ihnen) durch die Koksofenkammer geleitet. Ferner kann auch das Kokslöschen mit bestimmten entschwefelnden Lsgg. erfolgen. (Sci. and Cult. **18**. 575—78. Juni 1953. Calcutta, Univ., Dep. of Appl. Chem.) H. SCHÖBERL. 8126

Takao Iwasaki, Seiichi Nomura und **Yoshitake Kon**, *Über die exotherme Erscheinung beim Verkoken japanischer Kohle und deren spezifische Wärme.* Aus der mit einer einfachen Vorr. (Apparaturskizze) beobachtbaren exothermen Erscheinung beim Verkoken wird eine Einteilung japan. Kohlen in 4 Gruppen abgeleitet. Vgl. der spezif. Wärme von Kohlen u. zugehörigen Koksen aus bisher bekannten u. eignen Daten. — 21 Literaturangaben. (J. Fuel Soc. Japan **33**. 249—55. Mai 1954. Meguro Inst. [Orig.: japan., Auszug: engl.]) L. SCHULER. 8126

Eitaro Matsuyama, *Strukturänderung von Kohle bei der Verkokung und Verbrennung.* (*Mikroradiographische Untersuchung von Ube-Kohle.*) In Vakuum bzw. Luft werden dünne Proben von nichtbackender Ube-*Kohle* z. T. wiederholt auf 600—1600° erhitzt u. die Änderung der Mikrostruktur mikroradiograph. untersucht. Schrumpfung, Sintern u. Verdampfen der mineral. Einschlüsse verschied. Herkunft während der Carbonisierung (trockenen Dest.) sind gut sichtbar. — 30 Photos. (J. Fuel Soc. Japan **33**. 232—37. Mai 1954. Samaguchi, Univ. [Orig.: japan., Auszug: engl.]) L. SCHULER. 8126

L. Beauxis und **R. Veillet**, *Flotation der Kohle aus den Bergwerken des Nordbeckens und des Beckens vom Pas-de-Calais.* Es werden besprochen: die Ursachen der Entw. der Flotation, der Grund der Trocknung der Konzentrate, Kosten einer Flotationsanlage mit Trocknung, Type der verwendeten Zelle, Schema der Verwendung der Zellen, Flotationsreagentien, Schema des Umlaufs der Prodd., Filtration der Schäume, therm. Trocknung der Filtrate, Behandlung der gesteinhaltigen Flotationsabwässer, Genauigkeit der Flotation, maximaler Aschegeh. der Flotte, wirtschaftliche Angaben. (Rev. Ind. minérale **36**. 363—74. 1/3. 1955.) E. BOYE. 8134

J. Formánek, *Die Brikettierung der Kohle.* Die nordböhm. Braunkohle erfordert zur Brikettierung Korngrößen von 0—0,5 mm, wobei Schwierigkeiten beim Pressen auftreten. Trotzdem gelang es, aus den Briketts auch Halbkoks mit genügender mechan. Festigkeit u. Grobkörnigkeit (<15% unter 10 mm) herzustellen. (Paliva **34.** 149—51. Juni 1954.) O. POLLAK v. EMHOFEN. 8136

Monmohan Roy und **M. N. Goswami,** *Eine Bemerkung zur Wirkung von Wasserdampf auf die Entschwefelung von Kohle in Gegenwart von verschiedenen Katalysatoren.* (Vgl. C. **1954.** 4524.) An einer ind. Kohle aus Assam wurde die Wrkg. von Wasserdampf in Ggw. von anorgan. Katalysatoren [SiO_2, Na_2SiO_3, $Al(OH)_3$ u. Bauxit] auf die Entschwefelung untersucht. Es ergab sich, daß SiO_2 die stärkste Entschwefelung bewirkt, wobei durch Zumischung von 5% SiO_2 zur Kohle während einer 6std. Verkokung bei 850° u. Durchleiten von Wasserdampf der Koksschwefelgeh. von 4,57% in der Kohle auf 1,2% gesenkt werden konnte. Kürzere Garungszeiten verursachen naturgemäß einen höheren S-Geh. des Kokses. (Sci. and Cult. **18.** 596—97. Juni 1953. Calcutta, Univ., Dep. of Appl. Chem.) H. SCHÖBERL. 8142

A. E. Haffner, *Die Lebensdauer von feuerfestem Material in Verkokungsanlagen.* (Vortrag.) Durch Verbesserung des feuerfesten Materials selbst u. Vereinfachung des Heizungssyst. in den Feuerungsanlagen konnte die Lebensdauer des Materials gesteigert werden. Durch ständige Überwachung der Rohstoffe u. der Verarbeitungsweise konnten weitere Fortschritte erzielt werden. (Gas J. **284** (**107**). 194—98. 19/10. 1955.) F. ROSENDAHL. 8142

Kazumi Tahagi und **Kunio Nishio,** *Reaktivität von Koks.* Mit einer geeigneten apparativen Anordnung (Skizze) werden die Einfll. der Reaktionstemp., Teilchengröße des *Kokses,* der Reaktionszeit u. Strömungsgeschwindigkeit der CO_2 auf die Geschwindigkeit der Rk. $C + CO_2 = 2CO$ untersucht u. dann unter passenden Bedingungen die Reaktivitäten gemessen. Aus den grundlegenden Daten der Ausgangskokse bzw. deren Reaktivitäten u. den Mischungsverhältnissen lassen sich die Reaktivitäten des Kokses abschätzen. — 17 Tabellen, 86 Literaturangaben. (J. Fuel Soc. Japan **33.** 264—71. Mai 1954. Sumitomo Chem. Co. [Orig.: japan., Auszug: engl.]) L. SCHULER. 8144

G. Lorenzen, *Vergasung geringwertiger Brennstoffe (Waschabfälle).* Bei Großverss. in einem OTTO-Kreuzstromofen von 10 tato erhält LEITHE billiges Gas von 800—1200 kcal/Nm^3 aus Waschabfällen, Wirkungsgrad 55—65%. — 13 Abbildungen. (J. Fuel Soc. Japan **33.** 340—45. Juli 1954. [Orig.: japan., Auszug: engl.]) L. SCHULER. 8148

G. I. Deschalit, *Die Verwendung von Sauerstoff beim Gasgeneratorenwind.* Aus der Berechnung der Kosten u. der Wärmebilanz bei O_2-Einführung in den Generatorwind folgt, daß ein an O_2 angereicherter Wind zwar um 20% teurer ist als der gewöhnliche, zugleich jedoch der Caloriengeh. des gewonnenen Gases um 20% ansteigt, so daß die Einführung von O_2 sich empfiehlt. (Стекло и Керамика [Glas u. Keram.] **12.** Nr. 8. 12—13. Aug. 1955.) A. v. WILPERT. 8150

Mihály Freund und **Mitarbeiter,** *Neue Wege der Verarbeitung von Mineralölen.* Drei Vorträge über das adsorptive Verf., chromatograph. Trennung von Gasen im kontinuierlichen Betrieb u. über das Bergen-Verfahren. (Magyar tudományos Akad., kémiai Tudományok Osztályának Közleményei [Ung. Akad. Wiss., Ber. Abt. chem. Wiss.] **4.** 89—113. 1954.) J. PLANK. 8192

Ss. N. Obrjadtschikow und **D. M. Ssosskind,** *Der Einfluß aromatischer Kohlenwasserstoffe mit kondensierten Ringen auf das katalytische Cracken von Alkanen, Cyclanen und Alkenen.* Kondensierte aromat. Verbb. (*Naphthalin* u. *α-Methylnaphthalin*) verzögern die katalyt. Crackung von *Alkanen* (**I**), *Cycloalkanen* (**II**) u. *Alkenen* (**III**), u. zwar ist der Einfl. um so größer, je höher die Aromatenkonz. der Mischung ist. Außerdem spielen Struktur u. Mol.-Gew. der Reaktionsteilnehmer eine Rolle. Der stärkste Einfl. einer aromat. Verb. wurde bei der Aufspaltung von **I** beobachtet. **II** wird weniger beeinflußt, am wenigsten **III**. Die Erscheinung beruht auf der Verdrängung der zu crackenden KW-stoffe aus der akt. Oberfläche des Katalysators durch die weitaus beständigeren Aromaten u. ihre Verbrennungsprodd. (Koks). Die stärksten Adsorptionseigg. an Katalysatoren zeigen kondensierte Aromaten, es folgen **III**, **II** u. **I**. (Нефтяное Хозяйство [Petroleum-Wirtsch.] **33.** Nr. 6. 72—78. Juni 1955.) A. HOYNINGEN-HUENE. 8196

O. A. Wunderlich, J. J. Prichard und **F. Emerson Ivey jr.,** *Katalysatoren mit höherem Al_2O_3-Gehalt ergaben höhere Ausbeuten.* Es werden 3 Versuchsläufe beschrieben, bei denen Katalysatoren mit einem Geh. von Al_2O_3 von 12,25, 15,65 u. 17,77% bei der Spaltung eines aus verschied. Bohrfeldern stammenden Mischöls verwendet wurden. Der höhere Al_2O_3-Geh. bringt eine größere Lebensdauer des Katalysators, der auch gegenüber den im Ausgangsöl befindlichen vergiftenden Metallen, wie Ni, V, Fe, Cu, Na, Ca u. Pb weniger empfindlich ist. (Oil Gas J. **54.** Nr. 24. 121—25. 17/10. 1955. Buffalo, N. Y., Fontier Oil and Refining Co. u. Davison Chem. Co.) K. O. MÜLLER. 8196

W. C. van Zijll Langhout, G. J. F. Stijntjes und **H. I. Waterman** (unter Mitarbeit von **C. Boelhouwer** und **W. C. De Rhoter**), *Die Entschwefelung von Gasölen durch katalytische Hydrierung.* Stand der Technik über Entschwefelung durch Hydrierung. Anschließend bringen Vff. eine thermodynam. Berechnung der Möglichkeit der Entschwefelung u. H_2-Abspaltung in einem Gemisch von äquimol. Mengen Methylthiophen u. Methylcyclohexan u. H_2 u. zeigen, daß bei einem Gleichgewicht bei einer gewissen Temp. der Gesamtdruck berechnet werden kann, bei dem weder eine Abspaltung noch Verbrauch von H_2 eintritt. Daraus leitet sich das „Autofining"-Verf. ab, bei dem Mineralöle durch Hydrierung entschwefelt werden, während der notwendige H_2 durch H_2-Abspaltung aus Naphthenen des Ausgangsöls gewonnen wird. Vff. beschreiben dann Entschwefelungsverss. von Mittelost-Gasölen in der Gasphase, wobei ein Co–Mo–Al_2O_3-Katalysator zur Anwendung kommt. Bei einer konstanten Temp. (375°) u. einer Kontaktzeit von 9 Sek. wird der Einfl. des Druckes auf die stündliche Durchsatzgeschwindigkeit untersucht. Ein Druckanstieg von 26 auf 91 at verbessert die Entschwefelung, während ein Anstieg der stündlichen Durchsatzgeschwindigkeit (1,5—5,4 kg Ausgangsöl, bezogen auf 1 Liter Katalysator/Std.) die gegenteilige Wrkg. hat. Der Katalysator ist sehr selektiv, eine Hydrierung von Aromaten trat nur in geringem Umfang bei Drucken von über 150 at auf. Eine Spaltung trat bei den gewählten Versuchsbedingungen nicht auf. Vers. mit Ergebnissen u. Literaturübersicht im Original. (J. Inst. Petroleum **41.** 263—72. Aug. 1955. Delft, Holland, Univ., Inst. of Chem. Engng.) K. O. MÜLLER. 8198

Fukio Horie, *Bericht über das Arbeiten einer Platforming-Anlage.* Bericht über Bau u. Arbeitserfahrung mit einer seit kurzem von der KŌA SEKIYU CO (Mineralöl Co.) betriebenen Platforming-Anlage. (J. Fuel Soc. Japan **33.** 321—26. Juni 1954. [Orig.: japan., Auszug: engl.]) L. SCHULER. 8200

Kartick P. Koley, *Äthylalkohol als Benzinersatz.* Infolge der Knappheit an Kraftfahrzeugbenzin wird in verschied. Staaten dem Bzn. A. beigemischt. Unterss. ergaben, daß bei einem Verhältnis von 25% A. u. 75% Bzn. die Motorleistung steigt u. der Kraftstoffverbrauch sinkt. Darüber hinaus ist die Verbrennung des Bzn.–A.-Gemischs wegen des höheren O-Geh. des A. vollkommener, so daß die C-Ablagerungen in der Verbrennungskammer, an Zündkerzen u. Kolben geringer werden. Der höheren Octanzahl des A. entsprechend steigt auch die Klopffestigkeit von Bzn.–A.-Gemischen. (Sci. and Cult. **18.** 568—71. Juni 1953. Calcutta, Univ., Dep. of appl. Chem.) H. SCHÖBERL. 8204

G. H. N. Chamberlain und **A. D. Walsh,** *Die Wirkungsweise von aromatischen und metallhaltigen Antiklopfmitteln.* Krit. Übersicht an Hand der Literatur u. unter Berücksichtigung eigener Arbeiten (vgl. C. **1950.** I. 2306 u. **1954.** 8985) über die Wirkungsweise von aromat. u. metallhaltigen Antiklopfmitteln. — Diskussion. 25 Literaturzitate. (Inst. int. Chim. Solvay, Cons. Chim. **8.** 155—75. 1951. Leeds, Univ., Chem. Dep.) E. ROEDER. 8208

Mitika Miyanishi, *Spektroskopische Untersuchungen über den Wandeffekt der Verbrennungskammer auf die Oxydation von Gasolin bei niederer Temperatur.* 1. Mitt. Vf. stellte fest, daß die Bldg. von CH_2O bei der Oxydation von KW-stoffen bei niederer Temp. auf den katalyt. Einfl. von hexagonalen Mikrokristallen von Substanzen der Wand der Verbrennungskammer zurückzuführen ist. Die Bldg. des CH_2O beruht auf einer Wandwrkg., die wie folgt dargestellt werden kann:

$$CH_2 + O_2 \xrightarrow[\text{an der Wand, die durch hexagonale Kristalle gebildet wird}]{250^\circ} HCHO + O + 2{,}0\ V.$$

CH_2 entsteht durch Dissoziation n. KW-stoffe. Hierdurch kann eine neue Erklärung für die Antiklopfeig. des Tetraäthylbleis gegeben werden. (J. Fuel Soc. Japan **34.** 373—79. Juni 1955. Hiroshima, Univ., Ing.-Fakultät. [Orig.: japan., Auszug: engl.]) F. ROSENDAHL. 8208

N. G. Putschkow und **M. Ss. Borowaja,** *Der Einfluß von Zusätzen auf die Eigenschaften der Dieselöle.* Untersucht werden verschied. Selektivraffinate verschied. Provenienz u. Viscosität auf Oxydationsstabilität, Lackbldg., Korrosionsschutz u. Schmierfähigkeit. *Bakuöle* (I) zeigen wegen des erhöhten Aromatengeh. schlechtere Viscositäts-Temp.-Eigg. (VT), sind jedoch oxydationsstabil, wogegen *Embaöle* (aromatenärmer) zwar bessere VT-Eigg. aufweisen, jedoch bzgl. Korrosionsschutz, Oxydationsbeständigkeit, Verschleißminderung u. motor. Verh. ungünstiger sind. Devon. *S-haltige Öle* (II) sind neben gutem VT-Verh. durch befriedigenden Korrosionsschutz ausgezeichnet; sie neigen jedoch bei erhöhten Tempp. zu Polymerisationen, gek. durch verstärkte Lackbildung. Öle mit hohem Anteil an kurzkettigen, polycycl. Aromaten u. harzartigen

Körpern zeigen allseitig wenig befriedigende Eigenschaften. — Bei Verwendung von Zusätzen (3—4% *AZNII*, 1—3% *AZNII-CIATIM*, 3% *CIATIM-339*, 2,5% *Zusatz Nr. 2*, 2% *IP-2* u. 2,5% *Paranox*) konnte eine wesentliche Verbesserung dieser Öle erzielt werden. An Hand langfristiger Verss. (Motorentypen KD-35 u. JAAZ-204) konnte gezeigt werden, daß einige Zusätze auf den Öltyp **II** bes. gut ansprechen. Es gelingt also, auch weniger gute Öle (**II**) unter Verwendung geeigneter Additives soweit zu veredeln, daß sie hinsichtlich ihres motor. Verh. einem besseren Öl (Typ **I**), versehen mit den gleichen Zusätzen, ungefähr ebenbürtig sind. (Нефтяное Хозяйство [Petroleum-Wirtsch.] **33**. Nr. 6. 63—72. Juni 1955.) A. HOYNINGEN-HUENE. 8212

S. M. Prasad, *Teersäuren in indischen Teeren.* Die Unters. von neun ind. Teeren ergab, daß bei diesen die Ausbeute an Teerölen im allg. gering ist u. die Teeröle bis auf 4 arm an Teersäuren sind. Der größte Teil der Teersäuren besteht aus niedrigsd. Phenolen, welche mehr tox., aber geringere keimtötende Eigg. als höhere Teersäuren besitzen. (Sci. and Cult. **19**. 595—98. Juni 1954. Patna, Prov. Ind. Res. Labor.) T. OPPERMANN. 8214

József Varga, *Neue Möglichkeiten der Nutzbarmachung der asphaltischen Mineralöle und Raffinationsrückstände.* Ident. mit C. **1956**. 3187. (Magyar tudományos Akad., kémiai Tudományok Osztályának Közleményei [Ung. Akad. Wiss., Ber. Abt. chem. Wiss.] **5**. 167—82. 1954.) J. PLANK. 8216

Hiroshi Katayama, *Die Bewertung von Motorenschmierölen.* Durch Laboratoriumsverss. u. Prüfungen in Motoren (Reinheit der Kolben, Korrosion usw.) wird der Zusammenhang zwischen der chem. Natur von *Schmieröl* (**I**) u. den Leistungen im prakt. Gebrauch untersucht. Schmutz im Motor rührt von der durch Oxydation des **I** verursachten Lackbldg. u. dem durch unvollständige Verbrennung des Brennstoffs gebildeten Ruß her. Die Neigung zur Lackbldg. steht in Verbindung mit dem Geh. an polycycl. aromat. Fraktionen (**II**), die sich aus dem **I** durch Silicagelchromatographie abtrennen lassen. Der Rußansatz wird durch die Benetzungsförderung des **I** beeinflußt, was sich im „Cellite-chromato"- u. im „Kohlenstoffsedimentations"-Test prüfen läßt. Nach dem SOHIO-Oxydations- u. -Korrosionsverf. wird die Wrkg. von Additiven u. der unterschiedlichen Reinigungsverff. auf die Korrosion von Cu–Pb-Lagern geprüft. Die Korrosion von Kolben aus Al-Legierungen bei Verwendung Pb-haltiger gebleiter Kraftstoffe ist weitgehend auf den chem. Angriff von Pb-Halogenid zurückzuführen. Die Güte des Kraftstoffs beeinflußt die Wrkg. der **I** stark. **II** im **I** sind natürliche Oxydationsinhibitoren. (J. Fuel Soc. Japan **33**. 306—15. Juni 1954. Nippon Oil Co. [Orig.: japan., Auszug: engl.]) L. SCHULER. 8220

Sm. Lakshmanan, *Esterwachse aus der Braunkohle von Süd-Arcot, Madras.* Die Extraktion der Esterwachse wurde in einem Soxhletapp. mit einem azeotropen Gemisch von Bzl. u. A. vorgenommen. Mit diesem Lösungsm. wurden die besten Ausbeuten erzielt. Vf. stellte fest, daß die an der Luft getrockneten rohen Koller die besten Ausbeuten gaben, bes. gegenüber solchen, die bei 105° getrocknet worden waren u. ein feineres Gefüge hatten. Die erhaltenen Extrakte werden mit solchen aus deutschen Kohlen verglichen. Der größte Unterschied war dabei ein höherer Geh. an Harzen u. asphalt. Material bei den Süd-Arcot-Kohlen. (Fuel **34**. 219—24. April 1955.) F. ROSENDAHL. 8226

L. Grunberg, *Die Viscosität von flüssigen Kohlenwasserstoffen.* Die einfache WALTHERsche Exponentialgleichung über die Abhängigkeit der Viscosität von der Temp. kann nach Ansicht des Vf. nicht auf KW-stofföle angewendet werden, da Temperaturänderungen, Veränderungen im Ordnungszustand u. in der Konfiguration der Moll. hervorrufen. Diese Veränderungen untersucht Vf. durch Trennung des freien Energie-Ausdrucks in einen Energiefaktor u. eine konfigurale Entropie. Um die Änderungen des Entropiezustandes zu untersuchen, wählt Vf. den Kp. bei Atmosphärendruck als Bezugsgröße, da dieser dem höchsten Grad der möglichen Unordnung in der Fl. bei Atmosphärendruck entspricht. Vf. findet, daß für starre KW-stoffmoll. die konfigurale Entropie positiv ist u. daß die freie Energie ΔE mit fallender Temp. ansteigt. Moll., die beweglicher sind, also eine innere Rotationsfreiheit besitzen, also bes. diejenigen mit vernetztem, zerknittertem oder gewundenem Mol.-Aufbau, haben eine negative Entropie, was zeigt, daß die freie Energie mit steigender Temp. fällt. Bei n-Paraffinen vermindert die bei höheren Tempp. auftretende Versteifung der Kette die negative Entropie, was eine Veränderung im Kurvenverlauf der Entropie verursacht u. dies bes. bei ungeraden Ketten. Ähnliche Ergebnisse werden erhalten, wenn die Tempp. nach freiem Ermessen gewählt werden. Eine Gleichung mit 3 Konstanten u. Messung bei 3 Tempp. wird vom Vf. vorgeschlagen, um das Viscositäts–Temp.-Verh. von KW-stoffölen zu charakterisieren. Die Größe der Konstanten u. ihr Vorzeichen geben die Zustandsänderungen an, die die KW-stofföle bei Temperaturänderungen erleiden. Kurven, Berechnungen u. Literaturüberblick im Original. (J. Inst. Petroleum **41.** 249—62. Aug. 1955. Thortonhall, Glasgow, Dep. of Sci. and Ind. Res., Lubrication and Wear Div., Mec. Engng. Res. Labor.) K. O. MÜLLER. 8242

J. B. Nelson, *Differenzierte thermische Analyse und ihre Anwendungen auf Wissenschaft und Technologie von Brennstoffen.* Mit 240 Literaturstellen versehener Stand der Technik über Kohlenanalyse, bes. Verschwelung u. Best. der anorgan. Bestandteile. (Brit. Coal Utilisat. Res. Assoc., monthly Bull. **19.** 502—31. Sept./Okt. 1955.) K. O. MÜLLER. 8246

R. A. Brown, H. B. Ogburn, F. W. Melpolder und **W. S. Young,** *Bestimmung von Kohlenwasserstoffen in Wasserstoff durch eine Palladiumrohr–Massenspektrometer-Methode.* Um geringe Mengen von KW-stoffen in H_2-reichen Gasen, wie sie in der Petroleumindustrie verwendet werden, mit genügender Genauigkeit bestimmen zu können, werden diese mit Hilfe eines auf 500° F geheizten Pd-Rohrs konz., durch das der H_2 diffundiert u. dann abgepumpt wird. Im Restkonzentrat werden die KW-stoffe massenspektrometr. bestimmt. Die Brauchbarkeit der Meth. wurde an synthet. Gemischen aus H_2 u. leichten KW-stoffen bis C_6 geprüft. Während leichte KW-stoffe in Konzz. von 0—3% sich mit einer Genauigkeit von 0,1% u. einer Reproduzierbarkeit von 0,05% bestimmen lassen, tritt bei Hexanen u. höheren KW-stoffen, offenbar am heißen Pd-Rohr, eine Zers. von ca. 10% der Gesamtmenge ein, die jedoch bei der geringen absol. Konz. dieser KW-stoffe in den in Frage kommenden Gasen nicht ins Gewicht fällt. (Analytic. Chem. **27.** 237—39. Febr. 1955. Philadelphia, Pa., Atlantic Refining Co.) R. CONRAD. 8252

Elwin N. Davis und **Barbara Cross Hoeck,** *Röntgenspektrographische Methode zur Bestimmung von Vanadium und Nickel in Kraftstoffrückständen und Verarbeitungschargen.* Vff. beschreiben eine röntgenspektrograph. Meth. zur Best. von Spuren Ni u. V. Die Meth. ist schnell, erfordert meist nur 20 g Substanz u. ist bzgl. der Genauigkeit mit anderen Methoden vergleichbar. Die Substanzprobe wird verascht, in Lsg. gebracht, die Lsg. auf einem Probenträger verdunstet u. der Rückstand im Röntgenstrahl rotiert. Die Intensität der Fluorescenzstrahlung als Funktion der Metallkonz. wird ermittelt. Maßnahmen zur Behandlung von Problemen der Interferenz störender Elemente werden diskutiert. (Analytic. Chem. **27.** 1880—84. Dez. 1955. Harvey, Ill., Sinclair Res. Labors., Inc.) G. RUBAN. 8252

Stassens, *Die quantitative Bestimmung von aromatischen Kohlenwasserstoffen in Kraftstoffen und industriellen Lösungsmitteln.* Beschreibung des Standes der Technik unter besonderer Hervorhebung der von MARCUSSON modifizierten Arbeitsweise von HESS (vgl. C. **1920.** IV. 233 u. 489), über die vergleichende Unterss. durchgeführt werden. (Ind. chim. belge **16.** 546—50. 1951. Brüssel, Arbeitsministerium, Abtg. Inspection chim.) K. O. MÜLLER. 8254

Imperial Chemical Industries Ltd., London, England, *Herstellung wasserstoffhaltiger Gase aus Kohlenwasserstoffen.* Man leitet ein Gemisch von Dampf u. fl. bzw. gasförmigen KW-stoffen in ein Bett von fluidisierten, festen, kohlenstoffhaltigen Teilchen bei 900 bis 1000°. Die Feststoffteilchen werden im Kreislauf zwischen Reaktions- u. Erhitzungszone geführt. (**E. P. 728 222** vom 15/10. 1952, ausg. 13/4. 1955.) E. KAHLES. 8161

North Thames Gas Board, London, England, (Erfinder: **Falconer Moffat Birks**), *Entfernen von Schwefelwasserstoff aus Gasen,* indem diese durch ein stillstehendes, Eisenoxydmasse enthaltendes zylindr. Gefäß geführt werden; zwecks Mischens des Eisenoxyds wird das Gefäß unter Unterbrechung der Gaszufuhr in Rotation um seine horizontale oder leicht geneigte Längsachse versetzt u. das Eisenoxyd durch Oxydation mit Luft wiederbelebt. (**E. P. 735 467** vom 12/12. 1952, ausg. 24/8. 1955.) K. DEMMLER. 8173

Standard Oil Co., Cleveland, übert. von: **Warner E. Scovill,** Lakewood, O., V. St. A., *Behandlung von leichten Kohlenwasserstoffen,* z. B. von korrosivem verflüssigtem Erdgas (Propanfraktion) durch Berührung mit einem Bett eines festen Blei- oder Zinkmercaptidsalzes. Das Mercaptid kann 1—6 C-Atome enthalten, z. B. Äthylmercaptid. Das Mercaptid kann auch in einer Menge von 5—20% auf einen Träger, wie Bleicherde, aufgebracht sein. (**A. P. 2 699 420** vom 23/1. 1952, ausg. 11/1. 1955.) P. UNGER. 8187

Socony-Vacuum Oil Co., Inc., New York, N. Y., übert. von: **Alfred W. Francis,** Woodbury, N. J., V. St. A., *Trennung einer Kohlenwasserstoffmischung* (vom Gasöl- bis zum Schmierölsiedebereich) in Fraktionen, von denen mindestens eine einen höheren Viscositätsindex hat als die ursprüngliche Mischung durch Behandlung mit fl. CO_2 u. einem Lösungsm. (I) (Essigsäure, Essigsäureanhydrid, Acetonylaceton, Äthylendiformiat,

Methylsulfat u. Nitromethan) unter genügendem Druck, um eine CO_2-reiche Phase fl. zu erhalten. Das I ist nicht in der Lage, sich mit der KW-stoffmischung nach Zusatz des fl. CO_2 zu mischen. Das Verhältnis von fl. CO_2 zum I ist ca. 2 : 1 bis 5 : 1 Gew.-Teile. Es bilden sich eine Raffinat- u. eine Extraktphase, die man unter Druck trennt. Man entfernt CO_2 u. I von der Raffinatphase u. erhält eine KW-stofffraktion mit höherem Viscositätsindex als die Ausgangsmischung. — Zeichnung. (**A. P. 2 698 278** vom 20/6. 1952, ausg. 28/12. 1954.) P. Unger. 8193

Standard Oil Co., V. St. A., *Verhütung von Verdampfungsverlusten*, welche durch Verdampfen der flüchtigen Bestandteile bei Rohöl oder analogen Prodd. entstehen. Man bedeckt die Oberfläche des Öles oder dgl. mit einer flotierenden Schicht von hohlen sphär. Teilchen u. einem nichtflüchtigen Öl. Derartige hohle Teilchen erhält man z. B. dadurch, daß man eine 10%ige Lsg. eines Phenol–CH_2O-Harzes (Durez 14798), welche 1% $(NH_4)_2CO_3$ (blähendes Mittel) u. 89% W. enthält, bei 205—370° durch Zerstäuben trocknet. (**F. P. 1 077 787** vom 22/5. 1953, ausg. 10/11. 1954.) T. Oppermann. 8193

Deutsche Vacuum Oel Akt.-Ges., Hamburg (Erfinder: **Reinhold Billig**, Bremen), *Geruchsverbesserung von Benzin* nach D. B. P. 925 059, wobei in der 2. Stufe Luft zur Oxydation der organ. S-Verbb. verwendet wird oder O_2 oder andere elektronenentziehende Stoffe angewendet werden. Statt oder neben Kohle können andere hochwirksame feste wasserunlösl. Oxydationskatalysatoren (Pt oder Pt-Mohr) verwendet werden. Die entstandenen oxydierten Verbb. (Disulfide) werden gegebenenfalls stufenweise aus der Kohle entfernt. Aus der Lauge können die S-Verbb. auf mechan., chem. oder therm. Wege abgetrennt werden. Statt NaOH können andere bas. Stoffe verwendet werden. (**D. B. P. 933 827** Kl. 23b vom 28/1. 1953, ausg. 6/10. 1955. Anmeldung bekanntgemacht 7/4. 1955. **Zusatz zu D. B. P. 925 059; C. 1955. 9232.**) P. Unger. 8201

Charbonnages de France, Frankreich, *Umsetzungen zwischen Methan und Sauerstoff.* Ein Gemisch von CH_4 u. O_2 (u. Luft) wird innerhalb der Entzündungstemp. komprimiert auf 1,5—25 at u. dann gezündet. Je nach der Zus. des Gemisches erhält man Ruß, Heizgas von 3400—4500 Cal. oder Synthesegas (CO_2, CO u. H_2 mit wenig CH_4 u. N_2). Die Rk. soll für Explosionsmotoren u. Gasturbinen ausgenutzt werden. — Beispiele. (**F. P. 960 234** vom 12/1. 1948, ausg. 30/4. 1950.) H. Holm. 8201

Virgil Stark, New York, N. Y., V. St. A., *Herstellung von Kohlenoxyd und Wasserstoff enthaltendem Gas aus flüssigen oder gasförmigen Kohlenwasserstoffen.* Man stellt ein gasförmiges Gemisch aus fl. oder gasförmigen KW-stoffen, Dampf u. Luft her u. setzt dieses Gemisch in mehreren Stufen der Wärmeeinwirkung aus, wobei die letzte Stufe eine Temp. von 2000° F hat. Hierdurch werden die KW-stoffe gecrackt, der H_2O-Dampf dissoziiert u. dadurch ein permanentes Gas erhalten. (**E. P. 728 439** vom 14/9. 1951, ausg. 20/4. 1955. A. Prior. 30/10. 1950.) E. Kahles. 8201

Houdry Process Corp., Wilmington, Del., übert. von: **George D. Myers**, Chester, Pa., V. St. A., *Umwandlung von Kohlenwasserstoffen.* Der Katalysator wird im Kreislauf durch eine Syst. geführt, das aus einer Umwandlungszone, einer Regenerierzone u. einer Liftzone besteht. Es wird ein grobkörniger Katalysator verwendet (Durchmesser 0,01—0,5 in.). In der Umwandlungszone wird der Katalysator mit Koks beladen, welcher in der Regenerierzone mittls O_2-haltigem Gas abgebrannt wird, wobei die Temp. in dem unteren Teil dieser Zone höher als im oberen Teil gehalten wird. Ein Teil des Verbrennungsgases wird aus dem oberen Teil der Regenerierzone abgezogen u. in die Liftzone eingeleitet. Ein zweiter Gasstrom wird der Liftzone aus dem unteren Teil der Regenerierzone zugeführt, wobei dessen Gasdruck niedriger ist als der stat. Druck am Boden der Liftzone u. dessen Temp. höher als die des ersten Gasstromes ist. Dem zweiten Gasstrom wird Dampf zugegeben u. die Katalysatorteilchen mit dem Gemisch aus Verbrennungsgas u. Dampf durch die Liftzone nach oben geführt. — Zeichnung. (**A. P. 2 694 036** vom 29/10. 1949, ausg. 9/11. 1954.) E. Kahles. 8201

Standard Oil Development Co., V. St. A. (Erfinder: **Erving Arundale, Walter R. F. Guyer, John P. Thorn** und **Maurice W. Mayer**), *Hydroformieren von Kohlenwasserstoffen in zwei Stufen.* Man bringt die KW-stoffe, welche im Bereich der Kraftstoffe sd., bei 315—510° u. 3,5—70 at, gemischt mit einem H_2-reichen Gas in Kontakt mit einem Pt- oder Pd-Tonerdekatalysator. Die sich hierbei bildenden Reaktionsprodd. bringt man bei 484—555° u. 0—17,5 at in Berührung mit einem Katalysator, welcher ein Oxyd oder ein Sulfid eines Metalles der 6. Gruppe des Period. Syst. enthält (z. B. einem Mo-Oxydtonerde-, Mo-Oxydzinkspinellkatalysator). — Vorrichtung. (**F. P. 1 067 976** vom 3/9. 1952, ausg. 21/6. 1954. A. Priorr. 4/9. u. 1/11. 1951.) T. Oppermann. 8201

Standard Oil Development Co., Elizabeth, N. J., V. St. A., *Heizölmischung*, bestehend aus einem größeren Anteil eines Erdöldestillat-Heizöles u. einem kleineren Teil einer Mischung aus einem geradkettigen aliphat. prim. Amin (oder einem Gemisch dieser

Amine) mit einem öllösl. Ammonium- (Alkali- oder Erdalkali-) sulfonat oder -naphthenat. Das Erdöldestillat soll mindestens 10 Vol.-% gespaltene KW-stoffe enthalten. Es kann Leuchtöl oder ein Dieselöl sein. Die Sulfonate können sich von Erdölsulfonsäuren (Mol.-Gew. 380—550) u. die Erdölnaphthenate von Erdölnaphthensäuren (Mol.-Gew. 330 bis 450) ableiten. Das Amin kann ein C_8–C_{20}-geradkettiges aliphat. prim. Amin sein. Menge des Amins 0,001—0,5 Gew.-%, Menge der Sulfonate oder Naphthenate 0,001—0,5 Gew.-%. (**E. P. 731 219** vom 15/6. 1953, ausg. 1/6. 1955. A. Prior. 1/11. 1952.) P. UNGER. 8217

California Research Corp., San Francisco, Calif., V. St. A., *Mischpolyäther für Schmierzwecke* erhält man durch Polymerisation einer Mischung von Äthylenoxyd u. 1.2-Epoxybutan (I) in Ggw. eines alkal. oder sauren Katalysators. Der Geh. an I soll 20—75, bes. 40—60 Mol.-%, betragen. Die Rk. erfolgt bei 40—200°, bes. bei 100—150°, gegebenenfalls in Ggw. von Lösungsmitteln, wie KW-stoffe u. Äther. Zur rascheren Einleitung der Rk. ist es zweckmäßig, eine Oxyverb., wie H_2O, ein- oder mehrwertige Alkohole u. Phenole, zuzugeben. (**E. P. 716 339** vom 23/1. 1952, ausg. 6/10. 1954. A. Prior. 2/4. 1951.) J. MÜHLEISEN. 8223

Edeleanu G. m. b. H. (Erfinder: **Heinrich Westerhoff** und **Hermann Franz**), Frankfurt/M., *Abtrennung und Gewinnung von Naphthensäuren* (I) aus I-haltigen Gemischen, bes. *Schmierölen*, dad. gek., daß die Gemische mit NH_3, das in wasserfreien Alkoholen mit 1—3 C-Atomen gelöst ist, ausgezogen werden u. die Zerlegung des gebildeten NH_4-Naphthenats durch Erhitzen unter gleichzeitiger destillativer Entfernung des Lösungsm. erfolgt. — Aus einem Schmieröl ($D.^{20}$ 0,923; Viscosität 6,6° Engler/50°; NZ. 2,49 mg KOH/g; 0,019% Asche) erhält man nach zweistufiger Extraktion mit 150 Vol.-% Methanol, 3 Gew.-% NH_3 enthaltend, ein Raffinat, NZ. 0,03 mg KOH/g; Aschegeh. 0,004%. I-Extrakt, NZ. 70 mg KOH/g. (**D. B. P. 934 887** Kl. 12o vom 6/10. 1953, ausg. 10/11. 1955. Anmeldung bekanntgemacht 18/5. 1955.) G. KRAUSS. 8221

Buckeye Laboratories Corp., übert. von: **Charles J. Egger,** Westview, O., und **Robert H. Webster,** Columbia, S. C., V. St. A., *Ausdämpfen von Ölen zwecks Entfernung von Verunreinigungen.* Man erhitzt das Öl unter einem vorherbestimmten Druck auf eine Temp., die höher liegt, als der Kp. des höchstsd. Bestandteils unter niedrigerem Druck als dem vorherbestimmten liegen würde, u. zersprüht das Öl in einem vakuumdichten Sprühraum. Gleichzeitig zieht man zwecks Druckverminderung Gase aus diesem Raum ab, bis der Druck auf einen Wert sinkt, bei dem die höchstsd. Bestandteile bei der Temp. sd., auf die sie erhitzt wurden, wobei die flüchtigen Bestandteile des Öles entweichen. Gleichzeitig führt man beim Versprühen genügend Wärme zu (durch Strahlung), um wenigstens einen Teil der Verdampfungswärme der verdampfbaren Bestandteile zu liefern. Den Sprühraum hält man dabei auf einer Temp., die dem Kp. der höchstsd., zu entfernenden Bestandteile unter dem red. Druck entspricht, u. kontrolliert deren Verdampfung. Die anderen Bestandteile höheren Kp. hält man in fl. Phase u. sammelt sie im Sumpfraum unter dem hohen Vakuum, aber außerhalb der heißen Sprühzone während einer längeren Zeit, als für das Verdüsen u. Sammeln benötigt wird. Man entfernt die fl. Prodd. aus dem Sumpf. — Zeichnung. (**A. P. 2 702 268** vom 22/3. 1951, ausg. 15/2. 1955.) P. UNGER. 8221

Hercules Powder Co., übert. von: **Reginald W. Ivett,** Wilmington, Del., V. St. A., *Geschwefelte Terpene* mit wenigstens 1—70, bes. 25—55 Gew.-% S-Geh., bezogen auf Caren, erhält man durch Erhitzen einer Terpenmischung mit wenigstens 70% 3-Caren u. $<$5% Myrcen mit S auf wenigstens $>$100°. — Aus 100 (Teilen) wenigstens 95%ig. 3-Caren u. 33 gefälltem S nach 30 Min. Erhitzen auf 160°, wobei die Temp. auf 190° steigt → *geschwefeltes 3-Caren,* S-Geh. 25,8%; Farbzahl (Lovibond Skala, Serie 200) 80 A + 21 R. — Im anderen Beispiel beträgt der S-Geh. 11%. — Weitere carenhaltige Terpene sind: α-Pinen, β-Pinen, p-Cymol, Dipenten, Terpinen, die jedoch in $<$30% anwesend sein sollen. — *Zusatzmittel zu Schmierölen* u. *Korrosionsschutzmittel.* (**A. P. 2 691 648** vom 12/12. 1950, ausg. 12/10. 1954.) G. KRAUSS. 8221

British Petroleum Co. Ltd., übert. von: **Andrew McLean,** Sunbury-on-Thames, und **Vincent Ernest Gripp,** Iver, England, *Schwefelhaltige Verbindungen* der Formel RO—SO—SO—OR (R = KW-stoffrest, bes. mit 5—30 bzw. 12—18 C-Atomen) erhält man durch Rk. eines KW-stoffperoxyds mit S_2Cl_2 bei —50 bis +50°. — Eine mit H_2SO_4 gewaschene Kerosinfraktion, Kp. 220—230°, wird bei 140° mit Luft oxydiert, bis der Peroxydgeh. 6% beträgt. Das durch Extraktion mit Methanol nach dessen Verjagen gewonnene Hydroperoxyd $C_{13}H_{27}OOH$ wird in trockenem Bzl. bei 5° mit S_2Cl_2 (2:1) umgesetzt, wobei HCl entweicht. Das Bzl. wird dann im Vakuum abdestilliert. — Weiter wird umgesetzt: n-Cetanhydroperoxyd (erhalten durch Luftoxydation von n-Cetan) u. 1-Methyl-1-oxycyclohexanhydroperoxyd (mit H_2O_2 hergestellt). — *Zusatzmittel* für *Hoch-*

druckschmieröle, bes. für *Getriebeöle, Drahtziehöle* u. *hydraul. Öle*. (**A. P. 2 706 734** vom 16/12. 1953, ausg. 19/4. 1955. E. Prior. 31/12. 1952.) G. KRAUSS. 8221

Standard Oil Development Co., V. St. A., *Schmiermittel*. Sie bestehen aus komplexen Estern, welche man dadurch erhält, daß man unter geeigneten Veresterungsbedingungen in einer oder in mehreren Umsetzungen 2 Mol Dicarbonsäure (Sebacin- u./oder Adipinsäure) 2 Mol gesätt. aliphat. Monoalkohol mit verzweigter Kette (C_8- oder C_9-Alkohol, z. B. 2-Äthylhexanol oder ein Gemisch, in dem derartige Alkohole vorherrschen) u. 1 Mol eines Polyglykols (z. B. Tri-, Tetra-, Hexaäthylenglykol) in Ggw. eines Katalysators (z. B. p-Toluolsulfonsäure, $NaHSO_4$) miteinander reagieren läßt. — Vgl. auch E. PP. 683 803 u. 687 348; C. **1955.** 1185. (**F. P. 1 048 415** vom 9/8. 1951, ausg. 23/12. 1953.) T. OPPERMANN. 8223

Chemische Werke Bergkamen Akt.-Ges., Bergkamen (Erfinder: **Günther Schüller**, Westhoven, Bez. Köln), *Trennung hochschmelzender synthetischer Paraffine*, die aus CO u. H_2 gewonnen wurden, in mehrere Fraktionen durch Behandlung mit organ Lösungsmitteln, wobei die Paraffine in zerkleinertem, geschupptem Zustande einer mehrstufigen Extraktion mit Leichtbenzin (Kp.40—80°) bei Siedetemp. unterworfen werden. (**D. B. P. 934 661** Kl. 23b vom 15/3. 1940, ausg. 3/11. 1955. Anmeldung bekanntgemacht 5/5. 1955.) P. UNGER. 8227

Sun Oil Co., Philadelphia, übert. von: **William A. Ackerman**, Havertown, Pa., V. St. A., *Paraffinreinigung* zwecks Desodorierung u. Entfärbung. Man stellt eine Mischung aus geschmolzenem Paraffin u. Bleicherde her, die einen Feuchtigkeitsgeh. von mindestens 2 Gew.-% hat. Die Mischung soll 5—60 Pfund Erde pro Barrel Paraffin enthalten. Man leitet 2—50 Kubikfuß eines inerten Gases (Rauchgas, N_2, CO_2, Luft) pro Pfund Erde ½—3 Std. lang durch die Mischung, wobei das inerte Gas die Feuchtigkeit aus der Erde entfernt. Man zieht das inerte Gas fortlaufend aus der Mischung ab u. trennt das Paraffin von der Erde. — Zeichnung. (**A. P. 2 708 652** vom 2/5. 1952, ausg. 17/5. 1955.) P. UNGER. 8227

Standard Oil Development Co., übert. von: **David W. Young**, Westfield, und **Henry J. Franklin**, Linden, N. J., V. St. A., *Gewinnung von Asphalt* aus rohem Mineralöl. Man läßt auf dieses bis zu 60 Min. weniger als 5% CCl_4 bei 160—250° einwirken, wobei HCl entweicht. Der Asphalt hat einen F. von 77°, höhere Duktilität u. Penetration (23—78); Verarbeitung mit 1—5% Polymeren, Kautschuk, Butadien–Styrol-Mischpolymerisat, Polyäthylen u. dgl. (**A. P. 2 690 418** vom 1/4. 1952, ausg. 28/9. 1954.) G. SALZMANN. 8229

Foster-Wheeler Ltd., London, England, *Reinigung von Kohlenwasserstoffölen*, die Destillationsrückstandsöle von Roherdöl enthalten, durch Entasphaltieren mit fl. Propan. Der gewonnene *Asphalt* wird mit fl. Butan entölt. — Zeichnung. (**E. P. 735 333** vom 2/1. 1953, ausg. 17/8. 1955. A. Prior 3/1. 1952.) P. UNGER. 8229

Golden Bear Oil Co., Los Angeles, übert. von: **Fritz S. Rostler**, Bakersfield, Calif., V. St. A., *Staubbindende Emulsion* für Fußböden, Straßen, Spielplätze oder ungepflasterte Wege. Man stellt mit Hilfe geringer Mengen eines Emulgiermittels (Sulfonate) eine 57—63-, höchstens 75%ig. wss. Emulsion einer *harzartigen Petroleumfraktion* her, die frei von benzinunlösl. bituminösen Bestandteilen ist u. nicht $>$25% gesätt. Verbb. enthält, eine Viscosität von 750 cP. bei 25° aufweist u. eine D. nicht $>$1,05 hat. (**A. P. 2 646 361** vom 26/6. 1950, ausg. 21/7. 1953.) W. GRÄGER. 8231

H. A. **Dirksen** and others, Autohydrogenation of oil gases. Chicago: Inst. of Gas Technology. 1955. (75 S., Diagr.) Q. $ 5,—.

XX. Schieß- und Sprengstoffe. Zündmittel.

H. J. Klassen und **J. M. Humphreys**, *Fabrikation des Nitroglycerins nach dem kontinuierlich arbeitenden Biazzi-Verfahren*. Beschreibung des BIAZZI-Verf. u. einer nach diesem Verf. arbeitenden Fabrikanlage in Calgary (Can.) mit einer Leistung von ca. 11000 kg/Stunde. Vorteile des Verf. gegenüber dem diskontinuierlichen u. dem kontinuierlichen SCHMID-Verfahren. Nitriert werden gleiche Gew.-Teile Glycerin u. Glykol bei 12°. Auf 100γ Glycerin–Glykol werden 248γ 100%ig. HNO_3 gebraucht. Die Mischsäure, aus 40%ig. Oleum + konz. HNO_3, enthält 49 (%) H_2SO_4, 52 HNO_3, 0,6 $HNOSO_4$ u. —1,6 W. (d. h. sie enthält etwas freies SO_3), die Ausbeute an Nitroglycerin ist die gleiche wie beim diskontinuierlichen Verf. bei etwas größerem Säureverbrauch. (Chem. Engng. Progr. **49.** 641—46. Dez. 1953. Montreal, Canad. Ind. Ltd.) K. STEINER. 8304

L. Deffet und **J. Boucart**, *Die Wirkung der Mäntel in Sicherheitssprengstoffen*. Nicht eingemäntelte Sprengpatronen übertragen die volle Temp. der Explosion auf die Atmosphäre u. entzünden etwaige schlagende Wetter. Eingemäntelte Patronen, bei denen der Mantel fest, aber auch teigig sein kann u. bei denen der Mantel vornehmlich aus stark gepreßtem NaCl oder $NaHCO_3$ besteht, zeigen bei der Entzündung verschied. Gaszonen bzw. Wellen. Außen in etwa 1 cm Stärke liegt die Entzündungswelle. Innen unterscheidet man die Lateralwelle u. die Axialwelle. Die Lateralwelle zeigt das zerstäubte NaCl oder $NaHCO_3$, so daß die Temp. sich nicht voll auf die Atmosphäre auswirken kann. Über die Axialwelle folgt ein besonderer Bericht. Eine Gefahr bietet der tote Raum zwischen der Lateral- u. der Axialwelle. Einen Sonderfall bieten die Mäntel aus $NaHCO_3$ unter Zusatz von Nitrolglycerin. Selbstverständlich steigert das Nitroglycerin die Temp., aber es zerstäubt um so wirksamer das $NaHCO_3$. Diese Mäntel sind ebenfalls sicher, aber weniger sicher als die Mäntel aus inerten Stoffen. Bewährt haben sich die belg. Patronen mit einem Kern von Sprengstoff (26 mm stark u. 100 g schwer) u. einem Mantel aus NaCl oder $NaHCO_3$ (5 mm stark u. mindestens 240 g schwer). (Explosifs **8.** 83–92. Juli–Sept. 1955.) O. TREICHEL. 8304

Pierre Jourdin, *Analyse der bei der Glycerinnitrierung anfallenden Restsäuren.* Das bei der Glycerinnitrierung übrigbleibende Säuregemisch wurde durch die Meth. der „schnellen Verdampfung" (30 Min. bei 130°) analysiert. Hierbei wird durchschnittlich 1,65% weniger HNO_3 gefunden als durch die Nitrometermeth.; der zu hohe Wert der Nitrometermeth. ist auf die Ggw. von *Nitroglycerin* (I) in dem Restsäuregemisch zurückzuführen. Es wurde beispielsweise folgende Zus. der Restsäuren ermittelt: HNO_3: 13,5%; H_2SO_4: 70,5%; H_2O: 13,29%; I: 2,71%. Die durch die Verdampfungsmeth. bestimmten Sicherheitsgrenzen ergeben sich zu: 11,4% HNO_3 (Mindestgeh.); 12,4% HNO_3 (Durchschnittsgeh.). (Mém. Poudres **32.** 41–44. 1950. Poudrerie Nationale d'Agoulême.) K. F. MÜLLER. 8320

Pierre Miaud und **Paul Dubois,** *Schnellmethode zur Bestimmung von Ammoniumnitrat in Amatol.* Die Meth. zur Best. des NH_4NO_3-Geh. von Amatol beruht auf der Messung des Brechungsindex der wss. Lsg. bei 20°. Zur Aufstellung der Eichkurven dienen 0–10%ig. u. 0–100%ig. Lsgg.; für n_D^{20} 1,3300–1,33363 verwendet man die 1. Eichkurve, für n_D^{20} 1,3325–1,3440 die 2. Eichkurve. Die Genauigkeit der Meth. beträgt $\pm$0,4%. (Mém. Poudres **32.** 225–29. 1950. Poudrerie Nationale de Saint-Médard-en-Jalles.) K. F. MÜLLER. 8324

Pierre Miaud, *Schnellmethode zur Bestimmung von Tolit in Amatol.* Zur Best. von *Tolit* (I, *Trinitrotoluol*) u. NH_4NO_3 in Amatol wird die Probe (30 g) in (100 ml) Bzl. gelöst u. mit (300 ml) W. ausgeschüttelt. Aus der gemessenen D. der I-Lsg. in Bzl. ergibt sich mittels einer Eichkurve der I-Gehalt. Die Eichkurve wird mit 10-, 15-, 20-, 25- u. 30%ig. benzol. I-Lsgg. bei 15 u. 19° aufgestellt; einer Temperaturabweichung von $\pm {}^1/_{10}{}^0$ entspricht eine Dichteänderung um $\pm$0,0001 Einheiten. Der NH_4NO_3-Geh. wird durch Eindampfen von 20 ml des Wasserextraktes u. Wägen des mit Ae. gewaschenen Rückstandes ermittelt. (Mém. Poudres **32.** 231–38. 1950. Poudrerie Nationale de Saint-Médard-en-Jalles.) K. F. MÜLLER. 8324

A. Strobbe und **V. Theys,** *Volumetrisch-potentiometrische Meßmethode für Nitrate und Nitrogruppen von Nitrocellulosen mit Hilfe von Ferrosulfat.* An Stelle der zeitraubenden u. stark subjektiven Ablesungen des N_2 nach der Meth. von LUNGE haben Vff. eine potentiometr. Titrationsmeth. zur Best. des N in Nitraten u. den Nitrogruppen von Nitrocellulosen mit Hilfe von Ferrosulfat entwickelt, welche Genauigkeiten von 0,5% ergibt u. Serienmessungen gestattet. (Explosifs **8.** 104–07. Juli/Sept. 1955.) O. TREICHEL. 8324

Imperial Chemical Industries Ltd., London (Erfinder: **William Gordon Allan, Roy Bentley** und **John Raymond Carding**), England, *Aufarbeitung der Waschwässer aus der Produktion flüssiger, explosiver Salpetersäureester.* Die in dem Waschwasser (I) enthaltenen fl., explosiven HNO_3-Ester (Nitroglycerin, Äthylenglykolnitrat, nitrierte Polyglycerine usw.) können durch Emulgieren der I mit einer fl., nichtexplosiven, aromat. Nitro- oder Mononitro-KW-stoffverb., deren F. nicht über 5° liegt, gewonnen werden. Genannt werden z. B. Mononitrotoluol (II) u. Mononitroxylol. Während des Emulgierens treten explosive HNO_3-Ester aus der wss. in die KW-stoffphase über, so daß eine nichtexplosive Mischung von Nitro-KW-stoff u. Nitroester abgetrennt werden kann. — Beispiel: I aus der Nitroglycerinherst. mit 0,35% Nitroester wird mit II in einer näher beschriebenen App. so emulgiert, daß das Verhältnis von I zu II ca. 2:1 beträgt. Nach erfolgter Trennung enthält I noch 0,05% u. II ca. 7% Nitroester. Die Mischung von II mit dem Nitroester kann z. B. zu einem *Sprengstoff* folgender Zus. verwendet werden: 27 (Teile) Nitroglycerin, 0,75 Schießbaumwolle, 40,45 NH_4NO_3, 24 NaCl, 3,5 Haferschalenmehl, 2,5 Ton, 1,8 II-Lsg. mit Nitroester. (**E. P. 734 523** vom 27/8. 1952, ausg. 3/8. 1955.) A. GRADL. 8299

Olin Industries, Inc., V. St. A., *Sprengstoffe.* Sie bestehen aus NH_4NO_3, $N_2H_4 \cdot HNO_3$ (Sensibilisator), Trinitrotoluol (I), Al u. Füllstoff, Zus. z. B. 78,5(%) NH_4NO_3, 10 $N_2H_4 \cdot HNO_3$, 7,5 I, 0,5 Kalk, 0,5 Al-Staub u. 3 Kohle. NH_4MO_3 u. $N_2H_4 \cdot HNO_3$

schm. man entweder zusammen oder fällt beide Substanzen gemeinsam. (F. P. **1 078 199** vom 9/6. 1953, ausg. 16/11. 1954.) T. OPPERMANN. 8305

Nitroglycerin Aktiebolaget, Gyttorp, Schweden, *Waschen von Nitroglycerin* (I). Dieses wird mit der Wasch-Fl., die eine andere D. als I hat u. in welcher I unlösl. ist, in einem Injektor emulgiert u. in ein Gefäß mit besonderen Einbauten eingeleitet. Die Einbauten sorgen für eine gute Trennung der sich bildenden 2 Schichten. (E. P. **781 014** vom 28/4. 1953, ausg. 1/6. 1955. Schwed. Prior. 29/4. 1952.) A. GRADL. 8305

XXIV. Photographie.

Yasuo Koseki, Mitsunori Ishida und **Yoshiyuki Takada,** *Wirkung von Penicillin auf photographische Emulsionen.* 3. Mitt. *Thiazolidinderivate.* (2. vgl. J. chem. Soc. Japan, ind. Chem. Sect. [Kōgyō Kagaku Zassi] **53.** [1950.] 3124; C. **1953.** **7992.**) Untersucht wurde der Einfl. von 8 Derivv. des *Thiazolidins* (I) u. 2 des *Tetrahydro-1.3-thiazins* (II) [*I-4-carbonsäure, 2-n-Propyl-I-4-carbonsäure, 2-Phenyl-I-4-carbonsäure, N-Acetyl-I-4-carbonsäure, N-p-Toluolsulfonyl-I-4-carbonsäure, N-p-Aminobenzolsulfonyl-I-4-carbonsäure, N-p-Acetylaminobenzolsulfonyl-I-4-carbonsäure, N-Acetyl-I-4-carbonsäuresulfon* (*N-Acetyl-I-4-carbonsäure-S-dioxyd*), *II-Hydrochlorid, N-p-Acetylaminobenzolsulfonyl-II*] auf die Empfindlichkeit *photograph. Emulsionen.* Ein eventueller Zusammenhang zwischen dem Nachreifungsvorgang u. der Konst. der Verbb. wird erörtert. (J. chem. Soc. Japan, ind. Chem. Sect. [Kōgyō Kagaku Zassi] **54.** 139—40. Jan. 1951. [Orig.: japan.]) L. SCHULER. 8604

G. Joos und **F. Kraus,** *Über den Wirkungsmechanismus photographischer Desensibilisatoren.* Vff. untersuchten die Wirkung der Desensibilisatoren *Pinakryptolgelb, Pinakryptolgrün* u. *Phenosafranin* auf ihre Temperaturabhängigkeit. Photograph. Platten wurden mit den genannten Farbstoffen behandelt u. bei -183^0 im Vgl. zu unbehandelten Platten belichtet (150 W Glühlampe u. Röntgenlicht von 0,5—0,8 Å Bremsstrahlung). In beiden Fällen laufen die Schwärzungskurven der desensibilisierten u. der nichtbehandelten Platten annähernd parallel. Mit Ausnahme vom Pinakryptolgelb ist die desensibilisierende Wrkg. nur in sehr geringem Maße temperaturabhängig. Bei Pinakryptolgelb gibt es bei tiefen Tempp. einen Intensitätsbereich, in dem dieser Desensibilisator die Empfindlichkeit erhöht. Die Erscheinungen lassen sich so verstehen, daß die Desensibilisatoren Elektronenfallen darstellen, in denen die primär gebildeten Photoelektronen gebunden werden, wofür die chem. Konstitution dieser Farbstoffe spricht, die leicht zu Leukobasen red., d. h. durch Aufnahme eines Elektrons in eine farblose Verb. übergeführt werden. Diese wird durch den Luftsauerstoff wieder leicht zurückoxydiert, wobei der Sauerstoff das Elektron mitnimmt. (S.-B. math.-naturwiss. Kl. bayer. Akad. Wiss. München **1953.** 1—5. München, ausg. 1954) W. GÜNTHER. 8606

Je. W. Stoljarowa und **W. Ss. Tschelzow,** *Untersuchung der Adsorption von Pyrazolonderivaten durch Silberbromid.* Zur Klärung des physikal.-chem. Verh. der nichtdiffundierenden Komponenten der Pyrazolonderivv. gegenüber den Ag-Halogenidkristallen bei der Farbentw. wurden folgende Verss. gemacht: Feinverteiltes AgBr wurde mit der Lsg. der Komponenten gerührt, der Nd. filtriert u. mit p-Aminodiäthylanilin zur Bldg. des *4-p-Diäthylaminoanil-1-R'-3-R''-pyrazolindion-(4.5)*-Purpurfarbstoffes gerührt:

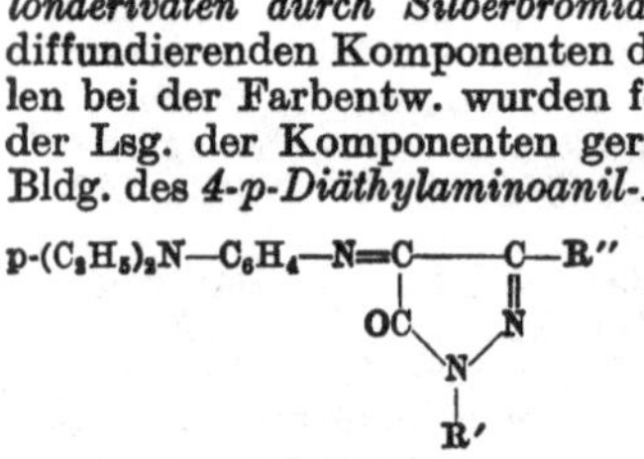

R' = Phenyl-, Chlorphenyl-, Sulfophenyl-, Carboxyphenyl u. andere, R'' = Alkylrest. Der durch oxydative Kondensation an der Ag-Oberfläche entstandene Purpurfarbstoff wurde, nach Auswaschen mit K_2CO_3-Lsg., durch Behandeln mit A. von dem Ag entfernt u. der Farbstoff spektrophotometr. bestimmt. Die Konz. in Mol je 1000 cm³ Lsg. wurde nach $c = D\lambda/k\,d$ bestimmt, $D\lambda$ = opt. D. der Farbstofflsg. für monochromat. Licht im Maximum der spektralen Absorption, d = Schichtdicke der alkoh. Lsg. bei $D\lambda$; k = mol. Koeff. der Absorption des Farbstoffes in Alkohol. Die Farbstoffmenge für 1 g AgBr ist dann $A = D\lambda/k\,d\;1000\alpha$, a = g AgBr; b = cm³ Farbstofflösung.

Versuche: Durch längeres Behandeln des an AgBr adsorbierten Farbstoffe. mit W. wurde festgestellt, daß der Adsorptionsprozeß irreversibel ist. Durch Reihenverss. mit verschied. Farbstoffkonzz. stellten Vff. fest, daß nach ca. 6 Std. die Adsorption vollständig ist. Abweichungen bei Änderung der Normaltemp. von 18° sind gering. Der Einfl. des p_H wurde bei p_H 6,8, 7,6, 8,6, 9,6 u. 10,6 untersucht, die Adsorption wird bei abnehmender Konz. der H^+ geringer. Bei den Normalverss. wurde ein Überschuß von Br^- verwendet, u. die Oberfläche war daher negativ geladen. Zur Unters. der Adsorption mit positiv geladenem AgBr wurde die Fällung des $AgNO_3$ mit KBr bei 85° mit einem 10%ig. $AgNO_3$-Überschuß gemacht. Die erhaltenen Kristalle enthielten adsorbierte Ag^+ u. waren positiv geladen. Es wurden bei diesen Verss. Pyrazolonderivv. adsorbiert, die saure Gruppen (Carboxyl- oder Sulfogruppen) enthielten. Zur Klärung der Abhängigkeit der Adsorption verschied. Pyrazolonderivv. an negativ geladenem AgBr wurden folgende Verbb. geprüft: *1-(3'-Chlorphenyl)-3-methylpyrazolon-(5)*; *1-(3'-Sulfophenyl)-3-heptadecylpyrazolon-(5)*; *1-(3'-Sulfo-4'-chlorphenyl)-3-heptadecylpyrazolon-(5)*; *1-(3'.5'-Disulfophenyl)-3-heptadecylpyrazolon-(5)* u. *1-(3'.5'-Dicarboxyphenyl)-3-heptadecylpyrazolon-(5)*. Die Derivv. mit einer Sulfogruppe in 3-Stellung des Phenylrestes wurden irreversibel adsorbiert, die übrigen Verbb. haben anscheinend Neigung zur Desorption beim Auswaschen. Zur Best. des Charakters der Adsorption wurde eine annähernde Berechnung der D. der Anlagerung einiger Farbstoffe durchgeführt. Auf Grund der experimentellen Daten u. der Berechnungen folgern Vff., daß bei den untersuchten Bedingungen die genannten Pyrazolonderivv. am AgBr monomol. angelagert werden u. die Adsorption den Charakter einer Chemosorption hat. (Журнал Физической Химии [J. physik. Chem.] **27**. 640—46. Mai 1953. Moskau, Allunions Kino-Photo-Inst.) H.-A. OEHRN. 8630

Helmer Bäckström, *Der Keilspektrograph und die Farbenempfindlichkeit von Platten und Filmen.* Vf. empfiehlt, in Keilspektrographen eine isoenerget. Lichtquelle zu verwenden, so wie sie sich leicht mit einem Filter nach DAVIS u. GIBSON verwirklichen läßt. Die so erhaltenen Spektrogramme geben dann die Lichtempfindlichkeit als direkte Funktion der Wellenlänge wieder (Beispiele vgl. Original). (Appl. sci. Res. B **4**. 43—48. 1954. Stockholm, Royal Inst. of Technol., Dep. of Photography.) W. GÜNTHER. 8660

Ilford Ltd., Ilford, Essex, England (Erfinder: **Douglas James Fry** und **Alan James Lambie**), *Triazole.* Durch Erhitzen von N-Äthyl-N'-guanidinothioharnstoffhydrochlorid in Ggw. von wss. NaOH erhält man *4-Äthyl-3-amino-5-mercapto-1.2.4-triazol*, F. 195 bis 198°. Analog werden dargestellt: *4-Methyl-* (F. 269—272°), *4-Isopropyl-* (F. 192—194°), *4-Allyl-* (F. 134—135°), *4-Benzyl-* (F. 206—208°), *4-Phenyl-* (F. 267—268°) u. *4-Cyclohexyl-3-amino-5-mercapto-1.2.4-triazol* (F. 244—246°). — Zusätze zu photograph. *Ag-Halogenidemulsionen.* (**E. P. 741 228** vom 14/11. 1952, ausg. 30/11. 1955.) A. BRÖSAMLE. 8601

Federico Juan Enrique Tiedemann, Argentinien, *Photographisches Material.* Es besteht aus vier verschied. Schichten: Eine Unterlage aus imprägniertem Papier wird mit einer Klebeschicht überzogen, auf der eine Gelatineschicht, bestehend aus 1000 cm³ W., 100—250 g Gelatine, 20—50 cm³ Glycerin, 10—25 cm³ Chromalaun u. 40—100 cm³ A. aufgebracht wird. Diese Schicht wird mit der lichtempfindlichen Schicht überzogen. (**F. P. 1 041 442** vom 31/8. 1951, ausg. 23/10. 1953.) G. GROTE. 8603

Kodak-Pathé, Seine, Frankreich, *Herstellung von photographischen Filmen.* Die biegsamen nicht brechenden Filme bestehen aus einer koll. photosensiblen Schicht, welche durch eine Zwischenschicht mit dem Träger verbunden ist. Die Zwischenschicht besteht aus einem Nitrocellulosesubstrat, welches an der Trägerschicht haftet, einem aus einem organ. Celluloseester bestehenden Substrat, welches an dem Nitrocellulosesubstrat haftet, u. einem gemischten Substrat aus Nitrocellulose u. Gelatine, welches an dem aus einem organ. Celluloseester bestehenden Substrat haftet. Die Zwischenschicht erteilt den Filmen die Biegsamkeit, unabhängig von der an ihr haftenden photosensiblen Schicht. Die Nitrocellulose hat einen N-Geh. von 10,9—11,2%. Das aus einem organ. Celluloseester bestehende Substrat besteht aus Celluloseacetopropionat oder -acetobutyrat, wobei von den drei auf sechs C-Atome entfallenden Oxygruppen einer Cellulosegruppe 0,15—0,85 mit Propionyl- oder Butyrylgruppen verestert, 0,70—1,5 nicht verestert sind u. der Rest mit Acetylgruppen verestert ist. (**F. P. 57 794** vom 30/10. 1947, ausg. 9/9. 1953. E. Prior. 2/5. 1941. **Zusatz zu F. P. 945 150; C. 1950. I. 940.**) T. OPPERMANN. 8603

Gevaert Photo-Producten N. V., Belgien, *Sensibilisierung und Supersensibilisierung photographischer Emulsionen.* Der Emulsion wird mindestens eine Verb. der Konst. I

I

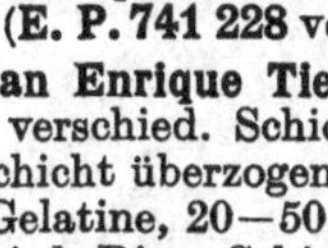

II

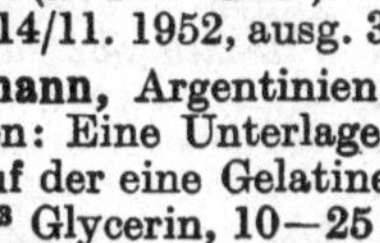

III

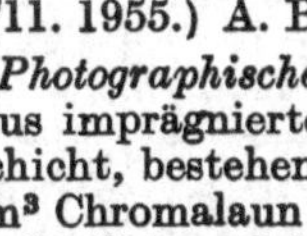

IV

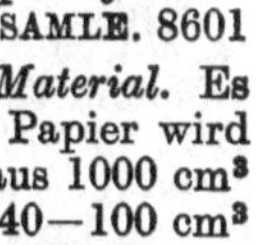

V

VI

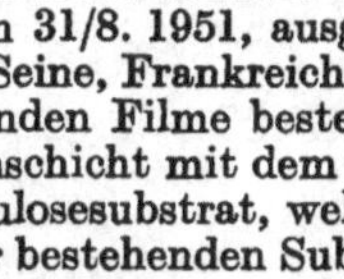

VII

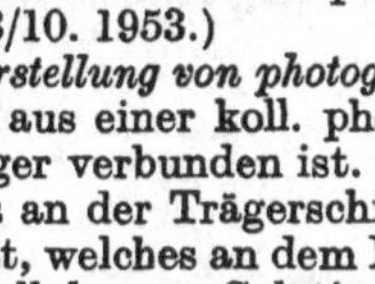

VIII

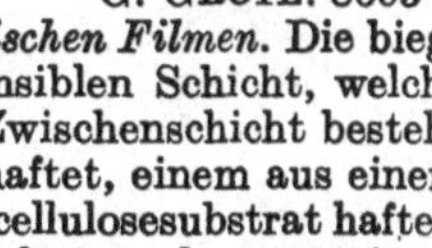

IX

beigegeben (D = Atome zur Vervollständigung eines heterocycl. Kerns der Cyanine, Z = Atome zur Vervollständigung eines heterocycl. Kerns). Zur Übersensibilisierung einer mit einem Carbocyaninfarbstoff sensibilisierten Emulsion werden z. B. Verbb. der Konst. **II—IX** verwendet. (**F. P. 60 026** vom 26/8. 1949, ausg. 22/9. 1954. **Zusatz zu F. P. 979 853; C. 1954. 11589.**) G. GROTE. 8605

Anken Chemical and Film Corp., übert. von: **Kurt Wolfson**, Newton, N. J., V. St. A., *Diffusionsfeste Farbbildner* in *Silberhalogenidemulsionen.* Durch Rk. von 1 (Mol) 4.4′-Diaminostilben-2.2′-disulfonsäure mit 2 Cyanurchlorid, 2-p-Aminobenzoylacetanilid u. 2 4-Aminobiphenyl] erhält man *4.4′-Bis-[4-(4-aminobenzoylacetanilido)-6-(4-biphenylylamino)-1.3.5-triazin-2-yl-aminostilben-2.2′-disulfonsäure* u. *4.4′-Bis-[4-(4-carboxy-3-oxyanilino)-6-dicyclohexylamino-1.3.5-triazin-2-yl-amino]-stilben-2.2′-disulfonsäure.* (**A. P. 2 718 466** vom 2/5. 1950, ausg. 20/9. 1955.) A. BRÖSAMLE. 8631

E. I. du Pont de Nemours & Co., übert. von: **Elmore Louis Martin**, Wilmington, Del., V. St. A., *Herstellung von Acetalen* aus mono- oder polymeren ein- oder mehrwertigen Alkoholen u. Cyanacetylaldehyden der allg. Zus. HOC—R—CO·CH_2CN (R = 2wertiger aromat. Rest). — Beispiele: Man leitet durch ein Gemisch aus 106 (Teilen) Furancarbonsäuremethylester 26 p-CH_2O, 30 $ZnCl_2$ u. 268 CH_2Cl_2 bei 30—33° einige Std. HCl-Gas u. erhält 5-Chlormethylfurancarbonsäuremethylester ($Kp._2$ 116—117°) + 2-Nitropropan (**III**) + CH_3ONa → 5-Carbomethoxy-2-furfuraldehyd (**I**) ($Kp._2$ 120—125°) + Äthylglykol (**II**) + Xylol → **I—II**-*Acetal* ($Kp._2$ 125—130°) + CH_3ONa + CH_3CN → *5-Cyanacetyl-5-furfuraldehyd*-**II**-*acetal*, $C_{10}H_9O_4N$; F. 86—88°. — p-Toluylsäurechlorid + Br_2 → 4-Brommethylbenzoylchlorid ($Kp._2$ 145—150°) → Methylester ($Kp._2$ 130—135°) + **III** + CH_3ONa → 4-Carbomethoxybenzaldehyd ($Kp._2$ 110—115°) → **II**-*Acetal* ($Kp._1$ 130—135°) → *4-Cyanacetylbenzaldehyd*-**II**-*acetal*, $C_{12}H_{11}O_3N$, F. 115—117°. 5-Chlormethylbenzofuran-2-carbonsäuremethylester ($Kp._1$ 165°) → 2-Carbomethoxy-5-benzofurfuraldehyd (**IV**) ($Kp._1$ 165—170°) → **II**-*Acetal*, $Kp._1$ 175—180° → *2-Cyanacetyl*-Verb. (**V**), $C_{14}H_{11}O_4N$, F. 183—185°. — **IV** + Dimethylsulfit + $SOCl_2$ + CH_3OH → **IV**-*Dimethylacetal* ($Kp._1$ 160—165°) + CH_3CN → *Dimethylacetal* von **V**, $C_{14}H_{13}O_4N$, F. 100—102°. — 5-Chlormethyl-3-methylbenzofuran-2-carbonsäuremethylester ($C_{12}H_{11}O_3Cl$; F. 111 bis 112°) → 2-Carbomethoxy-3-methyl-5-benzofurfuraldehyd ($C_{14}H_{16}O_5$, F. 141—142,5°) → *Dimethylacetal*, $C_{12}H_{10}O_4$, $Kp._{0,5}$ 155° → *2-Cyanacetyl*-Verb., $C_{15}H_{15}O_4N$, F. 120—122°. — p-Kresol-Na + α-Chlorbenzoylessigsäureäthylester → 5-Methyl-3-phenylbenzofuran-2-carbonsäureäthylester (**VI**) ($C_{18}H_{16}O_3$, $Kp._2$ 185—190°, F. 85—87°, PAe.) → freie Säure ($C_{16}H_{12}O_3$, F. 227—228°, A.) → Chlorid ($C_{16}H_{11}O_2Cl$, $Kp._1$ 180—185°, F. 91—93°) + Br_2 → 5-Brommethylverb. von **VI** ($C_{17}H_{13}O_3Br$, F. 125—127°) → *2-Carbomethoxy-3-phenyl-5-benzolfurfuraldehyd* ($C_{17}H_{12}O_4$, F. 153—153,3°, CH_3OH) → *Dimethylacetal*, $C_{19}H_{18}O_3$, $Kp._1$ 195—200°) → *2-Cyanacetyl*-Verb., $C_{20}H_{17}O_4N$, F. 141—142°. — α-Chloressigsäuremethylester + β-Naphthol-Na → 3-Methylnaphtho-[2.1-b]-furan-2-carbonsäuremethylester ($C_{15}H_{12}O_3$, F. 120—122°) → *x-Chlormethyl*-Verb. → *2-Carbomethoxy-3-methyl-x-naphtho-[2.1-b]-furfuraldehyddimethylacetal* ($Kp._1$ 200—210°) → *2-Cyanacetyl*-Verb. (**VII**), $C_{19}H_{17}O_4N$, F. 170—172° (Zers.). — *Zusätze zu Farbfilmen.* (**A. P. 2 680 732** vom 31/10. 1950, ausg. 8/6. 1954.) O. MÜLLER-MEININGEN. 8631

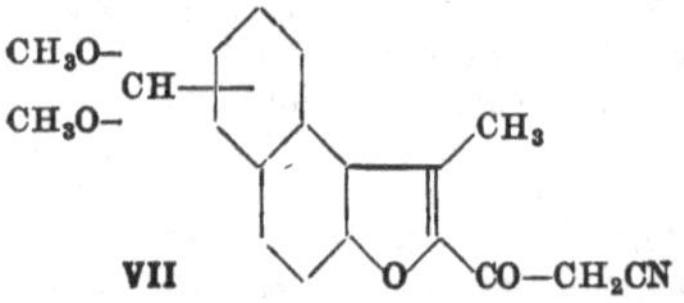

VII

Maxime Beffort und **André Colin**, Seine, Frankreich, *Photometrische Wiedergabe von Halbtönen.* Es werden Karree- u. 45° gewinkelte Linienraster vor dem Objektiv verwendet. Hierdurch werden Moiréerscheinungen auf den Drucken vermieden. Für den Mehrfarbendruck können 6 Druckformen benutzt werden, deren Rasterlinien 30° zueinander gewinkelt sind. (**F. P. 1 073 480** vom 5/1. 1953, ausg. 27/9. 1954.) G. GROTE. 8633

Herausgeber u. verantwortlich für den Inhalt: Prof. Dr. Maximilian Pflücke, Berlin N 4, Schiffbauerdamm 19, Fernsprecher: 425571. Redaktion: Chefredakteure Dr. Eugen Klever und Prof. Dr. Maximilian Pflücke. Verlag: Akademie-Verlag GmbH, Berlin W 8, Mohrenstraße 39 (Fernsprecher 200386, Postscheckkonto Berlin 35021), u. Verlag Chemie, GmbH, Weinheim/Bergstraße (Fernsprecher 2017 u. 2965, Postscheckkonto Frankfurt/M. 145314 u. Berlin-West 7430). Bestell- u. Verlags-Nr.: 1007/127. Das Chemische Zentralblatt erscheint wöchentlich. Preis des Jahrganges einschl. Autoren-, Patent-, Sach- und Formelregister: DM 680,—; einseitig bedruckte Ausgabe: DM 750,—. Abgabe der Zeitschrift nur mit sämtlichen Registern.
Satz u. Druck: VEB Leipziger Druckhaus, Leipzig, III/18/203. V. 56.
Veröffentlicht unter der Lizenznummer 1212 des Amtes für Literatur und Verlagswesen der Deutschen Demokratischen Republik.
Printed in Germany.

FSC
www.fsc.org
MIX
Papier | Fördert gute Waldnutzung
FSC® C083411

Kolibri 360 GmbH
Ferdinand-Jühlke-Straße 7
99095 Erfurt, Deutschland
produktsicherheit@kolibri360.de